DIE ZEIT
VERLAGSGRUPPE

TEMPUS CORPORATE
EIN UNTERNEHMEN DES ZEIT VERLAGS

Springer Gabler

ISBN 978-3-658-31846-8 ISBN 978-3-658-31847-5 (E-Book)

Die Deutsche Nationalbibliothek verzeichnet diese Publikation in der Deutschen Nationalbibliografie. Detaillierte bibliografische Daten sind im Internet über http://dnb.d-nb.de abrufbar.

Springer Gabler

Lektorat: Julia Kühn

Printed in Germany

Springer Gabler ist ein Imprint der eingetragenen Gesellschaft Springer Fachmedien Wiesbaden GmbH und ein Teil von Springer Nature.

Die Anschrift der Gesellschaft ist:
Abraham-Lincoln-Str. 46, 65189 Wiesbaden, Germany

Wir danken unseren Partnern:

pwc

BRIDGEMAKER
the company builder

PETER MAY
FAMILY BUSINESS CONSULTING

Stiftung
Familienunternehmen

Deutschland
Land der Ideen

Mit herzlichem Dank an den Beirat
für die engagierte und konstruktive Unterstützung:

Dr. Rainer Esser
Geschäftsführer ZEIT Verlagsgruppe

Stefan Heidbreder
Geschäftsführer Stiftung Familienunternehmen

Dr. Florian Langenscheidt
Herausgeber, Vorsitz

Detlev Leisse
Geschäftsführer Convent GmbH

Henrike Luszick
CEO und Founder Bridgemaker GmbH

Prof. Dr. Peter May
Herausgeber

Renate Pilz
Gesellschafterin Pilz GmbH & Co. KG

Alfred Ritter
Vorsitzender des Beirats Alfred Ritter GmbH & Co. KG

Uwe Rittmann
Mitglied der Geschäftsführung und Leiter Familienunternehmen
und Mittelstand Deutschland PricewaterhouseCoopers

Christian Rothe
Geschäftsführer ABUS August Bremicker Söhne KG

Dr. Mark Schiffhauer
Chief Creative Officer ZEIT Verlagsgruppe

Axel Schramm
Beirat Schramm Werkstätten GmbH

Dr. Anna-Katharina Wittenstein
Vorstand WITTENSTEIN SE

Wir danken unserem Partnerkreis der Familienunternehmen:

APOGEPHA
Ihr Partner in der Urologie

DAW
DEUTSCHE AMPHIBOLIN-WERKE VON ROBERT MURJAHN

Deutsche Finetrading AG

ela[container]

Kemmler
Baustoffe & Fliesen

MEWA
TEXTIL-MANAGEMENT

Schwank
Heating. Cooling. Systems.

URSAPHARM

WEMHÖNER

LEXIKON DER DEUTSCHEN FAMILIEN-UNTERNEHMEN

Herausgeber
Dr. Florian Langenscheidt
Prof. Dr. Peter May

Projektleitung
Olaf Salié

Leitung Kundenkommunikation
Fabian Westkamp

Leitung Projektmanagement, Redaktion und Grafik
Yvonne Baumgärtel

Projektmanagement
Christiane Blaß, Tanja Blum, Kathrin Burkhardt, Stefanie Eggers,
Anne Funck, Stefanie Roloff, Dr. Katrin Weiden

Redaktion
Jens Frantzen, Stephanie Hanel, Ulrike Mattern,
Frank Skerka, Gabriele Spiller

Schlussredaktion
Julia Kühn

Gestaltung
Meiré und Meiré

Grafische Umsetzung
Christopher Delaney, Susanne Kluge

Inhalt

Zum Geleit

Dieses Lexikon ist ein wertvoller Beitrag, die Leistungen der familiengeführten Unternehmen stärker im Bewusstsein der Bürgerinnen und Bürger zu verankern und damit der Öffentlichkeit ein gutes Bild der sozialen Marktwirtschaft zu vermitteln. Denn Realität und Wahrnehmung unserer Wirtschafts- und Gesellschaftsordnung stehen in einem starken Kontrast: Viele Bürgerinnen und Bürger haben beim Thema Wirtschaft und Unternehmen in erster Linie große Publikumsgesellschaften vor Augen. Tatsächlich sind jedoch mehr als 90 Prozent aller Unternehmen in Deutschland Familienunternehmen. Sie erwirtschaften rund zwei Drittel des Bruttoinlandsproduktes und stellen die Mehrzahl der Arbeits- und Ausbildungsplätze in unserer Volkswirtschaft.

Zahlreiche deutsche Familienunternehmen zählen mit ihren innovativen Produkten weltweit zu den Technologieführern. Gleichzeitig stehen sie für ein nachhaltiges und verantwortungsvolles Handeln. Ob im sozialen, ökologischen oder kulturellen Bereich, ob in Deutschland oder darüber hinaus – viele Eigentümerfamilien engagieren sich in hohem Maße für das Gemeinwesen. Das ist gelebtes Verantwortungsbewusstsein.

Die soziale Marktwirtschaft und Familienunternehmen sind in Deutschland aufs Engste miteinander verwoben. Ich freue mich, dass das vorliegende Lexikon diesen Zusammenhang unterhaltsam und informativ herausstellt. Denn so stärkt es auch die Identifikation mit unserem bewährten Wirtschafts- und Gesellschaftsmodell.

Dr. Angela Merkel,
Bundeskanzlerin der Bundesrepublik Deutschland

Vorwort der Herausgeber

Dr. Florian Langenscheidt und Prof. Dr. Peter May

Wo ist sie geblieben, die Begeisterung am Beginn des neuen Jahrtausends, die Hoffnung auf ein „Ende der Geschichte" unter der Herrschaft von Freiheit und Kapitalismus und aktiver Mitwirkung von Globalisierung und Digitalisierung? Heute, zwei Jahrzehnte und etliche Krisen später, macht sich Skepsis breit. Wohin führt unser Drang nach immer mehr – mehr Menschen, mehr Wohlstand, mehr Konsum – angesichts der Begrenztheit unseres blauen Planeten?

Lässt sich unser auf Expansion und Wettbewerb gegründetes Lebens- und Wirtschaftsmodell einfach so weitertreiben oder braucht es Korrekturen? Auf der Suche nach Antworten rücken zunehmend unsere Familienunternehmen in den Fokus. Sie hatten schon in den letzten Jahrzehnten an Zustimmung gewonnen: Ökonomisch erfolgreich, sozial verantwortlich und gesellschaftlich verankert – mit diesem Dreiklang war der „German Mittelstand" zunehmend als humane Alternative zum nahezu ausschließlich an den Interessen der Shareholder ausgerichteten Finanzkapitalismus angelsächsischer Prägung erkannt und anerkannt worden.

Jetzt geht es um noch mehr. Wenn ein entfesselter Kapitalismus die Ursache sowohl unseres materiellen Wohlergehens als auch unserer sozialen und ökonomischen Probleme ist, muss dann der Ausweg aus diesem Dilemma nicht zwangsläufig in einem Kapitalismusmodell liegen, das sich selbst begrenzt, weil es ökonomische Interessen mit Gemeinschaftsinteressen in Einklang bringen muss? In einem Modell, in dem es nicht nur um Geld, sondern immer auch um andere Dinge geht? Bei dem das Finden der richtigen Balance zwischen verschiedenen Interessen ebenso zur DNA gehört wie das Streben nach Enkelfähigkeit? Das langfristiges Überleben vor kurzfristige Erfolgsmaximierung und nachhaltiges Wirtschaften daher automatisch in den Mittelpunkt seiner Bemühungen stellt?

Wir meinen das ganz ernst: Wenn unsere Familienunternehmen jetzt noch begreifen, dass nachhaltiges Wirtschaften nicht nur sozial, sondern auch ökonomisch verträglich sein muss, weil es nur in einer gesicherten Lebenswelt ein gesichertes Unternehmen geben kann, dann können unsere Familienunternehmen zu Vorreitern im Kampf um die Zukunft menschlichen Lebens und Wirtschaftens werden.

Nein, unsere Familienunternehmen sind keine vom Aussterben bedrohten Dinosaurier. Sie haben ihre beste Zeit wahrscheinlich noch vor sich. Dabei ist schon ihre gegenwärtige Leistungsbilanz beeindruckend. Dass sie das Rückgrat der deutschen Wirtschaft darstellen, ist seit Langem bekannt: Mehr als 90 Prozent der deutschen Unternehmen sind in Familienbesitz. Sie erwirtschaften mehr als 40 Prozent aller Umsätze, entwickeln fast drei Viertel der Patente, bieten mehr als 60 Prozent aller Arbeitsplätze und 80 Prozent der Ausbildungsplätze. Dennoch sah man sie früher als verstaubt an, von inneren Konflikten gelähmt und den Herausforderungen der Globalisierung nicht gewachsen. Aber das hat sich radikal geändert. Heute gelten sie als modellhaft und als eine Art Festung der Verantwortung und Moral gegen Gier, Selbstbedienungsmentalität und unmenschlichen Umgang mit Mitarbeitenden.

Warum das so ist? Weil Familienunternehmen Kontinuität und Tradition in sich tragen wie wenig andere Firmen. Weil sie einen generationenübergreifenden Investitionshorizont und eine langfristige Strategie haben. Weil sie sich auf wenige Kerngebiete konzentrieren und dort einzigartige Wettbewerbspositionen oder gar Marktführerschaft erringen. Weil unsere Familienunternehmen die Forderung unserer Verfassung ernst nehmen: Eigentum verpflichtet. Sein Gebrauch muss zugleich dem Wohl der Allgemeinheit dienen. Weil sie Nachhaltigkeit leben. Weil die Inhaberfamilie es sich leisten kann, bestimmte persönliche Ideale durchzusetzen, ohne die Profitabilität zu gefährden. Weil Führungsverantwortung und Wertesystem eine Verlässlichkeit und Glaubwürdigkeit ausstrahlen, die essenziell ist für Mitarbeitende und Partner. Weil diese wissen, mit wem sie es in der Führung heute und morgen zu tun haben und wer wirklich entscheiden kann. Weil Entscheidungen nicht durch komplexe Gremien müssen und daher schneller gefällt werden können als in manchem Großkonzern. Weil Fehlentscheidungen oft konsequenter und uneitler korrigiert werden als bei anonymen Publikumsgesellschaften. Weil die Familienunternehmen ihre Position nicht hervorragender Administration verdanken, sondern Entrepreneurship und Mut. Weil solch unternehmerisches Denken und Anpacken in seiner optimistischen Grundhaltung allen Beteiligten Freude und Spaß an der Arbeit vermittelt. Weil es immer mehr Familienunternehmen gelingt, von außen kommende Managementprofessionalität als unverzichtbare Ressource produktiv zu nutzen und den entsprechenden Freiraum zu schaffen. Weil Vetternwirtschaft kein Thema mehr ist in gut geführten Familienfirmen mit hochmotivierten Mitarbeitenden. Weil langfristiges Wachstum höher auf der Prioritätenliste steht als die „quarterly results". Weil Menschlichkeit für viele Mitarbeitende wichtiger ist als Ellenbogen und Karrieregerangel. Und weil es als Teil unternehmerischer Verantwortung gesehen wird, gefährdete Arbeitsplätze durch innovatives Erspüren neuer Marktchancen zu sichern und somit Loyalität den Mitarbeitenden gegenüber zu leben.

Erfolgreiche Familienunternehmen sind keine Dinosaurier längst vergangener Epochen, sie sind moderne, zukunftsfähige, durch langfristiges Denken geprägte Firmen, die sich den Herausforderungen der Globalisierung und der Digitalisierung längst gestellt haben. Sie atmen Unabhängigkeit, unternehmerische Leidenschaft und Menschlichkeit. Und wenn Unternehmen durch Sinngebung und Identitätsvermittlung zunehmend ehemalige Funktionen des Staats und der Kirche übernehmen, sind Familienunternehmen sicher jene, in denen man sich als Mitarbeitender am ehesten wohl und geborgen fühlt. Wie in einer Familie eben.

Deshalb ist es höchste Zeit für eine Revolution in der Betriebswirtschaftslehre. Ein radikales Umdenken ist vonnöten. Ownership matters. Die beinahe ausschließliche Orientierung am Leitbild der Publikumsgesellschaft und die daraus resultierende Vernachlässigung der Inhaberperspektive ist das wahrscheinlich größte Versäumnis der herrschenden betriebswirtschaftlichen Theorie. Aber das kann und sollte geändert werden. Wer verhindern will, dass Theorien wie die Shareholder-Value-Doktrin zukünftig eine ganze Disziplin infizieren und am Ende ökonomisch und gesellschaftlich in Verruf bringen, braucht eine weitaus differenziertere Betriebswirtschaftslehre, als wir sie bisher kennen.

Die längst überfällige Differenzierung muss bei der Inhaberschaft ansetzen. Sie, nicht das Innehaben von Managementpositionen, verleiht die Macht im Unternehmen. Nur eine verschwindend kleine Gruppe von Unternehmen sind Publikumsgesellschaften ohne dominierende Inhaberinnen und Inhaber. Bei ihnen sind die Inhaberinnen und Inhaber mangels Organisation und Stetigkeit nicht in der Lage, einen dauerhaften Inhaberwillen zu artikulieren und durchzusetzen. Infolgedessen wird diese Aufgabe vom Management und vom Aufsichtsrat, quasi treuhänderisch für die Eigentümerinnen und Eigentümer, wahrgenommen. Das ist zwar gegen den gesunden Menschenverstand, aber nicht zu beanstanden, da oft unvermeidlich und systemimmanent. Zu beanstanden ist nur, dass die Betriebswirtschaftslehre dieses Ausnahmemodell zur Grundlage ihres gesamten Theoriegerüsts erkoren hat. Damit muss Schluss sein.

Das vorliegende Buch gibt wichtige Impulse zu diesem Umdenken. Vorläufer war der Band „Aus bester Familie" über 100 besonders vorbildliche deutsche Familienunternehmen.

Die erste Auflage des „Lexikons der deutschen Familienunternehmen" wird inzwischen zu hohen Preisen antiquarisch gehandelt. Das

Buch wurde überraschend nicht nur schnell zum Standardwerk für alle Expertinnen und Experten inklusive chinesischer Kaufinteressenten, sondern auch zu einem Bestseller beim allgemeinen Publikum, stellen die vorgestellten Unternehmen doch das Herz der deutschen Wirtschaft dar. Groß war der Andrang von Firmen, die in der ersten Auflage nicht berücksichtigt wurden.

Daher stellen wir nun – zum ersten Mal im Zeitverlag und auch online – Unternehmen in noch größerer Vielfalt vor. Wir bauen eine Bühne für ihre exzellenten Leistungen und rücken sie ins Zentrum der öffentlichen Wahrnehmung. Das Ende der traditionellen Zurückhaltung ist angesagt, denn die öffentliche Diskussion über die Zukunft der Wirtschaft braucht Modelle und Orientierung.

Da man deshalb langsam lieber Flagge zeigt, wird es seltener und seltener, dass sich ein Familienunternehmen nicht als solches porträtieren lassen will. Wo dies der Fall war, respektierten wir es natürlich. Die ganz große Mehrheit jedoch war ohnehin mit großer Begeisterung dabei – und zwar nicht nur aus idealistischen Motiven der Allgemeinheit gegenüber, sondern auch aus legitimem Eigeninteresse heraus, insbesondere im Kampf um gut ausgebildete Nachwuchskräfte. Wie wir die vorgestellten Familienunternehmen auswählten? Wir riefen einen höchst kompetenten und erfahrenen Beirat zusammen, der das Thema aus unterschiedlichen Perspektiven heraus kennt. Dieser befasste sich dankenswerterweise intensiv mit den Selektionskriterien und diskutierte sie mit der Redaktion.

Aus den Gesprächen ergaben sich folgende Leitlinien für die Auswahl:

• Eine oder einige wenige Familien haben einen beherrschenden oder bestimmenden Einfluss auf das Unternehmen und sind willens und in der Lage, ihre Vorstellungen über Werte und Ziele desselben zur Geltung zu bringen.

• Die Gesellschaftsform spielt dabei keine Rolle. Auch bei Einbringung der Anteile in eine Stiftung bleibt das Unternehmen ein Familienunternehmen, wenn obiger Einfluss vorhanden und durchsetzbar ist.

• Der Einfluss der Familie kann sich sowohl auf der Geschäftsführungs- oder Vorstandsebene als auch auf der Kontroll-, Aufsichts- oder Beiratsebene vollziehen.

• Eine konkludente Strategie für ein längerfristiges Halten des Unternehmens im Einflussbereich der Familie sollte vorhanden sein.

• Ist ein Unternehmen noch in der Hand der Gründerin oder des Gründers, ist es ein Eigentümerunternehmen. Zum Familienunternehmen wird es, wenn zumindest ein dynastischer Wille spürbar ist im Sinne einer klaren Nachfolgeplanung im Rahmen der Familie oder wenn es schon zwei oder mehr Generationen in direkter Abfolge gibt.

• Die Größe eines Unternehmens ist für die Auswahl nicht entscheidend, denn auch bei den kleinen gibt es sehr spannende Geschichten zu erzählen. Jedoch sollen möglichst viele der großen Familienunternehmen mit entsprechender Bekanntheit, Wertschöpfung und Arbeitsplatzschaffung in einer Art von Best-Practice-Präsentation vorkommen.

• Bei komplexeren Holdingstrukturen sollen möglichst die Muttergesellschaften porträtiert werden.

• Die Auswahl wird auch geprägt von Ausstrahlung, Bekanntheit, Image, Marke, Einzigartigkeit, Stabilität, Profitabilität und der Geschichte, die sich erzählen lässt.

• Wir können selbstverständlich in einem Band kein vollständiges Abbild der vielfältigen Familienunternehmensszene Deutschlands geben. Manches Unternehmen wird „pars pro toto" stehen, und hinter jeder Auswahl steckt ein Stück Subjektivität, zu der Herausgeber und Beirat stehen.

Wir wollen bei aller Begeisterung für deutsche Familienunternehmen nicht unrealistischer Idealisierung verfallen. Wir wissen, dass die Konkurrenz, insbesondere aus China, oft erdrückend ist. Wir wissen, dass deutsche Familienunternehmen in vielerlei Hinsicht Weltmarktführer sind, nicht aber im zukunftsentscheidenden Bereich der Digitalisierung.

Wir wissen, dass hässliche Familienfehden um Geld, Macht und Anerkennung immer noch allzu oft und publikumswirksam an der Tagesordnung sind und das Image der Familienunternehmen beschädigen. Und wir wissen, dass der Innovationstreiber Diversität leider keine besondere Stärke von deutschen Familienunternehmen ist – man braucht sich nur den Frauenanteil in Führungspositionen und leitenden Gremien ansehen. All das sind Herausforderungen, die mit aller Kraft und Kreativität angegangen werden müssen, wenn der Stern der Familienunternehmen noch heller und heller als alle anderen strahlen soll.

Die Herausgeber danken von ganzem Herzen den Partnern und dem Netzwerk, dem Verlag sowie der Redaktion!

Insbesondere:

Dr. Rainer Esser
(Geschäftsführer ZEIT Verlagsgruppe)

Stefan Heidbreder
(Geschäftsführer Stiftung Familienunternehmen)

Dr. Arno Lehmann-Tolkmitt
(Partner PETER MAY Family Business Consulting GmbH & Co. KG)

Detlev Leisse
(Geschäftsführer Convent GmbH)

Henrike Luszick
(CEO und Founder Bridgemaker GmbH)

Renate Pilz
(Gesellschafterin Pilz GmbH & Co. KG)

Alfred Ritter
(Vorsitzender des Beirats Alfred Ritter GmbH & Co. KG)

Uwe Rittmann
(Mitglied der Geschäftsführung und Leiter Familienunternehmen und Mittelstand Deutschland PricewaterhouseCoopers)

Christian Rothe
(Geschäftsführer ABUS August Bremicker Söhne KG)

Dr. Mark Schiffhauer
(Chief Creative Officer ZEIT Verlagsgruppe)

Axel Schramm
(Beirat Schramm Werkstätten GmbH)

Andre Tauber
(Leiter Kommunikation Stiftung Familienunternehmen)

Ute Elisabeth Weiland
(Geschäftsführerin Deutschland – Land der Ideen)

Dr. Anna-Katharina Wittenstein
(Vorstand WITTENSTEIN SE)

Dr. Isabella Hanser
(Programmleiterin Springer Gabler)

Yvonne Baumgärtel
(Leitung Projektmanagement, Redaktion und Grafik TEMPUS CORPORATE GmbH)

Jan Hawerkamp
(Geschäftsführer TEMPUS CORPORATE GmbH)

Mike Meiré
(Art Direktion der Ausgabe und Geschäftsführer Meiré und Meiré GmbH & Co. KG)

Olaf Salié
(Projektleitung) und

Fabian Westkamp
(Leitung Kundenkommunikation)

im Herbst 2020

Die volkswirtschaftliche Bedeutung der Familienunternehmen

Ein Beitrag der Stiftung Familienunternehmen

Die stabile Säule der Wirtschaft

Familienunternehmen prägen als Unternehmenstyp die deutsche Wirtschaft. Ihnen kommt gerade in Krisenzeiten eine immer wichtigere Funktion zu. Sie geben Unternehmen ein Gesicht und sind ein Wirtschaftsakteur, dessen Integrität von der Bevölkerung nicht in Zweifel gezogen wird. In einer Umfrage des Instituts für Demoskopie Allensbach im Auftrag der Stiftung Familienunternehmen geben 38 Prozent der Befragten an, Familienunternehmen vor allem mit positiven Eigenschaften zu verbinden.[1] Zum Vergleich: Bei allen übrigen Unternehmen ist dieser Wert mit 24 Prozent deutlich geringer. Internationale Untersuchungen bestätigen diesen Trend.

Falsche Kategorien und richtige Definitionen

Was charakterisiert Familienunternehmen? In Diskussionsbeiträgen, insbesondere aus der Politik, wird die Bezeichnung „kleine und mittlere Unternehmen" (KMU) oft synonym zu Familienunternehmen gebraucht. Doch sie umfasst bei Weitem nicht alle Familienunternehmen, bezieht sich dieser Begriff doch nur auf die Größe und sagt nichts über qualitative Merkmale aus. Auch der „Mittelstand" ist eigentlich ein Terminus aus der Soziologie des ausgehenden 19. Jahrhunderts, der die Trennung zwischen ärmeren und reicheren Bevölkerungsschichten beschreibt. Entscheidend für eine treffende Beschreibung ist vielmehr, dass eine oder mehrere miteinander verbundene Familien mehrheitlich am Unternehmen beteiligt sind, sprich das Gros der Stimmrechte besitzen. Nur in dieser Konstellation liegen Risiko, Haftung und Kontrolle in einer Hand und erzeugen ein natürliches Verantwortungsgefühl der Eigentümerinnen und Eigentümer für ihr Unternehmen.

Größenmerkmale wie Umsatz, Beschäftigtenzahl oder die Bilanzsumme sind dabei ebenso ohne Bedeutung wie die spezifische Rechtsform, in der das Unternehmen auftritt. Auch börsennotierte Aktiengesellschaften können also Familienunternehmen sein, solange die Stimmenmehrheit, mindestens jedoch die übliche Hauptversammlungsmehrheit in den Händen einer oder mehrerer (verbundener) Familien liegt.

In der Rangliste der medialen Aufmerksamkeit stehen börsennotierte Großkonzerne im Streubesitz nach wie vor weit oben. Doch diese umfassen nur einen kleinen Teil der Unternehmen in Deutschland. Tatsächlich sind es Familienunternehmen, die die überwiegende Zahl der Firmen hierzulande ausmachen. Die Stiftung Familienunternehmen hat 2006 damit begonnen, regelmäßig Daten über die volkswirtschaftliche Bedeutung von Familienunternehmen zu erheben.[2] Danach gibt es in Deutschland 3,3 Millionen sogenannte wirtschaftsaktive Unternehmen.[3] Von

[1] Stiftung Familienunternehmen (Hrsg.): Das Image der Familienunternehmen – Ergebnisse einer Repräsentativumfrage, erstellt vom Institut für Demoskopie Allensbach, München 2019, www.familienunternehmen.de

[2] Stiftung Familienunternehmen (Hrsg.): Die volkswirtschaftliche Bedeutung der Familienunternehmen, 5. Auflage, erstellt vom ZEW – Leibniz-Zentrum für Europäische Wirtschaftsforschung Mannheim und vom Institut für Mittelstandsforschung Mannheim, München 2019, www.familienunternehmen.de

[3] Diese Strukturzahlen basieren nicht wie andere Untersuchungen auf Hochrechnungen von Stichproben, sondern auf dem gesamten deutschen Unternehmensbestand, der mit dem Mannheimer Unternehmenspanel (MUP) und Daten der Wirtschaftsauskunftei Creditreform erhoben wurde. Nicht erfasst wurden Landwirtschaft und Fischerei, öffentliche Verwaltung, Verteidigung, öffentliche Banken und genossenschaftliche Unternehmen.

diesen gehören 2,9 Millionen oder 90 Prozent zu den familienkontrollierten Unternehmen.[4] Etwa 17 Millionen Arbeitnehmerinnen und Arbeitnehmer sind für Familienunternehmen in Deutschland tätig, was 58 Prozent aller sozialversicherten Beschäftigten in der Privatwirtschaft entspricht. 52 Prozent aller inländischen Umsätze der freien Wirtschaft gehen auf Familienunternehmen zurück.

Im internationalen Vergleich fällt auf, dass die für Deutschland so typische Struktur von vielen sehr großen Familienunternehmen einmalig ist: Selbst in der Kategorie der sogenannten Großunternehmen (Umsatz von mehr als 50 Millionen Euro) sind hierzulande 43 Prozent Familienunternehmen. Unter ihnen gibt es 206 Firmen, die die Milliardengrenze beim Umsatz überschreiten.

Dass Familienunternehmen auch einen maßgeblichen Beitrag dazu leisten, gleichwertige Lebensverhältnisse in Städten und ländlichen Gebieten zu schaffen, belegen weitere Studien der Stiftung Familienunternehmen. In einer Untersuchung von 215 ländlichen Räumen durch das Institut der deutschen Wirtschaft (IW) wird deutlich: Je höher der Anteil von Familienunternehmen an der regionalen Wirtschaft, desto besser ist beispielsweise die finanzielle Situation von Bürgerinnen und Bürgern sowie Kommunen.[5]

Wirtschaftliche Dynamik und geduldiges Kapital

Zu den 500 größten Familienunternehmen – der Königsklasse dieser Unternehmensform – hat die Stiftung eine gesonderte Untersuchung vorgenommen.[6] Warum wurde bei genau die-

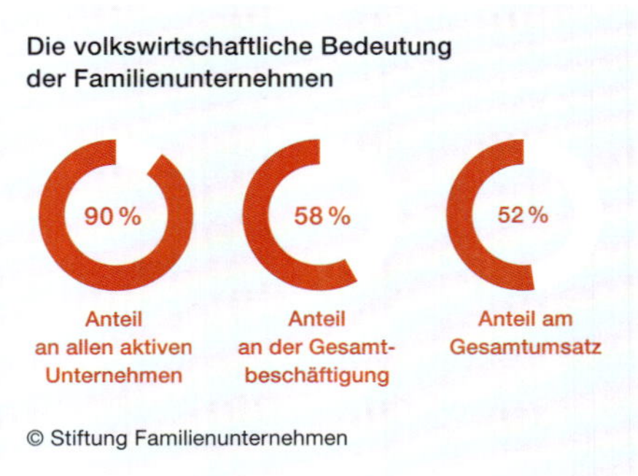

ser Größenordnung angesetzt? Im Jahr 2003 hatte sich gezeigt, dass diese Top 500 und eine andere Königsklasse, nämlich die DAX-Unternehmen, bei der Beschäftigung im Inland noch nahezu gleichauf lagen, nämlich bei rund zwei Millionen Angestellten. Seither haben sich diese zwei Top-Segmente hinsichtlich der Beschäftigung stark auseinanderentwickelt: Bei den 500 größten Familienunternehmen arbeiten mittlerweile deutlich mehr Menschen als bei den vermeintlichen DAX-Schwergewichten. Besonders deutlich wird dies in den Jahren 2006 bis 2017. In dieser Periode vergrößerten die Top-500-Familienunternehmen ihre Belegschaft um 23 Prozent auf 2,54 Millionen Beschäftigte und leisteten damit einen maßgeblichen Beitrag zum deutschen Arbeitsmarktwunder. Die DAX-Konzerne kamen dagegen nur auf ein Beschäftigungsplus von vier Prozent und stehen bei 1,55 Millionen Beschäftigten. Auch weltweit schufen Familienunternehmen mehr neue Jobs als die DAX-Firmen. Bei Letzteren wuchs die globale Beschäftigung zwischen 2008 und 2016 im Jahresdurchschnitt um 1,7 Prozent, bei den Familienunternehmen waren es im selben Zeitraum 2,7 Prozent.

Konzerne im anonymen Streubesitz müssen zwangsläufig der Kurzatmigkeit der Kapitalmärkte genügen und die Personaldecke schnellstmöglich dem gesunkenen Geschäftsvolumen anpassen. Im Gegensatz dazu stehen die Familienunternehmen für das geduldige Kapital. Sie können so auch in rezessiven Phasen am Mitarbeiterstamm festhalten und nach der Flaute umso schneller in den Aufschwung starten. Bereits ein Jahr nach der Finanzkrise 2009 hatten die Top-500-Familienunternehmen bei den kumulierten Umsätzen das Vor-

[4] Laut der oben genannten Studie ist ein Unternehmen dann als Familienunternehmen zu betrachten, wenn es von einer überschaubaren Anzahl von natürlichen Personen kontrolliert wird. Die Operationalisierung für die statistische Auswertung ist je nach Rechtsform unterschiedlich. Bei Kapitalgesellschaften etwa wird als Grenze festgelegt, dass maximal drei natürliche Personen mindestens 50 Prozent am stimmberechtigten Kapital halten müssen.

[5] Stiftung Familienunternehmen (Hrsg.): Die Bedeutung der Familienunternehmen für ländliche Räume. Beitrag für Wohlstand und Zusammenhalt, erstellt vom Institut der deutschen Wirtschaft Köln e.V. (IW Köln) und der IW Consult GmbH, München 2020, www.familienunternehmen.de

[6] Siehe auch Kapitel C der Studie „Die volkswirtschaftliche Bedeutung der Familienunternehmen".

krisenniveau leicht übertroffen. Es ist Optimismus angebracht, dass sich eine solche Dynamik auch nach der Corona-Pandemie zeigen wird.

Hier offenbart sich die eigentliche Stärke der deutschen Wirtschaft, nämlich eine große Vielfalt hinsichtlich Branchen, Know-how und Technologien, die sich über Jahrzehnte und Jahrhunderte entwickelt hat. Im Gegensatz dazu liegt etwa der angelsächsische Fokus auf der Finanzindustrie, die sich als höchst krisenanfällig erwiesen hat. Ebenso weist das französische Modell mit seiner Präferenz für Schlüsselindustrien und sogenannte nationale Champions Schwächen auf. Das deutsche Wirtschaftsmodell mit seinem nach wie vor starken industriellen Kern und der dezentralen Verteilung wettbewerbsfähiger Unternehmen ist resilienter gegenüber externen Schocks und anschließenden Verwerfungen auf den Finanzmärkten.

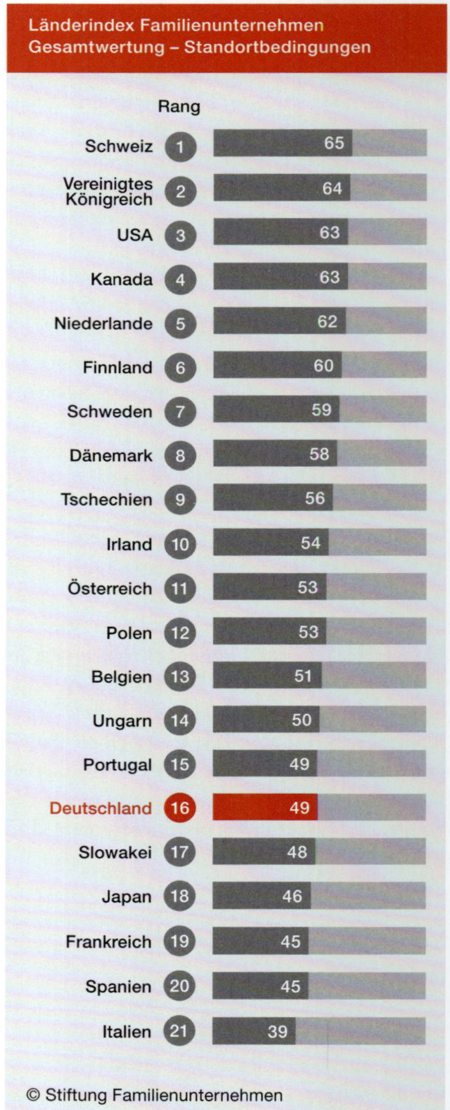

Finanzielle Robustheit

Die hohe Widerstandsfähigkeit und solide Verfassung der deutschen Familienunternehmen schlagen sich auch in bilanziellen Kennzahlen nieder. Generell hat die Innenfinanzierung in Deutschlands Firmen stark an Bedeutung zugenommen – trotz aller globalen Trends zu einer stärkeren Kapitalmarktorientierung. Dabei weisen Familienunternehmen vor allem dank einer gemäßigten Ausschüttungspolitik eine hohe, tendenziell steigende Eigenkapitalquote auf. So verfügen die 500 umsatzstärksten Unternehmen dieses Typs über ein Eigenkapital in Höhe von 42 Prozent. Damit übertreffen sie die restlichen Unternehmen um etwa 10 Prozentpunkte, die auf lediglich 32 Prozent kommen.[7] Dieses Polster hilft den umsatzstärksten Familienunternehmen, sich gegen einen Konjunktureinbruch zu stemmen beziehungsweise weitere Zukunftsinvestitionen zu tätigen. Das zeigt auch eine im Auftrag der Stiftung Familienunternehmen durchgeführte Befragung von mehr als 2.400 Unternehmen. Daraus geht hervor: Insbesondere Familienunternehmen forcieren ihre finanzielle Widerstandsfähigkeit gegenüber zukünftigen Krisen durch die dauerhafte Steigerung ihrer Liquidität und die Erhöhung ihrer Eigenkapitalausstattung.

Die starke Innenfinanzierung ist auf eine konsequente Thesaurierungspolitik von Familienunternehmen zurückzuführen, die im Gegensatz zu vielen börsennotierten Unternehmen ihre Gewinne nicht größtenteils ausschütten, sondern in den Betrieb reinvestieren. Damit schaffen Familienunternehmen reale Werte und setzen auf Substanz, statt wie einige andere Wirtschaftsakteure vornehmlich mit-

[7] Siehe auch Kapitel C der Studie „Die volkswirtschaftliche Bedeutung der Familienunternehmen".

tels Finanzakrobatik auf Verschuldung zu bauen. Vor diesem Hintergrund ist es höchst problematisch, wenn diese kaufmännische Vorsicht und Verantwortung der Familienunternehmen politisch bestraft würde – etwa durch eine Vermögensabgabe oder eine verschärfte Erbschaftssteuer. Beide sind übrigens fiskalische Auslaufmodelle auf internationaler Ebene. Es ist schädlich für den Standort Deutschland, wenn Teile der deutschen Politik solche Substanzsteuern fordern, die Familienunternehmen im Wettbewerb benachteiligen würden. Die Konkurrenz, ganz gleich ob es sich um kommunale Unternehmen, Konzerne im Streubesitz oder internationale Wettbewerber handelt, ist von solchen Steuern nicht oder kaum betroffen.

Der Standort Deutschland im internationalen Vergleich

Angesichts der überragenden Bedeutung der Familienunternehmen für die deutsche Wirtschaft und Gesellschaft könnte es naheliegen, dass die Standortbedingungen für diesen Unternehmenstypus hierzulande besonders gefördert werden. In Wirklichkeit sind sie international gesehen aber nur sehr durchschnittlich, wie der Länderindex der Stiftung Familienunternehmen belegt. Die Studienreihe vergleicht regelmäßig 21 OECD-Staaten als Investitionsstandorte für Familienunternehmen. Der Index basiert auf verschiedenen Kategorien wie Steuern, Regulierung, Energie oder öffentliche Infrastruktur. Im Gesamtindex ist Deutschland in den letzten Jahren auf Rang 16 zurückgefallen.[8] In den Kategorien „Steuern" und „Arbeitskosten" liegt Deutschland auf einem der letzten Plätze. Bei Kategorien wie „Finanzierung" oder „Infrastruktur und Institutionen" (und hier insbesondere der rechtstaatlich-institutionelle Rahmen) gehört Deutschland hingegen zu den Vorreitern.

Insgesamt scheint die Politik die hohe Leistung der Familienunternehmen einfach als gegeben hinzunehmen. Dabei ignoriert sie, dass sich andere Länder weiterentwickeln und ihre Standortbedingungen strukturell verbessern – unter ihnen auch viele Schwellenländer wie Russland, die Türkei oder China, die ungeachtet der politischen Schwierigkeiten ihren Investitionsstandort stärken.[9] In Deutschland gibt es hingegen wenig Bereitschaft, Reformen anzugehen oder einen Masterplan für eine zukunftsgerichtete Standortpolitik zu entwerfen. Kurzfristig mag sich das kaum spürbar auswirken. Nimmt man aber eine langfristige Perspektive ein, wie es die Familienunternehmen tun, werden schlechte Standortbedingungen auf die wirtschaftliche Leistung der Unternehmen durchschlagen. ●

Über die Stiftung Familienunternehmen

Die Stiftung Familienunternehmen engagiert sich für eine ausgewogene Wahrnehmung der Familienunternehmen in der Öffentlichkeit und Politik, um eine der volkswirtschaftlichen Bedeutung entsprechende Berücksichtigung dieses Unternehmenstyps zu erreichen. Hierzu publiziert die Stiftung regelmäßig Studien im Kontext der Familienunternehmen und unterstützt entsprechende Lehr- und Forschungseinrichtungen an Hochschulen. Um die Familienunternehmen stärker in das Bewusstsein der breiten Öffentlichkeit zu rücken, arbeitet die Stiftung mit führenden Journalistenschulen zusammen und steht als Ansprechpartnerin für die laufende Berichterstattung zur Verfügung. Zudem fungiert sie als fachliche Autorität gegenüber politischen Entscheidungsträgerinnen und -trägern zur Berücksichtigung der besonderen Belange von Familienunternehmen in rechtlichen, steuerlichen und wirtschaftspolitischen Fragen. Die Stiftung organisiert zudem Veranstaltungen auf regionaler, europäischer und internationaler Ebene.

Kontakt: Stiftung Familienunternehmen
Telefon: 089 12764000-2
info@familienunternehmen.de
www.familienunternehmen.de

[8] Stiftung Familienunternehmen (Hrsg.): Länderindex Familienunternehmen, 7. Auflage, erstellt vom ZEW – Leibniz-Zentrum für Europäische Wirtschaftsforschung GmbH Mannheim, München 2020, www.familienunternehmen.de

[9] Stiftung Familienunternehmen (Hrsg.): Länderindex Familienunternehmen – Standortfaktoren in Emerging Markets, 2. Auflage, erstellt vom ZEW – Leibniz-Zentrum für Europäische Wirtschaftsforschung GmbH Mannheim, München 2020, www.familienunternehmen.de

Der neue Generationenvertrag

Warum Familienunternehmen die Frage der Nachfolge frühzeitig angehen und als einen Prozess verstehen sollten

Peter Englisch und Uwe Rittmann (PwC)

„Mein Vater kennt alle Leute in Cloppenburg, aber niemanden im Internet.“ Das äußerte vor einigen Jahren Thomas Grimme im Magazin „Gründerszene“. Er selbst kennt gerade im Internet viele Leute – und hat den Onlineshop „Bleywaren“ aufgebaut, um die Digitalisierung des 1827 gegründeten und in fünfter Generation geführten niedersächsischen Haushaltswarengeschäftes Bley voranzutreiben. Seniorchef Heinz-Jürgen Grimme hatte zwar im Gefühl, dass man im Internet etwas machen müsse, wusste aber nicht so recht, wie. Das Gewusst-wie kam dann von seinem Sohn.

Die digitale Transformation – die weit über die bloße Einführung von neuen Tools hinausgeht, sondern sich auf neue Geschäftsmodelle und Arbeitsformen, Netzwerkbildung und Datennutzung erstreckt – betrifft so gut wie alle deutschen Familienunternehmen. Eine besonders wichtige Rolle kommt dabei der Nachfolgegeneration zu, die mit dem, was Digitalisierung umfasst, groß geworden und entsprechend vertraut ist. Das ist eine große Chance, die einige Familienunternehmen bereits erfolgreich ergriffen haben – beispielsweise Viessmann, Sixt, Goldbeck, dm oder Hipp. Viele andere haben den Nachfolgeprozess noch vor sich. Bis zum Jahr 2022 gehen 150.000 Unternehmen mit rund 2,4 Millionen Mitarbeitenden in neue Hände über, schätzt das Institut für Mittelstandsforschung (IfM) in Bonn. Nicht immer verläuft die Zusammenarbeit zwischen den Generationen reibungslos. Dabei entscheidet sie darüber, ob ein Familienunternehmen enkelfähig bleibt oder untergeht.

Für die aktuelle Next Generation, kurz: NextGen, war und ist es oft schwer, ihre Rolle im Familienunternehmen zu finden. Sie sieht sich Patriarchen (oder Matriarchen) gegenüber, die so lange wie kaum eine Generation vor ihnen an der Unternehmensspitze stehen. Auch wenn die langfristige generationenübergreifende Orientierung nach wie vor einer der wichtigsten Werte für Familienunternehmen

Die NextGen in Zahlen

- **89 Prozent** der NextGen sind im deutschsprachigen Raum bereits in Familienunternehmen eingebunden – gegenüber **70 Prozent** weltweit.
  (Quelle: PwC NextGen Survey 2020)
- Nur **30 Prozent** tragen bislang operative Verantwortung, **51 Prozent** leiten ein Veränderungsprojekt oder einen Geschäftsbereich.
  (Quelle: PwC NextGen Survey 2020)
- Für **95 Prozent** hat die Weiterbildung der Mitarbeitenden oberste Priorität, für **93 Prozent** die Gewinnung und Bindung von Talenten.
  (Quelle: PwC NextGen Survey 2020)
- **71 Prozent** bezeichnen es als wahrscheinlich, dass sie spätestens bis zu ihrem 40. Geburtstag eine Rolle als Geschäftsführerin oder Geschäftsführer im eigenen Familienunternehmen übernehmen.
  (Quelle: Stiftung Familienunternehmen, „Deutschlands nächste Unternehmergeneration“)
- In der Generation Y (Geburtsjahrgänge 1977 bis 1999) sind inzwischen **40 Prozent** der Nachfolger weiblich.
  (Quelle: Wittener Institut für Familienunternehmen)

sein sollte, so sind die Veränderungsfähigkeit und -geschwindigkeit heute ein zusätzlicher Erfolgsfaktor.

Neue Technologien kommen in immer kürzeren Zyklen auf den Markt, datengetriebene Geschäftsmodelle krempeln die Kundenerwartungen um, die Arbeitswelt verändert sich rasant, die Generation Z bringt andere Ansprüche an ihre Erwerbstätigkeit mit. Die COVID-19-Pandemie hat diese Entwicklung weiter beschleunigt und den Blick wie ein Brennglas auf die Themen gelenkt, denen sich Familienunternehmen stellen müssen: digitale Transformation, aber auch nachhaltiges Wirtschaften, Rekrutierung und Weiterbildung.

Digitalisierung als Top-Priorität der jungen Generation

Die Next Generation hat das längst erkannt und will dazu ihren Beitrag leisten, wie der NextGen Survey aus dem Jahr 2020 „Agents of change: Earning your licence to operate" von PwC zeigt. 90 Prozent der Nachfolgerinnen und Nachfolger weltweit (89 Prozent im deutschsprachigen Raum) sehen es als dringendste Aufgabe, eine digitale Geschäftsstrategie zu entwickeln. Gerade in diesem Bereich sieht die junge Generation, die digitalaffin, gut ausgebildet und international aufgestellt ist, ihre Stärke: So sind 91 Prozent weltweit (94 Prozent im deutschsprachigen Raum) davon überzeugt, dass sie bei der digitalen Transformation den größten Wert für ihr Familienunternehmen stiften können. Die NextGen will Treiber des digitalen Wandels sein und ist bereit, Verantwortung zu übernehmen – auch an der Spitze: Jede zweite Nachfolgerin oder jeder zweite Nachfolger in der DACH-Region strebt in den nächsten fünf Jahren eine Position in der Geschäftsführung an, 89 Prozent sind bereits in das Familienunternehmen eingebunden.

Das setzt allerdings voraus, dass die Nachfolgerinnen und Nachfolger auch die „Licence to operate" bekommen. In diesem Punkt gibt es häufig Streit, wie der NextGen Survey von PwC aus dem Jahr 2018 belegt: Zu den größten Konfliktthemen zählen Entscheidungen rund um die Digitalisierung und Investitionshöhe. Der älteren Generation fällt es oft schwer, der jungen Generation Vertrauen zu schenken und Verantwortung abzugeben – was nicht immer die operative Leitung an der Unternehmensspitze bedeutet. Denkbar und ebenso wertvoll sind auch andere Rollen im Familienunternehmen, etwa als kompetenter Beirat, Aufsichtsrat oder als verantwortungsvolle Gesellschafterinnen und Gesellschafter.

> „Die Chancen stehen günstig wie nie zuvor: Familienunternehmen sollten die Gelegenheit, in Start-ups zu investieren, nutzen. Damit sichern sie sich den Zugang zu Zukunftstechnologien, Talenten und neuen Arbeitsformen. Um dabei erfolgreich zu sein, ist die Next Generation das ideale Bindeglied."
>
> *Uwe Rittmann, Leiter Familienunternehmen und Mittelstand bei PwC Deutschland*

Entscheidend ist, die NextGen frühzeitig ins Unternehmen einzubinden – nicht erst nach dem 40. Geburtstag, wie häufig praktiziert. Denn in der digitalen Welt, bei der es fast im Jahrestakt Technologiesprünge gibt, ist auch diese Altersgruppe allenfalls ein „Fast Follower". Ein sinnvoller Einstieg kann beispielsweise die Leitung eines Projektes oder eines (zunächst) ausgegliederten Unternehmensbereiches sein. Am Ende kommt es auf eines an: das Potenzial der jungen Generation für die Zukunftssicherung des eigenen Unternehmens zu nutzen. Sie ist mit digitalen Technologien vertraut, kann einschätzen, wie die neue Mitarbeitergeneration tickt, ist als Konsument mit digitalen Geschäftsmodellen vieler Anbieter vertraut und weiß, wie soziale Medien für die Kommunikation und Stärkung eines Markenauftrittes genutzt werden können.

Von einer Führung im Tandem profitieren beide Seiten

Aber: Nachfolge sollte nur im Ausnahmefall als abrupter Wechsel erfolgen. Sie funktioniert

Typologie der NextGen

Jede Vertreterin, jeder Vertreter der NextGen hat ein anderes Unternehmerverständnis. Diese vier Typen lassen sich kategorisieren:

- **Transformatoren (59 Prozent in der DACH-Region):** Sie wollen das Familienunternehmen an der Spitze nach ihren Vorstellungen gestalten. Dabei konzentrieren sie sich vor allem auf Innovationen und die digitale Transformation.
- **Stewards/Bewahrer (25 Prozent):** Sie haben einen klassischen Karriereweg im Unternehmen hinter sich, sind in der Regel älter als andere NextGens und haben bereits eine Führungsrolle. Sie konzentrieren sich auf die profitable Fortführung des Familienunternehmens.
- **Intrapreneure (14 Prozent):** Sie übernehmen zunächst ein Projekt oder einen ausgegliederten Bereich im Familienunternehmen, bei dem sie ihre Ideen verfolgen können. Wie ein Start-up verfügt dieser Bereich über eine eigene Arbeitsweise und Unternehmenskultur.
- **Entrepreneure (5 Prozent):** Sie gehen ihren Weg außerhalb des Familienunternehmens. Entrepreneure wollen ihr eigenes, selbst gegründetes Unternehmen führen. Innerhalb des Familienunternehmens sehen sie sich eher in einer Governance-Rolle.

normalerweise als längerer und systematischer Prozess, in dem beide Generationen bestenfalls voneinander lernen. Die ältere wird von ihren Töchtern und Söhnen an Themen wie Plattformökonomie, Datenanalyse oder disruptive Geschäftsmodelle herangeführt. Die junge Generation wiederum muss Schritt für Schritt befähigt werden, Verantwortung zu übernehmen und zeitlose Unternehmertugenden zu entwickeln: Mitarbeiterorientierung, Weitsicht, Entscheidungsstärke, Nachhaltigkeit. Wie dieses Miteinander in der Praxis funktionieren kann, zeigt das Beispiel Sixt: Die Eltern Erich und Regine Sixt haben die Autovermietung ausgebaut, die Söhne Alexander und Konstantin mit Carsharing und Buchungsapp für die digitale Vernetzung der Vermietflotte gesorgt.

> „Wir haben jetzt – nach der COVID-19-Krise – ein ‚Window of opportunity'. Daher mein Appell an alle Familienunternehmer: Bindet die junge Generation ein, übertragt ihr Verantwortung! Es wäre ein fataler Fehler, dieses Potenzial zu verschenken."
>
> *Peter Englisch, Global und EMEA Family Business Leader bei PwC*

Zwei Voraussetzungen sind zwingend, um einen Nachfolgeprozess erfolgreich zu gestalten. Erstens das deutliche Signal der älteren Generation an die junge: „Wir brauchen euch, um das Unternehmen in die Zukunft zu führen." Zweitens ein Generationenvertrag, der die Family Governance regelt – mit klaren Rollenzuschreibungen und verbindlichen Spielregeln.

Die Krise hat Schwachstellen offengelegt

Dafür ist es jetzt allerhöchste Zeit! Denn die Corona-Pandemie hat zu tief greifenden Umwälzungen geführt, die in vielen Unternehmen Schwachstellen aufgezeigt haben und das nicht nur, wenn es um die Digitalisierung geht. Beispiel New Work: Die Verbreitung von Homeoffice und Remote Work hat sich beschleunigt und neben technischen Fragen auch neue Arbeitsformen befördert. Gerade die Generation Y, zu der die Geburtsjahrgänge zwischen 1977 und 1999 zählen, tritt für eine neue Arbeitskultur ein. Wie eine Studie des Wittener Instituts für Familienunternehmen (WIFU) zu den Zukunftstrends in der Nachfolge belegt, hat die Präsenzkultur – ebenso wie das Modell des patriarchalen Alleinherrschers – für diese Generation ausgedient. Was zählt, sind flexible Arbeitsformen, Teamwork und Kollaboration, aber auch eine ausgewogene Work-Life-Balance.

Solche Angebote erwartet nicht nur die NextGen. Sie helfen, insbesondere im länd-

Fünf Erfolgsfaktoren für Familienunternehmen nach der COVID-19-Pandemie:

1. **Die Rolle der NextGen:** Die COVID-19-Pandemie hat viele Familienunternehmen in puncto Ausrichtung, Produkte, Technologie und Geschäftsmodell auf den Prüfstand gestellt. Durch ihren Blick von außen und die Verbundenheit zum Unternehmen hat die Next Generation beste Voraussetzungen, um den Wandel voranzutreiben. Wichtig sind eine klare Nachfolgeregelung – gerade für ältere Firmenchefs – und ein Notfallplan.

2. **Zusammenarbeit mit Start-ups:** Viele Unternehmen sind durch die Krise in eine wirtschaftliche Schieflage geraten. Für Familienunternehmen bietet sich damit stärker als bisher die Chance, Kooperationen einzugehen oder Firmen zu übernehmen. Damit können sie sich Technologien, Know-how und digitale Talente sichern, um ihre Marktposition zu stärken.

3. **Cash is king:** Die Pandemie hat gezeigt, wie wichtig ein solides finanzielles Polster für die Widerstandsfähigkeit von Unternehmen ist. Familienunternehmen sollten sich daher fragen, wie sie ihre Finanzkraft stärken und welche staatlichen Förderprogramme oder steuerlichen Maßnahmen sie nutzen können.

4. **Kundenzentrierung im Remote-Modus:** Vertrieb in Zeiten von Social Distancing verändert die Art der Kundenansprache. Es ist sinnvoll, dass Unternehmen ihr Angebot, die Wahl des Kanals, ihre Tonalität und Transaktionsgeschwindigkeit prüfen und eventuell verbessern.

5. **Sichere Lieferketten:** Die Pandemie hat die Anfälligkeit von Lieferketten aufgezeigt. Lieferketten müssen an die neuen Bedingungen angepasst und transparenter, nachhaltiger und belastbarer gestaltet werden. Möglicherweise erhöht ein stärkeres Insourcing die Widerstandsfähigkeit.

lichen Raum, auch bei der Rekrutierung neuer Mitarbeitender, gerade im digitalen Bereich. Für diese knapp bemessenen Fachkräfte – die Digital Talents – ist es nämlich hochattraktiv, wenn sie auf ihre eigene Generation in Schlüsselpositionen auf der Unternehmer- und Inhaberseite eines Arbeitgebers treffen und – dank flexibler Arbeitszeitmodelle – am Ort ihrer Wahl leben können. Bereits vor Corona gab es hier Handlungsbedarf, denn der Fachkräftemangel ist für Familienunternehmen eine Wachstumsbremse. Nach dem „European Private Business Survey“ von PwC aus dem Jahr 2019 entsteht allein dem deutschen Mittelstand dadurch ein jährlicher Schaden von 64 Milliarden Euro.

Auch zum Thema Sustainability hat die Nachfolgegeneration oft eine größere Affinität. Sie weiß, dass Unternehmen künftig daran gemessen werden, welchen Beitrag sie zur Nachhaltigkeit leisten – vor allem wenn es um den Klimaschutz geht. In vielen Unternehmerfamilien übernehmen NextGens bereits eine Vorreiterrolle und beweisen, dass Ökonomie und Ökologie sich nicht ausschließen müssen. Ein Beispiel ist die Initiative „Entrepreneurs For Future“, die sich mit der Fridays-for-Future-Bewegung solidarisiert und der sich mittlerweile mehr als 4.500 Unternehmen, darunter viele Mittelständler, angeschlossen haben.

Durch Zukäufe von Start-ups Zukunftstechnologien sichern

Ein wichtiges Bindeglied ist die NextGen auch zu den jungen digital- und technologiegetriebenen Start-ups, die für etablierte Familienunternehmen ein Hebel sein können, um Enkelfähigkeit sicherzustellen. Dank ihrer oft soliden finanziellen Ausstattung haben Familienunternehmen gute Möglichkeiten, ihre Marktposition durch Zukäufe von Technologien, Talenten und Know-how auszubauen. Dass die NextGen selbst dazu bereit ist, zeigt die Studie „Deutschlands nächste Unternehmergeneration“ der Stiftung Familienunternehmen: Drei Viertel der Befragten finden die Kooperation mit Start-ups zur Entwicklung von digitalen Lösungen wichtig. Auch die Zahlen belegen diesen Trend: Die weltweiten Direktinvestitionen von Unternehmen in Start-ups haben sich in den Jahren 2014 bis 2019 verdreifacht. Und das ist gut so: Kooperationen zwischen jungen Technologieunternehmen und etablierten Firmen bieten die Chance, erfolgreiche Innovationen hervorzubringen. Und wenn es bei der Zusammenarbeit hakt, weil junge Unternehmen anders ticken? Dann hilft es, sich klarzumachen, dass viele Familienunternehmen als Start-up angefangen haben – auch wenn es damals noch nicht so hieß. ●

Venture Building als Zukunftsmodell für Familienunternehmen

Henrike Luszick (Bridgemaker)

Familienunternehmen sind ein wichtiger wirtschaftlicher Faktor für Deutschland. Sie nehmen neben dem bloßen Umsatzwachstum eine große Eigenverantwortung und eine Verantwortung gegenüber ihren Mitarbeitenden wahr. Nach aktuellen Schätzungen des Instituts für Mittelstandsforschung Bonn sind über 90 Prozent dieser Unternehmen eigentümergeführt. In den seltensten Fällen wird die Verantwortung für ein Familienunternehmen komplett in die Hände des Managements gelegt. Bei 73 Prozent der Unternehmen treten Familienmitglieder die Nachfolge an.[1] Insbesondere die Wahrung der Eigenständigkeit und die Sicherung der Arbeitsplätze sollen bei der Nachfolgeregelung hinreichend berücksichtigt werden.[2]

Mit der langfristigen Planung geht ein großer Vorteil familiengeführter Unternehmen einher: die Erfahrung. Kein anderer Unternehmenstyp verfügt über ein vergleichbares industriespezifisches Fachwissen. Solche Vorteile spiegeln sich auch in Umfragewerten wider. Mit Deutschland als sicheren Standort geben 90 Prozent der Familienunternehmen in einer PwC-Studie aus dem Jahr 2018 an, in den nächsten zwei Jahren ein deutliches Wachstum zu erwarten. Gleichzeitig passen nur neun Prozent dieser Unternehmen ihr Geschäftsmodell an Veränderungen wie Digitalisierung, globale Konkurrenz, veränderte Kundenerwartungen und Fachkräftemangel an.[3]

Ob ähnliche Aussagen von denselben Unternehmen 2020 wieder so getroffen werden würden, ist anzuzweifeln. Die wirtschaftliche Krise, die durch die Corona-Pandemie ausgelöst wurde, lässt aber nicht nur pessimistische Zukunftsprognosen zu. Zeitgleich zeigt sie auch die Notwendigkeit einer Anpassung auf, die noch zwei Jahre zuvor nur bedingt angestrebt wurde.

Nachfolgeregelung rechtzeitig planen

Egal wie gut vorbereitet, in langfristig denkenden und handelnden Unternehmen braucht die Nachfolge vor allem eines: Zeit. Dafür sollte auf Seiten der amtierenden Unternehmerinnen und Unternehmer die Bereitschaft vorhanden sein, Verantwortung abzugeben. Ein Drittel der Unternehmensführenden gibt selbst mit 65 Jahren an, noch zu jung für eine Weitergabe zu sein, und handelt daher erst, wenn zum Beispiel gesundheitliche Probleme sie dazu zwingen.[4] Zudem sehen 15 Prozent der Unternehmensführenden ihren Nachwuchs als nicht geeignet für eine Nachfolge.[5]

Eigenschaften, die bei allen Familienunternehmen gewünscht werden, sind fachliche Qualifikation (100 Prozent), dicht gefolgt von Persönlichkeit, Belastbarkeit, Kommunikationsfähigkeit, Loyalität, Mitarbeiterführung und Branchenerfahrung[6] – Fähigkeiten, die zum Teil erlernt und, viel wichtiger noch, in der Praxis erprobt werden müssen. Dabei bietet die Ausbildung im eigenen Betrieb nur

[1] Nagl, A. (2019). Wie regele ich meine Nachfolge? Leitfaden für Familienunternehmen. Wiesbaden: Springer Gabler.

[2] Ebd., S. 5.

[3] PricewaterhouseCoopers. (2018). Family Business Survey. Abgerufen von https://www.pwc.de/de/mittelstand/pwc-family-business-survey-2018-der-wert-von-werten-in-der-neuen-normalitaet-2018.pdf

[4] Ebd., S. 2.

[5] Ebd., S. 3.

[6] Ebd., S. 12.

bedingt Vorteile, da hier oft der dafür notwendige Raum für Verantwortung und Eigenständigkeit fehlt. Es werden Führungseigenschaften, Organisation mehrerer Arbeitsbereiche und nicht zuletzt unternehmerisches Feingefühl gefordert, damit das Familienunternehmen auch langfristig konkurrenzfähig bleibt. Es braucht Allround-Talente mit echter Unternehmererfahrung. Bei mehr als 50 Prozent der Nachfolgegeneration kommt aber auch mangelndes Interesse an einer Übernahme des Familienbetriebes hinzu.[7] Neben der fehlenden Möglichkeit, früh unternehmerische Verantwortung zu übernehmen, kann ein Grund auch die Unzufriedenheit mit dem Stand der Digitalisierung sein. 72 Prozent der Nachrückenden sehen hier Nachholbedarf im eigenen Familienbetrieb.[8]

Unternehmerische Innovation durch Digitalisierung

Hürden für eine schnellere und effektivere Digitalisierung im eigenen Betrieb sieht die nachfolgende Generation laut einer Studie von Spitzley und Prügel unter anderem in der mangelnden Akzeptanz bei Mitarbeitenden und darin, die ältere Generation an die Digitalisierung heranzuführen.[9] Zwar werden die Vorteile der Digitalisierung in der Optimierung von Geschäftsprozessen mehrheitlich erkannt, aber insbesondere das verknüpfte unternehmerische Potenzial sehen nur 10 Prozent der Befragten.[10]

Dass Digitalisierung unternehmerische Innovation ermöglicht, zeigt das Beispiel der Firma Waldmann. Waldmann ist ein Hidden Champion aus dem Schwarzwald im Bereich der Lichttechnik für Büro-, Medizin- und Industrieanwendungen. Um weiterhin auf einem Markt überzeugen zu können, auf dem dank der voranschreitenden Globalisierung die Konkurrenz stetig wächst, entwickelte Waldmann zusammen mit Bridgemaker die Tochterfirma LIZ Smart Office. Mit deren Software können Leuchten nicht nur Licht spenden, sondern durch Sensoren die Auslastungsströme in Büros messen. Das ist besonders jetzt relevant, wo Büroräumlichkeiten zwar optimal ausgenutzt werden könnten, gleichzeitig aber nicht zu viele Personen aus gesundheitlichen Gründen gemeinsam in einem Raum arbeiten sollten. Die Software ist nicht nur eine bloße Erweiterung der Büroleuchte, durch Digitalisierung ist zudem ein neues Geschäftsmodell entstanden. Das Beispiel bietet auch einen idealen Ansatz zur Ausbildung der Nachfolgegeneration.

Mit Venture Building Verantwortung lernen

Eine gute Möglichkeit, die nötigen Erfahrungen zu sammeln und in besonderer Form Verantwortung zu übernehmen, ist, wenn Nachfolgende zunächst ein eigenes Unternehmen gründen. Keine andere Form der Schulung ermöglicht es so schnell, ganzheitliches unternehmerisches Handeln zu erlernen. Bridgemaker unterstützt Familienunternehmen dabei, das Beste aus den Welten der agilen Start-ups und der Mutterkonzerne mit ihren Ressourcen zusammenbringen. Venture Building ist hier eine besonders geeignete Gründungsform. Der Forscher und Corporate Advisor Kai Reinhardt erklärt, dass dabei die Kernorganisation mit speziellen Dienstleistern zusammenarbeitet, die sich auf den Aufbau digitaler Geschäftsmodelle für andere Konzerne spezialisiert haben.[11] Durch die investitionsbedingte und eventuell auch inhaltliche Verbindung zum Familienunternehmen bleibt eine enge Beziehung bestehen. Gleichzeitig steht die Nachfolgegeneration komplett auf eigenen Beinen, mit einem eigenständigen Geschäftsmodell und unternehmerischer Verantwortung. Mit diesem Wissen im Gepäck lässt es sich auch leichter argumentieren, für die Übernahme des großen Familienunternehmens bereit zu sein. Auch bieten Ventures einen Marktvorteil gegenüber klassischen Start-ups.

[7] Ebd., S. 3.

[8] Spitzley, D. & Prügel, R. (2018). Digitalisierung in Familienunternehmen. FuS – Zeitschrift für Familienunternehmen und Strategie Heft 6/2018, S. 180–185, hier S. 182.

[9] Ebd., S. 183.

[10] Ebd., S. 182.

[11] Reinhardt, K. (2020). Digitale Transformation der Organisation. Wiesbaden: Springer Fachmedien, S. 209 f.

Für eine Risikostreuung empfiehlt es sich, nicht nur ein Venture zu gründen, sondern ein strategisches Corporate-Venture-Portfolio anzulegen. Zunächst sollten Ziele für Neugeschäfte innerhalb der Unternehmensstrategie festgelegt werden. Mit einer Mischung aus Minderheitsbeteiligungen, Akquisitionen und dem Aufbau von komplett neuen Ventures wird ein neues Standbein aufgebaut. Wichtig ist, die Kultur der Kreativität und Offenheit gegenüber sich immer schneller wandelnden Märkten zu kombinieren mit Fleiß, Vertriebsstärke und Gestaltungsdrang einer erfolgreichen Nachfolgegeneration. Bei dem Entwickeln eines Portfolios kann man die Durchsetzungsfähigkeit, die neue Projekte benötigen, und die Offenheit gegenüber neuen Modellen gleichermaßen lernen.

So verbindet Venture Building unternehmerische Innovation und Ausbildung der Nachfolgegeneration in einem Maße wie kein anderes Modell.

Fazit

Die Nachfolge ist bei Familienunternehmen mit vielen Emotionen verbunden. Unternehmensführende empfinden eine besondere Verantwortung gegenüber ihren Mitarbeitenden und ihrem Familienvermächtnis. Das Familienunternehmen weiterzugeben, benötigt viel Vertrauen in die Nachfolge. Mit den Anforderungen der Digitalisierung sind die Herausforderungen für deutsche Familienunternehmen in den nächsten Jahren immens. Neue Modelle wie Venture Building können aber ein probates Mittel sein, um eine ganzheitliche Antwort auf beide Herausforderungen – die Übernahme von Verantwortung und den Aufbau neuer innovativer Geschäftsmodelle – zu geben. Meistern Familienunternehmen diese, werden sie auch einen entscheidenden Beitrag zum Erfolg des Wirtschaftsstandortes Deutschland leisten. Die Zusammenarbeit mit einem externen Venture Builder kann hier ein erfolgreicher Weg sein.

Familienunternehmen könn(t)en mehr. Warum neue Wege für den Nachfolgeprozess notwendig sind

Dr. Karin Ebel und Dr. Matthias Händle
(PETER MAY Family Business Consulting)

Unabhängigkeit ist eines der wesentlichen Kennzeichen von Familienunternehmen. Größtmögliche Entscheidungsfreiheit erlaubt es den Beteiligten zum Beispiel, auf kurzen und schnellen Beschlusswegen über neue Geschäftsmodelle oder den Schutz des Unternehmensstandortes zu entscheiden. Diese Fähigkeit, sehr zeitnah auf neue Rahmenbedingungen zu reagieren, unterscheidet Familienunternehmen von anderen Unternehmensformen und kann ein großer Wettbewerbsvorteil sein. Gestaltungsspielräume ermöglichen es einer Inhabergeschäftsführung aber nicht nur, im operativen Geschäft andere Wege zu gehen und eigene Überzeugungen besser umzusetzen, sie können und sollten auch bei inhaberstrategischen Entscheidungen genutzt werden.

Wir zeigen am Beispiel des Nachfolgeprozesses auf, wie Inhaberfamilien Gestaltungsspielräume nutzen und besonders bei der Gewinnung von Frauen für Führungspositionen neue Wege gehen können. Natürlich meinen wir Männer und Frauen, wenn wir vom „Nachfolger" oder „Geschäftsführer" sprechen.

Der Nachfolgeprozess – ein Wandel im Denken?

Schon vor der Corona-Pandemie hat die Digitalisierung in vielen Familienunternehmen einen Wandel des Geschäftsmodells nötig gemacht und traditionelle Branchen vor große Herausforderungen gestellt. Parallel dazu stellt sich für viele Inhaberfamilien die Frage, ob die bisher geltenden Grundsätze für den Nachfolgeprozess im Unternehmen noch zukunftsfähig sind. In der Regel werden von einem Nachfolgekandidaten aus der Familie eine entsprechende fachliche Qualifikation, also eine Ausbildung oder ein Studium in für die zukünftige Tätigkeit relevanten Bereichen verlangt. Viele Familien machen auch eine nachgewiesene mehrjährige externe Erfahrung zur Bedingung für den Einstieg in das operative Geschäft des eigenen Unternehmens.

Für den Nachfolgeprozess, der einem solchen Modell folgt, gab und gibt es gute Gründe:

- Die Tätigkeit in einem anderen Unternehmen führt zu einer objektiven Beurteilung des Nachfolgers durch Dritte, die für alle Beteiligten im Rahmen des Nachfolgeprozesses hilfreich und wegweisend ist.
- Der Nachfolger lernt andere Geschäftsmodelle, Führung und Handwerkszeug für seine zukünftige Rolle kennen. So kann er neuen Input in das eigene Unternehmen bringen und Bewährtes auf den Prüfstand stellen.
- Erste Erfolge außerhalb des eigenen Unternehmens stärken das Selbstbewusstsein und machen den Weg ins Familienunternehmen zu einer bewussten Entscheidung. Denn der Nachfolger sieht, dass er auch außerhalb des eigenen Unternehmens interessante Chancen hat.
- Und schließlich steht der Nachfolger nicht von Tag eins an unter der Beobachtung der Mitarbeitenden, die er später selber führen soll.

In der Vergangenheit hat dieses Vorgehen oft eine gute Basis für einen erfolgreichen Nachfolgeprozess geschaffen. Und aus unserer Sicht wird es auch in Zukunft Familienunternehmen geben, in denen eine nach diesem Muster geplante und durchgeführte Nachfolge zu einem erfolgreichen Fortbestand des Unternehmens beiträgt.

Doch was ist mit all den Branchen und Geschäftsmodellen, die sich derzeit in einem jähen Wandel befinden? Mit Unternehmen, die sich für die Zukunft neu aufstellen müssen, um wettbewerbsfähig zu bleiben? Kann auch in diesen Fällen die Erfahrung in einem anderen Unternehmen dieselbe Bedeutung für den Nachfolgeprozess haben wie bisher?

Wenn der externe Karrierestart keine Option ist

Wir glauben, dass auch Nachfolgeprozesse neu gedacht werden müssen. Dabei bleibt die Qualifikation des Kandidaten weiterhin das entscheidende Kriterium. Denn er muss fachlich und persönlich in der Lage sein, das Unternehmen zu führen. Und zur persönlichen Qualifikation gehört auch, die eigene Familie auf Dauer hinter sich zu haben. Aber wie weist ein Kandidat die persönliche und fachliche Qualifikation zur Nachfolge nach, wenn sie nicht durch eine mehrjährige externe Tätigkeit belegt werden kann?

In diesem Fall muss der Nachfolgeprozess neu geplant werden, und es gilt folgende Fragen zu klären:

- Kann ein Nachfolger die im Rahmen einer mehrjährigen externen Tätigkeit gemachten Erfahrungen überhaupt für die zukünftige Führung des eigenen Unternehmens einsetzen? Oder ist das eigene Geschäftsmodell neu beziehungsweise einzigartig?

- Besteht überhaupt eine reelle Chance auf eine Festanstellung in einem anderen Unternehmen, die einen Mehrwert für die zukünftige Tätigkeit im Familienunternehmen und damit für den Nachfolgeprozess bringt?

- Wie kann ohne den extern erbrachten Beweis sichergestellt werden, dass der Nachfolger das Potenzial für die Führung des Unternehmens hat und auch erfolgreich einsetzen kann?

- Und was tun, wenn die Nachfolge nicht funktioniert? Wie kann der Nachfolger, die Familie und das Unternehmen geschützt und wie können ernsthafte Konflikte vermieden werden?

Ausgangspunkt unserer Überlegungen ist die Beobachtung, dass eine adäquate Stelle außerhalb des Familienunternehmens schwer zu bekommen ist. Oft passt die Tätigkeit inhaltlich nicht im Hinblick auf die zukünftige Führungsrolle im eigenen Unternehmen. Zum Beispiel wenn das Unternehmen gerade neue Geschäftsmodelle entwickelt oder interne Prozesse vollständig umgestellt hat. Dabei kommt es natürlich auf den Bereich an, in dem der Nachfolger später tätig sein möchte. Für ein technikgetriebenes Unternehmen, das einen Geschäftsführer mit technischem Verständnis braucht, ist diese Frage vielleicht anders zu beantworten als für eine Nachfolgeposition mit dem Schwerpunkt im Bereich Finanzen und Controlling. Entscheidend ist die Überlegung: Was kann ein Nachfolger fachlich aus der Erfahrung in einem anderen Unternehmen ins eigene Familienunternehmen transportieren?

Außerdem haben junge Menschen aus Unternehmerfamilien bei der Suche nach einer Aufgabe in anderen Unternehmen noch mit einem weiteren Hindernis zu kämpfen: Häufig wird ein potenzieller Nachfolger – insbesondere als Namensträger – mit Blick auf seine unternehmerische und familiäre Zugehörigkeit und dem damit verbundenen hohen Risiko des baldigen Wechsels ins eigene Unternehmen nicht angestellt.

Wie also wird der Nachfolger fachlich auf seine zukünftige Tätigkeit vorbereitet, wenn keine ersten Erfahrungen in anderen Unternehmen gesammelt werden können? In diesem Fall kann ein Nachfolgeprozess gewählt werden, der nicht auf die nachgewiesene Erfahrung des Kandidaten setzt, sondern auf sein Potenzial. Dabei ist es aber äußerst wichtig, die ersten operativen Schritte im eigenen Unternehmen sehr genau zu planen und von vornherein festzulegen, wie der Nachfolger ausreichend unterstützt wird. Außerdem ist es unabdingbar, vorab zu klären, wie der Nachfolgeprozess beendet wird, wenn er keinen Erfolg verspricht.

Um den Nachfolger bestmöglich zu unterstützen, sollte ihm ein Coach oder Mentor zur Seite gestellt werden, der ihn auf dem Weg zur Spitze inhaltlich und persönlich begleitet. Dies kann ein Beiratsmitglied oder ein externer Mentor sein, der mit den Aufgaben und der Rolle eines Geschäftsführers vertraut ist und sowohl strategische als auch operative Unterstützung bietet. Auch sollte darauf geachtet werden, dass der Nachfolger seine ersten Schritte im eigenen Unternehmen unbelastet gehen kann. So bieten sich unter anderem eigene Projekte an, wie zum Beispiel der Aufbau einer ausländischen Tochtergesellschaft oder die Einbindung in ein wesentliches Projekt (zum Beispiel der Neubau eines Werkes). Der Vorteil eines abgrenzbaren Projektes als Einstieg ist, dass der Nachfolger nach dessen Abschluss das Unternehmen ohne wesentlichen Gesichtsverlust wieder verlassen kann.

In jedem Fall sollten vorab Gründe und Bedingungen für die Beendigung des Nachfolgeprozesses für alle Beteiligten definiert werden. Denn nur wenn Erwartungen und die Bewertungskriterien für eine gelungene Nachfolge konkret benannt wurden, können Erfolge festgehalten und laufend überprüft werden. Nur dann ist für den Kandidaten klar, auf was er sich einlässt. Und dass das Risiko für den potenziellen Nachfolger beim Einstieg in das eigene Unternehmen direkt nach dem Studium groß ist, ist offensichtlich. Sollte die Nachfolge nicht funktionieren, wird die erste Frage in einem Bewerbungsgespräch immer lauten: „Warum sind Sie nicht im eigenen Unternehmen geblieben?“

Auch die Nachfolge im Beirat erfordert einen strukturierten Prozess

Unsere Ausführungen über mögliche neue Wege des Nachfolgeprozesses betreffen nicht nur die Übergabe der operativen Führung. Die Nachfolge im Beirat ist ebenso sorgfältig zu regeln. Insbesondere vor dem Hintergrund, dass Familien sich zunehmend auf die strategische Führung des Unternehmens konzentrieren und keine Positionen im operativen Geschäft besetzen. Deshalb ist es wichtig, auch die Beiratspositionen, die für die Inhaberfamilie eine zentrale Bedeutung haben, in einen strukturierten Nachfolgeprozess einzubeziehen. Kandidaten für diese Positionen sollten fachlich und persönlich begleitet und auf ihre Rolle als zukünftiges Beiratsmitglied bestmöglich vorbereitet werden. Dies kann zum Beispiel durch eine regelmäßige Teilnahme als Gast der Beiratssitzung flankiert werden. Bei größeren Familien ist besonders darauf zu achten, dass es einen fairen Nachfolgeprozess für den Beirat gibt und eine klare Regelung vorliegt, wer wann als Gast an der Beiratssitzung teilnehmen kann. Dabei ist zu gewährleisten, dass die Arbeit des Beirats durch die Gäste nicht beeinträchtigt wird.

Egal ob es um die operative Führung oder das Aufsichtsgremium geht: Wir glauben, dass Familienunternehmen es sich leisten können und müssen, die Nachfolge aktiv und individuell zu gestalten. Nachfolge ist nicht nur auf den Übergabezeitpunkt zu reduzieren – sie ist ein langjähriger Prozess, der eventuell immer wieder angepasst werden muss. Familienunternehmen haben den Gestaltungsspielraum und die Freiheit, ihr eigenes Modell zu wählen, und sollten dies nutzen.

Chancen für Frauen in Familienunternehmen

Im Juni 2020 hat die deutsch-schwedische AllBright-Stiftung die Frauenquote in der Führungsspitze der 100 größten deutschen Familienunternehmen analysiert. Das Ergebnis ist bemerkenswert. Zwar bezeichnen sich fast alle erfolgreichen Familienunternehmer als weltoffen, liberal und in keinem Fall frauenfeindlich. Dennoch kommt die Studie zu dem Ergebnis, dass der Frauenanteil in der Geschäftsführung dieser 100 Familienunternehmen bei lediglich 6,9 Prozent liegt und damit noch geringer ist als bei den im DAX notierten Unternehmen, die es auch nur auf 15 Prozent bringen. Bei den Familienunternehmen, die sich zu 100 Prozent in Familienbesitz befinden, ist der Wert mit 4,8 Prozent sogar noch einmal rund zwei Prozentpunkte geringer.

Diese Ergebnisse verwundern, insbesondere vor dem Hintergrund, dass heute die Universitäten nicht nur in den wirtschaftswissenschaftlichen und juristischen Fakultäten, sondern auch zunehmend bei IT- und ingenieurwissenschaftlichen Studiengängen steigende Frauenquoten aufweisen. In diesen Fächern stellen junge Frauen heute immerhin rund ein Viertel der Studierenden. Wie kommt es dann, dass es einen so geringen Anteil von Frauen in der Führung von Familienunternehmen gibt?

Zuweilen hört man die These, dass Frauen kein Unternehmer-Gen haben. Auch wenn einem sofort bekannte weibliche Unternehmerpersönlichkeiten wie Maria-Elisabeth Schaeffler, Liz Mohn oder Susanne Klatten einfallen, muss man doch feststellen, dass seit Jahren die Gründer von Unternehmen nur in 40 Prozent der Fälle weiblich sind. Dies rechtfertigt aber keinesfalls einen Wert von weniger als sieben Prozent weiblicher Geschäftsführungsmitglieder in Familienunternehmen.

Alle bisher durchgeführten Befragungen und Untersuchungen bestätigen, dass gemischte Geschäftsführungsteams bessere Resultate erbringen. Daher gehen wir nicht davon aus, dass man einer Tochter aufgrund ihres Geschlechtes den Weg ins Familienunternehmen verwehren würde. Wir möchten uns an dieser Stelle aber nicht mit der psychologischen Aufarbeitung dieses Phänomens beschäftigen. Auch Thesen, die besagen, dass die rebellierenden Männer die Karriere von Frauen bekämpfen, möchten wir in Bezug auf Familienunternehmen an dieser Stelle vernachlässigen.

Bei der Suche nach den Ursachen für den geringen Frauenanteil in der Führung von Familienunternehmen stoßen wir auf diese Probleme:

- Die immer noch schwierige Vereinbarkeit von Beruf und Familie bleibt ein Problem von Müttern – nicht von Vätern.
- Wenn Männer eine Familie dominieren, setzt sich das auch in der Unternehmenskultur fort.
- Frauen in Führungspositionen werden zu wenig gefördert und zu selten ermutigt, in der Unternehmenshierarchie weiter aufzusteigen.

Der Generationswechsel im Familienunternehmen und damit auch der Führungsanspruch sind keine Bringschuld, sondern vielmehr eine Holschuld. Und die Herausforderung, in die Führung eines (möglicherweise bisher männerdominierten) Unternehmens vorzudringen, ist für jeden Nachfolger groß. Aber ist es schwieriger für eine Tochter als für einen Sohn? Vielleicht schon. Trotzdem sind wir der Meinung, dass dies kein Hinderungsgrund sein darf. Wir müssen junge Frauen ermutigen, fordern und fördern, sich dieser spannenden Aufgabe zu stellen. Sich für die Aufgabe zu empfehlen, liegt zwar immer bei der Person selbst. Aber es sollte vermieden werden, einer jungen Frau den Aufstieg durch nicht mehr zeitgemäße Forderungen unnötig zu erschweren, etwa durch die Wahl, entweder Kinder zu haben oder eine Führungsrolle im Unternehmen zu bekleiden.

Sind Führungsrolle und Familie vereinbar? Wenn nicht im Familienunternehmen – wo dann? Der so oft zitierte Drittvergleich – also die Forderung, dass ein Kandidat aus der Familie immer die gleichen fachlichen Voraussetzungen erfüllen muss wie ein externer – hat dazu geführt, dass manche junge Unternehmerin lieber ein eigenes Unternehmen gründet, als sich gegen Vorurteile und schlimmstenfalls durch ein nicht mehr zeitgemäßes Regelwerk zu kämpfen. Die bestehenden Regeln und Strukturen müssen deshalb immer wieder infrage gestellt werden. Zeigt uns nicht gerade die Corona-Pandemie, was alles möglich ist? Dass zum Beispiel auch die Geschäftsführung an einem Tag in der Woche aus dem Homeoffice arbeiten kann – für viele Nachfolger schien dies bis vor einigen Wochen noch unmöglich zu sein.

Vielleicht ist es nun endlich an der Zeit, einen Unternehmenskindergarten einzurichten oder für eine Notfallbetreuung zu sorgen. Es liegt an den Familienunternehmen selbst, die Besten für das Unternehmen zu begeistern – und das Schaffen attraktiver Rahmenbedingungen gehört dazu.

Den Einfluss der Aufsichtsgremien nicht unterschätzen

In Familienunternehmen kann auch was diese Themen anbelangt besonders aus dem Aufsichtsgremien heraus strategisch Einfluss genommen werden. Arbeit und Einfluss der

Gremien hat sich in den vergangenen Jahren deutlich professionalisiert. Unternehmen, in denen lediglich zwei Sitzungen pro Jahr stattfinden, gibt es kaum noch. Nicht selten finden wöchentliche Meetings zwischen Geschäftsführung und Aufsichts- beziehungsweise Beiratsvorsitz statt. Hinzu kommen vier bis sechs jährliche Sitzungen des gesamten Gremiums. Diese Sitzungen wurden auch schon vor der Corona-Pandemie häufig als Videokonferenz durchgeführt, diese Tendenz verstärkt sich jetzt deutlich. Für Nachfolger bedeutet das eine zusätzliche örtliche Flexibilität. So können wir aus unserer Praxis von einigen sehr erfolgreichen Beispielen berichten, bei denen die Vorsitzende des Aufsichtsgremiums ihren Hauptwohnort im europäischen Ausland hat und nicht am Unternehmenssitz. Auch wenn eine solche Konstellation sicher zunächst für Diskussionen sorgt, ist sie am Ende möglicherweise für alle Beteiligten – Unternehmen, Familie und Nachfolger(in) – die beste Lösung. Zu berücksichtigen ist dabei, dass ein solches Modell professionell vorbereitet werden muss und es möglicherweise zu Beginn arbeitsintensiver ist, Abläufe zu definieren. Andernfalls kann es schnell zu ungewollten, teils hoch emotionalen Problemen in der Familie und im Unternehmen kommen.

Obwohl die Ausübung des Familieneinflusses auf das Aufsichtsgremium vielleicht schon heute einfacher mit Aufgaben in der Familie zu vereinbaren ist, beträgt der Frauenanteil aber auch in Aufsichts- und Verwaltungsbeiräten laut der AllBright-Studie nur 26 Prozent. Der Grund dafür liegt unseres Erachtens nicht selten in dem Forderungskatalog für die Eignung der Gremiumsmitglieder. Hier kommt eine wesentliche Aufgabe auf Unternehmerfamilien zu, die Next Generation bereits frühzeitig auf ihre Aufgabe vorzubereiten beziehungsweise Interesse zu wecken.

Aktuell bleibt uns nur festzuhalten, dass der traditionelle Weg, sich zunächst in einem anderen Unternehmen zu bewähren, dann die Chance zu bekommen, ins eigene Unternehmen einzutreten, und erst nach einer weiteren Bewährungsprobe auch in ein Gremium einzuziehen, heute oft nicht mehr in die Lebenswirklichkeit passt. Die Konsequenzen dieser Erkenntnis können wir an den Statistiken ablesen. Wir brauchen individuelle Lösungen für junge Unternehmer(innen), mit dem Ziel, den Familieneinfluss auf Dauer in einer operativ-aktiven oder strategisch begleitenden Rolle sicherzustellen.

Konkrete Schritte zur Vorbereitung der Next Generation

Um potenzielle Nachfolger vorzubereiten, sollte jede Inhaberfamilie festlegen, wer wann als Gast an Aufsichts- oder Beiratssitzungen teilnehmen darf. Praktika bereits zur Schulzeit sollten für die Junioren genauso selbstverständlich sein wie eine Berichterstattung im Rahmen von Next Gen Days. Und allgemeine Gesellschafterschulungen zu Recht, Steuern und Finanzen – insbesondere für diejenigen, die keine betriebswirtschaftliche Ausbildung anstreben – sind ebenso wichtig wie speziell auf das Unternehmen hin ausgerichtete Schulungen.

In den letzten Jahren durften wir viele Junioren bei ihren Überlegungen und Schritten ins Unternehmen begleiten. So wichtig es dabei ist, konkrete Qualifikationen zu benennen, sollten diese aber die persönliche Entwicklung nicht einschränken. Nur weil der Vater BWL oder Maschinenbau studiert hat, heißt das nicht, dass dies die einzige sinnvolle Qualifikation für die Zukunft des Unternehmens darstellt. Wie heißt es so schön: Viele Wege führen nach Rom. Und auch wenn Zielstrebigkeit sicher ein guter Indikator sein kann, so kennen wir alle Unternehmer, die man eher als Spätzünder bezeichnen würde. Unternehmen sind heute komplexe Organisationen, und die Wirtschaftswelt hat sich noch nie so schnell verändert wie heute. Daher gilt es mehr denn je zu hinterfragen, ob der Nachfolger oder die Nachfolgerin geeignet ist, mit limitierten Informationen sicher durch den Nebel zu navigieren und dabei noch Freude am eigenen Tun zu behalten. Diese Fähigkeit kann man leider nicht an einer Universität lernen.

Familienunternehmen haben es selbst in der Hand

Wie der eigene Nachfolgeprozess geregelt wird und auf welche Art potenzielle Nachfolger aus der Familie gefördert werden, haben Inhaberfamilien selbst in der Hand. Sie können bei diesen Fragen ihre eigenen Maßstäbe setzen. Neben dem Vertrauen auf bewährte Modelle für die Nachfolge können und sollten sie sich für neue Wege öffnen. Und sie sollten das Potenzial weiblicher Nachfolgerinnen fördern und nicht unbeachtet lassen. Damit nicht nur das Unternehmen neue Weg in die Zukunft gehen kann – sondern auch die Inhaberfamilie.

Hinweise für Benutzerinnen und Benutzer

Abkürzungen

Ein Verzeichnis über die im Lexikon verwendeten Abkürzungen finden Sie am Ende dieses Buchs.

Reihenfolge der Einträge

Die Unternehmen sind in alphabetischer Reihenfolge angeordnet. Ziffern werden vor Buchstaben angeordnet.

Schreibung

Die Schreibung in diesem Lexikon richtet sich im Allgemeinen nach den Regeln der Duden-Rechtschreibung und nach den Empfehlungen der Duden-Redaktion. In Einzelfällen wird davon abgewichen, vor allem wenn es sich um geschützte Markennamen oder patentierte Technologien handelt.

Verweise

Der Verweispfeil (→) zeigt an, dass unter der dahinterstehenden Firmenbezeichnung ein eigener Eintrag im Lexikon zu finden ist.

Vollständigkeit

Besonders in den Bereichen „Innovationen“, „Auszeichnungen“ etc. in der Rubrik „Daten & Fakten“ wurde bei den aufgeführten Informationen eine Auswahl getroffen. Meist wurden hier die wichtigsten beziehungsweise aktuellsten Fakten berücksichtigt. Eine umfassende Wiedergabe lässt der begrenzte Raum des Lexikoneintrages mitunter nicht zu.

A–Z

A

A

A. + E. Keller

Arnsberg, Nordrhein-Westfalen

Gegründet: 1919
Die Automobilindustrie ist der größte Abnehmer der A. + E. Keller GmbH & Co. KG. Die Fertigung von Kaltfließpressteilen mit anschließender umfangreicher Weiterverarbeitung bis hin zur Baugruppenfertigung stellt den aktuellen Schwerpunkt des Unternehmens dar. Die verwendete Technologie ermöglicht eine hohe Wirtschaftlichkeit, die mit ausgeprägter Innovationskraft verbunden wird. Vielfältige Lösungen, insbesondere aus Leichtbaumaterialien, werden für die Elektromobilität angeboten. Neben dem deutschen Hauptsitz in Arnsberg, Nordrhein-Westfalen, gibt es weitere Standorte in den USA und in China.

Anton und Ernst Keller gaben dem Unternehmen bei seiner Gründung im Jahre 1919 seinen Namen. Heute wird es vom Großenkel bzw. Enkel der Firmengründer, Dr. Stephan Guht, zusammen mit einem engagierten Team geführt.

Kontakt
A. + E. Keller GmbH + Co. KG
Niedereimerfeld 10, 59823 Arnsberg
www.aekeller.com

ABLE GROUP

Gummersbach, Nordrhein-Westfalen

Gegründet: 1966
Die ABLE GROUP ist nach eigenen Angaben Deutschlands führender Konzern für Engineering- und IT-Dienstleistungen, der Unternehmen wie v. a. FERCHAU, aber auch M Plan, plantIng, top itservices, RST und prime-ing umfasst. Ihre Wurzeln hat die Gruppe im Unternehmen FERCHAU, das 1966 von Heinz Ferchau als Ingenieursdienstleister gegründet wurde und sich heute in fast allen Industriebranchen betätigt – mit Schwerpunkten in der Informations- und Fahrzeugtechnik. Durch Neugründungen, Akquisitionen und Ausbau des Geschäfts wuchs die Gruppe kontinuierlich und beschäftigt heute über 10.000 Mitarbeitende. Seit 2003 hat Frank Ferchau, der Sohn des Firmengründers, den Vorstandsvorsitz von FERCHAU inne und führt auch die Geschäfte der ABLE GROUP.

Kontakt
ABLE Management Services GmbH
Steinmüllerallee 2, 51643 Gummersbach
www.able-group.de

ABUS

Wetter, Nordrhein-Westfalen

Gegründet: 1924
Im Jahr 1924 gelang August Bremicker mit seinen Söhnen das Meisterstück, ein Vorhangschloss auf den Markt zu bringen, das wegweisend für seine Zukunft und die seiner Familie war: das „Iron Rock“. Damals begann die Familie in der Kellerschmiede ihres Wohnhauses mit der Produktion von Vorhangschlössern – mit starker Konkurrenz, denn in Volmarstein und Umgebung gab es in dieser Zeit viele solcher Schmieden. Mit Fleiß, Geschick, Gottvertrauen und unternehmerischer Weitsicht gelang es, sich in diesem Wettbewerb zu behaupten. Zudem erwies es sich als richtige Entscheidung, von Beginn an auf ABUS – abgeleitet von August Bremicker und Söhne – als einprägsamen Markennamen zu setzen.

Mit wachsender Nachfrage wurde die Produktionskapazität schnell erweitert. Im

Die ABUS Security World am Stammsitz der ABUS Gruppe in Volmarstein

„Wir wollen das Leben ein Stück sicherer machen."

Unternehmensmission

Jahr 1929 erwarb man ein neues Gebäude mit 6.000 m², wenige Jahre später zählte ABUS bereits rd. 300 Beschäftigte. Als am Stammsitz des Unternehmens die Kapazitäten ausgereizt waren, eröffnete man im Jahr 1957 das Zweigwerk im Westerwald, das heute neben der Produktion auch den Bereich Forschung und Entwicklung beheimatet. Um diesen erfolgreichen Kurs dauerhaft zu sichern, setzt ABUS neben organischem Wachstum auf strategische Zukäufe wie den von Security Center im Jahr 2001 oder Schließanlagen Pfaffenhain zwei Jahre später.

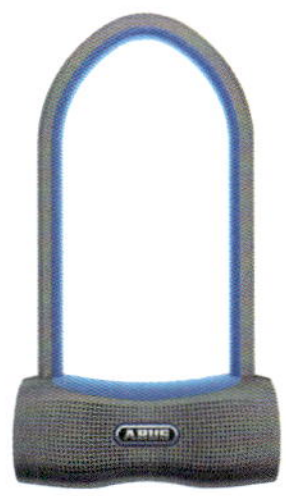

Der Performance-Race-Helm „ABUS AirBreaker" wird höchsten Anforderungen des professionellen Radsports gerecht und ist auf ideale Ventilation und Aerodynamik getrimmt (oben). Mit dem ABUS 770A SmartX™ wird Fahrradsicherheit smart – dank dem Einsatz innovativer Technik in Kombination mit höchster mechanischer Sicherheit (unten).

Gesellschaftliche Verantwortung

So vielseitig wie das Produktangebot sind auch die Aktivitäten im Bereich Corporate Social Responsibility bei dem nach christlichen Prinzipien geführten Unternehmen. Ein Beispiel dafür ist das Engagement von ABUS bei der Stiftung „Savemybrain", die ABUS seit Gründung der Stiftung im Jahr 2018 unterstützt und die sich für die Prävention von Kopfverletzungen sowie verschiedene Nachsorgeangebote für Schädel-Hirn-Verletzte einsetzt.

Schaut man auf unternehmensinterne Aktivitäten, ist das gemeinsam mit dem ABUS Mitarbeiter und Ski-Langläufer Max Olex ins Leben gerufene Pilotprojekt „Champions Inside" als gelungenes Beispiel zu nennen. Mit diesem Programm bietet ABUS jungen Spitzensportlerinnen und -sportlern bei fachlicher Qualifikation die Möglichkeit, ihre berufliche und sportliche Karriere in der Übergangsphase in Einklang zu bringen. Für Max Olex bedeutet dies beispielsweise, dass er dank flexibler Arbeitszeiten im Sommer ein Zeitguthaben anspart, sodass er sich während der Saison ab Herbst voll und ganz auf seinen Sport konzentrieren kann. Weitere Beispiele für das gesellschaftliche Engagement von ABUS werden auf der Webseite der Unternehmensgruppe unter www.abus.com vorgestellt.

A

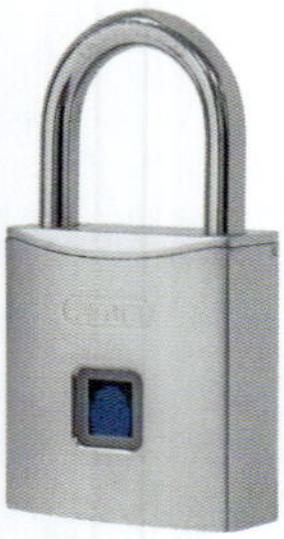

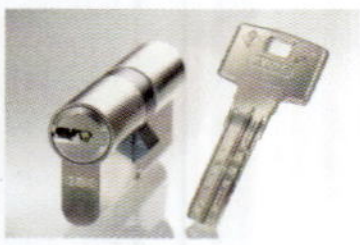

Finger drauf, das Schloss geht auf – das ABUS Touch ist das erste Vorhangschloss von ABUS, das mittels Fingerabdruck geöffnet wird (oben). Das mechanische Schließsystem Bravus eignet sich dank vielfältiger Produktvarianten für die Anwendung im privaten, gewerblichen und öffentlichen Bereich (Mitte). wApploxx Pro von ABUS ist ein professionelles Zutrittskontrollsystem für kleine bis mittlere Objekte und Eigenheime – die App erlaubt den komfortablen mobilen Zugriff über das Smartphone (unten).

Diese und viele weitere Meilensteine sind die Basis für die fast 100-jährige Unternehmensgeschichte. So entwickelte sich ABUS zu einem global agierenden Familienunternehmen mit weltweit rd. 3.500 Beschäftigten, und die Marke wurde zum Synonym für Sicherheit.

Chronologie

1924 Gründung von ABUS durch August Bremicker und einige seiner Söhne; das Unternehmen beginnt mit der Produktion von Vorhangschlössern. Erstes Produkt ist das Vorhangschloss „Iron Rock".

1949 Zum 25-jährigen Firmenjubiläum stellt ABUS das Diskus-Schloss vor, das heute noch (technisch auf aktuellem Stand) am Standort Hege produziert wird.

1971 ABUS produziert das erste Hochbügelschloss und „erfindet" damit ein Produkt, das weltweite Bekanntheit erlangt: das Fahrrad-Bügelschloss.

2001 Integration von SCA Security Center Augsburg in die ABUS Gruppe und damit Sortimentserweiterung um Alarm- und Videosysteme

2003 Integration der Schließanlagen GmbH Pfaffenhain in die ABUS Gruppe

2017 Einstieg von ABUS in den Profi-Radsport als Sponsor des UCI World-Tour-Teams „Movistar Team" parallel zur Markteinführung des Rennhelms „Game Changer"; Zusammenführung der Unternehmen ABUS Security Center und ABUS Seccor

2019 ABUS als „Marken-Champion" im Bereich „Kundenbegeisterung" ausgezeichnet; Einstieg in die Technologieplattform Z-Wave mit eigenem Sortiment sowie Produktlaunch des digitalen Fingerprint-Vorhangschlosses ABUS Touch

Unterteilt in die Unternehmensbereiche Haussicherheit, Mobile Sicherheit und Objektsicherheit werden Produkte für die Bedürfnisse privater und gewerblicher Nutzer in Sachen Sicherheit entwickelt, immer getrieben vom Anspruch des Gründers: „Wir wollen das Leben ein Stück sicherer machen." Um diesem Anspruch gerecht zu werden, bieten die Unternehmen der ABUS Gruppe heute ein umfangreiches Portfolio an Sicherheitstechnik, das von mechanischen/mechatronischen Zusatzsicherungen über Alarm- und Videoüberwachungssysteme bis hin zu elektronischen Zutrittskontrollsystemen sowie intelligenten Smart-Home-Lösungen reicht. Abgerundet wird das Sortiment durch Vorhangschlösser für verschiedenste Anwendungsbereiche. Der Geschäftsbereich Mobile Sicherheit bietet mit Fahrradhelmen und Zweiradschlössern Sicherheitslösungen für den mobilen Einsatz. Zur ABUS Gruppe gehören die ABUS August Bremicker Söhne KG am Gründungsstandort Wetter an der Ruhr, ABUS Security Center GmbH & Co. KG in Affing bei Augsburg, ABUS Pfaffenhain GmbH in Jahnsdorf bei Chemnitz sowie derzeit 25 Niederlassungen in Europa, den USA, Lateinamerika und Asien.

Daten und Fakten

Inhaberfamilie: Familie Bremicker in 4. und 5. Generation
Gründer: August Bremicker mit einigen seiner Söhne, 1924, Volmarstein
Branche: Industrie-/Sicherheitstechnik
Produkte: Schlösser und Sicherheitssysteme
Standorte: Wetter, Rehe, Pfaffenhain, Affing; diverse Auslandsniederlassungen
Vertrieb: weltweit
Mitarbeitende: ca. 3.500 weltweit (2019)
Marktposition: Weltmarktführer für Fahrradschlösser und Vorhangschlösser
Innovationen: Diskusschlösser, Fahrrad-Bügelschloss, mechatronische Alarmsysteme, elektronische Zutrittslösungen
Familieneinfluss: die Inhaber berufen die Geschäftsführung
Unternehmensanteile der Familie: 100 %

Kontakt
ABUS – August Bremicker Söhne KG
Altenhofer Weg 25, 58300 Wetter
Fon: 02335 634-0, Fax: 02335 634-300
info@abus.de, www.abus.com

Ansprechpartner Öffentlichkeitsarbeit
Michael Bräuer
Fon: 02335 634-0
info@abus.de

accaris

Appen, Schleswig-Holstein

Gegründet: 1954

1954 als Versicherungsmakler gegründet, hat sich die accaris bis heute zu einer Unternehmensgruppe weiterentwickelt und auf ganzheitliche Beratung von Unternehmen, Unternehmerinnen und Unternehmern spezialisiert. Dabei gehen ihre Leistungen weit über die reine Vermittlung von Versicherungen und Finanzanlagen hinaus. Für Unternehmen bedeutet das ein attraktives Vorsorge-Management, mit dem Talente gebunden und neu gewonnen werden sowie ein modernes Risiko-Management, mit dem betriebliche Risiken erkannt und reduziert werden. Für Unternehmerinnen und Unternehmer bedeutet das den bestmöglichen Schutz vor persönlichen Haftungsansprüchen sowie die Vermehrung von Privatvermögen u. a. durch betriebliche Gestaltungsmöglichkeiten.

Die damalige Gründung im April 1954 erfolgte durch den Kieler Kaufmann Friedrich Wilhelm Dobrick. Sein Gedanke, den Kunden Qualität, Klarheit und Transparenz zu bieten, ist nach wie vor Maxime des Handelns. Die heutige Inhaberfamilie Lentge ist in mehreren Generationen in der accaris Gruppe tätig. Andreas Lentge, der im Jahr 1984 erstmalig als Unternehmensgründer aktiv wurde, ist heute Vorsitzender des Aufsichtsrates, zu dem zwei seiner Kinder gehören.

Die drei spezialisierten Tochtergesellschaften der Gruppe stehen für die jeweilige

Der Aufsichtsratsvorsitzende Andreas Lentge hält 75 % der Anteile an der accaris financial planning AG im Familienbesitz. 25 % hat er in die gemeinnützige Barakiel-Stiftung eingebracht.

Chronologie

1954 Friedrich Wilhelm Dobrick gründet in Kiel den Versicherungsmakler Dobrick & Co.

1984 Andreas Lentge gründet in Halstenbek bei Hamburg eine Agentur für anbieterunabhängige Finanzdienstleistungen.

1985 Eintragung des Unternehmens als GmbH

1993 Umfirmierung zur AG

1999 Kauf der ASS-Unternehmensgruppe Berlin

2014 Gründung und Einbringung von Aktien in die gemeinnützige Barakiel-Stiftung

„Mit Verantwortung“

Unternehmensleitsatz seit 1954

Andreas Lentge unterstützt über eine gemeinnützige Stiftung u. a. hilfsbedürftige Kinder.

A

Kompetenz in der Anlage-, Versicherungs- und Honorarberatung. Ihre Muttergesellschaft, die accaris financial planning AG, ist zu drei Viertel in Familienbesitz. Ein Viertel ihrer Aktien wurde in die von der Familie gegründete, gemeinnützige Barakiel-Stiftung eingebracht, um die Unabhängigkeit von Produktanbietern und damit das Handeln im bestmöglichen Interesse der Kundinnen und Kunden dauerhaft zu gewährleisten.

Daten und Fakten

Inhaberfamilie: Familie Lentge in 1. Generation
Gründer: Dipl.-Verww. Andreas Lentge, 1984, Hamburg; Ursprung der Firma 1954
Branche: Finanzdienstleistungen
Standorte: Hamburg, Kiel, Berlin, Appen
Mitarbeitende: ca. 50 (2020)
Familieneinfluss: Jaqueline Lißner, geb. Lentge, Marc-André Lentge und Andreas Lentge sind Mitglieder des Aufsichtsrats
Unternehmensanteile der Familie: Andreas Lentge hält 75 % der Anteile an der accaris financial planning AG
Kontrollgremien: Aufsichtsrat
Eigenkapitalquote: 65 %

Kontakt
accaris financial planning AG
Op de Hoof 16, 25482 Appen
Fon: 04101 5435-0, Fax: 04101 5435-55
info@accaris.de, www.accaris.de

ACD Gruppe

Achstetten, Baden-Württemberg

Gegründet: 1976
Die ACD Holding GmbH & Co. KG ist weltweit führend in der Entwicklung und Fertigung von mobilen Datenerfassungsgeräten, industrieller Steuerungstechnik und Bediengeräten für Medizin, Maschinen- und Fahrzeugbau. Die ACD Gruppe beschäftigt 420 Mitarbeitende an den Standorten Achstetten in Baden-Württemberg, im thüringischen Neustadt (Orla), in Tschechien und den USA. Der Gruppenumsatz belief sich 2019 auf 84,5 Mio. Euro.

Karl-Heinz Andes, Johann Bolkart und Fritz Guther gründeten die ACD Elektronik GmbH 1976 in Achstetten. Auf der Grundlage eines ersten, 1978 entwickelten Mikroprozessors entstand drei Jahre später der Prototyp für ein mobiles Datenerfassungsgerät. Die Inhaber Johann Bolkart und Fritz Guther bilden bis heute die Geschäftsführung der ACD Holding GmbH & Co. KG.

Kontakt
ACD Holding GmbH & Co. KG
Engelberg 2, 88480 Achstetten
www.acd-gruppe.de

Achenbach Buschhütten

Kreuztal, Nordrhein-Westfalen

Gegründet: 1452
Achenbach Buschhütten, zu 100 % in Familienbesitz und strategisch wie operativ eigentümergeführt, gehört zu den ältesten Familienunternehmen Deutschlands. Heute ist Achenbach weltweit tätig als Systemanbieter für Nicht-Eisen-Metall-Walzwerkanlagen mit den erforderlichen Walzölanlagen und eigener Automatisierungstechnik sowie für Folienschneidmaschinen für das Wickeln, Separieren und Schneiden dünnster Metallfolien und Converting-Materialien. Alle Anlagen werden von Achenbach konstruiert, gefertigt, montiert und anlagenlebenslang betreut. Das Produktspektrum reicht von schlüsselfertigen

Achenbach Buschhütten blickt auf eine mehr als 560 Jahre alte Tradition zurück, befindet sich bis heute zu 100% in Familienbesitz und ist derzeit in 7. und 8. Generation eigentümergeführt.

Gesamtanlagen über Anlagenverbunde und Einzelmaschinen bis hin zu ausgewählten Technologiekomponenten. Eine cloudbasierte IoT-Plattform eröffnet den Weg zur maschinenübergreifenden Vernetzung der einzelnen Wertschöpfungsstufen und damit zur Optimierung des gesamten Produktionsprozesses im Kundenunternehmen. Die Modernisierung von Anlagen eigener und fremder Herkunft rundet das Produktspektrum ab.

Maßgabe in jedem Projekt sowie in der Entwicklungsarbeit bei Achenbach ist das Leitbild „Technology for Future Concepts". Im Markt positioniert sich Achenbach mit drei Kernbotschaften: Achenbach hat sich auf die hochkomplexe Technologie von Nicht-Eisen-Metall-Walzwerken, Folienschneidmaschinen und den dazugehörigen verfahrenstechnischen Anlagen spezialisiert und liefert seinen Kunden „Alles aus einer Hand". Weltmarktführer ist Achenbach v. a. für Walzwerke zur Produktion dünnster Aluminiumfolien bis zu einer Banddicke von 0,0045 mm. Mit Begeisterung für Technik, großem Erfahrungswissen und hohem Anspruch an Perfektion leistet Achenbach zudem kontinuierliche Entwicklungsarbeit, die wegweisende Innovationen hervorbringt. Nicht zuletzt versteht sich Achenbach als

„Sie reisen auf dem Pfad der Zeit, den sie weder schaffen noch bestimmen, auf dem sie aber mit mehr oder weniger Geschick und Klugheit navigieren können."

Paul Kennedy

Campus Buschhütten: „Wir produzieren. Zukunft."

Seine Gründung basiert auf der Initiative von Achenbach Buschhütten (Dipl.-Ing. ETH Axel E. Barten) und des Werkzeugmaschinenlabors WZL der RWTH Aachen (Prof. Dr. Günter Schuh). Unter Berücksichtigung des Megatrends der digitalen Transformation werden Akteure aus Wirtschaft und Universität, konkret mittelständische Industrieunternehmer der Region sowie die Universitäten Siegen und RWTH Aachen, dort mit dem Fokus auf wegweisende Produktionstechnik netzwerkartig zusammenarbeiten. Der Campus steht für Innovation & Forschung & Produktion sowie für ein großes regionales Engagement in Südwestfalen. Zum Campus Buschhütten gehören vier Center: Zum einen sind es zwei Fabriken, die Smarte Demonstrationsfabrik Siegen SDFS als Herzstück des Campus Buschhütten, in der neben der Erforschung und Demonstration neuer Produktionstechniken marktgerechte Produkte wie etwa die Hinterachse für das Elektroauto e.GO life hergestellt werden und die Smarte Lernfabrik Achenbach Buschhütten SLAB, die in Zusammenarbeit mit dem Lehrstuhl Didaktik der Technik der Universität Siegen ein neues Konzept der technisch-gewerblichen Ausbildung einführen wird. Zum anderen sind es zwei Hochschulen, die Universität Siegen zunächst mit dem Lehrstuhl International Production and Engineering Management IPEM und die RWTH Aachen mit ihrem Werkzeugmaschinenlabor WZL, das zukunftsträchtige Themen wie „3D-Druck Metall" „Digitale Fabrikplanung" als Projekte im Campus Buschhütten wissenschaftlich wie in der praktischen Umsetzung bearbeiten wird.

Achenbach OPTIFOIL® HeavySlit Aluminiumfolien-Slitter (oben) und SepaSlit Aluminiumfolien-Separator (unten)

A

Partner seiner weltweiten Kunden und steht diesen mit einem professionellen LifeCycle Support aus Beratung und Serviceleistungen zur Verfügung.

Das unterstützt eine Unternehmenskultur, die wie bei Achenbach auf lange Frist angelegt ist und eine hohe Wertestabilität, eine große Mitarbeiterloyalität sowie ein im strategischen Sinn hohes Maß an Handlungsflexibilität hervorgebracht hat. Die Familienunternehmer bei Achenbach verstehen sich als

Seit Ende des 19. Jahrhunderts stellt Achenbach Buschhütten Walzwerke her. Heute ist das Unternehmen Weltmarktführer für Feinband- und Folienwalzwerke für Nicht-Eisen-Metalle.

Wertekultivatoren im Außen- wie im Innenverhältnis. Der Achenbach-Spirit auf einen Blick: Familienunternehmen aus Überzeugung, Innovation aus Begeisterung, Nachhaltigkeit aus Verantwortung sowie regionales Engagement aus Heimatverbundenheit.

Erstes Achenbach-Walzwerk für Eisenbleche (oben);
Gästehaus in Buschhütten (Mitte);
Axel E. Barten, Dr. Gabriele Barten und André E. Barten (unten, v. l.)

Chronologie

1452 Gründung als „Buschhütter Eisenhammer"

1846 Eisengießerei und Walzengießerei

1888 Walzwerkbau: erstes Walzwerk für Eisenbleche

1911 Erstes Walzwerk für Aluminiumbleche

1945 Spezialisierung auf NE-Metall-Walzwerke und insbesondere auf die Entwicklung der Folienwalztechnologie Achenbach OPTIMILL®

1952 500-jähriges Firmenjubiläum

1970 Walzölfiltrations- und Abluftreinigungsanlagen: Achenbach OPTIPURE®

1980 Walzwerkautomatisierung: Achenbach OPTIROLL®

2002 550-jähriges Firmenjubiläum

2006 Folienschneidmaschinen für NE-Metalle und Convertingmaterialien: Achenbach OPTIFOIL®

2016 Big-Data-Anwendungen wie die digitale Anlagenvernetzung: Achenbach OPTILINK®

Daten und Fakten

Gründer: Gebrüder Busch, 1452, Kreuztal-Buschhütten
Standorte: Kreuztal-Buschhütten bei Siegen; Taicang, Jiangsu, China; Alliance, OH, USA; Mumbai, Indien
Mitarbeitende: 450 in Deutschland
Umsatz: durchschnittlich 100 Mio. Euro
Ausbildungsquote: 8 %
Unternehmensanteile der Familie: 100 %
Familieneinfluss: inhabergeführt durch Dipl.-Ing. ETH Axel E. Barten, Dipl.-Wirt.-Ing. André E. Barten sowie Dipl.-Kfm. Sebastian Groos

Kontakt

Achenbach Buschhütten GmbH & Co. KG
Siegener Str. 152, 57223 Kreuztal
Fon: 02732 799-0, Fax: 02732 799-799
info@achenbach.de, www.achenbach.de

Ansprechpartnerin Presse

Dr. Gabriele Barten
Fon: 02732 799-0
g.barten@achenbach.de

ACO Gruppe

Büdelsdorf, Schleswig-Holstein

Gegründet: 1946
ACO – das steht für Ahlmann und Co., eine starke Gründerfamilie und ihre Mission: den Schutz des Menschen vor dem Wasser und den Schutz des Wassers vor dem Menschen. 1946 gegründet, umfasst das ACO Produktportfolio heute Entwässerungsrinnen, Abläufe, Öl- und Fettabscheideranlagen, Rückstausysteme und Pumpen sowie druckwasserdichte Kellerfenster und Lichtschächte. Der Weltmarktführer für Entwässerungstechnik beschäftigt weltweit 5.400 Mitarbeitende in 44 Ländern mit 35 Fertigungsstätten und machte 2019 einen Jahresumsatz von 900 Mio. Euro. Der Stammsitz befindet sich in Büdelsdorf auf dem Gelände der früheren Eisengießerei Carlshütte, dem ersten Industrieunternehmen Schleswig-Holsteins.

Käte Ahlmann übernahm dort 1931 die Führung und wurde eine der ersten großen Unternehmerinnen Deutschlands. Ihr Sohn Josef-Severin Ahlmann gründete 1946 auf eben diesem Gelände das Unternehmen ACO, produzierte zunächst Bauelemente und Fenster aus Beton, bis in den 60er-Jahren die ersten Entwässerungsrinnen entwickelt wurden. In den 70ern folgte ein weiterer Meilenstein: Die Einführung des innovativen Werkstoffs Polymerbeton, die den Start der Internationalisierung bedeutete. Maßgeblich vorangetrieben wurde diese durch Hans-Julius Ahlmann, Severin Ahlmanns Neffen, der mit Beginn der 80er sukzessive die Verantwortung übernahm und seit 2012 gemeinsam mit seinem Sohn Iver Ahlmann die Geschäfte führt. Der Blick in die Zukunft steht fest verankert im Claim:
„ACO. creating the future of drainage“

Kontakt
ACO Severin Ahlmann GmbH & Co. KG
Am Ahlmannkai, 24782 Büdelsdorf
Fon: 04331 354-0
info@aco.com, www.aco.com

A

AEM

Dessau, Sachsen-Anhalt

Gegründet: 1872
Die AEM-Anhaltische Elektromotorenwerk Dessau GmbH blickt auf eine fast 150-jährige Geschichte zurück. Als Berlin-Anhaltische Maschinenbau AG 1872 gegründet, wurden am Standort Dessau seit 1948 Elektromotoren gebaut. Der Betrieb wurde in der DDR volkseigen und 1993 im Rahmen eines Management-Buy-outs von vier Mitarbeitern übernommen. Unter diesen war auch Reiner Storch, der seit 2011 zusammen mit seinem Sohn den Betrieb als Familienunternehmen führt. AEM produziert Drehstrommotoren und Drehstromgeneratoren, die weltweit etwa in Wasserkraftwerken, im Schiffbau, in Krananlagen und in Förderanlagen zum Einsatz kommen. AEM erwirtschaftet mit ca. 150 Mitarbeitenden einen Jahresumsatz von 16 Mio. Euro. Als regionales Unternehmen unterstützt AEM Bildungseinrichtungen, Sportvereine und andere soziale Einrichtungen.

Kontakt
AEM-Anhaltische Elektromotorenwerk Dessau GmbH
Daheimstr. 18, 06842 Dessau-Roßlau
www.aemdessau.de

A

Aeroxon

Waiblingen, Baden-Württemberg

Gegründet: 1911
Die Aeroxon Insect Control GmbH entwickelt und produziert anwendungsfreundliche Produkte gegen Fliegen, Ameisen und Motten. Das Unternehmen ist mit einem Marktanteil von 28,4 % Marktführer im deutschen Gesamtmarkt der Haushaltsinsektizide (Quelle: AC Nielsen, 2019). Mit europaweit 180 Mitarbeitenden wurde 2019 ein Umsatz in Höhe von 46,3 Mio. Euro erwirtschaftet, der Exportanteil betrug 28 %. Der weltweite Markenvertrieb erfolgt über nationale Vertriebspartner und einen eigenen Außendienst im deutschsprachigen Raum. Neben dem Stammhaus in Waiblingen unterhält das Unternehmen einen Produktionsstandort im tschechischen Klatovy und eine Vertriebsniederlassung im österreichischen Bregenz.

Aeroxon – abgeleitet vom lateinischen „aero" – war der Name des ersten Firmenprodukts, das seit über 100 Jahren hergestellt wird: 1909 entwickelte der schwäbische Konditor Theodor Kaiser einen Fliegenfänger aus Leim und Honig, um seine Bonbontöpfe vor Fliegen zu schützen. 1911 ließ er seine Erfindung patentieren, entwickelte eine maschinelle Herstellungsmethode und errichtete ein eigenes Produktionsgebäude, in dem bis heute der Hauptsitz des Unternehmens angesiedelt ist. Als Tochterunternehmen der Fr. Kaiser GmbH ist die Aeroxon Insect Control GmbH zu 100 % in Familienbesitz. Alle sechs Gesellschafter sind Mitglieder der Inhaberfamilien Kaiser und Updike. Seit 2002 obliegt die Geschäftsführung in 4. Generation Thomas Updike, dem Urenkel des Firmengründers. Aufgrund kontinuierlicher Investitionen in neue Produkte, Produktionstechnik, Forschung und Entwicklung sowie europaweite Produktzulassungen sieht sich das Unternehmen für die Zukunft gut gerüstet.

Kontakt
Aeroxon Insect Control GmbH
Bahnhofstr. 35, 71332 Waiblingen
Fon: 07151 1715-5, Fax: 07151 1715-30
info@aeroxon.de, www.aeroxon.de

AERZEN

Aerzen, Niedersachsen

Gegründet: 1864
Maschinen der Aerzener Maschinenfabrik GmbH fördern, verdichten oder messen Luft und Gase. Das Portfolio umfasst Drehkolbenverdichter, Drehkolbengebläse, Schraubenverdichter und Turbogebläse. Einsatzbereiche für Produkte der Marke AERZEN sind u. a. Chemie- und Verfahrenstechnik, Drucklufttechnik, Zementindustrie, pneumatische Förderung, Vakuumtechnik und Biogas/Biomethan. Das Unternehmen beschäftigt rd. 2.500 Mitarbeitende am Hauptsitz in Aerzen und in den 50 Tochtergesellschaften weltweit. Der Jahresumsatz der AERZEN Gruppe beträgt ca. 400 Mio. Euro bei einer Exportquote von über 85 %. 1864 von dem Bankier und Kaufmann Adolph Meyer als Maschinengießerei gegründet, ist das Unternehmen heute in Besitz der Familie Heller, die mit Dipl.-Wirt.-Ing. Klaus-Hasso Heller den Vorsitzenden des Aufsichtsrates stellt.

Kontakt
Aerzener Maschinenfabrik GmbH
Reherweg 28, 31855 Aerzen
www.aerzen.com

AGRO-Gruppe

Bad Essen, Niedersachsen

Gegründet: 1948

Man sieht sie nicht – und doch ist das Erfolgsprodukt der AGRO-Gruppe rund um den Globus allgegenwärtig. Federkerne sorgen als flexibles Innenleben der gleichnamigen Matratzen weltweit für gesunden Schlaf.

1948 im niedersächsischen Bad Essen gegründet, ist die Firmengruppe der Familie Grothaus heute inhabergeführt in 3. Generation erfolgreich – und weltweit mit führend. Vier Standorte (Bad Essen/Hauptsitz, Polen, USA, Kolumbien) und über 700 Mitarbeitende hat die Gruppe heute. 85 % der in Bad Essen produzierten Federkerne werden dabei ins Ausland exportiert. Daneben fertigt AGRO auch Draht und Produktionsmaschinen gruppenintern – und führt im jahrhundertelangen Familiensitz der Inhaberfamilie ein Federkernmuseum.

Kontakt

AGRO Holding GmbH
Senfdamm 21, 49152 Bad Essen
www.agro-holding.eu

Ahlers

Herford, Nordrhein-Westfalen

Gegründet: 1919

Die Ahlers AG ist einer der größten börsennotierten Mode-Hersteller mit Schwerpunkt Männermode in Europa. Das Unternehmen mit über 1.900 Mitarbeitenden erzielte im Geschäftsjahr 2018/2019 einen Umsatz von 207 Mio. Euro bei einem Exportanteil von rd. 46 %. Die Mode von Ahlers wird u. a. unter den Marken Baldessarini, Otto Kern, Pierre Cardin, Pioneer Jeans, Pionier Workwear, Showroom Halle 29 und Factory Outlet vertrieben.

Die Firma wurde 1919 von Adolf Ahlers als Tuchgroßhandlung in Jever gegründet. Seit Anfang 1987 ist die Ahlers AG an der Börse notiert, seit 2004 im Prime Standard. Im Jahr 2003 wechselte Jan A. Ahlers, der das Unternehmen seit dem Börsengang als Vorstandsvorsitzender geführt hatte, in den Aufsichtsrat, und zwei Jahre später übernahm Dr. Stella A. Ahlers, Enkeltochter des Gründers, den Vorstandsvorsitz.

Kontakt

Ahlers AG
Elverdisser Str. 313, 32052 Herford
www.ahlers-ag.com

AKG-Gruppe

Hofgeismar, Hessen

Gegründet: 1919

AKG steht für Autokühler-Gesellschaft und ging aus einem kleinen Dortmunder Handwerksbetrieb für die Reparatur und Herstellung von Ersatzkühlern für Autos hervor. Nach dem Zweiten Weltkrieg ging es am neuen Standort in Hofgeismar rasant bergauf. AKG fertigte jetzt nicht mehr nur Ersatzkühler für Motorfahrzeuge, sondern verlegte sich auf die Serienproduktion für Industrieanwendungen. Aus dem ehemals kleinen Handwerksbetrieb war Ende der 1950er-Jahre ein Industrieunternehmen mit drei Niederlassungen geworden; Forschung und Entwicklung wurden vorangetrieben, zahlreiche eigene Patente erfolgreich verwertet. Ab Anfang der 80er-Jahre entstanden eigenständige Tochterunternehmen – 1981 mit AKG of America (USA) auch erstmals im Ausland. Heute ist

A

die AKG-Gruppe mit Hauptsitz in Hofgeismar weltweit spezialisiert auf die Entwicklung, die Herstellung und den Vertrieb von Kühlern, Wärmetauschern und kompletten Kühlmodulen. Ihren Einsatz finden sie z. B. in Bau-, Land- und Forstmaschinen, im Bergbau, in Schienenfahrzeugen, aber auch in Haushaltsgeräten, Flugzeugen oder in der Medizintechnik; Kühler für Kraft- und Nutzfahrzeuge selbst spielen nur noch eine untergeordnete Rolle. Die AKG-Gruppe ist mittlerweile in 3. Generation im Besitz der Familie Pietzcker, die auch den Vorsitz der Geschäftsführung innehat. AKG zählt elf Produktions- und zehn Vertriebsstandorte in West- und Osteuropa, in Asien, in Nord- und in Südamerika. Mit rd. 2.800 Mitarbeitenden wurde 2019 ein Umsatz von 312 Mio. Euro erwirtschaftet.

Kontakt
AKG Verwaltungsgesellschaft mbH
Am Hohlen Weg 31, 34369 Hofgeismar
Fon: 05671 883-0
info@akg-gruppe.de, www.akg-gruppe.de

AL-KO KOBER

Kötz, Bayern

Gegründet: 1931
Die AL-KO KOBER SE ist ein global agierender Technologiekonzern, dessen Ursprünge in einer kleinen Schlosserei liegen, die ihr Gründer Alois Kober im Jahr 1931 eröffnete. Mit insgesamt mehr als 30 Standorten und rd. 2.700 Mitarbeitenden auf allen Erdteilen zählt die AL-KO KOBER GROUP mit Hauptsitz im schwäbischen Kötz weltweit zu den führenden Anbietern in den Bereichen Gardentech, Lufttechnik und Automotive. Zum AL-KO KOBER Portfolio zählen Fahrwerkskomponenten, Stoßdämpfer, Gasfedern und Kunststofftechnik, aber auch Rasenmäher oder Pumpen, Luft- und Klimatechnik sowie Absaugtechnik. Mitglieder des Vorstands der AL-KO KOBER SE sind COO Dr. Christian Stehle und CEO Peter Kaltenstadler, Aufsichtsratsvorsitzender ist Stefan Kober.

Kontakt
AL-KO KOBER SE
Ichenhauser Str. 14, 89359 Kötz
www.al-ko.com

ALBERDINGK BOLEY

Krefeld, Nordrhein-Westfalen

Gegründet: 1772
Das unabhängige und weltweit aktive Mittelstandsunternehmen Alberdingk Boley ist seit 248 Jahren Partner für Kunden. Seine umweltfreundlichen Bindemittel veredeln, verbinden, verschönern und schützen Oberflächen. Zudem ist Alberdingk Boley europaweit der größte Produzent von Rizinusöl, Lackleinöl sowie deren Derivaten. Diese werden industriell genutzt als nachwachsende Rohstoffe für die weitere Verarbeitung in Druckfarben, PU-Systemen, der Kosmetik- und Pharma-Industrie. Weltweit sind rd. 450 Mitarbeitende aktiv. Das Familienunternehmen erzielte 2019 einen Umsatz von ca. 250 Mio. Euro. Standorte befinden sich in Deutschland, den USA und China. Ausgezeichnet wurde Alberdingk Boley als TOP JOB-Arbeitgeber, für Familienfreundlichkeit und als einer der besten Ausbilder in Deutschland.

Kontakt
Alberdingk Boley GmbH
Düsseldorfer Str. 53, 47829 Krefeld
www.alberdingk-boley.de

ALDI Nord

Essen, Nordrhein-Westfalen

Gegründet: 1913
ALDI gehört zu den führenden Handelsunternehmen in Europa und blickt auf über

100 Jahre Kaufmannstradition zurück. Seit den 1960er-Jahren ist der Konzern in dezentralen Regionalgesellschaften organisiert. In neun europäischen Ländern ist ALDI Nord mit über 70 Regionalgesellschaften präsent. Die Internationalisierung begann 1973 in den Niederlanden, dann folgten Belgien, Dänemark, Frankreich, Luxemburg, Spanien, Portugal und 2008 Polen. Knapp 60.000 Personen sind für ALDI Nord tätig, davon über 35.000 in Deutschland, darunter ca. 2.500 Auszubildende. 2017 belegte ALDI Nord beim Kundenmonitor Deutschland den 1. Platz bei der Kundenzufriedenheit. Mit dem laufenden Umbauprojekt ALDI Nord Instore Konzept sollen alle 2.300 Märkte modernisiert werden.

Kontakt
ALDI Einkauf GmbH & Co. OHG
Eckenbergstr. 16 + 16A, 45307 Essen
www.aldi-nord.de

ALDI SÜD

Mülheim a. d. Ruhr, Nordrhein-Westfalen

Gegründet: 1913
Die Gründer Karl und Anna Albrecht verkauften zunächst Backwaren und Lebensmittel in Essen. 1945 übernehmen Karl und Theo den elterlichen Betrieb und führen den Selbstbedienungsladen ein. 1961 gründen die Brüder die beiden Unternehmensgruppen ALDI SÜD und ALDI Nord. Das Discount-Prinzip besteht aus einer geringen Anzahl Artikel, die die Käuferinnen und Käufer direkt aus Kartons auf Paletten entnehmen. Zu den Innovationen gehören außerdem ein großes Parkplatzangebot, Kühltheken und Tiefkühltruhen. Als ALDI SÜD 1995 Hightech-PCs anbietet, revolutioniert das Unternehmen den Computermarkt. ALDI SÜD verfügt über mehr als 47.500 Mitarbeitende in 30 Regionalgesellschaften mit rd. 1.930 Filialen. Es stehen ca. 1.700 Basisartikel und ca. 120 Aktionsartikel pro Woche in den Regalen.

Kontakt
ALDI SÜD Dienstleistungs-GmbH & Co. oHG
Burgstr. 37, 45476 Mülheim a. d. Ruhr
www.aldi-sued.de

Alexander Bürkle

Freiburg, Baden-Württemberg

Gegründet: 1900
Alexander Bürkle positioniert sich als Technologiedienstleister, der dem Elektrofachhandel, Installateuren, Endverbrauchern und der Industrie z. B. Zugang zu 3,8 Mio. innovativen technischen Produkten verschafft. Die drei operativen Unternehmensbereiche smart buildings, smart industries und smart consumers bieten zudem ein Dienstleistungsspektrum, das die gesamte elektrotechnische Wertschöpfungskette abdeckt. Gemeinsam mit den Gesellschaften cable solutions, panel solutions und robotic solutions bildet Alexander Bürkle eine Unternehmensgruppe. 2019 setzte das Unternehmen mit 23 deutschen Standorten und 800 Mitarbeitenden 320 Mio. Euro um, geschäftsführender Gesellschafter ist Andreas Ege. Gegründet wurde Alexander Bürkle im Jahr 1900 als Händler für Kupfer, Kabel und die ersten Produkte der Elektrotechnik.

Kontakt
Alexander Bürkle GmbH & Co. KG
Robert-Bunsen-Str. 5, 79108 Freiburg
www.alexander-buerkle.de

A

ALFING

Aalen, Baden-Württemberg

Gegründet: 1911

Die Maschinenfabrik ALFING Kessler GmbH in Aalen mit einer Tochtergesellschaft in Shanghai, China, entwickelt, fertigt und vertreibt Kurbelwellen. Bei Großkurbelwellen von 1,5 bis 8 m Länge ist das Unternehmen mit über 1.250 Mitarbeitenden der weltweit größte unabhängige Anbieter, daneben werden einbaufertige Kurbelwellen für Automotive-Motoren mit Drehzahlen bis zu 20.000 U/min sowie Härteanlagen und Induktoren produziert. Zu den Kunden zählen Zulieferer und Hersteller von Automobilen, Nutzfahrzeugen, Großbaustellen- und Spezialfahrzeugen, Schiffen, Energiegewinnungsanlagen, Großmotoren und Rennsportfahrzeugen. Karl Kessler gründete die Firma 1911 in Wasseralfingen bei Aalen und fertigte 1913 die ersten einsatzgehärteten Kurbelwellen. In über 100 Jahren wurden mehr als 10 Mio. Kurbelwellen hergestellt.

Kontakt

Maschinenfabrik ALFING Kessler GmbH
Auguste-Kessler-Str. 20, 73433 Aalen
www.alfing.de

---

alki TECHNIK

Ingolstadt, Bayern

Gegründet: 1984

Die alki TECHNIK GmbH entwickelt, produziert und vertreibt unter der Marke alkitronic manuelle, pneumatische, elektrische und hydraulische Schraubsysteme. Am Hauptsitz in Ingolstadt befinden sich neben dem Verwaltungs- und Vertriebsbereich auch die Entwicklungs-, Montage- und Serviceeinheit. alkitronic ist weltweit in 60 Ländern präsent.

Das Unternehmen wurde 1984 von Albert Kipfelsberger unter dem Firmennamen alki-HYDRAULIK gegründet. 1989 wurde die heutige alki TECHNIK GmbH gegründet. Seit 2008 ist mit Alexander Kipfelsberger die 2. Generation in der Geschäftsleitung vertreten.

Kontakt

alki TECHNIK GmbH
Unterlettenweg 4, 85051 Ingolstadt
www.alkitronic.com

All Service Gebäudedienste

Frankfurt a. Main, Hessen

Gegründet: 1958

Die All Service Gebäudedienste GmbH ist ein führender Anbieter infrastruktureller Gebäudedienstleistungen. Zu ihren Kunden zählen u. a. das Gesundheitswesen, Verwaltungen, Industrieunternehmen, der öffentliche Dienst und der Einzelhandel. Das deutschlandweit an 26 Standorten vertretene Gebäudemanagementunternehmen mit 2.500 Mitarbeitenden erzielte 2019 einen Umsatz in Höhe von 45 Mio. Euro.

1958 gründete Otto Daniel die Allesrein Otto Daniel GmbH, ein Unternehmen für Gebäudereinigung, das 1974 von seinem Schwiegersohn Klaus Fromm übernommen wurde. 1989 erfolgte die Umbenennung in All Service Gebäudedienste GmbH. Der 2006 in das Unternehmen eingetretene Oliver Munzel trat 2013 die Unternehmensnachfolge an und vollzog bis 2016 die Integration von drei Mitbewerbern. Seither wurden u. a. neue Abfallkonzepte entwickelt und partiell die chemiefreie und biologische Reinigung

Chronologie

1958 Gründung der Allesrein Otto Daniel GmbH durch Otto Daniel

1974 Übernahme durch Schwiegersohn Klaus Fromm

1989 Umbenennung in All Service Gebäudedienste GmbH

2006 Unternehmenseintritt von Oliver Munzel und Gründung der All Service Garten- und Landschaftspflege GmbH; Beginn der bundesweiten Expansion

2010 Gründung der All Service 4 You als Verwaltungsgesellschaft für interne kaufmännische Aufgaben

2013 Unternehmensnachfolge durch Oliver Munzel

eingeführt. Die All Service Gebäudedienste wird als GmbH mit Tochtergesellschaften vom alleinigen geschäftsführenden Gesellschafter Oliver Munzel geleitet. Unterstützt wird er auf Prokura-Ebene von den Regionalleiterinnen und -leitern, die wie Unternehmer im Unternehmen denken und handeln.

Den Mitarbeitenden werden u. a. diverse Weiterbildungsmaßnahmen und sportliche Aktivitäten geboten. Das Unternehmen ist Förderer der „Blickachsen“ sowie weiterer Kunst- und Kulturprojekte und engagiert sich zusammen mit Mitarbeitenden in sozialen Initiativen. Die All Service Gebäudedienste GmbH wurde ausgezeichnet mit dem Titel „Glanzlicht der Umweltallianz Hessen“ sowie dem Integrationspreis des Hochtaunuskreises und zählt lt. dem Magazin Focus Business national zu den Top-Arbeitgebern 2020. Das Unternehmen ist Mitglied in der German Facility Management Association (GEFMA), im Interessenverband Familienunternehmer e. V., in der Charta Klimaschutz und der Umweltallianz in Hessen.

Hoch hinaus: Zu den Gebäudedienstleistungen gehört das Reinigen von Fassaden.

A

„100 % Freundlichkeit.
100 % Flexibilität.
100 % Zuverlässigkeit.“

Firmenmotto All Service

Oliver Munzel ist der geschäftsführende Gesellschafter der All Service Gebäudedienste (oben). Das Unternehmen bildet auch aus (unten).

Daten und Fakten

Inhaber: Oliver Munzel
Gründer: Otto Daniel, 1958
Branche: Gebäudemanagement
Standorte: 26, deutschlandweit
Mitarbeitende: 2.500 (2020)
Umsatz: 45 Mio. Euro (2019)
Eigenkapitalquote: 53 %

Kontakt
All Service Gebäudedienste GmbH
Karl-von-Drais-Str. 16–18, 60435 Frankfurt a. Main
Fon: 069 95423-0, Fax: 069 95423-9122
infoagd@all-service.de, www.all-service.de

alltours

Düsseldorf, Nordrhein-Westfalen

Gegründet: 1974
alltours ist der größte konzernunabhängige Reiseveranstalter in Deutschland und wurde 1974 von Willi Verhuven gegründet. Er startete mit einem Ein-Mann-Reisebüro und Griechenlandreisen. Der Durchbruch zum Großveranstalter gelang in den 1980er-Jahren. Zur alltours Gruppe gehören die Veranstalter alltours flugreisen, alltours-X, und byebye. Außer dem Veranstaltergeschäft werden noch weitere Geschäftsbereiche betrieben, wie z. B. die Reisecenter alltours GmbH – eine

A

Reisebürokette mit 200 Reisebüros – und die alltours Reiseportal GmbH als Online-Ableger. alltours hatte im Geschäftsjahr 2018/2019 über 1,7 Mio. Gäste im Flugreisegeschäft und erzielte einen Umsatz von 1,45 Mrd.Euro. Vorsitzender der dreiköpfigen Geschäftsführung ist Willi Verhuven.

Kontakt
alltours flugreisen gmbH
Dreischeibenhaus 1, 40211 Düsseldorf
www.alltours.de

Alnatura

Darmstadt, Hessen

Gegründet: 1984
Die Alnatura Produktions- und Handels GmbH betreibt eine Bio-Supermarktkette und die Naturkost-Marke Alnatura mit über 1.350 Bio-Lebensmitteln. Die Produktentwicklung erfolgt mithilfe eines unabhängigen Expertenrats aus der Ernährungswissenschaft, dem Öko-Landbau und der Bio-Verarbeitung. Alnatura wurde 1984 von Götz E. Rehn gegründet und unterhält heute bereits 136 Märkte in 62 Städten. Alnatura ist darüber hinaus Handelspartner von 12.700 Filialen in 16 Ländern. Die Rohstoffe für die Produkte kommen aus ökologischem Anbau, die Warenverteilung, Lager- und Ladengestaltung erfolgt nach ökologischen Prinzipien. 2019 wurde der „Alnatura Campus" in Darmstadt eingeweiht – europaweit das größte Bürogebäude, dessen Außenfassaden aus Lehm gebaut sind.

Kontakt
Alnatura Produktions- und Handels GmbH
Mahatma-Gandhi-Str. 7, 64295 Darmstadt
www.alnatura.de

Alpenhain

Lehen, Bayern

Alpenhain

Wir machen mehr aus Käse.

Gegründet: 1905
Die Alpenhain Käsespezialitäten GmbH veredelt seit über 100 Jahren das Gute aus der Natur zu genussvollen, hochwertigen und unkomplizierten Käsespezialitäten. Die Familienkäserei mit ca. 450 Mitarbeitenden ist Marktführer mit dem beliebten bayerischen Traditionsprodukt Original Obazda und dem Back-Camembert, der 2020 sein 40-jähriges Jubiläum feierte. Alpenhain entwickelt auch immer wieder neue Produkte in den Bereichen Käse-Brotaufstriche und warmer Käse. Wichtigste Zutat: die gute Milch aus dem Alpenvorland. Davon werden jährlich rd. 81 Mio. l zu Käsespezialitäten verarbeitet und im Lebensmitteleinzel- und Großhandel im In- und Ausland vertrieben.

Das Familienunternehmen ist bereits in 4. Generation im oberbayerischen Lehen bei Pfaffing beheimatet. Das Credo „Wir machen mehr aus Käse" wird mit jahrzehntelanger Erfahrung, modernen Produktionsmethoden und großer Leidenschaft für die Tradition des Käsehandwerks umgesetzt.

Die Firmengeschichte begann im Jahr 1905, als Mathias Hain eine kleine Dorfmolkerei in Lehen gründete. 1933 folgte sein Sohn Gottfried Hain mit Ehefrau Leni Hain an die Spitze des Unternehmens. Gottfried Hain baute den Betrieb aus und übergab Ende der 1960er-Jahre die Geschäfte an Gottfried Hain jun. und Peter Wagner. 2003 übernahmen Barbara von Hagmann und Christian Hain, die 4. Familiengeneration, die Geschäftsführung. Die beiden übergaben sie 2015 an Stefan Kost und Robert Winkelmann, stärken aber weiterhin die strategische Arbeit im Unternehmensbeirat.

Kontakt

Alpenhain Käsespezialitäten GmbH
Lehen 24, 83539 Pfaffing
Fon: 08039 402-0, Fax: 08039 402-190
info@alpenhain.de, www.alpenhain.de

Alpirsbacher

Alpirsbach, Baden-Württemberg

Gegründet: 1880

Die Alpirsbacher Klosterbräu Glauner GmbH & Co. KG produziert und vertreibt Biere. Darüber hinaus übernimmt und verwaltet das Unternehmen Beteiligungen an Industrie- und Handelsunternehmen. Die Firma ist nach eigenen Angaben mit Alpirsbacher Spezial qualitativ führend im Baden-Württemberger Exportbiermarkt. Sitz und einziger Produktionsstandort ist Alpirsbach. Der Vertrieb erfolgt zu 80 % über den Getränkefachgroßhandel. Im POS-Bereich sind der Lebensmitteleinzelhandel und die Gastronomie die wichtigsten Abnehmer der Produkte. Die Exportquote liegt bei ca. 4 %, 130 Mitarbeitende und fünf Auszubildende sind im Schnitt pro Jahr in der Firma tätig. Das Unternehmen, das 2018 ein Rohergebnis von 29 Mio. Euro erzielte, befindet sich vollständig im Besitz von Carl Wilfried Glauner. Die Geschäftsleitung, die von Gesellschafterversammlung und Aufsichtsrat bestimmt wird, besteht aus den Geschäftsführern Carl Glauner, Markus Schlör und drei Prokuristen. Vorsitzender des Aufsichtsrats ist Prof. Dr. Arnold Weissmann.

Kontakt

Alpirsbacher Klosterbräu Glauner GmbH & Co. KG
Marktplatz 1, 72275 Alpirsbach
www.alpirsbacher.de

ALPMA

Ebersdorf, Bayern

Gegründet: 1947

ALPMA ist ein internationales Unternehmen des Maschinen- und Anlagenbaus für die Käserei- und Lebensmittelindustrie. Es liefert Prozesstechnik, Käsereitechnik sowie Schneide- und Verpackungstechnik aus einer Hand. Auch komplette Systemlösungen für Käsereien können aufgestellt werden. Die ALPMA Gruppe hat rd. 800 Mitarbeitende, der Jahresumsatz liegt bei ca. 140 Mio. Euro. Neben den Standorten Rott am Inn und Dresden existieren sechs eigene Marktgesellschaften sowie über 40 Vertretungen rund um den Erdball. Die Gründung der ALPMA geht auf die Erfindung einer Verpackungsmaschine des Käsereibesitzers Gottfried Hain zurück. Weitere Entwicklungen wie der Koagulator zur kontinuierlichen Käsebruchherstellung festigten ihre Technologieführerschaft.

Kontakt

ALPMA Alpenland Maschinenbau GmbH
Alpenstr. 39–43, 83543 Rott am Inn
www.alpma.de

ALTANA

Wesel, Nordrhein-Westfalen

Gegründet: 1873

ALTANA entwickelt, produziert und vertreibt hochwertige, innovative Produkte im Bereich Spezialchemie. Die Gruppe verfügt über 46 Produktionsstätten und über 50 Service- und Forschungslaborstandorte weltweit. Konzernweit arbeiten rd. 5.700 Mitarbeitende für ALTANA. Im Jahr 2012 erzielte das Unternehmen einen Umsatz von über 1,7 Mrd. Euro.

Die Wurzeln der ALTANA AG reichen zurück bis ins Jahr 1873, als Dr. Heinrich Byk mit der Produktion von Chemikalien begann. 1941 übernahm Dr. Günther Quandt

A

die Aktienmehrheit der späteren BYK-Chemie. Ab 1977 wurde das Unternehmen Teil der neu gegründeten ALTANA AG. Über die Großaktionärin Susanne Klatten befindet sich ALTANA auch heute in Familienbesitz.

Kontakt
ALTANA AG
Abelstr. 43, 46483 Wesel
www.altana.com

Althoff Hotels

Köln, Nordrhein-Westfalen

Gegründet: 1984
Thomas H. Althoff gründete gemeinsam mit seiner Frau Elke Diefenbach-Althoff – ausgehend vom Hotel Regent International Köln – das heute als Althoff Hotels bekannte Unternehmen. Seitdem ist die Hotelgruppe auf 18 Häuser mit über 2.000 Zimmern in vier Ländern gewachsen und hat mehr als 2.000 Mitarbeitende. Mit der Übernahme des umgebauten Schlosshotels Lerbach stieß Althoff 1992 in das Luxussegment vor. Sechs ausgewählte Hotels gehören nun zur Althoff Collection. Seit 2009 wendet sich die AMERON-Marke mit zehn Hotels an eine gehobene Zielgruppe in Deutschland und der Schweiz. Die Gruppe identifiziert sich über drei Säulen, die für alle Häuser gelten sollen: herausragende Architektur, Service und Qualitätsgastronomie mit ausgezeichneten Restaurants.

Kontakt
Althoff Beratungs- und Betreuungsgesellschaft mbH
Aachener Str. 1348, 50859 Köln
www.althoffhotels.com

---

ams.Solution

Kaarst, Nordrhein-Westfalen

ams
Die ERP-Lösung
Prozesse verstehen. Transparenz gestalten.

Gegründet: 1988
Das Beratungs- und Softwarehaus ams.Solution AG, ein Unternehmen der ams.Group, ist auf das Projektmanagement von Einzel-, Auftrags- und Variantenfertigern spezialisiert. Seit mehr als 30 Jahren werden auf Basis der branchenorientierten Standard-Business-Software ams.erp schlanke und dynamische Unternehmensprozesse entlang der gesamten Wertschöpfungskette realisiert. Die Gruppe verfügt über das Know-how aus europaweit mehr als 1.000 erfolgreichen ERP-Implementierungen im Maschinen-, Anlagen- und Apparatebau, im Verpackungsmaschinenbau, im Werkzeug- und Formenbau, im Stahl-, Metall- und Komplettbau, im Schiffbau und in der maritimen Industrie sowie im Laden- und Innenausbau, im Sonderfahrzeugbau und in der Lohnfertigung. 95 % Spezialfunktionalität im Standard erhöhen die Produktivität entlang der gesamten Wertschöpfungskette.

ams.erp bildet die zentrale Datendrehscheibe für sämtliche Unternehmensprozesse. Wesentliche Aufgabe ist das Zusammenführen innovativer Digitaltechnologien und klassischer, meist mechanischer und elektronischer Steuerungseinrichtungen. Hierzu zählt auch die standortübergreifende Vernetzung – vertikal in die Fertigung hinein und horizontal über Systeme und Firmengrenzen hinweg. Die flexible Business-Software erhöht die Planungssicherheit, Profitabilität und Wettbewerbsfähigkeit von Unternehmen mit komplexem Projektgeschäft.

ams verfügt über Niederlassungen in Achim, Bremen, Kaarst und Stuttgart sowie über Vertriebspartner im österreichischen Brunn am Gebirge und in Regensdorf in der

Gesellschaftliche Verantwortung

ams engagiert sich in verschiedenen sozialen Projekten, die den Vorstandsmitgliedern besonders am Herzen liegen. Dazu zählt etwa der Tuberöse Sklerose Deutschland e. V., der Menschen betreut, die von der tuberösen Sklerose betroffen sind, einer autosomal-dominanten Erbkrankheit, die mit Fehlbildungen und Tumoren des Gehirns, Hautveränderungen und Tumoren in anderen Organsystemen einhergeht und häufig zu epileptischen Anfällen und kognitiven Behinderungen führt. Als weiteres Projekt fördert ams das Kunstcafé und Kunstatelier „EinBlick" aus Kaarst. Dort steht die Förderung und Integration von Menschen mit Behinderung, insbesondere geistiger Behinderung, im Vordergrund, um sie zur Teilhabe an der Gesellschaft in den Bereichen Arbeit, Freizeit, Wohnen und Persönlichkeitsentwicklung zu befähigen. Zudem unterstützt ams die Blindenwerkstätte Dorsten GmbH, die blinde und sehbehinderte Menschen dabei unterstützt, ihr Leben frei und selbst zu gestalten. Zu diesem sozialen und gesellschaftlichen Engagement kommt neuerdings ein ökologisches: Für jeden Neukunden pflanzt ams einen Baum über die Plattform Plant-my-tree.de.

„Die Motivation, Kompetenz und Begeisterung unserer Mitarbeiter und Partner sind der Lebenskern unserer Marke."

Unternehmens-philosophie ams.Solution

Schweiz. Die insgesamt über 200 Mitarbeitenden erwirtschafteten 2019 einen Umsatz von ca. 26 Mio. Euro. Als nicht börsennotierte AG befindet sich das Unternehmen zu 100 % im Besitz der Familien Deues und Müller. Der Vorstandsvorsitzende und Inhaber Manfred Deues lenkt die Firmengeschicke gemeinsam mit zwei weiteren Vorständen. Dies sind seine Tochter Simone Schiffgens, verantwortlich für Finanzen, Vertrieb und Verwaltung, sowie Eckhard Ulmer, der die Bereiche Beratung, Entwicklung und Services innehat.

Bis zu seinem freiwilligen Austritt 2019 war auch Willibald Müller langjähriges Vorstandsmitglied. Er begleitet weiterhin maßgeblich die strategische Produktentwicklung. Als Kontrollgremium fungiert ein aus drei Mitgliedern bestehender Aufsichtsrat, dessen Vorsitz Rainer Girmes innehat.

Willibald Müller und Rainer Hinrichs hatten die Firma 1988 zunächst unter dem Namen hinrichs + müller GmbH gegründet; im Laufe der Zeit wurde dann die Marke „ams" in den Fokus gestellt. 1991 übernahm Manfred Deues im Rahmen einer Vertriebspartnerschaft

Vorstandvorsitzender und Inhaber Manfred Deues (oben), Vorstand Simone Schiffgens (Mitte) und Vorstand Eckhard Ulmer (unten)

Besonders in Unternehmen mit komplexem Projektgeschäft kommt die flexible Business-Software von ams.Solution zum Einsatz.

mit Dahm Datensysteme die Marketing- und Vertriebsaktivitäten für hinrichs + müller. 1994 präsentierte sich die ams.hinrichs+müller GmbH erstmalig auf der CeBIT, bevor vier Jahre später das ERP-Softwaresystem AMS++ auf den Markt kam. Unter dem Namen ams.Solution AG firmiert man seit 2010. Nach der Erweiterung des Vorstands um Simone Schiffgens und Eckhard Ulmer im Jahr 2015 erfolgte der Umstieg auf eine agile Organisationsstruktur mit flachen Hierarchien und mehr Eigenverantwortung für die Mitarbeitenden.

Über die branchenführende Software hinaus erhält die ams.Solution AG auch Bestnoten für ihr Beratungsangebot: Der Unternehmensvergleich „Top Consultant" bestätigte 2019 zum achten Mal in Folge, dass die ams-Beraterinnen und -berater die komplexen Anforderungen ihres Zielmarkts kompetent erfüllen.

ife Netzwerk für Einzelfertiger

TOP CONSULTANT top-consultant.de 2019

TOP JOB Top-Arbeitgeber 2020

Chronologie

1988 Die hinrichs + müller GmbH wird gegründet.

1991 h+m geht eine Vertriebspartnerschaft mit Dahm Datensysteme ein. Manfred Deues übernimmt dabei die Marketing- und Vertriebsaktivitäten für h+m.

1996 Die neu entwickelte ERP-Software AMS++ kommt auf den Markt.

2002 Gründung der Niederlassung Kaarst; die erste zentrale Hotline wird eingerichtet.

2005 Gründung der ams.erp Solution GmbH in Österreich

2007 Gründung der ams.erp Solution AG in der Schweiz

2010 Umfirmierung in ams.Solution AG

2013 ams.Solution übernimmt die ABS Systemberatung GmbH aus Karlsruhe.

2015 Simone Schiffgens und Eckhard Ulmer werden in den Vorstand berufen.

2018 Etablierung einer agilen Firmenstruktur mit flachen Hierarchien und mehr Eigenverantwortung für die Mitarbeitenden

2019 Willibald Müller verlässt den Vorstand aus eigenen Stücken.

Daten und Fakten

Inhaberfamilien: Familien Deues und Müller
Gründer: Willibald Müller und Rainer Hinrichs, 1988
Branche: ERP-Lösung/Beratung und Software
Standorte: Achim, Bremen, Kaarst, Stuttgart, Brunn am Gebirge (Österreich), Regensdorf (Schweiz)
Mitarbeitende: über 200 in Deutschland, Österreich und der Schweiz (2019)
Umsatz: 26 Mio. Euro (2019)
Marktposition: führendes mittelständisches Beratungs- und Softwareunternehmen für Projektmanagement-ERP-Lösung in der Losgröße 1+
Familieneinfluss: inhabergeführt
Unternehmensanteile der Familien: nicht börsennotierte AG zu 100% im Besitz der Familien Deues und Müller
Kontrollgremien: Aufsichtsrat

Kontakt

ams.Solution AG
Rathausstr. 1, 41564 Kaarst
Fon: 02131 40669-0, Fax: 02131 40669-69
info@ams-erp.com, www.ams-erp.com

Ansprechpartnerin Marketing

Cathrin Deues-Fehlau
Fon: 02131 40669-17
c.deues@ams-erp.com

Ansprechpartner Investor Relations

Manfred Deues
Fon: 02131 40669-0
m.deues@ams-erp.com

Angermann-Gruppe

Hamburg

Gegründet: 1953
Die Angermann-Gruppe ist neben dem Hauptsitz in Hamburg in Berlin, Stuttgart, Frankfurt, Hannover sowie Stockholm vertreten. Zu den Tätigkeitsfeldern zählen Mergers & Acquisitions, die gesamte Bandbreite der Immobilienberatung, klassische Unternehmensberatung sowie die Bewertung, Versteigerung und Finanzierung (Sale & Lease Back) von Maschinen und Anlagen. Die Gruppe ist als Holding strukturiert und bündelt ihre Tochtergesellschaften unter dem Dach der Horst F. G. Angermann GmbH. Zudem bestehen Beteiligungen an Gesellschaften wie der Nord Leasing GmbH, NetBid Industrie-Auktionen AG, NetBid Finance GmbH, EK-Plus GmbH sowie Deutsche Einkaufsfinanzierer GmbH. Die Kombination der Dienstleistungen ist in Deutschland einzigartig.

Kontakt
Horst F. G. Angermann GmbH
ABC-Str. 35, 20354 Hamburg
www.angermann.de

---

ante

Bromskirchen, Nordrhein-Westfalen

Gegründet: 1927
Die ante-Gruppe zählt nach eigenen Angaben zu den größten familiengeführten Unternehmen der europäischen Holzindustrie. Das Portfolio umfasst Schnittholz, Leimholz, BSH,

In Rottleberode entstand ein modernes Holzindustrie-Unternehmen.

Abbund und neuerdings auch Brettsperrholz (massive Wand- und Deckenelemente für den modernen Holzbau), Pellets sowie Produkte für Haus und Garten, wie z. B. Möbel, Zäune und Spielgeräte.

Verarbeitet werden an den beiden Sägewerksstandorten 2 Mio. Festmeter Fichten-, Kiefern-, Lärchen- und Douglasienholz aus nachhaltiger Waldwirtschaft. Hobel- und Sägespäne, die bei der Produktion als Nebenprodukte anfallen, werden zu Pellets verpresst und unter der Marke ante HD Pellets verkauft. Nach Angaben der ante-Gruppe entspricht die Pelletsproduktionsmenge von

Chronologie

1927 Josef Ante gründet in Winterberg-Züschen einen Betrieb zur Herstellung von Schnittholz, Grubenholz und Besenstielen.

1974 Jürgen Ante tritt in 3. Generation in die Firma ein.

1979 Gründung der ante-holz GmbH in Bromskirchen-Somplar

1985 Aufbau von ante-holz Polska (Polen)

2007 Bau des Sägewerks mit Weiterverarbeitung in Rottleberode

2012 Bau einer Pelletanlage in Rottleberode

2019 Beginn der Brettsperrholzproduktion in Somplar

„Wir bringen Holz auf den Punkt."

Die Unternehmensführung von ante

A

300.000 t einer Ersparnis von 150 Mio. l Heizöl bzw. können damit ca. 50.000 Einfamilienhäuser geheizt werden, was eine Ersparnis von ca. 480.000 t CO_2 bedeutet.

Neben dem Stammwerk im hessischen Bromskirchen-Somplar unterhält die ante-Gruppe auch Produktionsstätten in Rottleberode (Sachsen-Anhalt), Winterberg (Nordrhein-Westfalen) sowie im polnischen Kozuchów. Im Werk in Polen werden v. a. die Gartenholzprodukte hergestellt. Von den insgesamt rd. 1.000 Mitarbeitenden der ante-Gruppe, darunter 50 Auszubildende, sind ca. 800 an den deutschen Standorten beschäftigt. Insgesamt erwirtschaftet die Unternehmensgruppe bei einem Exportanteil von ca. 25 % im Jahr 2018 einen Umsatz von rd. 250 Mio. Euro.

Gegründet wurde das Unternehmen 1927 von Josef Ante, dem Großvater von Jürgen Ante, in Winterberg-Züschen. Aktuell wird ante von der 3. und 4. Generation geführt. Zur Gruppe gehören mehrere Tochtergesellschaften.

Die Geschäftsführung von ante: Jörn Kimmich zusammen mit Jürgen und Julia Ante (oben, v. l.); in Bromskirchen-Somplar befinden sich das Stammwerk und der Hauptsitz der ante-Gruppe (unten).

Daten und Fakten

Inhaberfamilie: Familie Ante in 3. und 4. Generation
Gründer: Josef Ante, 1927, Winterberg-Züschen
Standorte: Stammwerk Bromskirchen-Somplar, Rottleberode, Winterberg-Züschen, Kozuchów/Polen
Mitarbeitende: 1.000 (2019)
Umsatz: 250 Mio. Euro (2019)
Ausbildungsplätze: 50
Familieneinfluss: inhabergeführt durch Jürgen und Julia Ante

Kontakt

ante-holz GmbH
Im Inkerfeld 1, 59969 Bromskirchen-Somplar
Fon: 02984 308-0, Fax: 02984 308-755
info@ante-holz.de, www.ante-holz.de

apetito

Rheine, Nordrhein-Westfalen

Gegründet: 1958

Die apetito Firmengruppe besteht aus den Konzernen apetito und apetito catering. apetito ist im Lebensmitteleinzelhandel, im Fachgroßhandel, in der Systemgastronomie und bei Heimdiensten mit tiefgekühlten Produkten vertreten und agiert mit internationalen Teams in sechs Ländern Europas, in Kanada und den USA. COSTA ist die Endverbrauchermarke innerhalb der apetito Gruppe. apetito catering ist einer der führenden Caterer Deutschlands für die Bereiche Care, Betriebsverpflegung und Kids & Schools. Weitere Dienstleistungen, z. B. im Bereich Gebäudemanagement, runden das Angebot ab.

Karl Düsterberg gründete apetito 1958 und führte in Deutschland die zuvor unbekannten Tiefkühlgerichte sowie das Catering-Konzept aus Nordamerika ein. Seit 2007 ist sein Sohn Wolfgang Düsterberg Vorsitzender des Aufsichtsrats der apetito AG.

Kontakt

apetito AG
Bonifatiusstr. 305, 48432 Rheine
www.apetito.de

APOGEPHA Arzneimittel

Dresden, Sachsen

Gegründet: 1882

Die APOGEPHA Arzneimittel GmbH ist eines der zehn führenden deutschen Pharmaunternehmen in der Urologie und in 3. Generation im Besitz der Familie Starke. Das Unternehmen vertreibt Arzneimittel und Medizinprodukte zur Behandlung urologischer Erkrankungen, die von Auftragsfertigern überwiegend in Deutschland und Europa produziert werden. Die Vermarktung und Distribution seiner pharmazeutischen Produkte erfolgt in Deutschland und über internationale Lizenzpartner u. a. in folgenden Ländern: Ägypten, Belgien, China, Irland, Italien, Kanada, Kroatien, Libanon, Malaysia, Slowakei, Südafrika, Tschechien, Türkei und UK. APOGEPHA erwirtschaftete 2019 mit rd. 150 Mitarbeitenden einen Umsatz in Höhe von 49,9 Mio. Euro, die Exportquote betrug 23 %. Die Ausgaben für Forschung und Entwicklung betragen jährlich ca. 4 % vom Umsatz.

Den Grundstein für das Unternehmen legte der Apotheker Carl Stephan 1882 mit einer kleinen Mineralwasserfabrik in Treuen im Vogtland, die er 1894 mit der von ihm übernommenen „Dresdner Kronenapotheke" zu einer pharmazeutischen Produktion vereinte. Es folgten mehrere Besitzerwechsel. Die 1931 von sächsischen Apothekern gegründete Apothekergenossenschaft erwarb das Unternehmen im selben Jahr und meldete APOGEPHA als Markenzeichen an. Der Name setzte sich aus der damaligen Firmenbezeichnung zusammen: „APOthekerGEnossenschaft für Herstellung und Vertrieb PHArmazeutischer Präparate C. Stephan".

1933 übernahmen Dr. Johannes Starke und der Kaufmann Max Biering APOGEPHA. Ab 1945 baute Dr. Johannes Starke das Unternehmen, dessen Gebäude in Dresden zu 90 % zerstört wurden, mit Erweiterungen

„Wir verbessern die Lebensqualität von Menschen mit urologischen Erkrankungen."

Auszug aus der Unternehmensvision

Der Firmensitz der APOGEPHA in Dresden-Striesen

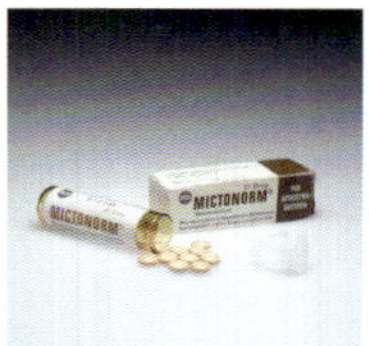

APOGEPHA hat das Arzneimittel Mictonorm Uno® gegen Harninkontinenz entwickelt (oben). 1981 steckte Mictonorm® noch in dieser Verpackung (Mitte). Dr. Christian Starke war bis zur Übergabe der Geschäftsführung an seine Tochter Henriette Starke im Jahr 2000 geschäftsführender Gesellschafter des Unternehmens.

A

Gesellschaftliche Verantwortung

Seit 1997 vergibt die Deutsche Gesellschaft für Urologie e. V. jährlich den mit 5.000 Euro dotierten „Felix Martin Oberländer-Preis". Mit dieser von der APOGEPHA Arzneimittel GmbH gestifteten Auszeichnung werden besondere Verdienste in der Fort- und Weiterbildung auf dem Gebiet der Urologie gewürdigt. Zudem werden mit der Vergabe des nach ihm benannten Preises die Verdienste des Dresdner Urologen Felix Martin Oberländer (1851–1915) geehrt, die er im Bereich der Infektiologie und Endoskopie erworben hat.

Der Firmensitz in den 1930er-Jahren (oben); Dr. Johannes Starke übernimmt 1933 APOGEPHA (unten).

wieder auf. Er führte die chemische Synthese in den Geschäftsbetrieb ein, erweiterte maßgeblich die Forschung und Entwicklung und war an zahlreichen Patenten beteiligt. Nach seinem Tod 1968 trat sein Sohn Dr. Christian Starke die Unternehmensnachfolge an und leitete APOGEPHA, wurde 1972 enteignet und gab 1974 die Betriebsleitung ab. Er blieb jedoch im Unternehmen, führte fortan die Forschung und entwickelte neben vielen anderen Produkten den international erfolgreichen Wirkstoff Propiverin. 1983 wurde die APOGEPHA aufgelöst und dem „VEB Sächsisches Serumwerk Dresden" angeschlossen. 1991 betrieb Dr. Christian Starke die Reprivatisierung der APOGEPHA und wurde geschäftsführender Gesellschafter des prosperierenden Unternehmens. Im Jahr 2011 wurden die Gesellschafteranteile an die 3. Generation der Familie Starke übergeben, die derzeit direkt und indirekt 100 % der Anteile hält. An der Spitze des familienfremden Managements der APOGEPHA stehen der Apotheker Markus Bauer als Vorsitzender der Geschäftsführung sowie der Geschäftsführer Dr. rer. nat. Dirk Pamperin. Dem

4 % des Umsatzes fließen bei APOGEPHA in Forschung und Entwicklung.

APOGEPHA
Umsätze nach Therapiegebieten (Quelle: NPI 12/19)

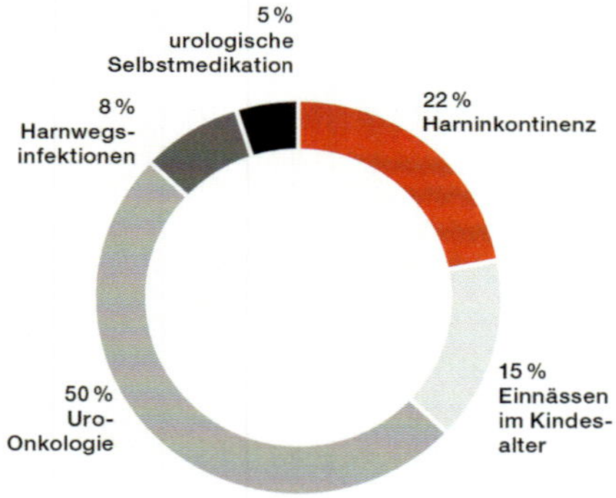

kontrollierenden Beirat der APOGEPHA gehören neben externen Beiräten mit Henriette und Elisabeth Starke zwei Vertreterinnen der Gesellschafterfamilie an, die über diese Beiratsstimmen Einfluss auf die Wahl der Geschäftsführung hat. Für das Unternehmen gilt eine Familienverfassung, die vorsieht, dass Gesellschafteranteile nur innerhalb der Familie weitergegeben werden dürfen.

APOGEPHA bietet den Mitarbeitenden u. a. ein betriebliches Gesundheitsmanagement sowie breite Weiterbildungsmaßnahmen und hat als erstes Unternehmen den Innovationspreis „Familienfreundliches Unternehmen" der Stadt Dresden erhalten. APOGEPHA ist Mitglied im Bundesverband der Pharmazeutischen Industrie (BPI), im Bundesverband der Arzneimittelhersteller (BAH) und des AKG Arzneimittel und Kooperation im Gesundheitswesen e. V. sowie Träger des Wittener Instituts für Familienunternehmen (WIFU-Stiftung).

Chronologie

1882 Der Apotheker Carl Stephan gründet eine Mineralwasserfabrik in Treuen, Vogtland.

1894 Carl Stephan übernimmt die „Dresdner Kronenapotheke" und vereint sie mit seiner Fabrikation.

1933 Übernahme unter dem Namen APOGEPHA durch Dr. Johannes Starke und Max Biering

1945 Zerstörung zu 90 %, in der Folgezeit erweiterter Wiederaufbau, Aufnahme der chemischen Synthese in den Geschäftsbetrieb

1960 Aufnahme staatlicher Beteiligung

1968 Unternehmensnachfolge durch Dr. Johannes Starkes Sohn, Dr. Christian Starke

1983 Auflösung der APOGEPHA durch Anschluss an den VEB Sächsisches Serumwerk Dresden

1991 Reprivatisierung durch Dr. Christian Starke

2000 Übergabe der Geschäftsführung an die 3. Generation der Familie Starke

2011 Übertragung der Gesellschafteranteile an die 3. Generation der Familie Starke

Regionales Engagement

APOGEPHA ist als lokaler Sponsor aktiv und unterstützt insbesondere soziale und kulturelle Projekte in der Region Dresden, Sachsen. Seit vielen Jahren engagiert sich das Unternehmen u. a. als Förderkreismitglied für den Sonnenstrahl e. V. Dresden, einen Förderkreis für krebskranke Kinder und Jugendliche. Der künstlerisch interessierten und musikalischen Gesellschafterfamilie ist es zudem ein Anliegen, junge Künstlerinnen und Künstler sowie Ensembles in der Region zu fördern. Auch auf wissenschaftlichem Gebiet engagiert sich APOGEPHA. Vor 25 Jahren hat der Urologie-Spezialist den Dresdner Urologentag ins Leben gerufen, eine deutschlandweit anerkannte wissenschaftliche Fortbildungsveranstaltung.

Schon gewusst?

Der von APOGEPHA entwickelte Wirkstoff Propiverin ist der einzige Wirkstoff zur Behandlung der Harninkontinenz, zu dem es eine explizit für Kinder entwickelte und zugelassene Arzneiform gibt: Das von APOGEPHA entwickelte Originalprodukt Mictonetten® ist in zwei speziell auf die Anwendung bei Kindern zugeschnittenen Wirkstärken verfügbar. Der Wirkstoff Propiverin hat mit ca. 70 % Marktanteil einen überaus hohen Stellenwert bei der Behandlung betroffener Kinder in Deutschland.

Daten und Fakten

Inhaberfamilie: Familie Starke
Gründer: Carl Stephan, 1882, Treuen im Vogtland
Branche: Pharmazeutische Industrie
Produkte: Arzneimittel und Medizinprodukte zur Behandlung urologischer Erkrankungen
Standort: Dresden
Vertrieb: über Lizenzpartner in mehr als 20 Ländern weltweit
Mitarbeitende: rd. 150 (2019)
Marktposition: eines der 10 führenden deutschen Pharmaunternehmen in der Urologie
Innovationen: Propiverin, ein Wirkstoff zur Behandlung von Harninkontinenz und Blasenschwäche; Mictonorm Uno®, zur Einmalgabe von Propiverin
Patent: weltweites Patent für Hauptprodukt
Unternehmensanteile der Familie: 100 % (direkt und indirekt)
Kontrollgremien: ein Beirat aus externen Beiräten und Mitgliedern der Gesellschafterfamilie
Eigenkapitalquote: über 60 %
Exportquote: ca. 23 %

Kontakt

APOGEPHA Arzneimittel GmbH
Kyffhäuserstr. 27, 01309 Dresden
Fon: 0351 3363-3, Fax: 0351 3363-440
info@apogepha.de, www.apogepha.de

apra-norm

Mehren, Rheinland-Pfalz

Gegründet: 1969

Der Name apra steht seit der Gründung 1969 für die Entwicklung und Fertigung von Hightech-Elektronik-Gehäusen und -Schränken für verschiedenste Anwendungen in der Elektronikindustrie, dem Maschinenbau, der Mess- und Regeltechnik sowie der Sicherheits-, Informations- und Medizintechnik. Beliefert werden 25 verschiedene Industriezweige weltweit. Wesentliche Grundlage der Produkte ist die 19-Zoll-Technik. Mithilfe modernster Fertigungstechnik produziert die apra-gruppe Gehäuse, Schränke und Komponenten aus Stahl, Edelstahl, Aluminium, Kunststoff oder im Materialmix vom Einzelstück bis zur Großserie.

apra-norm Elektromechanik GmbH ist die Tochtergesellschaft einer Holdingstruktur, der apra-gerätebau GmbH + Co. KG. Der Firmenname leitet sich aus den Anfangsbuchstaben der beiden Gründerfamilien Appenzeller und Rademacher ab. Die Unternehmensführung liegt in der 2. Generation weiterhin in Händen der Inhaberfamilie. Als Kontrollgremium fungiert ein Beirat.

Das stetig wachsende mittelständische Unternehmen mit Stammsitz bei Daun in der Vulkaneifel gilt als einer der führenden Hersteller der Branche und beschäftigt in der apra-gruppe mehr als 400 Mitarbeitende (2019) an fünf Standorten in Daun, Mehren, Chemnitz und den Vertriebsgesellschaften in Frankreich und Polen. Der Jahresumsatz liegt bei 53 Mio. Euro (2019). Die Exportquote beträgt 20 %, die Produktion ist fast ausschließlich (zu 96 %) im Inland angesiedelt, die Ausbildungsquote liegt bei 11 %.

Neben vielen anderen Auszeichnungen wurde apra-norm zweimal in Folge (2018 und 2019) beim „Großen Preis des Mittelstandes" ausgezeichnet. 2019 feierte das Unternehmen sein 50-jähriges Firmenjubiläum.

Kontakt

apra-norm Elektromechanik GmbH
Bei der untersten Mühle 5, 54552 Mehren
Fon: 06592 204-0, Fax: 06592 204-100
vertrieb@apra.de, www.apra.de

ara

Langenfeld, Nordrhein-Westfalen

Gegründet: 1949

Die ara Shoes AG entwickelt, fertigt und vertreibt Schuhe auf der ganzen Welt. Die Schuhe entstehen in einem handarbeitsintensiven Fertigungsprozess mit bis zu 130 Arbeitsschritten. Dabei kommen nur auf Schadstoffe kontrollierte Materialien zum Einsatz. Die Qualität der Produkte wird laufend durch unabhängige Institute kontrolliert. Das Familienunternehmen nennt Verantwortung als wichtigen Bestandteil der Firmenpolitik und will dieser in der gesamten Produktionskette und im Miteinander aller Beteiligten gerecht werden. Dazu gehören umweltfreundliche Materialbeschaffung und Herstellung, und der Umgang mit den ca. 4.000 Mitarbeitenden. Geschäftsführer der ara Shoes AG sind Patrick Röseler, Jens Christian Meier, Sascha Müller und Kresimir Zovak.

Kontakt

ara Shoes AG
Zur Schlenkhecke 4, 40764 Langenfeld
www.ara-shoes.de

ARCA

Tönisvorst, Nordrhein-Westfalen

A

Gegründet: 1918

Die ARCA Regler GmbH ist eines der weltweit führenden Unternehmen in der Stellgerätetechnik mit Sitz in Tönisvorst am Niederrhein. Das Portfolio umfasst pneumatisch und elektrisch aktivierte Regelventile sowie die dazugehörenden intelligenten Stellungsregler für nahezu alle Industriezweige weltweit. Neben der Beratung und Planung bietet ARCA Dienstleistungen wie Wartung und Instandhaltung von Armaturen.

80 % der größtenteils digitalisierten Produktion gehen in den Export. Der weltweite Vertrieb erfolgt durch eigene Mitarbeitende sowie über Joint Ventures und Niederlassungen in der Schweiz, den Niederlanden, China, Indien, Korea und den USA. Durch Erweiterungen entstand die ARCA Flow Gruppe, die 2019 einen Umsatz von 100 Mio. Euro erzielte und weltweit über 500 Mitarbeitende beschäftigt, davon rd. 200 in der Entwicklung und Produktion in Tönisvorst.

Der Name ARCA geht auf Ragnar Carlstedt zurück, der die ARCA Regulator AG 1918 in Schweden gründete. 1970 wurde eine Produktionsstätte in der Eifel eröffnet, und Mitte der 1980er-Jahre begann die expansive Internationalisierung mit der Gründung des

„Wir wollen auf Dauer in der ARCA arbeiten und Geld verdienen, dabei zufrieden mit unserer Arbeit sein und mit unseren Kunden stolz auf unsere gemeinsamen Erfolge sein können."

Dr.-Ing. Rüdiger Kaspers, Vorsitzender des Beirats ARCA

Die Ventil- und Antriebsfamilie der ARCA Regler GmbH

Joint Ventures ARCA Controls Ltd. in Indien. ARCA wurde als eines der hundert innovativsten Unternehmen des deutschen Mittelstandes sowie als TOP JOB-Unternehmen ausgezeichnet und in die Reihe der Weltmarktführer der deutschen Industrie aufgenommen. Das Familienunternehmen wird von Geschäftsführer Johannes Fliegen sowie dem Beiratsvorsitzenden Dr.-Ing. Rüdiger Kaspers geleitet.

ARCA erschließt intensiv chancenreiche Märkte für Regelventile, z. B. in der Wasserstoffgewinnung und -verwendung oder der Kohlefaserherstellung für den Automobilbau. Durch den Einsatz innovativer Technologien wie die additive Fertigung oder neu entwickelte strömungsoptimierte Gehäuse werden auch unkonventionelle Lösungen ermöglicht.

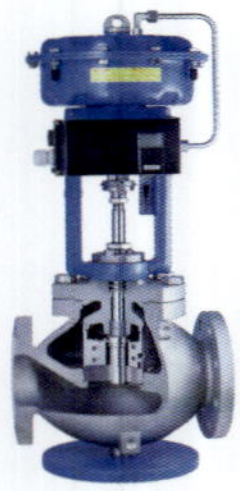

ARCA Regler entwickelt Zukunftstechnologien wie die additive Fertigung (oben) oder strömungsoptimierte Gehäuse (unten).

Chronologie

1917 Ragnar Carlstedt meldet in Schweden das Düse-Prallplatte-System zum Patent an, ein Verfahren, bei dem der Strom von Gasen und Flüssigkeiten durch Ventile geregelt wird.

1918 Gründung der ARCA Regulator AG in Schweden

1949 Neugründung in Tönisvorst bei Düsseldorf durch Dr.-Ing. Ludwig Kaspers und Adolf Paulsen

1985–87 Erste Joint Ventures in Indien und Korea

1994–2004 Durch den Erwerb der Feluwa Pumpen GmbH, der Weka AG und der von Rohr Armaturen AG in der Schweiz sowie der ARTES Valve & Service GmbH in Berlin entsteht die ARCA Flow Gruppe.

2006 Bau eines neuen Fertigungs- und Innovationszentrums (FIZ) in Tönisvorst

2012 Mit der Neuorganisation von ARCA China mit mehreren Verkaufsbüros und einem Quick Response Center baut ARCA seine Marktpräsenz in China weiter aus.

2015 Gründung der US-Tochtergesellschaft in Houston/Texas

2018 100-jähriges Jubiläum der Unternehmensgründung

Daten und Fakten

Inhaberfamilie: Familie Kaspers in 2. Generation
Gründer: Ragnar Carlstedt, 1918 in Schweden, 1922 in Berlin
Standorte: Hauptsitz in Tönisvorst, Niederlassungen in der Schweiz, den Niederlanden, China und den USA
Mitarbeitende: 500 weltweit (2019)
Umsatz: 100 Mio. Euro (2019)
Innovationen: über 100 Patente
Familieneinfluss: inhabergeführt durch Dr. Ing. Rüdiger Kaspers, dazu ein familienfremder Geschäftsführer; die Familienmitglieder Claudia und Roland Kaspers sind ebenfalls in leitender Position im Unternehmen tätig
Unternehmensanteile der Familie: 4 Familienmitglieder sind mehrheitlich an den Gruppenfirmen beteiligt, daneben halten leitende Mitarbeitende Beteiligungen

Kontakt

ARCA Regler GmbH
Kempener Str. 18, 47918 Tönisvorst
Fon: 02156 7709-0, Fax: 02156 7709-50
sale@arca-valve.com, www.arca-valve.com

ARDEX

Witten, Nordrhein-Westfalen

Gegründet: 1949
Seit 70 Jahren ist ARDEX mit innovativen bauchemischen Produkten Qualitätsführer. Der Systemanbieter vertreibt Produkte für den Fachhandwerker, wie z. B. Estriche, Fliesenkleber, Bodenbelagsklebstoffe oder

Boden- und Wandspachtelmassen. Hohe Innovationskraft und Qualität sowie die Berücksichtigung nachhaltiger Aspekte sind bei ARDEX gelebte Realität. Durch starkes organisches Wachstum und strategische Zukäufe ist die ARDEX-Gruppe heute mit 55 Tochtergesellschaften, 44 Produktionsstätten und 3.450 Mitarbeitenden in über 100 Ländern auf fast allen Kontinenten vertreten, in Europa flächendeckend. Mit ihren mehr als zehn Marken erwirtschaftete die ARDEX-Gruppe 2019 weltweit einen Gesamtumsatz von über 820 Mio. Euro.

Kontakt

ARDEX GmbH
Friedrich-Ebert-Str. 45, 58453 Witten
www.ardex.de

ARGO-HYTOS

Kraichtal, Baden-Württemberg

Gegründet: 2003

Die ARGO-HYTOS Gruppe ist ein Komponenten- und Systemlieferant für die Weltmarktführer in den Bereichen mobile Arbeitsmaschinen und allgemeiner Maschinenbau. Das mittelständische Familienunternehmen mit mehr als 1.600 Mitarbeitenden verfügt über Produktionsgesellschaften in Deutschland, Tschechien, Polen, Indien und China. Weltweit kooperieren zahlreiche eigene Vertriebs- und Montagegesellschaften mit einem Netzwerk kompetenter internationaler Systempartner.

2003 schlossen sich die seit Jahrzehnten erfolgreichen Unternehmen ARGO und HYTOS zu ARGO-HYTOS zusammen. Heute profitiert die Unternehmensgruppe von mehr als 70 Jahren Erfahrung in der Steuer- und Regelungstechnik sowie der Filtration in der Mobil- und Industriehydraulik und gilt in der Mobilhydraulik als Innovationsführer.

Kontakt

ARGO-HYTOS GMBH
Industriestr. 9, 76703 Kraichtal
www.argo-hytos.com

Arnold Schwerlast

Rimpar, Bayern

A

Gegründet: 1945

Die Arnold Schwerlast GmbH & Co. KG ist ein international agierender Schwergutlogistikdienstleister mit Sitz in Rimpar. Das Unternehmen führt weltweit Schwer- und Sondertransporte durch. Zu den Dienstleistungen zählen auch Verpackungen, Lagerungen und Transportdokumentationen, die Verlagerung von Maschinen und Industrieanlagen, Krandienstleistungen und Binnenschifftransporte sowie die Abwicklung von kombinierten Transporten via Bahn, Lkw, Schiff und Flugzeug. Die Kunden stammen aus verschiedenen industriellen Branchen wie etwa dem Maschinen- und Anlagenbau, dem Kraftwerkbau, dem Kranbau und der Energieindustrie.

Arnold Schwerlast ist Mitglied des Global Project Logistics Network und bietet seine Dienstleistungen weltweit an; 80 % des Umsatzes erwirtschaftet das Unternehmen auf den internationalen Märkten. Arnold Schwerlast ist der führende bayerische Schwergutdienstleister und wurde dafür 2010 mit dem „Exportpreis Bayern" ausgezeichnet. Im Jahr 2017 erwirtschaftete

Arnold Schwerlast führt weltweit Schwer- und Sondertransporte durch.

„Leistung ist kein Zufall, sondern Professionalität."

Oliver Arnold

Arnold Schwerlast hat seinen Sitz in Rimpar. Oliver Arnold leitet die Firma zusammen mit Horst Arnold. (v. l.).

A

Arnold Schwerlast mit 21 Mitarbeitenden einen Umsatz von ca. 26 Mio. Euro.

Das Unternehmen liegt zu 100 % in den Händen der Familie Arnold und wird in 2. und 3. Generation von den geschäftsführenden Gesellschaftern Horst und Oliver Arnold geleitet. Gegründet wurde die Firma 1945 von Ernst Arnold als regionales Fuhrunternehmen. Er lieferte zunächst für die ortsansässigen Bauern und Anwohner Holzkohle und Zuckerrüben und erweiterte seine Dienstleistungen kontinuierlich. Nach seinem Tod 1973 übernahm Sohn Horst Arnold die Führung. Er leitete die internationalen Aktivitäten ein. Oliver Arnold trat in den 1990er-Jahren in die Firma ein, baute u. a. den Türkeiverkehr aus und begegnete so den steigenden Herausforderungen für das internationale Projektgeschäft.

Chronologie

1945 Ernst Arnold gründet ein Fuhrunternehmen in Rimpar.

1960 Die Ernst und Horst Arnold Speditions GmbH & Co. KG wird gegründet.

1971 Erste Aufträge im Nahen und Mittleren Osten

1977/1978 Die Kooperation mit Philipp Holzmann beim Bau eines Flughafens führt zur Einrichtung von Niederlassungen in Jeddah und Riad in Saudi Arabien.

1986 Das Schwesterunternehmen Arnold Speditions GmbH wird gegründet.

1987 Gründung einer Niederlassung in Istanbul

2003 Das Unternehmen wird zum führenden Logistikabwickler für Spezialkrane mit Herstellung in den Vereinigten Arabischen Emiraten.

2013 Zertifizierung durch die Weltzollorganisation

2019 Das Schwesterunternehmen Arnold Logistics GmbH wird gegründet.

Daten und Fakten

Inhaberfamilie: Familie Arnold in 3. Generation
Gründer: Ernst Arnold, 1945, Rimpar
Branche: Logistik- & Projektspedition
Mitarbeitende: 23
Umsatz: 26 Mio. Euro (2017)
Familieneinfluss: inhabergeführt durch Horst und Oliver Arnold
Eigenkapitalquote: 48 %
Exportquote: 78 %
Auszeichnungen: „Exportpreis Bayern" (2010); „Top Rating" beim Hoppenstedt Credit Check (2013)

Kontakt
Arnold Schwerlast GmbH & Co. KG
Ketteler Str. 3–11, 97222 Rimpar
Fon: 09365 88280-0, Fax: 09365 88280-130
info@arnold-schwerlast.de,
www.arnold-schwerlast.de

A

Arthur Krüger

Barsbüttel, Schleswig-Holstein

Gegründet: 1938

Kompetenz in Kunststoff – seit mehr als 80 Jahren steht Arthur Krüger für Innovation, Vielseitigkeit und Servicestärke im komplexen Bereich der Kunststoff-Anwendungen. Modernste Technologien und fachliche Expertise werden mit den Stärken eines familiengeführten Unternehmens vereint. Rd. 150 Mitarbeitende engagieren sich an drei Standorten in Barsbüttel bei Hamburg, um jederzeit optimale Lösungen, hochwertige Produkte und perfekten Service in Sachen Kunststoffhandel und Kunststoffbearbeitung zu bieten. Für Kunden aus den unterschiedlichen Branchen, etwa der Luftfahrt, dem Fahrzeug-, Maschinen- und Anlagenbau, der Werbebranche sowie der Medizin- und Umwelttechnik, wird ein starkes Leistungsspektrum bereitgehalten, das ein breites Halbzeug-Sortiment namhafter Markenhersteller ebenso wie die Herstellung von Fertigteilen im Thermoform- oder Zerspanungsverfahren (2D und 3D) und den GFK-Anlagenbau umfasst – von der Konstruktion über die Fertigung bis zur Montage.

Arthur Krüger jetzt auch mit eigener Marke: Krüger blue® – blaue Kunststoffe für Foodgrade-Anwendungen (eingetragen 2018)

Chronologie

1920 Gründung des Betriebs durch Arthur Krüger in Hamburg

1953 Verlagerung des Betriebs nach Wandsbek durch Werner Krüger

1969 Jürgen Krüger baut eine neue Produktionsstätte in Barsbüttel.

1979 Werner Krüger und Sohn Jürgen Krüger gründen die Kunststoff Krüger GmbH – die Geburtsstunde des Tiefziehens für den Betrieb.

2006 Neubau eines Logistikzentrums am Hanskampring in Barsbüttel

2008 Die Firmenleitung wird an die 4. Generation Carola Keller (geb. Krüger) und Nils Krüger übergeben.

2016 Gründung der Krüger Aviation GmbH im Hanskampring in Barsbüttel mit den Geschäftsführern Nils Krüger und Nils Stoll und dem Fokus auf die Luftfahrtbranche

2019 Ausbau der 2D-Fertigung und Investitionen in Zerspanungsmaschinen bei Arthur Krüger

Der Jahresumsatz beträgt ca. 30 Mio. Euro, der Exportanteil liegt bei ca. 9 %. Die Arthur Krüger Gruppe ist in 4. Generation im Besitz der Familie Krüger: Carola Keller, geb. Krüger, und Nils Krüger sind Gesellschafter und Geschäftsführer der Familienholdinggesellschaft. Von 1920 an betrieb Firmengründer Arthur Krüger in Hamburg einen Großhandel mit Vulkanfiber, Hartgummi, Bakelit und ähnlichen Stoffen. Anfang der 1930er-Jahre begann Sohn Werner Krüger neben dem Handel auch Kunststoffe zu verarbeiten. Nach Ausbombung und Auslagerung im Zweiten Weltkrieg erfuhr die Firma 1953 einen Neubeginn. 1973 zog das Unternehmen ganz nach Barsbüttel und erweiterte stetig das Repertoire an Bearbeitungsmöglichkeiten.

„In Zukunft Kunststoff."

Nils Krüger

Konstruktion aus glasfaserverstärktem Kunststoff (GFK) – Brücken für Fußgänger- und Fahrradfahrer komplett aus Kunststoff bis zu 12 m Länge sind möglich (oben), die 4. Generation Krüger: Gesellschafter Carola Keller, geb. Krüger, und Nils Krüger (unten)

A

2016 wurde die Krüger Aviation GmbH gegründet, um sich gezielt auf die Luftfahrtbranche zu fokussieren, 2019 folgte dann der Ausbau der 2D-Fertigung (Oberfräsen und Kanten) bei Arthur Krüger.

Daten und Fakten

Inhaberfamilie: Carola Keller (geb. Krüger) und Nils Krüger (4. Generation)
Gründer: Arthur Krüger, 1938, Hamburg
Branche: Kunststoffhandel und Kunststoffbearbeitung
Produkte: Halbzeug, 2D-Fertigung, Thermoformen, Zerspanung, GFK-Anlagenbau, 3D-Druck
Standorte: 3 in Barsbüttel
Mitarbeitende: 160 (2018)
Umsatz: 30 Mio. Euro (2018)
Ausbildungsplätze: 12
Unternehmensanteile der Familie: 100%

Kontakt

Arthur Krüger GmbH
Altes Feld 1, 22885 Barsbüttel
Fon: 040 67052-0, Fax: 040 670 52-162
info@arthur-krueger.de,
www.arthur-krueger.de,
www.krueger-aviation.de

ASB Grünland

Stuttgart, Baden-Württemberg

Gegründet: 1958
Die ASB Grünland Helmut Aurenz GmbH gehört zu den führenden Anbietern in der Herstellung und im Vertrieb von qualitativ hochwertigen Gartenprodukten wie Blumenerde und Kultursubstraten für den Gartenbau. Zur ASB Unternehmensgruppe gehören acht Produktionswerke und neun Vertriebsniederlassungen in acht Ländern. Der Hauptsitz des Familienunternehmens befindet sich im Stuttgarter Stadtteil Weilimdorf, von wo aus die internationalen Aktivitäten gesteuert werden. Helmut Aurenz gründete das Unternehmen 1958 in Ludwigsburg unter dem Namen Aurenz-Spezial-Blumenerde, abgekürzt ASB. 1981 wurde die Marke Grünland von der Hoechst AG übernommen und die Firmenbezeichnung zu ASB Grünland erweitert. Geschäftsführende Gesellschafter sind die Kinder des Gründers, Michaela Aurenz Maldonado und Daniel Aurenz.

Kontakt

ASB Grünland Helmut Aurenz GmbH
Mittlerer Pfad 19, 70499 Stuttgart
www.asbgreenworld.com

ASSMANN

Lüdenscheid, Nordrhein-Westfalen

Gegründet: 1969
Die ASSMANN Group ist ein weltweit operierender Hersteller von Produkten für die Datennetzwerk-Technologie und Netzwerkinfrastruktur, für den weltweit rd. 220 Mitarbeitende tätig sind. Unter dem Dach der ASSMANN Holding GmbH agieren die deutsche ASSMANN Electronic GmbH und zehn Tochtergesellschaften in Europa und Asien.

1969 gründete Dieter Assmann die ASSMANN KG, ein Unternehmen zur Produktion von Steckverbindungen, das von Beginn an von internationaler Expansion geprägt war. Aufgrund der wachsenden Nachfrage nach technisch hochwertigen und zugleich umweltfreundlichen Produkten entstand 1994 die Marke DIGITUS®, die bis heute erfolgreich im internationalen Markt präsent ist. Stephan Assmann, Sohn des Gründers, ist Mitglied der Geschäftsführung der ASSMANN Electronic GmbH.

Kontakt

ASSMANN Electronic GmbH
Auf dem Schüffel 3, 58513 Lüdenscheid
www.assmann.com

ASSMANN Büromöbel

Melle, Niedersachsen

Gegründet: 1939
Die ASSMANN Büromöbel GmbH & Co. KG zählt zu den führenden deutschen Herstellern hochwertiger Büromöbelsysteme und Einrichtungslösungen. Das 1939 gegründete Familienunternehmen setzt auf das gelebte Prinzip „Gute Arbeit" und entwickelte sich zu einem europaweit aktiven Unternehmen. Über 380 Mitarbeitende arbeiten täglich daran, aus innovativen Produktideen unverwechselbare und individuelle Einrichtungslösungen für moderne Arbeitswelten zu realisieren. Das Produktsortiment reicht von ergonomischen Einzel- und Gruppenarbeitsplätzen über akustisch wirksame Lounge- und Soft Seating-Möbel, trendige Kommunikationszonen und Einrichtungslösungen für Empfangs- und Seminarbereiche bis hin zu innovativen Stauraum- und Regalsystemen für moderne und flexible Arbeitswelten.

Neben der Entwicklung und Fertigung von Möbelsystemen steht ASSMANN für ganzheitlichen Service. Zu den Dienstleistungen zählen individuelle Beratung, konzeptionelle Raum- und Flächenplanung, Auslieferung mit eigener Lkw-Flotte, Montageservice sowie die Erstellung individueller Finanzierungs- und Altmöbel-Entsorgungskonzepte. Das Fundament bildet eine der modernsten Büromöbelfertigungen Europas sowie eine konsequent verfolgte Qualitäts- und Nachhaltigkeitsstrategie.

Ob Qualität, Service oder Nachhaltigkeit – ASSMANN wurde in den vergangenen Jahren vielfach für seine gute Arbeit ausgezeichnet. Zuletzt wurde das Familienunternehmen beim deutschen Nachhaltigkeitspreis 2020 in der Kategorie „Deutschlands nachhaltigste mittelgroße Unternehmen" in den Top 3 platziert.

Kontakt
ASSMANN Büromöbel GmbH & Co. KG
Heinrich-Assmann-Str. 11, 49324 Melle
Fon: 054222 706-0
info@assmann.de, www.assmann.de

A

ATON

München, Bayern

Gegründet: 2001
ATON ist die Beteiligungsgesellschaft der Familie Helmig, die bis Ende 2005 Mehrheitseigentümer der Helios Kliniken GmbH war. Das Portfolio umfasst überwiegend Unternehmen, die im Bereich Business-to-Business in den Sparten Engineering, Mining, Med Tech, Aviation und Digital Services aktiv sind. Gegründet 2001, investiert ATON insbesondere in innovative, renditestarke Wachstumsunternehmen, die marktführend in ihrem Kerngeschäft sind, und hält in der Regel Mehrheitsbeteiligungen. Zur langfristigen Zielorientierung zählt auch die Schaffung und Sicherung von Arbeitsplätzen. 2019 erwirtschaftete die ATON Gruppe mit rd. 17.300 Mitarbeitenden einen Umsatz von rd. 2,0 Mrd. Euro. Dr. Lutz M. Helmig, Dagmar Helmig und ihre zwei Töchter halten 100 % der Anteile der ATON GmbH.

Kontakt
ATON GmbH
Leopoldstr. 53, 80802 München
www.aton.de

AUG. PRIEN

Hamburg

Gegründet: 1873
Die AUG. PRIEN Bauunternehmung (GmbH & Co. KG) ist ein mittelständisches Bauunternehmen mit Hauptsitz in Hamburg-Harburg. Die Leistungspalette umfasst Ingenieur- und

Brückenbau, Hafen- und Wasserbau, städtischen Tiefbau, Gewerbe- und Wohnungsbau sowie Sanierung bis hin zu Planungsleistungen und Projektentwicklung. Die gesamte Unternehmensgruppe beschäftigte im Jahr 2018 insgesamt 680 Mitarbeitende, darunter 39 Auszubildende.

Gegründet als Tischlerei im Jahr 1873 von August Wilhelm Wiegels, entwickelte sich das Unternehmen rasch zu einer Ingenieurbaufirma. Im Jahr 1898 wurde August Prien Teilhaber, ab 1901 Alleininhaber der Aug. Prien & Co. Baugeschäft GmbH. Bis heute in Familienbesitz, erzielte die AUG. PRIEN Bauunternehmung 2018 einen Umsatz von rd. 328 Mio. Euro.

Kontakt

AUG. PRIEN Bauunternehmung (GmbH & Co. KG)
Dampfschiffsweg 3–9, 21079 Hamburg
www.augprien.de

August Friedberg

Gelsenkirchen, Nordrhein-Westfalen

FRIEDBERG GET A GRIP.

Der Verwaltungssitz des Unternehmens in Gelsenkirchen; Schraube der August Friedberg GmbH

Gegründet: 1884

Die August Friedberg GmbH vertreibt Metallerzeugnisse, Schrauben, Muttern und Formteile aller Art. Die Produktpalette deckt mit den Segmenten Automobil- und Fahrzeugindustrie, Stahl- und Anlagenbau und Windkraftanlagenindustrie drei große Zielgruppen ab.

Der Vertrieb ist in die Bereiche Automotive und Non-Automotive gegliedert. Produktbeispiele für Automotive sind etwa Pleuelschrauben, Schrauben für den Antriebsstrang und andere Motorschrauben, Zeichnungsschrauben zur Achseinstellung und -befestigung sowie Sonderteile für Aggregate wie

Produkte von August Friedberg werden sehr vielfältig eingesetzt.

Kupplung, Bremse, Lenkung und Sitze. Die Aktivitäten im Non-Automotive-Bereich fokussieren sich auf den Stahlbau, die Anlagenindustrie und die Windkraftindustrie/erneuerbare Energien. Das Unternehmen strebt als Komplettlieferant für Verbindungstechnik in Windenergieanlagen die Marktführerschaft an.

Im Jahr 1884 legte der Essener Schmiedemeister August Friedberg mit der Gründung einer zunächst kleinen Handwerksfirma in Rotthausen den Grundstein für eine Schrauben- und Nietenfabrik. Nach 136-jähriger Firmengeschichte lässt das Unternehmen heute an drei Standorten in Deutschland mit rd. 450 Mitarbeitenden produzieren. Zuletzt wurde ein Umsatz von 127 Mio. Euro erwirtschaftet. Die Exportquote liegt bei ca. 46 %.

Schon gewusst?

Die August Friedberg GmbH partizipiert erfolgreich an der gestiegenen Bedeutung erneuerbarer Energien und war bereits für die ersten in Deutschland errichteten Windkraftanlagen Lieferant von Schrauben. Heute ist das Unternehmen bei der Verbindungstechnik für die Windenergie weltweit führend. Auch auf diesem Gebiet stehen die Gelsenkirchener für äußerste Belastbarkeit und dauerhafte Stabilität, die Wind und Wetter trotzt.

Die August Friedberg GmbH ist inhabergeführt, wobei die Inhaberfamilie Brand über die alleinige Entscheidungsgewalt verfügt. Das Management setzt sich aus Familienmitgliedern zusammen: Beatrix Brand agiert als geschäftsführende Gesellschafterin, Rolf-Dietrich Brand ist Generalbevollmächtigter. Ein Beirat tagt zwei- bis viermal pro Jahr.

Daten und Fakten

Inhaberfamilie: Beatrix Brand in 4. Generation
Gründer: August Friedberg, 1884 in (Gelsenkirchen-)Rotthausen
Produkte: Verbindungselemente wie z. B. Schrauben, Muttern, Fließpressteile und Formteile aller Art in dem Durchmesser 6–80 mm
Mitarbeitende: 450 in Deutschland
Umsatz: 127 Mio. Euro
Ausbildungsplätze p. a.: 25
Familieneinfluss: alleinige Entscheidungsgewalt
Unternehmensanteile der Familie: 100 %
Kontrollgremien: Beirat
Eigenkapitalquote: 46 %

Kontakt
August Friedberg GmbH
Achternbergstr. 38 A, 45884 Gelsenkirchen
Fon: 0209 9132-0, Fax: 0209 9132-178
info@august-friedberg.de, www.august-friedberg.de

August Vormann

Ennepetal, Nordrhein-Westfalen

Gegründet: 1863
Die August Vormann GmbH & Co. KG ist ein international agierendes Unternehmen der Metallverarbeitung mit den Schwerpunkten Beschlag- und Verbindungstechnik sowie Regal- und Ordnungssysteme und einem vielfältigen Sortiment für Hobbyanwenderinnen und -anwender sowie professionelle Verarbeiter. Vormann produziert am Standort Elsterwerda und besitzt die CE-Zulassung für zahlreiche baurelevante Produkte. Ludwig Vormann gründete 1863 eine Schmiedewerkstatt und legte den Grundstein des Unternehmens. Neben drei deutschen Standorten gibt es eine Vertriebsniederlassung in Südafrika sowie Kooperationspartner u. a. in Österreich, der Schweiz, den Beneluxstaaten, Russland, Lettland und Rumänien. In 5. Generation leiten Ulf Günther und Thomas Vormann sowie der externe Geschäftsführer Hans-Georg Leibenzeder das Unternehmen.

Kontakt
August Vormann GmbH & Co. KG
Heilenbecker Str. 191–205, 58256 Ennepetal
www.vormann.com

AUMA Riester

Müllheim, Baden-Württemberg

Gegründet: 1964
Elektrische Stellantriebe und Armaturengetriebe sind das Betätigungsgebiet von AUMA Riester. AUMA steht dabei für Armaturen- und Maschinen-Antriebe. Firmengründer waren Werner Riester und Rudolf Dinse. Im Segment elektrische Stellantriebe ist AUMA Riester Weltmarktführer. Energiewirtschaft, Wasserwirtschaft, Petrochemie und weitere industrielle Bereiche nutzen das modulare Produktkonzept von AUMA Riester. Dafür sind 2.600 Mitarbeitende an 30 Standorten auf der ganzen Welt tätig, so in Europa, Südamerika, Japan, Singapur und Mexiko. Seit 1991 hat AUMA Riester fünf verwandte Unternehmen in Deutschland übernommen und als eigene Geschäftsbereiche eingegliedert, darunter die ehemaligen Geschäftszweige elektrische Stellantriebe von Siemens und AEG.

Kontakt
AUMA Riester GmbH & Co. KG
Aumastr. 1, 79379 Müllheim
www.auma.com

A

AUMUND

Rheinberg, Nordrhein-Westfalen

WE CONVEY QUALITY

Firmenmotto

Franz-W. Aumund, geschäftsführender Gesellschafter

SCHADE AUMUNDGROUP

SAMSON AUMUNDGROUP

Gegründet: 1922

Die AUMUND-Gruppe ist weltweit führend im Transport und in der Lagerung von Schüttgütern. Die Unternehmen AUMUND Fördertechnik, SCHADE Lagertechnik und SAMSON Materials Handling setzen mit ihren Produkten in Schlüsselindustrien wie Zement, Kalk, Gips, Mining, Minerals, Metallurgie, Chemie, Düngemittel, Alternative Brennstoffe sowie in Häfen und Terminals technologische Maßstäbe. Für den weltweiten Erfolg sprechen mehr als 22.000 Maschinen in ca. 150 Ländern. Die Innovationskraft belegen weit über 200 Patente. Das Produktportfolio umfasst Gurt- und Kettenbecherwerke, Plattenbänder, Austrags- und Lagersysteme, Absetzer, Kratzer, Waggonentladesysteme, Schiffsbelader und Eco Hopper.

19 Unternehmen und Repräsentanzen, fünf Service-Center und ca. 500 Mitarbeitende in Europa, Asien sowie Nord- und Südamerika sind der Beweis für die globale Präsenz der Gruppe, die Franz-W. Aumund in 3. Generation unter den Prämissen „Innovation, Qualität und Zuverlässigkeit" leitet. Hierbei stehen kontinuierliche Forschung und Entwicklung in Kooperation mit Universitäten, Instituten und Laboratorien, die hohe Qualität der Maschinen, die permanente Qualifikation der Mitarbeitenden und der Anspruch, immer ein zuverlässiger Partner für die Kunden zu sein, an oberster Stelle. Dazu tragen auch der Kettenhersteller TILEMANN und die Unternehmen AUMUND Group Field Service für die Inbetriebnahme der Maschinen sowie AUMUND Logistic für den weltweiten Versand bei.

Die Franz-W. Aumund-Stiftung und die Aumund Foundation fördern Bildungs- und soziale Projekte sowie karitative, humanitäre und medizinische Projekte im In- und Ausland, wie sich auch alle Unternehmen der Firmengruppe in ihren Ländern sozial engagieren. Das gesamte Fördervolumen beträgt ca. 500.000 Euro pro Jahr.

AUMUND Fördertechnik GmbH und TechnologieCenter in Rheinberg

Chronologie

1922 Gründung AUMUND Fördererbau GmbH

1975 Gründung AUMUND Ltda. (Brasilien)

1980 Gründung AUMUND Corporation (USA)

1991 Gründung AUMUND S.A.R.L. (Frankreich)

2001 Erwerb SCHADE Lagertechnik GmbH

2002 Erwerb SAMSON Materials Handling Ltd. (Großbritannien)

2005 Gründung AUMUND Asia (Hongkong) Ltd.

2006 Gründung AUMUND Machinery Technology Ltd. (China)

2007 Gründung AUMUND Logistic GmbH

2017 Gründung AUMUND Group Field Service GmbH

2018 Erwerb TILEMANN GmbH

Daten und Fakten

Inhaberfamilie: Franz-W. Aumund
Gründer: Prof. Dr.-Ing. e. h. Heinrich Aumund
Branche: Maschinenbau
Produkte: Maschinen für Transport und Lagerung von Schüttgütern
Standorte: Deutschland, Europa, Mittlerer Osten, Nord- und Südamerika, Asien
Innovationen: Becherwerke, Plattenbänder, Waggonkipper, Absetzer/Kratzer, Schiffsbelader, Eco Hopper
Patente: über 200
Exportquote: über 90%

Kontakt
AUMUND Fördertechnik GmbH
Saalhoffer Str. 17, 47495 Rheinberg
Fon: 02843 72-0, Fax: 02843 60270
info@aumund.de, www.aumund.com

AUNDE Group

Mönchengladbach,
Nordrhein-Westfalen

Gegründet: 1899
Die Unternehmensgruppe AUNDE ist als Automobilzulieferer auf Interior Design spezialisiert und mit 119 Werken in 29 Ländern weltweit aufgestellt. Die rd. 24.500 Mitarbeitenden erwirtschaften einen Jahresumsatz von 2,8 Mrd. Euro (2019). Die Ausbildungsquote in Deutschland beträgt 10 %, die Übernahmequote liegt bei nahezu 100 %.

Den Grundstein für das heutige Unternehmen legten Conrad Ebels und Victor Achter 1899 mit ihrer Weberei für Tuche. Bereits ab 1920 setzte Achter & Ebels dann auf die Entwicklung und Produktion von Textilien für die Automobilindustrie. Seit 1959 befindet sich das Unternehmen zu 100 % im Besitz der Familie Ebels. Mit den Marken AUNDE, ISRINGHAUSEN, FEHRER, GMA, REINERT und den Joint Ventures AUNDEBADER, BROSEAUNDE, MUNDA und TECHNOFIBRES reicht das Portfolio von der Garn-Herstellung über die Produktion textiler Flächen, das Zuschneiden und Nähen der Bezüge und die individuelle Herstellung von Sitzen bis hin zu Interieur-Komponenten und Composite Components. Das in jüngerer Zeit neu gegründete Joint Venture MUNDA verbindet das textile Know-how von AUNDE mit moderner LED-Lichttechnik von MENTOR und produziert textile Lichtsysteme für Automobilindustrie und andere Branchen.

Die AUNDE Group entwickelt und produziert mit nachwachsenden und recycelten Rohstoffen, wofür sie mit dem BMW Supplier Innovation Award ausgezeichnet wurde. Um seiner sozialen Verantwortung gerecht zu werden, unterstützt das Unternehmen zahlreiche regionale und überregionale Verbände und Institutionen.

Kontakt
AUNDE Group SE
Waldnielerstr. 151, 41068 Mönchengladbach
Fon: 02161 935-0, Fax: 02161 935-219
info@aunde-group.com, www.aunde-group.com

A

Austermann

Dülmen, Nordrhein-Westfalen

Gegründet: 1964
Die Austermann GmbH ist ein auf Objekte spezialisierter Handwerksbetrieb für Parkett, Estrich und Bodenbeläge. Das Unternehmen gehört in diesem Segment zu den Marktführern und ist vorwiegend in Deutschland tätig. Rund 3 % der Arbeiten werden im Ausland durchgeführt.

Die Firma mit Sitz in Dülmen beschäftigt ca. 130 Mitarbeitende, darunter ca. 50 eigene Mitarbeitende und fünf Auszubildende, die 2012 rd. 13 Mio. Euro umsetzten und jährlich über 600.000 m^2 Boden verlegen. Der Betrieb ist zu 100 % im Besitz der Familie Austermann und wird von Werner, Ralf und Stefan Austermann in 1. und 2. Generation geleitet.

Gegründet wurde der Betrieb 1964 von Werner Austermann. 1991 stieg sein ältester Sohn Ralf Austermann in den Betrieb ein, der durch sein Engagement und seine Kreativität wesentlich die heutige Betriebsstruktur gestaltet hat. Dadurch wurde es möglich, die Produktivität zu erhöhen, höhere Umsätze zu erzielen und dem Unternehmen eine führende Marktposition zu sichern. 2001 kam sein Bruder Stefan Austermann als Estrichlegemeister dazu. Somit ist auch der Estrichbereich optimal besetzt. Die Betriebsstruktur setzt auf Service- und Kompetenzteams, die je nach Art des Auftrags eingesetzt werden. Allein für Terminbaustellen stehen elf eigene Kompetenzteams zur Verfügung sowie ein Team ausschließlich für Service- und Reparaturbaustellen. Austermann setzt dabei auf Termintreue und Qualität sowie auf die Zufriedenheit und die langfristige Bindung seiner Kunden.

Heute ist die Austermann GmbH ein Unternehmen, das durch eine Vielzahl von verschiedenen Auftraggebern eine große Anzahl von Referenzobjekten vorweisen kann.

Kontakt
Austermann GmbH
Bergsheide 12, 48249 Dülmen
Fon: 02590 9171-0, Fax: 02590 9171-50
info@werner-austermann.de,
www.werner-austermann.de

Auto-Scholz®

Bamberg, Bayern

Gegründet: 1894
Auto-Scholz® mit Stammsitz in Bamberg bietet alle Leistungen rund um Mercedes Benz aus einer Hand, vom neuen und gebrauchten Pkw über Lkw und Transporter bis zu Omnibussen oder Kleinwagen sowie E-Bikes der Marke smart. Dazu betreibt das Unternehmen weitere Standorte in Bayreuth, Kulmbach, Forchheim, Pegnitz und Höchstadt sowie in Jena, Gera, Schmölln, Eisenberg, Hohenölsen und Altenburg. Die Initialzündung für das Unternehmen war im Jahr 1904 der Abschluss eines Automobil-Liefervertrags zwischen Carl Benz und Hermann Scholz, der dadurch zu einem der ersten Benz-Vertreter der Welt wurde. Doch als eigentliches Gründungsjahr gilt 1894, als Scholz im niederschlesischen Liegnitz eine Automobilwerkstatt startete. Seit 1992 wird das Unternehmen von Michael Eidenmüller als Inhaber geführt.

Kontakt
Auto-Scholz® GmbH & Co. KG
Kärntenstr. 1, 96052 Bamberg
www.auto-scholz.de

AVAG

Augsburg, Bayern

Gegründet: 1915
Die AVAG Holding SE ist eine der führenden Automobilhandelsgruppen in Europa. Sie ist mit 57 operativen Händlerbetrieben und aktuell 180 Betriebsstätten in ganz Europa vertreten. Neben Deutschland ist die AVAG auch in Österreich, Kroatien, Polen, Ungarn, Serbien und Slowenien aktiv und vertreibt die Marken Opel, Toyota/Lexus sowie Ford und Nissan. Darüber hinaus betreibt die Holding Standorte für Honda, Subaru, Kia, Hyundai sowie Dacia und Citroen. Die AVAG-Gruppe tätigt mit rd. 5.200 Mitarbeitenden einen jährlichen Umsatz in Höhe von 2,4 Mrd. Euro. Die Zentrale der AVAG befindet sich in Augsburg. Drei Zwischenholdinggesellschaften (DIO, DIA, AVI) koordinieren die Handelsaktivitäten. Vorstandssprecher sind Roman Still und Albert C. Still.

Kontakt
AVAG Holding SE
Robert-Bosch-Str. 7, 86167 Augsburg
www.avag.eu

AVANTEC

Illingen, Baden-Württemberg

Gegründet: 1989
Die AVANTEC Zerspantechnik GmbH ist einer der weltweit führenden Hersteller von hochpositiven Fräswerkzeugen mit Vertretungen in den USA, Italien, Österreich und China. AVANTEC erarbeitet zusammen mit Konstruktions- und Fertigungsteams der Werkzeugmaschinenhersteller, der OEMs, den Zulieferern und den zahlreichen mittelständischen Fertigungsbetrieben innovative Lösungen und Strategien für herausfordernde Aufgabenstellungen und Materialien. Die hochpositiven AVANTEC Fräswerkzeuge werden in Branchen wie dem Automobilbau, der Energieerzeugung, dem Maschinenbau und vielen weiteren Bereichen eingesetzt.

Das Unternehmen wurde 1989 von Gustav Werthwein in Horrheim als Familienbetrieb gegründet. Heute beschäftigt AVANTEC rd. 140 Mitarbeitende und wird von Gustav und Uli Werthwein geleitet.

Kontakt
AVANTEC Zerspantechnik GmbH
Wilhelmstr. 123, 75428 Illingen
www.avantec.de

B

B

B. Braun

Melsungen, Hessen

„In Verantwortung vor dem Werk, das wir übernommen haben, und gegenüber der kommenden Generation, die bereit sein wird, es fortzuführen, stellen wir uns in den Dienst unserer Gesellschaft, der B. Braun Melsungen AG."

Prof. Dr. h. c. Ludwig Georg Braun, Aufsichtsratsvorsitzender B. Braun

Gegründet: 1839

Die B. Braun-Gruppe ist auf die Herstellung und den Vertrieb von Medizintechnik und pharmazeutischen Produkten spezialisiert. Mit 64.000 Mitarbeitenden in 64 Ländern zählt das Familienunternehmen zu den weltweit führenden Anbietern von Lösungen für den Gesundheitsmarkt und versorgt Anwender und Patienten mit Produkten und Produktsystemen für Anästhesie, Intensivmedizin, Kardiologie, extrakorporale Blutbehandlung, Chirurgie oder den Homecare-Bereich sowie mit Dienstleistungen für Kliniken und niedergelassene Ärztinnen und Ärzte. Insgesamt umfasst das Sortiment 5.000 Produkte, die zu 95 % in eigener Fertigung hergestellt werden. 2018 erwirtschaftete der Konzern einen Umsatz von 6,9 Mrd. Euro, rd. 80 % davon auf den internationalen Märkten. B. Braun versteht sich als Systempartner und bündelt sein Angebot in 16 Therapiefelder und Indikationsgebiete.

B. Braun treibt im konstruktiven Austausch mit Kunden und Partnern wirkungsvolle Lösungen voran, um Gesundheit zu schützen und das Leben von Menschen nachhaltig zu verbessern. Dafür setzt sich das Unternehmen täglich mit den Themen und Herausforderungen der Gesundheitsmärkte auseinander und erarbeitet mit medizinischem Fachpersonal, Ärzten, Patienten und Klinikmanagern individuelle Lösungen, die sowohl die Behandlungsqualität und Patientensicherheit erhöhen als auch den wirtschaftlichen Betrieb optimieren. Auf dem Weg dorthin werden Details analysiert und

Schon gewusst?

Als Carl Braun, Enkel des Unternehmensgründers Julius Braun, auf der Suche nach Anregungen für sein Geschäft einen medizinischen Kongress in Köln besuchte, traf er auf der Heimreise im Speisewagen des Zugs zufällig den Kasseler Chirurgen Dr. Franz Kuhn. Dieser erzählte von seiner Idee, steriles resorbierbares Nahtmaterial herzustellen. Carl Braun war begeistert und setzte Dr. Kuhns Idee in die Tat um: Er begann 1908 mit der industriellen Fertigung von Katgut und markierte damit den für das Unternehmen bedeutenden Schritt von der Apotheke mit Heilkräuterhandel zum Industrieunternehmen.

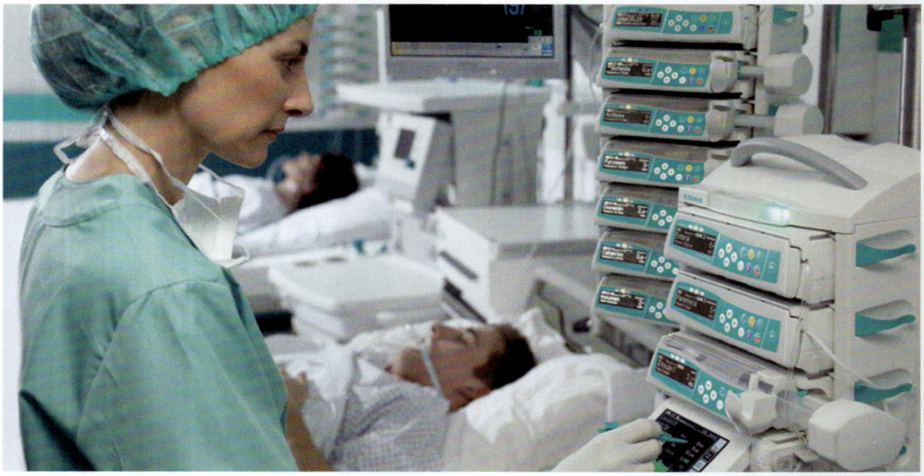

B. Braun ist auf die Herstellung und den Vertrieb von Medizintechnik und pharmazeutischen Produkten und Dienstleistungen spezialisiert.

Blick in die Produktion bei B. Braun

Zusammenhänge differenziert hinterfragt – bis gemeinsam die beste Lösung gefunden ist, die für die Kundinnen und Kunden einen Mehrwert bietet. Jede dieser erbrachten Leistungen basiert auf dem Versprechen, das B. Braun seit 180 Jahren antreibt: Sharing Expertise.

Als nicht börsennotierte AG liegt das Unternehmen in 6. Generation im Besitz der Familie Braun. Seit April 2019 ist Anna Maria Braun Vorstandsvorsitzende, Tochter des langjährigen Vorstandsvorsitzenden Prof. Dr. h. c. Ludwig Georg Braun. Dieser übergab sein Amt 2011 an Prof. Dr. Heinz-Walter Große und übernahm den Vorsitz des Aufsichtsrates. Neben Prof. Dr. h. c. Ludwig Georg Braun sind im Aufsichtsrat mit Barbara Braun-Lüdicke sowie Prof. Dr. Oliver Schnell noch weitere Mitglieder der Inhaberfamilie vertreten. Weitere Familienmitglieder sind in unterschiedlichen Positionen im Unternehmen tätig.

1839 erwarb Julius Wilhelm Braun die Rosen-Apotheke in Melsungen und betrieb dort auch einen Kräuterhandel. Das Unternehmen gliederte sich damals in die Abteilung A (Apotheke) und Abteilung B (Pharmazeutische Erzeugnisse). Sein Sohn Bernhard Braun ließ 1867 die Abteilung B als „B. Braun“ in das Handelsregister eintragen. 1908 begann B. Braun mit der industriellen Produktion von Medizinprodukten. Das erste Produkt war Katgut, ein steriles resorbierbares Nahtmaterial; bald folgten Infusionslösungen und medizintechnische Geräte.

B

Im April 2019 übernahm Anna Maria Braun den Vorsitz des Vorstands.

Die Unternehmenszentrale von B. Braun in Melsungen

Julius Wilhelm Braun (oben) gründete das Unternehmen 1839; Bernhard Braun (Mitte) und Carl Braun (unten) führten das Unternehmen in der 2. Hälfte des 19. Jahrhunderts.

Agiles Arbeiten bei B. Braun

Der Wandel der Arbeitswelt führt nicht nur bewährte Abläufe, die lange Zeit funktioniert haben, an ihre Grenzen, sondern überholt auch klassische Organigramme, die häufig nicht den gelebten Arbeitsalltag widerspiegeln. Starre Strukturen verhindern die notwendige Flexibilität, mit der sich die Organisation an veränderte Gegebenheiten anpassen kann. Hier setzt B. Braun auf agilere Formen der Arbeitsorganisation und Zusammenarbeit. In einigen Abteilungen arbeitet das Unternehmen bereits nach dem Prinzip „Tasks and Teams" mit einer horizontal vernetzten Kommunikations- und Entscheidungskultur sowie einem hohen Maß an Selbstverantwortung und Mitgestaltung der Mitarbeitenden: Die Zusammenarbeit wird nicht durch Hierarchien, sondern durch Rollen und Verantwortlichkeiten bestimmt. Diese organisieren sich in Kreisen statt in Organigrammen; Ziel ist es, abteilungsunabhängig das beste Team für ein Projekt zusammenzustellen.

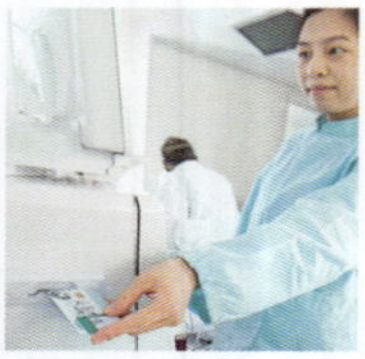

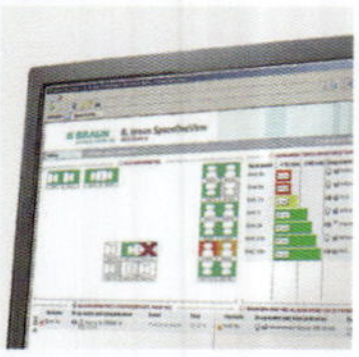

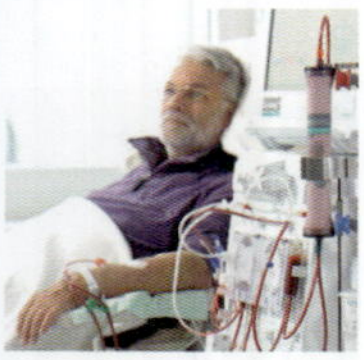

B. Braun vertreibt seine Produkte in 165 Ländern der Welt.

Gesellschaftliche Verantwortung

Wir sind davon überzeugt, dass nachhaltiges Denken unser Unternehmen stärkt, Wachstum fördert und einen entscheidenden Beitrag zur Unabhängigkeit von B. Braun leistet. Nachhaltiges Handeln fördert die Zusammenarbeit mit Kolleginnen und Kollegen, stärkt die Beziehungen zu Kundinnen und Kunden, Partnern und zur Gesellschaft und schafft so einen Mehrwert – ökonomisch, ökologisch und sozial. B. Braun steht für Innovation, Effizienz und Nachhaltigkeit. Diese Werte machen uns zu dem, was wir sind – ein in die Zukunft gerichtetes, verlässliches und pflichtbewusstes Unternehmen. Unser Selbstverständnis umfasst den langfristigen wirtschaftlichen Erfolg ebenso wie die Übernahme ökologischer und sozialer Verantwortung. Unser Ziel haben wir dabei immer fest im Blick: die Gesundheit der Menschen zu verbessern und zu schützen.

Bildung für die Mitarbeitenden der Zukunft

Im Rahmen der B. Braun Business School eröffnet das Unternehmen seinen Mitarbeitenden zahlreiche Weiterbildungsmöglichkeiten. Das Angebot reicht von Trainings zu den Themen Führung, Management und Kommunikation bis hin zu Seminaren zu Digitalisierung, Methoden und Prozessen sowie Persönlichkeitsentwicklung. Der Ausbildung leistungsschwacher und arbeitsloser Jugendlicher, die keinen Ausbildungsplatz gefunden haben, widmet sich das Programm PerspektivePLUS. Es fördert die Integration der Jugendlichen und vermittelt eine Einstiegsqualifizierung in den Bereich Metall/Elektro oder Logistik in Verbindung mit einem anschließenden Ausbildungsplatzangebot. Gemeinsam mit anderen regionalen Partnern rief B. Braun zudem die „Initiative der beruflichen Orientierung von Flüchtlingen" ins Leben. Ziel ist es, jungen Geflüchteten die Eingliederung in die Arbeitskultur- sowie in die Berufe- und Praxiswelt durch Vermitteln von beruflichen Grundkenntnissen in Verbindung mit praktischen Erfahrungen zu erleichtern. Dies erfolgt im Rahmen von Praktika bei B. Braun und zehn anderen regionalen Betrieben, durch das Lernen berufsbezogener Lerninhalte in der Berufsschule und gezielten Sprachunterricht.

B. Braun for Children

Seit 2004 fördert jedes Unternehmen der B. Braun-Gruppe mit der Initiative B. Braun for Children ein Kinderprojekt in seinem Land – insgesamt etwa 180 soziale und kulturelle Projekte. Wir geben jungen Menschen die Chance auf ein besseres Leben, ein neues Zuhause, medizinische Hilfe – eben das, was sie vor Ort und in ihrer Situation am meisten brauchen. Der Schwerpunkt liegt auf Bildungsprojekten. Sie geben Kindern und Jugendlichen die Möglichkeit, für die Zukunft und ihr Leben zu lernen.

B

Daten und Fakten

Inhaberfamilie: Familie Braun in 6. Generation
Gründer: Julius Wilhelm Braun, 1839, Melsungen
Branche: Medizintechnik, Pharma
Produkte: Produkte für die Anästhesie, Intensivmedizin, Kardiologie, extrakorporale Blutbehandlung und Chirurgie, Dienstleistungen
Mitarbeitende: weltweit 63.751, davon 15.860 in Deutschland (31.12.2018)
Umsatz: 6,9 Mrd. Euro (2018)
Ausbildungsquote: 5,1 % (DE 2018)
Familieneinfluss: Anna Maria Braun ist Vorstandsvorsitzende; weitere Familienmitglieder sind in Führungspositionen tätig; Prof. Dr. h. c. Ludwig Georg Braun ist Aufsichtsratsvorsitzender
Unternehmensanteile der Familie: 100 %
Kontrollgremien: Aufsichtsrat, Familienbeirat
Eigenkapitalquote: 40,1 % (2018)
Investition in F&E: 318 Mio. Euro (2018)
Auszeichnungen: „Digital Transformer of the Year" (Kategorie „Life Sciences", 2017), „Innovator of the Year 2017" (Kategorie „Medical Devices and Products", brand eins Wissen & Statista, 2017), Siegel „Germany's Most Innovative Companies" (Focus & Focus Money, 2017), „WFNS Foundation Humanity Award" (World Federation of Neurosurgical Societies, 2019), „Red Dot Award" für SQ.line® von Aesculap (2019), #4Diversity Platz 2 in der Diversity Challenge der Charta der Vielfalt 2019

B. Braun Melsungen AG
Umsatz nach Sparten in Mio. Euro

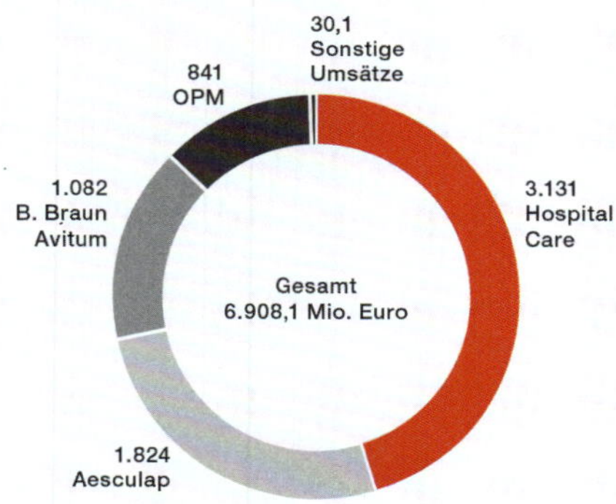

Kontakt

B. Braun Melsungen AG
Carl-Braun-Str. 1, 34212 Melsungen
Fon: 05661 71-0, Fax: 05661 71-4567
info@bbraun.com, www.bbraun.de

Chronologie

1839 Julius Wilhelm Braun erwirbt die Rosen-Apotheke in Melsungen und gründet einen Versandhandel für Heilkräuter.

1864 Beginn der Produktion pharmazeutischer Produkte

1925 Die erste ausländische Fertigungsstätte wird in Mailand gegründet.

1967 Mit der Akquisition von Laboratório Americano S. A. beginnt B. Braun seine Geschäftstätigkeit in Brasilien.

1971 B. Braun Melsungen wird in eine AG umgewandelt.

1972 Beginn der Geschäftstätigkeit in Asien

1976 Erwerb einer Mehrheitsbeteiligung an der Aesculap AG

1997 Mit dem Erwerb des kalifornischen Healthcare-Herstellers McGaw, Inc. tätigt B. Braun die bis dahin größte Akquisition.

2005–2007 Eröffnung neuer Fabriken und Fertigungen u. a. in China, Chile und Indien

2018 Europas modernste Produktionsstätte von Dialysatoren wird in Wilsdruff, Sachsen, eingeweiht.

2019 Anna Maria Braun übernimmt den Vorstandsvorsitz des Unternehmens.

Ansprechpartnerin Presse

Dr. Bernadette Tillmanns-Estorf
Fon: 05661 71-1630
presse@bbraun.com

Die Rosen-Apotheke in Melsungen; erste industrielle Fertigung von Katgut 1915; Verpackung der berühmten Braunüle; Produktion in den 1970er-Jahren (v. o.)

B

B. Strautmann & Söhne

Bad Laer, Niedersachsen

Gegründet: 1890
Die B. Strautmann & Söhne GmbH u. Co. KG ist ein international agierender Hersteller von Maschinen für die Bereiche Rindviehfütterung, Grünfutterbergung, Universalstreuer und Transporttechnik sowie von Einbringdosiertechnik für Biogasanlagen. Am Stammsitz in Bad Laer wird auf über 34.000 m² Produktionsfläche mit rd. 330 Mitarbeitenden der Großteil der Strautmann Produktpalette wie Futtermischwagen, Universalstreuer und Ladewagen gefertigt. An den Standorten in Lwówek (Polen) und Matranovak (Ungarn) werden u. a. verschiedene Komponenten und Teile des Maschinenprogramms produziert.

1890 gründete Bernhard Johannes Strautmann (sen.) einen Schmiedebetrieb in Winkelsetten bei Laer. 2011 trat mit Dipl.-Wirt.-Ing. Philipp Strautmann die 4. Generation in die Geschäftsleitung des Familienunternehmens ein.

Kontakt
B. Strautmann & Söhne GmbH u. Co. KG
Bielefelder Str. 53, 49196 Bad Laer
www.strautmann.com

BABOR

Aachen, Nordrhein-Westfalen

Gegründet: 1956
BABOR ist eine international führende Marke professioneller Kosmetik. Das Unternehmen beschäftigt weltweit 500 Mitarbeitende, davon 400 in Forschung, Entwicklung und Produktion am Stammsitz in Aachen. BABOR ist in über 70 Ländern durch Distributeure vertreten und hat Tochterunternehmen in vielen Ländern Europas sowie in Kanada und den USA.

1956 entwickelte der Chemiker Dr. Michael Babor das HY-ÖL zur Hautreinigung, das bis heute neben zahlreichen anderen Produkten angeboten wird, deren Wirkstoffe in Kombination mit den BABOR Kosmetikerinnen maximale individuelle Ergebnisse erzielen sollen. Der Vertrieb erfolgt über Kosmetikinstitute, Spas und die Luxus-Hotellerie, ergänzt durch ausgewählte Retail-Standorte und E-Commerce. Das Unternehmen ist in 3. Generation im Besitz der Familie.

Kontakt
Dr. Babor GmbH & Co. KG
Neuenhofstr. 180, 52078 Aachen
de.babor.com

Baby Kochs

Düsseldorf, Nordrhein-Westfalen

Gegründet: 1877
Baby Kochs ist das älteste Kinderfachgeschäft Düsseldorfs. Das Geschäft für Holz- und Korbwaren wurde 1877 von Josef Kochs gegründet und erweiterte stetig sein Sortiment. Seit der Übernahme durch Herbert Kochs im Jahr 1935 sind auch Kinderwagen und Spielwaren sowie Kinder- und Gartenmöbel im Angebot. Nach einem Umzug von Herbert und Ruth Kochs mit ihrem Geschäft innerhalb Düsseldorfs 1954 kamen Baby- und Kindertextilien dazu. Als eines der ersten Geschäfte in Deutschland führte Baby Kochs alles rund ums Baby und Kind. Seit 2008 ist Baby Kochs auf der Breite Straße ansässig und betreibt seit 2015 auch einen eigenen Online-Shop. Die Geschäfte des Unternehmens führen Dominik de Lange und seine Frau Yasmin in 5. Generation der Familie Koch.

Kontakt
Baby Kochs GmbH & Co. KG
Breite Str. 3, 40213 Düsseldorf
www.babykochs.de

B

BADER

Pforzheim, Baden-Württemberg

Gegründet: 1929

Die BRUNO BADER GmbH + Co. KG betreibt ein Großversandhaus, basierend auf verschiedenen Postversand-Katalogen. Dazu unterhält sie ein hochmodernes Versandzentrum, das 2017 in Östringen fertiggestellt wurde. Der Hauptkatalog von BADER umfasst fast 1.000 Seiten und rd. 17.000 Artikel. Ein eigenes Einkaufszentrum mit über 4.000 m^2 Fläche bietet mehr als 50.000 Katalogartikel direkt vor Ort in der Pforzheimer Innenstadt. Das Unternehmen wurde von Bruno Bader im Jahr 1929 in der „Goldstadt" Pforzheim gegründet. Zunächst verschickte er Schmuck, Armbanduhren und Silberwaren, das Sortiment wuchs jedoch bald um Porzellan und Lederwaren. 1952 kam Mode hinzu. 1977 gehörte BADER zu den zehn bedeutendsten Versandhäusern Deutschlands. Heute führen Klaus und Colin Bader die Geschäfte.

Kontakt

BRUNO BADER GmbH + Co. KG
Maximilianstr. 48, 75172 Pforzheim
www.bader.de

Bahlsen

Hannover, Niedersachsen

Gegründet: 1889

Bahlsen gehört zu den bekanntesten Unternehmen in Deutschland. Mit seinen Marken BAHLSEN, LEIBNIZ und PiCK UP! ist das Familienunternehmen aus Hannover Marktführer im deutschen Süßgebäckmarkt und europaweit einer der führenden Anbieter. Seit Unternehmensgründer Hermann Bahlsen vor über 130 Jahren den LEIBNIZ Keks erfand, entwickelt sich das Unternehmen stetig weiter und begeistert seine Kundinnen und Kunden kontinuierlich mit bekannten Klassikern und mit Innovationen. Bahlsen produziert in fünf Werken in Deutschland und Polen und liefert jährlich über 133.000 t Gebäck (2019) in mehr als 55 Länder weltweit. Mit insgesamt rd. 2.750 Mitarbeitenden erwirtschaftete die Bahlsen-Gruppe einen Umsatz von 540 Mio. Euro (2019).

Kontakt

Bahlsen GmbH & Co. KG
Podbielskistr. 11, 30163 Hannover
www.thebahlsenfamily.com

Baier & Schneider

Heilbronn, Baden-Württemberg

Gegründet: 1877

Baier & Schneider ist eines der größten Papier verarbeitenden Unternehmen Europas. 1877 in Heilbronn gegründet, entwickelte sich das Handelsunternehmen schnell zu einer veritablen Produktion linierter Bücher, die als Geschäftsbücher stark nachgefragt waren. 1893 erfolgte die Eintragung des Markenzeichens BRUNNEN. Geschäftsbücher wurden weitestgehend durch Kalender, Notizbücher und Schulartikel ersetzt. Das Angebot umfasst inzwischen auch Geschenkpapier und -verpackungen sowie Kreativprodukte.

Mit Zukäufen im In- und Ausland ist mittlerweile die Schneider Firmengruppe mit rd. 800 Beschäftigen entstanden, die heute in der 4. (Matthias Schneider) und 5. Generation (Jan A. W. Schneider) erfolgreich geführt wird.

Kontakt

Baier & Schneider GmbH & Co. KG
Wollhausstr. 60–62, 74072 Heilbronn
www.brunnen.de

B

Balluff

Neuhausen a. d. F., Baden-Württemberg

Gegründet: 1921

Vor rd. einem Jahrhundert in Neuhausen auf den Fildern gegründet, steht Balluff mit seinen 3.500 Mitarbeitenden weltweit für innovative Technik, Qualität und branchenübergreifende Erfahrung in der industriellen Automation. Als führender Sensor- und Automatisierungsspezialist bietet das Familienunternehmen in 4. Generation ein umfassendes Portfolio hochwertiger Sensor-, Identifikations- und Bildverarbeitungslösungen inkl. Netzwerktechnik und Software. Im Jahr 2019 verzeichnete die Balluff Gruppe einen Umsatz von rd. 469 Mio. Euro. Neben dem zentralen Firmensitz in Neuhausen a. d. F. verfügt Balluff rund um den Globus über Vertriebs-, Produktions- und Entwicklungsstandorte und ist mit 38 Tochtergesellschaften und weiteren Vertretungen in 68 Ländern aufgestellt.

Kontakt

Balluff GmbH
Schurwaldstr. 9, 73765 Neuhausen a. d. F.
www.balluff.com

Barre

Lübbecke, Nordrhein-Westfalen

Gegründet: 1842

Die traditionsreiche Privatbrauerei Barre ist die größte inhabergeführte Privatbrauerei in Ostwestfalen und erzielt jährlich einen Ausstoß von rd. 16 Mio. l. Der Pilsanteil am Gesamtausstoß beträgt 73 %. Rd. 62 % des Gesamtausstoßes werden als Flaschenbier im Handel vertrieben, die verbleibenden 38 % als Fassbier. Barre ist in rd. 1.300 gastronomischen Betrieben vorwiegend in Ostwestfalen und in Niedersachsen vertreten. 1842 gründete der Lübbecker Ernst Johann Barre die Brauerei, die seine Nachkommen erfolgreich ausbauten. Heute wird Barre in 6. Generation von dem Gründernachkommen Christoph Barre geleitet. Die enge Verbundenheit der Familie zur Region spiegelt sich auch im Engagement für zahlreiche Veranstaltungen und Vereine wider.

Kontakt

Privatbrauerei E. Barre GmbH
Berliner Str. 122–124, 32312 Lübbecke
www.barre.de

Bartels-Langness

Kiel, Schleswig-Holstein

Gegründet: 1892

Die Bartels-Langness, kurz Bela, ist in mehreren Geschäftsfeldern aktiv. Das Stammgeschäft ist der Lebensmittelgroß- und -einzelhandel. Den Grundstein dafür legte Hermann D. Langness als Bäckereikommissionär und Großhändler für Stapelwaren. Zur Unternehmensgruppe gehören rd. 120 famila-Warenhäuser und Markant-Märkte sowie Bäckerei-Filialen in Norddeutschland. 1.500 selbstständige Einzelhändler und Tankstellen werden beliefert. Auch ein bereits 1816 gegründetes Weinimporthaus und ein Weingut sind Teil des Konzerns. Zudem hält die Bela eine Beteiligung an „Das Futterhaus“ mit mehr als 300 Tiernahrungsfachgeschäften. Mit 19.000 Mitarbeitenden ist die Gruppe ein vielfältiger Arbeitgeber im Norden und wird in der 4. Generation inhabergeführt.

Kontakt

Bartels-Langness
Handelsgesellschaft mbH & Co. KG
Alte Weide 7–13, 24116 Kiel
www.bela.de

Barthels-Feldhoff

Wuppertal, Nordrhein-Westfalen

Gegründet: 1829
Flechten, Weben, Färben – diese Begriffe charakterisieren das Kerngeschäft von Barthels-Feldhoff. Das Wuppertaler Familienunternehmen ist Endkundinnen und -kunden vor allem durch die Schnürsenkel der Marke Ringelspitz bekannt, die es in rd. 500 verschiedenen Ausführungen gibt. Die Produktpalette des Unternehmens umfasst auch viele technische Spezialtextilien für Industrie, Fahrzeuge, Medizin, Sport, Bekleidung sowie Heim und Garten. An den deutschen und europäischen Standorten sind heute ca. 220 Mitarbeitende für die Unternehmensgruppe tätig.

Kontakt
Barthels-Feldhoff GmbH & Co. KG
Brändströmstr. 9–11, 42289 Wuppertal
www.barthels-feldhoff.de

---

basi Schöberl

Rastatt, Baden-Württemberg

Gegründet: 1923
Die basi Schöberl GmbH & Co. KG produziert und vertreibt u. a. technische und medizinische Gase und Spezialgase für den Hightech-Bereich sowie Gase für die Lebensmittelindustrie. Daneben bietet sie Service rund um den Anlagenbau sowie Produkte zur Schwimmbad-Hygiene. Der Vertrieb erfolgt über 50 Gase-Center sowie per Anlieferung durch den eigenen Fuhrpark. An zwei Standorten in Rastatt und einem in Straßburg sind rd. 140 Mitarbeitende tätig.

Der Name basi wurde abgeleitet von der 1923 gegründeten Badische Sauerstoff-Industrie AG Rastatt. 1926 erwarb Heinrich Schöberl sämtliche Aktien der Gesellschaft. Anfang der 1980er-Jahre übernahm mit Hans Schöberl die 3. Generation die Leitung. Nach seinem Tod 2017 trat sein Sohn Georg Schöberl in die Geschäftsführung ein.

Kontakt
basi Schöberl GmbH & Co. KG
Im Steingerüst 57, 76437 Rastatt
www.basigas.de

Bauder

Stuttgart, Baden-Württemberg

Gegründet: 1857
Die Paul Bauder GmbH & Co. KG zählt zu Europas führenden Herstellern und Lieferanten von Abdichtungs-, Wärmedämm-, Begrünungs- und Fotovoltaiksystemen für Dächer. Bauder konzentriert sich dabei auf die Geschäftsfelder Flachdach und Steildach sowie Technische Dämmstoffe und umfassende Serviceleistungen.

Das Unternehmen mit über 1.000 Mitarbeitenden ist mit sieben Werken in Deutschland und einem Werk in Österreich sowie Tochtergesellschaften in 14 Ländern europaweit präsent, der Exportanteil beträgt 40 %.

1857 gründete Wilhelm Burck sein „Dachpappen- und Asphaltgeschäft“ in Stuttgart-Zuffenhausen, sein Teilhaber Paul Bauder und dessen Nachfahren führten das Unternehmen erfolgreich in die Zukunft. In 4. Generation stellt die Familie derzeit drei Mitglieder der Geschäftsleitung.

Kontakt
Paul Bauder GmbH & Co. KG
Korntaler Landstr. 63, 70499 Stuttgart
www.bauder.de

B

Bauer

Wasserburg am Inn, Bayern

Gegründet: 1887
Die Privatmolkerei Bauer GmbH & Co. KG ist Teil der Bauer Gruppe. Diese bildet das Dach für die drei Geschäftsbereiche Molkerei, Feinkost und Handel und die dazugehörigen acht Tochterunternehmen, wie z. B. Elsdorfer, Immergut und Stannecker, mit Produktionsstandorten in ganz Deutschland. Geschäftsführer der Bauer Gruppe sind seit 2013 in 5. Generation Florian und Markus Bauer. Die Privatmolkerei Bauer ist einer der erfolgreichsten Fruchtjoghurt-Hersteller Europas. Ihre Produktpalette umfasst rd. 300 Frischprodukte und über 30 Käsesorten. Die Geschichte des Familienunternehmens begann 1887 mit der Gründung des „Bauerschweizer Käsewerks" in Wasserburg am Inn durch Franz Seraph Bauer, wo sich auch heute noch der Sitz der Privatmolkerei Bauer befindet.

Kontakt
Privatmolkerei Bauer GmbH & Co. KG
Molkerei-Bauer-Str. 1–10,
83512 Wasserburg am Inn
www.bauer-milch.de

BAUER Gruppe

Schrobenhausen, Bayern

Gegründet: 1790
Mit weltweit über 110 Tochterfirmen ist die BAUER Gruppe führender Anbieter von Dienstleistungen, Maschinen und Produkten für Boden und Grundwasser. Die Geschäftstätigkeit der Gruppe ist in drei zukunftsorientierte Segmente aufgeteilt: Bau, Maschinen und Resources. Bauer ist innovativer Anbieter von Produkten sowie Serviceleistungen für anspruchsvolle Spezialtiefbauarbeiten und bietet Lösungen für die Urbanisierung, den wachsenden Infrastrukturbedarf, den Umweltschutz sowie für Wasser, Öl und Gas. Die BAUER Gruppe mit Sitz im oberbayerischen Schrobenhausen wurde 1790 gegründet. Sie verzeichnete 2019 mit ca. 12.000 Mitarbeitenden in rd. 70 Ländern eine Gesamtkonzernleistung von 1,6 Mrd. Euro.

Kontakt
BAUER Aktiengesellschaft
BAUER-Str. 1, 86529 Schrobenhausen
www.bauer.de

BAUER KOMPRESSOREN

München, Bayern

BAUER
KOMPRESSOREN

Gegründet: 1946
Mit einem Marktanteil von über 65 % ist BAUER KOMPRESSOREN weltweit führender Hersteller von Hochdrucksystemen zur Verdichtung von Luft und Gasen. Als Kernunternehmen der global agierenden BAUER GROUP erreicht das mittelständische Unternehmen einen Exportanteil von 90 % und ist damit ein Global Player im internationalen Hochdruck- und Mitteldruckmarkt. Ein breitgespanntes Netz von 22 Tochtergesellschaften, über 350 Vertriebspartnern und 600 Servicestellen sorgt weltweit für flächendeckende Präsenz. Zentraler Punkt der Unternehmensphilosophie ist eine familiäre Firmenführung ohne Abhängigkeit von externen Finanzinvestoren. Die Grundlage des Unternehmenserfolgs ist der kompromisslose Qualitätsanspruch. Legendäre Zuverlässigkeit und Sicherheit der Produkte steht synonym für die Marke BAUER. Das Produktprogramm reicht vom mobilen Atemluftkompressor bis hin zu schlüsselfertigen Containersystemen für industrielle Anwendungen aller Art.

Kerngeschäft sind Kompressoren zum Befüllen von Atemluftflaschen für den Feuerschutz und das Tauchen, wo BAUER mit weitem Abstand zahlenmäßig und technologisch die Spitze markiert. Weitere wesentliche Produktfelder sind die Chemische, Petrochemische, Automobil-, Öl- und Gas- sowie Kraftwerks-Industrie. Ein besonderer Fokus liegt heute auf der Entwicklung von Betankungslösungen für Fahrzeuge mit regenerativen Kraftstoffen wie Biomethan sowie auf Industrie 4.0, beispielsweise der Implementierung cloudbasierter Kundenlösungen.

Kontakt

BAUER COMP Holding GmbH
Wolfratshauser Str. 80, 81379 München
Fon: 089 745010-0, Fax: 089 745010-18
info@bauergroup.de, www.bauergroup.de

Bausch+Ströbel

Ilshofen, Baden-Württemberg

Gegründet: 1967

Bausch+Ströbel entwickelt, baut und vertreibt Verpackungs- und Produktionssysteme für die pharmazeutische Industrie und trägt mit seinem technologischen Know-how dazu bei, dass Arzneimittel weltweit sicher verfügbar sind. Am Stammsitz in Ilshofen sind 1.550, weltweit über 1.850 Menschen für Bausch+Ströbel tätig.

Gegründet wurde das Unternehmen 1967 von Rolf Ströbel, Wilhelm Bausch und Siegfried Bullinger, erste Entwicklung war eine Ampullen-Füll- und -Verschließmaschine für Haarfestiger. Heute befindet sich das Unternehmen im Besitz der Familien Ströbel und Bullinger. Thorsten Bullinger und Markus Ströbel, Gesellschafter und Söhne der Gründer, sind Teil des fünfköpfigen Geschäftsführungsteams.

Kontakt

Bausch+Ströbel Maschinenfabrik
Ilshofen GmbH+Co. KG
Parkstr. 1, 74532 Ilshofen
www.bausch-stroebel.de

Bauwens

Köln, Nordrhein-Westfalen

B

BAUWENS
CREATING EXCELLENCE

„Bauwens macht Bauen einfach."

Firmenmotto

Gegründet: 1873

1873 als Bauunternehmen von den Brüdern Peter und Camille Bauwens in Köln gegründet, ist Bauwens heute ein Familienunternehmen, das bundesweit Immobilien zum Wohnen, Arbeiten und Einkaufen entwickelt, plant, baut und betreibt. An Standorten in Köln und in der Rhein-Ruhr-Region sowie in Berlin, München, Hamburg und Frankfurt sind insgesamt 400 Mitarbeitende, davon rd. 290 in Köln, für Geschäfts- und Privatkunden tätig.

Die Unternehmensgruppe agiert über die Holding Bauwens GmbH & Co. KG mit mehreren Gesellschaften: Die Bauwens Development GmbH & Co. KG entwickelt Wohn- und Gewerbeimmobilien, Hotels und Quartiere. Mit der SILVER CLOUD Invest GmbH & Co. KG verfügt Bauwens über ein Unternehmen, das in Bestandsimmobilien mit Wertsteigerungspotenzialen am deutschen Markt investiert. Die Bauwens Construction GmbH & Co. KG agiert als Partner bei der Realisierung von Projekten über alle Leistungs-

Hauptgesellschafter des Unternehmens sind die Brüder Paul Bauwens-Adenauer (oben) und Dr. Patrick Adenauer (Mitte), Peter Bauwens (unten) gründete das Unternehmen mit seinem Bruder Camille 1873 in Köln.

Gleis Park, Berlin: urbane Architektur und zugleich Bauwens' erste „digitale Immobilie"

B

Am Rheinauhafen in Köln befindet sich der Hauptsitz der Bauwens-Gruppe. Das Bürogebäude „Holzmarkt 1" wurde von Bauwens entwickelt, geplant und gebaut.

phasen wie z. B. Bauausführung, Haustechnikplanung und Architektur, wobei konsequent nach Prinzipien des Lean (Construction) Management gewirtschaftet wird. Aufgabe der Bauwens Asset Management GmbH & Co. KG ist die dauerhafte Erhaltung des Wertes, der Attraktivität und Vitaliät von Immobilien unter Berücksichtigung ihres kompletten Lebenszyklus. Für die digitale Innovation in der eigenen Wertschöpfungskette und zur Entwicklung neuer Geschäftsmodelle hat das Unternehmen die Bauwens digital GmbH gegründet. Mit ihr verfolgt Bauwens zukunftsweisende Konzepte und investiert in erfolgversprechende Ideen und Unternehmen, um die eigenen Produkte kontinuierlich zu verbessern und am Markt zu etablieren.

Da Smart Buildings einer smarten Planung bedürfen, nutzt Bauwens von der Entwurfsphase bis hin zur Bauausführung das digitale Projektmanagementsystem Building Information Modeling (BIM) als Arbeitsbasis. Lean Management wiederum bildet die Grundlage, um durchgängig hohe Qualität zu erzielen und eine kontinuierliche Verbesserung aller Prozesse zu erreichen.

Gesellschaftliche Verantwortung

Paul Bauwens-Adenauer und Dr. Patrick Adenauer gründeten 2004 die Kölner Grün Stiftung. Deren Ziel ist es, die städtebauliche, ökologische und kulturhistorische Bedeutung des Kölner Grünsystems, das in seiner Art in Deutschland einmalig ist, zu sichern. Die Stiftung engagiert sich nicht nur für den Erhalt und die Pflege der historischen Grünanlagen, sondern will auch erreichen, dass das Bewusstsein sowie die Verantwortung der Kölner Bürgerinnen und Bürger und der Politik für dieses Kulturgut und wichtige Naherholungsgebiet gestärkt werden. Sie sieht sich als Mittler zwischen Sponsoren aus der Wirtschaft, Stadtbewohnerinnen und -bewohnern sowie privaten Initiativen einerseits und der Politik und Verwaltung andererseits. Darüber hinaus unterstützt und fördert Bauwens Projekte und Vereine, die sozial, kulturell, künstlerisch, sportlich oder ökologisch engagiert zu einem besseren Miteinander beitragen und gestaltet so Kultur, öffentlichen Raum und Gesellschaft nachhaltig mit.

B

Chronologie

1873 Gründung des Bauunternehmens durch die Brüder Peter und Camille Bauwens

1900 Das Tätigkeitsfeld wird vom Hoch- und Tiefbau im Rheinland auf das gesamte Reichsgebiet sowie das benachbarte Ausland ausgedehnt.

1930 Bauwens präsentiert erstmals eine schlüsselfertige Industrieanlage.

1948 Wiederaufbau mit Industrie- und allgemeinem Hochbau sowie Brückenbau mit eigenen Spannbetonverfahren

1983 Paul Bauwens-Adenauer tritt in das Unternehmen ein.

1989 Sein Bruder Dr. Patrick Adenauer folgt ihm.

2006 Die Bauwens Real Estate Group entsteht. Gründung der Tochtergesellschaften Construction, Development und Asset Management

2015 Bezug der neuen Unternehmenszentrale in Köln. Erwerb der Bartels-Rieger Atemschutztechnik GmbH und Gründung der German American Realty GmbH

2016 Die Immobilien-Investmentgesellschaft SILVER CLOUD erweitert die Unternehmensgruppe.

2017 Gründung der Gesellschaft Bauwens digital, die in PropTech-Unternehmen investiert, um neue digitale Geschäftsmodelle zu entwickeln.

2019 Bauwens beteiligt sich mit 50 % an der Münchner Büschl Unternehmensgruppe und mit 75 % an dem haustechnischen Ingenieurbüro M-TEQ in Köln.

Im Jahr 2019 hat sich Bauwens an dem Münchner Projektentwicklungsunternehmen Büschl und am Ingenieurbüro M-TEQ in Köln beteiligt. Bereits 2015 hatten die Unternehmerfamilien Bauwens und Adenauer mit Partnern die German American Realty GmbH – spezialisiert auf die Beteiligung an unternehmerischen und operativen Immobilienprojekten in den USA – gegründet und die BartelsRieger Atemschutztechnik GmbH erworben. Mit beiden Engagements soll sowohl die Internationalisierung des Geschäfts als auch die Diversifikation des Unternehmensportfolios vorangetrieben werden.

Daten und Fakten

Inhaberfamilien: Familien Bauwens-Adenauer und Adenauer in 4. und 5. Generation
Gründer: Peter und Camille Bauwens, 1873, Köln
Branche: Immobilienbranche
Produkte: Entwicklung, Planung, Bau und Betreiben von Wohn- und Gewerbeimmobilien
Standorte: Köln, Rhein-Ruhr-Region, Berlin, München, Hamburg, Frankfurt
Mitarbeitende: rd. 500 inkl. Beteiligungsgesellschaften
Innovationen: Schlüsselfertigbau (1930/1948), eigene Spannbetonformel für den Brückenbau (1950), Baupartnering-Modell bauwensconcept® (1995), Methodik Lean Construction und BIM (2014), erste voll digitale Wohnimmobilie (2020)
Ausbildungsplätze: 27 Auszubildende
Unternehmensanteile der Familie: 100 %
Kontrollgremien: Gesellschafterversammlung

Kontakt
BAUWENS GmbH & Co. KG
Holzmarkt 1, 50676 Köln
Fon: 0221 40084-0
info@bauwens.de, www.bauwens.de

Ansprechpartner Presse
Alexander Braun
Fon: 0221 40084-190
presse@bauwens.de

B

Bayerischer Hof

München, Bayern

Gegründet: 1841
Das vielfach ausgezeichnete Traditionsunternehmen im Zentrum der Altstadt ist seit vier Generationen im Besitz der Familie Volkhardt. Mit 337 Zimmern inkl. 74 Suiten zählt das Haus zu den führenden deutschen Hotels sowie zu „The Leading Hotels of the World“. Mit dem Gourmetrestaurant Atelier, ausgezeichnet mit 3 Sternen im Guide Michelin und 19 Gault-Millau-Punkten, lassen insgesamt fünf Restaurants und sechs Bars keine kulinarischen Wünsche offen. Der Festsaal sowie 40 moderne oder historische Veranstaltungsräume für bis zu 2.500 Personen warten auf besondere Events. Auf 1.300 m² erwartet die Gäste im Blue Spa ein einzigartiges Wellness-Refugium über den Dächern Münchens. Das Live-Entertainment im Night Club ist legendär, die Komödie im Bayerischen Hof steht für bestes Boulevardtheater, und die astor@Cinema Lounge bietet Kinogenuss der Extraklasse. Zur Unternehmensgruppe gehört auch das traditionsreiche Hotel Zur Tenne in Kitzbühel sowie die Weinhandlung Volkhardts Wein in München-Pasing.

Kontakt
Hotel Bayerischer Hof
Promenadeplatz 2–6,
80333 München
www.bayerischerhof.de

BDJ Versicherungsmakler – Burmester, Duncker & Joly Gruppe

Hamburg

B|D|J Versicherungsmakler — 175 Jahre | Beratungskompetenz

Gegründet: 1845
Erstes namensgebendes Unternehmen war H. J. Burmester. Nach der Gründung 1845 versicherte es Gebäude und später auch Schiffe und Warentransporte. Das erst etwas später gegründete Unternehmen Duncker & Joly (1889) war ein Rückversicherungsmakler und entwickelte sich zum Seetransport- und Filmversicherungs-Assekuradeur. Aus der Fusion 1976 entstand die heutige BDJ Gruppe.

Das „Flaggschiff“ der Gruppe ist BDJ Versicherungsmakler, ein Berater und Dienstleister für Industrieversicherungen mit Lösungen für das Risiko-, Versicherungs- und Schadenmanagement, spezialisiert auf Wirtschaftsbranchen aus Industrie, Handel und Dienstleistung. Als Industrie-Versicherungsmakler unter den Top 10 in Deutschland setzt BDJ 2020 rd. 110 Mio. Euro um und beschäftigt 90 Mitarbeitende in der Hamburger Zentrale und an den Standorten Berlin, Frankfurt und Köln. Über Partnerunternehmen werden Kunden in 170 Ländern der Welt betreut.

BDJ ist spezialisiert auf Wirtschaftsbranchen. Beispiele sind Lebensmittel, Energie, Film und Fernsehen sowie diverse Dienstleistungsbranchen. Besondere Beratungstiefe und Versicherungslösungen verbinden BDJ eng mit den Kunden und deren Netzwerken. BDJ arbeitet in den Verbänden und Fachorganisationen, bietet Schulungen und veröffentlicht Fachbeiträge. Metallverarbeitung, Maschinenbau, Chemie und Pharma sowie Freizeitunternehmen sind weitere Fokus-Branchen.

Einige Branchen berät BDJ durch Tochterunternehmen. ATLAS Versicherungsmakler betreut Sicherheits- und Facilitymanagement-

B

Gesellschaftliche Verantwortung

BDJ feiert 2020 seinen 175. Geburtstag. Dieses Jubiläumsjahr nutzt das Unternehmen, um mit vielen verschiedenen gemeinnützigen Initiativen Umwelt und Natur sowie soziale Projekte zu fördern. Dazu gehören der nachhaltige Umbau des Unternehmens, papierlose Dienstleistungen, Verzicht auf Plastik bei Büromaterialien sowie Umstieg auf Elektromobilität und ökologisch-bewusste Reiseplanung. Aufforstungsprojekte als Mitarbeiter-Events und gezielte Bewusstseinsschulung der Mitarbeitenden werden ergänzt durch Kinderhilfsprojekte im In- und Ausland.

Unternehmen (seit 2001), BDJ Bau + Projekt Versicherungsmakler die Bauwirtschaft seit 2014. Neuestes Unternehmen im Jubiläumsjahr 2020 ist BDJ Risk-Consulting mit technischen, organisatorischen und kaufmännischen Lösungen zur Schadenverhütung. Tiefe und Qualität der Beratung und Dienstleistung basieren neben der Branchenspezialisierung auf eigens entwickelten IT-Lösungen. Online-Kundeninformationssysteme (2007), eine interne Kundendaten-CRM-Lösung (2012) sowie eine Portallösung für die Verwaltung von Kunden-Anlagen mit Schnittstellen zu Versicherern und Schadensachverständigen (2019) werden künftig durch Sensorik-Lösungen zur Schadenverhütung erweitert.

Die BDJ Gruppe gehört den Familien Bockelmann, Paschen, Schües und von Bennigsen. Das Unternehmen ist in der 7. Generation inhabergeführt. Dr. Johann-Christian Paschen und Robert von Bennigsen sind geschäftsführende Gesellschafter, Hendrik Bockelmann gehört der Geschäftsleitung an, die der familienfremde Manager Claas Hußmann komplettiert.

„In unseren Zielbranchen sind wir Marktführer, auch weil wir uns mit individuellen, auf die Kunden abgestimmten Dienstleistungen und IT-Lösungen abheben."

Robert von Bennigsen, geschäftsführender Gesellschafter

Die Branchenerfahrung von BDJ prägt die Risikoberatung.

Robert vor Bennigsen, Hendrik Bockelmann, Dr. Johann-Christian Paschen und Claas Hußmann leiten das Familienunternehmen (v. l.).

B

BURMESTER, DUNCKER & JOLY GRUPPE

Versicherungsmakler-Tätigkeit	Assekuradeurs-Tätigkeit
BDJ Versicherungsmakler	Transport-Spezialdeckungen
ATLAS Versicherungsmakler für Sicherheits- und Wertdienste	Regress-Agentur für Transportversicherungen
BDJ Bau + Projekt Versicherungsmakler	Deutsche FilmversicherungsGemeinschaft
BDJ Risk-Consulting	Deutsche Sport & Entertainment VersicherungsGemeinschaft

Chronologie

1842 die Hamburger Brandkatastrophe

1845 Hinrich Jacob Burmester steigt in das Feuerversicherungsgeschäft ein und erweitert die Aktivitäten später um die Schifffahrtsversicherung.

1889 Paul Duncker und Alex Joly beginnen als Rückversicherungsmakler und Schifffahrts-Assekuradeur.

1933 Die DFG DeutscheFilmversicherungsgemeinschaft wird gegründet.

1976 Die Traditionsunternehmen Burmester und Duncker & Joly fusionieren.

1985 Die junge BDJ Gruppe konzentriert sich auf Industrieversicherungen.

2001 ATLAS Versicherungsmakler für Sicherheits- und Wertdienste wird zusammen mit Bernd M. Schäfer gegründet.

2008 Die DSE Deutsche Sport & Entertainment VersicherungsGemeinschaft startet.

2014 BDJ Bau + Projekt Versicherungsmakler beginnt als Berater der Bauwirtschaft.

2020 BDJ Risk-Consulting nimmt die Tätigkeit auf.

BDJ Zentrale in der Hamburger Innenstadt (oben); die Führungsmannschaft der BDJ Gruppe (unten)

Daten und Fakten

Inhaberfamilien: Familien Bockelmann, Paschen, Schües und von Bennigsen
Gründer: Hinrich Jacob Burmester, Paul Duncker und Alex Joly
Branche: Unternehmensberatung für Risiko-, Versicherungs- und Schadenmanagement, Industrie-Versicherungsmakler
Produkte: Industrie-Versicherungen
Standorte: Hamburg (Zentrale), Berlin, Frankfurt und Köln
Vertrieb: angestellte Kundenbetreuer
Mitarbeitende: 90
Umsatz: 110 Mio. Euro (2020)
Familieneinfluss: unmittelbar operativ durch geschäftsführende Gesellschafter
Kontrollgremien: Gesellschafterkreis

Kontakt
BDJ Versicherungsmakler GmbH & Co. KG
Große Theaterstr. 42, 20354 Hamburg
Fon: 040 37603-0, Fax: 040 37603-144
bdjhamburg@bdj.de, www.bdj.de

Ansprechpartnerin Presse
Judith Ahrholdt
Fon: 040 37603-181
ahrholdt@bdj.de

beckers bester

Nörten-Hardenberg, Niedersachsen

Gegründet: 1932

Als mittelständisches Familienunternehmen in 4. Generation zählt die beckers bester GmbH zu den zehn größten Fruchtsaftherstellern in Deutschland. Entstanden ist das Unternehmen als Privatkelterei beckers bester im Jahr 1932, nachdem Firmengründerin Bertha Becker eine besonders ertragreiche Obsternte erfolgreich als Most verkaufen konnte. Heute bietet das Unternehmen neben dem klassischen Apfelsaft, mit dem die Marke groß geworden ist, über 20 verschiedene Sorten an Fruchtsäften und -nektaren auf natürlicher Basis an, sowohl in wiederverwendbaren Glasflaschen als auch in recyclingfreundlichen Tetra Paks. Das Unternehmen produziert ausschließlich in Deutschland und beschäftigte 2019 rd. 135 Mitarbeitende. Die Ausbildungsquote in der Produktion liegt etwa bei 10 %. Der Vertrieb der Produkte erfolgt über einen eigenen Außendienst sowie Handelsagenturen in Norddeutschland, außerdem werden Geschäftszweige im Ausland aufgebaut. Dieses Wachstum schlägt sich auch im Umsatz nieder: 2018 lag dieser bei rd. 45 Mio. Euro und damit 5 % über dem Vorjahreswert. Geführt wird beckers bester seit dem Jahr 2010 von Sebastian Koeppel, dem Urenkel der Firmengründerin, als Inhaber und Geschäftsführendem Gesellschafter. Ihm steht sein Schwiegervater Wolf-Peter Korth als Mitgesellschafter zur Seite. Gemeinsam legen sie heute einen Fokus auf den Ausbau als Premium-Marke mit großer Nachhaltigkeit. So ist beckers bester auch einer der ersten Fruchtsafthersteller, der sich in einer Arbeitsgruppe für bessere Arbeitsbedingungen von Orangenbauern in Brasilien und somit für einen nachhaltigeren Orangensaft einsetzt. Weitere Zukunftspläne umfassen ein noch stärker werteorientiertes Handeln und eine weitere Erhöhung der Transparenz für die Endverbraucherinnen und -verbraucher.

beckers bester gehört zu den zehn größten Fruchtsaftherstellern in Deutschland.

Schon gewusst?

Schon 2014 hatte sich beckers bester entschieden, als Firma klimaneutral zu werden. Seit 2020 sind nun auch die gesamten Produkte klimaneutral. Dafür spart das Unternehmen mit einer Vielzahl von Maßnahmen CO_2 ein, etwa durch die Umstellung der Energieversorgung auf Ökostrom oder die Verwendung von biobasierten Materialien für die Verpackungen. Erst die trotz dieser Maßnahmen nicht vermeidbaren Emissionen werden dann durch Emissionszertifikate für Klimaschutzprojekte ausgeglichen.

Daten und Fakten

Inhaberfamilie: Sebastian Koeppel
Gründerin: Bertha Becker
Produkte: Fruchtsäfte und -nektare, Fruchtsaftgetränke
Standorte: Nörten-Hardenberg, Ortsteil Lütgenrode
Vertrieb: eigener Vertrieb und Handelsagenturen
Mitarbeitende: über 135
Umsatz: rd. 45 Mio. Euro (2018)
Kontrollgremien: Gesellschafterversammlung

Kontakt
beckers bester GmbH
Obere Dorfstr. 42, 37176 Nörten-Hardenberg
Fon: 05503 9858-0, Fax: 05503 9858-165
info@beckers-bester.de, www.beckers-bester.de

B

„Alle Menschen sind mündige Wesen und so behandeln wir sie auch."

Sebastian Koeppel

Bertha Becker (oben) gründete 1932 die Privatkelterei beckers bester. Sebastian Koeppel (unten), ihr Urenkel, leitet heute das Unternehmen als Geschäftsführender Gesellschafter. Sein Ziel: werteorientiertes Handeln und Transparenz.

B

Bedford

Osnabrück, Niedersachsen

Gegründet: 1909

Bedford versteht sich als inhabergeführtes Familienunternehmen für Wurst und Schinken der Premiumklasse. Unter der Domain schinken.de können Kundinnen und Kunden die Herkunft, Schlachtung und Verarbeitung ihres registrierten Bedford-Produkts zurückverfolgen. Die Fleischwaren sind gluten- und laktosefrei, ohne geschmacksverstärkende Zusatzstoffe und werden mit Meersalz abgeschmeckt. Zudem vertreibt Bedford Produkte unter dem Qualitätslabel Offenstall des Vereins zur Förderung der Offenstallhaltung von Schweinen e. V. Seit 15 Jahren verkauft Bedford den Osnabrücker Friedensschinken, aus dessen Ertrag internationale Kinderhilfsprojekte bereits mit über eine Million Euro gefördert wurden. Im Jahr 2020 erhielt die Wurst- und Schinken-Manufaktur den German Design Award.

Kontakt

Bedford GmbH + Co. KG
Traiteur-Platz 1, 49090 Osnabrück
www.bedford.de

BEGO

Bremen

Gegründet: 1890

BEGO ist in der Dentalindustrie tätig und bietet seine Produkte und Dienstleistungen weltweit an. Die Unternehmensgruppe besteht aus der BEGO GmbH & Co. KG, der BEGO Bremer Goldschlägerei Wilh. Herbst GmbH & Co. KG, der BEGO Medical GmbH und der BEGO Implant Systems GmbH & Co. KG. Das Portfolio umfasst Legierungen, Geräte und Material für die konventionelle Zahntechnik, Implantatsysteme, Zubehör für die Zahnmedizin, CAD-/CAM-Lösungen für industriell gefertigten Zahnersatz und Fortbildungsangebote.

Der Zahnarzt Dr. h. c. Wilhelm Herbst gründete das Unternehmen 1890. Er verwendete zur Zahnrestauration erstmals adhäsives Plombiergold. 1924 trat Dipl.-Ing. Fritz Weiss in die Geschäftsleitung ein und wurde 1925 Gesellschafter. Das Unternehmen der Familie Weiss ist in 5. Generation inhabergeführt.

Kontakt

BEGO GmbH & Co. KG
Wilhelm-Herbst-Str. 1, 28359 Bremen
www.bego.com

Behn

Eckernförde, Schleswig-Holstein

FAMILIENUNTERNEHMEN SEIT 1892
WALDEMAR BEHN
EINZIGARTIGE SPIRITUOSENMARKEN

„World of Unique Brands"

Unternehmensslogan von Behn

Unternehmenssitz von Behn in Eckernförde heute (oben) und in den 1960er-Jahren (unten)

Gegründet: 1892

1892 legte Waldemar Behn in der Nähe von Eckernförde den Grundstein für das Unternehmen. Er entstammte einer Hamburger Brauerei-Familie und vertrieb zunächst das Bier aus dem väterlichen Betrieb an die Bauarbeiter des Nord-Ostsee-Kanals. Hieraus entstand über vier Generationen der marktführende Getränkefachgroßhändler im Norden Schleswig-Holsteins, der über 800 Gastronomiebetriebe mit nahezu allen Getränken von den Standorten Eckernförde und Flensburg beliefert.

Bekannt ist Behn aber vor allem durch die Produktion und den Vertrieb einzigartiger Spirituosenmarken wie z. B. „Kleiner Feigling", eine der beliebtesten Spirituosen Deutschlands, „Dooley's Original Toffee Cream Liqueur" sowie „Küstennebel", die größte deutsche Anisspirituose. Seit 2013 ist Behn auch Inhaber der weltweit vertriebenen Marke DANZKA Vodka, sodass das Unternehmen heute ca. 40 % seines Absatzes im Ausland erzielt. Der Vertrieb erfolgt über eine eigene Außendienstorganisation. Produziert wird ausschließlich in Deutschland am Stammsitz in Eckernförde.

Behn beschäftigt ca. 220 Mitarbeitende, darunter im Schnitt jährlich zwei bis drei neue Auszubildende. Das Unternehmen mit einer Eigenkapitalquote von rd. 50 % ist vollständig im Besitz der Familie Behn. Die Brüder Waldemar und Rüdiger Behn sind in der 4. Familiengeneration als geschäftsführende Gesellschafter aktiv tätig. Ein Beirat tritt dreimal im Jahr zusammen. Die Nachfolge entscheiden die Gesellschafter in Abstimmung mit dem Beirat. Seit dem Jahr 2000 ist die nahe Salzburg gelegene österreichische Firma Nannerl Nahrungsmittelspezialitäten ebenfalls zu 100 % ein wichtiger Teil der Behn-Unternehmensgruppe.

Die Waldemar Behn GmbH produziert neben anderen Premiumspirituosen auch den Kleinen Feigling, eine der beliebtesten Spirituosen Deutschlands.

Schon gewusst?

Der höchstbewertete Cream-Liqueur der Welt stammt aus Deutschland, genauer aus Eckernförde, nämlich „Dooley's Original Toffee Cream Liqueur".

Kontakt

Waldemar Behn GmbH
Kadekerweg 2, 24340 Eckernförde
Fon: 04351 479-0, Fax: 04351 479-199
info@behn.de, www.behn.de

Behrens & Schuleit

Düsseldorf, Nordrhein-Westfalen

B&S Behrens & Schuleit
IT-Dienstleistungen und Dokumenten-Logistik
Digitalisieren - Archivieren - Bereitstellen

Gegründet: 1929

Der Düsseldorfer IT-Dienstleister und Dokumentenlogistiker Behrens & Schuleit verarbeitet pro Monat mehr als 10 Mio. Unterlagen aller Art und in jedem Format. Das Angebot umfasst die Digitalisierung, Archivierung und Bereitstellung von Dokumenten. Darüber hinaus unterstützt und berät das Unternehmen Kunden jeder Größenordnung in allen Fragen rund um das Thema Digitalisierung mit dem Schwerpunkt Dokumenten- und Prozessmanagement. Ziel ist es, sämtliche Arbeitsabläufe im Unternehmen durch Digitalisierung so effizient, transparent und damit nachvollziehbar wie möglich darzustellen. In seinem neu errichteten, hochmodernen Zentrum für Dokumente bietet das Traditionsunternehmen außerdem optimale Lagermöglichkeiten für sensible Unterlagen, Dokumente, kaufmännische Belege und technische Zeichnungen und stellt diese den Kunden bei Bedarf kurzfristig zur Verfügung.

Lieferfahrzeug von Behrens & Schuleit in den 1950er-Jahren

B

„Wen man mit der Organisation und Verwaltung sensibler Daten beauftragt, wird besonders im Zeitalter der Digitalisierung zu einer der wichtigsten Firmenentscheidungen. Für die Antwort sollte es nur einen Anhaltspunkt geben: Es wird das Unternehmen sein, dem man am meisten vertraut."

Thomas Rick

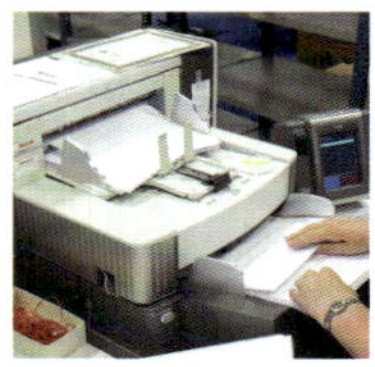

Thomas Rick (oben) leitet das Unternehmen in 3. Generation.

B

Der Familienbetrieb blickt auf eine über 80-jährige Geschichte zurück: 1929 eröffneten Friedrich Behrens und Erich Schuleit in Düsseldorf einen Fachhandel für Büro- und Zeichenbedarf. Erste Mitarbeiterin im Gründungsjahr war Katharina Rick, die spätere Inhaberin und Großmutter des heutigen geschäftsführenden Gesellschafters Thomas Rick.

Von Beginn an entstanden starke Partnerschaften: Schon 1932 übernahm Behrens & Schuleit eine Vertretung der Firma Belipa (heute Sihl) für den Verkauf von Lichtpauspapieren, die beim Vervielfältigen von Zeichnungen zum Einsatz kamen. Es entwickelte sich eine Kooperation, die bis heute Bestand hat. Zum Erfolg trugen weitere Partnerschaften mit namhaften Firmen wie Canon, Océ, Xerox, Kodak, DocuWare und JobRouter sowie Übernahmen (z. B. der Vasen Engineering Products GmbH, Hennef) und eine ausgeprägte Innovationsbereitschaft bei. So stieg Behrens & Schuleit 1959 in die Mikrofilmtechnik ein, die ab 1962 Dieter Rick, der Sohn von Katharina Rick, ausbaute.

Seit 1996 wird die Behrens & Schuleit GmbH, die am Stammsitz in Düsseldorf 60 Mitarbeitende beschäftigt, in 3. Generation von Thomas Rick geführt. Der gelernte Bankkaufmann führte die Firma konsequent ins digitale Zeitalter. Ab 2006 richtete Thomas Rick Vertriebsbüros in Bad Bentheim, Meckenheim und Osnabrück ein. Ende 2011 bezog Behrens & Schuleit neue Räumlichkeiten an der Bonner Straße in Düsseldorf. Nur zehn Minuten von der Innenstadt entfernt bietet der zertifizierte IT-Dienstleister und Dokumentenlogistiker auf mehr als 3.100 m² Unterlagen aller Art eine hochmoderne Heimat. 2020 werden die

Gesellschaftliche Verantwortung

Soziales Engagement und gezielte Nachwuchsförderung sind für Thomas Rick sowohl ein Gebot der Vernunft als auch persönliche Herzensangelegenheit. Der zweifache Familienvater weiß: Bildung und Ausbildung der kommenden Generationen entscheiden über die Zukunft unserer Gesellschaft. Vor diesem Hintergrund hat er als Landesvorsitzender von DIE FAMILIENUNTERNEHMER in Nordrhein-Westfalen eine Bildungskommission ins Leben gerufen. In unzähligen Meetings mit Politikern und Bildungsexperten hat Rick dafür gesorgt, dass „Wirtschaft" in Nordrhein-Westfalen forciert an allen weiterführenden Schulen unterrichtet wird.

Behrens & Schuleit verarbeitet pro Monat mehr als 10 Mio. Dokumente.

Die hochmoderne Firmenzentrale von Behrens & Schuleit in Düsseldorf

Gebäude um eine weitere Halle erweitert. V. a. der Mittelstand wird am Standort im Düsseldorfer Süden in allen Fragen, die die Digitalisierung betreffen, beraten.

Thomas Rick engagiert sich seit 2005 im Verband DIE FAMILIENUNTERNEHMER. 2019 hat Rick nach sechs Jahren sein Ehrenamt als NRW-Vorsitzender von DIE FAMILIENUNTERNEHMER satzungsgemäß an seinen Nachfolger abgegeben. Derzeit wirkt er als Bundesbildungsbeauftragter des Wirtschaftsverbandes.

Schon gewusst?

- Durch die Einführung von professionellem Dokumenten-Management verringern sich die Suchzeiten um bis zu 90%.
- Einer der weltweit größten Online-Anbieter, trivago, vertraut auf die Leistungen und Kompetenzen von Behrens & Schuleit. Der Düsseldorfer IT-Dienstleister hat das komplette Dokumentenmanagement des Reiseportals implementiert.
- Auch die im Jahr 1977 gegründete BRABUS GmbH, der weltweit größte unabhängige Automobilveredeler und Fahrzeughersteller für exklusive Supercars, setzt auf die Kompetenz von Behrens & Schuleit.
- Behrens & Schuleit ist nach DIN ISO 9001 und DIN ISO 27001 zertifiziert.

Daten und Fakten

Inhaberfamilie: Familie Rick in 3. Generation
Gründer: Friedrich Behrens und Erich Schuleit, 1929, Düsseldorf
Mitarbeitende: 60
Ausbildungsplätze p. a.: 6
Familieneinfluss: inhabergeführt durch Thomas Rick
Unternehmensanteile der Familie: 100%, gehalten von 1 Gesellschafter
Kontrollgremien: Gesellschafterversammlung
Eigenkapitalquote: 53%
Mitgliedschaften: Digitale Stadt Düsseldorf e. V. und DIE FAMILIENUNTERNEHMER

Kontakt
Behrens & Schuleit GmbH
Bonner Str. 203, 40589 Düsseldorf
Fon: 0211 15758-0, Fax: 0211 15758-23
info@behrens-schuleit.de, www.behrens-schuleit.de

B

Beilharz

Essen, Nordrhein-Westfalen

Gegründet: 1901
Die Georg Beilharz und Sohn GmbH & Co. KG aus Essen bietet zusammen mit ihren Schwesterunternehmen in Gelsenkirchen und Duisburg einen umfangreichen Service für Nutzfahrzeuge und ist spezialisiert auf die Fertigung individueller Fahrzeugaufbauten. Gegründet wurde das Unternehmen 1901 von Georg Beilharz als Huf- und Wagenschmiede. 1940 übernahm mit Heinrich Beilharz die 2. Generation die Geschäfte. Eberhard und Hans-Heinrich Beilharz rückten ab 1966 in die Unternehmensführung auf. Seit 1996 ist die 4. Generation der Firma Beilharz mit Dirk und Sven Beilharz im Unternehmen tätig. Beilharz beschäftigt an seinen Standorten rd. 250 Mitarbeitende und steht für eine hohe Qualität sowie das partnerschaftlich gute Verhältnis zu seinen Kunden, Lieferanten und Mitarbeitenden.

Kontakt
Georg Beilharz und Sohn GmbH & Co. KG
Laubenhof 2, 45326 Essen
www.beilharz.de

B

Beiselen

Ulm, Baden-Württemberg

Gegründet: 1890

Die Beiselen GmbH ist Deutschlands größter inhabergeführter Agrarhändler. Beiselen berät und beliefert die Landwirtschaft mit den für den Anbau nötigen Betriebsmitteln wie Saatgut, Dünge- oder Pflanzenschutzmitteln. Zum Portfolio zählen sieben Produktsortimente. Auch der Ökolandbau wird mit der ganzen Bandbreite des Dienstleistungsspektrums von Beiselen unterstützt. Das Unternehmen agiert als klassischer Großhändler, aber auch über Beteiligungen an privaten Landhändlern. Beiselen setzt jährlich rd. 1,4 Mrd. Euro um und beschäftigt 489 Mitarbeitende an 21 Standorten in Deutschland und Österreich. Die Geschäfte führen Familienmitglieder aus zwei Generationen: Rainer Schuler, der der Geschäftsführung vorsteht, Magnus Schuler und Martin Jäger.

Kontakt

Beiselen GmbH
Magirusstr. 7–9, 89077 Ulm
www.beiselen.de

Bellmer

Niefern-Öschelbronn, Baden-Württemberg

Gegründet: 1842

Die Gebr. Bellmer GmbH Maschinenfabrik ist ein international führender Technologieanbieter mit zwei Geschäftsbereichen: Paper Technology konzentriert sich auf Papier- und Kartonmaschinen, Separation Technology auf die Wasser- und Schlammbehandlung. Das Familienunternehmen wird in 6. Generation von den Brüdern Erich, Martin und Philipp Kollmar geführt. Vor der Übergabe an seine drei Söhne leitete Ulrich Kollmar, der Vater der jetzigen Geschäftsführer, die Firma vier Jahrzehnte lang. Mit zahlreichen Erfindungen trug er maßgeblich zur Produktstärke und mit seinen erfolgreichen Akquiseaktivitäten im Ausland zur Internationalisierung Bellmers bei. Gegründet wurde das Unternehmen von Carl Bellmer, der 1842 am Standort Niefern bei Stuttgart eine Papiermühle kaufte.

Kontakt

Gebr. Bellmer GmbH Maschinenfabrik
Hauptstr. 37–43, 75223 Niefern-Öschelbronn
www.bellmer.com

Beltz

Weinheim, Baden-Württemberg

Gegründet: 1841

Als Dachgesellschaft der in Weinheim ansässigen Gruppe fungiert die Beltz Rübelmann Holding GmbH & Co. KG. Im Jahr 2018 erzielte die Beltz-Gruppe mit 290 Mitarbeitenden einen konsolidierten Umsatz von 56 Mio. Euro. Gesellschafter der 1996 gebildeten Holding sind die vier Kinder von Dr. Manfred Beltz Rübelmann (gest. 2015). Matthias, Ulrich und Marianne Rübelmann, Christina Blum, geb. Rübelmann, sowie seit 2008 Klaus Ertel leiten das Unternehmen in 6. Generation. 2013 gingen die Anteile von Dr. Manfred Beltz Rübelmann in eine unternehmensverbundene Stiftung über. Zum Vorstand wurde Marianne Rübelmann berufen, zum Stiftungsrat Michael Apenberg und Dr. Ludger Kleyboldt.

Julius Beltz gründete 1841 im thüringischen Langensalza eine Druckerei und einen Verlag. Nach der Enteignung 1949/1950 gründete die Inhaberfamilie in Weinheim/Bergstraße die neue Julius Beltz Verlagsbuchhandlung und Offsetdruckerei. Ab 1960 war Dr. Manfred Beltz Rübelmann in der Nachfolge von Wilhelm Beltz im Unternehmen tätig. 1973 übernahm er als persönlich haftender Gesellschafter die alleinige Geschäftsführung. Unter seiner Leitung beteiligte sich Beltz 1975 an der Campus GmbH Frankfurt a. Main; seit 2015 hält das Unternehmen 100 % an Campus. Nach der Wiedervereinigung erwarb Beltz sein Stammhaus in Ostdeutschland zurück und entwickelte das Druckhaus Thomas Müntzer zu einem Druckbetrieb mit Großbuchbinderei, später umbenannt in Beltz Grafische Betriebe GmbH.

Die Verlagsgruppe Beltz publiziert in den Bereichen Pädagogik, Psychologie, Sozialwissenschaften, Kinder- und Jugendbuch. Verlegerin ist seit 2004 Marianne Rübelmann.

Kontakt
Julius Beltz GmbH & Co. KG
Werderstr. 10, 69469 Weinheim
Fon: 06201 6007-0, Fax: 06201 6007-310
info@beltz.de, www.beltz.de

Benary

Hannoversch Münden, Niedersachsen

Gegründet: 1843
Die Ernst Benary Samenzucht GmbH ist eines der weltweit führenden Züchtungsunternehmen samenvermehrter Blumen. Der Schwerpunkt liegt auf Beet- und Balkonpflanzen sowie Stauden. In zentralen Produktgruppen wie Eis- und Knollenbegonien, Stiefmütterchen, Pentas, Petunien und Tagetes nimmt das Unternehmen eine weltweit führende Position ein. Benary verfügt über drei Züchtungsstandorte in Deutschland, den Niederlanden und den USA und beschäftigt weltweit ca. 500 Mitarbeitende. Ernst Benary gründete das Unternehmen 1843 in Erfurt. Er ergänzte den Samenbau von Zierpflanzen und Gemüse schon nach wenigen Jahren durch den heute wichtigsten Bereich: die Züchtung neuer und besserer Sorten. Nach dem Zweiten Weltkrieg und der Enteignung der Familie in der DDR baute Friedrich Ernst Benary, der Urenkel des Gründers, das traditionsreiche Unternehmen im niedersächsischen Hann. Münden neu auf.

Kontakt
Ernst Benary Samenzucht GmbH
Friedrich-Benary-Weg 1, 34346 Hann. Münden
www.benary.de

Bender

Grünberg, Hessen

Gegründet: 1946
Die Bender Unternehmensgruppe mit Hauptsitz im hessischen Grünberg und Repräsentanzen mit über 700 Mitarbeitenden in über 70 Ländern ist Marktführer für Überwachungssysteme der elektrischen Sicherheit. Innovative Mess-, Schutz- und Überwachungssysteme kontrollieren die elektrische Sicherheit bei der Anwendung elektrischer Energie. Sie werden vor allem dort eingesetzt, wo eine absolut sichere Stromversorgung Voraussetzung ist, um Produktionsausfälle, Personengefährdungen und kostenintensive Sachschäden zu vermeiden. Lösungen für die sichere Stromversorgung im medizinischen Bereich stellen einen besonderen Produktschwerpunkt dar.

Kontakt
Bender GmbH & Co. KG
Londorfer Str. 65, 35305 Grünberg
www.bender.de

---

bene-Arzneimittel

München, Bayern

Gegründet: 1949
Die bene-Arzneimittel GmbH entwickelt, produziert und vertreibt Arzneimittel und Medizinprodukte. Als erstes Unternehmen

führte bene-Arzneimittel 1959 in Deutschland Paracetamol ein und ist Spezialist im Segment rezeptfreier Schmerzmittel. Das Unternehmen beschäftigt am Standort München 120 Mitarbeitende und ist mit seinen Präparaten am deutschen Pharmamarkt sowie weltweit in über 30 Ländern vertreten.

Wilhelm Benend legte 1947 mit der Erfindung des Wirkstoffs Natrium-Pentosanpolysulfat den Grundstein des 1949 gegründeten Unternehmens. Bis 2013 wurde die bene-Arzneimittel GmbH in 2. Generation von Dr. Harald Benend und Dr. Helmut Benend geführt. 2014 übergaben die Inhaber die Unternehmensleitung erstmalig an einen externen Geschäftsführer und wechselten in den Beirat.

Kontakt
bene-Arzneimittel GmbH
Herterichstr. 1, 81479 München
www.bene-arzneimittel.de

Berenberg

Hamburg

„Beständige Werte sind nur durch Veränderung zu bewahren."

Unternehmensleitbild von Berenberg

BERENBERG
PRIVATBANKIERS SEIT 1590

Gegründet: 1590
Berenberg ist eine der ältesten Privatbanken der Welt. Dem inhabergeführten Bankhaus mit Sitz in Hamburg fühlen sich insbesondere vermögende Familien, Privatiers, Unternehmer und Stiftungen eng verbunden, aber auch im Kapitalmarktbereich gehört Berenberg heute zu den bedeutenden Marktteilnehmern. Das Bankhaus hat in den vergangenen Jahren eine starke Präsenz in den internationalen Finanzzentren London, Frankfurt und New York aufgebaut.

Cornelius Berenberg leistete 1684 als erster Berenberg den Hamburger Bürgereid.

Mit einem Fokus auf Dienstleistungsgeschäft und unabhängige Beratung ist man in den vier Geschäftsbereichen Wealth Management, Asset Management, Investmentbank und Corporate Banking tätig.

Die Geschäftsleitung von Berenberg wird von den persönlich haftenden Gesellschaftern Dr. Hans-Walter Peters und Hendrik Riehmer (v. l.) wahrgenommen.

Im Wealth Management sieht sich Berenberg als Ansprechpartner für konservative und auf Kapitalerhalt fokussierte Anleger ebenso wie für aktive, markt- und chancenorientierte Investoren und liefert allen Kundinnen und Kunden maßgeschneiderte Dienstleistungen und Lösungen. Das Kernangebot der Vermögensverwaltung wird durch Anlageberatung und verschiedene Spezialdienstleistungen ergänzt. Gerade in den vergangenen, von Turbulenzen an den Kapitalmärkten und dem Niedrigzinsumfeld gekennzeichneten Jahren haben immer mehr Kundinnen und Kunden die Dienstleistungen der Bank in Anspruch genommen – Berenberg verwaltete Ende 2019 40,7 Mrd. Euro für private und institutionelle Anleger.

Von Frankfurt aus werden das Kapitalmarktgeschäft sowie Mergers & Acquisitions betrieben. Bei der Anzahl der begleiteten Börsengänge und Kapitalerhöhungen belegte Berenberg in den letzten Jahren stets den ersten

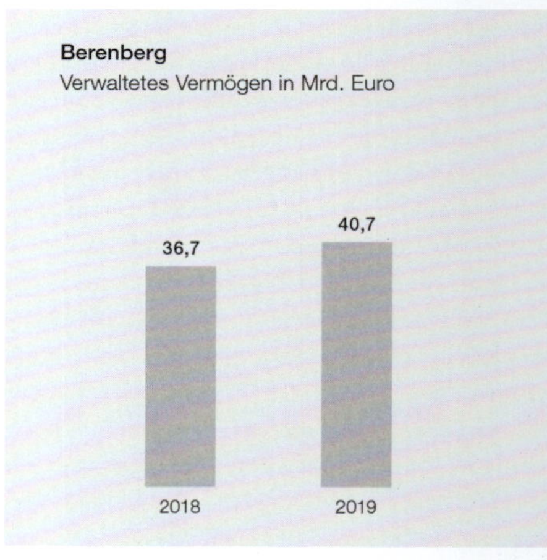

B

Berenberg ist eine der ältesten Privatbanken der Welt.

Platz im deutschsprachigen Raum. Unternehmen steht Berenberg darüber hinaus mit Beratung, z. B. zu strukturierten Finanzierungen oder dem Währungsmanagement, zur Seite.

Die Geschicke der Bank werden heute von den persönlich haftenden Gesellschaftern Dr. Hans-Walter Peters (Sprecher) und Hendrik Riehmer gelenkt. Die Stimmrechtsanteile liegen bei der Familie v. Berenberg (30,4 %), der PetRie Beteiligungsgesellschaft mbH (Dr. Hans-Walter Peters, Geschäftsführer, und Hendrik Riehmer) und Dr. Hans-Walter Peters (26,1 %), ehemaligen persönlich haftenden Gesellschaftern (1,5 %), dem Erbprinzen zu Fürstenberg (15 %), Jan Philipp Reemtsma (15 %) sowie der Compagnie du Bois Sauvage (12 %). Die Familie nimmt ausschließlich über den Verwaltungsrat Einfluss.

Rd. 1.500 Mitarbeitende sind heute in der Beratung von vermögenden Privatkundinnen und -kunden, Unternehmen und institutionellen Anlegern, in der Analyse und der Administration beschäftigt. Die Kundenberater des Bankhauses bündeln interne und externe Kompetenzen. Mit über 100 Aktienanalysten beschäftigt Berenberg inzwischen eines der größten Research-Teams in Europa und analysiert über 800 Unternehmen. 40 Portfoliomanager verwalten das Vermögen sowohl für private als auch institutionelle Anleger.

Den Grundstein für das Unternehmen legten die Brüder Hans und Paul Berenberg

Der Firmensitz in Hamburg Ende des 19. Jahrhunderts und heute

Gesellschaftliche Verantwortung

Die Übernahme gesellschaftlicher Verantwortung hat bei Berenberg eine lange Tradition. Schon Ende des 16. Jahrhunderts übernahmen die Firmengründer Verantwortung in der Führung einer der ältesten karitativen Einrichtungen der Welt, der Niederländischen Armen-Casse. Heute engagiert sich Berenberg auf vielfältige Weise. So fördert die 1990 gegründete Berenberg Bank Stiftung insbesondere junge Künstlerinnen und Künstler. Die Stiftung vergibt jährlich den Berenberg Kulturpreis, darüber hinaus werden Nachwuchstalente mit Stipendien unterstützt. Auf Initiative von Mitarbeitenden der Bank wurde die Stiftung BerenbergKids ins Leben gerufen, die benachteiligten Kindern hilft. Darüber hinaus sponsert Berenberg hochkarätige Sportveranstaltungen wie das Berenberg Gary Player Invitational im Golf und ist langjähriger Sponsor von renommierten Poloturnieren wie dem Berenberg German Polo Masters auf Sylt. Mit dem Berenberg-Preis für unternehmerische Verantwortung zeichnet die Bank Familienunternehmen aus, die sich für das Gemeinwohl engagieren.

B

Berenberg ist heute in Deutschland und international an 15 Standorten vertreten.

Chronologie

1590 Die Brüder Hans und Paul (II.) Berenberg gründen in Hamburg ein Handelsgeschäft, das v. a. im Tuchhandel tätig ist.

1684 Als Geschäftsführer in 3. Generation leistet Cornelius Berenberg den Bürgereid; seine Nachkommen können nun in der Stadt Hamburg öffentliche Ämter übernehmen.

1768 Johann Hinrich Gossler heiratet Elisabeth Berenberg und tritt als Partner in das Familienunternehmen ein.

1791 Der Name des Hauses wird in „Joh. Berenberg, Gossler & Co." geändert und blieb seitdem unverändert.

1828 Berenberg eröffnet die erste überseeische Niederlassung in Boston.

1932 Angesichts der politischen und wirtschaftlichen Verhältnisse in Deutschland entscheidet Cornelius Freiherr v. Berenberg-Gossler, sein Haus aus dem aktiven Bankgeschäft zurückzuziehen. Als Holding bliebt das Geschäft bestehen.

1948 Das Haus Berenberg nimmt das aktive Bankgeschäft wieder auf.

2000 Beginn der regionalen Expansion erst in Deutschland, später im Ausland

2003 Eröffnung der Niederlassung London, die heute fast 400 Mitarbeitende beschäftigt

2011/2012 Gründung einer Tochtergesellschaft mit Niederlassungen in Boston und New York

2015 Berenberg feiert sein 425-jähriges Bestehen

Schon gewusst?

Das Jahr 1768 war für die Berenbergs ein Schicksalsjahr. Zum ersten Mal hatte das Unternehmen, in der 5. Generation nach 175 Jahren, keinen männlichen Nachfolger. Als Erbin blieb nur die einzige Tochter, die daraufhin mit dem angesehenen Hamburger Kaufmann Johann Hinrich Gossler verheiratet wurde. Der Familienname Berenberg war damit Geschichte. Allerdings nur vorübergehend, denn im 19. Jahrhundert fanden die Gosslers einen originellen Weg, den Namen Berenberg erneut mit Leben zu füllen: Ein Sohn der Familie wurde mit zweitem Vornamen so genannt – er hörte auf den Namen John Berenberg Gossler. 1880 genehmigte der Senat der Stadt Hamburg schließlich die Änderung des Familiennamens in Berenberg-Gossler. Der traditionsreiche Name war wiedergeboren.

im Jahr 1590 mit der Gründung ihrer Firma in Hamburg. War das Unternehmen ursprünglich im Tuchhandel tätig, übernahmen die Kaufleute in Ermangelung eines funktionierenden Bankensystems bald selbst die Finanzierung der Warengeschäfte. Cornelius Berenberg, Nachkomme der 3. Generation, übernahm im 17. Jahrhundert auch Geld- und Versicherungs-

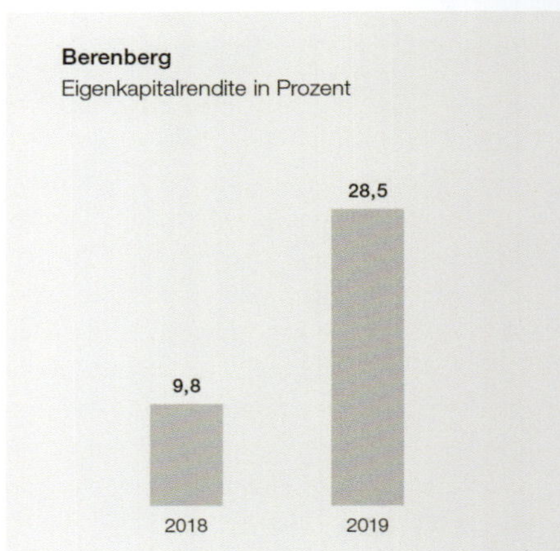

B

Kontinuität mit Weitblick

Von Vernunft und Wissen geprägtes Handeln, unternehmerischer Weitblick und Respekt den Kundinnen und Kunden gegenüber sind die grundlegende Basis für den Erhalt von langfristigen Geschäftsbeziehungen. Bei Berenberg haften die Inhaber persönlich. Dies gewährleistet eine besondere Unabhängigkeit von Konzerninteressen, ein strenges Risikomanagement sowie Kontinuität in der Unternehmensführung. In den über 430 Jahren seiner Existenz wurde Berenberg von insgesamt lediglich 38 persönlich haftenden Gesellschaftern geführt. Heute stehen mit Dr. Hans-Walter Peters (Sprecher) und Hendrik Riehmer zwei langjährige „Berenberger" an der Spitze des Unternehmens. Die Privatbankiers sind auch an den Kapitalmärkten, bei Börsengängen und bei Unternehmenstransaktionen gefragte Akteure. Das bedeutet eine Erweiterung des Dienstleistungsangebots für die Kundinnen und Kunden, insbesondere für Unternehmer. Dieser Wille, sich weiterzuentwickeln, ohne seine historischen Wurzeln zu vernachlässigen, hat die Bank zu dem gemacht, was sie heute ist – ein modernes, international tätiges Beratungshaus.

geschäfte und engagierte sich zunehmend als Bankier. Nachdem im 18. Jahrhundert familienfremde Teilhaber in das Unternehmen eingetreten waren, wurde der Name 1791 in Joh. Berenberg, Gossler & Co. geändert. Im 19. Jahrhundert entwickelte sich das Unternehmen mehr und mehr zum Bankhaus und man zählte zu den Gründern u. a. der Hapag und des Norddeutschen Lloyd. Aufgrund der ausgeprägten internationalen Aktivitäten wurde die Bank auch Gründungsaktionärin mehrerer Banken im Ausland.

Daten und Fakten

Gründer: Hans und Paul Berenberg, 1590, Hamburg
Branche: Privatbank
Standorte: Stammhaus in Hamburg, weitere Niederlassungen in Düsseldorf, Frankfurt, London, Luxemburg, München, Münster, New York, Paris, Stuttgart sowie Vertretungen in Genf und Zürich und Büros in Boston, Chicago und San Francisco
Mitarbeitende: 1.474 (2019)
Familieneinfluss: über den Verwaltungsrat
Bilanzsumme: 5,1 Mrd. Euro (2019)
Verwaltetes Vermögen: 40,7 Mrd. Euro (2019)
Auszeichnungen: Die Elite der Vermögensverwalter, summa cum laude (Handelsblatt 2005–2020); „Best Private Bank in Germany" (Global Private Banking Awards 2011–2018)

Kontakt
Berenberg – Privatbankiers seit 1590
Neuer Jungfernstieg 20, 20354 Hamburg
Fon: 040 35060-0
info@berenberg.de, www.berenberg.de

Ansprechpartner Presse
Karsten Wehmeier
Fon: 040 35060-481
karsten.wehmeier@berenberg.de

B

BERESA

Münster, Nordrhein-Westfalen

Gegründet: 1911

Als Autohandelsgruppe mit den Konzernmarken der Daimler AG gehört BERESA nach eigenen Angaben zu den größten innerhalb der Mercedes-Benz-Organisation. Im Wirtschaftsdreieck Münster-Osnabrück-Bielefeld ist BERESA mit über 1.000 Mitarbeitenden an 18 Standorten aktiv und bietet Produkt-, Service-, Finanz- und Mobilitätslösungen für Pkw und Nutzfahrzeuge. Seine Wurzeln hat das Unternehmen im Jahr 1911 in der Firma „Autozentrale Münster“, die 1924 die Motoren- und Motorradfabrik BERESA-Werke AG übernahm. Als prägende Figur wurde 1931 Wilhelm Burg Mitinhaber des Unternehmens und führte es bis 1981. Nach seinem Tod übernahm sein Schwiegersohn Jürgen Ahlemeyer die Geschäfte. Heute wird die Gruppe von Andreas Muthig, Marcus Herkenhoff und Thomas Ulms geleitet.

Kontakt

BERESA GmbH & Co. KG
Egbert-Snoek-Str. 2, 48155 Münster
www.beresa.de

„Nur was im Detail perfekt ist, kann im Ganzen einwandfrei funktionieren.“

Unternehmensleitsatz

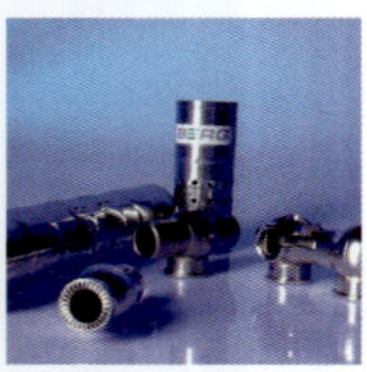

Werkstücke aus der Produktion von Berg

Berg

Reichshof, Nordrhein-Westfalen

BERG Forming Technologies

Gegründet: 1950

Seit 70 Jahren entwickelt und produziert die Hans Berg GmbH & Co. KG Tiefziehteile und metallische Rohrkomponenten für den Bedarf verschiedener Industriezweige. Die familiengeführte Unternehmensgruppe ist dabei spezialisiert auf Kaltumformung, Füge- und Zerspanungstechnik.

Berg produziert Rohr- und Tiefziehteile, die insbesondere in den Branchen Heiztechnik und Automotive zum Einsatz kommen.

Internationale Bedeutung erlangte Berg zunächst als Fitting-Hersteller und Spezialist für die Verbindungs- und Anschlusstechnik von Heizkörpern. In diesem Produktsegment ist das Unternehmen technologie- und marktführend in Europa. Neben dem Geschäftsfeld Heiztechnik ist der Automotive-Sektor das zweite wichtige Standbein des Unternehmens. Als Entwicklungspartner großer spezialisierter Automobilzulieferer produziert Berg u. a. Präzisions- und Sicherheitskomponenten für Airbag-Gasgeneratoren und für Schwingungsdämpfer rund um das Fahrwerk von Automobilen.

Die Firmengruppe hält Beteiligungen an ähnlich ausgerichteten Unternehmen im Ausland. Seit 1991 gehört dazu Mecc-Lan SRL in Oberitalien, an der Berg mit 45 % beteiligt ist. Das Unternehmen ist nach eigenen Angaben der führende Produzent von Radiatoren-Verschraubungen insbesondere für Aluminiumheizkörper. Die türkische Bemas Metal A.S. mit Sitz in Dilovasi (Kocaeli/Istanbul) wurde 2006 zunächst als Joint Venture gegründet. Mittlerweile ist das Unternehmen zu 100 % im Firmenverbund und produziert vorwiegend für Kunden der Heizungs- und Klimatechnik.

Seit 1971 verfügt das Unternehmen über einen Beirat, der u. a. die Geschäftsführung kontrolliert und neue Geschäftsführer bestimmt. Innerbetrieblich praktiziert Berg erfolgreich die Förderung von Nachwuchskräften u. a.

B

Forschung, Innovation und Ausbildung

Berg legt traditionell großes Augenmerk auf Forschung und Innovation. Dabei arbeitet das Unternehmen eng mit Universitäten und technischen Instituten zusammen, um Theorie und Praxis bestmöglich miteinander zu verzahnen. Zahlreiche Entwicklungen, oft mit internationalen Patenten unterlegt, haben wegweisende Kundenlösungen für kaltumform- und fügetechnische Anwendungen hervorgebracht. So sind von Berg erfundene T- und Winkelanschlüsse für Flachheizkörper heute Industriestandard und alleine von Berg mehr als eine Milliarde Mal hergestellt worden.

Diesen Anspruch zu halten und auszubauen, ist permanenter Antrieb des Unternehmens, der sich auch auf die Ausbildung junger Nachwuchskräfte niederschlägt. Berg bildet in fast allen branchenrelevanten technischen Berufen aus, wie z. B. zum Industriemechaniker, Mechatroniker oder Werkzeugmacher, und fördert darüber hinaus auch hier den Austausch von Theorie und Praxis durch das Angebot von dualen Studiengängen. Junge angehende Ingenieurinnen und Ingenieure erhalten die Chance, bereits während des Studiums das Unternehmen mit seinen betrieblichen Abläufen kennenzulernen und sich auf Schwerpunkte festzulegen.

durch ein duales Ausbildungssystem in Zusammenarbeit mit einschlägigen Hochschulen.

Die Unternehmensgruppe erwirtschaftete 2019 mit rd. 480 Mitarbeitenden einen Jahresumsatz von ca. 62 Mio. Euro.

Daten und Fakten

Inhaberfamilien: Nachkommen von Hans und Lore Berg in 2. und 3. Generation
Gründer: Hans und Lore Berg, 1950, Reichshof
Branche: Metallverarbeitende Industrie
Standorte: Reichshof, Florstadt, Italien, Türkei
Mitarbeitende: 480 (2019)
Umsatz: ca. 62 Mio. Euro (2019)
Ausbildungsquote: ca. 6% in technischen Berufen
Kontrollgremien: Beirat
Eigenkapitalquote: ca. 80% wirtschaftliches Eigenkapital

Kontakt
Hans Berg GmbH & Co. KG
Talsperrenstr. 4–6, 51580 Reichshof
Fon: 02296 802-0, Fax: 02296 802-160
gl@berg-kg.de, www.berg-kg.de

Bergader Privatkäserei

Waging am See, Bayern

Gegründet: 1902
Die Bergader Privatkäserei GmbH mit Hauptsitz in Waging am See wurde 1902 gegründet und ist seither in Familienbesitz. Das Unternehmen produziert und vermarktet Käsespezialitäten und ist führender Hersteller und Exporteur von Blauschimmelkäse. Als einer der führenden Markenanbieter ist Bergader mit namhaften Marken wie Bonifaz, Bergbauern Käse, Bergader Almzeit oder Bavaria blu in der Käsetheke und im Selbstbedienungsregal vertreten. Bergader produziert nach traditionellen Rezepturen und setzt ausschließlich Milch regionaler Herkunft ein. International ist das Unternehmen in rd. 45 Ländern vertreten, darunter mit einer Tochtergesellschaft in Italien. 2018 waren ca. 670 Mitarbeitende bei Bergader tätig. Das Umsatzvolumen lag bei ca. 260 Mio. Euro.

Kontakt
Bergader Privatkäserei GmbH
Weixlerstr. 16, 83329 Waging am See
www.bergader.de

B

Berger Gruppe

Wuppertal, Nordrhein-Westfalen

Gegründet: 1928
Die Berger Gruppe entwickelt und produziert Maschinen für Werkstück- und Bandbearbeitung, u. a. für die Arbeitsschritte Schleifen, Polieren, Kantenbearbeitung, Nutenziehen oder Wälzschlagen. Der Ursprung des Unternehmens liegt im Jahr 1928, als Heinz Berger in die väterliche Firma Julius Berger eintrat. Ab 2004 wurde die Produktpalette kontinuierlich ergänzt.

Heute vereinigt die Berger Gruppe sechs Marken, die im Bereich der Bearbeitung und Veredelung von Metallbändern und Werkstücken tätig sind: Heinz Berger Maschinenfabrik, Hauschild, August Nell jun., Julius Maschinenbau, Laschet + Partner sowie Werner Peters. Die Heinz Berger Maschinenfabrik GmbH & Co. KG, operative Firma der Gruppe, wird in 3. Generation von Marco Chiesura und Dr. Andreas Groß geführt.

Kontakt
Heinz Berger Maschinenfabrik GmbH & Co. KG
Kohlfurther Brücke 69, 42349 Wuppertal
www.bergergruppe.de

BERICAP

Budenheim, Rheinland-Pfalz

Gegründet: 1926
Die BERICAP Holding GmbH ist ein weltweit führender Anbieter von Verpackungsverschlüssen. Das 1926 als Blechdosenfabrik von Jacob Berg gegründete Familienunternehmen stellte sein Angebot nach dem Zweiten Weltkrieg um und produzierte Metallbehälter für Farben und Chemikalien. In den 70er-Jahren errichtete BERICAP die erste Verschlussfabrik Deutschlands, in den 80er-Jahren wurde der abziehbare Membranverschluss für Speiseöl entwickelt. Die stetig vorangetriebene Internationalisierung mündete in heute 24 Produktionsstätten und einen Kundenstamm in mehr als 100 Ländern. BERICAP beschäftigt ca. 3.650 Mitarbeitende, die 825 Mio. Euro pro Jahr erwirtschaften. Geschäftsführer sind in 3. Generation Alexander und Christian Krautkrämer und Jörg Thiels.

Kontakt
BERICAP Holding GmbH
Kirchstr. 5, 55257 Budenheim
www.bericap.com

Berner Group

Künzelsau, Baden Württemberg

BERNER Group

Gegründet: 1957
Die Berner Group mit Hauptsitz in Künzelsau ist ein werteorientiertes Familienunternehmen mit den Marken Berner, BTI, Caramba, ambratec und KENT. Die Unternehmensgruppe operiert mit rd. 46 Gesellschaften in 23 Ländern Europas.

Berner steht als Direktvertreiber für qualitative Produkte und individuelle Services für das Bau- und Kfz-Handwerk. Die BTI Befestigungstechnik ist ein zuverlässiger Partner rund um das Thema Brandschutz sowie Dach- und Fenstermontage. Darüber hinaus bildet die Caramba Gruppe mit den Produktions- und Entwicklungsstandorten Duisburg, Bremen und Bad Kreuznach die Chemiesparte ab. Europaweit beschäftigt die Berner Group rd. 8.200 Mitarbeitende und erwirtschaftete im Geschäftsjahr 2018/2019 einen Umsatz von 1,07 Mrd. Euro.

Gegründet wurde das Unternehmen von Albert Berner im Jahr 1957 als Ein-Mann-Betrieb. In den 1970er-Jahren spannte Berner dann ein engmaschiges Netz über ganz

Europa. Ende des Jahres 2010 firmierte das Unternehmen in eine Europäische Aktiengesellschaft um. Seit Oktober 2012 ist mit Christian Berner die 2. Generation im Vorstand der Unternehmensgruppe tätig. Im Jahr 2015 erfolgte eine Teilverlagerung der strategischen Holding nach Köln, um notwendige Schlüsselbereiche für die Transformation und Digitalisierung aufzubauen.

Kontakt

Berner Group
Bernerstr. 6, 74653 Künzelsau
Fon: 07940 121-0, Fax: 07940 121-203
info@berner-group.com, www.berner-group.com

BERNSTEIN AG

Porta Westfalica, Nordrhein-Westfalen

Gegründet: 1947

Die BERNSTEIN AG gilt als einer der weltweit maßgeblichen Entwickler und Hersteller industrieller Sicherheits- und Gehäusetechnik. Das umfangreiche Portfolio an Schaltern, Sensoren, Gehäusen und Tragsystemen sowie weiteren Komponenten bietet den Kunden unterschiedlichster Branchen – etwa des Maschinen- und Anlagenbaus, der Automobilproduktionstechnik sowie der Landtechnik, Robotik und Aufzugstechnik – individuelle Möglichkeiten, Sicherheit in ihren Applikationen umzusetzen. Die Herstellung erfolgt an den deutschen Standorten Porta Westfalica und Hille sowie im ungarischen Budapest und chinesischen Taicang.

Die BERNSTEIN AG beschäftigt heute rd. 550 Mitarbeitende an zehn Standorten, davon etwa 340 in Deutschland. Der Jahresumsatz betrug 2019 rd. 70 Mio. Euro. Das Unternehmen geht zurück auf die Gebrüder Bernstein, die in der Weimarer Republik in Leipzig ein Unternehmen für Schwachstromprodukte für die elektronische Gebäudeleittechnik gründeten. 1947 siedelte Hans Bernstein mit seiner Frau Ursula und Sohn Hans-Joachim nach Westdeutschland über und begann als Ein-Mann-Betrieb neu. Aus der „Hans Bernstein Spezialfabrik für Schaltkontakte" wuchs ab 1970 eine Firmengruppe, bestehend aus mehreren GmbHs – geführt von Hans-Joachim Bernstein. 1999 erfolgte die Bündelung aller Aktivitäten in der BERNSTEIN AG. Heute leiten die Geschwister Nicole und Achim Bernstein in 3. Generation zusammen mit ihrer Mutter Gisela Bernstein als Vorstandsvorsitzende die BERNSTEIN AG.

Kontakt

BERNSTEIN AG
Hans-Bernstein-Str. 1, 32457 Porta Westfalica
Fon: 0571 793-0, Fax: 0571 793-555
info@de.bernstein.eu, www.bernstein.eu

Bertelsmann

Gütersloh, Nordrhein-Westfalen

Gegründet: 1835

Die Bertelsmann SE & Co. KGaA ist ein international führendes Medien- und Dienstleistungsunternehmen. Mit seinen Produkten, Marken und Services ist Bertelsmann überall dort prominent vertreten, wo es Medien zu machen, Medien zu vertreiben oder Dienste rund um Medien zu leisten gilt. Bertelsmann ist ein Medien-, Dienstleistungs- und Bildungsunternehmen, das in rd. 50 Ländern der Welt aktiv ist. 2018 erwirtschaftete das Unternehmen mit 117.000 Mitarbeitenden einen Umsatz von 17,7 Mrd. Euro.

„Es ist unser Ziel, einen Leistungsbeitrag für die Gesellschaft zu erbringen."

Reinhard Mohn

Zum Konzernverbund gehören die Fernsehgruppe RTL Group, die Buchverlagsgruppe Penguin Random House, der Zeitschriften-

B

Seit der Unternehmensgründung im Jahr 1835 ist Bertelsmann am Standort Gütersloh verwurzelt.

Liz Mohn ist Mitglied im Aufsichtsrat von Bertelsmann (oben), Sohn Christoph Mohn (Mitte) ist Aufsichtsratsvorsitzender. Für das operative Geschäft ist Thomas Rabe (unten) als familienfremder Vorstandsvorsitzender zuständig.

verlag Gruner + Jahr, das Musikunternehmen BMG, der Dienstleister Arvato, die Bertelsmann Printing Group, die Bertelsmann Education Group sowie das internationale Fonds-Netzwerk Bertelsmann Investments. Bertelsmann steht für Kreativität und Unternehmertum. Diese Kombination ermöglicht erstklassige Medienangebote und innovative Servicelösungen, die Kundinnen und Kunden in aller Welt begeistern.

Gesellschafter von Bertelsmann sind verschiedene Stiftungen, die zusammen 80,9 % der Kapitalanteile halten. 19,1 % der Anteile besitzt die Familie Mohn. Den Vorsitz im Aufsichtsrat führt Christoph Mohn. Mit Liz und Brigitte Mohn sind insgesamt drei Mitglieder der Inhaberfamilie in dem Gremium vertreten.

Operativ geführt wird der Konzern von einem familienfremden Vorstand unter dem Vorsitz von Thomas Rabe, der Bertelsmann in den kommenden Jahren noch wachstumsstärker, digitaler und internationaler ausrichten möchte.

Die Geschichte von Bertelsmann reicht zurück bis in das Jahr 1835, als Carl Bertelsmann in Gütersloh mit dem Vertrieb von theologischer Literatur begann. Nachdem zunächst sein Sohn Heinrich den Betrieb übernommen hatte, wurde 1887 dessen Schwiegersohn Johannes Mohn Besitzer des Verlags. Unter Heinrich Mohn, der 1921 in 4. Generation die Geschäftsführung übernahm, erfolgte eine Erweiterung des Verlagsprogramms um Unterhaltungsliteratur. 1947 übernahm Reinhard Mohn, in 5. Generation

Gesellschaftliche Verantwortung

Aus der Überzeugung, dass „Eigentum verpflichtet", gründete Reinhard Mohn 1977 die Bertelsmann Stiftung. Sie sollte zum einen das gesellschaftspolitische, kulturelle und soziale Engagement der damaligen Inhaberfamilien Bertelsmann und Mohn in institutionalisierter Form fortsetzen und zum anderen die Unternehmenskontinuität sichern. Deshalb machte Reinhard Mohn die gemeinnützige Stiftung zur Mehrheitseigentümerin der Bertelsmann AG (jetzt: Bertelsmann SE & Co. KGaA). Die ausschließlich operativ und nicht fördernd arbeitende Institution widmet sich seither der Frage, wie eine zukunftsfähige Gesellschaft gestaltet werden kann. Neben den Entwürfen konzeptueller Problemlösungen für verschiedene Bereiche der Gesellschaft spielt die Implementierung der gewonnenen Erkenntnisse eine zentrale Rolle in der Stiftungsarbeit. Allen Projekten liegen dabei die übergeordneten Werte Freiheit, Wettbewerb, Solidarität und Menschlichkeit zugrunde. Die unabhängige und parteipolitisch neutrale Stiftung hat seit der Gründung insgesamt mehr als 1,5 Mrd. Euro für die gemeinnützige Arbeit zur Verfügung gestellt.

Die Bertelsmann Repräsentanz Unter den Linden 1 in Berlin

der Gründerfamilie, den Betrieb und baute ihn zu einem modernen Medienunternehmen aus. Gleichzeitig prägte er durch seinen partnerschaftlichen Führungsstil und die Entwicklung einer dezentralen Unternehmensstruktur das Unternehmen auch über seinen Tod im Jahr 2009 hinaus.

Daten und Fakten

Inhaberfamilie: Familie Mohn
Gründer: Carl Bertelsmann, 1835, Gütersloh
Standorte: in rd. 50 Ländern weltweit
Mitarbeitende: 117.000 (2018)
Umsatz: 17,7 Mrd. Euro (2018)
Ausbildungsplätze p. a.: 1.279 (2018)
Familieneinfluss: Familienfremder Vorstand; 3 Mitglieder der Familie Mohn sind im Aufsichtsrat vertreten; Mitglieder der Familie haben als Gesellschafter der Bertelsmann Verwaltungsgesellschaft Einfluss auf die Ausübung der Stimmrechte in der Hauptversammlung
Unternehmensanteile der Familie: Kapitalanteile: Familie Mohn 19,1 %, Stiftungen 80,1 %; die Stimmrechte liegen zu 100 % bei der Bertelsmann Verwaltungsgesellschaft
Kontrollgremien: Aufsichtsrat
Eigenkapitalquote: 39 % (2018)

Chronologie

1835 Gründung des C. Bertelsmann Verlags durch Carl Bertelsmann

1921 Übernahme des Verlags durch Heinrich Mohn; unter seiner Führung später Erweiterung des Programms um Belletristik

1947 Wiederaufbau des Betriebs nach dem Zweiten Weltkrieg durch Reinhard Mohn

1950 Gründung des Bertelsmann Leserings

1977 Gründung der Bertelsmann Stiftung durch Reinhard Mohn

1999 Bündelung der Bertelsmann-Dienstleistungsgeschäfte in der arvato AG

2000 Entstehung der RTL Group

2006 Rückkauf der Anteile der Groupe Bruxelles Lambert an der Bertelsmann AG (25,1 %) für 4,5 Mrd. Euro

2012 Umwandlung in eine KGaA

2013 Zusammenschluss von Random House mit Penguin zur größten Publikumsverlagsgruppe der Welt

2015 Gründung der Bertelsmann Education Group

2016 Gründung der Bertelsmann Printing Group

B

Reinhard Mohn führte Bertelsmann über viele Jahrzehnte (oben); Bertelsmann Lesering Bücherbus für die Mitgliederwerbung in den 1950er-Jahren (Mitte); das Random House Building in New York (unten)

Kontakt
Bertelsmann SE & Co. KGaA
Carl-Bertelsmann-Str. 270, 33311 Gütersloh
Fon: 05241 80-0, Fax: 05241 80-9662
info@bertelsmann.de, www.bertelsmann.de

Ansprechpartner Presse
Andreas Grafemeyer
presse@bertelsmann.de

Ansprechpartner Investor Relations
Henrik Pahls
investor.relations@bertelsmann.de

B

best wood SCHNEIDER®

Eberhardzell, Baden-Württemberg

Gegründet: 1911

best wood SCHNEIDER® ist ein europaweit agierender Anbieter von konstruktiv und statisch belasteten Holzprodukten, die im Passiv- und Niedrigenergiehausbau eingesetzt werden. Dazu zählen z. B. Brettschichtholz, Konstruktionsvollholz sowie Brettsperrholz für massive Deckenkonstruktionen oder als offene Kastenelemente, außerdem druckfeste und flexible Dämmstoffe aus Holzfasern. Kunden sind u. a. Zimmereien, Architekten, Planer und Holzbauer. Abnehmer der 2020 in Betrieb genommenen Pelletproduktion sind sowohl gewerbliche als auch private Kunden mit Pelletheizungen. best wood SCHNEIDER® produziert an den deutschen Standorten Eberhardzell und, ab 2021, Meßkirch und vertreibt seine Produkte in Deutschland, der Schweiz (Niederlassung Märstetten) und in Österreich über den eigenen Außendienst sowie in Frankreich. Das Unternehmen mit rd. 400 Mitarbeitenden in Eberhardzell und rd. 30 in der Schweizer Niederlassung erzielte 2019 einen Umsatz von ca. 128 Mio. Euro bei einer Exportquote von 56,86 %.

1911 von Ferdinand Schneider als Sägewerk in Eberhardzell gegründet, wurden ab 1931 u. a. Butter-, Käse- und Getränkekisten sowie Paletten gefertigt. Das heutige Unternehmen ist in 5. Generation in Familienbesitz und wird geleitet von den Brüdern Ferdinand, Hans-Peter und Robert Schneider, die zu gleichen Teilen die Gesellschafter des Unternehmens sind. Mit Carmen, Max und Timo Schneider ist bereits die Folgegeneration tätig. Das innovationsreiche Unternehmen hat sich u. a. zum Ziel gesetzt, im Brand- und Schallschutz und in der Statik optimierte Produkte für den mehrgeschossigen Holz- und Objektbau zu entwickeln sowie die Pelletvermarktung auszubauen.

Kontakt
best wood SCHNEIDER® GmbH
Kappel 28, 88436 Eberhardzell
Fon: 07355 9320-0, Fax: 07355 9320-300
info@schneider-holz.com,
www.schneider-holz.com

BEUCKE GROUP

Dissen a. T. W., Niedersachsen

Gegründet: 1757

Die BEUCKE GROUP ist in der Druckbranche tätig und europaweit führend im Bereich hochwertig veredelter, flexibler Verpackungen. Das Unternehmen wird bereits in 8. Generation familiengeführt. 1757 von Borchers Christian Beucke als Buchbinderei in Dissen am Teutoburger Wald gegründet, wurde das Unternehmen im Laufe der Zeit um zwei Verlage sowie eine fotografische Abteilung erweitert. Um 1900 verankerte sich das Unternehmen mit Erfolg in der Verpackungsindustrie, in der es heute sämtliche Bedürfnisse seiner Kunden bedient. Rd. 400 Mitarbeitende erwirtschaften einen jährlichen Umsatz von ca. 90 Mio. Euro. Die BEUCKE GROUP besteht aus mehreren Produktionsunternehmen an insgesamt drei Standorten. Die Beucke & Söhne GmbH & CO. KG ist die Holding der BEUCKE GROUP am Hauptsitz in Dissen a. T. W. Von hier aus werden alle Verwaltungsaufgaben bearbeitet, wie z. B. die zentrale Entwicklungs- und Vertriebstätigkeit für die Produktionsstandorte mit ihren jeweiligen Druck- und Veredelungsschwerpunkten. Alle drei Produktionsunternehmen der BEUCKE GROUP sind für die Lebensmittelindustrie, Zigarettenindustrie und den Non-Food-Bereich tätig; jedoch unterscheiden sich die Standorte durch die unterschiedlichen Druckverfahren und die Spezialisierungen in der Weiterverarbeitung.

Chronologie

1757 Borchers Christian Beucke gründet eine Buchbinderei in Dissen.

1888 Heinrich Beucke erweitert das Geschäft; Gründung eines Buch- und Zeitschriftenverlags.

1901 Heinrich Beucke beteiligt seine Söhne; erstmals werden auch Verpackungen hergestellt.

1971 Gründung der Beucke & Söhne GmbH & Co. KG

1985–2000 Neubau des Firmengebäudes im Dissener Gewerbepark Süd

2006 Erwerb der Proxiflex GmbH, Brandenburg an der Havel (heutiger Standort der Beucke Flexodruck GmbH)

2009 Gründung der BEUCKE GROUP

2015 Erwerb der CenaDruck GmbH, Alfeld (Leine)

2017 Übernahme der Rahning GmbH & Co. KG, Bünde

Die Beucke Tiefdruck GmbH und die Rahning GmbH & Co. KG sind reine Tiefdruck-Unternehmen. Beucke Flexodruck GmbH ist ein Flexodruck-Standort. Innerhalb der Gruppe verfügt das Unternehmen über eine hohe Kapazität im Bereich Weiterverarbeitung: Kaschierung, Rollenschneiden, Hot Melt, Stanzen, Codierung und Kaltsiegel-Applikationen. Geschäftsführende Gesellschafter der Beucke & Söhne GmbH & Co. KG sind Vater Lutz Beucke und Tochter Josephin Beucke, die zusammen 50 % der Gesellschafteranteile an der Firma halten. Weitere Gesellschafterin ist Alice Beucke, der ebenfalls 50 % der Anteile gehören.

Beucke Tiefdruck GmbH

Daten und Fakten

Inhaberfamilie: Familie Beucke
Gründer: Borchers Christian Beucke
Branche: Druckerei
Produkte: Druck von flexiblen Verpackungen für die Lebensmittel- und die Zigarettenindustrie sowie den Non-Food-Bereich
Standorte: Hauptsitz in Dissen am Teutoburger Wald, 2 weitere Standorte in Brandenburg an der Havel und in Bünde, Deutschland
Vertrieb: zentraler Vertrieb vom Hauptsitz aus
Mitarbeitende: ca. 400
Umsatz: ca. 90 Mio. Euro

Kontakt

Beucke & Söhne GmbH & Co. KG
In der Garte 11–13, 49201 Dissen a. T. W.
Fon: 05421 301-0
info@beucke.com, www.beucke.com

B

„In der BEUCKE GROUP vereinen sich die Vorzüge des traditionsreichen Familienbetriebs mit der Innovationskraft eines sich ständig wandelnden Unternehmens."

Firmenmotto

Lutz und Josephin Beucke, geschäftsführende Gesellschafter (oben); Stammhaus 1757 in Dissen a. T. W. (unten)

B

BEUMER Group

Beckum, Westfalen

„Nicht der kurzfristige Gewinn, sondern der langfristige Erfolg ist unser Ziel."

Firmenmotto

Gegründet: 1935

Die BEUMER Group GmbH & Co. KG mit Sitz in Beckum ist ein international führender Hersteller von Intralogistiksystemen in den Bereichen Fördern, Verladen, Palettieren, Verpacken, Sortieren und Verteilen. Mit 4.500 Mitarbeitenden auf allen Kontinenten erwirtschaftete der exportorientierte Systemanbieter 2019 einen Umsatz von rd. 950 Mio. Euro. Die BEUMER Group mit ihren Gruppengesellschaften und Vertretungen bietet Kunden weltweit hochwertige Systemlösungen sowie ein ausgedehntes Customer-Support-Netzwerk in zahlreichen Branchen. Zu den Auftraggebern zählen u. a. die Zement-, Kalk-, Gips-, Ziegel- und Agrarindustrie, der Bergbau, die Bereiche Chemie, Baustoffe und Energie, Flughäfen sowie Logistik- und Distributionszentren.

Die Überlandförderer der BEUMER Group können durch unwegsames Gebiet und über instabilen Untergrund führen.

1935 gründete der Ingenieur Bernhard Beumer die Beumer Maschinenfabrik in Beckum und erhielt erste Aufträge aus der Baustoff- und Zementindustrie sowie aus dem Bergbau. Mit der patentierten Tragrolle mit Labyrinthdichtung legte das Unternehmen den Grundstein für sein Wachstum, wenig später wurden bereits rd. 100 Mitarbeitende beschäftigt. 1963 trat Bernhard Beumer jun. nach seinem Maschinenbaustudium in das Unternehmen seines Vaters ein und übernahm nach dessen Tod im Jahr 1981, unterstützt von seinen Brüdern Peter und Ludwig Beumer, die Führung. In den Folgejahren trieb ein breites Angebotsspektrum von Anlagen und Systemen die Expansion und Internationalisierung voran.

Der BEUMER stretch hood überzieht Vollpaletten zum Schutz mit einer dünnen Folienhaube.

Seit 2000 ist Dr. Christoph Beumer geschäftsführender Gesellschafter und Vorsitzender der Geschäftsführung der BEUMER Group und führt das Familienunternehmen in 3. Generation. Gemäß der langfristigen Strategie soll der Unternehmenserfolg durch kontrolliertes globales Wachstum gesichert werden. Die BEUMER Group fokussiert sich zudem auf ein konstruktives Miteinander von Gesellschaftern, Führungskräften und Mitarbeitenden.

Blick auf die Sortier- und Verteiltechnik

Schon gewusst?

Um die Zukunftsfähigkeit des Unternehmens zu sichern, setzt die BEUMER Group u. a. auf die Unterstützung von Start-ups und integriert digitale Projekte in die Unternehmensgruppe. Der in Berlin ansässige, autark operierende Company Builder Beam – eine Ausgründung der BEUMER Group – versucht dabei, komplexe Probleme in der Logistik gemeinsam mit Gründerteams zu lösen. So werden junge Unternehmen mit für die BEUMER Group relevanten Geschäftsideen herausgefiltert oder bei ihrer Gründung unternehmerisch begleitet.

Daten und Fakten

Inhaberfamilie: Dr. Christoph Beumer
Gründer: Bernhard Beumer, 1935 in Beckum
Branche: Maschinenbau
Produkte: Intralogistiksysteme
Standort: Beckum, Nordrhein-Westfalen
Mitarbeitende: 4.500 weltweit
Umsatz: rd. 950 Mio. Euro (2019)
Patente: rd. 100 (2019)

Kontakt

BEUMER Group GmbH & Co. KG
Oelder Str. 40, 59269 Beckum
Fon: 02521 24-0, Fax: 02521 24-280
info@beumer.com, www.beumer.com

Beyersdorf

Handewitt, Schleswig-Holstein

Gegründet: 1955

Die Beyersdorf Dienstleistungen GmbH & Co. KG wurde 1955 von Namensgeber Kurt Beyersdorf gegründet und gehört heute zu 100 % zur →HGDF-Familienholding. Zunächst im Raum Flensburg bot das Unternehmen Reinigungsdienstleistungen für Unternehmen und private Haushalte an. Bald wurde eine erste Niederlassung in Husum gegründet, später entstanden durch Zukäufe weitere in Schleswig, Rendsburg, Neumünster, Lübeck und Pinneberg. Dank seiner regionalen Vertriebsstruktur und den Grundprinzipien Nähe und kurze Wege zum Kunden wurde die Reinigungsfirma in den 1990er-Jahren zum Marktführer in Flensburg und Neumünster. In Schleswig-Holstein ist Beyersdorf der drittgrößte Anbieter. Mit dem regionalen Ausbau des Unternehmens kam auch der Ausbau der Dienstleistungsvielfalt. Das Angebot umfasst heute Unterhaltsreinigung, Glasreinigung, Grundreinigung, Baureinigung, Winterdienst, Industriereinigung, Haushaltsnahe Dienstleistungen, Hausmeisterdienste und eine Teppichreinigung mit eigener Teppichwäsche. Beyersdorf ist im Qualitätsverbund der Gebäudedienste und bildet in drei Ausbildungsberufen aus (Gebäudereinigung, Büromanagement, IT). In den letzten Jahren hat das Unternehmen fast alle Ausgelernten übernommen.

Heute beschäftigt die Gebäudereinigungsfirma an sechs Standorten in Schleswig-Holstein 1.272 Mitarbeitende und erwirtschaftet rd. 20 Mio. Euro Umsatz im Jahr. Die Geschäfte führt seit 2018 Christiane Bollow. Sie stimmt sich in unternehmerischen Grundsatzfragen mit der HGDF-Familienholding ab und verantwortet das operative Geschäft.

Kontakt

Beyersdorf Dienstleistungen GmbH & Co. KG
Heideland 20, 24976 Handewitt
Fon: 0461 95706-0, Fax: 0461 95706-30
info@beyersdorf.de, www.beyersdorf.de

Biesterfeld

Hamburg

Gegründet: 1906

Die Biesterfeld AG ist ein internationales Handels- und Dienstleistungsunternehmen für Chemikalien und Kunststoffe. Das Unternehmen ist mit rd. 880 Mitarbeitenden und einem Umsatz von ca. 1,1 Mrd. Euro weltweit an über 40 Standorten vertreten. Unter seinem Dach sind die Geschäftsbereiche Biesterfeld Plastic, Biesterfeld Spezialchemie, Biesterfeld Performance Rubber und Biesterfeld International sowie die Service-Gesellschaften BITSERV und Biesterfeld ChemLogS angesiedelt.

Das Hamburger Handelshaus wurde 1906 von Wilhelm E. H. Biesterfeld als Salzhandelsunternehmen gegründet. Die Erweiterung um den Chemikalien- und Düngemittelhandel folgte schon bald. Als Enkel des Unternehmensgründers übernahm Dirk J. Biesterfeld 1970 die Geschäftsführung von seinem Vater Walter Biesterfeld. 2004 wurde die Unternehmensgruppe in die Biesterfeld AG umgewandelt.

Kontakt

Biesterfeld AG
Ferdinandstr. 41, 20095 Hamburg
www.biesterfeld.com

B

Big Dutchman

Vechta, Niedersachsen

Gegründet: 1938

Die Big Dutchman Gruppe konzipiert und realisiert weltweit Fütterungsanlagen und Stalleinrichtungen für die Haltung von Schweinen und Geflügel. Sie betreibt u. a. Logistikzentren in Brasilien, den USA, Russland, Südafrika, Malaysia sowie China und erzielte 2019 mit über 3.500 Mitarbeitenden einen Umsatz von 986 Mio. Euro.

Unternehmensgründer waren 1938 die aus Holland in die USA eingewanderten Brüder Richard und Jack DeWitt, die die erste professionelle automatische Fütterungsanlage der Welt entwarfen. Josef Meerpohl begann 1958 als Handelsvertreter für Deutschland, erwarb in den 1980er-Jahren per Management-Buy-out das Unternehmen und 1999 die Aktienmehrheit des Schwesterunternehmens in den USA. Bernd Meerpohl, Vorstandsvorsitzender Big Dutchman AG, führt das Familienunternehmen in 2. Generation.

Kontakt

Big Dutchman AG
Auf der Lage 2, 49377 Vechta-Calveslage
www.bigdutchman.de

Bijou Brigitte

Hamburg

Gegründet: 1963

Die Bijou Brigitte modische Accessoires AG produziert und vertreibt Modeschmuck und entsprechende Accessoires. Dazu werden jährlich zwei Kollektionen entwickelt. Friedrich-Wilhelm Werner gründete das Unternehmen im Jahr 1963 als Import- und Handelsunternehmen in Hamburg. Schon 1977 baute er ein eigenes Filialsystem auf, 1988 erfolgte der Börsengang. Heute betreibt Bijou Brigitte in 19 europäischen Ländern sowie in Ägypten, Saudi-Arabien und Jordanien Tochtergesellschaften. Die Zahl der Filialen in diesen und weiteren Ländern liegt bei rd. 1.050. Die insgesamt rd. 2.900 Mitarbeitenden erwirtschafteten im Jahr 2019 einen Umsatz von über 330 Mio. Euro. Seit 2009 hat Friedrich-Wilhelm Werners Sohn, Roland Werner, den Vorstandsvorsitz bei Bijou Brigitte inne.

Kontakt

Bijou Brigitte modische Accessoires AG
Poppenbütteler Bogen 1, 22399 Hamburg
www.bijou-brigitte.com

---

bilstein group

Ennepetal, Nordrhein-Westfalen

Gegründet: 1844

Die bilstein group ist einer der weltweit führenden Anbieter im freien Ersatzteilmarkt. Das Unternehmen liefert über 60.000 verschiedene Artikel für alle gängigen Pkw- und Nkw-Modelle in rd. 170 Länder und fertigt ausgewählte Ersatzteile selbst. Die Unternehmensgruppe mit 2.100 Mitarbeitenden verfügt global über 21 Tochtergesellschaften und zehn Logistikstandorte und erzielte 2019 einen Umsatz von 587 Mio. Euro. Unter dem Dach der bilstein group werden die populären Produktmarken febi, SWAG und Blue Print vereint. Neben hochwertigen Verschleißteilen werden Händler und Werkstätten mit umfassenden Service- und Schulungsangeboten unterstützt. 1844 von Ferdinand Bilstein gegründet, führt die 7. Generation der Familie die heutige bilstein group.

Kontakt

Ferdinand Bilstein GmbH + Co. KG
Wilhelmstr. 47, 58256 Ennepetal
www.bilsteingroup.com

B

BINDER

Tuttlingen, Baden-Württemberg

Gegründet: 1983
Die BINDER GmbH ist der weltweit größte Hersteller von Simulationsschränken für wissenschaftliche und industrielle Labore. Ausschließlich in Tuttlingen werden Hightech-Schränke zum Temperieren, Klimatisieren, Brüten und zum Simulieren von Umweltbedingungen hergestellt. Die Abnehmer sind u. a. Branchen wie Chemie, Pharma, Biotech, Lebensmittelindustrie, Elektronikindustrie, Kunststoff- und Bauindustrie und Medizin sowie Institute und Universitäten. Das Unternehmen hat Tochtergesellschaften bzw. Vertriebsstützpunkte in 12 Ländern rund um den Globus. Mit mehr als 400 Mitarbeitenden weltweit erzielte BINDER 2019 einen Umsatz von 74 Mio. Euro bei einer Exportquote von 80 %. 1983 vom geschäftsführenden Gesellschafter Peter M. Binder in Tuttlingen gegründet, fertigt BINDER jährlich über 22.000 Geräte.

Kontakt
BINDER GmbH
Im Mittleren Ösch 5, 78532 Tuttlingen
www.binder-world.com

Binder Optik

Böblingen, Baden-Württemberg

Gegründet: 1975
Die Binder Optik GmbH betreibt rd. 50 Fachgeschäfte in Baden-Württemberg, Bayern und Rheinland-Pfalz, die sowohl preiswerte Brillen als auch exklusive Designer-Marken wie Prada, Gucci, Fendi u. v. m. anbieten. Binder Optik erzielt mit 400 Mitarbeitenden einen Jahresumsatz von ca. 40 Mio. Euro. 2015 übernahm Dominic Baur die Geschäftsführung von seinem Vater, dem Gründer Dr. Helmut Baur. Senator E. H. Dr. Helmut Baur ist Generalkonsul von Malaysia und langjähriges Vorstandsmitglied im Bundesverband mittelständische Wirtschaft (BVMW e. V.). 2018 wurde ihm für seine herausragenden beruflichen Verdienste und sein außergewöhnliches ehrenamtliches Engagement von Bundespräsident Frank-Walter Steinmeier das Bundesverdienstkreuz 1. Klasse verliehen. Binder Optik, gegründet 1975, wurde u. a. mit dem Deutschen Servicepreis 2020 für beste Servicequalität und Beratungskompetenz ausgezeichnet.

Kontakt
Binder Optik GmbH
Wolf-Hirth-Str. 37, 71034 Böblingen
www.binder-optik.de

Bionorica

Neumarkt, Bayern

Gegründet: 1933
Bionorica, mit Sitz in Neumarkt in der Oberpfalz, ist führender Hersteller wissenschaftlich erforschter pflanzlicher Arzneimittel. Der nachhaltige Erfolg des vielfach ausgezeichneten Unternehmens basiert auf der Phytoneering-Strategie, dem Entschlüsseln des großen Wirkstoffpotenzials von Pflanzen mithilfe modernster Technologien und Forschung. Ziel ist die Entwicklung wirksamer und zugleich nebenwirkungsarmer Phytopharmaka. Die Forschungs- und Indikationsschwerpunkte liegen in den Bereichen Atemwege, Harnwege, Frauengesundheit und Immunsystem. 2019 erzielte der Sinupret-Hersteller mit über 1.800 Mitarbeitenden an weltweit 20 Standorten einen Umsatz von 333 Mio. Euro. Geleitet wird das vor über 85 Jahren in Nürnberg gegründete Unternehmen von Prof. Michael A. Popp in 3. Generation. Die Eigenkapitalquote beträgt nahezu 84 %.

Kontakt
Bionorica SE
Kerschensteinerstr. 11–15, 92318 Neumarkt
www.bionorica.de

B

BIOTRONIK

Berlin

Gegründet: 1963
Die BIOTRONIK SE & Co. KG ist ein Unternehmen der Gesundheitsbranche und bietet Produkte und Dienstleistungen für die medizinische Versorgung von Menschen mit Herz-Kreislauf-Erkrankungen an. Der Ursprung des Unternehmens datiert auf das Jahr 1963: Physiker Max Schaldach und Elektroingenieur Otto Franke entwickelten an der TU Berlin den ersten deutschen Herzschrittmacher und gründeten daraufhin BIOTRONIK.

BIOTRONIK ist bis heute ein privates, unabhängiges Unternehmen geblieben und beschäftigt weltweit engagierte Fachkräfte, die über 50 Nationalitäten repräsentieren. Es unterhält Forschungs-, Entwicklungs- und Fertigungsstätten in Deutschland, der Schweiz und den USA und vermarktet seine Produkte in mehr als 100 Ländern auf allen Kontinenten.

Kontakt
BIOTRONIK SE & Co. KG
Woermannkehre 1, 12359 Berlin
www.biotronik.com

„Jeder Tag, an dem wir etwas lernen, ist ein guter Tag. Jeder Tag, an dem wir das Gelernte umsetzen, ist ein besserer Tag.“

Joachim Spitzley

Susan Wernicke und Joachim Spitzley bilden den Vorstand der bito ag (oben). Ein Bus mit bito-Werbung in den 1970er-Jahren in Berlin (unten)

bito

Berlin

ag bito
effektiv arbeiten

Gegründet: 1966
Als Markenhersteller und Großhändler bietet bito in den Bereichen Farben, Lacke, Tapeten, Bodenbeläge und Werkzeuge eine gewinnbringende Kombination aus Produkten und

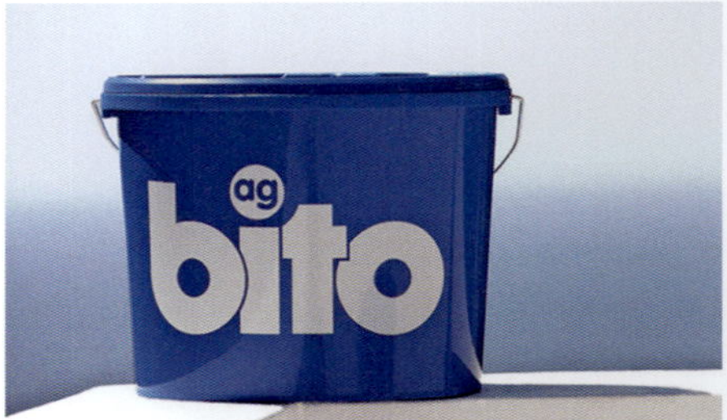

Die bito Unternehmensgruppe bietet Produkte und Dienstleistungen im Bereich Farben, Lacke, Tapeten, Bodenbeläge und Werkzeuge.

Serviceleistungen an. Das Unternehmen ist in Berlin und Brandenburg sowie im Raum Hamburg mit insgesamt zwölf Fachmärkten präsent und baut die Marke bito national und auch im Online-Bereich weiter auf. bito erwirtschaftet jährlich rd. 25 Mio. Euro Umsatz und beschäftigt 130 Mitarbeitende, die über Anteile an einer Mitarbeiterbeteiligungsgesellschaft am Gewinn beteiligt werden.

bito Kundinnen und Kunden sind professionelle Maler und Bodenleger genauso wie Architekten, Bauherren, Projektentwickler und Hausverwaltungen. Die Bedürfnisse und Wünsche der Kundinnen und Kunden bestimmen das unternehmerische Denken und Handeln. Die Marke bito vereint Kompetenz, Zuverlässigkeit und Effizienz und überzeugt durch zuverlässige Lösungen und qualitativ hochwertige Produkte, von denen 95 % in Deutschland produziert werden. Vielfältige Dienstleistungen wie Fachberatung durch die hauseigene Anwendungstechnik oder Maschinenverleih sind ebenfalls Bestandteil des Angebots. Architekten und Projektentwicklern werden kompetente Partner für ihre Projekte empfohlen.

1966 gründete Rudolf Spitzley bito in Berlin als Farbengroßhandel gemeinsam mit Hans-Peter Haas und Gunther Wirth und ist seitdem erfolgreich und von der Industrie unabhängig am Markt präsent. Das Unternehmen firmiert seit 1999 als AG. Alle Anteile befinden sich heute im Besitz der Familien Spitzley und Haverland. Neben Joachim Spitzley, dem Sohn des Unternehmensgründers, der als Vorstandsvorsitzender fungiert, ist Susan Wernicke seit 2011 zweites Vorstandsmitglied.

B

Schon gewusst?

bito ist Gründungsmitglied von Made in Berlin e. V. Im Verein engagieren sich Unternehmer, Künstler und Wissenschaftler gemeinsam für den Standort Berlin. Mit Know-how und Leidenschaft werden Initiativen und Ideen gefördert, die den Wirtschaftskreislauf in der Stadt stärken. Die Mitglieder treten für ein nachhaltiges, erfolgreiches Wirtschaften ein. Das soziale Engagement der bito Aktiengesellschaft bündelt sich in Partnerschaften mit dem Verein Kinderleben, der Stiftung Kinderherz und der Christoph-Metzelder-Stiftung.
2017 wurde bito mit dem 3. Platz des Unternehmenspreises „Engagiert in Berlin" für die noch laufende Unterstützung des Integrationsprojektes „Zwischen Himmel und Erde" ausgezeichnet.

Daten und Fakten

Inhaberfamilien: Familien Spitzley und Haverland
Gründer: Rudolf Spitzley, 1966, Berlin
Branche: Farben, Tapeten, Bodenbeläge, Werkzeuge
Standort: Berlin
Mitarbeitende: 130 (2019)
Umsatz: 25 Mio. Euro (2019)
Ausbildungsplätze p. a.: 10
Unternehmensanteile der Familie: 100%
Kontrollgremien: Aufsichtsrat
Eigenkapitalquote: ca. 50%

Kontakt
bito Aktiengesellschaft
Bielefelder Str. 6, 10709 Berlin
Fon: 030 86005-0, Fax: 030 86005-299
info@bito-ag.de, www.bito-ag.de

BITO-Lagertechnik

Meisenheim, Rheinland-Pfalz

Gegründet: 1845
Die BITO-Lagertechnik Bittmann GmbH ist ein weltweit agierendes Unternehmen der Intralogistik-Branche. Als einer von wenigen Komplettanbietern entwickelt, produziert und vertreibt BITO Regal-, Behälter-, Kommissionier- und Transportsysteme für eine Vielzahl von Branchen. Das Unternehmen mit über 1.000 Mitarbeitenden und mehr als 70.000 Kunden zählt zu den europäischen Marktführern. Die BITO Gruppe ist mit 20 Standorten in Europa, Amerika, Asien und Afrika vertreten und erwirtschaftete 2018 einen Umsatz von rd. 250 Mio. Euro. 1845 gründeten Leopold Bittmann und seine Frau in Oberstein eine Firma, die zunächst Schmuckwaren und Beschlagsartikel für die Lederwarenindustrie produzierte. Heute ist BITO als traditionsreiches Familienunternehmen mit Produktionsstandorten in Meisenheim und Lauterecken angesiedelt.

Kontakt
BITO-Lagertechnik Bittmann GmbH
Obertor 29, 55590 Meisenheim
www.bito.com

BITZER

Sindelfingen, Baden-Württemberg

Gegründet: 1934
Die BITZER Kühlmaschinenbau GmbH bietet Produkte und Dienstleistungen im Bereich Kälte- und Klimatechnik an. BITZER Produkte kommen in Transportmitteln wie Bus und Bahn und anderen Innenräumen zum Einsatz oder werden für den Transport von Lebensmitteln benötigt. BITZER ist im Bereich Verdichtertechnik Marktführer. Das 1934 gegründete Unternehmen verfügt heute über 19 Produktionsstandorte und ist weltweit an

B

72 Standorten vertreten. Mit 3.800 Mitarbeitenden erwirtschaftete BITZER 2019 rd. 808 Mio. Euro. Geschäftsführer sind Rainer Große-Kracht, Frank Hartmann, Gianbattista Parlanti und Christian Wehrle. 2005 gründete BITZER die Stiftung „The Schaufler Foundation“, 2016 eröffnete das internationale Schulungs- und Trainingszentrum „Schaufler Academy“.

Kontakt
BITZER Kühlmaschinenbau GmbH
Peter-Schaufler-Platz 1, 71065 Sindelfingen
www.bitzer.de

Bizerba

Balingen, Baden-Württemberg

Gegründet: 1866
Die Bizerba Unternehmensgruppe bietet Kunden aus Handwerk, Handel, Industrie und Logistik ein Portfolio aus Hard- und Software rund um das Thema „Gewicht“. Dazu gehören Produkte für das Schneiden, Verarbeiten, Wiegen, Kassieren, Prüfen, Kommissionieren und Auszeichnen. Seine Wurzeln hat das Unternehmen im Eintritt des jungen Schlossers Andreas Bizer in eine Waagenbauwerkstätte in Balingen. Zwei Jahre später gründete er sein eigenes Unternehmen, das er 1906 an seinen Schwiegersohn Wilhelm Kraut verkaufte. Heute ist daraus ein Verbund mit rd. 4.100 Mitarbeitenden geworden, mit Produktionsstätten in Deutschland, Österreich, der Schweiz, Italien, Frankreich, Spanien, China sowie den USA. Derzeit in 5. Generation in Familienbesitz, wird Bizerba von Andreas Wilhelm Kraut geleitet.

Kontakt
Bizerba SE & Co. KG
Wilhelm-Kraut-Str. 65, 72336 Balingen
www.bizerba.com

BJB

Arnsberg, Nordrhein-Westfalen

Gegründet: 1867
Die BJB GmbH & Co. KG ist ein mittelständisches Familienunternehmen der Metall- und Elektroindustrie und hat über 150 Jahre Erfahrung rund um das Thema Licht. BJB ist Spezialist für die Entwicklung und Produktion von Lichtlösungen. Das Produktportfolio umfasst LED-Verbindungssysteme, Verbindungsklemmen, Stecksysteme, Befestigungssysteme, SMD-Klemmen, Optiken und Lichtlösungen für die Hausgeräteindustrie sowie Automationslösungen. Zu den Kunden zählen die weltweit namhaftesten Unternehmen in der Beleuchtungs- und Haushaltsgeräteindustrie. Das weltweit vertretene Unternehmen erwirtschaftete 2019 mit rd. 500 Mitarbeitenden 85 Mio. Euro Umsatz. Neben dem Standort in Arnsberg hat BJB auch Produktionsstätten in den USA und China sowie Vertriebsstandorte in Italien, Spanien, Japan, Hong Kong und Brasilien. Vertretungsberechtigte Geschäftsführer des 1867 gegründeten Familienunternehmens sind Philipp Henrici und Heiko Piossek.

Kontakt
BJB GmbH & Co. KG
Werler Str. 1, 59755 Arnsberg
www.bjb.com

BLANC & FISCHER Familienholding

Oberderdingen,
Baden-Württemberg

Gegründet: 1925

Die BLANC & FISCHER Familienholding mit Stammsitz in Oberderdingen ist in den Bereichen Küchen und Waschküchen tätig. Zur Unternehmensgruppe gehören der französische Spezialist für Backöfen und Kochfelder mit verschiedenen Beheizungsarten ARPA, der Spezialist für den Wasserplatz in der Küche BLANCO, der Produzent von Investitionsgütern für Großküchen und Zulieferer der Industrie BLANCO Professional, der interne Dienstleister für IT und übergeordnete Funktionen BLANC & FISCHER CORPORATE SERVICES, der italienische Gaskomponentenhersteller DEFENDI sowie der Komponentenzulieferer für Hersteller von Hausgeräten E.G.O. Insgesamt beschäftigen diese Unternehmen rd. 8.300 Mitarbeitende in 23 Ländern und an 56 Standorten weltweit. 2019 hat die Holding einen Umsatz von rd. 1,19 Mrd. Euro erwirtschaftet. Die BLANC & FISCHER Familienholding ist zu 100 % im Besitz der Familien Blanc und Fischer. Die Geschäftsführung wird als Fremdmanagement von Dr. Johannes Haupt, Dr. Karlheinz Hörsting und Benno Rudolf verantwortet.

Die Unternehmenshistorie begann 1925 mit der Gründung von BLANCO durch Heinrich Blanc. BLANCO produzierte zunächst Herdwasserschiffe, später kamen Spülen aus Edelstahl, Silgranit und Keramik hinzu. Heute vervollständigen Armaturen und Zubehör das Sortiment. Ebenfalls 1925 gründete Karl Fischer die Schwarzwälder Zangenkontakt-Werkstätte Oberweiler, die später zur E.G.O. Elektro-Gerätebau GmbH umfirmiert wurde. Er entwickelte und produzierte die erste serientaugliche elektrische Kochplatte. Heute gilt E.G.O. als einer der weltweit größten Zulieferer für die Haushaltsgeräteindustrie. Beide Unternehmen bündelten 1975 die gemeinsamen Interessen:

B

„Die BLANC & FISCHER Familienholding prägt den Lebensraum Küche weltweit."

Vision des Familienunternehmens

Ein Blick in die moderne Geschäftszentrale (oben). Das historische Foto zeigt Karl Fischer (links) und Heinrich Blanc (2. von rechts), die Anfang der 1930er-Jahre Besucher begrüßen.

In den Küchen der Welt zu Hause. Die BLANC & FISCHER Familienholding ist ein echter Global Player.

B

Es entstand die übergeordnete E.G.O. Blanc und Fischer Unternehmensgruppe, heute die BLANC & FISCHER Familienholding. Mit dem zunehmenden Erfolg von BLANCO erweiterte sich das Produkt- und Serviceportfolio. Im Jahr 2007 wurde deshalb folgerichtig die Firma BLANCO Professional ausgegründet. BLANCO Professional ist auf Angebote für Großküchen und Industrie spezialisiert. 2011 übernahm die BLANC & FISCHER Familienholding die Firma ARPA, einen führenden OEM-Hersteller von Kochfeldern und Backöfen. Zwei Jahre später folgte die Investition in ein weiteres Unternehmen: DEFENDI, ein wichtiger Anbieter im Segment der Gaskomponenten, der das Leistungsspektrum der Holding abrundete. 2017 wandelte sich die Holding von einer Finanz- in eine Managementholding. Ziele und Unternehmensphilosophie der BLANC & FISCHER Familienholding sind in der Familiencharta der Gesellschafter festgeschrieben. Nachhaltigkeit, Pioniergeist im Sinne der Unternehmensgründer und der Wunsch, ein echtes Familienunternehmen zu sein und zu bleiben, sind ebenso Bestandteil wie der soziale Anspruch, die unternehmerische Verantwortung und das Ziel, in den strategischen Geschäftsfeldern dauerhaft führend zu sein.

Family Governance

Die BLANC & FISCHER Familienholding wird weiterhin von den beiden Gründerfamilien Blanc und Fischer geprägt – sie ist zu 100 % in Familienhand. Als Eigentümer haben sich die beiden Gründerfamilien festen Werten verschrieben und diese in einer Familiencharta verankert. 2007 hat der letzte direkte Nachfahre der Familie Fischer und 2009 der der Familie Blanc das Management verlassen, im Verwaltungsrat sind beide Familien jedoch weiterhin vertreten. Die BLANC & FISCHER Familienholding soll auch in Zukunft kein abstrakter Konzern werden, sondern ein mittelständisches Familienunternehmen bleiben.

Chronologie

1925 Heinrich Blanc gründet BLANCO, Karl Fischer die Schwarzwälder Zangenkontakt-Werkstätte Oberweiler, die später zur E.G.O. Elektro-Gerätebau GmbH umfirmiert.

1931 Umzug der E.G.O. nach Oberderdingen, Entwicklung der ersten serientauglichen elektrischen Kochplatte

1975 Bildung der übergeordneten E.G.O. Blanc und Fischer Unternehmensgruppe (heute BLANC & FISCHER Familienholding)

2007 Ausgründung der BLANCO Professional für Kunden in den Bereichen Großküchen, medizinische Einrichtung und Industrie

2011 Übernahme von ARPA, Entwickler und Hersteller von Kochfeldern mit verschiedenen Beheizungsarten und Backöfen

2013 DEFENDI-Gruppe, Entwickler und Hersteller von Gaskomponenten, wird Teil der Familienholding.

2017 Wandel von der Finanz- zur Managementholding

Die Geschäftsführung der BLANC & FISCHER Familienholding (v. l.): CFO Benno Rudolf, CEO Dr. Johannes Haupt und COO Dr. Karlheinz Hörsting

Daten und Fakten

Inhaberfamilien: Familien Blanc und Fischer
Gründer: Heinrich Blanc und Karl Fischer
Branche: Küchentechnik und -zubehör
Produkte: aus dem Bereich Küche bzw. Waschküche
Standorte: 56
Mitarbeitende: 8.300
Umsatz: 1,19 Mrd. Euro
Marktposition: Global Player

Kontakt
Blanc & Fischer Familienholding GmbH
Blanc-und-Fischer-Platz 1–3,
75038 Oberderdingen
Fon: 07045 450, Fax: 07045 4567870
info@blanc-fischer.com, www.blanc-fischer.com

Managing Director/
Head of Corporate Communications
Christine Metz
Fon: 07045 4567831
christine.metz@egoproducts.com

Blickle

Rosenfeld, Baden-Württemberg

B

Blickle®
we innovate mobility

Gegründet: 1953

Die Blickle Räder+Rollen GmbH u. Co. KG zählt zu den weltweit führenden Herstellern von Rädern und Rollen. Das Unternehmen führt über 30.000 Produkte im Portfolio. Darüber hinaus bietet Blickle zahlreiche Lösungen, die gemeinsam mit den Kunden individuell entwickelt werden. Blickle Räder und Rollen sind weltweit in fast allen Branchen im Einsatz, wie beispielsweise in der Intralogistik, Lebensmittelbranche und Medizintechnik.

„Unser Anspruch ist einfach: täglich Räder und Rollen neu zu erfinden.“

Unternehmensphilosophie

Der Räder- und Rollenspezialist beschäftigt über 1.000 Mitarbeitende weltweit, davon mehr als 750 im schwäbischen Rosenfeld. Neben der Produktion am Stammsitz unterhält Blickle 18 eigene Vertriebsgesellschaften in Europa, Nordamerika, Asien und Australien und exportiert in über 120 Länder weltweit. Das Unternehmen liegt in den Händen der Familie Blickle; Geschäftsführer sind Reinhold Blickle, der Sohn des Firmengründers, sowie Denise Blickle und Walter Wager. Mit Dr. Sarah Blickle-Fenner und David Blickle ist bereits die 3. Generation im Unternehmen aktiv.

Die Firma entstand 1953, als Wilhelm Sülzle seine alteingesessene Eisenwarenfabrik unter den Söhnen und Schwiegersohn Heinrich

Reinhold Blickle ist geschäftsführender Gesellschafter des Unternehmens, das mehr als 30.000 verschiedene Räder und Rollen im Portfolio führt.

Die Blickle Räder+Rollen GmbH u. Co. KG hat ihren Sitz in Rosenfeld.

B

Blickle aufteilte. Anstatt weiterhin eiserne Schubkarrenräder zu produzieren, wandte sich dieser der Herstellung von gummibereiften Rädern, Lenk- und Bockrollen zu. Von Beginn an setzte das Unternehmen auf Kundennähe und baute sein Programm mit qualitativ hochwertigen Produkten „made in Germany" weiter aus. Mit der größten Investition der Firmengeschichte, dem Bau einer neuen Polyurethanfertigung und eines neuen Verwaltungsgebäudes mit Kundenzentrum ab 2020, bekennt sich Blickle weiterhin deutlich zum Standort Rosenfeld.

Schon gewusst?

Der Blickle Gesamtkatalog G16 erscheint 2020 in 22 Sprachen: Auf über 600 Seiten zeigt er das nochmals erweiterte umfangreiche Produktportfolio und bietet mit dem integrierten Räder- und Rollen-Ratgeber Kundinnen und Kunden weltweit eine gute Entscheidungsgrundlage. Zeitgleich wird die neue Blickle Website für 35 Länder mit einem optimierten Produktfinder ausgerollt. Dieser wird dank intelligenter Suchalgorithmen noch nutzerfreundlicher und ermöglicht den Kunden den kürzesten Weg zum richtigen Produkt. Bereits 2014 startete Blickle mit einem eigenen Webshop. Inzwischen nutzen Tausende von Kundinnen und Kunden in sieben europäischen Ländern diesen Verkaufskanal.

Daten und Fakten

Inhaberfamilie: Familie Blickle in 3. Generation
Gründer: Heinrich Blickle, 1953, Rosenfeld
Produkte: Räder und Rollen
Vertrieb: 18 eigene Vertriebsgesellschaften in Europa, Nordamerika, Asien und Australien sowie Exklusivvertretungen mit Lagern in vielen weiteren Ländern
Mitarbeitende: weltweit über 1.000, davon mehr als 750 in Rosenfeld
Marktposition: weltweit eines der führenden Unternehmen für Räder und Rollen
Ausbildungsquote: ca. 10%
Familieneinfluss: inhabergeführt

Kontakt
Blickle Räder+Rollen GmbH u. Co. KG
Heinrich-Blickle-Str. 1, 72348 Rosenfeld
Fon: 07428 932-0, Fax: 07428 932-209
info@blickle.com, www.blickle.com

BLOCK

Verden, Niedersachsen

Gegründet: 1939

In seiner 80-jährigen Unternehmensgeschichte expandierte die BLOCK Transformatoren-Elektronik GmbH unter ihrem CEO Wolfgang Reichelt zu einem weltweit führenden Hersteller von Transformatoren, Stromversorgungen, Schutzschaltern, Drosseln und EMV-Filtern. Mit rd. 1.200 Beschäftigten weltweit einer der größten Arbeitgeber der Region Verden, zeichnet sich BLOCK v. a. durch den globalen Wachstumskurs aus – mit weltweit 38 Standorten, 16 Gesellschaften und vier Fertigungsstandorten in Deutschland, USA und China. Ob Maschinenbau, Antriebstechnik, Bahntechnik oder regenerative Energien – die Produkte und Lösungen von BLOCK gewährleisten in allen Bereichen der Wirtschaft und Industrie die perfekte Spannung für Systeme und Anlagen.

Vom Entwicklungszentrum mit mehr als 60 Mitarbeitenden über die Produktion und Qualitätssicherung bis hin zur Zertifizie-

„Die Zukunft bleibt spannend, wir gestalten sie mit."

Wolfgang Reichelt

Wolfgang Reichelt übernahm BLOCK 1971 und leitet das Unternehmen heute zusammen mit Udo L. Thiel (links) und Lars Ullenboom (rechts).

Der Stammsitz von BLOCK in Verden

B

Chronologie

1939 Gründung durch Alfred Block

1971 Wolfgang Reichelt übernimmt die Firma.

1985 Die Firma wird in die BLOCK Transformatoren-Elektronik GmbH & Co. KG umgewandelt.

1996 Mit der Gründung von BLOCK U.K. beginnt die Internationalisierung.

1999 Einweihung des Forschungs- und Entwicklungszentrums und akkreditierten EMV-Labors

2015 Gründung einer Produktionsstätte in den USA

2018 Gründung einer Produktionsstätte in China

rung – alle BLOCK-Produkte werden inhouse entwickelt, gefertigt und im eigenen akkreditierten EMV-Labor geprüft. Insbesondere die anwendungsorientierte Zusammenarbeit mit der Forschung sorgt dafür, dass das hohe Qualitätsniveau und der Innovationsvorsprung kontinuierlich ausgebaut werden. Bei BLOCK stehen die Sicherheit der Arbeitsplätze, die Aus- und Weiterbildung und die gemeinschaftliche Atmosphäre an erster Stelle. Wolfgang Reichelt ist Obmann des Deutschen Normen-Komitees für Transformatoren, Mitglied im Vorstand des Zentralverbands Elektrotechnik- und Elektronikindustrie ZVEI, Träger des Bundesverdienstkreuzes 1. Klasse, um nur einige seiner Ämter und Auszeichnungen zu nennen. BLOCK engagiert sich im sozialen Bereich und setzt sich mit der betriebseigenen Kinderkrippe aktiv für die Vereinbarkeit von Familie und Beruf ein. Und auch jungen Menschen bietet BLOCK ausgezeichnete Perspektiven. Ob Praktikum, Ausbildung, duales Studium oder sogar Promotion – die Möglichkeiten sind vielfältig.

Daten und Fakten

Inhaberfamilie: Familie Reichelt in 1. Generation
Gründer: Alfred Block, 1939, Verden
Branche: Elektroindustrie
Mitarbeitende: 1.200 weltweit
Innovationen: Röhrenradio 6-Kreis-Super, Modell Verden (1950); Flach-Transformatoren (1977), EMV-Filter (1991), Stromversorgungen (1997), USV und elektronische Schutzschalter (2007), Future Winding Hochkant-Wickeltechnologie (2017)
Ausbildungsquote: 5 %
Familieneinfluss: inhabergeführt durch Wolfgang Reichelt
Unternehmensanteile der Familie: Wolfgang Reichelt hält 100 % der Anteile
Kontrollgremien: Beirat
Eigenkapitalquote: 48 %

Kontakt
BLOCK Transformatoren-Elektronik GmbH
Max-Planck-Str. 36–46, 27283 Verden
Fon: 04231 678-0, Fax: 04231 678-177
info@block.eu, www.block.eu

Block Gruppe

Hamburg

Gegründet: 1968

Was mit dem ersten Block House Restaurant begann, ist heute zu einer Unternehmensgruppe geworden, die sich auf die Bereiche Systemgastronomie, Hotellerie und Lebensmittelproduktion spezialisiert hat. Die 17 Unternehmen der Block Gruppe haben mehr als 2.300 Mitarbeitende in 67 Restaurants europaweit. Die Aushängeschilder der Holding sind die 52 Block House Steak- und 17 Jim Block Burger-Restaurants, das Grand Elysée Hotel Hamburg sowie das Brauhaus Blockbräu an den Landungsbrücken. Zudem sind die Block Menü, die Gastronomen beliefert, die Block House Fleischerei – seit 2015 mit eigenem Rinderzuchtprogramm – und das eigene Logistikzentrum im Norden Hamburgs betriebsrelevant. Gründer dieser Unternehmensgruppe ist der 1940 geborene Eugen Block.

B

Kontakt
Eugen Block Holding GmbH
Lademannbogen 127, 22339 Hamburg
www.block-gruppe.de

Blücher

Erkrath, Nordrhein-Westfalen

Gegründet: 1969
Die Blücher GmbH in Erkrath ist eine international agierende, mittelständische Unternehmensgruppe, die in ihren Kompetenzbereichen innovative Systemlösungen entwickelt und vertreibt. Im Bereich Hochleistungsadsorbenzien und sorptive Verbundstoffe beansprucht Blücher die Technologieführerschaft, die auf über 40 Jahren Erfahrung in Entwicklung und Vertrieb von lebensrettenden Schutzsystemen basiert. Zu den Kompetenzbereichen zählen der Individual- und Sammelschutz im militärischen Bereich sowie Schutzausrüstungen für Zivilschutz, Feuerwehren und Polizei, des Weiteren hochspezialisierte Lösungen zur Filtration von Gasen, Flüssigkeiten und Partikeln für industrielle und medizinische Anwendungen sowie für spezielle Konsumgüter. Blücher ist seit der Gründung 1969 in Familienbesitz.

Kontakt
Blücher GmbH
Mettmanner Str. 25, 40699 Erkrath
www.bluecher.com

Bluhm Weber Group

Rheinbreitbach, Rheinland-Pfalz

Gegründet: 1968
Noch heute ist Firmengründer Eckhard Bluhm mit seinen fast 81 Jahren jeden Tag in seiner Firma in Rheinbreitbach. Von dort aus leitet er gemeinsam mit seinen drei Söhnen und Prokurist Kurt Hoppen die weltweiten Geschicke des Unternehmensverbunds Bluhm Weber mit dem Kerngeschäft Kennzeichnungstechnik. Ob das Mindesthaltbarkeitsdatum auf dem Marmeladenglas, die Seriennummer auf dem Bauteil im Auto oder das Versandetikett auf einem Paket – viele Produkte, die einem im Alltag begegnen, stehen direkt oder indirekt oft in Verbindung mit Bluhm Weber. Zur Produktpalette gehören RFID-fähige Etikettendrucker und -spender, Sonderetikettieranlagen sowie Tintenstrahldrucker, Laser-Beschriftungssysteme und Thermotransfer-Direktdrucker. Außerdem produziert Bluhm Weber Etiketten für alle Anwendungen.

Den Ursprung hat der Unternehmensverbund in der von Eckhard Bluhm 1968 als Ein-Mann-Betrieb gegründeten Bluhm & Co., die 1979 in Bluhm Systeme GmbH umfirmierte. Ein Jahr später folgte ein Joint Venture mit der US-amerikanischen Weber Packaging Solutions Inc. namens Weber Marking Systems. Heute beschäftigt Bluhm Weber weltweit mehr als 500 Mitarbeitende und erwirtschaftet jährlich einen Umsatz von über 160 Mio. Euro. Der Firmenverbund unterhält mehrere Tochtergesellschaften in den Nachbarländern und betreibt ein internationales Partner-Vertriebsnetz.

Die Aufgaben zwischen Bluhm und Weber sind klar aufgeteilt: Während Weber Marking Systems die Etikettier- und Beschriftungssysteme entwickelt, produziert und exportiert,

B

Gesellschaftliche Verantwortung

Der Bluhm Fonds – Verein zur Unterstützung Notleidender und Bedürftiger e. V. wurde 1998 von der Unternehmerfamilie, Mitarbeitenden und Freunden des Unternehmensverbundes Bluhm Weber ins Leben gerufen. Der Verein arbeitet intensiv mit anderen karitativen und sozialen Einrichtungen zusammen und sorgt für schnelle unbürokratische Hilfe im individuellen Einzelfall. Das kann beispielsweise finanzielle Unterstützung für eine Brille, Zahnersatz, Fahrtkosten oder Krankenhaustagegeld sein. Für hilfebedürftige Kinder und Jugendliche übernimmt der Bluhm Fonds die Kosten für Schulbücher, Mahlzeiten oder Nachmittagsbetreuung. Alten Menschen in Senioren- oder Pflegeheimen hilft der Bluhm Fonds in Krisensituationen oder bei Heimwechseln. Einzelne internationale Projekte, wie etwa die Finanzierung einer Brunnenbohrung in Südafrika, stehen außerdem regelmäßig auf der Agenda.

„Wir sind heute noch genauso mutig und visionär wie 1968. Das macht uns so erfolgreich."

Firmengründer und CEO Eckhard Bluhm

übernimmt Bluhm Systeme den Vertrieb und Service für die Kennzeichnungslösungen im D-A-CH-Bereich.

Im Laufe der Jahre hat Bluhm Weber viele Kennzeichnungssysteme entwickelt und auf den Markt gebracht, darunter einen Palettenetikettierer, der erstmals das mehrseitige Etikettieren von durchlaufenden Paletten ermöglicht. Oder einen Highspeedetikettierer, der 2.400 unterschiedlich hohe Kartons pro Stunde etikettiert. Innovativ ist auch ein Tintenstrahldrucker mit Nonstop-Printing-Funktion für unterbrechungsfreies Drucken. Und der Großschriftdrucker mit Seiko-Drucktechnologie kann mit Druckhöhen von bis zu 108 mm sogar ein Etikett ersetzen.

Aktuell arbeitet der Unternehmensverbund u. a. an spannenden Entwicklungen im Bereich RFID und Mensch-Maschine-Interaktion, an individuellen Service- und Finanzierungskonzepten sowie Fernwartungsideen mit Datenbrillen.

Die Geschäftsführung hat Eckhard Bluhm immer noch inne. Seine drei Söhne sind aber bereits seit Jahren Mitgesellschafter und in der Geschäftsleitung. Sie garantieren den sicheren Fortbestand der Unternehmensgruppe unter Führung der 2. Generation.

Für sein Lebenswerk erhielt Unternehmensgründer Eckhard Bluhm 2017 im Rahmen des Wettbewerbs „Großer Preis des Mittelstands" der Oskar-Patzelt-Stiftung die Premier Ehrenplakette (oben). Die Bluhm Weber Group entwickelt und produziert die Kennzeichnungslösungen selber (unten).

Die Inhaberfamilie Volker Bluhm, Eckhard Bluhm, Andreas Bluhm, Carsten Bluhm (v. l.)

B

Daten und Fakten

Inhaberfamilie: Familie Bluhm
Gründer: Eckhard Bluhm, 1968
Branche: Maschinen- und Anlagenbau
Produkte: Beschriftungs- und Etikettiersysteme, Etiketten
Standorte: in über 50 Ländern weltweit (13 Niederlassungen und 42 internationale Geschäftspartner)
Vertrieb: weltweit
Mitarbeitende: rd. 500 Mitarbeitende europaweit (2019)
Umsatz: über 160 Mio. Euro kumuliert (2019)
Marktposition: Marktführer als Komplettanbieter von Kennzeichnungstechnik
Innovationen: selbstverschließender Druckkopf, Nonstop-Printing-Druckkopf, Highspeed-Etikettierer, Reifenetikettierer, vollelektrisches Etikettiersystem, Tamper-Evident-Etikettierer u. a.
Ausbildungsplätze: 22
Familieneinfluss: inhabergeführt durch Eckhard Bluhm, alle Söhne in der Geschäftsleitung mit einem zusätzlichen externen Manager
Eigenkapitalquote: 73,3 % (Bluhm/Weber Deutschland)
Exportquote: 32 % (Bluhm/Weber Deutschland)
F&E-Quote: 1,8 % (Bluhm/Weber Deutschland)

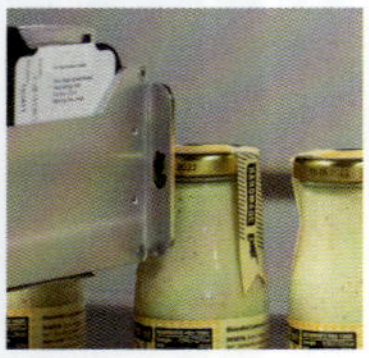

Sicheres Etikettieren für die Logistikkette (oben), Lasercodierung auf Metall (Mitte), MHD-Kennzeichnung mit Inkjet-Druck (unten)

Schon gewusst?

Die Mitarbeitenden von Bluhm Weber profitieren seit Jahrzehnten von einem „Gewinn-Sharing" durch Investivbezüge. Jeder Mitarbeitende partizipiert am Unternehmenserfolg, und zwar bei den monatlichen Bezügen sowie am Jahresende mit einer Gewinnausschüttung bzw. einem Mitarbeiterguthaben.
Das gesammelte Kapital ermöglicht nach zehn Jahren den Einstieg als stiller Gesellschafter bei der 1980 gegründeten Bluhm Leasing GmbH & Co. KG. Momentan verwaltet die Bluhm Leasing über 4,5 Mio. Euro – Geld, das dem Unternehmensverbund für eigene Investitionen oder für die Verleasung von Systemen an den Kunden zur Verfügung steht.

Kontakt
Bluhm Systeme GmbH/
Weber Marking Systems GmbH
Maarweg 33, 53619 Rheinbreitbach
Fon: 02224 7708-0, Fax: 02224 7708-20
info@bluhmsysteme.com/info@weber-marking.com,
www.bluhmsysteme.com/www.weber-marking.com

Ansprechpartnerin Presse
Selma Kürten-Kreibohm
Bluhm Systeme GmbH/
Weber Marking Systems GmbH
Fon: 0162 2740773
skreibohm@bluhmsysteme.com

Bodo Möller Chemie

Offenbach, Hessen

Gegründet: 1974
Mit 45 Jahren Erfahrung im Vertrieb von Spezialchemikalien ist die Bodo Möller Chemie ein führender Partner namhafter Konzerne wie BASF, Dow, DuPont, Henkel und Huntsman. Mit inzwischen 30 Standorten weltweit hat sich das Familienunternehmen zu einer global agierenden Gruppe entwickelt. Als Distributor und Lösungsanbieter vereint das Unternehmen Produkt- und Anwendungs-Know-how und unterstützt Anwender zahlreicher Branchen während des Produktionsprozesses. Zum Portfolio gehören Klebstoffe, Pigmente, Additive, Farbstoffe, Elektrovergussmassen sowie Composite- und Tooling-Materialien. Eigene Produktionsstätten und Labore für kundenspezifische Formulierungen und Tests ergänzen das Portfolio. Durch individuellen Service kann die Bodo Möller Chemie ihren Kunden optimale Lösungen für die jeweiligen Anforderungen anbieten.

Kontakt
Bodo Möller Chemie GmbH
Senefelderstr. 176, 63069 Offenbach a. Main
www.bm-chemie.com

Boehringer Ingelheim

Ingelheim, Rheinland-Pfalz

Gegründet: 1885
Die Erfolgsgeschichte des forschenden Pharmaunternehmens Boehringer Ingelheim begann im Jahr 1885 mit dem Erwerb einer Weinsteinfabrik durch Albert Boehringer in Ingelheim. Wenige Jahre später gelang ihm dort eine bahnbrechende Entdeckung – die biotechnische Herstellung von Milchsäure. Damit ist 1905 die finanzielle Grundlage geschaffen, um in die Herstellung pharmazeutischer Chemikalien einzusteigen. Auf Basis von Alkaloiden bringt er mit dem Schmerzmittel „Laudanon" das erste eigene Medikament auf den Markt – der Einstieg in das heutige Kerngeschäft ist gelungen. Die Erforschung von Herz-Kreislauf- oder Atemwegserkrankungen und die Entwicklung weiterer Medikamente ermöglichen den Zugang zu neuen Therapiegebieten. Nach dem Tod des Firmengründers 1939 übernahmen seine beiden Söhne Albert jun. und Ernst sowie Schwiegersohn Julius Liebrecht die Leitung des Unternehmens. 1971 erhält mit Hubertus Liebrecht die 3. Generation die Verantwortung. Heute kümmert sich die 4. Generation um die Geschicke des Unternehmens, das seit seiner Gründung vollständig in Familienbesitz ist.

Seit 2007 ist Christian Boehringer der Vorsitzende des Gesellschafterausschusses, dem fünf weitere Mitglieder der Familien Boehringer und von Baumbach angehören. Auf operativer Ebene ist die Familie durch Hubertus von Baumbach vertreten. Seit 2016 ist er der Vorsitzende der Unternehmensleitung. Im Jahr 2019 hat der Unternehmensverband weltweit 51.015 Mitarbeitende beschäftigt und einen Umsatz von 19 Mrd. Euro erwirtschaftet.

Das Unternehmen stellt sich in drei Geschäftsfeldern auf. Das Kerngeschäft ist bis heute die Humanpharmazie. Seit 2017 zählt Boehringer Ingelheim außerdem zu einem der Weltmarktführer in der Tiergesundheit. Durch den Tausch der freiverkäuflichen Medikamente mit der Tiergesundheitssparte von Sanofi wurde die Veterinärmedizin maßgeblich gestärkt. Die Biopharmazie bildet das dritte Geschäftsfeld.

Der Fokus des Unternehmens liegt auf Erkrankungen, für die es bislang noch keine zufriedenstellende Behandlungsmöglichkeit

„Werte schaffen durch Innovation"

Unternehmensvision

Mit dem Erwerb einer Fabrik für die Produktion von Weinstein (unten) legte Firmengründer Albert Boehringer (oben) den Grundstein für das Unternehmen, das in Ingelheim seinen Stammsitz hat (Mitte).

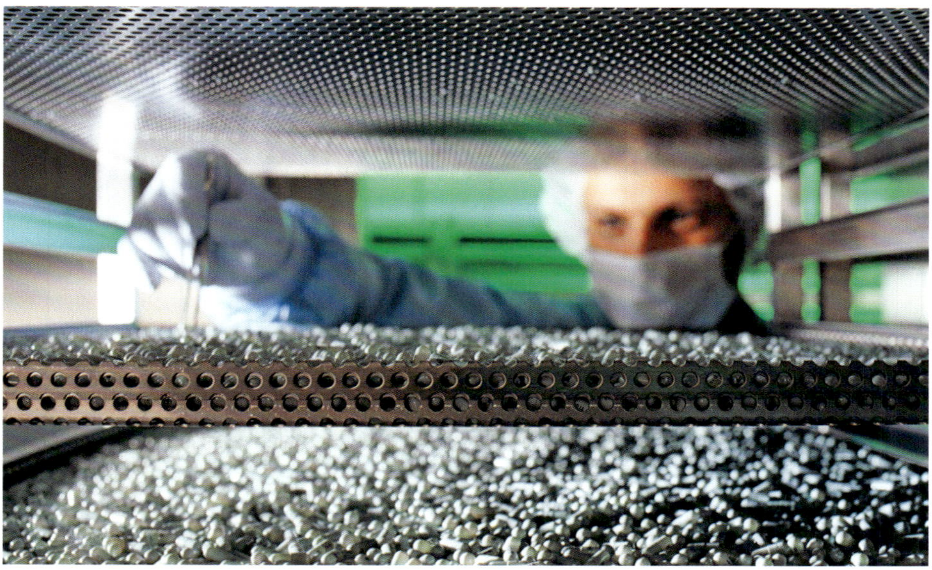

Inhalettentrocknung in der Pharma-Herstellung bei Boehringer Ingelheim in Ingelheim

gibt. In der Arzneimittelforschung konzentriert sich Boehringer Ingelheim auf Erkrankungen der Atemwege und des zentralen Nervensystems, auf Onkologie und Immunologie sowie auf kardiometabolische und infektiöse Erkrankungen. In der Tiergesundheit setzt Boehringer Ingelheim auf fortschrittliche Prävention. Zum Selbstverständnis des Familienunternehmens gehört nicht nur der Wille, Werte durch Innovation zu schaffen, sondern Entscheidungen im Kontext ihrer langfristigen Wirkung zu sehen und mit sozialer Verantwortung zu verbinden.

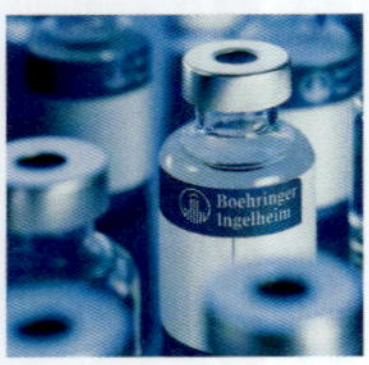

Bei Boehringer Ingelheim hat Forschung ein Ziel: Medikamente zu entwickeln, die die Gesundheit von Mensch und Tier verbessern.

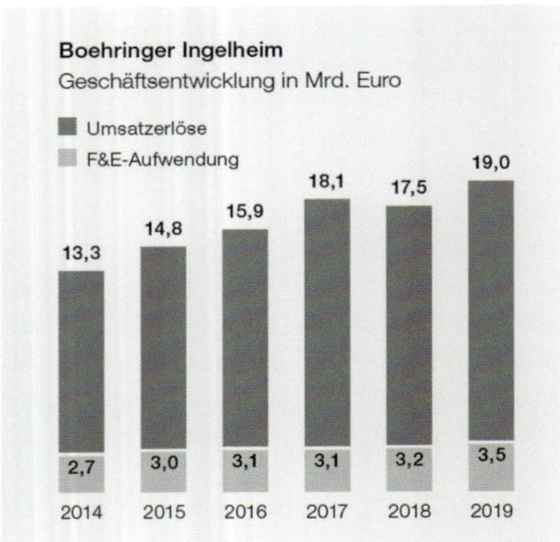

Chronologie

1885 Albert Boehringer erwirbt eine Weinsteinfabrik in Nieder-Ingelheim.

1939 Die Söhne Albert und Ernst und Schwiegersohn Julius Liebrecht übernehmen die Unternehmensleitung.

1965 Der Vorsitz fällt an Julius Liebrecht. Sein Sohn Hubertus löst ihn sechs Jahre später ab.

1991 Boehringer Ingelheim entwickelt die Unternehmensvision „Value through Innovation – Werte schaffen durch Innovation".

2007 Christian Boehringer wird Vorsitzender des Gesellschafterausschusses.

2016 Hubertus von Baumbach übernimmt den Vorsitz der Unternehmensleitung.

2017 Boehringer Ingelheim tauscht das Selbstmedikationsgeschäft mit der Tiergesundheitssparte (Merial) von Sanofi.

Gesellschaftliche Verantwortung

Gelebte Verantwortung gegenüber Mensch und Umwelt gilt bei Boehringer Ingelheim seit Bestehen des Unternehmens. Das Füreinander und Miteinander ist bis heute ein besonderes Anliegen der Inhaberfamilie. Es gibt weltweit zahlreiche Initiativen, die sich für eine verbesserte Gesundheitsversorgung und umweltschonende Maßnahmen einsetzen. Ein besonderes Augenmerk liegt etwa auf der 2010 gegründeten Initiative „Making More Health", die soziales Unternehmertum fördert und konkrete Projekte im Gesundheitsbereich umsetzt. Einen hohen Stellenwert hat auch das Engagement in Public-Private-Partnerships. Im Oktober 2019 ist Boehringer Ingelheim der „Defeat-NCD Partnership" beigetreten, die sich der Bekämpfung von nichtübertragbaren Krankheiten in einkommensschwachen Regionen weltweit verschrieben hat. Außerdem hat Boehringer Ingelheim zusammen mit der European Stroke Organisation die Angels Initiative ins Leben gerufen. Die Initiative unterstützt heute bereits über 1.500 Krankenhäuser und Kliniken bei der Schlaganfallversorgung.

Daten und Fakten

Inhaberfamilien: die Familien Boehringer und von Baumbach
Gründer: Albert Boehringer, 1885 in Nieder-Ingelheim
Branche: Pharmaindustrie
Deutsche Standorte: Ingelheim, Biberach, Dortmund und Hannover
Mitarbeitende: 51.015 (2019)
Umsatz: 19 Mrd. Euro (2019)
Marktposition: Deutschlands größtes forschendes Pharmaunternehmen
Ausbildungsplätze: 587 in Deutschland (2019)
Unternehmensanteile der Familie: 100 %
F&E-Quote: 3,5 Mrd. Euro bzw. 18,2 % (2019)

Kontakt
Boehringer Ingelheim GmbH
Binger Str. 173, 55216 Ingelheim
Fon: 06132 77-0, Fax: 06132 72-0
info@boehringer-ingelheim.com,
www.boehringer-ingelheim.de

Presse
press@boehringer-ingelheim.com

---

bofrost*

Straelen, Nordrhein-Westfalen

Gegründet: 1966
bofrost* ist der europäische Marktführer im Direktvertrieb von hochqualitativen Eis- und Tiefkühlspezialitäten für Privathaushalte und steht für erstklassige Qualität, herausragenden Service und v. a. individuelle Beratung. Zu den Produkten zählen z. B. Obst und Gemüse, Kartoffelspezialitäten, Fleisch, Geflügel, Fisch, Meeresfrüchte, fertige und vegetarische Gerichte, Suppen, Pizza, Backwaren, Torten

Die bofrost*Verkaufsfahrer beraten ihre Kundinnen und Kunden und bringen ihnen Eis- und Tiefkühlspezialitäten bis an die Haustür.

u. v. m. Alle Waren kommen aus Anbauregionen, Fanggebieten und Produktionsstätten kontrollierter Betriebe in über 30 Ländern und unterliegen einem strengen Qualitätsmanagementsystem.

bofrost* hat 115 Niederlassungen in ganz Deutschland und insgesamt 246 in Europa, mit Standorten in Italien, den Niederlanden, Belgien, Luxemburg, der Schweiz, Österreich, Frankreich, Spanien, Griechenland, Kroatien und Slowenien. Das Familienunternehmen mit europaweit über 10.000 Mitarbeitenden, davon rd. 6.000 in Deutschland, besucht und berät regelmäßig rd. 4 Mio. Kundenhaushalte in Europa.

Josef H. Boquoi gründete 1966 in Issum boquoi*frost und nannte das Unternehmen bereits 1972 in bofrost* um. 1984 übernahm bofrost* die Marktführerschaft in Deutschland und wurde 1991, vier Jahre nach Eröffnung der ersten Niederlassung außerhalb Deutschlands in Italien, zum europäischen Marktführer. Als besonders service- und beratungsorientierter Qualitätsanbieter gewährleistet das Unternehmen seinen Kundinnen und Kunden seit jeher absolute Frische sowie eine lückenlos geschlossene Tiefkühlkette und gibt eine Reinheits- und Geschmacksgarantie.

Den Mitarbeitenden werden u. a. ein betriebliches Gesundheitsmanagement, Fort- und Weiterbildungen, Sportmöglichkeiten und Corporate Benefits geboten. bofrost* setzt sich seit seiner Gründung für hilfsbedürftige Kinder ein und hat in den letzten Jahren gemeinsam mit Kundinnen und Kunden sowie Mitarbeitenden Hilfsprojekte in Deutschland mit über 11 Mio. Euro unterstützt. Neben dem sozialen Engagement sind Nachhaltig-

„Wir stellen den Kunden in den Mittelpunkt unseres Tuns."

bofrost*
Unternehmensleitsatz

Paella gehört zu den bofrost*Klassikern (oben). So sahen die Tiefkühlfahrzeuge früher aus (unten).

B

keit und der verantwortungsvolle Umgang mit den Ressourcen der Natur fest in der Unternehmenskultur verankert. bofrost* ist Mitglied im Bundesverband Direktvertrieb Deutschland e. V., im Deutschen Tiefkühlinstitut e. V. und im Lebensmittelverband Deutschland e. V.

Daten und Fakten

Inhaberfamilie: Familie Boquoi mit der bofrost*Stiftung
Gründer: Josef H. Boquoi, 1966, Issum
Branche: Direktvertrieb von Eis- und Tiefkühlspezialitäten
Standorte: 246 in Europa, davon 115 in Deutschland
Mitarbeitende: rd. 10.600, davon ca. 6.000 in Deutschland (2020)
Marktposition: europäischer Marktführer
Innovationen: Coating, eine spezielle Sprühtechnik für Ummantelungen, z. B. von Gemüse; Frische-Plus-Verfahren zum natürlichen Schutz von Gemüse vor Austrocknung und Gefrierbrand

Schon gewusst?

Ob Nordseeinsel oder Bergbauerndorf – bofrost* findet europaweit immer einen Weg, um seinen Kundinnen und Kunden Eis- und Tiefkühlspezialitäten bis nach Hause zu bringen und passt seinen Service an die Gegebenheiten an: Nach Norderney z. B. setzen die Verkaufsfahrer seit vielen Jahren mit der Fähre über, und in Venedig steuern sie viele Haushalte mit einer Gondel an. Übrigens: bofrost* gewährleistet seit über 50 Jahren eine lückenlos geschlossene Tiefkühlkette bis zu den Gefriergeräten seiner Kundinnen und Kunden. Für diesen Service sind in Europa 5.500 bofrost*Tiefkühlfahrzeuge ständig im Einsatz. Würde man sie hintereinander aufstellen, wäre diese Kette mehr als 30.000 Kilometer lang – sozusagen die längste Tiefkühlkette der Welt.

Kontakt
bofrost* Dienstleistungs GmbH & Co. KG
An der Oelmühle 6, 47638 Straelen
Fon: 02834 707-0, Fax: 02834 707-594
service@bofrost.de, www.bofrost.de

BOGE

Bielefeld, Nordrhein-Westfalen

Gegründet: 1907
Mit Industrie-Kompressoren und Druckluftsystemen hat sich BOGE einen Namen gemacht – seit seiner Gründung 1907. Das in 4. Generation geführte Familienunternehmen besitzt in Bielefeld seinen Hauptstandort und den größten Produktionsbetrieb. Rd. 880 Mitarbeitende stehen täglich im Dienst der „Luft zum Arbeiten". Weltweit gibt es über 100.000 Anwender von BOGE Druckluftsystemen. Neben langer Lebensdauer und Leistungsstärke müssen Druckluftlösungen heute energieeffizient sein. Auch auf diesem Feld trägt das Unternehmen mit seiner innovativen Qualität zum Fortschritt seiner Branche bei. Unter dem Claim „custom-made in Germany" stellt BOGE maßgeschneiderte Systemlösungen und modulare Ausbaumöglichkeiten für jeden Einsatzbereich bereit.

Kontakt
BOGE KOMPRESSOREN
Otto Boge GmbH & Co. KG
Otto-Boge-Str. 1–7, 33739 Bielefeld
www.boge.com

Bogner

München, Bayern

Gegründet: 1932
Die Marke Bogner mit dem ikonischen B-Logo ist der Inbegriff von Sportmode im

Luxussegment. Ihre „Athluxury" steht in der Tradition von Olympia-Teilnehmerinnen und -Teilnehmern wie dem Inhaber Willy Bogner jun. selbst. Kollektionen für Damen, Herren und Kids sowie die Freizeitmarke Bogner Jeans wenden sich an labelbewusste und anspruchsvolle Konsumentinnen und Konsumenten. Die junge Kollektion Bogner Fire+Ice, entstanden aus dem spektakulären Skiakrobatik-Film, konnte bereits ihr 30-jähriges Jubiläum feiern. Bogner Sportmode wird in 47 Ländern mit über 1.000 Handelspartnern vertrieben. Weltbekannte Sportler wie der Riesenslalom-Weltmeister Markus Wasmeier, der Golfprofi Bernhard Langer oder Olympia-Skispringer Sven Hannawald dienen als Markenbotschafter.

Kontakt
Willy Bogner GmbH & Co. KGaA
Sankt-Veit-Str. 4, 81673 München
www.bogner.com

Böllhoff Gruppe

Bielefeld, Nordrhein-Westfalen

Gegründet: 1877
Die Böllhoff Gruppe versteht sich als Kompetenzführer in der Verbindungstechnik. Das Unternehmen produziert und vertreibt an 39 Standorten Spezialverbindungselemente, DIN- und Normteile sowie kundenspezifische Zeichnungsteile, und bietet darüber hinaus passende Montage- und Logistiklösungen an. Die Kunden kommen aus allen Industriebereichen. Verarbeitet werden die Produkte der Böllhoff Gruppe z. B. in der Automobilbranche, der Luft- und Raumfahrttechnik, bei Landwirtschafts- und Baumaschinen, in der Medizintechnik und der Energiewirtschaft. Das Unternehmen hat Produktionsstandorte in Deutschland, Brasilien, China, Frankreich, Großbritannien, Indien, Italien, Österreich und den USA. Der Vertrieb erfolgt in 24 Ländern mit eigenen Vertriebsniederlassungen, außerhalb dieser über Vertretungen und den Handel. Allein in Deutschland sind mehr als 1.300 Mitarbeitende beschäftigt, weitere rd. 1.000 Mitarbeitende im restlichen Europa, darüber hinaus ca. 400 Mitarbeitende in Süd- und Nordamerika und rd. 300 Mitarbeitende in Asien. Der erwirtschaftete Jahresumsatz lag 2019 bei 638 Mio. Euro. Das als Holding organisierte Unternehmen hält über 100 Patente und befindet sich in 4. Generation und zu 100 % in Familienbesitz. Michael W. Böllhoff und Wilhelm A. Böllhoff zeichnen als geschäftsführende Gesellschafter verantwortlich. Darüber hinaus sind Dr. Jens Bunte und Dr. Carsten Löffler Teil der Unternehmensleitung.

Ursprünglich 1877 als Eisenwarengroßhandel von Wilhelm Böllhoff in Herdecke gegründet, stieg das Unternehmen ab den 1950er-Jahren mit dem HELICOIL® Gewindeeinsatz in die Eigenproduktion ein. In den folgenden Jahrzehnten entwickelte sich die Böllhoff Gruppe stetig weiter und bietet ihren Kunden heute 360° Verbindungstechnik an – vom Verbindungselement über das passende Montagesystem bis hin zur Belieferungslösung. Seiner gesellschaftlichen Verantwortung wird das Unternehmen u. a. durch die „Wolfgang und Regina Böllhoff Stiftung" gerecht, die die berufliche Aus- und Weiterbildung von Jugendlichen fördert.

Michael W. und Wilhelm A. Böllhoff (v. l.) leiten das Familienunternehmen in der 4. Generation.

B

„Passion for successful joining"

Firmenleitsatz der Böllhoff Gruppe

Verbindungstechnik aus eigener Entwicklung und Fertigung: RIPP LOCK® Schraubensicherung und HELICOIL® Gewindetechnologie (oben); größtes Logistikzentrum der Böllhoff Gruppe in Oelsnitz/Vogtland (unten)

B

Chronologie

1877 Gründung eines Eisenwarengroßhandels durch Wilhelm Böllhoff

1923 Filialgründung in Bielefeld durch Josef Böllhoff in 2. Generation

1954 Übernahme einer USA-Lizenz für die Produktion unter dem Markennamen HELICOIL®

1964 Böllhoff folgt Volkswagen als Lieferant nach Mexiko und Brasilien. Dr. Wolfgang W. Böllhoff übernimmt die Leitung des Unternehmens.

1969 Mondlandung: Böllhoff HELICOIL® Gewindeeinsätze sind in der Mondfähre verbaut.

1990er-Jahre Eintritt der 4. Generation mit Wilhelm A. Böllhoff (1994) und Michael W. Böllhoff (1998)

2000–2004 Expansion nach Asien, Eröffnung der ersten Produktionsstätte im asiatischen Raum im chinesischen Wuxi

2019/2020 Inbetriebnahme moderner Logistikzentren in Oelsnitz/Vogtland (Deutschland), Sainte-Hélène-du-Lac (Frankreich) und Wuxi (China)

Daten und Fakten

Inhaberfamilie: Familie Böllhoff
Gründer: Wilhelm Böllhoff, 1877, Herdecke
Branche: Verbindungstechnik
Produkte: Verbindungselemente, Montage- und Logistiklösungen
Standorte: Stammsitz Bielefeld, 39 Standorte weltweit
Vertrieb: eigene Vertriebsstätten in 24 Ländern, außerhalb dieser Länder Vertriebskooperationen
Mitarbeitende: mehr als 3.000 weltweit, davon ca. 1.300 in Deutschland
Umsatz: ca. 638 Mio. Euro (2019)

Kontakt
Böllhoff Gruppe
Archimedesstr. 1–4, 33649 Bielefeld
Fon: 0521 448201
info@boellhoff.com, www.boellhoff.com

Borgers

Bocholt, Nordrhein-Westfalen

Gegründet: 1866
Die Borgers SE & Co. KGaA ist die Holding der international agierenden Borgers-Gruppe mit 24 Standorten in Europa, China und den USA (2018: Umsatz 901 Mio. Euro, rd. 7.100 Mitarbeitende). Größter Geschäftsbereich ist die Automotive-Sparte; ferner gehören zur Unternehmensgruppe die Werkzeug- und Maschinenbau-Spezialisten Olbrich sowie R+S Technik. Als Automobilzulieferer produziert das in 5. Generation inhabergeführte Unternehmen akustisch wirksame textile Bauteile für sämtliche Fahrzeugtypen nahezu aller namhaften Autohersteller. Dafür entstehen im Borgers-eigenen Entwicklungszentrum immer neue Verkleidungs- und Trägerteile, Dämpfungen und Isolationen auf Basis von Naturfasern und recycelten Kunststoffen, die das Auto leichter, leiser und umweltfreundlicher machen.

Kontakt
Borgers SE & Co. KGaA
Borgersstr. 2–10, 46397 Bocholt
www.borgers-group.com

Börlind

Calw, Baden-Württemberg

Gegründet: 1959
Die Börlind Gesellschaft für kosmetische Erzeugnisse mbH ist ein familiengeführtes

Kosmetikunternehmen, das Schönheitspflegeprodukte auf Basis von Naturstoffen für die Gesichts- und Körperpflege herstellt und vertreibt. Im Segment hochwertiger Naturkosmetik nimmt das Unternehmen mit einem Jahresumsatz von ca. 55 Mio. Euro eine führende Position ein. Neben der Hauptmarke ANNEMARIE BÖRLIND – Natural Beauty umfasst das Portfolio auch die Kosmetikmarke DADO SENS DERMACOSMETICS. Börlind beschäftigt in Deutschland derzeit über 200 Mitarbeitende. Während die Produkte in Deutschland, Österreich und Frankreich direkt vertrieben werden, erfolgt die Belieferung weiterer Märkte über Importeure.

Seit 2003 befinden sich alle Anteile der Firma im Besitz der Familie Lindner. Deren Großmutter Annemarie Lindner, Gewinnerin des Beautyworld-Cup 2009, und ihr Mann Walter fusionierten 1959 ihren Kleinbetrieb mit der Firma H. F. Börner in Calw, die den Vertriebsweg in die Reformhäuser eröffnete. Die Marke ist in über 30 Ländern vertreten. Das Unternehmen wird von den Geschwistern Alicia und Nicolas Lindner geführt.

Kontakt
BÖRLIND GmbH
Lindenstr. 15, 75365 Calw
www.boerlind.com

BOS

Ostfildern, Baden-Württemberg

Gegründet: 1910
Als internationale Unternehmensgruppe mit Standorten in Europa, Nordamerika und Asien entwickelt, fertigt und vertreibt BOS innovative Systeme und Komponenten für die Automobilindustrie. Dazu gehören Gepäckraumabdecksysteme, Sonnenschutzsysteme, Panoramadachsysteme, Armlehnen, Polsterteile, Kunststoffverkleidungen und Sicherheitsnetze sowie Trägersysteme. Mit dem ersten Sonnenschutzrollo bewies BOS bereits im Jahr 1934 seine Innovationsorientierung. BOS verfügt über 21 Standorte und beschäftigt 8.000 Mitarbeitende, darunter 460 Entwicklungsingenieure. Insgesamt besitzt BOS 150.000 m² Produktionsfläche. BOS beliefert europäische, amerikanische und asiatische Automobilhersteller, globale Systemlieferanten sowie Nutzfahrzeughersteller weltweit.

Kontakt
BOS GmbH & Co. KG
Ernst-Heinkel-Str. 2, 73760 Ostfildern
www.bos.de

Böttcher

Köln, Nordrhein-Westfalen

Gegründet: 1725
Die Felix Böttcher GmbH & Co. KG produziert Walzenbeschichtungen, Rollen und Handläufe für die internationalen Märkte der Druckindustrie, der technischen Industrie und der Bürokommunikation. Zusätzlich beliefert man die Druckindustrie mit Wasch- und Pflegemitteln sowie Drucktüchern. Mit einem Marktanteil von ca. 40 % ist Böttcher weltweit führend bei der Beschichtung rotationssymmetrischer Körper (Walzen, Sleeves) in industriellen Anwendungen. In der Druckbranche ist das Unternehmen globaler Technologieführer: Rd. 60 % aller weltweit gebauten Druckmaschinen werden mit Walzenbeschichtungen von Böttcher erstausgerüstet. Böttcher betreut rund um den Globus mehr als 80.000 Kunden. Den Grundstein für Böttcher legten zwei Firmen: Die 1725 in Köln von Jacobus Loosen gegründete Gerberei und der rd. 150 Jahre später entstandene Leipziger Betrieb von Felix Böttcher für die Produktion von Gelatinewalzen. 1910 fusionierten die beiden mittelständischen Unter-

B

nehmen zur Buchdruckwalzenfabrik mit pneumatischem Betrieb. 1952 wurden erstmals elastomere Walzenbezüge statt der herkömmlichen Gelatinemasse eingesetzt. Heute verfügt Böttcher über 39 Gesellschaften, Produktionsstätten und Beteiligungen auf allen Kontinenten. Die traditionell wichtigsten Märkte sind Deutschland und Westeuropa. Das Unternehmen beschäftigt weltweit etwa 2.000 Mitarbeitende, davon 600 in Deutschland. 2019 erzielte Böttcher einen Umsatz von rd. 250 Mio. Euro, dazu steuerte das Auslandsgeschäft 79 % bei. Das Familienunternehmen ist seit der Gründung inhabergeführt und wird heute von Franz-Georg Heggemann geleitet.

Kontakt
Felix Böttcher GmbH & Co. KG
Stolberger Str. 351–353, 50933 Köln
Fon: 0221 4907-1, Fax: 0221 4907-435
koeln@boettcher-systems.com,
www.boettcher-systems.com

BPW

Wiehl, Nordrhein-Westfalen

Gegründet: 1898
Weltweit ist die familiengeführte BPW Gruppe mit den Marken BPW, Ermax, HBN, HESTAL und idem telematics bevorzugter Systempartner der Nutzfahrzeugbranche. Das Portfolio umfasst Fahrwerke, Bremsen, Beleuchtung, Verschleiß-/Aufbautentechnik, Telematik und wichtige Truck-/Trailer-Komponenten. Transportunternehmen bietet die BPW Gruppe mit über 7.300 Mitarbeitenden weltweit umfassende Mobilitätsdienste: vom internationalen Servicenetz über Ersatzteilversorgung bis zur intelligenten Vernetzung von Fracht, Fahrer und Fahrzeug. Als Mitglied der UN-Initiative Global Compact engagiert sich BPW mit nachhaltigen Lösungen für Transport und Logistik, als fairer Geschäftspartner und Arbeitgeber sowie für Mensch und Umwelt.

Kontakt
BPW Bergische Achsen Kommanditgesellschaft
Ohlerhammer, 51674 Wiehl
www.bpw.de

Brabender

Duisburg, Nordrhein-Westfalen

Brabender®
Qualität ist messbar.

Gegründet: 1923
Die Brabender® GmbH & Co. KG aus Duisburg ist nach eigenen Angaben einer der weltweit führenden Hersteller von Geräten zur Prüfung von Materialqualität und physikalischen Eigenschaften in der Nahrungsmittel-, Tierfutter- und Chemieindustrie. Zum Produktspektrum gehören etwa Drehmomentrheometer in Laborgröße mit modularen Kneter- oder Extrudervorsätzen, kompakte Ein- und Doppelschnecken-Laborextruder, Viskosimeter, Geräte für die Feuchte- und Dichtebestimmung sowie Labormühlen. Dabei sind alle Geräte individuell für jeden Kunden und Zweck konfigurierbar. Nutzer sind unter anderem die Hersteller von Rohstoffen, wie etwa Mehlen, Stärken, Proteinen, Polymeren plus jeweiligen Additiven, und deren Weiterverarbeiter sowie Universitäten und Forschungseinrichtungen. Am Hauptsitz beschäftigt Brabender rd. 160 Mitarbeitende, weitere 30 arbeiten im US-amerikanischen South Hackensack und zehn im russischen Kazan.

Gegründet wurde das Unternehmen im Jahr 1923 von Carl Wilhelm Brabender als Reparaturbetrieb für Elektromotoren. Ab 1926 stellte er elektrische Mehlveredler zur Verbesserung der Backfähigkeit von Getreidemehlen her. Der wichtigste Meilenstein der Unternehmensgeschichte war im Jahr 1928 die Erfindung des sog. Farinographen, eines

Drehmomentrheometers für die Mehlanalyse. Dieses Gerät wurde zum Ausgangspunkt für die Aktivitäten in der Qualitätsprüfung in verschiedenen Industrien. Heute sind viele Brabender-Geräte Teil weltweit anerkannter Standardmethoden zur Qualitätsprüfung, entwickelt von nationalen und internationalen Gremien wie der ISO, der Internationalen Gesellschaft für Getreidewissenschaft und -technologie (ICC), der American Society for Testing and Materials (ASTM International) sowie der Cereals & Grains Association. 2017 zog das Brabender Kunden- und Technologiezentrum mit seinen Anwendungslaboren in neue und größere Räumlichkeiten. Dort stehen neben der kompetenten Beratung kundenspezifische Versuche und die individuelle Entwicklung von (Sonder-)Lösungen im Fokus. Die Brabender-Gruppe besteht aus drei Unternehmen inkl. Auslandsniederlassungen und ist zu 100 % in Familienbesitz.

Daten und Fakten

Gründer: Carl Wilhelm Brabender
Branche: Mess- und Prüftechnik
Produkte: Lösungen für Rheologie und Extrusion im Labormaßstab
Standorte: Duisburg (Hauptsitz), South Hackensack (USA), Kasan (RU)
Mitarbeitende: 200 weltweit
Marktposition: weltweit führender Hersteller
Exportquote: 85 %

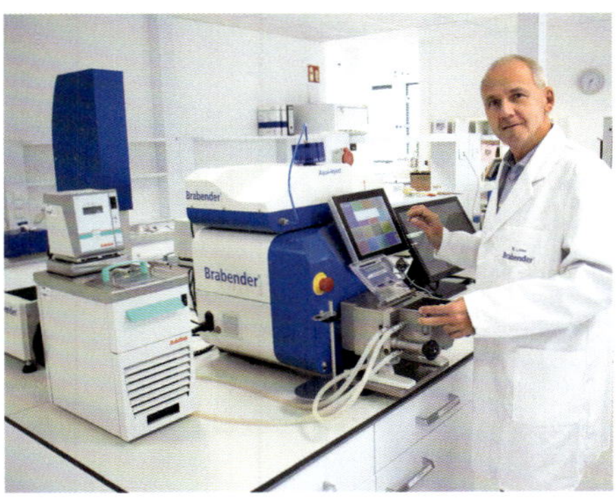

Im Anwendungslabor von Brabender werden Kunden beraten und können Tests mit eigenen Materialien durchführen, u. a. am aktuellen Modell des Farinographen.

Schon gewusst?

Der Brabender Farinograph, den Carl Wilhelm Brabender 1928 erfand und der seitdem stetig weiterentwickelt wird, ist das weltweit meistgenutzte Gerät zur Qualitätsprüfung von Mehl. Dazu misst das Gerät die Wasseraufnahmefähigkeit und die Konsistenz eines Teiges über den Widerstand, der einem Kneter entgegengesetzt wird. Erfinder Brabender stellte mit dem Gerät direkt die von ihm entwickelte Brabender-Einheit vor. Während die ersten Geräte noch mit Registrierpapier und Tuschefeder arbeiteten, sind heutige Farinographen digital.

Kontakt
Brabender® GmbH & Co. KG
Kulturstr. 49–51, 47055 Duisburg
Fon: 0203 7788-0
brabender@brabender.com,
www.brabender.com

---

brass

Aschaffenburg, Bayern

Gegründet: 1935
Die Autohaus Brass Gruppe ist ein führender deutscher Automobil-Händler. Unter dem Slogan „Geht's ums Auto, geh' zu brass" betreibt sie 29 Standorte, überwiegend im Rhein-Main-Gebiet. Sie verkauft Neu- und Gebrauchtwagen verschiedener internationaler Marken und vermittelt Auto-Leasing-Angebote. Auch Nutzfahrzeuge stehen in den Filialen bereit. Freie Werkstätten beliefert brass mit Original-Ersatzteilen unterschiedlichster Marken und Modelle. Für Geschäftskunden sind vier Betreuungsteams im Einsatz. Brass berechnet auch unabhängig Fuhrparkkosten und identifiziert Einsparpotenziale. Unter dem Brand e.brass bietet das Familienunternehmen inzwischen E-Bikes und E-Roller an. Jedes Jahr beginnen ca. 50 junge Menschen ihre Ausbildung bei brass.

B

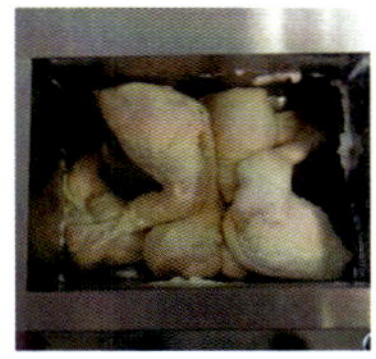

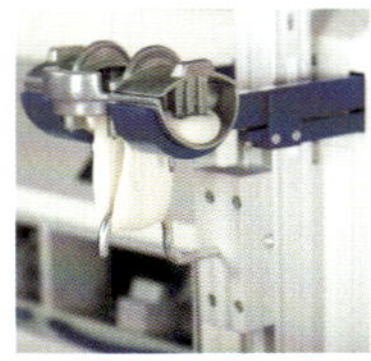

Der Farinograph (oben), der Extensograph (unten) sowie weitere rheologische Messgeräte von Brabender zur Analyse von Mehl, Teig und anderen Rohstoffen sind seit Jahren Bestandteil nationaler und internationaler Standardmethoden.

B

Kontakt
Automobil-Verkaufs-Gesellschaft Joseph Brass GmbH & Co. KG
Würzburger Str. 1, 63739 Aschaffenburg
www.brass-gruppe.de

Brauerei Gebr. Maisel

Bayreuth, Bayern

Gegründet: 1887
Jeff Maisel führt das 1887 gegründete Familienunternehmen in 4. Generation. Viel Know-how, kreative Ideen und jede Menge Herzblut – das hat die Brauerei über Jahrzehnte geprägt und macht auch heute ihren Erfolg aus. Insgesamt bietet Maisel über 20 verschiedene Biersorten an. National und international bekannt ist die Brauerei Gebr. Maisel durch ihre bayerischen Weißbierspezialitäten Maisel's Weisse Original, Leicht, Dunkel, Kristall und Alkoholfrei. Mit Edelhopfen EXTRA ist sie Marktführer im Segment der energiereduzierten Biere. Jeff Maisel ist Mitbegründer der Craftbierszene in Deutschland und mit Maisel & Friends schon seit 2012 als einer der Vorreiter im immer stärker wachsenden Segment vertreten.

Kontakt
Brauerei Gebr. Maisel KG
Hindenburgstr. 9, 95445 Bayreuth
www.maisel.com

Brauhaus Riegele

Augsburg, Bayern

Gegründet: 1386
Bewährtes bewahren und Offenheit gegenüber dem Neuen – das ist die Leitidee des Brauhauses Riegele. Die Augsburger Familienbrauerei, heute geführt von Dr. Sebastian Priller und Sebastian B. Priller-Riegele, Weltmeister der Biersommeliers 2011, steht schon seit 1386 für gelebte Bierkultur und ausgewogene Vielfalt. 2019 wurde sie zum dritten Mal mit dem goldenen Bundesehrenpreis für Qualität ausgezeichnet und damit zur Brauerei des Jahres ernannt. Derzeit beschäftigt das Unternehmen knapp 130 Mitarbeitende. Zum Sortiment gehören neben 14 Traditionsbieren auch 10 Brauspezialitäten sowie das Riegele Michaeli und die Jahrgangsbier-Reihe „Magnus". Zu seinem Portfolio zählt das Brauhaus Riegele zudem die Limonaden-Marke „Spezi – das Original".

Kontakt
Brauerei S.Riegele, Inh. Riegele KG
Frölichstr. 26, 86150 Augsburg
www.riegele.de

Braun

Kirn, Rheinland-Pfalz

Gegründet: 1887
Die Braun GmbH & Co. KG produziert und vertreibt Lederwaren und Lifestyle-Produkte der Marke Braun Büffel. Im Zentrum der Kollektionen stehen insbesondere Taschen und Geldbörsen aus hochwertigem Leder, die seit den 1980er-Jahren auch im asiatisch-pazifischen Raum erhältlich sind. Der Vertrieb erfolgt über den Fachhandel und eigene Geschäfte. Johann Braun gründete 1887 in Kirn an der Nahe den Betrieb, in dem sein Sohn Alois Braun 1927 mit der Herstellung von Kleinlederwaren begann. 1952 trat dessen ältester Sohn Hans-Werner Braun in das Unternehmen ein. Auf ihn folgte 1970 sein jüngster Bruder Karl-Heinz Braun, der 1973 die Leitung übernahm und 1974 die Marke Braun Büffel einführte. Seine Tochter Christiane Brunk übernahm 2005 in 4. Generation die alleinige Leitung des Familienunternehmens.

Kontakt
Braun GmbH & Co. KG
Industriestr. 10, 55606 Kirn
www.braun-bueffel.de

B

Brauns-Heitmann

Warburg, Nordrhein-Westfalen

Gegründet: 1874

Die Brauns-Heitmann GmbH & Co. KG entwickelt, produziert und vertreibt Spezialmittel für die Haushalts- und Wäschepflege sowie Eierfarben und Dekorationsartikel. Das Sortiment gliedert sich in die Sparten Wasch-, Putz- und Reinigungsmittel (WPR) und DECO. Zur Sparte WPR zählen Färbemittel für Textilien, Waschadditive, Fleckenentferner, Entkalker, Spezialprodukte für die hygienische Haushaltspflege, Imprägniermittel und Lebensmittelfarben. In die Sparte DECO fallen Eierfarben und auf Jahreszeiten abgestimmte Dekorationsartikel. In vielen dieser Nischenmärkte gehört das Unternehmen zu den Marktführern.

Brauns-Heitmann beschäftigt 455 Mitarbeitende. Persönlich haftende Gesellschafter sind die Brauns-Heitmann GmbH und Karl-Rudolf Rietz, Geschäftsführer sind Stefan Kremin und Helmut Kokenbrink. Alleiniger Produktionsstandort für die Sparte Chemie und Eierfarben ist Deutschland. Für die Dekorationsartikel arbeitet Brauns-Heitmann mit Zulieferern aus Deutschland, Europa und Fernost zusammen.

Seine Wurzeln führt das Familienunternehmen auf die Unternehmen Brauns (gegründet 1874) und Heitmann (gegründet 1884) zurück. Beide legten den Grundstein ihres Erfolgs mit der Herstellung von Anilinfarben für die Hausfärberei und erweiterten ihre Produktpalette zügig um Eierfarben und Pflegeprodukte für Haus und Wäsche. Seit 1895 bzw. 1896 verkauften Brauns und Heitmann ihre Artikel mit patentrechtlich geschütztem Markenzeichen: Damit zählen sie zu den Markenpionieren in Deutschland. 1969 fusionierten die beiden Unternehmen zu Brauns-Heitmann. Gesellschafter sind vier Familienstämme aus den Gründerfamilien.

Kontakt

Brauns-Heitmann GmbH & Co. KG
Postfach 1163, 34401 Warburg
Fon: 05641 95-0, Fax: 05641 95-141
info@brauns-heitmann.de,
www.brauns-heitmann.de

Breithaupt & Sohn

Kassel, Hessen

Gegründet: 1762

F. W. Breithaupt & Sohn entwickelt und produziert seit 1762 hochwertige Präzisionsmessinstrumente für verschiedenste Anwendungen sowie individuelle Leistungen und Sonderlösungen in den Bereichen Feinmechanik, Optik, Optronik und Mechatronik. Das Fabrikationsprogramm wird in 140 Länder weltweit verkauft und beinhaltet über 100 hochgenaue Messinstrumente wie Nivelliere, Theodolite, Kompasse, Topografische Instrumente, Prüf- und Sonderinstrumente.

Gründer des Unternehmens war 1762 Johann Christian Breithaupt, der mit der Fertigung astronomischer, medizinischer und mechanischer Geräte begann. 2006 trat mit Dr. Hans-Friedrich Breithaupt die 8. Generation in die Geschäftsführung der F. W. Breithaupt & Sohn GmbH & Co. KG ein, die stets von einem oder mehreren Söhnen der Familie geführt wurde.

Kontakt

F. W. Breithaupt & Sohn GmbH & Co. KG
Adolfstr. 13, 34121 Kassel
www.breithaupt.de

B

Bretz

Gensingen, Rheinland-Pfalz

Gegründet: 1895

Die Bretz Wohnträume GmbH produziert und vertreibt Möbel-Unikate aus hochwertigen Materialien, die ausschließlich am eigenen Standort handgefertigt werden. Neben gepolsterten Sofas und Sesseln hat Bretz z. B. auch Betten und Essgruppen im Programm. Bei Bretz in Gensingen sind 90 Mitarbeitende beschäftigt, neben Shop-in-Shop-Konzepten gibt es u. a. sechs eigene und neun händlerbetriebene Brandstores.

1895 gründete Johann Bretz in Gensingen einen Betrieb, der zunächst Matratzen produzierte. Mit Hartmut und Norbert Bretz trat 1992 die 4. Generation in das Möbelunternehmen ihres Vaters Karl-Fritz Bretz ein. Sie positionierten Bretz als avantgardistischen Anbieter im Luxusmöbelsegment. Seit 2018 führen Norbert Bretz und Carolin Kutzera, Tochter seines Bruders Hartmut, die Geschäfte.

Kontakt

Bretz Wohnträume GmbH
Alexander-Bretz-Str. 2, 55454 Gensingen
www.bretz.com

Breuninger

Stuttgart, Baden-Württemberg

Gegründet: 1881

Die E. Breuninger GmbH & Co. ist nach eigenen Angaben eines der erfolgreichsten Mode- und Lifestyle-Unternehmen Deutschlands. Es betreibt insgesamt elf Kaufhäuser und einen Online-Shop. Neben dem Stammsitz in Stuttgart und einem weiteren Flagship-Store in Düsseldorf gibt es Häuser in Ludwigsburg, Sindelfingen, Nürnberg, Freiburg, Erfurt, Leipzig, Karlsruhe, Reutlingen sowie im Main-Taunus-Zentrum (MTZ) nahe Frankfurt. Insgesamt bietet Breuninger in seinen Häusern auch 20 Restaurants, Bars und Confiserien. Das Unternehmen geht zurück auf Eduard Breuninger, der im Jahr 1881 in Stuttgart ein Einzelhandelsgeschäft eröffnete. Aus anfänglich drei Mitarbeitenden sind heute mehr als 5.500 geworden. Seit 2017 ist Holger Blecker der Vorsitzende der Unternehmensleitung.

Kontakt

E. Breuninger GmbH & Co.
Marktstr. 1–3, 70173 Stuttgart
www.breuninger.de

Briese Holding

Leer, Niedersachsen

Gegründet: 1984

Briese Schiffahrt verbindet als Reederei maritime Technologiekompetenz mit maritimem Wirtschafts-Know-how. Über 225 Angestellte aus Deutschland und weiteren Nationen kümmern sich an Land um die täglichen Belange der mehr als 130 Mehrzweck- und Schwergutschiffe auf See. Zudem beschäftigt Briese über 2.000 Seeleute, die in der Zentrale in Leer, in Manila, in Russland oder der Ukraine anheuern können. Eine eigene Befrachtungsabteilung und die enge Zusammenarbeit mit Charterern innerhalb der Briese-Gruppe sorgen für bestmögliche Synergieeffekte. Ein weiterer Bereich widmet sich dem Management von Forschungsschiffen. Anspruchsvolle Projekt- und Gefahrentransporte gehören ebenfalls zum Portfolio. CEO ist der Dipl.-Ing. Kapitän Roelf Briese.

Kontakt

Briese Schiffahrts GmbH & Co. KG
Hafenstr. 12, 26789 Leer
www.briese.de

BRITA

Taunusstein, Hessen

Gegründet: 1966

Die BRITA GmbH entwickelt, fertigt und vertreibt Lösungen für die Trinkwasseroptimierung und -individualisierung. Zum Angebot gehören Filterkartuschen und -systeme sowie Wasserspender für den Privathaushalt und den professionellen Einsatz. Seit 2004 arbeitet BRITA außerdem mit namhaften Herstellern von Elektrogeräten für den Privathaushalt zusammen, die BRITA-Filtration z. B. in ihre Wasserkocher, Espressomaschinen oder Kühlschränke integrieren. Mit BRITA Vivreau bietet das Unternehmen zudem leitungsgebundene Wasserspender für Büros, Schulen, Produktionsbereiche, Gastronomie, Krankenhäuser oder Pflegeheime.

BRITA ist die einzige globale Marke im Bereich der Trinkwasseroptimierung, in vielen Ländern ein Synonym für Wasserfilter. Die rd. 1.800 Mitarbeitenden erwirtschafteten 2019 einen Umsatz von über einer halben Milliarde Euro. Hauptsitz ist Taunusstein bei Wiesbaden; BRITA hat heute 28 nationale und internationale Tochtergesellschaften und vertreibt seine Produkte in 60 Ländern auf allen fünf Kontinenten, entweder durch seine Tochtergesellschaften oder durch Distributoren. Produziert wird an vier Standorten in Deutschland, Großbritannien, Italien und China.

CEO des Familienunternehmens ist seit über 20 Jahren Markus Hankammer. BRITA wurde 1966 von seinem Vater Heinz Hankammer gegründet, der den Vornamen seiner Tochter zum Markennamen machte. Seine Pionieridee war es, Leitungswasser unkompliziert am Ort des Gebrauchs zu filtern. Die Anfänge erinnern an die heutiger Start-ups: Die erste Serienproduktion fand unter dem Birnbaum im Garten der Familie statt. Schnell wuchs der Ein-Mann-Betrieb zu einem mittelständischen Unternehmen heran. BRITA erweiterte kontinuierlich das Produktangebot und breitete sich bereits früh international aus: 1980 wurde der erste Filter für den gewerblichen Bereich auf den Markt gebracht, 1981 ging die erste Tochtergesellschaft in Großbritannien an den Start.

Schon gewusst?

Umweltschutz und Nachhaltigkeitsgesichtspunkte spielen bei BRITA von Beginn an eine große Rolle. Ein Unternehmen, das sich mit der wichtigsten natürlichen Ressource Wasser beschäftigt, sollte hier Trendsetter sein. So innovativ wie die Produktideen für die Wasseroptimierung ist auch ihre nachhaltige Umsetzung. Das Stichwort „Abfallvermeidung in der Produktion" gehört ebenso dazu wie das Recycling-Programm für Filterkartuschen, das bereits seit 1992 besteht. An zwei von vier Produktionsstandorten wird zu 100% Ökostrom eingesetzt. Aktuell plant BRITA eine neue Produktionsstätte am Hauptsitz in nachhaltiger Holzbauweise und mit Fokus auf Energieeffizienz.

Daten und Fakten

Inhaberfamilie: Familie Hankammer
Gründer: Heinz Hankammer, 1966, Taunusstein
Branche: Wasserfiltration
Produkte: Wasserfilter
Mitarbeitende: rd. 2.000 weltweit, davon die Hälfte in Deutschland
Umsatz: voraussichtlich 548 Mio. Euro (2019)
Patente: über 300
Familieneinfluss: inhabergeführt
Kontrollgremien: Aufsichtsrat

Kontakt

BRITA GmbH
Heinrich-Hertz-Str. 4, 65232 Taunusstein
Fon: 06128 746-0
info@brita.net, www.brita.de

„Unsere Vision: Wir werden die Art und Weise, wie Menschen Wasser trinken, nachhaltig verändern."

Markus Hankammer, CEO BRITA Gruppe

CEO Markus Hankammer; der BRITA-Klassiker: Tisch-Wasserfilter

B

BROCHIER Gruppe

Nürnberg, Bayern

Gegründet: 1873

Die Unternehmen der familiengeführten BROCHIER Gruppe decken ein breites Spektrum der Technischen Gebäudeausrüstung in gewerblichen wie privaten Immobilien ab: von der Sanitärtechnik über Heizungs-, Lüftungs-, Kälte-, Klima- und Elektrotechnik, Rohr- und Hausanschlusskanal-Sanierung, Regelungs- und Beregnungstechnik bis hin zum Technischen Gebäudemanagement. Mit 660 Mitarbeitenden (2020) gehört BROCHIER als Komplettdienstleister rund um die moderne Gebäudetechnik zu den führenden Unternehmen der Branche in Süddeutschland und ist neben dem Hauptsitz Nürnberg in München, Holzkirchen und Aschaffenburg vertreten. Paul Brochier sen. legte 1873 mit einem Sanitärinstallationsgeschäft den Grundstein der heutigen BROCHIER Holding GmbH + Co. KG, die von Volker Huth und Christian Waitz geführt wird.

Kontakt

BROCHIER Holding GmbH + Co. KG
Marthastr. 16, 90482 Nürnberg
www.brochier-gruppe.de

BROCKHAUS

Plettenberg, Nordrhein-Westfalen

Gegründet: 1864

Die BROCKHAUS Unternehmensgruppe ist mit drei Marken in komplementären Geschäftsfeldern aktiv: BROCKHAUS STAHL (Stähle für die Automobilindustrie etc.), BROCKHAUS UMWELT (Umwelttechnik, Recycling) und BROCKHAUS MESSTECHNIK (Messgeräte). Das mittelständische Familienunternehmen beschäftigt in Plettenberg und Lüdenscheid 180 Mitarbeitende und erzielte 2018 einen Umsatz von rd. 72 Mio. Euro. Es hat Vertretungen in mehr als 20 amerikanischen und asiatischen Ländern. 1864 gründete Friedrich Brockhaus ein Fabrikgeschäft in Kückelheim, das unter seinen Nachfahren Julius Brockhaus, Dr. Jacques Brockhaus und Dirk E. Brockhaus stark prosperierte. Als BROCKHAUS Unternehmensgruppe ist das Unternehmen in 6. Generation in Familienbesitz, Gesellschafter sind Dirk, Dagmar und Caspar Brockhaus.

Kontakt

BROCKHAUS Unternehmensgruppe
Kahley 10–18, 58840 Plettenberg
www.brockhaus.com

Brohl Wellpappe

Mayen, Rheinland-Pfalz

Gegründet: 1778

Die Brohl Wellpappe GmbH & Co. KG stellt hochwertige Verpackungen und Displays aus Voll- und Wellpappe her. Das mittelständische Familienunternehmen unterhält insgesamt acht Standorte in Deutschland und den Niederlanden.

Das Leistungsspektrum erstreckt sich von der Beratung, dem Verpackungsdesign und der Druckvorbereitung über Wellpappenerzeugung und -verarbeitung bis hin zu Logistikdienstleistungen. Mit Flexodirektdruck, Flexovordruck, Digital- und Offsetdruck werden alle relevanten Druckverfahren angeboten. Offsetkaschierung und Veredelungen mit Glanzlack, Mattlack, UV-Lack oder Prägungen runden das Portfolio ab. Die Unternehmensgruppe erwirtschaftete 2019 mit 623 Mitarbeitenden einen Umsatz von ca. 120 Mio. Euro.

Seinen Namen verdankt das Unternehmen dem Standort Brohl am Rhein, an dem von 1919 bis 1996 die Papierherstellung und von

1953 bis 1971 auch die Wellpappenproduktion erfolgte. Brohl Wellpappe befindet sich zu 100 % im Besitz der Familie Boltersdorf, verteilt zu je 25 % auf die Geschwister Christine, Detlef, Hans-Joachim und Maximilian, der 7. Generation der Unternehmerfamilie. Sie sind direkte Nachfahren von Fritz Boltersdorf (1913–1989), der die Unternehmensentwicklung u. a. durch die Aufnahme der Wellpappenherstellung und -verarbeitung prägte.

Die Ursprünge des Unternehmens gehen auf das Jahr 1778 zurück, als Wilhelm Boltersdorf durch seine Heirat mit Katharina Elisabeth Strepp in eine Papiermühle in Kreuzau eintrat. Josef Boltersdorf (1879–1952), der Vater von Fritz, vollzog 1919 den Ortswechsel nach Brohl.

Kontakt
Brohl Wellpappe GmbH & Co. KG
Nikolaus-Otto-Str. 3, 56727 Mayen
Fon: 02651 954-0, Fax: 02651 954-278
info@wellpappe.de, www.wellpappe.de

Bröring Unternehmensgruppe

Dinklage, Niedersachsen

Gegründet: 1891
Die Bröring Unternehmensgruppe betreibt eine Mischfutterproduktion und Agrarhandel. Ihr Vertriebsgebiet umfasst mit 13 Standorten ganz Norddeutschland. Jährlich stellt sie 1,6 Mio. t Mischfutter für Landwirte her. Für die Rohware ist Bröring mit weltweiten Märkten vernetzt, das Getreide wird hauptsächlich von Landwirten aus der Region bezogen. Neben dem Mischen und Abfüllen übernimmt Bröring auch die Lieferung mit eigener Logistik. Rd. 100 Lkw beliefern mehr als 500 landwirtschaftliche Kunden. Der Agrarhandel ergänzt seit 1992 das Angebot, auch online. Beim Gründungsdatum handelt es sich um den Hochzeitstag von Heinrich Bröring und Elisabeth Wilke, deren ererbten Betrieb Bröring übernahm. Das Unternehmen wird in der 4. Generation geführt.

Kontakt
H. Bröring GmbH & Co. KG
Ladestr. 2, 49413 Dinklage
www.broering.com

Brose

Coburg, Bayern

brose
Excellence in Mechatronics

Gegründet: 1908
Brose ist weltweit der viertgrößte Automobilzulieferer in Familienbesitz. Das Unternehmen entwickelt und fertigt mechatronische Systeme für Fahrzeugtüren und -sitze sowie Elektromotoren und Elektronik, u. a. für Lenkung, Bremsen, Getriebe und Motorkühlung. Durch die Vernetzung der Brose Produkte mit Sensoren und Software entstehen intelligente Lösungen, die bei Fahrzeugen aller Art für mehr Komfort, Sicherheit und Effizienz sorgen. Rd. 26.000 Mitarbeitende an 64 Standorten in 24 Ländern erwirtschafteten im Geschäftsjahr 2019 einen Umsatz von 6,2 Mrd. Euro. Jeder zweite Neuwagen weltweit ist mit mindestens einem Brose Produkt ausgestattet.

1908 eröffnete der Kaufmann Max Brose in Berlin ein Handelsgeschäft für Automobilausrüstung. Nach dem Ersten Weltkrieg weitete er seine unternehmerische Tätigkeit auf die Herstellung von Automobilteilen aus und gründete mit seinem Partner Ernst Jühling in Coburg das Metallwerk Max Brose & Co. Die Grundlage des Unternehmenserfolgs bildeten „Kurbelantriebe für versenkbare Fenster“: Brose fertigte die Fensterheber ab 1928 und wurde in kurzer Zeit zum Marktführer. Ab Ende der 1960er-Jahre entwickelte sich die Sitzverstelltechnik zum zweiten Standbein des Unternehmens. Zum Tod des Firmengründers im Jahr 1968 beschäftigte

B

„Das Unternehmen muss versuchen, in jeder Beziehung perfekte Arbeit zu leisten. Nur wenn jeder Mitarbeiter in jeder Funktion diesen Ehrgeiz hat, entstehen Spitzenleistungen und hohe Wirtschaftlichkeit.“

Michael Stoschek

Unternehmensstandort in Bamberg

Gründer Max Brose

Brose

B

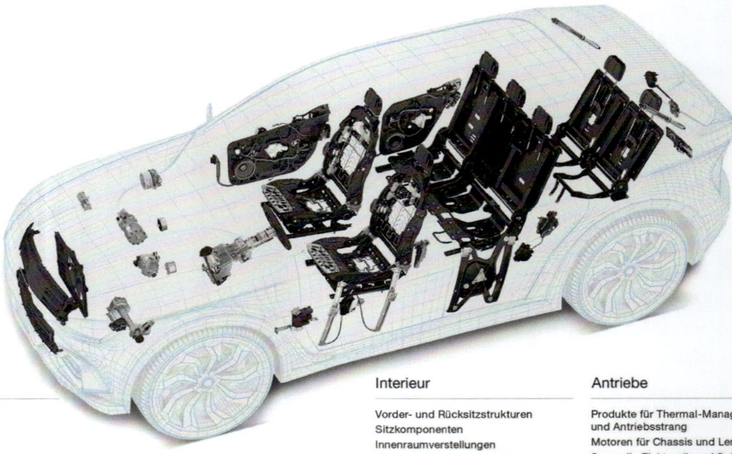

Die Brose Gruppe bietet ein umfangreiches Produktprogramm für die Automobilindustrie.

26.000 Mitarbeitende sind an 64 Standorten in 24 Ländern weltweit für Brose tätig.

Brose fast 1.000 Mitarbeitende und erreichte ein Geschäftsvolumen von 55 Mio. DM.

Max Broses Tochter Gisela führte die Geschäfte drei Jahre weiter, bis sie die Firmenleitung 1971 ihrem Neffen Michael Stoschek übertrug. In dreieinhalb Jahrzehnten entwickelte er das Metallwerk zu einem international tätigen Mechatronik-Spezialisten. 2002 erweiterte Brose mit dem Erwerb des Schließsystemgeschäfts von der Bosch GmbH das Portfolio um ein weiteres Produktfeld. Als sich Michael Stoschek Ende 2005 aus der operativen Verantwortung zurückzog und den Vorsitz der Gesellschafterversammlung übernahm, erwirtschaftete Brose 2,2 Mrd. Euro Umsatz und beschäftigte rd. 9.000 Mitarbeitende in 19 Ländern. Mit dem Kauf der Elektromotorensparte der Continental AG baute der Zulieferer 2009 seine Systemkompetenz für mechatronische Systeme in Karosserie und Innenraum weiter aus. Seit 2014 kommt das Motoren-Know-how auch bei Antrieben für E-Bikes zum Einsatz, die Brose am Gründungsort Berlin fertigt.

Forschung und Innovation

Brose wendet jährlich rd. 8 % des Unternehmensumsatzes für Forschung und Entwicklung auf. Zudem investiert der Zulieferer kontinuierlich in die Weiterqualifizierung seiner Mitarbeitenden und den Ausbau regionaler Entwicklungskompetenzen. Mit rd. 3.000 Ingenieuren und Technikern an 19 Standorten in zehn Ländern sind über 10% der Mitarbeitenden in diesem Bereich tätig. Die Zusammenarbeit mit Hochschulen weltweit nimmt ebenfalls eine wichtige Rolle ein. Mehr als 300 Patentanmeldungen im Jahr 2019 zeugen von der Innovationskraft des Unternehmens, das über 5.800 aktive Schutzrechte besitzt. Der Schlüssel dazu: Bereits in der 4. Generation stellen die Gesellschafter ihre persönlichen Interessen hinter die des Familienunternehmens und investieren konsequent. So bewältigt Brose technologische Entwicklung und Wachstum überwiegend aus eigener Kraft.

B

Chronologie

1908 Eröffnung eines Handelshauses für Automobilzubehör in Berlin

1919 Gründung des Metallwerks Max Brose & Co. in Coburg

1928 Produktion der ersten mechanischen Fensterheber für Kraftfahrzeuge

1979 Fertigung der ersten elektrischen Sitzverstellungen in Europa

1986 Produktionsstart des weltweit ersten elektronischen Einklemmschutzes für elektrische Fensterheber

1987 Fertigung der weltweit ersten Türsysteme

2002 Erwerb des Schließsystemgeschäfts der Robert Bosch GmbH

2008 Übernahme der Elektromotoren-Sparte der Continental AG

2014 Produktionsstart der Brose E-Bike-Antriebe

Der Wandel der Automobilindustrie bedeutet für Brose mehr Chancen als Risiken. Innovative Produkte wie selbsttätig öffnende Türen, flexible Lösungen für den Innenraum oder Thermalmanagement für E-Fahrzeuge bieten Möglichkeiten für weiteres Wachstum.

Daten und Fakten

Inhaberfamilien: Familien Stoschek und Volkmann
Gründer: Max Brose, 1908, Berlin
Branche: Automobilzulieferer
Standorte: 64 Standorte in 24 Ländern (2019)
Mitarbeitende: 26.000 (2019)
Umsatz: 6,2 Mrd. Euro (2019)
Unternehmensanteile der Familie: 100%
Kontrollgremien: Gesellschafterversammlung, unabhängiger Beirat
F&E-Quote: 9% (2019)

Kontakt
Brose Fahrzeugteile SE & Co.
Kommanditgesellschaft, Coburg
Max-Brose-Str. 1, 96450 Coburg
Fon: 09561 21-0
info@brose.com, www.brose.com

Presse
Kommunikation Brose Gruppe
Fon: 09561 21-1188
presse@brose.com

Brückner Group

Siegsdorf, Bayern

Gegründet: 1960
Die Brückner-Gruppe mit Hauptsitz in Siegsdorf ist eine mittelständische Unternehmensgruppe in Familienbesitz. Als einer der weltweit führenden Partner der Kunststoff- und Verpackungsindustrie entwickeln, projektieren, konstruieren und erstellen die Mitglieder der Gruppe Sondermaschinen und komplette Produktionsanlagen. Unter dem Dach der Management-Holding Brückner Group GmbH agieren die einzelnen Unternehmen als Markt- und Technologieführer in ihren jeweiligen Märkten. Von Beginn an standen globales Denken und Handeln im Vordergrund, enge Beziehungen zu den heutigen Schlüsselmärkten wurden bereits vor Jahrzehnten weltweit geknüpft. Die Brückner-Gruppe beschäftigt rd. 2.600 Mitarbeitende an 29 Standorten auf vier Kontinenten.

Kontakt
Brückner Group GmbH
Königsberger Str. 5–7, 83313 Siegsdorf
www.brueckner.com

Brüggemann

Heilbronn, Baden-Württemberg

Gegründet: 1868

Die L. Brüggemann GmbH & Co. KG mit Sitz in Heilbronn ist Hersteller eines breiten Spektrums chemischer Produkte wie z. B. Reduktionsmittel, Zinkderivate, Kunststoffadditive und AP-NYLON®Additive für eine Vielzahl von Branchen und Industrien. Zum Portfolio zählen zudem die Herstellung und der Vertrieb von Ethanol (Alkohol) sowie die Lohnproduktion von kundenspezifischen Produktionseinheiten. Die Brüggemann-Gruppe mit Standorten in Heilbronn und Wittenberg sowie in den USA und Hongkong verfügt über ein globales Vertriebsnetz. Mit weltweit rd. 250 Mitarbeitenden erzielte das Familienunternehmen 2019 einen Umsatz von 130 Mio. Euro. 1868 von Louis Brüggemann als Fabrik zur Vergärung von Melasse und zum Brennen von Alkohol gegründet, ist seit 2017 die Familie Ayles Mehrheitsgesellschafterin des Unternehmens.

Kontakt

L. Brüggemann GmbH & Co. KG
Salzstr. 131, 74076 Heilbronn
www.brueggemann.com

Bruhn Spedition

Lübeck, Schleswig-Holstein

Gegründet: 1995

Die Bruhn Spedition GmbH mit Hauptsitz in Lübeck ist ein Anbieter intermodaler Transportlösungen in den Bereichen Straße, Schiene und Seeschifffahrt. Zum Leistungsspektrum zählen der Transport von Stückgut, Teil- und Komplettladungen verpackter Güter aller Art sowie Transporte sowohl von Pulver- und Granulatprodukten als auch flüssigen Lebensmitteln und industriellen Produkten. Zusätzlich bietet Bruhn Spedition Ein- und Zwischenlagerungen von Waren in eigenen Lagern.

Das Unternehmen mit Tochtergesellschaften in Antwerpen (Belgien), Helsinki (Finnland) und St. Petersburg (Russland) sowie über 92 europäischen Partnerunternehmen betreut u. a. Kunden aus den Bereichen Petrochemie, Agro-Industrie, Lebensmittel und Baumärkte. Mit europaweit 120 Mitarbeitenden erzielte Bruhn Spedition 2019 einen Umsatz von 130 Mio. Euro bei einem Auslandsanteil von 80 %. Die Eigenkapitalquote beträgt 100 %, die Ausbildungsquote 10 %.

1995 ging Bruhn Spedition aus der Lübecker Niederlassung der seit 1898 tätigen Spedition Willy Bruhn Söhne Internationale Spedition/ Fernverkehr Willy Bruhn hervor und ist in 4. Generation in Familienbesitz. Das Unternehmen wird durch zwei familienfremde CEOs operativ geleitet, während der Inhaber Dieter Bruhn starkes Interesse am Tagesgeschäft hegt, nehmen seine Töchter Anna (Beiratsmitglied) und Emily Paula aktiv an internen Besprechungen und Beiratssitzungen teil. Bruhn Spedition bietet seinen Mitarbeiterinnen und Mitarbeitern individuelle Weiterbildungen, kostenlosen Englischunterricht sowie Betriebssport und plant den Neubau von Büroräumen und Lagerflächen in Lübeck. Das Familienunternehmen unterstützt nationale und internationale Institutionen und Projekte mit sozialem Charakter.

Kontakt

Bruhn Spedition GmbH
Karlstr. 14, 23554 Lübeck
Fon: 0451 4804-0, Fax: 04541 4804-910
info@bruhnsped.com,
www.bruhnsped.com

Buhck Gruppe

Wentorf, Schleswig-Holstein

Gegründet: 1899
Die Buhck Gruppe gehört zu den größten Umweltdienstleistern Norddeutschlands. An 16 Standorten in Hamburg, Schleswig-Holstein und Niedersachsen ist sie in den Bereichen Abfallentsorgung und -verwertung, Rohr- und Kanalservice sowie Beratungsdienstleistungen tätig. Im Jahr 2019 erzielte die Buhck Gruppe einen konsolidierten Umsatz von rd. 135 Mio. Euro. Von den mehr als 900 Mitarbeitenden sind 48 Auszubildende. Als Holding der Buhck Gruppe, zu der insgesamt 31 Unternehmen zählen, fungiert die Buhck Umweltservices GmbH & Co. KG mit Sitz in Wentorf. Die Firmengruppe befindet sich vollständig im Besitz der Familie Buhck. Gesellschafter sind Thomas und Dr. Henner Buhck mit jeweils 50 %. Beide sind in 4. Generation auch Geschäftsführer der Holding. Daneben sind in den einzelnen Gesellschaften familienfremde Führungskräfte tätig. Ein Beirat, bestehend aus mittelständischen Unternehmern, tritt in beratender Funktion dreimal jährlich zusammen.

1899 machte sich Richard Buhck mit einem Pferdefuhrunternehmen in Hamburg-Bergedorf selbstständig. 1926 wurde sein Sohn Henry Buhck Teilhaber. In 3. Generation übernahm Carsten Buhck 1956 die Geschäfte. Er führte in den 1960er-Jahren den Containerdienst ein und formte aus dem kleinen Familienbetrieb eine Unternehmensgruppe. Nachdem Thomas Buhck und Dr. Henner Buhck schon im Jahr 2000 die Geschäftsführung übernommen hatten, wurde 2007 mit der Übergabe der Kapitalmehrheit der Übergang in die 4. Generation abgeschlossen. Gesellschaftlich engagiert sich die Firmengruppe insbesondere über die 1999 gegründete Buhck-Stiftung, die Projekte in den Bereichen Umweltschutz und Integration von Migrantinnen und Migranten unterstützt.

Kontakt
Buhck Umweltservices GmbH & Co. KG
Südring 38, 21465 Wentorf
Fon: 040 222222, Fax: 04152 802-150
info@buhck.de,
www.buhck.de

B

Bungartz

Düsseldorf, Nordrhein-Westfalen

Gegründet: 1947
Die Paul Bungartz GmbH & Co. KG positioniert sich als Lieferant von Fördersystemen und Problemlösungen für z. B. die chemische und die petrochemische Industrie, die Kraftwerkstechnik und den Umweltschutz. Ihre trockenlaufsicheren Spezialkreiselpumpen werden für extreme Einsätze entwickelt, bei denen herkömmliche Pumpen versagen. Am Hauptsitz in Düsseldorf sind Entwicklung, Konstruktion, Vertrieb und Verwaltung angesiedelt, die Produktion erfolgt im Werk Euskirchen. Bungartz hat rd. 50 Mitarbeitende und kooperiert weltweit mit selbstständigen Ingenieurbüros und Vertriebspartnern. Das Unternehmen wurde 1947 von Paul Bungartz gegründet. 1987 übernahm sein Sohn Jürgen Bungartz die Leitung. Seit 2006 führt Frank Bungartz, der Enkel des Firmengründers, die Geschäfte.

Kontakt
Paul Bungartz GmbH & Co. KG
Düsseldorfer Str. 79, 40545 Düsseldorf
www.bungartz.de

B

Bünting Unternehmensgruppe

Leer, Niedersachsen

Gegründet: 1806

Die Bünting Unternehmensgruppe ist ein Handelskonzern, der ursprünglich aus einem kleinen Kolonialwarenladen entstand. Schwerpunkt war damals der Handel mit Tee, Tabak, Kaffee und Gewürzen. Das traditionelle Haus in Leer/Ostfriesland ist auch heute noch Stammhaus des Unternehmens, zudem gibt es ein neues Verwaltungsgebäude in Nortmoor. Zur Bünting Unternehmensgruppe gehören ein Teehandelshaus, sechs Vertriebsgesellschaften und zwei Dienstleistungsunternehmen. Außerdem hat Bünting eine Stiftung gegründet und betreibt ein Teemuseum. Bünting ist einer der größten Arbeitgeber und einer der wichtigsten Ausbildungsbetriebe in Norddeutschland mit mehr als 13.000 Mitarbeitenden. Handelsmarken sind u. a. Naturwert Bio, Goldmarie, San Louis und Küstengold.

Kontakt

J. Bünting Beteiligungs AG
Brunnenstr. 37, 26789 Leer/Ostfriesland
www.buenting.de

Burda

Offenburg, Baden-Württemberg

Gegründet: 1903

In 117 Jahren hat Hubert Burda Media viel Wandel erlebt. Das Stammgeschäft bildeten Druckereien und Zeitschriften wie die bahnbrechenden Burda-Schnittmuster-Hefte oder später das Nachrichtenmagazin Focus. Das Familienunternehmen stellte sich früh den Herausforderungen der Digitalisierung und versteht sich inzwischen als Media und Tech Company. Nichtsdestotrotz bleiben die journalistischen Inhalte das Fundament der Wertschöpfung. Heute besitzt Burda rd. 600 Medienmarken in 17 Ländern. Mit 12.369 Mitarbeitenden und 2,66 Mrd. Euro Umsatz ist Hubert Burda Media eines der größten Medienhäuser Deutschlands. 185 Mio. User und 46 Mio. zahlende Konsumentinnen und Konsumenten nutzen Burda-Produkte. Dafür konnten 42.000 Werbekunden gewonnen werden (Konzernabschluss 2018).

Kontakt

Hubert Burda Media Holding
Kommanditgesellschaft
Arabellastr. 23, 81925 München
www.burda.com

BURG

Wetter-Volmarstein,
Nordrhein-Westfalen

Gegründet: 1890

Seit über 130 Jahren erleichtern die Sicherheitslösungen von BURG unzähligen Menschen weltweit den Alltag. Ob im Fenstergriff, im Büroschrank, im Schulschließfach oder als Verschlusssystem von IT-Servern: BURG-Produkte kommen überall da zum Einsatz, wo eine intelligente Sicherheit auf kleinstem Raum Platz finden muss.

BURG steht für innovative mechanische und elektronische Schließsystemlösungen für industrielle Hersteller von Metallerzeugnissen, Büromöbeln, Beschlägen und Schaltschränken. Zudem entwickelt BURG Sicherheitskonzepte für Objektkunden wie Fitness- und Wellness-Einrichtungen oder Organisationen mit großen Office-Landschaften.
Der Fokus des Unternehmens liegt auf der Weiterentwicklung schlüsselloser Systeme.

BURG bietet hierbei Lösungen mit Code, RFID-Technologie und energieeffizienter Funktechnologie, die eine kabellose Vernetzung und Verwaltung per App und Cloud möglich macht. Mit dem Anspruch, auch für individuelle Kundenanfragen die perfekte Lösung zu finden, bietet BURG Entwicklung, Fertigung, Montage und Service aus einer Hand. Die Herstellung mit Zinkdruckguss (Zamak) ist eine der Kernkompetenzen des Unternehmens.

Bekannt wurde das in 4. Generation geführte Familienunternehmen durch seine Vorhängeschlösser: Das erste von Friedrich Wilhelm Lüling in Handarbeit gefertigte BURG-Schloss wurde bereits im Jahr 1890 verkauft. Als gläubiger Christ wählte der Gründer gemäß dem 91. Psalm die Burg als sein Markenzeichen.

Heute steht hinter der Marke ein starkes Team: 230 Mitarbeitende an drei Standorten. Neben seinem Stammsitz in Wetter-Volmarstein an der Ruhr unterhält das Unternehmen Produktionsstätten im benachbarten Hagen sowie im tschechischen Tisá.

Kontakt
BURG F. W. Lüling KG
Hegestr. 6, 58300 Wetter-Volmarstein
Fon: 02335 6308-0, Fax: 02335 6308-999
info@burg.de, www.burg.de

BUTTING

Knesebeck, Niedersachsen

Gegründet: 1777
Die BUTTING Gruppe produziert in Knesebeck, Schwedt/Oder und Könnern (D) sowie in Tieling (China) Rohre, Rohrleitungen und Behälter aus nicht rostenden Stählen und plattierten Werkstoffen. Das Stammwerk in Knesebeck firmiert unter der Bezeichnung H. BUTTING GmbH & Co. KG. Im Marktsegment mechanisch plattierter Rohre ist das Unternehmen Weltmarktführer, im Bereich Anlagenbau einer der europäischen Marktführer. Abnehmer sind u. a. die Branchen Öl- und Gasindustrie, Chemie und Petrochemie, Papierindustrie, Anlagen- und Apparatebau, Fördertechnik, Lebensmittelindustrie und Pumpentechnik. Die BUTTING Gruppe agiert mit einem globalen Netzwerk auf internationalen Wachstumsmärkten und erzielte 2019 mit weltweit über 1.900 Mitarbeitenden einen Umsatz von 525 Mio. Euro. Die Exportquote beträgt über 85 %. 1777 als Kupferschmiede in Crossen/Oder (heute Polen) gegründet, ist BUTTING in 7. Generation in Familienbesitz.

Kontakt
H. BUTTING GmbH & Co. KG
Gifhorner Str. 59, 29379 Knesebeck
www.butting.com

BWF Group

Offingen, Bayern

Gegründet: 1896
Die BWF Offermann, Waldenfels & Co. KG ist ein Unternehmen der Textil- und Kunststoffbranche und mit einem Anteil von über 20 % Weltmarktführer. Vier Unternehmensbereiche produzieren u. a. Filtermedien, technische Nadelfilze und Wollfilze sowie Kunststoffprofile, -rohre und -platten für diverse Industriebranchen. Mit mehreren Tochtergesellschaften, 15 Produktionsstandorten und mehr als 1.800 Beschäftigten weltweit erzielte das Unternehmen 2019 über 300 Mio. Euro Umsatz bei einer Exportquote von 60 %. Der 1896 in Offingen gegründete Filzhersteller entwickelte sich als BWF Group zu einem global aktiven Unternehmen mit breitem Produktspektrum. Die Inhaberfamilien Offermann, Silbermann, Schmid und von Waldenfels halten sämtliche Gesellschafteranteile und stellen in 4. und 5. Generation auch drei Mitglieder der Geschäftsleitung.

Kontakt
BWF Offermann, Waldenfels & Co. KG
Bahnhofstr. 20, 89362 Offingen
www.bwf-group.com

C

C

C. Kreul

Hallerndorf, Bayern

Gegründet: 1838

Die C. Kreul GmbH & Co. KG produziert und vertreibt Farben für den Künstler- und Hobbybedarf sowie entsprechendes Zubehör. C. Kreul gehört zu den deutschen Marktführern in der Hobby- und Kreativbranche. Der Vertrieb erfolgt über den Fachhandel, der in Deutschland von C. Kreul-Mitarbeitenden im Innen- und Außendienst betreut wird.

1838 wurde die Firma vom Kunstmaler Carl Johann Dietrich Kreul in Nürnberg gegründet. 1922 ging die Fabrikation an die Forchheimer Drogistenfamilie Schmidt, 1959 übernahm Dr. Julius Schmidt die Firma. Seine Tochter Gertraud Hawranek trat 1983 in die Geschäftsführung ein und wurde 1988 Gesellschafterin. Seit 2014 leitet Dr. Florian Hawranek als Vorsitzender der Geschäftsführung in 4. Generation die Geschicke des Unternehmens.

Kontakt

C. Kreul GmbH & Co. KG
Carl-Kreul-Str. 2, 91352 Hallerndorf
www.c-kreul.de

C. THYWISSEN

Neuss, Nordrhein-Westfalen

Gegründet: 1839

C. THYWISSEN ist ein Spezialist für innovative Rohstoffe aus Ölsaaten und Malz. Das zertifizierte Unternehmen gewinnt ein breites Spektrum von Ölen und chemischen Grundstoffen, die in über einem Drittel aller Produkte des täglichen Bedarfs enthalten sind. Produziert werden z. B. Pflanzenöle, Lecithin, Glycerin und Malzmehl, aber auch Futtermittel und Biodiesel. C. THYWISSEN ist ein Familienunternehmen mit 17 Familiengesellschaftern, fünf Beiratsmitgliedern, drei Geschäftsführern und rd. 120 Mitarbeitenden, die über 1,0 Mrd. Euro Umsatz p. a. erwirtschaften. 1839 machte sich Caspar Thywissen mit einer Ölmühle selbstständig. Der Handwerksbetrieb entwickelte sich bald zu einer industriellen Fabrikation, aus der das heutige Unternehmen mit seinen erweiterten Aktivitäten hervorging.

Kontakt

C. Thywissen GmbH
Industriestr. 34, 41460 Neuss
www.c-thywissen.de

C.HAFNER

Wimsheim, Baden-Württemberg

Gegründet: 1850

C.HAFNER ist eines der führenden Unternehmen Europas im Bereich Edelmetall-Technologie. Das Familienunternehmen, das heute in 5. Generation von Birgitta Hafner und Dr. Philipp Reisert geführt wird, gewinnt Edelmetalle aus Sekundärmaterial, die zu Halbzeugen, Komponenten, Edelmetallpulver und -barren weiterverarbeitet werden. Zu den Kunden zählen neben Goldschmiedinnen und Goldschmieden namhafte Schmuck- und Uhrenhersteller sowie Industrieunternehmen und Dentallabore.

Mit dem Bezug der neuen Zentrale in Wimsheim 2015 schuf C.HAFNER die Voraussetzung für die weitere Entwicklung des Unternehmens. 2019 stellte C.HAFNER als erste und bisher einzige Scheideanstalt seine Goldscheidung CO_2-neutral.

Kontakt

C.HAFNER GmbH + Co. KG
Maybachstr. 4, 71299 Wimsheim
www.c-hafner.de

Caesar & Loretz

Hilden, Nordrhein-Westfalen

Gegründet: 1886
Die Caesar & Loretz GmbH produziert pharmazeutische Ausgangsstoffe, Heil- und Gewürzkräuter („Drogen"), Salbengrundlagen, Arzneimittel, v. a. Hausmittel und ätherische Öle, die in Deutschland zumeist über den Pharmagroßhandel, im EU-Ausland über Partnerunternehmen vertrieben werden. Abnehmer sind öffentliche Apotheken, Krankenhausapotheken und die Pharma-Industrie. Caesar & Loretz ist bei Ausgangsstoffen für die Apotheken-Eigenfertigung Marktführer in Deutschland und zweitgrößter europäischer Anbieter. Das Unternehmen produziert in Hilden und Bonn und erzielte 2019 mit 225 Mitarbeitenden einen Umsatz von rd. 30 Mio. Euro bei einer Exportrate von 10 %.

1886 in Halle/Saale von Carl Wilhelm Caesar und Otto Loretz als Anbieter von Heilkräutern gegründet, wurde Caesar & Loretz 1962 von Helmuth von der Linde übernommen und ist heute in 3. Generation zu 100 % in Besitz der Familie von der Linde. Ulrich von der Linde leitet das Unternehmen gemeinsam mit Geschäftsführerin Juliane Reinges. Im stark reglementierten Segment der Apotheken-Ausgangsstoffe reagieren sie auf sich ändernde Rahmenbedingungen mit ständigen Schrittinnovationen. Unternehmensgewinne werden seit vielen Jahren im Unternehmen belassen und stehen für Investitionen und Wachstum zur Verfügung.

Caesar & Loretz ist als „Caelo" in deutschen Apotheken bekannt, wo die anerkannte Marke einen Bekanntheitsgrad von über 98 % hat. In der Pharmabranche wird der ursprüngliche Schwerpunkt Heilkräuter traditionell als „Drogengeschäft" bezeichnet, ist aber natürlich völlig legal. Caesar & Loretz will u. a. das Wachstum im Kernmarkt steigern und das Leistungsspektrum für Industriekunden, z. B. als Lohnhersteller für Salben, Pulver und Flüssigkeiten, sowie das Endverbraucher-Sortiment ausbauen.

Kontakt
Caesar & Loretz GmbH
Herderstr. 31, 40721 Hilden
Fon: 02103 4994-0
info@caelo.de, www.caelo.de

CERTUSS

Krefeld, Nordrhein-Westfalen

Gegründet: 1957
Die CERTUSS Dampfautomaten GmbH & Co. KG entwickelt, produziert und vertreibt seit 1957 Schnelldampferzeuger. Ein umfassender Service komplettiert das Angebot. Das Sortiment umfasst öl- und gasbeheizte Dampfautomaten in sieben Baugrößen zur Erzeugung von 80 bis 2.000 kg/h Dampf sowie elektrisch beheizte Schnelldampferzeuger mit einer Dampferzeugungskapazität von bis zu 160 kg/h. Die Produkte finden in technischen Produktionsprozessen in diversen Branchen Anwendung. Vertrieben wird das Sortiment weltweit über Handelspartner und die Tochterfirmen in Birmingham, GB, und Philadelphia, USA. Neben der Ausbildung von Industriemechatronikern bietet das Unternehmen seinen Vertriebspartnern und eigenen Mitarbeitenden Schulungen im betriebseigenen Schulungszentrum an.

Kontakt
CERTUSS Dampfautomaten GmbH & Co. KG
Hafenstr. 65, 47809 Krefeld
www.certuss.com

C

Charlotte Meentzen

Radeberg, Sachsen

„Die Mittel der Schönheitspflege, die die Natur uns spendet, sind unerschöpflich."

Charlotte Meentzen

Die Gründerinnen Charlotte Meentzen (oben) und ihre Schwester Gertrude Seltmann-Meentzen

Gegründet: 1930

Charlotte Meentzen Kräutervital Kosmetik GmbH stellt Gesichts-und Körperpflegeprodukte für Kosmetikinstitute und den Einzelhandel her. Weltweit werden 26 Länder mit den in Deutschland entwickelten und produzierten natürlichen Kosmetikprodukten beliefert. Der internationale Vertrieb erfolgt über Vertriebspartner, für den deutschen Markt verfügt man über einen eigenen Außendienst.

Das Unternehmen Charlotte Meentzen befindet sich in 2. und 3. Generation in Familienbesitz. Der Geschäftsführer des Unternehmens, Robert Gey, gehört nicht zur Familie. Namensgeberin der Firma ist die Gründerin Charlotte Meentzen, die 1930 zusammen mit ihrer Schwester Gertrude Seltmann-Meentzen eine Produktionsfirma für Naturkosmetik aufbaute. Diese stellte Hautpflegemittel aus Pflanzenölen, Bienenwachs sowie balsamischen und ätherischen Stoffen her, die aus Sträuchern, Kräutern und weiteren Pflanzen extrahiert wurden. Bereits ein Jahr später richteten die beiden Unternehmerinnen eine Schule für natürliche Kosmetik ein, in der unter der Anleitung von Ärztinnen und Chemikern Kosmetikerinnen ausgebildet wurden. Charlotte Meentzen gilt als Wegbereiterin der Naturkosmetik im 20. Jahrhundert. Sie setzte auf Naturkosmetik,

Die Geschicke der Firma lenkt Geschäftsführer Robert Gey.

Im Jahr 2020 feiert das Unternehmen sein 90-jähriges Jubiläum. Ziel für die Zukunft ist es, auch weiterhin die Balance zwischen Tradition und Innovation zu wahren.

Forschung und Innovation

Im Unternehmen Charlotte Meentzen hat Forschung und Innovation eine lange Tradition: Die beiden Gründerinnen entwickelten völlig neuartige Produkte und Behandlungstechniken. Wegweisend war ebenso das Buch „Heilkräuter im Dienste der Schönheit", verfasst von Charlotte Meentzen. Es wurde zum Standardwerk der Naturkosmetik. Auf dieser mittlerweile wissenschaftlich als wirksam nachgewiesenen Basis baut das Unternehmen weiter auf und arbeitet intensiv mit Expertinnen und Experten der Klinik und Poliklinik des Universitätsklinikums Dresden zusammen. „Wir glauben an die Kraft der Pflanzen. Und an die Forschung, die diese Wirkung stärker macht", lautet das Credo des Unternehmens.

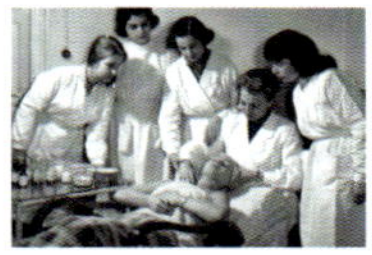

Im Dienste der Schönheit: Die Kosmetikprodukte kamen im Meentzen-Salon in Dresden ebenso wie in der Schule für natürliche Kosmetik zum Einsatz.

bevor diese zu einem feststehenden Begriff wurde. Die System-Hautpflegeserie „Kräutervital" mit natürlichen Wirkstoffen wie Lindenblüten, Rosmarin und Kamille war eine Innovation auf diesem Gebiet. Charlotte Meentzens Ansatz war ein ganzheitlicher, da sie auch Entspannungs- und Druckpunktmassagen entwickelte, die noch heute angewendet werden. Die Produktpalette wird stetig erweitert, insbesondere für spezielle Pflegebedürfnisse wie z. B. empfindliche Haut oder auch Couperose.

Das Unternehmen fühlt sich in besonderem Maße der Umwelt verpflichtet und ist Mitglied der Umweltallianz Sachsen. Produziert wird nach den Prinzipien der Good Manufacturing Practice. Seit 2015 ist die Firma für ihr Umweltmanagement gemäß ISO 14001 zertifiziert und trägt bei der Produktserie „Natur Pur" das NATRUE-Gütesiegel für Naturkosmetik. Darüber hinaus wird das Unternehmen seiner gesellschaftlichen Verantwortung gerecht, indem es mit der Lebenshilfe in Dresden kooperiert, den Förderverein für krebskranke Kinder und Jugendliche Sonnenstrahl e. V. Dresden unterstützt und Sponsor des Deutschen Hygienemuseums in Dresden ist. Charlotte Meentzen Kräutervital Kosmetik erhielt 2019 und 2017 mehrfach den Beauty Forum Readers' Choice Award (einmal 1. Platz, einmal 2. Platz und dreimal 3. Platz) und 2018 den German Brand Award in der Kategorie „Industry Excellence in Branding/Beauty & Care".

Schon gewusst?

Viel zu jung verstarb Charlotte Meentzen mit nur 35 Jahren im Februar 1940, knapp zehn Jahre nach der Gründung ihres Unternehmens. Ihre Schwester Gertrude Seltmann-Meentzen führte sowohl das Unternehmen als auch die Schule in ihrem Sinne fort. Nach dem Bombenangriff im Februar 1945 und der kompletten Zerstörung der Betriebsstätte baute sie das Unternehmen erneut auf und führte die Marke Charlotte Meentzen bis zur endgültigen Enteignung durch die Behörden der DDR im Jahre 1972. Bis 1990 durfte die Markenbezeichnung „Charlotte Meentzen" nicht mehr verwendet werden.

Daten und Fakten

Inhaberfamilien: Meentzen, Seltmann und Gerybadze
Gründerinnen: Charlotte Meentzen und Gertrude Seltmann-Meentzen, Dresden
Branche: Kosmetik
Produkte: Gesichts- und Körperpflege
Standort: Radeberg bei Dresden
Vertrieb: Produkte werden in Deutschland, Europa, Asien und Australien verkauft
Mitarbeitende: 63
Innovationen: System-Hautpflegeplan nach Prof. Dr. Kleine-Natrop

C

Kontakt
Charlotte Meentzen Kräutervital Kosmetik GmbH
Carl-Eschebach-Str. 10, 01454 Radeberg
Fon: 03528 4141-18
info@meentzen.de, www.meentzen.de

Presse
presse@meentzen.de

Christian Bürkert

Ingelfingen, Baden-Württemberg

Gegründet: 1946
Die Christian Bürkert GmbH & Co. KG ist ein weltweit agierendes Unternehmen, das Fluid Control Systems zur Messung, Steuerung und Regelung von Gasen und Flüssigkeiten produziert und vertreibt. Das Angebot reicht von Ventilen, Sensoren und Reglern bis hin zu komplett automatisierten Lösungen und Fluidsystemen für zahlreiche Industriebranchen. Das Portfolio umfasst auch Forschung und Entwicklung, Produktion, Beratung und Engineering, Lieferung, Inbetriebnahme, Schulung und After-Sales-Service. Das Familienunternehmen mit weltweit 36 Niederlassungen und mehr als 3.000 Mitarbeitenden, davon rd. 2.000 in Deutschland, erzielte 2018 einen Produktumsatz von 555,8 Mio. Euro bei einer Exportquote von 72,4 %. 1946 gründete Christian Bürkert das Unternehmen, das zum Weltmarktführer für Fluid Control Systems wurde.

Kontakt
Christian Bürkert GmbH & Co. KG
Christian-Bürkert-Str. 13–17, 74653 Ingelfingen
www.buerkert.de

CLAAS

Harsewinkel, Nordrhein-Westfalen

Gegründet: 1913
Die CLAAS Gruppe ist einer der weltweit führenden Hersteller von Landtechnik. Zum Angebot zählen Mähdrescher, Feldhäcksler, Traktoren, Pressen, Futtererntetechnik, Rad- und Teleskoplader sowie digitale Lösungen für die Landwirtschaft. Der Weltmarktführer bei Feldhäckslern und Marktführer bei Mähdreschern in Europa produziert in Deutschland, Frankreich, Ungarn, Russland, den USA, Indien und China. In über 100 Ländern ist CLAAS mit Vertriebspartnern bzw. Händlern vertreten, in den wichtigsten Märkten mit eigenen Vertriebsgesellschaften. 2019 erwirtschaftete das Unternehmen mit 11.400 Mitarbeitenden weltweit – davon 5.500 in Deutschland, 2.300 in Frankreich und 735 Auszubildende – einen Umsatz von 3,8 Mrd. Euro bei einer Exportquote von rd. 80 %. Die Ausgaben für Forschung und Entwicklung betrugen 244 Mio. Euro.

1913 gründete August Claas in Clarholz das Unternehmen und produzierte mit drei Brüdern erfolgreich CLAAS Strohbinder für die Landwirtschaft, ab 1922 auch Düngerstreuer. 1930 begann der Einstieg in die Mähdrescherentwicklung und in den 1950er-Jahren der Aufstieg zum international bedeutenden Mähdreschershersteller. Helmut Claas, Sohn des Gründers, übernahm 1978 die Unternehmensleitung und führte CLAAS an die Spitze der internationalen Landtechnikbranche. Seine Tochter Cathrina Claas-Mühlhäuser, seit 2001 im Unternehmen und Vorsitzende des Aufsichtsrats der CLAAS KGaA mbH sowie des Gesellschafterausschusses, leitet es in 3. Generation. CLAAS forciert digitale Technologien bei Produkten und im Unternehmen, bietet den Mitarbeitenden u. a. fachliche und persönliche Weiterbildung und unterstützt mehrere Hilfsorganisationen.

Kontakt
CLAAS KGaA mbH
Mühlenwinkel 1, 33428 Harsewinkel
Fon: 05247 12-0
infoclaas@claas.com, www.claas.com

CLASSEN

Kaisersesch, Rheinland-Pfalz

Gegründet: 1963
Die CLASSEN Gruppe ist Produzent, Lieferant und Sortimentsdienstleister für naturbelassene Holzprodukte und Produkte auf Holz- bzw. Naturstoffbasis für den Innenausbau. Die Produktion findet ausschließlich an zwei Standorten in Deutschland statt. Nach eigenen Angaben ist das Unternehmen einer der weltweit führenden Produzenten von Laminatböden. In seinen beiden Werken am Stammsitz in Kaisersesch sowie dem brandenburgischen Baruth/Mark hat es eine Produktionskapazität von insgesamt 100 Mio. m^2/Jahr. Sein Ursprung liegt in der Baues & Co. GmbH, die Dr. Hans-Jürgen Hannig 1963 gründete. Vier Jahre später kaufte er die W. CLASSEN KG aus Düren hinzu und entwickelte daraus eine weltweit aktive Gruppe mit über 1.400 Mitarbeitenden. Bis heute führt Dr. Hans-Jürgen Hannig die Geschäfte.

Kontakt
W. Classen GmbH & Co. KG
Werner-von-Siemens-Str. 18–20,
56759 Kaisersesch
www.classen.de

CLOU

Offenbach, Hessen

Gegründet: 1917
Die Alfred Clouth Lackfabrik GmbH & Co. KG bietet mit der Marke CLOU ein umfangreiches Sortiment rund um die Pflege, den Schutz und die Optik von Holz. Neben Standardprodukten wie Beizen, Lacken und Lasuren bietet CLOU auch Speziallösungen wie flammhemmende Beschichtungen für den Innenausbau von Flugzeugen oder moderne Funktionsbeschichtungen. Zu den Kunden zählen das professionelle Handwerk und die Industrie sowie der Fachhandel mit Do-it-yourself-Sortiment. Produziert wird ausschließlich im eigenen Werk am Stammsitz Offenbach am Main. Seit 2018 führt Constantin Clouth das Unternehmen in 4. Generation. Sein Bruder Alfred Steffen Clouth leitet die Geschicke der Tochterfirma Asuso GmbH, die 2008 von CLOU übernommen wurde.

Kontakt
Alfred Clouth Lackfabrik GmbH & Co. KG
Otto-Scheugenpflug-Str. 2,
63073 Offenbach/Main
www.clou.de

Cölner Hofbräu Früh

Köln, Nordrhein-Westfalen

Gegründet: 1904
Der aus einer Brühler Brauerfamilie stammende Peter Josef Früh eröffnete kurz nach der Jahrhundertwende ein Brauhaus für obergäriges Bier direkt am Kölner Dom. Später führten seine Witwe und die beiden Töchter das Unternehmen Früh weiter. Trotz der starken Zerstörung der Innenstadt im Zweiten Weltkrieg blieb die eigentliche Brauerei intakt und bald wurde wieder Bier hergestellt. Ab 1969 führte Früh das Kölsch in der Flasche ein, die Dosenabfüllung kam

C

1979 hinzu. Dazu wurde eine neue Braustätte im Kölner Norden gebaut und die Gastronomie fortlaufend erweitert. Im 21. Jahrhundert führt die 5. Generation das Unternehmen mit ca. 400 Mitarbeitenden. Knapp 40 Mio. l Früh Kölsch fließen pro Jahr aus den Sudkesseln – auch in über 30 Exportländer.

Kontakt
Cölner Hofbräu P. Josef Früh KG
Am Hof 12–18, 50667 Köln
www.frueh.de

„Nur wer sich verändert, bleibt sich treu."

Unternehmensmotto

Columbus

Ravensburg, Baden-Württemberg

Gegründet: 1991
Die Columbus Holding AG in Ravensburg umfasst vier operative Tochterunternehmen der Finanz- und IT-Branche, die sich auf den deutschen Mittelstand konzentrieren. Alle Gesellschaften sind seit 2002 in der Holding zusammengefasst, die sich zu 100 % in Familienbesitz befindet. Aktionäre sind die Kinder des Unternehmensgründers Götz-Wolf Wagener, Kerstin und Haiko-Falk Wagener, sowie die GW2, eine Gesellschaft, mittels derer die Eigentümerfamilie ebenfalls einen Teil ihrer Aktien hält. Götz-Wolf Wagener ist Aufsichtsratsvorsitzender. Den Vorstand bilden Haiko-Falk Wagener, der die Nachfolge seines Vaters angetreten hat, sowie Wolfgang Marschall und Thomas Allaut. Neben Aufsichtsrat und Gesellschafterversammlung kontrolliert ein Führungsgremium, bestehend aus den jeweiligen Geschäftsführern aller Unternehmen, das operative Geschäft.

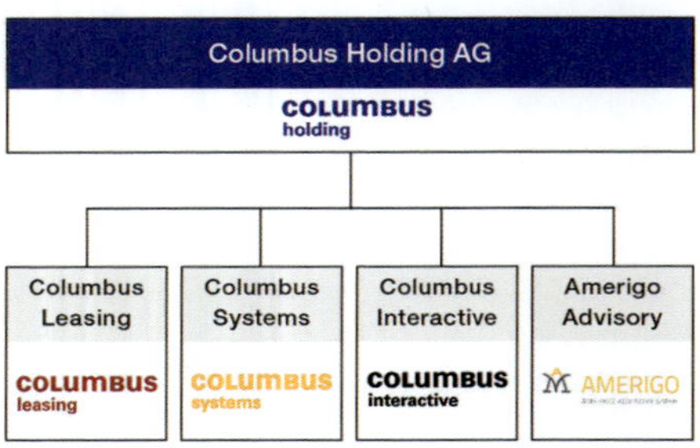

Columbus Leasing wurde 1991 als erstes Unternehmen der späteren Firmengruppe gegründet. Die Mission „Wir verleasen keine IT, sondern Unabhängigkeit" gründet auf der

Columbus ein Ort der Chancen

Chronologie

1991 Gründung der Columbus Leasing GmbH durch Götz-Wolf Wagener

1992 Gründung der Columbus Systems GmbH

1998 Gründung der Columbus Interactive GmbH

2002 Gründung der Muttergesellschaft Columbus Holding AG

2011 Unternehmensgründer Götz-Wolf Wagener übernimmt den Vorsitz des Aufsichtsrats der Columbus Holding AG.

2014 Übergabe an die 2. Generation: Haiko-Falk Wagener wird Vorstand der Columbus Holding AG.

2019 Gründung der Amerigo Advisory GmbH

Der Unternehmenssitz der Columbus Holding AG in Ravensburg

Unternehmensgründer Götz-Wolf Wagener mit Sohn Haiko-Falk Wagener

Unabhängigkeit von Banken, Herstellern und Lieferanten. Die BaFin-zertifizierte Finanzmanufaktur bietet maßgeschneiderte Lösungen für ihre Kundinnen und Kunden, die sich jederzeit flexibel anpassen lassen.

Die 1992 gegründete Columbus Systems hat sich auf die Implementierung des Warenwirtschaftssystems SAP Business One spezialisiert, sie berät und betreut Unternehmen bei der Einführung und dem damit verbundenen Weg in die Digitalisierung. Die Werte „persönlich, verbindlich, kreativ" sind Teil der Unternehmenskultur. Das bestätigen auch die Kundinnen und Kunden: Bereits zum wiederholten Mal wurde Columbus Systems mit dem SAP Partner Award für die „höchste Kundenzufriedenheit" ausgezeichnet.

Columbus Interactive, 1998 gegründet, ist eine Digitalagentur. Sie berät und unterstützt Unternehmen im Bereich der digitalen Kommunikation – bereits seit über 20 Jahren. Das Portfolio umfasst alle Leistungen: von der Beratung und Strategieentwicklung über die Konzeption und das Design bis hin zur technischen Umsetzung. Ein Team von über 20 festangestellten Mitarbeitenden entwickelt Websites, Webanwendungen und Online-Marketing-Maßnahmen.

Als neuestes Mitglied der Columbus Gruppe bietet die Amerigo Advisory seit 2019 innovative, individuelle Finanzierungslösungen. Sie beschreitet neue Wege mit neuen Ideen, wenn es um die Finanzierung eines mittelständischen Unternehmens geht. Durch die Unabhängigkeit von Banken fühlt sie sich nur ihren Mandantinnen und Mandanten, deren Liquidität und Erfolg verpflichtet.

Gesellschaftliche Verantwortung

Das Columbus Volontär Programm gibt den Mitarbeitenden der Columbus Gruppe die Möglichkeit, sich in sozialen und kulturellen Projekten zu engagieren. Das Unternehmen ermutigt auf diesem Wege, gesellschaftliche Verantwortung zu übernehmen, und stellt für dieses Engagement zusätzlich fünf Urlaubstage zur Verfügung. Gefördert werden Projekte, die den 17 Zielen für nachhaltige Entwicklung der Vereinten Nationen entsprechen.

C

Daten und Fakten

Inhaberfamilie: Familie Wagener in 2. Generation
Gründer: Götz-Wolf Wagener, 1991, Ravensburg
Branche: Finanz- und IT-Branche
Mitarbeitende: ca. 80 (2020)
Familieneinfluss: inhabergeführt
Kontrollgremien: Aufsichtsrat, Gesellschafterversammlung, Führungsgremium

Kontakt
Columbus Holding AG
Eywiesenstr. 6, 88212 Ravensburg
Fon: 0751 36344-0, Fax: 0751 36344-950
info@columbus.ag, www.columbus.ag

Ansprechpartner Presse
Thomas Allaut
Fon: 0751 36344-336
t.allaut@columbus.ag

COMCO Leasing

Neuss, Nordrhein-Westfalen

Gegründet: 1972
Als Stahlhandelsunternehmen gegründet, entwickelte sich die COMCO Leasing Gruppe ab Mitte der 1980er-Jahre zu Deutschlands größter inhabergeführten Leasinggesellschaft. Sie wird in 2. Generation von Thomas Kolvenbach als geschäftsführendem Gesellschafter geführt und verwaltet einen Vertragsbestand von über 600 Mio. Euro. Die COMCO ist auf mehreren Geschäftsfeldern tätig: Für gewerbliche Kunden werden Investitionen jeder Art finanziert, insbesondere Maschinen und sonstige Betriebseinrichtungen. Einen weiteren Schwerpunkt bildet das anspruchsvolle Aviation-Geschäft mit der Finanzierung von Turboprops, Helikoptern und leichten Jets. Besonderes Know-how erfordert auch die Finanzierung von energietechnischen Anlagen und Contracting-Modellen. Von Fotovoltaik bis zur kompletten Energiezentrale, z. B. für Krankenhäuser, reicht das Spektrum. Für namhafte Hersteller werden Absatzfinanzierungsprogramme entwickelt, die oft unter deren Label am Markt auftreten. Wie generell in der Branche nehmen die Fahrzeuge den größten Anteil ein. Hier reicht das Angebot von Pkw über Lkw bis hin zu Schienenfahrzeugen und Wasserfahrzeugen. Im Spezialbereich COMCO Classic Car Leasing werden Oldtimerfreunde und -sammler betreut. Auf diesem Gebiet ist das Unternehmen in Deutschland marktführend.

Die COMCO Leasing Gruppe zeichnet sich durch exzellente Kundenzufriedenheit, solide Refinanzierung und engagierte Mitarbeitende aus. Beste Bewertungen auf den einschlägigen Portalen bestätigen die Anstrengungen um Nachhaltigkeit und eine besondere Firmenkultur.

Kontakt
COMCO Leasing GmbH
Marienkirchplatz 36, 41460 Neuss
Fon: 02131 9250-0, Fax: 02131 9250-91
info@comco.de, www.comco.de

ComLine

Flensburg, Schleswig-Holstein

Gegründet: 1992
Die ComLine GmbH betreibt einen Großhandel für Hard- und Software mit Schwerpunkt auf Produkten der Marke Apple. Mehrheitsgesellschafterin ist seit 2012 die →HGDF-

Familienholding, sie hält aktuell 85 % der Anteile. Die Geschäftsführung und die Abteilungsleiterinnen und -leiter halten die verbleibenden 15 % der Anteile, die im Rahmen eines Management-Buy-outs im Jahre 2011 erworben wurden. Das Unternehmen erwirtschaftet mit insgesamt 95 Mitarbeitenden in Flensburg und Karlsruhe rd. 400 Mio. Euro Umsatz im Jahr. ComLine liefert innerhalb Deutschlands und ins europäische Ausland. Der Exportanteil liegt derzeit bei 5 %. Das Unternehmen ist spezialisiert auf ITK-Lösungen für die Kreativbranche. Das Sortiment umfasst v. a. Hard- und Software für Unternehmen, die im Audio-, Video-, Print- und Designumfeld tätig sind.

Seit 2001 führt Harald Rapp die Geschäfte, seit 2010 wird er durch Anja Sobottka und seit 2018 auch durch Richard Gäbel unterstützt. Das Geschäft startete ComLine 1992 als Storage Distributor im Apple-Umfeld. Zwischen 1993 und 2000 erweiterte sich das Portfolio um CD-/DVD-Recording-Technologie, in den Jahren bis 2006 kam Digital-Video-und-Audio-Technologie hinzu. 2007 wurde ComLine zu einem von vier autorisierten Apple-Distributoren für Deutschland. Seitdem wird das Wachstum durch Apple deutlich vorangetrieben. Im Flensburger Lager sind mehr als 5.000 Produkte permanent verfügbar. ComLine erhielt seit seiner Gründung diverse Awards von verschiedenen Herstellern als bester Distributor. Zuletzt wurde das Unternehmen als Excellent Distributor 2020 ausgezeichnet.

Kontakt

ComLine GmbH
Lise-Meitner-Str. 16, 24941 Flensburg
Fon: 0461 77303-300, Fax: 0461 77303-390
info@comline-shop.de, www.comline-shop.de

C

compact Service

Flensburg, Schleswig-Holstein

Gegründet: 1997

Die compact Service Gruppe mit Sitz in Flensburg ist in den drei Geschäftsbereichen Food & Beverage Produktionshygiene, Food & Beverage Processing und Facility Services aktiv. Das Leistungsportfolio der Gruppe basiert auf einem tief greifenden Prozessverständnis und fundierten technologischen Know-how. Das inhabergeführte Familienunternehmen ist insbesondere für Branchen wie die Lebensmittel- und Getränkeindustrie, aber auch für gewerbliche Gebäude und Einrichtungen sowie private Haushalte tätig. Die Gruppe beschäftigt rd. 1.500 Mitarbeitende und verfügt über regionale Präsenzen in Deutschland und Polen. Die Firmenanteile verteilen sich auf Gesellschafter der Familie Höhling. Die Geschäftsführung des 1997 gegründeten Unternehmens verantworten Heinrich und Jule Höhling.

Kontakt

compact Service Gruppe
Lise-Meitner-Str. 19, 24941 Flensburg
www.compact-service.com

Conditorei Kreutzkamm

München, Bayern

Gegründet: 1825

Die Kreutzkamm GmbH fertigt handgemachte Konditorei- und Confiserie-Spezialitäten wie z. B. Kreutzkamm-Stollen und Baumkuchen. Diese werden an Feinkost- und Delikatessenhändler sowie Firmen- und Privatkunden geliefert und in drei eigenen Cafés und Confiserien verkauft. Rd. 6 % der Waren werden exportiert.

1825 gründete Heinrich Jeremias Kreutzkamm das heute älteste Familienunternehmen Dresdens. Gründerenkel Max Kreutzkamm exportierte die hier gefertigten

Dresdner Stollen Ende des 19. Jahrhunderts in alle Welt. 1950 eröffnete Fritz Kreutzkamm den heutigen Hauptsitz in München, und seit 1993 gibt es in Dresden wieder das „Dresdner Backhaus – Ihre Backmanufaktur". Das Unternehmen, in 5. Generation geführt von Elisabeth Kreutzkamm-Aumüller, erwirtschaftete 2019 mit rd. 60 Mitarbeitenden einen Umsatz von 4,2 Mio. Euro.

Kontakt
Kreutzkamm GmbH
Kastenbauerstr. 11, 81677 München
www.kreutzkamm.de

Conrad

Hirschau, Bayern

Gegründet: 1923
Conrad ist eine international agierende Unternehmensgruppe, die als Omnichannel- und E-Commerce-Anbieter für Technik und Elektronik mit Landesgesellschaften in 16 Ländern Europas präsent ist. Das breite Angebot an innovativen Services und Technologien ist von überall aus jederzeit erreichbar. Über einen Plattformansatz haben u. a. Geschäftskunden, Maker und Bildungseinrichtungen sowie Technikenthusiasten Zugriff auf 5 Mio. Artikel. Vom deutschen Logistikzentrum in Wernberg-Köblitz liefert Conrad in die ganze Welt. Daneben betreibt Conrad z. B. in Deutschland 19 stationäre Filialen. Das 1923 gegründete und bis heute inhabergeführte Familienunternehmen wurde vom Spezialversender für Elektronik-Bauteile zu einem der international führenden Distributoren für Technik und Elektronik.

Kontakt
Conrad Electronic SE
Klaus-Conrad-Str. 1, 92240 Hirschau
www.conrad.de

Controlware

Dietzenbach, Hessen

Gegründet: 1980
Die Controlware GmbH ist einer der führenden unabhängigen Systemintegratoren und Managed Service Provider Deutschlands mit einem flächendeckenden Vertriebs- und Servicenetz an 16 Standorten in der DACH-Region. Das 1980 gegründete Unternehmen mit 840 Mitarbeitenden entwickelt, implementiert und betreibt anspruchsvolle IT-Lösungen für Data-Center-, Enterprise- und Campus-Umgebungen seiner Kunden. Das Portfolio beinhaltet Beratung und Planung über Installation und Wartung bis hin zu Management, Überwachung und Betrieb von Kundeninfrastrukturen. Zentrale Geschäftsfelder sind die Bereiche Network Solutions, Collaboration, Information Security, Application Delivery, Data Center & Cloud und IT-Management. Zur Controlware Gruppe zählen die Controlware GmbH, die ExperTeach GmbH, die Networkers AG und die productware GmbH.

Kontakt
Controlware GmbH Kommunikationssysteme
Waldstr. 92, 63128 Dietzenbach
www.controlware.de

Coppenrath Verlag

Münster, Nordrhein-Westfalen

COPPENRATH
DIE SPIEGELBURG

Gegründet: 1768
1768 gründete Josef Heinrich Coppenrath den Coppenrath Verlag, der 1977 von dem jungen Grafiker und Verleger Wolfgang Hölker

übernommen wurde. Heute leitet er das in Münster ansässige Familienunternehmen mit über 180 Mitarbeitenden gemeinsam mit seiner Tochter Johanna Hölker sowie Geschäftsführer Dr. Lambert Scheer. Ein alter Kornspeicher aus dem Jahr 1896 sowie die Alte Feuerwache, erbaut 1928, spiegeln den Spirit des Verlages wider: ungewöhnlich anders und voller Überraschungen.

Kinderbücher von „Hase Felix", „Prinzessin Lillifee" und „Käpt'n Sharky" sind heute weltweit bekannt. So wurden die Bücher vom reiselustigen Hasen bislang über 7 Mio. Mal verkauft. Weitere Schwerpunkte sind Bücher für die Kleinsten, Kreativbücher, Jugendbücher, Alben und Adventskalender. Auch die Segmente Feine Papeterie und Geschenkbuch werden breit bespielt, u. a. mit Schmuckausgaben von bekannten Klassikern.

Seit den 1990er-Jahren stellt der Verlag mit der Edition „Die Spiegelburg" eine spielerische Verbindung zum Buchprogramm her. So tauchen die Bilderbuchhelden als Plüschfiguren, auf Spielen und Schulartikeln auf. Auch die Erwachsenen-Kollektion begeistert mit umfassenden Themenwelten in trendigen Designs. In dem auf Kochbücher spezialisierten Imprint „Hölker Verlag" findet sich eine große Auswahl an Büchern, die die Leidenschaft für kulinarische Genüsse weckt.

Soziales, kulturelles und regionales Engagement sowie die Begleitung von Leseförderprojekten sind für den Verlag eine Selbstverständlichkeit.

Kontakt

Coppenrath Verlag GmbH & Co. KG
Hafenweg 30, 48155 Münster
Fon: 0251 41411-0, Fax: 0251 41411-20
info@coppenrath.de, www.coppenrath.de

Cornelsen

Berlin

Gegründet: 1946
Die Cornelsen Verlag GmbH ist einer der führenden Anbieter von Bildungsmedien im deutschsprachigen Raum, die heute in gedruckter, digitaler und crossmedialer Form vorliegen. Rd. 8.000 Autorinnen und Autoren lassen dazu fundiertes Praxiswissen in die Produkte einfließen. Bislang hat der Verlag 5,5 Mio. Schulbücher verkauft, das Programm umfasst rd. 23.000 Titel. Gegründet wurde das Unternehmen von Franz Cornelsen im Jahr 1946, heute hat seine Witwe Ruth Cornelsen den Vorsitz in der Franz Cornelsen Stiftung inne und verantwortet damit die Geschicke der Verlagsgruppe. Der Cornelsen Verlag selbst hat derzeit rund 1.100 Mitarbeitende. Die Geschäftsführung liegt in den Händen von Mark van Mierle, Meeuwis van Arkel, Patrick Neiss, Frank Thalhofer und Dennis Zentgraf.

Kontakt

Cornelsen Verlag GmbH
Mecklenburgische Str. 53, 14197 Berlin
www.cornelsen.de

Coroplast

Wuppertal, Nordrhein-Westfalen

Gegründet: 1928
Als internationales Familienunternehmen agiert Coroplast seit 92 Jahren aus dem Bergischen Land. Doch mit rd. 2.800 Mitarbeitenden produziert der Hersteller von Elektroisoliermaterialien nicht mehr nur am Stammsitz, sondern auch in Polen, China, Tunesien und weiteren Ländern. Coroplast darf sich als Technologieführer in den Geschäftsfeldern Technische Klebebänder, Kabel sowie Leitungen und Leitungssatzsysteme bezeichnen. Die Kunden kommen hauptsächlich aus der Automobilindustrie und

C

schätzen den Pioniergeist des Zulieferers. Rd. 540 Mio. Euro Umsatz machte das Unternehmen 2019. „Verbindungen, die halten", das Motto des Hauses, gilt nicht nur für die Kundennähe und die Produkte, sondern auch für die Beziehungen zu Lieferanten und Mitarbeitenden.

Kontakt
Coroplast Fritz Müller GmbH & Co. KG
Wittener Str. 271, 42279 Wuppertal
www.coroplast.de

CREMER

Hamburg

Gegründet: 1946
CREMER ist ein internationaler Spezialist für Handel, Verarbeitung und Transport von Roh- und Grundstoffen sowie die Entwicklung und Herstellung von oleochemischen Produkten. Man startete mit dem Getreide- und Futtermittelhandel und expandierte bereits in den 1960er-Jahren mit der Installation von Produktionsanlagen in Thailand und Indonesien. Nach der Gründung einer eigenen Reederei wurde der Weltmarkt, zum Beispiel mit Melasse oder Cornflakes, weiter erschlossen. Diversifizierung führt zur Gründung der Gesellschaft Cremer Steel. Im neuen Jahrtausend beginnt der Handel mit Biodiesel, Mineralien und Chemikalien sowie die Erweiterung des Tiernahrungssegments. CREMER beschäftigt rd. 2.000 Personen und erzielt einen Jahresumsatz von ca. 3 Mrd. Euro.

Kontakt
Peter Cremer Holding GmbH & Co. KG
Glockengießerwall 3, 20095 Hamburg
www.cremer.de

CRONIMET

Karlsruhe, Baden-Württemberg

Gegründet: 1980
Die CRONIMET Gruppe mit Sitz in Karlsruhe ist weltweiter Spezialist für das Recycling von Edelstahlschrott und Ferrolegierungen sowie den Handel und die Aufbereitung von Rohstoffen. Seit vier Jahrzehnten liefert das Unternehmen die wesentlichen Einsatzstoffe insbesondere für die Edelstahl produzierende Industrie. Die CRONIMET Gruppe wurde 1980 von Günter Pilarsky gegründet und befindet sich unverändert zu 100 % im Besitz der Familie des Gründers. Neben den deutschen Tochtergesellschaften in Dortmund, Duisburg, München, Norderstedt und Aschaffenburg ist CRONIMET international in über 30 Ländern auf sechs Kontinenten vertreten. Das Unternehmen beschäftigt mehr als 1.600 Mitarbeitende und erwirtschaftete im Geschäftsjahr 2019 einen Umsatz von rd. 2,2 Mrd. Euro. Geleitet wird das Unternehmen vom Sohn des Gründers, Jürgen Pilarsky. Unterstützt wird er in der Geschäftsführung von Annette Gartner, Bernhard Kunsmann und Oliver Kleinhempel.

Kontakt
CRONIMET Holding GmbH
Südbeckenstr. 22, 76189 Karlsruhe
www.cronimet.de

CSB-System

Geilenkirchen, Nordrhein-Westfalen

Gegründet: 1977
Gegründet 1977, besetzte die CSB-System AG von Dr. Peter und Karl-Heinz Schimitzek von Anfang an eine Nische: betriebswirtschaftliche Beratung von Lebensmittelherstellern und Lebensmittelrecht. In Kombination mit der aufkommenden elektronischen Datenverarbeitung konnten die beiden Brüder ihre

Klienten durch Standortanalysen, Produktkalkulationen und Rezeptoptimierung beraten. IT-Komplettlösungen für die Lebensmittelindustrie ließen das nordrhein-westfälische Unternehmen wachsen. Ab 1990 erfolgte die Internationalisierung in rd. 50 Länder. CSB-System-Software erscheint in 30 Sprachen und wurde auf die Branchen Getränke, Chemie, Pharma und Kosmetik ausgeweitet. Rd. 600 Mitarbeitende führen die Erfolgsgeschichte der Vordenker weiter.

Kontakt

CSB-System AG
An Fürthenrode 9–15, 52511 Geilenkirchen
www.csb.com

D

DACHSER

Kempten, Bayern

„Mit seinem globalen Transport- und Logistiknetzwerk und integrierten IT-Lösungen strebt DACHSER die weltweit intelligenteste Kombination und Integration logistischer Netzkompetenzen an. Ziel ist es, die Logistikbilanz der Kunden aus Industrie und Handel zu optimieren."

Unternehmensmission

Gegründet: 1930

Das Logistikunternehmen DACHSER SE bietet Kunden aus den Bereichen Industriegüter und Lebensmittel vielfältige Logistikdienstleistungen und global integrierte Transportlogistik für die Distribution und Beschaffung sowie Warehousing und kundenspezifische Value-Added-Services. DACHSER ist Marktführer im deutschen Stückgutmarkt und die Nummer zwei im europäischen Markt (gemäß der Top-100-Studien für Deutschland 2018/2019 und Europa 2019/2020 der Fraunhofer Arbeitsgruppe für Supply Chain Services). Weltweit in 44 Ländern und an 393 Standorten vertreten, beschäftigt DACHSER rd. 31.000 Mitarbeitende und erwirtschaftete 2019 einen Netto-Umsatz von rd. 5,7 Mrd. Euro. Die Ausbildungsquote in Deutschland betrug im selben Jahr 11 %.

1930 gründete Thomas Dachser in Kempten ein Fuhrunternehmen, das den Transport von Molkereiprodukten aus dem Allgäu ins Rheinland übernahm. In 2. Generation trieb sein Schwiegersohn Thomas Simon die Expansion des Unternehmens maßgeblich voran. Seit 1999 – ab 2005 als geschäftsführender

Das DACHSER Head Office in Kempten

Die Wechselbrücken von DACHSER in der gelb-blauen Farbgestaltung

Chronologie

1930 Thomas Dachser gründet in Kempten ein Fuhrunternehmen.

1951 Gründung des ersten Luftfrachtbüros in München. Aufbau von Geschäftsbeziehungen nach Europa und Übersee

1968 Einführung des für Kunden zeitlich kalkulierbaren „Garantieverkehrs" für Stückgutsendungen im Inland

1979 Nach dem Tod des Firmengründers Übernahme der Gesellschaftsanteile durch seine Töchter, die damit den Fortbestand des Familienunternehmens sichern

1994 Als erster Logistikdienstleister führt DACHSER flächendeckend Barcodes nach dem international standardisierten Identifikationssystem EAN/NVE ein.

1994 Erschließung neuer Märkte in West-, Zentral- und Osteuropa

2005–2010 Expansion des Land-, Luft- und Seefrachtgeschäfts nach Nordeuropa. Gründung weiterer interkontinentaler Standorte in Asien, Südafrika und Südamerika

2013 Nach der Akquisition spanischer Logistikdienstleister ist DACHSER auch in Spanien und Portugal sowie in der Türkei, in Argentinien und Peru vertreten.

2014–2017 Erweiterung des europäischen Landverkehrsnetzes auf Finnland, die Türkei, Irland und Italien (Food Logistics)

2019 DACHSER zählt zu den drei umsatzstärksten Logistikunternehmen in Deutschland.

Das DACHSER Netzwerk sorgt für optimierte Prozesse zwischen einzelnen Carriern und IT-Systemen.

Gesellschafter bzw. CEO – gab dessen Sohn Bernhard Simon dem Wachstum und der Internationalisierung des inhabergeführten Familienunternehmens entscheidende Impulse und entwickelte DACHSER zu einem der renommiertesten Logistikdienstleister weltweit.

Der neue DACHSER Vorstand (bestellt zum 1. Januar 2021) ist wie folgt aufgestellt: Vorsitzender ist der bisherige CFO und neue CEO Burkhard Eling, Stefan Hohm leitet als Chief Development Officer (CDO) das Ressort IT & Development, COO Alexander Tonn das Ressort Road Logistics und COO Edoardo Podestà das Ressort Air & Sea Logistics. Der bisherige CEO Bernhard Simon und sein Stellvertreter Michael Schilling (COO Road Logistics) treten nach 31 Jahren enger Zusammenarbeit in operativen Führungspositionen Mitte 2021 in den sechsköpfigen Verwaltungsrat ein (Vorsitz: Bernhard Simon), in dem auch familienfremde Manager sitzen. Dieser hat u. a. Einfluss auf Bilanz- und Investitionsfragen und kann Vorstände bestellen oder absetzen.

Seinen Mitarbeitenden bietet DACHSER vielfältige Arbeitgeberleistungen, daneben u. a. zahlreiche Aus- und Weiterbildungsprogramme sowie ein betriebliches Gesundheitsmanagement und eine betriebliche Altersvorsorge. 2019 erhielt das Unternehmen den

Gründer Thomas Dachser mit seiner Frau Anna (oben), Anfänge der Spedition DACHSER (Mitte), CEO Bernhard Simon (unten)

Gesellschaftliche Verantwortung

Globales Wachstum bedeutet für DACHSER auch, weltweit Verantwortung für sozial und wirtschaftlich benachteiligte Menschen zu übernehmen. Im Rahmen eines langfristig angelegten Commitments fördert DACHSER zahlreiche Projekte des Kinderhilfswerks terre des hommes. Unterstützt werden dessen Grassroots-Projekte – seit 2005 in Indien, seit 2014 in Namibia und seit 2015 in Brasilien sowie Nepal –, die sich der Hilfe zur Selbsthilfe widmen. Im Fokus der Projekte stehen der Kampf gegen Menschenrechtsverletzungen und der Zugang zu Bildung und Ausbildung ebenso wie der Erhalt der natürlichen Lebensgrundlagen und Projekte zum Klimaschutz. Für ihr Engagement wurden DACHSER und terre des hommes 2018 mit dem Deutschen Nachhaltigkeitspreis in der Kategorie „Zivilgesellschaftliches Engagement" ausgezeichnet.

D

„Global Family Business Award" der international renommierten IMD Business School, Lausanne.

DACHSER positioniert sich als einer der weltweit führenden Stückgutdienstleister über alle Verkehrsträger hinweg und wird seine starke Verzahnung des engmaschigen Landverkehrsnetzes mit dem globalen Luft- und Seefrachtnetz weiter ausbauen sowie die durchgängigen, integrierten IT-Systeme komplementieren.

Daten und Fakten

Gründer: Thomas Dachser, 1930, Kempten
Branche: Logistik
Standorte: weltweit 393 Standorte in 44 Ländern
Mitarbeitende: rd. 31.000 weltweit
Umsatz: rd. 5,7 Mrd. Euro netto (2019)
Innovationen: Entwicklung der Wechselbrücke, seit 1980 genormt und heute Branchen-Standard; Initiator der Barcode-Standardisierung EAN/NVE
Ausbildungsplätze: rd. 2.000 in Deutschland
Eigenkapitalquote: über 50%

Kontakt
DACHSER SE
Head Office
Thomas-Dachser-Str. 2, 87439 Kempten
Fon: 0831 5916-0, Fax: 0831 5916-7777
info@dachser.com, www.dachser.de

DANGO & DIENENTHAL

Siegen, Nordrhein-Westfalen

Gegründet: 1865
DANGO & DIENENTHAL ist als Unternehmensgruppe weltweit in vielen Produktsparten erfolgreich aktiv. Dazu gehören die Bereiche Sondermaschinenbau und Anlagenbau für die metallurgische Industrie, Wasserwirtschaft, Umformtechnik sowie Wärmebehandlung, Aluminiumindustrie, Bergbau und Landwirtschaft. Eigene Niederlassungen auf vier Kontinenten sowie Vertriebspartner und Vertretungen betreuen weltweit Kunden der Stahl erzeugenden und verarbeitenden Industrie sowie den Bereich der Filtertechnik. 750 Mitarbeitende weltweit erwirtschafteten 2019 einen Umsatz von 130 Mio. Euro.

1865 gründeten August Dango und Louis Dienenthal eine Nichteisenmetallgießerei und legten damit den Grundstein für die heutige DANGO & DIENENTHAL Unternehmensgruppe. Sie ist in 5. Generation im Besitz der Gründerfamilien, Geschäftsführer sind Rainer Dango und Arno Dienenthal.

Kontakt
DANGO & DIENENTHAL Machinenbau GmbH
Hagener Str. 103, 57072 Siegen
www.dango-dienenthal.de

DAW

Ober-Ramstadt, Hessen

DEUTSCHE AMPHIBOLIN-WERKE VON ROBERT MURJAHN

Gegründet: 1895

Wenn Eduard Murjahn mit seinem Vorhaben 1885 erfolgreich gewesen wäre, würde die Geschichte der DAW vermutlich von einem Stahlwerk handeln. Doch der Hamburger Kaufmann, der Schürfrechte im Odenwald erworben hatte, um Mangan zu finden, stieß stattdessen auf ein grau-schwarzes Mineral, das sich anfühlt wie Horn, woher es auch seinen Namen hat: Hornblende oder Amphibol.

Der auf den ersten Blick unscheinbare Fund weckt Murjahns Erfindergeist. Er sucht nach Methoden, um das Mineral nutzbar zu machen – und nach einer langen Reihe von Experimenten findet er schließlich ein Verfahren, um Verputz- und Anstrichmassen sowie Rostschutzfarben und Feuerschutzmittel herzustellen und vermarktet diese erfolgreich unter dem Namen „Amphibolin".

Nach dem Zerwürfnis mit einem finanzstarken Partner gründet Eduards Sohn Robert die Firma 1895 neu als „Deutsche Amphibolin-Werke von Robert Murjahn" (DAW) und erweitert das Angebot um Anstrichmittel auf Basis von Kalk und Kreide. 1909 wird beim kaiserlichen Patentamt das Patent für eine Pulverfarbe eingetragen, die ab 1913 unter dem Namen „Alpinaweiß kaltwasserlöslich" vertrieben wird und heute weltbekannt ist.

Forschung und Innovation

Die Innovationen der DAW haben den Stand der Technik vielfach revolutioniert. Forschung und Entwicklung gehörte schon immer zu den Kernkompetenzen des Unternehmens, da alle fünf Inhaber-Generationen Naturwissenschaftler waren. Am Sitz im hessischen Ober-Ramstadt wurde 1936 die moderne Dispersionsfarbe erfunden. Selbst das erste Wärmedämm-Verbundsystem wurde 1957 in der DAW entwickelt, ebenso wie 1985 die weltweit erste emissionsminimierte und lösemittelfreie Innenfarbe. 2008 führte die DAW die Nano-Quartz-Gitter-Technologie für langlebige und brillante Fassadenfarben ein. Ein besonderer Innovations-Schwerpunkt liegt heute auf Anstrichmitteln aus nachwachsenden Rohstoffen.

„Wenn wir trotz wachsender Größe unsere Tugenden als Mittelständler und Familienunternehmen bewahren, können wir in der internationalen Liga weiter vorrücken und unsere Unabhängigkeit weiter stärken."

Die Inhaberfamilie

DAW-Zentrale in Ober-Ramstadt

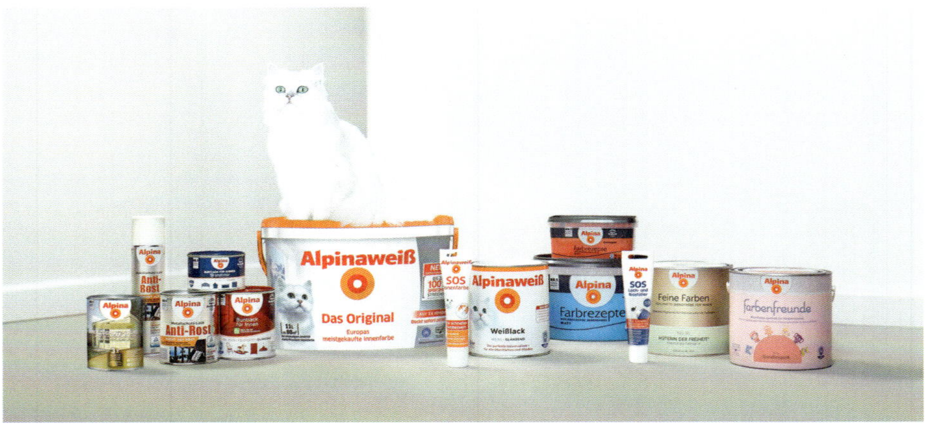

Alpinaweiß ist nach Unternehmensangaben Europas meistgekaufte Innenfarbe – und eng verbunden mit der weißen Katze, welche schon seit 1995 in der Fernsehwerbung zu sehen ist. Heute bietet die Marke Alpina ein Vollsortiment für Heimwerkerinnen und Heimwerker.

D

Aktuelle Auszeichnungen

2019:
DAW gewinnt die Sustainability Challenge der Deutschen Gesellschaft für Nachhaltiges Bauen (DGNB) in der Kategorie „Innovation".
Der Branchenreport von brand eins Wissen und Statista zählt DAW zu den innovativsten Unternehmen Deutschlands im Bereich „Herstellung und Verarbeitung von Werk- und Baustoffen".
Das ganzheitliche Gestaltungskonzept „Lebensräume" von Caparol für selbstbestimmtes Wohnen im Alter gewinnt den Health Media Award.

2018:
Die DAW wird für ihre nachhaltigen Innovationsleistungen mit dem ältesten deutschen Erfinderpreis, der Dieselmedaille, ausgezeichnet.
DAW ist Finalist beim Deutschen Nachhaltigkeitspreis.
Das DAW-Projekt „Holzveredelungsprodukte auf Leindotter-Basis" gewinnt den GreenTec Award 2018 in der Kategorie „Bauen & Wohnen".

2017:
Die Frost & Sullivan Best Practices Awards würdigen DAW im Bereich „Product Leaderhip" in Europa.
CAPAROL ICONS wird mit dem Iconic Award BEST OF BEST in der Kategorie „Kommunikationskonzept" ausgezeichnet.
Alpina erhält den Deutschen Content Marketing Preis für das Produktsortiment „Alpina Farbenfreunde".

Historische Werbemotive für „Murjahns Anstrichpulver" aus dem Jahr 1907 und für „Caparol" von 1935

1928 entwickelt Robert Murjahns gleichnamiger Sohn, ein promovierter Chemiker, ein wässriges Bindemittel auf der Basis von Casein, Paraffin und Oleum (Holzöl), mit dem Maler erstmals Anstrichfarben selbst herstellen konnten. Die Anfangsbuchstaben der Bestandteile geben dem neuen Produkt seinen Namen: Caparol – die zweite große Marke der DAW ist geboren.

125 Jahre nach ihrer Gründung ist die DAW der nach eigenen Angaben größte private Hersteller von Baufarben und Wärmedämmung in Europa. Mit innovativen Beschichtungssystemen verbessert die DAW die Leistungsfähigkeit von Gebäuden und trägt so dazu bei, dass Menschen in gesünderen, effizienteren, besser designten und nachhaltigeren Gebäuden wohnen und arbeiten. Im Jubiläumsjahr 2020 hat die DAW ihre Mission in einem neuen internationalen Firmenclaim zum Ausdruck gebracht: „Better Building Performance. Better Life. Since 1895."

Die DAW bietet ein umfangreiches Markenportfolio für verschiedene Zielgruppen.

Zum breiten Sortiment der DAW gehören hochwertige Farben, Lacke, Lasuren und bauchemische Beschichtungen ebenso wie Material für die Fassaden- und Dämmtechnik. Die DAW beschäftigt weltweit rd. 6.000 Mitarbeitende und erzielte 2018 einen Umsatz von 1,4 Mrd. Euro. Das Unternehmen befindet sich heute in 4. und 5. Generation nach wie vor zu 100 % im Besitz der Familie Murjahn.

Neben Erfindergeist und höchsten Qualitätsansprüchen war Nachhaltigkeit schon immer ein wichtiger Teil der Firmen-Philosophie – nicht nur hinsichtlich der Wachstumsstrategie der DAW, sondern auch mit Bezug auf die Kompetenz für Produkte, die Umwelt und Gesundheit schonen, Lebensräume langfristig verbessern und die helfen, z. B. durch Wärmedämmung Energie zu sparen. Unter den führenden Unternehmen der Baufarben-

Chronologie

1889 Eduard Murjahn stellt aus dem Mineral Amphibol neuartige Farbpulver her.

1895 Robert Murjahn gründet die Firma „Deutsche Amphibolin-Werke von Robert Murjahn" (DAW).

1909 Die Innenfarbe Alpinaweiß wird als Marke registriert.

1926 Dr. Robert Murjahn tritt in das Unternehmen ein. Zwei Jahre später entwickelt er das Emulsionsbindemittel „Caparol".

1936 Dr. Robert Murjahn entwickelt das erste Produkt auf Basis der modernen Dispersionsfarben-Technologie.

1957 Die DAW entwickelt das erste Wärmedämm-Verbundsystem in Deutschland.

1978 Dr. Klaus Murjahn übernimmt den Betrieb.

1985 Die weltweit erste emissionsminimierte und lösemittelfreie Innenfarbe unter dem Namen „Indeko-plus E.L.F." wird präsentiert.

2001 Caparol führt die ersten konservierungsmittelfreien Dispersionsfarben für Allergiker ein.

2008 Dr. Ralf Murjahn übernimmt den Vorsitz der Geschäftsleitung.

2013 Die DAW nimmt die moderne Rechtsform einer SE an.

2016 Caparol und Alpina führen Produktlinien auf Basis von nachwachsenden Rohstoffen ein.

2020 DAW bringt die Mission des Unternehmens in einem neuen Claim zum Ausdruck: „Better Building Performance. Better Life. Since 1895."

Die Inhaber Dr. Ralf und Dr. Klaus Murjahn (v. l.) leiten die Geschicke des Unternehmens.

Branche nimmt die DAW eine Sonderstellung ein, da sie ihr Selbstverständnis als mittelständisch geprägtes Familienunternehmen bis heute erhalten hat. Das äußert sich nicht zuletzt in zahlreichen Angeboten wie dem eigenen Betriebskindergarten.

Indeko-Plus ist die Premium-Innenfarbe der Profi-Marke Caparol und nicht nur lösemittel- und weichmacherfrei, sondern auch frei von Konservierungsmitteln.

Daten und Fakten

Inhaberfamilie: Familie Murjahn in der 4. und 5. Generation
Gründer: Robert Murjahn, 1895, Ober-Ramstadt
Standorte: Hauptsitz in Ober-Ramstadt, 31 Landesgesellschaften mit 29 Werken, Export nach und Partnerschaften in 41 weiteren Ländern
Mitarbeitende: rd. 6.000 weltweit, davon rd. 3.500 in Deutschland
Umsatz: 1,4 Mrd. Euro (2018)
Familieneinfluss: Die Inhaberfamilie stellt den CEO und ist Mitglied im Verwaltungsrat
Unternehmensanteile der Familie: 100%

Kontakt
DAW SE
Roßdörfer Str. 50, 64372 Ober-Ramstadt
Fon: 06154 717-0, Fax: 06154 717-1391
info@daw.de, www.daw.de

Ansprechpartnerin Presse
Karin Laberenz
Fon: 06154 717-0420
karin.laberenz@daw.de

Ansprechpartner Marketing
Heiko Trimpel
Fon: 06154 717-1478
heiko.trimpel@daw.de

D

DEHN

Neumarkt, Bayern

Gegründet: 1910

DEHN ist ein führendes, international tätiges Familienunternehmen, das innovative und smarte Schutzlösungen für den Überspannungs-, Blitz- und Arbeitsschutz, die für Gebäude-, Energie- und Infrastruktur-Anwendungen maßgeschneidert werden, sowie Services und Expertise anbietet. Der Vertrieb erfolgt in 70 Ländern durch Partner sowie 20 Tochtergesellschaften und eigene Büros. Weltweit beschäftigt DEHN rd. 1.900 Mitarbeitende.

Hans Dehn legte 1910 mit der Anmeldung eines Gewerbes zur „Installation elektrischer Anlagen" in Nürnberg den Grundstein des Unternehmens, das heute als DEHN SE + Co. KG in 4. Generation in Familienbesitz ist. Vorsitzender der Geschäftsführung ist Dr. Philipp Dehn, der bereits 2011 als geschäftsführender Gesellschafter in die DEHNgroup eintrat.

Kontakt

DEHN SE + Co KG
Hans-Dehn-Str. 1, 92318 Neumarkt
www.dehn.de

Deichmann

Essen, Nordrhein-Westfalen

Gegründet: 1913

Die DEICHMANN SE blickt auf eine über 100-jährige Geschichte zurück. Das Unternehmen wurde 1913 gegründet. Nach Umsatz und Verkaufszahlen ist DEICHMANN der größte Schuheinzelhändler in Deutschland und Europa. Zur DEICHMANN-Unternehmensgruppe zählen über 4.000 Filialen und 40 Onlineshops in Deutschland und 29 weiteren Ländern. Im Jahr 2018 erzielte die Unternehmensgruppe einen Jahresumsatz von 5,8 Mrd. Euro, rd. 60 % davon wurden im Ausland erwirtschaftet. DEICHMANN beschäftigt weltweit über 40.000 Mitarbeitende, darunter 16.300 in Deutschland.

Die DEICHMANN SE ist zu 100 % im Besitz der Familie Deichmann. Heinrich Deichmann ist seit 1999 Vorsitzender der

Die DEICHMANN SE ist 2019 in 30 Ländern mit Filialen und Onlineshops tätig.

Chronologie

1913 Heinrich Deichmann eröffnet in Essen-Borbeck eine Schuhmacherei.

1919 Der Verkauf von fabrikgefertigten Schuhen beginnt.

1930 Eröffnung der ersten Filiale

1940 Nach dem Tod Heinrich Deichmanns führt seine Frau Julie das Geschäft mithilfe ihrer Kinder weiter.

1956 Dr. Heinz-Horst Deichmann übernimmt die Leitung der Firma.

1989 Eintritt von Heinrich O. Deichmann in das Unternehmen

2005 Deichmann übernimmt die Marken elefanten und Gallus.

2011 In Istanbul wird die 3.000. Filiale der Gruppe eröffnet.

2014 Dr. Heinz-Horst Deichmann verstirbt.

2019 Das Unternehmen ist in 30 Ländern mit Filialen und Onlineshops tätig.

Geschäftsführung und leitet das Unternehmen in der 3. Generation. Sein Großvater Heinrich Deichmann eröffnete 1913 eine Schuhmacherei in Essen-Borbeck und legte damit den Grundstein für den Schuhhandel. Nach seinem Tod führte seine Frau Julie das Geschäft weiter. 1956 übernahm Dr. Heinz-Horst Deichmann die Leitung des Unternehmens. Mit der Akquisition der Schweizer Schuhkette Dosenbach leitete er 1973 die Auslandsexpansion ein. 2005 erweiterte das Unternehmen seine Aktivitäten mit der Übernahme der Marken Gallus und elefanten.

Gemäß dem Motto „Das Unternehmen muss den Menschen dienen" ist die Geschäftstätigkeit von DEICHMANN stark von unternehmerischem Verantwortungsbewusstsein geprägt. Die Mitarbeitenden erhalten eine betriebliche Altersversorgung, werden in persönlichen Notfällen unterstützt und bekommen finanzielle Zuwendungen bei Eheschließung, Geburt von Kindern, Jubiläen und bestandenen Prüfungen.

Im In- und Ausland engagiert sich das Unternehmen im sozialen Bereich und unterstützt u. a. Hilfsprojekte in Indien, Tansania, Moldawien und Griechenland.

Daten und Fakten

Inhaberfamilie: Familie Deichmann in 3. Generation
Gründer: Heinrich Deichmann, 1913, Essen-Borbeck
Mitarbeitende: 16.300 in Deutschland, insgesamt rd. 40.000 weltweit
Umsatz: rd. 5,8 Mrd. Euro (2018)
Marktposition: Marktführer Schuheinzelhandel in Deutschland und Europa
Ausbildungsplätze: 3.000 in Deutschland
Familieneinfluss: inhabergeführt durch den Vorsitzenden des Verwaltungsrates und der geschäftsführenden Direktoren Heinrich Deichmann
Unternehmensanteile der Familie: 100 %
Literatur:
H. Schott, A. Malessa: Warum sind Sie reich, Herr Deichmann? (2006)

Kontakt

Deichmann SE
Deichmannweg 9, 45359 Essen
Fon: 0201 8676-00
info@deichmann.de, www.deichmann.de

„Das Unternehmen muss den Menschen dienen."

Unternehmensmotto

Heinrich Deichmann führt das Unternehmen in 3. Generation (oben). DEICHMANN ist Europas größter Schuheinzelhändler (unten).

D

C. Deilmann

Bad Bentheim, Niedersachsen

„Werte durch Beständigkeit und die nötige Beweglichkeit“

Unternehmensleitsatz

Historische Wurzeln: der Bergbau (oben); Wachstum und Nachhaltigkeit: Klasmann-Deilmann (unten)

Gegründet: 1888

Die C. Deilmann GmbH & Co. KG, Bad Bentheim, ist eine in 4. Generation geführte Industrie- und Finanzholding, die ursprünglich als C. Deilmann AG in der Energie-, Rohstoff- und Montanindustrie tätig war.

Gegründet wurde das Bergbauunternehmen im Jahr 1888 durch Carl Deilmann sen. in Dortmund. C. Deilmann führte Untertagearbeiten durch und erschloss im Jahr 1938 im Bentheimer Wald die erste bedeutende Erdgaslagerstätte in Westeuropa.

Mit „CD“ Carl Deilmann in 2. sowie Dr. Jürgen Deilmann und Hans-Carl Deilmann in 3. Generation wurde das Portfolio um die Aufsuchung und Förderung von Erdöl und Erdgas sowie Uranaktivitäten ergänzt und das Unternehmen zu einem weltweit erfolgreichen Konzern mit rd. 1.000 Mitarbeitenden entwickelt. Strategische Überlegungen der Familienunternehmer führten 1991 zu einer Veräußerung weiter Unternehmensanteile an die damalige Preussag AG. In der Folge wurde die Unternehmung in ihrer jetzigen Form gegründet, die von Carl-Gerrit Deilmann und Carl-Joachim Deilmann gehalten wird.

Zum Unternehmen gehört heute mehrheitlich die Klasmann-Deilmann GmbH (DE), führender Hersteller von Kultursubstraten sowie Holzfaser- und Kompostprodukten für den Erwerbsgartenbau, außerdem Produzent nachwachsender Rohstoffe für den Bereich der erneuerbaren Energien. Zu C. Deilmann zählt auch die Uticon Ingenieursgroep B.V. (NL), ein Ingenieurbüro für professionelle Services, umfassendes Projektmanagement und Unterstützung im Bereich Engineering. Des Weiteren bündelt die CD Capital GmbH (DE), eine unabhängige Vermögensverwalterin unter Aufsicht der BaFin, als aktive Risikomanagerin erfolgreich die langjährigen Kapitalmarktinvestitionen der Gruppe.

Die nachstehenden Handlungsmaximen und Überzeugungen sind bis heute wesentlich für den generationenübergreifenden Erfolg: Langfristig denken und handeln. Unabhängig sein im Urteil. Demut vorleben, beschei-

Familie und Unternehmen: Werte durch Beständigkeit

D

C.D.-STIFTUNG

Die C. Deilmann-Gruppe pflegt seit Jahrzehnten eine enge Verbindung zur Wissenschaft und setzt wissenschaftliche Erkenntnisse immer wieder in die betriebliche Praxis um. Schwerpunkte sind dabei die großen Zukunftsthemen der Menschheit: Bildung, Energie, Ernährung und Gesundheit. Anlässlich des 100. Jahrestages der Geburt von „CD" Carl Deilmann am 22. April 1994 gründeten die Geschwister Elinor Schüphaus, Ingrid Düllmann, Hans Carl Deilmann und Dr. Jürgen Deilmann zu Ehren ihres Vaters die C.D.-Stiftung. Unterstützt werden u. a. Projekte im Bereich Pädiatrische Hämatologie und Onkologie am Universitätsklinikum Münster oder ein Forschungsvorhaben des Instituts der Deutschen Wirtschaft in Köln. Das Kulturangebot der Grafschaft Bentheim wird mit einer Unterstützung der Stadtkapelle und des Kammerchors der Stadt Bad Bentheim gefördert. Derzeit beträgt das Stiftungsvermögen 6,3 Mio. Euro.

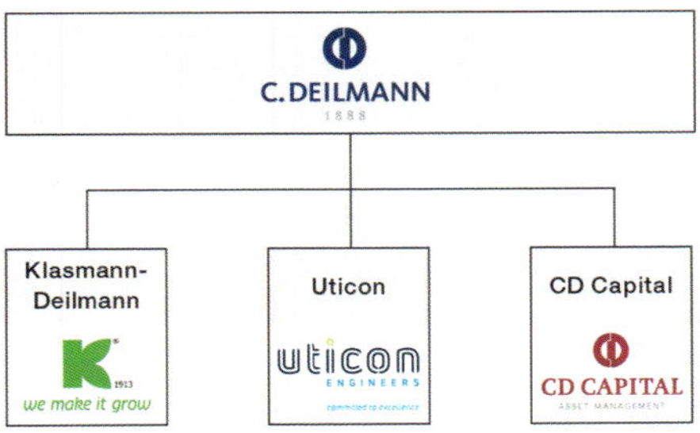

Organigramm von C. Deilmann

den sein und bleiben. Zum Selbstverständnis von C. Deilmann gehört darüber hinaus die Bereitschaft zu Veränderungen, mit dem ausgeprägten Willen, das eigene Geschick selbst zu gestalten. Das Portfolio des Unternehmens wird stetig diversifiziert, um auch in wirtschaftlich schwierigen Zeiten robust zu sein. Stets soll dabei eine kluge Balance gewahrt werden – zwischen dem Erhalt der wirtschaftlichen Substanz des Unternehmens und notwendigem unternehmerischen Risiko.

Schon gewusst?

1963 wurden 14 Bergleute bei einem Schlammeinbruch im Erzbergwerk Lengede eingeschlossen. Sie konnten gerettet werden – auch dank des Einsatzes der Deilmann/Deutag-Bohrfachleute.

Führungskräfte bei C. Deilmann haben Vorbildfunktion für die Mitarbeitenden. Ihr Leitspruch ist dabei: Wertschätzend zuhören, klug abwägen und konsequent entscheiden.

Daten und Fakten

Inhaberfamilie: Familie Deilmann in 4. Generation
Gründer: Carl Deilmann, 1888, Dortmund
Branche: Industrie- und Finanzholding
Produkte: Kultursubstrate für den Erwerbsgartenbau, Ingenieurdienstleistungen, Immobilien, Vermögensverwaltung
Mitarbeitende: 1.134 (Ende 2019)
Umsatz: 235 Mio. Euro (Ende 2019)
Familieneinfluss: geschäftsführende Gesellschafter
Unternehmensanteile der Familie: 2 Familienmitglieder mit je 50% Beteiligung
Kontrollgremien: Verwaltungsrat, 2x jährlich
Eigenkapitalquote: 51% (Ende 2019)

Kontakt
C. Deilmann GmbH & Co. KG
Osterberg 8, 48455 Bad Bentheim
Fon: 05922 778-0, Fax: 05922 778-40
info@cdeilmann.de, www.cdeilmann.de

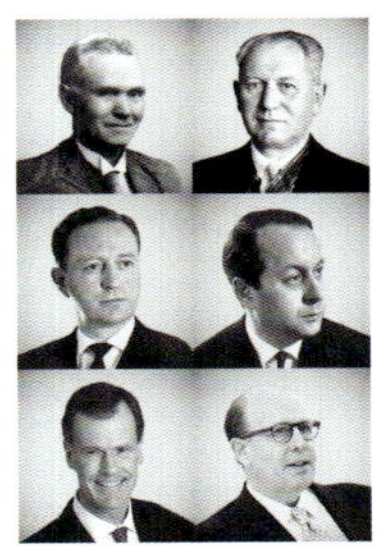

Kreativität und Spitzenleistung: Uticon (oben); Wertzuwachs und Risikomanagement: CD Capital (Mitte); unternehmerische Leidenschaft: vier Generationen C. Deilmann (unten)

D

DELIUS

Bielefeld, Nordrhein-Westfalen

Gegründet: 1722
Die Familie Delius führt das weltweit agierende Unternehmen seit 1722. Alles begann mit der Gründung einer Leinenhandlung von Johann Caspar Delius. In den nachfolgenden Generationen entstanden moderne Webereien, welche in den 1960er-Jahren in 89 Länder exportierten. Heute besteht die Holding aus der DELIUS GmbH & Co. KG und der DELCOTEX, Delius Techtex GmbH & Co. KG. DELIUS ist Hersteller hochwertiger, schwer entflammbarer Dekorations- und Möbelstoffe, welche ihren Einsatz in Hotels, Restaurants, Verkaufs- und Präsentationsflächen, Kinos, Verwaltungsgebäuden und Kindergärten finden. DELCOTEX hingegen entwickelt, optimiert und produziert technische Textilien unter Berücksichtigung internationaler Normen für unterschiedlichste Industriezweige.

Kontakt
DELIUS Holding
Goldstr. 16–18, 33602 Bielefeld
www.delius-contract.de/www.delcotex.de

Delkeskamp

Nortrup, Niedersachsen

DELKESKAMP

Gegründet: 1896
Die Delkeskamp Verpackungswerke GmbH ist ein in 4. Generation geführtes Familienunternehmen der Verpackungsbranche und steuert zielstrebig im Jahre 2021 auf ihr 125-jähriges Bestehen zu. Die Geschäftsfelder umfassen die Erzeugung von Wellpappenrohpapieren aus recyceltem Altpapier, die Herstellung und Verarbeitung von Wellpappe zu Verpackungslösungen aller Art sowie die Herstellung von Formteilen aus EPS (expandierbares Polystyrol) und EPP (expandierbares Polypropylen). In Deutschland unterhält die Unternehmensgruppe in Nortrup eine Papierfabrik, ein Wellpappenwerk und ein Kunststoffwerk, am Standort Hannover ein Wellpappenwerk sowie in Tschechien ein weiteres Kunststoffwerk. Seit der Betriebsaufspaltung im Jahr 1990 besteht die Unternehmensgruppe aus der Delkeskamp Verpackungswerke GmbH als operative Betriebsgesellschaft sowie der Delkeskamp KG Vermögensverwaltungsgesellschaft. Als Mitglied der Inhaberfamilie fungiert Dipl.-Kfm. Stefan Delkeskamp seit 1996 als geschäftsführender Gesellschafter der Unternehmens-

„Die Weiterentwicklung unserer Mitarbeiterinnen und Mitarbeiter ist unser größtes Potenzial."

Dipl.-Kfm.
Stefan Delkeskamp

Drei typische Produkte aus dem Gesamtportfolio der Unternehmensgruppe von DELKESKAMP: Wellpappenrohpapier im Rollenlager (oben), hochwertiges Display aus Wellpappe (Mitte) und Formteil aus EPS (unten).

Die drei Geschäftsfelder von DELKESKAMP: Papier, Wellpappe und Schaumstoffe

D

Gesellschaftliche Verantwortung

Ein Schwerpunkt des gesellschaftlichen Engagements von DELKESKAMP liegt nach wie vor in der Förderung von Kindern und Familien. Mit der Initiative „Azubi Plus – Projekt Zukunft" werden die Auszubildenden im Unternehmen entsprechend ihrer Bedürfnisse über die duale Ausbildung hinaus gefördert. Selbstmanagement, Präsentationstechniken, Projektarbeit und Konfliktmanagement machen sie fit für zukünftige Aufgaben im Unternehmen. Auch das Sponsoring von Kultur- wie Vereinsaktivitäten, der Bau eines Pflegeheimes und aktuell der eines Hauses für betreutes Wohnen sowie die Beteiligung an zahlreichen karitativen Institutionen liegt der Artländer Unternehmensgruppe sehr am Herzen. Seit 2011 ist DELKESKAMP dem Verbund Frau & Betrieb e. V. beigetreten. Zweck des Verbunds ist die Förderung der beruflichen Fort- und Weiterbildung, insbesondere für Frauen nach familienbedingter Arbeitsunterbrechung.

gruppe. Die Geschäftsleitung besteht darüber hinaus aus den Mitgliedern Felix Levold (Kaufmännische Leitung) und Werner Surholt (Technische Leitung). DELKESKAMP beschäftigt an allen Standorten rd. 750 Mitarbeitende und 30 Auszubildende. Der Umsatz betrug im Jahr 2018 rd. 180 Mio. Euro bei einem Exportanteil von ca. 33 %.

Die Wurzeln des Unternehmens liegen in der Kartonagenfabrik Nortrup GmbH, die 1896 von den Kaufleuten Hermann Kemper, August Pählig und Hector Jacob Coenraad Mensonidis gegründet wurde. Die Gründer erkannten schon um die Jahrhundertwende den steigenden Bedarf an Versandschachteln für die Versorgung der wachsenden Großstädte mit ländlichen Produkten. Bereits 1898 trat Carl Delkeskamp als Geschäftsführender Gesellschafter in das aufstrebende Unternehmen ein. 1915 erwarb er die Anteile des verbliebenen Mitbegründers Hermann Kemper und wurde damit alleiniger Gesellschafter. Seitdem haben die nachfolgenden Generationen der Familien Delkeskamp das Verpackungsgeschäft konsequent ausgebaut und weitergeführt. Mit der Inbetriebnahme einer eigenen Papierfabrik für Wellpappenrohpapiere durch Fritz Delkeskamp im Jahre 1960 stellte man die eigene Papierversorgung auf unabhängige Füße. Gleichzeitig entwickelte man gemeinsam mit der BASF Anwendungen für den Schaumstoff Styropor® als ergänzendes Material für komplexe Verpackungslösungen und errichtete 1970 ein eigenes Kunststoffwerk am Standort Nortrup. Mit dem Ziel der regionalen Expansion und

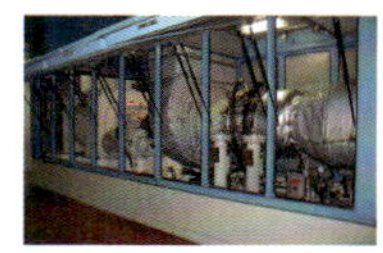

Unabhängigkeit wird großgeschrieben: Neben einem umfangreichen Entwicklungszentrum samt Labor vor Ort (oben) sowie einer eigenen Dampf- und Stromversorgung (Mitte) sorgen 31 Fahrzeuge der DELKESKAMP-Flotte für eine flexible Belieferung der gesamten Kundschaft (unten).

Vier Generationen der Geschäftsführung (v. l.): Carl, Fritz, Claus und Stefan Delkeskamp

D

Chronologie

1896 Die Kaufleute Hermann Kemper, August Pählig und Hector Mensonidis gründen die Kartonagenfabrik Nortrup GmbH.

1898 Umfirmierung in Nortruper Industrie-Verein GmbH; Carl Delkeskamp tritt als Geschäftsführender Gesellschafter in das Unternehmen ein.

1915 Carl Delkeskamp übernimmt die Anteile des verbliebenen Mitbegründers Hermann Kemper und ist damit alleiniger Gesellschafter.

1936 Unter Fritz und Hans Delkeskamp erfolgt in 2. Generation die Umfirmierung in die F. & H. Delkeskamp OHG.

1957 Umfirmierung in 3. Generation unter Fritz Delkeskamp in die Delkeskamp KG

1990 Mit der Betriebsaufspaltung in die Delkeskamp Verpackungswerke GmbH als Betriebsgesellschaft und die Delkeskamp KG als Vermögensverwaltungsgesellschaft entsteht die heutige Unternehmensgruppe DELKESKAMP.

2002 Joint Venture an MORAplast s.r.o., Odry, Tschechien

2019 Aufbau einer Produktionsgesellschaft i. Gr. zur Wellpappenverarbeitung von Kleinserien und digitaler Druckerzeugnisse

zur Kontrolle potenzieller Lieferrisiken erweiterte Claus Delkeskamp im Jahr 1970 das Geschäftsfeld Wellpappe durch den Kauf eines weiteren Wellpappenwerkes am Standort Hannover und entwickelte die bestehenden Werke kontinuierlich weiter. Um den Anforderungen multinational agierender Unternehmen gerecht zu werden, trat Stefan Delkeskamp im Jahr 2000 der europäischen Allianz escor S.A. mit Sitz in Paris bei, ein Zusammenschluss führender, familiengeführter Unternehmen der Verpackungsindustrie. Im Rahmen osteuropäischer Markterweiterungen entstand im Jahr 2002 durch ein Joint Venture das Kunststoffwerk MORAplast s.r.o in Tschechien. 2020 beginnt der Aufbau eines vierten Standortes mit dem Ziel der Herstellung von Kleinserien und digital bedruckter Wellpappenerzeugnisse.

DELKESKAMP investiert konsequent in die Modernisierung und Optimierung aller technischen Einrichtungen, in eine Verbesserung und Digitalisierung seiner Unternehmensprozesse sowie in die Weiterentwicklung der Potenziale seiner Mitarbeitenden.

Daten und Fakten

Inhaberfamilie: Familie Stefan Delkeskamp in 4. Generation
Gründer: Hermann Kemper, August Pählig und Hector Mensonidis, 1896, Nortrup
Branche: Papier- & Verpackungsindustrie
Produkte: Verpackungslösungen aus Papier, Wellpappe und Schaumstoff
Standorte: Nortrup, Hannover, Odry (Tschechien)
Mitarbeitende: 750 (2018)
Umsatz: 180 Mio. Euro (2018)
Ausbildungsplätze: 30 (2018)
Familieneinfluss: Dipl.-Kfm. Stefan Delkeskamp als geschäftsführender Gesellschafter (CEO)

Kontakt
Delkeskamp Verpackungswerke GmbH
Hauptstr. 15, 49638 Nortrup
Fon: 05436 51-0
info@delkeskamp.de, www.delkeskamp.de

D

DELLO

Hamburg

Gegründet: 1898
Die DELLO Gruppe umfasst heute drei Unternehmen aus der Autowelt: DELLO selbst entwickelte sich aus einem kleinen Hamburger Laden für Fahrräder, Nähmaschinen und Lotterielosen zum ersten Generalvertreter der Marke Opel im Hamburger Raum. Später expandierte man mit weiteren Marken im Angebot sowie 2012 einem Logistikzentrum für Ersatzteile. Seit 2015 gehört Dürkop zur DELLO Gruppe. Das Unternehmen eröffnete 1919 eine Werkstatt für Automobile und Zweiräder. Dann erregte es 1961 mit dem Bau des ersten deutschen Automobil-Ausstellungshauses nach amerikanischem Vorbild Aufsehen. Jüngster Neuzugang ist das 1965 gegründete Autohaus Hansa Nord, das seinen Schwerpunkt auf Fahrzeugen der BMW-Marken hat. In diesen drei Segmenten arbeiten rd. 1.700 Menschen, an über 50 Standorten, verteilt auf neun Bundesländer.

Kontakt
Ernst Dello GmbH & Co. KG
Nedderfeld 75–93, 22529 Hamburg
www.dello.de

DELO Industrie Klebstoffe

Windach, Bayern

Gegründet: 1961
Die DELO Industrie Klebstoffe GmbH & Co. KGaA mit Sitz in Windach bei München ist einer der führenden Hersteller von Industrieklebstoffen. Das eigentümergeführte Unternehmen entwickelt maßgeschneiderte Spezialklebstoffe und Gerätesysteme für Anwendungen in Hightech-Branchen wie dem Automobilsektor, der Luftfahrt, der Optoelektronik oder der Elektronikindustrie. DELO betreibt Tochtergesellschaften in den USA, China, Singapur und Japan sowie weltweite Vertretungen und Repräsentanzen. Das Unternehmen beschäftigt über 800 Mitarbeitende und erzielte 2020 einen Umsatz von 163 Mio. Euro. Gegründet 1961, wurde DELO 1997 im Rahmen eines Management-Buy-outs übernommen von den Eheleuten Dr.-Ing. Wolf-Dietrich Herold und Dipl.-Ing. Sabine Herold.

Kontakt
DELO Industrie Klebstoffe GmbH & Co. KGaA
DELO-Allee 1, 86949 Windach
www.delo.de

Delphin

Bergisch Gladbach,
Nordrhein-Westfalen

Gegründet: 1980
Die Delphin Technology AG entwickelt, fertigt und vertreibt hochwertige Messgeräte und Softwarelösungen für die industrielle Mess- und Prüftechnik, sowohl als Standardlösungen wie auch als individuelle Komplettlösungen. Zu den Anwendungsschwerpunkten der Produkte zählen z. B. die Messdatenerfassung und -analyse, die Prüfstandautomatisierung, das Prozessmonitoring und die Schwingungsmesstechnik. Sie werden u. a. eingesetzt in der Elektrotechnik, im Maschinenbau, in der Energietechnik sowie in der Chemie- und Pharmaindustrie. Das Unternehmen wurde 1980 von Dipl.-Ing. Peter Renner unter dem Namen Sycon GmbH gegründet. Im Jahr 2000 entstand die Delphin Technology AG, und der Gründer wechselte in den Aufsichtsrat, dessen Vorsitz er bis heute innehat.

Kontakt
Delphin Technology AG
Lustheide 81, 51427 Bergisch Gladbach
www.delphin.de

D

delta pronatura

Egelsbach, Hessen

Gegründet: 1934

Die delta pronatura Dr. Krauss & Dr. Beckmann KG ist ein international tätiges Familienunternehmen, zu dessen Kernkompetenzfeldern Wasch-, Putz- und Reinigungsmittel, frei verkäufliche Arzneimittel sowie Gesundheits- und Körperpflegeprodukte gehören. Zum Portfolio des Unternehmens zählen die erfolgreichen Marken Dr. Beckmann, Bullrich, Blistex, Bi-Oil und DDD. Nach eigenen Angaben hält Dr. Beckmann die Marktführerschaft in der Spezial-Fleckentfernung und auch die drei Bullrich-Produktgruppen sind marktführend im Drogeriemarkt- und Lebensmitteleinzelhandelsbereich.

Das Unternehmen entstand aus der 1934 in Berlin gegründeten „Schäfer's Apotheke" und wird bereits in 4. Generation von den geschäftsführenden Gesellschaftern Heiner Beckmann und Gerhard Krauss sowie Geschäftsführer Nils Beckmann geleitet. Mit dem Erwerb der Fleckenteufel stieg delta pronatura 1971 in den Wasch-, Putz- und Reinigungsmarkt ein. 1973 begann man mit der Exklusivdistribution der US-amerikanischen Lippenpflegemarke Blistex, 1981 erwarb delta pronatura mit dem Magenmittel Bullrich Salz® die Marke Bullrich, die kontinuierlich zur Gesundheitsmarke ausgebaut wurde. 1984 wurde Dr. Beckmann als Dachmarke für Wasch-, Putz- und Reinigungsmittel eingeführt und ab 1991 zur stringenten und einheitlichen Dachmarke in ganz Europa ausgebaut. Im Jahr 2011 übernahm delta pronatura die Distribution von Bi-Oil und führte die Marke in Deutschland und Österreich erfolgreich am Markt ein. Tochtergesellschaften in den USA, England, Frankreich, Österreich, der Schweiz und China unterstreichen die internationale Ausrichtung des mittelständischen Unternehmens, das weltweit in 80 Ländern vertreten ist.

Kontakt

delta pronatura Dr. Krauss & Dr. Beckmann KG
Kurt-Schumacher-Ring 15–17, 63329 Egelsbach
Fon: 06103 4045-0
kontakt@delta-pronatura.de,
www.delta-pronatura.de

---

dennree

Töpen, Bayern

Gegründet: 1974

Die dennree Gruppe ist nach eigenen Angaben der führende Großhandel für Bio-Lebensmittel und Naturkosmetik im deutschsprachigen Raum, u. a. mit dem Bio-Großhandel dennree sowie dem Bio-Facheinzelhandel unter dem Namen denn's Biomarkt. Gegründet wurde dennree 1974 vom heutigen Inhaber und Geschäftsführer Thomas Greim mit dem Ideal, die Produkte der damals noch wenigen dynamisch-landwirtschaftlich arbeitenden Landwirte zu vermarkten. Heute beschäftigt die Gruppe aus dem oberfränkischen Töpen über 5.500 Mitarbeitende in den Bereichen Groß- und Einzelhandel. Sie beliefert mehr als 1.400 Naturkostfachgeschäfte in Deutschland, Österreich, Italien, Luxemburg, Kroatien, Slowenien und Rumänien mit einem Sortiment aus rd. 13.500 Artikeln.

Kontakt

dennree GmbH
Hofer Str. 11, 95183 Töpen
www.dennree.de

D

DEPRAG SCHULZ

Amberg, Bayern

Gegründet: 1931

Die DEPRAG SCHULZ GMBH u. CO. ist Marktführer in vielen Anwendungen der Schraubtechnik und spezialisiert auf Automationslösungen, Druckluftmotoren und Druckluftwerkzeuge. Die DEPRAG-Gruppe mit Produktionsstandorten in Deutschland, Tschechien und China sowie internationalen Vertriebs- und Servicegesellschaften beschäftigt weltweit rd. 760 Mitarbeitende.

Die Geschichte des Unternehmens begann 1801 mit der Gründung der Bayerischen Gewehrfabrik, die ab 1918 Werkzeuge und Druckluftgeräte herstellte. 1931 ging daraus unter Otto Schulz die Deutsche Präzisionswerkzeuge AG hervor, die mit der Fertigung von Druckluftwerkzeugen begann. In den 1980er-Jahren erfolgte die internationale Expansion des Unternehmens, das heute von der Familie Schulz-Hallmann in 3. Generation und der Familie Pfeiffer geleitet wird.

Kontakt

DEPRAG SCHULZ GMBH u. CO.
Carl-Schulz-Platz 1, 92224 Amberg
www.deprag.com

Der Beck

Erlangen, Bayern

Der Beck

Lecker. Leben. Leidenschaft.

Gegründet: 1895

Die Der Beck GmbH ist ein mittelfränkischer Bäckereibetrieb, der mit rd. 150 eigenen Filialen deutschlandweit zu den 20 erfolgreichsten Unternehmen der Back- und Gastronomiebranche gehört. Der Name entspricht dem Familiennamen der Inhaber und zugleich dem fränkischen Synonym für Bäcker. Die Filialkonzepte beinhalten „Der Beck“ (Bäckereikonzept mit Sitzcafé), Casa Pane (Mediterranes von Der Beck) sowie Der Beck traditionell. Die Kundinnen und Kunden haben zusätzlich die Möglichkeit, im beckdrive – Filialen mit Autoschalter – bequem einzukaufen. Das angebotene Sortiment umfasst Brote, Feingebäck, Torten, Imbiss sowie selbstgemachtes Eis. Der Ausschank von Kaffeespezialitäten sowie kalten und alkoholischen Getränken ergänzt das Angebot. Der Familienbetrieb ist seit jeher regionalem, nachhaltigem Denken als gelebte Unternehmensstrategie verpflichtet und setzt deshalb gezielt auf regionale Rohstoffe und Dienstleistungen. Im Jahr 2020 beschäftigt Der Beck ca. 1.550 Mitarbeitende (darunter 39 Auszubildende). Der Betrieb befindet sich zu 100 % im Besitz der gleichnamigen Familie. Das Ehepaar Siegfried und Petra Beck sowie der Sohn Dominik leiten in der Funktion von Geschäftsführern gemeinsam mit einem externen Geschäftsführer das Unternehmen. Die Gesellschaftersitzungen finden monatlich statt. Alle Anteile werden grundsätzlich nur in der Familie übergeben.

Die Geschichte der gewachsenen Bäckerei reicht zurück bis ins 19. Jahrhundert, als im Vorort Tennenlohe der mittelfränkischen Stadt Erlangen eine Dorfbäckerei eröffnete. Der Durchbruch gelang der jetzigen, mittlerweile 5. Generation mit der konsequenten Umsetzung des seit 1978 angewandten Filialkonzepts. Für die Nachfolge steht in 6. Generation Sohn Dominik bereit. Den Mitarbeitenden bietet Der Beck vielfältige Schulungsmöglichkeiten, die sowohl die fachliche als auch die persönliche Entwicklung begünstigen sollen.

Der Beck ist für seine Backspezialitäten und seinen Ausschank von fairem Kaffee ausgezeichnet worden.

„Aus der Region für die Region“

Firmenmotto

Die Inhaberfamilie Beck (oben), das Stammhaus in Erlangen von 1895 (unten)

D

Daten und Fakten

Inhaberfamilie: Familie Beck in 5. bzw. 6. Generation
Gründung: 1895, Tennenlohe
Branche: Lebensmittel, Gastronomie
Standorte: rd. 150 Filialen in Mittelfranken, Oberfranken, Oberpfalz
Mitarbeitende: 1.550 (2020)
Umsatz: 92 Mio. Euro (2019)
Marktposition: Marktführer in der Metropolregion Nürnberg
Ausbildungsplätze: 39 (2020)
Unternehmensanteile der Familie: 100 %
Engagement: Alexander Beck Kinderfonds Stiftung hilft sozial benachteiligten Kindern in der Metropolregion Nürnberg
Auszeichnungen: „Fair Trade" für Ausschank von fairem Kaffee, (2007); „Großer Preis des Mittelstands" (2009); „Axia Award" (2009), Kategorie Personalmanagement; „Soziale Verantwortung im Mittelstand" durch das Bayerische Staatsministerium (2013)

Kontakt
Der Beck GmbH
Am Weichselgarten 12, 91058 Erlangen
Fon: 09131 7783-0, Fax: 09131 7783-19
info@der-beck.de, www.der-beck.de

DER KREIS. Gemeinschaft für Küchenspezialisten

Leonberg, Baden-Württemberg

Gegründet: 1979
DER KREIS ist ein Einkaufs- und Dienstleistungsunternehmen für inhabergeführte Küchenfachgeschäfte, das von Ernst-Martin Schaible gegründet wurde. Er baute die als Einkaufsgemeinschaft gestartete Verbundgruppe systematisch zum Full-Service-Dienstleister mittelständischer Fachhandelsgeschäfte im Bereich Küche, Bad, Heizung & Sanitär, Schreinereien, Innen- und Fensterausbau aus. 2017 wurde die Webpräsenz „kuechenspezialisten.de" aus der Taufe gehoben, eine Plattform, die die Mitglieder mit ihren Endkundinnen und -kunden vernetzt. Mittlerweile sind mehr als 3.300 Fachhandelsgeschäfte aus neun europäischen Ländern Teil dieser Verbundgruppe, deren Geschäftsführer ebenfalls Ernst-Martin Schaible ist. Der Ausbildungsberuf „Küchenspezialist" geht auf seine Initiative zurück.

Kontakt
DER KREIS. Einkaufsgesellschaft für Küche & Wohnen mbH & Co. KG
Mollenbachstr. 2, 71229 Leonberg
www.derkreis.de

DERMALOG

Hamburg

Gegründet: 1995
Die DERMALOG Identification Systems GmbH ist der größte deutsche Hersteller von biometrischen Geräten und Systemen. Das 1995 in Hamburg von Günther Mull gegründete Unternehmen bietet eine breite Palette an biometrischen Identifikationslösungen wie Fingerabdruck- und Dokumentenscanner, biometrische Grenzkontrollsysteme, Ausweisdokumente und Wahlsysteme. Die Technik von DERMALOG kommt weltweit in mehr als 230 Großinstallationen zum Einsatz, u. a. im Finanzwesen, in der öffentlichen Verwaltung und beim Grenzmanagement. Ein Schwerpunkt sind multibiometrische Systeme, weitere die Systemintegration und Entwicklung mobiler Lösungen. DERMALOG beschäftigt derzeit 220 Mitarbeitende, der Jahresumsatz lag 2018 bei 61 Mio. Euro. Geschäftsführer ist Günther Mull.

Kontakt
DERMALOG Identification Systems GmbH
Mittelweg 120, 20148 Hamburg
www.dermalog.com

Dettmer Group

Bremen

Gegründet: 1947
Die Dettmer Group KG mit Sitz in Bremen ist ein mittelständisches Familienunternehmen, das als Holding für 34 Unternehmen fungiert. Die Unternehmensgruppe bietet ein breites Leistungsspektrum, dazu zählen Schifffahrt, Luftfracht, Lagerhaltung und Umschlag, Container-Packing, Entsorgung, der Betrieb einer Kerosin-Pipeline, Tanklager, Lkw-Transporte und Schienenlogistik. 1947 gründeten die Brüder Bernhard und Wilhelm Dettmer die „Nordwestdeutscher Frachtverkehr B. Dettmer & Co." in Bremen. Das Unternehmen etablierte sich mit einer eigenen Flotte im Frachtverkehr auf deutschen Binnengewässern und in Seehäfen und war in den 1970er-Jahren die größte deutsche private Binnenschiffsreederei. Die Dettmer Group beschäftigt rd. 1.800 Mitarbeitende und wird von ihrem Inhaber und CEO Heiner Dettmer geführt.

Kontakt
Dettmer Group KG
Tiefer 5, 28195 Bremen
www.dettmer-group.com

Deufol

Hofheim, Hessen

Gegründet: 1890
Die Deufol SE ist ein globaler Anbieter vielfältiger Lösungen und Dienstleistungen rund um das Thema Verpackung. Zu den Geschäftsfeldern zählen Verpackungs- und Vertriebsberatung, Konzept- und Prozessentwicklung, individuelle Automatisierung und Programmierung, Supply-Chain- und Standort-Lösungen. Weltweit sind rd. 2.300 Mitarbeitende an 91 Standorten für zahlreiche Branchen tätig.

1979 übernahm der Enkel ihres Gründers die Dönne + Hellwig GmbH: Detlef W. Hübner entwickelte den Textilgroßhandel systematisch zu einem international aktiven Spezialisten für Industrie- und Konsumgüterlogistik sowie Inhouse-Outsourcing. Aus einem Konglomerat diverser Unternehmen schuf er den heute von der Inhaberfamilie Hübner geführten Konzern und vereinte alle Tochtergesellschaften unter der Dachmarke Deufol.

Kontakt
Deufol SE
Johannes-Gutenberg-Str. 3–5, 65719 Hofheim
www.deufol.com

Deutsche See

Bremerhaven, Bremen

Gegründet: 1939
Mit über 1.800 Mitarbeitenden in rd. 20 Niederlassungen und mehr als 35.000 Kunden aus Lebensmitteleinzelhandel, Gastronomie und Food-Service ist Deutsche See nationaler Marktführer für Fisch und Meeresfrüchte. Seit Ende 2013 vertreibt das Unternehmen aus Bremerhaven seine Produkte auch über einen Online-Shop. Für das langjährige Engagement rund um den Erhalt der Fischbestände wurde die Manufaktur 2010 mit dem Deutschen Nachhaltigkeitspreis ausgezeichnet. 1939 wurde das Unternehmen gegründet. Unter der Firmierung Deutsche See GmbH & Co. KG wurde es 1996 in die Nordsee GmbH integriert. 1998 erwarben Dr. Andreas Jacobs, Dr. Peter Dill und Egbert Miebach Deutsche See. Im Jahr 2018 übernahm das Familienunternehmen Parlevliet & Van der Plas die Deutsche See GmbH und Dirk-Jan Parlevliet wurde Geschäftsführer.

Kontakt
Deutsche See GmbH
Maifischstr. 3–9, 27572 Bremerhaven
www.deutschesee.de

D

Deutsche Vermögensberatung

Frankfurt a. Main, Hessen

Andreas Pohl, Vorstandsvorsitzender Deutsche Vermögensberatung AG

Gegründet: 1975

Die Deutsche Vermögensberatung AG (DVAG) mit Sitz in Frankfurt a. Main ist Deutschlands größte eigenständige Finanzberatung und wurde 1975 gegründet. Mittlerweile betreut das Unternehmen mit über 5.000 Direktionen und Geschäftsstellen rd. 8 Mio. Kundinnen und Kunden zu den Themen Finanzen, Vorsorge und Absicherung. Gemäß dem Unternehmensleitsatz „Früher an Später denken!" erstreckt sich die Beratungskompetenz der über 17.000 selbstständigen Vermögensberaterinnen und -berater dabei von klassischer Geldanlage und privater Altersvorsorge über Kranken- oder Sachversicherungen bis hin zu Finanzierungsmodellen.

Die Deutsche Vermögensberatung wird seit 2014 in 2. Generation von Andreas Pohl als Vorstandsvorsitzendem geführt. Mit dem Generationenwechsel wurden wichtige Weichen für die Zukunft in einem hart umkämpften Marktumfeld gestellt. Und das mit großem Erfolg: Bereits zum fünften Mal in Folge konnte die Deutsche Vermögensberatung bei ihren Geschäftsergebnissen ihre Bestmarken aus dem Vorjahr übertreffen. Umsatzerlöse von rd. 1,87 Mrd. Euro und ein Jahresüberschuss von 203,6 Mio. Euro im Geschäftsjahr 2019 dokumentieren den Erfolg und die Zukunftsfähigkeit des familiengeführten Unternehmens. Zu den Erfolgsfaktoren zählen neben einer qualitativ hochwertigen Beratung auch die enge und langfristige Zusammenarbeit mit renommierten Produktpartnern. So trägt die Deutsche Vermögensberatung maßgeblich zum wirtschaftlichen Erfolg der Generali Deutschland bei und ist mittler-

Die Zentrale der Deutschen Vermögensberatung in der Finanzmetropole Frankfurt a. Main

Chronologie

1975 Dr. Reinfried Pohl gründet mit der Unterstützung seiner Frau Anneliese Pohl die Kompass Gesellschaft für Vermögensanlagen mbH in Frankfurt; später Umbenennung des Unternehmens in Deutsche Vermögensberatung Aktiengesellschaft (DVAG).

1978 Der 1.000. Vermögensberater beginnt seine Tätigkeit bei der DVAG.

1984 Die Söhne Reinfried Pohl und Andreas Pohl treten in das Unternehmen ein.

2001 Beginn der Zusammenarbeit mit der Deutsche Bank AG; die DVAG wird der mobile Vertrieb der Bank.

2012 Die Zahl der Kunden übersteigt sechs Millionen.

2014 Andreas Pohl wird nach dem Tod seines Vaters Vorsitzender des Vorstands der Deutschen Vermögensberatung.

2017 Die neue Unternehmenszentrale im Zentrum der Finanzmetropole Frankfurt wird eingeweiht.

2020 Die Deutsche Vermögensberatung begeht ihr 45-jähriges Firmenjubiläum.

weile für die Deutsche Bank und die DWS Investment GmbH in Deutschland der bedeutendste Vertriebsweg außerhalb des eigenen Filialnetzes.

Kontakt
Deutsche Vermögensberatung AG
Wilhelm-Leuschner-Str. 24,
60329 Frankfurt a. Main
Fon: 069 2384-0
www.dvag.de

Diagramm Halbach

Schwerte, Nordrhein-Westfalen

Gegründet: 1832
Als weltweit tätiger Spezialist für Print- und Zubehörprodukte betreut die Diagramm Halbach GmbH & Co. KG Kunden in anspruchsvollen Projekten wie z. B. medizintechnische Verbrauchsmaterialien, Produkte für Patientensicherheit, Datenbelege, Tickets und Sicherheitsdruck. Das Unternehmen mit mehr als 300 Mitarbeitenden verfügt über zwei als Sicherheitsdruckereien zertifizierte Standorte in Schwerte und Herne sowie zwölf Vertriebsbüros deutschlandweit.

Ludwig Stefan Halbach eröffnete 1832 eine Schreibwaren- und Buchhandlung und nahm 1844 die erste Druckmaschine in Betrieb. Der Begriff Diagramm im Firmennamen geht zurück auf Messscheiben und -streifen für den Bergbau Anfang des 20. Jahrhunderts. Mit Dipl.-Kfm. Philipp Halbach und Dipl.-Kfm. Thomas Halbach führt die 6. Generation der Familie das Unternehmen.

Kontakt
Diagramm Halbach GmbH & Co. KG
Am Winkelstück 14, 58239 Schwerte
www.halbach.com

Diehl Gruppe

Nürnberg, Bayern

Gegründet: 1902
Diehl ist ein Spezialist in der Metallverarbeitung sowie ein global führender Entwickler und Hersteller von Steuerungs- und Regelungssystemen. So ist der Bereich Aviation ein Partner der internationalen Luftfahrzeughersteller für Avionik und Kabine. Diehl Defence bündelt die Aktivitäten in den Bereichen Verteidigung und Sicherheit, insbesondere für Luftverteidigungssysteme. Unternehmen von Diehl Metering prägen seit über 150 Jahren die Geschichte der Messtechnik durch die Entwicklung und Fertigung von zuverlässigen und innovativen Zählern. Die Diehl Gruppe setzte 2018 rd. 3,7 Mrd. Euro um und hatte gut 17.000 Beschäftigte. In Forschung und Entwicklung steckte das Unternehmen 325 Mio. Euro und tätigte Investitionen in Höhe von 118 Mio. Euro.

Kontakt
Diehl Stiftung & Co. KG
Stephanstr. 49, 90478 Nürnberg
www.diehl.com

Dietsch Polstermöbel

Schmalkalden, Thüringen

Gegründet: 1898
Die Dietsch Polstermöbel GmbH produziert und vertreibt Polstermöbel. Teil der Firmenphilosophie ist die ausschließliche Verwendung von Markenschäumen und Qualitätsmarkenstoffen sowie von umweltverträglichen Materialien, die regelmäßig von unabhängigen Fachinstituten geprüft werden. Das Unternehmen mit 180 Mitarbeitenden zählt nach eigenen Angaben zu den modernsten seiner Branche in Europa. So erfolgt etwa der Zuschnitt des Materials vollständig CAD-gesteuert. Der Familienbetrieb wird heute in 4. Generation

D

von Jörk Dietsch und Mathias Dietsch geführt. Sie sind Urenkel des Unternehmensgründers Arthur Dietsch, der 1898 ein Sägewerk mit angeschlossener Polsterei und Möbeltischlerei gründete und damit den Grundstein für den Traditionsbetrieb legte.

Kontakt
Dietsch Polstermöbel GmbH
Frank-Luck-Str. 2–3, 98574 Schmalkalden
www.dietsch.de

DIHAG

Coswig, Sachsen

Gegründet: 2001
Unter dem Dach der Marke DIHAG und der dazugehörigen Holding verbinden sich acht traditionsreiche Gießereien zu einem Unternehmensverbund, der nach eigenen Angaben zu den größten unabhängigen europäischen Gießereigruppen gehört. Sechs deutsche Unternehmen aus Sachsen, Thüringen und Nordrhein-Westfalen werden von je einer ungarischen und einer polnischen Gesellschaft ergänzt. Die DIHAG-Gesellschaften liefern ein breites Produkt- und Werkstoffangebot für unterschiedliche Branchen wie Windenergie, Stahl und Eisen, Maschinen-und Anlagenbau, Schiene, Mining und Energie an ca. 1.100 Kunden in 50 Ländern der Welt. Die gesamte Gruppe beschäftigt rd. 1.400 Mitarbeitende. Die Geschäftsführung haben Dr. Benno Hank, Dr. Kurt Vennemann und Stefan Mettler inne.

Kontakt
DIHAG HOLDING GmbH
Grenzstr. 1, 01640 Coswig
www.dihag.com

Dillenburger

Köln, Nordrhein-Westfalen

Gegründet: 1971
Die Unternehmensgruppe Dillenburger bietet umfassende Dienstleistungen für die technische Gebäudeausrüstung und das technische Gebäudemanagement an. Zur Firmengruppe gehören die di-pa Technische Gebäudeservice GmbH (technische Gebäudeausrüstung und Service) sowie die di-cc Umwelt-Energie GmbH (Energieeffizienz und Contracting). Empfehlungen zufriedener Kunden sind die Basis für Neukundengewinnung.

1971 legte Claus Dillenburger in Köln den Grundstein für die Unternehmensgruppe. Oliver Dillenburger ist seit 2002 in der Firmengruppe tätig und als Geschäftsführer der di-pa Technische Gebäudeservice GmbH verantwortlich für Personal und das technische Gebäudemanagement. Seit 2017 kooperiert die Gruppe mit der EE Energy Engineers GmbH/TÜV Nord Group.

Kontakt
di-pa Technische Gebäudeservice GmbH
Von-Hünefeld-Str. 1, 50829 Köln
www.dillenburger.de

Dinkelacker-Schwaben Bräu

Stuttgart, Baden-Württemberg

Gegründet: 1888
Carl Dinkelacker gründete die Brauerei 1888 in der Tübinger Straße im Herzen Stuttgarts – bis heute Hauptsitz und Produktionsstandort der Firma. 1996 schloss sich die Brauerei mit Schwaben Bräu zu einer AG zusammen. In den Jahren 2005 und 2006 gehörte das Unternehmen der Interbrew bzw. InBev an. Seit dem Rückkauf des Unternehmens aus dem weltgrößten Braukonzern InBev durch den Urenkel des Firmengründers, Wolfgang Dinkelacker,

ist die Dinkelacker-Schwaben Bräu GmbH & Co. KG die größte konzernunabhängige Familienbrauerei Baden-Württembergs. Brauerei, Verwaltung und das Logistikzentrum in Stuttgart-Weilimdorf haben mehr als 280 Mitarbeitende. Zu den starken Marken des Unternehmens gehören Dinkelacker, Schwaben Bräu, Sanwald und Wulle.

Kontakt
Dinkelacker-Schwaben Bräu GmbH & Co. KG
Tübinger Str. 46, 70178 Stuttgart
www.familienbrauerei-dinkelacker.de

DKV Mobility

Ratingen, Nordrhein-Westfalen

Gegründet: 1955
DKV Mobility ist Marktführer für die bargeldlose Unterwegsversorgung des Transportgewerbes auf Europas Straßen. Das Unternehmen entwickelt Produkte und Services, die 230.000 Kunden bzw. Vertragspartner in über 40 Ländern für das Tanken, die Maut, die Mehrwert- oder Mineralölsteuer nutzen. Seit 1966 war dies die DKV Card zum Tanken und Zahlen, zunehmend sind es digitale Lösungen. Elektrisches Fahren, die Kompensation des Diesel-Verbrauchs oder das Betanken eines Lkw mit Flüssigerdgas sind Aufgabenstellungen der nächsten Jahre. In 15 internationalen Niederlassungen sind über 1.000 Mitarbeitende beschäftigt, über 600 arbeiten am Hauptsitz Ratingen. DKV Mobility bewegt mit 4,2 Mio. Cards und On-Board-Units ein Transaktionsvolumen von rd. 9,9 Mrd. Euro im Jahr.

Kontakt
DKV Mobility Servides Holding GmbH + Co. KG
Balcke-Dürr-Allee 3, 40882 Ratingen
www.dkv-mobility.com

DOHLE

Siegburg, Nordrhein-Westfalen

Gegründet: 1972
Unter dem Dach der DOHLE Handelsgruppe Holding GmbH & Co. KG mit rd. 6.100 Mitarbeitenden sind die Bereiche HIT Handelsgruppe GmbH & Co. KG, DOHLE Handelsgruppe Service GmbH & Co. KG, DOHLE Stiftungen und Private Vermögensverwaltung vereint. Die Ursprünge des Unternehmens gehen zurück auf die Kolonialwaren-Großhandlungen Gerhard Schröder, Bergheim-Erftkreis, gegründet 1902, und Jean Dohle, Königswinter-Quirrenbach, gegründet 1927. Maria Dohle, geb. Schröder, und Kurt Dohle fusionierten die elterlichen Firmen zur DOHLE Handelsgruppe und gründeten 1972 die HIT-Verbrauchermarkt GmbH mit dem ersten HIT-Markt in Bonn. 2020 gibt es 102 HIT-Märkte mit Verkaufsflächen von 900 bis 5.500 m², davon 77 Regiemärkte und 25 Franchise-Märkte selbstständiger Unternehmerinnen und Unternehmer.

Kontakt
DOHLE Handelsgruppe Holding GmbH & Co. KG
Jean-Dohle-Str. 1, 53721 Siegburg
www.dohle-gruppe.de

Döhler

Darmstadt, Hessen

Gegründet: 1838
Als Gewürzmühle vor über 175 Jahren gegründet, agiert die Döhler GmbH heute als ein weltweiter Hersteller, Vermarkter und Anbieter technologie-basierter natürlicher Ingredients, Ingredient Systems und integrierter Lösungen für die Lebensmittel- und Getränkeindustrie. Döhler beschäftigt mehr als 7.000 Mitarbeitende und ist in über 130 Ländern aktiv. Die Unternehmensgeschichte begann 1838 in Erfurt mit Gewürzmischungen.

D

1872 übernahm Wilhelm Gemmer den Betrieb, Leo Gemmer trat 1924 in die Geschäftsleitung ein und baute das Unternehmen weiter aus. Nach der Enteignung im Osten des geteilten Deutschlands wurden Frankfurt a. Main und Bad Wildungen erste Stationen des Neuanfangs. Döhler konzentrierte sich auf die Herstellung von Aromen und Backhilfsmitteln und zog 1957 nach Darmstadt. Seither expandierte das Unternehmen, weiterhin in Familienhand, zu einem der global führenden Partner der Lebensmittel- und Getränkeindustrie.

Kontakt
Döhler GmbH
Riedstr. 7–9, 64295 Darmstadt
www.doehler.com

Dolezych

Dortmund, Nordrhein-Westfalen

„Wir wollen die Erwartungen unserer Kunden übertreffen."

Udo Dolezych

Gegründet: 1935
Das Dortmunder Unternehmen Westdeutscher Drahtseilverkauf Dolezych GmbH & Co. KG ist einer der weltweit führenden Hersteller von Seil-, Hebe-, Anschlag- und Ladungssicherungstechnik. Das sind u. a. Seilprodukte, Ketten, Hebebänder und Rundschlingen, Hebezeuge sowie Zurrmittel wie Zurrgurte, Zurrseile, Zurrketten und Ladungssicherungsnetze. Dolezych-Produkte sind überall dort im Einsatz, wo gehoben, transportiert und gesichert werden muss: Ein neues U-Boot der Bundesmarine schwebt in Kiel an Transportkranen zum Weiterbau nach Emden. Der 600 t wiegende Stahlkoloss wird von Hochleistungs-Rundschlingen aus Dortmund sicher gehoben. In China werden gewaltige Gas-Pipelines mit den Dortmunder Hebesystemen verlegt.

Das Familienunternehmen hat seinen Stammsitz in Dortmund.

Chronologie

1935 Franz Dolezych gründet das Unternehmen in Dortmund.

1949 Wiederaufbau des im Zweiten Weltkrieg zerstörten Betriebs

1968 Udo Dolezych tritt in das Unternehmen ein.

1992 Gründung der Niederlassung in Kattowitz (Polen)

2001 Gründung der Niederlassung in Balsthal (Schweiz)

2003 Gründung Doleco Lifting & Lashing Ltd. in Kunshan (China)

2008 Gründung einer Niederlassung in Santiago de Chile (Chile)

2011 Tim Dolezych tritt in das Unternehmen ein.

2012 Gründung einer Niederlassung in Voronezh (Russland)

2013 Gründung der Niederlassungen in Istanbul (Türkei) und Connecticut (USA)

2017 Tim Dolezych wird geschäftsführender Gesellschafter.

Die Westdeutscher Drahtseilverkauf Dolezych GmbH & Co. KG ist ein führendes Unternehmen im Bereich der Seil-, Hebe-, Anschlag- und Ladungssicherungstechnik.

Und als Christo 1995 in Berlin den gesamten Reichstag verpackte, hielt die Umhüllung mit Zurrmitteln von Dolezych.

Das im Jahr 1935 von Franz Dolezych gegründete Unternehmen feiert 2020 sein 85-jähriges Bestehen. Dolezych entwickelte sich vom regionalen Lieferanten zum international agierenden Komplettanbieter seiner Branche mit weltweit rd. 650 Mitarbeitenden. Seit 1990 führt Udo Dolezych als alleiniger geschäftsführender Gesellschafter das Unternehmen in der 2. Generation. In dieser Zeit entstanden Niederlassungen in der ganzen Welt: 1992 in Polen, 2001 in der Schweiz, 2003 in China, 2007 in der Ukraine sowie 2008 in Chile. Im Jahr 2011 tritt mit Tim Dolezych die 3. Generation in das Unternehmen ein. 2017 wird er geschäftsführender Gesellschafter. Es entstehen weitere Niederlassungen in Russland (2012), in der Türkei (2013) und in den USA (2013).

Dolezych bietet heute eine breite Produkt- und Angebotspalette. Der rd. 600 Seiten starke Unternehmenskatalog, der in sechs Sprachen verlegt wird, enthält mehr als 20.000 Artikel für zuverlässiges Heben und Transportieren. Jedes Produkt wird nach zertifizierten Standards sicher und umweltgerecht produziert. Durch die führende Mitarbeit in nationalen und internationalen Normungsgremien ist das Unternehmen an der Entwicklung bestehender und zukünftiger Standards beteiligt und setzt diese frühzeitig in sichere Produkte und sichere Handlingkonzepte um.

Udo Dolezych (oben) leitet das Unternehmen seit 1990 in 2. Generation, seit 2017 ist auch sein Sohn Tim Dolezych (unten) geschäftsführender Gesellschafter.

Gesellschaftliche Verantwortung

Neben seiner Tätigkeit als geschäftsführender Gesellschafter engagiert sich Udo Dolezych ehrenamtlich in zahlreichen Institutionen und Projekten. So fungiert er seit 2016 als Ehrenpräsident der Industrie- und Handelskammer zu Dortmund. Er ist Ehrenvorsitzender des Dortmunder Regionalkreises von „Die Familienunternehmer e. V.", der sich für die Interessen von Familienunternehmen in Deutschland einsetzt.
Seine fachliche Erfahrung bringt er auch als deutscher Obmann des europäischen CEN-Ausschusses für die Normung von Zurrgurten und Hebebändern ein. Für sein umfangreiches ehrenamtliches Engagement wurde der Unternehmer am 11. September 2008 vom NRW-Ministerpräsidenten Jürgen Rüttgers mit dem Bundesverdienstorden am Bande ausgezeichnet.

Das Unternehmen Dolezych bietet dem Kunden neben dem sicheren Produkt, wie die textile Zurr- und Anschlagkette DoNova® (oben), auch das Know-how für seinen sicheren Einsatz (Mitte). Dazu zählt auch der sichere Transport großflügeliger Windräder (unten).

Eine Kernkompetenz des Unternehmens ist die Entwicklung maßgeschneiderter Lösungen für spezielle Anwendungsfelder. Belegt wird dies durch zahlreiche innovative Produkte und Patente. In jüngerer Zeit zählt dazu bspw. die enorm leichte, textile Zurr- und Anschlagkette DoNova®, die Standardketten aus Stahl ersetzt und die Arbeitsergonomie in den Mittelpunkt stellt.

Komplettiert wird das Produktangebot durch ein umfangreiches Seminar- und Schulungsprogramm zum sicheren Heben und Transportieren sowie Service und Dienstleistungen rund um die Produkte, gemäß dem Wahlspruch des Unternehmens: „Dolezych – einfach sicher".

Daten und Fakten

Inhaberfamilie: Familie Dolezych in 2. und 3. Generation
Gründer: Franz Dolezych, 1935, Dortmund
Branche: Seil-, Hebe-, Anschlag- und Ladungssicherungstechnik
Standorte: Deutschland; Polen, Schweiz, China, Ukraine, Chile, Russland, Türkei, USA
Mitarbeitende: 650 (2019)
Marktposition: führendes Unternehmen im Bereich Seil-, Hebe-, Anschlag- und Ladungssicherungstechnik
Innovationen: Schwerlastrundschlinge DoMega+, textile Zurr- und Anschlagkette DoNova®, Ratschlastspanner DoRa, Sicherungssysteme mit Tension-Controller für den Pkw- und Lkw-Transport
Familieneinfluss: Udo und Tim Dolezych sind geschäftsführende Gesellschafter
Unternehmensanteile der Familie: 100%
Ausbildungsquote: 10%

Kontakt

Westdeutscher Drahtseilverkauf Dolezych GmbH & Co. KG
Hartmannstr. 8, 44147 Dortmund
Fon: 0231 8285-0, Fax: 0231 8277-82
info@dolezych.de, www.dolezych.de

Ansprechpartnerin Presse

Antje Kater
Fon: 0231 8285-424
antje.kater@dolezych.de

Domnick + Müller

Friedrichsdorf, Hessen

Gegründet: 1956
Die Domnick + Müller GmbH + Co. KG vertreibt Maschinen und Geräte wie Gabelstapler, Teleskoplader und Hubarbeitsbühnen. Darüber hinaus entwickelt, produziert und vertreibt das Unternehmen Systeme zur Administration von Maschinen- und Fuhrparks. 2000 gelang Domnick + Müller die europaweite Etablierung mit der firmeneigenen Produktreihe „Mobile Easykey" für die Verwaltung von Zugangsberechtigungen. Im Servicebereich bietet das Unternehmen neben Beratung und Finanzierung auch Wartungs- und Reparaturservices, Vermietung, Sonderbau, Fahrerausbildung und Flottenbetreuung. Bei geländegängigen Flurförderzeugen ist man nach eigenen Angaben Marktführer. Seit 1995 leitet Jochen Müller das inhabergeführte Familienunternehmen in 2. Generation.

Kontakt

Domnick + Müller GmbH + Co. KG
Max-Planck-Str. 11, 61381 Friedrichsdorf
www.domnick-mueller.de

Dorfner

Nürnberg, Bayern

Gegründet: 1949
Die Dorfner Gruppe mit Hauptsitz in Nürnberg ist eine international agierende Unternehmensgruppe mit einem Fokus auf integrierte Gebäudedienstleistungen: vom technischen über das

infrastrukturelle bis zum kaufmännischen Gebäudemanagement. Die drei Geschäftsbereiche sind Gebäudereinigung, Gebäudemanagement und Catering. Gegründet wurde das Unternehmen im Jahr 1949 von Hans Dorfner und seiner Frau Margarete als kleiner Handwerksbetrieb. Heute beschäftigt die Gruppe rd. 11.350 Mitarbeitende in Deutschland, Österreich und Tschechien an 40 Standorten. Dort ist Dorfner mit sieben Hauptbetrieben oder Bürosvertreten. Gesamtgeschäftsführer ist seit 2013 Peter Engelbrecht, der diese Aufgabe von seinem Vorgänger Peter Reichel übernahm.

Kontakt
Dorfner GmbH & Co. KG
Willstätterstr. 71, 90449 Nürnberg
www.dorfner-gruppe.de

Dornbracht

Iserlohn, Nordrhein-Westfalen

Gegründet: 1950
Dornbracht entwickelt und produziert Design-Armaturen für Bad und Küche und schafft damit neue Lebensbereiche sowie Wassererlebnisse der nächsten Dimension. Mit ikonischen Designlinien in Manufakturqualität prägt das Unternehmen die Branche seit Jahrzehnten als Innovationsführer.

Die Dornbracht Group International, zu der auch der Premiumanbieter Alape gehört, erzielte 2018 einen Umsatz von über 166 Mio. Euro und beschäftigt weltweit rd. 1.050 Mitarbeitende. Dornbracht produziert ausschließlich in Deutschland.

Heute wird das Unternehmen von Andreas und Matthias Dornbracht in 3. Generation geführt. Ihre Söhne Alexander und Konstantin Dornbracht übernehmen jeweils erste Verantwortung in leitenden Positionen.

Kontakt
Aloys F. Dornbracht GmbH & Co. KG
Köbbingser Mühle 6, 58640 Iserlohn
www.dornbracht.com

Dr. Müller, Hufschmidt

Straelen, Nordrhein-Westfalen

Gegründet: 1972
Die Dr. Müller, Hufschmidt Steuerberatungsgesellschaft mbH betreut Unternehmen aller Branchen – insbesondere Familienunternehmen – in steuerlichen Fragen. Sie bietet mit der Marke Lohnbits zudem einen Schwerpunkt im Bereich Lohnoutsourcing. Als eine der größten Steuerberatungskanzleien am Niederrhein berät Dr. Müller, Hufschmidt überwiegend Mandanten aus Nordrhein-Westfalen. Mit 60 Mitarbeitenden erzielte das Unternehmen 2019 einen Umsatz von 4,3 Mio. Euro. Die 1972 von Dr. Rainer Müller, Hardy Hufschmidt und dem inzwischen verstorbenen Peter Daamen gegründete Gesellschaft mit zwei Schwestergesellschaften ist in 2. Generation im Familienbesitz, die Geschäftsführung bilden Dr. Rainer Müller, Dr. Mischa Müller und Nicolai Müller.

Kontakt
Dr. Müller, Hufschmidt
Steuerberatungsgesellschaft mbH
Zeppelinstr. 34, 47638 Straelen
www.steuerberatung-straelen.de

Dr. Rettler Service

München, Bayern

Gegründet: 1982
Die Dr. Rettler Service GmbH ist ein Reinigungsunternehmen, das Services für Werterhalt und Pflege von Gebäuden und Anlagen anbietet – für unterschiedlichste Szenarien. Zu den Kunden gehören Kliniken, Altenheime,

D

Gewerbe, Industrie und kommunale Auftraggeber. Das mittelständische Familienunternehmen beschäftigt 1.600 Mitarbeitende und erwirtschaftet einen Jahresumsatz von 28 Mio. Euro. Die Dr. Rettler Service hat einen Familienbeirat installiert. Dr. Jochen Rettler, der die Firma 1982 in München gründete, ist zugleich Geschäftsführer. Die Nachfolgeregelung ist in Arbeit, Constance Rettler fungiert als Prokuristin. Seiner gesellschaftlichen Verantwortung kommt das Unternehmen durch Weiterbildungsangebote, Spenden und lokales Sponsoring nach.

Kontakt
Dr. Rettler Service GmbH
Gmunder Str. 53, 81379 München
www.rettler.de

Dr. Wolff

Bielefeld, Nordrhein-Westfalen

Gegründet: 1905
Die international operierende Dr. Wolff-Gruppe erforscht, entwickelt und vermarktet pharmazeutische und kosmetische Produkte. Zu den bekanntesten Marken zählen Alpecin, Alcina und Plantur 39 im kosmetischen sowie Linola und Vagisan im pharmazeutischen Bereich. Die Gruppe umfasst die Dr. August Wolff GmbH & Co. KG Arzneimittel und die Dr. Kurt Wolff GmbH & Co. KG, die als Marktführer für Friseurkosmetik gilt. Produziert wird am Standort Bielefeld, wo sich auch die Verwaltung befindet. Das Familienunternehmen wird von Eduard R. Dörrenberg und Christoph Harras-Wolff in 4. Generation gemeinsam mit dem externen Geschäftsführer Carsten Heins geleitet. Die 675 Mitarbeitenden im In- und Ausland erwirtschafteten 2019 einen Umsatz von 313 Mio. Euro.

Kontakt
Dr. Wolff Group
Johanneswerkstr. 34–36, 33611 Bielefeld
www.drwolffgroup.com

DR.SCHNELL

München, Bayern

Gegründet: 1836
Die DR.SCHNELL GmbH & Co. KGaA ist Anbieterin von Produkten und Serviceleistungen für die professionelle Reinigung, Desinfektion und Händehygiene mit eigenen Forschungs- und Entwicklungslabors sowie europaweitem Vertrieb. DR.SCHNELL ist u. a. Partner für das Gesundheitswesen, das Verkehrswesen, öffentliche Einrichtungen, Hotellerie und Gastronomie, Wäschereien, Gebäudereiniger, Lebensmittelindustrie und -produktion. Am Produktionsstandort München und europaweit sind 340 Mitarbeitende beschäftigt. 1963 übernahm Dr. Wolfgang Schnell die Münchner Seifenfabrik seines Vaters und wandelte sie zu einem Chemie-Betrieb. Dr. Thomas Schnell, seit 2003 im Unternehmen, leitet DR.SCHNELL in 6. Generation als geschäftsführender Gesellschafter, sein Vater, Dr. Wolfgang Schnell, ist Vorsitzender des Aufsichtsrates.

Kontakt
DR.SCHNELL GmbH & Co. KGaA
Taunusstr. 19, 80807 München
www.dr-schnell.de

Dräger

Lübeck, Schleswig-Holstein

Gegründet: 1889
Dräger ist ein international führendes Unternehmen der Medizin- und Sicherheitstechnik.

D

Die Produkte kommen u. a. in der klinischen Anwendung, bei der Feuerwehr oder im Rettungsdienst zum Einsatz. Dräger beschäftigt weltweit rd. 14.500 Mitarbeitende und ist in über 190 Ländern vertreten. Innovationen im medizinischen Bereich, wie z. B. der Pulmotor (1907), das weltweit erste in Serienproduktion hergestellte mobile Notfallbeatmungs- und Wiederbelebungsgerät, sowie der „Roth-Dräger"-Narkoseapparat zur exakten Dosierung, begründeten den internationalen Ruf von Dräger. Heute besteht das Familienunternehmen in 5. Generation und wird von Stefan Dräger als Vorstandsvorsitzendem geführt. Dräger erzielte 2019 einen Umsatz von 2,8 Mrd. Euro.

Kontakt
Drägerwerk AG & Co. KGaA
Moislinger Allee 53–55, 23558 Lübeck
www.draeger.com

Dräxlmaier

Vilsbiburg, Bayern

Gegründet: 1958
Das Familienunternehmen Fritz Dräxlmaier GmbH & Co. KG wurde von der Fachpublikation Automobilwoche 2013 zu den 100 wichtigsten Zulieferern der Automobilindustrie gezählt. Die Unternehmensgeschichte und Spezialisierung auf Autoelektronik begann 1958, als Lisa und Fritz Dräxlmaier mit ihrer neu gegründeten Firma für die Kabelsätze des legendären Goggomobils sorgten. Heute werden als Entwicklungs- und Systempartner der internationalen Automobilindustrie die Bereiche Interieur, Elektrik- und Elektronikkomponenten sowie Bordnetzsysteme bearbeitet. Die Gruppe beschäftigt ca. 75.000 Mitarbeitende an 60 Standorten in über 20 Ländern. Der Umsatz betrug 2019 rd. 4,9 Mrd. Euro. Jürgen Otto übernahm 2019 die Funktion des CEO der DRÄXLMAIER Group.

Kontakt
Fritz Dräxlmaier GmbH & Co. KG
Landshuter Str. 100, 84137 Vilsbiburg
www.draexlmaier.com

Droege Group

Düsseldorf, Nordrhein-Westfalen

Gegründet: 1988
Die Droege Group (seit 1988 im Familienbesitz) ist ein unabhängiges Investment- und Beratungshaus und Spezialist für maßgeschneiderte Transformationsprogramme mit dem Ziel der Steigerung des Unternehmenswertes. Das Unternehmen investiert Eigenkapital in mittelständische Unternehmen und Spin-offs in „Special Situations" – z. B. Underperformer mit Restrukturierungsbedarf, Turnarounds und schwierige Verkaufsprozesse. Die Droege Group verbindet ihre Familienunternehmensstruktur und Kapitalstärke zu einem Family-Equity-Geschäftsmodell. Die unternehmerischen Plattformen der Droege Group sind an den Megatrends ausgerichtet. 2019 hat die Droege Group einen gruppenweiten Umsatz von ca. 11 Mrd. Euro erzielt und ist in ca. 30 Ländern aktiv.

Kontakt
Droege Group AG
Poststr. 5–6, 40213 Düsseldorf
www.droege-group.com

D

Duensing

Neustadt am Rübenberge,
Niedersachsen

DUENSING
HOCHBAU TIEFBAU EISENBAHNBAU

„Wenn unser Unternehmen wirtschaftlich erfolgreich ist, dann sollen die Mitarbeitenden am Erfolg teilhaben."

Friedrich Duensing

Gründer Friedrich Duensing; die Firmenzentrale in Neustadt am Rübenberge

Gegründet: 1887

Die Friedrich Duensing GmbH mit Sitz in Neustadt am Rübenberge ist ein mittelständisches Bauunternehmen mit den Schwerpunkten Hoch-, Tief- und Eisenbahnbau. Das Unternehmen beschäftigt bundesweit etwa 220 Mitarbeitende und stellt pro Jahr vier bis sechs Auszubildende ein. 2019 erzielte die Firma rd. 45 Mio. Euro Umsatz. Das Familienunternehmen wird in 4. Generation von Friedrich Duensing geführt. Sämtliche Firmenanteile befinden sich seit jeher in Familienbesitz. Regelmäßig tagt ein Beraterkreis, dem neben der Geschäftsleitung auch Wirtschaftsprüfer und Unternehmensberater angehören.

Die Firma Duensing blickt auf eine mehr als 130-jährige Geschichte zurück: 1887 gründete Friedrich Duensing eine Hochbaufirma am heutigen Standort in Eilvese bei Neustadt am Rübenberge. 1924 übergab er die Geschäftsleitung an seinen Sohn Adolf Duensing, der den Hochbau um die Geschäftsfelder Tief- und Eisenbahnbau erweiterte. Nach dessen Tod 1971 übernahm sein Sohn Friedrich Duensing die Leitung und entwickelte die Firma zu einem bundesweit tätigen Bauunternehmen weiter. Seit 2004 ist Friedrich Duensing (4. Generation) Geschäftsführer des Unternehmens.

Friedrich Duensing führt das Unternehmen in 4. Generation.

Chronologie

1887 Friedrich Duensing gründet das Unternehmen in Neustadt am Rübenberge.

1924 Der Gründer übergibt die Geschäftsleitung an seinen Sohn Adolf Duensing.

1971 Nach dessen Tod übernimmt sein Sohn Friedrich Duensing das Unternehmen.

1996 Mit Friedrich Duensing jun. tritt die 4. Generation in das Unternehmen ein.

2004 Friedrich Duensing jun. wird Geschäftsführer des Unternehmens.

2007 In Ulm wird eine neue Niederlassung für den Eisenbahnbau eingerichtet.

2012 Duensing feiert 125-jähriges Jubiläum.

2014 Friedrich Duensing jun. übernimmt die alleinige Geschäftsführung.

Es gehört seit jeher zur Firmenphilosophie, die Beschäftigten in die Unternehmensentwicklung miteinzubeziehen und so die Identifikation mit dem Betrieb zu stärken. Das Unternehmen bietet überdurchschnittliche Sozialleistungen wie eine übertarifliche Vergütung und spezielle Zusatzversicherungen sowie ein Gewinnbeteiligungsmodell für alle Mitarbeitenden. Zudem wird die persönliche und berufliche Weiterentwicklung der Beschäftigten mit maßgeschneiderten Fortbildungsangeboten gefördert. Beiträge zum Klima- und Umweltschutz sind u. a. die Fotovoltaikanlagen, ein Biotop und ein Firmenwald. Diese Philosophie der Nachhaltigkeit wurde 2019 offiziell mit dem CSR-Zertifikat in Silber bestätigt. Soziale Verantwortung übernimmt Duensing durch die Unterstützung von Schulen, Kindergärten und Sportvereinen in der Region.

Daten und Fakten

Inhaberfamilie: Familie Duensing in 3. und 4. Generation
Gründer: Friedrich Duensing, 1887, Neustadt am Rübenberge
Branche: Hochbau, Tiefbau, Eisenbahnbau
Umsatz: 45 Mio. Euro (2019)
Mitarbeitende: ca. 220 in Deutschland (2019)
Ausbildungsplätze p. a.: 4–6
Familieneinfluss: inhabergeführt durch Friedrich Duensing
Unternehmensanteile der Familie: 100%
Eigenkapitalquote: über 50% (2019)

Kontakt

Friedrich Duensing GmbH
Kleeblattstr. 2, 31535 Neustadt
Fon: 05034 872-0, Fax: 05034 872-60
info@duensing.de, www.duensing.de

DuMont

Köln, Nordrhein-Westfalen

D

DuMont

Gegründet: 1620

DuMont ist ein Start-up mit 400-jähriger Tradition. Mut, Gestaltungswille und Innovationskraft ziehen sich seit jeher wie ein roter Faden durch die Geschichte des in 12. Generation geführten Familienunternehmens. „Wir machen relevante Inhalten für eine vernetzte Gesellschaft" – diese Kernbotschaft bringt auf den Punkt, was das Unternehmen auszeichnet: seinen Kundinnen und Kunden in einer sich stetig wandelnden digitalen Kommunikationswelt zum richtigen Zeitpunkt, am richtigen Ort, durch das richtige Medium die richtigen Informationen zu vermitteln. Seit 2014 hat sich DuMont vom traditionellen Verlagshaus zu einem digitalen Medien- und Technologieunternehmen entwickelt, das heute in den drei Geschäftsfeldern

„Wir machen relevante Inhalte für eine vernetzte Gesellschaft."

Unternehmensleitsatz

Isabella Neven DuMont, Aufsichtsratsvorsitzende, und ihr Stellvertreter Christian DuMont Schütte

Soziales Engagement – DuMont übernimmt Verantwortung

DuMont engagiert sich stark im sozialen Bereich der Gesellschaft. Mit gezielten Spendenaktionen unterstützt das Unternehmen vor allem lokal verankerte Projekte für Kinder und Jugendliche in schwierigen Lebenssituationen: „wir helfen" ist die Aktion des Kölner Stadt-Anzeiger für Kinder und Jugendliche in der Region, die auf den Schattenseiten des Lebens stehen. „wir helfen" möchte sie dabei unterstützen, unbeschadet groß zu werden und Lebensperspektiven zu entwickeln. Seit der Gründung im Herbst 1998 hat der gemeinnützige Verein unter Vorsitz von Hedwig Neven DuMont jährlich ein anderes Schwerpunktthema, mit dem pro Jahr bis zu 150 Projekte und Initiativen aus der Region unterstützt werden, die in Not geratenen Jungen und Mädchen helfend zur Seite stehen und dabei solide und nachhaltig arbeiten. Jeder dem Verein anvertraute Cent kommt zu 100% jungen Menschen in Not zugute. In den mehr als 20 Jahren konnten bisher rd. 30 Mio. Euro dank großzügiger Spenderinnen und Spender gesammelt werden.
Zudem gründete Christian DuMont Schütte 2006 die „KultCrossing gemeinnützige GmbH" zur Förderung der kulturellen Bildung in Schulen. KultCrossing unterstützt den Dialog zwischen Jugend und Kultur, macht diesen auf faszinierende Weise erlebbar und schafft gezielt Möglichkeiten, nachhaltig Horizonte zu erweitern, Kreativität zu fördern und vernetztes Denken anzuregen – auch mit Blick auf das spätere berufliche Leben.

D

Chronologie

1620 Der Kölner Bertram Hilden beginnt mit dem Druck von Festschriften und Gebetbüchern.

1802 Die Erben Schauberg erwerben die in der hauseigenen Druckerei gedruckte Kölnische Zeitung.

1805 Marcus DuMont gründet M. DuMont Schauberg und übernimmt die Druckerei mitsamt der dort gedruckten Kölnischen Zeitung.

1876 Der Kölner Stadt-Anzeiger erscheint.

1956 Gründung des DuMont Buchverlags

1964 Gründung der Boulevardzeitung EXPRESS

1991–2009 Ausbau des Regionalmedienportfolios und Erwerb der Medienmarken in Halle, Frankfurt, Berlin und Hamburg

2014 Neuausrichtung der Mediengruppe mit den drei Geschäftsfeldern Regionalmedien, Business Information und Marketing Technology

2015 Aus M. DuMont Schauberg wird DuMont.

2016 Ausbau DuMont Marketing Technology: Übernahme von Anteilen an Facelift brand building technologies, upljft und censhare

2018 Ausbau Business Information: Übernahme von DTAD, bav und ZAK; Marketing Technology: Übernahme der Mehrheit von censhare

2020 Neuausrichtung der Regionalmedien im integrierten Medienhaus in Köln mit Fokus auf die digitale Weiterentwicklung von Kölner Stadt-Anzeiger und EXPRESS; Übergabe von Berliner Zeitung, Berliner Kurier, Mitteldeutsche Zeitung und Hamburger Morgenpost an neue Eigentümer

Marcus DuMont (oben) und seine Frau Katharina Schauberg (Mitte) legten 1805 den Grundstein für die heutige Mediengruppe; der Verlagssitz in der Kölner Breite Straße um 1900 (unten)

Das Neven DuMont Haus in Köln ist der Hauptsitz des Unternehmens.

D

Open Network – Lernen! Vernetzen! Ausprobieren!

Seit 1620 gestaltet DuMont mit Kreativität und Mut den stetigen gesellschaftlichen Wandel mit. In Zeiten der Digitalisierung und einer immer komplexer werdenden Welt begreift das Unternehmen Veränderung als Chance und gibt „Thought Leadern" Raum für Vernetzung und Wissensaustausch. Lernen, vernetzen, ausprobieren – das Format „Open Network" steht für eine ständig wachsende Plattform, die Wissenschaft und Start-ups, Gründerinnen, Gründer und etablierte Unternehmen sowie Mitarbeitende von DuMont seit Sommer 2017 verbindet. Ziel ist der hierarchielose Austausch zu aktuellen Aspekten der digitalen Transformation. Das Themenportfolio ist breit und erstreckt sich von digitalen Lifehacks für den Alltag und Nischen-Themen (wie soziale Kanäle, Games, Podcasts) bis hin zu den Bigshifts (wie Blockchain, VR, Plattform-Ökonomie).

Regionalmedien, Business Information und Marketing Technology tätig ist. Inhalte, Daten und Technologie bilden die Basis der Aktivitäten.

Im Geschäftsfeld Regionalmedien entstehen Tag für Tag Inhalte, die durch ihre publizistische Qualität überzeugen: Kölner Stadt-Anzeiger und EXPRESS sind die führenden Marken in der Metropolregion Köln mit Fokus auf Relevanz, Aktualität und Authentizität. Die DuMont Business Information steht für Daten-Services von höchster Qualität und Verlässlichkeit, die Unternehmen und Institutionen Unterstützung im komplexen Umfeld der wachsenden regulatorischen Anforderungen bieten. Dabei kommen State-of-the-Art-Technologien und intelligente Workflow-Lösungen zum Einsatz. Neben den öffentlichen Aufgaben der Evidenzzentrale sind Reguvis für Fachmedien und berufliche Weiterbildung, Validatis für die Optimierung von Geschäftsprozessen sowie die Erfüllung regulatorischer Anforderungen und DTAD, als führende Digitalplattform für Auftrags- und Ausschreibungs-Management, die Bereiche des Geschäftsfelds.

Innovative Marketinglösungen gehören seit jeher zur DNA von DuMont. Im Geschäftsfeld Marketing Technology werden Content-Marketing-Software-Plattformen entwickelt, mit denen Unternehmen ihre Vertriebs- und Kommunikationsaktivitäten optimal auf eine digitale Kommunikationswelt ausrichten können. Die Unternehmen Facelift, censhare und upljft bieten ganzheitliche Lösungen für einen

Die DuMont-Medien erreichen digital wie gedruckt die Menschen im Rheinland. Inhalte, Daten und Technologie sind wichtige Säulen von DuMont. Auch der Buchverlag zählt zum Portfolio des Unternehmens. Mit der Veranstaltungsreihe Open Network verbindet DuMont Wissenschaft und Start-ups, Gründerinnen, Gründer und etablierte Unternehmen (v. o.).

DuMont ist heute ein digitales Medien- und Technologieunternehmen.

D

Schon gewusst?

Im Revolutionsjahr 1848 bestand eine große Nachfrage an Informationen über die aktuellen Ereignisse. Um langsame Postverbindungen zu kompensieren, verlegte Joseph DuMont die Ausgabe der Kölnischen Zeitung auf den Abend und nutzte Brieftauben zur schnelleren Übermittlung der Börsenkurse und Nachrichten aus Paris. Die Auflage stieg daraufhin innerhalb von zwei Monaten von 9.500 auf 17.400 Exemplare.

effizienten und zielgerichteten Kunden-Dialog. „Smart Storytelling at Scale" ist dabei das Selbstverständnis und der Anspruch für innovative und effektive Verbindungen zwischen Menschen und Marken. DuMont will die Diversifikations-Strategie in den drei Geschäftsfeldern Regionalmedien, Business Information und Marketing Technology weiterhin systematisch fortsetzen und langfristig ein rein digitales Unternehmen werden. Im Jahr 2020 liegt der Digitalumsatzanteil des Medien- und Technologieunternehmens bei nahezu 60 %.

An den Hauptstandorten in Deutschland und in sieben weiteren Ländern sind rd. 2.600 Mitarbeitende für DuMont im Einsatz. Transparente und partizipative Führung sowie die Förderung von Unternehmertum und Eigenverantwortung sind fest in der Unternehmenskultur verankert. Bei DuMont arbeiten Menschen, die jeden Tag den Anspruch an sich selbst haben, mit Leidenschaft und Kreativität neue Lösungen zu entwickeln.

Regionalmedien, Business Information und Marketing Technology sid die drei Geschäftsfelder von DuMont.

DuMont ist zu 100 % im Besitz der Familien Neven DuMont und DuMont Schütte bzw. Schütte. Das Unternehmen wird von einem zweiköpfigen Vorstand, Dr. Christoph Bauer (CEO) und Stefan Hütwohl (CFO), sowie einem Aufsichtsrat geführt, dem die Gesellschafter Isabella Neven DuMont (derzeit Vorsitzende) und Christian DuMont Schütte (derzeit stellvertretender Vorsitzender) vorstehen.

Daten und Fakten

Inhaberfamilien: Familie Neven DuMont und Familie Schütte bzw. DuMont Schütte in 12. Generation
Gründer: Bertram Hilden, 1620, Köln
Branche: Medien- und Technologieunternehmen
Produkte: Regionalmedien, Business Information, Marketing Technology
Standorte: Hauptstandorte in Deutschland: Köln, Berlin, Hamburg, München, sowie in 7 weiteren Ländern
Mitarbeitende: rd. 4.000 (2018)
Umsatz: 621 Mio. Euro (2018)
Unternehmensanteile der Familie: 100%, 15 Familienmitglieder sind Gesellschafter
Kontrollgremien: Gesellschafter im Aufsichtsrat: Isabella Neven DuMont (Vorsitzende), Christian DuMont Schütte (stellv. Vorsitzender)
Vorstand: Dr. Christoph Bauer (CEO seit 2014), Stefan Hütwohl (CFO seit 2015)

Kontakt

DuMont Mediengruppe GmbH & Co. KG
Amsterdamer Str. 192, 50735 Köln
Fon: 0221 224-0
unternehmenskommunikation@dumont.de,
www.dumont.de

Ansprechpartnerin Presse

Cornelia Seinsche
Fon: 0221 224-2271
unternehmenskommunikation@dumont.de

D

DUNGS

Urbach, Baden-Württemberg

Gegründet: 1945

Die Karl Dungs GmbH & Co. KG entwickelt und fertigt in Kooperation mit ihren Kunden innovative Systemlösungen für die Heizwärme- und Prozesswärme-Industrie sowie Gasmotoren. DUNGS verfügt u. a. über umfassende Kompetenzen für das Regeln, Zumessen und Modulieren von Brenngas und Verbrennungsluft und bietet hierfür auch die erforderliche Hardware von Einzelventilen bis zu kompletten Gasstraßen sowie Sicherheitstechnik vom Feuerungsautomaten bis zu Brenner-Management-Systemen.

Die DUNGS Gruppe mit neun Produktionswerken, internationalen Vertriebsniederlassungen und 50 Vertretungen in allen wichtigen Gasverbrauchsländern erzielte 2018 einen Umsatz in Höhe von rd. 122 Mio. Euro. 1945 als Elektroinstallationsbetrieb von Karl Dungs sen. gegründet, beschäftigt die DUNGS Gruppe heute weltweit über 670 Mitarbeitende.

Kontakt

Karl Dungs GmbH & Co. KG
Karl-Dungs-Platz 1, 73660 Urbach
www.dungs.com

DURABLE

Iserlohn, Nordrhein-Westfalen

Gegründet: 1920

Seit runden 100 Jahren ordnen und organisieren DURABLE-Produkte die Bürowelt. Von Schreibtisch-Accessoires über Präsentationstechnik bis zum Tablet Holder – Hauptsache „Durable", denn das Wort bedeutet dauerhaft. Wer sich jemals beworben hat, dürfte die Klemm-Mappe Duraclip®, das Heften ohne Lochen, kennen. Seit 2015 gibt es zudem das innovative Leuchtensystem Luctra®. Mit rd. 700 Mitarbeitenden ist DURABLE unterdessen international in über 80 Ländern aufgestellt und besitzt zwölf Niederlassungen in Europa und den USA. Für den Hersteller von Gebrauchsobjekten steht umweltorientiertes Handeln mit einem internen Recycling-Prozess und der Reduktion von CO_2-Emissionen im Vordergrund.

Kontakt

DURABLE Hunke & Jochheim GmbH & Co. KG
Westfalenstr. 77–79, 58636 Iserlohn
www.durable.de

Duravit

Hornberg, Baden-Württemberg

Gegründet: 1817

Aus einer Steingut-Fabrik im Schwarzwald, die sich zunächst ganz auf die Fertigung von Geschirr konzentrierte, wurde 1960 – nach der Umstellung auf Porzellan – der Sanitärkonzern Duravit. Heute beschäftigt die international operierende Gruppe weltweit rd. 6.500 Mitarbeitende und besitzt zwölf Produktionsstätten, u. a. in Meißen, in Nordafrika, der Türkei, Indien und China. In den 1960er-Jahren erfand Duravit das wandhängende WC. Duravit ist seit 1994 eng mit dem Designer Philippe Starck verbunden, der nicht nur Bad- und Wellness-Produkte, sondern auch das Duravit Design Center in Hornberg entworfen hat. In den vergangenen Jahren wurden komfortstiftende Technologien im Bad sowie die ressourcenschonende Herstellung immer relevanter.

Kontakt

Duravit Aktiengesellschaft
Werderstr. 36, 78132 Hornberg
www.duravit.de

D

Dürr

Bietigheim-Bissingen, Baden-Württemberg

Gegründet: 1896

Der Dürr-Konzern ist ein weltweit führender Maschinen- und Anlagenbauer mit ausgeprägter Kompetenz in den Bereichen Automatisierung und Digitalisierung/Industrie 4.0. Seine Produkte, Systeme und Services ermöglichen hocheffiziente Fertigungsprozesse in unterschiedlichen Industrien.

Der Dürr-Konzern beliefert Branchen wie die Automobilindustrie, den Maschinenbau sowie die Chemie-, Pharma- und holzbearbeitende Industrie. Im Jahr 2018 erzielte er einen Umsatz von 3,87 Mrd. Euro. Im Oktober 2018 hat der Dürr-Konzern das industrielle Umwelttechnikgeschäft des US-Unternehmens Babcock & Wilcox mit den Marken Megtec und Universal übernommen. Seither beschäftigt er rd. 16.500 Mitarbeitende und verfügt über 108 Standorte in 32 Ländern.

Kontakt

Dürr AG
Carl-Benz-Str. 34, 74321 Bietigheim-Bissingen
www.durr-group.com

„Wir wollen für unsere Kunden auf innovative Weise Probleme lösen und für die Gesellschaft aktiv Verantwortung übernehmen."

Catherine von Fürstenberg-Dussmann

DÜRR DENTAL

Bietigheim-Bissingen, Baden-Württemberg

Gegründet: 1941

Die DÜRR DENTAL SE bietet Produkte und Dienstleistungen rund um die zahnärztliche Medizintechnik. Bei Druckluft- und Absaugsystemen sowie digitalen Speicherfoliensystemen für Zahnarztpraxen und den Klinikbereich ist das Unternehmen nach eigenen Angaben Weltmarktführer. Die DÜRR DENTAL SE ist mit 1.100 Mitarbeitenden in 40 Ländern präsent und erzielte 2017 einen Umsatz von 250 Mio. Euro. Karl und Wilhelm Dürr gründeten 1941 in Stuttgart-Feuerbach eine feinmechanische Werkstätte. Nach dem Einstieg in die dentale Medizintechnik wurde 1947 ein erster Meilenstein gesetzt: die Entwicklung und Fertigung von Instrumenten mit Wasserkühlung. Das Unternehmen befindet sich in 3. Generation in Familienbesitz. Vorstandsvorsitzender ist Martin Dürrstein.

Kontakt

DÜRR DENTAL SE
Höpfigheimer Str. 17, 74321 Bietigheim-Bissingen
www.duerrdental.com

Dussmann Group

Berlin

Gegründet: 1963

Die Dussmann Group ist ein weltweit tätiges Dienstleistungsunternehmen. Mit über 66.000 Mitarbeitenden in 17 Ländern, davon 30.000 in Deutschland, bietet es Dienstleistungen rund um den Menschen an. Die Vision: Als Servicepartner mit Innovationen und Ideen den Kunden das Leben leichter zu machen – jeden Tag.

Dienstleistungen von Menschen für Menschen – Dussmann KulturKindergarten, Kursana, Dussmann Service und Dussmann Technical Solutions (DTS)

Chronologie

1963 Gründung eines Heimpflegedienstes durch Peter Dussmann

1978 Dussmann ergänzt das Angebot um Vollverpflegung, Hauswirtschaft und Sicherheit und wird zum Spezialisten für vernetzte Dienstleistungen aus einer Hand.

1985 Mit den ersten Kursana Residenzen für Senioren erfindet die Dussmann Group die Pflege neu.

1997 Dussmann eröffnet das Kultur-Kaufhaus in Berlin – Deutschlands Medienkaufhaus mit den längsten Öffnungszeiten.

2010 Das Unternehmen wird in eine Führungsstiftung umgewandelt. Catherine von Fürstenberg-Dussmann tritt an die Spitze des Stiftungsrates.

2011 Der erste Dussmann KulturKindergarten startet in Berlin.

2013 Peter Dussmann stirbt mit 74 Jahren, im Jahr des 50. Jubiläums der Dussmann Group.

2015 Mit der Übernahme der HEBO Aufzugstechnik GmbH baut die Dussmann Group den Bereich Gebäudetechnik weiter aus. Die Landesgesellschaft in Italien übernimmt alle Anteile an Steritalia.

2019 Das Unternehmen ergänzt sein Portfolio mit einer neuen Säule: Dussmann Technical Solutions, kurz DTS, in der die bestehende Technikkompetenz gebündelt und ausgebaut werden soll. Hierfür erfolgt im Juli die Akquisition des irischen Elektrotechnik-Spezialisten STS Group.

Der größte Geschäftsbereich Dussmann Service erbringt aus einer Hand Gebäudetechnik, Catering, Sicherheits- und Empfangsdienst, Gebäudereinigung, Sterilgutversorgung, Kaufmännisches Management und Energiemanagement. Unter Dussmann Technical Solutions (DTS) sind alle technischen Gewerke gebündelt, über den gesamten Lebenszyklus von Anlagen und Gebäuden, vom Entwurf mit Ingenieursleistung und Planung über die Errichtung bis zur Wartung und Reparatur: STS mit Elektrotechnik, DKA mit Kälte- und Klimatechnik sowie HEBO mit Aufzugstechnik. Kursana sorgt für die Betreuung und Pflege von 13.600 Senioren. Darüber hinaus betreibt die Dussmann Group das Kultur-Kaufhaus in Berlin und bietet betriebsnahe Kinderbetreuung mit den Dussmann Kultur-Kindergärten. Mit einem Gesamtumsatz von 2,34 Mrd. Euro (2018) ist sie weltweit einer der größten privaten Multidienstleister.

Peter Dussmann, der Gründer des Unternehmens, führte die Geschicke der Group vier Jahrzehnte. Darüber hinaus engagierte er sich bürgerschaftlich für den Erhalt von Kulturdenkmälern. Ab 2003 trat er im Tagesgeschäft kürzer und konzentrierte sich auf seinen Vorsitz im Aufsichtsrat. Im Oktober 2008 erlitt Peter Dussmann einen Schlaganfall, an dessen Spätfolgen er am 26. September 2013 verstarb. Sein Lebenswerk aber besteht fort. Im Dezember 2010 übernahm eine Stiftung die Führung der Dussmann Group. Den Stiftungsratsvorsitz übernahm Catherine von Fürstenberg-Dussmann, die Ehefrau von Peter Dussmann. Sie führt das Unternehmen seitdem in Zusammenarbeit mit dem Vorstand und im Sinne ihres Mannes weiter. Die Führungsstiftung schuf eine stabile Struktur, die die Zukunft der Dussmann Group dauerhaft sichert. Für Kontinuität sorgen der Stiftungsrat sowie der Vorstand, dessen Sprecher seit September 2019 Wolf-Dieter Adlhoch ist.

Catherine von Fürstenberg-Dussmann steht dem Stiftungsrat vor (oben). Das Dussmann-Haus im Herzen Berlins (unten)

D

Daten und Fakten

Inhaberfamilie: Familie Dussmann
Gründer: Peter Dussmann, 1963, München
Branche: Dienstleistung, Einzelhandel
Produkte: Gebäudemanagement, Pflege und Betreuung von Senioren sowie von Kindern, Bücher & CDs u. v. m.
Mitarbeitende: 66.122 (2018)
Umsatz: 2,34 Mrd. Euro (2018)
Innovationen: Dussmann Technical Solutions (2019)
Ausbildungsplätze: 650
Familieneinfluss: Vorsitz im Stiftungsrat
Unternehmensanteile der Familie: 100 %
Kontrollgremien: Stiftungsrat
Auszeichnungen: „Entrepreneur des Jahres Deutschland" 2019 in der Kategorie Dienstleistung (verliehen durch Ernst & Young)

Kontakt
Dussmann Stiftung & Co. KGaA
Friedrichstr. 90, 10117 Berlin
Fon: 030 2025-2526
hotline@dussmann.de, www.dussmanngroup.com

E

E

E-T-A

Altdorf, Bayern

Gegründet: 1948
E-T-A Elektrotechnische Apparate GmbH bietet eine umfassende Produktpalette aus stromgebundenen Schutz- und Steuerungsprodukten. Diese Absicherungskonzepte sichern Industrieanwendungen vor den Auswirkungen von Überlaststrom und Kurzschlüssen. Weltweit sind ca. 1.350 Mitarbeitende für das Unternehmen tätig. Über eigene Gesellschaften und Partner ist E-T-A in rd. 61 Ländern der Welt vertreten. Die Geschäftsführenden, Dr. Clifford Sell und Dr. Jennifer Sell, stehen dem Familienunternehmen in 3. Generation vor. Dabei unterstützt sie ein Geschäftsleiterteam bestehend aus Ralf Dietrich, Manfred Kiefl, Christian Kube und Gabriele Zange. Gegründet wurde das Unternehmen 1948 von Jakob Ellenberger und Harald A. Poensgen in Altdorf bei Nürnberg.

Kontakt
E-T-A Elektrotechnische Apparate GmbH
Industriestr. 2–8, 90518 Altdorf
www.e-t-a.de

E/D/E

Wuppertal, Nordrhein-Westfalen

E/D/E

„Wir wollen für unsere Mitglieder das unverzichtbare Bindeglied zu unseren Vertragslieferanten sein."

E/D/E Leitsatz Nr. 1

Gegründet: 1931
Das Einkaufsbüro Deutscher Eisenhändler (E/D/E) ist Europas größter Einkaufs- und Marketingverbund im Produktionsverbindungshandel (PVH). Das in 3. Generation familiengeführte E/D/E mit über 1.100 Beschäftigten ist seit 1931 erfolgreich auf dem Markt vertreten und derzeit in 26 Ländern Europas aktiv. Die heute rd. 1.200 angeschlossenen Mitgliedsunternehmen sind zum größten Teil Fachgroßhändler, die vorwiegend gewerbliche Abnehmer aus Handwerk, Industrie und Kommunen beliefern sowie Einzelhandels-Fachmärkte über die E/D/E Tochter EURO-DIY. Das Produktspektrum umfasst Werkzeuge und Maschinen, Industriebedarf, Beschläge und Bauelemente, Produkte für Arbeitsschutz und Technischen Handel und Haustechnik sowie Stahl.

Das E/D/E erzielte 2019 ein Handelsvolumen von über 6,3 Mrd. Euro, davon rd. 1,4 Mrd. Euro im europäischen Ausland. Die internationalen Aktivitäten werden über die Tochtergesellschaft EDE International AG gesteuert. Als leistungsstarke Systemzentrale garantiert das E/D/E seinen Mitgliedern eine umfassende Unterstützung zur Stärkung ihrer Wettbewerbsposition mit Leistungen aus Zentraleinkauf, Logistik, Marketing und Digitalen Services.

Die unternehmenseigene ETRIS BANK bietet ihren Kunden maßgeschneiderte Finanzdienstleistungen im Firmenkundengeschäft, wie z. B. Zentralregulierung und Factoring, an. Seit 2020 ist die ETRIS BANK akkreditierter Partner der NRW.BANK und kann somit ihren Kunden auch öffentliche Förderprogramme der NRW.BANK und KfW zur Verfügung stellen. Der Online-Marktplatz

Blick in die E/D/E Logistik mit über 100.000 lagerhaltigen Produkten

Die E/D/E Unternehmenszentrale in Wuppertal

Dr. Andreas Trautwein, seit 2014 Vorsitzender der E/D/E Geschäftsführung (oben), Dr. Eugen Trautwein, der das Unternehmen 35 Jahre lenkte und 2002 die E/D/E Stiftung gründete (Mitte), und der Firmengründer Ferdinand Trautwein (unten)

Toolineo ergänzt das Leistungsangebot des E/D/E und bietet Händlern einen weiteren digitalen Vertriebsweg. Das konstante Wachstum seit dem Start von Toolineo bestätigt das zukunftsweisende Geschäftsmodell.

Mit dem seit 2016 laufenden Strategie- und Organisationsentwicklungsprozess EVOLUTION baut das E/D/E seine Rolle als europäischer Dienstleistungs- und Systemgeber für den PVH weiter aus. Das E/D/E positioniert sich als Organisator und Betreiber von Netzwerken für marktrelevante Versorgungssysteme des Handwerks- und Industriebedarfs.

Wie groß das Potenzial sein kann, wenn man auf Basis seiner Stärken kooperiert, beweist das PVH FUTURE LAB. Unter dem Dach des E/D/E von fünf angeschlossenen Händlern als Thinktank gegründet, entwickelt das Start-up heute marktreife Services

Gesellschaftliches Engagement

E/D/E STIFTUNG

Das E/D/E und die 2002 durch Dr. Eugen Trautwein ins Leben gerufene E/D/E Stiftung engagieren sich seit Gründungszeiten für die Weiterbildung des Berufsnachwuchses im Produktionsverbindungshandel. So unterstützt die E/D/E Stiftung Nachwuchskräfte der Branche durch die Vergabe von Stipendien zur Teilnahme an Lehrgängen des Branchenbildungswerks des Zentralverbands Hartwarenhandel e. V. (ZHH). Die Förderung agiler Bildungseinrichtungen und -initiativen wie der Wuppertaler Kinder- und Jugend-Universität für das Bergische Land, der Schumpeter School Stiftung der Bergischen Universität Wuppertal sowie die eigenen berufsbegleitenden Weiterbildungskonzepte des E/D/E (AKADEMIE, Deutschlandstipendien und PVH FUTURE LAB) bilden weitere Schwerpunkte. Darüber hinaus übernehmen das E/D/E und die E/D/E Stiftung seit jeher Verantwortung in der Gesellschaft, gegenüber den eigenen Mitarbeitenden sowie der Umwelt. Dazu berichtet das Familienunternehmen regelmäßig auf der E/D/E Nachhaltigkeitswebsite www.ede-nachhaltigkeit.de über seine aktuellen Nachhaltigkeitsaktivitäten und -projekte.

E

Chronologie

1931 Gründung des E/D/E durch Ferdinand Trautwein und Robert Christians in Wuppertal

ab 1970 Verstärkte Beteiligung und Mitwirkungsrechte der Mitgliedsunternehmen

ab 1995 Internationalisierung des Geschäfts

2001 Gründung des eigenständigen Geschäftsbereichs Europa, ab 2011 Tochtergesellschaft EDE International AG

2002 Dr. Eugen Trautwein gründet die gemeinnützige E/D/E Stiftung.

2011 Gründung der ETRIS BANK als 100%iger Tochtergesellschaft

2015 Start des Online-Marktplatzes Toolineo

2018 Start der Innovationswerkstatt PVH FUTURE LAB gemeinsam mit fünf Händlern

und Lösungen aus den Bereichen 3D-Druck, KI und E-Commerce und leistet so einen Beitrag zum technologischen Wandel im PVH. Eine konsequente Ausrichtung der E/D/E Gruppe auf zukünftige Entwicklungen im PVH sichert weiterhin für alle Beteiligten die wichtige Marktstellung des mittelständischen Fachgroßhandels. Ihn nachhaltig zu stärken und zu seiner positiven Entwicklung beizutragen, steht im Zentrum aller Aktivitäten des Unternehmens.

Bereits 1931 – zur Zeit der Weltwirtschaftskrise – gründeten Ferdinand Trautwein und Robert Christians den selbstständigen Einkaufsverbund. Der Standort Wuppertal empfahl sich u. a. wegen seiner räumlichen Nähe zur deutschen Werkzeug- und Beschlagindustrie. 1995 begann das E/D/E seine Geschäfte konsequent auf internationaler Ebene auszuweiten. Bis heute hält die Familie Trautwein über die FT-Holding GmbH mit 75,5 % den größten Anteil am Unternehmen. Die übrigen Anteile befinden sich im Besitz der E/D/E GmbH (20 %) sowie der gemeinnützigen E/D/E Stiftung (4,5 %).

Den Vorsitz der Geschäftsführung hat in 3. Generation seit 2014 Dr. Andreas Trautwein inne. Er verantwortet neben der Gesamtstrategie u. a. die Bereiche Business Development, Finanzen und Rechnungswesen, EDE International AG und Unternehmenskommunikation. Ebenfalls in der Geschäftsführung sind Dr. Christoph Grote, Peter Jüngst, Joachim Hiemeyer, Thomas Henkel und Bettina Jakobi. In beratender Funktion ist ein Beirat eingesetzt, der sich aus Geschäftsführern von Mitgliedsunternehmen und Lieferanten zusammensetzt. Den Vorsitz des Beirats hat der langjährige Vorsitzende der E/D/E Geschäftsführung Hans-Jürgen Adorf inne.

Daten und Fakten

Inhaberfamilie: Familie Trautwein in 2. und 3. Generation
Gründer: Ferdinand Trautwein, Robert Christians, 1931, Wuppertal
Standort: Wuppertal
Mitarbeitende: 1.141 (2019)
Umsatz: rd. 6,3 Mrd. Euro (2019)
Ausbildungsplätze p. a.: 14 (2019 insgesamt: 44)
Familieneinfluss: Gesellschafterversammlung
Unternehmensanteile der Familie: 75,5 %
Kontrollgremien: Beirat
Eigenkapitalquote: 57,4 % (2019)

Kontakt
Einkaufsbüro Deutscher Eisenhändler GmbH
EDE Platz 1, 42389 Wuppertal
Fon: 0202 6096-0, Fax: 0202 6096-331
webkontakt@ede.de, www.ede.de

Ansprechpartner Presse
Sven van Zoest
Fon: 0202 6096-865
sven.vanzoest@ede.de

ebm-papst

Mulfingen, Baden-Württemberg

Gegründet: 1963

Die ebm-papst Mulfingen GmbH & Co. KG ist Technologie- und Weltmarktführer bei Ventilatoren und Motoren und führt rd. 20.000 Produkte für nahezu jede Aufgabe in der Luft- und Antriebstechnik.

An 28 Produktionsstandorten und 48 Vertriebsstandorten, davon 21 Tochtergesellschaften, sind rd. 15.000 Mitarbeitende tätig. Im Geschäftsjahr 2018/2019 erzielte die ebm-papst Gruppe einen Umsatz in Höhe von 2,18 Mrd. Euro, der Exportanteil betrug 76 %.

1963 gründeten Gerhard Sturm und Heinz Ziehl die Elektrobau Mulfingen (ebm). Nach der Übernahme der PAPST Motoren GmbH, St. Georgen, und der ALCATEL Landshut firmieren die drei Unternehmen seit 2003 unter ebm-papst und bilden die Zentralen der Gruppe. Die Gesellschafterfamilien sind im Beirat vertreten, während die Geschäftsführung aus familienfremden Managern besteht.

Kontakt

ebm-papst Mulfingen GmbH & Co. KG
Bachmühle 2, 74673 Mulfingen
www.ebmpapst.com

EBRO ARMATUREN

Hagen, Nordrhein-Westfalen

Gegründet: 1934

EBRO ARMATUREN Gebr. Bröer GmbH ist ein weltweit tätiger Hersteller von Industriearmaturen sowie Antriebs- und Automatisierungstechnik. EBRO ist das Hauptunternehmen der Bröer Gruppe mit Stammsitz in Hagen, Westfalen. Das Vertriebsnetz verfügt weltweit über drei inländische und 30 ausländische Tochter- und Schwestergesellschaften. Produziert wird im Stammhaus sowie in Italien, Schweden, Thailand und China.

Die Familie Bröer steht in 3. und 4. Generation an der Spitze der EBRO ARMATUREN Gebr. Bröer GmbH.

Chronologie

1934 Ernst Bröer gründet in Hagen-Haspe eine Aluminiumgießerei.

1972 Gründung der heutigen EBRO ARMATUREN Gebr. Bröer GmbH

1981 EBRO eröffnet Auslandsgesellschaften in Frankreich, Österreich, der Schweiz und den Niederlanden.

1989 Produktion von elektrischen und pneumatischen Antrieben

1991 Gründung einer Fertigungsstätte in Thailand

1997 Umzug in eine neue Fabrikationsstätte in Hagen-Haspe

2005 Akquisition des schwedischen Schieberherstellers Stafsjö

2012 Der Generationswechsel wird erfolgreich vollzogen: Frau Lydia Bröer wird mit einem Anteil von 100% Haupteignerin der EBRO ARMATUREN Gebr. Bröer GmbH.

E

„Motivierte und qualifizierte Mitarbeiter sind die Basis unseres Geschäftserfolgs."

Lydia Bröer, geschäftsführende Gesellschafterin von EBRO

Zum Jahresumsatz in Höhe von 177 Mio. Euro (2019) steuert der Export 68 % bei. Von den weltweit rd. 1.000 Mitarbeitenden waren 2019 ca. 400 in Deutschland beschäftigt.

Die EBRO ARMATUREN Gebr. Bröer GmbH befindet sich zu 100 % im Besitz der Familie Bröer. 2012 wurde Frau Lydia Bröer Haupteigentümerin mit einem Anteil von 100 %. Herr Peter Bröer hält weiterhin ein Prozent an der Besitzgesellschaft Bröer GmbH & Co. KG und ist in der Geschäftsführung neben seiner Tochter.

Die Wurzeln des Unternehmens reichen bis in das Jahr 1934 zurück, als Ernst Bröer in Hagen eine Aluminiumgießerei gründete, um den regionalen Bedarf an Koch- und Essgeschirr zu decken. Seine Söhne Peter und Jochen Bröer erkannten 1972 das Potenzial der Armaturentechnologie, gliederten die Armaturenfertigung aus dem Gießbereich aus und gründeten die EBRO ARMATUREN Gebr. Bröer GmbH. Die von dem neuen Unternehmen produzierten Absperrklappen waren zu dieser Zeit in Europa kaum verbreitet und gaben den entscheidenden Impuls für die Entwicklung von der Aluminiumgießerei zum Armaturenbau. In den Folgejahren ist das Unternehmen kontinuierlich gewachsen: So wurden 1981 die ersten Auslandsniederlassungen in Österreich, Frankreich und der Schweiz eröffnet. 1989 begann EBRO auch mit der Produktion von elektrischen und pneumatischen Antrieben. 2005 erwarb die Bröer Gruppe den schwedischen Schieberhersteller Stafsjö.

Seit fast 50 Jahren produziert EBRO Industriearmaturen und seit 30 Jahren auch die entsprechende Automatisierungstechnik.

Daten und Fakten

Inhaberfamilie: Familie Bröer in 4. Generation
Gründer: Ernst Bröer, 1934, Hagen
Produkte: Armaturen und Antriebstechnik für industrielle Anwendungen
Standorte: Hauptsitz Hagen; Bröer Gruppe: 33 Gesellschaften weltweit, 6 Produktionsstätten an 5 Standorten
Vertrieb: Direktvertrieb über eigene Auslandsgesellschaften und Handelspartner
Mitarbeitende: rd. 1.000 (2019)
Umsatz: 177 Mio. Euro (2019)
Ausbildungsplätze: 5 (2019), als Industriekaufleute und Zerspanungsmechaniker Fachrichtung Fräs- und Drehtechnik
Familieneinfluss: Lydia und Peter Bröer sind Geschäftsführer
Unternehmensanteile der Familie: 100 %

Kontakt

EBRO ARMATUREN Gebr. Bröer GmbH
Karlstr. 8, 58135 Hagen
Fon: 02331 904-0, Fax: 02331 904-111
post@ebro-armaturen.com,
www.ebro-armaturen.com

Eckes-Granini

Nieder-Olm, Rheinland-Pfalz

Gegründet: 1857

Die Eckes-Granini Deutschland GmbH ist ein führender Anbieter von Säften und Fruchtsaftgetränken. Von Peter Eckes 1857 als Spirituosenhandel gegründet, wurde in den 1930er-Jahren mit der Herstellung und Vermarktung von Fruchtsaft begonnen. 1994 erwarb Eckes die international eingeführte Marke granini. Das heutige Unternehmen hat seinen Hauptsitz in Nieder-Olm und verfügt darüber hinaus über zwei Produktionswerke in Bröl und Bad Fallingbostel. Geschäftsführer sind Dr. Kay Fischer und Uli Bunk. 2019 erzielte Eckes-Granini mit 1.719 Mitarbeitenden einen Umsatz von rd. 921 Mio. Euro. Das Unternehmen hält lt. eigenen Angaben einen Marktanteil von 11,5 % im Markt für fruchthaltige Getränke in Westeuropa und ist in acht Ländern Spitzenreiter.

Kontakt

Eckes-Granini Deutschland GmbH
Ludwig-Eckes-Platz 1, 55268 Nieder-Olm
www.eckes-granini.de

Eder

Tuntenhausen, Bayern

Gegründet: 1936
Die Eder GmbH Gruppe bietet als Händler mit den zwei Säulen Eder Profitechnik und Auto Eder Gruppe ein großes Portfolio von Automobilen sowie Fahrzeugen, Maschinen und technischen Systemen, vornehmlich für die Landwirtschaft. Dazu zählen Landmaschinen sowie Melk- und Fütterungstechnik, außerdem Stapler oder Baumaschinen. Ein eigener Fahrzeugbau für Abschleppfahrzeuge sowie ein Anhängercenter gehören dazu, genauso wie drei Profibaumärkte. Seine Wurzeln hat das Unternehmen in der Tuntenhausener Dorfschmiede, die 1487 erstmals erwähnt wird. 1936 wurde die Schmiede zur Werkstatt ausgebaut, 1956 übernahm Josef Eder sen. den Betrieb. Heute wird die Gruppe mit über 2.000 Mitarbeitenden von Peter Eder in 2. Generation als geschäftsführendem Gesellschafter und Gregor Ries geführt.

Kontakt
Eder GmbH
Moorweg 5, 83104 Tuntenhausen
www.eder-gmbh.de

EEW Group

Erndtebrück, Nordrhein-Westfalen

Gegründet: 1936
Das Erndtebrücker Eisenwerk bzw. die EEW Group ist ein metallverarbeitendes Unternehmen. Es hat sich auf die Produktion von Stahlrohren spezialisiert, wie sie z. B. die Öl- und Gasindustrie benötigt. Sie finden ihren Einsatz in Pipelines, Fundamenten für Offshore-Bohrplattformen, verfahrenstechnischen Anlagen wie Raffinerien und Chemieanlagen und auch im Kraftwerksbau. Dabei wird überwiegend Kohlenstoffstahl verarbeitet. Die Energiewende im 21. Jahrhundert schuf für die EEW Group die Möglichkeit, die Produktion auf Rohrkomponenten für die Offshore-Windindustrie auszuweiten. Mit mehr als 2.000 Beschäftigten, neun Produktionsstätten und zusätzlichen Sales Offices ist die EEW Group weltweit führender Spezialist für unterpulvergeschweißte Rohre.

Kontakt
Erndtebrücker Eisenwerk GmbH & Co. KG
Im Grünewald 2, 57339 Erndtebrück
www.eew-group.com

E

egeplast

Greven, Nordrhein-Westfalen

Gegründet: 1908
Die egeplast international GmbH ist ein innovativer, seit Jahrzehnten Maßstäbe setzender Hersteller von Kunststoffrohrsystemen. Ihre Systemlösungen für die unterirdische Leitungsinfrastruktur werden in der Trinkwasser- und Gasversorgung, beim Kabelschutz für Strom und Glasfaser, der Abwasserentsorgung, der Industrie und der Beregnung/Bewässerung in über 40 Ländern eingesetzt. Das 1908 gegründete Familienunternehmen ist bekannt als Innovationsschmiede für intelligente Mehrschichtrohrsysteme für die modernen grabenlosen Verlege- und Sanierungsverfahren und wurde mehrfach ausgezeichnet.

Am Hauptsitz in Greven betreibt egeplast mit knapp 400 Mitarbeitenden ein hochmodernes Kunststoff-Rohrwerk mit Technologie- und Schulungszentrum, seit 2019 auch ein Rohrwerk in England. 2020 erwarb egeplast die Mehrheit an Extena, dem Markt- und Qualitätsführer für Kunststoffrohre in Schweden.

Kontakt
egeplast international GmbH
Robert-Bosch-Str. 7, 48268 Greven
www.egeplast.de

E

Ehlbeck & Cordes

Schenefeld, Schleswig-Holstein

Gegründet: 1957
Ehlbeck & Cordes beschäftigt sich mit dem Holzimport und -export sowie mit der innerdeutschen Vermittlung von Holzprodukten für den Groß- und Fachhandel. Manfred Ehlbeck und Günter Cordes gründeten das Unternehmen im Jahr 1957 und begannen mit dem Import von Holz und Roh-Kaffee. Nach dem Ausscheiden von Manfred Ehlbeck 1961 führte Günter Cordes das Handelsunternehmen, welches sich zunehmend auf Holzprodukte spezialisierte, allein weiter. Ab 1962 exportierte man große Mengen an Halb- und Fertigwaren aus der Holz- und Möbelbranche nach Übersee. Im Jahr 2001 wurde Claus Cordes zum Mitinhaber bestimmt, nachdem er bereits zehn Jahre im elterlichen Betrieb gearbeitet hatte. Seit 2012 wird die Firma in 2. Generation von Claus Cordes geführt.

Kontakt
Ehlbeck & Cordes, Inh. Claus Cordes e. K.
Blankeneser Chaussee 76, 22869 Schenefeld
www.ehlbeck-cordes.de

Ehrmann

Oberschönegg, Bayern

Gegründet: 1920
Die Ehrmann AG ist eines der größten Milchverarbeitungsunternehmen in Deutschland und Marktführer im Bereich Fruchtjoghurt. Auch international ist das Familienunternehmen mit diversen Produktionsbetrieben und Vertriebsniederlassungen vertreten. Zudem zählen die Molkereien Hainichen-Freiberg und Gabler-Saliter sowie die Fleischwerke Zimmermann zur Unternehmensgruppe. Das Unternehmen ist inhabergeführt durch Christian Ehrmann, Enkel des Gründers Alois Ehrmann sen. Insgesamt 2.400 Mitarbeitende – davon 730 am Hauptsitz in Oberschönegg – erwirtschafteten im Jahr 2019 einen Umsatz von 800 Mio Euro. 2020 feiert Ehrmann sein 100-jähriges Bestehen.

Kontakt
Ehrmann AG
A.-Ehrmann-Str. 2, 87770 Oberschönegg
www.ehrmann.de

EICHNER

Coburg, Bayern

Gegründet: 1930
EICHNER produziert und vertreibt mit knapp 200 Mitarbeitenden Artikel für die Büro- und Betriebsorganisation. Neben dem Stammhaus in Coburg besitzt die EICHNER Gruppe den Produktionsbetrieb Termopol d.o.o. in Slowenien sowie das Tochternehmen BOI-DOKUTECH GmbH, das manuelle Organisationsmittel für den Krankenhaus- und Pflegebereich vermarktet. EICHNER vertreibt seine Produkte über einen eigenen Außendienst, Groß- und Versandhändler sowie über seinen Online-Shop. Das Familienunternehmen wurde 1930 in Kattowitz, Oberschlesien durch Engelbert Eichner gegründet. Heute halten Dr. Wolf D. Eichner und die Nachkommen von Falk-J. Eichner jeweils 50 % der Anteile. Seit 2011 leitet der familienfremde Geschäftsführer Bernd H. Kirsch das Unternehmen.

Kontakt
EICHNER Organisation GmbH & Co. KG
Uferstr. 28, 96450 Coburg
www.eichner-org.de

E

Eickhoff

Bochum, Nordrhein-Westfalen

Gegründet: 1864
Die Gebr. Eickhoff Maschinenfabrik u. Eisengießerei GmbH ist eine familiengeführte Holding. Unter deren Dach besteht die global agierende Eickhoff Gruppe aus mehreren operativen Gesellschaften, die in ihren Märkten selbstständig tätig sind und Synergien bei Einkauf und Verwaltung nutzen. Ihr Kerngeschäft ist die Herstellung von Maschinen und Getrieben, die weltweit unter extremen Bedingungen eingesetzt werden, wie z. B. in mehr als 10.000 Eickhoff-Windkraftgetrieben, in Fahrwerken von Schienenfahrzeugen, in der nachhaltigen Rohstoffgewinnung von Düngemitteln und sonstigen Mineralien, in Schleusen und Industrieanlagen sowie vielen weiteren Einsatzgebieten. 1864 von Johann Heinrich Carl Eickhoff als Eisengießerei in Bochum gegründet, hat Eickhoff heute Tochtergesellschaften auf allen fünf Kontinenten.

Kontakt
Gebr. Eickhoff Maschinenfabrik u.
Eisengießerei GmbH
Am Eickhoffpark 1, 44789 Bochum
www.eickhoff-bochum.de

Einhell

Landau, Bayern

Gegründet: 1964
Die Einhell Germany AG entwickelt und vertreibt als einer der weltweit führenden Anbieter Lösungen für Heim- und Handwerker für Haus, Garten und Freizeit. Das börsennotierte Unternehmen beschäftigt mehr als 1.600 Mitarbeitende und hat 40 Tochtergesellschaften in Europa, Asien, dem Mittleren Osten, Australien und Südamerika. Unter dem Leitsatz „Einhell. Gut gemacht." entwickelt die Einhell Germany AG innovative Produkte und Technologien, die für ein außergewöhnliches Preis-Leistungs-Verhältnis bekannt sind. Ein weiterer Fokus des Unternehmens liegt auf nachhaltigem, internationalem Wachstum. Einhell wurde 1964 von Josef Thannhuber gegründet, der seit dem Jahr 2000 dem Aufsichtsrat vorsitzt. Andreas Kroiss ist seit 2003 Vorstandsvorsitzender.

Kontakt
Einhell Germany AG
Wiesenweg 22, 94405 Landau/Isar
www.einhell.com

Eirich

Hardheim, Baden-Württemberg

Gegründet: 1863
Die Maschinenfabrik Gustav Eirich GmbH & Co KG bietet ein umfassendes Leistungsspektrum zur industriellen Aufbereitungstechnik an. Dieses beinhaltet Maschinen, Anlagen und Dienstleistungen rund um die Verfahren Mischtechnik, Granuliertechnik und Pelletiertechnik, Trocknungstechnik und Mahltechnik. Je nach Branche bietet das Unternehmen seinen Kunden Einzelmaschinen mit Prozessperipherie bis hin zu schlüsselfertigen Aufbereitungsanlagen. Der Service umfasst alle Stufen: Beratung, Engineering, Montage und Inbetriebnahme. Die Geschichte des Familienunternehmens begann im Jahr 1863 mit einer Mühlenwerkstatt. Heute ist die Maschinenfabrik Gustav Eirich mit Sitz in Hardheim das strategische Zentrum der weltweit an 15 Standorten agierenden Eirich-Gruppe.

Kontakt
Maschinenfabrik Gustav Eirich GmbH & Co KG
Walldürner Str. 50, 74736 Hardheim
www.eirich.de

EJOT

Bad Berleburg, Nordrhein-Westfalen

Gegründet: 1922

Unter dem Dach der EJOT HOLDING GmbH & Co. KG agiert die auf Verbindungstechnik spezialisierte EJOT Unternehmensgruppe. Ihr Portfolio umfasst innovative Verbindungselemente, speziell gewindefurchende Schrauben für Kunststoff und Metalle, technische Umformteile aus Kunststoff und Metall sowie Programme für die Befestigung von Gebäude-Außenhüllen und von Wärmedämmverbundsystemen. Abnehmer sind vorrangig die Branchen Automotive und Zulieferindustrie, Elektro, Elektronik und das Baugewerbe. Mit rd. 3.500 Mitarbeitenden in 33 Landesgesellschaften erzielte EJOT 2019 einen Umsatz von 540 Mio. Euro. Das Unternehmen wurde 1922 von Adolf Böhl gegründet. Die heutige EJOT Gruppe verfügt über Produktionsstätten in Nord- und Südamerika sowie Asien und vertreibt ihre Produkte über eigene Standorte und Partner weltweit.

Kontakt

EJOT Holding GmbH & Co. KG
Im Herrengarten 1, 57319 Bad Berleburg
www.ejot.de

ELA Container

Haren, Niedersachsen

ela[container]

Gegründet: 1972

ELA Container ist Spezialist für Räume und Gebäude aus Containern – in jeder gewünschten Größe, individuell ausgestattet, zur Miete oder zum Kauf. Mit 35.000 Containern, 900 Mitarbeitenden und 16 Standorten weltweit hat sich ELA Container in Europa zu einem der führenden Anbieter von hochwertigen und flexiblen Raummodulen entwickelt. Heute ist ELA Container Partner unterschiedlichster Branchen, angefangen beim Baugewerbe und der Industrie bis hin zu Kommunen und Handel.

Von den Standorten aus werden die Kunden weltweit beliefert, entweder durch die 70 firmeneigenen Lkw mit Ladekran oder auch per Bahn und Schiff. Zum Serviceangebot von ELA gehören u. a. die schlüsselfertige Übergabe und ein Containerschutz-Service, der eine umfangreiche Absicherung bietet. Neben Mietcontainern bietet ELA auch neue und gebrauchte Container zum Kauf an. Für besonderen Bedarf werden zudem Sondercontainer

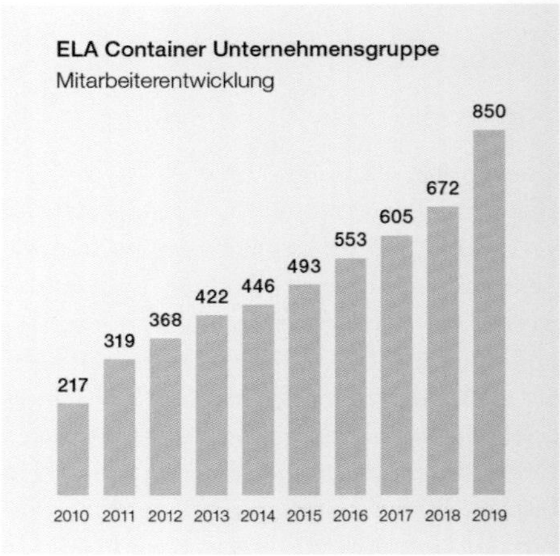

Gut eingespieltes Dreier-Gespann als geschäftsführende Gesellschafter: die Geschwister Tim Albers, Liesel Albers-Bentlage und Günter Albers (v. l.)

nach Kundenwunsch angefertigt. Im Jahr 2019 erzielte die Unternehmensgruppe einen Umsatz von 120 Mio. Euro. Die Exportquote liegt bei 30 %. Die ELA Container GmbH befindet sich vollständig im Besitz der Familie Albers.

Gegründet wurde das Unternehmen 1972 von Elisabeth und Bernhard Albers. Bernhard Albers begann mit der Aufarbeitung ausgedienter Seecontainer, die er in der Antwerpen-Hamburg-Range gekauft hatte, und verkaufte diese als einbruchsichere Magazin- und Lagercontainer an Bauunternehmen weiter. Als Firmennamen wählte Bernhard Albers ELA-Gesellschaft für Handel und Vermittlung GmbH & Co. KG. Die Bezeichnung ELA verwies dabei sowohl auf das Emsland als auch auf den Vornamen seiner Frau.

Seit Firmengründung ist die Stadt Haren (Ems) in Niedersachsen Ausgangspunkt aller unternehmerischen Aktivitäten von ELA Container. 1977 erwarb ELA ein 5.800 m² großes Grundstück im Industriegebiet Mühlenberg und errichtete dort ein Bürogebäude und eine 600 m² große Halle. Durch Zukäufe, Um- und Neubauten wurde dieses Gelände in den folgenden Jahren mehrfach erweitert und modernisiert.

Ende der 1970er-Jahre wurde der erste eigene Lkw angeschafft, und die Container wurden erstmals auch zur Miete angeboten. Als in den 1980er-Jahren immer mehr Bauunternehmen Bauwagen durch Container ersetzten, konnte die Nachfrage nicht mehr nur mit gebrauchten Containern bedient werden, und ELA begann mit der Entwicklung eigener Container. 2003 brachte ELA einen neuen Premium-Container auf den Markt, der mit 3 m Breite mehr Platz als herkömmliche Container bietet.

Über die Jahre hat ELA Container sein Vertriebsnetz vom Emsland aus stetig erweitert. In Deutschland unterhält ELA Container neben seinem Hauptsitz in Haren weitere Standorte, u. a. in Groß Ippener bei Bremen, im sächsischen Frankenberg, im baden-württembergischen Billigheim sowie in Moosburg bei München. Dazu kommen Tochterfirmen im Ausland – etwa in den

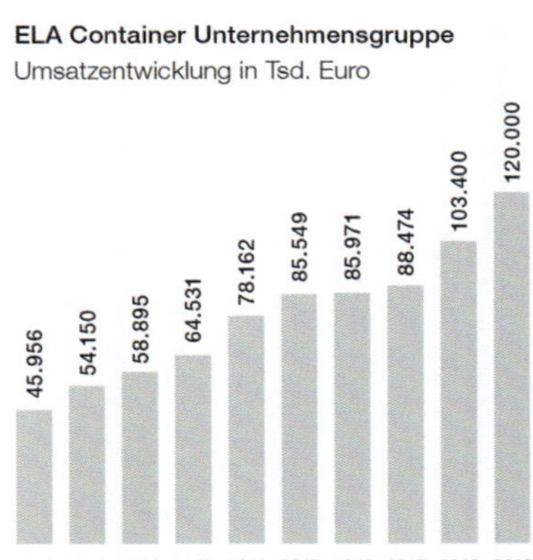

E

„Volles Vertrauen zu haben, das ist das Wichtigste in der Familie."

Bernhard Albers

Die Firmengründer Elisabeth und Bernhard Albers (oben); die ersten selbst produzierten Containeranlagen mit Stahl-Außentreppe und Podest (Mitte); der erste Firmensitz an der Dieselstraße in Haren (Ems) im Jahr 1978 (unten)

E

Hauptsitz von ELA Container in Haren (Ems) im Jahr 2019

In der großen Montagehalle werden die Container produziert und umgebaut (oben). Im Sondercontainerbau werden Container nach Kundenwunsch gefertigt (Mitte). 70 firmeneigene Lkw bringen die Container zu den Kunden (unten).

Niederlanden, in Belgien, Polen, Litauen, Ungarn, Russland und Dubai. Aktuell werden zwei weitere internationale Standorte in Österreich und England aufgebaut.

Um der wachsenden Größe des Unternehmens Rechnung zu tragen, waren die letzten Jahre geprägt von der Ausgliederung von Schwestergesellschaften. 2014 wurde die ELA Container Offshore GmbH gegründet, die auf Bau, Verkauf und Vermietung von Offshore-Containeranlagen spezialisiert ist. Sie ist sehr international ausgerichtet und besitzt seit 2015 bereits eine eigene Tochterfirma in den USA. 2018 folgte die ELA Sales GmbH. Sie organisiert den Verkauf von Neu-, Gebraucht- und Sondercontainern.

Daten und Fakten

Inhaberfamilie: Familie Albers in 2. Generation
Gründer: Elisabeth und Bernhard Albers, 1972, Haren
Standorte: Hauptsitz Haren (Ems); 8 Standorte in Deutschland, Tochterfirmen in Polen, den Niederlanden, Belgien, Großbritannien, Österreich, Litauen, Russland und Dubai
Mitarbeitende: 900 (2020)
Umsatz: 120 Mio. Euro (2019)
Familieneinfluss: inhabergeführt durch Tim Albers, Liesel Albers-Bentlage, Günter Albers
Unternehmensanteile der Familie: 100%, Gesellschafter sind Bernhard und Elisabeth Albers, Tim Albers, Liesel Albers-Bentlage und Günter Albers
Beratendes Organ: Beirat

Family Governance

Ein Familienunternehmen zu führen, hat viele Vorteile gegenüber nicht familiengeführten Unternehmen. Es gibt eine größere personelle Beständigkeit auf der Führungsebene, der Wissenstransfer gelingt leichter, die Loyalität und generelle Leistungsbereitschaft sind höher. Von diesen Pluspunkten profitiert ein Familienunternehmen dann, wenn alles rund läuft. Die wirtschaftliche Entwicklung der ELA-GmbH und die Einbeziehung von zunächst drei der fünf Kinder – Tim Albers, Liesel Albers-Bentlage und Günter Albers – in die Geschäftsführung machten es erforderlich, gültige Vereinbarungen für die Familie zu treffen, um möglichen Streit zu verhindern. Die Familie Albers entwickelte bis 2009 ihre erste „Familienverfassung für unsere Prinzipien als Unternehmerfamilie".

Chronologie

1972 Elisabeth und Bernhard Albers gründeten in Haren die Firma ELA-Gesellschaft für Handel und Vermittlung GmbH & Co. KG.

1977 Erwerb eines 5.800 m² großen Geländes in Haren

1980–1990 Die 2. Generation tritt in das Unternehmen ein: 1980 Tim Albers, 1984 Liesel Albers-Bentlage und 1990 Günter Albers.

1994 Günter Albers wird Mitglied der Geschäftsleitung. Das Tochterunternehmen Chemco in Sachsen wird gegründet (nun ELA-Mietcenter Frankenberg).

2000 Eröffnung des Gebraucht-Container-Centers

2005 Firmengründer und Seniorchef Bernhard Albers übergibt die Geschäftsleitung an seine Kinder.

2010 Eröffnung des ELA-Mietcenters in Billigheim (bei Heilbronn)

2014 Gründung der ELA Container Offshore GmbH

2016 Bis 2016 wurden Tochterfirmen in den Niederlanden, Polen, Ungarn, Litauen, Belgien, Dubai und Russland gegründet.

2018 Gründung der ELA Container Sales GmbH

Kontakt
ELA Container GmbH
Zeppelinstr. 19–21, 49733 Haren (Ems)
Fon: 05932 506-0, Fax: 05932 506-10
info@container.de, www.container.de

Ansprechpartner Marketing
Michael Schmidt
michael.schmidt@container.de

ELMESS

Uelzen, Niedersachsen

E

Gegründet: 1945
ELMESS-Thermosystemtechnik zählt zu den weltweit führenden Herstellern von elektrischen Industrieheizkörpern, Erhitzern, Überwachungsgeräten und Steuerungen für anspruchsvolle industrielle Anwendungen in überwiegend explosionsgeschützter Ausführung. ELMESS versteht sich als modernes Familienunternehmen, das die Vorteile eines soliden Betriebes mit der Effizienz eines innovationsstarken Mittelständlers vereint. Das Unternehmen wurde 1945 in Berlin durch Herbert Schweda zum Vertrieb seiner selbst entwickelten elektrischen Messeinrichtungen gegründet und hat seinen Sitz seit 1966 in Uelzen. 1980 übernahmen die Gesellschafter des Dortmunder Unternehmens Eugen Klöpper die Firma. Im Jahr 2000 wurde Dipl.-Betriebswirt Volker Hinz Geschäftsführer.

Kontakt
ELMESS-Thermosystemtechnik GmbH & Co. KG
Nordallee 1, 29525 Uelzen
www.elmess.de

ELA Container beliefert zahlreiche Kunden aus der Industrie (oben). Große Fensterfronten schaffen in den ELA-Bürocontainern eine helle und freundliche Atmosphäre (unten).

EMAG

Salach, Baden-Württemberg

Gegründet: 1952
Die EMAG-Gruppe entwickelt und produziert Werkzeugmaschinen für das Zerspanen, Verzahnen und Laserschweißen, für elektrochemische Metallbearbeitung sowie induktives Härten. Die Produkte werden in den Bereichen Aerospace, Automotive, Anlagenbau und Energie genutzt. Der Ursprung der Gruppe geht zurück auf eine Eisengießerei und Maschinenfabrik, die 1867 im sächsischen Bautzen gegründet wurde. Doch das offizielle Gründungsdatum ist 1952, als die neugegründete EMAG in Eislingen mit dem Bau

E

von Drehbänken und Sondermaschinen begann. Heute beschäftigt die Gruppe fast 3.200 Mitarbeitende, die 2018 für einen Umsatz von 673 Mio. Euro sorgten. Die Exportquote liegt bei 75 %, ein Netz aus 34 Tochterunternehmen und Niederlassungen übernimmt den weltweiten Vertrieb.

Kontakt
EMAG GmbH & Co. KG
Austr. 24, 73084 Salach
www.emag.com

EMKA Beschlagteile

Velbert, Nordrhein-Westfalen

Gegründet: 1932
Die EMKA Beschlagteile GmbH & Co. KG operiert als Muttergesellschaft der EMKA Gruppe und ist ein weltweit tätiges Familienunternehmen der Metall- und Kunststoffverarbeitungsindustrie. Das Unternehmen bietet vielfältige Fertigungsmöglichkeiten unter einem Dach. Mit über 18.000 Montage-Komponenten werden Branchen wie Telekommunikation, Klimatechnik und Maschinenbau beliefert. Die Geschäftsführer sind Friedhelm Runge, Dr. Florian Hesse und Werner Averkamp. Emil Krachten gründete das Unternehmen 1932 in Velbert. Ab 1973 erfuhr der kleine Gewerbebetrieb einen rasanten Aufschwung und entwickelte sich zu einer globalen Unternehmensgruppe. Die Wirtschaftswoche zeichnete EMKA 2020 als Weltmarktführer für Verschlüsse, Dichtungen und Scharniere aus.

Kontakt
EMKA Beschlagteile GmbH & Co. KG
Langenberger Str. 32, 42551 Velbert
www.emka.com

EMUGE-FRANKEN

Lauf, Bayern

Gegründet: 1920
Seit 100 Jahren entwickelt EMUGE-FRANKEN mit seinen Produktmarken EMUGE und der 1958 erworbenen Firma FRANKEN immer wieder technologische Meilensteine. Der Schwerpunkt liegt in der Gewindeschneid-, Bohr, Prüf-, Spann- und Frästechnik, seit 2009 produziert man auch Dentalbohrer. Der Gründer Richard Glimpel ersann den Einschnitt-Gewindebohrer mit Schälanschnitt; mit Gewindebohrern für Dampfloks lag er im Trend der Zeit und expandierte. Heute existiert ein lagerhaltiges Standardprogramm mit über 40.000 Artikeln, außerdem stellt das Unternehmen Sonderwerkzeuge nach dem Bedarf seiner Kunden her und stimmt diese auf deren Prozesse und Maschinenvoraussetzungen ab. EMUGE-FRANKEN ist weltweit in den wichtigsten Industrienationen vertreten.

Kontakt
EMUGE-Werk Richard Glimpel GmbH & Co. KG
Nürnberger Str. 96–100, 91207 Lauf
www.emuge-franken-group.com

ENERCON

Aurich, Niedersachsen

Gegründet: 1984
„Energie für die Welt“ – entstanden aus dem Leitgedanken des Firmengründers Dr. Aloys Wobben, prägt diese Vision bis heute ENERCONs Unternehmensentwicklung. Seit über 30 Jahren ist ENERCON mit seinen technologischen Innovationen Wegbereiter der Windenergie. Bisher wurden weltweit 27.815 Windanlagen installiert. Als Systemlieferant für regenerative Energien gibt der Marktführer in Deutschland auch Antworten auf die Herausforderungen von morgen. 1996 ging das Unternehmen eine Partnerschaft mit einer Fertigungsstätte in

Brasilien ein, ab 1998 begann es mit dem Aufbau von Anlagenproduktionen in Magdeburg. ENERCONs Unabhängigkeit sowie die Kontinuität der Unternehmensausrichtung wurden 2012 durch die Gründung der Aloys Wobben Stiftung besiegelt.

Kontakt
ENERCON GmbH
Dreekamp 5, 26605 Aurich
www.enercon.de

Energiequelle

Zossen, Brandenburg

energiequelle
ENERGIE MIT ZUKUNFT.

Gegründet: 1997
Die Energiequelle GmbH ist eines der zehn größten deutschen Unternehmen für erneuerbare Energien. Ihr Kerngeschäft ist die Projektierung und Betriebsführung von Anlagen im Bereich erneuerbare Energien sowie die Konzeption innovativer Energieversorgungslösungen. Dazu zählen z. B. Windenergie-, Biogas- und Fotovoltaikanlagen, Umspannwerke und Energiespeicher sowie der Stromvertrieb. Kunden sind Gemeinden, private Haushalte, die Politik und Investoren. Neben der Unternehmenszentrale in Kallinchen, einem Ortsteil von Zossen, verfügt Energiequelle über zehn weitere Standorte in Deutschland. Französische Kunden betreut die 2010 übernommene Tochterfirma P&T von Rennes, Dijon und Royan aus, und in Finnland ist Energiequelle seit 2016 am Markt und mit einer Geschäftsstelle in Helsinki vertreten. Das Unternehmen mit mehr als 250 Mitarbeitenden erwirtschaftet einen Umsatz von knapp 100 Mio. Euro (2020). 1997 wollten Doreen und Michael Raschemann gemeinsam mit Joachim Uecker ihren Beitrag zur Energiewende leisten und errichteten einen Windpark mit vier Anlagen. Als Start-up nahmen sie die Geschäfte ohne eigene Büros in den Privaträumen der Gründer in Kallinchen und Bremen auf. In den Folgejahren prosperierte Energiequelle durch stetes Wachstum und die Internationalisierung. Nachdem Mitinhaber Joachim Uecker 2019 aus dem Unternehmen ausgeschieden war, wurde Michael Raschemann als geschäftsführender Gesellschafter alleiniger Inhaber.

Energiequelle plant und realisiert Windenergie- und Fotovoltaikanlagen sowie Umspannwerke und Energiespeicher.

Schon gewusst?

Bereits 2011 hat Energiequelle ein Projekt geplant und realisiert, das auch international viel Beachtung fand und zu den Meilensteinen des Unternehmens zählt: Das Dorf Feldheim in Brandenburg ging als erster energieautarker Ort Deutschlands in die Geschichte ein. Die Versorgung des Dorfes wurde durch Energiequelle ausschließlich über erneuerbare Energien realisiert, die direkt und nicht nur virtuell zum Verbraucher fließen.

Das Unternehmen bietet seinen Mitarbeitenden u. a. Weiterbildungen, flexible Arbeitszeiten, vermögenswirksame Leistungen, ein Gesundheitsbudget und ein JobRad-Leasing. Unter dem Motto „Erneuerbare stiften Gutes“ wurde 2016 die Energiequelle-Stiftung gegründet, die das Bewusstsein für Themen des Umwelt- und Klimaschutzes schärfen soll. Energiequelle will zukünftig das internationale Wachstum ausbauen und sich die Geschäftsfelder Versorgung von Industrie und Gewerbe sowie Wasserstoff erschließen.

E

„Energiewende? Machen wir.“

Firmenmotto

E

Energiequelle wurde 1997 gegründet und engagiert sich seitdem für den Ausbau erneuerbarer Energien. Michael Raschemann ist einer der Mitgründer, 2019 übernahm er die alleinige Geschäftsleitung.

Daten und Fakten

Inhaberfamilie: Michael Raschemann
Gründer: Doreen und Michael Raschemann, Joachim Uecker (ebenfalls Gründer und Inhaber des Unternehmens, ausgeschieden 2019)
Branche: Energiewirtschaft/erneuerbare Energien
Produkte: Projektierung und Betriebsführung von Anlagen im Bereich erneuerbarer Energien sowie die Konzeption innovativer Energieversorgungslösungen
Standorte: 15 in Deutschland, Frankreich und Finnland
Mitarbeitende: über 250 in drei Ländern Europas
Umsatz: knapp 100 Mio. Euro (2020)
Marktposition: einer der größten Projektierer in Deutschland

Kontakt
Energiequelle GmbH
Hauptstr. 44, 15806 Zossen OT Kallinchen
Fon: 033769 871-0, Fax: 033769 871-105
info@energiequelle.de, www.energiequelle.de

Engbers

Gronau, Nordrhein-Westfalen

Gegründet: 1946
Die Engbers GmbH & Co. KG ist ein Einzelhandelsunternehmen im Bereich Herrenbekleidung. Im stationären Einzelhandel für Männermode ist Engbers Marktführer in Deutschland. In der Zentrale in Gronau und den ca. 300 Stores sind 1.400 Mitarbeitende beschäftigt, die 2019 einen Jahresumsatz von rd. 129 Mio. Euro erwirtschafteten. Das Unternehmen, das sich in 3. Generation in Familienbesitz befindet, wurde 1946 von Albert Engbers gegründet. Bernd Bosch ist heutiger Inhaber und Geschäftsführer. Seit September 2018 ist Engbers als erster großer Textileinzelhändler klimaneutral. Das Unternehmen betreibt ein Fort- und Weiterbildungsprogramm für seine Mitarbeitenden und wurde 2020 mit dem Zertifikat „Höchste Fairness im Job" ausgezeichnet.

Kontakt
Engbers GmbH & Co. KG
Düppelstr. 4, 48599 Gronau
www.engbers.com

---

engelhorn

Mannheim, Baden-Württemberg

Gegründet: 1890
engelhorn ist ein Handelsunternehmen für hochwertige Mode, Accessoires, Schuhe, Sportbekleidung und -ausrüstung. Das Familienunternehmen betreibt in der Metropolregion Rhein-Neckar mit Hauptsitz in Mannheim acht Häuser mit insgesamt über 38.000 m² Verkaufsfläche, unterhält einen Online-Shop sowie vier in die Handelshäuser integrierte Restaurants, davon zwei ausgezeichnet mit Michelin-Sternen. Über 1.350 Mitarbeitende sind bei engelhorn beschäftigt. In 4. Generation sind Fabian und Simon Engelhorn sowie Andreas Hilgenstock in der Führungsverantwortung. Gegründet wurde das Unternehmen von Georg Engelhorn und Adam Sturm im Jahr 1890. Zunächst führten sie Herren- und Knabenbekleidung. Damenbekleidung kam 1939 dazu, 1981 folgte ein Sporthaus. Seit 1984 wurden weitere Spezialgeschäfte u. a. für Wäsche und Dessous, für Strümpfe oder trendige Mode eröffnet. engelhorn betreibt ein eigenes Logistikzentrum in Mannheim-Neckarau.

Kontakt
engelhorn GmbH & Co. KGaA
O 4, 8, 68161 Mannheim
www.engelhorn.de

Ensinger

Nufringen, Baden-Württemberg

Gegründet: 1966
Die Ensinger Gruppe ist spezialisiert auf thermoplastische Konstruktions- und Hochleistungskunststoffe. Zum Leistungsspektrum gehören Entwicklung, Fertigung und Vertrieb von Compounds, extrudierten und gegossenen Halbzeugen, zerspanten und spritzgegossenen Fertigteilen, Industrieprofilen, Bauprodukten sowie gepressten und gegossenen Formteilen. Kunden sind der Maschinen- und Anlagenbau, die Bau-, Automobil- sowie Luft- und Raumfahrtindustrie, die Medizintechnik und viele mehr. Gestartet von Wilfried Ensinger im Jahr 1966 in einer Garage in Ehningen, erwirtschaftet die Gruppe heute mit rd. 2.600 Mitarbeitenden, drei Fertigungen in Deutschland und 35 weitere Produktionsstandorten und Vertriebsniederlassungen weltweit einen Umsatz von ca. 457 Mio. Euro. Seit 1998 ist mit Klaus Ensinger die 2. Generation in der Geschäftsführung.

Kontakt
Ensinger GmbH
Rudolf-Diesel-Str. 8, 71154 Nufringen
www.ensingerplastics.com

Eppendorf

Hamburg

Gegründet: 1945
Die Eppendorf AG ist ein Unternehmen der Life Sciences und entwickelt, produziert und vertreibt Instrumente, Verbrauchsartikel und Services für den Einsatz in Laboren. Das Produktangebot umfasst u. a. Pipetten und Pipettierautomaten, Dispenser, Zentrifugen und Mischer sowie Geräte zur DNA-Vervielfältigung, Ultra-Tiefkühlgeräte, Bioreaktoren und Systeme zur Zellmanipulation für die Forschung. Die Erzeugnisse werden in akademischen oder industriellen Laboren auf der ganzen Welt verwendet. Das Familienunternehmen beschäftigt weltweit rd. 3.292 Mitarbeitende, die im Jahr 2018 einen Umsatz von mehr als 729 Mio. Euro erwirtschafteten. Vorstandsvorsitzende sind Dr. Peter Fruhstorfer und Eva van Pelt, sie werden unterstützt von Dr. Wilhelm Plüster.

Kontakt
Eppendorf AG
Barkhausenweg 1, 22339 Hamburg
www.eppendorf.com

Epple Druckfarben

Neusäß, Bayern

Gegründet: 1889
Die in Neusäß bei Augsburg ansässige Epple Druckfarben AG ist ein mittelständischer Hersteller von Druckfarben und Hilfsmitteln für den Bogenoffsetdruck. Das Familienunternehmen ist nach eigenen Angaben in diesem Bereich Marktführer in Deutschland. Produziert wird ausschließlich in Neusäß, der Vertrieb erfolgt weltweit. Die AG liegt in den Händen der beiden Familien Berz und Epple. Vorstandsvorsitzender ist seit 2016 Gunther Gerlach. Bei Epple werden seit über drei Generationen Druckfarben hergestellt. Zuerst im Raum Dresden, nun seit mehr als sechs Jahrzehnten in Augsburg. Dem Unternehmen gelang es in den 1990er-Jahren als erstem Produzenten, eine mineralölfreie Bogenoffsetfarbe auf Basis nachwachsender Rohstoffe zu entwickeln.

Kontakt
Epple Druckfarben AG
Gutenbergstr. 5, 86356 Neusäß
www.epple-druckfarben.com

E

ERCO

Lüdenscheid, Nordrhein-Westfalen

Gegründet: 1934
ERCO ist ein international führender Spezialist für Architekturbeleuchtung mit LED-Technologie. In den 1960er-Jahren konnte das Unternehmen das neue Feld der Architekturbeleuchtung in Europa etablieren. Keine 50 Jahre später ist es der erste klassische Leuchtenhersteller mit einem komplett auf LED-Technologie basierenden Produktprogramm. Die Herstellung am Standort in Deutschland garantiert höchste Präzision der Lichtwerkzeuge – nicht zuletzt der Grund dafür, dass sich das Unternehmen als Lichtfabrik bezeichnet. Mit eigenständigen Vertriebs- und Partnerorganisationen ist ERCO in rd. 55 Ländern vertreten. Etwa 1.000 Mitarbeitende entwickeln die Lichtgestaltung von Arbeitsplätzen, Kulturstätten, Kirchen, Geschäftsräumen oder Hotels weiter.

Kontakt
ERCO GmbH
Brockhauser Weg 80–82, 58507 Lüdenscheid
www.erco.com

ERFURT

Nordrhein-Westfalen, Wuppertal

Gegründet: 1827
Kaum jemand denkt über die Erfindung der Raufasertapete nach, wenn er seiner Wandbekleidung einen frischen Anstrich gibt. Doch diese praktische Erfindung musste erst einmal in der damaligen Papiermühle ERFURT gemacht werden. In der 7. Generation führt die Familie des Gründers Friedrich Erfurt die Geschicke weiter. Als Marktführer in der Produktion und im Vertrieb überstreichbarer Wandbeläge hat ERFURT mit ca. 400 Mitarbeitenden in über 30 Ländern Fuß gefasst. Innovation, Design und ökologisch nachhaltige Lösungen treiben die Entwicklung voran. So ist die energetische Optimierung von Innenräumen heute ein entscheidender Faktor zum Energiesparen und zur Verbesserung des Wohnraumklimas. Das Verbrauchermagazin Ökotest zeichnete bereits Produkte aus.

Kontakt
ERFURT & SOHN KG
Hugo-Erfurt-Str. 1, 42399 Wuppertal
www.erfurt.com

ERL Immobiliengruppe

Deggendorf, Bayern

Gegründet: 1979
Die ERL Immobiliengruppe als Familienunternehmen in 3. Generation ist Marktführer für die Planung und die Errichtung von Wohneinrichtungen für selbstbestimmtes Leben im Alter: Barrierefreiheit, Energieeffizienz, geeignete Standorte sowie eine qualitativ hochwertige Ausstattung werden konsequent umgesetzt. Über 80 realisierte und z. T. mehrfach prämierte Immobilien zeugen von der Projektkompetenz. Kapitalanlegerinnen und -anleger profitieren von einer hohen Wertstabilität mit soliden Renditen, vertraglich abgesicherten Mieteinnahmen mit solventen Betreibern, Inflationsschutz durch Mietanpassungen, niedrige Zinsen und KfW-Fördermöglichkeiten und – bei Bedarf – stabilem Wiederverkaufswert.

Kontakt
ERL Immobiliengruppe
Oberer Stadtplatz 18, 94469 Deggendorf
www.erl.de

ESCHA

Halver, Nordrhein-Westfalen

Gegründet: 1983

Die ESCHA Gruppe entwickelt, fertigt und vermarktet qualitativ hochwertige Steckverbinder und Gehäusetechnik. Ihre Lösungen werden in der Automatisierungstechnik sowie im Maschinen- und Anlagenbau eingesetzt. Regelmäßig wird das Portfolio um neue Produkte für unterschiedliche Applikationsbereiche erweitert, z. B. um erneuerbare Energien oder Glasfasertechnik. Im Sauerland entwickelt und produziert das Unternehmen. Weltweit sind jedoch rd. 850 Mitarbeitende im Einsatz und erwirtschaften einen jährlichen konsolidierten Umsatz von 70 Mio. Euro. Im Juni 2019 nahm die ESCHA Gruppe einen ca. 5.000 m² großen Erweiterungsbau ihres Fertigungs- und Logistikzentrums am Stammsitz in Betrieb. Auch in China wurde die Fertigung vergrößert.

Kontakt

ESCHA GmbH & Co. KG
Elberfelder Str. 32, 58553 Halver
www.escha.net

etifix

Grafenberg, Baden-Württemberg

Gegründet: 1965

Die etifix GmbH mit Hauptsitz im schwäbischen Grafenberg ist ein auf den Etikettendruck spezialisiertes Unternehmen der Druckbranche. Die Kunden kommen aus den Branchen Pharmazie, Kosmetik, Technik, Automotive, Chemie, Logistik sowie Nahrung & Genuss. etifix produziert und vertreibt Selbstklebeetiketten, RFID-Etiketten, Etikettendrucker einschließlich Verbrauchsmaterial, Etikettiersysteme und Speziallösungen. Durch den Einsatz umweltverträglicher Roh-, Betriebs- und Hilfsstoffe und effizienter Produktionsverfahren leistet etifix seinem Selbstverständnis entsprechend einen aktiven Beitrag zum Umweltschutz. Geschäftsführer des im Jahr 1965 in Frickenhausen gegründeten, inhabergeführten Unternehmens ist in 2. Generation Claus-Udo Dudzik.

Kontakt

etifix GmbH
Riedericher Str. 68, 72661 Grafenberg
www.etifix.com

E

Europa-Park und Rulantica

Rust, Baden-Württemberg

EUROPA PARK®
FREIZEITPARK & ERLEBNIS-RESORT

Gegründet: 1975

Die Europa-Park GmbH & Co Mack KG betreibt Deutschlands größten Freizeitpark: Das Konzept des Europa-Parks beinhaltet 15 europäische Themenbereiche mit über 100 Attraktionen und Shows sowie den Indoor-Wasserpark Rulantica. Der Europa-Park war der erste deutsche Freizeitpark mit Hotels und Confertainment, einer Verbindung von Konferenzbetrieb und Entertainment. Er beschäftigt 4.450 Mitarbeitende, die jährlich über 5,6 Mio.

Die Indoor-Achterbahn „Eurosat – CanCan Coaster" nimmt Besucherinnen und Besucher mit auf eine Zeitreise in das Paris des 19. Jahrhunderts.

„Die weite Welt ist mein Feld. Nur das Gute bricht sich Bahn und hält sich auf der Höhe."

Europa-Park
Firmenmotto

E

Die Wasserwelt „Rulantica" bietet auf 32.600 m² das ganze Jahr über puren Wasserspaß.

Jürgen, Thomas, Roland und Michael Mack (v. l.)

Chronologie

1975 Franz Mack und sein Sohn Roland eröffnen den Europa-Park.

1982 Das europäische Themenkonzept wird mit dem ersten Bereich „Italien" umgesetzt.

1995 Das erste eigene Themenhotel, El Andaluz, wird eröffnet.

1998 Der Geschäftsbereich Confertainment wird gegründet.

2005 Der Europa-Park wird als einziger deutscher Park und als einziges Familienunternehmen in die weltweite Top-Ten-Liste von Forbes aufgenommen.

2008 Erstmals über 4 Mio. Besucherinnen und Besucher im Europa-Park

2011 Roland Mack übernimmt als erster Deutscher die Präsidentschaft des internationalen Verbands der Freizeitindustrie IAAPA.

2016 Mit der Aufnahme in die Hall of Fame erhält Roland Mack die höchste Auszeichnung des Weltverbands der Freizeitindustrie.

2018 Über 5,6 Mio. Besucherinnen und Besucher bescheren dem Europa-Park einen neuen Rekord.

2019 Das Feinschmeckerrestaurant „Ammolite – The Lighthouse Restaurant" im Europa-Park wird zum fünften Mal in Folge mit zwei Michelin-Sternen ausgezeichnet.

Besucher begrüßen, auch in sechs eigenen 4-Sterne-Hotels sowie einem Camp-Resort.

1780 gründete Paul Mack eine Firma für Wagenbau in Waldkirch, die 1870 das Schausteller- und Karusselbaugeschäft aufnahm und 1921 die erste Achterbahn baute. Ab 1930 spezialisierte sich das Familienunternehmen ganz auf Schaustellerwagen und Fahrgeschäfte und stieg 1952 in das US-Geschäft ein. Mack Rides vertrieb danach weltweit Achterbahnen und weitere Fahrgeschäfte. Franz Mack gründete 1975 mit seinem Sohn Roland den Europa-Park, der u. a. als „Open-Air-Ausstellung" für die eigenen Produkte diente. Mit innovativen Fahrgeschäften und dem Einstieg in das Freizeitparkgeschäft schaffte Franz Mack ein Weltunternehmen. Seit seinem Tod im Jahre 2010 führt die Familie Mack den Europa-Park in 3., Mack Rides bereits in der 8. Generation. An der Spitze des Europa-Parks stehen Roland Mack als Inhaber, sein Bruder Jürgen Mack und Roland Macks Söhne, Michael und Thomas Mack, jeweils als geschäftsführende Gesellschafter, die das Familienunternehmen für die nächste Generation weiterentwickeln wollen.

Den Mitarbeitenden des Europa-Parks steht neben anderen speziellen Angeboten ein betriebliches Gesundheitsmanagement zur Verfügung. Das Unternehmen unterstützt u. a. das Kinderhilfswerk, den Bundesverband Kinderhospiz e. V. und UNICEF, mehrere Stiftungen der Familie Mack engagieren sich für weitere Hilfsprojekte.

Daten und Fakten

Inhaberfamilie: Familie Mack
Gründer: Franz und Roland Mack, 1975, Rust
Branche: Tourismus, Freizeitpark, Hotellerie
Standort: Rust/Baden
Mitarbeitende: 4.450 (2019)
Marktposition: Deutschlands größter Freizeitpark
Innovationen: erster deutscher Freizeitpark mit eigenen Hotels
Ausbildungsplätze p. a.: 150 Auszubildende und dual Studierende (2019)
Unternehmensanteile der Familie: in Familienbesitz, 4 geschäftsführende Gesellschafter
Auszeichnungen: 6-mal in Folge „Golden Ticket Award" in der Kategorie „Bester Freizeitpark" (2019); „European Star Award" in der Kategorie „Europas bester Themenpark"; „Europas beste Familienattraktion" für das Fahrgeschäft „Arthur"; Qualitätssiegel „Corporate Health Award" für betriebliches Gesundheits-Management

Kontakt
Europa-Park GmbH & Co Mack KG
Europa-Park-Str. 2, 77977 Rust
Fon: 07822 77-6688
info@europapark.de, www.europapark.de

EWE–Armaturen

Braunschweig, Niedersachsen

Gegründet: 1946
EWE–Armaturen ist seit 75 Jahren auf die Entwicklung, Produktion und den Vertrieb von hochwertigen Hausanschlussarmaturen und Rohrleitungszubehör für die Wasser- und Gasversorgung wie für die Abwasserentsorgung spezialisiert.
Im Produktsortiment finden sich z. B. eine Reihe von DVGW-zertifizierten Anbohrarmaturen, Standrohren sowie Wasserzähler-Anlagen und Wasserzähler-Schächten aus hochwertigen Materialien wie etwa Edelstahl und bleifreiem Messing. Über Auslandspartner und Handelsvertretungen ist EWE-Armaturen in europäischen Ländern vertreten. Bereits im Januar 1946 wurde das Unternehmen durch den Kaufmann Wilhelm Ewe in Braunschweig gegründet. 1973 trat Sohn Klaus W. Ewe in das väterliche Unternehmen ein und übernahm nach Ausscheiden des Seniorchefs 1978 die alleinige Geschäftsleitung. Das mittelständische Familienunternehmen wird heute in 3. Generation von Geschäftsführer Dipl.-Wirt.-Ing. Jan-Peter Ewe geführt.

Das Braunschweiger Familienunternehmen legt Wert auf ein gutes Arbeitsklima und die Vereinbarkeit von Beruf und Familie. Daher ist ein hoher Anteil langjährig tätiger Mitarbeitender zu verzeichnen, die gleichbleibende Qualität, Fachwissen und Erfahrung bei EWE garantieren.

Kontakt
Wilhelm Ewe GmbH & Co. KG
Volkmaroder Str. 19, 38104 Braunschweig
Fon: 0531 37005-0, Fax: 0531 37005-55
info@ewe-armaturen.de, www.ewe-armaturen.de

F

F

Faber-Castell

Stein, Bayern

„Mir war es von Anfang an nur darum zu tun, mich auf den ersten Platz emporzuschwingen, indem ich das Beste mache, was überhaupt auf der Welt gemacht wird."

Lothar von Faber (1817–1896)

Gegründet: 1761

Faber-Castell ist eines der weltweit führenden Unternehmen für hochwertige Produkte zum Schreiben, Zeichnen und kreativen Gestalten sowie dekorative Kosmetikprodukte. Mit über 2 Mrd. Blei- und Buntstiften pro Jahr und rd. 8.000 Mitarbeitenden ist Faber-Castell der bedeutendste Hersteller von holzgefassten Stiften weltweit. Heute ist das Unternehmen in über 120 Ländern vertreten und verfügt über eigene Produktionsstätten in zehn sowie Vertriebsgesellschaften in 22 Ländern weltweit. Das 1761 gegründete Industrieunternehmen Faber-Castell ist eines der ältesten der Welt und seit neun Generationen im Besitz derselben Familie. Seit 2017 wird das Unternehmen von einem mehrköpfigen Vorstand geführt. Die Inhaberfamilie stellt durch Mandate und Funktionen in unterschiedlichen Gremien sicher, dass sie auch weiterhin eine aktive Rolle in der Unternehmensführung wahrnimmt.

Als branchenweiter Vorreiter im Bereich umweltfreundlicher industrieller Fertigungsprozesse stand bei Faber-Castell bereits Mitte der 1980er-Jahre die Sicherung der wichtigen Ressource Holz im Vordergrund unternehmerischen Denkens: In Brasilien verarbeitet das Unternehmen schnell wachsende Nadelhölzer aus eigenen Forsten. Ein geschlossener Kreislauf entsteht durch die konstante Wiederaufforstung in den geernteten Baumreihen. Auf einer Gesamtfläche von rd. 10.000 ha

Hauptrohstoffquellen für das Sortiment von Faber-Castell sind die nachhaltigen eigenen Kiefernwälder.

Der Stammsitz von Faber-Castell im fränkischen Stein

Chronologie

1761 Der Schreiner Kaspar Faber stellt die ersten Bleistifte her und verkauft diese auf dem Nürnberger Markt.

1839 Lothar von Faber, Sohn von Georg Leonhard Faber, übernimmt in 4. Generation die Führung und beginnt zehn Jahre später mit dem Aufbau des Auslandsgeschäfts.

1898 Durch die Heirat der Enkelin Lothars mit Alexander Graf zu Castell-Rüdenhausen entsteht der neue Familienname Faber-Castell.

1928 In der 7. Generation baut Roland Graf von Faber-Castell das Unternehmen weiter aus. Er kauft zudem ab den 1950er-Jahren enteignete Beteiligungen in den USA und Brasilien zurück.

1978 Sein Sohn Anton-Wolfgang Graf von Faber-Castell übernimmt die Unternehmensführung und setzt die Internationalisierung fort.

1993 Strategische Neuausrichtung des Markenbilds und Restrukturierung des Sortiments in fünf Kompetenzfelder

2000 Anton-Wolfgang Graf von Faber-Castell unterzeichnet die weltweit gültige Sozialcharta, die den Richtlinien der Internationalen Arbeitsorganisation (ILO) entspricht.

2017 Nach dem Tod von Anton-Wolfgang Graf von Faber-Castell 2016 wird das Unternehmen von einem Vorstand geführt. Durch ein Vorstandsmandat von Mary Gräfin von Faber-Castell wird eine aktive Rolle der Faber-Castell-Familie in der Unternehmensführung sichergestellt.

Faber-Castell Erleben

Das einzigartige Ensemble des Stammsitzes, bestehend aus Fertigungsstätten, Repräsentativbauten und einem Landschaftspark, das Freiherr Lothar von Faber und Alexander Graf von Faber-Castell ins Leben gerufen haben, ist heute als „Faber-Castell Erleben" zugänglich. Am Stammhaus in Stein besichtigen täglich zahlreiche Besuchergruppen die moderne Produktionsstätte sowie das Museum „Alte Mine". Auch werden Führungen durch das Graf von Faber-Castell'sche Schloss angeboten, das mit seinen kunsthistorischen Zimmern als Juwel des Jugendstils gilt. Die besondere Faszination der verschiedenen Besuchsprogramme ergibt sich aus dem Nebeneinander von Herkunft und Zukunft eines weltweit agierenden Familienunternehmens.

werden Tausende Kilometer entfernt von den Regenwäldern des Amazonas jährlich über eine Million Setzlinge des Typus Pinus Caribaea gepflanzt und aufgezogen. Nach 20 bis 23 Jahren sind die Bäume so groß, dass sie geerntet werden können. Aus diesen umweltschonend entstandenen Ressourcen werden Blei- und Buntstifte produziert. 900.000 t Kohlenstoffdioxid (CO_2) binden die unternehmenseigenen Wälder Faber-Castells in Prata, im Südosten Brasiliens. Das hat eine wissenschaftliche Studie des TÜV Rheinland® bestätigt. Die Forste dienen demnach nicht nur zur Sicherung des nachhaltigen Holzbestands, sondern entlasten auch die Atmosphäre durch die Fotosynthese, bei der CO_2 in Biomasse umgewandelt wird. Die Kiefernbäume und die zu etwa einem Drittel naturbelassenen Wälder neutralisieren damit den klimarelevanten CO_2-Fußabdruck der weltweiten Produktionsstätten von Faber-Castell. Große Teile des Waldes haben sich außerdem zu einem Biotop für seltene Tier- und Pflanzenarten entwickelt. Mit dem Einsatz von 82 % umweltfreundlichen Energieträgern und der nachweislich klimaneutralen Produktion durch eigene Wälder hat das Familienunternehmen ein Alleinstellungsmerkmal. Darüber hinaus werden die Entwicklung, die Herstellungsverfahren und die Entsorgung

Faber-Castell Colour GRIP Buntstifte aus zertifiziertem Holz

Für die Herstellung von Blei- und Buntstiften nutzt Faber-Castell schnell wachsende Nadelhölzer aus eigenen Wäldern.

aller eingesetzten Materialien kritischen Analysen unterzogen. So hat Faber-Castell beispielsweise beim Einsatz von umweltfreundlichem Wasserlack in der Holzstiftproduktion eine Vorreiterrolle eingenommen.

Daten und Fakten

Inhaberfamilie: Familie Graf von Faber-Castell in 9. Generation
Gründer: Kaspar Faber, 1761, in Stein (ältestes Unternehmen der Branche)
Branche: Herstellung hochwertiger Produkte zum Schreiben, Zeichnen und kreativen Gestalten sowie von Kosmetikstiften (OEM)
Produkte: 2,3 Mrd. holzgefasste Blei- und Buntstifte pro Jahr
Standorte: Produktionsstätten in 10 Ländern, Vertriebsniederlassungen in 22 Ländern
Vertrieb: in über 120 Ländern
Mitarbeitende: 8.000 weltweit, 1.000 in Deutschland (2019)
Umsatz: 588 Mio. Euro (Geschäftsjahr 2018/2019)
Unternehmensanteile der Familie: 100%
Kontrollgremium: Aufsichtsrat
Literatur: A.-W. Graf von Faber-Castell: Faber-Castell since 1761. Die illustrierte Geschichte einer Bleistiftdynastie (2013)

Kontakt

Faber-Castell AG
Nürnberger Str. 2, 90546 Stein
Fon: 0911 9965-0
info@faber-castell.de, www.faber-castell.de

FACKELMANN

Hersbruck, Bayern

Gegründet: 1919
Die FACKELMANN GmbH + Co. KG produziert und vertreibt Haushaltsartikel und Badmöbel. Das Unternehmen unterhält acht Produktionsstätten und ist an 41 Standorten weltweit vertreten. FACKELMANN führt rd. 10.000 Produkte und 15 Marken, deren Bekanntheit FACKELMANN zu den führenden Unternehmen in der Branche macht. Sukzessive wurden Filialen in den meisten europäischen Ländern sowie im asiatisch-pazifischen Raum und in Südamerika eröffnet. Das Unternehmen wird seit 1984 von Alexander Fackelmann in 3. Generation geführt. Die Ursprünge der Firma gehen zurück bis ins Jahr 1919, als die „Fackelmann Werksvertretungen für Haushalt und Eisenwaren" gegründet wurden. Sozial engagiert sich das Unternehmen u. a. mit der FACKELMANN Kinderfonds Stiftung.

Kontakt

FACKELMANN GmbH + Co. KG
Sebastian-Fackelmann-Str. 6, 91217 Hersbruck
www.fackelmann.de

FALKE

Schmallenberg, Nordrhein-Westfalen

„Wir verbinden unseren Namen und die Gestaltung unserer Produkte mit der Vorstellung von höchster Qualität und anspruchsvollem Design."

Franz-Peter und Paul Falke

Gegründet: 1895
Die FALKE Gruppe ist ein international tätiges Bekleidungs- und Lifestyleunternehmen mit Sitz im sauerländischen Schmallenberg. Das Portfolio des gewachsenen Strumpfherstellers mit einer mehr als 100-jährigen Geschichte umfasst Bein-, Sport- und Oberbekleidung. FALKE-Produkte sind mittlerweile in über 60 Ländern weltweit erhältlich. Hierfür arbeiten mehr als 3.000 Mitarbeitende jeden Tag mit dem Anspruch, erstklassige Produkte herzustellen, die den Kundinnen und Kunden Freude machen und gerne getragen werden. Hier setzt FALKE auch auf qualifizierten

Paul und Franz-Peter Falke (v. l.)

Nachwuchs und stellt jährlich mehr als 15 Ausbildungsplätze in kaufmännischen und technischen Berufen zur Verfügung. Geleitet wird das Familienunternehmen heute in 4. Generation von den geschäftsführenden Gesellschaftern Franz-Peter und Paul Falke. Die beiden Cousins sind Urenkel des Gründers und zu gleichen Teilen Eigentümer der Firmengruppe.

Die Anfänge der Firma reichen zurück in das Jahr 1895, als der Dachdecker Franz Falke-Rohen seine Nebentätigkeit als Saisonstricker in den Wintermonaten intensivierte und eine eigene Strickerei gründete. Gemeinsam mit seinem Sohn Franz Falke jun., seines Zeichens gelernter Schirmmacher, schuf er alle Voraussetzungen für die industrielle Herstellung von Strümpfen. Nach dem Ersten Weltkrieg begründete der Bau einer Manufaktur in Schmallenberg den heutigen Firmensitz. Acht Jahre später beschäftigte der Betrieb bereits 800 Mitarbeitende. Als Franz Falke jun. 1951 starb, übernahmen seine Söhne Paul und Franz-Otto Falke in 3. Generation die Leitung der Unternehmensgruppe. Unter ihrer Führung erfolgten weitere Expansionsschritte und die Erschließung von Exportmärkten. Zum Wechsel in die 4. Generation kam es schließlich im Jahr 1990, als die Söhne der Brüder, die Cousins Paul und Franz-Peter Falke, ihr Erbe antraten. Beide prägen bis heute maßgeblich das Unternehmen.

Gründerfamilie Falke (oben), Firmenzentrale in Schmallenberg (unten)

Gesellschaftliche Verantwortung

Die Bemühungen gesellschaftlichen Engagements der FALKE KGaA sind maßgeblich von der Mitgliedschaft in der amfori BSCI geprägt. Dabei handelt es sich um eine durch den europäischen Außenhandelsverband Foreign Trade Association (FTA) ins Leben gerufene Initiative zur Implementierung bzw. Verbesserung von Sozialstandards in den Lieferländern. Mehr als 180 europäische Unternehmen folgen inzwischen dem Verhaltenskodex von amfori BSCI, welcher in allen Phasen des Produktions- und Lieferprozesses u. a. das Verbot der Diskriminierung und die Einhaltung gesetzlicher Mindestlöhne und Arbeitszeiten vorsieht. Weitere Vorgaben umfassen Richtlinien zur Gesundheit und Sicherheit am Arbeitsplatz, das Verbot von Kinderarbeit, Zwangsarbeit und jeglichen Disziplinarmaßnahmen sowie die Einhaltung der gesetzlichen Mindestanforderungen in Umwelt- und Sicherheitsfragen. Alle teilnehmenden Unternehmen verpflichten sich zur Einführung eines Managementsystems, um die Auflagen zu kontrollieren.

F

Chronologie

1895 Dachdecker Franz Falke-Rohen, der als Saisonstricker tätig war, gründet seine eigene Strickerei.

1902 Sein ältester Sohn Franz jun., gelernter Schirmmacher, übernimmt die Leitung.

1918 Franz Falke-Rohen und sein Sohn kaufen die „Woll- und Haargarnspinnerei Carl Meisenburg" in Schmallenberg, heute FALKE Garne, und legen damit den Grundstein für die Entwicklung zu der heutigen Unternehmungsgruppe.

1951 Die Söhne Paul und Franz-Otto Falke übernehmen nach dem Tod ihres Vaters Franz Falke jun. die Unternehmungsgruppe.

1990 Paul Falke sen. verstirbt im Alter von 70 Jahren. Die beiden Cousins Franz-Peter Falke und Paul Falke übernehmen die Leitung der Unternehmensgruppe in 4. Generation.

1999 Die FALKE Feinstrumpfwerke in Lippstadt und die Franz Falke-Rohen Strumpffabriken werden organisatorisch zur FALKE KG zusammengeführt.

2008 Burlington wird als eigenständige Marke unter dem Dach der FALKE Gruppe geführt.

2011 In Ascona (Schweiz) eröffnet die FALKE Gruppe einen weiteren Flagship-Store.

2012 Im serbischen Leskovac nimmt das neue Werk die Produktion auf.

2015 Launch der FALKE Compression Linien

2017 FALKE expandiert in Asien und Russland.

Einblicke in die FALKE-Produktion: Garnspulen, Strickmaschine, Handketteln

FALKE produziert hochwertige Strumpfwaren für Damen und Herren.

Regelmäßige Befragungen der Mitarbeitenden gewähren auch den Angestellten einen Einfluss auf die Unternehmenskultur. Sportprogramme und Weiterbildungsmöglichkeiten ergänzen die innerbetrieblichen Maßnahmen. Um Berufsanfängerinnen und -anfängern den Einstieg zu erleichtern, bietet FALKE ein Traineeprogramm an. Auch in Zukunft soll die Wachstumsstrategie fortgesetzt werden, deren zentrales Anliegen in der Erschließung neuer Märkte besteht. So erwarb das Unternehmen im Jahr 2008 die Rechte an der Marke Burlington für Bekleidung, Lederwaren und Schmuck und führt die Marke fortan unter dem Dach der FALKE Gruppe.

Daten und Fakten

Inhaberfamilien: Familien Franz-Peter Falke und Paul Falke in 4. Generation
Gründer: Franz Falke-Rohen, 1895, Schmallenberg
Produkte: Bein-, Sport- und Oberbekleidung
Standorte: Deutschland, Südafrika, Serbien, Slowakei
Mitarbeitende: 3.325
Umsatz: 229 Mio. Euro (2016)
Marktposition: Marktführer im gehobenen Segment der Beinbekleidung
Ausbildungsplätze p. a.: 15
Unternehmensanteile der Familie: 100 % (beide Inhaberfamilien jeweils 50 %)

Kontakt
FALKE KGaA
Oststr. 5, 57392 Schmallenberg
Fon: 02972 799-1, Fax: 02972 799-319
contact@FALKE.com, www.FALKE.com

Ansprechpartnerin Presse
Kristina Falke
Fon: 02972 799-499
Kristina.Falke@FALKE.com

Falkenhahn

Geisa, Thüringen

Gegründet: 1933
Die Falkenhahn AG wurde vor über 80 Jahren von Josef Falkenhahn als Tischlerei gegründet und hat sich 1992 auf die Produktion von hochwertigen Europaletten spezialisiert. Seither werden ausschließlich wiederverwendbare, tauschfähige Paletten im Euroformat 800 x 1.200 mm produziert. 2008 sicherte sich das Unternehmen die exklusiven Markenrechte zur Produktion von WORLD-Europaletten. Als erster Hersteller fertigt Falkenhahn seit 2012 vollautomatisch innovative WORLD-Europaletten mit unsichtbar eingearbeitetem RFID-Transponder, der jederzeit alle Daten von Ladung, Standort und Bewegungen zur Verfügung stellt und eine präzise Überwachung logistischer Abläufe ermöglicht.

Unter der Leitung des Gründersohns Edmund Falkenhahn bezog das Unternehmen 1991 sein heutiges Betriebsgelände, außerhalb der Ortslage. Derzeit leitet Marcus Falkenhahn in 3. Generation die Falkenhahn AG.

Kontakt
Falkenhahn AG
Auf der Hopfel, 36419 Geisa OT Bremen
www.falkenhahn.eu

Farina

Köln, Nordrhein-Westfalen

F

Gegründet: 1709
Johann Maria Farina gegenüber dem Jülichs-Platz in Köln – das ist bis heute der Name des Familienunternehmens, das 1709 von dem italienischen Parfümeur Johann Maria Farina gegründet wurde. Es betreibt die älteste, durchgehend existente Parfümfabrik der Welt. Wie im Marken-Logo, einer roten Tulpe, wird der Name oft als „Farina gegenüber“ abgekürzt.

Anfang des 18. Jahrhunderts kreierte Johann Maria Farina einen neuartigen frischen Duft mit Bergamotte und weiteren Zitrusölen, den er seiner neuen Heimatstadt zu Ehren Eau de Cologne nannte. Nachdem 1738 der Kaiser in Wien Kunde wurde, war Eau de Cologne der Duft des Rokokos, und alle Höfe Europas folgten. Johann Wolfgang von Goethe und Napoleon benutzten nur die Farina Eau de Cologne.

Mangels Markenschutz wurde aus Eau de Cologne der Begriff für eine ganze Duftklasse und das Original zu Beginn des 19. Jahrhunderts von vielen kopiert oder gefälscht. Jean Marie Farina, Chef des Hauses in der 4. Generation, engagierte sich daher für die Schaffung eines Markenschutzes in Deutschland und gilt als einer der Wegbereiter des entsprechenden Reichsgesetzes, das 1875 in Kraft trat. Die ersten Marken wurden von Farina angemeldet und werden unverändert benutzt. Heute führt Johann Maria Farina, Parfümeur und fünffacher Urenkel des Gründers, das Unternehmen. Wie alle Generationen vor ihm steht er für Tradition und Qualität des Duft-Klassikers.

F

Kontakt
Johann Maria Farina gegenüber dem Jülichs-Platz GmbH seit 1709
Obenmarspforten 21, 50667 Köln
Fon: 0221 2941709, Fax: 0221 2571709
info@farina1709.com, www.farina1709.com

FAULHABER

Schönaich, Baden-Württemberg

Gegründet: 1947
Antriebslösungen an der Grenze des technisch Machbaren mit einzigartiger Zuverlässigkeit und Präzision – dafür steht FAULHABER. Das umfangreiche Sortiment umfasst leistungsstarke DC-, bürstenlose, Schritt- oder Linearmotoren sowie Getriebe, Encoder, Elektronik und Zubehör für den Aufbau von Komplettsystemen. Hauptanwendungen: Produktionsautomation & Robotik, Medizin- & Labortechnik, Luft- & Raumfahrt und weitere innovative Branchen. Die FAULHABER-Gruppe hat zwei Geschäftsfelder, Antriebssysteme und Micro Precision Systems, mit insgesamt 2.100 Beschäftigten. Neben dem Stammhaus in Deutschland verfügt sie über weitere Entwicklungs- und Produktionsstandorte in der Schweiz, den USA, Rumänien und Ungarn und ist in über 30 Ländern weltweit vertreten.

Kontakt
Dr. Fritz Faulhaber GmbH & Co. KG
Daimlerstr. 23/25, 71101 Schönaich
www.faulhaber.com

FeBa

Burbach, Nordrhein-Westfalen

Gegründet: 1971
Die FeBa-Gruppe entwickelt und produziert Fenster und Haustüren aus Kunststoff und Aluminium sowie produktverwandtes Zubehör, die in Deutschland, der Schweiz und Benelux vertrieben werden. Zu den Kunden zählen Schreiner, Metallbauer, Bauelementehändler, Architekten, Wohnbaugesellschaften und Bauunternehmen. Insgesamt beschäftigt das Unternehmen über 220 Mitarbeitende. Der Umsatzplan für 2020 liegt bei 36 Mio. Euro. Gegründet wurde FeBa im Jahr 1971 von Karl-Heinz Flick als Gesellschaft für Fertigbau-Elemente, 1987 bezog man den heutigen Hauptsitz in Burbach mit 55.000 m^2 Werksfläche. Seit 2020 hat mit Simon und Norman Menk die 3. Generation die Geschäftsführung inne.

Kontakt
FeBa Fensterbau GmbH
Carl-Benz-Str. 23, 57299 Burbach
www.feba.de

FEIN

Schwäbisch-Gmünd, Baden-Württemberg

Gegründet: 1867
Die C. & E. Fein GmbH ist ein weltweit führender Hersteller von professionellen Elektrowerkzeugen für den Dauereinsatz in Industrie und Handwerk. Zum Portfolio gehören Werkzeuge zum Bohren, Kernbohren, Schrauben, Schleifen, Sägen, Fräsen und Oszillieren sowie zur Oberflächen- bzw. Blechbearbeitung. Erfindergeist hat bei FEIN seit über 145 Jahren Tradition: Das Unternehmen in Familienbesitz wurde 1867 von Wilhelm Emil Fein gegründet. 1895 entwickelte FEIN das erste Elektrowerkzeug der Welt – eine elektrische

Handbohrmaschine. Viele weitere Werkzeuge folgten. FEIN bekennt sich zum Produktionsstandort Deutschland. Der Erfolg als Premiumhersteller beruht auf der Verbindung traditioneller Markenkernwerte wie Unverwüstlichkeit, Anwendernähe und Erfindertum.

Kontakt
C. & E. Fein GmbH
Hans-Fein-Str. 81,
73529 Schwäbisch Gmünd-Bargau
www.fein.com

Feinkost Dittmann

Diez, Rheinland-Pfalz

Gegründet: 1901
Die Reichold Feinkost GmbH produziert und vermarktet Feinkostprodukte und Antipasti von hoher Qualität. Unter dem Markennamen Feinkost Dittmann werden Oliven, Artischockenherzen, Pfefferonen, Pepperballs und Kapern sowie verschiedene Party-Saucen und Gemüse-Spezialitäten vertrieben. Heute ist das Unternehmen deutscher Marktführer bei Oliven, Antipasti, Kapern, Knoblauch sowie Sardellenspezialitäten und die beliebteste Feinkost-Marke des deutschen Handels. Dittmann hält alle Produktionssschritte vom Anbau bis zum Vertrieb in eigener Hand. Hauptsitz der 1901 in Wiesbaden von Carl Dittmann gegründeten Firma ist heute in Diez und Taunusstein/Neuhof. Weitere Produktionsstätten befinden sich u. a. in Griechenland, Spanien und der Türkei.

Kontakt
Reichold Feinkost GmbH
August-Horch-Str. 4–8, 65582 Diez
www.feinkost-dittmann.de

Felix Schoeller Group

Osnabrück, Niedersachsen

Gegründet: 1895
Die Felix Schoeller Holding GmbH & Co. KG produziert und vertreibt Papiere. Zum Portfolio gehören Spezialpapiere für fotorealistischen Druck und Dekorpapiere. In beiden Segmenten ist die Felix Schoeller Group nach eigenen Angaben Weltmarktführer. Das Unternehmen beschäftigt ca. 3.777 Mitarbeitende in elf Ländern, der Jahresumsatz beträgt rd. 926 Mio. Euro (2019). Die Felix Schoeller Group unterhält Produktionsstätten in Deutschland, Nordamerika, China, Russland und Indien, der Vertrieb erfolgt über die eigene Vertriebsabteilung sowie Verkaufsrepräsentanten. Seit seiner Gründung im Jahr 1895 als Papierfabrik in Osnabrück haben fünf Generationen das Familienunternehmen, das heute von Hans-Christoph Gallenkamp geleitet wird, zum Erfolg geführt.

Kontakt
Felix Schoeller Holding GmbH & Co. KG
Burg Gretesch, 49086 Osnabrück
www.felix-schoeller.com

Feneberg

Kempten/Allgäu, Bayern

Gegründet: 1933
Das Unternehmen Feneberg versteht sich selbst als „der Supermarkt aus dem Allgäu", mit starkem Fokus auf regionalen und nachhaltigen Produkten. Aktuell gibt es 76 Feneberg-Filialen in einem Verbreitungsgebiet von Ulm bis München sowie Lindau bis Oberstdorf und Garmisch-Partenkirchen. Verwaltung und Sitz des Unternehmens befinden sich in Kempten; dort und in den Filialen sind rd. 3.200 Mitarbeitende beschäftigt. Entstanden ist es aus einem Lebensmittelgeschäft, das Theodor Feneberg im Jahr 1933 in Kempten

F

übernahm, und dem väterlichen Käsegroßhandel, den er parallel fortführte. Nach dem Krieg expandierte er kontinuierlich und eröffnete 1955 den ersten Supermarkt Schwabens. Heute leiten Christof und Hannes Feneberg das Unternehmen in der 3. Generation zusammen mit Oliver Oechsle.

Kontakt

Feneberg Lebensmittel GmbH
Ursulasrieder Str. 2, 87437 Kempten/Allgäu
www.feneberg.de

Feser-Graf

Nürnberg, Bayern

Gegründet: 1929

Die Feser-Graf Gruppe ist eine der größten Automobilhandelsgruppen Deutschlands. Zum Neu- und Gebrauchtwagenangebot zählen die Volkswagenkonzern-Marken Audi, Lamborghini, Porsche (Service), Seat, Škoda, Volkswagen und Volkswagen Nutzfahrzeuge sowie Jaguar und Land Rover. Das Familienunternehmen mit rd. 2.200 Mitarbeitenden in 49 Betrieben verkauft über 60.000 Fahrzeuge pro Jahr und bietet ein breites Dienstleistungsspektrum mit Werkstattservice, Teiledienst, Autovermietung, Unfallinstandsetzung, Lackierarbeiten u. v. m. Schon 1929 eröffneten Charlotte und Walter Feser eine Motorradwerkstatt in Bernburg. 1947 gründete Wilhelm Graf sen. seine Reparaturwerkstatt in Fürth. Ihre Nachfolger, die Inhaberfamilien Feser und Graf, fusionierten die beiden Traditionsunternehmen im Jahr 2000 zur heutigen Feser-Graf Gruppe.

Kontakt

Feser, Graf & Co. Automobil Holding GmbH
Heisterstr. 6–10, 90441 Nürnberg
www.feser-graf.de

Festo

Esslingen, Baden-Württemberg

Gegründet: 1925

Festo ist ein weltweit führender Anbieter von Automatisierungstechnik und lt. eigenen Angaben Weltmarktführer in der technischen Aus- und Weiterbildung. Das Portfolio umfasst über 30.000 pneumatische, servopneumatische und elektrische Produkte der Automatisierungstechnik. Als Qualifizierungsanbieter für die Fertigungs- und Prozessautomatisierung bietet Festo Didactic Bildungsausrüstungen für Aus- und Weiterbildungseinrichtungen sowie Training und Beratung für produzierende Industrieunternehmen. Mit weltweit rd. 21.200 Mitarbeitenden in 250 Niederlassungen erwirtschaftete Festo 2018 einen Umsatz von 3,2 Mrd. Euro. Vorstandsvorsitzender des 1925 in Esslingen gegründeten Familienunternehmens ist Dipl.-Ing. Dr. h. c. Oliver D. Jung.

Kontakt

Festo SE & Co. KG
Ruiter Str. 82, 73734 Esslingen
www.festo.de

Fiege

Greven, Nordrhein-Westfalen

F

Gegründet: 1873
Die Fiege Logistik Stiftung & Co. KG mit Sitz in Greven ist ein Logistikdienstleister mit dem Kerngeschäft Kontraktlogistik. 1978 entwickelte das Unternehmen das erste Kontraktlogistik-Konzept für den internationalen Reifenhersteller Bridgestone und zählt heute zu den führenden Anbietern der Kontraktlogistik in Europa. Die besondere Kompetenz des Unternehmens liegt darin, individuelle, ganzheitliche Logistikkonzepte gemeinsam mit dem Kunden zu entwickeln, zu implementieren und diese kontinuierlich den Anforderungen einer modernen Logistik anzupassen. Neben klassischen Logistikdienstleistungen ist Fiege durch die Übernahme zahlreicher Value Added Services, wie z. B. Marktplatz Management, Data-Analytics etc., tief in der Wertschöpfungskette seiner Kunden verwurzelt.

Das hochautomatisierte Distributionszentrum von Fiege für Esprit in Mönchengladbach mit 33 km Fördertechnik

Fiege beschäftigt weltweit 19.000 Mitarbeitende an mehr als 150 Standorten und erwirtschaftete dabei im Jahr 2019 einen Umsatz von ca. 1,7 Mrd. Euro. Das inhabergeführte Familienunternehmen wird von den Cousins Jens und Felix Fiege in der 5. Generation geführt. Insgesamt gehören neben ihnen vier weitere Mitglieder dem Vorstand von Fiege an. Als beratende Instanz fungiert der Beirat, der dreimal im Jahr zusammenkommt.

Das Unternehmen Fiege blickt auf eine über 140-jährige Geschichte zurück. 1873 von Joan Joseph Fiege als Fuhrunternehmen gegründet, beförderte die Firma unter der Leitung seines Sohns Josef Fiege um die Jahrhundertwende hauptsächlich Kolonialwaren.

„Fast Focused Fiege"

Firmenmotto

Joan Joseph Fiege gründete 1873 in Greven ein Fuhrunternehmen.

Der Fiege Soccer Cup 2019 war mit über 2.000 Teilnehmerinnen und Teilnehmern das bislang größte Firmenevent.

F

Gesellschaftliche Verantwortung

Bereits in der Vergangenheit wurde viel Wert darauf gelegt, innovative Konzepte zu entwickeln und im Sinne einer nachhaltigen Entwicklung ökonomisch, sozial und ökologisch zu agieren. In diesem Rahmen wurde 1998 die Josef Fiege Stiftung von Heinz und Dr. Hugo Fiege gegründet, welche durch einen eigenen Vorstand und ein Kuratorium vertreten wird. Sie unterstützt Projekte aus den Bereichen Soziales und Nachhaltigkeit sowie Initiativen von Mitarbeitenden. Anlässlich des 20-jährigen Bestehens der Stiftung wurde erstmals der Fiege Ehrenamtspreis verliehen. Im Hinblick auf den ökologischen Wandel beteiligt sich das Unternehmen an Forschungsprojekten zum Thema Klimaschutz, ist Teil verschiedener Klimaallianzen und investiert bewusst in erneuerbare Energien und Elektromobilität. Entlang der gesamten Wertschöpfungskette hat Nachhaltigkeit einen hohen Stellenwert, denn das Unternehmen soll auf ganzer Linie zukunftsweisend weiterentwickelt und für künftige Generationen vorbereitet werden.

Heinz Fiege und Dr. Hugo Fiege haben das Unternehmen in 4. Generation geführt; Felix Fiege und Jens Fiege sind seit dem Jahr 2014 geschäftsführende Gesellschafter in der 5. Generation (v. o.).

Als Josef Fiege 1938 starb, übernahm sein Sohn Josef Fiege jun. die Geschäfte. Ihm gelang es, das Unternehmen in der Zeit des Wirtschaftswunders erfolgreich auszubauen. Zur Entwicklung des Unternehmens zu einem der größten Kontraktlogistikunternehmen Europas haben maßgeblich Heinz Fiege und Dr. Hugo Fiege beigetragen. Unter ihrer Leitung entstand 1978 nicht nur das innovative Konzept der Kontraktlogistik, sondern 1992 auch das erste Mega Center in Ibbenbüren mit 135.000 m² Lager- und Logistikfläche. Insgesamt zählen die Standorte von Fiege eine Lager- und Logistikfläche von 3,3 Mio. m².

Der Logistikspezialist geht seit einigen Jahren innerhalb der strategischen Ausrichtung weitere Schritte, um seine Position eines der führenden Anbieter Europas im Bereich Omnichannel Fulfillment zu stärken und als inhabergeführtes Unternehmen zwischen börsennotierten Mitbewerbern den Markt aktiv mitzugestalten. Zudem gewinnt das Thema Marktplätze in der Logistik immer mehr an Bedeutung. So investiert das Unternehmen in Plattform-Ökonomie. Fiege führt hierbei Händler, Marken, Plattformen und Kunden physisch sowie auf digitalem Weg zusammen. Gleichzeitig entwickelt Fiege Citylogistik-Konzepte, bei denen

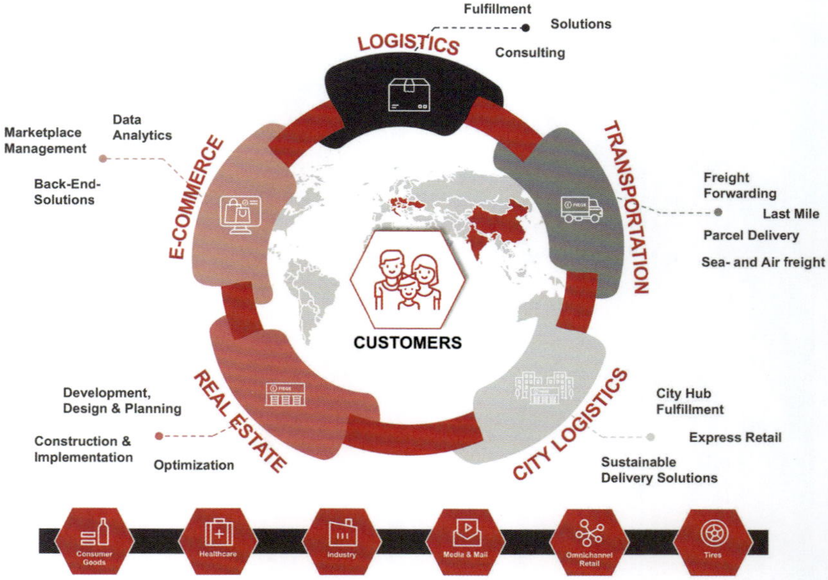

Die einzelnen Geschäftsbereiche von Fiege und ihre Aufgaben

Das Mega Center in Greven-Reckenfeld mit den erweiterten Logistikflächen und dem sechseckigen Güterverteilzentrum, das mit seiner Form bis heute das Firmenlogo prägt

die Themen Nachhaltigkeit, CO_2-freie Zustellung und Attraktivität der Innenstädte für die Händler im Fokus stehen.

Innerhalb des Unternehmens haben die Mitarbeitenden und der Teamspirit einen sehr hohen Stellenwert. Der Begriff Familie prägt die Zusammenarbeit unterschiedlichster Menschen und Nationalitäten in allen Bereichen. Verschiedene Events tragen dazu bei, diesen Spirit zu stärken. So kamen beim Fiege Soccer Cup, dem größten Event der Firmengeschichte, im Jahr 2019 insgesamt 2.000 Mitarbeiter und Mitarbeiterinnen in Greven zusammen. 77 Mannschaften aus zehn verschiedenen Ländern nahmen daran teil. Hierbei traten Männer- sowie Frauenteams gegeneinander an.

Daten und Fakten

F

Inhaberfamilie: Familie Fiege
Gründer: Joan Joseph Fiege, 1873, Greven
Branche: Logistikdienstleistung
Standorte: 150 Standorte in 14 Ländern in Europa und Asien
Mitarbeitende: rd. 19.000 (2019)
Umsatz: 1,7 Mrd. Euro (2019)
Marktposition: einer der führenden Kontraktlogistiker in Europa
Innovationen: Pionier der Kontraktlogistik, Erfinder der Ökologistik, Entwickler Mega-Center-Konzept
Familieneinfluss: inhabergeführt
Unternehmensanteile der Familie: 100 % im Familienbesitz
Kontrollgremien: Gesellschafterversammlung und Beirat
Auszeichnungen: „Ökomanager des Jahres" für Heinz Fiege und Dr. Hugo Fiege (WWF/Capital, 1996); Aufnahme von Heinz und Dr. Hugo Fiege in Logistics Hall of Fame (2005); „Axia Best Managed Companies Award" (Deloitte, WirtschaftsWoche, BDI, 2019); „Beste Logistik Marke" (Logistik Heute & BVL, 2020)

Kontakt

Fiege Logistik Stiftung & Co. KG
Joan-Joseph-Fiege-Str. 1, 48268 Greven
Fon: 02571 999-0, Fax: 02571 999-888
info@fiege.com, www.fiege.de

Das Firmengelände um 1950 in Greven, Grüner Weg (oben); die heutige Systemzentrale in Greven am Flughafen (unten)

Fiege setzt u. a. auf Innovationen wie die Magazino-Roboter (oben) und die Datenbrille von Picavi (unten).

Innovation als strategischer Faktor

Als einer der führenden Logistiker Europas ist das Thema Innovation elementarer Bestandteil der Fiege Unternehmenskultur. Sie bildet die Basis dafür, den Kunden im täglichen Wettbewerb zusätzliche Mehrwerte bieten zu können. Das Thema hat längst auch strategische Bedeutung. Fiege handelt mit dem Ziel, die Innovationskraft seines Unternehmens systematisch zu stärken und auszubauen. Dafür entwickelt und treibt das Unternehmen mit dem Unternehmensbereich Company Building eigene Start-up-Ideen voran und schafft entsprechende Strukturen. Zudem werden Start-ups durch Venture Capital über den eigenen Fonds „F-Log Ventures" gefördert und weiterentwickelt. Dass diese Strategie aufgeht, zeigen die ersten vielversprechenden Ergebnisse: eigene Entwicklungen wie Angel oder Zenfulfillment oder auch Beteiligungen an dem Datenanalysten Westphalia DataLab und dem Robotik-Unternehmen Magazino.

F

Chronologie

1873 Joan Joseph Fiege gründet ein Fuhrunternehmen in Greven.

1924 Investment in den ersten Lastwagen

1967 Mit Heinz Fiege und Dr. Hugo Fiege übernimmt die 4. Generation.

1978 Als Pionier entwickelt Fiege das erste Kontraktlogistik-Konzept.

1996 Die erste E-Commerce-Sendung verlässt ein Fiege-Lager.

1996/1999 Expansion nach Europa

1998 Gründung der Josef Fiege Stiftung

2001 Erstes integriertes Konzept für Krankenhauslogistik

2005/2008 Mit Jens Fiege (2005) und Felix Fiege (2008) übernimmt die 5. Generation das Unternehmen.

2006 Verstärkte Expansion nach Osteuropa und Asien

2014 Umstrukturierung von einer generalistisch, regionalen Organisation zu einer spezialisierten, vertikalen Struktur durch dezentrale Business Units

2018 Gründung eines Joint Venture mit Galeria Karstadt Kaufhof namens FIEGE X Log

2019 Ausbau des Ursprungsstandortes Greven-Reckenfeld zu einem Multi-User-Mega-Center

2020 Integration von Venture-Aktivitäten in das Fiege Geschäftsmodell durch einen Company-Building-Bereich und einen eigenen Venture Capital Fonds (F-Log Ventures)

Ansprechpartnerin Marketing
Sarah Schimmelpfennig
Fon: 02571 999-680
sarah.schimmelpfennig@fiege.com

Fielmann

Hamburg

„Wir gestalten die augenoptische Branche in Europa zum Vorteil für die Kunden, ohne Kompromisse bei der Qualität zu machen."

Marc Fielmann

Marc Fielmann, Vorstandsvorsitzender der Fielmann AG

Gegründet: 1972

Wohl kein anderes Unternehmen ist so tief in der augenoptischen Branche Deutschlands verwurzelt wie die Fielmann AG. Mit einem Marktanteil von 53 % ist Fielmann Marktführer, mehr als 24 Mio. Menschen tragen eine Brille von Fielmann.

Das Unternehmen wird in 2. Generation geführt. Gründer Günther Fielmann hatte die Nachfolge lange vorbereitet. Mit der im April 2018 geschaffenen Doppelspitze gingen bereits wesentliche Verantwortungsbereiche an seinen Sohn Marc Fielmann, der im November 2019 den alleinigen Vorstandsvorsitz übernommen hat.

Strategisch setzt der 30-Jährige mit der Vision 2025 die Schwerpunkte auf die Digitalisierung und die internationale Expansion. Langfristig will das Familienunternehmen jede vierte Brille in Kontinentaleuropa abgeben und einen Außenumsatz von 2,3 Mrd. Euro erwirtschaften. Die Zukunft sieht Marc Fielmann in einem Omnichannel-Geschäftsmodell, also der Verbindung von persönlicher Beratung und digitalen Services. Ziel ist es, die führende digitale Plattform in der Augenoptik zu entwickeln, die auch anderen Unternehmen zur Verfügung steht.

Es ist nicht das erste Mal, dass Fielmann die augenoptische Branche revolutioniert. Dies gelang bereits einmal, vor rd. 50 Jahren. Augen-

„Brille: Fielmann"

optische Fachgeschäfte glichen damals Apotheken. Optiker trugen weiße Kittel, die Preise waren branchenweit hoch, Brillen waren in Schubladen versteckt. Günther Fielmann setzte auf ein neues Konzept: Seine Niederlassungen muteten wie Modeboutiquen an, auf die weißen Kittel verzichtete er, die Brillen präsentierte Fielmann offen und bot sie deutlich günstiger als der Wettbewerb an. Fassungen kaufte das Unternehmen nicht beim Großhändler, sondern direkt beim Hersteller. Vom Preisvorteil profitierten die Kundinnen und Kunden.

Fielmann Akademie Schloss Plön

F

Fielmann pflanzt für jeden Mitarbeitenden jedes Jahr einen Baum, bis heute mehr als 1,6 Mio. Bäume.

Chronologie

1972 Günther Fielmann, staatlich geprüfter Augenoptiker und Meister, eröffnet seine erste Niederlassung in Cuxhaven.

1981 Fielmann schließt einen richtungsweisenden Sondervertrag mit der AOK Esens. Aus acht Kassenfassungen werden 90 modische, qualitativ hochwertige Metall- und Kunststoffbrillen in 640 Varianten auf Rezept.

1986 Fielmann veröffentlicht sein Umweltgelöbnis: „Fielmann pflanzt für jeden Mitarbeiter jedes Jahr einen Baum."

1994 Börsengang: Fielmann bringt als erster Neuemittent die Volksaktie im Nennwert von 5 DM an den Markt. Mehr als 80 % der Mitarbeitenden sind heute mit Aktien am Unternehmen beteiligt.

2002 Das Produktions- und Logistikzentrum in Rathenow wird eröffnet, versendet heute pro Jahr mehr als 10 Mio. Artikel.

2006 Die Fielmann Akademie Schloss Plön wird eröffnet, qualifiziert jedes Jahr 7.000 Augenoptikerinnen und -optiker. Als gemeinnützige Bildungseinrichtung steht sie auch externen Augenoptikern zur Verfügung.

2019 Marc Fielmann übernimmt die alleinige Unternehmensführung. Gründer Günther Fielmann zieht sich nach gelungenem Generationswechsel zurück. Das Jahr beendet das Unternehmen mit einem Rekordergebnis: Mit 776 Niederlassungen gibt Fielmann 8,28 Mio. Brillen ab.

Seinen Erfolg verdankt Fielmann einer konsequenten Kundenorientierung. So akzeptieren die Fielmann-Optikerinnen und -optiker dank einer Zufriedenheits-Garantie jede Reklamation, auf alle Brillen gewährt Fielmann drei Jahre Garantie.

Mit knapp 4.000 Auszubildenden ist Fielmann größter Ausbilder der augenoptischen Branche. 40 % des augenoptischen Nachwuchses in Deutschland lernen das Handwerk bei Fielmann. Mehr als 7.000 Teilnehmerinnen und Teilnehmer absolvieren jedes Jahr Fort- und Weiterbildungen, Meisterkurse oder Führungskräfteseminare in der firmeneigenen Akademie Schloss Plön.

Fielmann engagiert sich im Umwelt- und Naturschutz, pflanzt für jeden Mitarbeitenden jedes Jahr einen Baum. Insgesamt hat das Unternehmen bereits mehr als 1,6 Mio. Bäume und Sträucher gepflanzt.

Daten und Fakten

Inhaberfamilie: Fielmann
Gründer: Günther Fielmann, 1972, Cuxhaven
Branche: Augenoptik
Mitarbeitende: 20.397 (2019)
Umsatz: 1,77 Mrd. Euro (2019)
Auszubildende: 4.268 (2019)
Familieneinfluss: Günther Fielmann führte das Unternehmen in 1. Generation, Marc Fielmann heute in 2. Generation
Kontrollgremien: Aufsichtsrat

Kontakt
Fielmann AG
Weidestr. 118a, 22083 Hamburg
Fon: 040 27076-0, Fax: 040 27076-399
kundenservice@fielmann.com, www.fielmann.com

FILIGRAN

Leese, Niedersachsen

F

Gegründet: 1949

Die FILIGRAN Trägersysteme GmbH & Co. KG ist ein Hersteller von Spezialbewehrung für die Beton-Halbfertigteilindustrie und nimmt in Europa in dieser Nische eine führende Stellung ein. Das Portfolio umfasst Gitterträger, Betonstahl im Ring und weitere Bewehrungselemente aus Stahl. Darüber hinaus bietet das Unternehmen technische Planung und Beratung im Rahmen der FILIGRAN®-Technologie an.

An zwei deutschen Produktionsstandorten in Leese und Klieken beschäftigt FILIGRAN insgesamt 155 Mitarbeitende, bei der polnischen Schwesterfirma in Herby gehören aktuell 60 Mitarbeitende zum Team. Der Vertrieb erfolgt in Deutschland und Polen sowie im angrenzenden Ausland durch eigene Mitarbeitende. In der deutschen FILIGRAN wurde 2019 so ein Umsatz von 70 Mio. Euro erwirtschaftet.

FILIGRAN Trägersysteme befindet sich in 3. Generation in Familienbesitz, Gesellschafter sind die Familien von Weiler und Engelbrecht. Jörg Freiherr von und zu Weiler (seit 1998) sowie Stefan Freiherr von und zu Weiler (seit 2003) führen die Geschäfte.

Stefan Keller gründete das Unternehmen 1949 in Geretsried, um nach dem Zweiten Weltkrieg knappe Ressourcen für den Wiederaufbau durch „filigrane" Stahlträger (Konstruktion statt Masse) zu schonen. Zu den ersten Produkten zählten leichte, aus Profilstahl punktgeschweißte Fachwerkträger für Dachstühle sowie die dafür notwendige Produktionstechnik. In den 1950er- und 1960-Jahren wurde sukzessive die FILIGRAN®-Balkendecke, die Halbfertigteildecke (bekannt als „FILIGRAN®-Decke") sowie in den 70ern die FILIGRAN®-Doppelwand entwickelt.

Chronologie

1949 Gründung der FILIGRANBAU Stefan Keller KG in Geretsried, erste Patente auf Gitterträger für Dächer und Maschinen zu deren Produktion

1950–1960 Einführung der FILIGRAN®-Balkendecke

1960–1965 Einführung der FILIGRAN®-Decke oder Halbfertigteildecke

1970–1975 Einführung der FILIGRAN®-Doppelwand

1982 Die FILIGRANBAU Keller KG und die Norddeutsche FILIGRANBAU von Weiler KG fusionieren zur FILIGRAN Trägersysteme GmbH & Co. KG.

1993 Eröffnung eines Produktionsstandortes in Klieken, Sachsen-Anhalt

ab 1996 Gründung der polnischen Schwesterfirma, Eröffnung der ersten Produktion in Warschau

2006 Die polnische FILIGRAN erweitert das Produktionsprofil um Betonstahl in Stäben und Ringen.

2009 FILIGRAN Trägersysteme in Deutschland führt Betonstahl in Stäben und Ringen ein.

2014 Die deutsche FILIGRAN führt mit der FDB II die 2. Generation Durchstanzbewehrung ein, und gewinnt den Innovationspreis der Betonfertigteilindustrie im selben Jahr.

2016 FILIGRAN Trägersysteme beteiligt sich an doozer, einem Start-up mit einer digitalen Plattform für Wohnungsrenovierungen.

2017 FILIGRAN S.A. in Polen erweitert das Produktionsprofil um Spezialmatten.

„Masse durch Konstruktion ersetzen"

Leitsatz des FILIGRAN-Gründers Stefan Keller

Die Stahl-Leichtträger wurden ursprünglich für den Einsatz in Dächern entwickelt; später wurde der Anwendungsbereich der FILIGRAN®-Elemente ausgeweitet.

F

Die FILIGRAN Trägersysteme GmbH & Co. KG ist in Deutschland einer der führenden Hersteller von Spezialbewehrung für den Wohnungsbau.

Heute ist die Halbfertigteilbauweise im deutschen Wohnungsbau mit großem Abstand Marktführer und hat sich bedeutende Marktanteile in angrenzenden europäischen Regionen erschlossen.

Aktuell ist das Unternehmen in verschiedenen Forschungsprojekten engagiert, um brachliegendes Potenzial der Halbfertigteilbauweise zu heben, neue Märkte zu erschließen und nachhaltige Ansätze für die Bauindustrie zu entwickeln. Ein weiterer Fokus ist die Digitalisierung im Bau, an der FILIGRAN auch über Beteiligungen zu partizipieren gedenkt.

FILIGRAN engagiert sich überregional für Kinderschutz, unterstützt eine Kunstschule und fördert im unmittelbaren Umfeld diverse Ausbildungseinrichtungen und andere lokale Einrichtungen. Für seine Ausbildungstätigkeit wurde das Unternehmen mehrfach ausgezeichnet.

Daten und Fakten

Inhaberfamilien: Familien von Weiler und Engelbrecht in der 3. Generation
Gründer: Stefan Keller, 1949, Geretsried
Branche: Bewehrungsstahl
Standorte: Produktionsstätten in Leese und Klieken; Schwesterunternehmen mit Produktionsstätte in Herby/Polen
Mitarbeitende: 102 in Leese, 51 in Klieken (2019)
Umsatz: 70 Mio. Euro (2019)
Ausbildungsquote: 5 %
Familieneinfluss: inhabergeführt durch Jörg Freiherr von und zu Weiler und Stefan Freiherr von und zu Weiler
Eigenkapitalquote: 70 %
Exportquote: 10 %

Kontakt
FILIGRAN Trägersysteme GmbH & Co. KG
Zappenberg 6, 31633 Leese
Fon: 05761 9225-0, Fax: 05761 9225-40
info@filigran.de, www.filigran.de

Firmengruppe Freund

Koblenz, Nordrhein-Westfalen

Gegründet: 1922
Die Firmengruppe Freund ist ein Zusammenschluss von Unternehmen, die sich auf das gesamte Spektrum der Außenwerbung spezialisiert haben. Der Konzern zählt zu den Pionieren der Außenwerbung und hat dem Medium Plakat maßgeblich zu dessen Marktstellung verholfen. Mit rd. 290 Mitarbeitenden agiert der Konzern auch in Mittel- und Osteuropa, während Koblenz den Hauptsitz bildet. Den Kern der Gruppe gestaltet die awk AUSSENWERBUNG mit einer Vermarktung von deutschlandweit rd. 115.000 Werbeträgern. Die DPW Deutsche Plakat-Werbung GmbH & Co. KG ist die Besitzgesellschaft der Firmengruppe. In der AWK AUSSENWERBUNGSKONTOR GMBH sind die Auslandsaktivitäten gebündelt. Darüber hinaus ist Freund maßgeblich am City-Light-Poster-Vermarkter DEGESTA beteiligt.

Kontakt
Freund Holding GmbH & Co. KG
August-Horch-Str. 10 a, 56070 Koblenz
www.awk.de

Fischer Information Technology

Radolfzell a. Bodensee, Baden-Württemberg

Gegründet: 1985
Die Fischer Information Technology AG ist einer der innovativsten Anbieter im Segment der Unternehmenssoftware zur durchgängigen Digitalisierung von Produktinformationen. 35 Jahre Marktpräsenz zeugen nicht nur von Innovationskraft, sondern auch vom Marktverständnis und Erfahrungsschatz des Unternehmens. Mit zukunftsorientierten Softwarelösungen, dem Redaktionssystem TIM, dem PIM-System TIM connect und der Informationsplattform Sherlock macht Fischer alle Arten von Produktinformationen digital nutzbar. Das Unternehmen zeigt seinen Kunden, wie man mit digitalen Informationen am Markt punkten und interne wie externe Anwenderinnen und Anwender begeistern kann. Geführt wird Fischer Information Technology von CEO Carl Pfeffer, Vorsitzende des Aufsichtsrats ist Prof. Sissi Closs. Dr. Walter Fischer, der Gründer, ist heute Mitglied des Aufsichtsrats.

Kontakt
Fischer Information Technology AG
Hauptstr. 30, Stahringen, 78315 Radolfzell
www.fischer-information.com

---

fischerAppelt

Hamburg

Gegründet: 1986
Gegründet 1986, wurde fischerAppelt 2019 als größte PR-Agentur und drittgrößte inhabergeführte Agentur Deutschlands ausgezeichnet sowie von einem führenden Fachmagazin zur Agentur des Jahres gekürt. Zur Agenturgruppe gehören unter anderem Fork Unstable Media und Philipp und Keuntje. Die Agentur bietet integrierte Kommunikationsleistungen von Design über Public Relations, Werbung, Content- und Online-Marketing bis hin zu Events, Websites und anderen digitalen Plattformen. Zu den Kunden zählen das Bundesministerium des Innern, Merck, Daimler, Deutsche Bahn, DAK, Mondelez und Astra (Carlsberg) und weitere aus zahlreichen Branchen. 2019 erzielte fischerAppelt mit 714 Mitarbeitenden und Standorten in Hamburg, Berlin, München, Stuttgart, Köln, Frankfurt, Nürnberg, Ingolstadt, Doha und New York einen Umsatz von 82,7 Mio. Euro. Die Agenturgruppe wird noch heute von den Gründerbrüdern Andreas und Bernhard Fischer-Appelt geführt.

Kontakt
fischerAppelt AG
Waterloohain 5, 22769 Hamburg
www.fischerappelt.de

---

fischerwerke

Waldachtal, Baden-Württemberg

Gegründet: 1948
Mit der Erfindung des S-Dübels (1958) und der Einführung der Fischertechnik Konstruktionsbaukästen (1965) haben die fischerwerke Industriegeschichte geschrieben. Auch wirtschaftlich ist das Familienunternehmen mit 5.200 Mitarbeitenden weltweit und 864 Mio. Euro Umsatz (Ende 2018) ein wichtiger Player. Es wird an vier Standorten in Deutschland sowie in sechs weiteren Ländern produziert. Dabei ist man ist stolz auf die über 1.500 Patentschutzrechte. Im Verlauf der Zeit boten die fischerwerke auch Komponenten für den Autoinnenraum, Prozessberatung und elektronische Systeme an. Neben der technischen Innovation liegt dem Konzern die Mitarbeiterentwicklung am Herzen. Der Deutsche Nachhaltigkeitspreis 2019 krönte das firmenweite Streben nach Verbesserung.

Kontakt
fischerwerke GmbH & Co. KG
Klaus-Fischer-Str. 1, 72178 Waldachtal
www.fischer.de

Flensburger Brauerei

Flensburg, Schleswig-Holstein

Gegründet: 1888
Die Flensburger Brauerei geht zurück auf das Jahr 1888, als fünf Flensburger die Flensburger Export-Brauerei gründeten. Nachdem diese sich im Jahr 1919 mit der Aktien Brauerei zur Flensburger Brauereien AG zusammenschloss, entstand 1922 die Marke „Flensburger Pilsener". 1936 trat Konsul Emil Petersen in die Leitung der Brauerei ein und blieb bis zu seinem Tod 1974 alleiniger Geschäftsführer. Er führte die Brauerei aus der schwierigen Nachkriegszeit und modernisierte sie grundlegend. In den 1950er- und 1960er-Jahren wurden viele neue Biersorten eingeführt, die Brauerei florierte in den Wirtschaftswunderjahren. 1975 übernahm Hans Dethleffsen die Nachfolge von Emil Petersen. Er entwickelte ein einheitliches Markenbild und baute die Distribution aus. In den 1980er-Jahren legte die Marke „Flensburger Pilsener" dank der Comicfigur „Werner" deutlich an Bekanntheit zu. Die typische Bügelverschlussflasche und das beim Öffnen entstehende „Ploppen" wurden zum Markenzeichen. Nach einem Jahrzehnt der Monomarke „Flensburger Pilsener" baute die Flensburger Brauerei ab 1993 ihr Sortiment wieder aus.

Mittlerweile stellen am Standort Flensburg 180 Mitarbeitende (235 inkl. der Mitarbeitenden im Außendienst) 16 verschiedene Produkte her, der Exportanteil beträgt 5 %. Heute ist das Unternehmen zu 70 % im Besitz der Familie Dethleffsen, die sowohl privat als auch über ihre →HGDF-Familienholding Anteile hält. Die übrigen 30 % entfallen auf weitere Gründer-Nachkommen. Seit 2010 ist die Flensburger Brauerei mit Andreas Tembrockhaus und Hans-Peter Heyen erstmals unter familienfremder Geschäftsführung.

Kontakt
Flensburger Brauerei Emil Petersen GmbH & Co. KG
Munketoft 12, 24937 Flensburg
Fon: 0461 863-0, Fax: 0461 863-300
info@flens.de, www.flens.de

---

flexi – Bogdahn

Bargteheide, Schleswig-Holstein

Gegründet: 1973
Die flexi – Bogdahn International GmbH & Co. KG produziert und vertreibt flexi Hundeleinen mit ausrollbaren Gurten und Seilen, die Hunden viel Bewegungsfreiheit bieten, während die Halter und Halterinnen flexible Kontrolle behalten. 1973 erfand Manfred Bogdahn die flexi Roll-Leine und konstruierte aus dem Startermechanismus einer Motorsäge eine Aufrollvorrichtung. Das fertig entwickelte Produkt mit patentierter Technik wird seither von dem von ihm in Bargteheide gegründeten Unternehmen vermarktet. Dort sind über 300 Mitarbeitende beschäftigt, die neun flexi Kollektionen mit 195 Produktvarianten und Accessoires – alle „made in Germany" – in aufwendiger Handarbeit produzieren. Das vielfach ausgezeichnete Familienunternehmen vertreibt flexi Roll-Leinen in 91 Ländern der Erde und ist Weltmarktführer.

Kontakt
flexi – Bogdahn International GmbH & Co. KG
Carl-Benz-Weg 13, 22941 Bargteheide
www.flexi.de

Focke & Co.

Verden, Niedersachsen

FOCKE & CO
MASTERPIECES OF GERMAN ENGINEERING

F

„Wir sind ein internationales, erfolgreiches sowie von Kunden geschätztes Familienunternehmen und attraktiver Arbeitgeber.“

Der Firmensitz von Focke & Co. in Verden

Gegründet: 1955

Focke & Co. aus Verden ist einer der weltweit führenden Hersteller von Verpackungsmaschinen. 2.200 Mitarbeitende in der Focke Gruppe arbeiten weltweit an technologisch anspruchsvollen Verpackungsmaschinen für die Tabak-, Hygiene- und Food-Industrie. Zudem gehören der Focke Gruppe Unternehmen aus weiteren Technologiesegmenten wie etwa Klebstoffauftragssysteme und Automatisierungstechnik an. Gegründet von Dr. h. c. Heinz Focke im Jahr 1955 in Bremen, entwickelte sich das Unternehmen mit High-End-Verpackungsmaschinen für die Tabakindustrie zum Markt- und Technologieführer in diesem Segment. Bis heute konnten mehr als 20.000 Maschinenlösungen in über 120 Länder geliefert werden. Der erste Meilenstein und Grundlage des heutigen Erfolgs war die Entwicklung des Maschinentyps F3 im Jahr 1978. Durch konsequente Weiterentwicklung und Ingenieurskunst am Rande der „physikalischen Grenze“ konnte der Verpackungsprozess von 350 auf 1.000 Zigarettenpackungen pro Minute beschleunigt werden.

Das erarbeitete und stetig weiterentwickelte Know-how in unterschiedlichen High-End-Technologien für den Verpackungsprozess wird auch genutzt, um Synergien in der Gruppe optimal zu fördern und in neue Märkte vorzudringen. So stieß schon in den 1970er-Jahren das Unternehmen Focke Packaging Solutions zur Focke Gruppe hinzu. Hier werden Highspeed-Verpackungsmaschinen sowie ein breites Portfolio an End-of-Line-Maschinenlösungen für verschiedene Branchen hergestellt. Im Jahr 2016 wurde das Produkt- und Technologieportfolio der Gruppe durch die Übernahme von Meler Gluing Solutions S.A. aus dem spanischen Navarra erweitert. Meler ist

Weitere Unternehmen der Focke Gruppe: Focke Packaging Solutions in Barßel (oben), Meler Gluing Solutions S.A. im spanischen Pamplona (Mitte) und die Hoyer Montagetechnik GmbH in Waltershausen (unten)

Verpackungsmaschine mit digitaler Erweiterung

F

Beutelpacker Typ 242 (oben); Stacker/Bagger FemCare (unten)

Chronologie

1955 Firmengründung

1960 Der erster Beutelpacker kommt auf den Markt.

1974 Focke stellt die erste Tabakwaage vor.

1978 Entwicklung der Zigarettenverpackungsmaschine F3 (350 Packungen/min)

2002 Entwicklung des Maschinentyps F5 (500 Packungen/min)

2005 Entwicklung der High-End-Maschinenlösung F8 (1.000 Packungen/min)

2011 Neuentwicklung einer Highspeed-Maschinengeneration Stacker/Bagger für Hygieneprodukte

2012 Neue Generation vom Beutelpacker Typ 242

2016 Akquisition der Firma Meler Gluing Solutions S.A. in Spanien und strategische Neuausrichtung von Focke Packaging Solutions – Hygiene & Food

2019 Akquisition der Firma Hoyer Montagetechnik GmbH

Hersteller von Kleb- und Dichtstoffauftragssystemen, u. a. für die Verpackungs-, Hygiene- und Automobilindustrie. 2019 kam mit der Akquisition der Hoyer Montagetechnik GmbH aus Waltershausen das zukunftsträchtige Segment der Automatisierungstechnik hinzu. Hoyer ist Lieferant von spezialisierten Montageanlagen für die Automobilindustrie, den Sensorik-Markt sowie für die Medizintechnik. Die Produkte werden in mehr als 120 Ländern der Welt über eigene Sales- und Service-Niederlassungen verkauft, der Exportanteil liegt bei über 90 %. So erwirtschaftete Focke & Co. 2018 einen Umsatz von 500 Mio. Euro in der Gruppe. Nach dem Tod des Firmengründers wurde das Unternehmen zunächst durch dessen Kinder Doris und Jürgen Focke erfolgreich weiter ausgebaut. Mittlerweile wird die Focke Gruppe durch eine externe Geschäftsführung geleitet und in die Zukunft geführt. Die Familie Focke in 2. und 3. Generation besitzt weiterhin 100 % der Unternehmensanteile.

Daten und Fakten

Inhaberfamilie: Familie Focke in 2. und 3. Generation
Gründer: Dr. h. c. Heinz Focke, 1955, Bremen
Branche: allgemeiner Maschinenbau
Produkte: Verpackungsmaschinen, Kleb- und Dichtstoffauftragssysteme, Automatisierungstechnologie
Standorte: in Deutschland: Verden, Hamburg, Barßel, Berlin, Waltershausen; weltweit: Spanien, USA, Singapur, China, Brasilien, Türkei, Hong Kong, Russland, Japan
Mitarbeitende: 2.200 (2019)
Umsatz: 500 Mio. Euro (2018)
Marktposition: Weltmarktführer
Patente: 1.085
Exportquote: über 90 %

Kontakt
Focke GmbH & Co. KG
Siemensstr. 10, 27283 Verden
Fon: 04231 891-0, Fax: 04231 5061
info@focke.de, www.focke.de

Ansprechpartner Presse
Matthias Blanke
Fon: 04231 891-0
matthias.blanke@focke.de

Fr. Lürssen Werft

Bremen-Vegesack, Bremen

Gegründet: 1875

Die Fr. Lürssen Werft GmbH & Co. KG baut, repariert und modernisiert an unterschiedlich spezialisierten Standorten Jachten, Marine- und Kreuzfahrtschiffe für Auftraggeber weltweit. Neben dem Hauptsitz in Bremen-Vegesack ist Lürssen mit acht Werften in ganz Norddeutschland vertreten. Die Standorte Bremen, Rendsburg und Hamburg sind für den Bau von Luxusjachten international bekannt.

1875 gründete Friedrich Lürßen eine Bootsbauwerkstatt in Aumund bei Bremen, 1886 baute er das erste Motorboot. Die folgenden Generationen waren u. a. mit Motorjachten und Marineschiffen erfolgreich. 1977 bzw. 1987 stiegen die Cousins Friedrich und Peter Lürßen in 4. Generation in das Familienunternehmen ein. Sie übernahmen weitere Werften und intensivierten neben dem Marineschiffbau die Produktion von Luxusjachten.

Kontakt

Fr. Lürssen Werft GmbH & Co.KG
Zum Alten Speicher 11, 28759 Bremen-Vegesack
www.luerssen.de

Frank Hoffmann Konserven

Köln, Nordrhein-Westfalen

Gegründet: 1967

Die Frank Hoffmann Konserven GmbH ist ein führender deutscher Lebensmittel-Importeur. Sie beliefert den Einzelhandel, Cash-and-carry-Märkte, Food Services, Großverbraucher und die Lebensmittelindustrie mit Gemüse-, Obst- und Fischkonserven sowie Rohwaren. Acht Mitarbeitende am Hauptsitz Köln – mit eigenem Außendienst für Deutschland und Österreich – erzielten 2018 rd. 5,4 Mio. Euro Umsatz, zu dem auch Kunden im europäischen Ausland beitragen. Das in 2. Generation inhabergeführte Unternehmen wurde 1967 als Frank Hoffmann Konserven KG gegründet und firmiert seit 1981 als GmbH. Es wird heute von Victor Hoffmann, Geschäftsführer und Sohn des Gründers, geleitet. Vater Frank Hoffmann steht ihm als weiterer Geschäftsführer beratend zur Seite.

Kontakt

Frank Hoffmann Konserven GmbH
Dachsweg 12, 51109 Köln
www.victor-konserven.com

FRÄNKISCHE

Königsberg, Bayern

FRÄNKISCHE

Gegründet: 1906

Die FRÄNKISCHE Rohrwerke Gebr. Kirchner GmbH & Co. KG ist ein innovatives Familienunternehmen, das seit mehr als 110 Jahren hochwertige Glatt- und Wellrohrsysteme herstellt: Produkte und Lösungen, die durch fachliche Kompetenz und jahrzehntelange Erfahrung der Mitarbeitenden entstanden sind und in den Bereichen Hochbau, Tiefbau, Automotive und Industrie ihren Einsatz

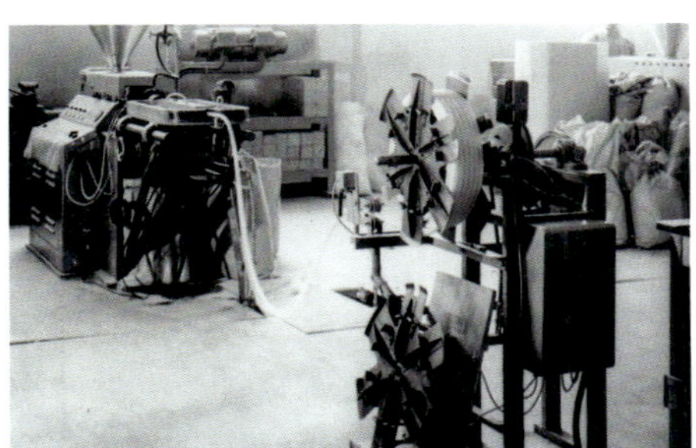

Elektrorohrproduktion im Jahr 1959

»Ein klares Bekenntnis zum Standort Deutschland ist für uns beides: Qualitätsgarantie und soziale Berechenbarkeit im positivsten Sinne.«

Otto Kirchner, FRÄNKISCHE

F

Die geschäftsführenden Gesellschafter Otto und Julius Kirchner (oben); Drainagerohrring (Mitte) und Co-flex, das teilbare Kabelschutzwellrohr von FRÄNKISCHE (unten)

Der Firmensitz von FRÄNKISCHE in Königsberg

finden. Im Laufe der Zeit entwickelte sich eine Firmengruppe mit mehr als 4.500 Beschäftigten an weltweit 22 Produktions- und Vertriebsstandorten. Gemeinsam erwirtschafteten sie im Geschäftsjahr 2018/2019 einen Umsatz von ca. 580 Mio. Euro. Die Ausbildungsquote lag bei 5,9 %.

Die Wurzeln des Unternehmens liegen im Jahr 1906, als die „Fränkische Isolierrohr- und Metallwarenwerke Georg Schäfer & Cie." unter dem Dach von Kugelfischer in Schweinfurt gegründet wurde. 1909 trat Otto Kirchner als persönlich haftender Gesellschafter in das Unternehmen ein. Zwei Jahre später traf ein schwerer Schicksalsschlag die junge Firma: Das Fabrikgebäude am Main stand in Flammen und brannte bis auf die Grundmauern nieder. Aufgrund des Ausmaßes der Zerstörung war an einen Wiederaufbau nicht zu denken. In Königsberg in Franken (heute Königsberg i. Bayern) wurde kurzerhand eine leerstehende Produktionshalle gekauft und „die FRÄNKISCHE" fand eine neue Heimat. Nach dem Zweiten Weltkrieg gelang es Dr. Auguste Kirchner, der Witwe von Otto Kirchner, den heruntergewirtschafteten Familienbetrieb aus amerikanischer Treuhänderschaft zu lösen und ihn neu aufzubauen. Dr. Auguste Kirchner war eine der ersten promovierten Chemikerinnen in Deutschland und hatte 1923 ihren Doktortitel erlangt. Ihre Entscheidung für den Werkstoff

Dr. Auguste Kirchner (oben); die Spinnmühle in Schweinfurt (unten)

Gesellschaftliche Verantwortung

„Den Menschen vor Ort etwas zurückgeben" – FRÄNKISCHE sieht ihre Verantwortung auch in der Stärkung des Umfelds. Dabei stehen die Steigerung der Attraktivität der jeweiligen Region, die Förderung von Bildung, Kultur und Sport sowie soziales Engagement im Mittelpunkt. So stärkt das Familienunternehmen den gesellschaftlichen Zusammenhalt und kann die Rahmenbedingungen mitgestalten, die einen wichtigen Einfluss auf den nachhaltigen Erfolg des Unternehmens haben. Das gesellschaftliche Engagement umfasst – je nach Standort – u. a.:

- Geld- und Sachspenden für soziale und karitative Einrichtungen, Organisationen und Projekte vor Ort
- Zusammenarbeit mit Kindergärten, Schulen und Hochschulen in der Region
- Umweltschutzprojekte und -aktivitäten in den umliegenden Gemeinden
- Unterstützung von Vereinen und ehrenamtlichen Verbänden.

F

Chronologie

1906 Fränkische Isolierrohr- und Metallwarenwerke Georg Schäfer & Cie. wird unter dem Dach von Kugelfischer in Schweinfurt gegründet.

1909 Otto Kirchner tritt als persönlich haftender Gesellschafter in das Unternehmen ein.

1912 Umzug nach Königsberg in Franken (heute Königsberg i. Bayern)

1949 Dr. Auguste Kirchner löst das Unternehmen aus amerikanischer Treuhänderschaft und baut es neu auf.

1951 Mit Fritz Kirchner tritt die 2. Generation in das Unternehmen ein.

1952 FRÄNKISCHE produziert das erste flexible Elektro-Installationsrohr aus Metall – eine bahnbrechende Entwicklung für die Elektroinstallation.

1959 Das Unternehmen entwickelt die weltweit ersten Anlagen zur Produktion von endlos produzierbarem gewelltem Elektro-Installationsrohr aus Kunststoff.

1961 Die Herstellung des ersten gewellten endlos produzierten Dränrohrs aus Hart-PVC folgt. Damit revolutioniert FRÄNKISCHE die Dräntechnik.

2006 Otto Kirchner übernimmt sämtliche Anteile seiner Mitgesellschafter und wird alleiniger geschäftsführender Gesellschafter in 3. Generation.

2019 Julius Kirchner tritt als geschäftsführender Gesellschafter ein und leitet fortan das Unternehmen gemeinsam mit seinem Vater Otto Kirchner.

Kunststoff als Material für die Rohrproduktion in den 1950er-Jahren war bahnbrechend. In Königsberg wurden die weltweit ersten Anlagen zur Herstellung von endlos produzierbarem gewelltem Elektro-Installationsrohr aus Kunststoff entwickelt sowie das erste flexible Dränrohr aus Hart-PVC hergestellt. Auf dieser Grundlage entstanden zahlreiche weitere Produktinnovationen. Unter der Leitung von Otto Kirchner, dem Enkel von Dr. Auguste Kirchner, begann um die Jahrtausendwende die Internationalisierung des Unternehmens. Nach wie vor ist FRÄNKISCHE zu 100 % in Familienbesitz, die 4. Generation ist 2019 in die Geschäftsführung eingetreten: Neben Otto Kirchner ist nun auch sein Sohn Julius geschäftsführender Gesellschafter.

Daten und Fakten

Inhaberfamilie: Familie Kirchner in 3. bzw. 4. Generation
Branche: kunststoffverarbeitende Industrie
Produkte: Rohre, Zubehör und Systemkomponenten aus Kunststoff und Metall
Standorte: 3 Standorte in Deutschland, weitere 19 im Ausland
Mitarbeitende: 4.500 weltweit
Umsatz: 580 Mio. Euro (Geschäftsjahr 2018/2019)
Ausbildungsquote: 5,9 %
Familieneinfluss: inhabergeführt mit angestellten Geschäftsführern
Unternehmensanteile der Familie: 100% in Familienbesitz

Kontakt

FRÄNKISCHE Rohrwerke Gebr. Kirchner GmbH & Co. KG
Hellinger Str. 1, 97486 Königsberg
Fon: 09525 88-0, Fax: 09525 88-2411
info@fraenkische.de, www.fraenkische.com

Ansprechpartnerin Presse

Frauke Barnofsky
Fon: 09525 88-2393
frauke.barnofsky@fraenkische.de

F

Freudenberg Gruppe

Weinheim, Baden-Württemberg

Gegründet: 1849

Die Freudenberg Gruppe ist ein weltweit tätiger Technologiekonzern mit zehn Geschäftsgruppen, der in einer Vielzahl von Branchen zu den führenden Unternehmen zählt. Zu den wichtigsten Produkten und Technologien gehören Dichtungen, schwingungstechnische Komponenten, technische Textilien, Filter, Spezialchemie, medizintechnische Produkte und modernste Reinigungsprodukte. Seinen Ursprung hat der Konzern in einer Gerberei, die Carl Johann Freudenberg im Jahr 1849 in Weinheim gründete. Im Laufe der Jahrzehnte diversifizierte sich das Know-how und Angebot, u. a. mit der Herstellung der ersten Lederdichtungen im Jahr 1929. In den 1940er-Jahren wurden Vliesstoffeinlagen für die Textilindustrie entwickelt. Aus einem Nebenprodukt dieser Tätigkeit entstanden im Jahr 1948 die Vileda®-Reinigungstücher. Erste schwingungstechnische Komponenten kamen in den 1950er-Jahren auf den Markt. Die Produktion von Schmierstoffen wurde ab 1966 mit dem Erwerb des Münchener Herstellers Klüber Lubrication aufgenommen. Ab dem Jahrtausendwechsel wuchs das Portfolio erneut deutlich. So erweiterte Freudenberg im Jahr 2004 mit dem Kauf der Burgmann Dichtungswerke in Wolfratshausen das Geschäft mit Gleitringdichtungen und stieg im selben Jahr in die Medizintechnik ein. Dichtungstechnik für die Öl- und Gasindustrie folgte. Freudenberg arbeitet an Innovationen für alle Antriebsarten, gleich ob Elektromotor, Hybrid, Brennstoffzelle oder Verbrennungsmotor. Basierend auf langjährigem Know-how für Komponenten von Brennstoffzellen und Batterien bietet das Unternehmen seit 2018 für die Mobilität der Zukunft

„Freudenberg is a values-based technology group that best serves its customers and society"

Positionierung der Freudenberg Gruppe

Carl Johann Freudenberg (1819–1898) gründete das Unternehmen (oben), das u. a. chemische Spezialitäten wie Schmierstoffe herstellt (unten).

Chronologie

1849 Carl Johann Freudenberg legt mit der Gründung einer Gerberei den Grundstein des Unternehmens.

1904 Hermann Ernst Freudenberg entwickelt ein industrielles Chromgerbeverfahren.

1929 Die ersten Lederdichtungen werden hergestellt, daraus wird 1932 der Simmerring® entwickelt.

1948 Die Produktion von Vliesstoffeinlagen für die Textilindustrie und von Vileda®-Reinigungstüchern beginnt.

1957 Freudenberg produziert die ersten Vliesstoff-Filter und erste schwingungstechnische Komponenten.

1966 Der Schmierstoffhersteller Klüber Lubrication in München wird übernommen.

1996 Die Stammgesellschaft Carl Freudenberg wird in einzelne, weltweit selbständig tätige Geschäftsgruppen aufgeteilt, die unter dem Dach der Holding agieren.

2004 Erweiterung des Geschäfts mit mechanischen Gleitringdichtungen und Einstieg in die Medizintechnik

2018 Freudenberg bietet Komponenten für Brennstoffzellen und Elektroautos sowie für Mobilitäts-Heavy-Duty-Anwendungen komplette elektrische Antriebssysteme aus einer Hand.

Die Freudenberg Gruppe hat Standorte in rund 60 Ländern.

Gesellschaftliche Verantwortung

Erfolg bedeutet für Freudenberg seit jeher beides: finanziell erfolgreich zu sein und Verantwortung für die Gesellschaft zu übernehmen. Verantwortung für die Gesellschaft umfasst bei Freudenberg die fünf Bereiche Nachhaltigkeit, Arbeits-, Gesundheits- und Umweltschutz, gesellschaftliches Engagement, Compliance sowie Menschenrechte und Arbeitsnormen. Gesellschaftliches Engagement geht für Freudenberg über die Wertschöpfungskette hinaus – mit vielen Hundert Projekten, v. a. rund um die Standorte. Das Programm „e^2" (education and environment) stärkt das gesellschaftliche Engagement seit 2015. Es geht darum, Menschen Zugang zu Bildung und Arbeit zu ermöglichen und den Umweltschutz zu fördern. Insgesamt hat Freudenberg bereits 14 Mio. Euro zur Verfügung gestellt. Exemplarisch für die langfristige Ausrichtung der Hilfsprojekte stehen das 2009 eröffnete gemeinnützige Ausbildungszentrum in Indien und der Wiederaufbau der 2008 von einem schweren Erdbeben zerstörten Grundschule in China (Bild), in der sich bis heute Freudenberg-Mitarbeitende für die Kinder engagieren. Weitere Beispiele sind das Jugendaustauschprogramm TANNER für die Kinder der Mitarbeitenden oder die Initiative „Wir tun was…", die soziale Projekte um Weinheim fördert. Seit 1984 trägt die Freudenberg Stiftung zu mehr Inklusion, Bildung und Demokratie bei.

den Herstellern von Heavy-Duty-Anwendungen komplette elektrische Antriebssysteme aus einer Hand. Im Jahr 2018 investierte Freudenberg mehr als 444 Mio. Euro in die Forschung und Entwicklung, der Anteil neuer Produkte am Umsatz betrug 33,6 %.

Inzwischen 170 Jahre in Familienbesitz, liegen die Gesellschafteranteile bei rd. 320 Nachkommen des Firmengründers. Die Gruppe hat eine strategische und eine operative Führungsgesellschaft, die in Personalunion als Unternehmensleitung auf der Ebene Freudenberg & Co. KG bzw. als Vorstand auf Ebene der Freudenberg SE geleitet wird: Dr. Mohsen Sohi (CEO), Dr. Tilman Krauch (CTO) und Dr. Ralf Krieger (CFO) führen als Nicht-Familienmitglieder das Unternehmen. Als Kontrollinstanzen sind ein Gesellschafter-

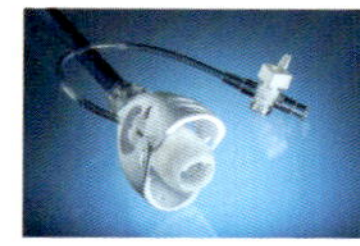

Drei Beispiele für das breit diversifizierte Produktportfolio der Unternehmensgruppe: das FlexSeal-Kathetersystem (oben), die Gasdiffusionslage für Brennstoffzellen (Mitte) und die CO_2-reduzierende gasgeschmierte Gleitringdichtung Levitex (unten)

Luftbildaufnahme der weltweiten Zentrale der Freudenberg Gruppe im baden-württembergischen Weinheim

F

ausschuss und ein Aufsichtsrat installiert, in denen derzeit jeweils sieben Familienmitglieder und fünf Nicht-Familienmitglieder vertreten sind. Den Vorsitz in beiden Gremien hat Martin Wentzler inne. Die Eigenkapitalquote der Gruppe liegt bei ca. 52 %. Insgesamt sind in den Unternehmen des Konzerns rd. 50.000 Mitarbeitende beschäftigt, die im Geschäftsjahr 2018 einen Gesamtumsatz von rd. 9,4 Mrd. Euro erwirtschafteten. Freudenberg ist weltweit in rd. 60 Ländern vertreten.

Daten und Fakten

Inhaberfamilie: Familie Freudenberg und Nachfahren
Gründer: Carl Johann Freudenberg, 1849, Weinheim
Produkte: Dichtungen, schwingungstechnische Komponenten, technische Textilien, Filter, Spezialchemie, medizintechnische Produkte und modernste Reinigungsprodukte
Mitarbeitende: rd. 50.000 (2018)
Umsatz: rd. 9,4 Mrd. Euro (2018)
Familieneinfluss: Aufsichtsrat der Freudenberg Gruppe bestellt den Vorstand
Unternehmensanteile der Familie: Anteile halten etwa 320 Nachfahren des Gründers
Eigenkapitalquote: rd. 52 %

Kontakt
Freudenberg Gruppe
Höhnerweg 2–4, 69469 Weinheim
Fon: 06201 80-0, Fax: 06201 88-0
info@freudenberg.com, www.freudenberg.com

Ansprechpartnerin Presse
Cornelia Buchta-Noack
Fon: 06201 80-4094
Cornelia.Buchta-Noack@freudenberg.com

FREUND

Paderborn, Nordrhein-Westfalen

Gegründet: 1921
Die FREUND Maschinenfabrik GmbH & Co. KG hat sich auf Maschinen und Anlagen in der Schlacht- und Zerlegetechnik für die Fleischindustrie und Handwerksbetriebe spezialisiert und gilt in diesem Bereich als eines der weltweit führenden Unternehmen. FREUND beschäftigt rd. 50 Mitarbeitende und ist mit seinen Produkten in etwa 80 Ländern weltweit präsent. Die Wurzeln des Unternehmens lassen sich bis ins 18. Jahrhundert zurückverfolgen, als die Familie in Solingen-Wald von der Herstellung von Bestecken und vom Zurichten von Messern lebte. Nach dem Ersten Weltkrieg ließ sich Walter Freund 1921 in Paderborn als Schlosser nieder. So entstand ein erstes Unternehmen als Werkstatt für Fleischerei-Werkzeuge und -Reparaturen. Heute führt Robert Freund die Geschäfte.

Kontakt
Freund Maschinenfabrik GmbH & Co. KG
Schulze-Delitzsch-Str. 38, 33100 Paderborn
www.freund.eu

Fritz Winter

Stadtallendorf, Hessen

Gegründet: 1951
Die Fritz Winter Eisengießerei GmbH & Co. KG ist Lieferant für die weltweite Automobil-, Nutzfahrzeug- und Hydraulikindustrie. Das Unternehmen entwickelt und produziert Roh- und Fertigteilkomponenten sowie komplexe Systembauteile, auch in Leichtbauweise. Fritz Winter ist europaweit das größte konzernunabhängige Gießereiunternehmen und wird von den Geschäftsführern Jörg Rumikewitz, Gunter Barnstorff und Ulf M. Kranz geleitet. Neben Standorten in Deutschland, Nordamerika und China verfügt

das Familienunternehmen weltweit über Vertretungen und Repräsentanzen. 3.700 Mitarbeitende erwirtschaften einen jährlichen Umsatz von rd. 685 Mio. Euro. Die Fritz Winter Eisengießerei ist bereits seit 2007 Mitglied des Global Compact der Vereinten Nationen.

Kontakt
Fritz Winter Eisengießerei GmbH & Co. KG
Albert-Schweitzer-Str. 15, 35260 Stadtallendorf
www.fritzwinter.de

Fritzmeier

Großhelfendorf, Bayern

Gegründet: 1926
Die Fritzmeier Group stellt v. a. Fahrerkabinen für Fahrzeuge aus dem Off- und dem On-Highway-Bereich her. Dazu unterhält sie separate Geschäftsbereiche mit jeweils eigenen Unternehmen: Fritzmeier CABS liefert Komplettkabinen, Baugruppen oder Verkleidungsteile, während Fritzmeier Composite sich auf Kunststoff- und Leichtbaukomponenten fokussiert. Fritzmeier Technologie stellt Werkzeuge und Sondermaschinen für die Metallbearbeitung zur Verfügung, und Fritzmeier Umwelttechnik entwickelt verschiedenste Produkte für die Landwirtschaft. Insgesamt beschäftigt die Gruppe weltweit rd. 2.300 Mitarbeitende an 15 Standorten in sieben Ländern. Mit dem Ursprung in einer Sattlerei, die Georg Fritzmeier 1926 gründete, ist die Gruppe heute noch ein inhabergeführtes Familienunternehmen.

Kontakt
Georg Fritzmeier GmbH & Co. KG
Forststr. 2, 85653 Großhelfendorf
www.fritzmeier.com

FUCHS GRUPPE

Dissen am Teutoburger Wald, Niedersachsen

Gegründet: 1952
Die FUCHS GRUPPE ist das weltweit größte Gewürzunternehmen in privatem Besitz. Das Familienunternehmen ist neben dem Gewürzhandel auch in der Lebensmitteltechnologie tätig und bietet Lösungen für Hotellerie und Gastronomie an. Die Firmenzentrale der FUCHS GRUPPE, die mit 3.000 Mitarbeitenden in neun Ländern und auf vier Kontinenten agiert, befindet sich in Dissen. In Deutschland verfügt die FUCHS GRUPPE über weitere Niederlassungen in Abtswind, Hamlar, Melle und Schönbrunn. Darüber hinaus betreibt die FUCHS GRUPPE Standorte in Brasilien, China, Frankreich, Großbritannien, Italien, Rumänien und den USA. Zahlreiche bekannte Marken wurden in den letzten Jahrzehnten in die Gruppe integriert. Den Vorsitz der Geschäftsführung hat Nils Meyer-Pries.

Kontakt
D^F World of Spices GmbH
Industriestr. 25,
49201 Dissen am Teutoburger Wald
fuchsgruppe.com

FUCHS PETROLUB

Mannheim, Baden-Württemberg

Gegründet: 1931
Die FUCHS PETROLUB SE ist nach eigenen Angaben der größte unabhängige Anbieter von Schmierstoffen und verwandten Spezialitäten. Das Portfolio umfasst über 10.000 Produkte. Zum Kundenstamm gehören Automobilzulieferer und OEMs, Unternehmen aus den Bereichen Maschinenbau, Metallverarbeitung, Bergbau und Exploration, Luft- und Raumfahrt, Unternehmen des Energie-,

Konstruktions- und Transportsektors, der Land- und Forstwirtschaft sowie der Stahl-, Metall-, Zement-, Guss- und Schmiedeindustrie, aber auch Lebensmittel- und Glashersteller – und viele andere. FUCHS unterhält international 62 operative Gesellschaften und verfügt über 33 Produktionsstandorte. Im Jahr 2019 erwirtschafteten 5.627 Mitarbeitende einen Umsatz von 2,572 Mrd. Euro. Vorstandsvorsitzender des 1931 in Mannheim gegründeten Familienunternehmens ist Stefan Fuchs. Stellvertretende Vorsitzende des Aufsichtsrats ist Dr. Susanne Fuchs.

Kontakt
FUCHS PETROLUB SE
Friesenheimer Str. 17, 68169 Mannheim
www.fuchs.com

Funk

Hamburg

„Wir sorgen weltweit für mehr Sicherheit unserer Kundinnen und Kunden durch ganzheitliche Risikoberatung und intelligentes Versicherungsmanagement."

Vision von Funk

Gegründet: 1879

Die Funk Gruppe GmbH mit Sitz in Hamburg ist Deutschlands größter inhabergeführter, unabhängiger Versicherungsmakler und Risk Consultant und eines der führenden Maklerhäuser in Europa. In Zeiten des raschen Wandels von Märkten, sich ändernder Risiken wie auch Chancen berät Funk Unternehmen, Unternehmerinnen und Unternehmer aller Branchen auf dem Weg in eine sichere Zukunft. An 35 Standorten, davon 15 in Deutschland, und über das internationale Partner-Netzwerk „The Funk Alliance" sind die Experten von Funk dabei immer dort vor Ort, wo sie gebraucht werden. Mit weltweit 1.250 Mitarbeitenden erzielte Funk 2018 einen Umsatz von 165 Mio. Euro.

Chronologie

1879 Theodor Funk gründet in Berlin die Generalagentur Th. Funk.

1907 Ausdehnung des Geschäfts auf alle Versicherungssparten

ab 1957 kontinuierlicher Aufbau eines Niederlassungsnetzes in ganz Deutschland

ab 1991 Branchenspezialisierung über den Ausbau von Spezialmaklern für die Bereiche Gesundheit und Immobilienwirtschaft

ab 2000 Entwicklung zum Systemhaus für Risikolösungen durch Aufbau eines ganzheitlichen betriebswirtschaftlichen Risikomanagements und Ausbau des Geschäftsfeldes Vorsorge

ab 2000 Internationalisierung durch unterschiedliche Standorte in Europa, das weltweite Partner-Netzwerk „The Funk Alliance" sowie eine 2019 eröffnete Repräsentanz in Shanghai

2019 Funk wird 140 Jahre alt.

1879 mit Schwerpunkt auf dem Transportgeschäft gegründet, spricht Funk seinen Kunden heute als Systemhaus für Risikolösungen in den drei Dienstleistungsbereichen Versicherungsmanagement, Risikomanagement und Vorsorge die beste Empfehlung aus und entwickelt individuelle Konzepte zur Absicherung aller betrieblichen Risiken. Ergänzt werden diese durch digitale, praxiserprobte Angebote und Software-Tools. Um Unternehmen auch angesichts neuer Herausforderungen fachkundig beraten zu können, arbeitet Funk darüber hinaus im Rahmen seines ganzheitlichen Innovationsmanagements kontinuierlich an neuen, intelligenten Lösungen.

Das inhabergeführte Unternehmen wird von den geschäftsführenden Gesellschaftern Thomas Abel, Christoph Bülk, Yorck Hillegaart und Claudius Jochheim geleitet –

Ziel der Gesellschafter ist es, das Familienunternehmen Funk zu erhalten und erfolgreich weiterzuentwickeln.

immer im Einklang mit der über die Jahre gewachsenen Unternehmenskultur. Für die Mitarbeitenden baute das Unternehmen die firmeneigene Funk Akademie auf. Sie bietet ein internes Weiterbildungsprogramm, das jede Mitarbeiterin und jeden Mitarbeiter individuell fördern soll. Zudem unterstützt die Funk Stiftung Projekte des Risikomanagements sowie aus dem kulturellen Bereich.

Daten und Fakten

Inhaberfamilien: Familien Funk sowie Abel, Bülk, Hillegaart, Jochheim und Schwanke z. T. in der 5. aktiven Geschäftsführer-Generation
Gründer: Theodor Funk, 1879, Berlin
Branche: Versicherungen, Risk Consulting, Vorsorge
Standorte: 35 Standorte weltweit, 15 in Deutschland
Mitarbeitende: 1.250 (2019)
Marktposition: größter inhabergeführter Versicherungsmakler und Risk Consultant Deutschlands

Kontakt
Funk – Internationaler Versicherungsmakler und Risk Consultant
Valentinskamp 20, 20354 Hamburg
Fon: 040 35914-0, Fax: 040 35914-407
info@funk-gruppe.de, www.funk-gruppe.de

FUNKE Mediengruppe

Essen, Nordrhein-Westfalen

F

Gegründet: 1948
Die FUNKE Mediengruppe mit rund 5.500 Mitarbeitenden ist vorrangig in den Geschäftsbereichen Regionalmedien, Frauen- und Programmzeitschriften sowie Digitales aktiv und erreicht täglich mehrere Millionen Menschen. 1948 gründete Jakob Funke mit Erich Brost in Bochum die Westdeutsche Allgemeine Zeitung (WAZ). Funke, zuvor Journalist, leitete erst den kaufmännischen Bereich und blieb bis zu seinem Tod 1975 Gesellschafter, Herausgeber und Verlagsleiter. Günther Grotkamp, seit 1975 Geschäftsführer der Zeitungsgruppe WAZ, etablierte das WAZ-Modell: kaufmännische und technische Kooperationen redaktionell unabhängiger Verlage schafften wirtschaftlich attraktive Synergien. 2013 erfolgte die Umbenennung in FUNKE Mediengruppe. Petra Grotkamp, geb. Funke, übergab den Vorsitz des Aufsichtsrates 2018 an ihre Tochter Julia Becker.

Das Stammhaus von Funk in Berlin

Die Zentrale des internationalen Versicherungsmaklers und Risk Consultants Funk befindet sich in Hamburg.

Kontakt
FUNKE Mediengruppe GmbH & Co. KGaA
Jakob-Funke-Platz 1, 45127 Essen
www.funkemedien.de

F

FÜRSTEN-REFORM

Braunschweig, Niedersachsen

Gegründet: 1933

Das Unternehmen wurde von Heinrich Schulze sen., dem Vater des heutigen Inhabers, gegründet. Unter dem Namen „Schubarol“ stellte man zunächst ein biologisch-pharmazeutisches Präparat als Abführmittel auf Kräuterbasis her. Die heute (für Honigprodukte) genutzte Marke BIHOPHAR existiert seit 1947. Mitte der 1950er-Jahre entstand gemeinsam mit dem Arzt Hans Plümer eine Tochterfirma, die ein Reformwaren-Sortiment entwickelte. Seit Ende der 1960er-Jahre konzentrierte man sich auf die schonende Abfüllung und Vermarktung von Honig und anderen Bienenprodukten wie Gelée Royale. Mit „Wabenecht Gebirgs-Blüten-Honig“, heute der Bestseller „Wabenquell“, wurde vor über 50 Jahren der erste cremig-streichfähige Markenhonig auf dem deutschen Markt eingeführt.

Kontakt

FÜRSTEN-REFORM Dr. med. Hans Plümer Nachf. GmbH & Co. KG
Am Salgenholz 2, 38110 Braunschweig
www.bihophar.de

G

G

Gabor

Rosenheim, Bayern

Gegründet: 1949
Die Gabor Shoes AG mit Sitz in Rosenheim ist nach eigenen Angaben führender Hersteller hochwertiger Damenschuhe und die bekannteste Damenschuhmarke Deutschlands. Insgesamt über 3.300 Mitarbeitende in den europäischen Produktionsbetrieben stellen Schuhe für den Vertrieb in über 60 Ländern der Welt her. Im Jahr 2016 feierte das Unternehmen die Fertigung des 300-millionsten Schuhpaares. Die Wurzeln von Gabor gehen zurück auf ein Geschäft für Schuh- und Lederwarenhandel, das Pius Gabor im Jahr 1919 in Groß-Strehlitz eröffnete. Nach dem Zweiten Weltkrieg wagten Pius' Söhne Bernhard und Joachim 1949 einen Neuanfang mit der B. & J. Gabor Damenschuhfabrik in Barmstedt bei Hamburg, die als Vorläufer der heutigen Gabor Shoes AG gilt. Die Geschäfte führt heute in 2. Generation Achim Gabor.

Kontakt
Gabor Shoes AG
Marienberger Str. 31, 83024 Rosenheim
www.gabor.de

Gaffel

Köln, Nordrhein-Westfalen

Gegründet: 1908
Bereits in der 4. Generation wird die Privatbrauerei Gaffel von der Familie Becker geführt. Aus der 1908 gegründeten Hausbrauerei entwickelte sich ein mittelständisches Unternehmen, dessen geschäftsführender Gesellschafter Heinrich Philipp Becker ist.

Das beliebteste Kölsch in der Gastronomie heißt Gaffel. Jede dritte gezapfte Kölner Bierspezialität stammt aus den Sudkesseln des Familienunternehmens. Tradition und Moderne gehören für die mehrfach ausgezeichnete Brauerei eng zusammen. Aus dem Hause Gaffel stammen die original rheinischen Fassbrausen, das Cologne Pale Ale SonnenHopfen sowie die Spirituosen der Reihe Gaffel Spirits mit dem Likör Kebekuss. 2008 eröffnete das Gaffel am Dom, das heute zu den bekanntesten Brauhäusern im Rheinland zählt.

Kontakt
Privatbrauerei Gaffel Becker & Co.
Eigelstein 41, 50668 Köln
www.gaffel.de

GAH Alberts

Herscheid, Nordrhein-Westfalen

Gegründet: 1852
Die Gust. Alberts GmbH & Co. KG bietet rd. 7.000 Artikel, die in Haus und Garten Anwendung finden und am Firmenstandort Herscheid in Eigenfertigung produziert werden. Der Vertrieb an Heimwerkende und Profis erfolgt über 8.000 europäische Handelspartner. Das Portfolio umfasst fünf Sortimentsgruppen: Eisenwaren für Holz und Metallbau, Heimwerkerprofile, Zauntechnik, Produkte für Absperr- und Verkehrstechnik sowie Badsicherheitsprodukte und Alltagshilfen. Die Alberts-Gruppe beschäftigt international an fünf Standorten rd. 430 Mitarbeitende. Die Geschäfte des 1852 gegründeten Familienunternehmens führt Dietrich Alberts in 5. Generation. GAH Alberts wurde 2013 von der Initiative „berufundfamilie“ der Gemeinnützigen Hertie-Stiftung zertifiziert.

Kontakt
Gust. Alberts GmbH & Co. KG
Blumenthal 2, 58849 Herscheid
www.gah.de

Gauselmann Gruppe

Espelkamp, Nordrhein-Westfalen

Gegründet: 1957

Die Gauselmann Gruppe ist eine familiengeführte, international agierende Unternehmensgruppe der Unterhaltungs- und Freizeitwirtschaft. Neben der Entwicklung, Produktion und dem Vertrieb von Unterhaltungsspielgeräten und Geldmanagement-Systemen unterhält der Konzern die Spielstättenkette MERKUR CASINO und ist darüber hinaus in den Bereichen Sportwette, Online-Gaming, Kreuzfahrt-Casinos und Spielbanken tätig. Im Jahr 2019 erwirtschaftete die Gauselmann Gruppe mit weltweit rd. 14.000 Mitarbeitenden und über 250 Auszubildenden und Praktikanten einen vollkonsolidierten Umsatz von rd. 2,6 Mrd. Euro (2018: 2,4 Mrd. Euro). Am Standort Deutschland arbeiten derzeit 7.367 Beschäftigte. Zum Ende des Geschäftsjahres 2019 war das Unternehmen in insgesamt 30 Ländern aktiv.

Im Geschäftsbereich Merkur laufen die Entwicklung, die Produktion und der Vertrieb von Spielen und Spielautomaten im In- und Ausland sowie die Entwicklung und Vermarktung von Online-Casino-Lösungen, Online-Spielen und Sportwettplattformen unter dem Dach der adp Gauselmann GmbH zusammen. Der Schwerpunkt der Entwicklung und Fertigung liegt im ostwestfälischen Lübbecke. Die Entwicklung der Spiele erfolgt weltweit – von Australien bis Las Vegas – an 24 Entwicklungsstandorten. Auch die Cash- und Ticketingaktivitäten der Gauselmann Gruppe sowie das Angebot von Financial Services sind im Geschäftsbereich Merkur angesiedelt.

Der Geschäftsbereich Spielbetriebe umfasst alle Aktivitäten als Betreiber von Spielstätten und Spielbanken im In- und Ausland sowie Online-Casinos in lizenzierten Märkten für den Endverbraucher. MERKUR CASINO ist mit ihren gut 400 modernen Entertainmentcentern Marktführer im Bereich der

„Man muss in einer Branche nicht der Größte sein, aber möglichst der Beste."

Paul Gauselmann

Gründer Paul Gauselmann in den 1950er-Jahren (oben) und heute (Mitte), Stiftungsbeirat der Gauselmann Gruppe (unten)

Die Gauselmann Gruppe betreibt europaweit 700 Spielstätten unter dem Namen MERKUR CASINO.

G

Jugend- und Spielerschutz

Die Themen Jugend- und Spielerschutz sind bereits seit vielen Jahren elementare Bestandteile der Unternehmensphilosophie der Gauselmann Gruppe und über den Zentralbereich Prävention fest in allen relevanten internen Richtlinien und Vorgaben verankert. Wissenschaftliche Unterstützung im Bereich Spielerschutz erhält die Gauselmann Gruppe durch ein international anerkanntes Expertenteam. Die 2011 etablierte sog. Spielerschutz-Kommission besteht aus Vertretern des Managements und des Zentralbereichs Prävention der Gauselmann Gruppe sowie international anerkannten Experten, darunter Prof. Jörg Häfeli, Dr. Wolfgang Kursawe, Pieter Remmers und Roman Nesshold. Die Kommision bildet einen essenziellen Bestandteil sämtlicher Jugend- und Spielerschutzmaßnahmen. Zusätzlich engagiert sich der Zentralbereich Prävention auch in den vielfältigen Gremien der unterschiedlichen Verbände, um so einen kontinuierlichen Austausch sowie eine zielführende Weiterentwicklung der Präventionsmaßnahmen der Branche zu ermöglichen.

Spielstätten in Deutschland, darüber hinaus werden 360 Filialen im Ausland betrieben.

Das Tochterunternehmen Merkur Spielbanken Sachsen-Anhalt betreibt drei eigene Spielbanken in Halle/Saale, Magdeburg und Leuna-Günthersdorf. Die Gauselmann Gruppe ist zudem an der Spielbank Berlin sowie der Spielbank Mainz und damit deutschlandweit in insgesamt zehn Spielbanken tätig. Auch auf hoher See werden unter der Marke CASINO MERKUR MARE Casinos auf Kreuzfahrtschiffen der spanischen Reederei Pullmantur Cruises S.L. und den TUI-Kreuzfahrtschiffen „Mein Schiff 1“ und „Mein Schiff 2“ betrieben.

Zum Produktportfolio im Bereich Sportwetten gehören ausgereifte Komplettlösungen sowohl stationär in eigenen Shops als auch auf Online-Basis im Internet oder der App. Merkur Sportwetten ist mit dem Angebot und der Vermittlung von Sportwetten unter den Marken Cashpoint (Österreich und

Seit 2013 ist die Gauselmann Gruppe im Bereich Spielbanken aktiv, in dem sie ihr Engagement kontinuierlich ausbaut.

Gesellschaftliche Verantwortung

Seit Jahrzehnten gilt die Gauselmann Gruppe als Partner sportlicher, kultureller, ökologischer und sozialer Einrichtungen, Initiativen und Institutionen. Das Engagement des familiengeführten Unternehmens konzentriert sich in erster Linie auf den Umkreis des Stammsitzes in Espelkamp sowie den gesamten Altkreis Lübbecke.

Im August 2018 entschloss sich die Unternehmerfamilie jedoch dazu, nicht nur die Bevölkerung im Kreis Minden-Lübbecke an ihrem unternehmerischen Erfolg teilhaben zu lassen, sondern sich auch über den Altkreis hinaus in der Landeshauptstadt Nordrhein-Westfalens zu engagieren und ging dazu eine Sponsoring Partnerschaft mit der Sportstadt Düsseldorf ein.

Diese Kooperation beinhaltet zum einen die Namensrechte an der Düsseldorfer Multifunktionsarena, der „MERKUR SPIEL-ARENA", die auch Heimat des Erstligisten Fortuna Düsseldorf ist. Zur Partnerschaft zählt ebenso die Unterstützung zahlreicher Düsseldorfer Spitzensportvereine wie z. B. der Düsseldorfer Eishockeygemeinschaft (DEG), des deutschen Rekordmeisters im Tischtennis (Borussia Düsseldorf) und des Stockheim Olympia Teams.

Dänemark), XTiP (Deutschland), Betcenter (Belgien) sowie Totolotek (Polen) aktiv.

Mehr als 250 Auszubildende und dual Studierende sowie Praktikantinnen und Praktikanten werden aktuell im Unternehmen in 21 verschiedenen Berufen ausgebildet. Seit 2008 bildet die Gauselmann Gruppe auch in dem branchenspezifischen und staatlich anerkannten Beruf „Automatenfachmann/-frau" aus.

Am 1. Januar 2016 ebnete die Unternehmerfamilie Gauselmann mit der Gründung der Gauselmann-Familienstiftung den Weg für eine langfristige und stabile Zukunft des Konzerns als Arbeitgeber und Wirtschaftsmotor. Die Gauselmann-Familienstiftung trifft als Alleingesellschafterin der Gauselmann Gruppe grundlegende strategische Entscheidungen, um damit den wirtschaftlichen Erfolg zu sichern und die strategische Ausrichtung der gesamten Unternehmensgruppe festzulegen.

Den Grundstein des Unternehmens legt der gelernte Fernmelderevisor Paul Gauselmann

Der erste Spielautomat MERKUR B aus Eigenproduktion von 1977 (oben); adp-Produktionswerk in Lübbecke mit dem Logistikzentrum, das im Sommer 2014 fertiggestellt wurde (Mitte); Stammsitz von Gauselmann in Espelkamp (unten)

Ein Zeichen setzen für eine bessere Umwelt

Paul Gauselmann, Gründer der ostwestfälischen Gauselmann Gruppe, initiierte 2019 aus Anlass seines 85. Geburtstags eine Baumpflanzaktion mit 85.000 Bäumen, die vorwiegend in Deutschland gepflanzt werden sollen. Er wird für jedes seiner bisherigen Lebensjahre tausend Bäume pflanzen, um so ein Zeichen im Kampf gegen den Klimawandel zu setzen.

„Um einen wirkungsvollen Anreiz für einen positiven Klimawandel zu leisten und da ich privat in einem kleinen grünen Paradies wohnen darf, mit vielen Bäumen und Tieren, möchte ich auch anderswo die Welt ein Stück grüner machen, denn CO_2 und Klimaschutz kennen keine Grenzen, weder geografisch noch politisch", so Paul Gauselmann. „Die Natur hat mir in meinem langen Leben viel gegeben, ob als Ausgleich zu meinem häufig stressigen Arbeitsalltag oder als Kulisse zahlreicher Familienzusammenkünfte. Als Vater von vier Söhnen, Großvater von neun Enkelkindern und hoffentlich auch vielen weiteren Nachkommen, möchte ich meinen Beitrag leisten, um nachfolgenden Generationen eine lebenswerte Umwelt zu hinterlassen." Paul Gauselmann beruft sich dabei auf Studien, die besagen, dass der Klimawandel durch nichts so effektiv bekämpft werden könne wie durch Aufforstung. Bäume zu pflanzen habe das Potenzial, bis zu zwei Drittel der bislang vom Menschen verursachten klimaschädlichen CO_2-Emissionen aufzunehmen.

G

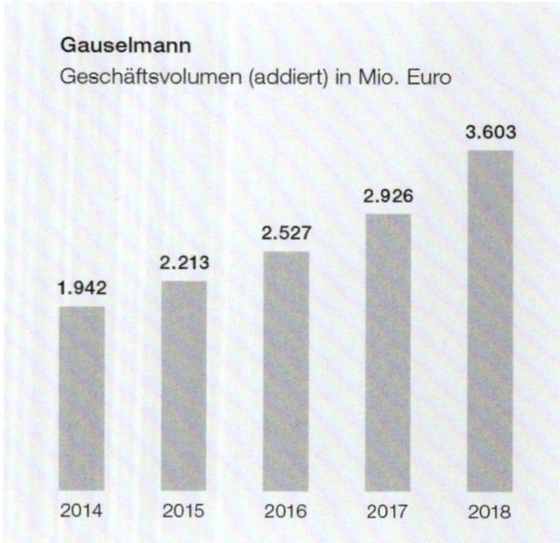

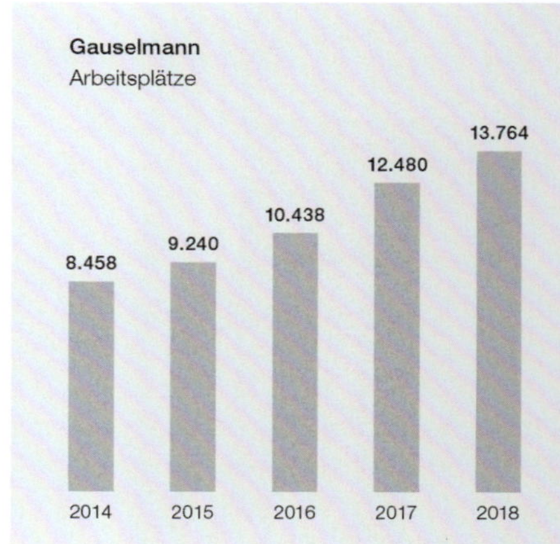

im Jahr 1957, als er eine nebenberufliche Tätigkeit als selbstständiger Automatenaufsteller beginnt. 1974 erfindet Paul Gauselmann die moderne Spielstätte: Die erste „Merkur-Spielothek" wird in Delmenhorst eröffnet. Ein Meilenstein in der Firmengeschichte ist 1976 die Entwicklung eines eigenen Spielautomaten, des MERKUR B, der den jungen Aufstellerbetrieb von den Automatenherstellern unabhängig macht und den weiteren Aufstieg des Unternehmens begründet.

Schon gewusst?

- Der Entschluss, einen eigenen Spielautomaten zu bauen, reifte in Paul Gauselmann aufgrund der opponierenden Haltung eines dominierenden Automatenherstellers im Jahr 1972. Gemeinsam mit dem Techniker und Erfinder Friedel Horstmann entwickelte er sein erstes Spielgerät, das 1976 die PTB-Zulassung erhielt. Auf Anhieb wurden die neuen Spiele durch die Kundinnen und Kunden 100% mehr gespielt, die Geräte brachten so von Beginn an ca. den doppelten Umsatz.
- In Deutschland sind Spieldauer und Höchsteinsatz von Geldspielgeräten gesetzlich in einer Spielverordnung geregelt. Die Einhaltung der Richtlinien überwacht die Physikalisch-Technische Bundesanstalt (PTB). Momentan ist der maximale Einsatz in 5 Sekunden auf 20 Cent festgeschrieben und der Gewinn auf 2 Euro.

Nur sieben Jahre später erreichte die Gauselmann Gruppe mit 50 % Marktanteil erstmals den Status als Marktführer. Paul Gauselmann widmet sich seit 53 Jahren mit großem Engagement der Verbandsarbeit in der Branche, davon lenkte er 38 Jahre im Vorstand des Verbands der Deutschen Automatenindustrie e. V. (VDAI) die Geschicke der gesamten Automatenbranche und sorgte mit seinem Weitblick dafür, dass die Umsätze der deutschen Spielautomatenhersteller und Automatenaufsteller im Rahmen schwieriger Gesetze kontinuierlich stiegen und sich die Branche zu einem bedeutenden Wirtschaftszweig mit heute mehr als 70.000 Beschäftigten entwickelte.

Für sein umfassendes gesellschaftliches Engagement sowie für seine unternehmerische Leistung wurde Paul Gauselmann im Zuge der Höherstufung mit dem Verdienstkreuz 1. Klasse des Verdienstordens der Bundesrepublik Deutschland durch Bundespräsident Johannes Rau ausgezeichnet. Darüber hinaus erhielt er die Ehrenbürgerwürde in den Städten Espelkamp und Lübbecke am Unternehmenshauptsitz.

Gauselmann-Mitarbeitende (oben), XTiP Sportwetten (Mitte), Spielebanken-Live-Spiel (unten)

Chronologie

1957 Paul Gauselmann gründet das Unternehmen, indem er eine Nebentätigkeit als selbstständiger Automatenaufsteller aufnimmt.

1964 Der Unternehmer geht den Schritt in die vollständige unternehmerische Selbstständigkeit.

1966 Beginn der Vorstandsarbeit in den Verbänden der Automatenbranche

1974 In Delmenhorst entsteht die erste „Merkur-Spielothek".

1977 Mit dem MERKUR B erscheint der erste selbst entwickelte Spielautomat.

1993 Start der globalen Aktivitäten der Gauselmann Gruppe

2005 Kauf der Sportwetten-Firma Cashpoint aus Österreich

2012 Erwerb der britischen Spielstättenkette Praesepe mit 170 Entertainmentcentern und Bingoclubs sowie 1.500 neuen Mitarbeitenden

2014 Die erste „Merkur Spielbank" in Leuna-Günthersdorf wird eröffnet.

2016 Eröffnung des zweiten Spielbankortes in Magdeburg. Mit CASINO MERKUR MARE betreibt die Gauselmann Gruppe ab Ende 2016 auch Entertainment auf Kreuzfahrtschiffen.

2018 Die Gauselmann Gruppe erwirbt als offizieller Partner der Sportstadt Düsseldorf die Namensrechte und das Außenbranding der Multifunktionshalle am Düsseldorfer Messegelände.

Daten und Fakten

G

Inhaber: Gauselmann-Familienstiftung
Gründer: Paul Gauselmann, 1957, Espelkamp
Branche: Unterhaltungs- und Freizeitwirtschaft
Produkte: Spielautomaten, Spielstätten, Spielbanken, Sportwetten, Geldmanagement, Online-Gaming
Standorte: in 30 Ländern weltweit
Mitarbeitende: über 14.000
Umsatz: 2,6 Mrd. Euro (vollkonsolidiert)
Innovationen: über Patente
Familieneinfluss: Familienmitglieder der 1. bis 3. Generation im Stiftungsbeirat, 2 Familienmitglieder im Vorstand und 1 im Aufsichtsrat
Kontrollgremien: Aufsichtsrat, Stiftungsbeirat
Eigenkapital und Einlagen: 1,1 Mrd. Euro
Exportanteil: ca. 60%

Kontakt
Gauselmann AG
Merkur-Allee 1–15, 32339 Espelkamp
Fon: 05772 49-0, Fax: 05772 49-165
info@gauselmann.de,
www.gauselmann.de

Ansprechpartner Presse
Mario Hoffmeister
Fon: 05772 49-281

Ansprechpartner Investor Relations
Lars Felderhoff
Fon: 05772 49-125

G

Gausepohl

Düsseldorf, Nordrhein-Westfalen

gausepohl FOOD

Gegründet: 1957
Die Unternehmensgruppe Gausepohl ist ein mehrstufiges in der Lebensmittelbranche tätiges Familienunternehmen mit Verwaltungssitz in Düsseldorf. Unter dem Dach der Gausepohl Food GmbH agieren drei Geschäftseinheiten: „Food & Retail", „Food & Trade" sowie „Industry". Im Kerngeschäft befasst sich das 1957 gegründete Unternehmen mit der Verarbeitung und Veredelung von Fleisch- und Wurstwaren. Unter den Marken „Die Thüringer" und „Schildauer" bietet das Unternehmen qualitative und schmackhafte Produkte für den Lebensmitteleinzelhandel und Großmarktkunden an. Das Tochterunternehmen MJM Meatprocessing & Handels GmbH ist ein hochspezialisierter Zerlegebetrieb, der nicht nur für die eigenen Verarbeitungsbetriebe eine zuverlässige Rohstoffversorgung von Fleisch sicherstellt, sondern insbesondere auch den asiatischen Markt mit Fleischartikeln bedient.

Mit über 450 Mitarbeitenden an vier Produktionsstandorten erzielte das Unternehmen einen Umsatz von rd. 100 Mio. Euro (2019), davon ca. 25 % über den Export. Nach einem längeren, sehr herausfordernden Unternehmensnachfolgeprozess von der 1. in die 2. Generation leiten die Brüder Franz Josef Gausepohl und Moritz-Willy Gausepohl die Unternehmensgruppe und bilden auch die alleinige Geschäftsführung. In einer von starkem Strukturwandel geprägten Branche hat sich die Unternehmensgruppe Gausepohl behauptet und steht für genussvolle Qualitätsprodukte mit regionaler Identität.

Kontakt
Gausepohl Food GmbH
Speditionstr. 1, 40221 Düsseldorf
Fon: 0211 542489-40, Fax: 0211 542489-44
info@gausepohl.de, www.gausepohl.de

GEBHARDT

Cham, Bayern

Gegründet: 1829
Die GEBHARDT Logistic Solutions GmbH mit Sitz in Cham entwickelt und fertigt seit 190 Jahren Logistiklösungen für Handel und Industrie. GEBHARDT ist nach eigenen Angaben Marktführer im Bereich branchenspezifischer Lösungen für den Transport und die Lagerung von Gütern. Mit über 400 Mitarbeitenden weltweit erzielte GEBHARDT 2019 einen Umsatz von rd. 75 Mio. Euro. Die Produktion erfolgt an fünf Standorten in Deutschland und Tschechien. Den Vertrieb organisiert der Ladungsträgerspezialist mit Niederlassungen und Händlern in Europa und den USA. Das Familienunternehmen leitet Ute Lesch-Gebhardt mit ihrem Mann Franz Lesch sowie den Fremdmanagern Thomas Bauer und Andreas Schmidberger in 6. Generation. GEBHARDT erhielt fünfmal die Auszeichnung „TOP JOB Unternehmen".

Kontakt
GEBHARDT Logistic Solutions GmbH
Frühlingstr. 2–3, 93413 Cham
www.gebhardt.eu

Gebr. Heinemann

Hamburg

Gegründet: 1879
Im Hamburger Hafen steht das Tor zur Welt des internationalen Reise-Shoppings: Gebr.

Heinemann gehört weltweit zu den bedeutendsten Akteuren des internationalen Reisemarkts. Das Unternehmen beliefert Flughäfen, Airlines, Kreuzfahrtschiffe und Bordershops in über 100 Ländern mit einem ständig wachsenden Duty-Free-Sortiment internationaler Markenartikel. Im Einzelhandel ist Gebr. Heinemann mit rd. 340 eigenen Heinemann Duty Free & Travel Value Shops, in Lizenz geführten Markenboutiquen und Concept Stores an 74 Flughäfen in 28 Ländern tätig und betreibt Geschäfte an Grenzübergängen sowie auf Kreuzfahrtschiffen. Weltweit sind 8.000 Menschen für Gebr. Heinemann tätig. Das Unternehmen wird heute in 4. und 5. Generation von der Familie Heinemann gelenkt, vertreten durch die Inhaber Claus Heinemann und Gunnar Heinemann sowie Gunnars Sohn Max Heinemann.

Kontakt
Gebr. Heinemann SE & Co. KG
Koreastr. 3, 20457 Hamburg
www.gebr-heinemann.de

Gebrüder Schulte

Sundern, Nordrhein-Westfalen

GEBRÜDER SCHULTE

Gegründet: 1921
Seit der Gründung fertigt und entwickelt das Familienunternehmen Gebrüder Schulte GmbH & Co. KG seine Produkte im sauerländischen Sundern und zählt zu den führenden Regalherstellern in Deutschland. Die langjährige Erfahrung in der Fertigung von Regalsystemen für verschiedenste Bereiche auf modernsten Fertigungsanlagen sowie die kontinuierliche Ausrichtung auf Qualität „made in Germany" und ein ausgeprägtes Verantwortungsgefühl gegenüber den 350 Mitarbeitenden am Standort Sundern bilden die Kernkompetenzen. Eine eigene Produktions- und Lagerfläche von über 25.000 m² und ein europaweit agierender Vertrieb mit einem modernen Logistiksystem zeichnen das Unternehmen als zuverlässigen Partner aus. Das Produktportfolio des Unternehmens umfasst die gesamte Welt der Lagertechnik – von der Beratung über die Planung bis hin zur Montage einer Anlage.

Die SCHULTE Akademie bietet ein Seminar- und Schulungsprogramm für Mitarbeitende und Kunden rund um die Lagerlogistik.

Gebrüder Schulte vertreibt seine Produkte unter drei verschiedenen Marken. Unter der Marke SCHULTE Lagertechnik werden hochwertige Regalsysteme für den professionellen Anwender in Industrie und Handwerk produziert. Im Fokus steht dabei eine enge Partnerschaft mit Handelspartnern. Die verstärkte Realisierung von Großprojekten unter der Marke SCHULTE Lagerkonzepte setzt die Weichen für gezielte Projektabwicklung. Von der Beratung bis hin zur Planung und Montage werden Kundenlösungen bedarfsgerecht erarbeitet. Unter der Marke SCHULTE Regalwelt werden Premium-Regalsysteme für den DIY-Bereich gefertigt. Von Steck- und Schraubregalen mit dem SCHULTE PowerMAX Fachboden bis hin zu Schwerlast- und Spezialregalen werden verschiedene Regaltypen für die Anforderungen privater Endkunden und für das Handwerk nachhaltig und ökologisch gefertigt.

G

„Clever machen"

Firmenmotto

2021 feiert Gebrüder Schulte sein 100-jähriges Bestehen, vor 50 Jahren wurde der Standort Sundern im Sauerland bezogen. Die Inhaber Andrea und Hermann Josef Schulte führen das Unternehmen in 3. Generation.

Forschung und Innovation

Als einzigartig gilt der MULTIplus Fachboden, eine SCHULTE Innovation von 2003, mit einer Fachlast von 85 kg bis zu 330 kg. Wegen der niedrigeren Kantenhöhe von nur 25 mm können mehr Ebenen pro Feld als bei vergleichbaren größeren Kantenhöhen eingesetzt werden. Dadurch wird zudem eine niedrigere Positionierung der Fachböden erreicht, was bei der Kommissionierung eine maßgeblich verbesserte ergonomische Bedienbarkeit ermöglicht. Der MULTIplus Fachboden von SCHULTE wurde ausgezeichnet mit dem German Design Award und erhielt eine Nominierung des IFOY, dem Fachverband Fördertechnik und Intralogistik im Verband Deutscher Maschinen- und Anlagenbau e. V.

Den Mitarbeitenden bietet das Unternehmen als attraktiver Arbeitgeber u. a. Weiterbildungsmöglichkeiten, flexible Arbeitszeiten sowie zahlreiche gesundheitsfördernde Aktivitäten wie Physiotherapie, Massage und JobRad Leasing. In der 2013 gegründeten SCHULTE Akademie haben sowohl Mitarbeitende als auch Kundinnen und Kunden die Gelegenheit, ihre Fachkenntnisse zu vertiefen und sich weiterzubilden.

Gebrüder Schulte wurde mehrfach ausgezeichnet, u. a. mit dem German Design Award 2019, dem German Brand Award 2019 und 2020 in den Kategorien „Employer Brand of the Year“ und „Corporate Services“ sowie fünfmal in Folge als Ausbildungsbetrieb. Das Unternehmen ist zertifiziertes Mitglied der RAL Gütegemeinschaft, fördert mehrere regionale Sportvereine und unterstützt die Sundener Initiative einsU.

Die Gebrüder Schulte GmbH & Co. KG wird in 3. Generation von den geschäftsführenden Gesellschaftern Andrea Schulte und Hermann Josef Schulte geleitet. Im Zentrum der Zukunftsplanung stehen die weitere Digitalisierung sowie die wachstumsorientierte Internationalisierung.

Die Brüder Franz (oben) und Josef Schulte (unten) gründeten die Metallwarenfabrik Gebrüder Schulte. Heute zählt das Unternehmen zu den führenden Regalherstellern in Deutschland.

Unter der Marke SCHULTE Lagertechnik werden hochwertige Regalsysteme für den professionellen Anwender in Industrie und Handwerk produziert.

Chronologie

1921 Gründung der Firma Gebrüder Schulte GmbH durch Franz und Josef Schulte

1950 Start der Produktion von Haushaltsartikeln wie u. a. Marktroller

1960 Beginn der Produktion von Haushaltsregalen

1971 Standortverlegung in das Industriegebiet Zum Dümpel in Sundern und Erweiterung der Produktions- und Lagerfläche

1982 Start der Produktion von Industrieregalen und Aufnahme von Duschkabinen als Vertriebsbereich

1999 Fertigstellung eines Hochregallagers

2003 Einführung der MULTIplus-Fachbodengeneration

2017 Einführung des digitalen Tools SCHULTE 3D-Configurator

2021 Das Unternehmen feiert 100-jähriges Jubiläum.

Gebrüder Schulte GmbH & Co. KG
Markenorganigramm

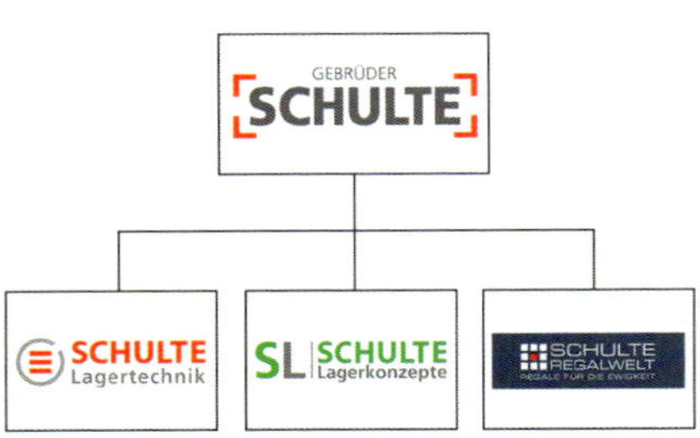

Daten und Fakten

Inhaberfamilie: Schulte
Gründer: die Brüder Franz und Josef Schulte, 1921
Branche: Metallwaren
Produkte: Fachbodenregale Stecksystem, Fachbodenregale Schraubsystem, Büroregale, Weitspannregale, Palettenregale, Kragarmregale, Regalanlagen und Bühnen, MULTIplus Fachboden
Standorte: Sundern im Sauerland
Vertrieb: international
Mitarbeitende: 350 (2020)
Marktposition: einer der führenden Regalhersteller Deutschlands
Innovationen: der MULTIplus Fachboden mit der 25-mm-Kante
Exportquote: 20%

Kontakt
Gebrüder Schulte GmbH & Co. KG
Zum Dümpel 22, 59846 Sundern
Fon: 02933 836-0
info@schulte-lagertechnik.de,
www.schulte-lagertechnik.de

Ansprechpartner Marketing & E-Commerce
Christian Janhsen
Fon: 02933 836-707
c.janhsen@schulte-lagertechnik.de

GEDIA

Attendorn, Nordrhein-Westfalen

Gegründet: 1910
GEDIA ist ein Zulieferer von 15 internationalen Automobilherstellern. Das Sortiment umfasst Bodengruppen, Aufbau, Crash- und Chassis-Komponenten. GEDIA machte 2018 einen Jahresumsatz von über 640 Mio. Euro. Die Brüder Anselm und Ferdinand Dingerkus gründeten die Firma zur Herstellung von Bijouteriewaren und erweiterten das Fertigungsprogramm 1925 um Blech-Hohlgriffe für Emaille-Geschirre. Mitte der 1950er-Jahre begann die Produktion von Press-, Stanz- und Ziehteilen, insbesondere für die

G

Automobilindustrie. In den Neunzigern baute man internationale Werke auf. Das Unternehmen beschäftigt mehr als 4.300 Personen, davon 75 Auszubildende und Studierende, und gehört lt. Focus Magazin zu den besten Ausbildungsbetrieben Deutschlands.

Kontakt

Gedia Gebrüder Dingerkus GmbH
Röntgenstr. 2–4, 57439 Attendorn-Ennest
www.gedia.com

GEDORE

Remscheid, Nordrhein-Westfalen

Gegründet: 1919
Die GEDORE Werkzeugfabrik GmbH & Co. KG stellt Arbeitsgeräte her, von Abziehern über Biegeformen bis hin zu den bekannten Steckschlüsselkästen und Zangen. Sie hat sechs deutsche Niederlassungen und Vertretungen in mehr als 70 Ländern mit über 2.400 Mitarbeitenden. 2018 baute das Unternehmen zwei Linien auf: GEDORE bietet Produkte für Industrie und Handwerk, GEDORE red Profiwerkzeuge für den Hand- und Heimwerkerbedarf. Seit 2004 ergänzt OCHSENKOPF, Spezialist für Forstwerkzeuge, das Profil. Gegründet wurde GEDORE 1919 von den Brüdern Otto, Karl und Willi Dowidat. Heute leitet Karin Dowidat, die Enkelin von Otto Dowidat, das Unternehmen. Für Kontinuität im Familienbetrieb ist gesorgt: Sohn Dr. Christian Dowidat wurde 2019 in die Geschäftsführung berufen.

Kontakt

GEDORE Werkzeugfabrik GmbH & Co. KG
Remscheider Str. 149, 42899 Remscheid
www.gedore.com

Gegenbauer

Berlin

Gegründet: 1925
Gegenbauer ist nach eigenen Angaben ein führender Anbieter von Facility Management in Deutschland. Seine über 18.000 Beschäftigten planen und realisieren Service- und Managementkonzepte für Immobilien und Liegenschaften. Zu den Kunden zählen Industrie und Handel, öffentliche Auftraggeber, Banken und Versicherungen, Gesundheitseinrichtungen sowie Wohnungsunternehmen. Zurück geht das Unternehmen auf einen Betrieb für Glas- und Messingreinigung, den Carl Gegenbauer im Jahr 1925 in Berlin gründete. Nach dem Zweiten Weltkrieg begann mit dem zweiten Standort Stuttgart die Expansion. Im Jahr 1986 übernahm sein Sohn Werner Gegenbauer die Führung und entwickelte das Unternehmen zum Gebäudemanagement-Spezialisten weiter. Seit 2009 sitzt Werner Gegenbauer dem Aufsichtsrat vor.

Kontakt

Gegenbauer Holding SE & Co. KG
Friedrichstr. 94, 10117 Berlin
www.gegenbauer.de

Geis

Bad Neustadt, Bayern

Gegründet: 1945
Die Geis Gruppe bietet Kunden aus vielen Branchen standardisierte und spezifische Transportlösungen sowie das komplette Spektrum logistischer Dienstleistungen: als Spedition z. B. Transportlösungen für Distributions- und Beschaffungslogistik, ob Stückgut, Teil- oder Komplettladung, und als Logistikdienstleister für Luft- und Seefracht Transporte in die ganze Welt. Der Bereich Kontraktlogistik organisiert individuelle Produktionslogistik bis hin zu kompletten

Distributionszentren. 126 Standorte in Europa, davon 72 Kontraktlogistikstandorte, bilden mit leistungsfähigen Partnern ein dichtes internationales Netzwerk. 1945 gründete Hans Geis das nach ihm benannte Fuhrunternehmen für private Umzugsfahrten, aus dem die kontinuierlich wachsende Geis Gruppe, bis heute ein Familienunternehmen, hervorging.

Kontakt
Hans Geis GmbH + Co KG
Rudolf-Diesel-Ring 24, 97616 Bad Neustadt
www.geis-group.com

GELITA

Eberbach, Baden-Württemberg

Gegründet: 1875
Die GELITA AG hat sich auf die Herstellung von Gelatine, Kollagen und Kollagenpeptiden spezialisiert. Diese werden als Zusätze in Lebensmitteln, Produkten zur Nahrungsergänzung, Pharmazeutika und bei technischen Anwendungen eingesetzt. Das Unternehmen wurde 2018 mit dem German Innovation Award in Gold für ein Reinigungsmittel-Additiv ausgezeichnet. 2019 entwickelte es u. a. ein pflanzliches Geliermittel, das durch seine exakte Geliermenge in Blattform einfach zu dosieren ist. Hauptsitz ist in Deutschland; die Holding beschäftigt über 2.500 Mitarbeitende an 20 Produktionsstätten weltweit, die im Jahr 2018 einen Umsatz von 696 Mio. Euro erwirtschafteten. Das Unternehmen ist eine geschlossene AG in Besitz der Gründerfamilie.

Kontakt
GELITA AG
Uferstr. 7, 69412 Eberbach
www.gelita.com

GEMÜ

Ingelfingen, Baden-Württemberg

Gegründet: 1964
Die GEMÜ Gruppe entwickelt und fertigt Ventil-, Mess- und Regelsysteme für Flüssigkeiten, Dämpfe und Gase. Bei Lösungen für sterile Prozesse ist das Unternehmen Weltmarktführer. Das global ausgerichtete, unabhängige Familienunternehmen wurde 1964 gegründet und wird in 2. Generation von Gert Müller als geschäftsführendem Gesellschafter gemeinsam mit seinem Cousin Stephan Müller geführt. Die Unternehmensgruppe beschäftigt heute weltweit über 1.900 Mitarbeitende, davon mehr als 1.100 in Deutschland. Die Produktion verteilt sich auf sechs Standorte: Deutschland, Schweiz, Frankreich sowie China, Brasilien und USA. Der weltweite Vertrieb erfolgt über 27 Tochtergesellschaften und wird von Deutschland aus koordiniert.

Kontakt
GEMÜ Gebr. Müller Apparatebau
GmbH & Co. KG
Fritz-Müller-Str. 6–8, 74653 Ingelfingen
www.gemu-group.com

Gerber

Duisburg, Nordrhein-Westfalen

Gegründet: 1883
Die Gerber GmbH ist eine moderne Tischlerei mit Firmensitz und Produktion in Duisburg. Das Unternehmen ist für Geschäftskunden (z. B. im Objekt-, Hotel-, Laden- und Messebau) sowie Privatkundinnen und -kunden (Innenausbau, Möbel u. a.) tätig. Für seine weltweit führende Marke Gerber Humidor fertigt es individualisierbare, elektronisch gesteuerte Zigarrenschränke an.

2019 beschäftigte die Gerber GmbH 48 Mitarbeitende und erwirtschaftete einen

Umsatz von rd. 5 Mio. Euro. 1883 gründete der Schreinermeister Carl Gerber das Familienunternehmen. Gründerenkel Karl Gerber, der 1989 für sein soziales Engagement das Bundesverdienstkreuz am Bande erhielt, baute die Tischlerei nach dem Krieg wieder auf und prägte sie für Jahrzehnte. Heute leiten Karl-Heinz Gerber sen. und Karl-Heinz Gerber jun. das Unternehmen in 4. und 5. Generation.

Kontakt
Gerber GmbH
Auf der Höhe 62–64, 47059 Duisburg
www.gerber-gmbh.de

Geuder

Heidelberg, Baden-Württemberg

Gegründet: 1951
Die Geuder AG zählt weltweit zu den führenden Komplettanbietern augenchirurgischer Instrumente und Gerätesysteme. Ärzte und Krankenhäuser in über 90 Ländern greifen bei ophthalmo-chirurgischen Eingriffen auf eine Auswahl von mehr als 3.000 verschiedenen Geuder-Produkten zurück. Das Unternehmen produziert ausschließlich am Stammsitz in Heidelberg und setzt dabei auf hochwertige Materialien, Präzisionsfertigung unter dem Mikroskop und handwerkliche Tradition. Gegründet wurde das Unternehmen 1951, als sich Hans Geuder sen. in Heidelberg mit einem Handwerksbetrieb selbstständig machte. Geleitet wird das traditionelle Familienunternehmen heute in 2. Generation von Volker Geuder, sein Bruder Hans Geuder hat den Aufsichtsratsvorsitz inne.

Kontakt
GEUDER AG
Hertzstr. 4, 69126 Heidelberg
www.geuder.de

GEZE

Leonberg, Baden-Württemberg

Gegründet: 1863
Tür- und Fenstersysteme sowie Sicherheitstechnik sind das Kerngeschäft der GEZE GmbH. Ausgehend von der Werkstatt des Drehermeisters Georg Friedrich Vöster ist GEZE seit 157 Jahren als Familienunternehmen auf dem Markt und produziert weiterhin vom Firmensitz in Leonberg aus. Inzwischen sind Standorte in China, Serbien und der Türkei hinzugekommen sowie 32 Tochtergesellschaften. Insgesamt 3.200 Mitarbeitende sind für GEZE tätig. Im Geschäftsjahr 2018/2019 konnte GEZE weltweit 1.226 Patente anmelden, der Umsatz lag bei 448 Mio. Euro. Das globale Technologieunternehmen entwickelt Lösungen gemeinsam mit seinen Kunden und wächst so an seinen Aufgaben. Innovative Tür-, Fenster- und Sicherheitstechnik für Smart Buildings ist die Herausforderung der Stunde.

Kontakt
GEZE GmbH
Reinhold-Vöster-Str. 21–29, 71229 Leonberg
www.geze.com

Giesecke+Devrient

München, Bayern

Gegründet: 1852
Der Technologiekonzern Giesecke+Devrient (kurz G+D) entwickelt, produziert und vertreibt Produkte und Lösungen rund um das analoge und digitale Bezahlen, die digitale Konnektivität von Menschen und Maschinen, den Schutz und das Management von Identitäten sowie digitale Infrastrukturen. G+D gehört in diesen Märkten zu den weltweit führenden Unternehmen. Zu den Kunden des Konzerns zählen u. a. Zentralbanken und Geschäftsbanken, Mobilfunkanbieter,

Unternehmen sowie Regierungen und Behörden. G+D hat konzernweit rd. 11.500 Beschäftigte und erzielte 2019 einen Jahresumsatz von 2,45 Mrd. Euro. Weltweit gibt es 76 Tochtergesellschaften und Joint Ventures in 33 Ländern. Als Vorsitzender der Geschäftsführung lenkt Ralf Wintergerst den Konzern.

Kontakt
Giesecke+Devrient GmbH
Prinzregentenstr. 159, 81677 München
www.gi-de.com

Gissler & Pass

Jülich, Nordrhein-Westfalen

Gegründet: 1882
Ob Transportverpackung oder verkaufsförderndes Display aus Wellpappe, der Verpackungshersteller Gissler & Pass verfügt über eine breite preisgekrönte Produktpalette. Gissler & Pass entwickelt in Zusammenarbeit mit dem Kunden die optimale Verpackung auch für schwere, zerbrechliche und ungewöhnliche Produktformen. Durch Standardisierung und Modularisierung können sich Marken länderübergreifend am POS präsentieren. Das Familienunternehmen begann 1882 als Papierhersteller und beschäftigt nun knapp 500 Mitarbeitende. Der Jahresumsatz wird mit 110 Mio. Euro angegeben. Über das europäische Netzwerkunternehmen Alliabox hat Gissler & Pass Zugang zu mehr als 25 Ländern. Viele internationale Markenartikler setzen die Erlebnislandschaften im Handel ein.

Kontakt
Gissler & Pass GmbH
Dürener Str. 12, 52428 Jülich
www.gissler-pass.de

GKD – Gebr. Kufferath

Düren, Nordrhein-Westfalen

G

Gegründet: 1925
Die GKD – Gebr. Kufferath AG ist als international führendes Technologie- und Dienstleistungsunternehmen Weltmarktführer für komplexe Lösungen aus technischen Geweben für Industrie und Architektur.

Zu den Kunden der GKD zählen u. a. Architekten und Bauherren, die Automobil- und Luftfahrtbranche, die Nahrungs- und Getränkeindustrie sowie die Bereiche Rohstoffgewinnung und Umwelttechnologie. Das Unternehmen ist gegliedert in vier eigenständige Geschäftsbereiche: Industriegewebe, Prozessbänder, Architekturgewebe und Mediamesh®. Neben dem Stammsitz in Düren betreibt die GKD fünf weitere Produktionsstätten in den USA, Südafrika, China, Indien und Chile, Niederlassungen in Frankreich, Großbritannien und Spanien sowie internationale Vertretungen. Weltweit 890 Mitarbeitende, davon rd. 470 in Düren, erzielten 2019 einen Umsatz von 106 Mio. Euro.

„GKD konzentriert sich auf Produkte, die einen Beitrag dazu leisten, die Welt gesünder, sauberer und sicherer zu machen."

GKD-Unternehmensvision

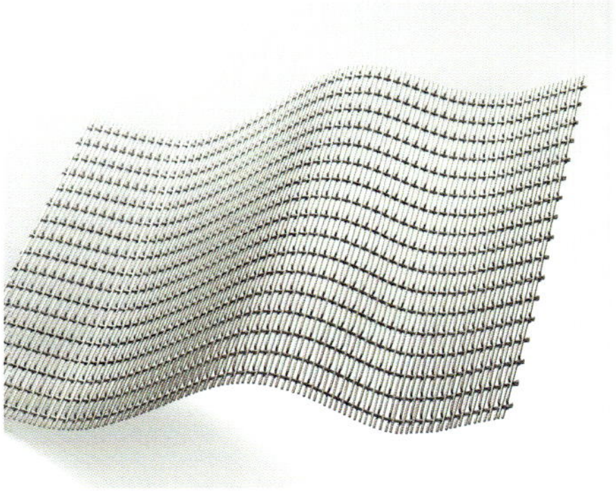

Seilgewebe vom Typ Omega 1520 von GKD für großflächige Fassaden- und Wandverkleidungen. Das Besondere daran ist, dass innerhalb einer Gewebebahn unterschiedliche Transparenzen hergestellt werden können.

G

Zwei Brüder an der Spitze – die GKD-Vorstände Ingo und Dr. Stephan Kufferath-Kassner (oben, v. l.); Lara Kufferath ist die erste Vertreterin der 4. Generation bei GKD (unten).

Chronologie

1925 Josef Kufferath gründet das Unternehmen in Düren, Nordrhein-Westfalen.

1967 Sein Sohn Karl Kufferath-Kassner übernimmt die Geschäftsführung.

1982 Gründung der GKD USA

1983 Eintritt der Brüder Ingo Kufferath-Kassner und Dr. Stephan Kufferath-Kassner in das Unternehmen

1984 Eintritt der Brüder Ingo Kufferath-Kassner und Dr. Stephan Kufferath-Kassner in die Geschäftsführung

1994 Gründung der GKD Südafrika

2000 Gründung der GKD China

2002 Gründung der GKD Spanien

2011 Übernahme der GKD Frankreich

2012 Gründung der GKD Lateinamerika und GKD Indien

2015 Tod von Karl Kufferath-Kassner

2018 Bundesverdienstkreuz für Dr. Stephan Kufferath-Kassner

2019 Eintritt von Lara Kufferath

1925 gründete Josef Kufferath eine technische Weberei in Düren, die zunächst Gewebe zur Filtration von Kohleschlämmen produzierte. Josef Kufferath erkannte ebenso früh neue Wachstumsfelder wie später auch sein Sohn Karl und seine Enkel. Sie entwickelten innovative Verfahren und Produkte und machten die Tradition des Webens zu einer Schlüsseltechnologie für unzählige Industrieprozesse und Architekturanwendungen. Das bis heute inhabergeführte Unternehmen hält rd. 40 Patente und investiert jährlich ca. 10 % des Umsatzes in Forschung und Entwicklung.

An der Spitze der nicht börsennotierten AG stehen seit rd. 40 Jahren die beiden Enkel des Gründers, die Vorstände Ingo Kufferath-Kassner, Diplom-Ingenieur, und Dr. Stephan Kufferath-Kassner, Diplom-Kaufmann. Die GKD treibt die digitale Entwicklung der Geschäftsprozesse und Produkte energisch voran, u. a. durch den Ausbau des global vernetzten Wissensmanagements mit den Tochtergesellschaften, gesteuert von Lara Kufferath, mit der die 4. Generation in das Familienunternehmen eingetreten ist.

Daten und Fakten

Inhaberfamilien: Familie Kufferath-Kassner und Familie Treuling in 3. Generation
Gründer: Josef Kufferath, 1925, Düren
Branche: Metallindustrie
Produkte: Industriegewebe, Prozessbänder, Architekturgewebe, transparente Medienfassadensysteme
Standorte: Werke in Düren, USA, Südafrika, China, Indien, Chile
Mitarbeitende: ca. 890 (2019)
Eigenkapitalquote: 50 %
F&E-Quote: 10 %

Kontakt

GKD – Gebr. Kufferath AG
Metallweberstr. 46, 52353 Düren
Fon: 02421 803-0, Fax: 02421 803-211
info@gkd.de, www.gkd-group.com

G

Gläser

Horb, Baden-Württemberg

Gegründet: 1976
Die international ausgerichtete Gläser GmbH hat sich auf Entwicklung und Montage hydraulischer Steuerblöcke sowie den Handel mit hydraulischen Bauteilen, Aggregaten, Filtration und Laborbedarf spezialisiert. Außerdem werden Spül- und Prüfanlagen für Technische Sauberkeit sowie Dosier- und Abfüllanlagen gebaut. Gläser betreibt eines der größten Prüflabors für Technische Sauberkeit in Europa. Rd. 80 Mitarbeitende erarbeiten sowohl am Standort im süddeutschen Horb als auch in den USA und China standardisierte und individuellen Lösungen für ihre Kunden aus den unterschiedlichsten Branchen. Seit 2002 leitet Claudia Gläser in 2. Generation als geschäftsführende Gesellschafterin das 1976 von Fritz-Jörg Gläser gegründete Familienunternehmen.

Kontakt
Gläser GmbH
Robert-Bosch-Str. 32, 72160 Horb
www.glaeser-gmbh.de

GLASS

Paderborn, Nordrhein-Westfalen

Gegründet: 1972
Die GLASS GmbH & Co. KG stellt Misch- und Prozessanlagen für die Lebensmittel- und Chemieindustrie her. Der Fokus liegt bei Anlagen mit drei verschiedenen Mischertypen in Größen bis 3.000 l, um nahezu alle Anforderungen abzudecken. Die Produkte können pastös, flüssig, pulverförmig und stückig sein. Alle Anlagen werden als Individuallösungen gebaut. Horst Glass gründete die Firma, die heute weltweit über Vertretungen verfügt, im Jahr 1972. Im Rahmen des Generationswechsels wurde im Jahr 2000 die heutige GLASS GmbH & Co. KG gegründet. Die Geschäfte führen Ludger und Andreas Glass. Um seiner gesellschaftlichen Verantwortung nachzukommen und auch in Zukunft optimale Qualität liefern zu können, bildet GLASS kontinuierlich Nachwuchskräfte aus.

Kontakt
GLASS GmbH & Co. KG
Frankfurter Weg 28, 33106 Paderborn
www.glass-maschinen.de

Glinicke

Kassel, Hessen

Gegründet: 1930
Seit 90 Jahren agiert die Glinicke Automobilgruppe am hessischen Markt und darüber hinaus. Mit der Unternehmensphilosophie „3V – Verantwortung, Verbindlichkeit und Vertrauenswürdigkeit" hat sie sich unter dem noch immer engagierten Seniorchef Peter Glinicke rund um das Themenfeld Mobilität entwickelt. Der „Denker und Lenker" trat 1957 seinem Vater und Firmengründer Hans Glinicke zur Seite und lernte sein Handwerk als Kraftfahrzeugmechaniker von der Pike auf. Inzwischen ist sein Sohn Florian Glinicke verantwortlich. Mit Geschäftsbereichen rund um das Auto wie Handel, Leasing, Classic Cars, Fuhrparkmanagement, Leistungszentren für Großkunden oder dem Bilster Berg Drive Resort für Rennsport-Enthusiasten ist Glinicke vielfältig präsent.

Kontakt
Glinicke Dienstleistungs GmbH
Königstor 61, 34119 Kassel
www.glinicke.de

G

Gmeiner

Appenweier, Baden-Württemberg

Gegründet: 1898
Das Gmeiner Confiserie- und Kaffeehausunternehmen mit Hauptsitz in Appenweier nahe Offenburg gehört nach eigenen Angaben zu den renommiertesten Konditoreibetrieben Europas. Gmeiner betreibt Kaffeehäuser und Konditoreien an einer Vielzahl von Standorten in Deutschland und Japan. Zudem werden im Direktverkauf in Appenweier und per Onlineshop hausgemachte Confiseriespezialitäten sowie Rohstoffe für die private Backstube verkauft. Von der Zeitschrift „Der Feinschmecker" wurde Gmeiner als „Das beste Kaffeehaus Baden-Württembergs" und vom Magazin „Gambero Rosso" als eines der besten Schokoladenfachgeschäfte Europas ausgezeichnet. Das Unternehmen entstand aus einer 1898 in Oberkirch gegründeten Bäckerei und wird in 4. Generation von Volker Gmeiner geführt.

Kontakt
Gmeiner Confiserie und Kaffeehausunternehmen
Industriestr. 10, 77767 Appenweier
www.chocolatier.de

GMH Gruppe

Georgsmarienhütte, Niedersachsen

Gegründet: 1997
Die GMH Gruppe ist ein Schwerindustrie-Unternehmen, das in den Bereichen Stahlerzeugung und -verarbeitung, Lenkungstechnik, Schmiedetechnik und IT Services tätig ist. Die Holding besteht aus 20 Unternehmen an 50 Standorten weltweit, die wichtigsten Märkte liegen innerhalb Europas. Die Gruppenunternehmen sind selbstständige Gesellschaften. Die GMH Gruppe beliefert Branchen wie Automotive, Bahntechnik, Bauindustrie, Maschinen- und Anlagenbau, Luft- und Raumfahrt sowie den Schiffbau. Die Produkte werden mit aus dem Elektrolichtbogenofen hergestelltem Stahl gefertigt. Die GMH Gruppe verwendet für die Stahlerzeugung zu 100 % Stahlschrott. Vorsitzender der Geschäftsführung ist Frank Koch. Weitere Geschäftsführer sind Thomas Löhr und Frank Brüggestrat.

Kontakt
Georgsmarienhütte Holding GmbH
Neue Hüttenstr. 1, 49124 Georgsmarienhütte
www.gmh-gruppe.de

Göbber

Eystrup, Niedersachsen

Gegründet: 1888
Die Göbber GmbH ist einer der größten Konfitürenhersteller in Europa. Bei Göbber werden ausschließlich kontrollierte Rohwaren und Zutaten verwendet, wobei die schonende Fruchtverarbeitung im Vordergrund steht. Das Familienunternehmen beschäftigt ca. 350 Mitarbeitende und hat einen jährlichen Umsatz von rd. 200 Mio. Euro. 1888 gründete Friedrich Göbber in Eystrup eine Firma, in der Früchte aus umliegenden Gärten zu Konfitüre und Obstsirup verarbeitet wurden. Aus diesen Ursprüngen hat sich ein führendes Unternehmen der Fruchtveredelung entwickelt. Gesellschafter Michael Mayntz hat als Vertreter der 4. Generation die Expansion von Göbber weiter intensiv vorangetrieben. 2013 übergab er den Vorsitz der Geschäftsführung an Michael Berghorn.

Kontakt
Göbber GmbH
Bahnhofstr. 40, 27324 Eystrup
www.goebber.de

GOLDBECK

Bielefeld, Nordrhein-Westfalen

G

Gegründet: 1969

Die GOLDBECK GmbH mit Stammsitz in Bielefeld zählt zu den führenden Bauunternehmen Deutschlands. Mit dem Konzept, Hallen, Bürogebäude, Parkhäuser sowie Schul- und Wohngebäude aus vorgefertigten Systemelementen zu bauen, setzt das Unternehmen Maßstäbe beim Gewerbebau in Deutschland und Europa. Als Generalübernehmer konzipiert, baut und betreut GOLDBECK Gebäude besonders schnell und wirtschaftlich – und bietet dabei alle Leistungen aus einer Hand. Das Familienunternehmen setzt als Technologieführer auf Investitionen in die Digitalisierung ebenso wie auf eine permanente Weiterentwicklung von Systemlösungen und Materialien. Ein Ergebnis ist zum Beispiel die beschichtungsfreie Parkhausplatte, die es nur bei GOLDBECK gibt. Weil sie ohne weitere Beschichtung widerstandsfähig gegen Temperaturwechsel, Frost, Tausalze und Öl ist, reduziert das den Aufwand für Wartung und Instandhaltung erheblich.

Neben dem Schlüsselfertigbau umfasst das Unternehmensportfolio das Bauen im Bestand, Gebäudemanagement und Parkraumbewirtschaftung. Das Unternehmen ist an mehr als 70 Standorten in Deutschland und dem europäischen Ausland vertreten. In neun eigenen Werken fertigt GOLDBECK

Das Familienunternehmen GOLDBECK wird in 2. Generation geführt.

„Bauen ist eine der Königsdisziplinen, weil es das Umfeld der Menschen gestaltet und somit unser Leben prägt."

Ortwin Goldbeck

Der Stammsitz von GOLDBECK in Bielefeld

GOLDBECK baut mit industriell gefertigten Systemelementen aus eigener Produktion.

G

Systemelemente aus Stahl, Beton und Aluminium. Drei „Systemzentren" in Bielefeld, Hirschberg und Leipzig machen das Bauprinzip für Kunden anschaulich – mit begehbaren Gebäudeexponaten in Originalgröße, offengelegten konstruktiven und technischen Details und Virtual-Reality-Modellen von Gebäuden.

Über 7.500 Mitarbeitende sind bei GOLDBECK beschäftigt. Ihnen bietet GOLDBECK die Möglichkeit, sich als stille Gesellschafterinnen und Gesellschafter am Unternehmen zu beteiligen. Weiterbildung und Beratung sichert die unternehmensinterne Akademie, der „GOLDBECK Campus".

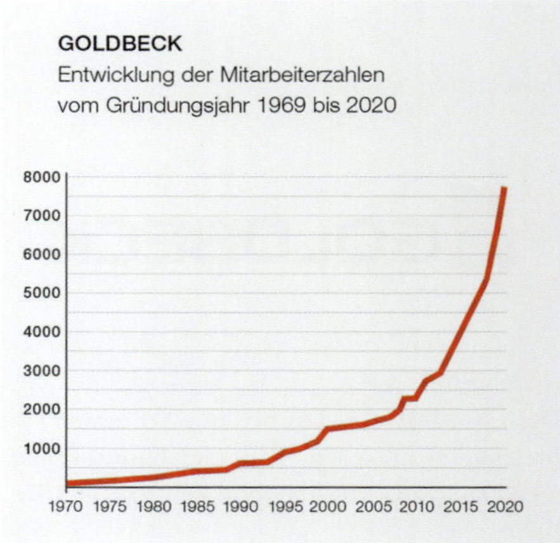

Die Gesamtleistung im Geschäftsjahr 2018/2019 belief sich auf 2,93 Mrd. Euro. GOLDBECK ist – gemeinsam mit dem 2019 erworbenen französischen Bauunternehmen GSE – europaweit präsent. In 2. Generation führen die Brüder Jörg-Uwe und Jan-Hendrik Goldbeck das Unternehmen, zusammen mit den Geschäftsführern Lars Luderer, Hans-Jörg Frieauff und Oliver Schele.

GOLDBECK bietet Komplettlösungen für den Hochbau.

Schon gewusst?

Besonderes Merkmal des GOLDBECK-Bauprinzips: Im System wird Unsichtbares standardisiert, sichtbare Gebäudeelemente aber individualisiert, sodass jedes Gebäude seinen eigenen architektonischen Charakter erhält. In Deutschland ist das Unternehmen Marktführer beim Bau von Logistikhallen und Parkhäusern. Für beide Gebäudetypen und für Bürogebäude hat GOLDBECK von der Deutschen Gesellschaft für nachhaltiges Bauen (DGNB) ein Mehrfachzertifikat erhalten. Jedes Gebäude, das im Rahmen des entsprechenden GOLDBECK-Systems gebaut wird, ist damit automatisch für seine besondere Nachhaltigkeit vorzertifiziert.

Forschung & Entwicklung

GOLDBECK investiert umfangreich und systematisch in Innovation, Forschung und Entwicklung und gestaltet so die Zukunft des Bauens maßgeblich mit. Ein eigener Unternehmensbereich „Innovationen, Produkte, Systeme" bündelt Innovationsscouting, Produkt- und Systementwicklung, Ideenmanagement, (Forschungs-)Kooperationen mit Universitäten und Zulieferern sowie Patentaktivitäten. GOLDBECK zählt zu den Vorreitern bei der Nutzung von Virtual Reality im Bauwesen und der digitalen, interdisziplinären Planungsmethode BIM (Building Information Modeling), die Bauprozesse transparenter und wirtschaftlicher macht. Das Unternehmen ist mit einem eigenen Team im Silicon Valley vertreten und kooperiert am Puls der Digitalisierung mit führenden Universitäten, Softwareherstellern und Start-ups. Zudem entwickelt GOLDBECK die Prozesse seines tief integrierten Geschäftsmodells mit den Methoden der Lean Construction und Lean Production kontinuierlich weiter.

G

Chronologie

1969 Ortwin Goldbeck gründet das Unternehmen in Bielefeld unter dem Namen GOLDBECK Stahlbau KG.

1973 Gründung der ersten Niederlassung in Hannover

1991 GOLDBECK eröffnet ein Werk zur Produktion von Stahltragwerken und Aluminiumelementen im sächsischen Vogtland.

1996 Die ersten internationalen Niederlassungen entstehen in Polen und Tschechien.

1998 GOLDBECK gründet die Dienstleistungssparte.

2007 Firmengründer Ortwin Goldbeck übergibt die Unternehmensleitung an seine Söhne und wechselt in den Beirat.

2009 In Hamm entsteht ein neues Betonfertigteilwerk. Zugleich erweitert GOLDBECK den Stammsitz in Bielefeld.

2013 GOLDBECK kauft und modernisiert ein Betonfertigteilwerk in Ulm.

2017 GOLDBECK übernimmt den polnischen Hersteller für Betonfertigteile Comfort S.A.

2019 Erwerb des französischen Bauunternehmens GSE

Daten und Fakten

Inhaberfamilie: Familie Goldbeck in 2. Generation
Gründer: Ortwin Goldbeck, 1969, Bielefeld
Branche: Bauindustrie
Produkte: Gewerbeimmobilien, gebäudenahe Dienstleistungen
Standorte: über 70 Standorte in Deutschland und Europa
Vertrieb: über 60 Niederlassungen in ganz Europa
Mitarbeitende: 7.500 (2019)
Umsatz: 2,927 Mrd. Euro (Geschäftsjahr 2018/2019)
Kontrollgremien: Beirat
Auszeichnungen: 2020: Auszeichnung als „Top nationaler Arbeitgeber 2020" durch Focus-Business (1. Platz in der Kategorie „Baugewerbe und Architektur"); 2019: Ortwin Goldbeck wird Ehrenbürger der Stadt Bielefeld, Familie Goldbeck erhält die Auszeichnung „Familienunternehmer des Jahres" (INTES Akademie für Familienunternehmen); 2017: das Unternehmen wird als „Entrepreneur of the Year 2017" ausgezeichnet (Wirtschaftsprüfungsgesellschaft EY)

Kontakt

GOLDBECK GmbH
Ummelner Str. 4–6, 33649 Bielefeld
Fon: 0521 9488-0
info@goldbeck.de, www.goldbeck.de

Ansprechpartner Presse

Jan Majer-Leonhard
Fon: 0521 9488-1194
jan.majer-leonhard@goldbeck.de

GOLDBECK SOLAR

Hirschberg a. d. Bergstraße, Baden-Württemberg

Gegründet: 2001
GOLDBECK SOLAR ist ein international aufgestelltes Familienunternehmen, das sich auf den schlüsselfertigen Bau von Solaranlagen auf gewerblicher, industrieller und großer Ebene spezialisiert hat. Zudem betreut es den Betrieb und die Instandhaltung. Mit der Vision einer sauberen Energieversorgung gründete der Unternehmer Joachim Goldbeck 2001 die GOLDBECK SOLAR GmbH als Tochterunternehmen der Goldbeck-Gruppe und die Solarnet GmbH für Sonderprojekte. 2017 wurde ein Firmensitz in Mexiko eröffnet. Mit 115 Mitarbeitenden besteht eine Geschäftstätigkeit in 15 Ländern (Europa, Lateinamerika, Kasachstan). GOLDBECK SOLAR versorgt 270.022 Haushalte mit Fotovoltaik, damit

G

wurden seit der Gründung bis zum Jahr 2020 über 2,1 Mio. t CO_2 eingespart.

Kontakt
Goldbeck Solar GmbH
Goldbeckstr. 7, 69493 Hirschberg a. d. Bergstraße
www.goldbecksolar.com

Goldhofer

Memmingen, Bayern

Gegründet: 1946
Die weltweit agierende Goldhofer Unternehmensgruppe ist Marktführer bei Schwer- und Spezialtransportfahrzeugen wie z. B. Anhänger, Sattelaufleger, Schwerlastmodule, Frachtschlepper, Flugzeugschlepper und Flugzeugbergesysteme. Konstruiert und gefertigt werden diese u. a. für Bau- und Abbruchunternehmen, die Petrochemie, Speditionen, Flughäfen, Ground-Handling-, Fracht- und Logistikunternehmen. Der globale Vertrieb erfolgt durch Angestellte sowie über Vertriebsniederlassungen und Händler. Mit weltweit 800 Mitarbeitenden erwirtschaftete Goldhofer im Geschäftsjahr 2018/2019 einen Umsatz von 231 Mio Euro. 1705 als Schmiede erstmalig urkundlich erwähnt, wurden 1946 die „Allgäuer Fahrzeugwerke Alois Goldhofer KG" von ihrem Namensgeber gegründet. Die heutige Goldhofer AG ist über eine Stiftung in Familienbesitz.

Kontakt
Goldhofer Aktiengesellschaft
Donaustr. 95, 87700 Memmingen
www.goldhofer.com

Goldschmidt

Leipzig, Sachsen

GOLDSCHMIDT
Smart Rail Solutions

Gegründet: 1847
Die Goldschmidt-Gruppe bietet Schienennetzbetreibern und Bahnindustrien weltweit sämtliche Produkte und Services für die Verbindung von Schienen, den modernen Gleisbau sowie die Inspektion ihrer Gleisinfrastruktur und deren Instandhaltung. Als Erfinder des Thermit®-Schweißverfahrens und Produzent von Thermit®-Schweißmaterialien avancierte das Unternehmen zum Weltmarktführer. 2019 erzielten 24 Gruppengesellschaften weltweit und Produktionsstätten auf allen Kontinenten mit 1.300 Mitarbeitenden einen Umsatz von 195 Mio. Euro. Die globalen Forschungs- und Entwicklungsaktivitäten werden in internationalen Kompetenzzentren sowie einem Technology Innovation Center gebündelt. 2020 führt das Familienunternehmen seine Gesellschaften unter einer globalen Marke Goldschmidt zusammen.

1895 ließ sein Erfinder Prof. Hans Goldschmidt den aluminothermischen Prozess, Grundlage des Thermit®-Verfahrens für lückenlos verschweißte Gleise, patentieren, was den Beginn des modernen Schienenverkehrs markierte. Die erste Schienenschweißung mit Thermit® wurde 1899 für die Essener Straßenbahnen ausgeführt, 1904 wurden die ersten Eisenbahngleise der

Moderne schienengebundene Mobilität – hierfür steht Goldschmidt.

ungarischen Staatsbahn verschweißt. Die Deutsche Reichsbahn erklärte das Thermit®-Verfahren 1928 zum Standardverfahren für das Verschweißen von Schienen, das ab 1945 auch weltweit anerkannt wurde. In der Folge formten internationale Gründungen und Akquisitionen die heutige Unternehmensgruppe. Die Goldschmidt Thermit GmbH wurde 2003 zur Finance and Management Holding der Goldschmidt Thermit Group, ihr Sitz 2004 von Essen nach Leipzig verlegt und 2020 in Goldschmidt Holding GmbH umbenannt. Über die Vermögensverwaltung Erben Dr. Karl Goldschmidt (VVG) ist der Konzern zu 100 % im Familienbesitz. Die Goldschmidt Holding GmbH ist u. a. Mitglied im UITP (Internationaler Verband für öffentliches Verkehrswesen) und im VDB (Verband der Bahnindustrie in Deutschland e. V.). Gruppenweit werden den Mitarbeitenden u. a. spezifische Fortbildungen und Gesundheitsförderungen geboten. Die gemeinnützige Goldschmidt-Stiftung der Familie unterstützt seit Generationen soziale, kulturelle und Bildungsprojekte.

G

Chronologie

1847 Gründung der Chemischen Fabrik Th. Goldschmidt, Berlin, durch Theodor Goldschmidt

1895 Patentierung des aluminothermischen Prozesses (Grundlage des Thermit®-Verfahrens) durch Prof. Hans Goldschmidt, Sohn des Gründers

1899 Erste Schienenschweißung mit Thermit® im Auftrag der Essener Straßenbahnen

1904 Erste Auslandstöchter in den USA und Großbritannien

1928 Die Deutsche Reichsbahn legt das Thermit®-Verfahren als Standardverfahren zum Schweißen im Gleis fest (nach 1945 weltweit).

ab 1945 Aufbau einer internationalen Gruppe durch Firmengründungen und Akquisitionen

2003 Die Goldschmidt Thermit GmbH wird zur Finance and Management Holding der Goldschmidt Thermit Group.

2014 Gründung des Technology Innovation Center in Leipzig

2020 Einführung der globalen Marke Goldschmidt

Daten und Fakten

Inhaberfamilie: Familie Goldschmidt, über die Vermögensverwaltung der Karl Goldschmidt-Erben
Gründer: Theodor Goldschmidt, 1847, Berlin
Branche: Schieneninfrastruktur
Produkte: Original Thermit®, Isolierstöße, Schweißlösungen, Schleiflösungen, Mess- und Prüflösungen, Geräte und Maschinen, Zweiwegefahrzeuge, Ausrüstung, digitale Lösungen
Standorte: 24 Gruppengesellschaften weltweit
Vertrieb: über 24 Gruppengesellschaften und internationale Partner
Mitarbeitende: 1.300 weltweit
Umsatz: 195 Mio. Euro (2019)

Kontakt

Goldschmidt Holding GmbH
Hugo-Licht-Str. 3, 04109 Leipzig
Fon: 0341 355918-0, Fax: 0341 355918-99
info@goldschmidt.com,
www.goldschmidt.com

„Goldschmidt. Smart Rail Solutions – Intelligente Lösungen für Schienenwege“

Markenclaim

Goldschmidt bietet Produkte und Services rund ums Gleis.

Görtz

Hamburg

Gegründet: 1875

Die Ludwig Görtz GmbH in Deutschland und Österreich ist Marktführer im Premium- und Qualitätssegment von Schuhen für Damen, Herren und Kinder. Das Hamburger

G

Traditionsunternehmen mit 3.200 Mitarbeitenden betreibt in 90 Städten rd. 180 Filialen und einen Online-Shop.

Neben der Marke Görtz werden weitere Premiumlabels und Fashionmarken angeboten. Das Multichannel-Unternehmen expandiert mit den Vertriebsformaten Görtz Metropol, Görtz City, Görtz SB und Görtz Trendstore. Warenhäusern und dem Textileinzelhandel bietet es verschiedene Kooperationskonzepte.

Im Jahr 1875 eröffnete der junge Schuhmachermeister Johann Ludwig Görtz auf 14 m^2 Ladenfläche ein kleines Schuhgeschäft in Hamburg Barmbek, womit er den Grundstein für ein erfolgreiches Familienunternehmen legte.

Kontakt
Ludwig Görtz GmbH
Spitalerstr. 10, 20095 Hamburg
www.goertz.de

GP Günter Papenburg

Hannover, Niedersachsen

Gegründet: 1963
Die GP Günter Papenburg AG ist ein Unternehmen der Baubranche und Mitglied der Wirtschaftsinitiative „Metropolregion Mitteldeutschland". Die GP Günter Papenburg ist in den Sparten Gewinnung von Rohstoffen, Produktion von Baustoffen, Hoch-, Tief-, Straßen- und Gleisbau, Baumaschinenhandel und -service, Maschinen- und Anlagenbau, Spedition sowie Entsorgung einschließlich Recycling und Deponierung tätig. Die 55 Tochtergesellschaften und Betriebsteile des Familienunternehmens beschäftigen rd. 3.800 Mitarbeitende, davon im Raum Mitteldeutschland 1.380. In Sachsen-Anhalt werden 85 Auszubildende in kaufmännischen und gewerblichen Berufen ausgebildet. Dem Vorstand gehören Günter Papenburg, Karin Hardekopf, Angela Papenburg und Klaus Papenburg an.

Kontakt
GP Günter Papenburg AG
Anderter Str. 99 c, 30559 Hannover
www.gp.ag

Graebener®

Netphen, Nordrhein-Westfalen

Gegründet: 1921
Graebener® ist ein familiengeführtes Maschinenbauunternehmen mit Sitz in Netphen, Nordrhein-Westfalen, und Houston, Texas (USA), sowie Vertretungen weltweit. Das Unternehmen produziert Anlagen für Umformen, Biegen, Nahtvorbereitung, Kalibrieren/Richten und Fügen sowie für die Brennstoffzellenfertigung und bietet kundenspezifische Pre- und After-Sales-Services. Kernmärkte sind Hydroforming, Automotive, Großrohrfertigung, Behälterbau, Windturmfertigung, Schiffbau und Brennstoffzellenfertigung. Graebener® beschäftigt rd. 80 Mitarbeitende und erzielte 2018 einen Umsatz von 25 Mio. Euro.

1921 gründete Theodor Gräbener sen. die Gräbener und Comp. als Fabrik für Eisen- und Blechkonstruktionen, die ab 1931 um den Maschinenbau erweitert wurde. 1956 begannen die Söhne Theodor und Hermann Gräbener mit dem Maschinenbau nach eigenen Entwürfen, wovon die positive Unternehmensentwicklung nachhaltig profitierte. 1980 übernahm Dr. Theodor R. Gräbener die Unternehmensleitung und etablierte 1997 mit Dieter Kapp die Graebener® Group. In der Folge avancierte Graebener® weltweit zu einem führenden Technologie- und Anlagenanbieter, z. B. mit Innovationen für das Hydroforming und den Schiffbau. Zukünftig werden neueste Anlagetechnologien für die Herstellung von metallischen Mikrostrukturplatten sowie intelligente Prozessdatenverarbeitung verstärkt in den Fokus rücken.

Unternehmenseigner sind in 4. Generation die Familien Kapp und Gräbener. Dieter Kapp ist geschäftsführender Gesellschafter, Sohn Fabian Kapp und Hartwig Hiestermann sind Geschäftsführer.

Kontakt

Gräbener Maschinentechnik GmbH & Co. KG
Am Heller 1, 57250 Netphen-Werthenbach
Fon: 02737 989-0, Fax: 02737 989-110
info@graebener.com, www.graebener.com

Grafisches Centrum Cuno

Calbe, Sachsen-Anhalt

Gegründet: 1957

Das Grafische Centrum Cuno (GCC) ist auf komplexe Mediendienstleistungen spezialisiert und zählt hier zu den führenden Unternehmen der deutschen Druckindustrie. GCC produziert Bücher, Zeitschriften und Kataloge. Die Dienstleistungen reichen von der Beratung und Konzeptentwicklung über die Produktion und Herstellung bis hin zur weltweiten Logistik. Sie werden von international agierenden Verlagen ebenso in Anspruch genommen wie von Kunden aus allen industriellen Branchen.

Die Grafisches Centrum Cuno GmbH & Co. KG und ihre beiden Tochtergesellschaften liegen zu 100 % in den Händen der Familie Cuno. Als geschäftsführender Gesellschafter in 2. Generation hält Manfred Cuno 70 % der Unternehmensanteile, seine beiden Söhne Matthias und Steffen Cuno halten jeweils 15 %. Ehefrau Ursula Cuno und die beiden Söhne bekleiden führende Funktionen im Unternehmen. Eine Familienverfassung und eine Satzung regeln die Nachfolge ebenso wie die Mitwirkung familienfremder Manager in der Unternehmensleitung.

Ungeachtet der wirtschaftlichen Repressionen zu Zeiten der DDR eröffneten der Buchdruckermeister Wilhelm Cuno und seine Frau Ursula 1957 in ihrem Heimatort Calbe an der Saale eine Druckerei und begannen mit der Herstellung von Geschäftsdrucksachen und Etiketten. Als die beiden Firmengründer 1974 bei einem Verkehrsunfall ums Leben kamen, übernahm ihr Sohn Manfred die Leitung der Druckerei. Bereits in den 1980er-Jahren operierte das Unternehmen am oberen von der DDR zugelassenen Produktionslimit für Privatbetriebe. Die 1990er-Jahre ermöglichten eine umfassende unternehmerische Expansion, die über den Neubau und Umzug in ein örtliches Gewerbegebiet zur geschäftlichen Umstrukturierung

„Wissen, wie die Welt von morgen aussehen mag, ist gewiss ganz schön. Noch besser ist es, die Welt von morgen selbst mitzugestalten."

Manfred Cuno

Matthias, Manfred und Steffen Cuno (v. l.) sind Gesellschafter von GCC.

Das Grafische Centrum Cuno (GCC) hat seinen Sitz in Calbe in Sachsen-Anhalt.

G

Neben Büchern druckt GCC auch Zeitschriften und Kataloge.

Rd. 180 Mitarbeitende sorgen bei GCC für die hohe Qualität der Druckerzeugnisse.

und zur Gründung der beiden Tochtergesellschaften BUCHConcept GmbH und WEBprintCONCEPT GmbH führte.

Das GCC produziert bis heute ausschließlich am Heimatstandort Calbe (Saale). Über 180 Mitarbeitende erwirtschafteten dort im Jahr 2019 einen Umsatz von über 20 Mio. Euro, rd. ein Drittel davon über den Export. Fertigung und Logistik umfassen nach Erweiterungen in den vergangenen Jahren eine Produktionsfläche von 15.000 m². Stärker denn je setzt das GCC beim Streben nach neuen Qualitäts- und Leistungsstufen auf Nachhaltigkeit, die das Unternehmen als Einheit von sozialer, ökologischer und ökonomischer Effizienz versteht. Mit dem Fokus auf nachhaltige und klimaneutrale Druckprozesse will das GCC auch künftig seine Position unter den führenden komplexen Mediendienstleistern Deutschlands behaupten. Das betrifft Verfahren wie den aus eigener Forschungs- und Entwicklungsarbeit hervorgegangenen Ultra High Definition Print (UHD) ebenso wie etwa den Einsatz von Farben, die cobalt- und mineralölfrei sind, und umweltfreundliche Verpackungslösungen.

Daten und Fakten

Inhaberfamilie: Familie Cuno in 2. und 3. Generation
Gründer: Wilhelm Cuno, 1957, Calbe/Saale
Branche: Druckindustrie
Mitarbeitende: 180 (2019)
Umsatz: 21 Mio. Euro (2019)
Ausbildungsquote: 11 %
Familieneinfluss: inhabergeführt durch Manfred Cuno; Matthias und Steffen Cuno sind in leitender Position im Unternehmen tätig
Unternehmensanteile der Familie: 100 %; Kommanditisten sind Manfred Cuno (70 %), Matthias Cuno (15 %) und Steffen Cuno (15 %)
Kontrollgremien: Gesellschafterversammlung
Eigenkapitalquote: 35 %

Gesellschaftliche Entwicklung

Aus seiner DNA als Familienunternehmen heraus ergibt sich für das GCC das Streben nach Nachhaltigkeit, das langfristig und unternehmerisch geprägt ist und alle Aspekte entlang der Wertschöpfungskette umfasst. Dabei machen v. a. die Mitarbeitenden den Unterschied aus – durch ihren persönlichen Einsatz, ihre Fähigkeiten und ihr Wissen. Damit leisten sie in ihrem Beruf und auch im persönlichen Leben einen Beitrag zu einer nachhaltigen Entwicklung. Mit dieser Philosophie ist GCC zugleich auch ein wichtiger Arbeitgeber in der Region. Fast die Hälfte der 180 Beschäftigten absolvierte bereits ihre Ausbildung im Unternehmen. Talentsuche und Förderung der Mitarbeitenden im eigenen Haus durch Weiterbildung sind für GCC selbstverständlich. Darüber hinaus sponsert GCC lokale Sportvereine, fördert ein regionales Monatsmagazin und unterstützt Künstlerinnen, Künstler und Kunstprojekte in der Region wie überregional.

Chronologie

1957 Setzermeister Wilhelm Cuno gründet die erste private Druckerei in Calbe an der Saale.

1974 Nachdem Wilhelm und Ursula Cuno bei einem Verkehrsunfall verunglücken, übernimmt ihr Sohn Manfred Cuno die Firma.

1987 Als erster Privatbetrieb der DDR erhält die Buchdruckerei Wilhelm Cuno die Genehmigung zum Kauf einer Offsetdruckmaschine.

1993/1994 Am heutigen Standort entsteht eine moderne Offsetdruckerei, die fortan unter dem Namen Grafisches Centrum Cuno (GCC) auftritt.

2003 Umstrukturierung zur GmbH & Co. KG

2006 Die 2004 gegründete Tochtergesellschaft BUCHConcept GmbH zieht in einen eigenen Neubau.

2009 Gründung der Tochtergesellschaft WEBprintCONCEPT GmbH

2011 Erweiterung der Produktionsfläche auf insgesamt 12.000 m²

2015–2020 Die Produktionsfläche wird auf 15.000 m² erweitert, modernste Druck- und adäquate periphere Technik wird installiert.

Kontakt
Grafisches Centrum Cuno GmbH & Co. KG
Gewerbering West 27, 39240 Calbe
Fon: 039291 428-0, Fax: 039291 428-28
info@cunodruck.de, www.cunodruck.de

Ansprechpartner Presse
Dr. Heinzgeorg Oette
Fon: 039291 428-66
presse@cunodruck.de

Ansprechpartner Investor Relations
Manfred Cuno
Fon: 039291 428-0
cuno@cunodruck.de

Grafschafter Krautfabrik

Meckenheim, Nordrhein-Westfalen

Gegründet: 1893

Die Grafschafter Krautfabrik Josef Schmitz KG ist ein Unternehmen der lebensmittelherstellenden Industrie, das an den Standorten Meckenheim und Beesel (NL) Zuckerrübensirup und weitere süße Brotaufstriche sowie Industriezuckersirupe produziert. Im Segment Zuckerrübensirup wurde Grafschafter 2019 deutschlandweit Marktführer. Der Grafschafter Goldsaft Zuckerrübensirup (450 g) war zeitgleich der zweitstärkste Abverkaufsartikel im Segment der süßen Brotaufstriche ohne Nussnougatcremes und Honig. Abnehmer sind der Lebensmitteleinzelhandel und Endverbraucher, Großverbraucher und die lebensmittelherstellende Industrie. Die Distribution konzentriert sich auf Deutschland, daneben wird auch nach Österreich und in geringem Umfang in weitere europäische Länder, in die USA und nach Kanada geliefert. Das Unternehmen mit 90 Mitarbeitenden in Meckenheim erwirtschaftete 2019 einen Umsatz von 45 Mio. Euro.

1893 von Josef Schmitz als Feldbrandziegelei gegründet, begann das Unternehmen 1904 neben der bestehenden Landwirtschaft mit der Herstellung von Zuckerrübensirup. Albert Schmitz, Sohn des Gründers, führte in den 1950er-Jahren die industrielle Herstellung von Zuckerrübensirup und die Becherverpackung ein, die bis heute einzigartig

G

in dieser Produktkategorie ist. Benannt wurde das Unternehmen nach der Region Grafschaft, wo die Krautfabrik errichtet wurde und in der die Zuckerrüben für den Grafschafter Goldsaft Zuckerrübensirup bis heute angebaut werden. Stefan Franceschini führt das traditionsreiche Familienunternehmen in 4. Generation.

Kontakt

Grafschafter Krautfabrik Josef Schmitz KG
Wormersdorfer Str. 22–26, 53340 Meckenheim
Fon: 02225 9190-0, Fax: 02225 150-16
krautfabrik@grafschafter.de, www.grafschafter.de

Grenzebach

Asbach-Bäumenheim, Bayern

Gegründet: 1960
Grenzebach bedient die globalen Märkte der Glas- und Baustoffindustrie sowie der Intralogistik mit maßgeschneiderten Automatisierungslösungen. Darüber hinaus erschließt das Unternehmen stets neue Anwendungsgebiete wie das Rührreibschweißen, die Automatisierung der Additiven Fertigung oder die digitale Vernetzung. Fertigungsstandorte in Deutschland, Rumänien, den USA und China sowie weltweite Vertretungen ermöglichen den Kundenservice vor Ort. Mehr als 3.000 installierte Anlagen in 55 Ländern stehen für Qualität und Zuverlässigkeit – und das seit 60 Jahren. Seit der Gründung ist die mittelständische Unternehmensgruppe im Besitz der Gründerfamilie und zählt mit einer Exportquote von über 90 % zu den Global Playern.

Kontakt

Grenzebach Maschinenbau GmbH
Albanusstr. 1, 86663 Asbach-Bäumenheim
www.grenzebach.com

Gretsch-Unitas

Ditzingen, Baden-Württemberg

Gegründet: 1907
Die Unternehmensgruppe Gretsch-Unitas ist ein führender internationaler Anbieter von Fenster- und Türtechnik, automatischen Eingangs- und Gebäudemanagementsystemen. Sie fertigt und vertreibt unter den Marken GU, BKS, FERCO und ela-soft Baubeschläge und Schlösser sowie Schließ- und Zutrittskontrollsysteme. Gretsch-Unitas hat mehr als 30.000 Artikel im Sortiment und hält über 1.400 Patente. Das Unternehmen produziert an eigenen Standorten in Deutschland, Frankreich und der Slowakei und ist mit über 50 Produktions- und Vertriebsgesellschaften in 35 Ländern weltweit vertreten. Gegründet 1907, wurde Gretsch-Unitas benannt nach dem Gründer Viktor Gretsch und der UNITAS Metallwarenfabrik. Durch internationale Expansion und Übernahmen entstand in Jahrzehnten die heutige familiengeführte Unternehmensgruppe.

Kontakt

Gretsch-Unitas GmbH Baubeschläge
Johann-Maus-Str. 1–3, 71254 Ditzingen
www.g-u.com

G

GRG

Berlin

Gegründet: 1920
Die GRG ist ein Gebäudereinigungsdienstleister mit 100-jähriger Erfahrung, gegründet von Walter Schwarz 1920. Geschäftsführende Gesellschafter des Familienunternehmens sind die Gründerenkel Stephan und Heiko Schwarz. Mit elf Standorten, über 4.300 Mitarbeitenden und einem Jahresumsatz von zuletzt 100 Mio. Euro zählt die GRG zu den führenden Unternehmen in der Branche (Stand: Januar 2020). Zum Angebotsspektrum gehören Unterhalts- sowie Glas- und Fassadenreinigung, spezielle Reinigungsservices für das Hotel- und Eventgewerbe, Sonderreinigungen und die Reinigung in hygienesensiblen Bereichen. Qualitätsorientierung, geschulte Mitarbeitende und die Erfahrung im Gebäudereinigerhandwerk zeichnen die Dienstleistungen der GRG aus.

Kontakt
GRG Services Berlin GmbH & Co. KG
Fasanenstr. 7–8, 10623 Berlin
www.grg.de

GROB-WERKE

Mindelheim, Bayern

Gegründet: 1926
Die GROB-WERKE GmbH & Co. KG entwickelt, produziert und vertreibt Universal-Bearbeitungszentren, Transfersysteme, flexible Systeme, Systemlösungen, Sonderwerkzeugmaschinen sowie Montage- und Automatisierungsanlagen. Zu den Kunden zählen die wichtigsten Automobilkonzerne der Welt. Mit rd. 5.700 Mitarbeitenden erzielte die GROB-Gruppe 2017 eine Leistung von 1,3 Mrd. Euro. Ein stationärer Verbrennungsmotor war das erste Serienprodukt des Unternehmens, das Ernst Grob 1926 in München gründete. 1952 übernahm Dr. Burkhart Grob, Sohn des Gründers, die Geschäftsleitung und führte die GROB-WERKE zu ihrer herausragenden Position am Markt. Seit 2016 führt Christian Grob in 3. Generation das Unternehmen als neuer Aufsichtsratsvorsitzender fort.

Kontakt
GROB-WERKE GmbH & Co. KG
Industriestr. 4, 87719 Mindelheim
www.grobgroup.com

Gronbach

Schwäbisch Hall, Baden-Württemberg

Gegründet: 1935
Die Wilhelm Gronbach GmbH & Co. KG besteht aus drei Geschäftsbereichen: Transport von Gütern aller Art mit einer spezialisierten Fahrzeugflotte, Handel von Schuttgütern und Baustoffen, und ein Containerdienst in Verbindung mit einer Wertstoffhalle. Der Containerdienst übernimmt und entsorgt Abfälle von Gewerbe- und Privatkunden. Mit über 60 ziehenden Einheiten ist die Gronbach Gruppe seit vielen Jahren für Kunden im Hoch- und Tiefbau in der Region unterwegs. Das Unternehmen verfügt über eine betriebseigene Lkw-Werkstatt, die für einen gepflegten Fuhrpark sorgt. Die Unternehmensgruppe Gronbach ist ein in 3. Generation geführtes Familienunternehmen und beschäftigt 100 Mitarbeitende. Geschäftsführende sind Helmut, Claudia und Nicole Gronbach.

Kontakt
Wilhelm Gronbach GmbH & Co. KG
Raiffeisenstr. 17, 74523 Schwäbisch Hall
www.gronbach-transporte.de

G

GROUP SCHUMACHER

Eichelhardt, Rheinland-Pfalz

Gegründet: 1968
Die Gebr. Schumacher GmbH und die EWM Eichelhardter Werkzeug- & Maschinenbau GmbH entwickeln und produzieren Systeme für Mähdrescher, vornehmlich im Schnittbereich. Dazu gehören Ährenheber, Mähsysteme, Haspeln und Mähmesserantriebe. Beide Firmen sind 100%ige Töchter der SMF Holding. Die Brüder Gustav und Günter Schumacher gründeten 1968 das Unternehmen, um den zuvor entwickelten und 1965 patentierten Ährenheber zu vermarkten. Seit 2000 gehört auch die Rasspe Systemtechnik GmbH & Co. KG zur Gruppe, die Garnknoter für Ballenpressen herstellt. 2016 wurde die Perfect Harvest App entwickelt. Geschäftsführer der weltweit agierenden GROUP SCHUMACHER sind Friedrich-Wilhelm Schumacher, Heinrich-Günter Schumacher und Selina Schumacher.

Kontakt
SMF Holding GmbH
Siegener Str. 10, 57612 Eichelhardt
www.groupschumacher.com

Groz-Beckert

Albstadt, Baden-Württemberg

Gegründet: 1852
Groz-Beckert ist ein weltweit führender Anbieter von industriellen Maschinennadeln, Präzisionsteilen und Feinwerkzeugen sowie Systemen und Dienstleistungen für die Herstellung und Fügung textiler Flächen. Die Produkte und Leistungen unterstützen textile Verfahren des Strickens und Wirkens, Webens, Filzens, Tuftens, Kardierens und Nähens.

Mit zahlreichen Produktions- und Vertriebsgesellschaften, Vertretungen und Handelspartnern ist das Familienunternehmen in mehr als 150 Ländern präsent und erzielte 2019 mit über 9.000 Mitarbeitenden weltweit einen Umsatz von 671 Mio. Euro.

Bereits 1852 produzierte der Unternehmensgründer Theodor Groz in Ebingen erstmals Wirknadeln. 1937 fusionierten Theodor Groz & Söhne und die Nadelfabrik Ernst Beckert, Chemnitz, und legten den Grundstein für den heutigen Konzern Groz-Beckert.

Kontakt
Groz-Beckert KG
Parkweg 2, 72458 Albstadt
www.groz-beckert.com

Gruber

Rötz-Bernried, Bayern

Gegründet: 1963
Die Gruber Unternehmensgruppe wurde 1963 in Rötz-Bernried als Zimmerei gegründet. Sie ist spezialisiert auf die Bereiche Holzbau und Ausbau. Für private Bauherren plant und erstellt Gruber hochwertige, energieeffiziente Naturholzhäuser in Holzfertigbauweise. Für gewerbliche Kunden und Investoren baut das Unternehmen Verwaltungsgebäude, Mehrfamilienhäuser, Reihenhäuser und Hallen aus Holz. Im Ausbau ist Gruber mit den Gewerken Elementebau/Trockenbau, Klimadecken, Estrich und Fußboden/Parkett tätig und übernimmt auch den bezugsfertigen Ausbau, Umbau oder die Sanierung von großen Objekten. Das Unternehmen beschäftigt ca. 300 Mitarbeitende und erzielt jährlich einen Umsatz von ca. 60 Mio. Euro. Die Gruppe führt Geschäftsführer Gerhard Gruber in 2. Generation.

Kontakt
Gruber Innenausbau-Holzbau GmbH
Gruberweg 11, 92444 Rötz-Bernried
www.gruber-gruppe.com

Güde

Solingen, Nordrhein-Westfalen

Gegründet: 1910
Aus dem Hause Güde kommen aus einem Stück im Gesenk geschmiedete Messer höchster Qualität in limitierter Stückzahl. Die Manufaktur Franz Güde GmbH wurde um 1910 von Karl Güde in Solingen gegründet. Während die meisten Messerhersteller schon im frühen 20. Jahrhundert die automatisierte Fertigung auf Kosten der Qualität bevorzugten bzw. vom Markt verschwanden, setzte die Manufaktur Güde weiterhin auf die traditionelle manuelle Fertigung. Franz Güde entwickelte um das Jahr 1930 ein Brotmesser, das durch die Erfindung des „Güde-Wellenschliffs" – eines speziellen Wellenschliffs mit spitzen Zähnen – richtungsweisend für die Messerindustrie weltweit wurde.

Auch sein Sohn Franz D. Güde und sein Enkel Dr. Karl Peter Born, der das inhabergeführte Unternehmen heute leitet, führten den Betrieb in traditioneller Weise fort. Bis heute liegt die Franz Güde GmbH zu 100 % in Familienhand. Das Unternehmen beschäftigt 25 Mitarbeitende und setzte im weltweiten Vertrieb 2019 rd. 2,5 Mio. Euro um.

Nach wie vor setzt der Handwerksbetrieb auf qualitätsvolle Handarbeit, hochwertigste Materialien und limitierte Stückzahlen. Zu den Kunden zählen namhafte Spitzenköche ebenso wie ambitionierte Hobbyköche. Ihnen steht ein umfassendes Sortiment zur Verfügung, zu dem auch eine Reihe von Messern aus Damaszenerstahl sowie Wetzstähle und Messerblöcke gehören. Darüber hinaus erhalten die Kunden eine individuelle Beratung für den richtigen Umgang mit den wertvollen Werkzeugen und können diese gegebenenfalls auch zum Schleifen in die Werkstatt des Herstellers geben. Bei aller Treue zur Tradition versteht sich Güde als Vorreiter modernen, exklusiven Designs und erhielt zahlreiche Auszeichnungen für seine Erzeugnisse. So wurde die neue Messerserie SYNCHROS im Jahr 2019 zum Manufaktur-Produkt des Jahres gekürt.

Kontakt
Franz Güde GmbH
Katternberger Str. 175, 42655 Solingen
Fon: 0212 816166, Fax: 0212 815840
info@guede-solingen.de, www.guede-solingen.de

GUNDLACH

Hannover, Niedersachsen

Gegründet: 1890
Die Firmengruppe Gundlach ist in der Bau- und Immobilienbranche tätig. Sie umfasst vier Gesellschaften, die in den Geschäftsbereichen Bauunternehmen, Bauträger, Wohnungsunternehmen sowie Haus- und Grundstücksverwaltung agieren. Das Gundlach Bauunternehmen ist eines der größten familiengeführten, mittelständischen Bauunternehmen der Region Hannover. Das Leistungsspektrum reicht in alle Leistungsphasen bis hin zu Schlüsselfertigbau, Modernisierung und Sanierung. Firmengründer war der Maurer Friedrich Gundlach, der 1890 in Hannover eine Baufirma gründete. Heute sind rd. 200 Mitarbeitende für Gundlach tätig. Dipl.-Ing. Lorenz Hansen hat in 5. Familiengeneration die Unternehmensleitung inne, unterstützt von Dr. Frank Eretge und Nadine Otto.

Kontakt
Gundlach Bau und Immobilien GmbH & Co. KG
Am Holzgraben 1, 30161 Hannover
www.gundlach-bau.de

G

Gustav Selter

Altena, Nordrhein-Westfalen

Gegründet: 1829
Die Firma Gustav Selter GmbH & Co. KG stellt unter dem Markennamen addi Strick- und Häkelnadeln und Handarbeitszubehör her. Der Qualitätsmarktführer vertreibt seine Produkte an den Groß- und Einzelhandel in über 50 Ländern. Am traditionellen Standort in Deutschland erwirtschaften 125 Mitarbeitende jährlich rd. 10 Mio. Euro. Das von Peter Heinrich Selter gegründete Unternehmen befindet sich in 6. Generation in Familienhand. Die Geschäftsführer sind das Ehepaar Thomas Selter und Claudia Malcus und als Fremdmanager Torsten Schneider. Großinvestitionen in Gebäude und Maschinen und neue Patente waren die Meilensteine der vergangenen Jahre. Das Unternehmen ist vom Land Nordrhein-Westfalen als familienfreundlich ausgezeichnet worden und bestand die Ökoprofit-Prüfung.

Kontakt
Gustav Selter GmbH & Co. KG
Hauptstr. 2–6, 58762 Altena
www.addi.de

H

H&F Group

Neuenbürg, Baden-Württemberg

H&F GROUP

Inspired by nature.

„Nur durch eine intensive Forschung und Entwicklung werden wir unsere Stellung als qualitativer Marktführer weiterhin sichern."

Gerhard F. Fox

Gegründet: 1934

Die H&F Group, benannt nach den Unternehmerfamilien Herbstreith und Fox, ist eine führende, weltweit agierende Unternehmensgruppe, die hochwertige Pektin-Varianten und ein umfangreiches Sortiment an multifunktionellen Ballaststoffen aus Früchten und Gemüsen sowie Süßungsmittel aus Früchten herstellt. Bei Apfelpektin ist H&F Weltmarktführer. Zu den Kunden des Unternehmens zählen neben der Lebensmittel- die Pharma-, Kosmetik- und Non-Food-Industrie.

Die H&F Group verfügt über drei deutsche Standorte in Baden-Württemberg (Stammsitz), Brandenburg und im Saarland und ist auf allen Kontinenten, mit Schwerpunkt Europa und Nordamerika, vertreten. Eigene Büros, der eigene Außendienst und Vertragshändler übernehmen die Distribution, die Exportquote beträgt 65 % (2018). Weltweit sind über 500 Mitarbeitende für das Unternehmen tätig, die Ausbildungsquote liegt bei 8 %. Die H&F Group investiert jährlich rd. 2 Mio. Euro in Forschung und Entwicklung, hält 50 Patente und ist in zahlreichen Institutionen wie z. B. dem European Institute of Innovation & Technology EIT vertreten. Sie ist zudem Gründungsmitglied der International Pectin Producers Association (IPPA).

1934 wurde die Hermann Herbstreith Pektin Fabrik GmbH in Wolfzennen von ihrem Namensgeber gegründet. Der Unternehmer hatte die Idee, aus Apfeltrester, einem Pressrückstand der Apfelsaft-Keltereien, Pektin für die Marmeladen- und Konfitüren-Herstellung zu gewinnen. In einer ersten Produktionsanlage wurde schon bald gelierender flüssiger Pektin-Extrakt gewonnen. Wegen der Standortvorteile zog das Unternehmen 1938 nach Neuenbürg und wurde 1948 von Erwin Herbstreith, dem Sohn des Gründers, übernommen. Dessen Schwiegersohn Gerhard F. Fox trat 1975 als Leiter Anwendungstechnik und Verkauf in das Unternehmen ein. Unter seinem Einfluss erweiterte das Unter-

Gerhard F. Fox (oben) und sein Sohn Sven Fox (unten) leiten das Unternehmen in 3. und 4. Generation.

Pektine von Herbstreith & Fox kommen v. a. in der Lebensmittelindustrie zum Einsatz.

H

Gesellschaftliche Verantwortung

Herbstreith & Fox legt Wert auf ein umweltorientiertes und gesellschaftlich vorbildliches Auftreten. Das Unternehmen nutzt moderne Kraftwärmeanlagen für die Strom- und Wärmeerzeugung; Emissionen werden so gering wie möglich gehalten. Ständige Aktualisierung der technischen Anlagen sowie Einführung und Einsatz moderner Verfahrensprozesse führen nicht zuletzt zu einer kontinuierlichen Verbesserung des Umweltschutzes. Darüber hinaus übernimmt H&F auch außerhalb des Unternehmens Verantwortung im sozialen, kulturellen und sportlichen Bereich. Besonderes Augenmerk liegt dabei auf der Förderung und Pflege des Sports und der Jugendarbeit.

Schon gewusst?

Bereits vor über 200 Jahren wurden Pektine in Früchten entdeckt. Doch erst zu Beginn des 20. Jahrhunderts erkannte man deren praktische Verwendungsmöglichkeiten bei der Herstellung von Nahrungsmitteln. Pektin hat aufgrund seiner gelierenden, verdickenden und stabilisierenden Eigenschaften sowohl in der Lebensmittelindustrie als auch in der kosmetischen und pharmazeutischen Industrie zunehmend an Bedeutung gewonnen. Heute werden hochspezialisierte Pektine v. a. aus erntefrisch entsafteten und schonend getrockneten Äpfeln bzw. Zitrusfrüchten gewonnen. Der Herstellungsprozess von der Frucht zum Pektin erfordert viel Erfahrung und Sorgfalt, um die höchstmögliche Qualität und Reinheit zu gewährleisten.

nehmen in den Folgejahren sein Portfolio um zahlreiche Produkte und Marken, vollzog eine Reihe von Übernahmen und Umstrukturierungen und gründete nationale wie internationale Tochtergesellschaften. 1991 trat Erwin Herbstreith in den Ruhestand und Gerhard F. Fox übernahm die Geschäftsführung der Unternehmensgruppe, die in Herbstreith & Fox KG umbenannt wurde. 2019 wurde Sven Fox weiterer Geschäftsführer neben seinem Vater Gerhard F. Fox. Als Inhaber des Familienunternehmens in 3. bzw. 4. Generation zeichnen sie verantwortlich für alle fundamentalen Geschäftsführungsbereiche. Den Mitarbeitenden bietet das Unternehmen vielfältige Weiterbildungsmöglichkeiten und fördert mit speziellen Angeboten die Work-Life-Balance. Eine Familienstiftung soll die H&F Group auf dem Weg in eine erfolgreiche Zukunft unterstützen und begleiten.

Herbstreith & Fox
Mitarbeiterentwicklung 1934 bis heute

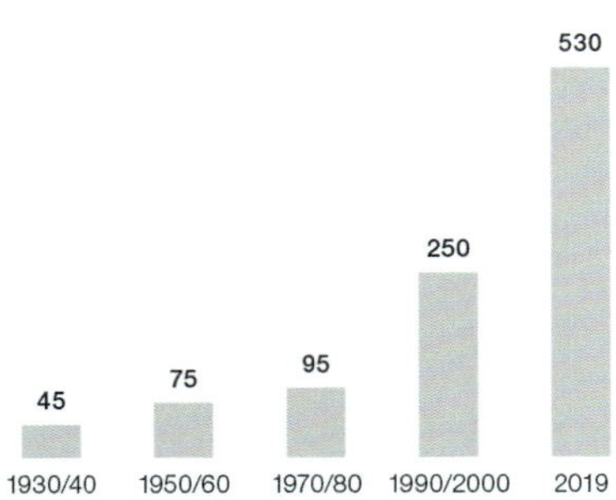

Daten und Fakten

Inhaberfamilie: Familie Fox in 4. Generation
Gründer: Hermann Herbstreith, 1934, Wolfzennen
Branche: Lebensmittel
Produkte: Apfel- und Citruspektin, Ballaststoffe aus Früchten und Gemüsen, Süßungsmittel aus Früchten
Standorte: Neuenbürg, Werder und Saarlouis
Vertrieb: weltweit
Mitarbeitende: 500
Marktposition: Weltmarktführer im Bereich Apfelpektin
Ausbildungsplätze: 28
Exportquote: 65 %

Neben dem Hauptsitz in Neuenbürg (oben) verfügt die H&F Group auch über eine Produktionsstätte in Werder (Mitte) und Saarlouis (unten).

H

Kontakt
Herbstreith & Fox
GmbH & Co. KG Pektin-Fabriken
Turnstr. 37, 75305 Neuenbürg
Fon: 07082 7913-0, Fax: 07082 20281
info@herbstreith-fox.de, www.h-f.group

Ansprechpartnerin Presse
Susanne Steinfort-Klass
Fon: 03327 785-240
s.steinfort-klass@herbstreith-fox.de

Haas Group

Falkenberg, Bayern

Gegründet: 1972
Die Haas Group ist ein Unternehmen der Fertigbaubranche, das Bauprojekte als Teil- oder Komplettanbieter plant, produziert und errichtet, wie z. B. Einfamilienhäuser, Gewerbe- und Industriebauten sowie landwirtschaftliche Bauten in Holz- und Hybridbauweise. Daneben fertigt es Bausätze für Zimmereien und Bauunternehmen. Die Gruppe operiert mit zwei Unternehmen: Haas Fertigbau realisiert in zehn Ländern Europas Projekte wie z. B. Wohnhäuser, Geschäftsgebäude, Industriebauten, konstruktive Holzbauten und landwirtschaftliche Bauten und beschäftigt an vier Standorten in Deutschland, Österreich und Tschechien über 1.000 Mitarbeitende. Bavaria Massivhaus ist vom Entwurf bis zur Ausführung im Wohnbau aktiv. Die Haas Group ging aus der 1972 von Xaver Haas gegründeten Zimmerei hervor und ist seither in Familienbesitz.

Kontakt
Haas GmbH & Co. Beteiligungs KG
Industriestr. 8, 84326 Falkenberg
www.haas-group.com

HABA-Firmenfamilie

Bad Rodach, Bayern

Gegründet: 1938
Die HABA-Firmenfamilie ist ein weltweit agierendes Familienunternehmen mit einer Tradition von über 80 Jahren. Ihre hochwertigen Produkte in den Kernbereichen Familienleben, Spielen, Bildung, Bewegung, Mode und Möbel finden ihren Abnehmerkreis in Familien sowie in sozialen, öffentlichen und privaten Einrichtungen. Mit Hauptsitz in Bad Rodach vereint die HABA-Firmenfamilie viele bekannte Unternehmensmarken unter ihrem Dach, darunter HABA, JAKO-O und Wehrfritz. Seit der Gründung 1938 durch Eugen Habermaass ist das Unternehmen in Familienhand. Das Gesamtunternehmen beschäftigt über 2.000 Mitarbeitende und erwirtschaftet jährlich einen Umsatz von rd. 360 Mio. Euro.

Kontakt
HABA Group B.V. & Co. KG
August-Grosch-Str. 28–38, 96476 Bad Rodach
www.haba-firmenfamilie.de

Habisreutinger

Weingarten, Baden-Württemberg

Gegründet: 1822
Das Unternehmen Habisreutinger ist ein auf Holz spezialisierter Fachhandel, der sich an Handwerker wie auch an Endkunden richtet. Das Vertriebsgebiet erstreckt sich von der Schwäbischen Alb über Oberschwaben, das Allgäu und Vorarlberg bis über den gesamten Schwarzwald. In insgesamt acht Ausstellungsräumen in der Region werden die Produkte präsentiert, ein Fuhrpark von 50 Lkw sorgt für die Distribution. Die Wurzeln des Unternehmens reichen zurück bis ins Jahr 1822, als Johann Baptist Habisreutinger die bis dahin klösterliche Säge in Weingarten vom

königlichen Kameralamt kaufte und so eine eigene Firma gründete. Heute wird das Unternehmen in 6. Generation von Felix und Maximilian Habisreutinger geleitet und beschäftigt fast 400 Mitarbeitende, darunter 45 Auszubildende.

Kontakt

Franz Habisreutinger GmbH & Co. KG
Schussenstr. 22, 88250 Weingarten
www.habisreutinger.de

Häcker

Rödinghausen, Nordrhein-Westfalen

Gegründet: 1898
Das Unternehmen Häcker entwickelt und produziert hochwertige Einbauküchen. Dazu gibt es zwei Linien, das preisbewusste Konzept „classic/ART" und das designorientierte Systemküchenkonzept „systemat/ART". Seine Wurzeln hat Häcker in der Schreinerei, die Hermann Häcker 1898 gründete, und deren Leitung 1965 Horst Finkemeier übernahm. In den 1970er-Jahren baute dieser den Handwerksbetrieb zur industriellen Fertigung aus. Im Jahr 1996 trat sein Sohn Jochen Finkemeier in die Geschäftsführung ein, die er heute gemeinsam mit Dirk Krupka, Markus Sander und Stefan Möller ausübt. Aktuell hat Häcker Küchen über 1.750 Mitarbeitende, der Umsatz im Jahr 2019 betrug 616 Mio. Euro. Der Vertrieb in 67 Ländern erfolgt über 3.800 qualifizierte Handelspartner, die Exportquote liegt bei 39 %.

Kontakt

Häcker Küchen GmbH & Co. KG
Werkstr. 3, 32289 Rödinghausen
www.haecker-kuechen.de

Häfele

Nagold, Baden-Württemberg

„Thinking ahead"

Firmengrundsatz

Gegründet: 1923
Die Häfele Gruppe mit Sitz in Nagold im Schwarzwald ist ein internationaler Marktführer für Möbel- und Baubeschlagtechnik sowie für elektronische Schließsysteme und LED-Lichttechnik. Mit einem weltweit einzigartigen Sortiment von 154.000 Artikeln bedient das Familienunternehmen Architekten, Bauherren und Handwerker sowie die Möbelindustrie und den Handel in über 150 Ländern.

Adolf Häfele und Hermann Funk haben den Familienbetrieb 1923 als Fachgeschäft für Eisenwaren gegründet. Schon vier Jahre später zog Adolf Häfele, zwischenzeitlich Alleininhaber, ins Zentrum des aufstrebenden Schreiner- und Tischlerhandwerks nach Nagold.

1949 trat Walther Thierer, der Neffe von Adolf Häfele, ins Unternehmen ein und übernahm die Geschäftsführung. Neben ersten Auslandsgründungen führte er den „Großen Häfele" ein, das weltbekannte Nachschlagewerk für Beschlagtechnik. Dieses gibt es heute in 24 Sprachen, gedruckt, online sowie als App.

1982 wurde Hans Nock Unternehmensleiter. Er forcierte die Internationalisierung des Unternehmens. Heute hat Häfele welt-

Sibylle Thierer ist die Vorsitzende der Geschäftsführung von Häfele (oben).
Der Familienbetrieb entwickelt, produziert und vertreibt Produkt- und Softwarelösungen, die beispielsweise in Hotels, Bürogebäuden, aber auch in privaten Haushalten zum Einsatz kommen.

Häfele hat u. a. vielseitige Smart Home Technologien im Produktportfolio.

H

weit 38 Tochtergesellschaften sowie 23 Verkaufsbüros. Produziert wird an vier Standorten in Deutschland und einem in Ungarn.

2003 übernahm Sibylle Thierer, Tochter von Walther Thierer, die Leitung der Häfele Gruppe. Unter ihrer Führung hat sich Häfele innovativen Themen wie Micro Living, LED-Lichttechnik für Möbel und der Integration von Smart Home Technologien für die Vernetzung von Möbeln und Gebäudesteuerung angenommen. Damit ist Häfele zum Impulsgeber in einer digitalen Welt mit smarter Funktionalität geworden.

Schon gewusst?

Im Jahr 1983 entwickelte Häfele das Minifix-System. Dieser Korpusverbinder nach dem sog. zentrischen Kugelprinzip ist bis heute eine weltweite Erfolgsgeschichte im Bereich der Mitnahmemöbel zur Selbstmontage. Im Berliner Werk von Häfele werden jedes Jahr 500 Mio. Stück der insgesamt 30 Minifix-Varianten hergestellt.

Daten und Fakten

Inhaberfamilien: Familien Häfele und Thierer in 3. Generation
Gründer: Adolf Häfele, 1923
Produkte: Möbel- und Baubeschläge, elektronische Schließsysteme und LED-Lichttechnik
Standorte: weltweit 38 Tochtergesellschaften, 23 Verkaufsbüros sowie 5 Produktionsstandorte
Mitarbeitende: 8.100
Umsatz: 1,5 Mrd. Euro (2019)
Ausbildungsplätze p. a.: 60–80
Exportquote: 80 %

Kontakt
Häfele GmbH & Co KG
Adolf-Häfele-Str. 1, 72202 Nagold
Fon: 07452 95-0
info@haefele.de, www.haefele.de

Hagen & Kruse

Hamburg

Gegründet: 1901
Die Hagen & Kruse GmbH & Co. KG mit Sitz in Hamburg ist ein unabhängiger Versicherungsmakler. Vermittelt werden insbesondere Versicherungen für Ärztinnen und Ärzte, Sanitär-, Heizungs- und Bedachungsbetriebe, aber auch für andere mittelständische Firmen und freie Berufe. Hinzu kommen Bürgschaften für das Bauhaupt- und Baunebengewerbe sowie den Anlagenbau und Privatkundinnen und -kunden.

Hagen & Kruse beschäftigt 18 Mitarbeitende und erwirtschaftete im Jahr 2019 einen Umsatz von 2,6 Mio. Euro. Jeweils 35 % der Unternehmensanteile befinden sich in den Händen der geschäftsführenden Gesellschafter Jörg Will und Jörg Enders. Wie bei den früheren Inhabern wahrt das Unternehmen dabei auch in der 4. Generation die Tradition eines Führungsduos. Ein Gesellschaftervertrag regelt die Beziehung zwischen dem Unternehmen und den Inhaberfamilien. Die Nachfolge und Übergabe an die 5. Generation befindet sich bereits in der Vorbereitung.

Jörg Will und Jörg Enders (v. l.) sind heute die Hauptgesellschafter des unabhängigen Versicherungsmaklers Hagen & Kruse.

Gesellschaftliche Verantwortung

Die geschäftsführenden Gesellschafter engagieren sich sehr vielfältig. Jörg Enders ist seit 2007 Mitglied des Beirats der Hamburger Feuerkasse Vers. AG und bekleidet seit 2014 das Amt des Vorsitzenden. Engagement wird auch außerhalb der Versicherungswirtschaft großgeschrieben. So unterstützt Jörg Will privat Künstler bei sozialen Projekten im In- und Ausland. Die soziale Verantwortung beginnt jedoch bereits im Kern des Unternehmens – bei den Mitarbeitenden. Der von ihnen im Rahmen des Erfolgsbildes 2025 erarbeitete Wertekatalog ist Grundstock für das Miteinander nach innen und außen und Ansporn für die Zukunft. Selbstverständlich werden die Mitarbeitenden fachlich und persönlich weiterentwickelt.
Alle Mitarbeitenden verfügen über die „Hagen & Kruse Corporate Card", die regelmäßig mit Geldbeträgen aufgeladen wird und wie eine Kreditkarte eingesetzt werden kann. Im Jahr 2018 wurde zudem eine betriebliche Krankenversicherung installiert, die u. a. die Kosten für Vorsorgeuntersuchungen und Sehhilfen erstattet. Um die Vereinbarkeit von Familie und Beruf weiter zu fördern, wird den Mitarbeitenden die Arbeit vom Heimarbeitsplatz aus ermöglicht.

„Wir sind ein traditionell hanseatisches Unternehmen, das zukunftsorientiert aufgestellt ist."

Unternehmensleitsatz

Der Name des Unternehmens geht auf die beiden Firmengründer Heinrich Hagen und Wilhelm Kruse zurück, die 1921 in Hamburg gemeinsam die Sub-Direktion der Winterthur-Versicherung übernahmen. Heinrich Hagen hatte bereits 20 Jahre zuvor den Versicherungsmakler „Heinrich Hagen-Assekuranz" gegründet. Nach dem Zweiten Weltkrieg nahmen die Gründer den langjährigen Mitarbeiter Hans Busch sowie Johannes W. Höpflinger, den Ehemann von Heinrich Hagens Tochter, als Teilhaber in die Firma auf. In 3. Generation führten später Hagen Hartmut Rohrbeck, ein Enkel Heinrich Hagens, sowie Hans-Jürgen Busch, der Sohn von Hans Busch, das Unternehmen. Unter ihrer Führung traten mit Jörg Will (1998) und Jörg Enders (2001) die heutigen Hauptgesellschafter in die Firma ein. Bedeutsam waren auch Hans-Erich Kessler, der ab 1951 den neuen Kundenbereich Ärzte begründete, und Ottfried von Dewitz, der das Geschäftsfeld Bürgschafts-Versicherung aufgebaut hatte. Im Jahr 2004 wurden die bis dahin unter eigenem Namen auftretenden Unternehmen „Hagen & Kruse" und „Hagen Assekuranz" verschmolzen.

Tradition und Innovation: vereint und gelebt von den 18 Mitarbeitenden bei Hagen & Kruse

Das Hagen & Kruse Erfolgsbild 2025 soll inspirieren und dem Unternehmen als Fixstern und klare Richtschnur dienen.

H

Seit Juli 2010 bietet Hagen & Kruse unter der Marke H&K MEISTERWERK® Handwerkerfirmen, insbesondere aus den Bereichen Sanitär-, Heizungs- und Klimatechnik sowie Elektro, Spezialdeckungskonzepte an. Für die Zukunft wird verstärkt in die Digitalisierung interner und externer Prozesse investiert.

Heinrich Hagen und Wilhelm Kruse (oben, v. l.) bauten das Unternehmen ab 1921 gemeinsam auf und dienen bis heute als Vorlage für die Bildmarke (unten).

Chronologie

1901 Heinrich Hagen gründet in Hamburg einen Versicherungsmakler.

1921 Gemeinsam mit seinem Freund Wilhelm Kruse übernimmt Heinrich Hagen die Sub-Direktion der Winterthur-Versicherung unter dem Namen Hagen & Kruse.

1949 Johannes W. Höpflinger, der Ehemann von Heinrich Hagens Tochter, und Hans Busch werden Teilhaber.

1960 Hagen Hartmut Rohrbeck, Enkel von Heinrich Hagen und Stiefsohn von Johannes W. Höpflinger, beginnt seine Anstellung im Unternehmen. Drei Jahre später folgt Hans-Jürgen Busch, der Sohn von Hans Busch.

1998 Jörg Will tritt in das Unternehmen ein.

2001 Jörg Will wird Gesellschafter. Jörg Enders tritt in das Unternehmen ein.

2003 Jörg Enders wird Gesellschafter.

2004 Verschmelzung der zuvor unter eigenem Namen auftretenden Unternehmen „Hagen & Kruse" und „Hagen Assekuranz"

2013 H&K MEISTERWERK® wird eingetragene Marke.

2017 Jörg Will und Jörg Enders schreiben das Erfolgsbild 2025.

2018 Alexandra Bielecki beginnt ihre Anstellung im Unternehmen und wurde Anfang 2019 unternehmensintern als Nachfolgerin bekannt gegeben.

Daten und Fakten

Inhaberfamilien: Familien Will und Enders in 4. Unternehmergeneration
Gründer: Heinrich Hagen, 1901, Hamburg
Branche: Versicherungsvermittlung
Standort: Hamburg
Mitarbeitende: 18 (2020)
Umsatz: 2,6 Mio. Euro (2019)
Familieneinfluss: inhabergeführt durch Jörg Will und Jörg Enders
Unternehmensanteile der Familie: 70 %; Jörg Will und Jörg Enders halten je 35 % der Anteile
Mitgliedschaften: Bundesverband Deutscher Versicherungsmakler e. V. (BDVM); Hamburger Versicherungsbörse; Versammlung Eines Ehrbaren Kaufmanns zu Hamburg e. V.; TRUST RISK CONTROL

Kontakt
Hagen & Kruse GmbH & Co. KG
Meßberg 1, 20095 Hamburg
Fon: 040 309698-0, Fax: 040 309698-50
info@hagenundkruse.de, www.hagenundkruse.de

Ansprechpartner Presse
Jörg Enders
j.enders@hagenundkruse.de

Ansprechpartnerin Presse
Alexandra Bielecki
a.bielecki@hagenundkruse.de

Hager Group

Blieskastel, Saarland

H

hagergroup

Gegründet: 1955

Die Hager Group ist ein führendes Unternehmen im Bereich der Elektrotechnik mit Hauptsitz in Blieskastel im Saarland. Das Angebot spannt einen Bogen von der Energieverteilung über Schutz- und Schaltgeräte, Gebäudesteuerung und Sicherheitstechnik bis hin zu Energiespeichern und Ladesäulen für Elektroautos. Kunden sind neben dem Elektrogroßhandel und Elektrohandwerk auch Wohnungsbaugesellschaften, Versorgungsnetzbetreiber und Schaltanlagenbauer, ebenso wie Endkunden, Architekten und Planer. Das Unternehmen betreibt 22 Produktionsstätten in zehn Ländern. 11.500 Mitarbeitende weltweit erwirtschaften einen Umsatz von 2 Mrd. Euro. Mehr als 100 Auszubildende beschäftigt das Unternehmen in Deutschland. So gut wie alle Auszubildenden können übernommen werden. Die Hager Group hält über 3.000 Patente und investiert 5,5 % des Umsatzes in Forschung und Entwicklung.

Daniel Hager ist Vorstandsvorsitzender des in 3. Generation im Familienbesitz befindlichen Unternehmens. Eine Familienverfassung regelt die Unternehmensführung. Die Hager Group wurde 1955 in Ensheim (Saarbrücken) von Peter Hager mit seinen beiden Söhnen Hermann und Oswald Hager gegründet. Damals stand das Saarland unter französi-

Innovativ und energieeffizient: die Produktion der Hager Group in Blieskastel

Chronologie

1955 Hermann und Dr. Oswald Hager gründen gemeinsam mit ihrem Vater Peter Hager die Hager ohG.

1959 Gründung der Hager Electro S.A. in Obernai (Frankreich), erste Weichenstellung für eine europäische Vermarktung

1980er-Jahre Systematische Erweiterung des Angebots. In den wichtigsten europäischen Märkten werden Vertriebsgesellschaften gegründet.

1990er-Jahre Gründung weiterer Niederlassungen und Joint Ventures außerhalb Europas

2003 Eröffnung einer Produktionsstätte in China

2007 Aus der Hager AG wird eine Europäische Gesellschaft: Hager SE (Societas Europaea).

2008 Daniel Hager übernimmt den Vorstandsvorsitz.

2010 Übernahme des deutschen Schalterherstellers Berker

2015 Eröffnung des intelligenten Forschungs- und Anwendungszentrums in Blieskastel (Hauptsitz) und des Kompetenzzentrums „Hager Forum" in Obernai in Frankreich

2018 Die Hager Group verstärkt ihr Engagement im Bereich Elektroenergie und Energiemanagementsysteme. Übernahme von E3/DC, einem auf Speichertechnologie spezialisierten Unternehmen.

„Als Familienunternehmen ist uns nachhaltige Entwicklung in die Wiege gelegt."

Daniel Hager, Vorstandsvorsitzender Hager Group

Die Gründer Hermann und Dr. Oswald Hager (oben, v. l.); Vorstandsvorsitzender Daniel Hager (unten)

schem Protektorat. Als die Wiedereingliederung umgesetzt wurde, entschied sich das Unternehmen 1959, auch in Frankreich (Obernai bei Straßburg) eine Produktionsstätte zu gründen.

Die Hager Group will in der Zukunft ihre Vorreiterrolle im Bereich intelligentes Energiemanagement weiter ausbauen, denn Klimaschutz, Energieeffizienz und Energiewende sind nur mit mehr Technologie und mit mehr Elektrotechnik in Gebäuden umsetzbar. In dieser Hinsicht wurde im Jahr 2018 der Energiespeicherspezialist E3/DC GmbH übernommen. Mit der 2010 gegründeten Peter und Luise Hager-Stiftung engagiert sich das Familienunternehmen Hager Group für eine Vielzahl von Projekten in aller Welt.

Daten und Fakten

Inhaberfamilie: Familie Hager in 3. Generation
Gründer: Peter Hager, Hermann Hager, Dr. Oswald Hager, 1955, Saarbrücken-Ensheim
Branche: Elektrotechnik
Standorte: 22 Standorte weltweit, Hauptsitz: Blieskastel (Saarland)
Mitarbeitende: 11.500 (weltweit)
Umsatz: 2 Mrd. Euro
Marktposition: Marktführer im Bereich Energieverteilung und Zählerplatzsysteme in Deutschland
Patente: mehr als 3.000

Kontakt

Hager Group
Zum Gunterstal, 66440 Blieskastel
Fon: 06842 945-0, Fax: 06842 945-2409
info@hager.de, www.hagergroup.com

HAGES

Hamburg

HAGES
WORLD OF NATURAL RAW MATERIALS

Gegründet: 1932

Das Kerngeschäft der HAGES Hans G.E. Sievers GmbH & Co. KG ist der Import sowie die Lagerung und Distribution natürlicher, organischer Rohstoffe tierischen und pflanzlichen Ursprungs zur Produktion von Tiernahrung. Zudem liefert das Hamburger Groß- und Außenhandelsunternehmen Rohstoffe an namhafte Hersteller der Pharma-, Gelatine-, Kollagen- und Düngemittelindustrie.

Zu seinen Kernkompetenzen zählt das Unternehmen die weltweite Logistik, Lagerung und das Absichern von Währungsrisiken und die Bewältigung komplexer Importregularien, die zusammen die Produkte erst marktfähig machen. Die Firmenbezeichnung HAGES setzt sich aus den Teilen des Vor- und Nachnamens des Gründers Hans G.E. Sievers zusammen. Dieser gründete 1932 in Hamburg eine Agentur für den Import von Fischmehl aus Südamerika, mit dem er sich den deutschen Markt und bald auch die angrenzenden europäischen Märkte der Futtermittelindustrie erschloss. 1965 trat Günter Wörtmann als Partner des Firmengründers ins Unternehmen ein und wurde 1969 Gesellschafter und Geschäftsführer. 1996 übernahm Günter Wörtmann das gesamte Unternehmen und vollzog zusammen mit seinem Sohn Thomas als zweitem Gesellschafter die weitere Expansion und Modernisierung. Seit 2004 werden ausgewählte Rohstoffe mithilfe eines Qualitätssicherungssystems wie GMP+ International oder QME kontrolliert. HAGES pflegt langfristige Geschäftsbeziehungen mit einigen Kunden und Lieferanten, die bereits seit Jahrzehnten in Deutschland, der EU und in Übersee etabliert sind.

Kontakt
HAGES Hans G.E. Sievers GmbH & Co. KG
Ferdinandstr. 6, 20095 Hamburg
Fon: 040 323342-0, Fax: 040 323342-20
contact@hages.com, www.hages.com

Hahn

Fellbach, Baden-Württemberg

Gegründet: 1919
Die Hahn-Gruppe ist eine schwäbische Autohandelsgruppe. Innerhalb der Gruppe ist Hahn Automobile das größte Unternehmen und für das Geschäft mit Volkswagen, Volkswagen Nutzfahrzeuge, Audi, Škoda, Seat und Cupra verantwortlich, außerdem gehört das Unternehmen Hahn Sportwagen mit vier Porsche-Zentren dazu. Vom Hauptsitz in Fellbach vor den Toren von Stuttgart werden über 30 Niederlassungen in der Region gesteuert. Insgesamt beschäftigt die Hahn-Gruppe rd. 1.950 Mitarbeitende, davon rd. 300 Auszubildende. Aufgebaut hat das Unternehmen Ernst Hahn, der im Jahr 1919 in Cannstadt eine Reparaturwerkstatt gründete. Seit 2007 steht mit Steffen Hahn die 4. Generation an der Spitze des Familienbetriebs, unterstützt von Geschäftsführer Frank Brecht.

Kontakt
Hahn Automobile GmbH + Co. KG
Ringstr. 12–18, 70736 Fellbach
www.hahn-gruppe.de

Hailo

Haiger, Hessen

H

Gegründet: 1947
Das Hailo-Werk, Rudolf Loh GmbH & Co. KG, produziert und vertreibt Steiggeräte, Mülleimer und Abfalltrennsysteme für Privatanwender und Profis. Drei Geschäftsbereiche bedienen heute die unterschiedlichen Märkte und Branchen: HAILO home & business (Steiggeräte und Mülleimer für das Zuhause/Mülleimer, Wertstoffbehälter und Leitern für Industrie und Gewerbe), HAILO Einbautechnik (Abfalltrenn- und Ordnungssysteme für Küchenindustrie und Handel) und HAILO Professional (Leiternsysteme und Steigtechnik für Gebäude und Zugänge aller Art).

Ein Schriftzug auf einem markanten roten Punkt, den fast jeder kennt: das Logo von Hailo. Es ist ein Siegel für komfortable Qualitätsprodukte und innovative Lösungen. Der Markenname Hailo setzt sich aus dem Stadtnamen und Firmensitz Haiger (Hessen) sowie dem Familiennamen des Unternehmensgründers Rudolf Loh zusammen. In der

„Mit unserer Digitalstrategie schreiben wir die erfolgreiche Firmengeschichte von Hailo fort. Dabei ist unsere werteorientierte Unternehmenskultur die Grundlage für unser Handeln und der Kompass für eine erfolgreiche Markenführung in Zeiten schneller Veränderung."

Jörg Lindemann

Mit zahlreichen Designpreisen ausgezeichnet: das Treppenpodest TP1

H

Gesellschaftliche Verantwortung

Das Familienunternehmen sieht seine Mitarbeiterinnen und Mitarbeiter als Herzstück seines Erfolgs. Entsprechend wird großer Wert auf eine hervorragende Aus- und Weiterbildung des Personals gelegt. Mit attraktiven Perspektiven im Unternehmen, hohem Einsatz der Ausbilderinnen und Ausbilder sowie umfangreicher Betreuung ist Hailo ein mehrfach durch die Industrie- und Handelskammer ausgezeichneter Ausbildungsbetrieb. Engagierte Mitarbeiterinnen und Mitarbeiter werden vom Management gefördert und gefordert. In Bezug auf die Themen Personal, Aufgaben, Team und Organisation hat das Unternehmen Handlungsgrundsätze formuliert. Sie sollen Engagement, Eigenverantwortung, Eigeninitiative, Teamgeist, unternehmerisches Denken, Kommunikation und Transparenz in den Zielsetzungen unterstützen. Als zukunftsorientiertes Unternehmen mit Bewusstsein für den Nachwuchs unterstützt Hailo alle Eltern ab drei Kindern mit einem zusätzlichen Kindergeld.

Jörg Lindemann, Geschäftsführer Hailo

Sparte Steiggeräte hat sich das Unternehmen mit seiner jahrzehntelangen Erfahrung als Marktführer in Europa etabliert. Das Hailo-Werk ist Teil der Joachim Loh Unternehmensgruppe und beschäftigt mit Niederlassungen in Frankreich, Tschechien und den USA ca. 445 Mitarbeitende. Die Ausbildungsquote liegt bei 10 %. Über Außendienst, Handelsvertreter und einen eigenen Online-Shop erfolgt der Vertrieb weltweit in über 60 Ländern.

Heute kann das Familienunternehmen auf eine langjährige Geschichte zurückblicken. Ihren Anfang nahm sie 1947, als der damals 33-jährige Maschinenbauer Rudolf Loh die Metallwarenfabrik Rudolf Loh GmbH gründete. In der Zeit des Wiederaufbaus produzierte er zunächst Sanitätsmöbel, Metallbetten und Wärmflaschen. Schon bald wurde die Produktpalette um Gießkannen und Abfallsammler ergänzt. Im Jahr 1954 folgte die Sicherheitsleiter für den Haushalt. Nur wenige Jahre später brachte Hailo eine Innovation auf den Markt, die mit ihrem leichten Material den Alltag in vielen Haushalten erleichtern sollte: die Aluminium-Haushaltsleiter. Nahezu zeitgleich (1961) wurde das rote Hailo Logo entwickelt, das seitdem an allen Produkten als Markenzeichen angebracht ist.

Die 2017 zum 70-jährigen Firmenjubiläum eröffnete Hailo Welt vereint Outlet, Museum und Ausstellung unter einem Dach.

Die frühen Aluminium-Haushaltsleitern wurden mit einem Sicherheits-Gelenkschutz versehen, der in Form des neuen Hailo Logos die Produkte zierte und markierte. Das Erfolgsmodell der Alu-Haushaltsleiter machte Hailo zum Marktführer. Nach Rudolf Lohs Tod im Jahr 1971 übernahm sein Sohn Joachim das Unternehmen und trieb konsequent die Internationalisierung von Hailo voran. Anfang 2009 ging das Familienunternehmen in die 3. Inhabergeneration über: Joachim Loh übergab an seinen Sohn Sebastian. Unter dessen Führung unterstrich Hailo die eigene Innovationskraft mit neuen Produkten – z. B. dem Treppenpodest TP1 oder dem Hailo Fresh, der als erster Mülleimer mit einem Plasmamodul zur Geruchsneutralisierung ausgestattet ist.

Durch die Einführung und Umsetzung einer umfassenden Digitalstrategie schlug das Unternehmen Ende 2019 ein neues Kapitel in der Firmengeschichte auf. Bis heute ist der Leitgedanke aber gleich geblieben: mit richtungsweisenden Produktinnovationen Maßstäbe setzen. So macht Hailo das Zuhause angenehmer und die tägliche Arbeit von Privatanwendern und Profis sicherer und leichter.

Daten und Fakten

Inhaberfamilie: Familie Loh
Gründer: Rudolf Loh, 1947, Haiger
Mitarbeitende: ca. 445 weltweit (2020)
Marktposition: Marktführer bei Haushaltsleitern, Metallabfallsammlern und Einbau-Abfalltrennsystemen
Innovationen: Metall-Tret-Abfalleimer (1950), Aluminium-Haushaltsleiter (1960), Bügeltisch mit integrierter Steckdose, Kabelhalter und Parkmulde für Bügeleisen (1983), Abfall-Trennsystem für Einbauküchen (1985), kraftbetriebene Befahranlage/Servicelift für Türme und Gebäude (1999), Sprossenleiter mit Niveau-Ausgleich (2002), elektronisches Öffnungsmodul für Abfalltrennsysteme und Küchenschränke (2011), Stufenstehleiter für den Garten (2012), Schwerlast-Schachtabdeckungen mit hydraulischer Öffnungseinrichtung (2015), Treppenpodest (2018), Hygiene-Mülleimer mit Plasma-Technologie (2020)
Ausbildungsquote p. a.: 10 % (2020)
Unternehmensanteile der Familie: 100 %
Kontrollgremien: Beirat

Chronologie

1947 Firmengründung durch Maschinenbauer Rudolf Loh (1. Generation)

1960 Erfindung der Aluminium-Haushaltsleiter

1971 Tod des Firmengründers Rudolf Loh und Übernahme der Firmenleitung durch seinen Sohn Joachim Loh (2. Generation)

1985 Erstes Einbau-Mülltrennsystem für Küchen

2003 Ausstattung aller Maut-Schilderbrücken in Deutschland und Österreich mit Hailo-Leitern

2009 Führungswechsel in der Unternehmensgruppe von Joachim zu Sebastian Loh (3. Generation)

2013 Ausgliederung des Bereichs Hailo Wind Systems zur eigenständigen GmbH

2017 70-jähriges Firmenjubiläum und Eröffnung der Hailo Welt mit Outlet und Museum

2020 Erster Mülleimer mit Plasmamodul zur Geruchsneutralisierung

H

Firmengründer Rudolf Loh (oben), sein Sohn Joachim Loh (Mitte), Sebastian Loh (unten)

Kontakt
Hailo-Werk, Rudolf Loh GmbH & Co. KG
Daimlerstr. 8, 35708 Haiger
Fon: 02773 82-0, Fax: 02773 82-1239
info@hailo.de, www.hailo.de

Ansprechpartnerin Presse
Daniela Grumbach
Fon: 02773 82-1230
dgrumbach@hailo.de

H

HAINBUCH

Marbach, Baden-Württemberg

Gegründet: 1951

Die HAINBUCH GmbH entwickelt und produziert hochpräzise Spannmittel zum Spannen von Werkstücken beim Fräsen, Drehen und Schleifen auf Werkzeugmaschinen. Hierzu zählen Produkte wie Spannfutter, Spanndorne, stationäre Spannmittel, Schnellwechselsysteme und Automatisierungslösungen. Das Hauptaugenmerk gilt Produkten zur Rüstzeitoptimierung, Spannmitteln für eine vernetzte und digitale Fertigung und Leichtbau-Spannmitteln aus Carbon. Neben den Produkten bietet HAINBUCH auch viele Dienstleistungen an. Die Produkte sind in den unterschiedlichsten Branchen zu finden – von Automobil- und Maschinenbau über die Luft- und Raumfahrt bis zur Medizintechnik – und HAINBUCH versteht sich nicht als Produkt-, sondern vielmehr als Systemanbieter. Die internationale Vermarktung erfolgt über einen eigenen Außendienst, zwölf Tochterunternehmen sowie weltweit rd. 40 Handelsvertretungen. Mit einer Exportquote von 50 % erwirtschaftete HAINBUCH 2018 einen konsolidierten Gruppenumsatz von 90 Mio. Euro. HAINBUCH hat weltweit über 900 Mitarbeitende, 600 davon sind in Deutschland beschäftigt. Zudem unterhält das Unternehmen vier weitere Niederlassungen in Deutschland. Alle Unternehmensanteile befinden sich in den Händen der Familie Rall. Die Geschäftsführung besteht aus Gerhard Rall, seiner Tochter Sylvia sowie dem technischen Geschäftsführer Hans-Michael Weller.

Den Grundstein des Unternehmens legte Wilhelm Hainbuch 1951 mit der Eröffnung eines Handwerksbetriebs in Marbach. Seine Tochter Hildegard heiratete 1966 Gerhard Rall, der in 2. Generation das Unternehmen maßgeblich prägte. Seit 2001 ist mit Sylvia Rall die 3. Generation im Betrieb aktiv. Auf innerbetrieblicher Ebene hat das Familienunternehmen u. a. die Weiterbildungsakademie campus für alle Mitarbeitenden sowie einen eigenen Sportverein – den SV Spanntreff mit über 200 Mitgliedern und 20 Sportarten.

Kontakt

HAINBUCH GMBH SPANNENDE TECHNIK
Erdmannhäuser Str. 57, 71672 Marbach
Fon: 07144 907-0, Fax: 07144 18826
info@hainbuch.de, www.hainbuch.com

Hall Tabakwaren

Mönchengladbach, Nordrhein-Westfalen

Gegründet: 1903

Hall Tabakwaren ist eine der führenden Tabakwarenfachgroßhandlungen Deutschlands und beliefert in seinen Absatzgebieten rd. 4.300 Großhandelskunden. Durch Kooperationen ist auch eine bundesweite Belieferung gewährleistet. Neben dem Großhandel betreibt Hall 33.700 eigene Zigarettenautomaten. In seinen zehn Niederlassungen beschäftigt das expansionsstarke Unternehmen rd. 660 Mitarbeitende und erwirtschaftete 2019 einen Umsatz in Höhe von rd. 1,07 Mrd. Euro. Hall Tabakwaren wurde 1903 von Josef Hall gegründet, der ein Einzelhandelsgeschäft mit Zigarren, Rauchtabak und Zigaretten betrieb. Seine Nachfolger erweiterten es zum Filialbetrieb, gründeten den Tabakwarengroßhandel und begannen mit der Aufstellung von Zigarettenautomaten. Das Unternehmen ist seit vier Generationen im Besitz der Familie Hall.

Kontakt

Hall Tabakwaren e. K.
Bismarckstr. 22, 41061 Mönchengladbach
www.halltabakwaren.de

Haller Gruppe

Ladbergen, Nordrhein-Westfalen

Gegründet: 2008

Die Haller Gruppe mit Hauptsitz in Ladbergen ist eine familiengeführte Unternehmensgruppe mit derzeit 20 Gesellschaften, die sich vornehmlich in drei Kerngebieten betätigen. Das erste Kerngebiet der Haller Gruppe sind der traditionelle Handel sowie alternative Finanzierungsformen, die von der Deutschen Finetrading AG angeboten werden. Die Vermietung, Verpachtung und der Bau von Immobilien durch die Unternehmensgruppe SuCasa stellt das zweite Kerngebiet dar. Der Handel mit Zucht- und Nutztieren ist der Ursprung der Haller Gruppe und weiterhin eines ihrer Kerngebiete.

Aus Österreich stammend, wurde die protestantische Familie ins ostpreußische Königsberg vertrieben, wo Albert Haller und sein Bruder Max auf zwei Gutshöfen eine Pferdezucht aufbauten. Nach dem Zweiten Weltkrieg wurden sie erneut vertrieben und landeten letztlich im westfälischen Lienen-Holperdorp. Dank geretteter Rücklagen gelang ihnen dort ein erfolgreicher Neuanfang in der Rinderzucht. Hier stieg mit Heinz Dieter Haller auch die nächste Generation in den Betrieb ein und übernahm diesen schon mit 16 Jahren. Er konzentrierte sich stärker auf den Handel als auf die Zucht und begann Zuchtrinder von anderen Betrieben zuzukaufen, um die eigene Nachfrage zu decken.

Auch sein Sohn Dirk Oliver Haller setzte zunehmend auf das Kaufmännische. Nach einer Ausbildung zum Industriekaufmann stieg er zunächst in den elterlichen Betrieb mit ein. Da er den guten Ruf deutscher Tiere weltweit erkannte, gründete Dirk Oliver Haller 2008 sein eigenes Unternehmen, das auf den Export von Nutz- und Zuchtvieh aufbaute. Er bot zusätzlich Projektberatung inkl. Finanzierungslösungen an. Aus einer langen Verhandlungsrunde mit einem Kunden zu einer Sojalieferung entstand dann eine der wesentlichen Innovationen des Unternehmens: das sogenannte Finetrading.

Die Deutsche Finetrading AG (kurz DFT) kauft im Namen von Kunden Ware auf eigene Rechnung bei Lieferanten ein und wickelt den Einkauf mit sofortigem Begleichen innerhalb der Skontofrist des Lieferanten ab. Der Abnehmer erhält danach seine Waren sofort, mit einem deutlichen Zahlungsziel. In Zusammenarbeit mit den Kunden kann die DFT durch kurze Entscheidungswege schnelle Lösungsansätze bieten.

Ein weiteres Geschäftsfeld der Haller Gruppe ist der Wohnungsbau und der Ankauf von Immobilien. Die Familie Haller

H

„Händler aus Leidenschaft“

Dirk Oliver Haller

Dirk Oliver Haller ist der Geschäftsführer der Haller Gruppe.

Kerngebiete der Haller Gruppe

AGRARHANDEL/ LANDWIRTSCHAFT	FINANZEN	IMMOBILIEN	
Agrarhandel **Zuchtvieh** **Landwirtschaft** • Eigene landwirtschaftliche Unternehmen	**Beteiligungen** **Finetrading** **Nachrangdarlehen**	**Bau** • Eigenes Bauunternehmen • Eigene Architektur • Grundstücks- und Quartierentwicklung • Schaffung neuer - Wohnungen - Sozialwohnungen - Kindergärten - Jugendheime - Wohngruppen für Menschen mit Behinderung oder Demenz • Haustechnik, Klimatechnik, Elektrotechnik, Sanierung • Garten- und Landschaftsbau • Eigenes Facility-Management	**Vermietung/Verpachtung** • Vermietung von bezahlbarem Wohnraum • Geförderter Wohnungsbau • Kindergärten und Kindertagesstätten • Vermietung an Wohngruppen/ Pflegeeinrichtungen • Gewerbehallen • Verpachtung von landwirtschaftlichen Nutzflächen

H

Regionales Engagement

Seit der Saison 2018/2019 sponsert der Finanzdienstleister Deutsche Finetrading AG den Fußball-Zweitligisten VfL Osnabrück. Nachdem die Westkurve auf der Bremer Brücke fast für die Fans des VfL geschlossen werden sollte, entschloss sich Dirk Oliver Haller zu helfen und sponsert seither die Westkurve. „Der VfL gehört zu Osnabrück und die Westkurve zum Stadion Bremer Brücke. Ich bin fest im Osnabrücker Land verwurzelt und weiß daher, wie wichtig solch Traditionsvereine sind. Wir von der DFT AG freuen uns, dass wir uns hier in unserer Region engagieren können", sagt Dirk Oliver Haller, Vorstand DFT Deutsche Finetrading AG.

Chronologie

ab 1945 Nach dem Zweiten Weltkrieg begann Albert Haller mit der Zucht von Rindern. Später übernahm Heinz Dieter Haller den Betrieb und stieg in den Viehhandel ein.

2008 Gründung der Haller Gruppe sowie des Haller Viehhandels

2011 Gründung der DFT Deutsche Finetrading AG

2014 Gründung des Immobilienunternehmensgruppe SuCasa

kauft in der Region um den Stammsitz, im münsterländischen Lengerich, Immobilien und Grundstücke. Dabei steht das Grundprinzip „Kauf niemals eine Wohnung, in der du nicht auch selber wohnen würdest" an oberster Stelle. Darüber hinaus legt die Familie Wert darauf, dass die Immobilien langfristig genutzt werden können. So werden die Bestandsimmobilien der SuCasa stetig gepflegt und modernisiert, und es wird darauf geachtet, dass die Immobilien energieeffizient sind. Die Immobilien sollen einen Mehrwert für die Gemeinden unter dem Motto „Die jetzige Generation baut für die nächste Generation" schaffen. So bietet die Unternehmensgruppe beispielsweise Wohnraum mit bezahlbaren Mieten für langfristige Mietverhältnisse. Kindergärten, Wohnguppen für Menschen mit

Die Deutsche Finetrading AG (DFT) bietet ihren Kunden handelsbasierte alternative Finanzierungsmöglichkeiten.

Behinderungen oder Demenzkranke sowie Jugendgruppen befinden sich in der Planung. Die Familie Haller ist immer auf der Suche nach neuen Immobilienprojekten, um Städte und Gemeinden zu stärken.

Daten und Fakten

Inhaberfamilie: Familie Haller
Gründer: Dirk Oliver Haller
Branche: Viehhandel, Immobilien, Handel
Produkte: Vieh, Hausverwaltung, Immobilienankauf, Finanzierung von Handelsgeschäften
Standorte: Büros in Ladbergen, Lengerich und Lienen
Vertrieb: weltweit
Innovationen: Finetrading
Familieneinfluss: 100 %
Exportquote: ca. 40 %

Kontakt
DFT Deutsche Finetrading AG
Am Kanal 2–4, 49549 Ladbergen
Fon: 05485 83009-0, Fax: 05485 83009-77
info@dft-ag.de, www.dft-ag.de

Hama

Monheim, Bayern

Gegründet: 1923
Die Hama GmbH & Co KG ist mit rd. 18.000 Produkten einer der führenden Zubehörspezialisten für Unterhaltungselektronik, Telekommunikation, Computer, Foto und Haushalt. Zu den bekanntesten Produkten zählen Verbindungskabel, TV- und Smartphone-Zubehör sowie alles rund um PC und Notebook. Hama wurde 1923 von Martin Hanke in Dresden gegründet und nach dem Zweiten Weltkrieg 1945 im bayerischen Monheim neu aufgebaut. Heute beschäftigt Hama weltweit rd. 2.500 Mitarbeitende, 1.500 davon am Monheimer Stammsitz. Das moderne Logistikzentrum, 17 weitere Standorte im Ausland sowie zahlreiche Handelsvertretungen sorgen für den globalen Vertrieb. Derzeit werden über 100 Nachwuchskräfte in zehn Berufen und acht dualen Studiengängen ausgebildet.

Kontakt
Hama GmbH & Co KG
Dresdner Str. 9, 86653 Monheim
www.hama.com

Handelshof

Köln, Nordrhein-Westfalen

Gegründet: 1959
Handelshof hat sich als Partner für Gewerbe, Gastronomie, Großverbraucher, Handel und Selbstständige auf dem deutschen Markt etabliert. Von Obst und Gemüse bis zu Unterhaltungselektronik umfasst das Sortiment nahezu 80.000 Artikel. Diese werden in den bundesweit 18 Cash-and-carry-Märkten und über den Liefergroßhandel vertrieben.

Handelshof eröffnete 1959 einen der ersten Cash-and-carry-Märkte Deutschlands und legte damit den Grundstein für die heutigen Aktivitäten. 2015 wurde ein Umsatz von 727 Mio. Euro erzielt. Seit 1994 steuert die Handelshof Management GmbH in Köln die Aktivitäten der Gruppe. Sie wird von den Geschäftsführern Udo Bernecker und Dr. Wilhelm von Moers geleitet. Die Handelshof-Gruppe beschäftigt aktuell 2.600 Mitarbeitende.

Kontakt
Handelshof Management GmbH
Viktoriastr. 26, 51149 Köln
www.handelshof.de

H

Händlmaier

Regensburg, Bayern

Gegründet: 1964

Die Luise Händlmaier GmbH produziert und vertreibt Feinkostartikel. Dazu zählen neben Senfprodukten auch Sahne- und Tafelmeerrettich sowie Feinkostsaucen. Wichtigstes Produkt ist der süße Hausmachersenf, dem seit über 100 Jahren dieselbe Rezeptur zugrunde liegt. Am Firmensitz in Regensburg sind rd. 75 Mitarbeitende beschäftigt. Franz Wunderlich, Enkel von Firmengründerin Luise Händlmaier, ist Inhaber und Geschäftsführer des Familienunternehmens. Die Firma ging aus der 1910 von Karl und seiner Frau Johanna Händlmaier gegründeten Metzgerei hervor. 1914 entwickelte Johanna Händlmaier das Rezept für den süßen Hausmachersenf. Im Jahr 1964 trennte sich Luise Händlmaier von dem Metzgereibetrieb und konzentrierte sich auf die Senfproduktion.

Kontakt

Luise Händlmaier GmbH
Eschenbacher Str. 2, 93057 Regensburg
www.haendlmaier.de

Handtmann

Biberach, Baden-Württemberg

Gegründet: 1873

Die Handtmann Unternehmensgruppe ist in fünf Geschäftsbereichen, jeweils in führenden Marktpositionen, weltweit tätig: Anlagentechnik, Füll- und Portioniersysteme, Kunststofftechnik, Leichtmetallguss und Systemtechnik. Die Geschäftsbereiche mit eigenen Führungsstrukturen tragen zum Wachstum der Gruppe bei, während die Albert Handtmann Holding GmbH & Co. KG als Führungs-, Finanzierungs- und Beteiligungsgesellschaft fungiert. 2019 erzielte die global vertretene Unternehmensgruppe mit über 3.700 Mitarbeitenden einen Umsatz von rd. 860 Mio. Euro. 1873 als Messinggießerei von dem Glockengießer und Mechanikermeister Christoph Albert Handtmann gegründet, begann Arthur Handtmann in den 1950er-Jahren, die Unternehmensgruppe aufzubauen, die als Familienunternehmen heute von seinem Sohn Thomas Handtmann geleitet wird.

Kontakt

Albert Handtmann Holding GmbH & Co. KG
Arthur-Handtmann-Str. 23, 88400 Biberach
www.handtmann.de

Haniel

Duisburg, Nordrhein-Westfalen

HANIEL

Gegründet: 1756

Die Franz Haniel & Cie. GmbH ist ein führendes deutsches Family-Equity-Unternehmen, das seinen Sitz seit der Gründung im Jahr 1756 in Duisburg-Ruhrort hat. Von dort aus gestaltet die zu 100 % in Familienbesitz befindliche Holding ein diversifiziertes Portfolio und verfolgt dabei als Wertentwickler eine einzigartige Investment-Strategie, die eine konsequente Ausrichtung an Nachhaltigkeitskriterien mit klarer Performance-Orientierung vereint. Derzeit gehören sieben Geschäftsbereiche zum Haniel-Portfolio, die das operative Geschäft eigenständig verantworten und jeweils marktführende Positionen halten: BekaertDeslee, Hersteller von Matratzenbezugsstoffen und -hüllen, CWS, einer der international führenden Serviceanbieter von Hygiene- und Berufskleidungslösungen, Edelstahl- und Schrottrecycler ELG, Emma, Anbieter für Matratzen und Schlaf-Technologien, Optimar, weltweit führendes Unternehmen für automatisierte Fischverarbeitung, der

Gesellschaftliche Verantwortung

Unternehmerische Verantwortung hat bei Haniel eine lange Tradition und wird als verpflichtende Konsequenz ökonomischen Erfolgs gesehen. Die Holding engagiert sich traditionell am Heimatstandort in Duisburg und leistet finanzielle, sachliche und ideelle Unterstützung in den Bereichen Standortverantwortung und Bildungsförderung – insbesondere für sozial benachteiligte Kinder und Jugendliche. Haniel befürwortet langfristige Projekte, die den Lebenswert der Stadt steigern, wie z. B. das alle zwei Jahre stattfindende „Haniel Klassik Open Air", eine Kooperation mit der Deutschen Oper am Rhein, den Duisburger Philharmonikern und der Stadt Duisburg. Seit 1988 besteht die gemeinnützige Haniel Stiftung, die bis heute rd. 1.270 Projekte im Umfang von 35 Mio. Euro gefördert hat. Das Jahr 2019 stand dabei ganz im Zeichen der Weiterentwicklung des Projektes „Bildung als Chance", das benachteiligte Schülerinnen und Schüler unterstützt. Darüber hinaus setzte sich die Haniel Stiftung dafür ein, die Werte des Ehrbaren Kaufmanns und des nachhaltigen Unternehmertums an junge Nachwuchsführungskräfte weiterzugeben.

Verpackungsmaschinenhersteller ROVEMA und TAKKT, in Europa und Nordamerika der führende B2B-Spezialversandhändler für Geschäftsausstattung. Hinzu kommt eine Finanzbeteiligung an CECONOMY, führende europäische Plattform für Unternehmen, Konzepte und Marken im Bereich Consumer Electronics.

Die Haniel-Gruppe erzielte 2019 mit über 19.300 Mitarbeitenden einen Umsatz von 4,5 Mrd. Euro. Kapital und Management sind bei der Franz Haniel & Cie. GmbH klar voneinander getrennt: Bereits seit Beginn des 20. Jahrhunderts übertragen die heute rd. 720 Gesellschafter die Unternehmensführung auf ein externes Management. Eine Veräußerung der Anteile an Familienfremde ist nicht gestattet. Im langfristigen Mittel werden maximal 25 % der Gewinne an die Inhaber ausgeschüttet, die übrigen Gewinne werden für Investitionen eingesetzt. Die heutige Geschäftsführung besteht aus dem Vorstandsvorsitzenden Thomas Schmidt und dem Finanzvorstand Dr. Florian Funck. Die Beteiligung der Inhaberfamilie, der achte Stämme zugerechnet werden, geschieht unter dem Prinzip der sog. „Professional Ownership". Die Familienmitglieder können sich von ihrer Jugend an durch Seminare und Kontakttreffen auf mögliche zukünftige Ämter vorbereiten, z. B. im Aufsichtsrat. Jegliche Betätigung im Unternehmen – sogar

„enkelfähig: creating value for generations"

Firmenmotto

Haniel ist seit 1756 in Duisburg-Ruhrort ansässig.

H

Enkelfähig: Wert schaffen für Generationen

Das Family-Equity-Unternehmen Haniel schlägt mit seiner strategischen Neuausrichtung das nächste Kapitel auf: Nach der erfolgreichen finanziellen Konsolidierung geht Haniel wieder auf Wachstumskurs. Grundlage ist die Entwicklung einer modernen, unternehmerisch geprägten Kultur. Zudem wird Haniel sich künftig ausschließlich an Unternehmen beteiligen, die neben den Performance-Anforderungen an das Portfolio auch klare Nachhaltigkeitskriterien erfüllen. Haniel konzentriert sich dabei auf Geschäftsmodelle, die sich einem der drei neuen Beteiligungssegmente zuordnen lassen: People, Planet, Progress. Haniel möchte Werte für viele Generationen schaffen. Das Ziel: mittelfristig eine Gesamtrendite von mehr als 9 % erreichen und damit den Kapitalmarkt übertreffen. Unterstützt wird diese neue Strategie durch einen neuen Managementansatz, eine Neuaufstellung der Führungsholding und einen Generationswechsel im Aufsichtsrat.

Das alte Packhaus in Duisburg, in dem sich heute das Haniel Museum befindet (oben); Porträts von Aletta Haniel, Tochter des Firmengründers (Mitte), und Franz Haniel, Enkel des Firmengründers (unten)

ein Praktikum – ist hingegen untersagt. Über drei Stationen können Familienmitglieder in den Aufsichtsrat gelangen, durch den die Familie ihren Einfluss auf Grundsätze der Geschäftspolitik und Unternehmensstrategie wahrt. Zunächst wählt die Gesellschafterversammlung aus ihrer Mitte den für fünf Jahre amtierenden Beirat. Zudem wählt sie die sechs Anteilseignervertreter für den Aufsichtsrat, den sog. „Kleinen Kreis", dem zusätzlich der Vorsitzende des Beirats angehört. Mit Doreen Nowotne und Patrick Schwarz-Schütte wurden auch zwei familienfremde Mitglieder aufgenommen. Die sechs Anteilseigner des „Kleinen Kreises" bilden gemeinsam mit sechs Arbeitnehmervertretern den Aufsichtsrat, dessen Vorsitz bis 2020 immer ein Familienmitglied innehatte. Im Mai 2020 übernahm Doreen Nowotne als erste Familienfremde und als erste Frau den Vorsitz des Aufsichtsrats von Franz M. Haniel. Der Generationswechsel im Aufsichtsrat unterstützt Haniels Ziel, sich von einer traditionellen Investmentholding zu einem modernen, mutigen und leistungsorientierten Family-Equity-Unternehmen zu entwickeln.

Die Wurzeln von Haniel reichen in das Jahr 1756 zurück, als Jan Willem Noot in Ruhrort ein Kontor- und Wohnhaus errichtete. Nachdem sein Schwiegersohn Jacob Wilhelm Haniel und seine Tochter Aletta das Kontor übernommen und eine Spedition etabliert hatten, zeichnete sich dessen Sohn Franz Haniel durch Pionierleistungen in der Entwicklung der Schwerindustrie im Ruhrgebiet aus. Seine Nachfahren führten das Unternehmen bis in die heutige, flexible und diversifiziert ausgelegte Form mit dem Kerngeschäft Portfoliomanagement.

Der Franz-Haniel-Platz: Sitz der Haniel-Holding in Duisburg-Ruhrort

H

HANIEL-Portfolio

Geschäftsbereiche

BekaertDeslee

100 %
Beteiligung
BekaertDeslee ist ein Spezialist für die Entwicklung und Herstellung von Matratzenbezugsstoffen.

CWS

100 %
Beteiligung
CWS bietet innovative, nachhaltige und digitale Mietlösungen im Bereich Hygiene, Berufskleidung und Brandschutz an.

ELG

100 %
Beteiligung
ELG ist ein Spezialist für Handel, Aufbereitung und Recycling von Rohstoffen für die Edelstahlindustrie sowie von Hochleistungswerkstoffen wie Superlegierungen, Titan und Karbonfasern.

Emma

50,1 %
Beteiligung
Emma – The Sleep Company ist ein international operierender Anbieter für Matratzen und Schlaf-Technologien, der zu Europas am schnellsten wachsenden Unternehmen zählt.

Optimar

100 %
Beteiligung
Optimar ist ein Anbieter für automatisierte Fisch-Verarbeitungssysteme, die auf dem Schiff, an Land und außerdem für Aquakulturen eingesetzt werden.

ROVEMA

100 %
Beteiligung
ROVEMA ist ein Premium-Anbieter für Verpackungsmaschinen und -anlagen mit breitem Produktportfolio und globaler Aufstellung.

TAKKT

50,25 %
Beteiligung
TAKKT ist ein B2B-Distanzhändler für Geschäftsausstattung in Europa und Nordamerika.

Finanzbeteiligung

CECONOMY

22,71 %
Beteiligung
CECONOMY ist führend für Konzepte und Marken im Bereich Consumer Electronics in Europa.

Schon gewusst?

Aletta Haniel war Industriepionierin: 1800 exportierte sie als erste Unternehmerin Eisenwaren aus der Ruhrregion in die Niederlande. Gleichzeitig erkannte sie einen überregionalen Markt für Steinkohle aus dem Ruhrtal. 1802 machte sie ihre Söhne Gerhard und Franz zu Teilhabern, 1809 zog sie sich aus dem Geschäft zurück und überließ es den beiden zu gleichen Teilen; ihren ältesten Sohn Wilhelm ließ sie außen vor. Damit ignorierte sie die Konventionen ihrer Epoche und zeigte wirtschaftliches Kalkül. Mit ihren Investitionen agierte Aletta als Vorreiterin und wies Gerhard und Franz den Weg in die Zukunft: Ohne die Vorleistung ihrer Mutter hätten sie wohl nie Eisenhütten gekauft, nie versucht, Kohle unterhalb der Mergelschicht abzubauen, und damit nie die Initialzündung für den industriellen Ruhrkohlenbergbau eingeleitet.

Daten und Fakten

Inhaberfamilie: Familie Haniel
Gründer: Jan Willem Noot, 1756, Ruhrort
Branche: Investmentholding
Standorte: Holding in Duisburg, Standorte weltweit
Vertrieb: weltweit
Mitarbeitende: 19.302 gruppenweit (2019)
Umsatz: 4,533 Mrd. Euro (2019)
Marktposition: Geschäftsbereiche international führend
Familieneinfluss: über Aufsichtsrat Einfluss auf Geschäftspolitik
Unternehmensanteile der Familie: 100 %
Kontrollgremien: Gesellschafterversammlung, Beirat, Aufsichtsrat
Eigenkapitalquote: 58 %

Doreen Nowotne, Aufsichtsratsvorsitzende (oben); Thomas Schmidt, Vorstandsvorsitzender (Mitte); Dr. Florian Funck, Finanzvorstand (unten)

H

Chronologie

1756 Der Zollbeseher Jan Willem Noot errichtet in Ruhrort ein Kontor- und Wohnhaus, dessen Speicher zum Lagern von Kolonialwaren genutzt wird.

1770er-Jahre Schwiegersohn Jacob Wilhelm Haniel wandelt mit seiner Frau Aletta die Firma in eine Spedition um. Nach dem Tod ihres Mannes steigt Aletta Haniel in den Kohle- und Eisenhandel ein.

1790er-Jahre Die Söhne Gerhard und Franz Haniel übernehmen schrittweise die Geschäftsleitung.

1834 Franz Haniel gelingt mit dem Durchstoßen der wasserführenden „Mergelschicht" eine Pionierleistung im Bergbau. Er ist damit maßgeblich an der Entwicklung der Schwerindustrie im Ruhrgebiet beteiligt.

1917 Gründung der Franz Haniel & Cie. GmbH und seitdem Trennung von Kapital und Management

1970er-Jahre Die Geschäftsinteressen konzentrieren sich auf Handel, Dienstleistungen und Produktion.

1980 Die Franz Haniel & Cie. wird Führungsholding. Alle operativen Geschäfte werden in Geschäftsbereiche ausgelagert.

2019 Transformation zu führendem deutschen Family-Equity-Unternehmen mit konsequent nachhaltiger Ausrichtung

2020 Mit Doreen Nowotne übernimmt erstmals seit 264 Jahren eine familienfremde und weibliche Aufsichtsratsvorsitzende die Leitung des Kontrollgremiums.

Kontakt
Franz Haniel & Cie. GmbH
Franz-Haniel-Platz 1, 47119 Duisburg
Fon: 0203 806-0
info@haniel.de, www.haniel.de

Ansprechpartner Presse & Öffentlichkeit
Simone Fuchs
Fon: 0203 806-578
sfuchs@haniel.de

Ansprechpartner Investor Relations
Dr. Axel Gros
Fon: 0203 806-355
agros@haniel.de

HANNING

Oerlinghausen,
Nordrhein-Westfalen

Gegründet: 1947
Seit über 70 Jahren sind die von Robert Hanning gegründeten HANNING ELEKTRO-WERKE auf kundenspezifische Antriebssysteme und -komponenten weltweit spezialisiert. Das Spektrum reicht von Wechsel- und Drehstrommotoren über Linearantriebe, Frequenzumrichter und Lüfterantriebe bis hin zu Entleerungs- und Umwälzpumpen. Mit rd. 1.500 Beschäftigten an sechs Standorten in Deutschland, Litauen, Rumänien, China und Indien entwickelt und produziert das Unternehmen individuelle Antriebslösungen, die ihren Kunden einen Wettbewerbsvorteil verschaffen sollen. Innovative HANNING-Produkte reichen von der ersten Umwälzpumpe aus Kunststoff für Geschirrspülmaschinen (1963) bis zur Weltmarktführerschaft für Verstellantriebe in Dentalstühlen (1990er-Jahre).

Kontakt
HANNING ELEKTRO-WERKE GmbH & Co. KG
Holter Str. 90, 33813 Oerlinghausen
www.hanning-hew.com

Hans Lehmann

Lübeck, Schleswig-Holstein

Gegründet: 1926

Die Firmen der Unternehmensgruppe Hans Lehmann KG sind als Reederei, Hafenbetrieb, Brenn- und Baustoffhandel sowie als Transportbetonhersteller tätig. Die in Lübeck ansässige Reederei unterhält eine Flotte von zehn Schiffen, das neueste aus dem Baujahr 2017. Der ebenfalls in der Hansestadt beheimatete Hafenbetrieb unterhält vier Terminals, wo Güter und Waren aller Art umgeschlagen werden, und stellt in eigenen Werken in Schleswig-Holstein und Mecklenburg-Vorpommern Transportbeton her. 1926 gründete Hans Lehmann das Lübecker Stauereikontor. Hans Lehmann jun. und Edgar Lehmann trugen in 2. Generation Verantwortung für das Unternehmen. Heute ist Holger Lehmann in 3. Generation Geschäftsführer des inhabergeführten Familienunternehmens.

Kontakt

Hans Lehmann KG
Seelandstr. 15, 23569 Lübeck
www.hans-lehmann.de

HANSA-FLEX

Bremen

Gegründet: 1962

Die HANSA-FLEX AG ist weltweit einer der führenden Systemanbieter in der hydraulischen Verbindungstechnik. Das Unternehmen verfügt über ein Netz von 465 Niederlassungen auf allen Kontinenten sowie eine Flotte von 400 voll ausgestatteten Servicefahrzeugen. Im Jahr 2019 erzielte HANSA-FLEX mit 4.275 Mitarbeitenden einen Umsatz von 469 Mio. Euro. Gegründet wurde das Unternehmen im Jahr 1962 als „Joachim Armerding Industriebedarf" in Bremen. In seiner Garage konfektionierte der Gründer zunächst Schlauchleitungen für verschiedenste Industriekunden. Mittlerweile werden in 41 Landesgesellschaften zahlreiche Projekte realisiert. Die Firmenanteile liegen heute in 2. Generation bei den Gründerfamilien. Vorstandsvorsitzender ist Thomas Armerding.

Kontakt

HANSA-FLEX AG
Zum Panrepel 44, 28307 Bremen
www.hansa-flex.com

HANSA-HEEMANN

Rellingen, Schleswig-Holstein

Gegründet: 1973

Ausgehend von Rellingen bei Hamburg hat die HANSA-HEEMANN AG mehrere Quellen und Brunnen in Deutschland zur Mineralwasserproduktion erschlossen. So produziert man mit 850 Mitarbeitenden verschiedene Erfrischungsgetränke, darunter die Mineralwassermarken hella, St. Michaelis und Fürst Bismarck Quelle. Aber auch Schorlen, Limonaden, Sport- und Energydrinks sowie Fruchtsaft- und Teegetränke gehören zum Sortiment. Produziert wird an fünf Standorten: Bruchsal, Lehnin, Löhne, Aumühle und Trappenkamp. HANSA-HEEMANN füllt für seine Kunden auch Handelsmarken ab, die mit einem individuellen Auftritt versehen werden können. Im Jahr 2018 wurden rd. 2 Mrd. l Getränke hergestellt und abgesetzt. Der Jahresumsatz beträgt ca. 300 Mio. Euro.

Kontakt

HANSA-HEEMANN AG
Halstenbeker Weg 98, 25462 Rellingen
www.hansa-heemann.de

H

Hansgrohe

Schiltach, Baden-Württemberg

AXOR hansgrohe

„Innovationen haben bei uns Tradition. Ziel jeder Neuentwicklung ist es, den Kundennutzen zu erhöhen und damit einen echten Mehrwert zu schaffen. Innovation muss den Menschen das Leben einfacher oder bequemer machen."

Hans Jürgen Kalmbach, CEO Hansgrohe SE

Gegründet: 1901

Die Hansgrohe Group mit Sitz in Schiltach/Baden-Württemberg ist ein in Innovation, Design, Qualität und Verantwortung führendes Unternehmen der Bad- und Küchenbranche. Sie vertreibt unter zwei Marken hochwertige Armaturen für Dusche, Wanne, Waschtisch und Küche sowie Küchenspülen: AXOR ist ein globaler Trendsetter bei außergewöhnlichen, avantgardistischen Design-Objekten für luxuriöse Badezimmer und Küchen. Die Premiummarke hansgrohe steht für langlebige Qualität, ein breit gefächertes Angebot für jeden Geschmack sowie höchsten Bedienkomfort. Die innovativen Produkte des Unternehmens finden sich in Top-Hotels und auf Kreuzfahrtschiffen, in Kongress-Centern und Messehallen sowie in Privathäusern und -wohnungen. Die Hansgrohe Group ist Arbeitgeber für weltweit rd. 4.700 Mitarbeitende, davon über 60 % in Deutschland. Seine hohen Qualitätsstandards gewährleistet das Unternehmen durch die Produktion an fünf eigenen Produktionsstandorten, von denen sich zwei in Deutschland sowie je einer in Frankreich, den USA und China befinden. 2018 erwirtschaftete die Hansgrohe Group einen Umsatz von 1,081 Mrd. Euro. Rd. 77 % des Umsatzes werden außerhalb des Heimatmarktes Deutschland erzielt. Das Unternehmen betreibt weltweit 33 Gesellschaften und 22 Verkaufsbüros und liefert Armaturen und Brausen in über 140 Länder rund um den Globus und gehört damit zu den Global Players seiner Branche.

Der Ursprung der Hansgrohe Group liegt in der hochinnovativen Region des Schwarzwalds. Dort schlägt das Herz des Unternehmens bis heute und Schiltach ist seit der Unternehmensgründung 1901 Stammsitz. Neben dem Gründer Hans Grohe, der der Firma 54 Jahre vorstand, hat v. a. sein jüngster Sohn Klaus die Entwicklung des Sanitärspezialisten maßgeblich geprägt. 1968 ins väterliche Unternehmen eingetreten, das er ab 1975 33 Jahre leitete, hat er Hansgrohe vom deutschen Ablaufspezialisten zu einem der weltweit führenden Armaturen- und Brausenhersteller fortentwickelt. Die Hansgrohe Group ist dabei nicht zu verwechseln mit Grohe: 1934 hatte Friedrich Grohe, zweitältester Sohn des Firmen-

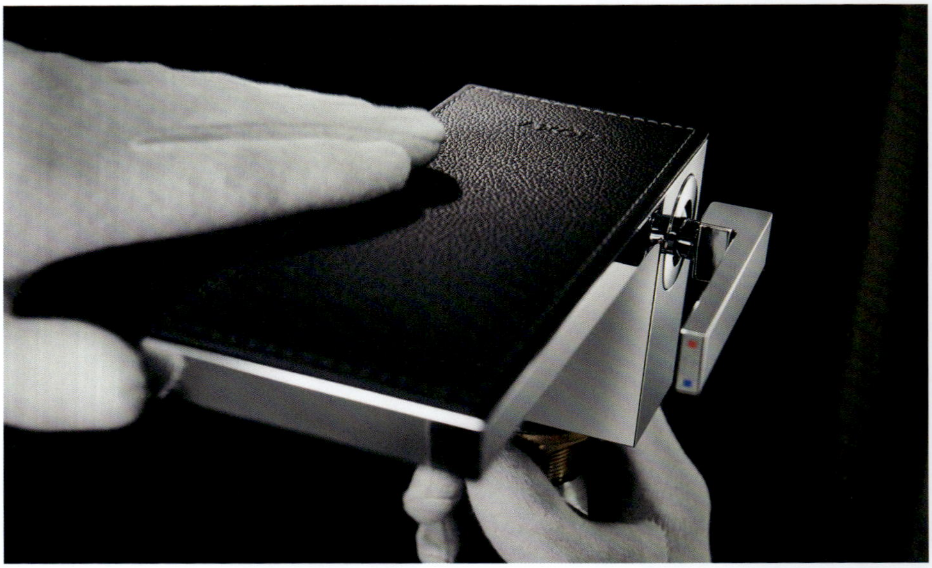

Armaturen der Kollektion AXOR MyEdition bieten über 225 Design-Varianten bei der Auswahl von Korpusoberfläche und Material der Platte.

gründers Hans Grohe, die Firma verlassen und zwei Jahre später im westfälischen Hemer eine Armaturenfabrik übernommen. Dieses Unternehmen ist heute als Grohe bekannt und wird als eine Marke der japanischen Lixil Corporation geführt.

Die Hansgrohe SE wurde von der Gründung im Jahr 1901 durch Hans Grohe bis zur Übergabe des Vorstandsvorsitzes durch seinen Sohn Klaus Grohe im Jahr 2008 von der Gründerfamilie geleitet. Bis zum Jahr 2016 waren die Söhne Richard und Philippe Grohe operativ im Unternehmen tätig. Auch heute noch begleiten die Erben des Firmengründers die Hansgrohe Group aus der Gesellschafterperspektive. Klaus Grohe ist seit 2015 nach achtjähriger Tätigkeit als Aufsichtsratsvorsitzender Ehrenvorsitzender des Gremiums.

Im Badezimmer einer Familie spielt sich so einiges ab, es ist das Zentrum im turbulenten Familienalltag. Duschsysteme von hansgrohe bieten ein komfortables Duscherlebnis gepaart mit optimalen Sicherheitsfunktionen.

Schon gewusst?

- In dem Besucher- und Trainingszentrum der Hansgrohe Aquademie in Schiltach sucht die Hansgrohe SE den Dialog mit ihren Kundinnen und Kunden. Hier vermittelt das Unternehmen Installateuren, Badplanerinnen und Architekten nicht nur technisches Wissen, sondern gibt zudem zahlreiche Anregungen für die Planung des Lebensraumes Bad. Darüber hinaus können in der Hansgrohe Showerworld verschiedene Brausen und Duschsysteme in Funktion getestet werden.
- Seit 1997 unterhält Hansgrohe an seinem Stammsitz in Schiltach ein Bad-Museum.
- Mit dem i-Club bietet Hansgrohe eine Kommunikationsplattform für Installateurinnen und Installateure, um den Dialog zwischen Handel und Handwerk zu unterstützen.
- Der firmeninterne Campus bietet den Mitarbeitenden eine Plattform für wissenschaftlich unterstützte Fortbildungen, darunter zu Themen wie Strategie, Innovation, Digitalisierung oder globale Zusammenarbeit.

H

Hans Jürgen Kalmbach, Vorsitzender des Vorstands Hansgrohe SE (oben) und Gründer Hans Grohe (unten)

Forschung und Innovation

Dass Hansgrohe heute als einer der Innovationsführer in Technologie und Design der internationalen Sanitärbranche gilt, verdankt sich v. a. seiner unermüdlichen Suche nach immer noch besseren Lösungen. Innovationen der Hansgrohe Group bieten seit jeher einen echten Mehrwert und machen das Leben leichter. Beispiele für wegweisende Innovationen sind die Duschstange (1953), an der sich jede Handbrause in beliebiger Höhe fixieren lässt, die Tribel-Brause (1974) als erste Handbrause der Welt mit verstellbaren Strahlarten sowie die Select-Technologie (2011), mit der der Wasserfluss in Küche und Bad per einfachem Knopfdruck gesteuert werden kann. Auch 118 Jahre nach Firmengründung ist das stetige Optimieren des Wasserflusses Triebkraft im Unternehmen. In der Hansgrohe Group gehen formschöne Gestaltung und höchste Funktionalität Hand in Hand. Über 15.000 Schutzrechte und mehr als 600 Auszeichnungen unabhängiger Jurys in internationalen Designwettbewerben zeigen, dass Ingenieurskunst und Kreativität einen herausragenden Stellenwert haben. In Zusammenarbeit mit einigen der erfolgreichsten Architektinnen und Produkt-Designern der Welt entstehen zeitlose Formen für Bad und Küche.

Gesellschaftliche Verantwortung

Mit der Leidenschaft für Wasser geht einher, dass Hansgrohe von jeher Verantwortung übernimmt für den Umgang mit dieser Ressource und mit der Natur, für die Mitarbeitenden und die Gesellschaft. Im hauseigenen Strahllabor erkundet ein Forschungsteam Wassergestaltungsmöglichkeiten für den perfekten Brausestrahl unter Berücksichtigung ökologischer Aspekte. Die Forschungs- und Entwicklungsabteilung erarbeitet neue Effizienztechnologien, die den Wasserverbrauch senken. So können beim täglichen Gebrauch Wasser und Energie gespart werden, ohne dabei auf Design oder Bedienkomfort zu verzichten.
Nachhaltigkeit heißt für Hansgrohe auch, sich der Verantwortung für soziale Belange zu stellen. Seinen Beschäftigten bietet das Unternehmen u. a. mit dem firmeninternen Campus umfangreiche Entwicklungsmöglichkeiten. Zahlreiche Initiativen in Sachen Gesundheit, Beschäftigungsfähigkeit und Vereinbarkeit von Familie und Beruf gehören gleichfalls zum betrieblichen Angebot. Darüber hinaus engagiert sich Hansgrohe gesellschaftlich mit breit gefächerten Projekten, bei denen das Lebenselixier Wasser im Mittelpunkt steht, wie bei der Wiederansiedlung von Lachsen in der durch den Schwarzwald fließenden Kinzig.

Familie und Mitarbeitende im Jahr 1912 (oben); Fertigung zu Beginn des 20. Jahrhunderts (Mitte); Werbeplakat für die Unica-Wandstange, die erste Brausestange der Welt und eine der Erfindungen von Hansgrohe, die zu einem weltweiten Standard im Badezimmer geworden sind (unten).

Gleichzeitig wurde zunächst sein Sohn Pierre Nicolas Grohe und 2018 Richard Grohe als Mitglied in den Aufsichtsrat berufen. Mit ihrer Verwaltungs- und Beteiligungs-GmbH Syngroh hält die Familie Klaus Grohe 32 % der Anteile. Der amerikanische Mehrheitsgesellschafter Masco Corporation, der Hansgrohe seit 1985 verlässlich begleitet, ist mit 68 % engagiert. Das Unternehmen wird seit dem 1. August 2018 von Hans Jürgen Kalmbach als Vorsitzender des Vorstandes geführt. Der studierte Betriebswirt begann seine Karriere 1998 in der Hansgrohe Group. Seitdem hatte er mehrere nationale und internationale Führungspositionen inne, zuletzt verantwortete er als Vorstandsmitglied den internationalen Vertrieb.

Mit dem Preis für Tribel, der ersten Handbrause mit verstellbaren Strahlarten, begann 1974 die lange Reihe von Design-Auszeichnungen für Hansgrohe.

H

Chronologie

1901 Hans Grohe gründet das Unternehmen als Drei-Mann-Betrieb in Schiltach.

1907 Hansgrohe liefert erstmals Produkte ins Ausland.

1928 Der Fabrikneubau auf der Schiltacher Aue wird fertiggestellt, die Handbrause mit weißem Porzellangriff wird vorgestellt.

1934 Auslandsvertretungen in mehreren Ländern werden eingerichtet.

1953 Hans Grohe jun. wird Geschäftsführer, die Unica-Wandstangen gehen in die Serienproduktion.

1968 Klaus Grohe tritt ins Unternehmen ein und übernimmt 1975 die Geschäftsleitung, die er bis 2008 innehat.

1981 Mit der Mischerserie ALLEGROH steigt der Brausenspezialist Hansgrohe in die Armaturenfertigung ein.

1989 Auf der Leitmesse ISH steht der erste Duschtempel.

2003 Mit Raindance erfindet Hansgrohe das Duschen neu.

2011 Dank der hansgrohe Select-Technologie kann der Wasserfluss in Bad und Küche per Knopfdruck gesteuert werden.

2019 Digitale Lösung für das Badezimmer: Per App oder Fingertipp werden mit hansgrohe RainTunes sieben vorkonfigurierte Duschszenarien gesteuert.

Die Küchenarmatur Aquno Select M81 von hansgrohe ist ein neues Gesamtsystem aus unkonventionellem Produktdesign gepaart mit innovativer Strahl-Technologie.

Daten und Fakten

Inhaberfamilie: Familie Klaus Grohe
Gründer: Hans Grohe, 1901, Schiltach
Branche: Sanitär
Produkte: Brausen, Duschsysteme, Bad- und Küchenarmaturen sowie Küchenspülen
Vertrieb: 3-stufig
Mitarbeitende: ca. 4.700 weltweit (2018)
Umsatz: 1,081 Mrd. Euro (2018)
Marktposition: Hansgrohe ist ein international führender Armaturen- und Brausenhersteller
Innovationen: wegweisende Beispiele: Duschstange (1953), weltweit erste Handbrause mit verstellbaren Strahlarten (1974), Select-Technologie (2011)
Unternehmensanteile der Familie: mit ihrer Verwaltungs- und Beteiligungs-GmbH Syngroh hält die Familie Klaus Grohe 32 % der Anteile
Kontrollgremien: Aufsichtsrat und Hauptversammlung der Gesellschafter

Kontakt
Hansgrohe SE
Auestr. 5–9, 77761 Schiltach
Fon: 07836 51-0, Fax: 07836 51-1300
info@hansgrohe.com,
www.hansgrohe-group.com

Ansprechpartner Presse
Dr. Jörg Hass
Fon: 07836 51-3009
public.relations@hansgrohe.com

Die Brause zu Beginn des 20. Jahrhunderts (oben), in den 1980er-Jahren (Mitte) und heute. Mit Rainfinity (unten) sorgt hansgrohe für ein ganz besonderes Duscherlebnis.

H

Hardenberg-Wilthen

Nörten-Hardenberg, Niedersachsen

Gegründet: 1700
Die Hardenberg-Wilthen AG ist ein niedersächsisches Familienunternehmen mit Stammsitz in Nörten-Hardenberg und Zweigniederlassungen in Wilthen und Mainz. Gegründet um 1700, kann sich die Hardenberg-Wilthen AG als einer der größten Spirituosenhersteller auf dem deutschen Markt positionieren. Ganz nach dem Motto „Innovation aus Tradition" befindet sich das Unternehmen im steten Wandel und geht in vielerlei Hinsicht zukunftsweisende Wege. Bestes Beispiel hierfür ist die neue Produktions- und Erlebnisstätte HARDENBERG DISTILLERY in Nörten-Hardenberg. Das gesamte Portfolio umfasst neben Marken aus eigener Herstellung auch international etablierte und erfolgreiche Spirituosen, die in Deutschland im Lebensmitteleinzelhandel und in der Gastronomie vertrieben werden.

Kontakt
Hardenberg-Wilthen AG
Vorderhaus 2, 37176 Nörten-Hardenberg
www.hardenberg-wilthen.de

HARDO

Bad Salzuflen, Nordrhein-Westfalen

Gegründet: 1935
Das international erfolgreiche Unternehmen HARDO ist führend in der Schuhreparatur-, Orthopädieschuh- und Klebstoffauftragstechnik. Gegründet wurde es 1935 von Josef Hausdorf und alsbald von Sohn Walter Hausdorf übernommen, der zahlreiche Patente und Innovationen entwickelte. 1990 trat mit Iris Hausdorf und ihren Brüdern Ingo Hausdorf und Reiner Immig die 3. Generation die Nachfolge an. Individuelle Komplettlösungen in der Orthopädieschuhtechnik und für das Schuhmacherhandwerk wurden forciert und industrielle Verklebungstechnologien „HARDO Coating Solutions" für über 30 Industriebranchen mit einem derzeitigen 50%igen Exportanteil realisiert. Heute wird das zukunftsorientierte Unternehmen HARDO Maschinenbau GmbH von Dipl. Ing. Ingo Hausdorf und seinem Neffen Hauke Immig in der 4. Generation geleitet.

Kontakt
HARDO Maschinenbau GmbH
Grüner Sand 78, 32107 Bad Salzuflen
www.hardo.eu

Hardy REMAGEN

Hürth, Nordrhein-Westfalen

Gegründet: 1718
Bereits vor über 300 Jahren führte Theodor Remagen eine Metzgerei in Köln. Bis in die heutige 10. Generation steht das Unternehmen für Köstlichkeiten aus Fleisch. Zeitgemäß sind zum Frischesortiment Convenience-Produkte, ein Werksverkauf und der Selbstbedienungsverkaufspunkt „Remy's Wurstomat 24/7" hinzugekommen. Einen besonderen Namen hat sich Remagen mit „Opa Jupps Pfännchenfrikadellen" und Würstchen in verschiedenen Geschmacksrichtungen gemacht. Unter dem Label Farm Haus entwickelt man maßgeschneiderte Food-Produkte für Systemgastronomie, Großküchen, Hotellerie und Catering. Das Kernabsatzgebiet in der Groß-Gastronomie ist der Regierungsbezirk Köln und Nordrhein-Westfalen. Im Handel und bei Veranstaltungen findet man Remagen-Produkte in ganz Deutschland.

Kontakt
Hardy REMAGEN GmbH & Co. KG
An der Hasenkaule 9–13, 50354 Hürth
www.hardy-remagen.com

HARIBO

Grafschaft, Rheinland-Pfalz

Gegründet: 1920
Die HARIBO GmbH ist Weltmarktführer im Bereich Fruchtgummi- und Lakritzherstellung. Das Unternehmen produziert an 16 Standorten in zehn Ländern. Die mehr als 7.000 Mitarbeitenden sind in 26 Ländern zu Hause. Das Angebot erweitert sich laufend um neue Produkte oder durch Zukäufe von Qualitätsmarken. Zudem werden länderspezifische Süßigkeiten entwickelt. Gegründet wurde HARIBO 1920 vom gelernten Bonbon-Kocher Hans Riegel in einer Hinterhofwaschküche, Ehefrau Gertrud wurde 1921 erste Mitarbeiterin des jungen Unternehmens. Heute verfügt HARIBO über ein weltweites Vertriebsnetz, die Produkte sind in mehr als 100 Ländern erhältlich. Der Geschäftsführung gehören Hans Guido Riegel, Günther Hofer, Holger Lackhoff, Michael Molsberger und Andreas Patz an.

Kontakt
HARIBO GmbH & Co. KG
Dr.-Hans-und-Paul-Riegel-Str. 1, 53501 Grafschaft
www.haribo.com

Hark Orchideen

Lippstadt, Nordrhein-Westfalen

H

„Mit Sicherheit mehr Wachstum."

Unternehmensmotto

Gegründet: 1904
Hark Orchideen ist Weltmarktführer in der Reinraum-Labor-Produktion von Orchideen und beschäftigt sich zudem mit der Produktion von weiteren Kulturen.

Das Unternehmen vermehrt Pflanzen unter In-vitro-Bedingungen, um in großen Mengen pathogenfreie und genetisch identische Pflanzen zu erzeugen. Die Abnehmer sind Produktions- und Jungpflanzenbetriebe im Gartenbau.

Hark Orchideen beschäftigt über 500 Mitarbeitende am Stammsitz in Lippstadt und betreibt Labore in Deutschland und in den Vereinigten Staaten; weitere Gesellschaften und Beteiligungen sind in den Niederlanden und Brasilien angesiedelt. Die weltweite Distribution erfolgt über ein eigenes Vertriebsteam sowie über Tochtergesellschaften und Kunden. Die Exportquote beträgt 95 %.

Bereits seit 1904 arbeitet die Firma Hark Orchideen mit Pflanzen, bis Ende der 1940er-

Das Management des Unternehmens: Anja Hark-Borrmann, Oliver Borrmann, Jörn Winkelmann (oben, v. r.); Eingangsbereich des Stammsitzes in Lippstadt (unten)

Forschung und Innovation

Hark Orchideen leistet seit Generationen Pionierarbeit für Kreuzungen, Kultur und Vermehrung von Orchideen. Für die Züchtung verschiedener Orchideenarten – wie z. B. die erste pinkfarbene Orchidee – wurde das Unternehmen mehrfach ausgezeichnet. Hark Orchideen ist eines der ersten Unternehmen weltweit, das in der Lage ist, Orchideen als In-vitro-Kultur in Massen zu vermehren. 2004 wurde das Unternehmen zudem von der Bundesregierung für die Entwicklung eines Barcode-basierenden Produktionssystems für die Laborproduktion mit dem „Innovationspreis Gartenbau" ausgezeichnet. Auch für eine weitere Innovation zeichnet Hark Orchideen als Urheber: den Hark-Safety-Cup; ein absolut keimfreies Gefäß zur In-vitro-Vermehrung und zur sichereren Versendung von pflanzlichen Gewebekulturen weltweit.

H

Jahre produzierte sie Gemüse und Schnittblumen für den lokalen Markt. Die besondere Leidenschaft für Orchideen zeichnet die Familie seit Generationen aus. Fritz Hark, Sohn des Gründers, entwickelte die Rezepturen der Nährmedien und Techniken zur Vermehrung von Phalaenopsis. Mit großer Innovationskraft und unermüdlichem Mut baute sein Sohn, ebenfalls namens Fritz, die Produktionsfläche auf über 17.500 m² aus. In dieser Zeit entwickelte der amtierende Verkaufsleiter Karl-Heinz Lapornik u. a. den patentierten Hark-Safety-Cup. Mit Anja Hark-Borrmann und Oliver Borrmann leitet nun die 4. Generation der Inhaberfamilie die Geschäfte des Unternehmens. Sie wird seit 2019 von dem familienfremden Manager Jörn Winkelmann unterstützt.

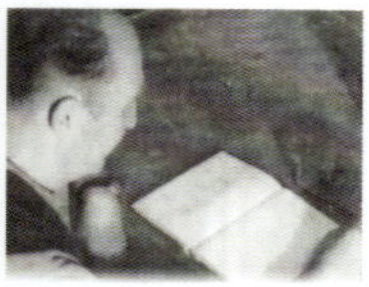

Fritz Hark II. bei der Protokollierung seiner Züchtungen

Hark Orchideen ist Mitglied im Landesverband Gartenbau Nordrhein-Westfalen e. V., im VDOB Verband Deutscher Orchideenbetriebe e. V. und der Arbeitsgemeinschaft Deutscher In-vitro-Kulturen (ADIVK) sowie im Zentralverband Gartenbau e. V. Das Unternehmen engagiert sich auf lokaler Ebene und unterstützt u. a. Sport- und Musikvereine. Es fördert zudem den Aufbau der Zukunftsschule Lippstadt, die nach den Prinzipien der Montessori-Pädagogik arbeitet und die Zielsetzungen einer Bildung für Nachhaltige Entwicklung (BNE) umsetzt. Da die Belegschaft von Hark Orchideen zu 98 % weiblich ist, legt das Unternehmen besonderen Wert auf die Vereinbarkeit von Beruf und Familie. So wurde u. a. eine Kindertagesstätte, betrieben von einem externen Träger, auf dem Firmengelände eingerichtet, in der Mitarbeitende Priorität bei der Platzvergabe genießen.

Hark-Safety-Cup

Hark Orchideen hat sich zum Ziel gesetzt, seine Produktpalette um weitere hochwertige und schwierig zu vermehrende Pflanzenarten zu erweitern und dadurch seine Positionierung als weltweit führendes Unternehmen für die In-vitro-Vermehrung von Pflanzen zu festigen.

Eine der vielen Orchideen aus dem Hark-Sortiment

Chronologie

1904 Gründung des Unternehmens

1949 Erwerb der ersten Orchidee

1954 erste Kreuzung und Nährbodenentwicklung

1967 Züchtung der ersten rosa Phalaenopsis überhaupt

1973 Hark Orchideen wird als bester Orchideen-Betrieb weltweit ausgezeichnet.

2000 Eröffnung des ersten Labors und Einführung des Hark-Safety-Systems

2010 Einführung des Hark-Safety-Cup

2013 Produktionsstart in den USA

2020 Beteiligung an einem der drei weltweit größten Jungpflanzenbetriebe mit Sitz in den Niederlanden und Brasilien

Daten und Fakten

Inhaberfamilie: Familie Hark
Gründer: Fritz Hark I., 1904
Branche: Gartenbau
Produkte: Reinraum-Labor-Produktion zur In-vitro-Vermehrung von pflanzlichen Gewebekulturen
Standorte: Deutschland, USA und mit weiteren Gesellschaften und Beteiligungen in den Niederlanden und Brasilien
Vertrieb: weltweit
Mitarbeitende: über 500 am Standort Lippstadt
Marktposition: weltmarktführer
Familieneinfluss: 5 Familienmitglieder sind Gesellschafter, 2 in der 3-köpfigen Unternehmensführung
Exportquote: 95 %

Kontakt
Hark Orchideen
Windmüllerstr. 18–25, 59557 Lippstadt
Fon: 02941 977283-0, Fax: 02941 977283-399
info@hark-orchideen.de, www.hark-orchideen.de

HARKE GROUP

Mülheim a. d. Ruhr,
Nordrhein-Westfalen

H

HARKE
GROUP

Gegründet: 1965

Die HARKE GROUP ist ein leistungsstarker Chemiedistributor mit nunmehr 55-jähriger Erfahrung in den Bereichen Chemie, Kunststoffe, Pharma, Food, Kosmetik, Spezialverpackungen, Imaging und Lohnherstellung. Mit ihren Produkten und Dienstleistungen erschließt die Unternehmensgruppe industrielle Absatz- und Beschaffungsmärkte für mehr als 30 Branchen in über 50 Ländern auf vier Kontinenten. Von ihrem Hauptstandort Mülheim a. d. Ruhr – sowie 15 weiteren Niederlassungen in Europa – aus realisiert die HARKE GROUP mit ihren über 200 Mitarbeiterinnen und Mitarbeitern in 25 Geschäftseinheiten über 40.000 Lieferungen pro Jahr. Drei Labore und zwei Lohnabfüllungsunternehmen ergänzen das Leistungsspektrum: von der technischen Beratung, über die Formulierung, die Lieferung der Rohstoffe, bis hin zur Abfüllung – #OnePartnerOneResponsibility.

Die Unternehmensgruppe wird in 2. Generation von Dipl.-Kaufmann Thorsten Harke geleitet. Einige Geschäftsbeziehungen bestehen so lange, wie die HARKE GROUP selbst. #TheRightChemistry ist mehr als nur ein Hashtag, es ist eine gelebte Unternehmensphilosophie. Das schließt die Übernahmen von Verantwortung gegenüber den Prinzipalen, Kunden, Mitarbeiterinnen und Mitarbeitern, der Gesellschaft und der Umwelt mit ein. Die Gesellschaften der HARKE GROUP besitzen alle relevanten Zertifizierungen und lassen die Qualität ihrer Produkte, Dienstleistungen und Prozesse in regelmäßigen Audits überprüfen. Als Familienunternehmen und Ausbildungsbetrieb denkt die HARKE GROUP nicht in Quartalsbilanzen, sondern in Generationen. Dabei ist sie stolz auf den Pioniergeist ihrer Gründer und die Leidenschaft ihrer Mitarbeiterinnen und Mitarbeiter.

Kontakt
HARKE GROUP
Xantener Str. 1, 45479 Mülheim a. d. Ruhr
Fon: 0208 3069-0, Fax: 0208 3069-1111
info@harke.com, www.harke.com

Hartan

Sonnefeld/Gestungshausen, Bayern

„Das Beste für Ihr Wertvollstes"

Firmenmotto

Gegründet: 1892
Das Hartan Kinderwagenwerk e.K. ist Marktführer in seiner Branche. Kunden sind der Fachhandel, aber auch Möbel- und Kaufhäuser mit Babyabteilungen. Ebenso werden die hochwertigen Produkte über den Onlinehandel vertrieben. Produziert wird ausschließlich in Deutschland, sowohl Entwicklung als auch Fertigung erfolgen am Firmensitz in Gestungshausen. Neben dem Kerngeschäft umfasst das Angebot des Unternehmens auch Zubehör für Kinderwagen. Vertrieben werden die Hartan Produkte mit einem eigenen Außendienst und einem Netz aus Distributionspartnern. Neben Deutschland und der Schweiz werden die Kinderwagen in die Länder der EU, nach Russland, in die Türkei, nach Südkorea und Thailand verkauft. Den Erfolg des Unternehmens sichern 200 qualifizierte Mitarbeitende. Das inhabergeführte Unternehmen ist in 4. Generation in Familienbesitz, die Firmenanteile halten die Geschäftsführer Gerhard und Rolf Hartan jeweils zur Hälfte. Außerdem ist Frank Hartan mit der Vertriebsleitung betraut, während John Hartan den Bereich Design verantwortet. Im Bereich Design gibt es Kooperationen mit namhaften Marken – neben s.Oliver und bellybutton konnte 2018 die „Collection Mercedes-Benz by Hartan" vorgestellt werden. Seinen Ursprung hat das Unternehmen im Jahr 1892, als Johann-Georg Hartan mit der Produktion von Korbwaren begann. In den 1920er-Jahren wurde die Herstellung von Korbmöbeln aufgenommen. Nach dem Zweiten Weltkrieg wurde die Produktion komplett auf Kinderwagen umgestellt. Federführend über mehr als ein halbes Jahrhundert war Reinhold Hartan, der für sein Engagement 1997 mit dem Bundesverdienstkreuz geehrt wurde. Die Auszeichnung Plus X Award „Höchste Kundenzufriedenheit 2018" und der Plus X Award „Beste Marke des Jahres 2018" sind für Hartan schöne Bestätigung des Firmenmottos: „Das Beste für Ihr Wertvollstes".

Johann-Georg Hartan gründete das Familienunternehmen (oben); Luftbildaufnahme vom Unternehmenssitz im oberfränkischen Sonnefeld/Gestungshausen (unten)

Daten und Fakten

Inhaberfamilie: Familie Hartan
Gründer: Johann-Georg Hartan, 1892, Sonnefeld/Gestungshausen
Branche: Kinder- und Babyausstattung
Produkte: Kinderwagen, Zubehör, Buggys
Vertrieb: in Deutschland, der Schweiz, Europa, Russland, der Türkei, Südkorea und Thailand über einen eigenen Außendienst sowie ein Netz aus Distributionspartnern
Mitarbeitende: 200 (2020)
Marktposition: führend in der Herstellung von Kinderwagen
Unternehmensanteile der Familie: Gerhard Hartan 50%, Rolf Hartan 50%

Von der Familie für die Familie: Kinderwagen von Hartan sind auf die Bedürfnisse von Eltern und Kindern zugeschnitten.

Chronologie

1892 Johann-Georg Hartan gründet sein Unternehmen zur Herstellung von Korbwaren.

1920 Die Produktion von Korbmöbeln beginnt.

1950 In den Nachkriegsjahren wird die Produktion auf Kinderwagen umgestellt.

1953 Eine neue Produktionsstätte wird fertiggestellt.

1983–90 Erweiterung der Verwaltung, Ausbau der Metallfertigung

1997 Der langjährige Kopf der Firma, Reinhold Hartan, erhält das Bundesverdienstkreuz.

2018 Vorstellung der „Collection Mercedes-Benz by Hartan"

2019 Hartan erhält zum dritten Mal in Folge die Auszeichnung „Marke des Jahrhunderts"

Kontakt
Hartan Kinderwagenwerk e.K.
Mühlenweg 1,
96242 Sonnefeld/Gestungshausen
Fon: 09266 969-0, Fax: 09266 969-180
info@hartan.de, www.hartan.de

HARTING

Minden, Nordrhein-Westfalen

Gegründet: 1945
Die HARTING Technologiegruppe ist ein international führender Anbieter von industrieller Verbindungstechnik für die Branchen Data, Signal und Power sowie von Produkten u. a. für die Bereiche Automatisierungstechnik, Robotik und Transportation. Das Unternehmen erzielte im Geschäftsjahr 2018/2019 einen Umsatz von 750 Mio. Euro und beschäftigt in 13 Produktionsstätten und 44 Vertriebsgesellschaften rd. 5.200 Mitarbeitende.

1945 gründeten Wilhelm und Marie Harting die „Wilhelm Harting Mechanische Werkstätten", die u. a. Kochplatten und Bügeleisen herstellte. Ihr Han® Steckverbinder setzte einen weltweit anerkannten Standard. Mit Philip F. W. Harting, Vorstandsvorsitzender, und Maresa W. M. Harting-Hertz, Vorstand Finanzen und Einkauf, steht die 3. Generation an der Spitze des Familienunternehmens.

Kontakt
HARTING Deutschland GmbH & Co. KG
Simeonscarré 1, 32427 Minden
www.harting.com

HassiaGruppe

Bad Vilbel, Hessen

„Hassia handelt – heute für morgen."

Unternehmensleitsatz

Gegründet: 1864
Die HassiaGruppe, ein in 5. Generation geführtes Familienunternehmen, zählt mit acht Standorten und 1.350 Mitarbeitenden zu den größten Mineralbrunnenbetrieben in Deutschland. Der Name Hassia ist das lateinische Wort für Hessen und verweist auf die Herkunft der Gruppe: den mineralquellenreichen Kurort Bad Vilbel. 2019 erzielte die HassiaGruppe bei einem Gesamtabsatz von 820 Mio. l einen Umsatz von 282 Mio. Euro.

Hassia-Chef Dirk Hinkel vor dem Brunnentempel im Kurpark von Bad Vilbel

Zur Gruppe gehören das Stammhaus Hassia Mineralquellen in Bad Vilbel, der Wilhelmsthaler Mineralbrunnen und die Keltereien Rapp's, Höhl (alle Hessen) und

H

Kumpf (Baden-Württemberg) sowie die Unternehmenstöchter Lichtenauer Mineralquellen (Sachsen), Glashäger Brunnen (Mecklenburg-Vorpommern), Thüringer Waldquell Mineralbrunnen (Thüringen) und seit Ende 2017 die BIONADE GmbH (Bayern).

Das Unternehmen versteht sich als klassischer Markenartikler, der unterschiedliche Mineralwässer und alkoholfreie Erfrischungsgetränke in den oberen Preisklassen anbietet. Zum Selbstverständnis gehört ein umfangreiches Qualitätsmanagement von der Quelle bis in die Flasche. Quellenschutz, modernste Technik und engagierte Mitarbeitende sind die Garanten dieser Qualitätssicherung. Nachhaltiges Handeln und Verantwortung für Mensch, Umwelt und Natur sind die Grundlagen der Hassia-Unternehmensphilosophie. So stellte die HassiaGruppe bereits 2015 auf Ökostrom aus deutschen Wasserkraftwerken um. Mithilfe der Hassia Klima-Aktion konnten bis 2019 weltweit 1,26 Mio. Bäume gepflanzt werden. Als erster Standort innerhalb der HassiaGruppe wurde die Firma in Bad Vilbel 2016 als ökologisch und sozial nachhaltiges Unternehmen vom SGS Institut Fresenius zertifiziert. Die neueste hochmoderne Glasabfüllanlage hilft dabei, 25 % Strom und 20 % Wasser einzusparen. Auch die Reduzierung des CO_2-Verbrauches um 50 % innerhalb von fünf Jahren und die Erhöhung der Recyclingquote von Reststoffen auf 97 % führten u. a. dazu, dass die Marke hassia klimaneutral gestellt werden konnte. Der gesamte Standort Hassia Mineralquellen in Bad Vilbel folgt 2020. Ein umfangreiches soziales Engagement in Kultur, Bildung und Sport rundet das Unternehmensprofil ab.

Klimaneutral: Zunächst die Marke hassia, 2020 folgte der Standort in Bad Vilbel

Vier Generationen Hinkel auf einem Bild: Seniorchef Günter Hinkel und Dirk Hinkel (beide vorn, v. l.), Wilhelm Hinkel (Kind im Hintergrund) sowie sein Vater Fritz Hinkel (schreibend im Hintergrund)

Chronologie

1864 Johann Philipp Wilhelm Hinkel erschließt in Bad Vilbel eine Mineralquelle.

1875 Karl Friedrich Großholz gründet in Bad Vilbel den Luisenbrunnen.

1898 Der Sohn des Firmengründers, Fritz Hinkel, gibt dem kleinen Betrieb den einprägsamen Namen „Hassia-Sprudel" – Hassia ist die lat. Bezeichnung für Hessen, der Heimatregion der Familie.

1982 Hassia Sprudel und Luisenbrunnen fusionieren zur Hassia & Luisen Mineralquellen Bad Vilbel GmbH & Co.; seit 2004 Hassia Mineralquellen GmbH & Co. KG.

1991 Gründung der Lichtenauer Mineralquelle in Lichtenau, Sachsen

1996 Erwerb der Kelterei Rapp's, Karben

2001 Übernahme des Hauptmitwettbewerbers Rosbacher Brunnen, Rosbach/Taunus

2005 Übernahme der Brau und Brunnen Mineralquellen GmbH mit den ostdeutschen Marken Glashäger, Margon, Vita Cola und Thüringer Waldquell

2007 Übernahme der Landkelterei Höhl, Hochstadt

2009 Kumpf Fruchtsaft, Markgröningen, wird Teil der HassiaGruppe.

2018 Erwerb der nationalen Marken BIONADE und Ti Erfrischungstee

H

Daten und Fakten

Inhaberfamilien: Familienstämme Hinkel und Weihl in 5. Generation
Familieneinfluss: inhabergeführt durch 3 geschäftsführende Gesellschafter, dazu Fremdgeschäftsführer in der Holding und den Tochterunternehmen
Unternehmensanteile der Familie: 100%, 21 Gesellschafter mit Anteilen zwischen 1% und 17%
Kontrollgremien: Gesellschafterversammlung
Anzahl Quellen: 57 aktive Quellen

Kontakt
Hassia Mineralquellen GmbH & Co. KG
Gießener Str. 18–30, 61118 Bad Vilbel
Fon: 06101 403-0, Fax: 06101 7140
info@hassia.com, www.hassia.com

---

hauck

Sonnefeld, Bayern

Gegründet: 1921
Das inhabergeführte Familienunternehmen Hauck GmbH & Co. KG ist Komplettanbieter im Bereich Kinderwagen und Babyausstattung. Ergänzend zu den eigenen Marken und Produktlinien vertreibt hauck auch Produkte für verschiedene Lizenzen wie z. B. Esprit, Jeep, Disney oder Lillifee. Felix Hauck gründete 1921 die Korbwarenmacherei hauck. 1950 übernahm seine Tochter Paula Hauck, verheiratete Feyler, die Unternehmensleitung und führte Produktion und Verkauf von Kinderkleidung ein. In den 1970er-Jahren traf die 3. Generation, Klaus und Annette Feyler, die Entscheidung, sich ganz auf das Komplettangebot von Kinder- und Babyausstattungen zu konzentrieren. Seit 2020 steht Anton van de Putte dem Unternehmen als geschäftsführender Gesellschafter vor.

Kontakt
Hauck GmbH + Co. KG
Frohnlacher Str. 8, 96242 Sonnefeld
www.hauck.de

Hauhinco

Sprockhövel, Nordrhein-Westfalen

Gegründet: 1908
Die Hauhinco Maschinenfabrik G. Hausherr, Jochums GmbH & Co. KG gehört zu den weltweit führenden Wasserhydraulik-Systemherstellern für Bergbau- und Industrieanwendungen. Seit über 50 Jahren entwickelt und konstruiert das Unternehmen Hochdruck-Plungerpumpen und seit über 30 Jahren wasserhydraulische Ventile und Steuerungen. Hauhinco verfügt über Vertretungen in allen wichtigen Bergbau- und Industrieregionen der Welt. In den USA befindet sich zudem die Hauhinco LP, seit 1981 ein 100%iges Tochterunternehmen. Die 1908 in der Wiege des Ruhrbergbaus in Sprockhövel durch Hausherr, Hinselmann & Co. gegründete Firma wurde im Jahr 1988 vollständig zum Wasserhydraulik-Systemhaus ausgerichtet. Das Unternehmen wird heute von Christoph Koslowski geführt.

Kontakt
Hauhinco Maschinenfabrik
G. Hausherr, Jochums GmbH & Co. KG
Beisenbruchstr. 10, 45549 Sprockhövel
www.hauhinco.de

Haus Rabenhorst

Unkel am Rhein, Rheinland-Pfalz

Gegründet: 1805
Beginnend mit der Gründung eines Weinguts durch Pfarrer Johann-Heinrich Lauffs im Jahr 1805, ist das Haus Rabenhorst heute mit einer über 200-jährigen Tradition ein hochspezialisierter Anbieter geschätzter Säfte in Premiumqualität in großer Vielfalt. Der 1952 entwickelte Kindersaft-Klassiker Rotbäckchen gilt bis heute als Gütesiegel für gesunde Kinderernährung. Schließlich startete das Unternehmen 1969 den biologisch-kontrollierten

H

Vertragsanbau und war auch in diesem Gebiet richtungsweisend. Seitdem ist das Haus Rabenhorst zu einem Unternehmen mit vielen bewährten und innovativen Marken gewachsen. Es beschäftigt 180 Mitarbeitende und ist unverändert zu 100 % im Eigentum der Gründerfamilie Lauffs.

Kontakt
Haus Rabenhorst O. Lauffs GmbH & Co. KG
Rabenhorststr. 1, 53572 Unkel am Rhein
www.haus-rabenhorst.de

HAVER & BOECKER

Oelde, Nordrhein-Westfalen

Gegründet: 1887
Das Unternehmen HAVER & BOECKER besteht aus zwei Unternehmensbereichen: Die Drahtweberei fertigt verschiedene Drahtgewebesorten für die Absiebung, Filtration und Messtechnik, aber auch für den Architekturbereich. Die Maschinenfabrik hingegen ist spezialisiert auf Verpackungs- und Aufbereitungstechnik – sie produziert und vertreibt Systeme und Anlagen für das Abfüllen und Aufbereiten von Schüttgütern. Gegründet wurde das Unternehmen im Jahr 1887 in Hohenlimburg von Carl Haver und Eduard Boecker, die mithilfe mechanischer Webstühle Gewebe in hoher Qualität herstellten. Daraus wuchs ein Unternehmen mit rd. 3.000 Mitarbeitenden und 50 Tochtergesellschaften. Weiterhin inhabergeführt, ist HAVER & BOECKER im Besitz der Familien Haver und Festge.

Kontakt
HAVER & BOECKER OHG
Carl-Haver-Platz 3, 59302 Oelde
www.haverboecker.com

hawo

Obrigheim, Baden-Württemberg

Gegründet: 1975
Die hawo GmbH produziert und vertreibt als Weltmarktführer Verpackungs- und Testsysteme für medizinische Instrumente. Zum Portfolio zählen auch Softwarelösungen für die Aufbereitung von medizinischen Instrumenten sowie Hard-und Software für das Management von Leihinstrumenten, umfassende Vor-Ort-Services inklusive. Weltweite Abnehmer sind Kliniken, Krankenhäuser, Arztpraxen, die Pharmaindustrie, Labore, die Medizin- und Reinraumtechnik sowie der LifeScience-Sektor. Am Stammsitz in Obrigheim, Baden-Württemberg, und im nahe gelegenen Mosbach sind zwei Produktionsstandorte angesiedelt, an denen 82 Mitarbeitende 2018 einen Umsatz von rd. 13 Mio. Euro erwirtschafteten. Das Unternehmen ist zudem mit Büros in den USA und in Singapur vertreten. hawo Produkte werden nahezu weltweit nur über qualifizierte Händler vertrieben. Der Marktanteil beträgt in Deutschland über 60 % und international über 50 %.

1975 gründeten Hans und Helga Wolf die hawo GmbH, für die Namensgeber Hans Wolf das erste Siegelgerät für den Verschluss medizinischer Instrumentenverpackungen entwickelte. Das technische Prinzip dieser Innovation wird bis heute in allen hawo Systemen angewendet. 1979 erfolgte die erste Patentanmeldung des Unternehmens, das seine Internationalisierung entschlossen vorantrieb. In den folgenden Jahrzehnten avancierte hawo zum Weltmarktführer, da das Unternehmen kontinuierlich technologisch führende Produkte entwickelte: von mechanischen zu elektronischen und über digitale zu hochinnovativen smarten Produkten. Im Jahr 2000, nach Studien in Produktionstechnik und Betriebswirtschaft sowie diversen Auslandserfahrungen, trat

Gesellschaftliche Verantwortung

Unternehmensgründer Hans Wolf engagiert sich seit vielen Jahren für die medizinische Versorgung kambodschanischer Kinder. 1999 eröffnete das Angkor Hospital for Children (AHC) als erstes Kinderkrankenhaus des Landes, das mit internationalen Ärzten, Pflegern und Therapeutinnen ambulante und stationäre Behandlungen, OPs, einen 24-Stunden-Notfalldienst und zahnmedizinische Versorgung bietet. Das AHC führt jährlich ca. 17.000 Behandlungen durch. Wer sich die weite Anreise nicht leisten kann, erhält vom AHC u. a. die Reisekosten erstattet und wird kostenlos behandelt. Seit einigen Jahren ermöglicht ein mobiles Team auch die regionale Versorgung bei den Familien. Das AHC hilft den Behörden außerdem, das generelle Bewusstsein für Grundhygiene zu stärken. hawo fördert das AHC regelmäßig mit finanziellen Zuwendungen, Schulungen und Sachspenden, wie z. B. modernen Arbeitsstationen und Siegelgeräten.

H

„All unserem Tun voran steht immer die Sicherheit des Patienten."

Hans Wolf
Firmengründer

Christian Wolf, Sohn des Gründerpaares, in das Unternehmen ein. Seit 2005 Mitglied der Geschäftsführung, wurde er 2016 alleiniger Geschäftsführer mit Helga Wolf als CFO. Hans Wolf zog sich im selben Jahr als Chairman aus dem operativen Geschäft zurück.

Die Marke hawo ist weltweit registriert. Das Unternehmen hält zahlreiche Patente sowie über 100 Gebrauchsmuster-Eintragungen und ist in zahlreichen Normenausschüssen vertreten. hawo wurde wiederholt für sein Produkt-Design und, ebenfalls mehrfach, als einer der innovativsten Mittelständler Deutschlands ausgezeichnet. Seit 2015 setzt hawo bei Produkten und Prozessen sowie bei Neuentwicklungen und Investitionen das Thema Nachhaltigkeit aktiv um. Durch ein eigenes Fotovoltaik-System produziert hawo den benötigten Strom selbst. Das Unternehmen hat es sich zur Aufgabe gemacht, bis 2022 den gesamten Betrieb und alle Prozesse völlig plastikfrei zu gestalten. hawo feiert 2020 sein 45-jähriges Jubiläum und will auch zukünftig mit innovativen, nachhaltigen Qualitätsprodukten maßgeblich zur Einhaltung höchster hygienischer Standards seiner Kunden beitragen.

Der Stammsitz des Unternehmens befindet sich in Obrigheim.

Hans Wolf mit seinem Sohn Christian, der seit 2016 alleiniger Geschäftsführer ist

H

Schon gewusst?

Unter dem Projekttitel „Industrie 4.0" entstehen immer mehr intelligente und digital vernetzte Systeme. Mit dem Siegelgerät hm 950 DC-V NanoPak hat hawo ein entsprechendes State-of-the-Art-Podukt entwickelt, das mit smarter Bedienung, voller Digitalisierung, Vernetzbarkeit und Nachhaltigkeit höchste Standards erfüllt. Nach einer Idee von Christian Wolf ist es gleichzeitig eine Hommage an die Gründergeneration: Das NanoPak ist u. a. im Farbton Original Orange erhältlich – und somit in der Farbe, die Hans und Helga Wolf in den 1970er-Jahren für die ersten hawo Geräte auswählten.

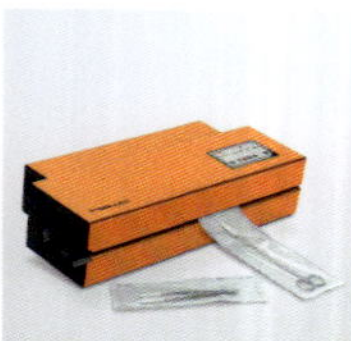

Smart: das neue Durchlaufsiegelgerät hm 950 DC-V NanoPak (oben). Mit den Tintentests von hawo werden Siegelnähte routinemäßig überprüft (Mitte); Projekt- und Innovationsmeeting bei hawo (unten)

Daten und Fakten

Inhaberfamilie: Familie Wolf in 2. Generation
Gründer: Hans und Helga Wolf, 1975, Obrigheim
Produkte: Siegelgeräte und Folienschweißgeräte zum Verpacken von Sterilgut, Testsysteme, Software-Lösungen
Mitarbeitende: 82 (2018)
Umsatz: ca. 13 Mio. Euro (2018)
Marktposition: Weltmarktführer
Ausbildungsplätze: 6–8
Unternehmensanteile der Familie: 100%
Exportquote: ca. 66%

Kontakt
hawo GmbH
Obere Au 2–4, 74847 Obrigheim
Fon: 06261 9770-0, Fax: 06261 9770-69
info@hawo.com, www.hawo.com

Ansprechpartner Presse
Christian Wolf
Fon: 06261 9770-0
christian.wolf@hawo.com

Hees Bürowelt

Siegen, Nordrhein-Westfalen

Gegründet: 1890
Die Hees Bürowelt steht mit über 350 Mitarbeitenden an den Standorten in Bochum, Dortmund, Hagen, Heuchelheim, Siegburg und Siegen als verlässlicher Partner für Ideen und Möglichkeiten rund um innovative Lösungen für das bessere Arbeiten. Mit konzeptioneller Einrichtung, ergonomischer Ausstattung, Medientechnik, IT-Infrastruktur, Dokumentenlösungen und Bedarfsartikeln bietet sie heute darüber hinaus ein breites Portfolio an allem, was Arbeit einfacher, angenehmer, effizienter – besser macht. Das seit 1890 inhabergeführte Familienunternehmen wird in 3. Generation durch die Familie Leipold geführt, aktuell durch die Geschwister Florian und Sebastian Leipold.

Kontakt
Hees Bürowelt GmbH
Leimbachstr. 266, 57074 Siegen
www.hees.de

HEGEMANN GRUPPE

Bremen

Gegründet: 1914
Die HEGEMANN GRUPPE ist mit ihren Unternehmen und rd. 1.000 Mitarbeitenden in drei Geschäftsbereichen aktiv: CONSTRUCTION plant, projektiert und führt mit deutschlandweiten Niederlassungen (u. a. SCHÄLERBAU in Berlin und ALFRED KUNZ in München) Bauvorhaben aus, insbesondere in den Bereichen Straßen-, Tief- und Kanalbau, Brücken- und Tunnelbau sowie Hoch- und Ingenieurbau. Das Portfolio der Sparte INDUSTRIE umfasst Nassbaggerei, Stahlbau, Umwelttechnik, Schiffbau und Schiffsreparatur. Zur TOURISTIK zählt z. B. die Stern- und Kreisschiffahrt GmbH, Berlin. Die 1914 von August Reiners gegründete Bauunternehmung, die von seinem Enkel

Detlef Hegemann kontinuierlich weiterentwickelt wurde, legte den Grundstein der bundesweit agierenden HEGEMANN GRUPPE, deren Vorstandsvorsitzender Tim Reiners, Urenkel des Gründers, ist.

Kontakt
Detlef Hegemann Aktiengesellschaft
Arberger Hafendamm 16, 28309 Bremen
www.hegemann-gruppe.de

HEIFO

Osnabrück, Niedersachsen

Gegründet: 1856
Die HEIFO Rüterbories GmbH & Co. KG betreibt Handel, Anlagenbau und Dienstleistungen mit Kühl- und Tiefkühlanlagen, Klimatechnik und Transportkühlungen. Zu den Serviceleistungen gehören die Installation, Wartung und Reparatur. HEIFO befindet sich im Besitz von Mitgliedern der Familien Rüterbories und Reckhorn. In 4. Generation leiten Martin Rüterbories und Björn Reckhorn die Firma, die 1856 in Osnabrück als Einzelhandelsgeschäft für Stahl- und Silberwaren gegründet wurde. 2018 gründete HEIFO die Abteilung Industriekälte und verkaufte die Abteilung Fleischereimaschinen. Im selben Jahr entstand als Joint Venture die Mitsubishi Heavy Industries Thermal Transport Europe GmbH. HEIFO erhielt 2015 die Good-Distribution-Practice-Zertifizierung.

Kontakt
HEIFO Rüterbories GmbH & Co. KG
Hannoversche Str. 49, 49084 Osnabrück
www.heifo.de

Frey Maschinenbau

Herbrechtingen, Baden-Württemberg

Gegründet: 1946
Die Heinrich Frey Maschinenbau GmbH entwickelt und produziert Füllmaschinen in Kleinserien. Die Maschinen finden v. a. im Metzgerhandwerk Anwendung. Zu den Produktlinien zählen u. a. Vakuum- und Kolbenfüllmaschinen, Vorsatzgeräte, Bandabdrehsysteme oder Darmschweißzangen. Die Firma beschäftigt rd. 110 Mitarbeitende. Der Service reicht vom Erstgespräch mit dem Kunden bis zum weltweiten Versand von Ersatzteilen. 1946 gründete Heinrich Frey sen. das Unternehmen zur Herstellung von Spezialmaschinen für die Lebensmittelindustrie. Nach seinem Tod 1986 ging die Geschäftsführung an seine Söhne Albert und Heinrich Frey jun. über. Seit dem Tod von Albert Frey im Jahr 2012 leiten Martin Frey und Heinrich Frey das Unternehmen in 3. Generation.

Kontakt
Heinrich Frey Maschinenbau GmbH
Fischerstr. 20, 89542 Herbrechtingen
www.frey-maschinenbau.de

HEINRICH RÖNNER GRUPPE

Bremerhaven, Bremen

Gegründet: 1982
Die HEINRICH RÖNNER GRUPPE ist eine familiengeführte Unternehmensgruppe mit großer Verbundenheit zum Meer und zur maritimen Wirtschaft. Ihr Leistungsspektrum reicht vom Jacht- und Schiffbau, dem Stahlwasserbau, dem schweren Stahlbau, dem Brückenbau und der Herstellung von hochwertigen Stahl- und Aluminiumkonstruktionen bis hin zur Be- und Verarbeitung

H

von Edelstahl. Zudem bietet sie Dienstleistungen wie Korrosionsschutz, Transportlogistik zur See und an Land, Holzbau und handelt mit Berufskleidung. Mit 1.300 Mitarbeitenden und 17 Betriebs- und Produktionsstätten liefert sie in internationalen Großprojekten schlüsselfertige Ergebnisse aus einer Hand. Die Ausbildung der nächsten Generation ist ein fester Teil ihrer Unternehmensphilosophie.

Kontakt
Rönner Verwaltungsgesellschaft mbH
Riedemannstr. 3, 27572 Bremerhaven
www.hr-gruppe.de

Heinrich Schmidt

Mönchengladbach, Nordrhein-Westfalen

Gegründet: 1960
Heinrich Schmidt eröffnet mit Kollegen eine Elektrogroßhandlung und gründet später das heutige Unternehmen als Sanitär- und Heizungsgroßhandlung. Er übernimmt acht traditionsreiche Firmen aus der Region, die unter ihren eigenen Namen weiter existieren. Sie decken verschiedene Bereiche des Fachhandwerks ab, so z. B. Haustechnik, Elektroinstallation, Wasser und Wärme. Dazu kommen Handelsbetriebe für Eisenwaren und Handwerksbedarf, insgesamt 71 Niederlassungen mit 29.000 m^2 Lagerfläche und 12.000 m^2 Ausstellungsfläche sowie 113 Lkw für die Auslieferung. 100.000 Artikel sind ständig auf Lager, dazu gibt es einen Online-Shop und das Endkunden-Konzept Badwerk. In der Heinrich Schmidt Gruppe arbeiten 1.684 Personen, davon 227 Auszubildende.

Kontakt
Heinrich Schmidt Holding GmbH & Co. KG
Duvenstr. 290–312, 41238 Mönchengladbach
www.heinrich-schmidt-gruppe.de

HEINZ-GLAS

Kleintettau, Bayern

Gegründet: 1622
Mit einer bis 1523 zurückreichenden Glasmacher-Familientradition gehört die HEINZ-GLAS Group zu den führenden Herstellern von Glas-Flakons und -Tiegeln für die Parfüm- und Kosmetikindustrie. Ergänzt wird dieses Portfolio durch ein Angebot an verschiedenen Kunststoff-Behältern und -Verschlüssen von HEINZ-PLASTICS. An 17 Standorten in 13 Ländern werden Complete-Packaging-Lösungen entwickelt, produziert, veredelt und global vertrieben. Das Unternehmen erwirtschaftet einen jährlichen Umsatz von rd. 310 Mio. Euro. Das Unternehmen wurde 1622 von Hanß Hein(t)z in Piesau gegründet und wird seit 2020 in der 13. Generation von Carletta Heinz geführt. Sie setzt bewusst das regionale, soziale und ökologische Engagement ihrer Vorfahren fort.

Kontakt
HEINZ-GLAS GmbH & Co. KGaA
Glashüttenplatz 1–7, 96355 Kleintettau
www.heinz-glas.com

Heitkamp & Thumann

Düsseldorf, Nordrhein-Westfalen

Gegründet: 1978
Die Heitkamp & Thumann KG, mit Sitz in Düsseldorf, ist die Holdinggesellschaft der Heitkamp & Thumann Group, die weltweit mehr als 2.000 Mitarbeitende beschäftigt. Die Gesellschaftsanteile werden von den Familien Thumann, Heitkamp, Marschner und Rösler gehalten.

Die Gruppe wird operativ von familienfremden Managern geführt, während die Gesellschafter dem Beirat vorstehen. Der Fokus liegt auf der Herstellung von Komponenten und Präzisionsbauteilen aus Metall und Kunststoff. Unter ihrem Dach befinden sich 16 produzierende Unternehmen, deren Aktivitäten sich auf zwei wesentliche Geschäftsbereiche konzentrieren: H&T Battery Components ist Weltmarktführer bei Metallkomponenten für Geräte- und Akkubatterien, Presspart behauptet die weltweit führende Position in der Herstellung von Aerosoldosen für Asthmasprays.

Kontakt
Heitkamp & Thumann KG
Königsallee 4, 40212 Düsseldorf
www.ht-group.com

HELLA

Lippstadt, Nordrhein-Westfalen

Gegründet: 1899
HELLA ist ein global aufgestelltes börsennotiertes Familienunternehmen mit rd. 39.000 Beschäftigten an mehr als 125 Standorten in 35 Ländern. Dabei ist HELLA auf innovative Lichtsysteme und Fahrzeugelektronik spezialisiert und als einer der Technologieführer ein Partner der Automobilindustrie. Die Konzernaktivitäten gliedern sich in die Segmente Automotive, Aftermarket (Teilehandel) und Special Applications (Licht und Elektronik). Im Jahr 1908 ging das Warenzeichen HELLA aus der 1899 von Sally Windmüller gegründeten Westfälischen Metall-Industrie Aktien-Gesellschaft hervor. Fast 8.000 Mitarbeitende sind weltweit im Bereich Forschung und Entwicklung tätig. Im Geschäftsjahr 2018/19 hat HELLA einen Umsatz von 7 Mrd. Euro erzielt.

Kontakt
HELLA GmbH & Co. KGaA
Rixbecker Str. 75, 59552 Lippstadt
www.hella.com

HELLER

Nürtingen, Baden-Württemberg

Gegründet: 1894
Das Unternehmen HELLER ist nach eigenen Angaben einer der führenden Hersteller von zerspanenden CNC-Werkzeugmaschinen. Das Portfolio umfasst 4- und 5-Achs-Bearbeitungszentren, Fräs-Dreh-Bearbeitungszentren, Sonder- und Prozessmaschinen, Beschichtungsmodule und Maschinen für die Kurbel- und Nockenwellenbearbeitung. Weltweit beschäftigt HELLER über 2.900 Mitarbeitende und betreibt fünf Produktionsstätten in Europa, Asien und Nord- und Südamerika.

Seine Wurzeln hat der Hersteller im Jahr 1894 im Handwerksbetrieb von Hermann Heller, sechs Jahre später entstand die Gebr. Heller Werkzeug- und Maschinenfabrik in Nürtingen, die er gemeinsam mit seinem Bruder Ernst gründete. In den 1960er-Jahren übernahm mit Hubert und Berndt Heller die 3. Generation. Berndt Heller wechselte 2006 in den Aufsichtsrat.

Kontakt
Gebr. Heller Maschinenfabrik GmbH
Gebrüder-Heller-Str. 15, 72622 Nürtingen
www.heller.biz

HELM

Hamburg

Gegründet: 1900
Die HELM AG ist eine Vertriebsorganisation für Chemikalien, Pflanzenschutzmittel, Düngemittel sowie pharmazeutische Wirkstoffe und Arzneimittel. Gegründet wurde sie von Karl O. Helm als Import-Export-Unternehmen für Waren aller Art. Schon in den 1960er-Jahren begann HELM mit der Einrichtung erster ausländischer Tochtergesellschaften. Mit mehr als 100 Niederlassungen, Verkaufsbüros und Beteiligungen in über 30 Ländern

H

ist es inzwischen eines der weltgrößten Chemie-Marketingunternehmen. Am 1. April 2020 hat mit Stephan Schnabel als Vorstandsvorsitzendem wieder ein Familienmitglied die Führung übernommen. Für 2018 wies das Unternehmen einen Weltumsatz von rd. 8,3 Mrd. Euro bei 1.621 Mitarbeitenden aus. Der größte Absatzmarkt ist Europa.

Kontakt
HELM AG
Nordkanalstr. 28, 20097 Hamburg
www.helmag.com

Helmut Kempkes

Remscheid, Nordrhein-Westfalen

Gegründet: 1957
Die Helmut Kempkes GmbH hat sich unter dem Markennamen KULI Hebezeuge als ein führender Anbieter von Fördertechnik, Kranen und Hebezeugen etabliert. KULI Hebezeuge werden in rd. 100 Länder exportiert. An den beiden Remscheider Standorten entwickeln und produzieren rd. 100 Mitarbeitende Elektroseilzüge, Krannormteile, Laufkrane, Hängekrane, Portalkrane sowie hydraulische Arbeitsbücher. Eingesetzt werden sie in der verarbeitenden Industrie und beim Warenumschlag von Stückgütern. Helmut Kempkes gründete das Unternehmen 1947 in Duisburg und übernahm 1957 die Produktion des KULI-Elektroseilzugs in Remscheid. Heute wird das Familienunternehmen von Dipl.-Ing. Heinz Helmut Kempkes und Dipl.-Ing. Oliver Kempkes in 2. und 3. Generation geleitet.

Kontakt
KULI-Hebezeuge – Helmut Kempkes GmbH
Bismarckstr. 59, 42853 Remscheid
www.kuli.com

helsa

Gefrees, Bayern

Gegründet: 1947
Die helsa® Group International mit Hauptsitz in Gefrees im Landkreis Bayreuth ist ein hochspezialisiertes Unternehmen der Textiltechnik. Als Holdinggesellschaft vereint sie zwei operative Geschäftsbereiche: helsa Fashion Shaping fertigt und vertreibt Formzutaten für die Bekleidungsindustrie, wie etwa Schulterpolster, und ist Partner von Modelabels aller Qualitätsklassen, während helsa Functional Coating mit Entwicklung, Fertigung und Vertrieb von adsorptiven, molekularen Luftfilterlösungen sowie elastomerbeschichteten Geweben und Elastomermembranen für Gaszähler sowie die Mess- und Regeltechnik befasst ist. Nach eigenen Angaben ist helsa® in den Segmenten Schulterpolster und Gaszählermembranen jeweils Weltmarktführer.

Die Wurzeln des Unternehmens liegen im Jahr 1947, als Helmut Sandler in Schwarzenbach a. d. Saale seine Idee verwirklichte, fertige Formkomponenten für die industrielle Bekleidungskonfektion herzustellen und zu vertreiben. Die ersten Produkte waren Schulterpolster für Sakkos, Jacken oder Mäntel.

Bei Formzutaten für die Bekleidungsindustrie wie Schulterpolster ist helsa® Weltmarktführer.

H

Chronologie

1947 Das Unternehmen wird in Schwarzenbach a. d. Saale gegründet und stellt Schulterpolster für die Bekleidungsindustrie her.

1952 Umzug nach Gefrees im Landkreis Bayreuth

Ab 1965 Mit der Gründung eines Werks in Österreich beginnt die Expansion ins Ausland.

1976 helsa® startet mit der Herstellung technischer Textilien (Aktivkohlebeschichtung für Filtermedien).

1982 Die ersten elastomerbeschichteten Gewebe wie etwa Gaszählermembranen oder Formmembranen werden hergestellt.

1989 Generationswechsel: Tochter Monika Sandler übernimmt die Geschäftsführung.

2009 Neuausrichtung: Die helsa® Group International mit den Geschäftsbereichen helsaform (Textile Formgebungskomponenten), helsatech (Molekularfiltration) und helsacomp (Elastomermembranen) wird gegründet.

Die Firma florierte, in den 1950er-Jahren begann Helmut Sandler daher mit der Automatisierung und entwickelte dafür eigene Maschinen. Bereits in den 1960er-Jahren produzierte das Unternehmen an Standorten wie Frankreich, dem ehemaligen Jugoslawien und Südafrika. In den 1970er- und 1980er-Jahren wuchs das Produktspektrum um technische Textilien, etwa Filtermaterialien, später auch für den Automobilsektor. Im Jahr 1989 übernahm Monika Sandler, die Tochter des Firmengründers, die Geschäftsführung und trieb in den Folgejahren die Entwicklung auch im Ausland voran. Heute verfügt helsa® neben Gefrees auch über Fertigungsstandorte in Ungarn, China, Spanien, der Türkei, Indien und Kambodscha. Insgesamt sind im Unternehmen mehr als 900 Mitarbeitende beschäftigt. Gemeinsam erwirtschaften sie Jahresumsätze von rd. 50 Mio. Euro. Monika Sandler hält 100 % der Firmenanteile und fungiert als geschäftsführende Gesellschafterin, unterstützt von weiteren drei Geschäftsführern.

Daten und Fakten

Inhaberin: Monika Sandler
Gründer: Helmut Sandler, 1947, Schwarzenbach a. d. Saale
Branche: Textiltechnik, Molekularfiltration
Produkte: Formgebungskomponenten für Bekleidung sowie Molekularfiltrationslösungen für Medizin, Haushalt, Lifestyle, Industrie und Mobilität, Elastomermembranen und -gewebe
Mitarbeitende: über 900 (2020)
Umsatz: rd. 50 Mio. Euro
Familieneinfluss: Monika Sandler als geschäftsführende Gesellschafterin führt gemeinsam mit einem Managementteam von 3 Geschäftsführern
Unternehmensanteile der Familie: 100% im Besitz von Monika Sandler

Kontakt
helsa® Group International
Bayreuther Str. 9–11, 95482 Gefrees
Fon: 09254 80-420
info@de.helsa.com, helsa.com

„Unsichtbar, aber unverzichtbar"

Firmengründer Helmut Sandler über die helsa®-Produkte

Monika Sandler (unten) leitet heute als geschäftsführende Gesellschafterin das Unternehmen, das ihr Vater Helmut Sandler (oben) 1947 gründete.

Hempel

Berlin

Gegründet: 1906

Die Hempel GesundheitsPartner GmbH ist ein Berliner Unternehmen des Gesundheitswesens mit einem breiten spezialisierten Leistungsspektrum in den Sparten Sanitätsfachhandel, Home Care, Neurologie, Brustprothetik, Mobilität und Reha-Technik, Orthopädie-Technik und -Schuhtechnik sowie Podologie. In der Zentrale, den 18 Fachfilialen sowie bei den Dienstleistern wie z. B. der

Physio- und Ergotherapie und dem Fachzentrum Neurologie sind insgesamt rd. 200 Mitarbeitende im Innen- und Außendienst beschäftigt. Das Unternehmen versteht sich als Partner u. a. von Patienten, Ärzten, Therapeuten, Kliniken, Pflegediensten und Unternehmen. 1906 gründeten die Brüder Walter und Emil Hempel eine Prothesenwerkstatt und legten den Grundstein für das Unternehmen, das heute in 4. Generation in Familienbesitz ist.

Kontakt
Hempel GesundheitsPartner GmbH
Prinzenallee 84, 13357 Berlin
www.hempel-berlin.de

Hengstenberg

Esslingen, Baden-Württemberg

Gegründet: 1876
Die Hengstenberg GmbH & Co. KG ist ein traditionsreiches Familienunternehmen der Lebensmittelbranche. Unter den Marken Hengstenberg, Mildessa, KNAX/STiCKSi, Altmeister und ORO di Parma führt das Unternehmen ein vielfältiges und hochwertiges Sortiment rund um Krautprodukte, Essig, Gurken, Gemüse- und Feinkostspezialitäten sowie ein breit gefächertes Angebot italienischer Tomatenprodukte. Regionalität und Herkunft der Rohwaren und Zutaten spielen bei Hengstenberg eine wichtige Rolle und es wird größtenteils heimische Rohware verarbeitet. Produziert wird in Deutschland und Italien. Hengstenberg ist bis heute zu 100 % in Familienbesitz und beschäftigt rd. 450 Mitarbeitende an drei Standorten – Esslingen, Bad Friedrichshall und Fritzlar.

Kontakt
Hengstenberg GmbH & Co. KG
Mettinger Str. 109, 73728 Esslingen
www.hengstenberg.de

Henkel

Düsseldorf, Nordrhein-Westfalen

Gegründet: 1876
Die Henkel AG & Co. KGaA ist weltweit mit starken Marken, Innovationen und Technologien in den drei Unternehmensbereichen Adhesive Technologies (Klebstoff-Technologien), Beauty Care (Schönheitspflege) und Laundry & Home Care (Wasch-/Reinigungsmittel) tätig. Das Unternehmen mit Hauptsitz in Düsseldorf nimmt mit bekannten Marken wie Loctite, Persil oder Schwarzkopf führende Marktpositionen ein – sowohl im Industrie- als auch im Konsumentengeschäft. So ist Henkel Adhesive Technologies globaler Marktführer im Klebstoffbereich. Auch mit den Unternehmensbereichen Laundry & Home Care und Beauty Care ist das Unternehmen in vielen Märkten und Kategorien führend. Im Jahr 2018 erwirtschaftete Henkel einen Umsatz von rd. 20 Mrd. Euro. Die Eigenkapitalquote im Jahr 2018 betrug 57,7 %.

Die Basis des weltweiten Erfolgs von Henkel sind die rd. 53.000 Mitarbeitenden, von denen etwa 85 % außerhalb Deutsch-

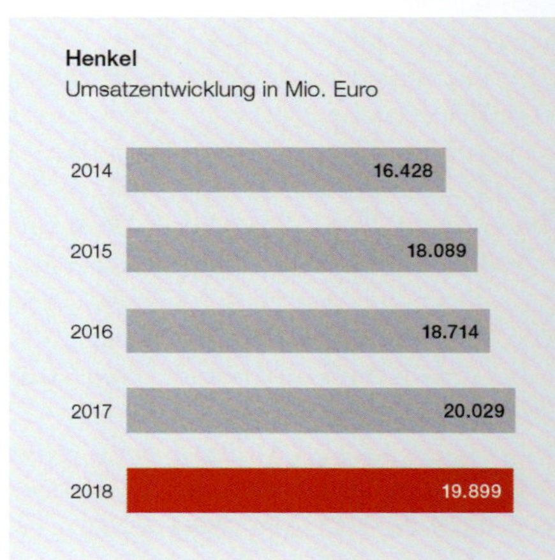

lands tätig sind. Als global agierendes Unternehmen beschäftigt Henkel in 78 Ländern Mitarbeitende mit über 120 Nationalitäten und ist somit eines der am stärksten international ausgerichteten Unternehmen in Deutschland. Ebenso global ist die Produktion: Henkel stellte 2018 in 56 Ländern an 185 Standorten Produkte her. Zudem ist das Unternehmen stark in den Wachstumsregionen präsent und erwirtschaftete dort im Jahr 2018 etwa 40 % seines Umsatzes.

Das Arbeitsumfeld bei Henkel ist von Internationalität und Diversität geprägt: Das Unternehmen legt besonderen Wert auf die unterschiedlichen Talente, Erfahrungen und Lebensstile seiner Mitarbeitenden. Die Förderung der Vielfalt des globalen Teams, verbunden mit der Wertschätzung der individuellen Denk- und Arbeitsweisen von Mitarbeitenden verschiedener Nationalitäten sowie unterschiedlichen Geschlechts und Alters, ist wichtiger Bestandteil der Unternehmenskultur und trägt maßgeblich zum wirtschaftlichen Erfolg bei. Mehrfach wurde Henkel Deutschland als „Top Employer" und damit als einer der weltweit besten Arbeitgeber ausgezeichnet.

Als traditionelles Familienunternehmen zeichnet sich Henkel durch eine über die Jahre gewachsene und etablierte Unternehmenskultur aus. Der Unternehmergeist des Firmengründers Fritz Henkel hat das Unternehmen nachhaltig geprägt, und er ist auch heute noch ein Vorbild für die Mitarbeitenden. Fritz Henkel gründete im Jahre 1876 die Firma Henkel & Cie. in Aachen und stellte als erstes Produkt ein Pulver-Waschmittel auf der Basis von Wasserglas her. Wegen der besseren Ver-

Schon gewusst?

Wussten Sie schon, dass ...
... Henkel der größte Klebstoff-Hersteller der Welt ist?
... ein Smartphone bis zu 50 Klebstoff-Anwendungen von Henkel enthält?
... in jeder Sekunde weltweit mehr als 20 Haarfarben von Henkel verkauft werden?
... Henkel jährlich Waschmittel für ungefähr 25 Mrd. Waschladungen verkauft?
... in Deutschland pro Tag rund 5,2 Mio. Wäschen mit Persil gewaschen werden?
... seit 2012 insgesamt 50.000 Mitarbeitende von Henkel als Nachhaltigkeitsbotschafterinnen und -botschafter ausgebildet wurden?

„Nachhaltig Werte schaffen."

Unternehmenszweck von Henkel

Fritz Henkel (oben) gründete 1876 ein Unternehmen zur Herstellung von Waschmittel; Verwaltungsgebäude der Zentrale in Düsseldorf (unten)

Henkel betreibt weltweit sechs globale Forschungs- und Entwicklungszentren.

Nachhaltigkeit & gesellschaftliche Verantwortung

Das Thema Nachhaltigkeit hat bei Henkel einen hohen Stellenwert und ist einer der fünf Unternehmenswerte. Henkel strebt an, seine führende Rolle im Bereich Nachhaltigkeit stetig auszubauen und so auch in Zukunft eine Balance zwischen wirtschaftlichem Erfolg, Schutz der Umwelt und gesellschaftlicher Verantwortung zu schaffen. Das Unternehmen unterstützt die Umsetzung der 17 Ziele für eine nachhaltige Entwicklung („Sustainable Development Goals"), die 2015 von den Vereinten Nationen verabschiedet wurden, und verfolgt eine klare Nachhaltigkeitsstrategie mit konkreten Zielen. Dabei hat Henkel schon viele Fortschritte erzielt: Beispielsweise konnte im Vergleich zum Jahr 2010 der Wasserverbrauch um 24 % und der Energieverbrauch sowie die CO_2-Emissionen um 25 % gesenkt werden. Henkel verfolgt die langfristige Vision, klimapositiv zu werden. Ein Ansatz sind die eigenen Standorte, bei denen bis 2030 der CO_2-Fußabdruck um 75 % reduziert werden soll.
Ein wichtiges Thema sind nachhaltige Verpackungen: Henkel setzt sich für eine Kreislaufwirtschaft für Plastikverpackungen ein – indem das Unternehmen nachhaltige Materialien verwendet, intelligente Verpackungsdesigns entwickelt und den Rohstoffkreislauf schließen will. Bis zum Jahr 2025 sollen 100 % der Verpackungen von Henkel recycelbar, wiederverwendbar oder kompostierbar sein. Der Anteil von recyceltem Plastik in den Verpackungen für Konsumentenprodukte in Europa soll bis 2025 auf 35 % gesteigert werden. Bereits heute bestehen zahlreiche Verpackungen zu 100 % aus Rezyklat. Henkel engagiert sich zudem in industrieübergreifenden Partnerschaften und Initiativen, beispielweise der „New Plastics Economy", der „Alliance to End Plastic Waste" oder im „Rezyklat-Forum" in Deutschland. Als erstes globales Konsumgüterunternehmen arbeitet Henkel mit dem Sozialunternehmen Plastic Bank zusammen, um in Entwicklungsländern zu verhindern, dass Plastikabfälle in die Ozeane gelangen – und das gesammelte Material als sogenanntes Social Plastic in Produktverpackungen einzusetzen.
Eine wichtige Rolle im Engagement für Nachhaltigkeit spielen bei Henkel auch die Mitarbeitenden. Im Jahr 2012 wurde ein Nachhaltigkeitsbotschafter-Programm ins Leben gerufen. Seitdem hat Henkel mehr als 50.000 Mitarbeitende zu Botschafterinnen und Boschaftern ausgebildet.
Im Jahr 2011 wurde die Fritz-Henkel-Stiftung gegründet. Sie unterstreicht das Bekenntnis von Henkel, sich über die Geschäftstätigkeit hinaus gesellschaftlich zu engagieren. Die Stiftung unterstützt Projekte in den Bereichen Bildung und Wissenschaft, Soziales, Kunst und Kultur, Bewegung und Gesundheit sowie Ökologie. Im Rahmen der Initiative „Miteinander im Team (MIT)" fördert Henkel seit 1998 das freiwillige und ehrenamtliche Engagement seiner Mitarbeitenden und Pensionäre. Insgesamt haben sich seit Gründung der Initiative Henkel-Mitarbeitende, -Pensionärinnen und -Pensionäre weltweit bei 14.600 MIT-Projekten in über 100 Ländern engagiert.
Im Jahr 2011 startete Henkel die Henkel-Forscherwelt, die mittlerweile in vielen Ländern auf der Welt Schulkinder auf eine spielerische Weise für die Forschung begeistert.

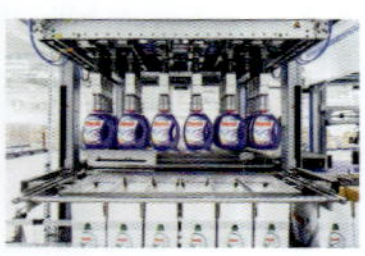

1922 wurde die weiße Dame zur Werbeikone für Persil (oben); Produktion von Flüssigwaschmittel (Mitte); Forscherwelt, die internationale Bildungsinitiative von Henkel (unten)

kehrsanbindung und den höheren Absatzchancen zog das Unternehmen 1878 nach Düsseldorf. In den Jahren 1893 und 1905 traten nacheinander auch die Söhne Fritz Henkel jun. und Dr. Hugo Henkel in den Familienbetrieb ein. Sie waren maßgeblich an der Entwicklung des sich formierenden Markenportfolios von Henkel in Deutschland beteiligt. Der Durchbruch gelang dem aufstrebenden Chemiekonzern im Jahr 1907 mit der Einführung des selbsttätigen Waschmittels Persil, das schnell zu einem der beliebtesten Waschmittel in Deutschland wurde. 1922 startete die Klebstoff-Produktion am Standort in Düsseldorf. Im Frühjahr 1929 begann unter der Leitung von Dr. Hugo

H

Blick über das Werksgelände von Henkel in Düsseldorf

Henkel die Produktion von Reinigungsmitteln für Industrie und Handwerk, die den Geschäftsbereich der Oberflächentechnik begründete. In den Jahren 1933 und 1948 traten die Söhne von Hugo Henkel, Jost und Konrad, in das Unternehmen ein. Nach dem unerwarteten Tod seines Bruders übernahm Dr. Konrad Henkel ab 1961 die Geschäftsführung. Er prägte v. a. die internationale Struktur und Ausrichtung des Konzerns. Konrad Henkel war das letzte Mitglied der Familie Henkel, das operativ im Unternehmen tätig war.

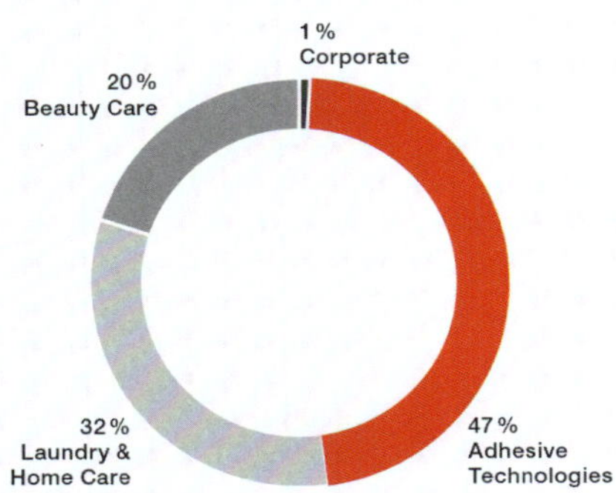

Heute blickt das Unternehmen auf eine über 140-jährige Erfolgsgeschichte zurück. Die Mitglieder der Familie Henkel halten mit 61,2 % die Mehrheit der Stammaktien. Die operative Führung der Geschäfte obliegt dem Vorstand der Henkel Management AG, deren Vorstandsvorsitzender Carsten Knobel seit 2020 im Amt ist. Die Familie Henkel ist nach wie vor in wichtigen Gremien präsent und wahrt so ihren Einfluss auf die Unternehmensaktivitäten. So ist die Ururenkelin des Firmengründers Fritz Henkel, Dr. Simone Bagel-Trah, Vorsitzende des Aufsichtsrats und des Gesellschafterausschusses. Der Familienwert gibt dem Konzern bis heute eine einzigartige und unverwechselbare Identität.

Daten und Fakten

Inhaberfamilie: Familie Henkel
Gründer: Fritz Henkel, 1876, Aachen
Branche: Konsumgüter- und Industriekonzern
Produkte: breites Produkt- und Markensortiment in den Bereichen Wasch-/Reinigungsmittel, Schönheitspflege und Klebstoff-Technologien mit Top-Marken wie Persil, Schwarzkopf und Loctite

Die Top-Marken der Unternehmensbereiche Adhesive Technologies, Beauty Care und Laundry & Home Care

H

Carsten Knobel ist Vorsitzender des Vorstands; Dr. Simone Bagel-Trah, Ururenkelin des Firmengründers, vertritt die Familie in den Kontrollgremien.

Chronologie

1876 Fritz Henkel gründet die Waschmittelfabrik Henkel & Cie. in Aachen. Zwei Jahre später verlegt er das Werk nach Düsseldorf.

1893 Fritz Henkel jun. tritt als Lehrling in das Unternehmen ein. 1904 wird er Teilhaber der Henkel OHG.

1905 Mit Hugo Henkel tritt auch der jüngste Sohn des Werksgründers dem Familienbetrieb bei. Der promovierte Chemiker wird 1908 zum persönlich haftenden Gesellschafter der Firma ernannt.

1907 Die Forscher von Henkel entwickeln das selbsttätige Waschmittel Persil, das zum meistverkauften Waschmittel Deutschlands avanciert.

1933 Der Volkswirt Jost Henkel, erster Sohn von Hugo Henkel, tritt in das Unternehmen ein. 1948 folgt ihm sein Bruder Konrad.

1961 Dr. Konrad Henkel übernimmt nach dem Tod seines Bruders Jost die alleinige Leitung des Unternehmens.

1980 Mit dem Wechsel von Konrad Henkel in den Aufsichtsrat und den Gesellschafterausschuss beginnt die Ära des familienfremden Managements in der Geschäftsführung.

1985 Henkel geht an die Börse.

1990 Dipl.-Ing. Albrecht Woeste, ein Urenkel des Firmengründers, repräsentiert fortan die Inhaberfamilie als Vorsitzender der zwei Kontrollgremien.

2009 Dr. Simone Bagel-Trah, Ururenkelin des Firmengründers, wird Vorsitzende des Aufsichtsrates und des Gesellschafterausschusses.

2011 Gründung der Fritz-Henkel-Stiftung, um das gesellschaftliche Engagement des Unternehmens und seiner Mitarbeitenden weiter auszubauen

2020 Carsten Knobel wird Vorstandsvorsitzender.

Standorte: Hauptsitz in Düsseldorf, internationales Standortnetz in 56 Ländern an 185 Standorten
Mitarbeitende: 53.000 weltweit
Umsatz: 19,899 Mrd. Euro (2018)
Marktposition: Weltmarktführer bei Klebstoffen, führende Positionen bei Wasch-/Reinigungsmitteln (Laundry & Home Care) und Schönheitspflege (Beauty Care)
Innovationen: erstes phosphatfreies Waschmittel, Niedrigtemperatur-Wasch- und -Maschinengeschirrspülmittel, erstes Haarwaschpulver in Deutschland, Innovationsführer im Bereich Klebstoff-Technologien
Ausbildungsplätze in Deutschland: 163 Auszubildende und dual Studierende (2018)
Familieneinfluss: Gesellschafterausschuss beruft die Mitglieder der Geschäftsführung, Dr. Simone Bagel-Trah sitzt als Familienmitglied den Kontrollgremien vor
Unternehmensanteile der Familie: 61,2 % über den Aktienbindungsvertrag der Familie Henkel
Kontrollgremien: Aufsichtsrat, Gesellschafterausschuss
Eigenkapitalquote: 57,7 %
Auszeichnungen: Henkel zählt zu den „World's Most Admired Companies" 2018; zahlreiche Auszeichnungen für Leistungen im Bereich Nachhaltigkeit durch Ratings und Rankings, u. a.: „Gold Recognition Level" von EcoVadis, zum 18. Mal in Folge im FTSE4Good Index, bestes Unternehmen in der Kategorie „Haushalt und Körperpflege" im Corporate Responsibility Review 2018 von Oekom Research; Henkel Deutschland wurde zum 10. Mal vom Top Employer Institute als einer der besten Arbeitgeber weltweit ausgezeichnet.
Literatur: W. Feldenkirchen u. a.: Menschen und Marken – 125 Jahre Henkel (2001); Chronik 140 Jahre Henkel (2016)

Kontakt

Henkel AG & Co. KGaA
Henkelstr. 67, 40589 Düsseldorf
Fon: 0211 797-0
www.henkel.de

Ansprechpartner Presse

Carsten Tilger
Fon: 0211 797-3533
corporate.communications@henkel.com

HENKELHAUSEN

Krefeld, Nordrhein-Westfalen

Gegründet: 1936

Die HENKELHAUSEN Gruppe projektiert, installiert, wartet und repariert Antriebsquellen basierend auf Dieselmotoren wie Industriemotoren, Motoren für Baumaschinen oder Bohrgerät, Pumpenaggregate, Notstromanlagen, Stromaggregate, USV, Lok- oder Marinemotoren. Zum Portfolio zählen auch Gasmotoren, Energietechnik und Originalersatzteile.

Als Regionalvertretung West der DEUTZ AG und Volvo Penta Center Plus bietet die Gruppe ein umfassendes motoren- und elektrotechnisches Know-how mit Kundendienst. HENKELHAUSEN ist spezialisiert auf die Wartung und Instandhaltung von Motoren der Hersteller DEUTZ, Volvo Penta, MWM, MTU und MAN.

Das Unternehmen wurde 1936 von Arthur Henkelhausen gegründet. 2003 wurden Lutz und Petra Goebel Mehrheitsgesellschafter, heute hält die Familie 100 % der HENKELHAUSEN-Anteile.

Kontakt

HENKELHAUSEN GmbH & Co. KG
Hafenstr. 51, 47809 Krefeld
www.henkelhausen.de

Henry Lambertz

Aachen, Nordrhein-Westfalen

H

Gegründet: 1688

Die Aachener Printen- und Schokoladenfabrik Henry Lambertz GmbH & Co. KG mit Stammsitz in Aachen ist einer der führenden Anbieter auf dem Gebiet feiner Backwaren. 2021 feiert das Unternehmen sein 333-jähriges Firmenjubiläum und blickt dabei auf eine außerordentliche Erfolgsgeschichte zurück.

Das Sortiment umfasst Herbst- und Weihnachtsgebäck wie Printen, Dominosteine und Lebkuchen. In diesem Segment ist Henry Lambertz Weltmarktführer. Dazu kommen Ganzjahresartikel wie Gebäckmischungen, Kleinkuchen und Pralinen sowie Vitalgebäck. Neben der Henry Lambertz GmbH gehören auch die Firmen Wilhelm Kinkartz GmbH & Co. KG, die Weiss-Lebkuchenfabrik Neu-Ulm GmbH, Haeberlein-Metzger und seit 2014 auch die Dresdner Traditionsfirma Dr. Quendt GmbH & Co. KG zur Lambertz-Gruppe. Bekannte Marken sind entsprechend Weiss, Haeberlein-Metzger, Kinkartz, Dr. Quendt und Lambertz.

Die rd. 4.000 Mitarbeitenden der Lambertz-Gruppe verteilen sich auf insgesamt acht Werke, wovon sich sechs in Deutschland befinden (Aachen, Erkelenz, Ladbergen, Neu-Ulm, Nürnberg und Dresden) und zwei in Polen. Die hier produzierten Waren sind ausschließlich für den polnischen bzw. osteuropäischen Markt bestimmt. Lambertz USA, gegründet 2007, ist bei den großen Handelsketten wie Walmart, Sam's Club und Walgreens vertreten. Das Unternehmen mit einem Jahresumsatz von rd. 626 Mio. Euro (Geschäftsjahr 2018/2019) exportiert in weltweit 60 Länder und weist eine Auslandsquote von 25 % aus. Eine Besonderheit

„Es muss sich alles ändern, damit es bleibt, wie es ist."

Prof. Dr. Hermann Bühlbecker, Alleingesellschafter der Unternehmensgruppe Lambertz, Honorarkonsul der Republik Côte d'Ivoire

Prof. Dr. Hermann Bühlbecker, Alleingesellschafter der Unternehmensgruppe Lambertz, Honorarkonsul der Republik Côte d'Ivoire (oben); die Firmenzentrale in Aachen (unten)

H

ist, dass sich mit Lambertz ein Markenartikler ohne Einsatz klassischer Werbemaßnahmen am Markt etablieren konnte. Als Marketing-Tools werden stattdessen medienwirksame Events, wie z. B. die jährliche Lambertz Monday Night zur Internationalen Süßwarenmesse (ISM) oder die Produktion des limitierten Lambertz FineArt Kalenders genutzt.

Der Gründer Henry Lambertz beantragte bereits im Jahr 1688 die Konzession für ein erstes Backhaus am Aachener Markt. Dieses nannte er „Haus zur Sonne". In der Folge kamen zahlreiche Innovationen aus dem Hause Lambertz. So süßte Henry Lambertz IV. im Jahr 1820 den Printenteig erstmalig mit Zuckersirup und Farinzucker und schnitt ihn in Rechtecke. Auf diese Weise entstand die Kräuterprinte. Henry Lambertz verließ 1878 das Unternehmen und veräußerte seine Anteile an seinen Vetter Christian Geller, der die Familientradition weiterführte. Noch heute liegen die Unternehmensanteile zu 100 % bei der Inhaber- bzw. der Nachfolgerfamilie. Prof. Dr. Hermann Bühlbecker übernahm das Unternehmen im Jahr 1978 in 9. Generation, als es einen Jahresumsatz von lediglich 16 Mio. DM erwirtschaftete. Er erweiterte

Henry Lambertz gründete das Unternehmen im Jahr 1688 (oben); das historische Stammhaus in Aachen (Mitte); eines der ersten Auslieferungsfahrzeuge (unten).

Schon gewusst?

- Lambertz war Hoflieferant der Regenten von Preußen wie auch des niederländischen und belgischen Königshauses.
- 1870 kam die Tochter des damaligen Firmeninhabers auf die Idee, eine Kräuterprinte in einen Kübel mit Schokolade zu tauchen. Auf diese Weise entstand die Schokoladenprinte, das erste Gebäckstück in Deutschland, das mit Schokolade überzogen war.
- Die Produkte aus dem Hause Lambertz werden von deutschen Politikerinnen und Politikern gerne als Gastgeschenke für politische Partner mitgenommen. Auf diese Weise gelangten die Süßwaren bis ins Weiße Haus in Washington, D.C. Auch beim G7-Gipfel im Jahr 2015 in Deutschland wurden die Staatsgäste mit Erzeugnissen von Lambertz bewirtet.

Seit 1688 produziert das Haus Lambertz feine Backwaren.

das Herbst- und Weihnachtssortiment und ergänzte die Produktpalette um Ganzjahresartikel. Mit Beginn seiner Tätigkeit im Unternehmen veränderte sich das Sortiment umfassender als in den 300 Jahren zuvor.

Auf der operativen Ebene agieren zwei Geschäftsführer. Als Kontrollgremium ist ein Beirat eingesetzt, der mindestens einmal im Quartal tagt. Das Gremium entscheidet u. a. auch über Fragen der Nachfolgeregelung. Der Alleininhaber des Unternehmens, Prof. Dr. Hermann Bühlbecker, ist zugleich Vorsitzender des Beirats. Bei der Wahl der Geschäftsführer lässt sich der Inhaber beraten. Zu den unternehmerischen Zielen des Familienunternehmens gehören der stetige Ausbau des Geschäfts auf dem US-Markt sowie die weitere Expansion in Osteuropa und Asien. Mit jährlich 44 Azubis zählt Lambertz zu den wichtigsten Ausbildungsbetrieben der Region Aachen. Das Unternehmen setzt sowohl nach innen als auch in der Außenwirkung einen Schwerpunkt auf die Förderung von Sport, Gesundheit und Bildung.

Unternehmensgruppe Lambertz			
Aachener Printen- und Schokoladenfabrik Henry Lambertz GmbH & Co. KG	Max Weiss Lebkuchenfabrik Neu-Ulm GmbH	Lambertz Polonia Sp.z o.o POLEN	Henry Lambertz Inc. USA
Wilhelm Kinkartz GmbH & Co. KG Aachener Printen und Lebkuchen-Spezialitäten	Haeberlein-Metzger Nürnberg	Feinbäckerei Otten GmbH & Co. KG	Spezialitäten-Haus für Aachener Printen und Lebkuchen G. Schulteis GmbH
Heemann Lebkuchen- und Süßwaren-Spezialitäten GmbH Zweigniederlassung der LAC Beteiligungs GmbH	Ferdinand Wolff GmbH & Co. Nürnberg	Dr. Quendt GmbH & Co. KG	

Gesellschaftliche Verantwortung

Die Firma Lambertz engagiert sich in zahlreichen Initiativen, die die dringendsten globalen Probleme fokussieren. So ist Prof. Dr. Hermann Bühlbecker Mitglied der Clinton Global Initiative (CGI), die vom ehemaligen US-Präsidenten Bill Clinton ins Leben gerufen wurde. Die Initiative führt Staatsoberhäupter und Wirtschaftsführer aus der ganzen Welt zusammen. Durch großes Engagement und umfangreiche Aktivitäten wird versucht, Lösungen für die dringendsten Probleme der Weltgesellschaft herbeizuführen. Im Mittelpunkt stehen vor allem globale Herausforderungen wie Klimawandel, Armutsbekämpfung, Energiepolitik, Bildung und globale Gesundheit. Ein zweiter, mit dem Thema globale Gesundheit zusammenhängender Schwerpunkt im sozialen Engagement des Unternehmens liegt auf der Bekämpfung der Immunschwächekrankheit Aids. Bühlbecker unterstützt als Mitglied die amfAR (American Foundation for Aids Research) und die Elton John Aids Foundation. Eine dritte Säule im Bereich der gesellschaftlichen Verantwortung bezieht sich auf das Thema Sport. Lambertz fördert z. B. das größte Reitturnier der Welt, den CHIO Aachen, und ist Mitveranstalter der großen Media Night zur Turniereröffnung. In der Ersten Bundesliga spielt ein dem Unternehmen zugehöriges Tennisteam: Die Mannschaft Kurhaus Lambertz Aachen, in der sich auch fast alle deutschen Daviscup-Spieler befinden. Daneben fördert Lambertz weitere Sportvereine und unterstützt die Deutsche Sporthilfe.

H

Mitgliedschaften in wirtschaftlichen Verbänden

Als Alleininhaber eines so traditionsreichen Unternehmens ist sich Prof. Dr. Hermann Bühlbecker seiner unternehmerischen Verantwortung bewusst, was seine Mitgliedschaft in wirtschaftlichen Verbänden belegt. Im internationalen Rahmen agiert Lambertz langjährig als Mitglied des Consumer Goods Forum – das einzige unabhängige und global ausgerichtete Netzwerk der Lebensmittelbranche. Mit rd. 400 Mitgliedsfirmen und Dependancen in Paris, Washington, Singapur, Tokio und Shanghai bringt die 1953 gegründete Initiative die Entscheiderinnen und Entscheider aus Handel und Herstellung zusammen. Dabei werden Wissensaustausch, die Entwicklung zukunftsgerichteter Ideen und der Kontakt zu anderen Branchenvertreterinnen und -vertretern ermöglicht. Im Rahmen der jährlich stattfindenden Tagungen des Consumer Goods Forum hat Lambertz den „Deutschsprachigen Abend" etabliert, auf dem die Wirtschaftsführer Deutschlands, der Schweiz und Österreichs zum Erfahrungsaustausch geladen werden. Im Bundesverband der Deutschen Süßwarenindustrie (BDSI) ist Prof. Dr. Bühlbecker im Vorstand für den Bereich Gebäck. Der BDSI ist ein Fachverband mit 215 Mitgliedsunternehmen und vertritt die Interessen der überwiegend mittelständischen Unternehmen der deutschen Süßwarenindustrie auf nationaler, europäischer und internationaler Ebene. Im Bundesverband mittelständischer Wirtschaft (BVMW) ist Bühlbecker Mitglied des Wirtschaftssenats, in den Persönlichkeiten berufen werden, die Vorbild, Vorkämpfer und Vordenker des deutschen Mittelstands sind. Der BVMW ist ein berufs- und branchenübergreifender Verband, der – parteipolitisch neutral – die Interessen der kleinen und mittleren Unternehmen gegenüber Politik, Behörden, und Gewerkschaften vertritt. 1999 wurde Bühlbecker vom BVMW der Titel Senator h.c. verliehen. In dieser Funktion gibt er kreative Impulse, die den Einfluss des Mittelstands auf die Politik stetig verstärken sollen. Er ist weiterhin Mitglied des Europäischen Wirtschaftssenats (EWS).

Die Lambertz-Gruppe ist Weltmarktführer für Herbst- und Weihnachtsgebäck.

H

Chronologie

1688 Henry Lambertz gründet das Backhaus „Haus zur Sonne" in Aachen.

1820 Erste Kräuterprinte auf Zucker- und Sirupbasis

1870 Einführung der Schokoladenprinte

1963 Kompletter Neubau der Firmenanlage, nachdem im Zweiten Weltkrieg etwa 75 % der Produktionsstätten zerstört worden waren

1994 Übernahme der Lebkuchenfabrik Weiss, Neu-Ulm, und der Firma Wolff, Nürnberg

1998 Gründung der Lambertz Polonia in Kattowitz

1999 Zukäufe der Traditionsfirmen Kinkartz und Haeberlein-Metzger in Würselen und Nürnberg

2000 Aufstieg zum Weltmarktführer für Herbst- und Weihnachtsgebäck

2007 Gründung Lambertz USA

2014 Übernahme der Traditionsfirma Dr. Quendt in Dresden

2020 Auszeichnung für hervorragende Markenführung als eine der stärksten Marken Deutschlands mit dem internationalen Status einer „Superbrand"

Daten und Fakten

Inhaberfamilie: Prof. Dr. Hermann Bühlbecker zu 100% in der direkten Nachfolge der Familie Lambertz, 9. Generation
Gründer: Henry Lambertz, 1688, Aachen
Branche: Süßwaren
Mitarbeitende: rd. 4.000 (2019)
Umsatz: 626 Mio. Euro (Geschäftsjahr 2018/2019)
Marktposition: Weltmarktführer für Herbst- und Weihnachtsgebäck
Innovationen: Erfindung der Kräuterprinte als erstes Gebäck mit Schokoladenüberzug, Saftprinte, Vitalgebäck
Ausbildungsplätze p. a.: 44
Kontrollgremium: Beirat
Wichtigste Auszeichnungen: „Goldener Zuckerhut", höchste Auszeichnung der deutschen Lebensmittelwirtschaft, (1998); „Unternehmer des Jahres" für Prof. Dr. Bühlbecker, FAZ, Manager Magazin, EY (2002); Wahl in die „Gruppe der erfolgreichsten Familienunternehmen Deutschlands", IMPULSE (2004); Bundesverdienstkreuz am Bande für Prof. Dr. Hermann Bühlbecker (2004); „Deutsche Superbrand" (2012, 2016, 2018, 2020), internationales Markensiegel; „Weltmarktführer für Herbst- und Weihnachtsgebäck", Wirtschaftsministerium NRW (2012);„Marke des Jahrhunderts" (2012); Bundesehrenpreis in Gold des Bundesministeriums für Ernährung, Landwirtschaft und Verbraucherschutz (2013), Clinton Global Award (2014), NRW-Verdienstorden (2018), ISM Award der Internationalen Süßwarenmesse (2019)
Literatur:
Karl F. Kittelberger: Das Aachener Printenbuch (1991); Prof. Dr. Hermann Bühlbecker (Hrsg.): Genuss Ansichten (2013)

Kontakt

Aachener Printen- und Schokoladenfabrik
Henry Lambertz GmbH & Co. KG
Borchersstr. 18, 52072 Aachen
Fon: 0241 8905-0, Fax: 0241 8905-270
info@lambertz.de, www.lambertz.de

Ansprechpartner Presse

Martin Heinen
(PRINZIP – Agentur für Kommunikation)
Fon: 02402 709470-0
m.heinen@pr-heinen.de

Prof. Dr. Bühlbecker, Fürst Albert II. von Monaco, Fürstin Charlene von Monaco und Karl Lagerfeld (oben, v. l.); Prof. Dr. Bühlbecker und Kronprinz Haakon von Norwegen (Mitte, v. l.); Prof. Dr. Bühlbecker, Elton John und David Furnish beim White Tie and Tiara Ball (unten, v. l.)

H

Heraeus Holding

Hanau, Hessen

„Schwerpunkte unseres Handelns sind die Bereiche Umwelt, Gesundheit, Mobilität und Digitalisierung."

Jan Rinnert, CEO Heraeus

Gegründet: 1660

Der Technologiekonzern Heraeus mit Sitz in Hanau ist ein weltweit führendes Portfoliounternehmen in Familienbesitz. Die Wurzeln des Unternehmens reichen zurück auf eine 1660 von der Familie betriebene Apotheke.

Heraeus bündelt heute eine Vielzahl von Geschäften in den Feldern Umwelt, Energie, Elektronik, Gesundheit, Mobilität und industrielle Anwendungen. Im Geschäftsjahr 2018 erzielte Heraeus einen Gesamtumsatz von 20,3 Mrd. Euro und beschäftigt rd. 15.000 Mitarbeitende in 40 Ländern.

Heute zählt Heraeus zu den Top-10-Familienunternehmen in Deutschland und hat eine führende Position auf seinen globalen Absatzmärkten. Mit fachlicher Kompetenz, Exzellenz sowie der Ausrichtung auf Innovationen und einer unternehmerisch geprägten Führungskultur strebt das Unternehmen danach, seine Leistungsfähigkeit kontinuierlich zu verbessern. Indem Heraeus einzigartige Materialkompetenz mit Technologieführerschaft verbindet, schafft es hochwertige Lösungen für seine Kunden und stärkt nachhaltig deren Wettbewerbsfähigkeit.

Die starke Marktstellung des Unternehmens als Technologiekonzern basiert ganz wesentlich auf seiner Innovationskraft. Innovationen entstehen auf vielfältige Weise. Heraeus Geschäftsbereiche haben eine reichhaltig gefüllte Innovationspipeline. Dabei stehen die Kundenbedürfnisse immer im Vordergrund. Im neuen Kommunikations- und Innovationscenter fiftyONE arbeiten viele Entwicklerinnen und Entwickler im offenen Austausch agil zusammen. Viele neue Ideen entstehen hier.

Im eigenen Digital Hub digitalisiert Heraeus seine Produktionslandschaft und sein Produktportfolio. Ausgehend vom Kundenbedürfnis entwickelt Heraeus neue Lösungen, um bestehende Maschinen zu verknüpfen

Geschäftsführung der Heraeus Holding: Jan Rinnert, CEO (oben), Rolf Wetzel, CFO (Mitte), und Dr. André Kobelt (unten)

Gibt seit 2018 Raum für neue Ideen: das Innovationscenter fiftyONE.

Forschung & Entwicklung

Weniger als zwei Jahre nach dem Spatenstich feiert Heraeus die Eröffnung der modernsten Edelmetallfabrik der Welt in Nanjing, China. Die 84.000-m²-Fabrik erhöht die Kapazität für das Raffinieren und Recyceln von Edelmetallen und Chemieprodukten deutlich. Die Recycling-Kapazität von Heraeus in China steigt auf 3.000 t, die Kapazität der Chemieproduktion steigt um das Dreifache. Bis 2020 sollen hier mehr als 200 hochqualifizierte Mitarbeitende beschäftigt sein. China ist einer der weltweit größten Verbraucher von Platingruppenmetallen. Mangels natürlicher Ressourcen ist das Land abhängig von Importen und Recycling. Gemeinsam mit Unternehmen entlang der gesamten Edelmetall-Wertschöpfungskette arbeitet Heraeus in China an einer nachhaltigeren und stärker innovationsorientierten Entwicklung und trägt zum Wachstum von Chinas neuem Werkstoffsektor bei. Dabei kommen im laufenden Betrieb neueste Technologien zum Einsatz.

oder digitale Erweiterungen seiner Produkte zu entwickeln. Auch E-Commerce-Lösungen werden hier erdacht und mit den Geschäftsbereichen zur Marktreife gebracht.

Eigene Ideen schneller in den Markt bringen ist die Devise der internen Heraeus Start-ups. Vielversprechende Innovationen werden in eigene Organisationen ausgegliedert und wie externe Start-ups behandelt. Sie müssen Prototypen schnell weiterentwickeln und Kundenfeedback einholen. Durch regelmäßige Budgetpitches bleiben sie fokussiert und schlank. Ist das Start-up erfolgreich, entwickelt es sich mehr und mehr zu einer eigenen Geschäftseinheit. Wenn nicht, wird das Engagement eingestellt. Heraeus betreibt mehrere interne Start-ups.

Im Zuge von Open Innovation betreibt Heraeus ein aktives Start-up-Scouting und ist immer auf der Suche nach neuen Ideen und Technologien, die für die einzelnen Geschäftsbereiche relevant sein könnten. Dazu greift das Unternehmen auf Datenbanken zu, beteiligt sich an Venture Capital Fonds und hat ein eigenes Team von Scouts aufgebaut. Heraeus betreibt einen der wenigen Deep-Tech Start-up Acceleratoren. Das Programm unterstützt Technologie-Start-ups mit Expertenwissen im fachlichen Bereich und rund um organisatorische Fragen. Ziel ist es, langfristige Kooperationen aufzubauen.

Chronologie

1660 Isaac Heraeus legt mit der „Einhorn-Apotheke" den Grundstein der unternehmerischen Familienaktivität.

1856 Wilhelm Carl Heraeus gelingt es, Platin in der Knallgasflamme zu schmelzen; Gründung der ersten deutschen Platinschmelze.

1983 Dr. Jürgen Heraeus übernimmt die Unternehmensleitung in 4. Generation. Unter seiner Führung vollzieht sich der Wandel zum global agierenden Unternehmen. Er gründete 1985 die Heraeus Holding GmbH und leitete anschließend eine tief greifende Umstrukturierung des Unternehmens ein.

2013 Jan Rinnert übernimmt den Vorsitz der Geschäftsführung der Heraeus Holding, der er seit 2007 angehört. Erstmals seit dem Jahr 2000 steht damit wieder ein Mitglied der Gesellschafterfamilie an der Spitze der Geschäftsführung. Er baut Heraeus zum Portfoliounternehmen aus.

Im Edelmetallshop von Heraeus kann man Gold kaufen – von 1 g bis 1.000 g, als Barren geprägt oder gegossen.

H

Daten und Fakten

Inhaberfamilie: Familie Heraeus
Branche: Edelmetalle und Technologie
Geschäftsfelder: Umwelt, Energie, Elektronik, Gesundheit, Mobilität und industrielle Anwendungen
Auszeichnungen: „Top-500-Award" für kontinuierliches Wachstum und strategisches Management, WELT-Gruppe (2012); Deutscher Gründerpreis Lebenswerk für Dr. Jürgen Heraeus (2012); „Top 10 Familienunternehmen" von Stiftung Familienunternehmen (2016); „German Innovation Award" (2018); „Corporate Culture Award" (2018) beim 10. Deutschen Wirtschaftsforum; „Beste Ausbilder 2018" von Capital und Ausbildung.de; „Best Supplier Award" von Kyocera (2019); Platz 8 bei „Germany's Most Admired Companies" (2019)

Kontakt
Heraeus Holding GmbH
Heraeusstr. 12–14, 63450 Hanau
Fon: 06181 35-0
pr@heraeus.com, www.heraeus.com

Ansprechpartner Presse
Tore Prang
Fon: 06181 35-5890
Tore.prang@heraeus.com

Herbert Kannegiesser

Vlotho, Nordrhein-Westfalen

Gegründet: 1948
Die Herbert Kannegiesser GmbH ist ein weltweit tätiges Unternehmen, das mit seiner über 70-jährigen Firmengeschichte als einfacher Maschinenlieferant begann und heute als Weltmarktführer und kompetenter Technologiepartner der Großwäscherei gilt. Modernste Maschinen- und Datentechnik im Sinne der Industrie 4.0 garantiert Partnern aus der textilen Dienstleistung ein Höchstmaß an Hygiene, Qualität und Effizienz im Wäschereiprozess.

1948 wurde das Unternehmen durch Herbert Kannegiesser gegründet, der in einer Holzbaracke mit der Produktion von Bügelmaschinen begonnen hat. Das internationale Vertriebsnetz baute seine Ehefrau Irma auf, die bis 1980 in dem Familienbetrieb tätig war. Ihr gemeinsamer Sohn Martin Kannegiesser, der ehemalige Präsident des Arbeitgeberverbandes Gesamtmetall, führt das Unternehmen seit 1970 und gründete 2014 die Martin Kannegiesser Familienstiftung. Heute hat er zusammen mit seiner Tochter Tina Kannegiesser und Dipl.-Ing Engelbert Heinz die Geschäftsführung inne.

Kontakt
Herbert Kannegiesser GmbH
Kannegiesserring 8, 32602 Vlotho
www.kannegiesser.com

heroal

Verl, Nordrhein-Westfalen

Gegründet: 1874
heroal entwickelt und produziert mehrfach ausgezeichnete Aluminium-Systemlösungen für Rollläden, Sonnenschutz, Rolltore, Fenster, Türen und Fassaden. Der Leitgedanke des Unternehmens ist die Verbindung von Wirtschaftlichkeit und Ökologie in allen Geschäftsbereichen. Das Unternehmen nutzt Aluminium aus Recyclingkreisläufen sowie nachwachsende Rohstoffe in seinen „Green"-Isolierstegen. heroal betreibt ein Blockheizkraftwerk und erfüllt hohe Umweltstandards im Fuhrpark. Die Systemlösungen sorgen für Effizienz von der Planung über die Fertigung bis hin zum Gebäudebetrieb. Als marktführendes, beständig wachsendes Unternehmen mit langer Tradition beschäftigt heroal über 800 Menschen an drei Standorten und arbeitet mit 3.500 Fachpartnern zusammen.

Kontakt
heroal – Johann Henkenjohann GmbH & Co. KG
Österwieher Str. 80, 33415 Verl
www.heroal.de

H

Herrenknecht

Schwanau, Baden-Württemberg

Gegründet: 1977
Mit der Erfahrung aus mehr als 4.100 Projekten ist Herrenknecht Technologie- und Marktführer im Bereich der maschinellen Tunnelvortriebstechnik. Als einziges Unternehmen weltweit liefert Herrenknecht modernste Tunnelbohranlagen für alle Baugründe und in allen Durchmessern – von 0,10 m bis 19 m.

Die Produktpalette umfasst maßgeschneiderte Maschinen für Verkehrstunnel und Ver- und Entsorgungstunnel, Technologien zur Verlegung von Pipelines sowie Bohranlagen für Vertikal- und Schrägschächte und Tiefbohranlagen. Der Herrenknecht Konzern erwirtschaftete im Jahr 2018 eine Gesamtleistung von 1,316 Mrd. Euro. Weltweit beschäftigt das unabhängige Familienunternehmen rd. 5.000 Mitarbeitende, darunter bis zu 180 Auszubildende. Mit rd. 80 Tochter- und geschäftsnahen Beteiligungsgesellschaften im In- und Ausland kann Herrenknecht jederzeit schnell und gezielt umfassende Serviceleistungen nah am Projekt und am Kunden anbieten. Martin Herrenknecht ist Gründer, Namensgeber, Vorantreiber und Vorstandsvorsitzender der Herrenknecht AG. Nach dem Abschluss seines Ingenieurstudiums begann der Diplom-Ingenieur (FH) seine berufliche Laufbahn als Konstruktionsingenieur in der Schweiz. Es folgten mehrere Stationen als Projekt- und Konstruktionsleiter weltweit. 1975 gründete er das Ingenieurbüro Martin Herrenknecht, 1977 die Herrenknecht GmbH, die 1998 in die heutige Herrenknecht AG umgewandelt wurde.

Kontakt
Herrenknecht AG
Schlehenweg 2, 77963 Schwanau
Fon: 07824 302-0, Fax: 07824 340-3
pr@herrenknecht.de, www.herrenknecht.com

Herth+Buss

Heusenstamm, Hessen

Gegründet: 1925
Die Herth+Buss Fahrzeugteile GmbH & Co. KG führt unter der Marke Herth+Buss die beiden Sortimente Elparts und Jakoparts. Als Spezialist für Fahrzeugelektrik wird mit Elparts ein umfassendes Sortiment für jeden Bedarf von Pkw bis Nkw angeboten. Für japanische und koreanische Fahrzeugmodelle gibt es bei Herth+Buss das Ersatzteilsortiment Jakoparts. Das mittelständische Unternehmen bietet ein umfangreiches Dienstleistungsangebot, individuelle Lagervorschläge zur effizienten Lagerhaltung, Teileidentifikation durch passgenaue Produktdaten, Unterstützung am POS oder Teilnahme an Hausmessen und Kundenevents. Die 1925 gegründete Firma lieferte zunächst in erster Linie Isolierteile und Schleifringe für Zündsysteme. Heute wird das inhabergeführte Unternehmen von Holger und Ralf Drewing geleitet.

Kontakt
Herth+Buss Fahrzeugteile GmbH & Co. KG
Dieselstr. 2–4, 63150 Heusenstamm
www.herthundbuss.com

H

Hesse

Hamm, Nordrhein-Westfalen

Gegründet: 1910
Hesse als inhabergeführtes Familienunternehmen in der 3. und 4. Generation produziert Lacke und Beizen für Holz, holzähnliche Werkstoffe, Glas, Kunststoff und Metall. Gefertigt wird seit 1910 am Standort Hamm mit aktuell 420 Mitarbeitenden. Niederlassungen in Frankreich, Belgien und Dubai sowie Partnerschaften in Europa und Übersee bilden das Fundament der Exportaktivitäten. Zielgruppe ist das klassische Handwerk, der Innenausbau, die Möbel- und Parkettindustrie sowie die Folienbeschichtung in der Großindustrie. Schwerpunkte in der strategischen Sortimentsentwicklung werden dabei auf umweltfreundliche Wasserlacke, moderne UV-Systeme und Produkte aus nachhaltigen Rohstoffen gesetzt.

Kontakt
Hesse GmbH & Co. KG
Warendorfer Str. 21, 59075 Hamm
www.hesse-lignal.de

Hettich

Kirchlengern, Nordrhein-Westfalen

Gegründet: 1888
Die Unternehmensgruppe Hettich Holding GmbH & Co. oHG ist international mit zahlreichen Tochtergesellschaften und Niederlassungen vertreten und betreibt Produktionsstätten in Deutschland und im Ausland. Als Zulieferer für Möbelindustrie, Handwerk und Handel vertreibt Hettich weltweit Möbelbeschläge und Plattform-Lösungen und beschäftigt 6.700 Mitarbeitende, davon 3.600 in Deutschland. 2018 betrug der Umsatz 1,056 Mrd. Euro, der Exportanteil 71 %.

1888 gründete Karl Hettich in Schramberg das Unternehmen, dessen neues Werk in Ostwestfalen ab 1930 Scharniere für die Möbelwirtschaft produzierte. Nach einer Phase mit externen Anteilseignern ist das Unternehmen seit 2005 wieder zu 100 % im Besitz der Familie Hettich. Die Führung besteht aus einem familienunabhängigen Management und dem sechsköpfigen Beirat unter Vorsitz von Dr. Andreas Hettich.

Kontakt
Hettich Holding GmbH & Co. oHG
Vahrenkampstr. 12–16, 32278 Kirchlengern
www.hettich.com

Hevert-Arzneimittel

Nussbaum, Rheinland-Pfalz

Gegründet: 1956
Hevert-Arzneimittel ist ein deutscher Hersteller von homöopathischen und pflanzlichen Arzneimitteln sowie von Mikronährstoffpräparaten und gehört weltweit zu den zehn bedeutendsten Homöopathie-Herstellern.

Nahezu alle Arzneimittel werden in Nussbaum und Bad Sobernheim selbst gefertigt. Hevert verfügt über ein Portfolio von rd. 100 Produkten, dessen Schwerpunkte in den Bereichen Psyche/Schlaf, Erkältung und Vitaminmangel liegen. Hevert-Arzneimittel sind auch verfügbar in Chile, China, Indien, Kolumbien, Luxemburg, Österreich, Russland, der Mongolei, der Ukraine, den USA und den Vereinigten Arabischen Emiraten.

Dorothea und Emil Hevert gründeten Hevert-Arzneimittel 1956. Nach Leitung durch Dr. Wolfgang Hevert wird das Familienunternehmen heute in 3. Generation von Marcus und Mathias Hevert geführt.

Kontakt
Hevert-Arzneimittel GmbH & Co. KG
In der Weiherwiese 1, 55569 Nussbaum
www.hevert.com

HGDF Familienholding

Flensburg, Schleswig-Holstein

Gegründet: 1738

Die HGDF Familienholding geht zurück auf den Gründer Christian Dethleffsen, der im Jahr 1738 im Schiffshandel mit Partnern in Norwegen und Dänemark den Grundstein für die über 280-jährige Kaufmannstradition der Familie legte. Sein Sohn Lorenz und dessen Sohn Christian entwickelten das Unternehmen zu einem Handelsgeschäft für Holz- und Kolonialwaren weiter. Geschäftsbeziehungen nach Westindien erweiterten das Angebot um Rum, Zucker und Kaffee. Mit der ersten Branntwein-Destillation im eigenen Keller startete das Familienunternehmen ins Spirituosengeschäft. Die Brüder Diederich und Hermann G. teilten 1870 das Unternehmen nach Branchen. Hermann G. gründete die Firma „Herm. G. Dethleffsen Flensburg", die heutige HGDF Familienholding. Er übernahm das Spirituosengeschäft, der Kolonialwarenhandel wurde verkauft. 1907 folgte die Expansion des Spirituosengeschäfts mit dem Zukauf der Markenrechte und der Rezeptur für Bommerlunder. 1957 begannen die Vettern Hans und Hermann Dethleffsen mit dem branchenübergreifenden Ausbau des Unternehmens. Nach dem frühen Tod von Hermann

H

„Menschen vertrauen. Märkte erschließen. Werte leben."

Unternehmensgrundsätze HGDF Familienholding

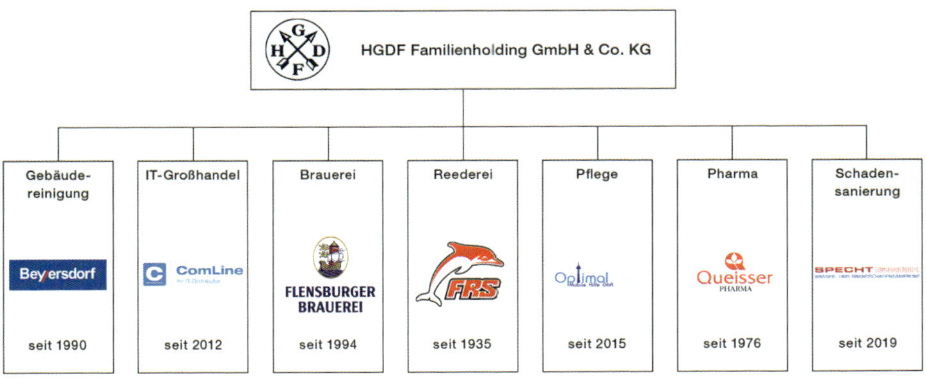

Geschäftsführer der HGDF Familienholding sind Andreas Dethleffsen (oben) und Gert Bendixen (unten).

Gesellschaftliche Verantwortung

Schutzengel

Die HGDF Familienholding engagiert sich in zahlreichen Projekten und pflegt eine fokussierte Spendenkultur. Darüber hinaus engagieren sich die Gesellschafter und ihre Familien persönlich in Ehrenämtern, wie etwa Christiane Dethleffsen, die im Jahr 2000 mit elf weiteren Flensburgern die gemeinnützige Organisation Schutzengel gründete. Mittlerweile an vier Standorten aktiv, unterstützen 23 hauptberufliche Mitarbeitende und 22 ehrenamtliche Helfer Hand in Hand bedürftige Familien dabei, dass ihre Kinder einen optimalen Start ins Leben erhalten. Die HGDF Familienholding bringt sich gerne dort ein, wo andere Unternehmen sich schwerer zu einem finanziellen Engagement motivieren lassen, weil kein Gegenleistungsangebot vorgelegt werden kann. Dazu zählen beispielsweise die Spenden an soziale Einrichtungen, Kinderförderungen durch Sportvereine oder kulturelle Einrichtungen wie die Flensburger Phänomenta. Daneben leben auch die einzelnen HGDF Tochterunternehmen ihre eigene Spenden- und Sponsoringkultur.

H

Chronologie

1738 Christian Dethleffsen gründet das Handelsgeschäft „Chr. Dethleffsen" und verschifft Agrarerzeugnisse nach Norwegen und Dänemark.

1780 Die Handelsregion wird auf Westindien ausgeweitet.

1793 Lorenz Dethleffsen richtet die erste Branntwein-Destillation ein. Fortan handelt das Unternehmen auch mit Spirituosen.

1870 Die Brüder Diederich und Hermann G. Dethleffsen teilen das Geschäft auf. Letzterer gründet die „Herm. G. Dethleffsen Flensburg", die heutige HGDF Familienholding.

1957 Hans und Hermann Dethleffsen bauen mit Werner Barth (ab 1974) das Portfolio aus: Doppelherz/Queisser (1976), Gebäudereinigung Beyersdorf (1990).

1994 Andreas und Hermann Dethleffsen tätigen neue Investitionen in die Flensburger Brauerei und die Förde Reederei. Gleichzeitig steigt HGDF aus dem Spirituosengeschäft aus.

2012 Anteilserwerb an der ComLine GmbH: Das Unternehmen steigt in den IT-Großhandel ein.

2015 Veräußerung der 2010 übernommenen agitalis AG (Seniorenwohnanlagen) und Einstieg in den ambulanten Pflegemarkt mit dem Anteilserwerb an der Optimal Mobile Hilfe GbR

2018 Gert Bendixen übernimmt die Nachfolge von Hermann Dethleffsen.

2019 Übernahme der Specht GmbH: Einstieg in die Wasser- und Brandschadensanierung

Aus der HGDF Historie: Seehandelsschiff „Urania" (oben); Gründer der heutigen Holding Hermann G. Dethleffsen (Mitte); Flensburger Brauereihof (unten)

Dethleffsen erwarb Hans Dethleffsen gemeinsam mit dem langjährigen Freund und HGDF Vorstandsmitglied Werner Barth im Jahr 1976 die Firma →Queisser, ein international aufgestelltes Pharmaunternehmen, und das Gebäudereinigungsunternehmen →Beyersdorf im Jahr 1990.

Ab 1994 setzen Andreas und Hermann Dethleffsen als Geschäftsführer in 8. Generation diesen Expansionskurs fort. Sie erwarben Anteile an der →Flensburger Brauerei, an der Flensburger Förde Reederei, am Medienhaus mh:n und der →agitalis GmbH. Parallel vollzogen sie den gezielten Ausstieg aus dem Spirituosengeschäft. Seit 2011 wird die Wachstums- und Diversifizierungsstrategie von HGDF mittels einer neu gegründeten M&A-Abteilung verstärkt verfolgt. 2012 übernahm die Holding die Mehrheitsanteile des Apple-Distributors →ComLine. 2015 wurde die 2010 übernommene stationäre Pflegegruppe agitalis veräußert und gleichzeitig in den ambulanten Pflegemarkt durch eine Beteiligung an der Optimal Mobile Hilfe GbR investiert.

Mit Beginn des Jahres 2018 folgte Gert Bendixen auf Hermann Dethleffsen in der Geschäftsführung der Holding. 2019 wurde mit der →Specht GmbH ein Dienstleistungsunternehmen aus der Wasser- und Brandschadensanierung übernommen.

Seitdem begleitet die HGDF Familienholding sieben Beteiligungsgesellschaften als finanzieller und strategischer Partner: Queisser Pharma, die Flensburger Brauerei, die Förde Reederei, die Beyersdorf-Gruppe, die ComLine GmbH, die Optimal Mobile Hilfe GbR und die Specht GmbH. Die HGDF Familienholding beschäftigt in der Gruppe

Die Kaufmannstradition begann mit dem Seehandel – Stammsitz der HGDF Familienholding ist Flensburg.

rd. 2.200 Mitarbeitende und erwirtschaftet einen Jahresumsatz von rd. 600 Mio. Euro. Nach wie vor ist das Unternehmen zu 100 % in Familienbesitz, die Anteile verteilen sich derzeit auf elf Gesellschafterinnen und Gesellschafter. Ein gewählter Beirat aus drei externen Familienunternehmern und drei Mitgliedern der Unternehmerfamilie begleitet die beiden Geschäftsführer.

Daten und Fakten

Inhaberfamilie: Familie Dethleffsen in 8. und 9. Generation
Gründer: Christian Dethleffsen im Jahr 1738
Branche: Pharmazeutische Industrie, Brauerei, IT-Großhandel, ambulante Pflegedienste, Gebäudereinigung, Schadensanierung, Reederei
Standorte: Flensburg, Hauptsitze der Tochterunternehmen im norddeutschen Raum
Mitarbeitende: 13 in der Holding, insgesamt 2.200 weltweit in der Gruppe
Familieneinfluss: von den Gesellschaftern gewählter Beirat kontrolliert und berät die Geschäftsführung
Unternehmensanteile der Familie: 100 %
Kontrollgremien: gewählter Beirat, Gesellschafterversammlung, Unternehmerfamilienausschuss

Kontakt
HGDF Familienholding GmbH & Co. KG
Raiffeisenstr. 13, 24941 Flensburg
Fon: 0461 90929-0, Fax: 0461 90929-42
info@hgdf.de, www.hgdf.de

HIMA

Brühl bei Mannheim, Baden-Württemberg

Gegründet: 1908
Die HIMA Gruppe ist der weltweit führende unabhängige Anbieter smarter Safety-Lösungen, u. a. für die Öl- und Gas-Industrie, die energieerzeugende und chemische Industrie, den Spezialmaschinen- und Anlagenbau sowie die Bahnindustrie. Zum Portfolio zählen zudem umfangreiche Services und Beratungsleistungen. Mit global mehr als 40.000 Installationen TÜV-zertifizierter Sicherheitssysteme gilt das Unternehmen als Technologieführer der Branche. Die individuellen Lösungen spezialisierter HIMA Ingenieurinnen und Ingenieure erhöhen die funktionale Sicherheit der Kunden, stärken die Cybersecurity, steigern die Rentabilität ihrer Anlagen wie Fabriken und schützen Wirtschaftsgüter, Mitarbeitende und die Umwelt. Das 1908 gegründete Familienunternehmen mit rd. 800 Mitarbeitenden ist heute an über 50 Standorten weltweit vertreten.

Kontakt
HIMA Paul Hildebrandt GmbH
Albert-Bassermann-Str. 28,
68782 Brühl bei Mannheim
www.hima.com

HiPP

Pfaffenhofen, Bayern

Gegründet: 1932
HiPP stellt Baby- und Kleinkindernahrung in Bio-Qualität her. Das Gesamtsortiment umfasst u. a. Gläschenkost, Säuglingsmilchnahrung, Babypflege, Windeln sowie Kita- und Kindergartengerichte. Nach eigenen Angaben ist HiPP marktführender Hersteller von Babynahrung in Deutschland und weltweit größter Verarbeiter biologisch erzeugter Rohstoffe. Geschäftsführende Gesellschafter sind die Brüder Prof. Dr. Claus Hipp und Paulus Hipp. Claus Hipps Söhne Stefan Hipp und Sebastian Hipp stehen als 4. Generation in der Verantwortung. Bereits 1899 stellte Joseph Hipp Babybrei her, indem er Zwiebackmehl mit Wasser und Milch mischte. Sein Sohn Georg Hipp gründete 1932 eine eigene Firma. 1956 stellte er den Bauernhof der Familie auf biologischen Anbau für HiPP-Produkte um. Im Jahr 1967 übernahm Claus Hipp das Unternehmen und entwickelte

H

es zu einer der bekanntesten Marken Deutschlands und zum Symbol für eine Wirtschaftsweise, die von ökologischer, ökonomischer und sozialer Nachhaltigkeit geprägt ist.

Kontakt
HiPP GmbH & Co. Vertrieb KG
Georg-Hipp-Str. 7, 85276 Pfaffenhofen
www.hipp.de

Hirschvogel

Denklingen, Bayern

Gegründet: 1938
Die Hirschvogel Automotive Group zählt zu den erfolgreichsten Herstellern von massivumgeformten Bauteilen aus Stahl und Aluminium. Als Partner der Automobilindustrie und Fertigungsspezialist für Massivumformung und Weiterveredelung gehören Anwendungsbereiche wie Diesel- und Benzineinspritzung, Motor, E-Antrieb, Getriebe, Antriebsstrang und Fahrwerk zu den Kernkompetenzen. Hirschvogel ist ein unabhängiges Familienunternehmen mit weltweit rd. 6.000 Mitarbeitenden. Der Gesamtumsatz im Jahr 2019 lag bei 1,23 Mrd. Euro. Neben dem Hauptsitz im oberbayerischen Denklingen ist Hirschvogel mit drei weiteren Werken in Deutschland sowie an Standorten in China, USA, Mexiko, Polen und Indien international präsent.

Kontakt
Hirschvogel Holding GmbH
Dr.-Manfred-Hirschvogel-Str. 6,
86920 Denklingen
www.hirschvogel.com

HLB Schumacher

Münster, Nordrhein-Westfalen

HLB SCHUMACHER

Gegründet: 1928
Die HLB Schumacher GmbH mit Stammsitz in Münster gehört auf den Gebieten der Wirtschaftsprüfung, Steuerberatung, wirtschaftsrechtlichen und betriebswirtschaftlichen Beratung lt. eigenen Angaben zu den bedeutendsten Unternehmen der Region. Mit über 130 Mitarbeitenden an den zwei Standorten in Münster und Leipzig erzielte das Unternehmen im Jahr 2019 einen Umsatz von 15 Mio. Euro.

An der partnerschaftlich organisierten Kanzlei ist ein Mitglied der Gründerfamilie Schumacher in 3. Generation beteiligt. Er hält Gesellschaftsanteile und übt wie alle weiteren 13 Partner des Unternehmens eine geschäftsführende Funktion aus. Die Geschäftsführung trifft sich monatlich; einmal im Jahr wird zudem eine mehrtägige Strategiesitzung abgehalten. Die Nachfolgeregelung ergibt sich aus der Satzung der Gesellschaft und dem Berufsrecht mit einigen Besonderheiten für die Mitglieder der Gründerfamilie. Neue Partner werden nur nach einstimmigem Beschluss der Gesellschafter-Geschäftsführer aufgenommen.

Das Unternehmen blickt auf eine über 90-jährige Geschichte zurück: Dr. Wilhelm Schumacher eröffnete 1928 in Münster ein Büro für „die Erteilung von Rat und Hilfe in Steuersachen“ und wurde 1931 der erste in

Der Stammsitz der HLB Schumacher GmbH ist in Münster.

Außenansicht und Eingangsbereich des HLB-Stammsitzes in Münster

Schon gewusst?

2019 ehrte HLB Schumacher Prof. Dr. Bernhard Großfeld, einen der renommiertesten deutschen Juristen, mit einem Festakt im Schloss zu Münster. Anlässlich seines 85. Geburtstages wurde Großfeld in diesem Rahmen eine Festschrift zum Thema Unternehmensbewertung als Geburtstagsgabe überreicht. Deren Herausgeber ist ein Partner von HLB Schumacher.

Münster zugelassene Wirtschaftsprüfer. 1962 übernahm sein Sohn Dr. Hans-Jürgen Schumacher die Führung der Kanzlei. Unter seiner Leitung erweiterte das Unternehmen seinen Wirkungskreis. Es wurde 1973 in eine Sozietät umgewandelt, die seit dem 1. Januar 1994 als GmbH firmiert. Mit Hans-Hermann Schumacher trat 1995 die 3. Generation ins Unternehmen ein. Seit 1985 ist HLB Schumacher Mitglied bei HLB, einem weltweiten Netzwerk unabhängiger, eigenständiger Wirtschaftsprüfungsgesellschaften.

2011 erfolgte die Gründung der HLB Schumacher Hallermann GmbH Rechtsanwaltsgesellschaft zum weiteren Ausbau der juristischen Beratung. Mit der HLB Schumacher GmbH Unternehmensberatung erweiterte das Unternehmen 2013 nochmals sein Leistungsangebot. Das Unternehmen sieht sein Wirkungsfeld im Bereich des national und international tätigen Mittelstands und legt Wert auf eine langfristige Beziehung zu seinen Mandantinnen und Mandanten, die durch die langjährige Tätigkeit der Partner gewährleistet wird. Nach dem partnerschaftlichen Konzept des Unternehmens werden alle Aspekte eines Mandats bei einem Partner gebündelt, der den Mandanten individuell und langfristig begleitet.

Daten und Fakten

Inhaberfamilie: Familie Schumacher in 3. Generation
Gründer: Dr. Wilhelm Schumacher, 1928, Münster
Branche: Wirtschaftsprüfung, Steuerberatung, Rechtsberatung
Mitarbeitende: über 130, davon rd. 100 am Stammsitz in Münster (2020)
Umsatz: 15 Mio. Euro (2019)
Kontrollgremien: Geschäftsführersitzung, tagt einmal im Monat
Eigenkapitalquote: 30 %

Kontakt
HLB Schumacher GmbH
An der Apostelkirche 4, 48143 Münster
Fon: 0251 2808-0, Fax: 0251 2808-280
info@hlb-schumacher.de, www.hlb-schumacher.de

„Wir beraten und begleiten unsere Mandanten persönlich, unkompliziert und lösungsorientiert. Und wenn es sein muss durchsetzungsstark."

Firmenmotto von HLB Schumacher

H

Hobby

Fockbek/Rendsburg, Schleswig-Holstein

Gegründet: 1967
Das Unternehmen Hobby baut Caravans und Reisemobile und hält damit nach eigenen Angaben weltweit eine Spitzenposition. Im Wohnwagenwerk in Fockbek bei Rendsburg sind mehr als 1.200 Mitarbeitende mit der Produktion von jährlich rd. 12.000 Caravans und 2.000 Reisemobilen befasst, der Vertrieb läuft über 350 Vertragshändler und feste Agenten oder Importeure in allen wichtigen europäischen Märkten. Der Exportanteil liegt bei Wohnwagen wie auch Wohnmobilen bei rd. 50 %. Gegründet wurde das Unternehmen im Jahr 1967 von Harald Striewski, der heute noch den Vorsitz der Geschäftsführung innehat. Zum Konzern gehören zudem die Fendt-Caravan GmbH im bayerischen Mertingen, die Rendsburger Feuerverzinkerei sowie die Formlight GmbH aus Warburg.

Kontakt
Hobby-Wohnwagenwerk
Ing. Harald Striewski GmbH
Harald-Striewski-Str. 15, 24787 Fockbek/Rendsburg
www.hobby-caravan.de

H

Hochland

Heimenkirch, Bayern

Gegründet: 1927

Die Hochland SE ist ein Familienunternehmen mit Sitz in Heimenkirch im Allgäu, das sich auf die Herstellung, Veredelung und den Vertrieb von Käse konzentriert. Hochland ist mit seinen Produkten im Lebensmitteleinzelhandel vertreten, beliefert darüber hinaus auch die Lebensmittelindustrie und die Gastronomie mit individuell entwickelten Produkten in allen gewünschten Angebotsformen.

Gegründet wurde das Unternehmen im Jahr 1927 als Hochland-Käsewerk von Georg Summer und Robert Reich in Goßholz bei Lindenberg. Ihr erstes Erzeugnis war ein 2-kg-Emmentaler-Schmelzkäseblock. Seitdem hat sich Hochland zu einem der größten privaten Hersteller von Käse in Europa entwickelt und beschäftigt heute rund 5.200 Mitarbeitende, davon etwa 2.000 in Deutschland. Gemeinsam erwirtschafteten sie im Jahr 2019 einen Umsatz von fast 1,6 Mrd. Euro. Neben zwei deutschen Werken verfügt die Hochland-Gruppe über elf weitere Produktionsstätten für Käse in Frankreich, Spanien, Polen, Rumänen, Russland und in den USA. Mit den bekannten Marken Hochland, Grünländer, Almette, Patros, Gervais und Valbrie/Valbon ist das Unternehmen national und international in allen bedeutenden Käsesegmenten vertreten. Mit ihrer Marke „Simply V" ist die Tochterfirma E.V.A. GmbH zudem Marktführerin für vegane Käsealternativen in Deutschland.

Zur Hochland-Gruppe gehört außerdem die Maschinenbaufirma Hochland Natec, mit Standorten in Deutschland und Australien.

Kontakt

Hochland SE
Kemptener Str. 17, 88178 Heimenkirch
Fon: 08381 502-0
www.hochland-group.com

Höfer

Urmitz, Rheinland-Pfalz

Gegründet: 1932

Die Höfer-Unternehmensgruppe ist in den Geschäftsfeldern Metallbearbeitung, Oberflächenveredlung und Aluminiumverarbeitung aktiv. An den Standorten Urmitz, Hettstedt und Dillingen a. d. Saar sind mehr als 350 Mitarbeitende beschäftigt. Im Jahr 1932 gründete Josef Höfer in Urmitz a. Rhein einen Betrieb zur Herstellung von Bimssteinen. Mit dem Rückgang der Bimssteinvorkommen sattelte das Unternehmen Anfang der 1970er-Jahre auf die Oberflächenveredelung von Metallen um. 2003 übernahm Höfer ein Aluminiumpresswerk zur Herstellung von Aluminiumprofilen in Hettstedt/Sachsen-Anhalt. 2008 vollzog das Unternehmen den Übergang auf die 3. Generation. Ursula Couvreux und Christoph Höfer bilden heute die Geschäftsführung.

Kontakt

Josef Höfer GmbH
Josef-Höfer-Str. 1, 56220 Urmitz/Rhein
www.hoefer-hmt.de

Hoffmann & Co.

Frankfurt a. Main, Hessen

Gegründet: 1948

Die Hoffmann & Co. Haus- und Grundstücksverwaltung OHG verwaltet eigene Immobilien überwiegend in Deutschland, daneben auch Land- und Forstwirtschaft sowie Wohnimmobilien in Österreich, nahe Wien. Zum Portfolio gehören Mehrfamilienhäuser mit großen und kleinen Wohnungen, Einfamilienhäuser, Büroräume sowie Werkshallen, auch mit Büroräumen.

1948 gründete Paul Jakob Hoffmann in Frankfurt a. Main die Hoffmann & Co. Bauausführungen und Verputz. In der Nachkriegszeit baute die Firma Schulen, Krankenhäuser, Kindergärten sowie Siedlungen und restaurierte die Innenwände des Frankfurter Doms originalgetreu mit selbst hergestelltem Kalkputz. Nach dem Tode des Gründers 1990 führte seine Frau Maria Hoffmann das Unternehmen und wandelte es 1991 um in eine Vermögens- und Immobilienverwaltung. Sie verstarb 1997, seither wird das Unternehmen in 2. Generation von ihren Töchtern, den geschäftsführenden Gesellschafterinnen Ingrid Hoffmann und Dr. Christiane Hoffmann, geführt. Schon der Gründer verfolgte das Ziel, mit nachhaltiger Qualität zum Wohle der Menschen zu bauen und seine Grundsätze werden bis heute gewahrt. Hoffmann & Co. konzentriert sich nunmehr auf das Bauen und Sanieren im Bestand sowie die Vermietung und Verwaltung eigener Objekte. Die Interessenten aus aller Welt profitieren dabei von dem Bestreben, allen Mietern ein besonderes Wohlfühlklima zu bieten und schätzen u. a. die hochwertige Ausstattung, umweltfreundlichen Baumaterialien und zahlreichen Dienstleistungen. Qualität und Orientierung an den Bedürfnissen der Mieterinnen und Mieter stehen auch bei der Sanierung von Altbauten und der Modernisierung älterer Wohnungen im Vordergrund.

Ingrid Hoffmann und Dr. Christiane Hoffmann sind ehrenamtlich stark engagiert. Sie setzen sich u. a. für die Förderung der Lebens- und Arbeitsbedingungen der Einwohnerinnen und Einwohner Benins ein und haben die Markteinführung von Beniner Agrarprodukten, wie z. B. Bio-Ananas, in Deutschland maßgeblich unterstützt. Über-

Schon gewusst?

Im kriegszerstörten Frankfurt a. Main reüssierte Unternehmensgründer Paul Hoffmann mit einer Vielzahl von Projekten, nicht zuletzt bei öffentlichen Einrichtungen wie Krankenhäusern oder Schulen. Besonders am Herzen lag ihm auch der Wiederaufbau der Baudenkmäler seiner historisch bedeutenden Vaterstadt. Der in der Geschichte der deutschen Demokratie so wichtige Frankfurter Dom erhielt bei seiner Wiederherstellung einen Innenputz zurück, der sich am mittelalterlichen Original orientierte. Den dafür benötigten gelöschten Kalk förderte und verarbeitete Hoffmanns Firma selbst. Damit war er zeitlebens als Dom-Hoffmann in der Stadt bekannt.

Ingrid und Dr. Christiane Hoffmann (v. l.) führen das Familienunternehmen in der 2. Generation.

H

„Verwaltung mit Herz"

Firmenmotto

Das Famillienunternehmen Hoffmann & Co. verwaltet hochwertige Neu- und Altbauten in Frankfurt a. Main.

H

dies ist Ingrid Hoffmann Mitglied im Bundessenat des Verbandes „Die Familienunternehmer e. V." und leitet dort den Regionalkreis Rhein-Main. Im Jahr 2019 wurde sie hierfür mit einem Ehrenpreis ausgezeichnet.

Daten und Fakten

Inhaberfamilie: Familie Hoffmann in 2. Generation
Gründer: Paul Hoffmann, 1948, Frankfurt a. Main
Branche: Immobilienverwaltung
Familieneinfluss: inhaberinnengeführt von den geschäftsführenden Gesellschafterinnen
Unternehmensanteile der Familie: zu 100% bei Ingrid Hoffmann und Dr. Christiane Hoffmann
Mitgliedschaften: Die Familienunternehmer e. V.; Stifterverband; Wirtschaftsrat der CDU; Wirtschaftsinitiative FrankfurtRheinMain e. V.

Kontakt
Hoffmann & Co.
Vermögens- und Immobilienverwaltungs oHG
Offenbacher Landstr. 185,
60599 Frankfurt a. Main
Fon: 069 610068-09, Fax: 069 610068-18
info@hoffmannco.de

Hoffmann Group

München, Bayern

Gegründet: 1993
Die Hoffmann Group ist Europas führender Anbieter von Qualitätswerkzeugen für professionelle Anwender und hat u. a. auch Betriebseinrichtungen sowie Personenschutzausrüstung in ihrem Portfolio. In einem Katalog und dem eigenen E-Shop sind z. B. die Premium-Werkzeugmarke GARANT und rd. 500 Herstellermarken erhältlich. Das Familienunternehmen mit weltweit über 3.000 Mitarbeitenden und mehr als 135.000 Geschäftskunden betreibt 69 Niederlassungen in mehr als 50 Ländern und verfügt über 44 Standorte in Europa, davon zehn in Deutschland. Der zentrale Einkauf der 1993 von deutschen Partnerunternehmen gegründeten Hoffmann-Gruppe ermöglichte attraktivere Angebote, und das Unternehmen entwickelte sich, auch im Ausland, stetig weiter. In Abstimmung mit den Partnerunternehmen steuert die Hoffmann SE die Ausrichtung der Hoffmann Group.

Kontakt
Hoffmann SE
Haberlandstr. 55, 81241 München
www.hoffmann-group.com

Holemans

Rees, Nordrhein-Westfalen

HOLEMANS

Gegründet: 1873
Die Unternehmen der Holemans Gruppe sind in der Kies- und Sandgewinnung tätig und vertreiben diese Rohstoffe in Deutschland sowie den Beneluxländern. Das Gros der Kiese und Sande, die in den Kiesgruben am Niederrhein, im Wittlager Land bei Osnabrück und bei Weilerswist gewonnen werden, geht in die Betonfertigteilindustrie. Die zur Holemans Gruppe gehörenden Produktionsgesellschaften Holemans Niederrhein, Tagebau Fischer Vernich GmbH und HKS GmbH werden als operative Einheit innerhalb der Holemans Familienunternehmens-Gruppe geführt.

Der Gruppe steht in 3. Generation der geschäftsführende Gesellschafter Dipl.-Ing. Michael Hüging-Holemans vor. Weitere Unternehmensanteile halten seine Geschwister

Andrea und Renée Holemans sowie Frau Marguerite Bakić (Tochter des Firmengründers) und ihre Söhne Michael und Alexander.

Die Firmengeschichte beginnt 1873 mit einer Sandbaggerei in der Nähe von Mülheim a. d. Ruhr, heute beträgt die jährliche Produktion an qualifizierten Sanden und Kiesen zwischen 4 und 5 Mio. t. An insgesamt sechs Standorten erfolgt die kundenspezifische Aufbereitung der Rohstoffe. Die am Niederrhein geförderten Kiese und Sande werden auch über unternehmenseigene Schiffsbeladeeinrichtungen direkt auf Kunden- bzw. Lohnschiffe verbracht. Darüber hinaus verfügt das Unternehmen über eine eigene Lkw-Flotte.

Die Holemans Gruppe engagiert sich in herausragenden eigenen Rekultivierungsprojekten und arbeitet hierbei eng mit örtlichen Naturschutzorganisationen zusammen.

Kontakt
Holemans GmbH
Vor dem Rheintor 17, 46459 Rees
Fon: 02851 1041-0, Fax: 02851 1577
info@holemans.de, www.holemans.de

HOLTEC

Hellenthal, Nordrhein-Westfalen

Gegründet: 1970
Die HOLTEC GmbH & Co. KG plant und produziert Anlagen für die holzbearbeitende Industrie. Das Unternehmen ist nach eigenen Angaben im Bereich Paketkappsägen weltweit die Nummer eins und gehört zu den Top-Anbietern u. a. für Komplettanlagen zur Rundholzmanipulation. HOLTEC beschäftigt an den beiden Standorten in Hellenthal/Eifel (Zentrale) und im sächsischen Jänkendorf insgesamt 170 Mitarbeitende und verfügt über Vertriebsniederlassungen in Frankreich und den USA sowie über ein weltweites Netz von Vertretungen. Ute Klement leitet das Unternehmen in 2. Generation gemeinsam mit Alexander Gebele. Peter Klement, der Vater von Ute Klement, hatte die HOLTEC GmbH & Co. 1970 zusammen mit weiteren Gesellschaftern gegründet.

Kontakt
HOLTEC GmbH & Co. KG
Dommersbach 52, 53940 Hellenthal
www.holtec.de

HOMA

Neunkirchen-Seelscheid, Nordrhein-Westfalen

Gegründet: 1945
Die HOMA Pumpenfabrik ist ein führender Spezialist für Tauchmotorpumpen, Tauchmotorrührwerke, Hebeanlagen und Schalt-Steuerungsanlagen. HOMA-Pumpen kommen in der Gebäudeentwässerung, Baustellen- und Oberflächenentwässerung sowie der kommunalen und industriellen Wasserentsorgung und -behandlung zum Einsatz. Der Vertrieb erfolgt über rd. 100 Niederlassungen und Vertretungen weltweit. HOMA konzentriert sich auch darauf, Produktionsprozesse im Sinne der Nachhaltigkeit zu verbessern. HOMA wurde 1945 von Hans Hoffmann sen. als Handwerksbetrieb zur Reparatur von Elektromotoren gegründet. Nach dem Tod des Firmengründers im Jahr 2012 wird HOMA heute von seinem Sohn, Dr. Klaus Hoffmann, und seinem Enkel, Hans Hoffmann, in 2. und 3. Generation geführt.

Kontakt
HOMA Pumpenfabrik GmbH
Industriestr. 1, 53819 Neunkirchen-Seelscheid
www.homa-pumpen.de

H

Hönes

Titisee-Neustadt,
Baden-Württemberg

Gegründet: 1950
Die Hönes Uhren GmbH ist ein Unternehmen der Uhren-Branche und produziert Kuckucksuhren sowie Schwarzwalduhren. Als Weltmarktführer bei Kuckucksuhren legt Hönes besonderen Wert auf Handarbeit und eine hochwertige Ausführung der Uhren. Es werden ausschließlich ganggenaue mechanische Uhrwerke verwendet und sämtliche Holzschnitzereien sowie Uhrengehäuse werden in Handarbeit gefertigt, viele davon in kleinen Familienbetrieben, die exklusiv für Hönes arbeiten. Alle wichtigen Bestandteile der Uhren haben ihren Ursprung im Schwarzwald. Das traditionsreiche Familienunternehmen mit rd. 20 Mitarbeitenden vertreibt seine Kuckucksuhren und Schwarzwalduhren „made in Germany" weltweit.

Die Historie der Uhrmacherkunst im Schwarzwald, einer für die Uhrenherstellung berühmten Region, geht zurück auf das 17. Jahrhundert. Schon um 1640 fertigte ein Uhrmacher die erste Schwarzwälder Uhr in Waldau, mittlerweile ein Ortsteil der Stadt Titisee-Neustadt, wo der Hönes Stammsitz heute angesiedelt ist. Hier gründete der Uhrmachermeister Daniel Hönes 1950 sein Unternehmen, das vom geschäftsführenden Gesellschafter Wolfgang Trenkle 1984 übernommen wurde.

Er leitete eine Wachstumsphase im heimischen Markt ein und trieb auch die Internationalisierung, u. a. durch die weltweite Präsenz auf wichtigen Messen, erfolgreich voran. Das breite Angebotsspektrum bietet rd. 400 verschiedene Modelle, von traditionellen Kuckucksuhren bis zu Kuckucksstanduhren mit Maßen von 20 bis 215 cm Höhe. Etliche der Hönes Uhren sind durch Gebrauchsmuster geschützt. Bis heute entwirft und realisiert Wolfgang Trenkle alle neuen Uhren selbst.

Kontakt
Hönes Uhren GmbH
Bahnhofstr. 12, 79822 Titisee-Neustadt
Fon: 07651 93657-0, Fax: 07651 93657-22
info@hoenes-uhren.de, www.hoenes-uhren.de

Hörmann

Steinhagen, Nordrhein-Westfalen

Gegründet: 1935
Das Unternehmen Hörmann ist Europas führender Anbieter für Türen und Tore. Mehr als 20 Mio. Tore wurden seit der Gründung im Jahr 1935 produziert und weltweit ausgeliefert. In 36 spezialisierten Werken in Europa, Nordamerika und Asien entwickeln und produzieren mehr als 6.000 Mitarbeitende hochwertige Tore, Türen, Zargen, Antriebe und Zufahrtskontrollsysteme für den privaten und gewerblichen Einsatz. Hauptsitz der weltweit agierenden Hörmann Gruppe ist die westfälische Kleinstadt Steinhagen bei Bielefeld. Das nach wie vor familiengeführte Unternehmen Hörmann ist mit 14 deutschen Niederlassungen, über 100 eigenen Vertriebsstandorten in mehr als 40 Ländern und durch Vertriebspartner in über 50 weiteren Ländern vertreten und bilanzierte zuletzt einen Jahresumsatz von mehr als einer Miliarde Euro. Die Hörmann Gruppe wird heute in der 3. und 4. Generation vom Enkel und den Urenkeln des Firmengründers August Hörmann geleitet. Gesellschafter sind Thomas J. Hörmann, Martin J. Hörmann sowie Christoph Hörmann.

Kontakt
Hörmann KG Verkaufsgesellschaft
Upheider Weg 94–98, 33803 Steinhagen
www.hoermann.de

HÖRMANN

Buchloe, Bayern

Gegründet: 1960

Die Rudolf Hörmann GmbH & Co. KG (kurz: HÖRMANN) mit Sitz im bayerischen Buchloe ist ein Komplettanbieter für den Agrar- und Gewerbebau. Vornehmlich Hallen, aber auch andere Gebäude, werden mit Bauelementen aus eigener Produktion errichtet. Zum Portfolio zählen landwirtschaftliche Gebäude, Hallen für die gewerbliche und industrielle Nutzung und Reitanlagen. Spezialist ist HÖRMANN, wenn es um die Kombination von Hallen mit passenden Büroeinheiten geht. Für die Fertigung der oft vorelementierten Gebäudeteile unterhält das Unternehmen ein über 120.000 m² großes Betriebsgelände am Stammsitz Buchloe, mit Fertigungshallen mit modernem Maschinenpark und einem eigenen Zimmereibetrieb mit fünf Abbundzentren und einer Fertigungslinie für flächige Holzbauteile. Jährlich werden im Bereich Holzbau und Stahlbau 600 Projekte durchgeführt. Im Jahr 2020 wurden die Produktionsabläufe komplett neu organisiert und das Werk um eine Metallfertigungshalle mit 12.500 m² erweitert.

Neben dem Holzbau umfasst die Expertise von HÖRMANN auch Metall- und Stahlbau, Betonbau sowie Gebäude- und Energietechnik. So bietet das Unternehmen schon seit 2003 auch Photovoltaik-Anlagen an und hat über 3.000 Projekte mit über 200.000 kWp installiert. Seine Wurzeln hat HÖRMANN in Hörmannshofen, wo es im Jahr 1960 von Rudolf Hörmann sen. gegründet wurde. Das erste Projekt war eine Aufstallung für Milchvieh, doch bald wuchs das Produktspektrum. Schon vier Jahre später zog der Betrieb komplett an den heutigen Standort Buchloe um. Nach dem Tod des Firmengründers im Jahr 1979 übernahm seine Ehefrau Centa Hörmann die Leitung. Heute sind mit Rolf und Michael Hörmann die 2. und 3. Generation im Unternehmen aktiv. Derzeit beschäftigt HÖRMANN rd. 700 Mitarbeitende, die 2019 für einen Jahresumsatz von 155 Mio. Euro sorgten.

Das Werksgelände umfasst 120.000 m², davon sind 60.000 m² Hallenfläche.

H

„Wer nicht wagt, der nicht gewinnt."

Firmenmotto

Chronologie

1960 Gründung des Betriebs durch Rudolf Hörmann sen.

1964 Umzug des kompletten Betriebs von Hörmannshofen nach Buchloe

1987 Einstieg von Rolf Hörmann ins Unternehmen

1994 Gründung des Unternehmensbereichs Holzbau

1996 Übernahme der Firma Lugmair Interstall in Österreich

1998 Aufbau der Stahlhallenproduktion; Erstellen von Betonarbeiten für Hallen und Ställe

2003 Gründung des Unternehmensbereichs Photovoltaik-Anlagen

2014 Deutliche Verstärkung im Bereich Gewerbebau

2020 Erweiterung und komplette Neuorganisation der Fertigung

HÖRMANN plant und fertigt in der 3. Generation in Buchloe Bauelemente für Hallen und Gebäude. Seit 1960 ist der Betrieb familiengeführt.

H

Daten und Fakten

Inhaberfamilie: Hörmann
Gründer: Rudolf Hörmann
Branche: Hallenbau, Holzbau
Standorte: Buchloe (Deutschland) und St. Peter/Au (Österreich)
Vertrieb: Deutschland, Österreich, Schweiz, Rumänien
Mitarbeitende: 700
Umsatz: 155 Mio. Euro (2019)

Kontakt
Rudolf Hörmann GmbH & Co. KG
Rudolf-Hörmann-Str. 1, 86807 Buchloe
Fon: 08241 9682-0, Fax: 08241 9682-611
info@hoermann-info.com, www.hoermann-info.com

Hotset

Lüdenscheid, Nordrhein-Westfalen

Gegründet: 1973
Die Hotset Heizpatronen und Zubehör GmbH mit Sitz in Lüdenscheid produziert und vertreibt Heizelemente, die z. B. in der Lebensmittelindustrie, zum Verkleben von Papier- oder Blisterverpackungen sowie in der Herstellung von Bauteilen aus Kunststoff oder als Bauteil selbst v. a. in der Automobilindustrie eingesetzt werden. Das Unternehmen verfügt auch über Standorte in Malta, den USA, Singapur, China sowie Indien und beschäftigt rd. 350 Mitarbeitende. Ein weltweites Vertriebsnetz versorgt Kunden in über 40 Ländern. Hotset wird in 2. Generation von Ralf Schwarzkopf geleitet. Die Wurzeln des Unternehmens reichen über 30 Jahre zurück: 1973 gründete Eugen Schwarzkopf Hotset in Lüdenscheid und entwickelte fünf Jahre später die erste Wendelrohrpatrone.

Kontakt
Hotset GmbH
Hueckstr. 16, 58511 Lüdenscheid
www.hotset.com

HOYER

Hamburg

Gegründet: 1946
Die HOYER GmbH ist eine internationale Fachspedition. Sie transportiert Massengut (Bulk) wie chemische Produkte, Lebensmittel, Gas und Mineralöl. Walter Hoyer gründete die Firma 1946 in Hamburg, wo sich heute noch der Hauptsitz befindet. Anfangs konzentrierte sich Hoyer wie sein Vater Bruno auf den Milchgroßhandel: Mitte der 50er-Jahre transportierte das Unternehmen täglich 250.000 l Milch nach Berlin. Heute ist der Bulk-Logistiker mit rd. 6.200 Mitarbeitenden in über 115 Ländern tätig. 2018 machte das Unternehmen einen Umsatz von 1,167 Mrd. Euro. Das externe Management wird von einem vierköpfigen Beirat unterstützt, zwei Mitglieder stammen aus der Familie: der Beiratsvorsitzende Thomas Hoyer und die Gesellschafterin Martina Hoyer-Hertel.

Kontakt
HOYER GmbH
Wendenstr. 414–424, 20537 Hamburg
www.hoyer-group.com

Hoyer

Visselhövede, Niedersachsen

Gegründet: 1924
Die Wilhelm Hoyer GmbH & Co. KG ist eine der größten mittelständischen Firmen im Bereich der Energieversorgung. Hoyer liefert als Rundum-Energie-Versorger neben Mineralölprodukten und Flüssiggas auch Strom und leitungsgebundenes Erdgas. Zum Abnehmerkreis gehören mehr als 250.000 Stammkundinnen und -kunden. Hoyer unterhält ca. 100 Standorte in Nord- und Ostdeutschland und beschäftigt rd. 1.600 Mitarbeitende. Der Fuhrpark umfasst 750 Fahrzeugeinheiten für den Vertrieb von

Heizöl, Dieselkraftstoff, Vergaserkraftstoff und Flüssiggas, AdBlue, Propangas, technische Gase sowie Schmierstoffe und mobile Tankanlagen. Der Hauptsitz befindet sich noch immer in Visselhövede, wo Hoyer 1924 gegründet wurde. Geschäftsführer sind Heinz-Wilhelm, Thomas und Markus Hoyer.

Kontakt
Wilhelm Hoyer GmbH & Co. KG
Rudolf-Diesel-Str. 1, 27374 Visselhövede
www.hoyer-energie.de

HRS

Köln, Nordrhein-Westfalen

Gegründet: 1972
Die HRS Group ist ein weltweit tätiges E-Commerce-Unternehmen mit mehreren Marken in drei Geschäftsfeldern. Die Marke HRS zählt zu den drei führenden Hotelportalen Europas, HRS Global Hotel Solutions zu den marktführenden Anbietern im globalen Geschäftsreisemarkt. Multinationale Konzerne, Geschäftsreisende und Hotelpartner sind gleichermaßen Teil des weltweiten Netzwerks der HRS Group.

Die beständig expandierende Unternehmensgruppe beschäftigt weltweit mehr als 1.500 Mitarbeitende in über 35 Niederlassungen, darunter Shanghai, Tokio, Singapur, Paris, London, Warschau, Mumbai, São Paulo, New York und Sydney, und verbindet ein globales Netzwerk mit lokaler Marktexpertise. HRS wurde 1972 von Robert Ragge in Köln gegründet, 2008 übernahm sein Sohn Tobias Ragge die Geschäftsleitung der HRS Group.

Kontakt
HRS GmbH
Breslauer Platz 4, 50668 Köln
www.hrs.de

---

hubergroup

Kirchheim, Bayern

Gegründet: 1765
Die hubergroup zählt zu den führenden internationalen Spezialisten für Lösungen und Technologien rund um Druckfarben und Druckhilfsmittel wie Lacke oder Additive. Das Leistungsspektrum umfasst innovative Lösungen, Technologien und Dienstleistungen für den Akzidenz-, Verpackungs-, Zeitungs- und Sicherheitsdruck. Die hubergroup mit weltweit 3.700 Mitarbeitenden ist in 33 Ländern auf allen Kontinenten vertreten und erzielte 2019 einen Umsatz von 794 Mio. Euro. An zehn Produktionsstandorten wurden 245.000 t Farben produziert, bis zu 90 % der benötigten Rohstoffe selbst hergestellt. 1765 stieg der Maurer Mathias Mittermayer im damaligen Ort Haidhausen bei München in die Farbproduktion ein. 1815 wurde das Unternehmen zum ersten Druckfarbenhersteller Deutschlands, aus dem die heutige hubergroup hervorging.

Kontakt
hubergroup Deutschland GmbH
Feldkirchener Str. 15, 85551 Kirchheim
www.hubergroup.com

Huf

Velbert, Nordrhein-Westfalen

Gegründet: 1908
Die Huf Hülsbeck & Fürst GmbH & Co. KG ist ein führender Entwickler und Hersteller von mechanischen, elektronischen und digitalen Schließsystemen, Fahrberechtigungssystemen, Passive-Entry-Systemen, Fahrzeugzugangssystemen, Türgriffsystemen sowie Systemen für Heckklappen und Hecktüren. Huf ist in 14 Ländern weltweit tätig und beschäftigt rd. 10.000 Mitarbeitende.

1908 gründeten Ernst Hülsbeck und August Fürst in Velbert ein Unternehmen,

H

das u. a. Schlösser, Beschläge und Kleineisenwaren produzierte. 1920 lieferte Huf erstmalig Autoschlüssel an Mercedes-Benz und entwickelte 1988 für den Konzern den ersten Infrarot-Fernbedienungsschlüssel, den Huf in Serie produzierte. Auch die ersten Komponenten für die Fahrzeugzugangs- und Fahrberechtigungssysteme Passive Entry und Keyless Go wurden von Huf entwickelt.

Kontakt
Huf Hülsbeck & Fürst GmbH & Co. KG
Steeger Str. 17, 42551 Velbert
www.huf-group.com

Hummel Küchenwerk

Norderstedt, Schleswig-Holstein

HUMMEL
KÜCHENWERK
— seit 1917 —

„Unsere Vertriebsstrategie baut auf dem Direktvertrieb. Das unterscheidet uns von anderen Küchenmöbelherstellern."

Matthias Flick

Inhaber und Geschäftsführer Matthias Flick (oben); Blick in die Produktion von Hummel Küchenwerk (unten)

Gegründet: 1917
Die Hummel Küchenwerk GmbH mit Sitz in Norderstedt ist einer der führenden Küchenmöbelhersteller in Deutschland. Der Firmenname ist der Legende des Hamburger Wasserträgers Hans Hummel entlehnt, der auch für das Logo Pate stand. In den 1940er-Jahren wurde der Wasserträger zunächst zum Namensgeber von Aufwaschtischen, später stand er für die ganze Firma.

Jede Küche wird auf modernen Fertigungsstraßen, die höchste Präzision, Flexibilität und Geschwindigkeit ermöglichen, sowie mit handwerklicher Expertise produziert. Sie setzt sich aus Tausenden verfügbaren Bausteinen und zahllosen Kombinationsmöglichkeiten zusammen. Hummel stellt nicht nur hochwertige, sehr individuelle Einzelküchen her,

Hummel ist einer der führenden Küchenmöbelhersteller in Deutschland.

sondern begleitet seit Jahrzehnten große Wohnungsbauunternehmen und Projektentwickler, Hausverwaltungen und Bauträger bei ihren Projekten. Hunderte Fronten in vielfältigen Farben, Dekoren und Oberflächen stehen in zwei Produktlinien zur Auswahl. Mit über 100 Mitarbeitenden werden die Küchen von Hummel geplant, gefertigt und montiert. Der Vertrieb erfolgt direkt an den Endverbraucher sowie die Bau- und Wohnungswirtschaft. Alle Hummel-Möbel tragen das „Goldene M", das Qualitätssiegel der Deutschen

Chronologie

1917 Carl Flick gründet das Unternehmen in Hamburg als Möbeltischlerei.

1933 Hermann Flick sen., der Sohn des Gründers, übernimmt die Geschäfte.

1957 Umzug nach Norderstedt; mit Hermann Flick jun. steigt die 3. Generation in die Firmenleitung ein.

1975 Durch einen Neubau wird die Betriebsfläche verdoppelt.

1999 Matthias Flick übernimmt das Unternehmen als alleiniger geschäftsführender Gesellschafter.

2013 Eröffnung des Hummel Küchenwerk City Stores in Hamburg

2017 Hummel Küchenwerk feiert 100-jähriges Jubiläum

Gütegemeinschaft Möbel, sowie das „grüne A", das weltweit erste Emissionslabel für Möbel.

Um die hohen Maßstäbe zu gewährleisten, bildet Hummel seit jeher eigene Fachkräfte aus. Für die Ausbildungsqualität ist das Unternehmen von der IHK Schleswig-Holstein wiederholt ausgezeichnet worden. Hummel-Auszubildende gehören regelmäßig zu den Besten ihres Jahrgangs.

Hummel hat nicht nur eine Werkausstellung in Norderstedt, sondern zusammen mit dem Schwesterunternehmen Cucinaria einen außergewöhnlichen Flagship Store in Hamburg-Eppendorf. Im sog. Küchentempel wird den Kundinnen und Kunden auf zwei Etagen ein ganz besonderes Konzept geboten. Dort findet man alles rund um das Thema Küchen, Kochen und Kaffeegenuss inkl. einer Kochschule.

Hummel wurde 1917 von Carl Flick in Hamburg als Möbeltischlerei gegründet. Heute leitet Matthias Flick das Unternehmen in 4. Generation.

Daten und Fakten

Inhaberfamilie: Familie Flick in 4. Generation
Gründer: Carl Flick, 1917, Hamburg
Produkte: Küchenmöbel
Mitarbeitende: über 100
Familieneinfluss: inhabergeführt durch Matthias Flick
Unternehmensanteile der Familie: Matthias Flick ist alleiniger Inhaber

Kontakt
Hummel Küchenwerk GmbH
Schweriner Str. 14, 22844 Norderstedt
Fon: 040 526090-0, Fax: 040 526090-10
info@hummel.de, www.hummel.de

H

Huppertz Group

Köln, Nordrhein-Westfalen

HUPPERTZ GROUP
logistics solutions

Gegründet: 1897

Die Huppertz Group ist ein international agierendes Logistikunternehmen mit Hauptsitz in Köln und einigen Hundert Mitarbeitenden an verschiedenen europäischen Standorten. Unter dem Dach der Gruppe sind vier logistische Kompetenzzentren vereint, deren Leistungsspektrum das Management internationaler Automobillogistik, umfassende Logistics Services für die chemische Industrie, Konsolidierungszentren, eigene Verpackungsentwicklung, Import, Export, Verzollung, die Entwicklung von kundenspezifischen EDV-Lösungen sowie Prozessverbesserungskonzepte umfasst. Huppertz MSP (Material Synchronisation and Packaging) ist das Zentrum für paneuropäische Ersatzteillogistik und Verpackung. Im Huppertz ASC (Automotive Synchronisation Center) wird die internationale Automobillogistik gemanagt. Huppertz LS (Logistics Services) ist das klassische Speditionsunternehmen, das neben Transporten auch Innerwerkslogistik für die chemische Industrie betreibt. Im Huppertz LOG LAB (Logistics Laboratory) werden im Sinne der Kernkompetenz „Lean Logistics"-Konzepte entwickelt, die Prozessabläufe optimieren und den unterschiedlichen Kundenbedürfnissen individuell Rechnung tragen.

Seinen Ursprung hat das Unternehmen im Jahr 1897, als der Spezereienhändler Peter Huppertz in Mülheim a. Rhein (gehört heute zu Köln) die Stelle des königlich-bahnamtlichen Rollfuhrbestätters antrat. Die Transporte des sich entwickelnden Geschäfts führte er zunächst mit Pferdewagen durch, ab 1927 wurden dann unter Führung seines Sohnes Jean Huppertz Lkw eingesetzt. Ab 1956 weitete das Unternehmen, inzwischen von Peter und Renate Huppertz in 3. Generation geführt, seinen Aktionsradius auf den internationalen Markt aus. Die Huppertz Group befindet sich in 4. Generation in Familienbesitz und wird von Dr. Peter und Dr.-Ing. Anja Huppertz geführt.

Kontakt
Peter Huppertz Logistik GmbH
Geestemünder Str. 41, 50735 Köln
Fon: 0221 71515-0, Fax: 0221 71515-86
info@huppertz.de, www.huppertz.de

Hutkönig

Regensburg, Bayern

Gegründet: 1875
Das Unternehmen Hutkönig – Der Hutmacher am Dom GmbH & Co. KG stellt exklusive Hüte in reiner Handarbeit nach einer alten Fertigungsmethode, der sog. Englischen Zurichte, her. Die Manufaktur beliefert aus Regensburg Kundinnen und Kunden auf der ganzen Welt, darunter zahlreiche prominente Persönlichkeiten. 1875 hatte Joseph Lange den Grundstein für das Unternehmen gelegt. Im Jahr 2000 übernahmen die Brüder Robert und Andreas Nuslan in 5. Generation den Betrieb und gründeten eine GmbH & Co. KG. Andreas Nuslan ist Europas einziger Hutmachermeister und Modistenmeister mit beiden Meistertiteln für Herren- und Damenhüte. Im Jahr 2018 zog sich Robert Nuslan in den Ruhestand zurück. Seitdem führt Andreas Nuslan mit seiner Partnerin Melanie Marling die Geschäfte des Regensburger Traditionshauses.

Kontakt
Hutkönig – Der Hutmacher am Dom GmbH & Co. KG
Metzer Str. 66, 93057 Regensburg
www.hutmacher.de

HYDAC

Sulzbach/Saar, Saarland

Gegründet: 1963
Die HYDAC INTERNATIONAL GmbH ist ein international agierender Firmenverbund mit über 9.000 Mitarbeitenden, 50 Niederlassungen und rd. 500 Handels- und Servicepartnern weltweit. HYDAC liefert Komponenten und Systeme für alle Bereiche der Industrie- und Mobilhydraulik. Das Portfolio beinhaltet u. a. Hydraulikspeicher, Fluidfilter, Prozessfilter, Kühler, elektrohydraulische Steuerungen/Industrieventile, Wegmess- und Magnettechnik, Zylinder und Pumpen. Zudem werden hydraulische Steuer- und Antriebssysteme inkl. elektronischer Steuerungen und Regelungen für Maschinen und Anlagen konzipiert und produziert. Das innovationsgetriebene Unternehmen hält zahlreiche Patente. HYDAC wurde 1963 als Gesellschaft für Hydraulikzubehör gegründet und hat sich kontinuierlich zu einem globalen Systemanbieter von Fluidtechnik entwickelt.

Kontakt
HYDAC INTERNATIONAL GmbH
Industriestraße, 66280 Sulzbach/Saar
www.hydac.com

HYDROTEC

Wildeshausen, Niedersachsen

Gegründet: 1968
Die HYDROTEC Technologies AG ist ein Hersteller von Kanalgussprodukten sowie Versorgungs- und Entwässerungstechnik. Im Bereich Kanalguss entwickelt und produziert HYDROTEC Schachtabdeckungen, Aufsätze und Schmutzfänger. In der Versorgungstechnik ist es nach eigenen Angaben einziger Vollsortimenter für Straßen- und Ferngaskappen. Der Bereich Linienentwässerung bietet Entwässerungssysteme für große Flächen an.

HYDROTEC

H

Zum Portfolio im Segment Stadtmobiliar zählen Produkte wie Abfallbehälter und Baumschutz. HYDROTEC ist in zahlreichen europäischen Ländern aktiv. Das Unternehmen wurde 1968 von Gisbert Brinkschulte als Handelsvertretung in Bremen gegründet. Seit 2002 sind Verwaltung und Produktion in Wildeshausen ansässig. Der Unternehmensgründer sitzt heute dem Aufsichtsrat vor. In 2. Generation wird die AG von Uwe Brinkschulte als Vorstandsvorsitzendem und Jürgen Unewisse geleitet.

Kontakt
HYDROTEC Technologies AG
Düngstruper Str. 46, 27793 Wildeshausen
www.hydrotec.com

I

IBENA

Bocholt, Nordrhein-Westfalen

Gegründet: 1826

Die IBENA Textilwerke GmbH produziert und vertreibt Heimtextilien und technische Textilien. Zum Sortiment im Bereich Heimtextilien zählen u. a. Wohndecken, Bettwäsche, Matratzenauflagen und Objekttextilien. Im Bereich technischer Textilien spezialisiert sich das Unternehmen auf die Herstellung funktionaler Gewebe für industrielle Anwendungen. Die IBENA Textilwerke GmbH hat ihren Hauptsitz in Bocholt. Seinen Ursprung fand das Unternehmen in den Aktivitäten der Familie Beckmann, die schon im 17. Jh. Textilien herstellte und im 18. Jh. mit dem Textilhandel begann. 1826 gründete Josef Philipp Beckmann eine Weberei; seine Nachfahren kreierten aus seinem Namen den Markennamen IBENA (Joseph Beckmann Nachfahren). Ralph Beckmann führt in 6. Generation die Geschäfte des Unternehmens.

Kontakt

IBENA Textilwerke GmbH
Industriestr. 9, 46395 Bocholt
www.ibena.de

„It's so easy!"

Firmenmotto IDS

IDS Imaging Development Systems

Obersulm, Baden-Württemberg

iDS

Gegründet: 1997

Die IDS Imaging Development Systems GmbH entwickelt leistungsstarke, leicht zu handhabende USB-, GigE- und 3D-Kameras mit großer Sensor- und Variantenvielfalt und zählt zu den Marktführern der Branche. Das Angebotsspektrum umfasst außerdem eine neuartige Plattform Vision-App-basierter, frei programmierbarer Kameras mit künstlicher Intelligenz. Drei verschiedene Produktlinien ermöglichen vielfältige industrielle Anwendungen im Geräte-, Anlagen- und Maschinenbau sowie u. a. in den Bereichen Medizintechnik, Landwirtschaft und Logistik. Entwickelt und produziert wird ausschließlich am Standort Obersulm, der Vertrieb erfolgt über Niederlassungen in den USA, Japan, Korea, Großbritannien und Frankreich sowie Distributions-Partner weltweit. 2019 erwirtschaftete das Unternehmen mit über 300 Mitarbeitenden einen Umsatz von 69 Mio. Euro bei einer Exportquote von 55 %.

1997 von Jürgen Hartmann gegründet, begann das Unternehmen mit der Entwicklung und Herstellung von Produkten für die industrielle Bildverarbeitung und machte z. B. die USB-Schnittstelle für den Kamerasektor industrietauglich. Bis heute forciert das innovationsgetriebene Unternehmen die Weiterentwicklung zukunftsfähiger Bildverarbeitungstechnologien für die Industrie. 2020 trat Jan Hartmann, Sohn des Gründers, in die Geschäftsführung ein. Das neue Innovations- und Technologiezentrum „b39" beherbergt eine Akademie und strebt u. a. Kooperationen und Beteiligungen mit frühphasigen Start-ups an.

IDS ist u. a. Mitglied im Verband Deutscher Maschinen- und Anlagenbau e. V. und im BVMW – Bundesverband mittelständische Wirtschaft, Unternehmerverband Deutschlands e. V. Als mehrfach ausgezeichneter Arbeitgeber bietet IDS den Mitarbeitenden u. a. Gesundheitswochen, Yoga, Sprachkurse und Fahrrad-Leasing. IDS fördert zudem u. a. lokale soziale und kirchliche Projekte.

Das Unternehmen in Obersulm zählt 300 Mitarbeitende.

Schon gewusst?

Lange galten Kameras mit USB-Schnittstelle als nicht industrietauglich. Doch im April 2004 kam die erste IDS Industriekamera mit USB-Schnittstelle auf den Markt. Als einer der Pioniere verwendete IDS diese Technologie und vollzog den Wechsel von analogen Framegrabbern zu leistungsfähigen digitalen Industriekameras. Die Schnittstelle ist mittlerweile in 3. Generation am Markt und rd. 1,5 Mio. verkaufte Kameras machten IDS zu einem der Marktführer der Industriekamerabranche. Heute positioniert sich das Unternehmen wieder als Innovator für Industrieanwendungen: mit den Vision-App-basierten Industriekameras IDS NXT mit künstlicher Intelligenz.

Daten und Fakten

Inhaberfamilie: Familie Hartmann
Gründer: Jürgen Hartmann, 1997
Branche: Elektrotechnik
Produkte: USB-, GigE- und 3D-Kameras mit großer Sensor- und Variantenvielfalt sowie eine neuartige Plattform Vision-App-basierter, frei programmierbarer Kameras mit künstlicher Intelligenz
Standorte: Entwicklung und Produktion in Obersulm, Vertriebsniederlassungen in den USA, in Japan, Korea, Großbritannien und Frankreich
Mitarbeitende: über 300
Umsatz: 69 Mio. Euro (2019)
Ausbildungsplätze: 10 Ausbildungsplätze und 10 duale Studienplätze

Kontakt

IDS Imaging Development Systems GmbH
Dimbacher Str. 6–8, 74182 Obersulm
Fon: 07134 96196-0
info@ids-imaging.de, www.ids-imaging.de

IDS-Firmengründer Jürgen Hartmann und Geschäftsführer Jan Hartmann verantworten die Entwicklung von Produkten für die industrielle Bildverarbeitung. Die jüngste Innovation IDS NXT ocean liefert dem Kunden eine All-in-one-Lösung, um ohne Vorkenntnisse neuronale Netze zu trainieren und auszuführen.

IFA

Haldensleben, Sachsen-Anhalt

Gegründet: 1959
Die IFA Group ist ein international agierender Automobilzulieferer und Marktführer bei Längswellen in Europa und den USA. Antriebswellen und Gelenke für Pkw bilden das Kerngeschäft und werden an führende Hersteller in Europa, Asien und Nordamerika geliefert. Neben dem Stammsitz in Haldensleben betreibt die IFA Group Vertriebs-, Entwicklungs- und Produktionsstandorte in Stuttgart, Hanau und Irxleben sowie in den USA, in China und in Polen. Die Unternehmensgruppe mit weltweit rd. 3.200 Mitarbeitenden erzielte 2019 einen Umsatz von ca. 680 Mio. Euro. Das 1959 entstandene Industriekombinat für Fahrzeugbau „IFA-Gelenkwelle" wurde 1990 in eine GmbH gewandelt. Seit 1992 ist das Unternehmen wieder im Besitz der Familie Nathusius, deren Vorfahren den Maschinen- und Anlagenbau in der Region Magdeburg einst begründeten.

Kontakt

IFA Holding GmbH
Industriestr. 6, 39340 Haldensleben
www.ifa-group.com

ifm-Unternehmensgruppe

Essen, Nordrhein-Westfalen

Gegründet: 1969
Die ifm-Unternehmensgruppe entwickelt, produziert und vertreibt weltweit Sensoren, Steuerungen, Software und Systeme für die industrielle Automatisierung. Das Produktportfolio ist auf alle relevanten Standardlösungen wie auch spezielle Anforderungen einzelner Branchen ausgerichtet. Der Weltmarktführer der Sensortechnik ist in über 185 Ländern mit mehr als 1.700 Vertriebsbeschäftigten und Handelspartnern weltweit

vertreten und verkauft über 98 % der Produkte durch eigene Niederlassungen. Mit weltweit über 7.300 Beschäftigten, davon 4.600 in Deutschland, wo 50 % der Produkte gefertigt werden, wurde 2019 ein Konzernumsatz von einer Milliarde Euro erzielt. 1969 von Robert Buck und Gerd Marhofer gegründet, wird die ifm-Unternehmensgruppe in 2. Generation von den Vorstandsvorsitzenden Martin Buck und Michael Marhofer geführt.

Kontakt
ifm-Unternehmensgruppe
Friedrichstr. 1, 45128 Essen
www.ifm.com

INDEX

Esslingen, Baden-Württemberg

Gegründet: 1914
Die INDEX-Gruppe zählt im Werkzeugmaschinenbau nach eigenen Angaben zu den Technologieführern im Bereich Drehen und ist einer der größten unabhängigen Hersteller weltweit. Sie produziert CNC-gesteuerte Produktionsdrehautomaten, Mehrspindeldrehautomaten, Dreh-Fräszentren sowie Universal- und Vertikaldrehmaschinen. Ergänzt wird die Produktpalette durch die Langdrehautomaten der seit 1997 zur INDEX-Gruppe gehörenden Marke TRAUB. Neben den drei deutschen Produktionsstandorten Esslingen, Deizisau und Reichenbach werden auch in Brasilien, China und der Slowakei Maschinen gebaut. Das Unternehmen wurde im Jahr 1914 von Hermann Hahn gegründet. Seit dem Tod von Eugen Hahn, dem Sohn des Gründers, hält die gemeinnützige „Eugen und Irmgard Hahn Stiftung" 85 % der Anteile.

Kontakt
INDEX-Werke GmbH & Co. KG Hahn & Tessky
Plochinger Str. 92, 73730 Esslingen
www.index-werke.de

Ingenieurbüro Brundobler

Kelheim, Bayern

Gegründet: 1972
Die Ingenieurbüro Brundobler GmbH bietet Beratung, Planung und Objektüberwachung im Bereich der Technischen Gebäudeausrüstung sowie Facility- und Energiemanagement an. Außerdem ist sie als neutraler Energiesachverständiger der Bayerischen Ingenieurkammer-Bau mit Dienstleistungen wie Heizungsdiagnostik, Energiespar-Check und der Ausstellung von Energiesparausweisen betraut. Kunden finden sich in der Industrie, der Öffentlichen Hand, im Wohnungsbau und bei kirchlichen und sozialen Trägern. Zu den Industriekunden gehören namhafte Unternehmen wie BMW, Audi, Infineon, Osram. Für das österreichische BMW-Werk in Steyr arbeitet die Firma seit dem Jahr 2004, internationale Projekte für BMW bearbeitete sie in den Ländern Indien, China und Mexiko. Insgesamt beschäftigt die Ingenieurbüro Brundobler GmbH rd. 100 Mitarbeitende, u. a. am Firmensitz in Kelheim. Weitere Büros wurden im Laufe der Zeit gegründet und bestehen in Mühldorf, Wackersdorf und Dingolfing.

Seit 2012 hat die Ingenieurbüro Brundobler GmbH ihren Sitz im ehemaligen Krankenhaus der Stadt Kelheim.

„Man muss den anderen Marktbegleitern auch die Chance und die Gelegenheit geben, sich bei den Auftraggebern zu disqualifizieren!"

Ralph Nagler, Mitglied der Geschäftsleitung der Ingenieurbüro Brundobler GmbH

Die Ingenieurbüro Brundobler GmbH beschäftigt insgesamt rd. 100 Mitarbeitende. Ralph Nagler, Günther Pfaffinger, Christian Gehr (geschäftsführender Gesellschafter), Martin Schlauderer und Thomas Koller (v. l.) leiten das Unternehmen.

Schon gewusst?

Architektur: 2012 bezog die Ingenieurbüro Brundobler GmbH ihr neues Domizil im denkmalgeschützten und aufwendig sanierten ehemaligen Kelheimer Krankenhaus. Ein stilvoller Firmensitz, an dem das Arbeiten Spaß macht.
BIM: Schon seit mehreren Jahren arbeitet das Büro mit dem „Building Information Modeling"-Verfahren, einer innovativen Methode zur Gebäudemodellierung. Sie ermöglicht allen Beteiligten sowohl bei der Entstehung als auch im späteren Betrieb eines Gebäudes einen schnellen und effektiven Zugriff auf sämtliche relevante Daten.
Digitalisierung 4.0: Die Mitarbeitenden aller Standorte sind vernetzt und haben von allen Orten der Welt aus Zugriff auf Daten, die sie für ihre Projekte benötigen. Auch die Kunden können in dieses System eingebunden werden und von der hohen Transparenz sämtlicher Vorgänge rund um ihr Bauvorhaben profitieren.

1972 hatte Dipl.-Ing (FH) Wilfried Brundobler in Olching sein Ein-Mann-Unternehmen gegründet, dessen Sitz seit 1999 in Kelheim ist. Nach gut 30 Jahren verkaufte der Gründer sein Unternehmen 2003 an seinen Mitarbeiter, Dipl.-Ing. (FH) Christian Gehr. Der wandelte es in eine GmbH um und ist bis heute geschäftsführender Gesellschafter.

Aus- und Weiterbildungen haben für die Ingenieurbüro Brundobler GmbH einen hohen Stellenwert. Sie bildet regelmäßig für den eigenen Bedarf Technische Systemplaner aus. Schülerinnen und Schüler sowie Studierende der Region können Praktika und Bachelorarbeiten in dem Unternehmen absolvieren. Außerdem hält Christian Gehr Gastvorlesungen an der Ostbayerischen Technischen Hochschule Regensburg (OTH Regensburg). Die Ingenieurbüro Brundobler GmbH engagiert sich als Mitglied im Verband Die Familienunternehmer (vormals ASU), in der Bayerischen Ingenieurkammer-Bau, im Kompetenzzentrum Neumarkt und in der Energieagentur Regensburg.

Daten und Fakten

Inhaberfamilie: Familie Gehr
Gründer: Wilfried Brundobler, 1972, Olching
Standorte: Kelheim, Mühldorf, Wackersdorf, Dingolfing
Mitarbeitende: 99
Umsatz: 9 Mio. Euro (2019)
Ausbildungsplätze: 10
Familieneinfluss: inhabergeführt durch Christian Gehr
Unternehmensanteile der Familie: 100 %
Exportquote: 15 %

Kontakt
Ingenieurbüro Brundobler GmbH
Riedenburger Str. 20, 93309 Kelheim
Fon: 09441 29890-0, Fax: 09441 29890-50
ib@brundobler.gmbh,
www.brundobler.gmbh

IREKS

Kulmbach, Bayern

Gegründet: 1856
Ein Kulmbacher Bäckermeister und Brauer gründete nach seiner Rückkehr aus Amerika das Nahrungsmittelunternehmen im 19. Jahrhundert. Sein Name klingt durch die Anfangsbuchstaben weiterhin mit, denn IREKS bedeutet: Johann Ruckdeschel et Söhne, Kulmbach. Die Brotteigführung mit dem 1927 von IREKS entwickelten Produkt Fertigsauer revolutioniert den Backprozess, da es die bis zu 24-stündige Teiggare auf zwei Stunden reduziert. Mittlerweile werden Backbetrieben in über 90 Ländern individuelle Lösungen geboten. Mit einem über 500-köpfigen Außendienst aus 30 Nationen präsentiert man Produkte, Backmischungen und Rezeptideen. Darüber hinaus stellt IREKS Braumalze sowie Aromen und Speiseeis her. Insgesamt hat IREKS über 2.900 Mitarbeitende.

Kontakt
IREKS GmbH
Lichtenfelser Str. 20, 95326 Kulmbach
www.ireks.de

Isabellenhütte

Dillenburg, Hessen

Gegründet: 1728
Die Isabellenhütte Heusler GmbH & Co. KG zählt zu den bedeutendsten Herstellern von elektrischen Widerstandswerkstoffen, thermoelektrischen Werkstoffen zur Temperaturmessung, passiven Bauelementen und Sensormodulen für die Automobil-, Elektro- und Elektronikindustrie. Entscheidende Erfolgskriterien sind die kontinuierliche Entwicklung neuartiger Produkte, Technologien und Fertigungsprozesse in den drei Unternehmensbereichen Präzisionsmesstechnik, Präzisions- und Leistungswiderstände sowie Präzisionslegierungen. Das international erfolgreiche Unternehmen ist seit acht Generationen zu 100 % in den Händen der Familie Heusler und ist das älteste Unternehmen in Hessen.

Kontakt
Isabellenhütte Heusler GmbH & Co. KG
Eibacher Weg 3–5, 35683 Dillenburg
www.isabellenhuette.de

IST METZ

Nürtingen, Baden-Württemberg

Gegründet: 1977
Die IST METZ GmbH entwickelt, produziert und vertreibt UV-Anlagen zur umweltfreundlichen Aushärtung von lösemittelarmen oder -freien Farben, Lacken, Silikonen und Klebern. IST METZ beschäftigt über 600 Mitarbeitende in 13 Unternehmen. Mit Niederlassungen und Partnern ist IST METZ weltweit präsent. Im Jahr 1982 war die Firma von Gerhard Metz gegründet worden, der 1968 die Impuls-Strahlungs-Trocknung (IST) mitentwickelt hatte. Seit dem Jahr 2015 wird IST Metz von Christian-Marius Metz, dem Enkel des mittlerweile verstorbenen Firmengründers, geleitet. Unterstützt wird er von Holger Kühn und Dr. Robert Sänger als Geschäftsführer für Vertrieb und Technik.

Kontakt
IST METZ GmbH
Lauterstr. 14–18, 72622 Nürtingen
www.ist-uv.de

J

J

J.D. Neuhaus

Witten, Nordrhein-Westfalen

„Permanente Exzellenz"

Unternehmensleitsatz

Gegründet: 1745

Die Firmengeschichte begann 1745, als Johann Diederich Conrad Neuhaus (1726–1809) seine erste Holzschaft-Winde baute. Diese Erfindung zum Bewegen schwerer Lasten legte den Grundstein für die Erfolgsgeschichte von J.D. Neuhaus. Das Familienunternehmen erlebte über die Jahrhunderte die verschiedensten Epochen, darunter schwierige Kriegsjahre, aufblühende Industrialisierung und die Entwicklung des Eisenbahnbaus, die zunehmende Technisierung im Maschinenzeitalter und die wachsende Bedeutung des Bergbaus. Und schon bevor Frauen das Recht auf Erwerbstätigkeit zugesprochen wurde, stand ab 1905 mit Emma Neuhaus eine Frau an der Firmenspitze von J.D. Neuhaus.

Einen bedeutenden Meilenstein in der Firmengeschichte beschreibt das Jahr 1952, als man bei JDN auf die Idee kam, den bis dahin üblichen Handantrieb der Hebezeuge durch einen mit Druckluft betriebenen Lamellenmotor zu ersetzen. Anders als ein Elektromotor verursacht dieser keine Funken, was je nach Einsatzort überlebenswichtig ist. Von da an konnte besonders im Untertagebergbau effektiver, wirtschaftlicher und v. a. sicherer gearbeitet werden.

Seit 1995 leitet Wilfried Neuhaus-Galladé als geschäftsführender Gesellschafter das nun schon in 7. Generation geführte Familienunternehmen. Seine erste Herausforderung

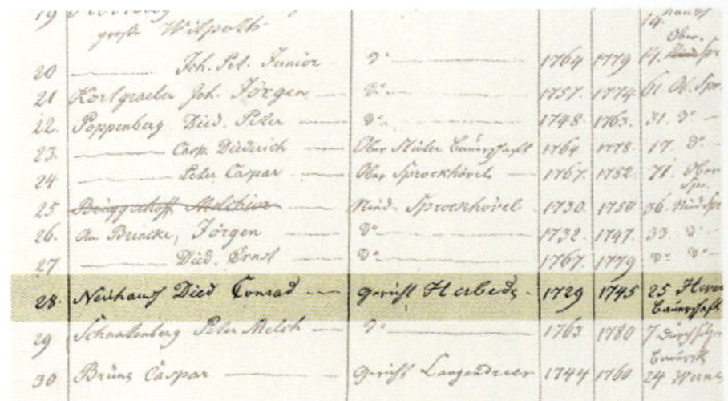

Im Jahr 1745 wurde Johann Diederich Conrad Neuhaus in die „Meister Rolle der Sprockhövelschen Fabricke" eingetragen.

J.D. Neuhaus hat seinen Sitz in Witten (oben). Dort befindet sich auch das Hebezeug-Museum.

Big Bag Handling Hebezeug in der chemischen Industrie

bei der Übernahme bestand in der Anpassung an den wirtschaftlichen Strukturwandel. Der einst wichtige Wirtschaftszweig des deutschen Bergbaus verlor nach und nach an Bedeutung, stattdessen rückten globale Märkte in den Fokus. Der Aufbau einer weltweiten Vertriebsorganisation mit Tochtergesellschaften in den USA, Frankreich, Großbritannien und Singapur steigerte den Exportanteil im Laufe der Jahre auf über 80 %.

Die Unternehmensführung von Neuhaus-Galladé folgt neuen Konzepten, dabei werden Methoden wie Kaizen und KVP von den JDN-Mitarbeitenden täglich aktiv gelebt. Die Steuerung sämtlicher Prozesse unterliegt der ständigen Verbesserung. Zur Firmenstrategie zählen zusätzlich die umweltorientierte Produktion und die Entwicklung besonders langlebiger Produkte. Folglich sind Zuverlässigkeit und Verantwortung ein Leistungsversprechen, das bei JDN auch für fortlaufende Investitionen in die Weiterbildung der Mitarbeitenden gilt. Gegenseitiger Respekt und die Begegnung auf Augenhöhe im Team sowie mit Zulieferern und Kunden machen das Wittener Maschinenbau-Unternehmen zu einem loyalen Arbeitgeber und vertrauenswürdigen Partner.

Seit Mitte der 1990er-Jahre ist J.D. Neuhaus Mitglied von „Les Hénokiens“, einer Vereinigung von Firmen, die seit mindestens 200 Jahren bestehen, seit ihrer Gründung in Familienbesitz sind und noch von Nachkommen des Gründers geleitet werden.

Chronologie

1745 Johann Diederich Conrad Neuhaus gründet das Unternehmen in Heven bei Witten.

1952 J.D. Neuhaus setzt erstmals Druckluft-Motoren bei handbetriebenen Hebezeugen ein.

1986 In 7. Generation tritt Wilfried Neuhaus-Galladé in das Unternehmen ein und beginnt mit dem Aufbau einer weltweiten Vertriebsorganisation.

1989–2002 Gründung von Niederlassungen in den USA, Frankreich, Großbritannien und Singapur

1995 Wilfried Neuhaus-Galladé wird geschäftsführender Gesellschafter.

2005 Marktspezifische Anpassung der Produktpalette, Ausbau des weltweiten Vertriebs- und Servicenetzes

2012 Erweiterung des Bereichs Engineering

2018 Markteinführung der neuen Druckluft-Hebezeuge-Serie mini

2020 275-jähriges Firmenjubiläum

J

Die Produktion bei J.D. Neuhaus

Das Hebezeug-Museum in Witten

Am Stammsitz in Witten betreibt J.D. Neuhaus ein einzigartiges Museum, das die Geschichte der Hebezeuge und des Unternehmens dokumentiert. Das Hebezeug-Museum zeigt anhand von Modellen und Originalen die Entwicklung der Hebezeuge von der Steinzeit bis in die Gegenwart. In einer originalgetreu nachgebauten Windenschmiede wird den Besucherinnen und Besuchern die Arbeit der Schmiede in der Zeit der Firmengründung anschaulich gemacht. In einer rekonstruierten Windenfabrik aus dem Jahr 1900 werden zwölf historische Maschinen für die Holz- und Metallbearbeitung ausgestellt. Auf dem Freigelände des Museums steht neben Treträdern und alten Holzschaftwinden ein Nachbau des Kaufhauskrans der Hansestadt Lüneburg, der zum Be- und Entladen von Schiffen diente und 1336 zum ersten Mal erwähnt wurde. Wie die meisten anderen Ausstellungsobjekte, darunter auch Leihgaben branchenverwandter Unternehmen, ist auch der Kaufhauskran voll funktionsfähig.

J

Daten und Fakten

Inhaberfamilie: Familie Neuhaus-Galladé in 7. Generation
Gründer: Johann Diederich Conrad Neuhaus, 1745, Heven
Branche: Maschinenbau
Produkte: Druckluft- und Hydraulik-Hebezeuge sowie Krananlagen
Standorte: Stammsitz Witten; Niederlassungen in Frankreich, Großbritannien, Singapur und den USA
Vertrieb: über 4 Niederlassungen und Partner in weltweit über 90 Ländern
Mitarbeitende: 160 in Witten (2019)

Kontakt
J.D. Neuhaus GmbH & Co. KG
Windenstr. 2–4, 58455 Witten-Heven
Fon: 02302 208-0, Fax: 02302 208-286
info@jdngroup.com, www.jdngroup.com

Ansprechpartner Presse
Manfred Müller
Fon: 02302 208-219
manfred.mueller@jdn.de

J.E. Schum

Würzburg, Bayern

Gegründet: 1877
Die J.E. Schum GmbH & Co. KG ist ein in seinem Segment deutschland- und europaweit führendes Handels- und Dienstleistungsunternehmen mit drei Geschäftsbereichen: Im Kleinpreisbereich bieten die Filialen der EuroShops Waren zum günstigen Einheitspreis, der Aktionsbereich liefert Handelspartnern attraktive Artikel zu verkaufsfördernden Themen, und der SB-Service-Bereich offeriert Verkaufslösungen für alle Flächengrößen im Handel. Über 2 Mrd. Artikel werden jährlich weltweit beschafft und mit Aktionspaletten und Displays an SB-Warenhausunternehmen, Verbraucher- und Supermärkte, Baumärkte, Drogeriemärkte sowie Kaufhäuser und Möbelhäuser in 21 Ländern geliefert. 1877 gründete Johann Eugen Schum in Würzburg die Eisenwarenhandlung J.E. Schum, ein Unternehmen, das seither in Familienbesitz ist.

Kontakt
J.E. Schum GmbH & Co. KG
Am Stein 2, 97080 Würzburg
www.schum.de

J.G. Niederegger

→ Niederegger

J.J. Darboven

Hamburg

Gegründet: 1866
Die J.J. Darboven ist eine international agierende Kaffeerösterei mit Sitz in Hamburg. Der Kaufmann Johann Joachim Darboven gründete den Betrieb 1866. Er hatte als Erster die Idee, bereits gerösteten, länger haltbaren Kaffee in Tüten verpackt an private Haushalte zu verschicken. Heute führt Albert Darboven das Unternehmen in 4. Generation. Zur Darboven-Firmengruppe gehören 16 Tochterfirmen in zehn europäischen Ländern. Das Unternehmen unterhält Produktionsstandorte in Hamburg, Sauerlach, Luzern und Graz und beschäftigt ca. 900 Mitarbeitende. Seit 1997 vergibt J.J. Darboven den IDEE-Förderpreis für innovative Ideen für Unternehmensgründungen von Frauen. 2009 erhielt J.J. Darboven den Fairtrade-Award für seine Pionierleistung auf diesem Gebiet.

Kontakt
J.J. Darboven GmbH & Co. KG
Pinkertweg 13, 22113 Hamburg
www.darboven.com

Jäckering

Hamm, Nordrhein-Westfalen

Gegründet: 1910
Die Jäckering Gruppe ist ein weltweit tätiges Unternehmen mit Kernkompetenzen in den Gebieten Weizenstärke, Weizenkleber, Maschinenbau und der Aufbereitung und Verarbeitung von Thermoplasten. Die Jäckering Gruppe beschäftigt 183 Mitarbeitende an sechs Standorten und erwirtschaftete im Jahr 2018 einen Umsatz von 135 Mio. Euro. Hermann Jäckering hatte bereits 1910 einen Mühlenbetrieb gegründet, der 1945 durch Günter Jäckering wieder aufgebaut wurde. Nach dessen Tod im Jahr 1988 übernahm Michael Andreae-Jäckering das Unternehmen. Er leitet es bis heute zusammen mit weiteren Geschäftsführern. Die Jäckering Gruppe unterstützt Kunst und Kultur und betreibt u. a. den Jäckering ART-Blog.

Kontakt
Jäckering Gruppe
Vorsterhauser Weg 46, 59067 Hamm
www.jaeckering.de

Jacob Volckerts

Hamburg

Gegründet: 1866
Die Jacob Volckerts GmbH & Co. KG ist ein mittelständisches Familienunternehmen der Immobilienbranche, das auf die Vermittlung und Verwaltung von Gewerbe- und Anlageimmobilien für private Kundinnen und Kunden sowie Erbengemeinschaften spezialisiert ist. Die in Hamburg ansässige Firma agiert als Hausmakler und bietet eine Reihe von Dienstleistungen in den Bereichen der Haus- und Vermögensverwaltung an. Jacob Volckerts gründete das Unternehmen 1866 im damals preußischen St. Pauli. Ein Jahr nachdem Claus J. Volckerts 1973 die Unternehmensverantwortung in 4. Generation übernommen hatte, bezog die Jacob Volckerts GmbH & Co. KG den heutigen Stammsitz am Ballindamm. Seit 2008 ist mit Juliane Hinsch (geb. Volckerts) die 5. Generation im Unternehmen, seit dem Tod von Claus J. Volckerts 2017 als alleinige Geschäftsführerin.

Kontakt
Jacob Volckerts GmbH & Co. KG
Ballindamm 15, 20095 Hamburg
www.volckerts.de

JAKO

Mulfingen, Baden-Württemberg

Gegründet: 1989
Die JAKO AG mit Sitz in Mulfingen-Hollenbach ist einer der führenden Hersteller von Teamsportbekleidung. Gegründet wurde das Unternehmen im Jahr 1989 von Rudi Sprügel als JAKO Sportartikelvertrieb GmbH, abgeleitet von den beiden die Region prägenden Flüssen JAgst und KOcher. Anfänglich in der Garage des Bruders des Firmengründers beheimatet, expandierte JAKO schnell. 2002 wurde aus JAKO eine AG, 2018 überschritt der Jahresumsatz erstmals die 100 Mio. Euro. Heute ist JAKO ein weltweit operierendes Unternehmen. In Deutschland tragen derzeit über 100.000 Mannschaften die Artikel des Unternehmens mit den zwei Flüssen. Von den Sportplätzen und aus den Sporthallen ist JAKO nicht mehr wegzudenken. JAKO beschäftigt heute rd. 280 Mitarbeitende. Mit Rudi Sprügels beiden Töchtern ist inzwischen die 2. Generation in der Firma aktiv.

Kontakt
JAKO AG
Amtstr. 82, 74673 Mulfingen-Hollenbach
www.jako.de

J

JOBO

Gummersbach,
Nordrhein-Westfalen

Gegründet: 1923
Die JOBO International GmbH bietet ihren Kundinnen und Kunden ein umfangreiches Sortiment an Fotozubehör sowie Spezialkameras für Sporttreibende und Autos. Der Firmensitz von JOBO liegt im oberbergischen Gummersbach. Im Ausland stellen Distributionspartner den Kontakt zum Handel her. Die Firmenbezeichnung JOBO nimmt die Anfänge von Vor- und Nachnamen des Firmengründers Johannes Bockemühl auf. Heute ist JOBO in 3. Generation familiengeführt und wird von Johannes Bockemühl-Simon geleitet. Gegründet wurde das Unternehmen 1923 in Gummersbach von Johannes Bockemühl. Einen Meilenstein in der Firmengeschichte stellt die Entwicklung und Fertigung des „JOBO Tanks" dar, mit dessen Hilfe es sowohl Fotografinnen und Fotografen als auch Fotolaboren möglich wurde, Schwarz-Weiß-Filme selbst zu entwickeln. JOBO-Artikel werden seit Jahren regelmäßig ausgezeichnet.

Kontakt
JOBO International GmbH
Kölner Str. 58a, 51645 Gummersbach
www.jobo.com

Joh. Wilh. von Eicken

Lübeck, Schleswig-Holstein

Gegründet: 1770
Die Joh. Wilh. von Eicken GmbH ist ein traditionsreiches Unternehmen der Nahrungs- und Genussmittelindustrie mit Sitz der Zentrale in Lübeck. Großhandel sowie Endverbraucherinnen und -verbrauchern wird ein breites Spektrum von Tabakprodukten angeboten: Zigaretten, Zigarillos und Zigarren ebenso wie Drehtabak, Stopftabak und Pfeifentabak. Fast das gesamte Portfolio wird in Lübeck und im thüringischen Dingelstädt produziert, nur die Longfiller-Zigarren werden in der Dominikanischen Republik gefertigt. Mit seinen Marken Pepe und Manitou zählt von Eicken zu den Produktions- und Vertriebspionieren zusatzstofffreier Tabakwaren. Manitou ist zudem die einzige Zigaretten-Markenfamilie in Deutschland, für deren Herstellung ausschließlich Tabak aus ökologischem Anbau verwendet wird.

Ein eigener Außendienst organisiert den Vertrieb aller Produkte in Deutschland und Frankreich, eigene Vertriebsniederlassungen betreuen Kundinnen und Kunden in den Vereinigten Arabischen Emiraten, den USA und Singapur. Zusätzlich gibt es langjährige

Zigaretten gehören zu den Tabakprodukten, die von Eicken anbietet.

„Aus Freude am Tabak."

Johann Wilhelm von Eicken, Unternehmensgründer, 1770

Joh. W. von Eicken (oben) und sein Sohn J. W. Marc von Eicken (unten) leiten in 7. und 8. Generation das traditionsre che Familienunternehmen.

Schon gewusst?

1770 begann Johann Wilhelm von Eicken in Mülheim a. d. Ruhr mit der Herstellung von Tabak, und heute ist die Joh. Wilh. von Eicken GmbH eines der 50 ältesten unabhängigen Familienunternehmen Deutschlands. Seit 250 Jahren in der Tabakbranche tätig, produziert das Unternehmen Zigaretten, Zigarren, Feinschnitt und Pfeifentabak. „Aus Freude am Tabak" lautete das Motto des Gründers, an dem sich von Eicken bis heute orientiert – sämtliche Tabakerzeugnisse vom Rohtabak bis zum Endprodukt werden vom Familienunternehmen gefertigt.

Kooperationen mit Vertriebspartnern rund um den Globus. Die Exportquote beträgt ca. 60 %. Von Eicken beschäftigt in Deutschland nahezu 500 Mitarbeitende. Das Unternehmen ist u. a. Mitglied im Bundesverband der Tabakwirtschaft und neuartiger Erzeugnisse e. V. (BVTE), im Deutschen Zigarettenverband e. V. (DZV), im Verband der Rauchtabakindustrie e. V. (VdR) sowie in den europäischen Verbänden ESTA und ECMA.

1770 gründete Johann Wilhelm von Eicken einen nach ihm benannten Kolonialwarenhandel mit Tabakverkauf in Mülheim a. d. Ruhr. Carl Heinrich von Eicken fokussierte sich ab 1866 ausschließlich auf die Tabakproduktion. Die Unternehmenszentrale wurde 1903 nach Hamburg verlegt und ist seit 1982 in Lübeck ansässig. Das Unternehmen ist bis heute in Besitz der Familie von Eicken und wird von zwei Geschäftsführern geleitet: von Joh. W. von Eicken und dessen Sohn J. W. Marc von Eicken, Repräsentanten der 7. bzw. 8. Generation der Familie.

Daten und Fakten

Inhaberfamilie: Familie von Eicken
Gründer: Johann Wilhelm von Eicken, 1770
Branche: Nahrungs- und Genussmittelindustrie
Produkte: Zigaretten, Zigarillos, Zigarren, Drehtabak, Stopftabak, Pfeifentabak
Standorte: Produktion in Lübeck (Zentrale), Dingelstädt und in der Dominikanischen Republik
Vertrieb: weltweit
Mitarbeitende: rd. 500 in Lübeck und Dingelstädt
Ausbildungsquote: 4 %

Kontakt

Joh. Wilh. von Eicken GmbH
Drechslerstr. 1–3, 23556 Lübeck
Fon: 0451 89006-0, Fax: 0451 89006-199
info@von-eicken.com, www.von-eicken.com

Jokey Group

Wipperfürth, Nordrhein-Westfalen

Packaging
Technics
Individual
Spa

Gegründet: 1968

Die Jokey Group ist ein international agierendes Familienunternehmen, dessen drei Geschäftsbereiche in der Kunststoffverarbeitung aktiv sind.

Jokey Packaging bietet Kunststoffverpackungen wie Eimer, Dosen und Schalen für nahezu alle Füllgüter und gehört zu den weltweit führenden Unternehmen seiner Branche. Das Portfolio von Jokey Spa umfasst Badmöbel und Spiegelschränke der Marken Jokey, imagolux und KristallForm. Jokey Technics produziert Technische Kunststoffteile für die Automobilindustrie sowie die Elektro- und Konsumgüterindustrie.

Die Jokey Group unterhält 15 Werke in zwölf Ländern Europas, Nordafrikas und Nordamerikas. Mit rd. 2.000 Mitarbeitenden, davon 750 in Deutschland, erwirtschaftete die Jokey Group 2019 einen Umsatz von rd. 500 Mio. Euro. Jokey bildet in zwölf kaufmännischen und gewerblich-technischen Berufen sowie in dualen Studiengängen aus.

„Jokey übernimmt Verantwortung durch nachhaltige Verpackungslösungen, soziales Engagement und eine zukunftsorientierte Unternehmensstrategie."

Firmenmotto

Die Mitglieder des Verwaltungsrats (v. l.): Dr. Peter Köhler, Herbert Kemmerich und Ralf Kemmerich

Stammsitz der Jokey Group in Wipperfürth

J

Die Verpackungen von Jokey verbinden Funktionalität mit hoher Werbewirkung.

Die Jokey Group feierte 2018 ihr 50-jähriges Jubiläum. Den Grundstein legte Josef Kemmerich 1968 in Fährichstüttem, Wipperfürth. Drei Jahre später stiegen seine Söhne Karl-Heinz, Egon, Werner und Herbert in die Geschäftsführung mit ein. Das Unternehmen verfolgte stets ein kontinuierliches Wachstum: In den 1980er-Jahren begann die Expansion in Europa, die seit den 1990er-Jahren auf globaler Ebene fortgesetzt wird.

Um das Familienunternehmen zukunftsorientiert aufzustellen, wurden 2019 die beiden Stammwerke in Wipperfürth und Gummersbach in die Gesellschaftsform der SE – Societas Europaea – überführt. Durch

Das Jokey Eco Concept

Jokey ist ein Pionier der nachhaltigen Verpackungsproduktion. Bereits in den 1990er-Jahren stellte das Unternehmen Verpackungseimer aus recycelten Kunststoffen her. Heute stoßen die ausgereiften Serien aus Sekundärrohstoffen auf großes Interesse bei Non-Food-Abfüllern. Alle eingesetzten Neukunststoffe bestehen aus sortenreinen Polyolefinen und sind deshalb zu 100 % recycelbar. Durch ThinWall-Technologie entwickelt Jokey immer dünnwandigere und leichtere Verpackungen, was wertvolle Ressourcen einspart. Die Jokey Verpackungseimer und -dosen sind vollständig entleerbar und damit ideal für den Verwertungsprozess. Es werden nur geprüfte Additive und Inhaltsstoffe verwendet. Aufgrund ihrer hohen Qualität werden die Verpackungen von den Verbraucherinnen und Verbrauchern gerne als Aufbewahrungseimer weiter genutzt. Jokey fertigt zudem Gebinde mit einem Ocean-Plastic-Anteil und aus Biopolymeren.

Ralf Kemmerich ist die Familie Kemmerich in der operativen Unternehmensführung vertreten. Vorsitzender des Verwaltungsrats für beide Gesellschaften ist einer der Gründungsgesellschafter, der langjährige CEO Herbert Kemmerich. Stellvertretender Vorsitzender ist sein Neffe, Ralf Kemmerich. Alle Anteile des Unternehmens befinden sich im Besitz der Familie Kemmerich.

Jokey verbindet ökologische, ökonomische und soziale Aspekte zu einer verantwortungsvollen Geschäftspolitik. Das Jokey Eco Concept umfasst sämtliche Faktoren einer nachhaltigen Verpackungsproduktion. Jokey engagiert sich in Gremien und Verbänden für die Vermeidung von Abfällen, u. a. als Mitglied der Allianz Prevent. Durch modernste Produktions- und Gebäudetechnik erzielen die Werke eine maximale Energieeffizienz. Eine Eigenkapitalquote von 60 % und kontinuierliche Reinvestitionen kennzeichnen die zukunftsorientierte Unternehmenspolitik. Die Mitarbeitenden profitieren von Weiterbildungsmöglichkeiten und vielfältigen Aufstiegschancen sowie von Gesundheits- und Freizeitangeboten.

Chronologie

1968 Josef Kemmerich gründet mit fünf Mitarbeitern den Familienbetrieb in Fähnrichstüttem, Wipperfürth.

1975 Das Unternehmen übernimmt den Wettbewerber SURE Plastik, der in Jokey Plastik Gummersbach umbenannt wird.

1981 Mit Zukauf der Firma Sicopal-Labourse in Nordfrankreich beginnt die europäische Expansion.

1990er-Jahre In Ostdeutschland, Polen, Tschechien und der Türkei entstehen neue Produktionsstätten.

ab 2000 Im Zuge der Globalisierung entstehen neue Werke in Algerien, Weißrussland, Nordamerika, Ägypten, Serbien und Russland.

2017 Treplás, ein spanischer Hersteller von Kunststoffverschlüssen, wird 15. Werk der Jokey Group.

2019 Die Stammwerke in Wipperfürth und Gummersbach werden in die Gesellschaftsform SE – Societas Europaea – umgewandelt und firmieren unter Jokey SE und Jokey Gummersbach SE.

Daten und Fakten

Inhaberfamilie: Familie Kemmerich in 2. und 3. Generation
Gründer: Josef Kemmerich, 1968, Fähnrichstüttem, Wipperfürth
Produkte: Kunststoffverpackungen, Technische Kunststoffteile, Bad- und Sanitärmöbel
Mitarbeitende: 2.000 (2019)
Umsatz: 500 Mio. Euro (2019)
Innovationen: Eimer mit angespritzten Kunststoffbügeln, In-Mould-Labeling-Dekoration, Digitaldruck, Barrierefolie gegen Sauerstoff und Wasserdampf, Verpackungen aus Rezyklaten, die aus haushaltsnahen Sammlungen stammen, Verpackungen mit einem Ocean-Plastic-Anteil
Familieneinfluss: inhabergeführt
Unternehmensanteile der Familie: 100 %
Auszeichnungen: Finalist „Entrepreneur Of The Year", Ernst & Young (2002/2009); „Top 500 Job Creating Entrepreneurs", Europe's 500 (2007); „iF product design award", International Forum Design GmbH (2008); „Top 500" der größten Familienunternehmen in Deutschland, Wirtschaftsblatt (2013); PackTheFuture Award (2018); Ausgezeichneter Ausbildungsbetrieb (2017, 2018 und 2019)

Kontakt
Jokey SE
August-Mittelsten-Scheid-Str. 23,
51688 Wipperfürth
Fon: 02267 685-0, Fax: 02267 685-1133
info@jokey.com, www.jokey.com

Ansprechpartnerin Presse & Öffentlichkeit
Claudia Kemmerich
Fon: 02267 685-1112
claudia.kemmerich@jokey.com

Vom Start-up zum Global Player: Heute beschäftigt die Jokey Group rd. 2.000 Mitarbeitende in 15 Werken und 12 Ländern.

Unter dem Motto „We care about your content" schafft die Jokey Group intelligente Verpackungslösungen für jede Branche.

J

Josef Marschall

Schwaig, Bayern

Gegründet: 1933

Die Josef Marschall GmbH ist ein privates Großhandelsunternehmen für Getreide, Futtermittel und Ölsaaten mit Sitz in Schwaig bei Nürnberg. Das Produktspektrum reicht von Getreide wie Weizen, Roggen und Brau- oder Futtergerste bis hin zu Erbsen und Ackerbohnen. Einzelfuttermittel von Sojaschrot bis Melasseschnitzel sowie Ölsaaten wie Raps und Sonnenblumenkerne komplettieren das Angebot. Die Firma wurde 1933 vom vereidigten Handelsmakler und Sachverständigen Josef Marschall in Nürnberg gegründet, sein Enkel Horst Geiger wandelte das Unternehmen im Jahr 1982 zusammen mit seinem Vater und Ludwig Lehmeier in die Josef Marschall GmbH um. Heute beschäftigt sie rd. 30 Mitarbeitende. Die Gesellschafter sind neben Horst Geiger auch Robert Leidenberger, Uli Allgöwer und Daniel Musmann.

Kontakt

Josef Marschall GmbH
Dreihöhenstr. 10, 90571 Schwaig
www.marschall-schwaig.de

JUMO

Fulda, Hessen

Gegründet: 1948

Die JUMO-Unternehmensgruppe mit Hauptsitz in Fulda ist einer der führenden Hersteller industrieller Mess-, Regel- und Automatisierungstechnik und gilt als Hidden Champion. Fünf Niederlassungen in Deutschland, 25 Tochtergesellschaften im In- und Ausland sowie mehr als 40 Vertretungen weltweit mit insgesamt über 2.400 Mitarbeitenden erwirtschafteten 2019 einen Umsatz von 253 Mio. Euro. Die Exportquote beträgt 54 %. Die Kunden aus aller Welt kommen u. a. aus den Branchen Maschinen- und Anlagenbau, Lebensmittel und Getränke, Pharma- und Biotechnik, Wasser und Abwasser, Bahntechnik, Schifffahrt, Industrieofenbau, Heizungs- und Klimatechnik sowie erneuerbare Energien. Im Bereich Temperaturfühler für Wärmezähler ist JUMO Weltmarktführer.

1948 wurde JUMO von Namensgeber Moritz-Kurt Juchheim in Fulda gegründet und stellte zuerst Glaskontaktthermometer her. In den folgenden Jahrzehnten wurde das Portfolio mit immer neuen Sensor- und Automatisierungstechnologien erweitert. Seither prosperiert das Unternehmen auch international und entwickelt sich zunehmend vom Produkt- zum Lösungsanbieter für die vernetzte Industrie des 21. Jahrhunderts. Geschäftsführer von JUMO sind Bernhard Juchheim in 2. und Michael Juchheim in 3. Generation der Inhaberfamilie sowie Dimitrios Charisiadis.

JUMO bietet seinen Mitarbeitenden vielfältige Weiterbildungsmöglichkeiten und erhielt zahlreiche Auszeichnungen, u. a. mehrfach als „Bester Arbeitgeber", als „Exzellenzbetrieb Deutscher Mittelstand" sowie für sein betriebliches Gesundheitsmanagement. Das Unternehmen fördert zahlreiche soziale Projekte und Organisationen in der Region, insbesondere im Bereich Bildung.

Kontakt

JUMO GmbH & Co. KG
Moritz-Juchheim-Str. 1, 36039 Fulda
Fon: 0661 6003-0, Fax: 0661 6003-500
mail@jumo.net, www.jumo.de

JUNG

Schalksmühle, Nordrhein-Westfalen

Gegründet: 1912

Die Albrecht JUNG GmbH & Co. KG entwickelt, produziert und vertreibt Schalter, Steckdosen, Dimmer und Wächter sowie Anlagen und Systeme für das Gebäudemanagement inkl. Softwareanwendungen. Mit mehr als 1.200 Mitarbeiterinnen und Mitarbeitern weltweit zählt JUNG zu den führenden mittelständischen Unternehmen der Elektroindustrie in Deutschland. JUNG ist mit 19 Tochtergesellschaften und mehr als 67 eigenständigen Vertriebs- und Partnerorganisationen auf fünf Kontinenten vertreten.

Vom Standort Lünen aus erfolgt u. a. der nationale und weltweite Versand. Die Unternehmenszentrale mit den Bereichen Verwaltung, Konstruktion, Stanzerei, Steckdosenmontage und Vertrieb befindet sich am Stammsitz Schalksmühle. Hier werden täglich bis zu 90.000 Steckdoseneinsätze produziert. Geschäftsführer sind Harald Jung, Enkel des Firmengründers Albrecht Jung, sowie Michael Eyrich-Ravens und Martin Herms.

1912 machte sich der Elektromechaniker Albrecht Jung in Schalksmühle mit einer elektrotechnischen Fabrikation selbstständig. 1919 wurde Albrecht Jungs Schwiegersohn Ernst Paris Partner im Unternehmen, bis in den 1960er-Jahren mit Siegfried Jung die 2. Familiengeneration die Firmenleitung übernahm. Unterstützt wurde er im Vertrieb von Theodor Schulte. Das erste Patent erwarb der Firmengründer auf einen Zugschalter mit 1/8-Drehung, dessen Prinzip des kurzen Betätigungsweges noch heute die Basis aller Schalterkonstruktionen bei JUNG ist. Der Faktor Design gewann seit den 1960er-Jahren zunehmend an Bedeutung. Mit dem Schalterprogramm LS 990 setzte JUNG einen neuen Standard mit großzügigen Bedienflächen.

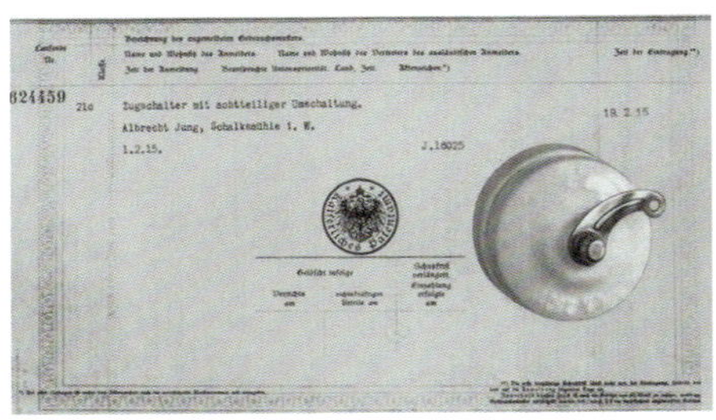

Patenturkunde für den Zugschalter mit 1/8-Drehung

J

„Fortschrittliche Technik, hohe Leistung und richtungsweisendes Design"

Harald Jung, Geschäftsführender Gesellschafter, über sein Unternehmen

Vom Firmensitz in Schalksmühle (historische Aufnahme oben) erfolgt der weltweite Vertrieb der von JUNG entwickelten Schalter, Steckdosen, Dimmer und Wächter sowie Anlagen und Systeme für das Gebäudemanagement. 2019 startete der Umbau der Villa des Firmengründers Albrecht Jung (unten).

Die Produkte von JUNG vereinen Nutzwert und exklusives, mehrfach ausgezeichnetes Design. Hier: LS 1912 in Dark mit kegelförmigem Kippschalter

J

Albrecht Jung (oben); Siegfried Jung (Mitte); Harald Jung (unten)

Das Produktdesign war vom Bauhaus inspiriert. Seitdem wurden JUNG-Produkte vielfach mit Preisen ausgezeichnet. Dazu zählen u. a. der Plus X Award als „Innovativste Marke des Jahres". Außerdem mehrfach der Iconic Award, der German Design Award für insgesamt sieben unterschiedliche Produkte und zahlreiche andere Auszeichnungen.

Chronologie

1912 Albrecht Jung gründet im sauerländischen Schalksmühle sein Elektrounternehmen.

1919 Ernst Paris unterstützt seinen späteren Schwiegervater auf der kaufmännischen Seite.

1928 Eine neue Fabrik in der Bergstraße wird gebaut.

1941 Im westfälischen Lünen entsteht ein Zweitwerk.

1960er-Jahre Mit Siegfried Jung übernimmt die 2. Generation die Geschäftsführung.

1973 Verlegung von Verwaltung und Fertigung Schalksmühle in die Volmestraße

1993 Harald Jung, der Enkel des Gründers, setzt als Geschäftsführender Gesellschafter die Familientradition fort.

2011 Als erster Hersteller von Elektroinstallationsgeräten und -systemen erhält JUNG vom TÜV NORD die Zertifizierung „made in Germany".

2017 Für den Umbau und die Erweiterung der Villa des Firmengründers Albrecht Jung in Schalksmühle wird ein Wettbewerb für junge Architekturbüros ausgelobt.

2019 Die Bauarbeiten zum Umbau der Gründervilla starten.

Die JUNG-Manufaktur übernimmt die Produktgestaltung nach individuellen Vorgaben, um z. B. einem Corporate Design oder den Entwürfen eines Architekten für ein exklusives Privathaus zu entsprechen. Zu den Referenzen zählen gehobene Wohnbauten, Kultur- und Bildungsbauten ebenso wie zahlreiche Verwaltungsbauten, u. a. das Bundeskanzleramt in Berlin, das durchgängig mit dem KNX-System zur intelligenten Gebäudesteuerung von JUNG ausgestattet ist. Auch designorientierte Hotels gehören weltweit zum Kundenkreis. So wurden zahlreiche Luxushotels auf der ganzen Welt mit Technik von JUNG ausgerüstet.

Nachhaltig aktiv

Mit einer Produktionsrate von über 90 % in Deutschland ist JUNG vom TÜV NORD mit dem Prüfzeichen „made in Germany" zertifiziert. Dabei setzt das Unternehmen auf das ökologisch effiziente Prinzip der kurzen Wege, das mit einer umweltschonenden Produktion einhergeht. Mit nur zwei Standorten in Schalksmühle und Lünen sowie einem bundesweit intelligent verteilten Netz von Vertreterlagern ist JUNG in der Lage, das Transportaufkommen und die Anzahl der Sendungen spürbar zu senken. Damit trägt der Anbieter hochwertiger Elektrogeräte und Systeme dazu bei, den Ausstoß von CO_2 zu reduzieren.

Daten und Fakten

Inhaberfamilie: Familie Jung in 3. Generation
Gründer: Albrecht Jung, 1912, Schalksmühle
Branche: Schalter und Gebäudesystemtechnik
Produkte: von Lichtschaltern und Steckdosen über Jalousiesteuerung, Sicherheitssysteme, Sensorik, Funk und KNX bis hin zu Energie-Monitoring und sprachgesteuerter Gebäudesystemtechnik
Standorte: Schalksmühle, Lünen und weltweit in 67 Ländern
Mitarbeitende: ca. 1.200
Marktposition: unter den Top 3 in Deutschland
Innovationen: patentierter Zugschalter mit 1/8-Drehung (1912), quadratische Schalter LS 990 in Bauhaustradition designt (1969), intelligente KNX-Lösungen (seit ca. 2000), Schalterdesign Aluminium (2002), Graphic-Tool zur individuellen Schaltergestaltung (2013), Plug & Light LED-System (2019)
Familieneinfluss: Harald Jung ist Geschäftsführender Gesellschafter

Kontakt
Albrecht JUNG GmbH & Co. KG
Volmestr. 1, 58579 Schalksmühle
Fon: 02355 806-0, Fax: 02355 806-204
kundencenter@jung.de, www.jung.de

Ansprechpartner Presse
Deniz Turgut
Fon: 02355 806-102
d.turgut@jung.de

Junge Die Bäckerei

Lübeck, Schleswig-Holstein

Gegründet: 1897
Junge Die Bäckerei fertigt an den Standorten Lübeck in Schleswig-Holstein sowie Rostock und Greifswald in Mecklenburg-Vorpommern Backwaren nach hauseigenen Rezepten. Das Unternehmen ist mit rd. 200 Geschäften, die auch zahlreiche Snacks und Kaffeespezialitäten anbieten, im ganzen Norden sowie in Berlin vertreten und beschäftigt rd. 4.300 Mitarbeitende. 1897 gründete Johannes C. D. Junge die Dampfbäckerei Hansa in Lübeck, die in ihrer erfolgreichen Historie kontinuierlich wuchs. Heute wahrt Junge Die Bäckerei die klassischen Qualitäten des Bäckerhandwerks mit modernsten Maschinen und Öfen. Innovative Backwaren aus dem Hause Junge wurden ebenso wie die Mitarbeitenden mehrfach ausgezeichnet. Das traditionsreiche Bäckereiunternehmen ist in 4. Generation in Besitz der Familie Junge.

Kontakt
Konditorei Junge GmbH
Hafenstr. 25, 23568 Lübeck
www.jb.de

Jungheinrich

Hamburg

Gegründet: 1953
Jungheinrich, gegründet im Jahr 1953, zählt zu den weltweit führenden Lösungsanbietern für die Intralogistik. Mit einem umfassenden Portfolio an Flurförderzeugen, Automatiksystemen und Dienstleistungen bietet Jungheinrich seinen Kunden passgenaue Lösungen für die Herausforderungen der Industrie 4.0. Der Konzern mit Stammsitz in Hamburg ist weltweit in 40 Ländern mit eigenen Direktvertriebsgesellschaften und in rd. 80 weiteren Ländern durch Partnerunternehmen vertreten. Jungheinrich beschäftigt weltweit 18.000 Mitarbeitende und erzielte 2019 einen Konzernumsatz von 4,07 Mrd. Euro. Die Jungheinrich-Aktie ist im SDAX notiert.

Kontakt
Jungheinrich AG
Friedrich-Ebert-Damm 129, 22047 Hamburg
www.jungheinrich.com

K

K

K+K

Gronau, Nordrhein-Westfalen

Gegründet: 1950

Die K+K Klaas + Kock B.V. & Co. KG ist ein Unternehmen der Lebensmittelbranche mit regionalem Schwerpunkt im Nordwesten Deutschlands. Sie betreibt über 215 Verbrauchermärkte in einem Umkreis von 150 km rund um Gronau, wo auch die Hauptverwaltung sowie das Zentrallager angesiedelt sind. Die Filialen werden täglich vom eigenen Fuhrpark mit über 120 Fahrzeugen beliefert. Neben den Handelsaktivitäten betreibt K+K eine Großmetzgerei, die Fleisch- und Wurstspezialitäten der Marke drilander herstellt. Das familiengeführte Unternehmen beschäftigt mehr als 7.000 Mitarbeitende sowie jährlich rd. 200 Auszubildende. 1950 gründeten die Kaufleute Hans Klaas und Hermann Kock in Gronau eine Großhandlung für Süßwaren und eröffneten 1955 ihr erstes Lebensmittelgeschäft, die Basis für das heutige Unternehmen.

Kontakt

K+K Klaas & Kock B.V. & Co. KG
Ochtruper Str. 165, 48599 Gronau (Westfalen)
www.klaas-und-kock.de

KAAPKE®

Drantum, Niedersachsen

Gegründet: 2000

KAAPKE® ist seit Gründung spezialisiert auf Markenentwicklungen im Mittelstand. Denn kein Mittelständler sollte mehr aufgrund unbewusster Kommunikation als unattraktiver wahrgenommen werden, als er ist. KAAPKE® kombiniert Marken- und Mittelstandskompetenz zu einem ganzheitlichen Konzept für identitäts- und werteorientierte Markenführung.

Ein Team mit vielfältigen Talenten begleitet und unterstützt mittelständische Unternehmen bei ihren individuellen Entwicklungsschritten zu einer starken Marke: Markenstrategie, Markendesign, Markenkommunikation und Markenimplementierung. Grundlage der gemeinsamen Arbeit ist dabei das ganzheitliche KAAPKE® System für Markenführung im Mittelstand. Dies ermöglicht es, Unternehmen bewusst als Marke zu führen – und sich so im Markt als Unternehmens-, Produkt- und/ oder Arbeitgebermarke zu positionieren.

Neben erfolgreichen, langjährigen Klienten hat die Arbeit mit und für „Marken im Mittelstand" auch unterschiedlichste fachliche Auszeichnungen hervorgebracht. Das Unternehmen beschäftigt derzeit 33 Mitarbeitende. Die Ausbildungsquote liegt bei ca. 15 %. Das Unternehmen wird kooperativ geführt. Die Zusammenarbeit mit den Mitarbeitenden beruht auf Vertrauen, Sportsgeist und Selbstorganisation. KAAPKE® gilt in Deutschland als Pionier der Unternehmensführung nach Scoreboard-Management® und The Great Game of Business. Das Unternehmen sitzt im KAAPKE®HAUS im ecopark an der A1, dem Gewerbepark im Oldenburger Münsterland.

Kontakt

KAAPKE Holding GmbH
ecopark-Allee 1, 49685 Drantum
Fon: 04473 94338-0, Fax: 04473 94338-38
info@kaapke.com, www.kaapke.com

KAEFER

Bremen

Gegründet: 1918

Die KAEFER Isoliertechnik GmbH & Co. KG ist in den Sparten Isolierung, Zugangstechnik und Oberflächenschutz tätig. Das Unternehmen ist lt. eigenen Angaben Marktführer in der Gewährleistung der Anlagenintegrität in der Prozess-Industrie, der Energiewirtschaft, der Marine-Industrie und dem Baugewerbe. Vom Gründer, der 1918 Torf verwendete, um Kühlräume zu isolieren, entwickelte sich das Familienunternehmen zum Global Player mit über 30.000 Mitarbeitenden weltweit. KAEFER versteht sich als Vorreiter in Sachen Digitalisierung in seiner Branche und nennt als Maxime seines Handelns, Energieverschwendung zu verhindern. Seit 2018 wird der KAEFER Zukunftspreis für Forschungsprojekte in den Bereichen Energieeffizienz bis Prozessoptimierung verliehen.

Kontakt
KAEFER Isoliertechnik GmbH & Co. KG
Marktstr. 2, 28195 Bremen
www.kaefer.com

Kaiser

Waiblingen, Baden-Württemberg

Gegründet: 1889
Die Fr. Kaiser GmbH stellt hochwertige Bonbonspezialitäten her. Das Portfolio umfasst ein vielseitiges Kernsortiment an Hals- und Hustenbonbons, das durch mit Fruchtmark gefüllte Bonbons, Erfrischungsbonbons, zuckerfreie und biologische Bonbons ergänzt wird. Thomas Updike leitet das Unternehmen in 4. Generation. 2009 feierte das Unternehmen sein 120-jähriges Jubiläum: Theodor Kaiser stellt 1889 von der manuellen Zuckerbäckerei auf die maschinelle Fertigung um. Er hat das Rezept für die „Pflastersteine“ genannten Hustenkaramellen seines Vaters weiterentwickelt und produziert nun ein „anerkannt unübertroffenes Mittel für Husten, Heiserkeit und Lungenkatarrh“ mit dem Namen Brust-Caramellen. Diese sind bereits 1904 im gesamten europäischen Ausland bekannt. Nach dem Tod des Gründers tritt sein Sohn Friedrich die Nachfolge an. Er wird 1980 durch seinen Schwiegersohn John G. Updike abgelöst, der die Leitung 2002 an seinen Sohn übergab.

Kontakt
Fr. Kaiser GmbH – 3 Tannen-Werk
Bahnhofstr. 35, 71332 Waiblingen
www.kaiser-candy.de

KALDEWEI

Ahlen, Nordrhein-Westfalen

Gegründet: 1918
KALDEWEI ist einer der international führenden Hersteller von hochwertigen Duschflächen, Waschtischen und Badewannen aus Stahl-Email „made in Germany“. Das Unternehmen beschäftigt über 800 Mitarbeitende weltweit und ist in mehr als 80 Ländern präsent. Die Exportquote beträgt über 50 %.

Bei KALDEWEI werden Duschflächen, Badewannen oder Waschtische aus einheitlicher Materialität und von hoher Qualität ausschließlich am Standort Ahlen gefertigt. Die Rezeptur für die Emaillierung hat KALDEWEI als einziger Hersteller selbst entwickelt und ist mit über 150 Design-Auszeichnungen einer der meistprämierten Badhersteller der Welt.

Franz Kaldewei gründete das Unternehmen 1918 in Ahlen und startete die eigene Emailherstellung. Seit 2008 führt Franz Kaldewei das Familienunternehmen in 4. Generation.

Kontakt
Franz Kaldewei GmbH &. Co. KG
Beckumer Str. 33–35, 59229 Ahlen
www.kaldewei.de

Kaltenberg

→ Schloss Kaltenberg

K

KAMAX

Homberg, Hessen

Gegründet: 1935

KAMAX entwickelt hochfeste Verbindungsteile und komplexe Kaltformteile für die Automobilindustrie. Annähernd 4 Mio. dieser Teile werden täglich unter Aufwendung von über 193.000 kg Stahl produziert. Pro Jahr entspricht das dem 29-fachen Material des Eiffelturms. An 13 Standorten in Europa, Amerika und Asien sind 3.350 Mitarbeitende tätig. Sie generieren 774 Mio. Euro Umsatz (2019). Mit 64 % besitzt KAMAX eine mehr als doppelte so hohe Eigenkapitalquote wie ein durchschnittliches Unternehmen in Deutschland. Da KAMAX führenden Automobilherstellern zuliefert, expandiert es weiterhin international in China, Indien und Mexiko. Gründer war Rudolf Kellermann, der mit drei Angestellten eine Fabrik für Schrauben und Gewindeteile eröffnet hatte.

Kontakt

KAMAX Holding GmbH & Co. KG
Dr.-Rudolf-Kellermann-Str. 2, 35315 Homberg (Ohm)
www.kamax.com

KAMEI

Wolfsburg, Niedersachsen

Gegründet: 1952

Die KAMEI GmbH & Co. KG in Wolfsburg entwickelt Zubehörlösungen für Autos wie funktionale Dachboxensysteme, Car-Styling-Produkte, Komfort-Zubehör und Spezialkomponenten für Behörden- und Sonderfahrzeuge. Der weltweite Vertrieb erfolgt über Handelspartner und freie Importeure auf fast allen Kontinenten. 1952 wurde das nach ihm benannte Unternehmen von Karl Meier gegründet. Schon 1953 entwickelte KAMEI mit dem „Tiefensteuer" den ersten Spoiler der Tuning-Geschichte. Ein weiterer Meilenstein der Unternehmensgeschichte war 1996 die Entwicklung der integrierten Dachbox. Von Anbeginn ein inhabergeführtes Unternehmen, ist KAMEI in 3. Generation im Besitz der Familien Meier und Meier-Andrae. Ein Unternehmensbeirat unterstützt Geschäftsführung und Gesellschafter.

Kontakt

KAMEI GmbH & Co. KG
Heinrichswinkel 2, 38448 Wolfsburg
www.kamei.de

Kärcher

Winnenden, Baden-Württemberg

Gegründet: 1935

Das Machinenbauunternehmen Kärcher entwickelt, produziert und vertreibt weltweit Reinigungsgeräte und -systeme für private und gewerbliche Kundinnen und Kunden. Kärcher ist in 2. Generation in Familienbesitz. Die über 13.000 Mitarbeitenden erwirtschaften einen Jahresumsatz von ca. 2,5 Mrd. Euro (2018). Von den 177 Auszubildenden in Deutschland werden alle übernommen. Die Entwicklung und Patentierung des ersten Heißwasser-Hochdruckreinigers im Jahr 1950 markierte einen Meilenstein in der Firmengeschichte. Seit vielen Jahren führt Kärcher Reinigungsprojekte an denkmalgeschützten Gebäuden durch. Das Unternehmen wurde jüngst für seine unternehmensweite Nachhaltigkeitsstrategie unter die TOP 3 für den Deutschen Nachhaltigkeitspreis 2020 gewählt.

Kontakt

Alfred Kärcher SE & Co. KG
Alfred-Kärcher-Str. 28–40, 71364 Winnenden
www.kaercher.de

KARL MAYER

Obertshausen, Hessen

Gegründet: 1937
KARL MAYER GmbH & Co. KG ist im Textilmaschinenbau tätig. Der Hersteller bietet Lösungen in der Wirkerei, bei technischen Textilien, für die Kettvorbereitung und digitale Angebote unter der Marke KM.ON für alle Kundengruppen. Das Unternehmen versteht sich als innovativer Marktführer und unterhält Niederlassungen in den USA, Indien, Italien, Hongkong, Japan, China und der Schweiz sowie Vertretungen weltweit. KARL MAYER beschäftigt rd. 2.300 Mitarbeitende, für die eine eigene Betriebskrankenkasse nebst Gesundheitszentrum zur Verfügung steht. Ein globaler Talentpool und moderne Arbeitsbedingungen sollen für gute Entwicklungsmöglichkeiten sorgen. Das Familienunternehmen wird von den Geschäftsführern Arno Gärtner und Dr. Helmut Preßl geleitet.

Kontakt
KARL MAYER GmbH & Co. KG
Brühlstr. 25, 63179 Obertshausen
www.karlmayer.com

KARL SCHNELL

Winterbach, Baden-Württemberg

Gegründet: 1948
Die KARL SCHNELL GmbH & Co. KG fertigt Maschinen und Anlagen für die Verarbeitung von Lebensmitteln, die von Handwerksbetrieben bis hin zu weltweit operierenden Konzernen eingesetzt werden. Das Unternehmen produziert an den deutschen Standorten Winterbach und Creglingen und hat Niederlassungen in den USA, in Frankreich und Russland. Im Anlagenbau für die Schmelzkäse- und Tiernahrungsindustrie ist KARL SCHNELL Marktführer. Das Unternehmen mit weltweit rd. 300 Mitarbeitenden organisiert den globalen Vertrieb in Kooperation mit den Niederlassungen und einem Vertreternetz. Die Exportquote beträgt 80 %.

1948 in Winterbach von dem Ingenieur Karl Schnell, einem Pionier der Lebensmittelverarbeitung, gegründet, wird das Familienunternehmen in 2. Generation vom Inhaber Dr. Ernst-Otto Schnell geleitet.

Kontakt
KARL SCHNELL GmbH & Co. KG
Mühlstr. 30, 73650 Winterbach
www.karlschnell.de

Käserei Champignon

Lauben, Bayern

Gegründet: 1908
Die Käserei Champignon Hofmeister GmbH & Co. KG in Lauben/Allgäu ist ein führender Anbieter von Weichkäse-Spezialitäten in Europa. Die Unternehmensgruppe beschäftigt rd. 1.000 Mitarbeitende und erzielte 2018 einen Jahresumsatz von ca. 520 Mio. Euro (konsolidierter Gruppenumsatz ca. 360 Mio. Euro). Der Export in 55 Länder weltweit trägt ca. 30 % zum Gesamtumsatz bei.

1908 schufen der Käser Julius Hirschle und der Käsehändler Leopold Immler einen neuen Camembert. Wegen seines intensiven Aromas frischer Pilze nannten sie ihn Champignon Camembert. Das Logo mit den drei Champignons wurde damals zum ersten Markenartikel der deutschen Milchwirtschaft.

1909 gründeten Hirschle und Immler die Camembert-Industrie Heising, die 1961 von den Brüdern Josef und Georg Hofmeister, Söhne eines Senners, übernommen wurde.

„Wir sind stolz darauf, ein Familienunternehmen zu sein, und werden es auch bleiben."

Robert Hofmeister

Mit der Käseharfe wird die eingedickte Milch in kleine Würfel geteilt. Die Molke fließt ab, der gallertartige „Bruch" wird zu Käselaiben gepresst.

Käserei Champignon

K

Emaille-Werbung aus den Kindertagen der „Champignon"-Werbung

Chronologie

1908 Käser J. Hirschle und Käsehändler L. Immler kreieren „Champignon Camembert".

1909 Hirschle und Immler gründen die Camembert-Industrie Heising.

1939 „Champignon" ist die meistverkaufte Camembert-Marke Deutschlands.

1961 Die Brüder J. und G. Hofmeister übernehmen die Käserei Champignon; sie erhält die höchste Auszeichnung der Milchwirtschaft (Anton-Fehr-Plakette).

1980 Der Weichkäse „Cambozola" kommt auf den Markt.

1998 Paul Bocuse verleiht „Cambozola" drei Sterne.

2000 Die Käserei Champignon eröffnet mit der „Käserei 2000" eine der modernsten Produktionsanlagen für Weichkäse in Europa.

2001 Mit Rougette Ofenkäse wird ein neues Segment heißer Käse-Spezialitäten eröffnet.

2012 Rougette erweitert sein Sortiment um einen Grillkäse, der auf dem Rost zubereitet werden kann.

2015 Grillfreunde können nun auch den Marinierten Grillkäse von Rougette genießen.

Die Familie Hofmeister entwickelte das Produktportfolio sowie das Unternehmen kontinuierlich weiter und setzte dabei u. a. auf innovative Werbekonzepte: Als erste deutsche Käserei schaltete sie 1962 Spots im jungen Medium TV.

1952 übernahm das Unternehmen die Molkerei Moosburg (seither: Hofmeister Käsewerk) sowie 1986 das Mang-Käsewerk, Kammlach, und beteiligte sich an der Molkerei

Die Käserei Champignon schreibt seit dem Jahr 1908 mit unterschiedlichen Käsespezialitäten Genussgeschichte.

Hainichen, Freiberg. Die 1989 etablierte Marke Alpavit vertreibt Milch- und Molkeprodukte, u. a. für internationale Produzenten von Süßwaren und Babynahrung. Viele Spezialitäten der Käserei Champignon sind Marktführer im In- und Ausland: neben dem Champignon Camembert z. B. der Blauschimmelkäse Cambozola und Rougette, ein Weichkäse mit Rotkulturen.

Seit über 100 Jahren im Familienbesitz, führt heute Robert Hofmeister in 3. Generation das Unternehmen. Er will weiterhin die hohen Qualitätsstandards wahren, Trends nutzen und sich konsequent an den Bedürfnissen der Verbraucherinnen und Verbraucher orientieren sowie die Region fördern und die mittelständischen bäuerlichen Strukturen im Allgäu stärken.

Daten und Fakten

Inhaberfamilie: Familie Hofmeister in der 3. Generation
Branche: Molkereiprodukte
Produkte: Weichkäsespezialitäten sowie getrocknete Milch- und Molkeprodukte
Vertrieb: weltweit in 55 Ländern
Mitarbeitende: ca. 1.000 (2018)
Umsatz: ca. 520 Mio. Euro Gesamtumsatz, konsolidierter Gruppenumsatz ca. 360 Mio. Euro (2018)

Kontakt

Käserei Champignon Hofmeister GmbH & Co. KG
Kemptener Str. 17–24, 87493 Lauben/Allgäu
Fon: 08374 92-0, Fax: 08374 92-169
info@kaeserei-champignon.de,
www.kaeserei-champignon.de

Kathmann

Bremen

Gegründet: 1945
Die Bernhard Kathmann Bauunternehmung GmbH u. Co. KG hat sich im Segment Hochbau positioniert. Hier bietet die Firma Produkte und Dienstleistungen in den Bereichen Projektentwicklung, Rohbau, Schlüsselfertigbau, Sanierung, Modernisierung und Renovierung an. Vom Firmensitz in Bremen aus ist Kathmann v. a. in Norddeutschland aktiv. Der Betrieb, der ca. 100 Mitarbeitende beschäftigt, erwirtschaftete 2018 einen Umsatz von rd. 60 Mio. Euro. Das Unternehmen befindet sich vollständig im Besitz der Familie Kathmann. Gegründet wurde es im Jahr 1945 von Bernhard Kathmann in Schönemoor im Landkreis Oldenburg, 1964 wurde der Hauptsitz nach Bremen verlegt. Von 1981 bis 2018 führte Hans-Hermann Kathmann das Unternehmen, gab die Leitung dann an seinen Sohn Lüder Kathmann ab. Dieser leitet den Betrieb heute gemeinsam mit Holger Muhle und Arne Weber.

Kontakt
Bernhard Kathmann Bauunternehmung
GmbH u. Co. KG
Westerstr. 93, 28199 Bremen
www.kathmann-bau.de

KAUFMANN

Mühlheim a. Main, Hessen

Gegründet: 1942
Die Manufaktur KAUFMANN fertigt und vertreibt hochwertige Lederwaren. Am Stammsitz in Mühlheim a. Main werden heute v. a. Uhrenarmbänder in Handarbeit hergestellt. Der Vertrieb erfolgt über Fachhändler, einen Onlineshop sowie die eigene Boutique. Das Unternehmen wurde 1942 von dem erst 20-jährigen Schweizer Wilhelm Leo Kaufmann gegründet, 1950 bezog er die erste eigene Werkstatt. Dort fertigte er mit seinen Geschwistern zunächst Gürtel. Bald darauf folgten Uhrenarmbänder, die bis heute das Kernprodukt sind und aus vielfältigen Ledersorten hergestellt werden. 1985 wurde Cornelius Kaufmann, der Sohn des Gründers, Gesellschafter. 2007 trat mit Cornelius Philipp Kaufmann die 3. Generation in das Unternehmen ein.

Kontakt
KAUFMANN – Manufaktur feiner Uhrenarmbänder
Wilhelm Kaufmann & Sohn KG
Lämmerspieler Str. 85, 63165 Mühlheim a. Main
www.kaufmann.de

KBA

Würzburg, Bayern

Gegründet: 1817
Die Koenig & Bauer AG (KBA) ist die Nummer zwei unter den Druckmaschinenherstellern weltweit. Im Banknotendruck und in wachsenden Märkten des Verpackungsdrucks ist das Unternehmen globaler Markt- und Technologieführer. Im Jahr 2019 setzte der Druckmaschinenhersteller mit weltweit rd. 5.800 Mitarbeitenden über 1,2 Mrd. Euro um. Im Jahresdurchschnitt bildet KBA etwa 350 junge Menschen aus. Als börsennotierte AG befindet sich das Unternehmen mehrheitlich in Streubesitz. Gut 5 % der Anteile liegen in den Händen der Inhaberfamilie Bolza-Schünemann. In 6. Generation leitet Claus Bolza-Schünemann die KBA als Vorstandsvorsitzender. Die Wurzeln des Familienunternehmens reichen bis ins frühe 19. Jahrhundert zurück: 1817 gründeten Friedrich Koenig und Andreas Bauer die Schnellpressenfabrik Koenig & Bauer im Kloster Oberzell bei Würzburg.

Kontakt
Koenig & Bauer AG
Friedrich-Koenig-Str. 4, 97080 Würzburg
www.koenig-bauer.com

K

KBW Blickle

Villingen-Schwenningen, Baden-Württemberg

Gegründet: 1948

Seit über 60 Jahren feilt die KBW Blickle an innovativen, branchenübergreifenden Speziallösungen und -systemen in der Fluidtechnik und Automation. Das mittelständische Unternehmen wurde 1948 von Albert Huber gegründet, 1962 übernahm Schwiegersohn Horst Blickle die Betriebsführung. 2019 wurde die FMB Blickle Teil der KBW-Unternehmensgruppe und firmiert nun als KBW Blickle Hydraulik GmbH. Geschäftsführer sind Michael Blickle und Jochen Brandstetter. Das Unternehmen projektiert und fertigt unterschiedliche, hochkomplexe hydraulische Versorgungen, Prüfanlagen, Maschinenfunktionen und Steuerungen sowie Kühl-Schmierstoffsysteme und deckt das gesamte Leistungsspektrum von Entwicklung und Produktion bis hin zu Montage und Inbetriebnahme ab.

Kontakt

KBW Blickle Hydraulik GmbH
Peter-Henlein-Str. 19, 78056 Villingen-Schwenningen
www.kbw-blickle.de

KCI KompetenzCenter Innovation

Hamburg

Gegründet: 2012

Die KCI KompetenzCenter Innovation GmbH hat sich auf Beratung über und Vertrieb von Hard- und Softwarelösungen im Bereich Digitalisierung und Industrie 4.0 spezialisiert. Beratung zu analogen und digitalen Daten im Unternehmen und deren Zusammenführung nebst Installation der dazugehörigen Hard- und Software bilden das Kerngeschäft.

Die KCI bedient Kunden aus den verschiedensten Branchen von ihrem Standort in Hamburg und der Zweigstelle in Berlin aus. Das Unternehmen beschäftigt 19 Mitarbeitende und erwirtschaftet einen Jahresumsatz von 4 Mio. Euro. Die KCI hat einen eigenen Außendienst, betreibt Kooperationen und arbeitet mit Multiplikatoren. Die Ausbildungsquote beträgt 15 %. Ziel ist es, ein bis zwei Auszubildende zu übernehmen. Da aufgrund individualisierter Kundenlösungen immer wieder neue Modelle und Ansätze gefunden werden müssen, liegt die Forschungs- und Entwicklungsquote bei 15 % des Gesamtumsatzes. Die Eigenkapitalquote beträgt 25 %.

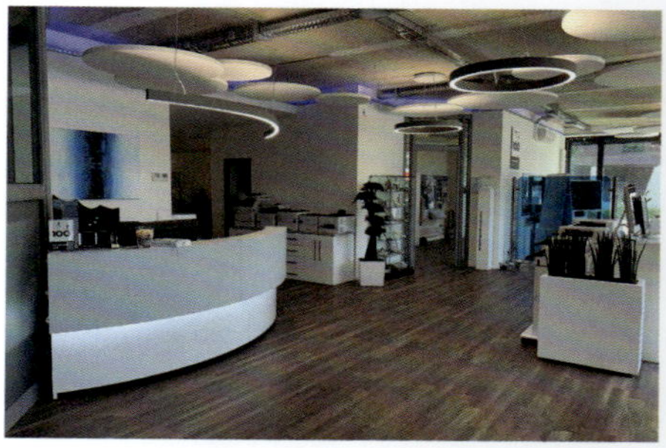

Unter dem Motto „Man muss etwas wollen, etwas können – und dann machen!" ist die Digitalisierung der Expertenstatus der KCI.

K

Innovative Produkte sind bei KCI das A und O.

„Die Kreativität ist mein ständiger Begleiter und Treiber für neues Denken und Handeln."

Ralf Siebert

Die KCI ist Mitglied bei zahlreichen Unternehmerverbänden, Fachverbänden und regionalen Verbänden in Hamburg, wie beispielsweise dem Wirtschaftsrat Hamburg, dem Ausschuss für Innovation der Handelskammer Hamburg sowie Next Reality Hamburg. Ralf Siebert ist in 1. Generation Inhaber der Firma und hält 100 % der Unternehmensanteile. Die Geschäftsführung und der operative Geschäftsbereich werden von ihm verantwortet. Das Unternehmen wurde von den drei Gesellschaftern Ralf Siebert, Elmar Meier und Klaus Bergter 2012 in Paderborn gegründet. Die Mitgründer wurden in den letzten vier Jahren ausgezahlt. Die KCI gründete sich als Canon-Vertriebspartner für den Office-Solution-Bereich, für Systemlösungen im industriellen 3D-Druckbereich und als Softwareanbieter.

2020 wurde KCI als „Canon Platin Partner" ausgezeichnet, dem höchsten Partner-Status, den Canon an Fachhändler vergibt. Wichtige Meilensteine in der Unternehmensgeschichte sind die Umstellung auf individuelle Lösungen für einen breit gefächerten Kundenkreis. Ebenso die Erarbeitung individueller Branchenlösungen, z. B. durch die Erweiterung des Portfolios um das PAIOS Software Segment.

Der geschäftsführende Gesellschafter Ralf Siebert (oben); Blick in die Geschäftsräume (Mitte); 2018 und 2020 wurde KCI als „Top 100 Innovator" ausgezeichnet (unten).

Forschung und Innovation

Der geschäftsführende Gesellschafter Ralf Siebert installierte eine eigene Innovationsabteilung mit entsprechenden Koordinatoren. Seit 2019 ist er alleiniger Inhaber der Firma. Mittlerweile zieht sich die Innovationskultur durch das gesamte Unternehmen und spiegelt sich im Geschäftsmodell wider. Für Kunden werden spezifische Innovations-Fahrpläne erstellt. Da dieser kundenspezifische Ansatz auch individuelle Lösungen erfordert, werden bei KCI laufend neue Teilbereiche entwickelt, mit denen den Anforderungen Rechnung getragen werden kann. 2018 wurde diese Strategie mit dem Erhalt des „Top 100 Innovator" belohnt und 2020 auch für die ständige Weiterentwicklung ausgezeichnet.

K

Schon gewusst?

KCI geht beim Recruiting neue Wege – das Unternehmen ist nicht an Zeugnissen, sondern an Talenten interessiert. Im Gepäck sollten Jobsuchende Begeisterung für neue Technologien, Kreativität, Flexibilität und die Fähigkeit zu priorisieren haben. Unter der Webadresse www.mach-dein-ding.jetzt erfahren die potenziellen neuen Mitarbeitenden, wie das Bewerbungsverfahren 4.0 funktioniert. Per Mausklick kann eine Videobotschaft gestartet werden, bei der die Interessierten drei Fragen beantworten sollen. Das genügt KCI für einen ersten Eindruck, alles Weitere wird in einem persönlichen Gespräch geklärt.

Mit dem Geschäftsbereich ideenBank sollen neue Geschäftsfelder sondiert und Schnittstellen gefunden werden. Die ideenBank wird als Impulsgeber für die weitere Geschäftsentwicklung fungieren. Entsprechend der Firmenphilosophie werden auch beim Bewerbungsverfahren neue Wege eingeschlagen und auf klassisches Werbematerial zugunsten eines eigenen Kommunikationstools verzichtet. Das Unternehmen erhielt die Auszeichnungen „Top 100 Innovator 2018“ und „Top 100 Innovator 2020“.

Daten und Fakten

Inhaberfamilie: Ralf Siebert
Gründer: Ralf Siebert, Elmar Meier, Klaus Bergter, 2012, Paderborn
Branche: Beratung und Handel
Produkte: KreativConsulting, Information-Office-IT Systeme, Canon Platin Partner, 3D Systems Goldpartner
Standorte: Hamburg, Berlin
Mitarbeitende: 19
Umsatz: 4,1 Mio. Euro
Ausbildungsplätze: 4
Unternehmensanteile der Familie: 100 %

Kontakt
KCI KompetenzCenter Innovation GmbH
Heidenkampsweg 45, 20097 Hamburg
Fon: 040 238545-0, Fax: 040 238545-15
info@kci-group.de, www.kci-group.de

Geschäftsführender Gesellschafter/Inhaber
Ralf Siebert
Fon: 040 238545-13
r.siebert@kci-group.de

Kemmler

Tübingen, Baden-Württemberg

Gegründet: 1885
Wenn ein Unternehmen seinen 125. Geburtstag feiert, ist das etwas sehr Außergewöhnliches und ein idealer Anlass, um die eigene Historie einmal gründlich zu erforschen und aufzuschreiben. Genau dies wurde bei Kemmler getan, als die Firmengründung sich am 16. März 2010 entsprechend jährte: Im Rahmen eines Festakts wurde in Tübingen Dr. Wolfgang Fischers Buch „Das Baustoffunternehmen Kemmler. Die Geschichte eines schwäbischen Familienunternehmens über

Höchste Produktqualität: Sieben Jahre Garantie werden auf alle KEMMLIT-Trennwände gewährt.

K

2019	Beton Kemmler	Top Job
	Beton Kemmler	Nominierung: Großer Preis des Mittelstandes
	Kemmler Baustoffe	Deutschlands beste Händler
2018	Kemmler Baustoffe	Top Job
	KEMMLIT	Top Job
	KEMMLIT	Top 100
	Beton Kemmler	ThinKing Oktober
2017	Beton Kemmler	Top 100
	Beton Kemmler	Deutschlands innovativste Mittelständler
2016	Kemmler Baustoffe	Top Job
	Kemmler Baustoffe	Top nationaler Arbeitgeber
	Kemmler Industriebau	Top Job
	KEMMLIT	red dot design award für NOXX
2015	Beton Kemmler	Top 100
	Kemmler Baustoffe	Top Job
2014	Kemmler Baustoffe	Top Job
	KEMMLIT	Top 100
	KEMMLIT	German Design Award für Systemwand saniQub
2013	KEMMLIT	Plus X Award für Systemwand saniQub
	KEMMLIT	ICONIC AWARDS für Systemwand saniQub
	Kemmler Baustoffe	Top Job

Eine Übersicht der Preise und Auszeichnungen, die von den Unternehmen der Kemmler Firmenfamilie allein seit 2013 gewonnen wurden. Ganz aktuell kam 2020 noch eine weitere „Top Job"-Trophäe hinzu.

fünf Generationen" vorgestellt. Der renommierte Marburger Historiker Prof. Dr. Eckart Conze, der als Initiator des Buchprojekts an diesem Abend den Festvortrag hielt, hob dabei nicht nur die Qualität der im Frankfurter Campus-Verlag erschienenen Publikation hervor, sondern stellte die Entwicklung der Firma Kemmler zugleich als Musterbeispiel mittelständischer Unternehmensgeschichte dar.

Kurz vor dem Erscheinen der Neuauflage dieses Lexikons ist Kemmler nun sogar schon 135 Jahre alt geworden. Die Einladungen zur Feier im März 2020 waren bereits verschickt, als Corona ganz kurzfristig ein Verschieben auf unbestimmte Zeit erforderte.

Dies alles macht neugierig auf die Firmenfamilie Kemmler, die sich aus vier Unternehmen zusammensetzt: Die Kemmler Baustoffe GmbH

„Der Zweck unseres Unternehmens ist es, Kunden zu gewinnen und sie durch Leistung und Partnerschaft zu Stammkunden zu entwickeln."

Dr. Marc Kemmler

Der Lenkungskreis des Unternehmens bestehend aus Martin Heimrich, Dr. Marc Kemmler und Kurt Binder (v. l.)

Die Unternehmen von Kemmler decken alle Bedürfnisse des Bauhandwerks ab.

K

Gesellschaftliche Verantwortung

Die Unternehmen der Firmenfamilie Kemmler sind tief in der Region verwurzelt und sich ihrer Verantwortung als Arbeitgeber stets bewusst. Im Mittelpunkt der bemerkenswert aktiven Personalpolitik von Kemmler steht die Berufsausbildung von Jugendlichen. 2019/2020 erlernen 220 Auszubildende einen von 14 Berufen. Die Ausbildungsquote liegt mit 12 % beim Zweieinhalbfachen des deutschen Durchschnitts. Beispielhaft sind die Qualität der Lehre und die innerbetrieblichen Perspektiven. Alle geeigneten Lehrlinge werden nach bestandener Prüfung übernommen. Im Rahmen der Kemmler-Akademie findet danach eine kontinuierliche Weiterbildung statt. Vom großen Engagement in der Ausbildung zeugen nicht zuletzt die mittlerweile sieben „Top Job"-Auszeichnungen seit 2012. „Wir sind stolz, dass wir dieses Siegel immer wieder tragen dürfen", freut sich Marc Kemmler, „die dem Preis zugrunde liegende Analyse hilft uns sehr dabei, unsere Qualitäten als Arbeitgeber auszubauen." Ein Garant für die hohe Zufriedenheit der Mitarbeitenden ist die dezentrale Organisation des Marktführers. Kurze Wege, flache Hierarchien und gegenseitige Verbindlichkeit prägen die Unternehmenskultur.

Über 37.000 Stammkunden aus dem Bauhandwerk vertrauen auf den schnellen Kemmler-Lieferservice.

ist das größte Kemmler-Unternehmen und Handwerker-Versorger für über 37.000 Stammkunden. Mit 26 Niederlassungen und einem starken Team von über 1.200 Baustoff-Kaufleuten und Fachkräften ist Kemmler Baustoffe einer der führenden Baustoff- und Fliesenfachhändler in Süddeutschland. Täglich liefern die Baustoffprofis von Kemmler über 25.000 Baustoffartikel mithilfe von mehr als 100 Kran-Lkw zuverlässig und pünktlich aus. Die Beton Kemmler GmbH produziert in zwei Werken Betonfertigteile wie Wände, Decken und Treppen sowie Rohre und Garagen. Die Kemmler Industriebau GmbH konstruiert und montiert Dächer und Wände für Hallen im In- und Ausland, während, last but not least, die KEMMLIT-Bauelemente GmbH Umkleide-, WC- und Duschkabinen herstellt und damit Schwimmbäder und Sanitärräume in ganz Europa ausstattet.

2019 erwirtschafteten über 1.800 Kemmler-Mitarbeitende auf 75 Ha firmeneigenen Immobilien an 32 Standorten in Baden-Württemberg und Bayern einen Umsatz von 550 Mio. Euro. Der Geschäftsführende Gesellschafter Dr. Marc Kemmler leitet die Firmenfamilie in 5. Generation. Ihm zur Seite steht an der Spitze des Führungsteams ein Lenkungskreis, dem neben Kemmler die beiden Geschäftsführer Kurt Binder und Martin Heimrich angehören. Alle Unternehmensanteile befinden sich im Besitz von zwölf Gesellschaftern

Auf Wachstumskurs

„Nur eine Firma, die wächst, ist eine gesunde Firma", erklärt Dr. Marc Kemmler. Im Baustoffhandel eröffnete Kemmler bereits 1949 eine erste Filiale in Stuttgart. 1956 folgte eine zweite Niederlassung in Münsingen – und dann ging es schnell. Die folgenden Jahrzehnte standen im Zeichen dynamischen, eigenfinanzierten Wachstums. In zwei Expansionsphasen (1962 bis 1981 und seit 2000) dehnte sich Kemmler in konzentrischen Kreisen um Tübingen herum aus. Allein seit dem Jahr 2000 sind in Baden-Württemberg und Bayern neue Niederlassungen in Neu-Ulm, Pforzheim, Schorndorf, Aalen, Diedorf, Stuttgart-Stammheim, Stuttgart-Wangen, Weinsberg, Malterdingen, München-Unterhaching, Bruchsal und Ettlingen hinzugekommen. Aktuell bereits gesteckt sind die Ziele für die weitere Expansion in Süddeutschland sowie in den Metropolregionen München und Frankfurt.

In Baden-Württemberg ist Kemmler Marktführer im Fliesenhandel mit zahlreichen, top-modernen Ausstellungen.

Beton Kemmler gewann 2016 mit der Garage Béton Brut aus unbehandeltem Beton den Red Dot Design Award.

Schon gewusst?

Kemmler will die klare Nummer eins und Platzhirsch am Standort sein – mit der besten Mannschaft vor Ort. Um dies zu erreichen, strebt Kemmler höchste Kundenorientierung an. Begeistern soll aber nicht nur der Service. Auch durch seine optimierten Sortimente, perfekt sortierten Lager und die zuverlässigste Logistik der Branche möchte das Unternehmen nachhaltig überzeugen. Seit Jahren verfolgt Kemmler einen ehrgeizigen Digitalisierungskurs und hat als einer der ersten in der Branche einen leistungsfähigen Onlineshop samt Smartphone-App für schnelle und unkomplizierte Bestellungen aufgebaut.

Chronologie

1885–1910 Michael Pflumm: Der Landwirt erwirbt in Dußlingen eine insolvente Zement- und Getreide-Mühle, die er zur Betonwarenfabrik weiterentwickelt.

1910–1939 Johannes Kemmler: 1901 steigt Johannes Kemmler in das Unternehmen ein und verlagert es in eine neu errichtete Betonwarenfabrik nach Tübingen. 1910 übernimmt er den Betrieb seines Schwiegervaters. Johannes Kemmler baut den Baustoffhandel aus und eröffnet 1936 ein Verkaufsbüro in Stuttgart.

1939–1956 Dr. Hans Kemmler: In 3. Generation tritt Dr. Hans Kemmler 1939 die Nachfolge seines Vaters an. Er dirigiert den Wiederaufbau des ausgebombten Betriebs nach dem Zweiten Weltkrieg.

1956–2002 Peter Kemmler: Im Alter von 19 Jahren tritt Peter Kemmler nach einem Unfall seines Vaters in das Unternehmen ein und leitet dieses über 46 Jahre. Er sorgt für eine spezialisierte Organisation, gliedert Beton Kemmler und KEMMLIT als eigenständige Unternehmen aus und errichtet ein Filialnetz von 14 Baustoffhandlungen.

seit 2002 Dr. Marc Kemmler: Seit 2002 führt er die Tradition des Familienunternehmens fort, das in den folgenden Jahren in Süddeutschland weiter expandiert.

aus dem Familienkreis. Der Gesellschaftsvertrag des Kemmler Konsortiums legt für das Verhältnis zwischen der Familie und dem Unternehmen verbindliche Regeln fest. Über die Gesellschafterversammlung hinaus treffen sich die Gesellschafter mit ihren Angehörigen seit vier Jahrzehnten alljährlich zu einem großen Familienwochenende mit über 40 Teilnehmenden.

K

Michael Pflumm gründete das Unternehmen 1885, das sein Schwiegersohn Johannes Kemmler 1910 übernahm und 1939 an den jungen Hans Kemmler übergab. Peter Kemmler führte die Firma von 1956 bis 2002. Seither leitet Dr. Marc Kemmler das Familienunternehmen. (v. o.)

K

Die Wurzeln von Kemmler reichen zurück bis in das Jahr 1885, als Michael Pflumm in Dußlingen bei Tübingen eine Betonwarenfabrik eröffnete. Bereits in den 1890er-Jahren legte Pflumm den Grundstein für den heutigen Baustoffhandel. 1901 trat Johannes Kemmler in leitender Position in das Unternehmen des Schwiegervaters ein. Kemmler war gelernter Kaufmann und baute den Betrieb zu einem echten Wirtschafts- und Industrieunternehmen aus. Seit 1908 befindet sich der Stammsitz der Firma in Tübingen. 1910 zog sich Pflumm aus dem Unternehmen zurück und Johannes Kemmler wurde alleiniger Inhaber. Ab 1939 führte Dr. Hans Kemmler die Firma durch den Zweiten Weltkrieg und die Nachkriegszeit. Nachdem 1956 Peter Kemmler in 4. Generation die Nachfolge antrat, begann eine Phase des kräftigen Wachstums, die bis heute anhält.

Seit dem Jahr 2002 führt Dr. Marc Kemmler die Tradition seiner Familie fort und baut das Unternehmen auch durch Gründung und Zukauf weiterer Baustoffbetriebe aus – dynamisch, aber zugleich solide und eigenfinanziert. Das Familienunternehmen Kemmler folgt dabei gerade nicht dem gängigen Streben nach kurzfristiger Gewinnmaximierung. Marc Kemmler erklärt: „Der Zweck unseres Unternehmens ist es, Kunden zu gewinnen und sie durch Leistung und Partnerschaft zu Stammkunden zu entwickeln. Wenn wir so denken und arbeiten, dann stellt sich auch der lebensnotwendige Gewinn ein."

Daten und Fakten

Inhaberfamilie: Familie Kemmler in der 5. Generation
Gründer: Michael Pflumm, 1885, Dußlingen bei Tübingen
Standorte: 32 Standorte in Baden-Württemberg und Bayern
Mitarbeitende: 1.800 (2019)
Umsatz: 550 Mio. Euro (2019)
Ausbildungsquote: 12 % (2019)
Familieneinfluss: Familienmitglieder in Geschäftsführung und Beirat; Familiengesellschafter ernennen Beiräte
Unternehmensanteile der Familie: 100 %
Eigenkapitalquote: 55 % (2019)
Investitionen: über 100 Mio. Euro (2015–2019)

Kontakt

Firmenfamilie Kemmler
Reutlinger Str. 63, 72072 Tübingen
Fon: 07071 151- 0, Fax: 07071 151-118
www.kemmler.de; www.fliesen-kemmler.de; www.beton-kemmler.de; www.kemmler-garage.de; www.bedo-fertigteile.de; www.kemmlit.de; www.kemmler-industriebau.de

KEMNA BAU

Pinneberg, Schleswig-Holstein

Gegründet: 1867

Das Unternehmen wurde 1867 von Julius Kemna in Breslau zur Herstellung landwirtschaftlicher Geräte gegründet. Mit Beginn des Automobilverkehrs widmete es sich ab 1910 auch dem Bau und dem Unterhalt von Straßen. Nach 1945 baute Dr. Karl Andreae das Unternehmen von Hamburg aus wieder auf. KEMNA wurde mehr als 140 Jahre und über sechs Generationen von den Eigentümerfamilien erfolgreich geleitet. Heute sind Beirat und Geschäftsführung sowohl mit Familienmitgliedern als auch mit externen Fachleuten besetzt. KEMNA betreibt mit über 1.900 qualifizierten Mitarbeitenden an mehr als 60 Standorten deutschlandweit Steinbrüche und Kiesgewinnungsstätten, Asphaltmischwerke und Baubetriebe sowohl in eigener Regie als auch über Beteiligungsgesellschaften. Der Jahresumsatz beläuft sich auf über 400 Mio. Euro (2019).

Kontakt

KEMNA BAU Andreae GmbH & Co. KG
Tondernstr. 70, 25421 Pinneberg
www.kemna.de

Kemper

Nortrup, Niedersachsen

Gegründet: 1888
Das Unternehmen Kemper ist nach eigenen Angaben einer der führenden europäischen Produzenten von Rohwurst-, Schinken-, Brühwurst-, Kochwurst- und Convenience-Produkten. Distribuiert werden die Fleischwaren über einen eigenen Lkw-Frische-Service sowie über Lebensmittel-Spediteure in ganz Deutschland und mehr als 20 europäischen Ländern. Firmengründer Hermann Kemper begann 1888 mit der Produktion von hochwertigen Wurstwaren und Schinken. Heute hat das in 5. Generation familiengeführte Unternehmen rd. 1.400 Mitarbeitende. Zum Jahreswechsel 2019/2020 fusionierte Kemper mit dem Familienunternehmen Reinert. Gemeinsam bilden sie unter dem Namen „The Family Butchers (TFB)" Deutschlands zweitgrößten Wurstwarenhersteller, der von beiden Familien gleichberechtigt geführt wird.

Kontakt
H. Kemper GmbH & Co. KG
Hauptstr. 2, 49638 Nortrup
www.kemper-nortrup.de

KEMPER

Vreden, Nordrhein-Westfalen

Gegründet: 1977
Die KEMPER Gruppe ist ein international agierendes Familienunternehmen mit Sitz im westfälischen Vreden. Zu den Produktgruppen zählen Absaug- und Filtertechnik, Arbeitsschutz sowie Lager- und Automatisierungstechnik. Die KEMPER GmbH wurde 1977 von Gerd Kemper gegründet und beschäftigt heute rd. 400 Mitarbeitende. Neben dem Hauptsitz in Vreden unterhält KEMPER Produktionsstandorte in Lünen sowie in Shanghai (China) und Prag (Tschechien). Über acht Niederlassungen und zahlreiche feste Handelspartner ist das Unternehmen weltweit vertreten. Im Jahr 2007 trat mit Björn Kemper die 2. Generation in das Unternehmen ein. Nach dem Ausscheiden von Gerd Kemper im Jahr 2019 leitet er das Unternehmen gemeinsam mit seinem Schwager Michael Schiller und Frederic Lanz als externem Geschäftsführer.

Kontakt
KEMPER GmbH
Von-Siemens-Str. 20, 48691 Vreden
www.kemper.eu

KERN Group

Frankfurt a. Main, Hessen

Gegründet: 1969
Die KERN Group wurde 1969 in Frankfurt a. Main gegründet. Mit 45 Standorten in Deutschland, fünf in Österreich und insgesamt 60 Geschäftsstellen weltweit zählt sie zu den führenden Full-Service-Dienstleistern im Bereich des globalen Sprachenmanagements. Zum Portfolio gehören Sprachen- und Businesstraining, Übersetzen und Dolmetschen in allen Weltsprachen, Software- und Website-Lokalisierung, technische Redaktion, Terminologie- und Translation-Memory-Management sowie Portallösungen und Prozessautomatisierung. Trainer, Consultants, Übersetzer und Dolmetscher bilden ein globales Netzwerk. Seit der Gründung sind Verantwortung, Innovation, Sicherheit und Nachhaltigkeit die zentralen Pfeiler des zu 100 % familiengeführten Sprachdienstleisters.

Kontakt
KERN Group
Kurfürstenstr. 1, 60486 Frankfurt a. Main
www.e-kern.com/www.kerntraining.com

K

KERN-LIEBERS

Schramberg, Baden-Württemberg

Gegründet: 1888
Die Hugo Kern und Liebers GmbH & Co. KG ist Technologieführer in der Herstellung von Federn und Stanzteilen, Baugruppen und Präzisionsprodukten aus Bandstahl und Draht. KERN-LIEBERS entwickelt und produziert weltweit an 52 Standorten, 18 davon befinden sich in Deutschland. Abnehmer sind Branchen wie Medizin- und Elektrotechnik, aber auch Konsumgüter, Textilmaschinen, Feinmechanik und Maschinenbau. Das 1888 von Hugo Kern im Schwarzwald gegründete Familienunternehmen stellte ursprünglich Zugfedern für die heimische Uhrenindustrie her. KERN-LIEBERS erwirtschaftete 2018/2019 mit rd. 7.700 Mitarbeitenden einen Umsatz von ca. 738 Mio. Euro. Vertretungsberechtigte Geschäftsführer sind Udo Schnell, Jürgen Brielmaier, Klaus Scheuble und Hannes Steim.

Kontakt
Hugo Kern und Liebers GmbH & Co. KG
Dr.-Kurt-Steim-Str. 35, 78713 Schramberg
www.kern-liebers.com

Kessler + Co

Abtsgmünd, Baden-Württemberg

Gegründet: 1950
Kessler + Co ist ein führender Hersteller von Antriebskomponenten für schwere Mobilfahrzeuge. Zum Leistungsspektrum zählen die Entwicklung, die Fertigung und der Vertrieb von Planetenachsen, Radantrieben und Getrieben u. a. für Baumaschinen, Mobilkrane, Umschlaggeräte und Untertagefahrzeuge, die weltweit z. B. in der Landwirtschaft, in der Hafen- und Flughafentechnik, im Bergbau und in der Sicherheitstechnik eingesetzt werden.

Das Familienunternehmen mit rd. 800 Mitarbeitenden fertigt jährlich ca. 45.000 Achsen und Getriebe und erzielt einen jährlichen Umsatz von rd. 400 Mio. Euro. Auguste Kessler, Inhaberin der Alfing Kessler Werke, gründete Kessler + Co 1950 in Wasseralfingen, wo 1952 mit der Konstruktion und Fertigung von Triebachsen für landwirtschaftliche Anhänger begonnen wurde.

Kontakt
Kessler & Co. GmbH & Co. KG
Hüttlinger Str. 18–20, 73453 Abtsgmünd
www.kessler-axles.de

Kettnaker

Dürmentingen, Baden-Württemberg

Kettnaker

Gegründet: 1870
Die Kettnaker GmbH & Co. KG ist ein führender Hersteller von hochwertigen modularen Möbelsystemen für alle Bereiche des Wohnens. Vom Produktionsstandort Dürmentingen in Baden-Württemberg aus beliefert die Manufaktur den gehobenen Einrichtungsfachhandel in Deutschland sowie in den Beneluxländern, der Schweiz, Österreich, Russland, den USA, China und Dubai. 2019 erwirtschafteten 97 Mitarbeitende einen Umsatz von

Regalsystem VITA

Chronologie

1870 Karl Kettnaker gründet eine Schreinerei für Einzelmöbel in Dürmentingen.

1960 Ein Brand vernichtet die gesamte Produktion; mit Karl und Edmund Kettnaker steigt die 4. Generation in das Unternehmen ein.

1987 Nach dem Tod von Karl Kettnaker führen sein Bruder Edmund und sein Sohn Wolfgang Kettnaker das Unternehmen weiter.

1999 Edmund Kettnaker scheidet aus dem Unternehmen aus, Wolfgang Kettnaker wird alleiniger Inhaber.

2005 Eröffnung des neuen Bürogebäudes mit Showroom in Dürmentingen

2009 Einführung des Möbelsystems SOMA mit innovativer Magnetwechseltechnik

14,5 Mio. Euro, der Exportanteil betrug 25 %. 1870 gründete Karl Kettnaker in Dürmentingen eine Schreinerei, die Einzelmöbel für den regionalen Bedarf fertigte. Sein Sohn Karl führte sie als klassische Schreinerei mit Direktverkauf weiter. 1960 vernichtete ein Brand die Produktion vollständig und die 4. Generation der Familie Kettnaker baute das Unternehmen u. a. mit der Serienfertigung von Korpusmöbeln neu auf. Nach dem Tode Karl Kettnakers 1987 übernahmen sein Bruder Edmund und sein Sohn Wolfgang gemeinsam die Leitung, seit 1999 ist Wolfgang Kettnaker alleiniger Inhaber des Unternehmens. Der Wirtschaftsingenieur positionierte das Unternehmen neu und entwickelte mit seinem Team puristische Manufaktur-Möbel, für die erstklassige Materialien in höchster Präzision verarbeitet werden. Ende der 1990er-Jahre erweiterte Kettnaker das Portfolio um Lackoberflächen, 2009 führte das Unternehmen, das zwei Patente hält, das innovative Möbelsystem SOMA ein: Dessen Magnetwechseltechnik ermöglicht den einfachen Austausch der Fassadenplatten und bietet vielfältige individuelle Gestaltungsmöglichkeiten, u. a. auch in Kombination mit lackiertem Glas und Aluminium.

Wolfgang Kettnaker, alleiniger geschäftsführender Gesellschafter, leitet das Unternehmen in 5. Generation. Kettnaker ist u. a. Mitglied im Verband der Holzindustrie und Kunststoffverarbeitung Baden-Württemberg e. V. sowie im Verband der Deutschen Möbelindustrie e. V.

Daten und Fakten

Inhaber: Wolfgang Kettnaker in 5. Generation
Gründer: Karl Kettnaker, 1870 in Dürmentingen
Branche: Herstellung von Möbelsystemen
Standort: Dürmentingen, Baden-Württemberg
Mitarbeitende: 97 (2019)
Innovationen: Möbelsystem SOMA mit Magnetwechseltechnik
Ausbildungsplätze: 9 Ausbildungsplätze/ 3 Auszubildende p. a. werden übernommen (2019)
Unternehmensanteile der Familie: zu 100 % bei Wolfgang Kettnaker

Kontakt
Kettnaker GmbH & Co. KG
Bussenstr. 30, 88525 Dürmentingen
Fon: 07371 9593-0, Fax: 07371 9593-20
info@kettnaker.com, www.kettnaker.com

Keunecke Feinkost

Ballenstedt, Sachsen-Anhalt

Gegründet: 1891
Die Keunecke Feinkost GmbH produziert und vertreibt Fertiggerichtkonserven und Feinkostsuppen sowie Nudelsoßen, Wurstkonserven und Pâtés. Neben der Marke Keunecke führt die Firma auch Produkte unter den Marken Harzer (Wurstspezialitäten) und CARNITO (Nudelsoßen). Keunecke-Produkte

K

„Qualität und Individualität gepaart mit höchster Präzision sind Werte, für die wir stehen. Unsere Möbel sind zeitlose Objekte jenseits von Trends und Moden und Ausdruck der Individualität unserer Kunden."

Wolfgang Kettnaker

Wolfgang Kettnaker

Stammhaus der Firma Kettnaker in Dürmentingen

werden v. a. über den Lebensmitteleinzelhandel vertrieben, u. a. über die Filialisten Rewe und Edeka. Keunecke Feinkost befindet sich im Besitz der Familie Heilemann. Ekkehard Heilemann und Stefan Heilemann leiten das Unternehmen in 4. und 5. Generation. August Keunecke machte sich 1891 mit einem Feinkostgeschäft in Ballenstedt selbstständig. Unter der Leitung seines Sohnes Alwin Keunecke (seit 1930) konnte das Unternehmen expandieren, ab 1967 wirkte auch dessen Tochter Helga Heilemann, geb. Keunecke, in der Geschäftsführung mit. 1972 wurde Keunecke verstaatlicht und firmierte erst nach der Reprivatisierung 1990 wieder unter dem Namen Keunecke Feinkost GmbH.

Kontakt
Keunecke Feinkost GmbH
Große Gasse 367, 06493 Ballenstedt
www.keunecke-feinkost.de

Kienbaum

Köln, Nordrhein-Westfalen

„Unser gemeinsames Ziel ist es, unser Familienunternehmen inhaltlich geschärft und technologisch top aufgestellt an die 4. Generation zu übergeben."

Fabian Kienbaum, CEO

Seit 2016 ist die Konzernzentrale in Köln (oben). Kienbaums Leitsatz: „Leading by #WePowerment" (unten)

Gegründet: 1945

Kienbaum ist ein Familienunternehmen in der 3. Generation und das erste Beratungshaus Deutschlands. Seit seiner Gründung setzt Kienbaum Maßstäbe in der Beratung von Unternehmen sowie des öffentlichen Sektors und unterstützt sie dabei, den gesellschaftlichen und strukturellen Wandel zu meistern.

Nach Kriegsende startete Gerhard Kienbaum mit damals 26 Jahren ein Büro für „Technische Beratung, Übersetzung und Vertretung" mit dem Ziel, Unternehmen für den wirtschaftlichen Neuanfang fit zu machen. Anfangs besuchte er noch mit dem Fahrrad Unternehmer in seiner Heimatregion Gummersbach bei Köln und beriet sie in allen Fragen der Struktur- und Prozessoptimierung. Sein Motto: „Probleme zu Chancen machen".

Neben diesen Beratungsmandaten und Gestaltungsaufgaben engagierte sich der Unternehmensgründer von Beginn an als FDP-Parlamentarier und Regierungsmitglied für

Chronologie

1945 Gerhard Kienbaum entwickelt die Idee der Unternehmensberatung, um kriegsgeschädigte Unternehmen beim Wiederaufbau zu unterstützen.

1958 Mit einem Büro in Wien beginnt die Internationalisierung.

1962 Gerhard Kienbaum wird für fünf Jahre Minister für Wirtschaft, Mittelstand und Verkehr in Nordrhein-Westfalen.

1978 Jochen Kienbaum wird zum Geschäftsführer bestellt.

1985 Gerhard Kienbaums Sohn übernimmt den Vorsitz der Geschäftsführung von Kienbaum und Partner.

1998 Jochen Kienbaum wird Präsident des Bundes Deutscher Unternehmensberater.

2000 Die Top-Level-Beratung wird ein eigener Geschäftsbereich. Kienbaum expandiert: In Nord- und Südamerika, in Asien, in Skandinavien und Osteuropa werden Büros eröffnet.

2014 Fabian Kienbaum übernimmt die Verantwortung für die Investment- und Digitalisierungsaktivitäten.

2018 Fabian Kienbaum wird CEO. Er strukturiert das Unternehmen um und richtet es an den Anforderungen einer nachhaltigen Digitalgesellschaft aus.

Kienbaum wird seit 2018 in 3. Generation in Familienhand geführt

1945
Aufbau

Gerhard Kienbaum gründet am 15. Oktober 1945 die erste Unternehmensberatung Deutschlands.

1985
Ausbau

Jochen Kienbaum übernimmt den Vorsitz der Geschäftsführung und baut das Unternehmen zu einer der Top-Personal- und Unternehmensberatungen aus.

2018
Umbau

Seit 2018 ist Fabian Kienbaum Chief Empowerment Officer und richtet das Unternehmen auf die Themen der Zukunft aus.

Unternehmensgründer Gerhard Kienbaum (oben); Jochen Kienbaum ist geschäftsführender Gesellschafter (Mitte), Fabian Kienbaum CEO (unten).

die gesamtwirtschaftliche Entwicklung des Landes. Als Wirtschaftsminister von Nordrhein-Westfalen erwarb er sich bleibende Verdienste bei der Bewältigung des Strukturwandels und der Verbesserung der wirtschaftlichen Rahmenbedingungen des Bundeslandes. Gleichzeitig entwickelte er das Beratungsunternehmen zu einem national und international führenden Anbieter.

1977 eröffnete Jochen Kienbaum das Berliner Büro, übernahm von seinem Vater mehr und mehr Verantwortung für das Unternehmen und 1985 den Vorsitz der Geschäftsführung. Den beschleunigten Wandel zur Dienstleistungsgesellschaft nahm Jochen Kienbaum vorweg und richtete das Unternehmen stark auf „Leadership Consulting“ aus, was er zu einem eigenen Geschäftsbereich formte. Unter seiner Führung wurde Kienbaum zur ersten Adresse für Beratungsleistungen um Executive Search, also der Suche und Auswahl von Fach- und Führungskräften. Er wurde 1998 Präsident des Bundesverbandes Deutscher Unternehmensberater (BDU), setzte die geografische Expansion in Nordamerika und Asien fort und verlegte 2016 die Konzernzentrale von Gummersbach nach Köln.

2014 stieg die 3. Generation ins Familienunternehmen ein: Fabian Kienbaum übernahm zunächst die Verantwortung für die Investment- und Digitalisierungsaktivitäten. Er initiierte einen nachhaltigen kulturellen Wandel und positionierte Kienbaum als führendes Beratungshaus für „People and Organisation“ in der digitalen Transformation. Sein Hauptziel ist und bleibt dabei, das gesamte Unternehmen zukunftsweisend auf New Work auszurichten. Seit Januar 2018 hat Fabian Kienbaum die Aufgabe des CEO inne. Die Neustrukturierung des Unternehmens und ein am Wandel zur nachhaltigen Digitalgesellschaft orientiertes Führungsverständnis begründen den neuen Leitsatz Kienbaums: „Leading by #WePowerment“.

Gesellschaftliche Verantwortung

Kienbaum ist Teil einer deutschlandweiten Kampagne von Familienunternehmen: „Made in Germany – Made by Vielfalt“. Die Kampagne entstand durch einen Zusammenschluss von 50 Familienunternehmen, die sich ihrer gesellschaftspolitischen Verantwortung bewusst sind. Gemeinsam treten die Teilnehmer in der Öffentlichkeit für eine offene Kultur in Deutschland ein. Kienbaum bezieht somit in der Öffentlichkeit eine klare Haltung und sieht die Kampagne als eine gute Möglichkeit, sich für gelebte Vielfalt zu engagieren.

K

Die jährlich stattfindende Kienbaum People Convention ist eine der führenden Leadership-Fachtagungen in Deutschland.

Daten und Fakten

Inhaberfamilie: Familie Kienbaum in 3. Generation
Gründer: Gerhard Kienbaum, 1945, Gummersbach
Branche: Unternehmensberatung
Mitarbeitende: ca. 600 in mehr als 20 Büros auf 4 Kontinenten
Marktposition: Deutschlands führender Anbieter in den Bereichen Personalberatung, Management Consulting, Transformations-Beratung sowie der Beratung öffentlicher Einrichtungen
Kontrollgremien: Beirat

Kontakt
Kienbaum Consultants International GmbH
Edmund-Rumpler-Str. 5, 51149 Köln
Fon: 0221 80172-0, Fax: 0221 80172-172
contact@kienbaum.de, www.kienbaum.de

Ansprechpartner Presse
Oliver Stock
Fon: 0221 80172-490
oliver.stock@kienbaum.de

Kiesel

Baienfurt, Baden-Württemberg

Gegründet: 1957
Die Kiesel GmbH mit Sitz in Baienfurt ist Händler von Bau- und Umschlagmaschinen sowie der passenden Anbautechnik. Auch Gebrauchtmaschinen und verschiedene Finanzierungsmodelle sind Teil des Dienstleistungsprogramms. Innerhalb Deutschlands verfügt das Unternehmen über 40 Niederlassungen, 40 Anlaufstellen im europäischen Ausland ergänzen das Vertriebsnetz. Insgesamt sind rd. 1.050 Mitarbeitende für Kiesel tätig. Seinen Ursprung hat Kiesel im Jahr 1957, als Helmut Kiesel in Weingarten bei Ravensburg eine Service-Station für den Hersteller Fuchs gründete. Später wurde das Unternehmen exklusiver Vertriebspartner von Herstellern wie Hitachi und Terex Fuchs. Seit 2010 verfügt Kiesel auch über eine eigene Technologie- und Entwicklungsgesellschaft, die schon 2011 erste Patente erhielt.

Kontakt
Kiesel GmbH
Baindter Str. 29, 88255 Baienfurt
www.kiesel.net

Kiesel Bauchemie

Esslingen, Baden-Württemberg

Gegründet: 1959
Die Kiesel Bauchemie GmbH u. Co. KG zählt zu den Technologieführern der deutschen Bauchemie. Das Produktportfolio umfasst Spachtelmassen, Dispersionsklebstoffe für das Verlegen von elastischen und textilen Bodenbelägen, Werkstoffe für das Verlegen von Parkett sowie Feinmörtel für das Verlegen von keramischen Fliesen, Platten und Naturwerkstein. Mit dem Motto „Kiesel klebt am Bau" untermauert das Familienunternehmen den Anspruch, verlässlicher Partner der Profis am Bau zu sein. Seit 1959 bietet es Fachhandwerk und Fachhandel mit innovativen und umweltbewussten Produkten nicht nur durchdachte und sichere Lösungen, sondern auch einen umfassenden technischen Service.

Kontakt
Kiesel Bauchemie GmbH u. Co. KG
Wolf-Hirth-Str. 2, 73730 Esslingen
www.kiesel.com

KIESELSTEIN

Chemnitz, Sachsen

Gegründet: 2004
Die KIESELSTEIN International GmbH ist einer der bedeutendsten Hersteller von modernen Drahtziehanlagen und Drahtziehschälmaschinen sowie Drahtverarbeitern. Zum Kundenstamm gehören mehr als 600 aktive Kunden in 50 Ländern. Die KIESELSTEIN International GmbH zählt zu den Weltmarktführern auf dem Gebiet der Ziehschälanlagen für die Herstellung von Federdraht, der in der Automobilindustrie verwendet wird. Der Ursprung von KIESELSTEIN geht auf mehrere Unternehmen zurück, die teilweise schon seit Mitte des 19. Jahrhunderts in der Drahtverarbeitung und im Drahtziehmaschinenbau aktiv waren. 2004 wurde die KIESELSTEIN International GmbH gegründet. Seit 2006 ist Jens Kieselstein Geschäftsführer des Unternehmens.

Kontakt
KIESELSTEIN International GmbH
Erzbergerstr. 3, 09116 Chemnitz
www.kieselstein.com

Kilian

München, Bayern

K

Gegründet: 1949
Die Münchener Schlüsseldienst Kilian GmbH ist ein Familienunternehmen der Sicherheitsbranche und des entsprechenden Handwerks und Einzelhandels. Bei mechanischen, mechatronischen und digitalen Schließanlagen und Zutrittskontrollen sowie bei Briefkastenanlagen ist das Unternehmen marktführend in seinem Kerngeschäftsgebiet. Der ausgewogene Mix privater und gewerblicher Kunden ist überwiegend angesiedelt in München und dem gleichnamigen Landkreis, einige auch in Bayern und bundesweit. Mit 33 Mitarbeitenden am Stammsitz in München erwirtschaftete das Unternehmen 2019 einen Umsatz von 7,3 Mio. Euro. Jährlich werden ein bis zwei Auszubildende aufgenommen.

Am 1. Februar 1949 gründete Georg Ramstöck in der Münchner Fraunhoferstraße 1 ein Einzelhandelsunternehmen für Eisenwaren, Haushaltswaren, Armaturen, Nägel, Schlüssel und Schlösser, das 1957 als

Schon gewusst?

Im Rahmen der Gebäudesanierung im Jahr 2017 ließ die Familie Kilian die Fassade des Stammsitzes im Originalzustand des Jahres 1890 rekonstruieren. Die nicht mehr vorhandene Madonna der historischen Fassade wurde nach Genehmigung der Stadt München durch einen „Heiligen Petrus" ersetzt. Diese Petrusfigur hält zwei Schlüssel und wurde 2017 – zusammen mit den neuen Räumlichkeiten – durch den Pfarrer Rainer Maria Schießler feierlich geweiht und ziert seither das Gebäude in der Fraunhoferstraße 1 in München.

„Bei uns bekommen Sie jeden Schlüssel."

Firmenmotto Kilian

Der Unternehmensgründer Georg Ramstöck; die 2. Generation: Anneliese und Rudolf Kanefzky

Die 3. und 4. Generation (v. l.): Martin, Monika, Willi und Marion Kilian

K

Die Münchener Schlüsseldienst Kilian GmbH in der Fraunhoferstraße 1 in München. Das Geschäft 1949, im Jahr der Gründung

„Münchener Schlüsseldienst“ markenrechtlich eingetragen wurde. Rudolf und Anneliese Kanefzky übernahmen das Unternehmen im Jahr 1964 und bauten es zum zweitgrößten Schlüsseldienst der bayerischen Landeshauptstadt aus. 1989 wurden Willi und Monika Kilian ihre Nachfolger und entwickelten den Münchener Schlüsseldienst zum führenden Fachgeschäft und Schlüsseldienst weiter. Sie zeichneten in den Jahren 1989/1990 u. a. für den größten Meilenstein des Unternehmens verantwortlich: die Planung der Schließanlage des Flughafen München.

Seit 2004 führen die Diplom-Kauffrau Marion Kilian und der Diplom-Wirtschaftsingenieur Martin Kilian die Geschäfte der Münchener Schlüsseldienst Kilian GmbH und halten je 50 % der Gesellschafteranteile. Willi Kilian ist noch als Geschäftsführer eingetragen, Monika Kilian ist Prokuristin neben dem Prokuristen Thomas Völtl. Das Unternehmen ist seit vier Generationen im Familienbesitz und wird in 2. Generation von der Familie Kilian inhabergeführt. Die Unternehmensleitung basiert auf einer Familienverfassung und die Geschäftsführung tritt wöchentlich zusammen.

Gesellschaftliche Verantwortung

Der Münchener Schlüsseldienst Kilian unterstützt diverse Hilfsorganisationen. Dazu zählt z. B. missio, ein Hilfsprojekt des Internationalen Katholischen Missionswerks, das u. a. in Äthiopien Maßnahmen zur Verbesserung der Lebensqualität der Familien auf dem Land umsetzt, um den Kreislauf der Armut zu durchbrechen. Auch Brot für die Welt, das Hilfswerk der evangelischen Landeskirchen und Freikirchen in Deutschland, wird bei der finanziellen Förderung weltweiter Projekte unterstützt. Und auf lokaler Ebene engagiert sich die Familie Kilian zugunsten der Münchner Tafel, die an zahlreichen Ausgabestellen im Münchner Stadtgebiet Lebensmittel an Menschen in Armut verteilt.

Der Münchener Schlüsseldienst Kilian hat 100.000 Schlüsselrohlinge ständig verfügbar und baut den zukunftsorientierten Bereich der digitalen Schließanlagen-Technik kontinuierlich weiter aus. Das Unternehmen verfügt über ein zertifiziertes Qualitäts-Management-System und bietet den Mitarbeitenden interne und externe Weiterbildungen.

Das Familienunternehmen erhielt zahlreiche Auszeichnungen wie z. B. vom Handelsverband Bayern e. V. („Generationenfreundlich" 2011, 2014, 2018 und „TOP Geschäft" 2018), sowie den Bayerischen Qualitätspreis 2014 und ist u. a. Mitglied im Familienpakt Bayern und bei interkey, Fachverband Europäischer Sicherheits- und Schlüsselfachgeschäfte e. V. Im Jahr 2019 wurde Martin Kilian in den Senat der Wirtschaft berufen.

Daten und Fakten

Inhaberfamilie: Familie Kilian
Gründer: Georg Ramstöck, 1949, München
Branche: Sicherheitsbranche, Handwerk, Einzelhandel
Produkte: mechanische, mechatronische und digitale Schließanlagen und Zutrittskontrollen sowie Briefkastenanlagen
Standorte: Fraunhoferstr. 1, 80469 München
Mitarbeitende: 33 am Stammsitz (2020)
Umsatz: 7,3 Mio. Euro (2019)
Ausbildungsplätze p. a.: 1 bis 2
Unternehmensanteile der Familie: 100%

Kontakt

Münchener Schlüsseldienst Kilian GmbH
Fraunhoferstr. 1, 80469 München
Fon: 089 232369-0, Fax: 089 232369-69
info@kilian.gmbh, www.kilian.gmbh

Ansprechpartner Presse & Investor Relations

Martin Kilian
Fon: 089 232369-0
martin@kilian.gmbh

K

KINKELE

Ochsenfurt, Bayern

Gegründet: 1885
Die Kinkele GmbH & Co. KG ist spezialisiert auf die Fertigung, die Montage sowie den Probelauf von Sonder- und Spezialmaschinen und deren Baugruppen, kompletten Apparaten sowie Anlagen und Aggregaten mit Hydraulik- und Pneumatik-Steuerungen. Am Hauptsitz des Unternehmens in Ochsenfurt bei Würzburg nehmen die Maschinenbauer individuelle Aufträge aus aller Welt entgegen – vom Royal Clock Tower in Mekka bis zu Vakuumkammern für die Solarmodulfertigung oder Bauteilen für Satellitentechnik. Gegründet im Jahr 1885 von Schlossermeister Stephan Kinkele als Schlosserei in Ochsenfurt, wird KINKELE heute in 5. Generation von Ursula Kinkele-Kusmanoff geleitet. Seit 2012 gehört auch ihr Sohn Kurt Kinkele zur Leitung des Familienunternehmens.

Kontakt

Kinkele GmbH & Co. KG
Rudolf-Diesel-Str. 1, 97199 Ochsenfurt
www.kinkele.de

KIRCHHOFF Gruppe

Iserlohn, Nordrhein-Westfalen

Gegründet: 1785
Seit vier Generationen befindet sich die KIRCHHOFF Gruppe im Besitz der Unternehmerfamilie Kirchhoff. Sie besteht aus den vier Geschäftsbereichen KIRCHHOFF Automotive, KIRCHHOFF Ecotec, WITTE Tools und KIRCHHOFF Mobility. Als inhabergeführte Mittelständler fühlen sich die Unternehmen der Tradition verbunden und der Zukunft verpflichtet. Familienunternehmen sind das Rückgrat der Gesellschaft. Dieser Verantwortung ist sich die Unternehmerfamilie stets bewusst. Ehrlichkeit, Zuverlässigkeit, Respekt

und soziale Verantwortung prägen die Unternehmenskultur. 2018 hat die KIRCHHOFF Gruppe mit über 13.000 Beschäftigten weltweit einen Umsatz von 2,15 Mrd. Euro erwirtschaftet.

Kontakt

KIRCHHOFF Gruppe
Stefanstr. 2, 58638 Iserlohn
www.kirchhoff-group.com

KLAFS

Schwäbisch Hall, Baden-Württemberg

Gegründet: 1928

Die KLAFS GmbH & Co. KG mit Sitz in Schwäbisch Hall ist nach eigenen Angaben Weltmarktführer im Bereich Sauna, Wellness und Spa. Das Produktspektrum umfasst Saunen, Dampfbäder, Infrarotkabinen und Pools sowie die Umsetzung kompletter Wellnessanlagen. Zu den Kunden zählen Privathaushalte, Hotels und Resorts, Gesundheitszentren oder Bäderbetriebe. Seinen Ursprung hat das Unternehmen in Stettin, wo es von Erich Klafs 1928 gegründet wurde. Nach dem Krieg wurde es 1948 in Schwäbisch Hall neu aufgebaut. Im Jahr 2017 hatte KLAFS insgesamt 726 Mitarbeitende, die auch in 27 Ausstellungszentren und Vertriebsbüros tätig waren. Davon 16 in Deutschland und 11 in Österreich und der Schweiz. Gemeinsam erwirtschafteten sie 10 Mio. Euro Umsatz.

Kontakt

KLAFS GmbH & Co. KG
Erich-Klafs-Str. 1–3, 74523 Schwäbisch Hall
www.klafs.de

Klar Seifen

Heidelberg, Baden-Württemberg

KLAR
Seifenmanufaktur seit 1840

Gegründet: 1840

Die Klar Seifen GmbH mit Sitz in Heidelberg ist Deutschlands älteste Seifenmanufaktur in Familienhand. Zum Produktportfolio zählen klassische Feinseifen, aber auch Haar-, Körper- und Badeseifen sowie Rasierprodukte. Neben dem Einsatz moderner Fertigungstechniken werden viele Produkte noch in Handarbeit mithilfe von bis zu 100 Jahre alten Formen hergestellt. Großen Wert legt Klar Seifen auch auf die Inhaltsstoffe: Alle Produkte werden auf Basis rein pflanzlicher Öle aus kontrolliert biologischem Anbau gefertigt. Die hochwertigen Seifen sind deutschlandweit in ausgewählten Parfümerien, Concept-Stores sowie Apotheken erhältlich. Insgesamt schöpft die Manufaktur aus über 3.000 Seifenrezepturen, von denen aktuell einige über 100 Jahre alte Sorten neu aufgelegt werden. Dazu zählen etwa Seifen wie Pfingstrose, Lindenblüte oder Maiglöckchen, die mit neuen pflanzlichen Inhaltsstoffen und typisch regionalen Düften wie Basilikum, Rhabarber oder Salbei kombiniert werden.

Lavendelseife von Klar mit ätherischem Lavendelöl und Lavendelblüten

Chronologie

1840 Der Seifensiedermeister Philipp Klar eröffnet seinen Handwerksbetrieb in Heidelberg.

1900 In 2. Generation vergrößert Theobald Klar das Unternehmen und entwickelt eine Vielzahl neuer Rezepturen.

nach 1945 In der Nachkriegszeit führen die Söhne Hans, Klaus und Theobald in 3. Generation den Betrieb fort.

1970er-Jahre Als Söhne von Hans Klar übernehmen Theo und Klaus Klar das Ruder und erschließen neue Vertriebswege.

2006 Niels Klar übernimmt die Geschäftsführung von seinem Onkel und führt Klar Seifen in 5. Generation.

2011 Der neue Onlineshop von Klar Seifen startet im September des Jahres.

Gegründet wurde das Unternehmen von Philipp Klar, der nach absolvierter Gesellenzeit – u. a. in Frankreich und Russland – als Seifensiedermeister im Jahr 1840 einen eigenen Handwerksbetrieb mit angegliedertem Laden eröffnete. Nach der Jahrhundertwende übernahm sein Sohn Theobald das väterliche Unternehmen und vergrößerte nicht nur die Produktionskapazitäten, sondern entwickelte auch eine Vielzahl neuer Rezepturen, die teilweise heute noch die Grundlage für viele Seifen aus dem Hause Klar sind. Nach dem Zweiten Weltkrieg führten die Söhne Hans, Klaus und Theo das Unternehmen weiter und begannen, die Bekanntheit der Marke Klar umfassend auszubauen. Anfang der 1970er-Jahre entwickelten Theo und Klaus Klar das Familienunternehmen weiter, indem sie die Lohnherstellung einführten und neue Vertriebswege mit weiteren Absatzmärkten erschlossen. So sorgten sie für eine kontinuierliche Steigerung der Produktion. 2010 hat Jan Heipcke das Traditionsunternehmen mit sämtlichen Geschäftsfeldern übernommen. Er hat es sich zur Aufgabe gemacht, den Fokus v. a. auf die Eigenmarke Klar zu legen und das Sortiment sukzessive zu erweitern. Mit Maßnahmen, wie etwa einem eigenen Onlineshop, führt er den Traditionsbetrieb ins 21. Jahrhundert.

Daten und Fakten

Gründer: Philipp Klar, 1840, Heidelberg
Branche: Kosmetik
Produkte: Feinseifen, Haar-, Körper- und Badeseifen, Rasierprodukte
Standort: Heidelberg
Vertrieb: deutschlandweit in ausgewählten Parfümerien, Concept-Stores und Apotheken
Mitarbeitende: 10 (2020)
Marktposition: Deutschlands älteste Seifenmanufaktur in Familienhand

Kontakt
Klar Seifen GmbH
Hatschekstr. 23, 69126 Heidelberg
Fon: 06221 30-2018, Fax: 06221 30-1874
info@klar-seifen.de, www.klar-seifen.de

„Die lange Geschichte und Tradition unseres Familienunternehmens spricht für die Qualität und Glaubwürdigkeit unserer Produkte."

Jan Heipcke, Geschäftsführer Klar Seifen

Heute wird das Unternehmen, das von Philipp Klar gegründet wurde, von Jan Heipcke als geschäftsführendem Gesellschafter geleitet.

Klebl

Neumarkt, Bayern

Gegründet: 1890
Klebl ist seit fünf Generationen ein mittelständisches Unternehmen mit Tradition und Standortbewusstsein. Seine Kerngeschäftsfelder sind Bau, konstruktive Fertigteile und Handel. Dafür betreibt es sechs Fertigteilwerke in Deutschland. Mit ca. 1.300 Beschäftigten wurde 2019 eine Jahresleistung von rd. 500 Mio. Euro erreicht. Das erste Baugeschäft führte Heinrich Klebl und konzentrierte sich auf An- und Umbauten. Nach beiden Weltkriegen erholte sich der Betrieb und weitete seine Aktivitäten mit Tiefbauaufträgen und 1970 dem Bau eines Stahlbetonfertigteilwerks aus. Nach der Wiedervereinigung

K

wurden Niederlassungen in den neuen Bundesländern gegründet. 2002 erhält Klebl eine Holding-Struktur und zählt zu den 30 größten deutschen Bauunternehmen.

Kontakt
Klebl GmbH
Gößweinstr. 2, 92318 Neumarkt i. d. OPf.
www.klebl.de

Klett Gruppe

Stuttgart, Baden-Württemberg

Gegründet: 1897
Das Angebot der Ernst Klett AG umfasst klassische und moderne Bildungsmedien für den Schulalltag sowie die Unterrichtsvorbereitung, Fachliteratur und schöne Literatur. Darüber hinaus betreibt die Klett Gruppe zahlreiche Bildungseinrichtungen, von Kindertagesstätten über Schulen bis hin zu Fernschulen, Fernfach- und Präsenzhochschulen. Aus dem 1897 von Ernst Klett gegründeten, lokal orientierten Verlag mit Druckerei ist ein europaweit agierendes Bildungsunternehmen gewachsen. Die Klett Gruppe ist mit 80 Unternehmen in 17 Ländern vertreten und erwirtschaftete 2018 mit 6.641 Mitarbeitenden einen Umsatz von 750 Mio. Euro. Seit 1900 befindet sich der Stammsitz des Unternehmens in Stuttgart. Sprecher des fünfköpfigen Vorstands ist Philipp Haußmann.

Kontakt
Ernst Klett Aktiengesellschaft
Rotebühlstr. 77, 70178 Stuttgart
www.klett-gruppe.de

KLiNGEL Gruppe

Pforzheim, Baden-Württemberg

Gegründet: 1923
Die KLiNGEL Gruppe ist mit ihrer fast hundertjährigen Geschichte im Versandhandel heute Deutschlands führender Omnichannel-Händler für Best-Ager. Sie agiert international und ist mit 15 Marken in zwölf europäischen Ländern aktiv. Die Unternehmensgruppe mit rd. 2.200 Mitarbeitenden bietet ihren Kundinnen und Kunden gemeinsam mit den europäischen Tochtergesellschaften ein vielfältiges innovatives Angebotsspektrum, das in über 60 Webshops vertrieben wird. Zu den wichtigsten Sortimentsbereichen zählen u. a. Mode, Schmuck, Schuhe, Hartwaren, Heimtextilien, Lebensmittel, Werbeartikel, Gesundheit und Wellness. 1923 gründete Robert Klingel in Pforzheim das Unternehmen, das drei Jahre später von Fritz Kohm übernommen wurde und sich als mittelständisches Familienunternehmen kontinuierlich weiterentwickelte.

Kontakt
K – Mail Order GmbH & Co. KG
Sachsenstr. 23, 75177 Pforzheim
www.klingel-gruppe.de

Klingele

Remshalden, Baden-Württemberg

Gegründet: 1920
Die Klingele Paper & Packaging Group produziert und vertreibt Wellpappenrohpapiere, Wellpappe sowie Verpackungen aus Wellpappe. In ihrem Segment zählt die Unternehmensgruppe nach eigenen Angaben zu den fünf größten Herstellern in Deutschland. Zur Klingele Gruppe gehören zwei Papierfabriken, zwölf Wellpappenwerke, acht Verarbeitungswerke und ein Wellpappenformatwerk in Europa, Afrika und Mittelamerika. Das Unternehmen beschäftigt ca. 2.500 Mitarbeitende

und wird von Dr. Jan Klingele geleitet. Der Jahresumsatz belief sich 2019 auf rd. 820 Mio. Euro. Die hausinterne Klingele Akademie bietet Mitarbeitenden aller Fachbereiche individuelle Weiterbildungsmöglichkeiten an. In den Klingele Werken werden aktuell 80 Auszubildende in elf Berufen ausgebildet.

Kontakt
Klingele Papierwerke GmbH & Co. KG
Alfred-Klingele-Str. 56–72, 73630 Remshalden
www.klingele.com

Klöpper-Therm

Dortmund, Nordrhein-Westfalen

Gegründet: 1928
Die Klöpper-Therm GmbH & Co. KG ist weltweit einer der führenden Hersteller für industrielle und explosionsgeschützte elektrische Heizsysteme. Zum Portfolio gehören elektrische Erhitzer (Wärmetauscher) und Kessel, Begleit- und Sonderheizungen, Flächenheizungen und Unterfrierschutz sowie die passenden Schaltanlagen und Automatisierung der Anlagen. Das Unternehmen geht auf ein Ingenieurbüro zurück, das Eugen Klöpper im Jahr 1928 gründete. Ab 1960 wurden eigene wärmetechnische Systeme entwickelt und hergestellt, 1986 wurde aus der Abteilung Wärmetechnik ein eigenes Unternehmen ausgegründet. Seit dem Jahr 2000 leitet mit Volker Hinz die nächste Generation die Geschäfte, die ab 1976 von Alfred Beimdick und Friedrich Hinz geführt wurden. Heute beschäftigt Klöpper-Therm 90 Mitarbeitende und ist weltweit aktiv, u. a. mit einer eigenen Niederlassung in Moskau.

Kontakt
Klöpper-Therm GmbH & Co. KG
Unterste-Wilms-Str. 21, 44143 Dortmund
www.kloepper-therm.de

K

KLUG-CONSERVATION

Immenstadt, Bayern

Gegründet: 1869
KLUG-CONSERVATION bietet seit über 150 Jahren hochwertige und wirtschaftliche Lösungen für die Erhaltung von Kulturgut für Archive, Museen, Bibliotheken und Bildeinrahmer. Zu den Produkten zählen u. a. Passepartouts, Archiv- und Museumskartons sowie Archiv- und Museumspapiere, Wellpappen und Wabenplatten, eine Vielzahl von Mappen, Heftern und Hüllen, Umschläge oder Boxen für dreidimensionale Objekte. Damit sind auch Bilder, Bücher, Archivgut, Urkunden, Karten und Pläne sowie Fotografien oder Textilien passgenau vor Umwelteinflüssen geschützt.

Das Unternehmen geht zurück auf die Berliner Firma Friedheim & Sachs, die 1869 gegründet wurde. Im Jahr 1950 wird die Firma nach dem Krieg in Immenstadt im Allgäu von Walter Klug wieder eröffnet. Die Geschäfte führen heute Peter Lang und Michael Kühner.

Kontakt
KLUG-CONSERVATION
Walter Klug GmbH & Co. KG
Zollstr. 2, 87509 Immenstadt
www.klug-conservation.de

Klüh

Düsseldorf, Nordrhein-Westfalen

Gegründet: 1911
Klüh Service Management aus Düsseldorf ist ein internationaler Multidienstleister für Facility Services. Das Unternehmen bietet globale Branchenlösungen für Cleaning, Catering, Security, Clinic Service, Airport Service, Facility Management sowie Personal Service. Der Fokus liegt dabei auf Konstanz, Qualität und Transparenz. Mit State-of-the-Art-Services realisiert Klüh so messbare Qualitätsverbesserungen. Mit rd. 49.700 Mitarbeitenden

K

und Niederlassungen in sieben weiteren Ländern neben Deutschland zählt Klüh zu den führenden Anbietern weltweit. 2018 erzielte das Unternehmen einen Umsatz von 805 Mio. Euro. Inhaber der Klüh-Gruppe ist Josef Klüh, der als Vorsitzender des Beirats fungiert; das operative Geschäft liegt in den Händen von Frank Theobald und Christian Frank. Josef Klühs Großvater gründete 1911 eine Gebäudereinigungsfirma und legte damit den Grundstein für das heutige Unternehmen.

Kontakt
Klüh Service Management GmbH
Am Wehrhahn 70, 40211 Düsseldorf
www.klueh.de

Knauber

Bonn, Nordrhein-Westfalen

Gegründet: 1880
Die Knauber-Unternehmensgruppe ist im Energiehandel aktiv und bietet über Vertriebsgesellschaften u. a. Kraftstoffe und Heizöle, Tank-, Flaschen- und Autogas sowie Schmierstoffe an. Außerdem gehören Holzpellets sowie über die Knauber Contracting GmbH auch umfassende Energielösungen zum Portfolio. Seine Wurzeln hat das Unternehmen in einem Kolonialwarenhandel, den Anna und Michael Knauber 1880 in Bonn gründeten. Im Jahr 1923 eröffneten sie die erste Tankstelle im Rheinland. Bis Juli 2020 betrieb Knauber auch sechs Freizeitmärkte im Köln-Bonner Raum, gab sie dann aber ab, um sich auf den Energiemarkt zu konzentrieren. Heute ist die Gruppe in 4. Generation in Familienhand, die geschäftsführende Gesellschafterin ist Dr. Ines Knauber-Daubenbüchel.

Kontakt
Carl Knauber Holding GmbH & Co. KG
Endenicher Str. 120–140, 53115 Bonn
www.knauber.de

KNF Neuberger

Freiburg, Baden-Württemberg

Gegründet: 1946
Die KNF Gruppe entwickelt, produziert und vermarktet ein umfangreiches Portfolio hochwertiger Membranpumpen und Systeme für Gase, Dämpfe und Flüssigkeiten. Die Pumpen sind als Einbaupumpen für Prozessanwendungen und für den Einsatz im Labor erhältlich. Die KNF Unternehmensgruppe umfasst 15 Unternehmen und 5 Produktionsstätten weltweit. Auf allen Kontinenten beziehen Kunden KNF Produkte für ein breites Spektrum unterschiedlichster Anwendungen.

Kurt Neuberger gründete KNF 1946 in Freiburg und stellte zunächst Gewindeschneidemaschinen her. 1962 begann die Produktion erster von KNF entwickelter Membranpumpen und Ende der 1960er-Jahre die Internationalisierung mit der Gründung einer Tochterfirma in Frankreich. KNF ist bis heute ein unabhängiges Familienunternehmen.

Kontakt
KNF Neuberger GmbH
Alter Weg 3, 79112 Freiburg
www.knf.de

KNIPEX

Wuppertal, Nordrhein-Westfalen

Gegründet: 1882
Die KNIPEX-Werk C. Gustav Putsch KG entwickelt, produziert und vertreibt Zangen und verwandte Werkzeuge für professionelle Anwender. Von Kombi- und Wasserpumpen-

zangen über Seiten- und Kabelschneider bis hin zu Spezialzangen für Elektronik und Elektrotechnik fertigt das Unternehmen ein breites Programm von über 1.000 Artikeln für Handwerk und Industrie. KNIPEX exportiert in über 100 Länder und ist auf seinem Gebiet Weltmarktführer.

Mit Ralf Putsch als geschäftsführendem Gesellschafter leitet seit 1996 die 4. Familiengeneration das Unternehmen, das von Carl Gustav Putsch 1882 in Cronenberg, heute ein Stadtteil von Wuppertal, gegründet wurde. Strenge Fokussierung, der hohe Stellenwert von Produktinnovation und eine moderne Fertigungstechnik auf der Basis eines eigenen Maschinenbaus sind wichtige Grundlagen für die erfolgreiche Entwicklung des Unternehmens, zu dem weitere Werkzeughersteller in Deutschland und Vertriebsniederlassungen in vielen Ländern gehören. Die Firmengruppe zählt mittlerweile über 2.000 Mitarbeitende. Das Thema Nachhaltigkeit spielt für das Selbstverständnis des Unternehmens eine besondere Rolle. KNIPEX fühlt sich seinen Mitarbeitenden in besonderer Weise verbunden und versteht sich als Teil seiner natürlichen Umwelt und der Gesellschaft, zu deren Wohl das Unternehmen aktiv beitragen will. Dieses nachhaltige und verantwortungsvolle Wirtschaften wurde 2019 mit dem Deutschen Nachhaltigkeitspreis gewürdigt.

Kontakt

KNIPEX-Werk C. Gustav Putsch KG
Oberkamper Str. 13, 42349 Wuppertal
Fon: 0202 4794-0
info@knipex.de, www.knipex.de

KNOLL

Bad Saulgau, Baden-Württemberg

Gegründet: 1970

Walter Knoll legte im Jahr 1970 den Grundstein für das oberschwäbische Familienunternehmen mit über 1.000 Mitarbeitenden. Das Unternehmen beliefert weltweit die Hersteller und Anwender von Werkzeugmaschinen mit Förder- und Filteranlagen sowie Pumpen. Hochflexible Montage- und Transportsysteme ergänzen das Produktportfolio. Alle Branchen, in denen Werkzeugmaschinen drehen, fräsen, bohren oder schleifen, setzen KNOLL-Produkte ein. Seit 1974 wächst das Unternehmen konstant auf eigenem Gelände, seit 2017 auch mit einem weiteren Werk in Polen. Die Verbundenheit und Verantwortung zur Region des Stammsitzes sind im Firmenleitbild fest verankert. Die Geschäftsführer sind die beiden Söhne des Firmengründers, Matthias und Jürgen Knoll.

Kontakt

KNOLL Maschinenbau GmbH
Schwarzachstr. 20, 88348 Bad Saulgau
www.knoll-mb.de

Knorr-Bremse

München, Bayern

Gegründet: 1905

Knorr-Bremse verfolgt den Auftrag, Mobilität auf Schiene und Straße sicher, zukunftsfähig und umweltfreundlich zu machen. Vor bald 120 Jahren von Georg Knorr in Berlin gegründet, ist Knorr-Bremse heute Weltmarktführer für Bremssysteme und ein führender Anbieter sicherheitskritischer Subsysteme für Schienen- und Nutzfahrzeuge. Schon in den ersten Jahrzehnten stieg das Unternehmen durch Entwicklungen wie die Druckluftbremse für Güterzüge zum größten Bremsenhersteller für Schienenfahrzeuge in Europa auf. Rd. 29.000 Menschen arbeiten an über 100 Standorten in mehr als 30 Ländern rund um den Globus. 2019 erwirtschaftete der Konzern mit seinen Unternehmensbereichen Systeme für Schienenfahrzeuge bzw. Nutzfahrzeuge einen Umsatz von 6,9 Mrd. Euro.

Kontakt

Knorr-Bremse AG
Moosacher Str. 80, 80809 München
www.knorr-bremse.com

K

KOCHs Meerrettich

Baiersdorf, Bayern

Gegründet: 1907

Vor über 110 Jahren begannen Katharina und Georg Koch rund um das fränkische Baiersdorf den Handel mit Meerrettichstangen. Mit viel familiärem Grundwissen schufen sie mit den nachfolgenden Generationen die solide Basis für das heutige Unternehmen KOCHs Meerrettich GmbH. Geschäftsführer Hans-Karl Koch kümmert sich persönlich um Züchtung und Anbau neuer Meerrettichsorten. KOCHs baut auf besten Böden Rohware selber an. Gemeinsam mit rd. 120 Mitarbeitenden werden heute auf modernen Anlagen hochwertiger Meerrettich in verschiedenen Geschmacksrichtungen sowie auch Feinkostspezialitäten, wie z. B. Sambal Oelek oder Graved-Lachs-Sauce, hergestellt. Heute ist die Unternehmensgruppe KOCHs ein gut aufgestelltes Familienunternehmen mit zwei Standorten, das vom Anbau über Verarbeitung und Produktion bis zum Vertrieb die gesamte Lieferkette von Meerrettich- und Feinkostprodukten beherrscht.

Kontakt

KOCHs Meerrettich GmbH
Judengasse 6–8, 91083 Baiersdorf
kochs.hu

Koehler Group

Oberkirch, Baden-Württemberg

Koehler GROUP

Gegründet: 1807

Das Kerngeschäft der Koehler Group liegt in der Entwicklung und Produktion von hochwertigen Spezialpapieren. So ist das Unternehmen aus Oberkirch im Schwarzwald Weltmarktführer in den Bereichen Thermopapier, Spielkartenkarton und Getränkeuntersetzer, bei Selbstdurchschreibepapieren ist es europäischer Marktführer. Zum weiteren Produktspektrum gehören u. a. flexible Verpackungspapiere, Feinpapiere sowie technische Spezialpapiere, Recyclingpapiere, Dekorpapiere, Holzschliffpappe und Sublimationspapiere. Kunden sind vornehmlich Großhändler und Weiterverarbeiter, etwa für die Druckindustrie oder die Lebensmittelbranche. In Deutschland verfügt die Koehler Group über fünf Produktionsstandorte, drei weitere befinden sich in den US-Bundesstaaten Georgia, Tennessee und New York. Insgesamt beschäftigt Koehler rd. 2.000 Mitarbeitende, die im Jahr 2019 gemeinsam für einen Umsatz von 870 Mio. Euro sorgten. Der Exportanteil lag im selben Jahr bei knapp über 70 %.

Nachhaltige Lösungen

Auf der Produktseite hat Koehler mit dem entwicklerfreien Thermopapier Blue4est® eine umweltfreundliche Lösung geschaffen. Mit den flexiblen Verpackungspapieren der neuen Sparte NexFlex® lassen sich Kunststofffolienverpackungen – wo es möglich und sinnvoll ist – ersetzen. So wird effektiv dem Problem der Plastikvermüllung entgegengewirkt – und die Verpackung kann nach Gebrauch als Altpapier recycelt werden. Desweiteren versucht das Unternehmen auch lokal mit einer langjährigen Bachpatenschaft, einen positiven Beitrag zum Artenschutz zu leisten. Die internationale CSR-Plattform EcoVadis bewertet die unternehmerischen Aktivitäten mit dem GOLD-Status.

Koehler Group

Seine Wurzeln hat das Familienunternehmen im Jahr 1807, als Otto Koehler die Papiermühle im Renchtal übernahm. Zunächst von Hand und ab 1865 maschinell wurden dort Spezialpapiere hergestellt, so anfangs Schreib-, Konzept- oder Druckpapiere, später Tabakpapier. Im 20. Jahrhundert kamen Spielkartenkarton und ein patentiertes Selbstdurchschreibepapier hinzu. Ebenfalls wegweisend war der Bau des Produktionswerks in Kehl im Jahr 1988, das bis heute immer wieder erweitert wurde, zuletzt 2019 mit der Produktionslinie 8. Hier werden innovative Spezialpapiere für die Verpackungsindustrie produziert, die zum Beispiel in der Lebensmittelbranche eingesetzt werden und recycelbar und umweltfreundlich sind. Ein weiteres Zukunftsthema ist Energie: Als energieintensives Unternehmen investiert Koehler mit der Koehler Energy Group in erneuerbare Energieprojekte, wie Windenergie, Wasserkraft und Fotovoltaiktechnologie. Außderdem betreibt Koehler eigene Biomasseheizkraftwerke. So wird konzernweit bereits über 50 % des Energiebedarfs mit regenerativer Energie abgedeckt, am Standort Kehl stammt sogar mehr als 70 % der Wärme aus erneuerbaren Quellen. Ziel ist, bis zum Jahr 2030 bilanziell mehr Strom aus erneuerbaren Quellen zu produzieren, als für die Papierproduktion benötigt wird. Seit dem Jahr 2007 wird die Koehler Group bereits in 8. Generation von der Familie Furler geführt, Kai M. Furler ist Vorstandsvorsitzender. Die früheren Vorstände Wolfgang und Klaus Furler unterstützen die weitere Unternehmensentwicklung im Aufsichtsrat.

Daten und Fakten

Inhaberfamilie: Furler
Gründer: Otto Koehler
Branche: Papierproduktion und erneuerbare Energien
Produkte: Selbstdurchschreibepapier, Thermopapiere, flexible Verpackungspapiere, Feinpapiere und technische Spezialpapiere, Sublimationspapiere, Recyclingpapiere, Holzschliffpappe
Mitarbeitende: 2.040 (inkl. 91 Auszubildende)
Umsatz: 870 Mio. Euro (2019)
Innovationen: entwicklerfreies Thermopapier Blue4est®, flexible Verpackungspapiere NexFlex®, Digitaldruckpapier COLORline IQ aus 100 % Sekundärfaserstoffen
Kontrollgremien: Aufsichtsrat
Eigenkapitalquote: 50,7 %
Exportquote: 70,23 % (2019)

K

„Zufriedene Kunden und engagierte Mitarbeiter/-innen sind die wichtigsten Voraussetzungen für unseren langfristigen Erfolg als selbstständiges Familienunternehmen."

Auszug aus den Leitlinien der Koehler Group

Koehler ist u. a. führend in der Produktion von Thermopapieren, Getränkeuntersetzern und Spielkartenkarton.

Der Hauptsitz der Koehler Group, die Papierfabrik August Koehler SE, befindet sich in Oberkirch, Baden-Württemberg.

K

Bei den neuesten Produktinnovationen Blue4est® und den flexiblen Verpackungspapieren setzt Koehler auf Nachhaltigkeit. Auch im Bereich der erneuerbaren Energien handelt Koehler umweltbewusst.

Chronologie

1807 Otto Koehler übernimmt die „Papiermühle im Loh" in Oberkirch.

1865 Die erste Papiermaschine geht in Betrieb.

1965 Erste Patente für Selbstdurchschreibepapiere

1988 Bau des Werks Kehl und Ausbau in den Folgejahren

2007 200. Firmenjubiläum und Generationenwechsel: Kai M. Furler wird Vorstand, Wolfgang und Klaus Furler wechseln in den Aufsichtsrat.

2012 Gründung der Koehler Renewable Energy GmbH

2017 Koehler beschließt Rekordinvestition von 500 Mio. Euro bis 2020 für weiteres Wachstum.

2018 Die neue Produktsparte der Papiere für flexible Verpackungen entsteht.

2020 Übernahme des US-amerikanischen Unternehmens Beaver Paper & Graphic Media, Inc.

Kontakt

Papierfabrik August Koehler SE
Hauptstr. 2, 77704 Oberkirch
Fon: 07802 81-0, Fax: 07802 81-4330
info@koehlerpaper.com, www.koehlerpaper.com

KOHL-Gruppe

Köln, Nordrhein-Westfalen

Gegründet: 1897
Die Unternehmen der KOHL-Gruppe AG sind spezialisierte Hersteller von größeren Umformteilen und komplexen Schweißbaugruppen aus Stahl, Edelstahl und Aluminium. Dazu zählen z. B. Bauteile für Landmaschinen, Batterietüren und -hauben für Gabelstapler, Chassis für Elektrohubwagen und Elemente für automatisierte Logistiksysteme. Am Standort Köln und zwei weiteren in Słubice, Polen, erwirtschaftete die KOHL-Gruppe 2019 mit rd. 500 Mitarbeitenden 75 Mio. Euro Umsatz. 1897 gründete Hermann Kohl in Köln Rodenkirchen das Rheinische Press- und Ziehwerk, das sich in über 120 Jahren zur KOHL-Gruppe AG entwickelt hat. Sie fungiert als Holding für die Kohl & Sohn GmbH sowie die Kohl Group Polska. Das Familienunternehmen wird von den Vorständen Hubertus Müller und – in 4. Generation der Familie – Andreas Mack geleitet.

Kontakt

KOHL-Gruppe AG
Wankelstr. 7, 50996 Köln
www.kohl-gruppe-ag.de

König + Neurath

Karben, Hessen

KÖNIG + NEURATH

Gegründet: 1925
König + Neurath ist eine der führenden Marken für Büromobiliar und Raumsysteme in Europa. Gemeinsam mit dem Fachhandel begleitet das Unternehmen Kunden im Prozess der Gestaltung und Realisierung von attraktiven Arbeitswelten: von der Analyse über die Planung und Herstellung bis zum nachhaltigen Service. Auf 90.000 m² produziert König + Neurath ausschließlich am Stammsitz Karben bei Frankfurt am Main. Modernste Produktionsanlagen und eine hohe Fertigungstiefe ermöglichen

Am Teamgedanken orientierte Büroraumkonzeption von König + Neurath

König + Neurath, ganzheitlich und flexibel individuelle Kundenwünsche zu realisieren. Präsentiert werden die Lösungen in sechs nationalen Showrooms und international in Frankreich, England, Österreich, der Schweiz und den Niederlanden. Damit verbindet König + Neurath verlässliche Qualität „made in Germany" mit internationalem Aktionsradius.

1925 gründete Heinrich Neurath in Karben eine Schreinerei für Kastenmöbel. Sein Schwiegersohn Heinrich König wurde 1930 Teilhaber von König + Neurath. Dessen Sohn Egon König trat 1947 in das Unternehmen ein, übernahm 1978 die Führung und wandelte die König + Neurath KG 1996 in eine nicht börsennorientierte AG um. 2007 wechselte er als Vorsitzender in den Aufsichtsrat des Unternehmens. Bis zu seinem Tod im Mai 2019 trieb er die Entwicklung vom fertigungsorientierten Unternehmen zur lösungsorientierten Marke voran und prägt die Büromöbelbranche maßgeblich. Seine Enkelgeneration ist seit einigen Jahren in strategischen Positionen im Unternehmen tätig und führt das Familienunternehmen mit der Leitidee „Arbeitskulturen gestalten" weiter. Ideenreich entdeckt das Unternehmen die individuelle Arbeitskultur seiner Kunden und entwickelt maßgeschneiderte Lösungen mit ästhetischen Stilwelten, produktübergreifenden Serien und digitalen Angeboten, um dem Wandel der Arbeitswelt aktiv zu begegnen.

Schon gewusst?

Die Arbeitskultur entsteht aus einem Zusammenspiel von unterschiedlichen Faktoren und prägt jedes Unternehmen. Mit dem Beratungstool K+N WORK. CULTURE.MAP wird die Arbeitskultur analysiert und visualisiert. Daraus entstehen Impulse für die Bürogestaltung.

Daten und Fakten

Inhaberfamilie: Familie König
Gründer: Heinrich Neurath, 1925, Karben
Branche: Büromöbel
Produkte: Büromobiliar und Raumsysteme, digitale Lösungen wie K+N SMART.OFFICE und Beratungstool WORK.CULTUTRE.MAP
Standorte: Produktion ausschließlich am Stammsitz in Karben, Hessen; nationale und internationale Showrooms und Niederlassungen
Mitarbeitende: 1.000 (2019)
Umsatz: 189 Mio. Euro (2019)
Unternehmensanteile der Familie: zu 100 % in Familienbesitz

Die Markenpositionierung von König + Neurath wurde vom Rat für Formgebung mit dem German Brand Award in Gold ausgezeichnet.

Kontakt
König + Neurath AG
Industriestr. 1–3, 61184 Karben
Fon: 06039 483-0, Fax: 06039 483-214
info@koenig-neurath.de, www.koenig-neurath.com

Konvekta

Schwalmstadt, Hessen

Gegründet: 1957
Die mittelständische Konvekta AG produziert Klimalösungen für Nutzfahrzeuge wie Schienenfahrzeuge, Arbeitsmaschinen und Busse. Mit seiner über 60-jährigen Erfahrung im Bereich der Kälte- und Klimatechnik bietet das nordhessische Familienunternehmen eine breite Palette an Klimaanlagen und Transportkühlsystemen. Die Zusammenarbeit mit führenden Fahrzeugherstellern garantiert umfangreiches Know-how und zukunftsweisende Konzepte. Aufgrund der internationalen Präsenz kann Konvekta als Systempartner alle Bedürfnisse und Erwartungen der Kunden

K

erfüllen und ermöglicht ihnen auf der ganzen Welt eine technische Unterstützung. Neben der innovativen Technik und dem großen Netzwerk spielt bei der Konvekta AG der Umweltschutz eine bedeutende Rolle. Für die Entwicklung der ersten CO_2-Klimaanlage für Nutzfahrzeuge wurde das Unternehmen mit dem „Deutschen Umweltpreis" ausgezeichnet.

Kontakt

Konvekta AG
Am Nordbahnhof 5, 34613 Schwalmstadt
www.konvekta.de

Kosmos

Stuttgart, Baden-Württemberg

Gegründet: 1822
Der KOSMOS Verlag zählt zu den führenden Ratgeber- und Spieleverlagen. Zum Portfolio des Marktführers in den Bereichen Familien-/Erwachsenenspiel und Ratgeber/Special-Interest-Themen zählen auch Experimentierkästen, Kinder- und Jugendmedien, Sachbücher, Apps, Webinare und Hörbücher. Die Distribution erfolgt weltweit in 58 Ländern an den Spielwarenfachhandel, den Buchhandel, Internethändler, den Versandhandel sowie Endkundinnen und -kunden. Neben ihrem Stammsitz in Stuttgart hat die Franckh-Kosmos Verlags-GmbH & Co. KG weitere Standorte in München und Wien sowie Tochtergesellschaften in Providence (USA) und Cranbrook (UK). 2019 erzielte das inhabergeführte Unternehmen mit rd. 190 Mitarbeitenden einen Umsatz von 125 Mio. Euro bei einer Exportquote von 40 %. 1822 gründete Johann Friedrich Franckh in Stuttgart die Franckh'sche Verlagsbuchhandlung, 1826 wurde sein Bruder Gottlob Mitinhaber. Zunächst belletristisch ausgerichtet, bildeten nach der Übernahme durch Walter Keller und Euchar Nehmann 1893 Naturwissenschaften und Technik die Verlagsschwerpunkte. Um Wissenschaften für jeden leicht verständlich zu machen, verlegten sie die Zeitschrift KOSMOS sowie KOSMOS Handbücher für die praktische naturwissenschaftliche Arbeit. 1922 entstanden die KOSMOS Experimentierkästen zur kindgerechten Vermittlung naturwissenschaftlicher Kenntnisse. Heute umfasst das Verlagsprogramm u. a. erfolgreiche Naturführer und Special-Interest-Titel sowie weltweit bekannte Marken wie „Die drei ???", CATAN und EXIT. Das traditionsreiche und vielfach ausgezeichnete Medienunternehmen agiert seit 2017 gemeinsam mit elf weiteren Partnerunternehmen unter dem Dach der Franckh Mediengruppe. Die verschiedenen Verlage veröffentlichen ein breites Buchprogramm und legen großen Wert auf innovative Lese- und Erlebniswelten.

Kontakt

Franckh-Kosmos Verlags-GmbH & Co. KG
Pfizerstr. 5–7, 70184 Stuttgart
Fon: 0711 2191-0, Fax: 0711 2191 320
info@kosmos.de, www.kosmos.de

Köster

Osnabrück, Niedersachsen

Gegründet: 1938
Die Köster-Gruppe ist deutschlandweit ein führender Anbieter der Bauindustrie im Hoch- und Tiefbau sowie im Tunnelbau. Das Leistungsspektrum reicht von der individuellen Planung bis zur schlüsselfertigen Erstellung. Köster steht für perfekte Bauabläufe, gelebte Partnerschaften und individuelle Lösungen. Maßgeschneidert werden Bauvorhaben über ein Netz von bundesweit 20 Standorten realisiert. Mit mehr als 2.000 Mitarbeitenden erzielte die Köster-Gruppe 2019 einen Umsatz von 1,3 Mrd. Euro. Das im Jahr 1938

durch Heinrich Köster gegründete Unternehmen ist im Besitz der Familie Köster. Der Firmensitz befindet sich in Osnabrück. Das Köster-Prozess-System (KPS) gibt die Sicherheit, auch komplexe Bauvorhaben erfolgreich zu realisieren.

Kontakt
Köster Holding SE
Sutthauser Str. 280, 49080 Osnabrück
www.koester-bau.de

KÖTTER Services

Essen, Nordrhein-Westfalen

Gegründet: 1934
Die KÖTTER Unternehmensgruppe geht aus einem vor über 85 Jahren gegründeten Sicherheitsunternehmen hervor und ist mit den Sparten Security, Cleaning und Personal Service aktiv. Unter dem Slogan „Smart Service Solutions" bietet das Familienunternehmen infrastrukturelle Systemlösungen aus einer Hand. Als einer der führenden Facility-Services-Anbieter und größtes Familienunternehmen der Sicherheitsbranche in Deutschland ist KÖTTER Services mit mehr als 90 Niederlassungen an über 50 Standorten bundesweit vertreten. Geführt wird die Unternehmensgruppe in 3. Generation von den Geschwistern Friedrich P. Kötter und Martina Kötter.

Die Sicherheitskonzepte von KÖTTER Security ermöglichen optimalen Schutz für Wirtschaft, öffentliche Hand und Privatobjekte. Denn egal ob in der Industrie, in Handel und Logistik, dem ÖPV, in Behörden oder Verwaltungen: Potenzielle Gefahren wie z. B. Einbrüche, Diebstahl, Brände, Vandalismus oder Wirtschaftskriminalität gefährden reibungslose Abläufe. KÖTTER Security betrachtet seine Kunden ganzheitlich und setzt für eine individuelle Sicherheitslösung auf verschiedene Bausteine: personelle Sicherheit, modernste Sicherheitssysteme, Aufschaltung auf die unternehmenseigene Hightech-Leitstelle, Sicherheits- und Risikomanagement, Brandschutz, Arbeitssicherheit u. v. m.

KÖTTER Cleaning ist der Spezialist für Sauberkeit und Hygiene und achtet dabei stets auf branchenspezifische Besonderheiten. Zählt z. B. bei der Industriereinigung das Know-how für komplexe Maschinen und Anlagen, so ist bei der Reinigung im Gesundheitswesen das Wissen um die strengen Hygienevorschriften gefragt. Zudem werden bei der Unterhaltsreinigung in Bürogebäuden andere Verfahren und anderes Know-how verlangt

Schon gewusst?

- Mit der Unterzeichnung der Arbeitgeberinitiative „Charta der Vielfalt" hat das Familienunternehmen ein klares Zeichen für mehr Toleranz in Arbeitswelt und Gesellschaft gesetzt. Mit allein 114 Nationalitäten in den eigenen Reihen ist KÖTTER Services so bunt und vielfältig wie nur wenige Unternehmen in Deutschland. Das erfolgreiche Miteinander wird mit verschiedenen Diversity-Projekten weiter gefördert.
- Mit der KÖTTER Akademie verfügt die Dienstleistungsgruppe über eine eigene Aus- und Weiterbildungseinrichtung, die bereits 20 Jahre am Markt tätig ist. Geschult werden neben eigenen, bestehenden Beschäftigten auch Bewerber sowie Mitarbeiterinnen und Mitarbeiter externer Unternehmen. Das Angebotsspektrum umfasst u. a. Ausbildungen in Erster Hilfe, vorbeugendem und abwehrendem Brandschutz, der Bedienung sicherheitstechnischer Einrichtungen sowie in Konfliktmanagement und Deeskalationstechniken.

K

„Wir setzen auf nachhaltige und vertrauensvolle Partnerschaften mit unseren Auftraggebern."

Friedrich P. Kötter

Setzen die Tradition des Familienunternehmens in 3. Generation fort: die Geschwister Martina Kötter und Friedrich P. Kötter.

K

KÖTTER Services ist als Systemdienstleister mit Sicherheits-, Reinigungs-, Personal- und Gebäudediensten aktiv.

als bei der Reinigung von Produktions- und Logistikflächen.

Lösungen rund um die Arbeitnehmerüberlassung und das Outsourcing von Begleitprozessen hält KÖTTER Personal Service parat. Zur Abdeckung von Auftragsspitzen und zur Überbrückung von Personalengpässen unterstützt die Sparte ihre Kunden mit Fach- und Führungskräften u. a. für Produktion, Logistik, Gastronomie und Handel.

Daten und Fakten

Inhaberfamilie: Familie Kötter
Gründer: Fritz Kötter, 1934, Wanne-Eickel (heutiges Herne II, Nordrhein-Westfalen) – Gründung als Westdeutscher Wach- und Schutzdienst Fritz Kötter
Branche: Dienstleistungen
Produkte: Sicherheitsdienstleistungen wie z. B. Werkschutz, Empfangs- und Revierwachdienste, Sicherheitstechnik (Einbruch- u. Brandmeldesysteme, Zutrittskontroll- u. Videosysteme etc.), Sicherheits- und Risikomanagement, Gesundheitsmanagement, Reinigungsdienstleistungen (Unterhalts-, Industriereinigung etc.), Personaldienstleistungen (u. a. Zeitarbeit für gewerbliche und kaufmännische Berufe)
Mitarbeitende: 18.500 (2018)
Umsatz: 540 Mio. Euro (2018)
Marktposition: Top 15 der Facility-Services-Anbieter in Deutschland und mit der Sparte Security größter familiengeführter Sicherheitsdienstleister in Deutschland sowie Nummer 2 der Branche
Innovationen: Alarmmonitoring über die unternehmenseigenen Notruf- und Serviceleitstellen (NSL), KÖTTER SmartControl (Live-Informationen über die Sicherheitslage eines Unternehmens), TERA-Pi, das Online-Stärkungsprogramm für den Abbau psychischer Belastungen
Auszeichnungen: u. a. Security Innovation Award, MESSE ESSEN (2018); Exzellenzausbildungsbetrieb (EAB), Bundesverband der Sicherheitswirtschaft (BDSW) (2019); „Mitarbeiter des Jahres", Sicherheitspartnerschaft Ruhr (2019); Auszeichnung als führender Dienstleistungspartner des Mittelstandes, Studie der WirtschaftsWoche und ServiceValue (2019)

Kontakt
KÖTTER Services
Wilhelm-Beckmann-Str. 7, 45307 Essen
Fon: 0201 2788-388, Fax: 0201 2788-488
info@koetter.de, www.koetter.de

KRAH Unternehmensgruppe

Drolshagen, Nordrhein-Westfalen

Gegründet: 1970

KRAH ist eine global agierende Unternehmensgruppe und Weltmarktführer für Leistungswiderstände in der Automobilindustrie. An 17 Standorten entwickeln und fertigen 2.100 Mitarbeitende Leistungswiderstände und elektronische Regler für die Automobilindustrie und zahlreiche weitere Anwendungsgebiete wie E-Mobilität, regenerative Energien oder Medizin- und Automatisierungstechnik.

Die KRAH Unternehmensgruppe wurde 1970 von Theodor Hermann und Rainer Fiala als Produzent von drahtgewickelten Standardwiderständen in Drolshagen gegründet. Von Anfang an hat KRAH die enge Kooperation mit den Kunden gesucht und gemeinsam mit ihnen anhand der tatsächlichen Anforderungen die eigenen Produkte verbessert. 1980 erfolgte das erste Entwicklungsprojekt für die Automobilindustrie.

Kontakt
KRAH Elektronische Bauelemente GmbH
Märkische Str. 4, 57489 Drolshagen
www.krah-gruppe.de

K

KRAHN Chemie

Hamburg

Gegründet: 1909
Die KRAHN Chemie ist spezialisiert auf Vertrieb, Marketing und Verkauf von Spezialchemikalien. Das Familienunternehmen beliefert die weiterverarbeitende Industrie u. a. in den Bereichen Farben und Lacke, Kleb- und Dichtstoffe, Kunststoffe, Technische Keramik, Schmierstoffe sowie Industriebereiche, in denen Heiz- und Kühlkreisläufe im Einsatz sind. Das 1909 von Otto Krahn als Handelshaus gegründete Unternehmen unterhält heute zahlreiche Tochtergesellschaften und lokale Vertriebsteams in den Beneluxstaaten, Europa und China. KRAHN Chemie, deren Muttergesellschaft in Hamburg sitzt, beschäftigt ca. 185 Mitarbeitende und erzielte 2018 einen Jahresumsatz von rd. 246 Mio. Euro. Die Geschäftsführung haben Dr. Rolf Kuropka und Axel Sebbesse inne.

Kontakt
KRAHN Chemie GmbH
Grimm 10, 20457 Hamburg
www.krahn.eu

KRAIBURG

Waldkraiburg, Bayern

Gegründet: 1947
KRAIBURG beschäftigt sich seit seiner Gründung durch Friedrich Schmidt mit dem Werkstoff Gummi. Neben traditionellen Produkten wie technischen Gummimischungen und Gummi für die Reifenrunderneuerung stellen die Unternehmensbereiche eine Vielzahl weiterer Produkte aus Gummi her. Außerdem hat sich KRAIBURG zu einem führenden Anbieter von Thermoplastischen Elastomeren (TPE) entwickelt. Die erste Auslandsexpansion führte 1965 nach Österreich, um die „hohe Zollmauer" zu umgehen. 1971 folgte der Schritt in die Schweiz, wo man aus recyceltem Alt-Gummi neue Produkte fertigte. Die weltweite tätige Holding wurde 2005 gebildet und leitet rd. 2.500 Mitarbeitende in neun strategischen Geschäftsbereichen. Im Jahr 2019 erreichte man ca. 560 Mio. Euro Umsatz.

Kontakt
KRAIBURG Holding GmbH & Co. KG
Teplitzer Str. 20, 84478 Waldkraiburg
www.kraiburg.de

Kramer Schuhe

Ahaus, Nordrhein-Westfalen

Gegründet: 1893
Die Kramer Schuhe GmbH & Co. KG ist ein Einzelhandelsunternehmen für Schuhe, Schuhzubehör und Handtaschen. Neben dem Stammhaus in Ahaus verfügt Kramer Schuhe über 52 Filialstandorte in Nordrhein-Westfalen, Niedersachen und Hessen und ist damit einer der größten regionalen Schuhanbieter. Zu den Kundinnen und Kunden zählen Verbraucher aller Altersklassen, hauptsächlich jedoch Familien. Kramer Schuhe beschäftigt insgesamt rd. 450 Mitarbeitende und bietet in vielen Filialen Ausbildungsplätze an. 1893 legte Clemens Kramer in Ahaus den Grundstein des Unternehmens, dessen Historie von kontinuierlichem Wachstum geprägt war. Gesellschafter des Familienunternehmens sind Norbert Kramer, der die Geschäfte des Hauses seit 1968 leitet, sowie in 4. Generation dessen Söhne Oliver Kramer und Kai Kramer, die 1996 in die Geschäftsführung eintraten.

Kontakt
Kramer Schuhe GmbH & Co. KG
Ridderstr. 14, 48683 Ahaus
www.kramer-schuhe.de

K

KRATZER AUTOMATION

Unterschleißheim, Bayern

Gegründet: 1980

Die KRATZER AUTOMATION AG ist ein innovatives Software-Unternehmen mit den Geschäftsbereichen Test Systems und Logistic Automation. Es ist auf die Entwicklung industrieller Software für Logistik und komplette Prüflösungen spezialisiert und bietet umfassende Services von der Bedarfsanalyse bis zur Implementierung. Zu den Kunden zählen z. B. die Branchen Automotive und Logistik. Das Unternehmen mit nahezu 500 Mitarbeitenden weltweit erwirtschaftete 2019 rd. 110 Mio. Euro Umsatz. Neben dem Hauptsitz in München ist KRATZER AUTOMATION mit acht weiteren Standorten in Deutschland vertreten und betreibt Tochtergesellschaften in China, Tschechien, Frankreich, Großbritannien, den USA und Italien. 1980 gründeten Gerhard Kratzer und Paul Balz in München das Unternehmen, aus dem 1999 die KRATZER AUTOMATION AG hervorging.

Kontakt

KRATZER AUTOMATION AG
Gutenbergstr. 5, 85716 Unterschleißheim
www.kratzer-automation.com

Krautzberger

Eltville, Hessen

Gegründet: 1902

Die Krautzberger GmbH mit Sitz im hessischen Eltville ist einer der weltweit führenden Anbieter von Systemen für die Oberflächentechnik. Zum Portfolio gehören u. a. Spritzapparate, Lackieranlagen, Lackierroboter, Druckbehälter, Membran- und Kolbenpumpen, Absauganlagen, Trockner und Radialventilatoren. Seinen Anfang nahm das Unternehmen mit dem 1902 von Albert Krautzberger zum Patent angemeldeten „Durch Druckluft betriebenen Malgerät", das schon ab 1903 in Serie gefertigt wurde. Noch heute arbeitet die überwiegende Mehrzahl von Druckluftspritzpistolen mit diesem System. Derzeit beschäftigt Krautzberger rd. 80 Mitarbeitende, für den weltweiten Vertrieb sorgen zahlreiche Auslandsvertretungen. Holger und Thomas Weidmann führen die Geschäfte in 4. Generation.

Kontakt

Krautzberger GmbH
Stockbornstr. 13, 65343 Eltville
www.krautzberger.com

KrewelMeuselbach

Eitorf, Nordrhein-Westfalen

Gegründet: 1745/1893

KrewelMeuselbach, eines der ältesten Pharmaunternehmen Deutschlands, setzt auf regionale Tradition mit internationaler Zukunft. Das weltweit agierende Familienunternehmen, mit rd. 240 Mitarbeitenden und eigener Produktion in Deutschland, stellt hochwirksame rezeptfreie und verschreibungspflichtige Gesundheitsprodukte her. Die Wettbewerbsfähigkeit basiert auf dem hohen Qualitätsniveau der Präparate und der galenischen Weiterentwicklung bewährter Wirkstoffe. Ein wesentlicher Punkt ist dabei die Berücksichtigung pflanzlicher Alternativen. Durch individuell gestaltete Geschäftspartnerschaften wird die nationale sowie internationale Präsenz der Gesundheitsprodukte, wie z. B. Hedelix® Hustensaft, bei Ärzten und in Apotheken kontinuierlich ausgebaut.

Kontakt

Krewel Meuselbach GmbH
Krewelstr. 2, 53783 Eitorf
www.krewelmeuselbach.de

Krieger + Schramm

Dingelstädt, Thüringen

Gegründet: 1992
Die Krieger + Schramm Unternehmensgruppe ist in den Geschäftsfeldern Immobilien und Projektentwicklung für private Eigennutzer, Kleinkapitalanleger und Großinvestoren aktiv. Zum Portfolio zählen u. a. Eigentumswohnungen, die Finanzierungsvermittlung, wohngesundes Bauen und Smart Buildings. Hauptsitz der 1992 gegründeten Unternehmensgruppe mit rd. 140 Mitunternehmern ist Dingelstädt in Thüringen, daneben gibt es Niederlassungen in Kassel und Frankfurt a. Main sowie Tochtergesellschaften in Berlin und München. Matthias Krieger, ehemaliger Leistungssportler und Bestseller-Autor, hält als Mitbegründer und geschäftsführender Gesellschafter 80 % der Anteile des Unternehmens. Krieger + Schramm bietet den Mitunternehmern ein umfangreiches Begeisterungsprogramm, u. a. ein Gesundheitsmanagement, und engagiert sich z. B. für ein Waisenkinder-Projekt in Mombasa.

Kontakt
Krieger + Schramm GmbH & Co. KG
Neue Str. 12, 37351 Dingelstädt
www.krieger-schramm.de

Krieger-Gruppe

Schönefeld, Brandenburg

Gegründet: 1910
Die Krieger-Gruppe ist in den Geschäftsfeldern Handel (z. B. Höffner Einrichtungshäuser), Logistik, Projektentwicklung und Center Management aktiv, eine eigene Mediaagentur betreut alle Marketing- und Werbe-Aktivitäten und die Sparte Krieger Digital das Online-Marketing und Digitalisierungs-Prozesse. Das Unternehmen ist an 80 Standorten in Deutschland vertreten und beschäftigt rd. 11.000 Mitarbeitende. Die 1910 von Wilhelm Krieger sen. in Berlin gegründete Tischlerei prosperierte schnell. 1967 wurde Höffner in West-Berlin von Kurt Krieger neu gegründet und kontinuierlich weiterentwickelt. Krieger Projekt Management realisierte u. a. den Saalepark, das größte Einkaufszentrum in den neuen Bundesländern. Seit 2002 führt Sonja Krieger die Tradition des Familienunternehmens in 4. Generation fort.

Kontakt
Krieger Projektentwicklung GmbH
Am Rondell 1, 12529 Schönefeld
www.krieger.de

KRINNER

Straßkirchen, Bayern

Gegründet: 1990
KRINNER ist eine Unternehmensgruppe, die innovative Produkte entwickelt, herstellt und vertreibt. Nach der Patentierung des Christbaumständers mit Rundum-Einseil-Technik gründete der Erfinder Klaus Krinner 1990 die KRINNER GmbH. Weitere Produkte sind kabellose Christbaumkerzen mit LED-Licht, nachhaltige Solarsysteme für effiziente Energiegewinnung sowie fluoreszierende Acrylglas-Leuchten mit Solarpanel für Garten und Balkon. Eine weitere Gesellschaft der Gruppe agiert international als Systemanbieter von Schraubfundamenten, einer umweltschonenden Alternative zum Betonfundament, die u. a. beim nachhaltigen Bauen und im Garten- und Landschaftsbau eingesetzt werden. Die KRINNER GmbH mit rd. 50 Mitarbeitenden wird von der 2. Generation der Inhaberfamilie stetig weiterentwickelt.

Kontakt
Krinner GmbH
Passauer Str. 55, 94342 Straßkirchen
www.krinner.com

K

KROHNE Messtechnik

Duisburg, Nordrhein-Westfalen

Gegründet: 1921
KROHNE ist ein weltweit führender Hersteller von Lösungen für die industrielle Prozessinstrumentierung. Das Portfolio deckt Bereiche von Durchfluss- und Füllstandmessung über Temperatur- und Druckmessung bis zu Analyseaufgaben ab. Zum Einsatz kommen die Systeme in Branchen wie Öl und Gas, Wasser- und Abwasserwirtschaft, Chemie, Pharma, Lebensmittel und Getränke sowie Bergbau und Schifffahrt. Das Unternehmen KROHNE beschäftigt weltweit mehr als 4.000 Mitarbeitende, die gemeinsam für einen Umsatz von 595 Mio. Euro (inkl. Joint Ventures) im Jahr 2019 sorgten. Seine Wurzeln hat es im Jahr 1921, als Ludwig Krohne mit der Fertigung von Schwebekörper-Durchflussmessern begann. Die erste Fertigungsstätte entstand 1935. Heute ist das Unternehmen zu 100 % im Besitz der Familie Rademacher-Dubbick.

Kontakt
KROHNE Messtechnik GmbH
Ludwig-Krohne-Str. 5, 47058 Duisburg
www.krohne.com

Krombacher

Kreuztal, Nordrhein-Westfalen

Gegründet: 1803
Die Krombacher Brauerei Bernhard Schadeberg GmbH & Co. KG gehört zu den führenden Brauereien im deutschen Markt und produziert Biere, Biermix- sowie alkoholfreie Getränke. Zu den bekanntesten Marken gehören Krombacher Pils, Krombacher Weizen und Krombacher's Fassbrause. Das Familienunternehmen braut nach dem deutschen Reinheitsgebot von 1516 ausschließlich an seinem Standort im Siegerland. Erstmals urkundlich erwähnt wurde die Brauerei 1803. Die Geschäftsführung besteht aus Bernhard Schadeberg, Helmut Schaller, Uwe Riehs, Stephan Berens und Petra Schadeberg-Herrmann. Krombacher engagiert sich neben einem mit dem WWF durchgeführten Regenwald-Projekt auch im Klima- und Artenschutz sowie für den Naturschutz in der Region und ganz Deutschland.

Kontakt
Krombacher Brauerei Bernhard Schadeberg GmbH & Co. KG
Hagener Str. 261, 57223 Kreuztal
www.krombacher.de

Kromberg & Schubert

Wuppertal, Nordrhein-Westfalen

Gegründet: 1902
Kromberg & Schubert ist der weltweit führende Anbieter von Bordnetzen, Kabeln und Kunststofftechnik für die internationale Automobilindustrie. Kerngeschäft des Unternehmens ist die Entwicklung und Produktion komplexer Bordnetzsysteme, daneben zählt u. a. die Produktion von Sonderleitungen zum Leistungsumfang des mittelständischen Familienunternehmens. Kromberg & Schubert ist mit über 50.000 Mitarbeitenden an 40 Standorten in Europa, Afrika, Asien und Südamerika vertreten und operiert weltweit mit Kundencentern. 1902 gründeten Paul Kromberg und Ernst Schubert in Barmen (heute Wuppertal) das Unternehmen, das sich durch Innovationen, kontinuierliche Expansion und Internationalisierung zu einem global führenden Automobilzulieferer entwickelte.

Kontakt
Kromberg & Schubert Automotive GmbH & Co. KG
Friedrich-Engels-Allee 426, 42283 Wuppertal
www.kromberg-schubert.de

K

KRONE

Werlte, Niedersachsen

Gegründet: 1906

Das Logistikunternehmen Fahrzeugwerke Bernard KRONE GmbH & Co. KG erhielt 2020 den 1. Platz in der Kategorie „Trailer und Aufbauten" des Fachmagazins „Logistik heute". Die Geschichte des Familienunternehmens KRONE reicht von der kleinen Dorfschmiede des Gründers Bernard Krone über die Produktion von landwirtschaftlichen Anhängern, Plattformwagen und Kippanhängern in den 1960er-Jahren bis hin zum heutigen Kerngeschäft: Anhänger und Auflieger für den Straßengütertransport. Heute führt die 4. Generation die Firma. Für die Bereiche Entwicklung, Herstellung und Vertrieb von Nutzfahrzeugen wird mit einem zertifizierten Umweltmanagementsystem gearbeitet. Ziel ist die Reduzierung von Emissionen sowie die Minimierung von Abfallprodukten.

Kontakt

Fahrzeugwerke Bernard KRONE GmbH & Co. KG
Bernard-Krone-Str. 1, 49757 Werlte
www.krone-trailer.com

Krones

Neutraubling, Bayern

Gegründet: 1951

Der Krones Konzern plant, entwickelt und fertigt Maschinen und komplette Anlagen für die Bereiche Prozess-, Abfüll- und Verpackungstechnik. Und auch für das Bottle-to-Bottle-Recycling von PET-Flaschen bietet Krones die passende Lösung. Zahlreiche Produkte und Services der Krones Tochtergesellschaften, wie beispielsweise rund um die Digitalisierung, digitale Behälterdekoration und Intralogistik, ergänzen das Produktportfolio. Zum Kundenkreis zählen v. a. Brauereien, die Softdrink-Branche sowie Wein-, Sekt- und Spirituosenhersteller, aber auch die Nahrungs- und Genussmittelindustrie sowie die chemische, pharmazeutische und kosmetische Industrie. Rd. 52 % des börsennotierten Unternehmens hält die Inhaberfamilie Kronseder.

Kontakt

Krones AG
Böhmerwaldstr. 5, 93073 Neutraubling
www.krones.com

Kroschke Gruppe

Ahrensburg, Schleswig-Holstein

Gegründet: 1957

Die Kroschke Gruppe ist Deutschlands führender Dienstleister rund um Zulassung und Kfz-Kennzeichen für Privatkundinnen und -kunden sowie Geschäftskunden wie z. B. Autohersteller, Autohäuser, Autovermieter, Flottenbetreiber, Leasing-Unternehmen und Versicherungen. Zu den Leistungen zählt zudem die Überführung von Fahrzeugen inkl. aller Formalitäten. Die Kroschke Gruppe ist ein zentraler Treiber in der Digitalisierung des Zulassungswesens. Sie unterhält deutschlandweit ein Netz von 500 Standorten und kooperiert mit Partnern in 17 Ländern Europas. Das Unternehmen mit 1.900 Mitarbeitenden erzielte 2019 einen Umsatz von rd. 120 Mio. Euro. 1957 von Martin Kroschke in Braunschweig gegründet, wird die Gruppe in 3. Generation von der Inhaberfamilie geführt: Christoph Kroschke ist Geschäftsführer der Holding, Philipp Kroschke und Felix Kroschke sind Geschäftsführer der operativen Gesellschaften.

Kontakt

Christoph Kroschke GmbH
Ladestr. 1, 22926 Ahrensburg
www.kroschke.de, www.kroschke-gruppe.de

K

Krückemeyer

Wilnsdorf, Nordrhein-Westfalen

Gegründet: 1950

Die Krückemeyer GmbH ist einer der führenden Verarbeiter und Großhändler von Klebebändern, Oberflächenschutz, selbstklebenden Schaumstoffen, technischen Folien sowie Schleifmitteln. Im Fokus steht dabei die Anfertigung von Produktinnovationen aufgrund individueller Kundenbedürfnisse. Maßanfertigungen wie selbstklebende Formstanzteile werden individuell auf die Anwendungen und Branchen der Kunden abgestimmt und ggf. unter Reinraum-Bedingungen (ISO-Klasse 9) hergestellt. Krückemeyer erzielte 2019 mit 68 Mitarbeitenden einen Umsatz von 19,1 Mio. Euro bei einer Exportquote von 28 %. 1950 in Siegen von Reinhard Krückemeyer sen. als Fachhandlung für Schleifmittel gegründet, ist das Unternehmen in 3. Generation im Besitz der Familie Krückemeyer.

Kontakt

Krückemeyer GmbH
Dortmunder Str. 4, 57234 Wilnsdorf
www.krueckemeyer.de

Krumpholz-Werkzeuge

Grafengehaig, Bayern

„Qualität aus Tradition"

Unternehmsmotto Krumpholz

Gegründet: 1799

Die Krumpholz-Werkzeuge e. K. ist eines der ältesten familiengeführten Handwerksunternehmen Europas. Seit über 220 Jahren im Besitz der Familie Krumpholz, stellt das Unternehmen hochwertige handgeschmiedete Werkzeuge für Garten, Forst und Bau her, die von Hobby- und Profigärtnerinnen und -gärtnern sowie z. B. in der Forstwirtschaft verwendet werden. Vom Produktionsstandort in Grafengehaig in Franken liefert Krumpholz Werkzeuge an Vertriebspartner in allen Ländern Europas, nach Australien, Russland, Asien und Afrika. Verkaufsniederlassungen gibt es in der Schweiz, in Tschechien, Polen, Dänemark, Russland und Griechenland. Das familiär geprägte Unternehmen mit 20 Mitarbeitenden erzielte 2019 eine Exportquote von rd. 30 %.

Im Jahre 1799 erwarb Johann David Krumpholz einen Handwerksbetrieb von Baron von und zu Guttenberg: Der „Guttenberger Hammer" war schon im Mittelalter bekannt für seine Eisenhütte und Waffenschmiede. Zunächst stellte der Betrieb z. B. Wagenräder und Kessel her, unter dem Nachfolger des Gründers, Johann Georg Krumpholz, ab 1834 hauptsächlich Geräte für die Forst- und Landwirtschaft. 1934 entstand die eigene Wasserkraftanlage zur Stromerzeugung für die meisten der Maschinen. Johann Georg Leonh. Krumpholz ließ ab 1860 zusätzlich Werkzeuge für die Bau- und Steinindustrie herstellen. Ein weiterer Unternehmer der Stammlinie, sein Großsohn Georg Krumpholz,

Schon gewusst?

Für einen Spaten der Marke Krumpholz wird das Spatenblatt freiformgeschmiedet, d. h., es wird manuell frei erarbeitet. Das Freiformschmieden zählt zu den ältesten Handwerkskünsten der Menschheit. Es wird nur noch von wenigen Schmieden beherrscht und erfordert langjährige Erfahrung und besonderes Können. Mit im Schnitt 47 Schlägen entsteht eine Oberflächenstruktur, unverwechselbar wie ein Fingerabdruck. So wird jeder Spaten zu einem Unikat. Nach 16 Arbeitsschritten – überwiegend in Handarbeit – bieten handgeschmiedete Spaten höchste Qualität, da der Stahl in seinem Gefüge verändert und extrem stabil wird.

Das Gartenbeil ist einer der meistverkauften Artikel von Krumpholz.

Die Familie Krumpholz (oben, v. l.) Claus Krumpholz sen., Elke Krumpholz, Georg Krumpholz, Claus Krumpholz jun.; der Firmensitz in Grafengehaig (unten)

wurde im Zweiten Weltkrieg eingezogen und geriet in Gefangenschaft. Von 1941 bis 1946 überbrückte der Betrieb die Jahre ohne den Unternehmer mit Reparaturarbeiten. Nach seiner Rückkehr erweiterte und modernisierte er 1950 den Maschinenpark und ließ die Wasserkraftanlage für die Stromerzeugung ausbauen.

1970 wurde ein Stahllager mit Kran und automatischen Bandsägen errichtet, und Krumpholz-Werkzeuge nahm die bundesweite Auslieferung auf. 1992 entstand im Rahmen der Modernisierung eine zusätzliche Lagerhalle, und es erfolgten erste Lieferungen in das europäische Ausland. Nach weiteren Investitionen in Gebäude und neue Maschinen feierte das Familienunternehmen 1999 sein 200-jähriges Bestehen. 2008 begann Krumpholz-Werkzeuge, hochwertige Gartenwerkzeuge zu produzieren und an erste Händler außerhalb Europas zu liefern. In den letzten Jahren erhielt das Unternehmen eine Reihe renommierter Auszeichnungen für Qualität und Markenführung, darunter den TASPO-Award als „Hersteller des Jahres", die „Marke des Jahrhunderts" 2016 und 2019 oder den Innovationspreis des Landkreises Kulmbach. 2019 feierte die Familie Krumpholz das 220-jährige Jubiläum

Ein handgeschmiedeter Spaten in der Produktion (oben), Spatenauswahl (Mitte) und Präsentation der Krumpholz-Werkzeuge bei Kunden (unten)

Gesellschaftliche Verantwortung

Krumpholz-Werkzeuge leistet gezielt Beiträge zum Gemeinwohl. So fördert das Familienunternehmen z. B. die gemeinnützige WasserStiftung e. V., die in Eritrea sog. Green Clubs unterstützt. Dort wird Schülerinnen und Schülern in Kursen elementares Wissen über Gartenanbau, Wassergewinnung, Boden- und Gewässerschutz vermittelt. Ihre erworbenen Kenntnisse geben die Kursteilnehmer und -teilnehmerinnen an ihre Familien und andere weiter, was den Brunnenbau sowie den Anbau nachhaltiger Nahrungsmittel maßgeblich fördert. Krumpholz stellt diesem Projekt seit Jahren viele erforderliche Werkzeuge zur Verfügung. Und auch in der Region engagiert sich das Unternehmen, etwa für Vereine oder einen Skirennfahrer aus dem Nachbarort.

K

220-jähriges Jubiläum des Familienunternehmens: Sarah-Lena Nöske, Claus Krumpholz jun., Elke Krumpholz, Claus Krumpholz sen., Lilo Will, Georg Krumpholz (v. l.)

Die Schmiede um ca. 1900 (oben), ein mit Wasserkraft betriebener Schwanzhämmer (Mitte), historischer Unkrautstecher, Gartendisk und handgeschmiedeter Pflanzspaten (unten)

ihres Unternehmens, das in seiner Geschichte stets vom Vater an einen Sohn weitergegeben wurde. Claus Krumpholz, der den Betrieb von seinem Vater Georg übernommen hat, und Ehefrau Elke Krumpholz führen das Familienunternehmen in 7. Generation zusammen mit Sohn Claus Krumpholz jun., der in 8. Generation bereits wichtige Funktionen in der unternehmerischen Leitung übernommen hat.

In seiner langen Geschichte hat jeder Inhaber das Unternehmen weiterentwickelt und an neue Märkte und Rahmenbedingungen angepasst. Claus Krumpholz sen. hat wie keiner seiner Vorgänger in das Unternehmen investiert. Die unter seiner Führung eingeführte Produktion qualitativ hochwertiger Gartenwerkzeuge verlieh der Marke Krumpholz und dem internationalen Vertrieb wichtige Impulse. Die Inhaberfamilie will die Werte und Traditionen des über 220 Jahre alten Familienunternehmens weiterhin erfolgreich in die Zukunft transferieren und durch langfristig stabiles Wachstum für die Folgegenerationen erhalten.

Innovatives Produktdesign

Gemäß ihrer Positionierung steht die Marke Krumpholz für Handwerkzeuge von besonders hochwertiger Qualität. Teil dieses Anspruchs ist u. a. die Entwicklung innovativer Gartenwerkzeuge, die über Alleinstellungsmerkmale verfügen.
Durch die Verwendung außergewöhnlicher Werkstoffe wie einem speziellen Stahl bieten diese Werkzeuge zusätzliche Produktvorteile, so etwa eine extrem hohe Schnitthaltigkeit oder die optische Veredelung mit unikalen Mustern. Zudem trägt Krumpholz durch völlig neu konzipierte Werkzeuge mit einem ergonomischen Produktdesign maßgeblich zur Erleichterung der Arbeit in Garten und Wald bei.

Chronologie

1799 Johann David Krumpholz erwirbt den Betrieb im Guttenberger Hammer.

1834 Produktion von Geräten für die Forst- und Landwirtschaft

1934 Bau der eigenen Wasserkraftanlage zur Stromerzeugung

1950 Erweiterung und Modernisierung des Maschinenparks und Ausbau der Wasserkraftanlage

1970 Lieferung der Produkte in die gesamte BRD

1992 Lagerhallenanbau und -modernisierung; Beginn des Exports in das europäische Ausland

2008 Beginn der Herstellung exklusiver Gartenwerkzeuge und erste Lieferungen an Händler außerhalb Europas

2019 220-jähriges Jubiläum; die Produktions- und Lagerfläche wird nahezu verdoppelt

Daten und Fakten

Inhaberfamilie: Familie Krumpholz in 7. Generation
Gründer: Johann David Krumpholz, 1799
Branche: Handwerk
Produkte: handgeschmiedete Werkzeuge für Garten, Forst und Bau
Standort: Grafengehaig, Bayern
Vertrieb: europaweit sowie in Australien, Russland, Asien und Afrika
Mitarbeitende: 20 (2019)
Innovationen: Verwendung neuer Werkstoffe wie z. B. Damaszenerstahl
Ausbildungsplätze: 2 (2019); Auszubildende werden übernommen
Exportquote: rd. 30 % (2019)

Kontakt

Krumpholz-Werkzeuge e. K.
Guttenbergerhammer 2, 95356 Grafengehaig
Fon: 09255 362, Fax: 09255 532
info@krumpholz-werkzeuge.de,
www.krumpholz1799.de

Ansprechpartner Investor Relations

Claus Krumpholz jun.

K

Kübler

Plüderhausen, Baden-Württemberg

Gegründet: 1956

Die Paul H. Kübler Bekleidungswerk GmbH & Co. KG zählt zu den führenden Anbietern von Arbeitskleidung in Europa. Das Portfolio umfasst neben Workwear auch Schutzbekleidung (PSA) und Wetterbekleidung. Zum Service gehört die individuelle Erstellung von Sonderanfertigungen (Corporate Wear) für Firmen. Kübler beschäftigt am Stammsitz Plüderhausen 230 Mitarbeitende und erwirtschaftet einen Umsatz von mehr als 40 Mio. Euro. Neben der Produktion vor Ort sind Tausende Fachkräfte an verschiedenen Produktionsstandorten weltweit für Kübler im Einsatz. Kübler beliefert Kunden in den deutschsprachigen Ländern und europaweit. Der Textilkaufmann Paul H. Kübler begann 1956 mit fünf Näherinnen in Schorndorf. Der 1965 patentierte und eingeführte Clipo-Verschluss für Latzhosen entwickelte sich zum damals erfolgreichsten Produkt des Unternehmens. Bereits 1972 wurden Fertigungskooperationen in Ungarn und ab 1985 in Fernost gegründet. Nach einigen Firmenübernahmen in den 90ern konsolidierte sich das Unternehmen 2015 und fokussierte sich auf die Marke Kübler. Das Unternehmen wird erfolgreich von Firmeninhaber Thomas Kübler und Geschäftsführer Michael Stiegert geleitet.

Kontakt

Paul H. Kübler Bekleidungswerk GmbH & Co. KG
Jakob-Schüle-Str. 11–25, 73655 Plüderhausen
www.kuebler.eu

K

Küenle Antriebssysteme

Hemmingen, Baden-Württemberg

Gegründet: 1936
Die Küenle Antriebssysteme GmbH & Co. KG entwickelt, produziert, vertreibt und repariert Antriebssysteme. Die Firma ist das Hauptunternehmen der Küenle-Gruppe, zu der auch die Paul Eberspächer GmbH gehört. Insgesamt beschäftigt die Küenle-Gruppe rd. 100 Mitarbeitende. Die Unternehmen der Küenle-Gruppe befinden sich vollständig im Besitz der Familie Küenle. 1936 gründete Friedrich Küenle die Firma als Elektromotoren-Reparaturbetrieb. Nach seinem Tod im Jahr 1961 übernahm seine Frau Hedwig Küenle die Geschäftsführung. Ende der 1960er-Jahre traten ihre Söhne Fritz und Manfred Küenle als Gesellschafter und Geschäftsführer in die Firma ein. 2007 übernahm mit Steffen Küenle als geschäftsführendem Gesellschafter und 2014 Timo Küenle die 3. Generation die Leitung der Gruppe.

Kontakt
Küenle Antriebssysteme GmbH & Co. KG
Saarstr. 41–43, 71282 Hemmingen
www.kueenle.de

Kuhn Edelstahl

Radevormwald,
Nordrhein-Westfalen

Gegründet: 1960
Die Klaus Kuhn Edelstahlgießerei GmbH produziert hochwertige Bauteile aus Edelstahl. Die Schwerpunkte liegen im Bereich der Schleuderguss-Technologie und der individuellen Bearbeitung der Produkte nach Kundenwunsch. Das Produktspektrum reicht von metergroßen, tonnenschweren Bauteilen für den Zentrifugenbau bis zu 80 mm kleinen Leichtgewichten für den Motorenbau und findet weltweit in über 40 Branchen Einsatz. Kuhn Edelstahl wird in 2. Generation von Andre Kuhn und den Fremdgeschäftsführern Dr. Heiko Brauckhoff und Dr. Thorsten Minuth geleitet. Die Anteile befinden sich zu 100 % in Familienhand. Kuhn Edelstahl feiert 2020 sein 60-jähriges Jubiläum: Klaus Kuhn gründete das Unternehmen 1960 in Radevormwald. Fünf Jahre später startete die Produktion mit der ersten, selbst entwickelten Schleudermaschine, die den Impuls für das heutige Kerngeschäft lieferte.

Kontakt
Klaus Kuhn Edelstahlgießerei GmbH
Otto-Hahn-Str. 12–14, 42477 Radevormwald
www.kuhn-edelstahl.de

Kühne + Nagel

Hamburg

Gegründet: 1890
Mit über 83.000 Mitarbeitenden an über 1.400 Standorten in mehr als 100 Ländern zählt die Kühne + Nagel (AG & Co.) KG eigenen Angaben zufolge zu den global führenden Logistikdienstleistern. Schwerpunkte liegen in den Bereichen See- und Luftfracht, Kontraktlogistik und Landverkehre mit klarer Ausrichtung auf wertschöpfungsintensive Bereiche wie informatikgestützte Lead Logistics- und Supply-Chain-Management-Angebote. Der heutige Konzern geht zurück auf die 1890 von August Kühne und Friedrich Nagel in Bremen gegründete Seehafenspedition. Klaus-Michael Kühne verantwortet seit den frühen 1960er-Jahren die Geschicke des Familienunternehmens und bekleidet heute u. a. das Amt des Ehrenvorsitzenden der Kühne + Nagel International AG. Der Hauptsitz der deutschen Organisation und der Region Zentraleuropa ist in Hamburg angesiedelt.

Kontakt
Kühne + Nagel (AG & Co.) KG
Großer Grasbrook 11–13, 20457 Hamburg
www.kn-portal.com

K

Kurpfalz Internat

→ Schloss Torgelow und Kurpfalz-Internat

Kurtz Ersa-Konzern

Kreuzwertheim, Bayern

Gegründet: 1779
Der Kurtz Ersa-Konzern bietet Lösungen und Konzepte für Siebdruck, Löten, Rework und Inspektion in der Elektronikfertigung sowie rund um die Automatisierung komplexer Montage- und Prüfprozesse. Er fertigt zudem Gießerei- und Schaumstoff-Maschinen sowie -Anlagen, verbunden mit innovativen Technologien und globalem Service. Mit Kunden aus etlichen Schlüsselindustrien sowie weiteren Industrie- und Technikssparten erzielte Kurtz Ersa 2019 einen Umsatz von 265 Mio. Euro, bei einer Exportquote von 80 %. Der Konzern mit sieben Produktionsstätten und neun Auslandsniederlassungen in Europa, Asien und Amerika beschäftigt 1.300 Mitarbeitende, davon 1.000 in Deutschland, und ist in 135 Ländern weltweit präsent. 1779 als Hammerschmiede in Hasloch gegründet, wird der heutige Konzern in 7. Generation von der Inhaberfamilie Kurtz geführt.

Kontakt
Kurtz Holding GmbH & Co. Beteiligungs KG
Frankenstr. 2, 97892 Kreuzwertheim
www.kurtzersa.de

Kurz Gruppe

Haigerloch, Baden-Württemberg

Gegründet: 1946
Die Kurz Gruppe hat den Anspruch, komplexe Werkzeuge so einfach wie möglich herzustellen sowie knifflige Kunststoffspritzgussteile kostengünstig zu produzieren. Für Kunden von der Automobil- bis zur Medizinbranche verarbeitet Kurz Komponenten u. a. in Inserttechnik weiter. Dazu werden Teile, zum Beispiel aus Metall, vollautomatisch in ein entsprechendes Spritzgießwerkzeug eingelegt und mit geeigneten Kunststoffen umspritzt. Dabei wird eine hohe Maßgenauigkeit erzielt, die auch komplexen Geometrien gerecht wird. Das Duroplast Spritzgießen zeichnet sich durch leichte, langlebige und temperaturbeständige Ergebnisse aus. Für die Prototypen-Erstellung wird der 3D-Druck angewandt, der Fertigungsprozesse neu definiert hat.

Kontakt
Kurz Holding GmbH
Salztalstr. 3, 72401 Haigerloch-Owingen
www.kurz-gruppe.com

KWS

Einbeck, Niedersachsen

Gegründet: 1856
KWS züchtet landwirtschaftliche Nutzpflanzen für die gemäßigte Klimazone und gehört weltweit zur Spitzengruppe der Saatgutproduzenten. Im Geschäftsjahr 2018/2019 erzielte die KWS Gruppe mit ihren rd. 70 Tochter- und Beteiligungsgesellschaften einen Umsatz von 1,11 Mrd. Euro. Mit ca. 5.500 Mitarbeitenden (2.100 in Forschung und Entwicklung) ist KWS in mehr als 70 Ländern präsent. Die AG befindet sich in 6. Generation im Besitz der Familien Büchting, Arend Oetker und Giesecke. Die Inhaberfamilien sind im Aufsichtsrat vertreten, den Vorstand der AG bilden vornehmlich familienfremde Manager. KWS blickt auf eine über 160-jährige Geschichte zurück: Aus einem Saatzuchtbetrieb der Familien Rabbethge und Giesecke von 1856 entwickelte sich die heutige KWS SAAT SE & Co. KGaA.

Kontakt
KWS SAAT SE & Co. KGaA
Grimsehlstr. 31, 37555 Einbeck
www.kws.com

L

L

L.B. Bohle
Maschinen + Verfahren

Ennigerloh, Nordrhein-Westfalen

Gegründet: 1981
L.B. Bohle ist ein führender Anbieter von Maschinen und Verfahren für die pharmazeutische Feststoffproduktion, die von internationalen Konzernen der Pharmaindustrie sowie der Lebensmittel- und Chemiebranche genutzt werden. Das Unternehmen mit Werken in Ennigerloh und Sassenberg ist Weltmarktführer im Bereich pharmazeutische Mischtechnik und weltweit technologieführend auf dem Gebiet Tabletten-Beschichtungstechnik. Die Distribution erfolgt national durch ein eigenes Team und international über unabhängige Handelsvertreter. L.B. Bohle beschäftigt 300 Mitarbeitende, davon 25 weltweit, und erzielte 2019 einen Umsatz von 53 Mio. Euro bei einer Exportquote von 80 %. 1981 vom heutigen Beiratsvorsitzenden Lorenz B. Bohle gegründet, obliegt die Geschäftsführung des Familienunternehmens Tim Remmert und Thorsten Wesselmann.

Kontakt
L.B. Bohle Maschinen + Verfahren GmbH
Industriestr. 18, 59320 Ennigerloh
www.lbbohle.de

LAMILUX

Rehau, Bayern

Gegründet: 1909
Die LAMILUX Gruppe zählt weltweit zu den führenden Produzenten von High-Tech-Composites aus carbon- und glasfaserverstärkten Kunststoffen und ist in Europa einer der technologisch richtungsweisenden Hersteller von Tageslichtsystemen, multifunktionalen Glasdachkonstruktionen und komplexen Gebäudesteuerungen. 2018 hat LAMILUX einen Umsatz von 317 Mio. Euro erwirtschaftet. Von den 1.200 Mitarbeiterinnen und Mitarbeitern sind 116 Auszubildende. Die Firma ist international in mehr als 40 Ländern und Regionen aktiv. Geleitetet wird die LAMILUX Gruppe in der 3. und 4. Familiengeneration von Dr. Heinrich Strunz und seiner Ehefrau Dr. Dorothee Strunz sowie deren Kindern Johanna und Alexander Strunz.

LAMILUX Composites sind in einem kontinuierlichen Flachbahn-Verfahren produzierte, faserverstärkte Kunststoffe. Sie ermöglichen als höchst stabile und gleichzeitig sehr leichte Konstruktionsmaterialien vielfältige Anwendungen in Leichtbau und energieeffizienter Mobilität, Transport und Logistik,

Die LAMILUX Gruppe wird von Dr. Dorothee Strunz und Dr. Heinrich Strunz sowie deren Kindern Johanna und Alexander Strunz geleitet.

Besonderes Ausbildungskonzept

Die Ausbildung bei LAMILUX zeichnet sich nicht einzig durch die qualifizierte Vermittlung von Fachwissen aus. Das hauseigene und selbstentwickelte Konzept EDUCATION for EXCELLENCE (E4E) fördert zusätzlich die Entwicklung der Selbst- und Sozialkompetenzen der Auszubildenden. Durch ehrenamtliches Engagement lernen sie, Verantwortung zu tragen und die Gesellschaft aktiv mitzugestalten. Während im ersten Lehrjahr durch verschiedene Projekte das Organisationsmanagement geschult wird, liegt der Fokus im zweiten Lehrjahr auf ehrenamtlichen Tätigkeiten, wofür sie eine Stunde pro Woche freigestellt werden. Für dieses Konzept erhielt LAMILUX bereits mehrere Auszeichnungen wie den „Deutschen Bildungspreis" 2016, das „Ausbildungs-Ass" 2016, den „IHK Bildungspreis" 2018 und „Mein gutes Beispiel" 2019.

„Customized Intelligence – dem Kunden dienen als Programm"

Unternehmensslogan LAMILUX

Lebensmittelindustrie, moderner Fassadengestaltung, mobilen Raumsystemen und temporärem Bauen. Die Produkte aus dem Unternehmensbereich LAMILUX Tageslichtsysteme bewähren sich als aktive Energiemanager für nachhaltige Gebäude. Lichtkuppeln, Lichtbänder und Glasdachkonstruktionen werden auf den Dächern von Industrie- und Verwaltungsgebäuden, Sport- und Veranstaltungshallen, Repräsentativbauten, Shopping Malls und Wohnhäusern eingesetzt. Der natürliche Lichteinfall und thermisch effiziente Konstruktionen sparen Energie, steuerungstechnologisch automatisierte Funktionseinheiten wie Lüftungsklappen und Sonnenschutzsysteme steuern Energie.

Den Grundstein für das Unternehmen legte 1909 der Zimmermeister Heinrich Strunz. 1918 schloss er seiner Firma ein Sägewerk an. Rudolf Strunz, der Sohn des Gründers, modernisierte den Betrieb und setzte neben der Holzverarbeitung zunehmend auf Kunststoffe. 1985 übernahm mit Dr. Heinrich

Im Geschäftsbereich Tageslichtsysteme plant, fertigt und montiert LAMILUX individuelle Glasdächer, energieeffiziente Lichtbänder, designorientierte Flachdachfenster und weitere maßgeschneiderte Oberlichter für sämtliche Gebäudearten.

Die faserverstärkten Kunststoffe werden beispielsweise bei Nutzfahrzeugen oder Wohnmobilen als Konstruktionsmaterial für Seitenwände, Dächer oder Böden eingesetzt.

Strunz die 3. Generation die Firmenleitung. Unter seiner Führung wurde 1987 die Fertigung von Wellbahnen auf die Produktion der modernen Composite-Materialien umgestellt – Verbundwerkstoffe aus faserverstärktem Kunststoff in Platten und Rollen. Er berief seine Ehefrau Dr. Dorothee Strunz 1994 in die Geschäftsführung.

2018 stieg mit Johanna und Alexander Strunz die 4. Generation in das Familienunternehmen ein.

Dr. Heinrich und Dr. Dorothee Strunz erhielten von Wirtschaftsminister Hubert Aiwanger 2019 zum vierten Mal den „Bayerns Best 50"-Award.

Der Stammsitz der Firma LAMILUX in Rehau, wo das Unternehmen 1909 gegründet wurde.

Chronologie

1909 Zimmerermeister Heinrich Strunz gründet das Unternehmen in Rehau.

1941 Rudolf Strunz, der Sohn des Gründers, übernimmt das Unternehmen.

1955 Beginn der Produktion von glasfaserverstärkten Kunststoffen und Tageslichtsystemen unter der Marke LAMILUX.

1985 Dr. Heinrich Strunz wird in der 3. Generation geschäftsführender Gesellschafter.

1994 Dr. Dorothee Strunz tritt in die Geschäftsleitung mit Einzelprokura ein.

2009 Das Familienunternehmen feiert sein 100-jähriges Bestehen.

2018 LAMILUX ist zu einer Unternehmensgruppe angewachsen und vereint mit den Tochterfirmen Stahl- und Glasbau Mirotec sowie roda Licht- und Lufttechnik übergreifendes Branchen-Know-how unter einem Dach.

2018 Mit Johanna und Alexander Strunz steigt die 4. Familiengeneration ins Unternehmen ein.

Daten und Fakten

Inhaberfamilie: Familie Strunz in 3. und 4. Generation
Gründer: Heinrich Strunz, 1909, Rehau
Unternehmensanteile der Familie: 100 %; Gesellschafter sind Dr. Heinrich Strunz und Dr. Dorothee Strunz sowie die drei Kinder Johanna, Alexander und Sophia
Produkte: Tageslichtelemente z. B. Lichtkuppeln, Lichtbänder, Glasdachkonstruktionen, faserverstärkte Kunststoffe
Mitarbeitende: 1.200 (2018)
Umsatz: 317 Mio. Euro (2018)
Ausbildungsplätze: 116 (2018)
Ausbildungsquote: knapp 10 %
Auszeichnungen: „Bayerns Best 50" 2011, 2013, 2016 und 2019; „Großer Preis des Mittelstandes" 2015; „Entrepreneur of the Year" 2014; „Top 100 Innovator" 2014; mehrere Red Dot und German Design Awards für innovative und formschöne Produkte

Kontakt
LAMILUX Heinrich Strunz Holding GmbH & Co. KG
Zehstr. 2, 95111 Rehau
Fon: 09283 595-0, Fax: 09283 595-290
information@lamilux.de, www.lamilux.de

Ansprechpartnerin Presse
Sabrina Fröhlich
Fon: 09283 595-2783
sabrina.froehlich@lamilux.de

LANNER

Kippenheim, Baden-Württemberg

Gegründet: 1986
Die Lanner Anlagenbau GmbH ist der nach eigenen Angaben weltweit einzige Komplettanbieter von Anlagen zur Metallspäneaufbereitung und Kühlschmierstoffrückgewinnung aus eigener Herstellung. Seinen Kunden, die von der kleinen Dreherei über den Werkzeugmaschinenhersteller bis zur Automobilindustrie, Luft- und Raumfahrt und Medizintechnik reichen, bietet LANNER dabei alle Leistungen aus einer Hand. Das Unternehmen erzielte im Jahr 2019 mit 38 Mitarbeitenden im Stammwerk in Kippenheim einen Umsatz von 5,3 Mio. Euro. Mehr als 70 % davon entfallen auf den weltweiten Export.

Klaus Lanner gründete die Firma 1986 in einer angemieteten Scheune in Mahlberg. Nach dem Umzug an den heutigen Standort 1991 wurden die Produktions- und Büroflächen kontinuierlich erweitert und Niederlassungen in Frankreich, China und den USA gegründet. 2010 übernahm Tobias Lanner in 2. Generation die Geschäftsführung. Klaus Lanner ist weiterhin in beratender Funktion tätig, seine Ehefrau Barbara ist Prokuristin. Das Unternehmen ist zu 100 % in Familienbesitz und verfügt über eine Eigenkapitalquote von über 60 %.

LANNER beschäftigt durchschnittlich ein bis drei Auszubildende und nimmt am Girls' Day teil. Regionales Engagement zeigt der Maschinen- und Anlagenbauer u. a. durch die Unterstützung von Kindergärten und Schulen. 2018 wurde das familienfreundliche Unternehmen mit dem Arbeitgebersiegel TOP JOB ausgezeichnet. In der Zukunft möchte sich LANNER auf Umwelttechnik fokussieren.

Kontakt
Lanner Anlagenbau GmbH
Kehnerfeld 9–11, 77971 Kippenheim
Fon: 07825 8454-0, Fax: 07825 8454-50
info@lanner.de, www.lanner.de

Lapp

Stuttgart, Baden-Württemberg

Gegründet: 1958
Die Lapp Gruppe zählt weltweit zu den führenden Herstellern von hochflexiblen Kabeln, Anschluss- und Steuerleitungen, Daten- und Lichtwellenleitern, industriellen Steckverbindern und Systemlösungen. Unter dem Dach der Lapp Holding AG gliedert sich die Gruppe in drei Sparten: LAPP KABEL ist ein führender Hersteller für Kabel, Leitungen und Systemzubehör, CONTACT CONNECTORS ist Spezialist für industrielle Steckverbinder und LAPP SYSTEMS bietet maßgeschneiderte Systemkonfektionen für Kabel und Stecker. Die Geschichte der Gruppe begann 1958 in einer Garage: Das Gründer-Ehepaar Ursula Ida und Oskar Lapp baute von hier aus ein Unternehmen mit internationaler Ausrichtung auf. Oskar Lapp erfand die erste industriell gefertigte Steuerleitung mit farbigen Adern unter dem Namen ÖLFLEXY. Die Geschäfte führen neben Matthias Lapp als 3. Familiengeneration auch Dr. Matthias Kirchherr, Boris Katic und Lutz Grotebrune.

Kontakt
Lapp Holding AG
Oskar-Lapp-Str. 2, 70565 Stuttgart
www.lappkabel.de

L

LÄPPLE

Heilbronn, Baden-Württemberg

Gegründet: 1919
LÄPPLE ist international agierender Anbieter von Karosserieteilen, Rohbaukomponenten, Normalien und Rundtischen sowie Automationslöungen. Die vier Geschäftseinheiten arbeiten alle entlang der industriellen Wertschöpfungskette der Automobilindustrie. LÄPPLE wuchs aus einer mechanischen Werkstatt mit Bauschlosserei. August Läpple erkennt die Vorzüge der eigenen Ausbildung und Mitarbeiterqualifizierung und gründet bereits 1930 eine Lehrwerkstatt, die heute ein eigener Geschäftsbereich ist. Nachdem seine Söhne Erich und Helmut 1940 das Unternehmen übernehmen, akquirieren sie 1948 Lieferaufträge von Porsche und bauen ein neues Werk. Ende 2000 zieht sich die Familie aus der operativen Geschäftsleitung zurück, hält aber weiterhin 100 % der Aktien.

Kontakt
LÄPPLE AG
August-Läpple-Str. 1, 74076 Heilbronn
www.laepple.de

LAUDA

Lauda-Königshofen,
Baden-Württemberg

Gegründet: 1956
Die LAUDA Dr. R. Wobser GmbH & Co. KG mit Sitz in Lauda-Königshofen ist der Weltmarktführer für Temperiergeräte und -anlagen zur exakten Temperaturerzeugung. LAUDA entwickelt und produziert u. a. Thermostate, Umlaufkühler, Laborgeräte und industrielle Heiz- und Kühlsysteme. Mit 520 Mitarbeitenden erzielte LAUDA zuletzt einen Umsatz von über 90 Mio. Euro. Dr. Rudolf Wobser gründete das Unternehmen 1956. Nach dem unerwarteten Tod des Gründers übernahmen die Söhne Karlheinz und Dr. Gerhard Wobser 1977 die Geschäftsführung als persönlich haftende Gesellschafter. Seit dem Ruhestand von Karlheinz Wobser (2002) und Dr. Gerhard Wobser (2010) steht mit Dr. Gunther Wobser die 3. Generation an der Spitze des Unternehmens. Zusammen mit den Geschäftsführern Dr. Mario Englert und Dr. Marc Stricker leitet er das Familienunternehmen. Mit der Akquisition der GFL Gesellschaft für Labortechnik mbH Ende 2018 erweiterte LAUDA sein Portfolio um zuverlässige Labortechnik.

Kontakt
LAUDA Dr. R. Wobser GmbH & Co. KG
Pfarrstr. 41/43, 97922 Lauda-Königshofen
www.lauda.de

Lederer

Ennepetal, Nordrhein-Westfalen

Gegründet: 1970
Die Lederer GmbH hat sich auf den Handel mit Verbindungselementen aus Edelstahl spezialisiert. Zum Portfolio gehören etwa Schrauben, Muttern, DIN- und Normteile. Handelspartner sind der Großhandel und industrielle Endverbraucher. Zusätzlich bietet das Unternehmen als Dienstleister C-Teile-Management an, das auf die Optimierung bei der Beschaffung von Kleinteilen und Verbrauchsmaterialien abzielt.

Jährlich stellt die Lederer GmbH drei neue Auszubildende ein und beschäftigt insgesamt 200 Mitarbeitende, die 2019 einen Umsatz von rd. 70 Mio. Euro erwirtschafteten, rd. ein Viertel davon über den weltweiten Export. Die Firma, 1970 von Rainer Lederer zusammen mit Hans Lipinski in Wuppertal gegründet, liegt vollständig in Familienbesitz und wird von Dr. Volker Lederer, dem Sohn des Firmengründers, als geschäftsführendem Gesellschafter und Peter Henke als Geschäftsführer geleitet.

Kontakt
Lederer GmbH
Katzbachstr. 4, 58256 Ennepetal
www.lederer-online.com

LEIMER

Traunstein, Bayern

Gegründet: 1919

Der Nahrungsmittelproduzent LEIMER KG stellt Dauerbackwaren in Form von Semmelbröseln, Paniermehl, Fertigpaniermischungen, Croutons und Brotchips her. Abgerundet wird das Produktportfolio, das unter der Marke LEIMER vertrieben wird, durch Suppeneinlagen wie Mark-Klößchen, Eierstich oder Backerbsen. Zu den Kunden zählen neben dem Lebensmittelhandel auch Cash-and-carry-Betriebe und die Nahrungsmittelindustrie. Im Jahr 2019, dem 100-jährigen Jubiläum, beschäftigte das Unternehmen 149 Mitarbeitende. Produziert wird ausschließlich in Deutschland im oberbayerischen Traunstein. Die europaweite Distribution erfolgt über Handelsagenturen und Importeure. Eigenen Angaben zufolge ist LEIMER in Deutschland Marktführer im Bereich Semmelbrösel/Paniermehl.

Im Jahr 1919 gründeten die Brüder Josef und Carl Leimer eine Brotfabrik mit Feinbäckerei. Anlass für den Schritt in die Selbstständigkeit war die für damalige Zeiten revolutionäre Idee, Semmelbrösel nicht aus Altbrot, sondern aus eigens gebackenem Weißbrot herzustellen. Karl Leimer, Nachkomme der Unternehmensgründer in 2. Generation, gelang es, das Unternehmen erfolgreich auszubauen und LEIMER als Marke für Dauerbackwaren am Markt zu etablieren. Heute setzt Karlheinz Leimer die Tradition der LEIMER KG fort. Mit innovativen Produktideen und höchstem Qualitätsbewusstsein stellt er sich zusammen mit seiner Geschäftsleitung einem immer anspruchsvolleren Markt. Das Unternehmen befindet sich zu 100 % in Familienbesitz. Anteile halten Karlheinz Leimer als Komplementär sowie die Kommanditisten Ruth Limmer (geb. Leimer) und Harald Leimer.

Kontakt

LEIMER KG
Kotzinger Str. 16, 83278 Traunstein
Fon: 0861 7091-0, Fax: 0861 7091-10
mailbox@leimer.de, www.leimer.de

L

LEIPA

Schwedt, Brandenburg

Gegründet: 1847

Die LEIPA Group ist ein unabhängiges Familienunternehmen mit über 170 Jahren Leidenschaft für umweltschonende Prozesse und Technologien. Dies sowie der eigene Anspruch bilden die beste Grundlage für hervorragende Produkte rund um das Thema Papier und Packaging auf 100 % Recyclingbasis. Vom Magazinpapier über Testliner, Karton und Spezialpapier bis hin zu papierbasierten und flexiblen Verpackungslösungen. Ergänzt wird das Portfolio der Gruppe um professionelle Entsorgungs- und Logistikdienstleistungen inkl. Beratung.

Mit über 1.700 Mitarbeitenden erreicht die LEIPA Unternehmensgruppe ein Geschäftsvolumen von 850 Mio. Euro. Als europäischer Marktführer verwandelt das Unternehmen dabei jedes Jahr über 1,5 Mio. t Altpapier zurück in hochqualitative Papier- und Verpackungslösungen. Im Rahmen des innovativen „Sustainability as a Service"-Angebotes werden gemeinsam mit den Kunden die individuellen Nachhaltigkeitsziele und die möglichen Schritte zu ihrer Realisierung besprochen. Das Spektrum reicht vom einfachen Produktwechsel bis zur umfassenden Nutzung des gesamten LEIPA Loops: umweltfreundliche Produkte und Logistik, Rückführung des Papiers in den Papierkreislauf sowie begleitender Service und Nachhaltigkeitsberatung.

L

Inhaber der Unternehmensgruppe sind die Familien Schrödinger und Huesmann. Mit Robin Huesmann als Mitglied der Geschäftsführung und Till Huesmann als Mitglied des Aufsichtsrats wird das Unternehmen bereits in der 6. Generation als Familienunternehmen fortgeführt.

Kontakt
LEIPA Group GmbH
Kuhheide 34, 16303 Schwedt/Oder
Fon: 03332 24-00
hello@leipa.com, www.leipa.com

LEISE

Coburg, Bayern

Gegründet: 1904
Die LEISE GmbH & Co. KG mit ihrer Coburger Zentrale ist ein familiengeführtes Großhandelsunternehmen für Industrie- und Kraftfahrzeugtechnik, das an sieben Standorten Logistik-Plattformen für die Vertriebsgebiete Thüringen, Sachsen und Bayern betreibt. Über 20.000 Kunden ordern aus einem Produktportfolio mit mehr als einer Million Artikeln, die LEISE von rd. 800 Lieferanten bezieht. 1904 gründete Wilhelm Leise das nach ihm benannte Unternehmen in Coburg als feinmechanische Werkstätte. Durch die Übernahme verschiedener Großhandels- und Werksvertretungen sowie u. a. die Expansion nach 1989 entstand das heutige, in 4. Generation familiengeführte Unternehmen. Mit über 300 Mitarbeitenden bietet LEISE neben dem Großhandel auch technische Beratung, einen Schulungs-Service und weitere Dienstleistungen an.

Kontakt
LEISE GmbH & Co. KG
Rosenauer Str. 117, 96450 Coburg
www.leise.de

Leitz

Oberkochen, Baden-Württemberg

Gegründet: 1876
Leitz Werkzeuge und Dienstleitungen stehen weltweit seit über 140 Jahren für die professionelle und nachhaltige Bearbeitung von Holz, Holzwerkstoffen sowie modernen Materialien wie Aluminium, Kunststoffe und Verbundwerkstoffe. Als Innovations- und Weltmarktführer, der über 250 Patente hält, entwickelt und produziert das Unternehmen hocheffiziente Werkzeugsysteme und setzt als Vollsortimenter zukunftsweisende Trends. Leitz liefert Lösungen, die Produktionsprozesse nicht nur schneller, flexibler und kostengünstiger machen, sondern gleichzeitig für Ökologie und Ökonomie bei bester Bearbeitungsqualität stehen. In Zeiten der Digitalisierung sind Leitz Werkzeuge als formgebendes Element von großer Bedeutung und übernehmen in den vernetzten Prozessen als Informationsträger eine zentrale Rolle.

Seinen Ursprung hat das Unternehmen in Oberkochen, wo 1876 Albert Leitz mit der Herstellung von Bohrern, Sägeblättern und Äxten begann. Er erkannte bereits früh, dass die Zeichen der Zeit auf Industrialisierung standen. Der Gründer übergab seinen Nachfahren

Flexibilität in Produktion und Service zeichnen den Vollsortimenter aus.

Leitz Profilwerkzeugsysteme setzen Trends in der Produktion von Fensterprofilen.

L

„Leitz hat als Familienunternehmen über fünf Generationen eine nachhaltige Unternehmenskultur hervorgebracht und gelebt: eine Verantwortungskultur für Mensch, Natur, Gesellschaft und Umwelt."

Dr. Cornelia Brucklacher

ein Unternehmen, das heute als Premiumhersteller Präzisionswerkzeuge produziert und weltweit vertreibt. Aus dem kleinen schwäbischen Betrieb ist ein international agierender Unternehmensverbund geworden, der an 14 Standorten auf drei Kontinenten fertigt und weltweit rd. 4.100 Mitarbeitende beschäftigt.

Dass Leitz diese Größe erlangte und dabei noch immer in Familienhand ist, liegt vor allem an Dr. Dieter Brucklacher, der den strategischen Synergieverbund mit den Firmengruppen Leitz, Boehlerit und Bilz als Vorsitzender der Geschäftsführung aufbaute und prägte. Sein Name steht für Internationalisierung und Wachstum durch Innovation und Qualität. Dabei setzte er den Fokus auf kompetente Beratung und Service vor Ort und baute hierfür ein weltumspannendes Netz von über 120 eigenen Vertriebs- und Servicestandorten auf. Gleichermaßen wichtig war dem im Jahre 2016 verstorbenen Unternehmer der behutsame und gesicherte Unternehmensübergang auf die 5. Generation.

Inzwischen gibt seine Tochter Dr. Cornelia Brucklacher als Beirats- sowie Aufsichtsratsvorsitzende die Strategie des Familienunter-

Gesellschaftliche Verantwortung

Leitz bekennt sich zu seiner gesellschaftlichen Verantwortung. Das Unternehmen und seine Gesellschafterinnen engagieren sich entsprechend klar definierter Schwerpunkte und fördern weltweit Hilfsprojekte, kulturelle Einrichtungen und Veranstaltungen sowie Bildungspartnerschaften. Dabei steht das Unternehmen national und international für die langfristige und nachhaltige Förderung der vorwettbewerblichen Forschung und des wissenschaftlichen Nachwuchses. Mit dem „Lignorama" in Riedau, Österreich, hat der Werkstoff Holz dank Leitz ein einmaliges Museum erhalten, um immer wieder neu durch wechselnde Ausstellungen der Öffentlichkeit präsentiert zu werden. Seit 30 Jahren engagiert sich Leitz an seinem Stammsitz als Initiator und Veranstalter des internationalen Festivals „Jazz Lights" (siehe Foto). Das jährlich stattfindende Kulturereignis mit internationalen Stars, regionalen Musikerinnen und Musikern sowie Nachwuchskünstlerinnen und -künstlern ist in der weltweiten Jazzszene ein fester Termin im Veranstaltungskalender. Viele namhafte Ausnahmemusiker spielten im Laufe der Jahrzehnte auf dem Festival in Oberkochen, darunter Dave Brubeck, Jacques Loussier und Nigel Kennedy.

Die Inhaberfamilie Brucklacher (oben); die Unternehmenszentrale in Oberkochen (unten)

nehmens vor. Sie knüpft an die Werte und strategische Ausrichtung ihrer Vorfahren an und weiß um die Leistung der Generationen von Mitarbeitenden: „Die Zufriedenheit unserer Kunden und ihr wirtschaftlicher Erfolg, vom handwerklichen Betrieb bis hin zum globalen Industrieunternehmen, standen und stehen in unserer über 140-jährigen Tradition im Mittelpunkt unseres Handelns", sagt sie. Neben dem Ausbau der Position als Innovations- und Weltmarktführer ist für sie der Erhalt und die Weiterentwicklung der über Jahrzehnte gewachsenen Unternehmenskultur von besonderer Bedeutung. Diese Kultur ist bei Leitz von langfristigem Denken und nachhaltigem Handeln geprägt. Hierfür steht auch die überdurchschnittliche Ausbildungsquote von rd. 10 %. Leitz bietet neben der klassischen Berufsausbildung auch duale Studiengänge und Weiterbildungsprogramme an, die durch ein internationales Austauschprogramm ergänzt werden können.

Es gehört zum Selbstverständnis von Leitz, dass das Unternehmen Teil der Gesellschaft ist und die damit verbundene Verantwortung wahrnimmt. Die Verwurzelung und das lokale Engagement an den weltweiten Leitz Standorten sind dabei Kernpunkte der Firmenphilosophie und für Dr. Cornelia Brucklacher klare Erfolgsfaktoren.

Chronologie

1876 Albert Leitz gründet in Oberkochen die „Württembergische Holzbohrerfabrik".

1910 Leitz erhält das erste Patent für ein maschinell eingesetztes Fräswerkzeug.

1956 Gründung der ersten Auslandsniederlassung

1961 Eröffnung des ersten Produktionswerks im Ausland

1976 Leitz führt als erster polykristalline Diamantschneidstoffe für die Holzbearbeitung ein.

1991 Übernahme der Boehlerit Gruppe (Hartmetall) in den strategischen Synergieverbund

1993 Vorstellung der ersten Werkzeuge mit elektronischem Speicherchip

2000 Übernahme der Bilz Gruppe (Spannmittel) in den strategischen Synergieverbund

2011 Leitz führt Beschichtungen für Hartmetall-Werkzeuge in der Holzbearbeitung ein.

2018 Digitalisierung mit neuem Dienstleistungskonzept LeitzXPress (Service in Herstellerqualität auf Knopfdruck)

Leitz bietet als Vollsortimenter Werkzeuglösungen für die nachhaltige Bearbeitung von Holz, Holzwerkstoffen sowie modernen Materialien wie Aluminium, Kunststoffe und Verbundwerkstoffe.

Daten und Fakten

Inhaberfamilie: Familie Brucklacher
Gründer: Albert Leitz, 1876, Oberkochen
Branche: Maschinenbau, Sparte Präzisionswerkzeuge
Produkte: Präzisionswerkzeuge, Werkzeugsysteme, Dienstleistungen und digitale Lösungen sowie Schneidstoffe und Spannsysteme
Standorte: 14 Produktionsstandorte in Europa, Asien und Amerika sowie über 120 Vertriebs- und Servicestandorte weltweit
Mitarbeitende: rd. 4.100
Umsatz: über 400 Mio. Euro
Marktposition: Innovations- und Weltmarktführer
Ausbildungsquote: rd. 10 %
Familieneinfluss: 100 % im Besitz der 4. und 5. Generation der Familie Brucklacher
Kontrollgremien: Beirat und Aufsichtsrat
Exportquote: rd. 75 %

Kontakt
Leitz GmbH & Co. KG
Leitzstr. 2, 73447 Oberkochen
Fon: 07364 950-0
leitz@leitz.org, www.leitz.org

Presse
Fon: 07364 950-0
marketing@leitz.org

Lenze

Aerzen, Niedersachsen

Gegründet: 1947

Die Lenze SE mit Hauptsitz im niedersächsischen Aerzen in der Nähe von Hameln ist ein Unternehmen mit Schwerpunkt auf Maschinen- und Anlagenbau sowie Automation. Das Portfolio umfasst mechatronische Produkte, Hard- und Softwaresysteme für die Maschinenautomatisierung sowie Services für die Digitalisierung, so etwa für Big-Data-Management, Cloud- oder Mobile-Lösungen sowie Software im Kontext des Internet of Things (IoT). Zu den Kunden gehören vornehmlich Unternehmen aus der Intralogistik, der Automobilbranche sowie der Verpackungs-, Druck- oder Textilindustrie. Innerhalb Deutschlands unterhält Lenze zwei Produktionsstätten in Hameln und Extertal, jeweils ein weiteres Werk befindet sich in Frankreich, Italien, Österreich und Polen sowie in China und den USA. Vertrieb und Service werden in über 60 Ländern der Welt angeboten. Im Jahr 2019 hatte das Unternehmen rd. 4.000 Mitarbeitende weltweit, davon etwas mehr als 2.000 in Deutschland. Mit Abschluss des Geschäftsjahres 2018/2019 zum Ende April 2019 verzeichnete Lenze einen Umsatz von 787,6 Mio. Euro.

Seinen Ursprung hat das Unternehmen im Jahr 1947, als Hans Lenze vom Mannesmann-Konzern die Stahlkontor GmbH übernahm und unter dem Namen Stahlkontor Weser eine eigene Handelsfirma in Hameln gründete. Nur drei Jahre später schaffte Lenze mit dem ersten eigenen Produkt, einem innovativen Drehstrommotor, dem sogenannten Alquist-Wickler, den Einstieg als Produzent in die Wickeltechnik. Bald darauf nahm die „Maschinenfabrik Hans Lenze KG“ in Extertal die Produktion auf. Das Produktspektrum und der Umsatz wuchsen rasch, 1962 wurde im nahe gelegenen Groß Berkel ein neues Werk errichtet. Im Laufe der folgenden Jahrzehnte wandelte sich dann das Produkt- und Leistungsspektrum von elektromechanischen zu systemsoftwaregetriebenen Lösungen. So entstand im Jahr 2000 etwa die Softwarefirma encoway in

„Ein modernes Familienunternehmen zu sein, bedeutet für uns, auf allen Ebenen Weltklasseleistung zu erbringen – für Kunden, für Partner und für unsere Mitarbeiter.“

Christian Wendler, Vorstandsvorsitzender Lenze

Die EASY Machine 2.0 beweist: Lenzes Know-how fließt in individuelle und innovative Automatisierungskonzepte für hochflexible, intelligente und vernetzte Maschinen ein.

Lenze eröffnet weltweit vielfältige Karrieremöglichkeiten für Young Professionals genau wie für Berufserfahrene (oben); der Vorstandsvorsitzende Christian Wendler (unten)

L

Skalierbare Hardware, Software und Brainware von Lenze stehen für die digitale Transformation (oben); die Firmenzentrale in Hameln (Mitte); Robotertechnik bei Lenze (unten)

Bremen als Tochterunternehmen, 2017 wurde der Cloud- und IoT-Dienstleister logicline aus Sindelfingen in die Unternehmensgruppe integriert und 2018 öffnete das Smart Automation Forum in der Lenze-Asia-Zentrale im chinesischen Lingang bei Shanghai seine Tore. 2017 nahm unter dem Namen DOCK ONE ein eigenes digitales Innovationslabor in direkter Nähe der Universität Bremen die Arbeit auf. Heute besteht die Lenze-Gruppe aus rd. 50 Gesellschaften, die von der im Jahr 2009 umfirmierten Lenze SE als Holding gesteuert werden. In 4. Generation in Familienbesitz, wird Lenze von den familienfremden Managern Christian Wendler (CEO), Dr. Achim Degner (CFO) und Frank Maier (CTO) geführt. Im Aufsichtsrat sitzen mit Nikolaus Belling und Max Finger zwei Gesellschafter aus der Familie, auch kontrolliert ein Familienrat die Geschäfte.

Lenze SE
Entwicklung der Mitarbeiterzahlen 2018 – 2019

	30.04.2019	30.04.2018	Veränderung
Inland	2.042	1.906	+136 (7,1%)
Ausland	1.927	1.833	+ 94 (5,1%)
Konzern	3.969	3.739	+ 230 (6,2%)

Chronologie

1947 Hans Lenze gründet das Unternehmen als Stahlkontor Weser in Hameln.

1950 Mit der Erfindung und dem Produktionsstart des Alquist-Wicklers wird aus dem Händler ein Produktionsbetrieb.

1957 Die Maschinenfabrik Hans Lenze KG mit Sitz in Extertal wird gegründet.

1962 Ein neues Werk in Groß Berkel ermöglicht die Ausweitung der Produktion.

1977 Der erste Frequenzumrichter zur Steuerung von Drehmotoren wird vorgestellt.

1998 Lenze positioniert sich als Komplettlösungsanbieter mit intelligenter Antriebstechnik.

2009 Aus der bisherigen Lenze AG wird die Lenze SE.

2018 Der Mechatronic Competence Campus (MCC) in Extertal wird gebaut – die größte Einzelinvestition in der Unternehmensgeschichte.

2019 Mit dem Automatisierungsansatz Plug & Produce für die Smart Factory demonstriert Lenze Digital-Engineering-Kompetenz für die Zukunft.

Gesellschaftliche Verantwortung

„Es geht immer um die Menschen" – dieser Maxime folgte die Stiftungsgründerin Elisabeth Belling, Tochter der Eheleute Lenze, als sie im Jahr 1990 mit ihrem Privatvermögen die heutige Hans und Clara Lenze Stiftung zur Förderung junger begabter Menschen in Wissenschaft, Forschung und Bildung ins Leben rief. Seitdem vergibt die Stiftung Nachwuchsstipendien über die betriebliche Aus- und Weiterbildung des Unternehmens hinaus und unterstützt Forschung und Weiterbildung auch im Ausland. Heute trägt Julia von Opel, Urenkelin von Hans und Clara Lenze, als Vorsitzende des Stiftungsvorstands die Idee von „Fortschritt durch Bildung" und damit das Erbe von Elisabeth Belling in die Zukunft.
Weitere Informationen zur Stiftung unter: www.hans-und-clara-lenze-stiftung.de

Daten und Fakten

Inhaberfamilie: Lenze-Belling
Gründer: Hans Lenze
Branche: Maschinen- und Anlagenbau, Automation
Produkte: Antriebs- und Automatisierungstechnik
Standorte: Aerzen (Zentrale), über 60 weltweit
Vertrieb: weltweit
Mitarbeitende: rd. 4.000
Umsatz: 787,6 Mio. Euro (2018/2019)
Kontrollgremien: Aufsichtsrat und Familienrat
Eigenkapitalquote: 63 %

Kontakt
Lenze SE
Hans-Lenze-Str. 1, 31855 Aerzen
Fon: 05154 82-0, Fax: 05154 82-2800
sales.de@lenze.com, www.lenze.com

LEONHARD KURZ

Fürth, Bayern

Gegründet: 1892
Die LEONHARD KURZ Stiftung & Co. KG ist ein weltweit führendes Unternehmen der Dünnschichttechnologie. KURZ entwickelt und produziert auf Trägerfolien applizierte Dekorations- und Funktionsschichten für verschiedenste Produkte: für Autoteile, Handys, Fernseher, Waschmaschinen, Möbel, Verpackungen, Bücher, Textilien, Flaschenetiketten, Bankkarten und vieles mehr. KURZ vertreibt außerdem Prägemaschinen und Prägewerkzeuge. Die Firmengeschichte geht in das Jahr 1892 zurück, als Leonhard Kurz ein Unternehmen mit Schwerpunkt Blattgold gründete. Heute ist KURZ Weltmarktführer, an über 30 Standorten weltweit präsent und fertigt in Europa, Asien und den USA. Insgesamt sind über 5.500 Mitarbeitende für das Unternehmen tätig. Die Geschäftsführung haben Walter und Peter Kurz in 4. Generation inne.

Kontakt
LEONHARD KURZ Stiftung & Co. KG
Schwabacher Str. 482, 90763 Fürth
www.kurz.de

LEONHARD WEISS

Göppingen, Baden-Württemberg

L

LEONHARD WEISS
BAUUNTERNEHMUNG

„Mit LEONHARD WEISS Freude am Bauen erleben."

Firmenmotto

Gegründet: 1900
LEONHARD WEISS ist in nahezu allen Sparten des Bauens tätig: Ingenieur- und Schlüsselfertigbau, Straßen- und Netzbau sowie Gleisinfrastrukturbau. Weitere Leistungen wie Verkehrssicherung, Steinsanierung und Denkmalpflege oder Fußbodentechnik werden über Tochterunternehmen angeboten. Kundenorientierung, Verlässlichkeit, Termintreue, Wirtschaftlichkeit und qualifizierte Mitarbeiterinnen und Mitarbeiter sind Entscheidungskriterien, weshalb Kunden mit dem Mittelständler bauen. 2019 wurde so an zahlreichen Standorten der Unternehmensgruppe in Deutschland und Europa eine Bauleistung in Höhe von 1,6 Mrd. Euro erarbeitet.

Die Mitglieder der Geschäftsführung

Das Familienunternehmen gehört zu den Top 10 der deutschen Bauunternehmen und blickt auf eine lange Geschichte zurück. Zunächst war das von Namensgeber Leonhard Weiß gegründete Unternehmen ausschließlich im Gleisbau aktiv, 1910 folgten die ersten Straßenbaustellen für die Stadt Göppingen. 1938 entstand eine Niederlassung in Crailsheim (seit 2001 in Satteldorf), die neben Göppingen zum zweiten Hauptstandort des Unternehmens wurde. Über die Jahre ent-

Neubau der Klinik am Eichert in Göppingen

L

wickelte sich LEONHARD WEISS zu einer erfolgreichen Unternehmensgruppe, die nach wie vor zu 100 % in Familienbesitz ist. Auch in der Geschäftsführung besetzen, neben Dieter Straub (Vorsitzender), Marcus Herwarth, Robert Kreß und Christian Ott, mit Ralf Schmidt, Stefan Schmidt-Weiss und Alexander Weiss drei Mitglieder der Gesellschafterfamilien strategisch wichtige Schlüsselpositionen.

Den Menschen im Unternehmen fühlen sich Geschäftsführung und Gesellschafterfamilien besonders verbunden, sie sind der wesentliche Erfolgsfaktor. Für das Wohl der rd. 5.800 Beschäftigten werden Themen wie modernste Technik, Work-Life-Balance, persönliche und berufliche Weiterentwicklung oder betriebliches Gesundheitsmanagement ständig weiterentwickelt. Auch gesellschaftliche Verantwortung ist für das Unternehmen selbstverständlich. So unterstützt LEONHARD WEISS zahlreiche kulturelle, sportliche und soziale Projekte.

Daten und Fakten

Inhaberfamilien: Familien Weiss, Schmidt-Weiss und Schmidt
Gründer: Leonhard Weiß, 1900
Branche: Bauindustrie
Standorte: 26 Standorte in Deutschland, weitere in Europa sowie zahlreiche Tochterunternehmen
Mitarbeitende: 5.800
Umsatz: 1,6 Mrd. Euro (2019)
Ausbildungsplätze: jährlich rd. 140 in 22 Ausbildungsberufen und 7 dualen Studiengängen
Eigenkapitalquote: 53,8 % (2018)

Kontakt

LEONHARD WEISS GmbH & Co. KG
Leonhard-Weiss-Str. 22, 73037 Göppingen
Fon: 07161 602-0
bau-de@leonhard-weiss.com,
www.leonhard-weiss.com

Chronologie

1900 Unternehmensgründung durch Leonhard Weiß

1938 Nach dem Tod des Gründers übernehmen seine Witwe, Ottilie Weiß, ihr Sohn Walter Weiss und ihr Schwiegersohn Werner Schmidt sen. die Unternehmensleitung.

1962 Mit Werner Schmidt-Weiss und Fritz-Joachim Schmidt, den Söhnen von Werner Schmidt sen., tritt die 3. Generation in das Unternehmen ein.

1968 Nach dem Tod von Werner Schmidt sen. übernimmt sein Sohn Werner Schmidt-Weiss die Führung des Standorts Crailsheim und baut diesen aus.

1981 In Göppingen übergibt Walter Weiss die Leitung des Standorts Göppingen an seinen Sohn Ulrich Weiss.

1990 Nach der Wiedervereinigung werden Niederlassungen in Berlin, Thüringen und Sachsen gegründet.

1998 Die eigenständigen Standorte in Göppingen und Crailsheim verschmelzen zu einer Unternehmensgruppe.

ab 1999 Gründung zahlreicher europäischer Niederlassungen und Tochterunternehmen

2014 Mit Ralf Schmidt, Stefan Schmidt-Weiss und Alexander Weiss tritt die 4. Generation in die Geschäftsführung des Familienunternehmens ein.

Leopold Kostal

Lüdenscheid, Nordrhein-Westfalen

Gegründet: 1912
Die Entwicklung und Herstellung komplexer elektronischer und elektromechanischer bzw. mechatronischer Produkte ist das Kerngeschäft der Leopold Kostal GmbH & Co. KG. Zusammen mit den Tochterunternehmen bildet sie die KOSTAL Gruppe, die sich in die fünf Geschäftsbereiche Automobil-Elektrik, Industrie-Elektrik, Kontakt-Systeme, Solar-Elektrik und Prüftechnik gliedert. Zu den Kunden zählen die Automobilhersteller und deren Zulieferanten. Die Gruppe beschäftigt rd. 20.000 Mitarbeitende an 46 Standorten weltweit (2018). Ihre Wurzeln liegen im Jahr 1912, als Leopold Kostal sich als Produzent von Installationsmaterialien in Lüdenscheid selbstständig machte. Ab 1935 war auch sein Sohn Kurt Kostal im Unternehmen tätig. Er forcierte die Ausrichtung der Firma als Zulieferer für die Automobilindustrie. 1972 trat mit Helmut Kostal die 3. Generation ins Unternehmen ein und leitete es von 1981 bis 2014. Seitdem hat wiederum sein Sohn Andreas Kostal die Führung inne.

Kontakt
Leopold Kostal GmbH & Co. KG
An der Bellmerei 10, 58513 Lüdenscheid
www.kostal.com

Leupoldt

Weißenstadt, Bayern

L

Gegründet: 1905
Die PEMA Vollkorn-Spezialitäten KG hat sich auf die Produktion von naturreinen Roggen-Vollkornbroten mit langer Frischhaltung spezialisiert. Unter der Marke PEMA distribuiert sie diese in vielen verschiedenen Sorten weltweit. Neben klassischen Vollkornbroten wie dem Pumpernickel umfasst das Sortiment auch Bio- und Diät-Brote sowie eine glutenfreie Produktlinie.

Unter der Marke LEUPOLDT backt das Unternehmen Lebkuchen und Soßenkuchen, eine fränkische Spezialität für die kreative Küche. Im Jahr 2019 beschäftigte das Unternehmen am Stammsitz Weißenstadt rd. 180 Mitarbeitende. Mehr als ein Viertel der Erzeugnisse ist für den Export in über 80 Länder weltweit bestimmt. In Deutschland werden Vollkornbrote der Marke PEMA bundesweit über den Lebensmittelhandel vertrieben. Alle Anteile der inhabergeführten Heinrich Leupoldt KG befinden sich in 3. und 4. Generation in den Händen der Familie Leupoldt. Der Komplementär Franz H. Leupoldt leitet gemeinsam mit seiner Ehefrau Dr. Laura Krainz-Leupoldt, geschäftsführende Gesell-

„Unternehmenskultur ist im globalen Wettbewerb die unabdingbare Voraussetzung für wirtschaftliches Überleben und ökonomisches Wachstum."

Franz H. Leupoldt und Dr. Laura Krainz-Leupoldt

Roggen-Vollkornbrote mit langer Frischhaltung sind die Spezialität von LEUPOLDT.

L

schafterin, Dr. jur. Karel Kovarik und Jürgen Ruckdeschel das Unternehmen.

Adam Leupoldt legte im Jahr 1905 mit der Gründung einer Konditorei und Lebküchnerei in Weißenstadt das Fundament des Familienunternehmens. In 2. Generation übernahm sein Sohn Heinrich ab 1934 den Betrieb. Unter seiner Leitung begann die industrielle Produktion von Oblaten-Lebkuchen und Soßenkuchen sowie ab 1950 die Entwicklung der Marke PEMA. Deren Name steht für das tibetanische Wort für Lotusblüte. Seit seinem Eintritt in den Familienbetrieb im Jahr 1960 realisierte Franz H. Leupoldt in 3. Generation eigene Maschinen- und Ofenentwicklungen. Heute wird das Unternehmen in 4. Generation geführt. Ein über die Firmengeschichte kontinuierlich verfolgter Innovationsschwerpunkt lag in der Eigenentwicklung der technischen Automation.

Franz H. Leupoldt leitet das Unternehmen gemeinsam mit seiner Ehefrau Dr. Laura Krainz-Leupoldt.

Chronologie

1905 Adam Leupoldt gründet in Weißenstadt eine Konditorei und Lebküchnerei.

1934 Sein Sohn Heinrich Leupoldt übernimmt das Unternehmen und beginnt mit der Produktion von Oblaten-Lebkuchen und Soßenkuchen.

1950 Vollkornbrot und Pumpernickel werden erstmals unter der Marke PEMA produziert.

1996 Gründung der Laura und Franz Leupoldt Stiftung

2003 PEMA bekommt einen neuen Markenauftritt.

2007 Entstehung des Kleinen Museums

2010 Entstehung des 1. PEMA Concept Stores

2012 Inbetriebnahme der neuen Lebkuchen-Produktion

2014 Umfassende Erneuerung des Backbetriebs für Vollkornbrote

2016 Entstehung des „WEISSEN KUBUS" Zentrum für Bildung und Kommunikation und Eröffnung des 2. PEMA Concept Stores

2019 Erweiterung der Geschäftsführung um vier Personen

Daten und Fakten

Inhaberfamilie: Familie Leupoldt in 3. und 4. Generation
Gründer: Adam Leupoldt, 1905, Weißenstadt
Produkte: Vollkornbrote, Lebkuchen, Soßenkuchen
Vertrieb: bundesweit über den Lebensmittelhandel, Export durch Importeure und Großverteiler in über 80 Länder
Mitarbeitende: 180 (2019)
Innovationen: Verpackungs- und Pasteurisierverfahren für die Frischhaltung von Vollkornbroten ohne Konservierungsstoffe; glutenfreie Vollkornbrote
Familieneinfluss: inhabergeführt durch Franz H. Leupoldt und Dr. Laura Krainz-Leupoldt
Unternehmensanteile der Familie: 100 %; Franz H. Leupoldt, Dr. Laura Krainz-Leupoldt und Christian Leupoldt
Auszeichnungen: „Mittelstandslöwe", regionale Sparkassen und Frankenpost (2008); „Preis der Besten in Gold", DLG (32 Mal, zuletzt 2019); „Blühender Betrieb" (2019); Bayerischer Verdienstorden für Dr. Laura Krainz-Leupoldt und Franz H. Leupoldt (2019)

Kontakt

PEMA Vollkorn-Spezialitäten KG
Goethestr. 23, 95163 Weißenstadt
Fon: 09253 89-0, Fax: 09253 89-40
pema@pema.de, www.pema.de

Liebisch

Bielefeld, Nordrhein-Westfalen

Gegründet: 1963

Die Gebr. Liebisch GmbH & Co. KG mit Hauptsitz in Bielefeld ist ein auf Labortechnik spezialisierter Anbieter. Zu den Hauptprodukten zählen zum einen Korrosionsprüfgeräte, zum anderen Metallblockthermostate. Der Bereich Laborfachhandel rundet das Angebot als drittes Geschäftsfeld ab. Die von Liebisch entwickelten und produzierten Korrosionsprüfgeräte können atmosphärische Einflüsse und Umwelteinwirkungen auf Werkstoffe und Produkte im Zeitraffer simulieren. Zu den herstellbaren Zuständen zählen Salznebel, Kondenswasser, Schadgas, Belüftung und Trocknung sowie Feucht-, Kühlungs- und Frostklimate bis -20 °C. Die Geräte sind als Tisch-, Schrank- oder Truhenkonstruktionen mit Volumina von 300 bis 3.000 l erhältlich.

Die Gehäuse bestehen vollständig aus glasfaserverstärktem Kunststoff (GFK) und sind damit hoch robust und chemie- und temperaturbeständig. Die Metallblockthermostate von Liebisch werden in rd. 150 verschiedenen Standardmodellen und Varianten angeboten, mit denen Laborproben flüssigkeitslos temperiert, gekühlt oder begast werden können. Zum Einsatz kommen die Produkte von Liebisch bei namhaften Großkonzernen ebenso wie bei lokalen Mittelständlern über alle Branchen hinweg, vom Automobilkonzern über Pharmaunternehmen und die elektronische Industrie bis hin zur Kriminalistik.

Seine Wurzeln hat das Unternehmen im Jahr 1963, als Hans-Dieter Liebisch und sein Bruder Siegfried Liebisch in Brackwede einen Fachhandel für den Laborbereich gründeten. Der Kapazitätsbedarf wuchs und eine neue Produktionsstätte wurde 1973 in Bielefeld-Quelle in Betrieb genommen. Im Jahr 1993 verstarb Siegfried Liebisch, sein Bruder erwarb die Gesellschaftsanteile von den Erben. Im Jahr 1996 vernichtete ein Brand die Anlage vollständig, unter schwersten Bedingungen gelang der Wiederaufbau, tatkräftig unterstützt von Hans-Dieter Liebischs Tochter Kornelia. Auf Bitten ihrer Eltern erklärte sich Kornelia Liebisch daraufhin bereit, die Nachfolge im Familienbetrieb zu übernehmen. Im Jahr 2006 wurde dann das Leistungsspektrum um ein eigenes Werk für die GFK- und Kunststoffverarbeitung in Bielefeld-

L

„Qualität ist, wenn der Kunde zurückkommt und nicht das Produkt."

Qualitätsgrundsatz bei Liebisch

Firmengründer Hans-Dieter Liebisch (1929–2017); Tochter und heutige Inhaberin Kornelia Liebisch; Firmensitz in Bielefeld

Laborbedarf, Korrosionsprüfgeräte und Metallblockthermostate sind die drei Geschäftsbereiche der Gebr. Liebisch GmbH & Co. KG.

L

Windelsbleiche ergänzt, welches 2013 in eine neue Produktionsstätte in Steinhagen/Westfalen umgezogen ist. So kann Liebisch für seine Kunden in Industrie, Medizin und Forschung konstant höchste Qualitätsstandards aus eigener Produktion bieten. Die Produkte werden über ein weltweites Netz von exklusiven Partnern vertrieben, der Exportanteil liegt bei rd. 58 %. Inhaberin Kornelia Liebisch führt das Unternehmen in 2. Generation ganz im Sinne ihres Firmenmottos „Im Zeichen der Zukunft".

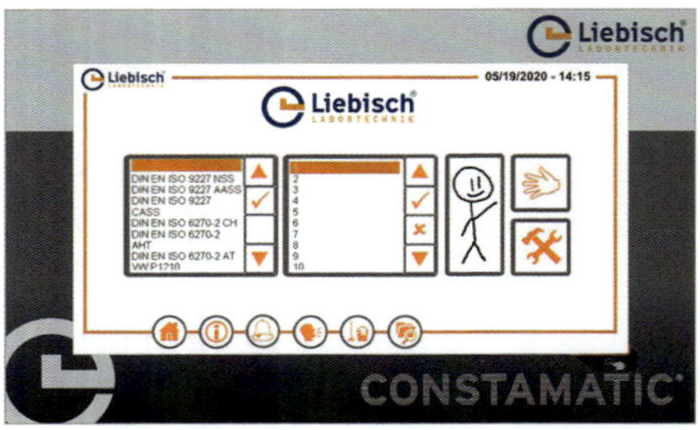

Korrosionsprüfgeräte von Liebisch können atmosphärische Einflüsse und Umwelteinwirkungen auf Werkstoffe und Produkte im Zeitraffer simulieren.

Schon gewusst?

Liebisch leistet Detektivarbeit in Sachen Korrosion: Kunden des Uhrenherstellers Rolex aus dem arabischen Raum hatten sich beschwert, dass ihre Uhren rosteten. Eine Delegation von Rolex und den entsprechenden Kunden suchte Liebisch in Bielefeld auf, um das Problem zu analysieren. Die Liebisch-Chemiker identifizierten als Auslöser den Handschweiß der Träger, der eine andere Zusammensetzung hatte als der von Mitteleuropäern. Daraufhin entwickelte Liebisch eine Flüssigkeit, die diesem Schweiß entsprach und damit ein ausführliches Testen der Produkte in Liebisch-Korrosionsprüfgeräten ermöglichte. So konnte der Kunde Rolex das Material seiner Uhren präzise an die örtlichen Bedingungen anpassen.

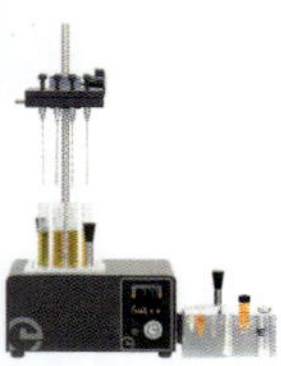

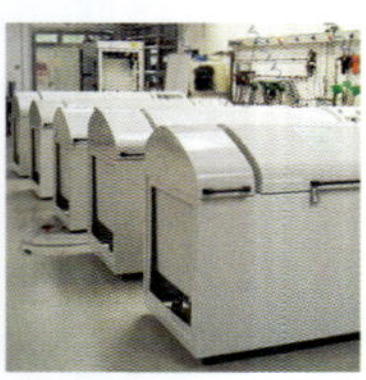

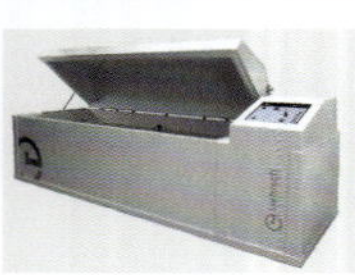

Metallblockthermostat (oben) und Korrosionsprüfgeräte (Mitte und unten) von Liebisch Labortechnik

Chronologie

1963 Gründung des Unternehmens als Fachhandel für den Laborbereich in Brackwede von den Brüdern Hans-Dieter und Siegfried Liebisch

1973 Inbetriebnahme der neuen Produktionsstätte in Bielefeld

1997 Nachdem ein Großbrand die Anlage 1996 bis auf die Grundmauern zerstört hatte, erfolgt der Wiederaufbau und Einzug in die neuen Räumlichkeiten am selben Standort.

1998 Kornelia Liebisch tritt in 2. Generation in das Unternehmen ein.

2006 Das Werk Bielefeld wird um eine eigene GFK- und Kunststoffverarbeitung erweitert.

2013 Umzug und Inbetriebnahme einer neuen Produktionstätte für GFK- und Kunststoffverarbeitung in Steinhagen/ Westfalen

Daten und Fakten

Inhaberfamilie: Familie Liebisch in 2. Generation
Gründer: Hans-Dieter und Siegfried Liebisch, 1963, Brackwede
Branche: Labortechnik
Produkte: Korrosionsprüfgeräte, Metallblockthermostate, Fachhandel für Laborbedarf und -einrichtungen
Standorte: Bielefeld, Steinhagen/Westfalen
Vertrieb: weltweit über exklusive Vertretungen
Marktposition: Hidden Champion
Familieneinfluss: inhabergeführt
Unternehmensanteile der Familie: 100 % in Familienbesitz von Kornelia Liebisch
Exportquote: rd. 58 %

Kontakt
Gebr. Liebisch GmbH & Co. KG
Eisenstr. 34, 33649 Bielefeld
Fon: 0521 94647-0
sales@liebisch.com, www.liebisch.com

Presse
Fon: 0521 94647-0
marketing@liebisch.com

Lifta

Köln, Nordrhein-Westfalen

Lifta
Der Treppenlift

Gegründet: 1977

Lifta hat für nahezu jede Wohnsituation die passende Treppenlift-Lösung im Programm. Neben Sitzliften für gerade und kurvige Treppen oder Treppenlifte für besonders enge und steile Treppen bietet Lifta auch Produkte für Außentreppen und Hublifte für Rollstuhlfahrer.

Vor über 50 Jahre wurde der Grundstein für die Marke Lifta gelegt – am Küchentisch der Familie Seick, im heimischen Köln. Wolfgang Seick, Inhaber des 1883 gegründeten Familienbetriebes Hopmann-Maschinenfabrik und damit Produzent für Aufzüge, entwickelte einen Treppenlift für seine Schwiegermutter. Das selbstgefertigte Einzelstück wurde für sie und die Familie zur täglichen Unterstützung und damit zur Basis für die Erfolgsgeschichte der Marke Lifta. Diese wurde 1977 aus der Taufe gehoben und liegt noch heute vollständig in den Händen der Brüder Stefan, Thomas und Harald Seick, den Söhnen des Firmengründers.

Aus sieben Treppenliften, die am Anfang der Firmengeschichte Hilfe in deutschen Haushalten leisteten, wurden es bis heute über 130.000 Liftas, die Menschen dabei unterstützen, im Alltag mobil zu bleiben. Lifta ist in seiner langjährigen Geschichte damit zum Marktführer in Deutschland avanciert und steht für beste Qualität, höchste Sicherheit und größtmöglichen Komfort. Mit Lifta genießen Menschen ganz selbstständig ihr gewohntes Leben in vertrauter Umgebung.

Neben der Planung und Montage von Premiumliften setzt Lifta v. a. auf individuelle Beratung, hochwertigen Service und daraus resultierende Kundenzufriedenheit. Letztere wurde 2019 vom TÜV-SÜD zertifiziert. Experten für Lifta Treppenlifte sind in jeder Region Deutschlands ansässig, sodass einer von 200 Fachberatern und Servicetechnikern in kürzester Zeit vor Ort sein kann, um den Wünschen der Kundinnen und Kunden gerecht zu werden.

Daten und Fakten

Inhaberfamilie: Familie Seick in 2. Generation
Gründer: Wolfgang Seick, 1977, Köln
Branche: Beratung, Direktvertrieb, Planung und Montage von Treppenliften
Vertrieb: bundesweit flächendeckender Service
Mitarbeitende: über 650
Marktposition: Marktführerschaft in Deutschland
Familieneinfluss: alle Familienmitglieder sind Gesellschafter, Harald Seick ist Geschäftsführer
Unternehmensanteile der Familie: 100 %

Lifta Treppenlifte sollen sich als Einrichtungsgegenstände dem Wohnraum perfekt anpassen.

L

„Ein Lifta sorgt für Mobilität und damit für mehr Lebensqualität."

Harald Seick

Harald Seick ist der Geschäftsführer von Lifta (oben).
Der Firmensitz befindet sich in Köln (unten).

L

Chronologie

1883 Der Aufzugbauer Leonhard Hopmann gründet eine Maschinenfabrik in Bickendorf bei Köln.

1977 Lifta Lift und Antrieb GmbH entsteht als Schwesterunternehmen, um die Idee der Treppenlifte gezielt zu verwirklichen.

1983 Lifta macht mit Anzeigen in TV-Zeitschriften auf sich aufmerksam.

2002 Beginn der kontinuierlichen Zertifizierung durch TÜV-SÜD zur Sicherung der Servicequalität und Kundenzufriedenheit

2006 Erstmals können Lifta Treppenlifte auch gemietet werden.

2011 Vorstellung des Lifta Esprit, eines Treppenlifts auch für Wendeltreppen, und Auszeichnung mit dem Red Dot Design Award

2013 Lifta erreicht die Marke der 100.000 verkauften Treppenlifte.

2019 Lifta wird erneut in das Buch „Deutsche Standards – Marken des Jahrhunderts" aufgenommen.

2020 Auszeichnung als „Arbeitgeber des Mittelstands 2020"

Kontakt
Lifta GmbH
Horbeller Str. 33, 50858 Köln
Fon: 0800 2033-155
lifta@lifta.de, www.lifta.de

LINDE + WIEMANN

Dillenburg, Hessen

Gegründet: 1939
LINDE + WIEMANN ist ein eigentümergeführtes mittelständisches Unternehmen, ein Partner der internationalen Automobilindustrie. Es beliefert Fahrzeughersteller sowie Zulieferer mit strukturrelevanten Bauteilen und -gruppen. Mit 17 Produktionsstätten verfügt LINDE + WIEMANN über eine globale Reichweite und erzielt einen Umsatz von rd. 600 Mio. Euro. Die Zahl der Mitarbeitenden liegt bei ca. 2.500. Vorstandsvorsitzender ist Ulrich Schoof. Im Fokus liegt die Entwicklung neuer Produkte, die durch die Gestaltung und Umformung von Metall entstehen, z. B. Stoßfängerträger und Türsysteme. Sie sollen zur Erhöhung der Fahrzeugsicherheit bei gleichzeitiger Reduzierung des Fahrzeuggewichts beitragen. Dabei verfolgt LINDE + WIEMANN Umwelt- und Energieziele.

Kontakt
LINDE + WIEMANN SE & Co. KG
Industriestr. 4–12, 35683 Dillenburg
www.linde-wiemann.com

LINDIG Fördertechnik

Krauthausen, Thüringen

Gegründet: 1899
Die LINDIG Fördertechnik GmbH ist ein Dienstleister rund um Gabelstapler, Lagertechnik und Arbeitsbühnen mit einem dichten Servicenetz. Der langjährige Vertragshändler von Linde Material Handling und Vertragspartner im SystemLift Verbund bietet eine große Mietflotte, Neu- und Gebrauchtgeräte, ein breites Schulungsangebot, Zubehörteile, Prüfungen und vieles mehr.

LINDIG ist mit 350 Mitarbeitenden an sechs Standorten in vier Bundesländern vertreten: neben dem Hauptsitz in Eisenach in

Erfurt, Göttingen, Kassel, Suhl und Wernigerode. Das Familienunternehmen wurde 1899 von Albert Lindig als Hufschmiede mit Wagenbaubetrieb in der Eisenacher Innenstadt gegründet. 1971 übernahm sein Enkel Manfred Lindig den Autoreparaturbetrieb und startete mit dem Familienunternehmen 1989 in die neue Branche.

Kontakt
LINDIG Fördertechnik GmbH
Albert-Lindig-Str. 1, 99819 Krauthausen
www.lindig.com

Lindner

Arnstorf, Bayern

Gegründet: 1965
Die Lindner Group aus Arnstorf steht seit über 55 Jahren für komplexe Innenausbauten, Gebäudehüllen und Isoliertechnik – für „Bauen mit neuen Lösungen". Täglich verwirklichen gut 7.500 Mitarbeitende passgenaue, funktionale und optisch ansprechende Produktlösungen bei ca. 2.500 Projekten weltweit. Dabei legt Lindner besonderen Wert auf „Führungskräfte aus den eigenen Reihen". Auch die eigene Forschung und Entwicklung nimmt einen hohen Stellenwert ein.

„Panta rhei" ist ein Grundsatz der Unternehmerfamilie. So gehören heute zur Lindner Group auch die mk | hotels und mehrere Brauereien, die nachhaltige Landwirtschaft Land.Luft, die das Tierwohl konsequent in den Mittelpunkt stellt, sowie eine soziale Stiftung mit dem Ziel „Hilfe zur Selbsthilfe".

Kontakt
Lindner Group SE
Bahnhofstr. 29, 94424 Arnstorf
www.lindner-group.com

LOEWE Logistics & Care

Herford, Nordrhein-Westfalen

Gegründet: 1996
Die LOEWE Logistics & Care GmbH ist ein renommiertes Unternehmen der Distributions- und Speziallogistik für Kunden in Deutschland und aus der ganzen Welt. Das Unternehmen mit den Geschäftsbereichen Versandhandel, Formulare und Werbemittel, Speziallogistik und Dienstleistungen sowie Mustermanagement bietet zahlreichen Branchen ein breit gefächertes, kundenorientiertes Leistungsspektrum. Dazu zählen z. B. Distribution, Beschaffungs- und Lagermanagement, Kunden- und Retourenmanagement, Debitorenmanagement sowie IT- und E-Shop-Lösungen. LOEWE Logistics & Care verfügt an zwei Standorten über nahezu 30.000 m² Lagerfläche und ca. 34.500 Palettenplätze. Das inhabergeführte Unternehmen wurde 1996 im verkehrsgünstig gelegenen Herford gegründet und beschäftigt rd. 180 Mitarbeitende.

Kontakt
LOEWE Logistics & Care GmbH
Röntgenstr. 17, 32052 Herford
www.loewe-logistics.de

L

Friedr. Lohmann

Witten, Nordrhein-Westfalen

„Denken in Generationen"

Firmenmotto

Die Friedr. Lohmann GmbH ist weltweit führend in der Herstellung von Werkzeugstählen und Edelstählen. Das Familienunternehmen wird heute in der 7. Generation geführt.

Gegründet: 1790

Die Friedr. Lohmann GmbH Werk für Spezial- & Edelstähle mit Sitz in Witten ist Hersteller von Schnellarbeits-, Werkzeug- und Spezialstählen sowie hochverschleißfesten und hitzebeständigen Gussteilen. Das Unternehmen produziert seine Erzeugnisse mit einem hohen Qualitätsstandard unter umweltschonenden Bedingungen bei stetiger Optimierung. Die Friedr. Lohmann GmbH mit zwei Werken in Witten beschäftigt 370 Mitarbeitende, der Anteil der Auszubildenden beträgt ca. 5 %. Zuletzt erwirtschaftete das Unternehmen einen Umsatz von 80 Mio. Euro. Mit einem Exportanteil von 50 % festigt das Unternehmen weltweit seine Präsenz.

Seit 1996 wird das Umweltmanagementsystem nach dem international gültigen Standard ISO 14001 zertifiziert. Eine betriebseigene Wasserkraft- und Fotovoltaikanlage erzeugt Ökostrom, ein großer Teil der Abwärme wird im Bereich der Öfen des Stahl- und des Walzwerkes zurückgewonnen und dann für Heizzwecke verwendet. Das Niederschlagswasser wird über entsprechende Einrichtungen wieder dem natürlichen Kreislauf zugeführt. Die Edelstahlgießerei in Witten-Annen produziert ab 2020 CO_2-neutral und ist damit die erste in Deutschland und wohl auch weltweit.

Johann Friedrich Lohmann gründete 1790 eine Stahlfabrik in Witten. Zusammen mit seinem ältesten Sohn gelang es ihm um 1812 erstmals, in Deutschland einen Tiegelgussstahl herzustellen, der von vorzüglicher Güte war. 1910 wurde die Produktion um hochlegierte Werkzeug- und 1925 um Schnellarbeitsstähle erweitert. 1954 kam der Edelstahl-Formguss hinzu. Die nach ihrem Gründer benannte Friedr. Lohmann GmbH befindet sich nach wie vor zu 100 % in Familienbesitz. Die fünf Gesellschafter des Unternehmens waren oder sind als Geschäftsführer der Werke tätig. Das Unternehmen wird heute in 7. Generation von Gunnar Lohmann-Hütte, Katja Lohmann-Hütte und Friedrich Lohmann-Voß geführt.

Daten und Fakten

Inhaberfamilie: Familien Lohmann-Hütte und Lohmann-Voß

Gründer: Johann Friedrich Lohmann, Witten 1790

Branche: Stahlerzeugung, Metallverarbeitung

Produkte: Schnellarbeits-, Werkzeug- und Spezialstähle sowie hochverschleißfester und hitzebeständiger Guss

Standorte: Witten-Herbede und Witten-Annen

Mitarbeitende: 370

Unternehmensanteile der Familie: 100 %

Exportquote: 50 %

„Stahlwerk im Grünen": der Hauptsitz in Witten-Herbede

Chronologie

1790 Gründung einer „Stahlfarbrik" durch Johann Friedrich Lohmann in Witten

1812 Entwicklung und Erzeugung des ersten deutschen Tiegelgussstahls

1859/60 Produktionsbeginn in Witten-Herbede mit Gründung eines Walz- und Hammerwerkes unter Nutzung der Wasserkraft

1973 Errichtung der Edelstahlgießerei im Werk Annen

2009 Inbetriebnahme eines neuen Stahlwerks in Herbede mit erweiterter Sekundärmetallurgie

2016–2020 Inbetriebnahme einer innovativen Formanlage und vollautomatischen Sandaufbereitungsanlage im Werk Annen

Kontakt
Friedr. Lohmann GmbH
Werk für Spezial- & Edelstähle
Ruhrtal 2, 58456 Witten
Fon: 02302 7014-0, Fax: 02302 7014-189
info@lohmann-stahl.de, www.lohmann-stahl.de

Lohmann

Neuwied, Rheinland-Pfalz

Gegründet: 1851
Die Lohmann GmbH & Co. KG mit Sitz in Neuwied bietet weltweit innovative Klebelösungen. Zum Produktportfolio gehören u. a. technische Klebebänder für eine Vielzahl von Branchen, von der Konsumgüterindustrie bis zur Automobilherstellung, vom Bausektor bis zu den Bereichen Hygiene und Medizin. Insgesamt verfügt Lohmann über 29 Niederlassungen auf der ganzen Welt, Vertriebspartner in 50 Ländern und Fertigungsstätten in Europa, Amerika und Asien. Im Jahr 2019 waren weltweit 1.800 Mitarbeitende für das Unternehmen tätig. Seine Wurzeln hat Lohmann im Jahr 1851, als F.J.C. Lüscher in Frankfurt ein Großhandelsunternehmen gründete, dessen Leitung 1870 von August Lohmann übernommen wurde.

Kontakt
Lohmann GmbH & Co. KG
Irlicher Str. 55, 56567 Neuwied
www.lohmann-tapes.com

LÖHR & BECKER

Koblenz, Rheinland-Pfalz

Gegründet: 1892
Die LÖHR & BECKER Aktiengesellschaft ist nach eigenen Angaben eine der zehn größten Automobil-Handelsgruppen von Deutschland und vertreibt Fahrzeuge der Marken Volkswagen, Volkswagen Nutzfahrzeuge, Audi, Porsche, Škoda und Seat. Dazu unterhält sie 33 Autohäuser an 13 Standorten in Rheinland-Pfalz, Nordrhein-Westfalen und Hessen und beschäftigt mehr als 1.500 Mitarbeitende. Die Geschichte des Unternehmens begann 1892, als Carl Löhr und Otto Becker in Koblenz ein Fahrradgeschäft eröffneten. Ab dem Jahr 1900 vertrieben sie die ersten Kraftwagen der Frankfurter Adlerwerke. Nach dem Zweiten Weltkrieg erhielt LÖHR & BECKER dann einen der ersten Volkswagen-Großhandelsverträge. Heute führen Hans-Jürgen Persy, Uwe Finkler und Rainer Blessgen die Geschäfte.

Kontakt
LÖHR & BECKER Aktiengesellschaft
Carl-Löhr-Str. 2, 56070 Koblenz
www.loehrgruppe.de

L

Lotter

Ludwigsburg, Baden-Württemberg

Gegründet: 1840
Neben Betonstahl, Walzstahl und Bauelementen besteht das Sortiment von Lotter aus weiteren baunahen Segmenten wie Flüssiggas, Heizung, Bodenbeläge, Küchen und Sanitär. Außerdem verfügt Lotter über Anarbeitungsspezialisten, die Produkte anfertigen, die über den „Stahl von der Stange" hinausgehen. Auf 2.000 m² präsentiert das Unternehmen eine Ausstellung für Bäder, Küchen, Bodenbeläge und Kaminöfen. Profihandwerker werden in einem Fachmarkt bedient. Auf einer Lagerfläche von 45.000 m² liegen mehrere hunderttausend Artikel bereit, die mit dem hauseigenen Fuhrpark mit über 80 Lkw ausgeliefert werden. An 50 Standorten in Deutschland realisiert Lotter mit sieben Tochtergesellschaften und rd. 1.800 Mitarbeitenden ca. 500 Mio. Euro Umsatz.

Kontakt
Gebr. Lotter KG
Waldäcker 15, 71636 Ludwigsburg
www.lotter.de

Lucian Thum

Düsseldorf, Nordrhein-Westfalen

Gegründet: 1932
Die Lucian Thum GmbH und Co. KG ist ein familiengeführtes Malergeschäft mit Schwerpunkt auf Objektausbau. Das Angebot umfasst u. a. Marmorputz, Fassadensanierungen, Wärmedämmung und Bodenbeläge wie den individuell gestaltbaren PanDomo „Edelestrich". Darüber hinaus bietet das Unternehmen im Geschäftsbereich Objektausbau umfangreiche Dienstleistungen von Abbruch und Trockenbau bis zu Maler- und Bodenlegearbeiten auch als Generalunternehmer an. Die Leitung des Unternehmens obliegt dem gelernten Maler- und Lackierermeister Jens Rathmer in 3. Familiengeneration. Lucian Thum gründete die Firma 1932. Der erste Großauftrag bestand darin, die Leinwände in den UFA-Filmpalästen zu streichen. In 2. Generation übernahm 1968 der eingeheiratete Hubert Rathmer die Leitung des Betriebs und leitete den Wandel zu einem Malergeschäft mit diversen Dienstleistungen im Objektausbau ein. Sein Sohn Jens Rathmer führt seit 1997 diese Entwicklung konsequent fort.

Kontakt
Lucian Thum GmbH und Co. KG
Hansaallee 268, 40547 Düsseldorf
www.lucian-thum.de

Ludwig Leuchten

Mering, Bayern

Gegründet: 1949
Seit über 70 Jahren widmet sich die Ludwig Leuchten GmbH & Co. KG aus Bayern der Entwicklung, Fertigung und dem Vertrieb von technischer Beleuchtung. Nicht nur lichttechnische Sonderlösungen werden in großem Stil realisiert, sondern auch ein umfangreiches Innenbeleuchtungsprogramm angeboten. Die Produkte werden nach dem neuesten Stand licht-, elektro- und sicherheitstechnischer Erkenntnisse gefertigt. 1993 eröffnete der Leuchtenhersteller in Bergen bei Hoyerswerda in Sachsen seinen zweiten Standort. Innerhalb von fünf Jahren wurde das Werk zweimal erweitert. Heute arbeiten 95 der insgesamt 123 Mitarbeitenden am Standort Bergen mit 36.000 m² Produktionsfläche. Das Familienunternehmen ist der einzige Leuchtenhersteller, der ausschließlich in Deutschland fertigt.

Kontakt
Ludwig Leuchten GmbH & Co. KG
Frühlingstr. 15, 86415 Mering
www.ludwig-leuchten.de

Ludwig Meister

Dachau, Bayern

Gegründet: 1939
Ludwig Meister ist ein technischer Händler für Wälzlager und andere antriebstechnische Produkte, für Fluidtechnik sowie Werkzeuge. Das Unternehmen berät Kunden bei der Entwicklung neuer Anlagen und unterstützt bei der Inbetriebnahme, Wartung und Reparatur. Dienstleistungen zur Prozessoptimierung in der Beschaffung, Logistik und Lagerhaltung runden das Portfolio ab.

Die Ludwig Meister GmbH & Co. KG ist zu 100 % in Händen der Familie Meister. Die Geschwister Elisabeth und Max Meister leiten das Unternehmen in 3. Generation.

Ludwig Meister gründete das Unternehmen 1939 als Händler von Wälzlagern und Kraftfahrzeugteilen. Nach seinem frühen Tod im Jahr 1969 übernahm sein Sohn Peter L. Meister mit 24 Jahren die Geschäftsführung. Er konzentrierte das Geschäft auf den Bedarf der Industrie. 2003 trat die 3. Familiengeneration in das Unternehmen ein.

Kontakt
Ludwig Meister GmbH & Co. KG
Otto-Hahn-Str. 11, 85221 Dachau
www.ludwigmeister.de

Ludwig Weinrich

Herford, Nordrhein-Westfalen

Gegründet: 1895
1895 als Keksfabrik gegründet, produziert und vertreibt die Ludwig Weinrich GmbH & Co. KG seit 1960 Spezialitäten mit dem Fokus auf die Produktion von Private-Label-Schokoladentafeln. Das in 4. Generation inhabergeführte Familienunternehmen agiert weltweit. Nach eigenen Angaben war es international der Pionier bei der Herstellung von fair gehandelter Schokolade, Bio- und vegane Schokoladen ergänzten das Sortiment. 1999 wurde die Tochtergesellschaft EcoFinia GmbH gegründet, die u. a. Bioschokoladenmarken wie VIVANI und iChoc in über 60 Länder vertreibt. Das Thema Nachhaltigkeit bestimmt eine Vielzahl der Unternehmensentscheidungen. So setzt Weinrich beispielsweise seit 2014 ausschließlich zertifizierten Kakao in der Produktion ein.

Kontakt
Ludwig Weinrich GmbH & Co. KG
Diebrocker Str. 17, 32051 Herford
www.weinrich-schokolade.de

LUKAD

Werdohl, Nordrhein-Westfalen

Gegründet: 1953
Die inhabergeführte LUKAD widmet sich seit fast 70 Jahren dem internationalen Personalmanagement und der IT. Der Unternehmer Arnold Menshen gründete das Unternehmen, für das heute rd. 2.700 Mitarbeitende an 61 Standorten in 23 Ländern tätig sind. Der Name LUKAD setzt sich aus den Vornamen der federführenden Familienmitglieder zusammen. Unter dem Dach der weltweit tätigen LUKAD Holding befindet sich auch der A. Menshen Schrott- und Metallgroßhandel, ein Spezialist für Rohstoffe, die G. Menshen Kunststoffverschluss-Herstellung sowie die Stauff Gruppe, welche Leitungskomponenten und Hydraulikzubehör für den Maschinen- und Anlagenbau und die industrielle Instandhaltung produziert. Geschäftsführer der Holding ist Lutz Menshen.

Kontakt
LUKAD Holding GmbH & Co. KG
Plettenberger Str. 12 b, 58791 Werdohl
www.lukad.com

L

Lünendonk & Hossenfelder

Mindelheim, Bayern

Gegründet: 1983

Die Lünendonk & Hossenfelder GmbH ist als Dienstleister in den Bereichen Marktforschung, Marktanalyse und Marktberatung tätig. Lünendonk® erarbeitet u. a. Studien, Prognosen, Ideen und Konzepte für Kunden aus den Bereichen Management- und IT-Beratung, Wirtschaftsprüfung, IT-Services, Technologie-Beratung, Facility Management und Zeitarbeit sowie anderen B2B-Dienstleistungsbereichen. Die Lünendonk-Listen und -Studien verstehen sich als Marktbarometer. Im Bereich Marktforschung für die B2B-Dienstleistungsbranche ist Lünendonk® nach eigenen Angaben Marktführer in Deutschland. 1983 gründete Thomas Lünendonk die Firma als Einzelunternehmen im bayerischen Bad Wörishofen. 2000 erfolgte dann die Umfirmierung in eine GmbH. Das Unternehmen wird gemeinsam von den beiden geschäftsführenden Gesellschaftern Jörg Hossenfelder und Jonas Lünendonk geleitet und firmiert seit 2017 unter Lünendonk & Hossenfelder GmbH.

Kontakt

Lünendonk & Hossenfelder GmbH
Maximilianstr. 40, 87719 Mindelheim
www.luenendonk.de

LÜNING-Gruppe

Rietberg, Nordrhein-Westfalen

Gegründet: 1853

Die LÜNING-Gruppe ist ein mittelständisches Familienunternehmen mit Sitz in Rietberg, Ostwestfalen, das in 6. Generation von Philipp Rieländer geführt wird. Es zählt zu den 30 größten im deutschen Lebensmittelhandel, bemessen nach dem Jahresumsatz. Das Kerngeschäft des 1853 gegründeten Unternehmens gliedert sich in die Geschäftsbereiche Großhandel, Einzelhandel, Ladenbau und Werbung. Selbstständig betrieben werden zwölf sb LÜNING Kaufhäuser, 18 Elli-Märkte und drei EDEKA center LÜNING. Im Bereich Großhandel werden ca. 1.100 Lebensmitteleinzelhändler, Tankstellen und Kioske beliefert. Seit 1989 ist die EDEKA-MIHA zu 49 % im Bereich Handel angeschlossen.

Kontakt

Max Lüning GmbH & Co. KG
Westerwieher Str. 33, 33397 Rietberg
www.luening.de

LUXHAUS

Georgensgmünd, Bayern

Gegründet: 1924

Die LUXHAUS Vertrieb GmbH & Co. KG ist ein mittelständischer Hersteller von Fertighäusern. Das Portfolio umfasst neben den individuell geplanten Häusern beratende Dienstleistungen rund um den Hausbau. Eine Gemeinsamkeit aller Fertighäuser liegt dabei in der Anwendung einer nachhaltig ökologischen Bauweise sowie aktueller Technologien, um effizienten Energieverbrauch zu gewährleisten. Als ein Erfolgsfaktor gilt die eigens dazu entwickelte Climatic-Wand-Technologie, die atmungsaktive und klimaregulierende Wände verspricht. Der Alleininhaber Alexander Lux leitet das Unternehmen seit 1992 in 3. Generation gemeinsam mit dem familienfremden Geschäftsführer Dirk Adam. Jakob Lux legte 1924 mit der Pacht eines Sägewerks in Greding den Grundstein des Unternehmens. Ab 1982 erfolgte der Aufbau eines bundesweiten Eigenvertriebs unter der dem Familiennamen entlehnten Marke LUXHAUS.

Kontakt

LUXHAUS Vertrieb GmbH & Co. KG
Pleinfelder Str. 64, 91166 Georgensgmünd
www.luxhaus.de

M

M

M.M.Warburg & CO

Hamburg

„Durch unsere Unabhängigkeit wägen wir die Chancen von Geschäftsmöglichkeiten neutral ab. Das ist für Kunden besonders wertvoll."

Joachim Olearius, Sprecher der Partner von M.M.Warburg & CO

M.M. WARBURG & CO BANK

Gegründet: 1798

M.M.Warburg & CO ist eine unabhängige Privatbank in Deutschland mit Sitz in Hamburg. Am Kapital der M.M.Warburg & CO KGaA sind ausschließlich wenige Privatpersonen beteiligt. Das familiengeführte und mittelständisch geprägte Institut fokussiert sich als unabhängige Privatbank auf exklusive Zielgruppen. Die Kerngeschäftsfelder von M.M.Warburg & CO sind Private Banking, Asset Management, Corporate Banking und Corporate Finance. Zu den wichtigsten Kunden zählen deutsche Familienunternehmen, die M.M.Warburg & CO als starker und zuverlässiger Partner unterstützt. Viele sind dem Bankhaus seit Generationen verbunden.

Der Firmenname M.M.Warburg & CO geht auf die Brüder Moses Marcus und Gerson Warburg zurück. Diese gründeten das Bankhaus 1798 in Altona. Seit 1867 befindet sich der Hauptsitz der Privatbank an der Ferdinandstraße 75 im Herzen Hamburgs. Mittlerweile ist M.M.Warburg & CO längst nicht mehr nur in der Hansestadt aktiv, sondern immer in der Nähe ihrer Kunden vor Ort.

Grundsteinlegung des Bankgebäudes an der Ferdinandstraße 1913 mit Inhaber und Mitarbeitern (oben); das Bankhaus an der Ferdinandstraße in Hamburg (unten).

Die aktuellen Partner (v. l.): Patrick Tessmann, Joachim Olearius (Sprecher), Dr. Peter Rentrop-Schmid.

Schon gewusst?

M.M.Warburg & CO hat streng genommen dänische Wurzeln. Als die Brüder ihre Bank im Jahr 1798 in Altona gründeten, gehörte der Ort zu Holstein. Das Herzogtum unterstand damals der dänischen Krone.

M.M.Warburg & CO legt den Fokus auf den deutschen Markt und baut das Geschäft in den Wirtschaftszentren weiter aus. Damit dient das Bankhaus der wirtschaftlichen Entwicklung vor Ort und gibt wichtige Impulse für künftigen Wohlstand und Prosperität. Die M.M.Warburg & CO Gruppe beschäftigt an Standorten in Deutschland und der Schweiz insgesamt 929 Mitarbeitende (Stand: 31. Dezember 2019). Mit Joachim Olearius leitet aktuell ein Mitglied der Gesellschafterfamilien Warburg und Olearius die Geschicke des Bankhauses.

Daten und Fakten

Inhaberfamilien: die Familien Olearius und Warburg
Gründer: Moses Marcus und Gerson Warburg, 1798, Hamburg-Altona
Branche: Finanzen
Produkte: Bank- und Finanzdienstleistungen
Mitarbeitende: 929 (2019)
Marktposition: unabhängige und mittelständisch geprägte Privatbank in Deutschland
Unternehmensanteile der Familie: mehr als 80 % in den Händen der Familien Warburg und Olearius
Kontrollgremien: Aufsichtsrat
Bilanzsumme: 6,3 Mrd. Euro (Warburg Gruppe); 4,49 Mrd. Euro (Warburg Bank)

Kontakt

M.M.Warburg & CO KGaA
Ferdinandstr. 75, 20095 Hamburg
Fon: 040 3282-0, Fax: 040 3618-1000
info@mmwarburg.com, www.mmwarburg.com

M

Maack & Company

Hamburg

Gegründet: 2011
Maack & Company bietet Steuerberatung, Rechtsberatung und Wirtschaftsprüfung aus einer Hand. 2011 gründete Thomas Maack die Steuerberatungsgesellschaft und positionierte sie als eine Kanzlei, die besonderen Mandanten einen besonderen Service bietet. 2013 folgte die Maack & Collegen Rechtsanwaltsgesellschaft und 2016 die Maack & Company Wirtschaftsprüfungsgesellschaft. Über 30 Mitarbeitende mit entsprechender Expertise sind u. a. in den Bereichen Umstrukturierung, Merger & Acquisitions, Nachfolgeplanung und internationales Steuerrecht tätig. Zu den Mandanten zählen mittelständische und börsennotierte Unternehmen, Familien- und Start-up-Unternehmen sowie weltweit tätige Konzerne aus zahlreichen Branchen ebenso wie öffentliche Unternehmen, Vereine und Institutionen, Privatpersonen und freiberuflich Tätige.

Kontakt
Maack & Company
Steuerberatungsgesellschaft mbH
Neuer Wall 80, 20354 Hamburg
www.maack-company.com

Mack & Schühle

Owen/Teck, Baden-Württemberg

Gegründet: 1939
Die Mack & Schühle AG handelt mit Weinen und Spirituosen und bietet Produktions- sowie Handelspartnern umfassende Services: von der Warenbeschaffung und dem Qualitätsmanagement über die Logistik bis zu Marketing- und Vertriebskonzepten. Das Unternehmen mit über 200 Mitarbeitenden ist kundenbezogen in drei Geschäftsbereiche gegliedert: internationale Top-Marken, z. B. für den Lebensmitteleinzelhandel und Kaufhäuser, Produkte zur kundenspezifischen Sortimentsgestaltung sowie Fine Wines und Spirituosen von über 200 Erzeugern weltweit für Gastronomie, Fach- und Fachgroßhandel. Das Sortiment umfasst mehr als 250 Wein- und Spirituosenmarken ausgesuchter Anbaugebiete rund um den Globus. Mack & Schühle ist seit seiner Gründung 1939 im Weinhandel aktiv und in 3. Generation ein Familienunternehmen.

Kontakt
Mack & Schühle AG
Neue Str. 45, 73277 Owen/Teck
www.mus.de

MÄDLER®

Stuttgart, Baden-Württemberg

„Wir sorgen für Antrieb."

Unternehmensmotto

MÄDLER® GEGRÜNDET 1882

Gegründet: 1882
Die MÄDLER GmbH gehört in Deutschland zu den führenden Unternehmen in der Antriebstechnik und ist in diesem Sektor als Handels- und Produktionsunternehmen aktiv. Von über 28.000 Artikeln wird ein Viertel in den eigenen Betrieben gefertigt. Produktionsstandorte befinden sich am Unternehmenssitz in Stuttgart sowie in Hamburg und im

Historische Aufnahme von MÄDLER®-Mitarbeitenden (oben) und der heutige Firmensitz in Stuttgart (unten)

MÄDLER® vertreibt über 28.000 Produkte der Antriebstechnik.

M

Chronologie

1882 Bruno Mädler gründet einen Handel mit Schrauben und Werkzeugen.

1905 Das erste eigene Firmengebäude wird bezogen.

1959 Die Stuttgarter Filiale eröffnet.

1968 Mit einer Beteiligung beginnt die eigene Produktion.

1970 MÄDLER® verlegt den Firmensitz von West-Berlin nach Stuttgart.

1978 Die MÄDLER® Norm-Antrieb AG in Feuerthalen/Schweiz nimmt ihre Tätigkeit auf.

2007 In Shenzhen (China) startet bei der Madler-Silvertech Power Transmission Components Ltd. der dritte Fertigungsbetrieb.

2014–2018 Bau einer weiteren Fertigungshalle sowie Inbetriebnahme eines vollautomatischen Lagersystems am Standort Stuttgart

chinesischen Shenzhen. Neben drei Niederlassungen in Deutschland ist das Unternehmen international mit eigenen Vertriebsteams in China, Korea, der Schweiz und Ungarn vertreten. In Europa besteht zudem ein flächendeckendes Netz von Werksvertretungen. MÄDLER® beliefert über 100.000 Kunden im Maschinenbau, z. B. in der Druck- und Verpackungsindustrie oder in der Automatisierungstechnik. Das Unternehmen beschäftigt über 130 Mitarbeitende. 2018 belief sich der Umsatz auf knapp 63 Mio. Euro.

Das Unternehmen befindet sich seit der Gründung 1882 durch Bruno Mädler in Berlin vollständig im Besitz der Familie Mädler. Heute ist mit Karin Mädler die 4. Generation in der Verantwortung. Ihre Tochter Antje Michel wird auf die Übernahme der Unternehmensleitung vorbereitet. Weiterer Geschäftsführer ist Steffen Krotz. In zweimal jährlich stattfindenden Treffen stimmt sich die Geschäftsführung mit den Vertriebs- und Fertigungsleitern über die Unternehmensentwicklung ab. Neben Ausbildung und Schulung der Mitarbeitenden trägt MÄDLER® auch Kosten für nebenberufliche Weiterbildungsmaßnahmen wie Zusatzqualifikationen oder ein Studium.

Soziale Verantwortung nimmt das Familienunternehmen vielfältig wahr. Es unterstützt die Fördergemeinschaft Kinderherzzentren und sponsert soziale Projekte an den Standorten. Behindertenwerkstätten erhalten Produktionsaufträge. An Hochschulen unterstützt MÄDLER® zahlreiche Projekte im Bereich Maschinenbau. 2014 nahm das Unternehmen eine erneute Erweiterung des Stuttgarter Produktionsbereichs in Betrieb und wurde nach DIN 9001 zertifiziert.

Daten und Fakten

Inhaberfamilie: Familie Mädler in 4. Generation
Gründer: Bruno Mädler, 1882, Berlin
Branche: Antriebstechnik
Standorte: Stuttgart (Zentrale und Produktion); Düsseldorf, Hamburg (Produktion und Vertrieb); Feuerthalen/Schweiz; Shenzhen/China (Produktion und Vertrieb)
Mitarbeitende: 130
Umsatz: 63 Mio. Euro (2018)
Ausbildungsplätze p. a.: 6
Unternehmensanteile der Familie: 100%
Exportquote: 18%

Kontakt
MÄDLER GmbH
Tränkestr. 6–8, 70597 Stuttgart
Fon: 0711 72095-0, Fax: 0711 72095-33
info@maedler.de, www.maedler.de

M

Mahr

Göttingen, Niedersachsen

Gegründet: 1861
Die Mahr GmbH ist ein weltweit agierendes Familienunternehmen der Fertigungsmesstechnik und Applikationsspezialist. Das Produktportfolio enthält u. a. Messgeräte zum Prüfen der Werkstückgeometrie, hochpräzise Zahnrad- und Dosierpumpen sowie Kugelführungen als universelle Bauelemente für mechanische Konstruktionen. Abnehmer sind z. B. die Industriebranchen Automobil und Automobilzulieferer, Maschinenbau, Elektrotechnik, Medizintechnik, Luft- und Raumfahrt, Optische Industrie, Synthesefaser- und Kunststoffindustrie. Mahr ist mit 20 Standorten in Amerika, Asien und Europa sowie mit 39 Händlervertretungen global präsent und beschäftigt rd. 1.900 Mitarbeitende. 1861 in Esslingen von Carl Mahr gegründet, wächst Mahr seit den 1970er-Jahren stetig, u. a. durch nationale wie internationale Gründungen und Übernahmen.

Kontakt
Mahr GmbH
Carl-Mahr-Str. 1, 37073 Göttingen
www.mahr.com

MANN+HUMMEL

Ludwigsburg, Baden-Württemberg

Gegründet: 1941
Die MANN+HUMMEL International GmbH & Co. KG versorgt den Markt seit fast 80 Jahren mit Filtertechnologien: Benzin- und Öl-, Feinstaub- und Innenraumfilter gehören u. a. zu den mehr als 73.000 Produkten und Marken wie MANN-FILTER für Pkw und Nutzfahrzeuge. 2018 stellte sich das schwäbische Unternehmen, das seit vier Generationen in Familienhand ist, mit den Geschäftsfeldern Transportation und Life Science & Environment neu auf. Es war 1941 von Adolf Mann und Dr. Erich Hummel gegründet worden, einige Jahre später lieferte es bereits Filzkugelluftfilter für VW Käfer. 2018 erzielte die Unternehmensgruppe mit über 21.000 Mitarbeitenden an 80 Standorten und auf fünf Kontinenten 3,955 Mrd. Euro Umsatz. Neuer Geschäftsführer ist seit Januar 2020 Kurk Wilks.

Kontakt
MANN+HUMMEL International GmbH & Co. KG
Schwieberdinger Str. 126, 71636 Ludwigsburg
www.mann-hummel.com

Marabu

Tamm, Baden-Württemberg

Gegründet: 1859
Die Marke Marabu steht weltweit für hochwertige Farben. Das Portfolio umfasst Druckfarben sowohl für Siebdruck als auch Digitaldruck und findet Anwendung in unterschiedlichsten Branchen. Hobby- und Künstlerfarben bilden gleichfalls ein breites Sortiment. Die Exportquote beträgt über 80 %. Mehr als 500 Mitarbeitende weltweit erwirtschaften einen jährlichen Umsatz von ca. 90 Mio. Euro. Albert Martz gründete das Familienunternehmen im Jahr 1859 als Farb- und Materialgeschäft, später wurden eigene Farben hergestellt und 1909 das Warenzeichen Marabu beim kaiserlichen Patentamt eingetragen. Marabu verfügt heute über 15 Tochtergesellschaften und Vertriebspartner in mehr als 80 Ländern. Die Produktion erfolgt in Deutschland, den USA und Paraguay.

Kontakt
Marabu GmbH & Co. KG
Asperger Str. 4, 71732 Tamm
www.marabu.de

M

Marburger Tapetenfabrik

Kirchhain, Hessen

Gegründet: 1845

Die Marburger Tapetenfabrik J. B. Schaefer GmbH & Co. KG fertigt Tapeten und Wandbeläge, u. a. nach Entwürfen namhafter internationaler Desingerinnen und Designer, die im Groß- und Einzelhandel sowie in Fachmärkten erhältlich sind. Das Unternehmen mit Sitz in Kirchhain ist Marktführer im Segment hochwertiger Wandbekleidungen und positioniert sich als kreativer Qualitätsführer der Branche. Mit 300 Mitarbeitenden wurde 2019 ein Umsatz in Höhe von ca. 60 Mio. Euro erwirtschaftet, die Exportquote beträgt rd. 60 %. Im Schnitt werden 20 Auszubildende p. a. beschäftigt. 1845 von Johann Bertram Schaefer als Fachgeschäft für Innenausstattung gegründet, wird das Familienunternehmen in 5. Generation geleitet vom geschäftsführenden Gesellschafter Ullrich Eitel, unterstützt von zwei familienfremden Geschäftsführern.

Kontakt

Marburger Tapetenfabrik J. B. Schaefer GmbH & Co. KG
Bertram-Schaefer-Str. 11, 35274 Kirchhain
www.marburg.com

Maritim

Bad Salzuflen, Nordrhein-Westfalen

Gegründet: 1969

Maritim ist nach eigenen Angaben die größte inhabergeführte deutsche Hotelkette, mit einem Portfolio aus Stadt- und Flughafenhotels sowie Resorthotels an Meeresküsten, Seen oder in Parkanlagen. Gegründet wurde das Unternehmen im Jahr 1969 und hat es seitdem zu einer flächendeckenden Präsenz im Inland gebracht. Seit 2004 kümmert sich das Tochterunternehmen HMS (Hotel Management Services International GmbH) um die weitere Expansion im Ausland. Derzeit gibt es Maritim-Hotels auch auf Mauritius und Malta, in der Türkei sowie in Ägypten, Spanien, Albanien, Bulgarien und China. Ein konzerneigenes Architekturbüro sorgt für die komplette Entwicklung von neuen Standorten. Die Geschäfte des Familienunternehmens leiten Hendrik Förster, Roland Elter und Erik van Kessel.

Kontakt

Maritim Hotelgesellschaft mbH
Herforder Str. 2, 32105 Bad Salzuflen
www.maritim.de

Marquard & Bahls

Hamburg

Gegründet: 1947

Die Marquard & Bahls AG ist ein führendes Unternehmen im Bereich Energieversorgung, -handel und -logistik. Die in Hamburg ansässige Firma beschäftigt in 35 Ländern ca. 6.700 Mitarbeitende. 2019 wurde ein Umsatz von rd. 13,9 Mrd. Euro erzielt. Der Ursprung des Unternehmens liegt im Mineralölhandel, der über die Tochtergesellschaft Mabanaft abgewickelt wird. Weitere Geschäftsfelder sind Schüttgutlagerung, Richtbohr- und Ingenieurdienstleistungen. Weitere Tochtergesellschaften sind Skytanking, für Flugzeugbetankung, und Mabagas, die Biogasanlagen sowie Bioerdgas-Tankstellen betreibt. Die nicht börsennotierte Aktiengesellschaft wurde 1947 von Theodor Weisser gegründet – heute bekleiden Familienmitglieder der 3. Generation leitende Positionen.

Kontakt

Marquard & Bahls AG
Admiralitätstr. 55, 20459 Hamburg
www.marquard-bahls.de

Marquardt

Rietheim-Weilheim, Baden-Württemberg

Gegründet: 1925

Die Marquardt GmbH ist ein international agierendes Unternehmen, das in den Bereichen Mechanik, Elektronik und Software ganzheitliche Lösungen bietet. Marquardt entwickelt und produziert u. a. Bedienelemente wie Displays und Touch-Bedieneinheiten, Standard- und Elektrowerkzeugschalter, Fahrberechtigungssysteme, Beleuchtung, Batterien und Sensoren. Zu den Kunden zählen z. B. führende Hersteller der Automobil-, Elektro- und Elektrowerkzeugindustrie. Das Unternehmen mit weltweit über 10.500 Mitarbeitenden ist an 20 Standorten auf vier Kontinenten vertreten und in 3. Generation in Familienbesitz. 1925 gründeten der Kaufmann Johannes Marquardt und der namensgleiche Techniker Johannes Marquardt in Rietheim ihr Unternehmen „für Elektrobedarf und Feinmechanik", heute einer der global führenden Mechatronik-Experten.

Kontakt

Marquardt GmbH
Schloss-Str. 16, 78604 Rietheim-Weilheim
www.marquardt.com

MARTENS & PRAHL

Lübeck, Schleswig-Holstein

Gegründet: 1898

Die MARTENS & PRAHL Gruppe ist ein Zusammenschluss mittelständischer Versicherungsmakler. Die Dienstleistung umfasst Beratung und Betreuung der Kundinnen und Kunden im Risikomanagement und allen damit zusammenhängenden Versicherungsfragen. Die MARTENS & PRAHL Versicherungskontor GmbH & Co. KG (Holding) hält Beteiligungen an 90 selbstständig agierenden Partnerunternehmen. 2018 erwirtschaftete die M&P Gruppe mit ca. 950 Mitarbeitenden einen Umsatz von über 100 Mio. Euro und gehört damit zu den fünf großen Versicherungsmaklern in Deutschland. In einzelnen Versicherungsbereichen ist M&P Marktführer.

Julie Schellack bildet mit Holger Mardfeldt, Peter Ballauff, Alexandra Jung, Thes Dallmeier-Tießen und Thomas Großmann (alle gleichzeitig auch Gesellschafter) die Geschäftsleitung der Holding. Als Kontrollgremium fungiert ein Beirat, der sich paritätisch aus gewählten Vertreterinnen und Vertretern der Partnerunternehmen sowie Holdingmitgliedern zusammensetzt. Eine Präambel zum Gesellschaftsvertrag legt Regeln zur Unternehmensführung fest. Bei entsprechender Eignung sollen bevorzugt Mitglieder der Inhaberfamilien die

„Unsere Partnerfirmen sollen unter dem schützenden Dach der Gruppe in höchstem Maße selbstständig arbeiten."

Unternehmensphilosophie

Die Stärken von MARTENS & PRAHL: passgenaue Lösungen von Industrie bis Landwirtschaft

Lübeck, der Sitz der MARTENS & PRAHL Holding

M

Schon gewusst?

MARTENS & PRAHL ist ein Spezialisten-Netzwerk mit fundiertem Know-how und Erfahrung, wenn es um Lösungen für besondere Branchen oder außergewöhnlichen Absicherungsbedarf geht. In den 90 Partnerunternehmen der Gruppe finden sich z. B. erfahrene Expertinnen und Experten für Agrarwirtschaft, Hotels oder Franchise-Systeme, Filmtheater oder Factoring, betriebliche Altersversorgung oder erneuerbare Energien. Für Industrie, mittelständische Unternehmen und Gewerbekunden entwickelt MARTENS & PRAHL individuelle Lösungen und bietet das komplette Service-Portfolio von Risiko-Analyse bis Schadensmanagement aus einer Hand an.

Nachfolge antreten. Ziel ist, dass aktive Gesellschafter das Unternehmen langfristig fortführen.

Der Ursprung von M&P reicht in das Jahr 1898 zurück, als die Gründungsväter damit begannen, Versicherungen anzubieten, nachdem sie für den eigenen Weinhandel günstigere Versicherungen einkauften. In den 1970er-Jahren entwickelte sich M&P von der Versicherungsagentur zum Versicherungsmakler. Es folgte die Gründung von Partnerfirmen in Norddeutschland. Nach 1989 folgten die Expansion in die neuen Bundesländer sowie ab Ende der 90er-Jahre in Süddeutschland und der Aufbau eines weltweiten Versicherungsmaklernetzwerkes für internationale Kundinnen und Kunden. M&P unterstützt u. a. die Ronald McDonald Kinderhilfe und engagiert sich über die Partnerunternehmen auf regionaler Ebene für zahlreiche soziale Aktivitäten.

Daten und Fakten

Inhaberfamilien: Familien Bartelt, Schellack, Mardfeldt und Ballauff
Gründer: Heinrich Martens, 1898, in Lübeck
Branche: Versicherungsmakler
Standorte: Hauptsitz Lübeck; deutschlandweit über 90 Beteiligungen an selbstständigen Partnerunternehmen, dazu einige Beteiligungen im europäischen Ausland und Mitbegründer eines internationalen Maklernetzwerkes
Mitarbeitende: ca. 950 (2019)
Umsatz: 100 Mio. Euro (2019)
Ausbildungsplätze p. a.: ca. 20
Familieneinfluss: die Gesellschafter Julie Schellack, Holger Mardfeldt und Peter Ballauff sowie Alexandra Jung, Thes Dallmeier-Tießen und Thomas Großmann gehören der Geschäftsleitung an
Unternehmensanteile der Familien: die Familie Bartelt/Schellack hält 40 % der Anteile; die Familien Mardfeldt und Ballauff je 30 %
Kontrollgremien: Beirat

Kontakt

MARTENS & PRAHL Versicherungskontor GmbH & Co. KG
Moislinger Allee 9 c, 23558 Lübeck
Fon: 0451 8818-0, Fax: 0451 8818-280
holding@martens-prahl.de, www.martens-prahl.de

Mäurer & Wirtz

Stolberg, Nordrhein-Westfalen

„Wir verstehen uns darauf, Marken zu kultivieren – dazu muss man ihre Potenziale erkennen und diese nutzen."

Dr. Hermann Wirtz

Gegründet: 1845

Die Mäurer & Wirtz GmbH & Co. KG ist ein Tochterunternehmen der Dalli-Werke GmbH & Co. KG, die zu 100 % in den Händen der Gründerfamilie Wirtz liegt.

Mäurer & Wirtz wurde ursprünglich von Michael Mäurer und seinem Stiefsohn Andreas August Wirtz 1845 als Seifensiederei gegründet. Mit dem Seifenpulver dalli, das 1899 als Warenzeichen eingetragen wurde, brachte man einen ersten Markenartikel auf den Markt und

M

Mäurer & Wirtz belegt mit den zahlreichen Kompositionen seiner zehn Duftmarken den 3. Rang unter den deutschen Duftherstellern.

Bis heute produziert Mäurer & Wirtz am ursprünglichen Firmenstandort im rheinischen Stolberg.

ging bald darauf in die Massenproduktion. Die Seifenprodukte des Unternehmens fanden ihre Nachahmer nicht nur in Deutschland. Da das Geschäft mit der Marke dalli rasch expandierte, änderte man 1937 den Namen des Unternehmens zu Dalli Werke Mäurer & Wirtz.

In den 1950er-Jahren kam es zu einer Aufteilung der Geschäftsbereiche und des Namens: Mäurer & Wirtz etablierte sich als Hersteller von Parfums und Körperpflegeprodukten. Mit dem Herrenparfum Tabac Original leitete man 1952 einen neuen Trend im Bereich der Herrenparfums ein und erweiterte das Portfolio mit Lizenzmarken wie s.Oliver, Betty Barclay, Otto Kern und Baldessarini. Die Dalli-Werke spezialisierten sich auf die Produktion von Wasch- und Reinigungsmitteln. Neben der Ursprungsmarke dalli entwickelte man weitere Marken im Bereich der Wasch- und Reinigungsmittel, darunter das Waschmittel Tandil sowie Geschirrspülmittel, Körperpflege, Kosmetika und Sonnenschutz.

Seit 1990 operieren die Mäurer & Wirtz GmbH & Co. KG und die Dalli-Werke eigenständig als Tochtergesellschaften unter dem Dach der dalli group. Die dalli group ist wiederum Teil der Wirtz Gruppe, zu der außerdem der Pharmaproduzent Grünenthal gehört. Dr. Hermann Wirtz ist Geschäftsführer der dalli group. Ziel der Familie Wirtz ist es, ein unabhängiges Familienunternehmen zu blei-

Gesellschaftliche Verantwortung

„Der Standort Stolberg ist gesichert." Dass es die Familie Wirtz mit diesem Versprechen ernst meinte, bewiesen Michael und Hermann Wirtz, als zwei der Gesellschafter aus dem Unternehmen aussteigen und ihre Anteile verkaufen wollten. Die beiden Brüder erwarben die Anteile selbst, um zu verhindern, dass die dalli group unter stärkeren Fremdeinfluss geriet. 2006 erwarb Hermann Wirtz von Procter & Gamble die Marken des traditionsreichen rheinischen Parfumherstellers Muelhens zusammen mit dem Stammsitz von 4711 in der Kölner Glockengasse – ein erneutes Bekenntnis zur Region. Seine Mitarbeitenden dankten es ihm: Im Treppenhaus des Firmensitzes hängt heute eine Collage mit dem Titel „Ein Mann ein Wort", mit der die Belegschaft Hermann Wirtz ihre Anerkennung für die Sicherung ihrer Arbeitsplätze ausdrückte.

M

Mäurer & Wirtz übersetzt Lifestyle-Trends in moderne Duftkonzepte für Lizenzmarken wie s.Oliver (oben). 4711 überzeugt durch innovative Duftserien wie Acqua Colonia und Remix Cologne (Mitte). Der Klassiker Tabac Original wurde zum 60. Jubiläum um die frische Duftalternative Tabac Original Craftsman ergänzt (unten).

Chronologie

1845 Michael Mäurer und sein Stiefsohn Andreas August Wirtz gründen in Stolberg bei Aachen eine Seifensiederei.

1899 Das Waschmittel dalli wird als Warenzeichen eingetragen.

1913 Beginn der industriellen Massenproduktion mit 150 Mitarbeitenden am heutigen Stammsitz in Stolberg

1937 Umbenennung des Unternehmens in „Dalli Werke Mäurer & Wirtz"

1950er-Jahre Umstrukturierung des Unternehmens in die beiden getrennt operierenden Geschäftsbereiche dalli Markenartikel und Mäurer & Wirtz

1952 Einführung der Parfummarke Tabac Original

1990 Mäurer & Wirtz und die Dalli-Werke werden zu eigenständigen Unternehmen innerhalb der dalli group.

1992 Mäurer & Wirtz steigt in das Lizenzgeschäft ein und bringt in den folgenden Jahren mehrere Duftlinien für Fashion Brands auf den Markt.

MÄURER & WIRTZ
House of Perfumes

No 4711 · Baldessarini · s.Oliver · Betty Barclay · Sophia Thiel · TABAC · TOSCA · OTTO KERN · NONCHALANCE · SIR IRISCH MOOS

ben und die heutigen Standorte in Deutschland zu erhalten. Mit dem Erwerb der Parfummarken Tosca, Sir Irisch Moos und 4711 für Mäurer & Wirtz im Jahr 2006 bekräftigte Dr. Hermann Wirtz diese Entscheidung. Heutzutage umfasst das Portfolio von Mäurer & Wirtz zehn Marken aus dem Lifestyle- und Prestigesegment. Das Unternehmen begreift die soziale Verantwortung gegenüber seinen Mitarbeitenden als wesentlichen Teil seiner Unternehmenskultur und hat ein umfangreiches Ausbildungsprogramm.

Daten und Fakten

Inhaberfamilie: Familie Wirtz in 5. und 6. Generation
Gründer: Michael Mäurer, Andreas August Wirtz, 1845, Stolberg bei Aachen
Branche: Parfum und dazu passende Pflegeprodukte
Produkte: Tabac, 4711, s.Oliver, Betty Barclay, Baldessarini, Otto Kern, Sophia Thiel, Tosca, Nonchalance, Sir Irisch Moos
Standort: Stolberg
Mitarbeitende: 300 (2018)
Umsatz: ca. 196 Mio. Euro (2018)
Familieneinfluss: geschäftsführender Gesellschafter von Mäurer & Wirtz ist Dr. Hermann Wirtz
Unternehmensanteile der Familie: 100 %

Kontakt
Mäurer & Wirtz GmbH & Co. KG
Zweifaller Str. 120, 52224 Stolberg
Fon: 02402 89-01, Fax: 02402 89-2699
info@m-w.de, www.m-w.de

MAUSS BAU

Erlangen, Bayern

Gegründet: 1887

Die MAUSS BAU GmbH & Co. KG ist eines der führenden Bau-, Immobilien- und Dienstleistungsunternehmen Süddeutschlands und verfügt über Standorte in Erlangen und Ingolstadt. Die Holding der MAUSS Unternehmensgruppe agiert mit sechs Tochterunternehmen vorwiegend im süddeutschen Raum und dort schwerpunktmäßig in der Metropolregion Erlangen-Nürnberg-Fürth. Das Leistungsspektrum des vielfach ausgezeichneten Unternehmens umfasst die Bereiche Hochbau, Tiefbau, Sanierung, Rohbau, Schlüsselfertigbau, Wohnbau, Projektentwicklung und Haustechnik. Zu den Auftraggebern zählen Unternehmen und Kapitalanleger ebenso wie Privatpersonen. Die MAUSS Unternehmensgruppe mit rd. 600 Mitarbeitenden erwirtschaftete 2019 einen Umsatz in Höhe von 165 Mio. Euro. Derzeit liegt die Ausbildungsquote bei rund 12 % mit einer Übernahmequote von etwa 90 %.

MAUSS BAU wurde am 6. Oktober 1887 vom Maurermeister und Namensgeber Johann Michael Mauss, genannt Hans Mauss, in Erlangen gegründet. Der klassische Maurerbetrieb durchlebte nach der Gründung eine bewegte Historie mit zwei Weltkriegen, den Phasen des Wiederaufbaus und dem deutschen

M

„Building-Performance aus einer Hand“

Firmenmotto

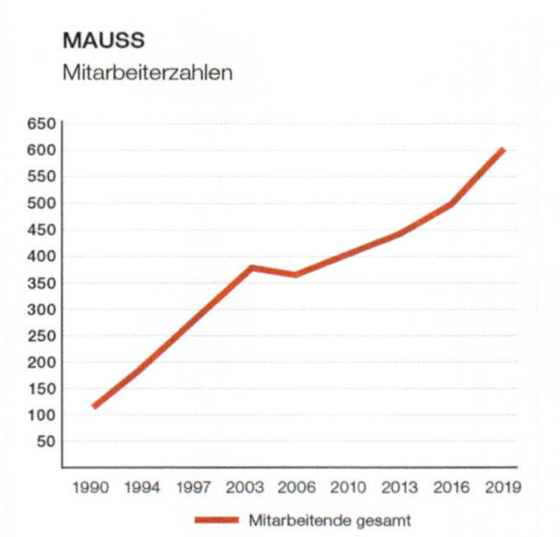

Das MAUSS Betonwerk ist die Erweiterung der eigenen Wertschöpfungskette (oben). Einblick in die Büroräume bei MAUSS am Firmenhauptsitz in Erlangen (Mitte). Sofia und Philipp Schneider sind geschäftsführende Gesellschafter (unten).

Die Baustelle Siemens Campus in Erlangen

Bekannte Bauprojekte

Die MAUSS Unternehmensgruppe erhielt umfassende Referenzen renommierter Auftraggeber für erfolgreich realisierte Bauprojekte. Dazu zählen u. a. die PUMA Bridge am Hauptsitz des Sportartikelherstellers in Herzogenaurach und das AUDI T3 Design-Center in Ingolstadt. In Nürnberg realisierte MAUSS BAU den Business Tower, der als zweithöchstes Bürogebäude Bayerns die Silhouette der Stadt prägt, sowie Gebäude für die Messe Nürnberg GmbH. In Fürth war das Unternehmen maßgeblich an der Stadionüberdachung der SpVgg Greuther Fürth beteiligt und in Erlangen verantwortlich für Rohbau und Sanierung des Rathauses der Stadt Erlangen.

Eines der ersten Bauprojekte von Hans Mauss ist ein dreistöckiges Wohngebäude in Erlangen von 1889 (oben). Zwei Jahre zuvor hatte der Maurermeister das Unternehmen gegründet (unten).

Wirtschaftswunder der 1950er-Jahre. Nach seiner Gründung war das Unternehmen zunächst meist im Rohbau tätig und überzeugte namhafte Auftraggeber wie Siemens oder die Universität Erlangen mit Qualität und Nachhaltigkeit. Aufgrund der hohen Nachfrage nach Wohnbauten in der Nachkriegszeit erweiterte der Schlüsselfertigbau das MAUSS Portfolio. Begleitet von dynamischen technologischen Entwicklungen, Wirtschaftskrisen und Zeiten des Aufschwungs, entwickelte sich MAUSS BAU über die Jahrzehnte vom traditionellen Handwerksbetrieb zu einer wachstumsorientierten Unternehmensgruppe. Nach und nach kamen weitere Geschäftsbereiche der Sparten Bauen und Immobilien hinzu, MAUSS gründete Tochterfirmen und expandierte mit Spezialbereichen. Heute verbindet das inhabergeführte mittelständische Familienunternehmen Tradition und Zukunftsfähigkeit und deckt die gesamte Wertschöpfungskette des Bauens erfolgreich ab.

MAUSS BAU ist in 5. Generation im Besitz der Inhaberfamilie und wird von den geschäfts-

MAUSS legt Wert auf einen festen Stamm an Polieren und gewerblichen Mitarbeitenden, um Qualität sicherzustellen.

Frauen in der Baubranche

MAUSS BAU wurde seit jeher von starken Frauen geprägt. 1916 übernahm Therese Mauss die Führung, als ihr Sohn Jean erkrankte. 1944 wiederum trat die Witwe von Jean, Mia Mauss, in die Unternehmensführung ein. Und nach einem weiteren Generationswechsel übernahm Elisabeth Mauss 1950 gemeinsam mit Robert Daeschler die kaufmännische Leitung. 1951 wurden Elisabeth und Theta Mauss alleinige Gesellschafterinnen des Unternehmens. 2009 wurde es von Reinhard Daeschler geführt und seine Tochter Sofia Daeschler wurde Gesellschafterin. Im Jahr 2015 schließlich übernahm sie als Sofia Schneider die operative Führung von MAUSS BAU gemeinsam mit ihrem Ehemann Philipp Schneider.

führenden Gesellschaftern, dem Ehepaar Sofia und Philipp Schneider, geleitet. Das Unternehmen wurde u. a. ausgezeichnet mit dem Mittelstandspreis 2014 sowie dem Bayerischen Gründerpreis, Kategorie Nachfolge, 2017, und erhielt die Siegel „Top Arbeitgeber Mittelstand“ 2019 des Magazins Focus sowie „Attraktiver Arbeitgeber“ 2020 der Zeitung Die Welt. Den Mitarbeitenden werden u. a. Weiterbildungsmöglichkeiten im gewerblichen und kaufmännischen Bereich sowie eine Reihe von Events geboten. Des Weiteren stehen ihnen ein unternehmenseigenes Fitnessstudio und ein interner Fahrzeugpool zur Verfügung. MAUSS BAU ist Sponsor lokaler Projekte in den Bereichen Kunst, Kultur, Wissenschaft und Sport. Zudem unterstützt die mit eine Million Euro Stiftungskapital gegründete MAUSS Daeschler Stiftung zahlreiche soziale, sportliche und bildungsspezifische Projekte in den Regionen Erlangen und Ingolstadt.

MAUSS BAU stärkt den Bereich Digitalisierung mit der Umsetzung von Maßnahmen wie projektübergreifendes Arbeiten und der internen Entwicklung einer umfassenden und generellen Bestellplattform. In der Planung sind zudem E-Learnings, auch im gewerblichen Bereich, und digitale Bemusterungen im Bauträgerbereich. Einen besonderen Fokus richtet MAUSS BAU auf eine ausgewogene Work-Life-Balance, die das Unternehmen u. a. durch die Einrichtung von Homeoffice-Zeiten sowie einer Vertrauensarbeitszeit fördern will.

Chronologie

1887 Gründung der Firma MAUSS BAU

1988 Gründung der Tochterfirma GVV Gebäudevermietung und -verpachtung

1997 Gründung der Tochterfirma HBP Hausbaupartner

2001 Gründung der Tochterfirma BayernCare

2002 Gründung der Tochterfirma MBS MAUSS Beton- und Bauwerksanierung

2005 Gründung der MAUSS Daeschler Stiftung

2008 Gründung der Niederlassung Ingolstadt durch Übernahme der Firma Kastenmüller

2017 Gründung der Tochterfirma MAUSS Haustechnik

2018 Gründung der Tochterfirma Raumwerk Immobilien

Zu den Referenzprojekten zählen das Audi T3 Designzentrum in Ingolstadt (oben), das PUMA Headquarter in Herzogenaurach (Mitte) sowie das Bauträgerprojekt Raumwerk Immobilien in Erlangen (unten).

M

Schon gewusst?

MAUSS BAU ist in 5. Generation ein Familienunternehmen und pflegt traditionell besondere Werte. Zur Unternehmenskultur zählt es einerseits, den Auftraggebern ein qualitativ hochwertiges Leistungsspektrum von der Entwicklung über den Bau bis hin zur Sanierung von Gebäuden zu bieten. Gleichzeitig wahrt MAUSS BAU das selbstgewählte Prinzip „Augenhöhe": Mit Offenheit, Fairness, Professionalität und Verlässlichkeit begegnet man Kunden und Geschäftspartnern ebenso wie den Mitarbeitenden. Erklärtes Credo des Unternehmens ist es, eine erfolgreiche Building-Performance und die zufriedenstellende Entwicklung, Realisierung und Nutzung von Immobilien durch gegenseitiges Vertrauen zu erreichen.

Daten und Fakten

Inhaberfamilie: Familie Schneider
Gründer: Johann Michael Mauss
Branche: Bau- und Immobilienbranche
Produkte: Hochbau, Tiefbau, Sanierung, Rohbau, Schlüsselfertigbau, Wohnbau, Projektentwicklung, Haustechnik
Standorte: Erlangen und Ingolstadt
Mitarbeitende: 600 (2020)
Umsatz: 165 Mio. Euro (2019)
Marktposition: eines der führenden Bau-, Immobilien- und Dienstleistungsunternehmen in Süddeutschland
Ausbildungsplätze: rd. 30 (kaufmännisch, gewerblich, duales Studium)

Kontakt
MAUSS BAU GmbH & Co. KG
Günther-Scharowsky-Str. 6, 91058 Erlangen
Fon: 09131 1203-0
info@mauss-bau.de, www.mauss-bau.de

Max Aicher

Freilassing, Bayern

Gegründet: 1924
Über 4.600 Mitarbeitende arbeiten in 18 Ländern mit Leidenschaft und Technologie-Know-how an hochwertigen Produkten sowie intelligenten industriellen Verfahren und Dienstleistungen für nachhaltigen Fortschritt. Ihre Qualifikation und ihr Engagement sind die Basis für den Erfolg von Max Aicher. Das Unternehmen erwirtschaftet im Durchschnitt rd. eine Milliarde Euro und produziert allein in Bayern und Ungarn ganzjährig an die 1,5 Mio. t Stahl.

Die geschäftlichen Aktivitäten in der Max Aicher Stiftung, die seit Janur 2015 die Max Aicher Unternehmensgruppe umspannt, sind in den vielen Jahren immer weiter gewachsen und wurden dabei stets nach positiven Synergieeffekten ausgerichtet. Die Geschäftsfelder sind heute daher im Einzelnen: Bau & Konstruktion, Immobilien & Projekte, Stahl & Produktion, Umwelt & Recycling sowie Freizeit & Tourismus. Die Recyclingunternehmen mit mehreren Shreddern versorgen die Stahlwerke mit dem Rohstoff „Schrott". Dadurch ist Max Aicher u. a. auch Bayerns größtes Recyclingunternehmen.

Die Stahlproduktion erfolgt in Bayern und Ungarn. Der Rohstahl wird von den Stahlwerken weiterverarbeitet oder geht an die gruppeneigenen Walzwerke und Veredelungsbetriebe. Der Stahl von Max Aicher kommt in der ganzen Welt zum Einsatz – von den neuen Türmen des One World Trade Center in New York bis zu Eisenbahnbrücken in Bayern.

Die Bereiche Bau, Freizeit und Immobilien runden die Aktivitäten des Unternehmens ab. Sie sind die Grundlage seiner Expansion und bilden das Fundament der Unternehmensgruppe.

Mit einem ausgeprägten sozialen Engagement im Bereich der Kultur, Jugend und Sportförderung stellt sich Max Aicher der Verantwortung eines erfolgreichen Unternehmens.

Kontakt

Max Aicher GmbH & Co. KG
Teisenbergstr. 7, 83395 Freilassing
Fon: 08654 491-0, Fax: 08654 491-3407
medienkontakt@max-aicher.de,
www.max-aicher.de

Max Bögl

Sengenthal, Bayern

Gegründet: 1929
Max Bögl sen. gründete 1929 einen Maurerbetrieb in Neumarkt i. d. Oberpfalz. Mit 1,7 Mrd. Euro Jahresumsatz und weltweit etwa 6.500 hoch qualifizierten Mitarbeitenden zählt Max Bögl zu den größten deutschen Bauunternehmen. Das Unternehmen wird im Aufsichtsrat von den Gesellschaftern Johann und Max Bögl sowie Stefan und Michael Bögl im Vorstand in familiärer Tradition weitergeführt. Die Firmengruppe hat sich durch Innovationen in Technik und Organisation kontinuierlich vom Anbieter reiner Bauleistungen zu einem international agierenden Technologie- und Dienstleistungsunternehmen weiterentwickelt. 47 Standorte, Produktionsstätten und Repräsentanzen in aller Welt erschließen neue Märkte für zukunftsweisende Produkte und untermauern die internationale Ausrichtung.

Kontakt

Max Bögl Bauservice GmbH und Co. KG
Max-Bögl-Str. 1, 92369 Sengenthal
www.max-boegl.de

---

maxingvest

Hamburg

Gegründet: 1949/1977
Die maxingvest ag, ehemals Tchibo Holding AG, ist die Dachgesellschaft der operativ tätigen Teilkonzerne Tchibo und Beiersdorf AG. Der Unternehmensname verweist auf die Gründer Max und Ingeburg Herz. Die Mitarbeiterzahl 2018 betrug 31.545. Für dieses Jahr wies maxingvest einen Umsatz von über 10 Mrd. Euro aus. Das Unternehmen befindet sich vollständig im Eigentum der Familie Herz. Michael Herz ist Vorstandsmitglied. Die Tchibo GmbH ist weltweit der viertgrößte Kaffeeproduzent und verfolgt ein Franchise-Partner-Konzept, in dem Röstkaffee zusammen mit einem wöchentlich wechselnden Gebrauchsartikel-Sortiment verkauft wird. Die Beiersdorf AG konzentriert sich auf Markenartikel für die Haut- und Körperpflege. Dazu gehören NIVEA, Eucerin und la prairie.

Kontakt

maxingvest ag
Alter Wandrahm 17/18, 20457 Hamburg
www.maxingvest.de

Mayer & Cie.

Albstadt, Baden-Württemberg

Gegründet: 1905
Die Mayer & Cie. GmbH & Co. KG ist Teil der Mayer Unternehmensgruppe und gilt als einer der weltweit führenden Hersteller von Rundstrickmaschinen für die Textilindustrie. Neben der Herstellung von mechanischen Rundstrickmaschinen für Single-Jersey-, Interlock- und Feinripptextilien beinhaltet das Produktprogramm insbesondere auch Maschinen mit elektronischer Nadelauswahl für Jacquard-, Transfer- und Ringelstoffe. Zudem bietet das Unternehmen maschinenspezifische Zubehörteile an, darunter Fadeneinlaufmessgeräte, Anlagen für die optoelektronische

M

Überwachung und Software. Seit 2019 werden als zweites Standbein Flechtmaschinen zur Herstellung von Armierungsgeflechten produziert. 1905 gegründet, produziert Mayer & Cie. heute unter der Geschäftsleitung von Sebastian, Marcus und Benjamin Mayer am Stammsitz in Albstadt.

Kontakt
Mayer & Cie. GmbH & Co. KG
Emil-Mayer-Str. 10, 72461 Albstadt
www.mayercie.com

Mayer'sche Hofkunstanstalt

München, Bayern

Gegründet: 1847
Die Mayer'sche Hofkunstanstalt ist eine international renommierte Werkstätte für Glasmalerei, Floatglasgestaltung und Mosaik. Seit 173 Jahren ist das Familienunternehmen international tätig und ermöglicht vom traditionellen Handwerk bis hin zu modernsten Bearbeitungstechniken nahezu jegliche künstlerische oder gestalterische Umsetzung in Glas, Keramik und Stein, in enger Zusammenarbeit mit Künstlern, Architekten und Designern. Die Mayer'sche Hofkunstanstalt steht für zeitgemäßes Kunsthandwerk in der 5. Generation, geleitet von Michael C. Mayer. In New York betreibt sie die Dependance Franz Meyer of Munich, Inc.

Kontakt
Mayer'sche Hofkunstanstalt GmbH
Seidlstr. 25, 80335 München
www.mayersche-hofkunst.de

MAYLAND

Düsseldorf, Nordrhein-Westfalen

Gegründet: 1998
Die MAYLAND AG ist eine auf Mergers & Acquisitions spezialisierte Beratungsgesellschaft, die branchenunabhängig tätig ist. Zu ihren Kunden gehören nationale und internationale Konzerne sowie Finanzinvestoren. Als unternehmerischer Partner entwickelt MAYLAND mit Inhabern und Geschäftsleitungen mittelständischer Firmen individuelle Lösungen für den Kauf und Verkauf von Unternehmen oder Unternehmensteilen und setzt diese Transaktionen gemeinsam mit den Entscheidungsträgerinnen und -trägern um. Insgesamt erzielt das Unternehmen, das aktuell elf Mitarbeitende beschäftigt, rd. 30 % seines Jahresumsatzes im Ausland; die Eigenkapitalbeteiligung liegt bei 100 %. Die 1998 gegründete MAYLAND AG ist in 1. Generation inhabergeführt durch den Vorstand Matthias Just. Als Kontrollgremium fungiert der dreiköpfige Aufsichtsrat, der je nach Bedarf zwei- bis viermal pro Jahr zusammentritt.

Kontakt
MAYLAND AG – Mergers & Acquisitions
Rathausufer 22, 40213 Düsseldorf
www.mayland.de

---

mayr

Mauerstetten, Bayern

Gegründet: 1897
Die Chr. Mayr GmbH + Co. KG ist ein international agierender Entwickler und Hersteller von Antriebstechnik. Das Produktportfolio setzt sich aus Sicherheitskupplungen, Sicherheitsbremsen, spielfreien Wellenkupplungen und Permanentmagnetmotoren zusammen. mayr verfügt über acht Außenbüros in Deutschland, sieben Niederlassungen in Europa, Asien und den USA sowie rd. 40 weitere Ver-

triebspartner weltweit. Das inhabergeführte Familienunternehmen wurde 1897 durch Christian Mayr in Kaufbeuren gegründet und widmete sich zunächst der Herstellung, Wartung und Reparatur von Wasserrädern und Transmissionen für Mühlen und Sägewerke. 1965 übernahm Dipl.-Ing. Fritz Mayr die Geschäftsführung. Mit Ferdinand Mayr trat 2018 zur 4. noch die 5. Generation in die Geschäftsführung ein. Heute beschäftigt mayr weltweit rd. 1.200 Mitarbeitende.

Kontakt
Chr. Mayr GmbH + Co. KG
Eichenstr. 1, 87665 Mauerstetten
www.mayr.com

MB-Holding

Vestenbergsgreuth, Bayern

the nature network®

Gegründet: 1930
Die MB-Holding lenkt die Unternehmensgruppe the nature network® mit ihren Geschäftsbereichen Martin Bauer Group, Finzelberg, PhytoLab und Europlant Group. Sie bietet ein weltweit einzigartiges Spektrum für Produkte und Dienstleistungen rund um die Pflanze: von der verantwortungsvollen Beschaffung hochwertiger pflanzlicher Rohstoffe, ihrer schonenden Verarbeitung, der Entwicklung von innovativen, auf die Bedürfnisse der Produktanwendung seiner Industriekunden zugeschnittenen Produkten bis hin zur Übernahme von Labor-, Beratungs- und Vertriebsdienstleistungen.

Bereits in jungen Jahren entdeckte Martin Bauer seine Leidenschaft für das Suchen und Sammeln von wilden Kräutern. Der Sohn eines Landwirts in der fränkischen Provinz experimentierte und kam schließlich auf die Idee, mit der Leidenschaft Geld zu verdienen. 1930 gründete er sein „Kräuterverarbeitungswerk" und legte damit den Grundstein für die Unternehmensgruppe.

Das Familienunternehmen in der 4. Generation zeichnet sich durch eine wertorientierte, langfristige Unternehmensstrategie aus. Es steht nach wie vor für die Leidenschaft und Liebe seines Gründers zur Natur sowie für die in Jahrzehnten gewachsene Expertise. Stets am Puls der lokalen Märkte und mit Trends als auch Traditionen vertraut, ist es der Anspruch, diesen Wissensvorsprung gepaart mit der Umsetzungskreativität seiner Entwicklungsexpertinnen und -experten an die weltweiten Industriekunden weiterzugeben. Hibiskus, Kamille, Guarana – die Grundlage der pflanzlichen Lösungen sind verantwortungsvoll beschaffte Rohstoffe aus mehr als 80 Ländern. Im nachhaltigen Anbau und

Chronologie

1930 Unternehmensgründung

1980 Aufbau des Extraktionsgeschäftes

1993 Gründung PhytoLab

ab 1994 Expansion in Osteuropa

ab 1996 Expansion in Nordamerika

ab 2010 Expansion in Asien

ab 2013 Expansion in Lateinamerika

Ringelblumenanbau, Simbabwe

M

„Wurzeln versorgen Pflanzen mit Wasser und Nährstoffen und geben ihnen Widerstandsfähigkeit. Unsere Wurzeln und unsere Werte tun das auch. Sie sind jeder neuen Generation Kraft- und Inspirationsquelle und verbinden sie mit der Gründungsidee meines Großvaters."

Adolf Wedel, geschäftsführender Gesellschafter der MB-Holding, 3. Generation der Inhaberfamilie

Firmengründer Martin Bauer in den 1960er-Jahren (oben); Standort Vestenbergsgreuth (unten)

M

der Wildpflanzensammlung nimmt das Unternehmen eine Vorreiterrolle ein. Vor über zehn Jahren wurde mabagrown® entwickelt, der unternehmenseigene Standard für nachhaltig erzeugte Kräuter und Früchte, der vom Zertifizierungsprogramm UTZ anerkannt ist.

Daten und Fakten

Inhaberfamilie: Familie Wedel
Geschäftsbereiche: Martin Bauer Group: Pflanzliche Lösungen in unterschiedlichen Verarbeitungsstufen für die Tee-, Getränke- und Lebensmittelindustrie; **Finzelberg:** Pflanzliche Wirkstoffe in unterschiedlichen galenischen Formen für Kunden des Pharma- und Gesundheitsmarkts; **Europlant Group:** Entwicklung, Herstellung und Vertrieb pflanzlicher Arzneimittel über Apotheken in Mittel- und Osteuropa; **PhytoLab:** Speziallabor für die Analytik, Entwicklung, Kontrolle und Zulassung pflanzlicher Produkte für die phytopharmazeutische und Lebensmittelindustrie
Standorte: über 25 Produktions- und Vertriebsstandorte weltweit
Mitarbeitende: über 4.000 Mitarbeitende weltweit
Umsatz: über 600 Mio. Euro
Ausbildungsplätze: über 100 Auszubildende in Deutschland, 98 % entscheiden sich für das Unternehmen als Arbeitgeber
Beschaffung: mehr als 200 pflanzliche Rohstoffe aus über 80 Ländern, 56 % der pflanzlichen Rohstoffe sind bereits nachhaltig zertifiziert; 400 Proben täglich auf 100 Analysegeräten gewährleisten höchste Qualität
Engagement: mehr als 400.000 Euro Spenden an die umliegende Zivilgesellschaft der deutschen Standorte (Jahr 2019)

Kontakt
MB-Holding GmbH & Co. KG
Dutendorfer Str. 5–7, 91487 Vestenbergsgreuth
Fon: 09163 88-0, Fax: 09163 88-312
welcome@the-nature-network.com,
www.mb-holding.com

MC-Bauchemie

Bottrop, Nordrhein-Westfalen

Gegründet: 1961
Die MC-Bauchemie Müller GmbH & Co. KG gehört weltweit zu den führenden Bauchemieunternehmen und gilt als Technologieführer im Bereich der Injektionstechnologien. MC-Bauchemie entwickelt und produziert Spezialbaustoffe und Produktsysteme für den Neubau und die werterhaltende Instandsetzung von Bauwerken. Dazu gehören Beton- und Mörtelzusatzmittel, Baustellenprodukte und Estrich-Systeme sowie Schutz- und Instandsetzungssysteme für die Bereiche Betoninstandsetzung, Oberflächenschutz, Bodenbeschichtung und Injektionstechnologie. Heinrich W. Müller (1915–2010) gründete das Unternehmen 1961 in Essen. Heute wird MC-Bauchemie von Dr. Claus-Michael Müller, Dr. Ekkehard zur Mühlen und Nicolaus Müller, dem Enkel des Gründers, geleitet. Der Firmensitz in Bottrop besteht seit 1963. Es gibt weltweit über 20 Fertigungsstätten. 10 % der Mitarbeitenden sind in Forschung und Entwicklung tätig. Der Vertrieb erfolgt mit eigenem Außendienst in mehr als 40 Ländern. MC-Bauchemie beschäftigt derzeit über 2.500 Mitarbeitende weltweit.

Kontakt
MC-Bauchemie Müller GmbH & Co. KG
Am Kruppwald 1–8, 46238 Bottrop
www.mc-bauchemie.de

Meckatzer

Heimenkirch, Bayern

Gegründet: 1738
Die Meckatzer Löwenbräu Benedikt Weiß KG ist eine Traditionsbrauerei mit Sitz in Heimenkirch im Allgäu. Die Hausmarke des Unternehmens, Meckatzer Weiss-Gold, wurde 1905 als erste Allgäuer Biermarke beim Kaiser-

lichen Patentamt in Berlin registriert. Daneben führt Meckatzer weitere Biersorten, darunter das Meckatzer Weizen, Urweizen und Pils, das ungefilterte Meckatzer Zwickelbier sowie seit 2017 wieder das Meckatzer Hell. Meckatzer vertreibt seine Biere inzwischen weit über den Raum Allgäu/Bodensee/Oberschwaben hinaus bis in die deutsche Hauptstadt. Das Unternehmen liegt seit 1853 in den Händen der Familie Weiß, das Gründerehepaar Gebhard und Lena Weiß übernahm dazu die 1738 gegründete Meckatzer Brauerei zum Löwen. Heute leitet in 4. Generation Michael Weiß mit Matthias Tomasetti die Geschicke der Firma. 2013 wurden der Gastgarten und die Brauereiwelt eröffnet, in der Geschichte, Gegenwart und Zukunft der Allgäuer Brauerei erlebbar werden.

Kontakt
Meckatzer Löwenbräu Benedikt Weiß KG
Meckatz 10, 88178 Heimenkirch
www.meckatzer.de

MECU

Velbert, Nordrhein-Westfalen

Gegründet: 1986
Die MECU-Metallhalbzeug GmbH & Co. KG ist als Großhändler von Metallhalbzeugen ohne Eisenanteil tätig. Kupfer, Messing, Aluminium, Bronze und Neusilber hält das Unternehmen in unterschiedlichsten Formen und Abmessungen bereit. Die Kunden können die Produkte auch nach individuellem Zuschnitt ordern. 1986 gründete J. Peter Lindner die MECU-Metallhalbzeug GmbH in Velbert. 1998 erfolgte die Umfirmierung zur GmbH & Co. KG. MECU bietet seinen Mitarbeitenden ein umfangreiches Gesundheitsmanagement und initiiert zahlreiche Maßnahmen zur Verbesserung der Familienfreundlichkeit. Dazu gehören Betriebskindergartenplätze, Teilzeitmodelle und die Möglichkeit eines gleitenden Wiedereinstiegs. Für sein soziales Engagement zur Vereinbarkeit von Beruf und der Pflege von Angehörigen gewann MECU den Wettbewerb familie@unternehmen.nrw. Heutige Geschäftsführerin ist die Tochter des Gründers Sabine Lindner-Möller.

Kontakt
MECU-Metallhalbzeug GmbH & Co. KG
Haberstr. 14, 42551 Velbert
www.mecu.de

MEDICE Arzneimittel

Iserlohn, Nordrhein-Westfalen

Gegründet: 1949
MEDICE zählt zu den erfolgreichsten Familienunternehmen unter den Arzneimittelherstellern in Deutschland und befindet sich seit Jahren auf Wachstumskurs. Die drei Hauptbetätigungsfelder sind freiverkäufliche Arzneimittel, wie z. B. Meditonsin und Dorithricin (OTC-Geschäft), der ZNS-Bereich und die Nierenheilkunde. Mit über 600 Mitarbeitenden wurde 2019 ein Umsatz von 239 Mio. Euro erzielt, davon rd. 30 % aus dem internationalen Geschäft. Entwickelt und produziert wird ausschließlich am Hauptsitz in Iserlohn.

MEDICE wurde 1949 von Heilpraktiker Gustav Pütter gegründet. Heute ist es im Besitz seines Sohnes Dr. med. Sigurd Pütter und dessen Tochter Dr. med. Katja Pütter-Ammer, die mit Ehemann Dr. med. Dr. oec. Richard Ammer und zwei weiteren Geschäftsführern, Dr. Jürgen Kreimeyer und Eric Neyret, die Geschäftsführung bildet.

Kontakt
MEDICE Arzneimittel Pütter GmbH & Co. KG
Kuhloweg 37, 58638 Iserlohn
www.medice.de

M

Meffert AG Farbwerke

Bad Kreuznach, Rheinland-Pfalz

„Wir haben eine sehr gute Mannschaft – und Bad Kreuznach ist und bleibt unser Headquarter."

Klaus Meffert, Vorstandsvorsitzender

Klaus Meffert (oben) leitet das Familienunternehmen zusammen mit seinem Cousin Dieter Meffert (unten).

Gegründet: 1947

Die Meffert AG Farbwerke ist ein Unternehmen der chemischen Industrie, das Bautenfarben, Lacke und Lasuren, Putze, Holzanstriche, Dicht- und Klebstoffe sowie Renovier- und Saniersysteme herstellt. Neben sechs deutschen Produktionsstandorten in Bad Kreuznach (zwei Werke), Ostrau, Erfurt, Königswinter und Mainz werden fünf weitere in der Ukraine, in Russland, Litauen, Ungarn und Italien betrieben. Wichtige Absatzkanäle sind der Großhandel, der Baustoffhandel, Baumärkte, Fachmärkte, der Einzelhandel und die Industrie, den Auslandsvertrieb organisieren vier internationale Distributionszentren. 2019 erzielte die Meffert AG mit rd. 1.400 Mitarbeitenden einen Konzernumsatz von 373 Mio. Euro bei einer Exportrate der Inlandsgesellschaften von rd. 18 %. Den Mitarbeitenden aller Ebenen werden u. a. vielfältige Weiterbildungen sowie ein Gesundheitsmanagement mit vielen präventiven Aktivtäten geboten.

Otto Meffert sen. eröffnete 1947 ein Farbengeschäft in der Bad Kreuznacher Innenstadt, woraus ein international agierendes Unternehmen entstand, dem die deutsche Wiedervereinigung zusätzliche Impulse gab. 1985 übernahmen Klaus und Dieter Meffert die Führung des Unternehmens und leiteten 1991 seine Internationalisierung ein. 1997 wurde die Otto Meffert & Sohn GmbH in eine nicht börsennotierte Aktiengesellschaft gewandelt. Die Meffert AG ist u. a. Mitglied im Bundesverband mittelständische Wirtschaft (BVMW) und im Verband der Chemischen Industrie (VCI).

Das Unternehmen ist in 3. Generation im Besitz der Familie Meffert und wird gemeinsam geführt von Klaus Meffert, dem als Vorstandsvorsitzenden die kaufmännische Geschäftsleitung obliegt, und seinem Cousin Dieter Meffert, der als Vorstand die technische Geschäftsleitung verantwortet. Bodenständig und mit Loyalität zum Standort Deutschland soll sich die Meffert AG auch zukünftig durch internationales Wachstum erfolgreich weiterentwickeln.

Der Hauptsitz der Meffert AG befindet sich in Bad Kreuznach.

Schon gewusst?

Bereits 1985 erhielt die erste Meffert-Lackdose den „Blauen Engel", und die 1990 errichtete Produktionsstätte für wasserbasierte Lacke war eine umweltschonende Innovation. Die Meffert AG implementierte 2001 bzw. 2015 zertifizierte Umwelt- und Energiemanagementsysteme und ist an „Ökoprofit" beteiligt, einem Netzwerk, das Unternehmen u. a. Impulse zum Energiesparen und zur Reduktion von Umweltbelastungen gibt. Zusammen mit 35 weiteren Unternehmen der Initiative „Energieeffizienz-Netzwerke" werden seit 2016 jährlich 40.000 MWh Strom sowie 70.000 MWh Brennstoff eingespart – das entspricht dem jährlichen Verbrauch von etwa 30.000 Personen und dem jährlichen Brennstoffverbrauch von etwa 12.000 modernen Einfamilienhäusern. Die jährliche CO_2-Freisetzung der Meffert AG wurde um 613.491 kg gesenkt.

Daten und Fakten

Inhaberfamilie: Familie Meffert
Gründer: Otto Meffert sen., 1947, Bad Kreuznach
Branche: chemische Industrie
Produkte: Bautenfarben, Lacke und Lasuren, Putze, Holzanstriche, Dicht- und Klebstoffe, Renovier- und Saniersysteme, Wärmedämm-Verbundsysteme
Standorte: 6 deutsche und 5 internationale Produktionsstandorte, 4 internationale Distributionszentren
Mitarbeitende: rd. 1.400, davon 730 in Deutschland, 620 international (2019)
Umsatz: 373 Mio. Euro (2019, konzernweit)
Marktposition: im Europavergleich der größten Farben- und Lackhersteller der effizienteste Bautenfarben-Produzent Deutschlands

Kontakt
Meffert AG Farbwerke
Sandweg 15, 55543 Bad Kreuznach
Fon: 0671 870-0, Fax: 0671 870-280
info@meffert.com, www.meffert.com

mefro

Rohrdorf, Bayern

Gegründet: 1946
Die mefro Metallwarenfabrik Fischbacher GmbH ist ein führendes, international agierendes Unternehmen, das in den drei Kerngeschäftsbereichen Räder, Transportgeräte und Umformtechnik aktiv ist: Jährlich werden mehr als 500.000 Doppelscheibenräder, u. a. für Industriefahrzeuge, Pkw-Anhänger, landwirtschaftliche Geräte und Flurförderfahrzeuge, rd. 60.000 Transportgeräte für die Haus-, Hof- und Landwirtschaft sowie ca. 12,5 Mio. Pressteile für die internationale Automobilindustrie hergestellt. Aus einem kleinen, von Anton Fischbacher 1946 in Rohrdorf gegründeten Betrieb der Metallbearbeitung entstand das heutige inhabergeführte Unternehmen mit Fertigungsanlagen auf 150.000 m² Grundstücksfläche. 2018 erwirtschaftete mefro mit 160 Mitarbeitenden einen Umsatz von 39,9 Mio. Euro.

Kontakt
mefro Metallwarenfabrik Fischbacher GmbH
Ludwig-Thoma-Str. 29, 83101 Rohrdorf
www.mefro-metallwarenfabrik.de

Mehrer

Balingen, Baden-Württemberg

Gegründet: 1889
Die Mehrer Compression GmbH zählt zu den weltweit führenden Herstellern von ölfreien Kolben- und Membrankompressoren. Das Familienunternehmen wird in 5. Generation von Jörg-Peter Mehrer geleitet und setzt seit über 130 Jahren Standards in der Gas- und Luftverdichtung. Heute nutzt das schwäbische Maschinenbauunternehmen sein langjähriges Know-how im Umgang mit verschiedensten Gasen, um bis ins Detail ausgefeilte Lösungen für spezielle Kundenanwendungen zu bieten. Mit den ausfallsicheren, wirtschaftlichen und absolut ölfreien Kompressoren ist Mehrer ein wichtiger Partner der Verfahrens- und Prozessgasindustrie sowie im Energie- und Umweltsektor und trägt z. B. dazu bei, nachhaltige Technologien weiter voranzutreiben und dadurch die Energiewende greifbarer zu machen.

Kontakt
Mehrer Compression GmbH
Rosenfelder Str. 35, 72336 Balingen
www.mehrer.de

MEILLER

München, Bayern

Gegründet: 1850
Die F. X. Meiller Fahrzeug- und Maschinenfabrik GmbH & Co KG produziert und vertreibt Kippaufbauten, -anhänger und Hydrauliksysteme. Mit den Kippern besetzt MEILLER marktführende Positionen und

beliefert Baubranche, Entsorgungswirtschaft und Nutzfahrzeugindustrie. Neben dem Hauptwerk in München betreibt MEILLER acht weitere Fertigungsstätten in Europa und Russland. Den Einsatz so manchen MEILLER Servicetechnikers ersetzt inzwischen die MEILLER Diagnose App. Mit Franz X. Meiller und Robert Meyer sind zwei Mitglieder der Inhaberfamilie in 5. Generation im Unternehmen tätig. Der Münchner Schmied Lorenz Meiller gründete die Firma 1850. Der Grundstein für den heutigen Produktionsschwerpunkt wurde 1904 mit dem ersten Aufbau eines Windenkippers auf einen Lkw gelegt.

Kontakt

Franz Xaver Meiller Fahrzeug- und Maschinenfabrik GmbH & Co KG
Ambossstr. 4, 80997 München
www.meiller.com

Melitta Group

Minden, Nordrhein-Westfalen

Der geschäftsführenden Gesellschafter Jero Bentz (oben) und der familienfremde Manager Volker Stühmeier (unten) stehen der Unternehmensgruppe Melitta vor.

Gegründet: 1908

Die Melitta Group verdankt ihre Existenz einer einfachen, aber genialen Idee: Weil sich Melitta Bentz am bitteren Geschmack ihres Kaffees störte, durchlöcherte sie eine Blechdose, legte darauf das Löschpapier aus dem Schulheft ihres Sohnes und ließ den Kaffee durchlaufen. Der weltweit erste Kaffeefilter war geboren und die Grundlage für die Marke Melitta® gelegt. Aus dem 1908 von ihr gegründeten kleinen Betrieb ist heute eine Unternehmensgruppe mit rd. 5.200 Mitarbeiterinnen und Mitarbeitern geworden, die weltweit agiert.

Chronologie

1908 Mithilfe einer Messingdose und einem Löschpapier entwickelt Melitta Bentz den ersten Kaffeefilter mit Papier.

1925 Mit der rot-grünen Markenpackung unterscheidet sich Melitta nunmehr als Markenartikler von den Wettbewerbern.

1936 Eine Überarbeitung des Kaffeefilters führt zur Entwicklung und Patentierung der markentypischen Melitta® Filtertüten®.

1937 Melitta führt das Butterbrotpapier in Deutschland ein. Außerdem wird der typische Melitta-Schriftzug entwickelt.

1962 Melitta steigt ins Kaffeegeschäft ein als erster Anbieter für vakuumverpackten Röstkaffee.

1965 Melitta entwickelt das „1x"-System für Melitta® Filtertüten® und bringt eine der ersten elektrischen Kaffeemaschinen auf den Markt.

1988 Fünf Geschäftsfelder mit fünf neuen eigenständigen Markenbezeichnungen werden gebildet: Melitta®, Toppits®, Swirl®, Cilia® und Aclimat®.

2013 Mit Jero Bentz tritt zu Jahresbeginn die 4. Generation in die Unternehmensleitung ein.

2019 Melitta bringt eine neue Premium Produktrange auf den Markt und bietet mit der Marke Avoury® Premium-Teemaschinen sowie Bio-Teesorten an.

Diese Erfolgsgeschichte hat die Melitta Group u. a. dem Pioniergeist, der hohen Innovationskraft und der konsequenten Ausrichtung auf die Bedürfnisse der Kundinnen und Kunden zu verdanken, auf die das Unternehmen seit mehr als 100 Jahren setzt. Viele Innovationen,

Gesellschaftliche Verantwortung

Gesellschaftliches Engagement ist im unternehmerischen Selbstverständnis der Melitta Group fest verankert. Seit Gründung des Unternehmens spielen Solidarität und Empathie für benachteiligte oder für schutzbedürftige Menschen eine große Rolle. Deshalb verfolgt das Familienunternehmen eine gruppenweite Social-Engagement-Strategie mit dem Grundprinzip, sich besonders dort einzubringen, wo sich unternehmerische Aktivitäten direkt auswirken und wo Dringlichkeit und Erfolg der Projekte unmittelbar beobachtet werden können. So engagiert sich Melitta an den verschiedenen Standorten, um dort neben der „Arbeitsqualität" auch ein Stück „Lebensqualität" zu bieten, und fördert seit Jahrzehnten Projekte und Institutionen im Bereich Kultur, Sport sowie Bildung und Soziales.

insbesondere für den deutschen Markt, stammen von Melitta: der erste gemahlene Kaffee in Vakuumverpackung, die Filterkaffeemaschine, das Butterbrotpapier und die Alufolie als universell einsetzbare Haushaltsfolie. Eine immer wichtigere Rolle spielt auch das Thema Nachhaltigkeit. Ganzheitlich Verantwortung zu übernehmen für die Produkte, die Umwelt, die Gesellschaft und die Menschen entspricht als Familienunternehmen den Werten der Melitta Group und ist fest in der Unternehmensstrategie verankert. So werden Melitta® Filtertüten® aus FSC®-zertifiziertem Zellstoff hergestellt, die Bio-Müll-Säcke und die Bio-Entkalker-Serie von Swirl® sind biologisch vollständig abbaubar und die Staubsaugerbeutel mit dem Pro-Nature-Siegel bestehen zu großen Teilen aus Recyclingmaterial und nachwachsenden Rohstoffen. Seit der Gründung legt das Unternehmen außerdem großen Wert auf die Förderung seiner Mitarbeitenden und bietet ihnen u. a. Förderprogramme, Personalentwicklungsangebote, Gesundheitsmanagement und Kinderbetreuung an. Als

Bei der Zubereitung von Kaffeespezialitäten sind die original Melitta® Filtertüten® ein Klassiker. Neben der Marke Melitta® führt das Unternehmen zahlreiche weitere Marken wie Toppits® und Swirl® im Sortiment.

Ende 2019 hat Melitta eine neue Premium Produktrange auf den Markt gebracht, mit der Melitta nicht nur den „Pour Over"-Trend bedient, sondern den „von Hand" aufgebrühten Kaffee neu interpretiert.

M

Melitta Bentz erfand den ersten Kaffeefilter unter Zuhilfenahme einer Messingdose und eines Löschpapiers.

„soziales Gewissen" des Unternehmens hatte Melitta Bentz bereits 1938 die Melitta-Hilfe, einen firmeneigenen Sozialfonds für Mitarbeitende, ins Leben gerufen.

Geführt wird die Melitta Group in 4. Familiengeneration von Urenkel Jero Bentz als persönlich haftendem Gesellschafter sowie von Volker Stühmeier als familienfremdem Mitglied der Unternehmensleitung.

Daten und Fakten

Inhaberfamilie: Familie Bentz in 4. Generation
Gründerin: Melitta Bentz, 1908, Dresden
Branche: Konsumgüter
Standorte: 59 Standorte weltweit, davon 8 in Deutschland
Mitarbeitende: 5.222 (2018)
Umsatz: 1,5 Mrd. Euro (2018)
Unternehmensanteile der Familie: 100%
Eigenkapitalquote: 27%
Literatur: M. Hempe: 100 Jahre Melitta. Geschichte eines Markenunternehmens (2008)

Kontakt
Melitta Group Management
Marienstr. 88, 32425 Minden
Fon: 0571 4046-0
pr@melitta.de, www.melitta-group.com

MENNEKES

Kirchhundem, Nordrhein-Westfalen

Gegründet: 1935
Die MENNEKES Elektrotechnik GmbH & Co. KG ist ein führender Anbieter von Industriesteckvorrichtungen und intelligenten E-Mobilitäts-Ladelösungen. Ein Meilenstein in der Familiengeschichte war das Jahr 2014, als die Ladesteckvorrichtung Typ 2 vom Europäischen Parlament zum EU-Standard erklärt wurde. Weltweit beschäftigt MENNEKES mehr als 1.200 Mitarbeitende, zwei Drittel davon in Deutschland. Der Jahresumsatz beträgt 180 Mio. Euro (2019). Der Hauptsitz des Unternehmens liegt in Kirchhundem im Sauerland; ein weiterer Standort in Neudorf im Erzgebirge. International ist MENNEKES mit Tochtergesellschaften und Partnern in über 90 Ländern präsent. Gegründet 1935 von Aloys Mennekes, leitet Christopher Mennekes das Unternehmen heute in 3. Generation.

Kontakt
MENNEKES Elektrotechnik GmbH & Co. KG
Aloys-Mennekes-Str. 1, 57399 Kirchhundem
www.mennekes.de

Merck

Darmstadt, Hessen

MERCK

Gegründet: 1668
Merck ist ein führendes Wissenschafts- und Technologieunternehmen, das in den Bereichen Healthcare, Life Science und Performance Materials tätig ist. Rd. 57.000 Mitarbeitende setzen sich dafür ein, im Leben von Millionen

Gesellschaftliche Verantwortung

Wissenschaftliche Forschung und verantwortungsvolles Unternehmertum sind bei Merck sehr eng miteinander verbunden. Das Unternehmen engagiert sich weltweit in zahlreichen Projekten: Gemeinsam mit Partnern und in vielfältigen Initiativen setzt sich Merck dafür ein, den Zugang zu Gesundheitsleistungen für Menschen v. a. in Ländern mit mittlerem und niedrigem Einkommen zu verbessern. Ein Schwerpunkt ist die Bekämpfung von Malaria und der Tropenkrankheit Bilharziose. Die Merck Foundation engagiert sich seit 2017 u. a. für die Ausbildung von Fachärztinnen und Fachärzten in unterversorgten Regionen der Welt sowie die Ausbildung insbesondere von Frauen und Jugendlichen in sog. MINT-Fächern. Traditionell fördert das Unternehmen auch naturwissenschaftliche Bildung, Forschung und Kultur. Musikalische Botschafterin des Unternehmens ist die Deutsche Philharmonie Merck.

M

„Was der Mensch thun kann …"

Emanuel Merck (1794–1855)

Menschen täglich einen entscheidenden Unterschied für eine positive Zukunft zu machen: von der Entwicklung präziser Technologien zur Genom-Editierung über die Entdeckung einzigartiger Wege zur Behandlung von Krankheiten bis zur Bereitstellung innovativer Materialien, etwa für OLED-Displays oder Anwendungen wie Künstliche Intelligenz und autonomes Fahren. Auch über seine drei Unternehmensbereiche hinaus forscht das Unternehmen in vielversprechenden Innovationsfeldern. Beispiele hierfür sind „Clean Meat" – die biotechnologische Herstellung von Fleisch – oder „Biosensing and Interfaces", also Schnittstellen-Technologien zwischen biologischer und digitaler Welt. 2019 erwirtschaftete Merck in 66 Ländern einen Umsatz von 16,2 Mrd. Euro.

Die Familie Merck hält als Komplementärin über die E. Merck KG rd. 70 % der Unternehmensanteile. Die übrigen rd. 30 % der Anteile im Streubesitz werden von Kommanditaktionären gehalten. Der Börsengang 1995 markiert durch die Wahl der Rechtsform einen besonderen Meilenstein: Die KG auf Aktien erleichtert es, den Familiencharakter des Unternehmens beizubehalten. Als Konzernobergesellschaft aller Merck-Gesellschaften ist die E. Merck KG nicht operativ tätig, trifft jedoch unternehmerische Grundsatzentscheidungen. Ihre Gesellschafterversammlung

Johannes Baillou, Vorsitzender des Gesellschafterrates der E. Merck KG, und Dr. Frank Stangenberg-Haverkamp, Vorsitzender des Vorstandes und des Familienrates der E. Merck KG (oben, v. l.); Merck-Zentrale in Darmstadt (unten)

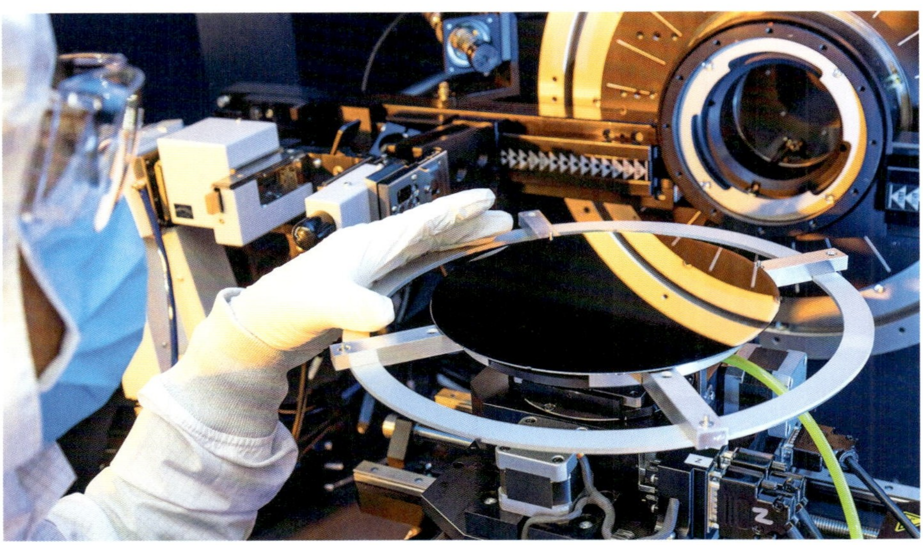

Halbleiter-Forschung im Bereich Performance Materials

M

Chronologie

1668 Friedrich Jacob Merck erhält in Darmstadt das Privileg für eine Apotheke.

1827 Emanuel Merck beginnt mit der forschungsbasierten industriellen Produktion pharmazeutischer Wirkstoffe.

1917 Die 1890 in New York aus einer Niederlassung entstandene eigenständige Gesellschaft Merck & Co. wird infolge des Ersten Weltkrieges enteignet.

1995 Gründung der Merck KGaA und Börsengang

2007 Übernahme und Integration der Serono S. A.; Verkauf der Generika-Sparte

2010 Übernahme des US-Unternehmens Millipore

2015 Übernahme des US-amerikanischen Laborausrüsters Sigma-Aldrich

2018 Veräußerung des Consumer-Health-Geschäfts

2019 Übernahme von Versum Materials, einem Unternehmen für Elektronikmaterialien für Halbleiter- und Displayindustrien

Tablettenproduktion in Darmstadt (oben); Merck'sche Apotheke in Darmstadt um 1668 (Mitte); Emanuel Merck, 1794–1855 (unten)

wählt einen Familienrat, der die Interessen der Familiengemeinschaft Merck wahrnimmt. Der Familienrat wiederum bestimmt den Gesellschafterrat, der u. a. die Geschäftsleitung der Merck KGaA bestellt und kontrolliert. Vorsitzender des Familienrates ist Dr. Frank Stangenberg-Haverkamp. Den Vorsitz des Gesellschafterrates hat Johannes Baillou inne, den der Geschäftsleitung der Merck KGaA Dr. Stefan Oschmann.

Die Entwicklungsgeschichte zum globalen Wissenschafts- und Technologieunternehmen reicht zurück in das Jahr 1668. Friedrich Jacob Merck erhielt in Darmstadt das Privileg für eine Apotheke, die später den Namen „Engel-Apotheke" bekam und bis heute von einem Mitglied der Familie geführt wird. Emanuel Merck, der die Apotheke 1816 übernahm, forschte zu Alkaloiden und begann 1827 mit der Herstellung „im Großen". Mit der industriellen Produktion dieser hochwirksamen Substanzen legte Emanuel Merck den Fokus auf innovationsgetriebene Geschäftsfelder in den Bereichen Pharma und Chemie und schuf so die Basis für das heutige Unternehmen.

Daten und Fakten

Inhaberfamilie: Familie Merck in 13. Generation
Gründer: Friedrich Jacob Merck, 1668, Darmstadt
Branche: Wissenschaft und Technologie in den Bereichen Healthcare, Life Science und Performance Materials
Standorte: Hauptsitz Darmstadt; 222 personalführende Gesellschaften in 66 Ländern; insgesamt 103 Produktionsstandorte weltweit
Mitarbeitende: rd. 57.000 weltweit (2019)
Umsatz: 16,2 Mrd. Euro (2019)
Familieneinfluss: die E. Merck KG trifft die unternehmerischen Grundsatzentscheidungen
Unternehmensanteile der Familie: rd. 70% über die E. Merck KG
Kontrollgremien: Aufsichtsrat, Gesellschafterrat

Kontakt
Merck KGaA
Frankfurter Str. 250, 64293 Darmstadt
Fon: 06151 72-0, Fax: 06151 72-2000
service@merckgroup.com, www.merckgroup.com

Ansprechpartner Group Communications
Dr. Constantin Birnstiel
Fon: 06151 72-56567
constantin.birnstiel@merckgroup.com

Ansprechpartner Investor Relations
Constantin Fest
Fon: 06151 72-5271
constantin.fest@merckgroup.com

Merz Pharma

Frankfurt a. Main, Hessen

Gegründet: 1908
Merz ist ein Ästhetik- und Pharmaunternehmen, das in den Bereichen Forschung und Entwicklung und Vertrieb von innovativen medizinischen Produkten für die Ästhetik und Dermatologie sowie im Bereich der neurologischen Bewegungsstörungen aktiv ist. Das Unternehmen mit Tochtergesellschaften in Europa, den USA, Kanada, Lateinamerika und im Asien-Pazifik-Raum beschäftigt weltweit rd. 3.200 Mitarbeitende und erzielte im Geschäftsjahr 2018/2019 einen Umsatz von rd. 1,09 Mrd. Euro. Die Tochtergesellschaft Merz Consumer Care ist ein führender Anbieter von Gesundheits-, Wellness- und Beauty-Produkten, u. a. der Marken tetesept® und Merz Spezial®. 1908 schuf der Apotheker, studierte Chemiker und Pharmazeut Friedrich Merz mit einer pharmazeutischen Fabrikation in Frankfurt die Basis des heutigen Unternehmens in Privatbesitz.

Kontakt
Merz Pharma GmbH & Co. KGaA
Eckenheimer Landstr. 100, 60318 Frankfurt a. Main
www.merz.com

Messer

Bad Soden, Hessen

MESSER Gases for Life

Gegründet: 1898
Messer, vor über 120 Jahren gegründet, ist heute der weltweit größte familiengeführte Industriegasespezialist. Das Portfolio des Familienunternehmens ist ebenso vielfältig wie die Anwendungen: Die Produkte und Technologien kommen in fast allen Industriebranchen, in der Lebensmittelindustrie, in der Medizin sowie in Forschung und Wissenschaft zum Einsatz. Messer ist in den relevanten Märkten in Europa, Asien und Amerika vertreten und beschäftigt über 11.000 Mitarbeitende. Das Unternehmen erwirtschaftet einen Umsatz von mehr als 3 Mrd. Euro inkl. der at-Equity-konsolidierten Gesellschaften.

Miteigentümer Stefan Messer leitet das Unternehmen als CEO in 3. Generation. Sein Sohn Marcel Messer ist im Mai 2018 in das Unternehmen eingetreten und fungiert als Berater der Geschäftsführung. Die Firmenleitung wird von zwei langjährigen erfahrenen Mitarbeitern von Messer komplettiert. Zudem berichtet ein Senior Advisory Board, bestehend aus der Geschäftsführung und einem Managerstab, über laufende Geschäftsaktivitäten. Ein Aufsichtsrat überwacht die Geschäfte.

Messer arbeitet nach fest definierten Grundsätzen und Prinzipien. Das Unternehmen engagiert sich für Maßnahmen zur Arbeitssicherheit und für den Umweltschutz, die Verbesserung der Energieeffizienz seiner Anlagen und für einen nachhaltigen Handel. Außerdem setzt sich die Familie Messer für

Schon gewusst?

Industriegase spielen bei alltäglichen Dingen eine wichtige Rolle. Sie sind in vielen Produktionsprozessen ebenso bedeutend wie Strom und Wasser. Als sprudelnde Bläschen in Getränken werden sie sichtbar – jedoch verstecken sie sich in vielen Produkten. Unter Schutzgas verpackte Kartoffelchips, Xenonscheinwerfer und Kryptontaschenlampen zeigen es offensichtlich, doch Gase werden beispielsweise auch bei der Herstellung von Papier, Speiseeis, Windrädern, Autos und Airbags, Fliesen und Keramik oder Wasserhähnen eingesetzt. Einblicke in die Vielfalt und den Nutzen von Gasen hält Messer für die breite Öffentlichkeit auf seiner Internetseite www.GasesforLife.de bereit.

M

„Messer ist und bleibt ein unabhängiges Familienunternehmen."

Stefan Messer

Stefan Messer (oben) ist geschäftsführender Gesellschafter, sein Sohn Marcel Messer (unten) ist Referent der Geschäftsleitung.

M

Die internationale Unternehmenszentrale von Messer befindet sich im Stadtkern von Bad Soden am Taunus.

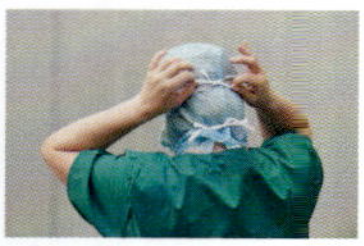

Industriegase sind in der Produktion alltäglicher Gegenstände so wichtig wie Wasser und Strom.

Chancengleichheit, Diversität und ein respektvolles Miteinander ein. So soll die Tradition verantwortungsvoll fortgeführt werden.

1898 legte Adolf Messer den Grundstein für das heutige Unternehmen. In Frankfurt a. Main produzierte er zunächst Acetylenentwickler und Beleuchtungskörper. Sein Sohn Hans übernahm das Unternehmen 1953. Nachdem das Wachstum in den 1960er-Jahren an interne Grenzen gestoßen war, fusionierte Messer 1965 mit einer Tochtergesellschaft der Hoechst AG zur Messer Griesheim GmbH. Zwar hatte Hoechst eine Zweidrittelmehrheit an dem neuen Unternehmen, doch die Familie Messer sicherte sich dauerhaft ihren Einfluss. Zum einen übernahm Hans Messer die Geschäftsführung, zum anderen gestand der Fusionsvertrag der Familie weitreichende Rechte zu. Nachdem das Unternehmen in den 1990er-Jahren eine schwere Krise durchlebte, veräußerte die Hoechst AG 2001 ihre Beteiligung an Finanzinvestoren, die das Portfolio strafften und so die Wettbewerbsfähigkeit wiederherstellten.

Strategische Einbindung von Corporate Responsibility

Im Leitbild von Messer sind Kunden- und Mitarbeiterorientierung, verantwortliches Handeln, unternehmerische Verantwortung sowie offene Kommunikation, Vertrauen und Respekt verankert. Kurz nach der Rückführung aller Unternehmensanteile in den Familienbesitz im Jahr 2004 hat Stefan Messer persönlich eine Wertediskussion vorangetrieben, die in einer unternehmensweiten Vision und Mission sowie der Formulierung der Unternehmenswerte mündete. Das nachhaltige Handeln des Unternehmens orientiert sich an den Bedürfnissen der Kunden und gründet auf gemeinsamer Verantwortung für Mensch, Umwelt und Fortschritt. Um diese Werte und die entsprechenden Entwicklungen messbar und vergleichbar zu machen, hat Messer im Jahr 2014 erstmals Key Performance Indicators (KPI) für Nachhaltigkeit eingeführt. Die Kernfelder sind die Unternehmenswerte, Kunden und Märkte, Klima- und Umweltschutz, Sicherheit, Mitarbeitende und die Gesellschaft. Seit Gründung der Messer Group GmbH verfolgt das Unternehmen langfristige Ziele, um wirtschaftlich unabhängig zu sein. Seit 2014 ist die unternehmerische Verantwortung in der Querschnittsfunktion Corporate Responsibility strategisch in den Geschäftsprozessen verankert. Die messbaren Ziele und Ergebnisse veröffentlicht Messer in jährlichen Nachhaltigkeitsberichten. In diesem Zusammenhang unterstützt Messer das Ziel seiner Kunden, die Nachhaltigkeit ihrer eigenen Aktivitäten und Lieferketten zu prüfen und sicherzustellen.

M

Messer produziert Sauerstoff, Stickstoff und Argon in Luftzerlegungsanlagen.

Messer vertreibt Gase nicht nur in Tankwagen, sondern auch in Flaschenbündeln, wie etwa dem für sein Produktdesign mit dem Red Dot Award ausgezeichneten Flaschenbündel MegaPack.

Das Unternehmen gelangte 2004 schließlich wieder vollständig in die Hände der Familie Messer. Unter Führung von Stefan Messer, dem Enkel von Adolf Messer, erwarb sie alle Anteile an der Holding-Gesellschaft von den Finanzinvestoren zurück und veräußerte im gleichen Zuge die Gesellschaften in Deutschland, Großbritannien und den USA. Damit verbunden war ein vertragliches Wettbewerbsverbot, was dazu führte, dass Messer erst seit 2008 in Deutschland wieder unter eigenem Namen Gase produzieren und vertreiben darf. Seit 2005 ist auch der Bereich Schweiß- und Schneidtechnik, an dem zwischenzeitlich mehrheitlich ein Finanzinvestor beteiligt war, wieder komplett in Familienbesitz.

Luftgase: Gewinnung, Speicherung und Transport

Luft ist ein Gemisch aus verschiedenen Gasen, das die Atmosphäre unseres Planeten bildet. Sie besteht zu größten Teilen aus Stickstoff und Sauerstoff, aus einem kleinen Anteil Argon und weiteren Gasen in kleinsten Mengen. Um diese Gase zu gewinnen, nutzt Messer Luftzerlegungsanlagen, die über 60 m hoch sein können. In ihnen findet ein physikalischer Prozess statt, bei dem die Luft in ihre Bestandteile zerlegt wird. Dabei wird zunächst die Atemluft aus der Umgebung gefiltert, verdichtet und mit Kühlwasser vorgekühlt. Anschließend wird die Luft in einer Molsiebanlage getrocknet, von CO_2 befreit und dann auf unter -175 °C abgekühlt und verflüssigt. In einer Trennkolonne erfolgt die Zerlegung in flüssigen oder gasförmigen Sauerstoff und Stickstoff und auch in flüssiges Argon.

In kleineren Mengen werden Gase in Druckgasflaschen gespeichert. Wenn Industriegase in großen Mengen benötigt werden, installiert Messer in den Betrieben seiner Kunden Tanks, in denen Gase wie Sauerstoff, Stickstoff, Argon oder flüssiges CO_2 gespeichert werden. Das Gas wird in Tankfahrzeugen zum Kunden geliefert. Große Industrien, wie Stahlwerke oder Chemieunternehmen, benötigen so viel Gas, dass auf ihrem Gelände oft eine Luftzerlegungsanlage betrieben wird. Manchmal werden ein oder mehrere Großbetriebe auch über Pipelines mit Gasen versorgt. Je mehr Gase bei einem Verbraucher benötigt werden, umso geringer sollte die Entfernung zu dem Ort sein, an dem die Gase produziert werden. In der Regel werden Gase dort hergestellt, wo sie benötigt werden: in der Nähe von dicht besiedelten, industriellen Gebieten.

M

Adolf Messer (Mitte) gründete 1898 die Frankfurter Acetylen-Gas-Gesellschaft Messer & Cie.; Hans Messer (unten) übernahm in jungen Jahren die Unternehmensleitung.

Chronologie

1898 Gründung der Frankfurter Acetylen-Gas-Gesellschaft Messer & Cie. durch Adolf Messer

1953 Mit Hans Messer übernimmt die 2. Generation das Unternehmen.

1965 Fusion mit Teilen der Knapsack-Griesheim AG, einer Tochter der Hoechst AG, zur Messer Griesheim GmbH

1992 Ausgliederung der Schweiß- und Schneidtechnik (Messer Cutting & Welding AG)

1999 Unter der Leitung von Stefan Messer fällt die Messer Cutting & Welding AG zurück in Familienbesitz und wird in eine GmbH umgewandelt.

2001 Übernahme der Zweidrittelmehrheit an der Messer Griesheim GmbH durch Finanzinvestoren

2004 Rückerwerb aller Anteile: Messer ist wieder zu 100 % im Besitz der Familie Messer.

2008 Rückkehr auf den deutschen Heimatmarkt

2011 Einzug in die gemeinsame Unternehmenszentrale in Bad Soden am Taunus

2018 120. Jubiläum von Messer; Marcel Messer tritt ins Unternehmen ein.

2019 Messer Group erwirbt mit CVC Geschäftsteile von Linde in den USA, die Aktivitäten von Linde in Kanada, Brasilien, Kolumbien und von Praxair in Chile.

Die 2004 formulierten Ziele konnten bis heute erreicht werden: Messer investierte dafür über eine Milliarde Euro in neue Produktionsstandorte für eine weitgehend eigenständige, unabhängige Produktversorgung in Europa. In China gelang eine Umsatzsteigerung von 47,52 Mio. Euro im Jahr 2004 bis auf 497 Mio. Euro im Jahr 2018.

Messer hat durch das Joint Venture Messer Industries GmbH im März 2019 gemeinsam mit CVC Capital Partners Fund VII („CVC") den überwiegenden Teil des Gasegeschäfts der Linde AG in Nordamerika sowie einzelne Geschäftsaktivitäten von Linde und Praxair in Südamerika übernommen. Insgesamt investierte Messer Industries rd. 3,2 Mrd. Euro. Messer brachte den überwiegenden Teil seiner westeuropäischen Gesellschaften in das Joint Venture ein.

Daten und Fakten

Inhaberfamilie: Familie Messer in 3. und 4. Generation
Gründer: Adolf Messer, 1898, Frankfurt a. Main
Branche: Spezialist für Industrie, Medizin- und Spezialgase sowie Gasgemische und Gaserzeugung
Produkte: Sauerstoff, Stickstoff, Argon, Kohlendioxid, Wasserstoff, Helium, Schweißschutzgase, Spezialgase, Lebensmittelgase, Medizingase und viele verschiedene Gasgemische
Standorte: Messer ist in den relevanten Märkten in Europa, Asien und Amerika vertreten
Mitarbeitende: über 11.000 (2019)
Umsatz: über 3 Mrd. Euro inkl. der at-Equity-konsolidierten Messer Industries GmbH (2019)
Marktposition: größtes eigentümergeführtes Industriegaseunternehmen weltweit
Familieneinfluss: Stefan Messer ist geschäftsführender Gesellschafter der Messer Group GmbH
Unternehmensanteile der Familie: 100 % an Messer Group
Literatur: J. Lesczenski: 100 Prozent Messer – Die Rückkehr des Familienunternehmens 1898 bis heute (2007, 2. Auflage 2019)

Kontakt
Messer Group GmbH
Messer-Platz 1, 65812 Bad Soden/Taunus
Fon: 06196 7760-0, Fax: 06196 7760-442
info@messergroup.com, www.messergroup.com

Ansprechpartnerin Communications
Diana Buss, SVP Corp. Com.
Fon: 02151 7811-251
diana.buss@messergroup.com

Mestemacher

Gütersloh, Nordrhein-Westfalen

Gegründet: 1871

Die Mestemacher GmbH ist ein führender Produzent von Brot und Backwaren. Zum Angebot zählen u. a. Westfälischer Pumpernickel, Vollkornbrote, internationale Brotspezialitäten und Knäckebrot. Mit dem Pumpernickel und Vollkornbroten, die durch spezielle Pasteurisation ungeöffnet bis zu sechs Monate genussfrisch sind, ist das Unternehmen weltweit Marktführer. Die Holding mit Tochtergesellschaften produziert in Gütersloh, Lippstadt und Aerzen sowie im polnischen Poznań. Mestemacher Brote und Backwaren sind im deutschen Lebensmitteleinzelhandel und in über 80 Ländern weltweit erhältlich. 2019 erwirtschafteten 616 Mitarbeitende der Mestemacher-Gruppe einen Umsatz von 165,9 Mio. Euro, die Exportquote betrug rd. 29 %.

Der Ursprung des Unternehmens geht zurück auf zwei westfälische Bäckereifamilien: 1871 richtete Schuhmachermeister Johann Heinrich Mestemacher seinem Sohn, dem Bäckermeister Wilhelm Mestemacher, eine Bäckerei in Gütersloh ein. Dort gründete dieser 1910 eine Spezialbäckerei für Pumpernickel. Der Bäckermeister Fritz Detmers eröffnete 1904 in Bielefeld-Jöllenbeck die Dorfbäckerei Detmers. Dessen Enkel Albert und Fritz Detmers erwarben 1985 die Mestemacher Vollkorn- und Pumpernickelbäckerei von den Nachkommen Wilhelm Mestemachers, nach-

Chronologie

1871 Schuhmachermeister Johann Heinrich Mestemacher richtet in Gütersloh für seinen 20-jährigen Sohn und Bäckermeister Wilhelm eine Bäckerei ein.

1904 Bäckermeister Fritz Detmers eröffnet in Bielefeld-Jöllenbeck die Dorfbäckerei Detmers.

1910 Wilhelm Mestemacher gründet nach mehr als 35 Jahren als Stadtbäcker eine Spezialbäckerei für Pumpernickel.

1927 Fritz Detmers beginnt, geschnittenen Pumpernickel und Vollkornbrot in Stanniol-Folie zu verpacken und ins Lipperland zu exportieren.

Mitte der 1980er-Jahre Albert und Fritz Detmers verkaufen die regional bekannte Brotmarke Detmers und den zugehörigen Brotfrischdienst an die Großbäckerei Wendeln.

1985 Die beiden Familien Detmers erwerben die Mestemacher GmbH.

1994 Mit der Brotdosenedition „Panem et Artes" beginnt die Unterstützung von Künstlerinnen und Künstlern durch die Marke Mestemacher.

2013 Mestemacher ist in über 80 Ländern der Erde präsent und Weltmarktführer von verpackten Brotspezialitäten, die durch spezielle Pasteurisation ungeöffnet bis zu sechs Monate genussfrisch sind.

M

„Pumpernickel und Männeremanzipation lassen sich unter einen Hut bringen."

Prof. Dr. Ulrike Detmers, Gesellschafterin, Vorsitzende der Geschäftsführung Mestemacher Management GmbH, Sprecherin der Gruppe, Public Affairs, Marketing, Social Marketing

Brot von Mestemacher gibt es in zahlreichen Variationen und für jeden Geschmack (v. o.): Fitnessbrot, Pflaumen Walnuss Brot, Trauben Nuss Brot oder Unser Pures.

M

Gesellschaftliche Verantwortung

Mestemacher engagiert sich u. a. für Umweltschutz und Nachhaltigkeit, verarbeitet seit 1985 Bio-Zutaten und setzt sich auch auf politischer Ebene für ökologische Produktionsweisen ein. Im eigenen Unternehmen praktiziert man Nachhaltigkeit mit einem Blockheizkraftwerk in Gütersloh. In seiner Mitarbeiter- und Führungsstruktur setzt Mestemacher auf Vielfalt: Fach- und Führungskräfte unterschiedlicher Nationalität und unterschiedlichen Geschlechts arbeiten erfolgreich miteinander. Unter der Ägide von Prof. Dr. Ulrike Detmers trägt das Unternehmen seine Philosophie auch erfolgreich in die Öffentlichkeit: Mit jährlich ausgelobten Preisen prämiert man Spitzenväter, Managerinnen und seit 2017 mit dem neuen Mestemacher Preis „GEMEINSAM LEBEN" Lebensmodelle, in denen Selbsthilfe, Fürsorge und Förderung gelebt werden. Gefördert werden u. a. auch Bildungsprojekte sowie die Entwicklungshilfe.

Prof. Dr. Ulrike Detmers mit den geschäftsführenden Gesellschaftern der Mestemacher-Gruppe, Albert Detmers, Geschäftsführung Vertrieb & Verwaltung Mestemacher Management GmbH und Fritz Detmers, Geschäftsführung Einkauf Mestemacher Management GmbH (v. o.)

dem sie zuvor die Brotmarke Detmers an die Großbäckerei Wendeln veräußert hatten.

Albert und Fritz Detmers modernisierten den Betrieb und entwickelten neue Produkte. Mitte der 1990er-Jahre initiierte Prof. Dr. Ulrike Detmers, die auch Wirtschaftsprofessorin an der FH Bielefeld ist, mit dem Markenauftritt „Mestemacher – the lifestyle bakery" eine neue Unternehmens-Ära. Unter der Dachmarke Mestemacher sind heute traditionelle Backwaren wie Schwarzbrot und Pumpernickel sowie zahlreiche Biobrote und innovative Spezialitäten im Angebot. Die Marke steht außerdem für ein starkes Engagement zur

Der Klassiker: Westfälischer Pumpernickel von Mestemacher

Sushi einmal anders – mit Vollkornbrot und Pumpernickel statt Reis

Förderung der Gleichstellung von Frau und Mann in Wirtschaft und Gesellschaft sowie der Vereinbarkeit von Beruf und Familie. Den Mitarbeitenden bietet man u. a. alternierende Telearbeit und Weiterbildungen. Das Unternehmen baut die internationale Distribution weiter aus, installiert Umwelt- und Sozialstandards in der gesamten Lieferkette und fördert innovative Technologien und Produkte sowie die Öko-Lebensmittelwirtschaft.

Mestemacher ist zu je 50 % im Besitz der Familien Albert und Prof. Dr. Ulrike Detmers sowie Fritz und Helma Detmers. Die Geschäftsführung mit Albert und Fritz Detmers sowie Prof. Dr. Ulrike Detmers wird von einem Management-Team unterstützt.

Daten und Fakten

Inhaberfamilien: Familien Albert und Prof. Dr. Ulrike Detmers, Fritz und Helma Detmers
Gründer: Wilhelm Mestemacher, 1871, Gütersloh
Branche: Lebensmittel
Produkte: Westfälischer Pumpernickel, Vollkornbrote, internationale Brotspezialitäten, Knäckebrot
Vertrieb: über externe deutsche und europäische Logistikpartner sowie internationale Vertriebspartner in über 80 Länder der Welt
Mitarbeitende: 616 (2019)
Umsatz: 165,9 Mio. Euro (2019)
Unternehmensanteile der Familien: beide Familien zu jeweils 50 %
Kontrollgremien: Beirat, bestehend aus den 4 Gesellschaftern der Inhaberfamilien

Kontakt

Mestemacher GmbH
Am Anger 16, 33332 Gütersloh
Fon: 05241 8709-0, Fax: 05241 8709-89
info@mestemacher.de, www.mestemacher.de

Ansprechpartnerin Presse

Prof. Dr. Ulrike Detmers
Fon: 05241 8709--68
ulrike.detmers@mestemacher.de

M

Metall-Chemie Gruppe

Hamburg

Gegründet: 1949
Zur Metall-Chemie Holding GmbH gehören Produktions- und Handelsunternehmen aus den Geschäftsfeldern Feinchemie, Oberflächenveredelung, Transporttechnik sowie Nichteisen-Metalle. Produziert werden hochwertige Imprägnierungen von Papieren für beschichtete Oberflächen, Transportbänder aus Kunststoff und Metall für die Lebensmittelindustrie sowie Feinchemikalien und Produkte für die metallverarbeitende und pharmazeutische Industrie. Die Holding wird von Inhaber Claudio Lorenzo Valerio sowie dem familienfremden Manager Matthias Nagy geführt. Ein Beirat aus drei externen Mitgliedern mit unternehmerischer Erfahrung steht der Gesellschafterversammlung und der Geschäftsführung beratend zur Seite. Das Unternehmen wurde 1949 als Tochter einer französischen Familiengruppe in Hamburg gegründet und ist seit Mitte der 1990er-Jahre unabhängig.

Kontakt

Metall-Chemie Holding GmbH
Kaiser-Wilhelm-Str. 93, 20355 Hamburg
www.metall-chemie.com

M

Metten Fleischwaren

Finnentrop, Nordrhein-Westfalen

Gegründet: 1902
Metten ist ein mehrfach ausgezeichneter Hersteller von Fleisch- und Wurstwaren wie Würstchen, Aspik-, Kochpökel-, Brüh- und auch Rohwurst-Erzeugnissen. Das bekannteste Produkt des Unternehmens ist die „Dicke Sauerländer" Bockwurst in der blau-roten Dose. Sie war 2019 Deutschlands meistverkauftes Konserven-Würstchen. Der Vertrieb erfolgt deutschlandweit an den Lebensmitteleinzelhandel, den Großhandel und Discounter. Das Unternehmen mit 300 Mitarbeitenden und eigenem Außendienst erwirtschaftet jährlich rd. 120 Mio. Euro Umsatz bei einer Exportquote von 10 %. 1902 von Wilhelm Metten sen. als Landmetzgerei gegründet, operiert Metten heute im Konzernverbund mit zwei Tochtergesellschaften. Gesellschafter des Familienunternehmens sind Peter Metten sowie die beiden Geschäftsführer Ulrich Metten und, als Vertreter der 4. Generation, Tobias Metten.

Kontakt
Metten Fleischwaren GmbH & Co. KG
Bamenohler Str. 244, 57413 Finnentrop
www.metten.net

Metzler

Frankfurt a. Main, Hessen

METZLER

Gegründet: 1674
Die B. Metzler seel. Sohn & Co. KGaA blickt auf eine weit über 300-jährige Geschichte zurück und ist die älteste deutsche Privatbank in ununterbrochenem Familienbesitz. Die Kerngeschäftsfelder sind Asset Management, Capital Markets, Corporate Finance und Private Banking, z. B. für große und mittelständische Unternehmen, Finanzdienstleister und vermögende Privatkunden. Als Dachgesellschaft firmiert die Unternehmensgruppe unter dem Namen Bankhaus B. Metzler seel. Sohn & Co. Holding AG. Sitz des Bank- und Finanzdienstleistungskonzerns ist Frankfurt a. Main. Das Unternehmen wird in 12. Generation von der Eignerfamilie von Metzler geführt. Vier Familienmitglieder halten jeweils 100 % der Anteile an der Holding AG und der KGaA, deren Geschäftsführung aus sieben Partnern besteht. Die Zentrale in Frankfurt a. Main und Geschäftsstellen sowie Niederlassungen in München, Stuttgart, Köln/Düsseldorf, Hamburg, Atlanta, Los Angeles, Seattle, Tokio, Peking und Dublin beschäftigen 800 Mitarbeitende (Stand 2019). 2018 betrug die Konzern-Bilanzsumme 3,9 Mrd. Euro, die Kernkapitalquote über 20 %.

Der Empfang des Bankhauses Metzler

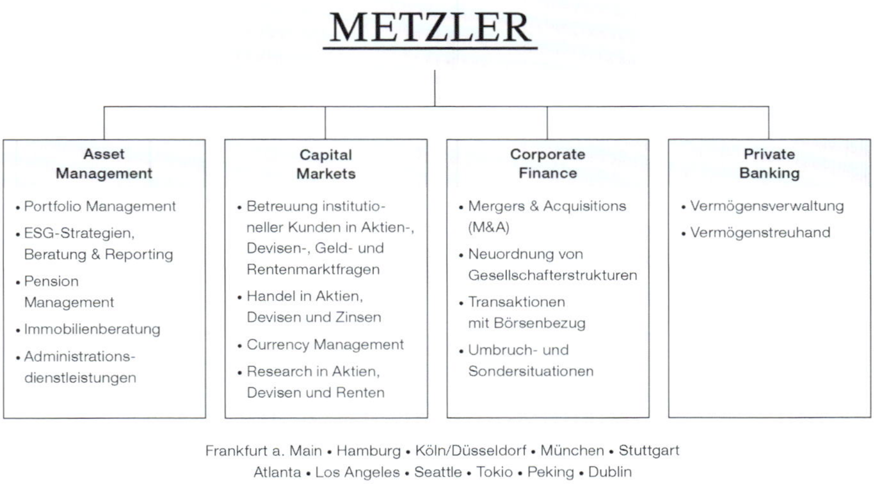

Die Kerngeschäftsfelder von Metzler

„Festina lente – wenn Du es eilig hast, gehe langsam."

Unternehmensmotto von Metzler

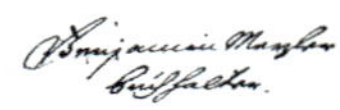

Unterschrift des Firmengründers Benjamin Metzler (1650–1686)

1674 gründete Benjamin Metzler in Frankfurt a. Main eine Tuchhandlung, die auch Geld- und Wechselkreditgeschäfte betrieb. Nach seinem Tod führten seine Söhne die neu benannte B. Metzler seel. Sohn & Co. Ihnen folgten 1757 Christina Barbara Metzler, Enkelin des Gründers, und 1771 ihr Neffe Friedrich Metzler, der den Wandel zum reinen Bankhaus vollzog. Ab 1850 konzentrierte die Bank sich auf den Effektenhandel und das Depotgeschäft, ab 1871 auf die Vermögensverwaltung und die Geschäftsabwicklung für Kunden. Albert von Metzler steuerte das Bankhaus von 1923 bis 1977 und baute es nach den Weltkriegen wieder auf. Seine Nachfolger Christoph und Friedrich von Metzler wandelten die Bank zum Investmenthaus. 1986 wurde aus der Personengesellschaft

Gesellschaftliche Verantwortung

Seit der Gründung 1674 war gesellschaftliches Engagement immer ein zentrales Element der Unternehmensphilosophie des Hauses Metzler. So wurden und werden zahlreiche Institutionen, Initiativen und Projekte sowohl finanziell als auch mit persönlichem Einsatz unterstützt. Die Basis hierfür sind ein klares Bekenntnis zur gesellschaftlichen Verantwortung sowie der Erfolg und die Unabhängigkeit des familieneigenen Unternehmens. Friedrich von Metzler hierzu: „Gesellschaftliche Rahmenbedingungen sind ein wichtiger Faktor für den Unternehmenserfolg; schon allein das spricht dafür, dass ein Unternehmen selbst dabei mitgestaltet." Insbesondere in Frankfurt a. Main partizipieren soziale und kulturelle Institutionen teils seit über 100 Jahren an der erfolgreichen Entwicklung des Familienunternehmens. Hierzu zählen neben anderen das Städel Museum, die Dr. Senckenbergische Stiftung und die Senckenberg Gesellschaft für Naturforschung, das Museum Angewandte Kunst und das Bürgerhospital. Seit 2005 koordiniert die Albert und Barbara von Metzler-Stiftung das vielfältige gesellschaftliche Engagement des Bankhauses, der Unternehmerfamilie und seiner Mitarbeitenden, aus deren Kreis sich „Patinnen" und „Paten" für nahezu jedes geförderte Projekt einsetzen. Ein jüngeres Beispiel ist die Frankfurt Spring School on Conservation Project Management: Deren europaweit unikale Ausbildung junger deutscher und internationaler Biologinnen und Ökologen zu Managern von Naturschutzprojekten wird seit 2017 unterstützt.

Friedrich Metzler (1749–1825), der erste „echte" Bankier, und das heutige Bankhaus Metzler in der Untermainanlage 1, Frankfurt a. Main

Metzler

M

Chronologie

1674 Unternehmensgründung durch Benjamin Metzler als Tuchhandlung in Frankfurt a. Main

1716 Erster nachweisbarer Handel mit Wechseln

1760 Erstmals Nennung des Unternehmens mit dem Zusatz „Banquiers"

1780–1800 Endgültiger Wandel vom Handels- zum Bankhaus

Um 1850 Konzentration auf Effektenhandel und Depotgeschäft

Ab 1870 Konzentration auf Vermögensverwaltung und Geschäftsabwicklung für Kunden

1961 Albert von Metzler wird Vorstand der Frankfurter Wertpapierbörse.

1971 Unter Christoph und Friedrich von Metzler Entwicklung zum Investmenthaus; Auflegung erster Publikumsfonds

1986 Aus der Personengesellschaft wird eine KGaA unter einem Holding-Dach.

Metzler steht für Aktienkultur: Wilhelm Peter Metzler (1818–1904) zeichnete 1856 Aktien der Frankfurter Bank (Vorläufer der BHF-Bank)

eine KGaA unter dem Dach der Metzler-Holding. Die Kerngeschäftsfelder werden seither in selbstständigen Gesellschaften geführt. 1992 initiierte Friedrich von Metzler die Neugründung der „Deutsche Börse AG", wodurch sich Frankfurt a. Main als einer der wichtigsten internationalen Finanzplätze etablieren konnte.

Seit 2002 bietet das kontinuierlich ausgebaute Metzler Pension Management individuelle Lösungen zur betrieblichen Altersversorgung. Das Bankhaus wirbt zudem intensiv für eine Aktienkultur in Deutschland und setzt im nachhaltigen Investitionsprozess auf ökologische, soziale und die Unternehmensführung betreffende Aspekte. Den Mitarbeitenden werden u. a. diverse Sozial- und Altersvorsorgeleistungen geboten. Oberste Prämisse der Familie von Metzler ist, das Unternehmen weiterhin als Eigner und unabhängig von konzernfremden Interessen zu führen.

Daten und Fakten

Inhaberfamilie: Familie von Metzler in 12. Generation
Gründer: Benjamin Metzler, 1674, Frankfurt a. Main
Branche: Bank
Produkte: Kapitalmarktdienstleistungen in vier Kerngeschäftsfeldern (Asset Management, Capital Markets, Corporate Finance, Private Banking)
Standorte: Zentrale in Frankfurt a. Main, Geschäftsstellen und Niederlassungen in München, Stuttgart, Köln/Düsseldorf, Hamburg, Atlanta, Los Angeles, Seattle, Tokio, Peking und Dublin
Mitarbeitende: 800 (2019)
Marktposition: älteste deutsche Privatbank in fortwährendem Familienbesitz
Ausbildungsplätze: zum/zur Kaufmann/-frau für Büromanagement (Übernahme aller Auszubildenden)
Kontrollgremien: Aufsichtsrat, Beirat und Gesellschafterausschuss
Eigenkapitalquote: Kernkapitalquote von über 20 %
Auszeichnungen: Friedrich von Metzler – „Deutscher Gründerpreis für sein Lebenswerk" (2017); „Hessischer Verdienstorden" für Friedrich von Metzler (2014); „Maecenas-Ehrung des Arbeitskreises selbstständiger Kultur-Institute e. V." für Friedrich und Sylvia von Metzler (2012)

Kontakt
B. Metzler seel. Sohn & Co. KGaA
Untermainanlage 1, 60329 Frankfurt a. Main
Fon: 069 2104-0, Fax: 069 2104-4431
metzler@metzler.com, www.metzler.com

Ansprechpartnerin Presse- & Öffentlichkeitsarbeit
Sigrun Stosius
Fon: 069 2104-4976
SStosius@metzler.com

MEWA

Wiesbaden, Hessen

M

Gegründet: 1908

Die MEWA Textil-Service AG & Co. Management OHG bietet Textil-Management, d. h. Dienstleistungen im Bereich Berufs- und Schutzkleidung sowie für Putztücher. Der Service umfasst das Bereitstellen, Bringen, Holen und Pflegen der Textilien sowie das Instandhalten und Ersetzen bei Verschleiß. Die Tücher werden in der Weberei des Unternehmens, in Immenhausen bei Kassel, hergestellt. Nach eigenen Angaben gehört MEWA im Segment Putztücher sowie Berufs- und Schutzkleidung zu den Marktführern in Deutschland und Europa.

MEWA erzielte mit 5.600 Mitarbeitenden an 45 Standorten in Europa im Jahr 2018 einen Umsatz von 704 Mio. Euro. Die Kunden werden von den Standorten aus dezentral mit Textilien im Full Service betreut. Artikel für Arbeitsschutz und technischen Bedarf können per Katalog oder Internet bestellt werden. In 3. Generation ist die Familie Gebauer an der Leitung der Unternehmensgruppe mit Verwaltungssitz in Wiesbaden beteiligt. Als Gesellschafter fungieren die MEWA Textil-Service AG und die Gabriele Gebauer MEWA Stiftung. Die Geschäftsführung teilen sich die Vorstandsmitglieder Michael Kümpfel, Bernhard Niklewitz, Ulrich Schmidt und Hans Peter Weidling.

Der Name MEWA ist ein Akronym des ursprünglichen Firmennamens Mechanische Weberei Altstadt GmbH. Hermann Gebauer gründete das Unternehmen 1908 in Ostritz-

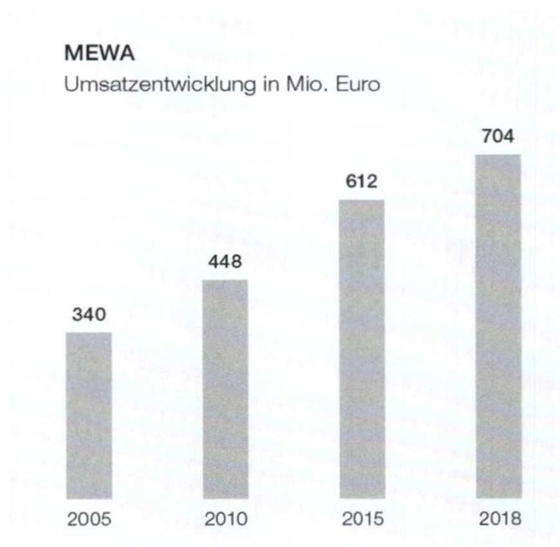

„Wir dekorieren uns nicht mit Werten, wir leben sie. Sie sind unsere Orientierung für unser Handeln. Sie verleihen uns die Kraft, voranzukommen und zu wachsen. Sie motivieren uns, Ideen in die Tat umzusetzen. Sie lassen unsere Leistung glänzen."

Gabriele Gebauer und Rolf Beisse

Hermann Gebauer gründet 1908 die Mechanische Weberei Altstadt GmbH (MEWA) in Ostritz-Altstadt.

Das Prinzip Textilsharing: MEWA stattet mehr als 1,1 Mio. Menschen mit Berufs- und Schutzkleidung aus und wäscht über eine Milliarde Putztücher jährlich.

M

Von der Zentrale in Wiesbaden aus koordiniert MEWA die Aktivitäten an allen Firmenstandorten.

Kreislauf der Mehrwegputztücher: Nutzen, Waschen, Kontrollieren, Bringen

Altstadt und bot die Produktion und Wäsche von Putztüchern an, für die zu Beginn des 20. Jahrhunderts bei zunehmendem Maschineneinsatz in Industrie und Gewerbe wachsender Bedarf bestand. Nach dem Tod des Gründers trat 1953 seine Frau Charlotte an die Unternehmensspitze. 1965 wurde der Verwaltungssitz an den heutigen Standort Wiesbaden verlegt, drei Jahre später erweiterte MEWA sein Angebot um einen Service für Berufsbekleidung. In den 1970er-Jahren führte die steigende Nachfrage zu einer zunehmend industriellen Bearbeitung der Textilien. Zudem begann die internationale Expansion des Unternehmens: 1974 wurde in Belgien die erste Auslandsniederlassung gegründet, wenig später

Hermann Gebauer – Pionier der Putztücher

Als Hermann Gebauer 1908 in Ostritz-Altstadt in Sachsen die „Mechanische Weberei Altstadt GmbH" gründete, bot er eine völlig neue Dienstleistung an: Er produzierte mit 20 Mitarbeitenden Putztücher für die Reinigung von Maschinen und Anlagen. Der Slogan des jungen Unternehmens lautete: „Textilien weben, waschen und bei Verschleiß ersetzen" – ein Konzept, das im Grundsatz bis heute gültig ist. Die Idee kam Hermann Gebauer als Antwort auf die teure, aber damals gängige Praxis, Maschinen mit Putzlumpen oder Putzwolle zu reinigen und diese danach im Heizkessel zu verbrennen. Die Nachfrage nach den neuen Produkten war gegeben. Öle und Fette machten den Arbeiterinnen und Arbeitern in den Fabriken das Leben schwer. Daher stieg im Zuge der Industrialisierung der Bedarf an Reinigungsmaterial kontinuierlich an. Die Idee war so erfolgreich, dass Hermann Gebauer noch im Gründungsjahr seinen ersten Großkunden akquirierte: die Königlich Sächsische Staatseisenbahn, das größte Unternehmen in Sachsen.

In den 1920er-Jahren zählten auch die Reichsbahn, Siemens, AEG, Bayer, Henschel oder die Leuna-Werke zu den namhaften Kunden. Nachdem die Putztücher anfänglich noch von kooperierenden Wäschereien gesäubert wurden, eröffnete Hermann Gebauer in den 1920er- und 1930er-Jahren eigene Wäschereibetriebe. MEWA expandierte und gründete bis zum Zweiten Weltkrieg 14 Betriebe in Deutschland und Österreich. 1.200 Mitarbeitende kümmerten sich um 18.000 Industrie- und Gewerbebetriebe. 1945 baute Hermann Gebauer von Nürnberg aus die zerstörten Niederlassungen in Nürnberg, München, Neu-Isenburg, Mönchengladbach, Stuttgart und Hamburg wieder auf. Neben alten Stammkunden wie den Volkswagenwerken und der Reichsbahn, die jetzt Bundesbahn hieß, gewann MEWA auch neue Kunden wie Zeitungsverlage. Hermann Gebauer leitete das Unternehmen bis zu seinem Tod am Neujahrstag 1953 mit 75 Jahren.

Konsequente Ressourcenschonung

Durch eigene technische Entwicklungen hat MEWA daran mitgewirkt, den Stand der Umwelttechnik in der Branche kontinuierlich zu verbessern. Ein spezielles Wiederverwertungssystem für das Spül- und Waschwasser reduziert den Wasserverbrauch gegenüber herkömmlichen Waschverfahren um bis zu 50 %. Eine mehrstufige Rückgewinnung der Wärme aus den Wasch- und Trocknungsanlagen mittels Wärmetauscher senkt den Energieverbrauch für das Aufheizen von Wasser und Betriebsräumen. Im Jahr spart MEWA dadurch mehrere Mio. l Heizöl. Durch die thermische Verwertung ausgewaschener Schmutzstoffe – vorwiegend Altöle aus Putztüchern – deckt MEWA bis zu 80 % des Energiebedarfs für Trockner- und Waschstraßen bei der Bearbeitung von Putztüchern. In der Abwasseraufbereitung erreicht MEWA einen Grad von 99,8 % und damit einen höheren als behördlich vorgeschrieben. Bereits 1997 erhielt das Unternehmen das international gültige Umweltzertifikat nach ISO 14001 – damals als erstes seiner Branche.

MEWA Berufsbekleidung wird in modernen Betrieben gepflegt, überprüft und für die Auslieferung vorbereitet.

erwarb MEWA Unternehmen in Österreich und Frankreich. 1980 übernahm Gabriele Gebauer, die Enkelin des Gründers, gemeinsam mit ihrem Ehemann Rolf Beisse die Leitung des Unternehmens. Sie erweiterten das Portfolio des Unternehmens um Berufs- und Schutzkleidung, Fuß- und Ölauffangmatten, Handtuchrollen und Artikel für den Arbeitsschutz. Nachhaltiges Wirtschaften gehört für MEWA zu den Grundlagen der Unternehmensführung. Als Erster der Branche führte MEWA 1992 ein auf ISO 9001 basierendes Qualitätsmanagement ein: Konsequente Ausrichtung auf Kunden und Märkte, maximale Qualität der Dienstleistungen, ständige Optimierung der Produkte, hohe Qualifikation und Motivation der Mitarbeitenden und partnerschaftliche Zusammenarbeit mit Lieferanten sollen die Basis aller Unternehmensaktivitäten bilden. MEWA fördert den Qualitätsaspekt durch Kooperationen mit Hochschulen und Verbänden.

MEWA ist Mitglied im Deutschen Textilreinigungs-Verband und im Branchen-Arbeitgeberverband intex und vergütet die Mitarbeitenden entsprechend den abgeschlossenen

Schon gewusst?

Mieten statt kaufen, nutzen statt besitzen – mit dem Businessmodell Textilsharing versorgt MEWA seit über einem Jahrhundert Unternehmen mit Textilien. Das Prinzip entlastet, spart Ressourcen und schont die Umwelt:

- Bis zu 50 Mal verrichtet ein MEWA Putztuch seinen Dienst in Werkstatt und Produktion.
- 50 % Wasser spart MEWA gegenüber herkömmlichen Waschverfahren – durch technisches Know-how und die Wiederverwertung von Spül- und Waschwasser.
- 83 t Flusen entstehen jährlich beim Weben der Tücher. Aus diesem Wertstoff entsteht Dämmmaterial für die Automobilindustrie.
- 7 Mio. l Öl und Fette werden pro Jahr aus den benutzten Putztüchern ausgewaschen und zum Beheizen der Wasch- und Trocknerstraßen genutzt.

Gabriele Gebauer, die Enkelin des Gründers, und ihr Ehemann Rolf Beisse stehen mit an der Spitze der MEWA Gruppe.

M

Chronologie

1908 Hermann Gebauer gründet die Mechanische Weberei Altstadt GmbH (MEWA) in Ostritz-Altstadt bei Görlitz.

1968 MEWA realisiert eine neue Idee aus den USA: Berufskleidung im Servicepaket.

1974 Gründung der ersten Auslandsniederlassung in Belgien

1980 MEWA setzt erstmals Wärmetauscher und Blockheizkraftwerke ein.

1989 MEWA richtet eine eigene Abteilung Produktentwicklung ein.

1998 Aufbau eines europaweiten Handels mit Artikeln für den Arbeitsschutz und technischen Bedarf

2002 Das internationale Prüfverfahren ISO 15797 für industriell waschbare Berufskleidung – durch MEWA angeregt – wird verabschiedet.

2008 MEWA feiert 100-jähriges Jubiläum und blickt stolz auf die Entwicklung des Familienunternehmens und sein kontinuierliches, erfolgreiches Wachstum zurück.

2014 Mehr als eine Million Menschen gehen inzwischen in MEWA Kleidung zur Arbeit.

2017 Eine Milliarde Tücher wäscht MEWA jetzt jährlich. Und bringt eine innovative Berufskleidung in modischer Optik auf den Markt: MEWA Dynamic macht jede Bewegung mit.

2019 MEWA eröffnet in Weil im Schönbuch den modernsten Betrieb zum Waschen von Berufskleidung in Europa.

Tarifverträgen. Dabei liegen die Löhne deutlich über dem gesetzlichen Mindestlohn. Darüber hinaus werden Maßnahmen des Arbeits- und Gesundheitsschutzes kontinuierlich überprüft und verbessert. Dazu gehört auch die größtmögliche ergonomische Gestaltung von Arbeitsplätzen, wie z. B. die Umrüstung aller Nähtische auf Steharbeitsplätze: Um Rückenbeschwerden vorzubeugen, entwickelte MEWA im Rahmen eines Forschungsprojekts höhenverstellbare Arbeitsplätze für die Näherinnen, die eine dynamisch freie Bewegung zulassen.

Daten und Fakten

Inhaberfamilie: Familie Gebauer in 3. Generation
Gründer: Hermann Gebauer, 1908, Ostritz-Altstadt bei Görlitz
Branche: Textil-Management
Standorte: 45 Standorte in 13 europäischen Ländern
Mitarbeitende: 5.600 (2018)
Umsatz: 704 Mio. Euro (2018)
Marktposition: Marktführer im Segment Putztücher sowie einer der Marktführer im Segment Berufs- und Schutzkleidung
Familieneinfluss: inhabergeführt durch Gabriele Gebauer und Rolf Beisse, familienfremde Geschäftsführung
Auszeichnungen: Finalist beim Deutschen Nachhaltigkeitspreis 2013 in der Kategorie „Deutschlands nachhaltigste Produkte/Dienstleistungen" (Stiftung Deutscher Nachhaltigkeitspreis e. V.), 2015 Weltmarktführer im Bereich Putztuchservice (Verlag Deutsche Standards), 2019 Marke des Jahrhunderts im Bereich Textilservice (Zeitverlag)

Kontakt

MEWA Textil-Service AG & Co.
Management OHG
John-F.-Kennedy-Str. 4, 65189 Wiesbaden
Fon: 0611 7601-0, Fax: 0611 7601-306
info@mewa.de, www.mewa.de

Meyer & Meyer

Osnabrück, Niedersachsen

Gegründet: 1902

Meyer & Meyer ist ein führender, weltweit agierender Spezialist für Fashionlogistik mit Hauptsitz in Osnabrück. Das deutschlandweite Retail-Netzwerk, große Logistikzentren und internationale Partner in 60 Ländern ermöglichen ein Full-Service-Angebot, das europäische Märkte mit Produktionsstandorten in Osteuropa, Nordafrika und Asien verbindet. Das Leistungsspektrum für die Modeindustrie beinhaltet u. a. die Qualitätsprüfung von Roh- und Fertigwaren, die Lagerung, Aufbereitung und den Transport sowie umfangreiche Omnichannel-Services. Mit 1.800 Mitarbeitenden erwirtschaftet Meyer & Meyer jährlich rd. 230 Mio. Euro Umsatz. 1902 als Möbeltransport-Unternehmen in Osnabrück von Adolf M. Meyer gegründet, trat 2019 die 4. Generation der Inhaberfamilie in den Vorstand der Meyer & Meyer Holding SE & Co. KG ein.

Kontakt

Meyer & Meyer Holding SE & Co. KG
Hettlicher Masch 15/17, 49084 Osnabrück
www.meyermeyer.com

MEYER WERFT

Papenburg, Niedersachsen

Gegründet: 1795

Die in Papenburg ansässige MEYER WERFT GmbH befindet sich in 7. Generation in Familienbesitz. Als geschäftsführender Gesellschafter leitet Bernard Meyer die Geschicke des Unternehmens. Bekannt ist die MEYER WERFT v. a. durch den Bau großer, moderner und anspruchsvoller Kreuzfahrtschiffe. Bis heute hat die Werft rd. 50 Luxusliner für Kunden aus aller Welt gebaut. Auch Auto- und Passagierfähren sowie RoRo-Schiffe werden in Papenburg seit Jahrzehnten gefertigt. Das Schwesterunternehmen NEPTUN WERFT GmbH mit Sitz in Rostock baut Flusskreuzfahrtschiffe. Der Bau von Gastankern rundet das Portfolio ab. Die MEYER WERFT beschäftigt an den drei Werftstandorten Papenburg, Rostock und Turku/Finnland sowie in Tochterunternehmen rd. 7.000 Menschen. Die Geschichte der Werft begann im Jahr 1795, als Wilhelm Rolf Meyer die „Thurmwerft“ am Papenburger Hauptkanal kaufte.

Kontakt

MEYER WERFT GmbH & Co. KG
Industriegebiet Süd, 26871 Papenburg
www.meyerwerft.de

MICHEL

Germering, Bayern

Gegründet: 1909

Die Schwaneberger Verlag GmbH, die unter dem Namen MICHEL auftritt, ist ein international führender Anbieter von Sammlerkatalogen für Philatelie, Numismatik und mehr. Im Bereich der Philatelie handeln, tauschen und verkaufen Handel, Sammlerinnen und Sammler fast ausschließlich nach MICHEL-Nummern. Das MICHEL-Verlagsprogramm enthält über 100 Kataloge für verschiedene Sammelobjekte, eine Monatszeitschrift, eine weltweite Online-Datenbank, E-Books, Software und Zubehör. Der Name MICHEL geht auf Hugo Michel zurück, der 1892 in Apolda ein Briefmarkengeschäft gegründet und 1909 den ersten MICHEL-Katalog herausgegeben hatte. Seit 2001 hat Hans W. Hohenester die Geschäftsführung inne. Sein Großvater Dr. Hans Hohenester war bereits Anfang der 1950er-Jahre im Verlag aktiv.

Kontakt

Schwaneberger Verlag GmbH
Industriestr. 1, 82110 Germering
www.michel.de

M

Miele

Gütersloh, Nordrhein-Westfalen

Gegründet: 1899

Miele Haushaltsgeräte sind auf der ganzen Welt verbreitet und stehen seit 120 Jahren für einen hohen Qualitätsanspruch. Aber auch gewerbliche Geräte für Profiküchen, Hausreinigung und Waschen werden von Miele gebaut. Mit über 20.000 Mitarbeitenden betreibt das Unternehmen der Gründerfamilien Miele und Zinkann in 50 Ländern eigene Vertriebsgesellschaften. In weiteren 50 Ländern werden die geschätzten Produkte durch Importeure vertreten. Im Geschäftsjahr 2018/2019 wuchs der Miele-Umsatz um 1,5 % auf 4,16 Mrd. Euro, davon 1,2 Mrd. Euro in Deutschland. Miele definiert Nachhaltigkeit als unabdingbare Grundlage für den langfristigen Unternehmenserfolg. Regelmäßig wird Miele als führende Marke, bester Arbeitgeber oder für vorbildliches Design ausgezeichnet.

Kontakt

Miele & Cie. KG
Carl-Miele-Str. 29, 33332 Gütersloh
www.miele.de

MIKSCH

Göppingen, Baden-Württemberg

Gegründet: 1967

Die MIKSCH GmbH ist ein Hersteller von Automatisierungskomponenten u. a. für den Maschinenbau und die Fertigungsindustrie. Zum Produktportfolio gehören Kurven- und Getriebetechnik, Werkzeugmagazine, Werkzeugwechsler, Werkzeugwechselsysteme sowie Handhabungstechnik und neuerdings auch Regalmagazine mit der weltweit höchsten Werkzeug-Packungsdichte. MIKSCH ist auf dem Gebiet Werkzeugwechsler und Werkzeugwechselsysteme Technologieführer. Das REMA-Regalmagazin ist eine Weltneuheit, mit der sich Stillstands- und Umrüstzeiten drastisch reduzieren lassen.

Das Unternehmen wurde 1967 von Heribert Miksch in Göppingen gegründet. Heute ist MIKSCH weltweit tätig und wird von seinem Sohn Dipl.-Ing. Alexander Miksch geführt.

Kontakt

MIKSCH GmbH
Reutlinger Str. 5, 73037 Göppingen
www.miksch.eu

MIT

Vlotho-Exter, Nordrhein-Westfalen

Gegründet: 1989

Die MIT Moderne Industrietechnik GmbH & Co. KG ist einer der führenden Hersteller für Systemlösungen, Baugruppen und Sonderarmaturen in der Prozesstechnik. Beliefert werden die Industrien Dosier- und Abfülltechnik, Brandschutz, Filtration und Separation sowie Wasseraufbereitung und Oberflächentechnik. Gegründet 1989 in Bad Salzuflen als Handelsunternehmen, stellte MIT im Jahr 1992 die ersten Eigenkonstruktionen vor. Jüngster Entwicklungsschritt war die Gründung eines Produktionswerks im chinesischen Wuhan im Jahr 2012. Dort werden geschweißte und montierte Baugruppen, Industriearmaturen und Systemlösungen „designed in Germany" hergestellt, um weltweite Verfügbarkeit zu bieten.

Die MIT besteht mit über 100 Mitarbeitenden aus einer Holding und zwei Tochtergesellschaften, die mehrheitlich im Besitz der Familie Tenhaef sind. Hans-Dieter Tenhaef ist geschäftsführender Gesellschafter der MIT.

Kontakt

MIT Moderne Industrietechnik GmbH & Co. KG
Industriestr. 3–9, 32602 Vlotho-Exter
www.systemarmaturen.de

Möhringer

Wiesentheid, Bayern

Gegründet: 1885
Die Simon Möhringer Anlagenbau GmbH ist auf Holzverarbeitungstechnologien spezialisiert und stellt komplette Produktionsanlagen für Sägewerke und Weiterverarbeitungsbetriebe her. Die Mitarbeitenden entwickeln, konzipieren und fertigen kundenspezifische Lösungen und betreuen die schlüsselfertige Umsetzung weltweit. Das Leistungsspektrum deckt alle Sägetechnologien von der Gatter- und Bandsägen- bis zur Profilspaner- und Kreissägentechnik ab. Darüber hinaus werden innovative Stapel- und Sortierlösungen für Laubholzbetriebe angeboten. Den Hauptsitz hat das in der 4. Generation von Dr. Stefan Möhringer familiengeführte Unternehmen in Wiesentheid, ein zweites Werk befindet sich im Ortsteil Feuerbach. Das 1885 gegründete Unternehmen, das zahlreiche Patente besitzt, hat Vertretungen in fast 50 Ländern.

Kontakt
Simon Möhringer Anlagenbau GmbH
Industriestr. 1, 97353 Wiesentheid
www.moehringer.com

MR Maschinenfabrik Reinhausen

Regensburg, Bayern

Gegründet: 1868
Die Maschinenfabrik Reinhausen GmbH (MR) ist in der Energietechnik tätig und unterhält 45 Tochter- und vier Beteiligungsgesellschaften weltweit. Das Kerngeschäft des Unternehmens ist die Regelung von Leistungstransformatoren. Zum Kundenstamm zählen Firmen, die Hochspannungsgeräte und -anlagen herstellen, Energieversorgungsunternehmen und die stromintensive Großindustrie. Die MR bietet auch Systemlösungen auf Verteilernetzebene an. Zuletzt erwirtschafteten ca. 3.500 Mitarbeitende einen Umsatz von 740 Mio. Euro. Sprecher der Geschäftsführung ist Dr. Nicolas Maier-Scheubeck. Das Familienunternehmen wurde 1868 in Regensburg gegründet – der „REINHAUSEN-Stufenschalter" ist eine Erfindung der MR und war einer der Erfolgsfaktoren nach Ende des Zweiten Weltkriegs.

Kontakt
Maschinenfabrik Reinhausen GmbH
Falkensteinstr. 8, 93059 Regensburg
www.reinhausen.com

---

msg systems

Ismaning, Bayern

Gegründet: 1980
Die msg systems ag ist ein internationales IT-Unternehmen. Seit der Gründung im Jahr 1980 entwickelt es Software für Versicherungen, viele weitere Geschäftsbereiche wie Banken, Automobilhersteller und der öffentliche Sektor folgten. Gegründet wurde msg von Hans Zehetmaier, der vorher als Diplom-Betriebswirt und Wirtschaftsinformatiker bei IBM tätig war. Von einem Drei-Personen-Betrieb wuchs das Unternehmen zu einer Gruppe mit Standorten in 25 Ländern. Ihre mehr als 8.000 Mitarbeitenden erwirtschafteten 2019 einen Umsatz von über eine Milliarde Euro. Zum Jahresbeginn 2020 übergab Hans Zehetmaier den Vorstandsvorsitz an Dr. Stephan Frohnhoff und wechselte in den Aufsichtsrat. Sein Sohn, Dr. Jürgen Zehetmaier, ist seitdem Vorstandsmitglied für Finanzen und Controlling.

Kontakt
msg systems ag
Robert-Bürkle-Str. 1, 85737 Ismaning
www.msg.group

M

Mubea

Attendorn, Nordrhein-Westfalen

Gegründet: 1916
Mubea ist ein weltweit führender Leichtbauspezialist für hochbeanspruchbare Federkomponenten und verwandte Produkte sowie globaler Partner der Automobilindustrie. Das spezielle Know-how findet auch bei Produkten für die Luftfahrt- und die Haushaltsindustrie sowie weiteren Industrieprodukten Anwendung. Die Mubea-Unternehmensgruppe ist Weltmarktführer bei der Herstellung von komplexen Komponenten für Automobile, die zu deren Gewichtsreduzierung und durch einen verminderten CO_2-Ausstoß zum Klimaschutz beitragen. 1916 gründete Josef Muhr mit seinem Sohn die „Josef Muhr, Attendorn", der Markenname Mubea geht auf die Inhaber von 1931, Muhr und Bender, Attendorn, zurück. Heute ist das inhabergeführte Familienunternehmen mit über 14.300 Mitarbeitenden an 45 Standorten in 20 Ländern auf drei Kontinenten aktiv.

Kontakt
Muhr und Bender KG
Mubea-Platz 1, 57439 Attendorn
www.mubea.com

MÜHLE

Stützengrün, Sachsen

Gegründet: 1945
Die Hans-Jürgen Müller GmbH & Co. KG in Stützengrün ist Hersteller hochwertiger Rasieraccessoires unter der Dachmarke MÜHLE. Zum Produktportfolio zählen Rasierpinsel, Rasierer, Rasierschalen und Pflegeprodukte. Das Unternehmen geht zurück auf Otto Johannes Müller, der 1945 damit begann, in der heimischen Waschküche Rasierpinsel herzustellen. Schnell wuchs das Unternehmen und exportierte bald in alle Welt. 1968 übernahm Sohn Hans-Jürgen die Leitung des Betriebs, der jedoch 1973 verstaatlicht wurde. 1990 erfolgten die Reprivatisierung und der Wiederaufbau der Marke MÜHLE. Noch heute setzt MÜHLE, inzwischen in 3. Generation von Andreas und Christian Müller geführt, auf hohe Designqualität und Handarbeit. Im Geschäftsjahr 2019 wurde ein Umsatz von 13 Mio. Euro erzielt. Am Standort gewährt die SAMMLUNG MÜHLE Einblicke in die Rasurkultur vergangener Zeiten.

Kontakt
Hans-Jürgen Müller GmbH & Co. KG
Hauptstr. 18, 08328 Stützengrün
www.muehle-shaving.de

MULTIVAC

Wolfertschwenden, Bayern

Gegründet: 1961
Die MULTIVAC Sepp Haggenmüller SE & Co. KG ist ein Maschinenbauunternehmen, das auf Verpackungsmaschinen spezialisiert ist und über zwölf Produktionsstandorte verfügt. Der Gründer Sepp Haggenmüller erfand zu Beginn des Unternehmens die erste Vakuum-Kammermaschine zum Verpacken von Lebensmitteln in Folienbeuteln. Heute arbeiten rd. 6.500 Mitarbeitende an innovativen Verpackungslösungen, erbringen digitale Dienstleistungen und stellen Verpackungsmaschinen her, von denen jährlich über 1.000 Stück weltweit ausgeliefert werden. Das Unternehmen ist mit rd. 85 Tochtergesellschaften auf allen Kontinenten vertreten. Die Exportquote der im Allgäu ansässigen MULTIVAC liegt bei 90 %. Geschäftsführende Direktoren sind Christian Traumann und Guido Spix.

Kontakt
MULTIVAC Sepp Haggenmüller SE & Co. KG
Bahnhofstr. 4, 87787 Wolfertschwenden
www.multivac.com

MÜNCH-Edelstahl

Hilden, Nordrhein-Westfalen

Gegründet: 1981

Die MÜNCH-Edelstahl GmbH ist einer der weltweit führenden und exportierenden Hersteller von Pelletpressen, kompletten Presslinien, Hammermühlen, Kühlern, Krümlern und anderen Hauptkomponenten sowie hochqualitativem Zubehör und Ersatzteilen. Zu den Kunden zählen z. B. die Agrar-, Chemie-, Recycling-, Abfall-, Lebensmittel- und Düngemittelindustrie sowie Energieproduzenten. Das Familienunternehmen mit 50 Mitarbeitenden am Stammsitz Hilden erzielte 2019 einen Umsatz von rd. 12 Mio. Euro. Es unterhält Partnerschaften in Russland und Weißrussland, im Nahen und Mittleren Osten, in Südostasien, den USA, in Südamerika und Australien. 1981 gründete Peter Münch, zuvor als Stahleinzelhändler tätig, das Unternehmen. Die MÜNCH-Edelstahl GmbH wird von den Töchtern des Gründers, Sandra Münch und Mirja Gerlach, geleitet.

Kontakt

MÜNCH-Edelstahl GmbH
Weststr. 26, 40721 Hilden
www.muench-edelstahl-gmbh.de

N

N

Nagel-Group

Versmold, Nordrhein-Westfalen

Gegründet: 1935

Die Nagel-Group ist ein Unternehmen der Lebensmittellogistik, das Lebensmittelproduzenten und Handelsketten Transport und Warehousing inkl. Value Added Services für Lebensmittel in allen Temperaturbereichen bietet. Sie verfügt europaweit über 130 Standorte mit mehr als 13.000 Mitarbeitenden und erzielte 2019 einen Umsatz von 2,1 Mrd. Euro.

Die 1935 in Versmold gegründete Spedition „Gebr. Nagel" entwickelte sich in den 1980er-Jahren von Deutschlands Marktführer in der temperaturgeführten Lebensmittellogistik zu einem führenden Familienunternehmen Europas. Mit Marion Nagel, Vorsitzende des Verwaltungsrates, und – in 3. Generation – Tobias Nagel, Gesellschafter und Mitglied des Board of Directors, sowie Beatrice Nagel, Gesellschafterin, nimmt die Inhaberfamilie führende Funktionen im Unternehmen wahr.

Kontakt

Nagel-Group | Kraftverkehr Nagel SE & Co. KG
Friedrich-Menzefricke-Str. 6, 33775 Versmold
www.nagel-group.com

NATUS

Trier, Rheinland-Pfalz

„Als mittelständisches Familienunternehmen verbinden wir traditionelle Werte wie Respekt und gegenseitiges Vertrauen mit der Innovationskraft eines zukunftsorientierten Technologieunternehmens."

Frank Natus

Stabilität, Integrität und Glaubwürdigkeit sind die Säulen für Unternehmen wie NATUS. Seit 2002 führt Frank Natus die Geschäfte in 3. Generation.

Gegründet: 1956

Die NATUS GmbH & Co. KG ist einer der führenden Hersteller von Nieder- und Mittelspannungs-Schaltanlagen, Automatisierungstechnik und industriellen Gesamtlösungen für den internationalen Anlagenbau, die Energieversorger sowie die Schwerindustrie. NATUS Systeme versorgen, steuern und schützen Industrieanlagen in der ganzen Welt. Neben Produktionsstandorten in Deutschland und China verfügt das Unternehmen mit Stammsitz in Trier über verschiedene Vertriebsbüros und Kooperationspartner in Europa, dem Nahen Osten und Mittelamerika. 2019 erwirtschaftete NATUS mit über 800 Mitarbeitenden aus 29 Ländern der Erde einen Umsatz in Höhe von 100 Mio. Euro. Mit seinem globalen Engagement in Zukunftsmärkten erschließt man sich hohe Wachstumspotenziale und fördert die kulturelle Vielfalt des multinationalen Teams.

1956 von Matthias Natus in Trier gegründet, ist das Unternehmen in 3. Generation in Familienbesitz. Für seine Arbeit im Bereich Unternehmens- und Personalpolitik hat NATUS in den vergangenen Jahren die Auszeichnungen „Deutschlands innovativste Mittelständler"

NATUS verfügt über ein weltweites Vertriebsnetz, produziert wird in Deutschland und China.

Schon gewusst?

Ganz in der Nähe des Unternehmens haben NATUS Mitarbeitende die Spielstube der Aufnahmeeinrichtung für Asylbegehrende in Trier renoviert – ehrenamtlich und in ihrer Freizeit. NATUS übernahm die aufwendige Renovierung und die Ausstattung mehrerer Räume der Kinderbetreuungseinrichtung mit neuen, kindgerechten Möbeln und Spielsachen. Über 100 Kinder im Alter zwischen 3 und 16 Jahren freuen sich Tag für Tag mit NATUS über die freundliche Gestaltung der hellen und großzügigen Räume und das schöne Ambiente.

der WirtschaftsWoche und „Attraktiver Arbeitgeber Rheinland-Pfalz" erhalten. In Trier und der Region nimmt NATUS seine soziale Verantwortung vielfältig wahr. So wurde im Unternehmen eine Werkstatt der Lebenshilfe eingerichtet und die Caritas wird seit Jahren bei der Betreuung von Kindern und Jugendlichen aus sozial benachteiligten Familien unterstützt. Das Unternehmen engagiert sich im regionalen Sportsponsoring, ist Pate von „Jugend forscht" und Stifter des Deutschlandstipendiums der Hochschule Trier, die ebenso wie das Balthasar-Neumann-Technikum in Trier ein enger Kooperationspartner ist. Im Bereich Kunst und Kultur unterstützt NATUS zudem seit langem das Mosel Musikfestival, das bedeutendste Klassik-Festival in Rheinland-Pfalz.

Daten und Fakten

Inhaberfamilie: Frank Natus
Gründer: Matthias Natus, 1956
Branche: Elektrotechnik
Produkte: Nieder- und Mittelspannungs-Schaltanlagen, Automatisierungstechnik und industrielle Gesamtlösungen für den internationalen Anlagenbau, die Energieversorger sowie die Schwerindustrie
Standorte: Produktionsstandorte in Deutschland und China, diverse internationale Vertriebsbüros
Mitarbeitende: 800
Umsatz: 100 Mio. Euro (2019)
Ausbildungsplätze: 70

Kontakt
NATUS GmbH & Co. KG
Loebstr. 12, 54292 Trier
Fon: 0651 1449-0, Fax: 0651 21600
office@natus.de, www.natus.de

N

NDB TECHNISCHE SYSTEME

Stade, Niedersachsen

Gegründet: 1958
Die Geschichte der NDB-Gruppe ist die Entwicklung eines kleinen Handwerksbetriebes zu einem modernen mittelständischen Unternehmen. Heute erstreckt sich NDB über fünf Standorte in Deutschland und beschäftigt rund 500 Mitarbeitende. Von der ganzheitlichen Planung und Energieberatung, der elektrotechnischen Installation und Programmierung von Anlagen, der Blitzschutzplanung und -ausführung, dem Wand- und Deckenbau, dem Fassadenbau, der Sanierung bis hin zu Maßnahmen der Energieoptimierung und Installation moderner Heizsysteme bietet NDB technische Systemlösungen aus einer Hand. Mit einer hohen Ausbildungsquote von über 20 % ermöglicht NDB einen Berufseinstieg über den firmeneigenen Bedarf hinaus und spielt damit eine wichtige Rolle in seiner Region.

Kontakt
NDB TECHNISCHE SYSTEME
Robert-Bosch-Str. 11, 21684 Stade
www.ndb.de

N

Neher Systeme

Frittlingen, Baden-Württemberg

„Wir kennen und pflegen unsere Wurzeln, schöpfen daraus Kraft für neue Entwicklungen und zukünftiges Wachstum.“

Norbert Neher, geschäftsführender Gesellschafter

Die Neher-Firmenzentrale befindet sich in Frittlingen (oben). Das fast unsichtbare Transpatec-Gewebe verfügt nun auch über eine Anti-Schmutzbeschichtung (unten).

Gegründet: 1973

Die Neher Systeme GmbH & Co. KG gehört im deutschsprachigem Raum zu den Marktführern für maßgefertigte Insektenschutzgitter. Als Systemgeber entwickelt und produziert das schwäbische Familienunternehmen in Frittlingen Halbzeuge wie Profile und Zubehörteile, mit denen spezialisierte Partnerfirmen den Neher-Insektenschutz fertigen. Der Vertrieb der maßgefertigten Endprodukte erfolgt über den Fachhandel wie z. B. Rollladen- und Fensterbauer, Schreiner, Bauelementehändler, Metallbauer, Raumausstatter und spezialisierte Insektenschutz-Fachhändler. Seinen Partnern bietet Neher auf Wunsch das gesamte Fertigungs-Know-how von speziell entwickelten Sondermaschinen bis hin zur Fertigungssteuerung über eigene Software-Lösungen an. Mit der Marke „NEHER-Insektenschutz“ steht den Produzenten und Händlern ein komplettes Marketing- und Vertriebskonzept zur Verfügung.

Die Unternehmerfamilie auf der Weltpremiere von Transpatec (v. l.): Dr. Sibylle Neher, Gründerehepaar Arnold und Magda Neher, geschäftsführender Gesellschafter Norbert Neher

Innovative Ideen spielten schon bei der Unternehmensgründung durch Arnold und Magda Neher in der heimischen Garage eine Rolle. Arnold Neher hatte sich ein Fensterrenovierungssystem patentieren lassen. Insektenschutzgitter kamen 1980 hinzu, das heutige Vertriebssystem besteht seit 1989. 1991 präsentierte Neher den weltweit ersten Insektenschutz für Dreh-Kipp-Fenster, der die Funktion des Fensters nicht beeinträchtigte. Seit dem Jahr 2000 konzentriert sich das Unternehmen auf den Insektenschutz. Nehers Forschungs- und Entwicklungsquote liegt bei 12 %. Etwa 20 % des Umsatzes werden im Ausland erzielt: in Europa, aber auch in Taiwan, Nordamerika und Israel.

Insgesamt sechs Familienmitglieder aus drei Generationen sind bei Neher aktiv. Der Unternehmensgründer engagiert sich im Beirat. Sein Sohn Norbert Neher ist geschäftsführender Gesellschafter, während sein Bruder Gerhard Neher Inhaber und Leiter der Softwareentwicklung bei der Firma Gandalan ist, einer Ausgründung von Neher.

Schon gewusst?

Fast sieben Jahre Entwicklungszeit investierte Neher in den Traum vom unsichtbaren Insektenschutz-Gewebe. Dabei musste sowohl ein neues Fadenmaterial als auch eine eigene Webtechnik erfunden werden. Das Ergebnis ist der weltweit patentierte Transpatec-Insektenschutz. 2012 erhielt Neher dafür nicht nur den renommierten iF Design Award, sondern wurde auch mit dem baden-württembergischen Dr.-Rudolf-Eberle-Preis für Innovation ausgezeichnet. Dass Neher mit einem scheinbar so profanen Alltagsprodukt wie dem fast nicht sichtbaren Insektenschutz den Hauptpreis im Hightech-Ländle erringen konnte, brachte dem mittelständischen Familienunternehmen viel positive Aufmerksamkeit ein. Seit 2020 verfügt das Transpatec-Gewebe zudem über eine Anti-Schmutzbeschichtung.

Daten und Fakten

Inhaberfamilie: Familie Neher in 2. Generation
Gründer: Arnold und Magda Neher, 1973, Frittlingen
Produkte: Insektenschutzgitter-Systeme
Familieneinfluss: 3 Generationen aktiv in Beirat, Geschäftsführung und Leitungspositionen
Unternehmensanteile der Familie: 100%
Kontrollgremien: Beirat
Exportquote: 20%
F&E-Quote: 12%

Kontakt
Neher Systeme GmbH & Co. KG
Wellendingerstr. 15, 78665 Frittlingen
Fon: 07426 5282-0, Fax: 07426 5282-50
info@neher.de, www.neher.de

NETZSCH-Gruppe

Selb, Bayern

NETZSCH
Proven Excellence.

Gegründet: 1873
Die NETZSCH-Gruppe ist ein Familienunternehmen, das Produkte des Geräte-, Maschinen- und Anlagenbaus herstellt und weltweit vertreibt. Die Unternehmensgruppe gliedert sich in eine strategische Führungsgesellschaft (Erich NETZSCH Holding), drei operative Geschäftsbereiche, Analysieren & Prüfen, Mahlen & Dispergieren, Pumpen & Systeme und einen Inkubator für digitale Geschäftsmodelle, die NEDGEX. Zu den Kunden zählen nahezu alle Branchen wie z. B. die Automobilindustrie, die Raumfahrt, die Öl- und Gasindustrie, Universitäten und Forschungsinstitute, Farben und Lacke, die Lebensmittel-, Pharma- und Kosmetikindustrie. Das Produktportfolio umfasst u. a. Geräte und Software zur Thermischen Analyse sowie Pumpen, Maschinen und Anlagen für vielfältige industrielle Anwendungen. Die NETZSCH-Gruppe produziert in Deutschland, Brasilien, China, Indien, den USA und Russland und hält über 1.200 Patente. Der Vertrieb ist weltweit mit über 50 Niederlassungen und rd. 300 Vertretungen aktiv.

Chronologie

1873 Firmengründung in Selb durch Thomas und Christian Netzsch

1901 Gustav Netzsch übernimmt die Geschäftsführung nach dem Tod seines Vaters Thomas.

1929 Erich Netzsch, Sohn von Gustav Netzsch, löst seinen Vater ab.

1931 Verlegung des Firmensitzes nach Asch in Böhmen

1946 Aufgabe der Produktionsstätte Asch und Wiederaufbau in Selb

1988 Umfirmierung der Gebrüder Netzsch Maschinenfabrik GmbH & Co. in Erich Netzsch GmbH & Co. Holding KG, Selb

1995 Thomas Netzsch und Jürgen Schaefer übernehmen die Leitung der Firmengruppe.

2004 Mit Dr. Otto Max Schaefer tritt die 5. Generation in die Unternehmensführung ein.

2013 Mit Dietmar Bolkart und Dr. Hanns-Peter Ohl leiten erstmals zwei externe Führungskräfte die NETZSCH-Gruppe.

2020 Moritz und Paul Netzsch führen die Netzsch GmbH & Co. Holding KG gemeinsam mit Geschäftsführer Jens Niessner.

N

„Unser oberstes Ziel ist die Steigerung des Unternehmenswertes in einem fairen, professionellen und vertrauensvollen Miteinander."

Firmenphilosophie NETZSCH

Thomas Netzsch gründete 1873 die Firma Netzsch (oben). Deren Hauptsitz befindet sich im bayrischen Selb (unten).

N

Moritz Netzsch, Jens Niessner, Paul Netzsch sind die Geschäftsführer der Unternehmensgruppe (v. l.).

2019 betrug der Umsatz 562 Mio. Euro bei einem Auslandsanteil von ca. 75 %. Das Unternehmen beschäftigt 1.500 Mitarbeitende in Deutschland sowie 2.200 im Ausland und ist u. a. Mitglied im VDMA. Die Ausbildungsquote beträgt 6 %, und 98 % aller Auszubildenden werden übernommen.

1873 gründeten Thomas und Christian Netzsch in Selb die Firma NETZSCH, die Feuerwehrspritzen, landwirtschaftliche Geräte und nach der Gründung der ersten Porzellanfabrik im Raum Selb Sondermaschinen für die Keramische Industrie herstellte. Nach dem Tod seines Vaters Thomas im Jahr 1901 übernahm Gustav Netzsch die Geschäftsführung, 1929 dessen Sohn Erich. Auf die Gründungsdekaden folgte in den 1960er-Jahren die Internationalisierung des expansiven Unternehmens, das kontinuierlich ein Wachstum verzeichnete. Ab 1990 leitete Thomas Netzsch die Firmengruppe Netzsch, zunächst mit Wolfgang Netzsch als geschäfts-

Die NETZSCH-Gruppe produziert Mühlen zur Nass- und Trockenvermahlung, Geräte zur Thermischen Analyse sowie Pumpen.

Gesellschaftliche Verantwortung

Zukunft-Kinder

Im Rahmen ihrer gesellschaftlichen Verantwortung unterstützt die NETZSCH-Gruppe insbesondere den ZUKUNFT-KINDER e. V., der 2001 gegründet wurde. In ihm engagieren sich ehrenamtliche Helferinnen und Helfer, pensionierte Fachleute, Schülerinnen und Schüler sowie Mitarbeitende aus lokalen Firmen. Mehr als 450 Schulkinder in Selb und der Region Hochfranken, die täglich einen Hort besuchen, können so in neun Tagesstätten in den ersten Schuljahren betreut werden. Gefördert werden Bildung und Lernen, Musik und Gestalten, Spiel und Sport und das gemeinsame Feiern. Träger der ZUKUNFT-KINDER-HORTE sind Einrichtungen der evangelischen Kirche und der Arbeiterwohlfahrt. Daneben fördert die NETZSCH-Gruppe Gracious Home, eine Sozialeinrichtung in Südindien, Sport- und Kultur-Projekte, Benefizkonzerte und das Deutschlandstipendium des Bundesministeriums für Bildung und Forschung.

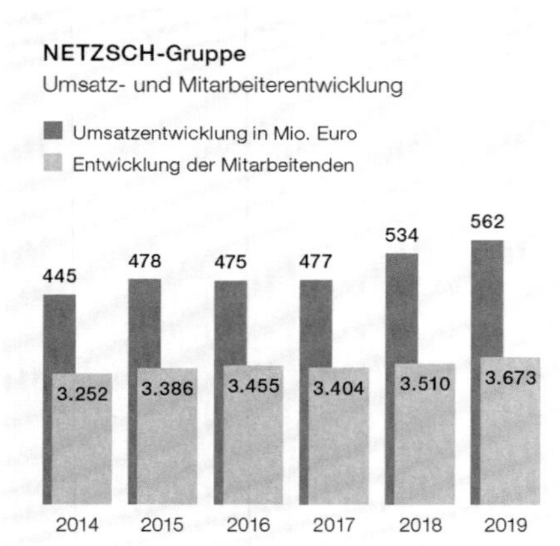

führendem Gesellschafter, ab 1995 zusammen mit Jürgen Schaefer sowie ab 2004 mit Dr. Otto Max Schaefer und Ingo Schwarze als Geschäftsführer. 2018 trat Thomas Netzschs ältester Sohn Moritz in die Geschäftsführung der Netzsch GmbH & Co. Holding KG ein, 2020 folgte ihm sein jüngerer Bruder Paul. Seither leiten sie das Unternehmen gemeinsam mit Geschäftsführer Jens Niessner. In der 5. Generation in Familienbesitz, werden alle Anteile von den Familien Netzsch und Schaefer gehalten. Eine Unternehmenssatzung regelt grundlegende Belange wie z. B. die Gesellschafternachfolge und die Besetzung der Geschäftsführung, die von der Gesellschafterversammlung beschlossen wird.

Daten und Fakten

Inhaberfamilien: Familien Netzsch und Schaefer
Gründer: Thomas und Christian Netzsch, 1873, Selb
Produkte: Geräte zur Thermischen Analyse, Pumpen, Maschinen und Anlagen für die Trocken- und Nassaufbereitung u. a.
Vertrieb: weltweit mit über 50 Niederlassungen und rd. 300 Vertretungen
Mitarbeitende: 1.500 in Deutschland, 2.200 im Ausland (2019)
Umsatz: 562 Mio. Euro (2019)
Patente: über 1.200
Ausbildungsquote: 6 %
Eigenkapitalquote: mittlere bis hohe zweistellige Quote, die je nach Investitionstätigkeit erreicht wird
Exportquote: ca. 75 %

Kontakt
Erich Netzsch GmbH & Co. Holding KG
Gebrüder-Netzsch-Str. 19, 95100 Selb
Fon: 09287 75-0, Fax: 09287 75-208
info@netzsch.com, www.netzsch.com

Ansprechpartner Presse
Yann Jeschke
Fon: 0172 2822044
yann.jeschke@netzsch.com

N

Neuenhauser Maschinenbau

Neuenhaus, Niedersachsen

Gegründet: 1954
Die Neuenhauser Maschinenbau GmbH bildet innerhalb der Neuenhauser Unternehmensgruppe das Dach für verschiedene Geschäftsbereiche aus dem Maschinen- und Anlagenbau. Dazu zählen Baugruppen- und Anlagenbau, Textil- und Automatisierungstechnik, Spanntechnik, Lohnfertigung, Umwelttechnik und mehr. Ihren Ursprung hat die derzeit 37 Firmen umfassende Gruppe in einer Hinterhofwerkstatt, die Maschinenbaumeister Hans Voshaar im Jahr 1954 gründete. 1981 stieg sein Sohn Bernd in das elterliche Unternehmen ein und übernahm im Jahr 1986 schließlich die Leitung. Heute beschäftigt Bernd Voshaar als Geschäftsführer rd. 2.800 Mitarbeitende in der Neuenhauser Unternehmensgruppe. Davon arbeiten 750 am Hauptstandort in Neuenhaus, der seit 1972 kontinuierlich mit dem Bedarf mitwächst.

Kontakt
Neuenhauser Maschinenbau GmbH
Hans-Voshaar-Str. 5, 49828 Neuenhaus
www.neuenhauser.de

N

NEUMAN & ESSER

Übach-Palenberg,
Nordrhein-Westfalen

Gegründet: 1830
Die NEUMAN & ESSER GROUP (NEA) entwickelt und produziert Kompressoren sowie Mahl- und Sichtanlagen und bietet darüber hinaus Serviceleistungen in den Bereichen Ersatzteillieferung, Montage, Inbetriebnahme, Reparatur und Modernisierung an. Bei NEA sind 1.100 Mitarbeitende in 22 Engineering- und Serviceunternehmen und an den vier Produktionsstandorten in Deutschland beschäftigt. Das Unternehmen agiert in zehn Ländern. NEA Produkte werden im Bereich Öl und Gas, der chemischen und petrochemischen Industrie, der Lebensmittelindustrie sowie in den Bereichen Energie und Mineralien eingesetzt. Das Familienunternehmen mit Hauptsitz in Übach-Palenberg bei Aachen wurde 1830 gegründet. Geschäftsführende Gesellschafter sind Alexander und Stefanie Peters.

Kontakt
NEUMAN & ESSER Verwaltungs- und Beteiligungsgesellschaft mbH
Werkstr. o. Nr., 52531 Übach-Palenberg
www.neuman-esser.com

Neumann Kaffee Gruppe

Hamburg

Neumann Kaffee Gruppe

Gegründet: 1934
Die Neumann Kaffee Gruppe (NKG) ist als weltweit führende Rohkaffee-Dienstleistungsgruppe mit 50 Firmen in 28 Ländern aktiv und beschäftigt über 2.000 Mitarbeitende. Die Neumann Gruppe GmbH, die Holdingfirma mit Sitz in Hamburg, koordiniert und steuert die Aktivitäten der Gruppe. Gemeinsam mit dem Board of Management gibt David M. Neumann, Group CEO, die strategische Ausrichtung des in 3. Generation inhabergeführten Unternehmens vor. Die NKG hat über ihre Exportfirmen direkten Zugang zur gesamten Kaffeeproduktion der Welt und bedient mehr als 5.000 gewerbliche Kunden in nahezu allen Verbrauchermärkten. Neben Farming und Farmmanagement, Export, Import, Logistik, Qualitätskontrolle, Marktforschung und anderen Dienstleistungen entlang der gesamten Rohkaffee-Wertschöpfungskette, besteht das Kerngeschäft der Gruppe aus dem Handel und Vertrieb aller handelsüblichen Kaffeesorten und -derivate, so z. B. Spezialitäten-Kaffees und Instant-Kaffee. Die NKG ist zudem Weltmarktführer im Handel von nachhaltig zertifiziertem Kaffee. Neben einer jahrzehntelangen Tradition des Einsatzes für eine langfristig nachhaltige Kaffeewirtschaft, startete die Firmengruppe 2019 ihre global angelegte Initiative „NKG BLOOM", die in den kommenden Jahren in zehn Kaffeeanbauländern Konzepte für den Lebensunterhalt von mehr als 300.000 Kleinbauern entwickelt. Seit vielen Jahrzehnten sind die Gruppenfirmen vertrauenswürdige und transparente Geschäftspartner für die lokalen Gemeinschaften in den Anbauländern und tragen dazu bei, die Lebensgrundlage der Kaffeeproduzentinnen und -produzenten nachhaltig zu verbessern.

Kontakt
Coffee Plaza
Am Sandtorpark 4, 20457 Hamburg
www.nkg.coffee

NEW YORKER

Braunschweig, Niedersachsen

Gegründet: 1971
NEW YORKER ist eine Modemarke, die besonders junge Menschen anspricht und sich einer sehr hohen Markenbekanntheit erfreut. Das Unternehmen agiert weltweit in 45 Ländern. Der Hauptsitz der 1971 gegründeten Firma befindet sich in Braunschweig. NEW YORKER gehört mit über 18.000 Mitarbeitenden und 1.100 Filialen international zu den größten Modemarken. 2008 gründete NEW YORKER eine eigene Stiftung, die sich für die kulturelle Bildung sozial benachteiligter Kinder und Jugendlicher in der Region Braunschweig einsetzt und den Zugang zu Kunst und aktivem Musizieren fördert. Das von Friedrich Knapp begonnene und in seinem Besitz befindliche Familienunternehmen wird auch heute noch von ihm geleitet. Unterstützt wird er dabei von Dr. Florian Kall.

Kontakt
NEW YORKER
Marketing & Media International GmbH
Hansestr. 48, 38112 Braunschweig
www.newyorker.de

---

nico

Fellbach bei Stuttgart,
Baden-Württemberg

Gegründet: 1959
Das Kunststofftechnik-Unternehmen nico stellt hochwertige Spritzguss-Teile her. Die Firma vereint vom Formenbau über die Produktion bis hin zur Veredelung und zum Lager- und Logistikservice alle Dienstleistungen unter einem Dach. Die rd. 60 Mitarbeitenden agieren von drei Produktionsstätten aus und erwirtschaften einen Gesamtumsatz von rd. 11 Mio. Euro (2016). Neben dem Hauptsitz in Fellbach wird auch im österreichischen Dornbirn und in Bensheim (Hessen) produziert. Den weltweiten Vertrieb der Eigenprodukte übernimmt seit 1999 die BNS Bergal, nico & Solitaire Vertriebs GmbH mit Sitz in Mainz. Geschäftsführer des mittelständischen Familienunternehmens sind Norman und Dietmar Schmid, die Söhne des 1998 verstorbenen Firmengründers Norbert Schmid.

Kontakt
nico NORBERT SCHMID GMBH + CO. KG
Friedrich-List-Str. 46, 70736 Fellbach
www.nico-kunststofftechnik.de

Niederegger

Lübeck, Schleswig-Holstein

Gegründet: 1806
Die J.G. Niederegger GmbH & Co. KG steht seit über 200 Jahren für traditionelle Marzipanherstellung. Neben rd. 300 Marzipanprodukten produziert das Unternehmen Spezialitäten aus Nougat, Pralinés und weitere saisonale Köstlichkeiten, v. a. für Weihnachten und Ostern. Das traditionsreiche Café Niederegger, eine Institution im Herzen von Lübeck, bietet zudem Torten und Kuchen. Der Konditor Johann Georg Niederegger übernahm 1806 die Konditorei Maret und legte damit den Grundstein für das Unternehmen. Er entwickelte die Rezeptur des Niederegger Marzipans, das bis heute aus 100 % Marzipanrohmasse hergestellt wird. Heute leiten Holger Strait und seine Frau Angelika Strait-Binder das Familienunternehmen mit ihren Töchtern. Antonie Strait und Theresa Mehrens-Strait, aus der 8. Generation, sind seit 2016 geschäftsführende Gesellschafterinnen.

Kontakt
J.G. Niederegger GmbH & Co. KG
Zeißstr. 1–7, 23560 Lübeck
www.niederegger.de

N

NILES-SIMMONS-HEGENSCHEIDT

Chemnitz, Sachsen

Gegründet: 1833
Die NILES-SIMMONS-HEGENSCHEIDT GmbH ist im Werkzeugmaschinenbau tätig. Das Unternehmen stellt für die fünf Industriezweige Luft- und Raumfahrtindustrie, Maschinenbauindustrie, Automobil- und Truckindustrie, Werkzeug- und Formenbau, Eisenbahn- und Metroindustrie sowohl Werkzeugmaschinen als auch Fertigungslinien inkl. Zerspanungstechnologien und Software her. NILES-SIMONS-HEGENSCHEIDT hält 114 aktive, internationale Patente und Gebrauchsmuster. Die Firma wurde 1833 in Cincinnati, Ohio (USA), gegründet und befindet sich heute im Besitz der Familie Naumann. Mit 1.520 Mitarbeitenden weltweit wird ein Umsatz von 410 Mio. Euro jährlich erzielt. Die Firmengruppe verfügt über ein internationales Verkaufs- und Servicenetzwerk. Geschäftsführende Gesellschafter sind Prof. E. h. Dr.-Ing. E. h. Hans J. Naumann und John O. Naumann.

Kontakt
NILES-SIMMONS-HEGENSCHEIDT GmbH
Zwickauer Str. 355, 09117 Chemnitz
www.nshgroup.com

NILOS

Hilden, Nordrhein-Westfalen

Gegründet: 1926
Die NILOS GmbH & Co. KG gehört zur Ziller Holding und ist Spezialist auf dem Gebiet der Förderband- und Verschleißschutztechnik. Das Angebot umfasst neben Produkten zur Heiß- und Kaltvulkanisation auch Montagen, Wartung, Instandsetzung und Regenerierung von Fördergurten. Ergänzt wird die Angebotspalette durch Produkte zur Förderbandausrüstung. Diese reichen von Handwerkzeugen über Vulkanisierpressen bis zur Inbetriebnahme schlüsselfertiger Werkstätten zur Reparatur von Fördergurten. Ein weiterer Schwerpunkt sind Produkte für den Verschleißschutz aus Gummi und Kunststoff. Zu den Kunden gehören Unternehmen, die sich mit Erdbewegung und Rohstoffverwertung beschäftigen. Gegründet im Jahr 1926 von Dr. Hans Joachim Ziller, der mit dem Nilos-Haken die lösbare mechanische Verbindung erfand, ist das Familienunternehmen unter dem Geschäftsführer Thomas Ziller heute mit seinen weltweiten Niederlassungen international tätig.

Kontakt
NILOS GmbH & Co. KG
Reisholzstr. 15, 40721 Hilden
www.nilos.com

NORD DRIVESYSTEMS

Bargteheide, Schleswig-Holstein

Gegründet: 1965
NORD DRIVESYSTEMS zählt weltweit zu den Marktführern für mechanische und elektronische Antriebstechnik. Das Unternehmen mit Sitz in Bargteheide bei Hamburg entwickelt, produziert und vertreibt Antriebskomponenten wie Getriebe und Getriebemotoren, Frequenzumrichter, Servoregler und Peripherietechnik für Kunden aus mehr als 100 Branchen. NORD Mechanik und Elektronik bewegt z. B. Hafenkrane, Stadiondächer, Gepäckförderbänder, Skigondelbahnen u. v. m. Das Unternehmen ist weltweit in über 60 Ländern mit Montagewerken und Servicestützpunkten vertreten und beschäftigt mehr als 4.000 Mitarbeitende. 1965 von G. Schlicht und G. A. Küchenmeister als Getriebemotorenhersteller gegründet, prosperierte das Familienunternehmen und verfügt heute über Produktionsstätten in Deutschland, Italien, Polen, den USA und China.

Kontakt
Getriebebau NORD GmbH & Co. KG
Getriebebau-Nord-Str. 1, 22941 Bargteheide
www.nord.com

Nord-Schrott

Flensburg, Schleswig-Holstein

Gegründet: 1898
Nord-Schrott ist ein weltweit handelndes Recycling- und Entsorgungsunternehmen. Es betreibt mehrere Standorte in Europa und Fernost und Handelsrepräsentanzen in Deutschland, Skandinavien und Polen. Der auf die unmittelbare Verschiffung ausgelegte 178.000 m² große Schrottplatz in Flensburg ist der Arbeitsort von 192 Personen. So wird 24 Stunden am Tag ein eigener Lkw-Fuhrpark betrieben, der zu recycelndes Altmaterial abholt und die bestellten Rohstoffe bei den Kunden abliefert. Um trotz Zeitverschiebung jederzeit ansprechbar zu sein, unterhält Nord-Schrott weitere Handelsbüros in Tianjin/China sowie nördlich von Mumbai/Indien. Insgesamt sind dies 317 Arbeitsplätze, an denen 500 verschiedene Wertstoffe zu 97 % weiterverarbeitet werden.

Kontakt
Nord-Schrott GmbH & Co. KG
Lilienthalstr. 30, 24941 Flensburg
www.nord-schrott.de

NordCap

Bremen

Gegründet: 1989
Die Marke NordCap wurde im Jahr 1989 gegründet. Heute hat sie mehr als 130 Mitarbeitende. Der Grundstock für das inhabergeführte Unternehmen entstand ab 1937 durch den Aufbau diverser Firmen. Heute führen drei Söhne bzw. Enkel der einstigen Gründer das Großhandelsunternehmen für gewerbliche Kühl-, Koch- und Spültechnik: Lutz Blasberg, Klaus Ziegler und Christian Zöger. Das Unternehmen erzielt einen Jahresumsatz von über 60 Mio. Euro. Es hat fünf Standorte in Deutschland und seit 2014 eine Niederlassung in den Niederlanden. Neben 6.500 Katalogprodukten bietet es individuelle Konzepte z. B. für Speiseeis- und Snack-Vitrinen sowie Sonderanfertigungen in Gastronomie und Hotellerie. 2018 wurde das Unternehmen als „guter Arbeitgeber“ zweifach ausgezeichnet.

Kontakt
NordCap GmbH & Co. KG
Thalenhorststr. 15, 28307 Bremen
www.nordcap.de

NORDFROST

Schortens, Niedersachsen

Gegründet: 1975
Die NORDFROST-Gruppe ist nach eigenen Angaben der deutsche Marktführer in der Tiefkühllogistik. Das Unternehmen bietet seinen Kunden aus Lebensmittelindustrie und Einzelhandel individuelle Logistikkonzepte v. a. im Tiefkühl-, aber auch im Trockengutbereich. Dazu verfügt es in Deutschland über ein flächendeckendes Netz von 40 Kühlhausstandorten mit einer Lagerkapazität von 3,5 Mio. m³, ein europaweites Transportnetzwerk und einen eigenen Seehafen-Terminal im JadeWeserPort, dem Containerhafen von Wilhelmshaven. Insgesamt beschäftigt NORDFROST rd. 3.000 Mitarbeitende. Gegründet wurde das Unternehmen 1975 von Horst Bartels, nach seinem Tod im Jahr 2020 übernahmen seine beiden Kinder, Britta Bartels und Dr. Falk Bartels, die Geschäftsführung der Gruppe.

Kontakt
NORDFROST GmbH und Co. KG
Nordfrost-Ring 1, 26419 Schortens
www.nordfrost.de

N

NORDHAUS

Kürten, Nordrhein-Westfalen

Gegründet: 1924
Die NORDHAUS Fertigbau GmbH produziert und vertreibt mit rd. 60 Mitarbeitenden Holz-Fertighäuser. Die Angebotspalette reicht heute von Ein- und Zweifamilienhäusern (auch als Bungalow oder Villa) bis zu Kindergärten und Bürogebäuden. Zudem werden Lösungen für die Renovierung bestehender NORDHAUS-Bauten aus den 1960er- und 1970er-Jahren geboten. Als besonders nachhaltige Produktlinie gibt es inzwischen die EcoPur-Häuser aus umweltschonenden Baustoffen mit intelligenter Haustechnik. 1924 gründete Hermann Brochhaus die Firma zunächst als Stellmacherei, Zimmerei und Holzhandel. 1964 begann in Kooperation mit der Firma Bergstedt aus Verden die Produktion von Fertighäusern der Marke NORDHAUS. 1991 ging die Marke NORDHAUS vollständig in den Besitz der Familie Brochhaus über. Das Unternehmen wird seit 2003 in 3. Generation von dem geschäftsführenden Gesellschafter Christoph Brochhaus geleitet.

Kontakt
NORDHAUS Fertigbau GmbH
Broch 2, 51515 Kürten
www.nordhaus.de

NORDMANN Unternehmensgruppe

Wildeshausen, Niedersachsen

Gegründet: 1908
Die NORDMANN Unternehmensgruppe betreibt einen Getränkefachgroßhandel sowie u. a. Craft-Beer-Brauereien wie die Ratsherrn Brauerei in Hamburg, gastronomische Betriebe wie z. B. Brauhäuser sowie Getränke-Einzelhandelsfilialen. Das mittelständische Familienunternehmen betreut rd. 4.000 Gastronomiekunden, u. a. mit Beratungsleistungen oder Finanzierungslösungen, und beschäftigt an neun Standorten rd. 650 Mitarbeitende. Stammsitz der Unternehmensgruppe ist Wildeshausen in Niedersachsen. Die Gastronomiekompetenz des Unternehmens nahm ihren Anfang im 17. Jahrhundert mit dem noch heute im Familienbesitz befindlichen Gasthof Hengsterholz. 1908 von Fritz Nordmann als Bierverlag gegründet, ist die heutige NORDMANN Unternehmensgruppe in nunmehr 4. Generation im Besitz der Familie.

Kontakt
NORDMANN Unternehmensgruppe GmbH
Bargloyer Str. 62, 27793 Wildeshausen
www.nordmann-gruppe.de

Norma Handelsgruppe

Nürnberg, Bayern

Gegründet: 1921
Aus einer regionalen Fürther Ladenkette, gegründet von Georg Roth, wurde Norma, einer der bedeutendsten deutschen Discounter. Wöchentlich aktuelle Angebote aus den Bereichen Food und Nonfood ergänzen das Sortiment aus rd. 1.000 Lebensmittelartikeln und Gütern des täglichen Bedarfs. Oft kommen zusätzlich Trendartikel zum Thema Haushalt, Familie und Freizeit ins Programm. Norma betreibt über 1.450 Filialen und 16 Niederlassungen. Das Geschäftsmodell wurde auch nach Frankreich, Tschechien und Österreich übertragen, unterstützt von einer eigenen Just-in-Time-Logistik. Norma möchte unter dem Slogan „Mehr fürs Geld" aus eigener Kraft neben qualitativer und quantitativer Expansion auch in der Fläche, durch weitere Verdichtung und Filialoptimierung, wachsen.

Kontakt
Norma Lebensmittelfilialbetrieb Stiftung & Co. KG
Heisterstr. 4, 90441 Nürnberg
www.norma-online.de

NORWE

Bergneustadt, Nordrhein-Westfalen

Gegründet: 1956
Die NORWE GmbH entwickelt, produziert und vertreibt Spulenkörper, die u. a. in Transformatoren oder Schaltnetzteilen zum Einsatz kommen. Kundenspezifische Elektronikbauteile ergänzen das Produktportfolio. Eine Tochtergesellschaft in den USA sowie Vertreter und Distributoren in 14 Ländern weltweit sorgen für die globale Präsenz. Für NORWE, das seinen Stammsitz im oberbergischen Bergneustadt hat, sind ca. 105 Mitarbeitende tätig. Dabei wird das Unternehmen weiterhin aus der Familie geführt: mit René Weiner für die NORWE GmbH sowie Peter Weiner für NORWE Inc., USA. Ihren Anfang nahm die GmbH, als Norbert Weiner 1956 in Lüdenscheid einen Betrieb für die Produktion von Elektro-Kleingeräten gründete.

Kontakt
NORWE GmbH
Paulstr. 5, 51702 Bergneustadt
www.norwe.de

NOSTA Group

Osnabrück, Niedersachsen

Gegründet: 1978
Die NOSTA Group agiert international als Full-Service-Logistiker und bietet u. a. Dienstleistungen entlang der gesamten Lieferkette wie z. B. Transportmanagement, Lagerung, Mehrwertdienstleistungen und IT-Lösungen. Weltweite Exporte und Importe werden per See- und Luftfracht abgewickelt, und über 450 Fahrzeuge führen deutschland- und europaweit Transporte durch, auch in Kombination mit dem Schienenverkehr. Zu den Kunden zählen zahlreiche Branchen wie z. B. Automotive, Fast Moving Consumer Goods, Food & Beverages, Industrial und E-Commerce. Die NOSTA Group ist mit ihren Gesellschaften an mehr als 40 Standorten international vertreten und beschäftigt über 750 Mitarbeitende. 1978 von Andrea und Thomas Gallenkamp gegründet, leitet Nicolas Gallenkamp das Familienunternehmen in 2. Generation.

Kontakt
NOSTA Holding GmbH
Buchenbrink 1, 49086 Osnabrück
www.nosta.de

---

notebooksbilliger.de

Sarstedt, Niedersachsen

Gegründet: 2002
Das Unternehmen notebooksbilliger.de verkauft Elektronikartikel, vornehmlich online, aber zunehmend auch in eigenen Stores. Gegründet von Arnd von Wedemeyer und Sascha Crocoll im Jahr 2002, hat sich der Online-Händler kontinuierlich weiterentwickelt. Neben den namensgebenden Notebooks umfasst das Produktspektrum heute auch Smartphones, PCs, Beamer und Monitore. Dabei werden E-Commerce, Systemhaus und stationärer Einzelhandel verzahnt. Über 800 Mitarbeitende betreuen den Online-Shop sowie die Ladenlokale in Berlin, Dortmund, Düsseldorf, Hamburg, Hannover, München und Stuttgart. Der nach eigenen Angaben größte deutsche Elektronik-Online-Händler hat u. a. den Deutschen Online-Handels-Award 2018 für den besten Online-Shop und zahlreiche weitere Auszeichnungen gewonnen.

Kontakt
notebooksbilliger.de AG
Wiedemannstr. 3, 31157 Sarstedt
www.notebooksbilliger.de

N

Nürnberger Baugruppe

Nürnberg, Bayern

Gegründet: 1815

Die Nürnberger Baugruppe ist eine Unternehmensgruppe mit 18 selbstständig am Markt agierenden Unternehmen, die in der Planung, Ausführung oder Nutzung von Bau- und Immobilienprojekten aktiv sind. Zum Leistungsspektrum ihrer Geschäftsbereiche zählen u. a. die Immobilienentwicklung, Hochbau, Betonsanierung und Metallbau, Tiefbau, Straßenbau und Rohrleitungsbau sowie das Immobilienmanagement. Der Bereich Organisation und Bauinformatik bietet zudem z. B. innovative Software- und Beratungslösungen. Die Nürnberger Baugruppe ist an 45 Standorten in Deutschland, Frankreich und der Schweiz vertreten und erzielte 2017 mit über 1.200 Mitarbeitenden mehr als 150 Mio. Euro Umsatz. 1815 gründete Conrad Jakob Gramling die Firma Tauber Bau, aus der sich die Nürnberger Baugruppe entwickelte, die bis heute in Familienbesitz ist.

Kontakt

Nürnberger Baugruppe GmbH + Co KG
Rollnerstr. 180, 90425 Nürnberg
www.baugruppe.de

Oest Gruppe

Freudenstadt, Baden-Württemberg

„Unser Unternehmensziel eines wohldosierten, nachhaltigen Wachstums steht im Kontext mit klar definierten Vorgaben im Arbeits-, Gesundheits- und Umweltschutz."

Alexander A. Klein, Vorsitzender der Geschäftsführung der Oest Gruppe

Das Management-Team der Oest Gruppe

Gegründet: 1915

Die Oest Gruppe mit Hauptsitz in Freudenstadt im Schwarzwald ist in verschiedenen Branchen tätig. Dazu gehören chemische Produkte, Maschinenbau, Energiehandel sowie der Betrieb von Tankstellen. Im Bereich der chemischen Industrie ist Oest u a. Hersteller von Schmierstoffen für den automobilen oder industriellen Einsatz bis hin zu komplexen Spezialschmierstoffen für die metallbearbeitende Industrie.

Oest Maschinenbau entwickelt und produziert Anlagen und Systemlösungen zum Mischen, Dosieren, Pumpen und Auftragen von Mehrkomponentenklebstoffen sowie anderen flüssigen Medien. Als Technologieführer hat sich Oest Maschinenbau in der Klebstofftechnik international etabliert. Im Bereich Tankstellen gehört Oest zu den größten Gesellschaftern der AVIA und betreibt vornehmlich in Süddeutschland ein großes Tankstellennetz.

Mit dem Fokus auf Forschung und Entwicklung rund um regenerative Kraftstoffe und eFuels hat Oest u. a. mit Oecopower D® einen emissionsarmen, zu 100 % erneuerbaren Spezialkraftstoff für Dieselmotoren auf den Markt gebracht, der in puncto Schadstoffreduzierung neue Maßstäbe setzt. Auch Produktinnovationen im Schmierstoffbereich entstehen im Hightech-Labor am Firmenstandort Freudenstadt. Wie etwa ein Spezialumformschmierstoff mit VDA-4-Status, der den komplexen Anforderungsprofilen der Originalausrüstungshersteller (OEMs) in der Kraft- und Nutzfahrzeugbranche entspricht.

Der hohe Qualitätsanspruch und die auf Nachhaltigkeit fokussierte Unternehmensstrategie spiegeln sich u. a. in der erfolgreichen Umweltzertifizierung nach ISO 14001:2015 wider.

Insgesamt beschäftigt die Oest Gruppe über 300 Mitarbeitende, die im Geschäftsjahr 2018 einen Gesamtumsatz von über 300 Mio. Euro erwirtschafteten. Im Bereich Maschinenbau werden rd. 80 % des Umsatzes im Export erzielt, im Schmierstoffbereich sind es rd. 30 %. Etwa 10 % der Belegschaft sind Aus-

Schon in frühen Jahren engagierte sich Oest im Motorsport.

Die Oest Gruppe hat ihren Hauptsitz in Freudenstadt im Schwarzwald.

Gesellschaftliche Verantwortung

Für Oest ist Nachhaltigkeit ein ebenso wichtiger Grundsatz wie soziale Verantwortung und auch gesellschaftlich ist das Engagement des Unternehmens vielfältig. So werden beispielsweise regionale Vereine rund um Freudenstadt sehr stark im Bereich der Jugendarbeit unterstützt. Das betriebliche Gesundheitsmanagement der Oest Gruppe umfasst zahlreiche Angebote für Mitarbeitende und fördert verschiedene Betriebssportgruppen. Des Weiteren unterstützt das Unternehmen Kinderhilfsorganisationen, wie etwa Flying Hope, SOS Kinderdorf, die Stiftung EIGEN-SINN und auch verschiedene Initiativen wie EndPolioNow.

zubildende. Von der IHK Nordschwarzwald wurde Oest als „1A ausgezeichneter Ausbildungsbetrieb" prämiert.

Die Oest Gruppe befindet sich in 4. Generation im Besitz der Familien Oest und Ries. Die Geschäfte führt mit Alexander A. Klein ein externer Manager als Vorsitzender der Geschäftsführung. Als Kontrollgremium sind ein Stiftungs- und Verwaltungsrat installiert.

Seine Wurzeln hat das Unternehmen im Jahr 1915, als Georg Oest in Freudenstadt eine Firma gründete, die Schmierstoffe für Kraftfahrzeuge und für die Industrie herstellte. 1952 war Oest einer der Mitbegründer der deutschen AVIA, eines ursprünglich 1927 in der Schweiz gegründeten Zusammenschlusses mittelständischer Mineralölunternehmen. Heute ist Oest einer der Hauptgesellschafter der deutschen AVIA. Die Maschinenbausparte von Oest wurde im Jahr 1964 ins Leben gerufen und weitete die Entwicklungskompetenz des Unternehmens auf den Anlagenbau aus – mit innovativen Klebstofftechnologien, die heute nicht nur im Holzbau, sondern auch in der Sandwich-Technik, z. B. für den Caravan- und Schiffsbau, zum Einsatz kommen. Auch BSP-Elemente für den Bau von Wohnhäusern, Gewerbe- und Produktionshallen werden mit Anlagen von Oest Maschinenbau hergestellt.

Schon gewusst?

Die Marke Östol gibt es schon seit fast 100 Jahren, sie wurde 1915 vom Firmengründer Johann Georg Oest ins Leben gerufen. Östol wurde lange im Rennsport eingesetzt, etwa bei den legendären Solitude-Rennen in Stuttgart. Mit der Revitalisierung der Gründermarke Östol bietet Oest heute eine Produktpalette an, die speziell auf die Anforderungen von Old- und Youngtimern abgestimmt ist. Die mild legierten oder unlegierten Öle eignen sich optimal für die damals mit höheren Fertigungstoleranzen produzierten Motoren und Getriebe.

Daten und Fakten

Inhaberfamilien: Familien Oest und Ries in 4. Generation
Gründer: Georg Oest, 1915, Freudenstadt
Branchen: chemische Produkte, Maschinenbau, Energiehandel, Tankstellen
Mitarbeitende: über 300
Umsatz: über 300 Mio. Euro (2018)
Ausbildungsquote: über 10%
Unternehmensanteile der Familie: 100%
Kontrollgremien: Stiftungs- und Verwaltungsrat
Eigenkapitalquote: 35%
Exportquote: Maschinenbau ca. 80%; chemische Produkte ca. 30%

Kontakt
Oest Gruppe
Georg-Oest-Str. 4, 72250 Freudenstadt
Fon: 07441 539-0, Fax: 07441 539-107
info@oestgroup.com, www.oestgroup.com

Ansprechpartner Presse
Hardy Bökle
Fon: 07441 539-154
marketing@oest.de

Die Geschäftsbereiche der Oest Gruppe: Schmierstoffe, Energie, Tankstellen, Maschinenbau

Oetker-Gruppe

Bielefeld, Nordrhein-Westfalen

„Die Interessen des Unternehmens haben Vorrang vor denen der Inhaberfamilie.“

Leitsatz der Familie

Dr. Albert Christmann ist seit 2017 persönlich haftender Gesellschafter der Dr. August Oetker KG.

Gegründet: 1891

Die Oetker-Gruppe, eines der großen Familienunternehmen Europas, ist mit knapp 400 Firmen in fünf Geschäftsbereichen international aktiv. Führungsholding der Gruppe ist die Dr. August Oetker KG in Bielefeld, die u. a. die Koordination von Finanzen und Steuern übernimmt. Die Unternehmensgruppe mit weltweit rd. 31.000 Mitarbeitenden erzielte 2018 einen Umsatz in Höhe von 7,14 Mrd. Euro.

Zum umsatzstärksten Geschäftsbereich Nahrungsmittel, dessen Produkte weltweit erhältlich sind, zählen z. B. die Traditions-Marke Dr. Oetker, die Conditorei Coppenrath & Wiese und die Martin Braun-Gruppe. Im Geschäftsbereich Bier und alkoholfreie Getränke bilden nationale wie internationale Marken und regionale Spezialitäten das Portfolio: Die Radeberger Gruppe, Deutschlands größte private Brauereigruppe, hat

Gesellschaftliche Verantwortung

Der Unternehmer Rudolf-August Oetker (1916–2007) war ein engagierter Unterstützer kultureller und sozialer Projekte. 1968 stiftete er seiner Heimatstadt Bielefeld die Kunsthalle, die nach Plänen des amerikanischen Architekten Philip Johnson erbaut wurde. Nach dem Mauerfall konzentrierte sich die Familie Oetker verstärkt auf die Erhaltung des Kunst- und Kulturerbes in den neuen Bundesländern, unterstützte aber auch ausgewählte Sanierungs- und Restaurierungsvorhaben in den alten Bundesländern. 1995 wurde z. B. das Caroline Oetker Stift eröffnet, eine Seniorenresidenz, die sich auf dem ehemaligen Familiengrundstück der Oetkers am Johannisberg befindet.
Seit 1998 werden alle Förderungen auf wissenschaftlichem und kulturellem Gebiet in der von Rudolf-August Oetker ins Leben gerufenen Rudolf-August Oetker-Stiftung für Kunst, Kultur, Wissenschaft und Denkmalpflege gebündelt. Mit sozialen Belangen befasst sich seit ihrer Gründung im Jahr 2000 die Ida und Richard Kaselowsky-Stiftung.

In der Dr. Oetker Welt erfährt man Wissenswertes rund um die Marke Dr. Oetker.

rd. 40 Marken wie Radeberger, Jever, Binding, Clausthaler, Selters im Angebot. Zum Geschäftsbereich Sekt, Wein und Spirituosen zählt der weltweit führende Schaumweinhersteller Henkell Freixenet, Exporteur in 150 Länder und international mit 30 Tochtergesellschaften vertreten. Im Geschäftsbereich Weitere Interessen sind Unternehmen aus den Branchen chemische Industrie, Luxushotellerie, Informationstechnologie, digitale Dienstleistungen etc. zusammengefasst. Das renommierte Bankhaus Lampe bildet den Geschäftsbereich Bank. Es verfügt über deutsche und internationale Niederlassungen, Tochtergesellschaften und Beteiligungen und betreut vermögende Privatkundinnen und -kunden, Unternehmen sowie institutionelle Kunden.

Mit der Entwicklung des Backpulvers Backin legte der Apotheker Dr. August Oetker 1891 den Grundstein des Unternehmens. Die Frau seines Sohnes Rudolf, der im Ersten Weltkrieg fiel, heiratete nach dessen Tod Dr. Richard Kaselowsky, der 1920 die Unternehmensleitung übernahm. Ihm folgte 1944 der Enkel des Gründers, Rudolf-August Oetker, der weitere Branchen erschloss. Von 1981 bis 2009 stand Dr. h. c. August Oetker an der Unternehmensspitze und trieb die Internationalisierung voran. Er übergab an seinen jüngeren Bruder Richard Oetker, der den Aufbau der osteuropäischen Märkte forcierte. 2017 trat Dr. Albert Christmann dessen Nachfolge in der Gruppenleitung und als Vorsitzender der Geschäftsführung der Dr. August Oetker Nahrungsmittel KG an.

Die Inhaberfamilie hat in der Oetker-Gruppe wesentlichen Einfluss auf deren Strategie und Unternehmenspolitik. Die Führungsebene besteht aus den Gesellschaftern, dem Beirat, der Gruppenleitung und den Geschäftsführungen der einzelnen Unternehmen. Diese Struktur soll sicherstellen, dass das Unternehmen alle wichtigen Entscheidungen zentral und zukunftsorientiert treffen kann.

Daten und Fakten

Inhaberfamilie: Familie Oetker in 5. Generation
Gründer: Dr. August Oetker, 1891, Bielefeld
Branchen: Nahrungsmittel, Getränke, Bank, Chemie, Hotels und IT

Chronologie

1891 Der Apotheker Dr. August Oetker legt mit der Entwicklung des Backpulvers Backin den Grundstein für das Unternehmen Dr. Oetker.

1944 Gründerenkel Rudolf-August Oetker übernimmt die Leitung des Familienbetriebes.

1949 Übernahme des 1852 gegründeten Bankhauses Lampe

1952 Kauf der Binding-Brauerei AG, die heute noch Stammsitz der Radeberger Gruppe ist.

1958 Übernahme der Söhnlein Rheingold Sektkellerei (nach Fusion bzw. Übernahme später Henkell & Co.-Gruppe, dann Henkell Freixenet)

1981 Dr. h. c. August Oetker wird persönlich haftender Gesellschafter der Dr. August Oetker KG.

2010 Richard Oetker wird persönlich haftender Gesellschafter der Dr. August Oetker KG und Vorsitzender der Geschäftsführung der Dr. Oetker GmbH.

2015 Übernahme der Conditorei Coppenrath & Wiese, Deutschlands führender Hersteller tiefgekühlter Torten und Kuchen

2016 Gründung des Unternehmens Oetker Digital für digitale Innovationen und Geschäftsmodelle der Oetker-Gruppe

2017 Dr. Albert Christmann wird Nachfolger von Richard Oetker in der Gruppenleitung und Vorsitzender der Geschäftsführung der Dr. August Oetker Nahrungsmittel KG.

Nahrungsmittel, Bier und alkoholfreie Getränke sowie Sekt, Wein und Spirituosen gehören zu den fünf Geschäftsbereichen der Oetker-Gruppe.

1949 übernimmt die Oetker-Gruppe das renommierte Bankhaus Lampe (oben). Luxushotellerie wie die Villa Stephanie-Exterior zählt zum Geschäftsbereich „Weitere Interessen".

O

Mitarbeitende: rd 31.000 (2018)
Umsatz: 7,14 Mrd. Euro (2018)
Unternehmensanteile der Familie: 100 %
Kontrollgremien: Gesellschafter, Beirat
Eigenkapitalquote: 41 %

Kontakt
Dr. August Oetker KG
Lutterstr. 14, 33617 Bielefeld
Fon: 0521 155-0, Fax: 0521 155-2995
presse@oetker.de, www.oetker-gruppe.de

Ansprechpartner Presse
Dr. Jörg Schillinger
Fon: 0521 155-2619
joerg.schillinger@oetker.com

Offen Group

Hamburg

Gegründet: 1971
Die CPO Holding GmbH & Co. KG ist eine von Claus-Peter Offen gegründete deutsche Reederei. Das Unternehmen firmiert seit 2015 unter dem Namen Offen Group. Die Reederei betreibt eine mehr als 50 Containerschiffe umfassende Flotte. Zunächst wurden die Containerschiffe bei deutschen Werften in Auftrag gegeben, später überwiegend in Südkorea, aber auch in Rumänien gebaut. Die Offen Group übernimmt das gesamte Management rund um die Abwicklung des Gütertransports. Als einer der weltweit größten Zulieferer von Schiffstonnage beschäftigt die Gruppe mehr als 4.000 Mitarbeitende an Land und zur See. Gründer Claus-Peter Offen ist CEO der Offen Group und wird bei der Leitung des Unternehmens von Sohn Claus Oliver Offen und Manager Ralf Jung unterstützt.

Kontakt
CPO Holding GmbH & Co. KG
Bleichenbrücke 10, 20354 Hamburg
www.offengroup.de

OHROPAX

Wehrheim, Hessen

OHROPAX®
Erfinder der Ruhe

Gegründet: 1907
Die OHROPAX GmbH produziert und vertreibt Gehörschutzprodukte der Marke OHROPAX vorwiegend für private Anwenderinnen und Anwender sowie Gesundheitsprodukte. Das Traditionsprodukt, das bereits mehrfach ausgezeichnet wurde, ist nach wie vor der Ohrstöpsel aus Wachs. Ebenso erhältlich sind aber auch Stöpsel aus Kunststoff, Wolle, Schaumstoff und Silikon. Vom Modell OHROPAX Classic werden jährlich 30 Mio. Stöpsel verkauft. Etwa 50 Mitarbeitende am Standort Wehrheim erwirtschaften so einen Jahresumsatz von 12 Mio. Euro (2019). Der Firmenname setzt sich aus dem deutschen Wort „Ohr“ und dem lateinischen Begriff „pax“ (deutsch: Frieden) zusammen. Mit Michael Negwer leitet heute die 3. Unternehmergeneration die Geschicke der Firma. Im Jahr 1907 eröffnete sein Großvater Maximilian Negwer in Berlin die „Fabrik pharmazeutischer und kosmetischer Spezialitäten Max Negwer“. Kurz zuvor war in seinem Bekanntenkreis die Idee entstanden, es Homer aus der antiken Sage gleichzutun, der seiner Mannschaft die Ohren mit Bienenwachs verschloss, damit sie sich nicht von den Sirenen betören ließen. Die Erfindung traf den Nerv der Zeit, als die Industrialisierung und beengte Wohnverhältnisse Ruhe zum Luxusbedürfnis hatten werden lassen. Die Blechdose „OHROPAX-Geräuschschützer“ kostete zum Markteintritt 1908 eine Mark. Im Ersten Weltkrieg wurde in großem Umfang das Militär mit OHROPAX-Produkten beliefert. Nach dem Zweiten Weltkrieg etablierte sich das Unternehmen in Bad Homburg, in der DDR führte parallel ein volkseigener Betrieb die Herstellung weiter. Seit dem Jahr 1991 hat das Unternehmen seinen Sitz in Wehrheim.

Kontakt
OHROPAX GmbH
Am Kappengraben 17, 61273 Wehrheim
Fon: 06081 9530-60, Fax: 06081 9530-69
info@ohropax.de, www.ohropax.de

OKA Büromöbel

Ebersbach-Neugersdorf, Sachsen

Gegründet: 1858
OKA Büromöbel GmbH & Co. KG mit Sitz im sächsischen Ebersbach-Neugersdorf blickt auf über 160 Jahre Erfahrung im Bereich Büromöbel zurück. Das Unternehmen bietet verschiedene Tischsysteme, Container, Schränke, Trenn- und Stellwände sowie Stühle verschiedener Kooperationspartner. Allen Produkten liegt das Farbkonzept OKA Colours zugrunde. Hinzu kommen Dienstleistungen von der Beratung und Planung bis zur Entsorgung von Altmöbeln. August Kasper gründete das Unternehmen 1858 in Alt-Gersdorf. Ein Meilenstein war der Beginn der Serienproduktion von Büromöbeln durch Oskar Kasper und dessen Sohn Erwin im Jahr 1892. Heute beschäftigt OKA an vier Standorten rd. 150 Mitarbeitende und wird von den geschäftsführenden Gesellschaftern Thomas und Sebastian Kasper geleitet.

Kontakt
OKA Büromöbel GmbH & Co. KG
Eibauer Str. 1–5, 02727 Ebersbach-Neugersdorf
www.oka.de

OKE

Hörstel, Nordrhein-Westfalen

Gegründet: 1961
Die OKE Group entwickelt und produziert technische Bauteile und Komponenten, v. a. für die Automobil-, Elektronik- und Möbelindustrie. Zu den Kernkompetenzen zählen Extrusion, Spritzguss, Pultrusion, CNC-Bearbeitung, Stanz- und Umformtechnik, Sondermaschinenbau sowie Werkzeugbau. Zur Gruppe gehören 15 Einzelunternehmen, die mit insgesamt rd. 1.900 Mitarbeitenden die gesamte Prozesskette abbilden. Gegründet wurde das Unternehmen OKE – kurz für Osnabrücker Kunststoff-Erzeugnisse – von Rainer von der Heyde im Jahr 1961. Zuerst vertrieb er Kunststoffprodukte für die Möbelindustrie, später stellte er sie auch selbst her. Im Jahr 1986 trat Thomas Tillner ins Unternehmen ein. Heute führt er die Geschäfte gemeinsam mit Alexander Hamann.

Kontakt
OKE Group GmbH
Nobelstr. 7, 48477 Hörstel
www.oke.de

Oldendorff Carriers

Lübeck, Schleswig-Holstein

Gegründet: 1921
Das Schifffahrtsunternehmen Oldendorff Carriers ist die größte deutsche Massengutreederei und eine der größten weltweit. Sie betreibt rd. 700 eigene und gecharterte Schiffe mit einer Tragfähigkeit von ca. 60 Mio. t. Mit 4.000 Angestellten aus 60 Ländern erzielt sie in 18 Büros 5 Mrd. Euro Jahresumsatz. Mit 320 Mio. Tonnen Cargo, im Schwerpunkt Erze und Kohle, erreicht sie 14.000 Hafenlandungen pro Jahr. Der 21-jährige Egon Oldendorff wurde vor 100 Jahren Partner im Hamburger Schiffsgeschäft

Lilienfeld & Oldendorff und führte es durch den Zweiten Weltkrieg. In den 1950er-Jahren förderte ein Frachtboom, insbesondere für Holz auf der Ostsee, die Entwicklung. 1980 übernahm sein Sohn Henning mit 23 Jahren die Firma und wurde 2003 Vorstandsvorsitzender.

Kontakt
Oldendorff Carriers GmbH & Co. KG
Willy-Brandt-Allee 6, 23554 Lübeck
www.oldendorff.com

Oltrogge

Bielefeld, Nordrhein-Westfalen

Gegründet: 1866
Die Oltrogge GmbH & Co. KG ist seit über 153 Jahren Engineering-Partner für technisch anspruchsvolle Industrielösungen. An den Standorten Bielefeld, Aichach, Altenburg und Mülheim a. d. Ruhr ist Oltrogge Technikpartner für innovative Neuanlagen und Servicepartner von Bestandsanlagen. Mit 150 Mitarbeitenden erwirtschaftet das mittelständische Unternehmen einen Jahresumsatz von 30 Mio. Euro (2019) und berät rd. 15.000 Industriekunden weltweit.

Mit schlüsselfertigen Lackieranlagen, zuverlässigen Druckluftkonzepten und anspruchsvollen Werkzeugmaschinen unterstützt Oltrogge die Industrie. Dabei plant, konfiguriert, montiert und wartet das Unternehmen ganz nach Kundenwunsch.

Das Bielefelder Familienunternehmen ist seit fünf Generationen zu 100 % im Besitz der Familie Oltrogge. Sein Ursprung geht auf das Jahr 1866 zurück, als Wilhelm Oltrogge ein Eisenwarengeschäft gründete.

Kontakt
Oltrogge GmbH & Co. KG
Finkenstr. 61, 33609 Bielefeld
www.oltrogge.de

OLYMP

Bietigheim-Bissingen, Baden-Württemberg

Gegründet: 1951
Die OLYMP Bezner KG produziert und vertreibt hochwertige Herrenoberbekleidung wie Business- und Freizeithemden, Poloshirts, Krawatten sowie Strickwaren. Dabei setzt das Familienunternehmen auf gleichbleibend hohe Qualität bei Materialien und Verarbeitung, verlässliche Trage- und Pflegevorteile, ein faires Preis-Leistungs-Verhältnis und auf eine überzeugende modische Aussage seiner Produkte. Seit vier Jahren beauftragt das Haus den internationalen Schauspieler Gerard Butler als Markenbotschafter. Bei einer Exportquote von 37 % sind die Umsätze von OLYMP in den vergangenen zehn Jahren kontinuierlich gestiegen, auf 268 Mio. Euro im Jahr 2019. In Deutschland und Österreich beschäftigt OLYMP rd. 920 Mitarbeitende. Die Bekleidungsfirma wurde 1951 von Eugen Bezner gegründet und wird heute von dessen Enkelsohn Mark Bezner in 3. Generation geführt.

Kontakt
OLYMP Bezner KG
Höpfigheimer Str. 19, 74321 Bietigheim-Bissingen
www.olymp.com

ONI

Lindlar, Nordrhein-Westfalen

Gegründet: 1983

Die ONI-Unternehmensgruppe hat sich im internationalen Industrieanlagenbau mit der Entwicklung, der Planung und dem Bau von energiesparenden und umweltentlastenden Systemlösungen einen Namen gemacht. Das Unternehmen plant und baut Anlagen für die Kühl- und Kältetechnik, für die Wärmerückgewinnung, Klima-, Lüftungs- und Reinraumtechnik, Werkzeug-Temperiertechnik, Kühlwasserbehandlung sowie energetische Optimierung von Spritzgießmaschinen.

Darüber hinaus berät ONI die unterschiedlichsten Industriebranchen in Sachen Energieoptimierung und Entwicklung von Energiesparkonzepten. Auch die Vermittlung von Netzwerkpartnern zählt zu den Dienstleistungen, ebenso wie die energieoptimierte Betriebsführung und die Überwachung von Kundenanlagen weltweit.

Zu den Kunden gehören u. a. Kunststoff- und Metallverarbeiter, die Automobilindustrie, die Chemie- und Lebensmittelbranche sowie die Medizintechnik. Mit seinem breit gefächerten Produkt- und Leistungsspektrum, das sogar die Entwicklung der Energiemanagementsoftware für alle Anlagensysteme umfasst, ist ONI weltweit einzigartig. Ca. 60 % seines Umsatzes von 88 Mio. Euro (2018) erwirtschaftete das Unternehmen auf den internationalen Märkten.

Der Firmensitz der ONI-Wärmetrafo GmbH in Lindlar

Chronologie

1983 Wolfgang Oehm gründet die ONI-Wärmetrafo GmbH in einer Großgarage in Lindlar.

1987 In Lindlar-Frielingsdorf werden neue Räumlichkeiten mit ca. 500 m² Nutzfläche angemietet. 1998 Eine ca. 40.000 m² große Gewerbefläche mit ca. 10.000 m² Nutzfläche für Produktion und Verwaltung wird erworben. ONI nutzt davon 3.000 m².

2004 Erweiterung der Produktions- und Verwaltungsfläche auf ca. 10.000 m²

2007 ONI übernimmt die Mehrheitsanteile an der Rhytemper GmbH, einem Spezialisten für dynamische Werkzeugtemperiersysteme.

2013 Die neue Produktionshalle mit Verwaltungstrakt in Lindlar mit einer Nutzfläche von ca. 4.000 m² wird eingeweiht.

2014 Die Gewerbefläche am Standort Lindlar wächst durch Zukäufe auf ca. 76.000 m².

2017 Das Tochterunternehmen ONI Temperiertechnik Rhytemper GmbH bezieht neue Geschäftsräume mit 1.400 m² auf einer neu erworbenen 10.000 m² großen Gewerbefläche. Das Tochterunternehmen ONI Energy Saving Technology Co., Ltd. in Kunshan (China) wird gegründet.

2018 Das neue Bürogebäude in Lindlar mit einer Nutzfläche von ca. 1.300 m² wird eingeweiht. Die gesamte Nutzfläche wächst damit auf ca. 15.300 m² am Standort Lindlar.

"Für mich sind ältere Mitarbeiterinnen und Mitarbeiter Edelstähle und kein altes Eisen."

Wolfgang Oehm, geschäftsführender Gesellschafter ONI-Wärmetrafo GmbH

Firmengründer Wolfgang Oehm und sein erstes Wärmerückgewinnungsgerät

Gesellschaftliche Verantwortung

Mit seinen wegweisenden Energiesparsystemen und ganzheitlichen Energiekonzepten hat Wolfgang Oehm als Pionier den Weg zu einer energieeffizienten Produktion in Industriebetrieben wesentlich mitgestaltet und vorangetrieben. Dabei lebt er wie kaum ein anderer die unternehmerische Verantwortung gegenüber den Mitarbeitenden, Mitmenschen und Organisationen in der Region und darüber hinaus. So wurden seit der Gründung der ONI-Wärmetrafo GmbH keine Gewinne aus dem Unternehmen abgeführt. Stattdessen wurden wesentliche Gewinnanteile an Mitarbeiterinnen und Mitarbeiter ausgeschüttet und karitative Einrichtungen, Krankenhäuser, Kindergärten, Bürgerinitiativen sowie eine große Anzahl von Vereinen mit Sach- und Geldspenden bedacht. Darüber hinaus fördert Wolfgang Oehm interessierte Jungunternehmerinnen und Jungunternehmer, die sich z. B. ohne Kostenbeteiligung auf den ONI-Messeständen einem breiten Fachpublikum als Unteraussteller präsentieren können.

Die Tochterunternehmen ONI Temperiertechnik Rhytemper in Großröhrsdorf (oben) und ONI Energy Saving Technology im chinesischen Kunshan (Mitte); Wolfgang Oehm mit Bundesumweltministerin Svenja Schulze und NRW-Umweltministerin Ursula Heinen-Esser beim KLIMA.FORUM 2019 in Düsseldorf (unten)

Produktionsstandorte befinden sich am Firmensitz in Lindlar mit 435 Mitarbeitenden, in Großröhrsdorf mit 40 Mitarbeitenden und Kunshan (China) mit 10 Mitarbeitenden. Das Unternehmen legt besonders großen Wert auf die Nachwuchsförderung, was sich in einer Ausbildungsquote von über 11 % und der Schaffung von zehn zusätzlichen Ausbildungsplätzen für Asylbewerberinnen und -bewerber, die mit einem finanziellen Aufwand von mehr als eine Million Euro eingerichtet wurden, eindrucksvoll widerspiegelt. Das außergewöhnliche Engagement in diesem Bereich wurde vielfach ausgezeichnet.

Die Unternehmen der ONI-Gruppe liegen im Besitz des Firmengründers Wolfgang Oehm, der sie als geschäftsführender Gesellschafter zusammen mit vier weiteren Geschäftsführern leitet. Wolfgang Oehm gründete seine Firma 1983, nachdem er das weltweit erste Wärmerückgewinnungssystem für Kunststoffmaschinen entwickelt hatte. Seine besondere Dienstleistung, die dem Unternehmen von Beginn an eine Alleinstellung verlieh, bestand darin,

Kühlanlagentechnik mit Wärmerückgewinnung von ONI in einem großen Kunststoffbetrieb

Prozessabläufe in der Kunststoffverarbeitung zu analysieren, Schwachpunkte zu erkennen und Lösungen anzubieten, die zu massiven Kosteneinsparungen führten. Den Durchbruch schaffte der Unternehmer mit der erfolgreichen Installation von Wärmerückgewinnungssystemen bei der Dynamit Nobel Kunststoff, die ihm weltweit den Ruf als Energie- und Kostensparspezialist eintrug.

Für die Zukunft erwartet ONI eine stetig wachsende Nachfrage nach energiesparenden und umweltentlastenden Systemlösungen, weil Regierungen vieler Staaten das Thema Energieeinsparung und Umweltschutz in den Fokus gestellt und Umweltziele konkretisiert haben. Das Unternehmen baut das Produkt- und Leistungsportfolio sowie die weltweite Vertriebsstruktur konsequent aus, um ein nachhaltiges Wachstum zu sichern.

Daten und Fakten

Inhaberfamilie: Wolfgang Oehm in 1. Generation
Gründer: Wolfgang Oehm, 1983, Lindlar
Produkte: energiesparende und umweltentlastende Systemlösungen für Industriebetriebe
Standorte: Lindlar und Großröhrsdorf, Deutschland; Kunshan, China
Vertrieb: weltweit über eigene Vertriebsabteilungen und über Partner
Mitarbeitende: 485 (2019)
Umsatz: 88 Mio. Euro (2018)
Marktposition: weltweite Alleinstellung durch breitgefächertes Know-how
Ausbildungsquote: 11,7 %
Familieneinfluss: inhabergeführt
Unternehmensanteile der Familie: 100 %
Auszeichnungen: Finalist beim „Entrepreneur des Jahres"; „Gold- und Silbermedaillen für innovative Energiespartechnik" zur Plastpol/Kielce; „Ehrenpreis der Handwerkskammer zu Köln" für herausragende Ausbildungsleistungen; mehrfacher Preisträger beim „Großen Preis des Mittelstandes" der Oskar-Patzelt-Stiftung; „Initiativpreis NRW" der WGZ-Bank für die Schaffung vieler Arbeitsplätze; Wolfgang Oehm wird 2016 mit dem Verdienstkreuz 1. Klasse des Verdienstordens der Bundesrepublik Deutschland ausgezeichnet; 2016 Auszeichnung als „Chancengeber" durch die IHK-Stiftung Köln, für das herausragende Engagement in Sachen berufliche Integration von Asylsuchenden; 2017 Auszeichnung für das „Lebenswerk" durch den Bundesverband mittelständische Wirtschaft BVMW; 2019 Auszeichnung für das „Lebenswerk" durch die Oskar-Patzelt-Stiftung

Kontakt
ONI-Wärmetrafo GmbH
Niederhabbach 17, 51789 Lindlar
Fon: 02266 4748-0, Fax: 02266 3927
info@oni.de, www.oni.de

Ansprechpartner Presse
Rüdiger Dzuban
Fon: 02266 4748-213
r.dzuban@oni.de

ONLINE Schreibgeräte

Neumarkt in der Oberpfalz, Bayern

„ONLINE. The fashion of writing."

Firmenslogan

ONLINE®
Germany · since 1991

Gegründet: 1991
Die ONLINE Schreibgeräte GmbH ist ein führender Hersteller von Schreibgeräten und Accessoires für Schule und Beruf, dessen Produktionsstätten zu 50 % in Deutschland angesiedelt sind (30 % in der EU, 20 % in Asien). Produziert werden Füllhalter, Rollerballs, Kugelschreiber, Tinten, Brush Pens und Kalligrafie-Produkte. Vertrieben werden diese über den Facheinzelhandel, den Großhandel, Warenhäuser, Supermärkte, den Buchhandel, Drogerieketten und im E-Commerce. Der eigene Außendienst betreut Deutschland, Österreich, Frankreich, Belgien und Luxemburg, Vertriebspartner gibt es in rd. 50 Ländern weltweit, vorrangig in Europa und Asien. In Neumarkt in der Oberpfalz beschäftigt das Familienunternehmen über

Thomas, Alexander und Alexandra Batsch führen gemeinsam das Familienunternehmen (oben). ONLINE Messestand auf der Paperworld Messe in Frankfurt (unten)

100 Mitarbeitende. 2018 betrug der Umsatz 12 Mio. Euro bei einem Exportanteil von 30 %.

Alexandra Batsch (Chefdesignerin) und Thomas Batsch (Technische Leitung, Produktentwicklung) gründeten das Unternehmen 1991 und positionierten ONLINE als Marke mit hohen Ansprüchen an Qualität, Funktionalität, Technik und Design. Schon bald etablierte sie sich mit jährlich wechselnden Kollektionen am Markt. 1995 wurde der ONLINE Tintenpatronen-Rollerball eingeführt und zu Deutschlands Marktführer, gefolgt von Novitäten wie der Kombipatrone und dem radierbaren Rollerball. 2015 trat die 2. Generation in das Unternehmen ein, 2016 wurde ein umfangreicher Produkt-Relaunch durchgeführt und ein neues Logistikzentrum eröffnet. 2018 erhielt ONLINE einen Creative Impulse Award der Messe Frankfurt. Zur Zukunftssicherung werden innovative Technologien und Produkte rund um das Schreiben weiterentwickelt und die Marktposition in Asien ausgebaut.

Die geschäftsführenden Gesellschafter Alexandra und Thomas Batsch halten je 50 % der Unternehmensanteile, Sohn Alexander Batsch leitet den Export, Wolfram Finck (A. Batschs Bruder) den Einkauf.

ONLINE produziert Schreibgeräte für jeden Bedarf wie Schule, Beruf, Kalligrafie und Handlettering.

Schon gewusst?

Der Markenname ONLINE entstand 1991 aus dem englischen „on" und „line". Die namensgebende Wortkombination erweckt Assoziationen sowohl zu Werten des klassischen Schreibens („auf einer Linie") als auch zu neuen Technologien („mit dem Internet verbunden"). Die Eintragung der Marke war für die Familienunternehmer damals kein Problem: t-online.de wurde erst 1995 als Portal gegründet und 2000 als T-Online International AG von der Deutschen Telekom ausgegliedert. Mit dieser wurde eine Vereinbarung getroffen, die die gegenseitige Duldung und Unterstützung bei zukünftigen Markenregistrierungen sicherte.

Daten und Fakten

Inhaberfamilie: Alexandra und Thomas Batsch
Branche: Papier, Büro, Schreibwaren
Produkte: Schreibgeräte und Accessoires
Standort: Neumarkt in der Oberpfalz
Vertrieb: in 60 Länder weltweit
Mitarbeitende: über 100
Umsatz: 12 Mio. Euro (2018)
Unternehmensanteile der Familie: 100 %

Kontakt
ONLINE Schreibgeräte GmbH
Moosweg 8, 92318 Neumarkt i. d. OPf.
Fon: 09181 2596-0, Fax: 09181 2596-99
info@online-pen.de, www.online-pen.de

Optiker Bode

Hamburg

Gegründet: 1938
Die Optiker Bode GmbH ist das siebtgrößte deutsche Augenoptikunternehmen und betreibt 75 Filialen in acht Bundesländern (2020) mit Schwerpunkt auf Norddeutschland. Das Sortiment umfasst Korrektionsfassungen, Sonnenbrillen und Kontaktlinsen. Die in Hamburg ansässige Firma, die seit 2010 auch zehn „Hörgeräte Bode"-Standorte unterhält, beschäftigt in ihren Filialen und der Zentrale insgesamt über 450 Mitarbeitende, darunter rd. 100 Auszubildende. Das Unternehmen befindet sich in der 3. Generation zu 100 % im Besitz der Familie Bode. Die Anteile verteilen sich auf drei Familienmitglieder. Die Geschäftsführung bilden Birgit, Carsten und

Sandra Bode. Sybille Bode – Ehefrau von Carsten Bode – ist ebenfalls in leitender Funktion im Unternehmen tätig.

Kontakt
Optiker Bode GmbH
Straßenbahnring 19, 20251 Hamburg
www.optiker-bode.de

OPTIMA

Schwäbisch Hall, Baden-Württemberg

Gegründet: 1922
Die OPTIMA packaging group GmbH ist auf den Bau von Verpackungsmaschinen spezialisiert. Sie entwickelt und produziert Verpackungsmaschinen, Abfüll- und Produktionsanlagen. Diese teilt sie in die Unternehmensbereiche Pharma, Consumer, Nonwovens und Life Science. Gegründet wurde das Unternehmen im Jahr 1922 in Schwäbisch Hall von Otto Bühler. Heute beschäftigt die OPTIMA packaging group 2.450 Mitarbeitende an 19 internationalen Standorten, die 2019 einen Umsatz von über 400 Mio. Euro generierten. Die Exportquote beläuft sich auf über 85 %. Das Unternehmen ist inzwischen in 3. Generation im Besitz der Familie Bühler. Geschäftsführender Gesellschafter ist Hans Bühler, Jürgen Kuske fungiert als Geschäftsführer der Gruppe.

Kontakt
OPTIMA packaging group GmbH
Steinbeisweg 20, 74523 Schwäbisch Hall
www.optima-packaging.com

OQEMA

Korschenbroich, Nordrhein-Westfalen

Gegründet: 1922
Die OQEMA Gruppe, bis 2018 Overlack, ist nach eigenen Angaben einer der führenden Chemiedistributoren in Deutschland. Ihre Leistungen finden an der Schnittstelle zwischen Chemieherstellern und der verarbeitenden Industrie statt und umfassen Beschaffung, Produktentwicklung und individuelles Mischen bis hin zu Logistik und Recycling. Zu den Kunden gehören europaweit rd. 18.000 Unternehmen aus Bereichen von Life Science über Technical Applications bis zu Environmental. Ihre Wurzeln hat die Gruppe im Jahr 1922, als die Brüder Heinrich und Lutz Overlack die „Gebr. Overlack Chemische Fabrik GmbH“ in Mönchengladbach gründeten. Heute sind an derzeit 45 Standorten in 21 Ländern fast 1.200 Mitarbeitende für OQEMA tätig. Die Geschäfte führt Peter Overlack als CEO.

Kontakt
OQEMA AG
Schloßstr. 39, 41352 Korschenbroich
www.oqema.com

ORION Versand

Flensburg, Schleswig-Holstein

Gegründet: 1981
1981 von Dirk Rotermund gegründet, zählt ORION heute zu den Global Playern im Erotikmarkt – und zu den größten Arbeitgebern Flensburgs. Das Unternehmen betreibt neben dem B2C-E-Commerce auch eine internationale Ladenkette und beliefert mit seinem Großhandel Kunden in über 50 Ländern.

Neben Lovetoys und Dessous bestimmen Gleit- und Massagemittel, Kondome, (Hör-) Bücher und Spaßartikel das Sortiment. Täglich verlassen rd. 5.000 Pakete die Logistik am Hauptfirmensitz in Flensburg, wo etwa 300 Mitarbeiter und Mitarbeiterinnen in verschiedensten Fachbereichen arbeiten – vom Einkauf und Großhandel über die Programmierung, Werbung und IT bis hin zur komplexen Logistik.

Im Jahr 2014 übergab Dirk Rotermund die Geschäftsführung an seine Tochter Maike Rotermund.

Kontakt
ORION Versand GmbH & Co. KG
Schäferweg 14, 24941 Flensburg
www.orion.eu

Orthomol

Langenfeld, Nordrhein-Westfalen

„Orthomol. Bereit. Fürs Leben."

Unternehmensmotto

Gegründet: 1991
Orthomol ist ein führendes deutsches Unternehmen im Bereich der orthomolekularen Medizin. Gegründet 1991, wird es in 2. Generation von Inhaber Nils Glagau geleitet.

Schon gewusst?

Der Begriff „orthomolekular" wurde vom Nobelpreisträger Dr. Linus Pauling geprägt, der seine Idee so beschrieb: „Orthomolekulare Medizin ist die Erhaltung guter Gesundheit und die Behandlung von Krankheiten durch Veränderung der Konzentration von Substanzen, die normalerweise im Körper vorhanden und für die Gesundheit verantwortlich sind." Die orthomolekulare Medizin setzt auf die gezielte Ergänzung von Mikronährstoffen, wenn durch akute oder chronische Erkrankungen oder in bestimmten Lebenssituationen ein erhöhter Bedarf besteht. Zu den Mikronährstoffen zählen Vitamine, Spurenelemente und Mineralstoffe. Daneben spielen essenzielle Fett- und Aminosäuren sowie sekundäre Pflanzenstoffe eine wichtige Rolle für den Organismus.

Orthomol entwickelt und vertreibt Mikronährstoff-Kombinationen für ein breites Spektrum von Anwendungsbereichen und richtet sich an Verwender, die ihre Gesundheit gezielt unterstützen möchten. Bei den Produkten handelt es sich um Nahrungsergänzungsmittel und bilanzierte Diäten (diätetische Lebensmittel), die über stationäre Apotheken und Online-Apotheken vertrieben werden. Alle Produkte werden in Langenfeld, Nordrhein-Westfalen, entwickelt und produziert. In Kooperation mit internationalen Vertriebspartnern ist das Sortiment

Gesellschaftliche Verantwortung

Unter dem Titel „Orthomol Mit Herz" engagieren sich die Unternehmerfamilie und die Mitarbeitenden seit vielen Jahren für soziale Institutionen. Die Auszubildenden im Unternehmen organisieren z. B. jährlich ein Charity-Fußballturnier, dessen Erlös u. a. schwerkranken Kindern in der Region zugutekommt. Die Erlöse einer jährlichen Weihnachtsaktion z. B. fließen regionalen Hilfsprojekten wie den Ernährungsangeboten des Sozialdienstes katholischer Frauen in Langenfeld zu. Daneben werden das deutschlandweit aktive Kinder-Projekt ARCHE sowie der Bundesverband der Kinderhospize e. V. seit längerem unterstützt.

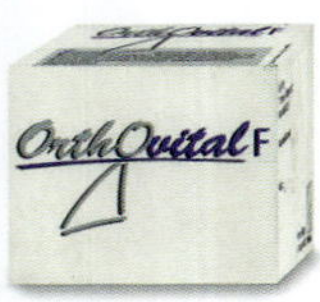

Die Geschichte von Orthomol begann in einem Privathaus; Orthomol Vital war eines der ersten drei Produkte.

weltweit in über 30 Ländern erhältlich. Über 430 Mitarbeitende, zu denen u. a. ein deutschlandweit aktiver Vertriebsaußendienst gehört, erwirtschafteten 2018 einen Umsatz von über 101 Mio. Euro bei einem Export-Anteil von 13 %. Die Eigenkapitalquote beträgt 64,35 %.

1991 trafen sich zwei Branchenkollegen am Münchner Flughafen wieder: Dr. Hans Dietl, Naturwissenschaftler, berichtete vom Konzept der orthomolekularen Medizin, das sich in den USA bereits etabliert hatte. Der Pharma-Marketing-Experte Dr. Kristian Glagau erkannte das Potenzial, und gemeinsam wurde die Markteinführung der ersten ergänzend bilanzierten Diäten in Deutschland vorbereitet. Noch im selben Jahr gründeten die Partner die Orthomol pharmazeutische Vertriebs GmbH. Den Markennamen Orthomol leiteten die Gründer ab vom Prinzip der orthomolekularen Medizin (OM), eine Bezeichnung des zweifachen US-amerikanischen Nobelpreisträgers Dr. Linus Pauling: „Orthomolekulare Medizin ist die Erhaltung guter Gesundheit und die Behandlung von Krankheiten durch Veränderung der Konzentration von Substanzen, die normalerweise im Körper vorhanden und für die Gesundheit verantwortlich sind."

1992 kamen mit Orthomol Immun und Orthomol Vital erstmals Mikronährstoff-Kombinationen in Tagesportionen in der für Deutschland neuartigen Produktgruppe „ergänzende bilanzierte Diäten" (EBD) auf den Markt. Fünf Jahre später führte Orthomol die Darreichungsform Trinkfläschchen ein. 2001 erhielt das Unternehmen die HACCP-Zertifizierung und wurde 2006 als erstes im Segment Healthcare nach der höchsten deutschen Norm für Lebensmittelsicherheit, DIN 22.000, zertifiziert.

2008 setzte Orthomol ein Zeichen für die Familien der Mitarbeitenden und eröffnete „Orthomolinis", die erste betriebliche Kinderbetreuung Langenfelds.

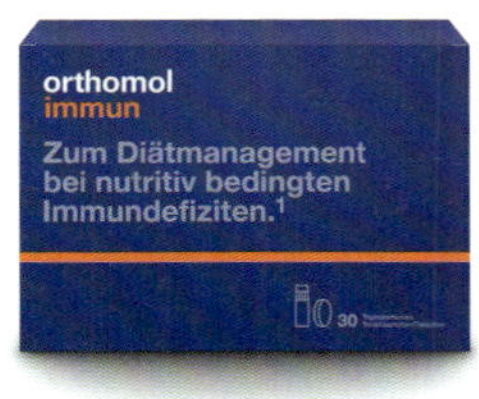

Orthomol entwickelt Mikronährstoff-Kombinationen für verschiedene Anwendungsgebiete. Orthomol Immun ist seit 1992 auf dem Markt.

Dr. Kristian Glagau (oben) gründete 1991 das Unternehmen Orthomol, das heute von seinem Sohn Nils Glagau (Mitte) und Dr. Michael Schmidt (unten) geführt wird.

Die Orthomol pharmazeutische Vertriebs GmbH verfügt über drei Standorte in Langenfeld im Rheinland.

Kinder der Mitarbeitenden beim Frühstück in der Kinderkrippe „Orthomolinis".

Chronologie

1991 Unternehmensgründung in Langenfeld

1992 Launch der ersten Produkte: Orthomol Immun und Orthomol Vital; das Unternehmen beschäftigt sechs Mitarbeitende.

2001 Die Zahl der Mitarbeitenden ist auf 168 gewachsen, zudem vertreibt Orthomol 15 Produkte.

2006 Zertifizierung nach ISO 22.000 (höchste Norm für Lebensmittelsicherheit in Deutschland) als erstes Unternehmen des Segments Healthcare

2008 Gründung von „Orthomolinis", der ersten betrieblichen Kinderbetreuung Langenfelds

2009 Der Inhaber und Geschäftsführer Dr. Kristian Glagau verstirbt plötzlich; Nils Glagau übernimmt die Geschäftsführung gemeinsam mit Dr. Michael Schmidt. Orthomol hat inzwischen 404 Mitarbeitende und 23 Produkte im Sortiment.

2019 Spatenstich für den Neubau des fünften Gebäudes an vier Standorten in Langenfeld

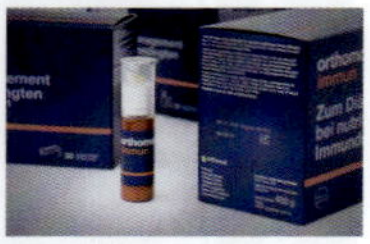

Sowohl die Produktion der Präparate als auch die Lagerung finden am Standort Langenfeld statt.

2009 verstarb plötzlich der Unternehmensgründer Dr. Kristian Glagau. Nach einer Übergangsphase übernahmen sein Sohn Nils Glagau, Inhaber und Geschäftsführer Marketing/Vertrieb, und Dr. Michael Schmidt, Geschäftsführer Technischer Betrieb/Regulatory Affairs, die Geschäftsleitung. Nils Glagau führt die visionären Ideen seines Vaters fort und gibt dem Unternehmen wichtige neue Impulse. Dr. Michael Schmidt steht ihm, wie schon seinem Vater, dabei zur Seite. Ziel ist es u. a., das Exportgeschäft und die Kooperationen mit Start-up-Unternehmen weiter auszubauen.

Die Familie Glagau strebte stets eine offene Unternehmenskultur mit flachen Hierarchien und einem familiären Miteinander an. Um Familie und Beruf bestmöglich vereinbaren zu können, steht den Beschäftigten bei Orthomol ein Familienservice zur Verfügung, der die Mitarbeitenden bei der Vereinbarung von Beruf und Familie unterstützt.

Ihre Work-Life-Balance wird u. a. unterstützt durch vielfältige Sportangebote, ein Fitness-Studio mit Personal Trainer und das monatliche Frühstück für Mitarbeitende, den „Breakfast Club".

Daten und Fakten

Inhaberfamilie: Familie Glagau in 2. Generation
Gründer: Dr. Kristian Glagau, 1991, Langenfeld
Branche: Healthcare/Lebensmittel
Produkte: Nahrungsergänzungsmittel und bilanzierte Diäten (diätetische Lebensmittel)
Standorte: 2 in Langenfeld

Geprüfte Qualität

An Healthcare-Produkte, die ausschließlich in stationären Apotheken und Online-Apotheken erhältlich sind, werden von Vertriebspartnern sowie Verwenderinnen und Verwendern hohe Ansprüche gestellt. Um seine anerkannten Standards kontinuierlich in allen Entwicklungs- und Produktionsphasen zu erreichen, verfügt Orthomol als eines der führenden Unternehmen in diesem Bereich über ein eigenes strenges Qualitäts-Management. Damit die hohe Orthomol-Qualität gewährleistet bleibt, werden vom Rohstoff bis zur Verpackung ständig alle Prozesse lückenlos kontrolliert und zusätzlich von externen Prüfern des TÜVs Rheinland jährlich auditiert.

Vertrieb: weltweit in über 30 Länder
Mitarbeitende: über 430 (2019)
Innovationen: erster Entwickler und Anbieter orthomolekularer Produkte in Deutschland
Ausbildungsplätze: 11 (2019), eine Quote von rd. 2,5 %
Familieneinfluss: inhabergeführt durch Nils Glagau, dazu ein weiterer Geschäftsführer
Auszeichnungen: Berenberg-Preis für unternehmerische Verantwortung (2017)

Kontakt
Orthomol pharmazeutische Vertriebs GmbH
Herzogstr. 30, 40764 Langenfeld
Fon: 02173 9059-0, Fax: 02173 9059-111
info@orthomol.de, www.orthomol.com

Ansprechpartnerin Presse
Kristina Streuff
Fon: 02173 9059-0
presse@orthomol.de

Ortlinghaus

Wermelskirchen, Nordrhein-Westfalen

Gegründet: 1898
Ortlinghaus ist ein international führender Spezialist im Bereich Kupplungen, Bremsen, Lamellen und Antriebssysteme. Neben dem Stammwerk in Wermelskirchen gehören weltweit sechs Vertriebsgesellschaften sowie Produktionsstätten in der Schweiz und in China zur Ortlinghaus Gruppe.

Das heute durch Peter Ortlinghaus in 4. Generation geführte Familienunternehmen mit 550 Mitarbeitenden und 80 Mio. Euro Umsatz stützt sich auf ein globales Vertriebsnetz mit mehr als 25 Partnern, das strategisch auf vier Geschäftsfelder ausgerichtet ist: Umformtechnik, Marineantriebstechnik, Landtechnik und Windentechnik. Neben einem innovativen Qualitätsmanagementsystem mit permanenter Prozessoptimierung basiert die erfolgreiche Firmengeschichte auf dem starken Engagement der Mitarbeitenden.

Kontakt
Ortlinghaus-Werke GmbH
Kenkhauser Str. 125, 42929 Wermelskirchen
www.ortlinghaus.com

OTTO FUCHS

Meinerzhagen, Nordrhein-Westfalen

Gegründet: 1910
Unter dem Dach der OTTO FUCHS KG operiert eine international aufgestellte Firmengruppe, die sich auf die Herstellung von Nichteisenmetall-Halbzeugen und -Fertigprodukten spezialisiert hat. Beliefert werden Hersteller aus der Luft- und Raumfahrtindustrie, dem Fahrzeugbau, dem Maschinen- und Anlagenbau sowie der Bauindustrie. Der Schwerpunkt liegt auf Schmieden, Strangpressen und Ringwalzen. Zur OTTO FUCHS Gruppe gehören Tochterfirmen in Deutschland, Ungarn, Südafrika, den USA und China mit weltweit über 10.700 Mitarbeitenden. 2018 betrug der Umsatz über 2,8 Mrd. Euro. Otto Fuchs gründete das Unternehmen im Jahr 1910. Aktuell halten zwei Familienstämme jeweils 50 % der Anteile. Das operative Geschäft liegt in den Händen von familienfremden Managern.

Kontakt
OTTO FUCHS KG
Derschlager Str. 26, 58540 Meinerzhagen
www.otto-fuchs.com

Otto Group

Hamburg

Gegründet: 1949
1949 in Deutschland gegründet, ist die Otto Group heute eine weltweit agierende Handels- und Dienstleistungsgruppe mit rd. 52.000 Mitarbeitenden in 30 wesentlichen Unternehmensgruppen und mehr als 30 Ländern

Europas, Nord- und Südamerikas und Asiens. Im Geschäftsjahr 2019/2020 (Geschäftsjahresende: 29. Februar 2020) erwirtschaftete die Otto Group einen Umsatz von 14,3 Mrd. Euro. Sie gehört mit einem Onlineumsatz von rd. 8,1 Mrd. Euro zu den weltweit größten Onlinehändlern. Die Unternehmensgruppe engagiert sich stark für Projekte im Bereich der Entwicklungshilfe, der Unternehmenskultur, der Musik und Bildung sowie im Rahmen von Stiftungen wie der Umweltstiftung Michael Otto und der Aid by Trade Foundation.

Kontakt
Otto (GmbH & Co KG)
Werner-Otto-Str. 1–7, 22179 Hamburg
www.ottogroup.com

Ottobock

Duderstadt, Niedersachsen

„Seit mehr als 100 Jahren ist die Mission von Ottobock, Menschen dabei zu helfen, ihre Mobilität zu erhalten oder zurückzuerlangen und den menschlichen Körper mit Wearable Human Bionics zu mobilisieren."

Professor Hans Georg Näder, Firmeninhaber und Vorsitzender des Verwaltungsrates

ottobock.

Gegründet: 1919
Menschen mit Handicap mittels technischem Können helfen – von Anfang an war sich der junge Orthopädietechniker Otto Bock seiner Lebensaufgabe bewusst. Man schrieb das Jahr 1919, der Erste Weltkrieg hatte Millionen von Leben gekostet, Tausende Menschen hatten Arme und Beine verloren. Traditionelle handwerkliche Methoden konnten den gewaltigen Bedarf an Prothesen nicht decken. Hier griff Bocks Idee: Er entwickelte Prothesen aus vorgefertigten Modulen. Auf diese Weise konnten Einzelteile in Serie produziert und schneller angepasst werden. So legte Otto Bock den Grundstein für die orthopädische Industrie.

Ottobock hat seinen Hauptsitz in Duderstadt.

Chronologie

1919 Der Orthopädiemechaniker Otto Bock gründet in Berlin die Orthopädische Industrie GmbH.

1920 Das Unternehmen zieht nach Königsee in Thüringen um.

1946 Dr. Max Näder, Schwiegersohn von Ottobock, eröffnet die Zweigstelle Nord in Duderstadt.

1953 Einführung von Passteilen aus Kunststoff in der Prothetik und Gründung der Otto Bock Kunststoff GmbH

1958 Mit der ersten Ottobock Auslandsgesellschaft in den USA beginnt die Internationalisierung.

1960er-Jahre Die Myoelektrik für Armprothesen und das Modularsystem für Beinprothesen führen die Qualität der Versorgungen auf ein neues Niveau.

1990 Prof. Hans Georg Näder übernimmt die Leitung des Familienunternehmens.

2010 Ottobock erweckt das Gelände der ehemaligen Bötzow Brauerei im Prenzlauer Berg zu neuem Leben.

2017 Gemeinsam mit dem Private-Equity-Partner EQT stellt Ottobock die Weichen für die Zukunft.

2019 Die adaptive Steuerung Myo Plus ermöglicht es, Armprothesen intuitiv mit den Gedanken zu steuern.

Nach der Gründung in Berlin zog das Unternehmen bald in das thüringische Königsee um, die Heimat von Otto Bock. Dort wuchs der Betrieb stetig, bald arbeiteten für ihn rd. 600 Beschäftigte. Die Produkte wurden permanent weiterentwickelt, der Firmengründer ließ immer neue Materialien testen. Bereits Anfang der 30er-Jahre setzte er erstmals Aluminiumteile in der Prothetik ein. Doch nach dem Zweiten Weltkrieg wurden das gesamte Privatvermögen der Familie und die Fabrik in Königsee enteignet. Aber auch in der zweiten Nachkriegszeit blieb der Bedarf an Produkten hoch und der Unternehmergeist der Familie lebendig.

In der bisherigen Zweigstelle im Niedersächsischen Duderstadt baute Otto Bocks Schwiegersohn Dr.-Ing. Max Näder eine neue Vertriebsstätte auf und gründete die Otto Bock Orthopädische Industrie KG. Mit Innovationskraft und Erfindergeist trotzte er den widrigen Umständen. Als Alternative zum knappen Rohstoff Holz setzte er erstmals Polyurethan-Kunststoffe in der Beinprothetik ein. In der Folge entstand 1953 die Otto Bock Kunststoff GmbH.

Mit der Gründung der ersten Auslandsgesellschaft im Jahr 1958 in Minneapolis begann die Internationalisierung. Bis heute hat sich das Familienunternehmen mit einem Netzwerk aus Vertriebs- und Servicegesellschaften in mehr als 50 Ländern zum Global

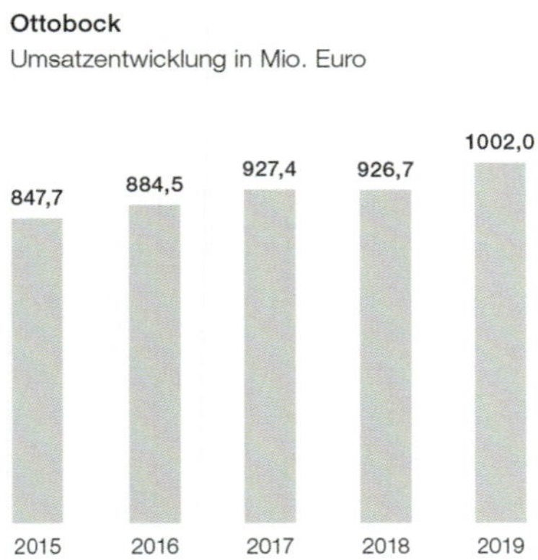

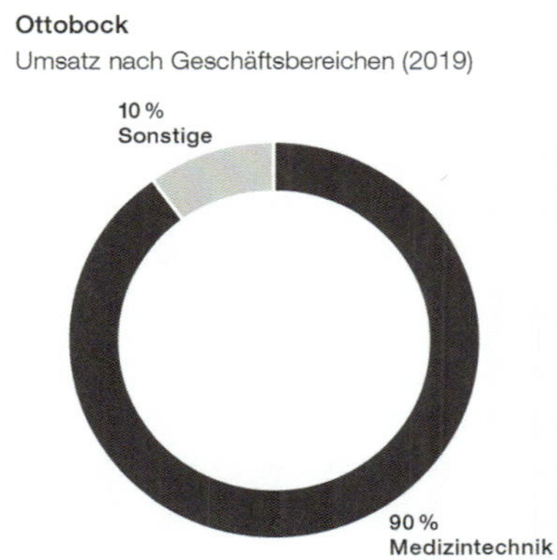

Otto Bock und Schwiegersohn Dr. Max Näder (oben); der erste Firmensitz in Berlin um 1919 (Mitte); Dr. Max Näder mit einem Knie-Waden-Passteil (unten)

Die adaptive Steuerung Myo Plus unterstützt Patientinnen und Patienten wie Wolfgang, deren Unterarm amputiert ist, ihre Prothese intuitiv über die Gedanken zu steuern.

Paralympisches Engagement

Das Engagement von Ottobock für den Behindertensport ist längst zu einem festen Bestandteil der Unternehmensphilosophie geworden. Ziel ist es, Menschen mit Handicap in den Mittelpunkt der Gesellschaft zu rücken und sie als großartige Athletinnen und Athleten und Vorbilder dafür zu zeigen, dass Sport und Leistung Lebensmut zurückgeben können. Stellvertretend dafür stehen die Paralympischen Spiele, die Ottobock bereits seit Seoul 1988 aktiv begleitet und unterstützt. In Zusammenarbeit mit Heinrich Popow, dem Goldmedaillengewinner bei den Paralympics in London 2012 und Rio 2016, hat Ottobock die Running Clinics ins Leben gerufen. Unter fachkundiger Anleitung trainieren, üben und probieren sich oberschenkelamputierte Laufeinsteigerinnen und Laufeinsteiger mit Sportprothesen an einem gemeinsamen Wochenende aus.

Das Beinprothesensystem Genium X3 ermöglicht einen nahezu natürlichen Gang, auch bei schwierigen Untergründen und wechselnden Geschwindigkeiten (oben). Die Empower Fußprothese gibt einen aktiven Antrieb. So kann der Anwender mit seinen Kindern toben, ohne schnell zu ermüden (unten).

Player entwickelt. 1992 kaufte Familie Näder den enteigneten Stammsitz in Königsee zurück und baute dort die Rollstuhlfertigung auf. Heute bietet das Unternehmen eine Bandbreite von besonders leichten bis zu individuell steuerbaren Rollstühlen an. Der Hauptstandort des Unternehmens bleibt Duderstadt. Dort arbeiten über 1.500 der mehr als 7.000 Beschäftigten weltweit.

Gemeinsam setzen die Ottobock Mitarbeitenden bis heute regelmäßig technische Standards. Dazu zählt etwa das C-Leg, die weltweit erste vollständig mikroprozessorgesteuerte Beinprothese, die nach ihrer Premiere im Jahr 1997 kontinuierlich weiterentwickelt wurde. In den Modellen Genium X3, C-Leg4 und Kenevo ist die innovative Technologie heute für alle Mobilitätsgrade verfügbar. Ebenfalls eine Weltneuheit ist die Ganzbeinorthese C-Brace®. Die erste mechatronische Orthesenlösung kann es Menschen mit einer Lähmung der kniestreckenden Muskulatur ermöglichen, wieder zu gehen. Sie kontrolliert den gesamten Gangzyklus dynamisch und in Echtzeit.

Zum Portfolio gehören zudem innovative Handprothesen, etwa die Michelangelo Hand oder die bebionic Hand – beides aktuelle Highend-Lösungen mit separat ansteuerbaren Fingern für unterschiedliche Griffmuster. Mit umfassenden Serviceleistungen in der Patientenversorgung, mehr als 160 eigenen

Marcus Brennecke, Deutschland-Chef von EQT, und Ottobock Inhaber Professor Hans Georg Näder (oben); der Vorsitzende des Ottobock Aufsichtsrats Dr. Bernd Bohr (Mitte) und sein Stellvertreter Dr. Joachim Kreuzburg (unten)

Gesellschaftliches Engagement

Seit der Gründung im Jahr 1919 gehen beim Familienunternehmen verantwortungsvolles gesellschaftliches Handeln und wirtschaftlicher Erfolg Hand in Hand. Unternehmerische Nachhaltigkeit (Corporate Social Responsibility, CSR) ist bei Ottobock Teil des Managementprozesses. Sie hilft dem Unternehmen, Routinen kritisch zu hinterfragen, Innovationen anzustoßen und den wirtschaftlichen Erfolg zu stärken. Der Anspruch von Ottobock ist es, nicht nur Standards und gesetzliche Mindestanforderungen zu erfüllen, sondern CSR in die unternehmensweiten Managementprozesse zu integrieren. 2015 hat sich Professor Hans Georg Näder entschieden, mit Ottobock der UN Global Compact Initiative beizutreten. Der UN Global Compact ist mit über 15.000 Teilnehmerinnen und Teilnehmern die weltweit größte Initiative für unternehmerische Verantwortung. Das Unternehmen verpflichtet sich, die zehn Prinzipien auf den Gebieten Menschenrechte, Arbeitsnormen, Umweltschutz und Korruptionsprävention einzuhalten und sie in die Praxis umzusetzen. Jährlich berichtet Ottobock in einem Fortschrittbericht über die Nachhaltigkeitsziele und -projekte.

Das C-Brace® ist die weltweit einzige stand- und schwungphasenkontrollierte Ganzbeinorthese. Sie verhilft Anwendern wie David zu einem annähernd natürlichen Gangbild.

Versorgungszentren weltweit und professionellem Werkstattmanagement hat sich Ottobock inzwischen auch zu einem hoch spezialisierten Dienstleistungsunternehmen entwickelt. Als Technologieführer in „Wearable Human Bionics", tragbarer menschlicher Bionik, setzt Ottobock auch nach über 100 Jahren Maßstäbe in der Medizintechnik und führt sie in eine digitale Zukunft.

Seit 1990 lenkt Prof. Hans Georg Näder, Enkel des Firmengründers, das Unternehmen – seit 2017 ist er Vorsitzender des Verwaltungsrates. Als Inhaber hält er die Mehrheit der Anteile, seine beiden Töchter sind Gesellschafterinnen der Näder Holding GmbH & Co. KG, die 80 % der Ottobock SE & Co. KGaA besitzt. Die restlichen 20 % gehören dem schwedischen PE-Unternehmen EQT, mit dem Ottobock partnerschaftlich zusammenarbeitet. Die Ottobock SE & Co. KGaA wird durch einen Verwaltungsrat gesteuert und einen Aufsichtsrat kontrolliert.

Schon gewusst?

Der Mauerfall 1989 ermöglichte den Rückkauf der Stammfirma in Thüringen und die Rückkehr des Unternehmens nach Königsee.

Daten und Fakten

Inhaberfamilie: Familie Näder in 4. Generation
Gründer: Otto Bock, 1919, Berlin
Branche: Medizintechnik
Produkte: Prothesen, Rollstühle, Rehaprodukte, Exoskelette und Patientenversorgung
Standorte: Firmensitz in Duderstadt, Vertriebs- und Servicegesellschaften in mehr als 50 Ländern weltweit
Vertrieb: Fachhandel, B2B, B2C
Mitarbeitende: mehr als 7.000 weltweit, davon über 1.500 in Duderstadt (2019)
Umsatz: 1,002 Mrd. Euro (2019)
Marktposition: Technologie- und Weltmarktführer in der technischen Orthopädie
Innovationen: Beinprothesensystem Genium X3, die Ganzbeinorthese C-Brace®, Myo Plus Mustererkennung, bebionic Hand, Exoskelette der Produktfamilie Paexo
Ausbildungsplätze: 73
Unternehmensanteile der Familie: 80 %
Kontrollgremien: Verwaltungsrat, Aufsichtsrat
Auszeichnungen: Hidden Champion (2012); Leibniz-Ring-Hannover (2017); Bundesverdienstkreuz 1. Klasse (2019)

Die Mitglieder der Ottobock Geschäftsführung (v. o.): Philipp Schulte-Noelle (CEO), Jörg Wahlers (CFO), Oliver Jakobi (CSO), Dr. Andreas Goppelt (CTO) und Arne Jörn (COO)

Bötzow Berlin – Raum für Ideen

Wo Julius Bötzow vor mehr als 150 Jahren die Brauereilandschaft revolutionierte, entsteht jetzt ein lebendiger, kreativer Ort, der Geschichte und Zukunft vereint. Das 24.000 m² große Areal der ehemaligen Bötzow Brauerei befindet sich mitten im Berliner Stadtteil Prenzlauer Berg.

Basierend auf einem Masterplan von Stararchitekt Sir David Chipperfield entwickelt Prof. Hans Georg Näder das denkmalgeschützte Ensemble aus sieben Altbauten zu einem neuen Kiez. Ziel ist es, Zukunftsthemen wie die Digitalisierung der Orthopädietechnik voranzutreiben und entsprechende Talente und Kreative für das Familienunternehmen zu gewinnen. Neben dem Geschäftsbereich Human Mobility und strategischen Unternehmensbereichen wie Marketing und Unternehmenskommunikation haben auch die klugen Köpfe aus Forschung und Entwicklung des Ottobock Future Labs auf Bötzow ihre Räume für Ideen gefunden. Ein weiterer Fokus liegt auf der umfassenden und individuellen Versorgung internationaler Patientinnen und Patienten, für die ein Werkstattbereich, eine Therapiehalle sowie ein Therapiegarten eingerichtet wurden. Weitere Flächen für Eigentumswohnungen, Tiefgaragen und Gastronomie sind bereits in Planung, genauso wie vier Neubauten, die sich dem historischen Komplex von der Prenzlauer Allee aus anschließen werden.

Kontakt

Ottobock SE & Co. KGaA
Max-Näder-Str. 15, 37115 Duderstadt
Fon: 05527 848-0, Fax: 05527 848-3360
info@ottobock.com, www.ottobock.com

Ansprechpartner Medien

Mark C. Schneider
Fon: 030 398206-222
MarkC.Schneider@ottobock.de

P

P

Panther

Tornesch, Schleswig-Holstein

Panther Packaging fertigt maßgeschneiderte, recyclinggerechte Verpackungen.

Gegründet: 1902

Die Panther Packaging-Gruppe ist einer der führenden Hersteller von Wellpappenverpackungen und P.O.S.-Lösungen in Deutschland. Das Herstellungsprogramm umfasst Transport- und Verkaufsverpackungen, multifunktionale Verkaufsdisplays sowie P.O.S.-Elemente aus Wellpappe und Vollkarton. Für die gestalterische Veredelung der Produkte stehen alle relevanten Druckverfahren auf modernstem Stand der Technik zur Verfügung: Flexo-Postprint, Flexo-Preprint, Offset- und Digitaldruck. Zudem bietet Panther Packaging umfangreiche Serviceleistungen, die von der Warenwirtschaft über Pharmakonfektionierung bis zum Marketing alle Prozesse der Kunden einbeziehen. Die kreativen, qualitativ hochwertigen Produkte werden seit Jahren national und international mit Preisen ausgezeichnet.

Das Mutterunternehmen der Gruppe ist die Panther Packaging GmbH & Co. KG mit Sitz in Tornesch. Dort werden die gemeinsamen Strategien und die Gesamtausrichtung koordiniert. Unter diesem Dach agieren elf selbstständige Unternehmen. Rd. 1.240 Beschäftigte der Gruppe erwirtschafteten 2019 einen Umsatz von 354 Mio. Euro, die Exportquote liegt bei ca. 30 %. Regelmäßige Audits in allen wichtigen Bereichen (Qualität, Umwelt- und Energiemanagement, Hygiene und Arbeitssicherheit etc.) unterstützen die Unternehmenskultur.

Erfolgreiche Marken setzen auf Displays von Panther, um Aufmerksamkeit zu erzielen und Kaufanreize zu schaffen.

Chronologie

1902 Gründung der Altonaer Wellpappenfabrik GmbH in Hamburg

1945 Fritz Landmann übernimmt in 2. Generation das Unternehmen.

1980 Panther bedruckt als weltweit erster Hersteller Wellpappe im Preprint-Verfahren auf einer Arbeitsbreite von 2,5 m.

1986 Der langjährige Mitarbeiter Horst Hilmer erwirbt die Mehrheit an Panther Packaging.

2004 Neubau der Wepoba Wellpappenfabrik und Entstehung des Verpackungsparks in Wustermark

2008 Neubau der Panther Display in Wustermark

2011 Neubau der Panther Print in Wustermark und Weltrekord mit einer neuen Druckmaschine, die 600 m pro Minute bedruckt

2016 Verdopplung der Produktionsfläche von Panther Display

2018 Mehrheitliche Übernahme der WS Coswiger Wellpappe- und Papierverarbeitung GmbH

2019 Konfektionierung von Pharmaprodukten; zertifiziert nach § 13 AMG

Das aktuelle Investitionsprogramm über 60 Mio. Euro berücksichtigt neben zahlreichen Maschinen, Logistikoptimierungen und Kapazitätserweiterungen v. a. die Intensivierung von Aus- und Weiterbildung der Mitarbeitenden und Auszubildenden.

Inhaber und Geschäftsführer der Panther Packaging GmbH & Co. KG sind die Geschwister Axel Hilmer und Carin Hilmer-Brenzinger. Die einzelnen Gesellschaften der Gruppe haben familienfremde Geschäftsführer. Die Wurzeln von Panther Packaging liegen in der 1902 gegründeten Altonaer Wellpappenfabrik. Sozial engagiert sich Panther Packaging über die 1974 gegründete Fritz-Landmann-Stiftung, die u. a. die Aus- und Weiterbildung in der Branche fördert und Forschungsprojekte unterstützt.

Daten und Fakten

Inhaberfamilie: Familie Hilmer in 2. Generation
Gründung: 1902, Hamburg
Branche: Verpackungsindustrie
Standorte: Hauptsitz Tornesch, Stuhr, Wustermark, Coswig, Bottrop, Illingen
Mitarbeitende: 1.240 (2018)
Umsatz: 354 Mio. Euro (2018)
Innovationen: kontinuierliche Produktinnovationen und eigene Weiterentwicklungen des State-of-the-Art-Maschinenparks
Ausbildungsplätze: 131 (2019); 15 Ausbildungsberufe
Familieneinfluss: inhabergeführt
Unternehmensanteile der Familie: 100%

Kontakt

Panther Packaging GmbH & Co. KG
Altonaer Straße, 25436 Tornesch
Fon: 04122 501-0, Fax: 04122 501-119
info@panther-packaging.de,
www.panther-packaging.com/
www.panther-display.com

P

Papierfabrik Palm

Aalen, Baden-Württemberg

Gegründet: 1872

Unter dem Namen Papierfabrik Palm hat sich in Aalen seit 1872 eines der führenden europäischen Papierunternehmen entwickelt. Es ist auf die Herstellung von Zeitungsdruck- und Wellpappenrohpapieren spezialisiert. Der junge Kaufmann Adolf Palm hatte aus einem wassergetriebenen Werk zur Eisenproduktion eine Fabrik gemacht, die Sekundärrohstoffe der Textilindustrie zu stabilem Packpapier verarbeitete. Nach dem Zweiten Weltkrieg war Palm immer wieder Trendsetter beim Einsatz modernster Produktionsanlagen. Zur Gruppe gehören heute fünf Papierfabriken, 28 Wellpappenwerke und zwei Recyclingunternehmen, die 2019 mit 4.000 Mitarbeitenden einen Umsatz von 1,6 Mrd. Euro erzielten. Seit 2009 produziert Palm in England Zeitungspapier aus 100% Altpapier. Dr. Wolfgang Palm führt das Unternehmen seit 1982 in 4. Generation.

Kontakt

Papierfabrik Palm GmbH & Co. KG
Neukochen 10, 73432 Aalen
www.palm.de

P

Parkett Dietrich

Wuppertal, Nordrhein-Westfalen

Parkett Dietrich
VERLEGEHANDWERK SEIT 1918

„Parkett in seiner schönsten Form“

Leitsatz
Parkett Dietrich

Parkettleger vor dem Verwaltungsgebäude in Wuppertal (oben); die heutige Unternehmensleitung in 3. Generation (v. l.): Christoph, Jessica, Alexandra und Frank Dietrich

Gegründet: 1918

Die Parkett Dietrich GmbH & Co. KG mit Stammsitz in Wuppertal ist spezialisiert auf die Planung, Entwicklung und Verlegung von hochwertigen Parkettböden. Zum Leistungsspektrum gehören die Realisierung von Holzböden im gesamten Wohn- und Außenbereich sowie die Anfertigung von aufwendigen Intarsienarbeiten. Parkett Dietrich fertigt in der hauseigenen Manufaktur alles nach Maß. Auch die Restauration vorhandener Parkettböden gehört zu den Spezialitäten des Unternehmens. Selbst bei seltenen Holzarten, die bei Kunden ausgetauscht werden müssen, kann auf das umfangreiche Holzsortiment der Firma zurückgegriffen werden. Neben dem Wuppertaler Stammsitz gibt es Parketthäuser in Köln, Dortmund und Krefeld sowie seit 2015 auch in Hamburg. In über 180 Räumen und auf einer Gesamtfläche von 5.600 m² verbinden sich die unterschiedlichsten Holzarten und Verlegemuster mit Architektur, Kunst und Design.

Zur Belegschaft gehören Berater und Innenarchitektinnen, Parkettleger und Schreiner. Inkl. der Mitarbeitenden aus den Bereichen Lager, Manufaktur und Verwaltung hat das Unternehmen rd. 250 Beschäftigte. Parkett Dietrich ist Ausbildungsstätte für das Parketthandwerk und den kaufmännischen Bereich. Das Unternehmen legt großen Wert auf Kreativität und Qualität, stete Weiterentwicklung handwerklicher Prozesse sowie Aus- und Weiterbildung der eigenen Mitarbeitenden.

Die Wurzeln des Unternehmens liegen im Jahr 1918: Kurz nach dem Ersten Weltkrieg gründete Otto Dietrich seine Parkettfirma. Er positionierte damit ein Unternehmen, das durch Handwerkskunst und durchgängiges Innovationstalent seit Generationen Bestand und Erfolg hat. So besaß Parkett Dietrich schon 1932 eine der ersten Parkettschleifmaschinen Deutschlands, und als 1975 das Fertigparkett aufkam, gehörte Parkett Dietrich

Parkett Dietrich präsentiert sich in 180 individuell gestalteten Ausstellungsräumen in fünf Parketthäusern.

Chronologie

1918 Otto Dietrich gründet das Unternehmen in Wuppertal.

1932 Parkett Dietrich besitzt eine der ersten Parkettschleifmaschinen Deutschlands.

1975 Das Fertigparkett kommt auf und Parkett Dietrich gehört zu den Pionieren.

1989 Umzug an den jetzigen Stammsitz in Wuppertal

1997 Eröffnung der ersten Filiale in Krefeld

2000 Ein weiterer Standort in Köln wird eröffnet.

2007 Gründung der eigenen Manufaktur

2009 Das Parketthaus in Dortmund wird eröffnet.

2015 Eröffnung des Parketthauses in Hamburg

2018 100 Jahre Parkett Dietrich

zu den Pionieren der Technik. Heute haben Frank Dietrich und Christoph Dietrich in 3. Generation die Geschäftsführung des Familienunternehmens inne, das 2018 sein 100-jähriges Bestehen feierte.

Daten und Fakten

Inhaberfamilie: Familie Dietrich in 3. Generation
Gründer: Otto Dietrich, 1918, Wuppertal
Branche: Bodenbeläge
Produkte: Planung, Entwicklung und Verlegung von Parkettböden
Standorte: Wuppertal (Hauptsitz), Hamburg, Köln, Krefeld, Dortmund
Mitarbeitende: ca. 250 (2020)
Ausbildungsplätze: 18 (2020)
Familieneinfluss: Geschäftsführer sind Frank und Christoph Dietrich
Unternehmensanteile der Familie: 100%

Kontakt
Parkett Dietrich GmbH & Co. KG
Sanderstr. 213, 42283 Wuppertal
Fon: 0202 28034-0, Fax: 0202 28034-24
info@parkett-dietrich.de, www.parkett-dietrich.de

Party Rent Group

Bocholt, Nordrhein-Westfalen

partyrent.com
we create atmosphere

Gegründet: 1992
Die Party Rent Group ist ein Verbund inhabergeführter Familienunternehmen und mit 24 Standorten in insgesamt neun Ländern der größte Event-Logistiker in Europa. Neben dem Hauptsitz in Bocholt befinden sich Standorte in Berlin, Bremen, Dortmund, Düsseldorf/Köln, Frankfurt, Hamburg, Hannover, Kassel, München, Nürnberg, Leipzig und Stuttgart. Außerhalb Deutschlands ist die Gruppe in Frankreich, Luxemburg, Österreich, Dänemark, Norwegen, Schweden, den Niederlanden und der Schweiz vertreten. Dabei operiert Party Rent als Franchisegeber. Das Unternehmen firmiert als GmbH mit verschiedenen Einzel-GmbHs.

Die Party Rent Group versteht sich als vielseitigster Event- und Logistikanbieter im internationalen Vergleich. Als erster Event-Supplier setzte die Gruppe Designer-Mobiliar und Marken-Equipment ein. Ihr Fokus liegt auf der zielgruppengerechten Betonung des Markencharakters durch atmosphärisches Raumdesign; dabei unterstützt sie die Kunden mit entsprechender Beratung bereits in der Veranstaltungskonzeption. Zum Portfolio zählt die Vermietung von Event-Equipment aus

Die Party Rent Group dekoriert jeden Ort für unterschiedlichste Anlässe und je nach den Bedürfnissen der Kundinnnen und Kunden.

„Unsere Vision: Perfekte Rauminszenierung"

Joris Bomers, Unternehmensgründer

Der Gründer der Party Rent Group, Joris Bomers (oben), und der Neubau des Standorts Party Rent München (unten)

Party Rent Group

P

In jeder Umgebung weiß Party Rent das Event perfekt zu inszenieren (oben und Mitte); Mitarbeiterin in der Disposition (unten).

Die Party Rent Group ist ein vielseitiger Event- und Logistikdienstleister: Von der Möblierung bis zur Dekoration deckt das Leistungsspektrum alle Bereiche von gehobenen Großveranstaltungen ab.

Warengruppen wie Porzellan, Besteck, Glas oder Warmhalte-/Kühlsysteme, Küchenequipment, Theken- und Buffetsysteme sowie Dekoration und Beleuchtung. Bestuhlung, Tische/Tischwäsche und Bühnen gehören ebenfalls zum Angebot. Eigene Angebotsgruppen bilden zudem die Bereiche Heiz- und Klimasysteme, Sanitär und Container. Darüber hinaus gehören neben dem großen Bereich Transport und Logistik auch die Erstellung von CAD-Plänen, ein Auf- und Abbauservice sowie der Support bei Rücklauf und Backstage zu den Dienstleistungen im Rahmen der Eventvorbereitung und -durchführung. Zur Belieferung der Kundinnen und Kunden verfügt die Unternehmensgruppe über einen eigenen Fuhrpark.

Nachhaltigkeit

Party Rent verbindet ökonomische und ökologische Aspekte. So ist Nachhaltigkeit bereits der Kern der eigenen Gründungsidee: der mehrfache Einsatz von Material im Rahmen der Vermietung. Darüber hinaus bestimmen Nachhaltigkeitsaspekte alle unternehmerischen Entscheidungen. So pflegt Party Rent für seinen Fuhrpark Partnerschaften mit nationalen Top-Lkw-Herstellern und hält diesen so in Bezug auf Verbrauch und CO_2-Ausstoß auf dem neuesten Stand. 75 % der Fuhrparkflotte ist mit bluetec-Technologie ausgestattet – in den letzten zwei Jahren konnte der Ausstoß von Stickoxiden signifikant reduziert und der Kraftstoffverbrauch gesenkt werden. Die hochwertigen Designprodukte, die bei Party Rent zum Einsatz kommen, überzeugen auch durch ihre Langlebigkeit und ihre Zeitlosigkeit. Bei der Entwicklung von Mietprodukten setzt Party Rent zudem auf Leichtbauweise mit hoher Funktionalität. Die Reinigung der Mietartikel erfolgt mit moderner Spül- und Poliertechnik, die Warmwasseraufbereitung ist an eigene Solaranlagen gekoppelt. Als Verpackung werden bevorzugt wiederverwendbare Schutzhussen eingesetzt, und bei der Müllentsorgung praktiziert man Trennung und Recycling und kooperiert mit lokalen Entsorgern.

P

Durch eigene Lkw-Flotten kann Party Rent Veranstaltungen auch an außergewöhnlichen Orten realisieren.

Das Logistiklager Frankfurt (oben), der moderne Fuhrpark (Mitte) und das intelligent konzipierte Lager für reibungslosen Auf- und Abbau (unten)

Ausgestattet werden von der Party Rent Group sowohl Messen, Kongresse und Tagungen als auch allgemeine Firmen- und Public Events (u. a. Festbälle und andere Premium-Veranstaltungen). Party Rent verfügt über ein gut ausgebautes Standortnetz, das von Franchisepartnern betrieben wird. Neben der Betreuung der gut etablierten Standorte zählen der Ausbau und die Expansion bereits bestehender Standorte zur Strategie des Unternehmens. Der Name Party Rent steht für das Kerngeschäftsfeld der Unternehmensgruppe, den Verleih von Event-Equipment. Joris Bomers gründete das Unternehmen im Jahr 1992 und entwickelte 2000 und im darauffolgenden Jahr das Franchisesystem, das zum erfolgreichen Start-up

Qualitätssicherung

Als Marktführer unter den Nonfood-Caterern setzt die Party Rent Group auf inspirierende Ausstattungsideen, durchdachte Event-Logistik und einen kundengerechten Servicegedanken. Um garantieren zu können, dass die beauftragten Produkte und Dienstleistungen vor Eintreffen der Gäste bereitstehen, betreibt das Unternehmen ein zertifiziertes Qualitätsmanagementsystem, das in Übereinstimmung mit dem TÜV-Zertifizierungsverfahren für den Geltungsbereich Vermietung und Verpachtung von Party-Ausstattungsgegenständen beurteilt wurde. Diese Zertifizierung wird jährlich durch den TÜV überwacht. In Bezug auf die Hygiene ihrer Mietartikel hat sich die Party Rent Group höchste hygienische Standards gesetzt. Auch die zur Vermietung stehenden technischen Geräte werden vor und nach ihren Einsätzen sorgfältig auf ihre Funktionsweise hin geprüft; verkratzte Möbelteile werden regelmäßig überarbeitet. Ein Großteil des exklusiven Equipments der Party Rent Group wird zudem in speziell angefertigten Hussen verpackt, um Beschädigungen vorzubeugen. Die Ware ist so verpackt, dass beschädigte Produkte leicht auszusortieren sind. So gewährt Party Rent dauerhaft den Top-Zustand der Produkte.

P

Chronologie

1992 Gründung der Party Rent Group

1998 Als erster Nonfood-Caterer zertifiziert nach DIN EN ISO 9001:2000

1999 Gründung der Niederlassung Dortmund

2001 Gründung der Party Rent Franchise GmbH

2003 Entwicklung der Transportsysteme für das Event-Equipment

2004 Gründung der Niederlassung Düsseldorf/Köln

2006 Fünf bestehende Franchisenehmer in Luxemburg (2002), Hamburg (2003), Hannover (2004), Frankfurt (2004) und Berlin (2006)

2007 Gründung des ersten Standorts in Frankreich (Paris)

2009 Neues Firmenlogo; Ausbau des Logistikzentrums in Frankfurt a. Main

2012 Weitere Franchisenehmer: Stuttgart (2007), Kassel (2010), Skandinavien mit Standorten in Dänemark, Norwegen, Schweden (2011), Österreich (2012)

2013 Zehnter Franchisenehmer in München

2016 Neuer Standort in Nürnberg

2017 Erster Standort außerhalb der EU mit dem neuen Standort in Basel; 25-jähriges Firmenjubiläum

2018 Neubau des Standorts Party Rent München

Schon gewusst?

Party Rent ist nicht nur das erste Unternehmen seiner Art, das hochwertiges Table Top (z. B. Bestecke der Marke Robbe & Berking, Geschirr von Villeroy & Boch) vermietet. Vielmehr arbeitet man auch mit Mobiliar renommierter Designer, wie Werner Panton, Erik Magnussen oder Arne Jacobsen, und stellt mittlerweile sogar eigenes Mobiliar her, das speziell auf moderne Bedürfnisse der Event-Branche zugeschnitten ist. Um immer am Puls der Zeit zu bleiben und die eigene Innovationskraft beizubehalten, unterhält Party Rent sogar ein eigenes Möbelteam sowie ein kleines Team von Expertinnen und Experten, das sich intensiv mit dem Thema Tischkultur auseinandersetzt. In engem Austausch mit den eigenen Kunden und unter den verschiedenen Standorten werden so immer wieder eigene Kollektionen entwickelt. 2019 brachte die Party Rent Group mit der Mysa Collection sowie der Nautic Collection eigene, exklusiv produzierte Kollektionen aus dem Bereich Table Top auf den Markt, die perfekt auf die Bedürfnisse der eigenen Kundinnen und Kunden abgestimmt sind. Die neuen Kollektionen wurden in enger Zusammenarbeit mit dem portugiesischen Hersteller Vista Alegre entwickelt und exklusiv für Party Rent hergestellt.

mit zehn Franchisepartnern führte. Die Unternehmensanteile verteilen sich auf mehrere Familien, von denen die Familie Bomers den größten Teil hält. Das Management besteht aus Mitgliedern der Inhaberfamilien; jeder der Franchisepartner hat dadurch einen 100%igen Einfluss auf die Unternehmensführung. Da das Management durchgehend jung ist, wurde noch keine Nachfolgeregelung festgelegt. Das als Kontrollgremium eingesetzte Member Board Meeting findet viermal jährlich statt. Die Party Rent Group ist unter anderem Mitglied im FAMAB, EVVC und weiteren wichtigen Branchen-Verbänden. Im Bereich soziales

Gesellschaftliche Verantwortung

Die Party Rent Group engagiert sich stark für die Nachwuchsförderung in der eigenen Branche. Insgesamt werden sechs verschiedene Ausbildungsberufe angeboten; die Anzahl der Ausbildungsplätze pro Jahr liegt an den Standorten über dem gesetzlichen Maß. Dabei gilt der Integration von Jugendlichen mit Migrationshintergrund und von Mitarbeitenden mit Handicap ein besonderes Augenmerk. Individuell zeigen die einzelnen Party Rent Standorte ebenso wie die Party Rent Group insgesamt überregionales und lokales Engagement.

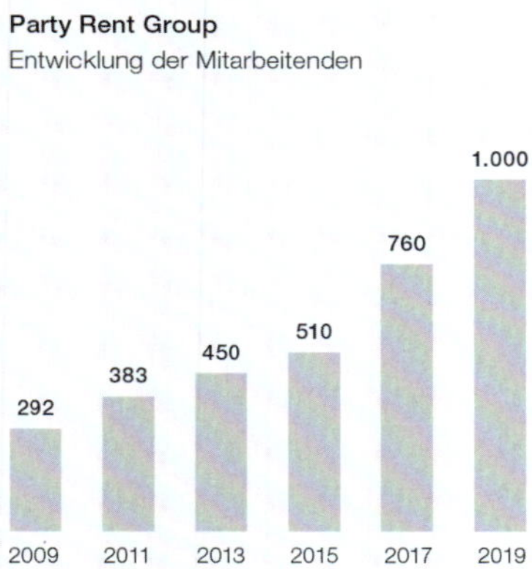

Engagement unterstützt die Gruppe Veranstaltungen für karitative Zwecke im regionalen Kontext.

Daten und Fakten

Inhaberfamilien: Familien Bomers, Eichenberger, Schroeder, Bernard und Roes, Passow, Mahnecke, Schindler, Cudok und Viße, Heiser und Röthling, Emrich, Osbeck, Roeder
Gründer: Joris Bomers, 1992, Bocholt
Branche: Nonfood-Catering
Produkte: Vermietung von Event-Equipment (z. B. Stühle, Barhocker, Tische, Table Top), Dienstleistungen wie Transport, Auf- und Abbau, Reinigung, Erstellung von CAD-Plänen etc.
Vertrieb: Franchisegeber mit Hauptverwaltung und 3 Niederlassungen, 11 Franchisebetriebe an 20 Standorten
Mitarbeitende: ca. 1.000 (2019)
Umsatz: 92,7 Mio. Euro (2018)
Marktposition: Marktführer in Europa
Innovationen: Transportsysteme für Eventartikel
Familieneinfluss: inhabergeführt
Kontrollgremien: Member Board Meeting
Ausbildungsquote: 10–15 %
Auszeichnungen: „Catering Star" in Gold, Kategorie Bester Nonfood-Caterer 2008, 2010, 2014, 2017, 2018 und 2019; Platz 1 beim Non-Food-Catering-Ranking des Blach Reports, 2015–2019

Kontakt

Party Rent Group
Am Busskolk 16–22, 46395 Bocholt
Fon: 02871 2481-0, Fax: 02871 2481-124
info@partyrent.com, www.partyrent.com

Ansprechpartner Presse

Florian Gehrs
Fon: 02871 2481-156
florian.gehrs@partyrent.com

PASCHAL

Steinach, Baden-Württemberg

Gegründet: 1964
Die PASCHAL-Werk G. Maier GmbH ist ein führender Hersteller von Schalungs- und Rüstungssystemen. Die Betonschalungen kommen für Bauwerke aller Art zum Einsatz. PASCHAL betreibt in Deutschland vier eigene Niederlassungen und ein Service-Center.

P

Geschäftsführerin ist Barbara R. Vetter, die Tochter des Firmengründers Josef Maier. Neuer vertretungsberechtigter Geschäftsführer ist Michael Stoevelbaek. Die Ursprünge des Unternehmens reichen zurück bis in das Jahr 1904. Damals gründete Josef Maier in Steinach im Schwarzwald eine Baustoffgroßhandlung. 60 Jahre später erweiterte sein Neffe Josef die Firma um ein selbstständiges Schalungsunternehmen. Nachdem bereits in den 1970er-Jahren mit der Internationalisierung begonnen worden war, folgte in den 1980er-Jahren die Umstellung vom reinen Produktvertrieb auf den Vertrieb in Verbindung mit kundenorientierten Montageservices.

Kontakt
PASCHAL-Werk G. Maier GmbH
Kreuzbühlstr. 5, 77790 Steinach
www.paschal.de

PCC

Duisburg, Nordrhein-Westfalen

Gegründet: 1993
Die PCC-Gruppe ist als Chemie-, Energie- und Logistik-Konzern mit 41 Standorten in 18 Ländern, überwiegend in Europa sowie in den USA, Asien und Afrika, vertreten und beschäftigt weltweit über 3.500 Mitarbeitende. 2019 belief sich der Konzernumsatz, zu dem die Sparte Chemie mit den Segmenten Polyole, Tenside, Chlor, Spezialchemie und Konsumgüter rd. 85 % beitrug, auf 767,5 Mio. Euro. Die PCC SE, Holding der PCC-Gruppe, ist fokussiert auf die Akquisition neuer Beteiligungen sowie die Weiterentwicklung bestehender Aktivitäten und Projekte, insbesondere in weniger wettbewerbsintensiven Teilmärkten und Marktnischen. Aus der 1993 in Duisburg von Waldemar Preussner gegründeten Petro Carbo Chem Rohstoffhandelsgesellschaft mbH entstand die PCC SE, deren Alleinaktionär und Verwaltungsratsvorsitzender er ist.

Kontakt
PCC SE
Moerser Str. 149, 47198 Duisburg
www.pcc.eu

---

pelzGROUP

Wahlstedt, Schleswig-Holstein

Gegründet: 1948
Die pelzGROUP ist in der Konsumgüter-Industrie tätig. Sie stellt Hygieneprodukte, PE-Folien und Vliesstoffe her und beliefert nahezu den gesamten europäischen Lebensmittel- und Drogeriehandel. Nach eigenen Angaben finden sich in fast jedem deutschen Haushalt Artikel des täglichen Bedarfs, die in der pelzGROUP gefertigt wurden. Die Produktion findet ausschließlich in Wahlstedt statt, wo rd. 800 Mitarbeitende beschäftigt sind. Gegründet wurde das Unternehmen von Willy Pelz im Jahr 1948 mit dem Schwerpunkt auf Verbandswatte. Sukzessive kamen weitere Geschäftsbereiche hinzu. Heute hat die pelzGROUP fünf Tochtergesellschaften und wird von einer Holding geleitet. Die Geschäftsführung hat in 3. Inhabergeneration Dr. Nikolas Bastian inne.

Kontakt
pelzGROUP
Willy-Pelz-Str. 8–9, 23812 Wahlstedt
www.pelzgroup.de

Pepperl+Fuchs

Mannheim, Baden-Württemberg

Gegründet: 1945
Das Unternehmen Pepperl+Fuchs ist nach eigenen Angaben einer der Marktführer in der Entwicklung und Herstellung von elektronischen Sensoren und Komponenten für den weltweiten Automatisierungsmarkt. Die

beiden großen Produktbereiche sind industrielle Sensoren und elektrischer Explosionsschutz. Seinen Ursprung hat das Unternehmen in einer kleinen Radiowerkstatt, in der Walter Pepperl und Ludwig Fuchs ab 1945 Transformatoren herstellten, um sie an regionale Industrieunternehmen zu liefern. Heute beschäftigt Pepperl+Fuchs weltweit rd. 6.300 Mitarbeitende an verschiedenen Standorten in Deutschland, den USA, Singapur, Ungarn, Indien, Indonesien, Vietnam und Tschechien. Im Jahr 2015 wurden die Unternehmensanteile an die 3. Generation, Monika Müller-Michael und Michael Fuchs jun., übergeben.

Kontakt
Pepperl+Fuchs Vertrieb Deutschland GmbH
Lilienthalstr. 200, 68307 Mannheim
www.pepperl-fuchs.com

PERI

Weißenhorn, Bayern

Gegründet: 1969
Die PERI GmbH ist international einer der größten Anbieter für Schalungs- und Gerüsttechnik. Darüber hinaus bietet das Familienunternehmen Dienstleistungen rund um Schalung und Gerüst an – von der technischen Planung über den Mietgeräteservice bis hin zur kontinuierlichen Unterstützung der Ausführung. Artur und Christl Schwörer gründeten die PERI GmbH in Weißenhorn bei Ulm im Jahr 1969. Heute gehören rd. 69 Tochtergesellschaften und mehr als 160 Logistikstandorte zu PERI. Weltweit erwirtschafteten 9.500 Mitarbeitende im Jahr 2019 einen Umsatz von 1,68 Mrd. Euro. Das Unternehmen fühlt sich der Nachhaltigkeit verpflichtet und nahm schon 2007 ein eigenes Biomassekraftwerk in Betrieb. Geschäftsführer sind Bernhard Überle und Olaf Tress.

Kontakt
PERI GmbH
Rudolf-Diesel-Str. 19, 89264 Weißenhorn
www.peri.com

---

pester pac automation

Wolfertschwenden, Bayern

Gegründet: 1888
pester pac automation mit Sitz in Wolfertschwenden ist international einer der führenden Systemanbieter für Verpackungsanlagen für die Pharma-, Kosmetik- und Konsumgüterbranche. Mehr als 8.000 Pester Maschinen sind weltweit installiert. Mit rd. 760 Mitarbeitenden, acht eigenen Vertriebs- und Servicegesellschaften und 35 Vertretungen in 80 Ländern ist Pester auf allen wichtigen Märkten präsent.

1888 gründet Emil Pester in Chemnitz die Emil Pester Platinenfabrik. Nach dem Tod des Gründers übernahm sein Sohn Karl-Hermann Pester 1940 die Firma. Nach der Zerstörung der Fabrikgebäude 1945 entschied sich Karl Pester, der Enkel des Gründers, in Westdeutschland eine neue Existenz aufzubauen. 1955 wurde das Fabrikgebäude in Wolfertschwenden bezogen und die Produktion von Präzisionsstanzteilen aufgenommen. Im Jahr 1983 übernahm Thomas Pester in 4. Generation die Leitung des Unternehmens.

Kontakt
pester pac automation GmbH
Hauptstr. 50, 87787 Wolfertschwenden
www.pester.com

P

PETER BREHM

Weisendorf, Bayern

Gegründet: 1981
Die PETER BREHM GmbH ist ein weltweit agierendes Unternehmen, das in den Bereichen der Hüft- und Knieendoprothetik sowie der Wirbelsäulenchirurgie tätig ist. Zu den Produkten zählen Endoprothesen, Implantate und Instrumente aus modernsten Werkstoffen. Gegründet wurde das Unternehmen im Jahr 1981 durch Peter Brehm, der im Folgejahr eine erste hochfeste Titan-Legierung für Implantate entwickelte und auf den Markt brachte. Heute hat die PETER BREHM GmbH rd. 160 Mitarbeitende und zwei Tochtergesellschaften in Österreich und der Schweiz sowie eine weitere am Stammsitz ansässige Tochter, die für den japanischen Markt zuständig ist. Die Geschäfte führen derzeit Marc Michel und Oliver Brehm, während Firmengründer Peter Brehm dem Aufsichtsrat vorsitzt.

Kontakt
PETER BREHM GmbH
Am Mühlberg 30, 91085 Weisendorf
www.peter-brehm.de

Peter Greven

Bad Münstereifel,
Nordrhein-Westfalen

Firmengründer Peter Greven (oben); gleichnamiger Enkel und heutiger Unternehmensleiter Peter Greven (unten)

Gegründet: 1923
Die Peter Greven GmbH & Co. KG entwickelt und produziert oleochemische Additive in den Bereichen Metallseifen, Alkaliseifen, Ester und Dispersionen. Anwendung finden die Produkte

Chronologie

1923 Peter Greven gründet die „Seifen- und Glyzerinfabrik".

1934 Inbetriebnahme einer Anlage zur Fettspaltung und Glyzeringewinnung

1945 Wandel von der Seifenfabrik zum Produzenten oleochemischer Additive und Derivate

1956 Beginn der Metallseifenherstellung, Diversifizierung

1958 Gründung der „Chemischen Fabrik Iversheim" und Start der Entwicklung spenderdosierbarer Hautreinigungsmittel

1960er-Jahre Mit Heinz und Günther Greven übernimmt die 2. Generation die Führung des Familienbetriebs.

1968 Der Produktionsbereich wird um Ester erweitert.

1993 Mit Peter Greven tritt die 3. Generation in die Geschäftsleitung ein.

2000 Akquisition der Produktionsstätte in den Niederlanden, Gründung der Tochterfirma „Peter Greven Nederland C.V."

2006 Auslagerung des Hautschutz-Geschäfts und Neubau der Produktion in Euskirchen

2007 Gründung der Tochterfirma „Peter Greven Asia Sdn. Bhd." in Malaysia

2013 90. Firmenjubiläum

2017 Gründung der Tochterfirma Norac Additives LLC in den USA

u. a. in der Kunststoff-, Bau-, Schmierstoff-, Pharma-, Lebensmittel- und Futtermittelindustrie. Über 150 Mio. Euro setzt das Unternehmen jährlich um (Stand 2018), davon fast 70 % im Ausland.

Mehr als 450 Mitarbeitende beschäftigt die Peter Greven Gruppe weltweit, davon über 300 in Deutschland. Dazu gehören auch die rd. 20 Auszubildenden. Die inhabergeführte Firma ist im Besitz der Familie Greven. Als Geschäftsführer ist Peter Greven tätig, als persönlich haftende Gesellschafterin fungiert die Greven GmbH. Werner Heiliger und Dr. Hermann Josef Stolz ergänzen als Geschäftsführer seit 2016 die Unternehmensleitung.

Das Unternehmen gründete Peter Greven 1923 in Bad Münstereifel als „Seifen- und Glyzerinfabrik", die Soda, Haushaltsseife und Waschpulver herstellte. Auf ihn folgten 1945 seine Söhne Heinz und Günther Greven, die das Unternehmen Anfang der 1960er-Jahre neu ausrichteten und nun fettchemische Additive und Derivate herstellten.

1958 wurde die Chemische Fabrik Iversheim als Tochterunternehmen gegründet, die heute als Peter Greven Physioderm GmbH firmiert und Produkte für den Beruflichen Hautschutz herstellt. Im selben Jahr begann der Einstieg in die Metallseifenproduktion. 2000 weihte man einen weiteren Produktionsstandort im niederländischen Venlo ein, 2007 entstand als Joint Venture mit der IOI Oleochemicals Industries die Peter Greven Asia mit Sitz in Penang, Malaysia. Im Jahr 2017 wurde mit Norac Additives LLC der erste Produktionsstandort in den USA gegründet.

Mit Peter Greven, dem gleichnamigen Enkel des Firmengründers, leitet heute die 3. Familiengeneration das international tätige Familienunternehmen.

Hauptsitz der Peter Greven GmbH in Bad Münstereifel

Kontakt

Peter Greven GmbH & Co. KG
Peter-Greven-Str. 20-30, 53902 Bad Münstereifel
Fon: 02253 313-0, Fax: 02253 313-134
greven@peter-greven.de, www.peter-greven.de

P

Peter Huber Kältemaschinenbau

Offenburg, Baden-Württemberg

„‚It takes two to tango' – man muss zu zweit sein, um Tango zu tanzen. Es braucht Thermodynamik und Mikroelektronik, um einen Tango zum Laufen zu bringen."

Firmenmotto

Gegründet: 1968

Die Peter Huber Kältemaschinenbau AG ist ein technologisch führender Anbieter von hochgenauen Temperierlösungen für Forschung und Industrie wie z. B. Heiz-/Kühlsysteme, Umwälzkühler sowie Bad- und Umwälzthermostate für Temperaturen von -125 bis +425 °C. HUBER Temperiertechnik ist hinsichtlich der Leistung skalierbar und wird deshalb sowohl in der Forschung als auch in der Produktion eingesetzt. Die Anwendungsbereiche sind vielfältig und finden sich z. B. in Chemie, Pharma, Automotive, Aerospace, Medizin, Biotechnologie, Nutrition, Semicon u. v. m. Aktuelle Beispiele finden sich online unter www.temperiertechnik.blog.

Entwicklung und Produktion erfolgen ausschließlich am deutschen Hauptstandort Offenburg-Elgersweier. In der Schweiz, in Großbritannien, Irland, Indien, Italien, China, Frankreich und den USA werden die Kunden von Huber Niederlassungen, die als selbstständige Unternehmen operieren, und von Handels- und Servicepartnern weltweit betreut. Das Unternehmen beschäftigt am Stammsitz Offenburg über 350 Mitarbeitende, die Ausbildungsquote liegt bei ca. 10 %. 2019 erwirtschaftete Huber einen Umsatz von 66 Mio. Euro, die direkte Exportquote betrug rd. 70 %.

Das Management des Unternehmens: Daniel Huber, Beatrice Geiler, Joachim Huber und Bärbel Huber (oben, v. l.) Blick in die Produktion (unten)

Der Wärme-Umwälzthermostat „CHILI" findet Anwendung in der botanischen Extraktion (oben). Das neue Verwaltungsgebäude wurde 2019 fertiggestellt (Mitte). Touchscreen-Regler für Unistate, Unichiller und Badthermostate (unten)

Der 2018 verstorbene Unternehmensgründer Peter Huber war Querdenker und Pionier. Schon in der Gründungsphase wurden Temperiergeräte konsequent umweltverträglich gestaltet. So wurde neben der Performance insbesondere auch auf Nachhaltigkeit größten Wert gelegt. Die heutige nicht börsennotierte Peter Huber Kältemaschinenbau AG wird in der 2. Generation von direkten Nachfahren geführt. Daniel Huber verantwortet als Vorsitzender Vertrieb, Marketing und Strategie, Joachim Huber als stellvertretender Vorsitzender Entwicklung und Produktion. Finanzen und Controlling obliegen Beatrice Geiler, die Auftragsabwicklung und der Export Bärbel Huber. Die 3. Generation der Familie bereitet sich bereits auf zukünftige Aufgaben vor. Die Führungsgrundsätze der Huber AG definieren die Führungskultur des Unternehmens, dessen Grundsätze zudem als Leitbild gemeinsam mit den Mitarbeitenden erarbeitet wurden. Ihnen bietet das Unternehmen vielfältige Weiterbildungsmaßnahmen und ein attraktives JobRad und Bike Leasing. Huber ist u. a. Mitglied bei SPECTARIS – Deutscher Industrieverband für Optik, Photonik, Analysen- und Medizintechnik e. V. und im Wirtschaftsverband Industrieller Unternehmen Baden e. V.

Schon gewusst?

Das offiziell zu Fessenbach gehörende Hohe Horn (534 m ü. M.) ist der Hausberg der Offenburger, die ihn – wenn es auch anstrengend ist – gern erklimmen. Schon die Kelten, Römer und Alemannen nutzten das Hohe Horn mit seinen davorliegenden Hügeln teils für finstere Riten, und so wurde es zum Namensgeber des „Vertrages vom Hohen Horn": Solange der Berg steht, muss der jüngere der Huber-Brüder, Joachim Huber, alles entwickeln und bauen, was der ältere, Daniel Huber, verkaufen kann, und umgekehrt. „It takes two to tango" – alles dreht sich um dieses Gesetz.

Huber hat sich als innovationsgetriebenes Unternehmen und revolutionärer Entwickler der Temperiertechnikbranche positioniert. Die Technologieführerschaft wurde durch vielfache Auszeichnungen in Benchmarktwettbewerben belegt, darunter fünfmal Top 100 Innovator, dreimal Top Innovator, Wirtschaftsmagnet u. v. m. Die Strategie der permanenten

Die Peter Huber Kältemaschinenbau AG hat ihren Firmensitz in Offenburg.

P

Gesellschaftliche Verantwortung

Die Huber AG unterstützt seit Langem lokale soziale Projekte wie das Haus des Lebens in Rammersweier, das sich um minderjährige Mütter und ihre Kinder kümmert, oder die Offenburger Pflasterstube, die Obdachlosen hilft. Auch der Sozialfonds der Sankt-Andreas-Stiftung für Offenburger in akuter Notlage wird regelmäßig gefördert. In Indien und Thailand übernimmt die Huber AG u. a. das Schulgeld für Kinder armer Familien. Geflüchteten aus aller Welt zu helfen betrachtet nicht nur der stellvertretende Vorstandsvorsitzende Joachim Huber als Teil der sozialen Verantwortung eines global agierenden Unternehmens. Auch die Mitarbeitenden geben immer wieder Impulse für ein soziales Engagement.

Innovation wird zudem begleitet durch eine konsequente Erweiterung des weltweiten Vertriebs- und Servicenetzes und die Erschließung neuer Märkte und Branchen.

Daten und Fakten

Inhaberfamilie: Daniel Huber, Joachim Huber, Beatrice Geiler, Bärbel Huber
Gründer: Peter Huber, 1968
Branche: Maschinenbau/Temperiertechnik
Produkte: hochgenaue Temperierlösungen für Forschung und Industrie: Heiz-/Kühlsysteme, Umwälzkühler, Bad- und Umwälzthermostate für Temperaturen von -125 bis +425 °C
Standort: Hauptstandort Offenburg-Elgersweier
Vertrieb: weltweit
Mitarbeitende: über 350
Umsatz: 66 Mio. Euro; weltweit (konsolidiert) 82,5 Mio. Euro
Marktposition: technologisch führender Anbieter von hochgenauen Temperierlösungen für Forschung und Industrie
F&E-Quote: Investitionen von 2 Mio. Euro (2019)

Kontakt

Peter Huber Kältemaschinenbau AG
Werner-von-Siemens-Str. 1, 77656 Offenburg
Fon: 0781 9603-0, Fax: 0781 57211
info@huber-online.com, www.huber-online.com

Ansprechpartner Presse

Michael Sauer
Fon: 0781 9603-0
marketing@huber-online.com

Ansprechpartner Investor Relations

Daniel Huber
Fon: 0781 9603-0
info@huber-online.com

Petershaus

Kaarst, Nordrhein-Westfalen

Gegründet: 1965
Die Petershaus GmbH & Co. KG plant und baut individuelle, ökologischen Kriterien entsprechende Fertighäuser im Trockenbauverfahren. Seit über 50 Jahren setzt Petershaus auf Holz als Grundbaustoff. Das Unternehmen wird in 2. Generation von Thomas Peters geleitet. Die Wurzeln des Unternehmens reichen bis ins Jahr 1965 zurück, als Theo Peters sen. einen Dachdeckerbetrieb gründete. In den 1980er-Jahren wurden Dachdeckerei und Zimmerei erstmals räumlich getrennt und der Unternehmensgründer sammelte erste Erfahrungen in der ökologischen Holzrahmenbauweise. In den 1990er-Jahren zog das Unternehmen an seinen heutigen Standort. 2006 wurde die Dachdeckerei in Petersdach, der Zimmereibetrieb in Petershaus umbenannt.

P

Kontakt
Petershaus GmbH & Co. KG
Hanns-Martin-Schleyer-Str. 14, 41564 Kaarst
www.petershaus.de

PFEIFER

Memmingen, Bayern

Gegründet: 1579
Die Firma PFEIFER kann auf eine mehr als 430-jährige Geschichte zurückblicken – von der kleinen Familienseilerei zum globalen Industrieunternehmen. PFEIFER erstellt Produkte im Bereich der Seil-, Hebe- und Bautechnik: vom individuell konfektionierten Kranseil über Aufzugtechnik und Schutzverbauung bis hin zur Dachkonstruktion für WM-Stadien. Rund 1.600 Mitarbeitende sorgen bei 35 operativen Gesellschaften in 19 Ländern für einen Jahresumsatz von 260 Mio. Euro (2017). Die Hälfte des Umsatzes wird im Ausland erbracht. Das in 12. Generation familiengeführte Unternehmen hat seinen Stammsitz und die Hauptverwaltung in Memmingen. Weitere Produktionsstandorte sind Mülheim (D), Breslau (Polen), Changshu und Shanghai (China) sowie Dallas (USA).

Kontakt
PFEIFER Holding GmbH & Co. KG
Dr.-Karl-Lenz-Str. 66, 87700 Memmingen
www.pfeifer.de

Pfeifer & Langen

Köln, Nordrhein-Westfalen

Gegründet: 1870
Die Kölner Industriellen Emil Pfeifer, Eugen Langen und Valentin Pfeifer gründeten die „Zuckerfabrik & Raffinerie Pfeifer & Langen", ein Unternehmen, das bis heute in Familienhand ist. Der Stammsitz Köln prägte seit den Anfängen im Jahr 1870 auch den Markenauftritt. So wie der Dom das Wahrzeichen der Stadt ist, stehen im Firmenlogo zwei Zuckerhüte – in Anlehnung an die Türme der Kathedrale. Im fruchtbaren Umland wächst das Ausgangsprodukt, die Zuckerrübe, besonders gut. Pfeifer & Langen stieg nach und nach zum nationalen Zuckerhersteller auf. Heute ist das Unternehmen mit Produktions-, Veredelungs- und Vertriebsstandorten in zehn europäischen Ländern vertreten. Rund 2.406 Mitarbeitende erwirtschafteten 2018 einen Umsatz von 918 Mio. Euro.

Kontakt
Pfeifer & Langen GmbH & Co. KG
Aachener Str. 1042 a, 50858 Köln
www.pfeifer-langen.de

Pfenning Logistics Group

Heddesheim, Baden-Württemberg

Gegründet: 1932
Das Portfolio der europaweit agierenden Pfenning Logistics Group umfasst maßgeschneiderte Angebote der Kontraktlogistik in den Bereichen Transport und Lagermanagement. Die Gruppe beschäftigt rd. 3.700 Mitarbeitende an 90 Standorten. Die Geschäftsführung der Holding setzt sich aus dem geschäftsführenden Gesellschafter Karl-Martin Pfenning und den Managern Rana Matthias Nag und Matthias Schadler zusammen. In unterschiedlichen Positionen wirken sowohl die Gattin als auch die beiden Töchter und der Schwiegersohn des Inhabers im Unternehmen mit. Karl-Martin Pfennings Großvater gründete den Familienbetrieb 1932 in Viernheim als Transportunternehmen, um in den umliegenden Bauernhöfen des Odenwalds und der Rheinebene Rohmilch zu sammeln. Karl-Martin Pfenning entwickelte das Unternehmen nach seinem Einstieg 1975 von einer regionalen Spedition zu einem modernen Logistikdienstleister.

Kontakt
Pfenning Logistics Group
Benzstr. 1, 68542 Heddesheim
www.pfenning-logistics.com

PFREUNDT

Südlohn, Nordrhein-Westfalen

Gegründet: 1979
Die PFREUNDT GmbH zählt weltweit zu den führenden Anbietern mobiler Wägesysteme. Zum Kundenkreis gehören Händler und Hersteller von Baumaschinen und Entsorgungsfahrzeugen sowie Anlagenbauer und Anwender aus den Branchen Gewinnung, Entsorgung und Recycling. Das 1979 von Hans-Günther Pfreundt gegründete Unternehmen wird in seinen internationalen Tätigkeiten durch Tochtergesellschaften in Italien und Kroatien sowie weltweite Vertretungen gesteuert. Weltweit sind aktuell über 40.000 PFREUNDT Systeme im Einsatz. Den Grundstein für den Erfolg der PFREUNDT GmbH legte die Entwicklung der im Jahr 1984 weltweit ersten eichfähigen Radladerwaage. 1995 übergab Hans-Günther Pfreundt das Unternehmen an seinen langjährigen Mitarbeiter Ludger Wissing, der seitdem die Geschicke der PFREUNDT GmbH lenkt.

Kontakt
PFREUNDT GmbH
Robert-Bosch-Str. 5, 46354 Südlohn
www.pfreundt.de

Phoenix Contact

Blomberg, Nordrhein-Westfalen

Gegründet: 1923
Die Firma Phoenix Contact zählt zu den führenden Unternehmen im Bereich der Elektrotechnik. 2019 erwirtschafteten 17.600 Mitarbeitende weltweit einen Umsatz von 2,48 Mrd. Euro. Die Geschäftsführung verantworten Frank Stührenberg, Roland Bent, Prof. Dr. Gunther Olesch und Axel Wachholz. Fertigungsstandorte des 1923 in Essen von Hugo Knümann gegründeten Familienunternehmens befinden sich in China, Deutschland, Griechenland, Indien, Polen, Russland, Schweden, der Schweiz, Taiwan, der Türkei und den USA. Die Unternehmensgeschichte von Phoenix Contact ist von ständiger technischer Innovation geprägt. Die hohe Fertigungstiefe im Unternehmen sichert die Unabhängigkeit und ermöglicht zudem die Ausbildung in zwölf technischen Fachberufen.

Kontakt
PHOENIX CONTACT GmbH & Co. KG
Flachsmarktstr. 8, 32825 Blomberg
www.phoenixcontact.de

PHOENIX group

Mannheim, Baden-Württemberg

Gegründet: 1994
Mit über 39.000 Mitarbeitenden in 27 Ländern leistet die von Adolf Merckle gegründete PHOENIX group einen europaweiten Beitrag zur Gesundheitsversorgung. Sie ist ein führender Pharmahändler mit 161 Distributionszentren und 2.700 Apotheken in 15 Ländern. Pro Jahr finden 160 Mio. Kundenkontakte in Apotheken statt. Zudem nutzen 200 Hersteller die Pharma Services der PHOENIX group. Der Umsatzerlös im Geschäftsjahr 2019/2020 lag bei über 27,3 Mrd. Euro. Mit der „Deine Apotheke"-App können Vorbestellungen und Botendienste arrangiert werden. „Deine Apotheke" heißt auch Deutschlands erste Frauenzeitschrift in den Vor-Ort-Apotheken. Das Unternehmen schreibt außerdem jährlich die PHOENIX Pharmazie Wissenschaftspreise für Forschungsarbeiten aus.

P

Kontakt
PHOENIX Pharma SE
Pfingstweidstr. 10–12, 68199 Mannheim
www.phoenixgroup.eu

Phoenix Reisen

Bonn, Nordrhein-Westfalen

Gegründet: 1973
Das Unternehmen Phoenix Reisen ist spezialisiert auf See-, Fluss- und Orientreisen. Fünf Kreuzfahrtschiffe sind unter seiner Fahne auf den Weltmeeren unterwegs, nahezu 40 Flusskreuzfahrtschiffe fahren in Europa, aber auch auf dem Nil sowie Flüssen in China, Indien und Südamerika. Mehr als 100.000 Gäste sind jährlich mit Phoenix Reisen auf Flüssen unterwegs. Vor über 20 Jahren etablierte sich das Unternehmen auch als Orient-Spezialist mit Kultur-, Rund- und Badereisen in orientalischen Ländern. Gegründet wurde Phoenix Reisen 1973 vom damals erst 23-jährigen Johannes Zurnieden. Heute beschäftigt es rd. 100 Mitarbeitende in der Bonner Zentrale und rd. 100 weitere auf Schiffen sowie in Ägypten. Neben dem Firmengründer leiten Jörg Kramer und Benjamin Krumpen die Geschäfte.

Kontakt
Phoenix Reisen GmbH
Pfälzer Str. 14, 53111 Bonn
www.phoenix-reisen.com

PHW-Gruppe

Visbek, Niedersachsen

Gegründet: 1932
Das Kerngeschäft der PHW-Gruppe sind Produktion und Vermarktung von Geflügelspezialitäten unter der Marke WIESENHOF. Im Jahr 2000 startete das Unternehmen mit alternativen Haltungskonzepten. 2018 wurde ein neues Geschäftssegment geschaffen, das sich mit der Produktion alternativer Proteinquellen beschäftigt. Dazu wurden strategische Partnerschaften eingegangen. Die PHW-Gruppe besteht aus 35 Tochterfirmen. Europaweit erwirtschafteten mehr als 7.000 Mitarbeitende im Geschäftsjahr 2018/2019 einen Umsatz von 2,687 Mrd. Euro. Die von der PHW-Gruppe gegründete Heinz Lohmann Stiftung fördert Bildung und gesellschaftliche Diskussion im Bereich Ernährung. Das Familienunternehmen in 6. Generation wird geführt von Peter Wesjohann und Doris Wesjohann.

Kontakt
Lohmann & Co. AG
Paul-Wesjohann-Str. 45, 49429 Visbek
www.phw-gruppe.de

PICARD

Obertshausen, Hessen

Gegründet: 1928
Die PICARD Lederwaren GmbH & Co. KG fertigt neben Damen- und Herrentaschen u. a. Reisetaschen, Kleinlederwaren und Rucksäcke und hat sich von einem Feintäschner-Handwerksbetrieb zu einem global agierenden Unternehmen entwickelt. Weltweit ca. 2.000 Mitarbeitende erwirtschafteten 2018/2019 einen Umsatz von 27 Mio. Euro. Der Vertrieb erfolgt, national wie international, über zwölf eigene Monobrand-Stores, im E-Commerce sowie über einen Außendienst. PICARD ist Mitglied von CADS, einer Kooperation, die sich für nachhaltig, schadstofffrei, umweltverträglich und mit sozialer Verantwortung hergestellte Lederwaren einsetzt, und trägt deren Qualitätskennzeichen. 1928 gründeten Martin Picard und seine Söhne das Familienunternehmen, dessen Geschäfte in 4. Generation nunmehr zu 100 % von Georg Picard geführt werden.

Kontakt

PICARD Lederwaren GmbH & Co. KG
Friedensstr. 22, 63179 Obertshausen
www.picard-lederwaren.de

Piepenbrock

Osnabrück, Niedersachsen

P

Gegründet: 1913

Piepenbrock ist ein in 4. Generation inhabergeführtes Familienunternehmen. Seit 2001 sind Arnulf und Olaf Piepenbrock Geschäftsführende Gesellschafter. Der 1913 gegründete Gebäudedienstleister stärkt seine Kunden mit einem breiten Dienstleistungsspektrum in den Geschäftsbereichen Facility Management, Gebäudereinigung, Instandhaltung und Sicherheit. Die Tochterunternehmen LoeschPack und Hastamat sind im Verpackungsmaschinenbau, Planol in der Chemieproduktion erfolgreich. In deutschlandweit 70 Niederlassungen und an mehr als 800 Standorten beschäftigt das Familienunternehmen 26.600 Mitarbeitende.

Mit seinen Leistungen im Facility Management sorgt Piepenbrock dafür, dass sich seine Kunden auf ihre Primärprozesse konzentrieren und auf eine funktionierende Gebäudetechnik zurückgreifen können. Das gesamte Spektrum der Unterhalts-, Glas- und Fassaden- bis hin zur Sonderreinigung erbringt das Familienunternehmen in der Gebäudereinigung. In diesem Segment ist Piepenbrock bereits seit vielen Jahren Marktführer in Deutschland. Der Geschäftsbereich Instandhaltung unterstützt Kunden mit Konzepten für die Wartung, Inspektion, Instandsetzung und Modernisierung von technischen Anlagen. Services in der Luft und am Boden, etwa beim Schutz von Flughäfen, Regierungsgebäuden oder Industrieanlagen, sind im Fachbereich Sicherheit angesiedelt. Im Industriesegment produzieren

Piepenbrock entlastet seine Auftraggeber im Facility Management durch die Übernahme von Sekundärprozessen.

Chronologie

1913 August Etgeton gründet ein Institut für Fensterreinigung in Osnabrück.

1955 Hartwig Piepenbrock tritt mit Lehrbeginn in das Unternehmen ein und entwickelt es zum bundesweiten Dienstleister.

1977 Piepenbrock übernimmt die Firma Giese + Co. und steigt zum größten Gebäudereinigungsunternehmen der Bundesrepublik auf.

1982 Das Unternehmen erwirbt die Firma Loesch Verpackungstechnik und wird dadurch auf dem Verpackungsmaschinenmarkt aktiv.

1986 Piepenbrock übernimmt die Hans Stamm KG (heute Hastamat).

1990 Piepenbrock expandiert in die neuen Bundesländer.

2001 Hartwig Piepenbrock reicht die Führungsverantwortung an die 4. Familiengeneration weiter.

2013 Piepenbrock feiert sein 100-jähriges Jubiläum.

2020 Das Unternehmen feiert 30 Jahre gelebte Nachhaltigkeit.

„Unsere Mitarbeiter sind das Herzstück von Piepenbrock und tragen entscheidend zum Unternehmenserfolg bei."

Olaf Piepenbrock, Geschäftsführender Gesellschafter

Seit 2001 leiten Arnulf und Olaf Piepenbrock (oben, v. l.) das Familienunternehmen als Geschäftsführende Gesellschafter gemeinsam, der Hauptsitz befindet sich in Osnabrück (unten).

P

LoeschPack und Hastamat Verpackungsmaschinen, die überwiegend im Foodbereich (Schokolade, Kaugummi und Backwaren) eingesetzt werden. Das Chemieunternehmen Planol ist für seine umweltfreundlichen Reinigungsprodukte bekannt.

Piepenbrock handelt nachhaltig. Das bringt das Unternehmen beispielsweise mit dem Umweltprogramm „Piepenbrock Goes Green" und der engen Zusammenarbeit mit dem Kinderhilfswerk Plan International Deutschland e. V. zum Ausdruck. 2020 feiert das Unternehmen 30 Jahre gelebte Nachhaltigkeit.

Daten und Fakten

Inhaberfamilie: Familie Piepenbrock in 4. Generation
Gründer: August Etgeton, 1913, Osnabrück
Branche: Gebäudedienstleistung, Verpackungsmaschinenbau, Reinigungschemie
Standorte: Hauptsitz Osnabrück, 70 Niederlassungen, mehr als 800 Standorte
Mitarbeitende: 26.600 in Deutschland (2018)
Umsatz: ca. 589 Mio. Euro (2018)
Familieneinfluss: Arnulf und Olaf Piepenbrock sind Geschäftsführende Gesellschafter

Kontakt
Piepenbrock Unternehmensgruppe GmbH + Co. KG
Hannoversche Str. 91–95, 49084 Osnabrück
Fon: 0541 5841-0, Fax: 0541 5841-338
info@piepenbrock.de, www.piepenbrock.de

Pietsch

Ahaus, Nordrhein-Westfalen

Gegründet: 1947
Die Unternehmensgruppe Pietsch ist einer der führenden Großhändler der Sanitär-, Heizungs-, Umwelt-, Lüftungs- und Bedachungsbranche in Deutschland. Die Gruppe besteht aus acht Gesellschaften mit zusammen 1.300 Beschäftigten. Insgesamt betreibt Pietsch rd. 87 Standorte in Nordrhein-Westfalen, Niedersachsen, Schleswig-Holstein, Thüringen und Sachsen. Vier Regionalläger und eine Lkw-Flotte von über 100 Fahrzeugen versorgen täglich die Handwerkskunden und gewährleisten eine schnelle und reibungslose Lieferung. Der aktuelle Jahresumsatz wird mit über 279 Mio. Euro beziffert.

Kurt Pietsch legte 1947 den Grundstein für das Unternehmen, das später von seinem Sohn Dr. Fritz-Dieter Pietsch geführt wurde und heute in 3. Generation von Dr. Kurt-Michael Pietsch geleitet wird. Für sein besonders Engagement erhielt Pietsch 2019 das Ausbildungszertifikat des Kreis Borkens der Agentur für Arbeit sowie den 1. Preis der Diversity Challenge der Charta der Vielfalt. Seine Ausstellungsmarke Badambiente nahm im selben Jahr die Auszeichnung „Beste Badstudios" entgegen.

Kontakt
Kurt Pietsch GmbH & Co. KG
Von-Braun-Str. 17–19, 48683 Ahaus
www.pietsch-gruppe.de

Pilz

Ostfildern, Baden-Württemberg

PILZ
THE SPIRIT OF SAFETY

Gegründet: 1948
Die Pilz GmbH & Co. KG ist mit ihren kompletten Automatisierungslösungen, die Sensorik, Steuerungs- und Antriebstechnik umfassen, weltweit aufgestellt. Ergänzt wird das Portfolio durch das internationale Dienstleistungsangebot mit Beratung, Engineering und Schulungen. Anwendung finden die Produkte des Unternehmens, das als Technologieführer im Bereich der sicheren Automation

gilt, über den Maschinen- und Anlagenbau hinaus in zahlreichen Branchen, wie etwa der Verpackungsindustrie, der Bahntechnik oder im Bereich Robotik.

Pilz ist mit 42 Tochtergesellschaften weltweit vertreten, die Exportquote beläuft sich auf 73 %. Mehr als 2.500 Mitarbeitende, von denen über 1.100 in Deutschland beschäftigt sind, erwirtschafteten im Jahr 2018 einen Umsatz von 345 Mio. Euro. Die Geschwister Thomas Pilz und Susanne Kunschert führen das Unternehmen als geschäftsführende

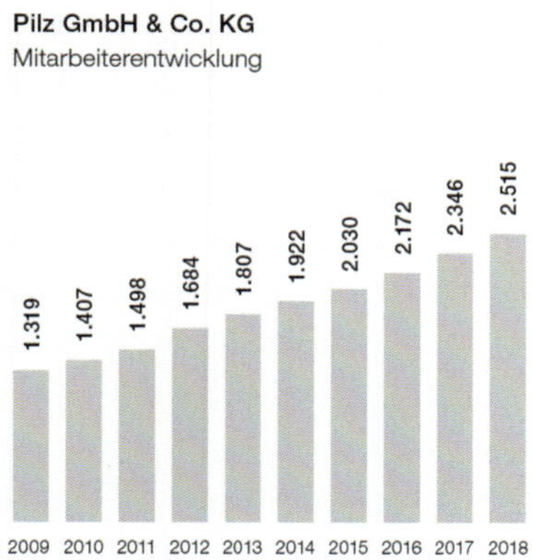

Chronologie

1948 Gründung in Esslingen als Glasbläserei durch Hermann Pilz

1964 Erstes Quecksilberzeitrelais

1969 Erstes Steuerungssystem EUROPILZ SYSTEM

1987 PNOZ, erstes Not-Aus-Schaltgerät

1999 SafetyBUS p, das erste sichere Bussystem für die dezentrale Vernetzung

2002 Erste sichere konfigurierbare Kleinsteuerung PNOZmulti

2015 Erweiterung des Hauptsitzes in Ostfildern um ein Logistik- und Produktionszentrum

2018 Pilz Service Robotik Module für die offene Gestaltung von Roboterapplikationen

P

„Innovationsfähigkeit gehört zur Pilz-DNA."

Susanne Kunschert, geschäftsführende Gesellschafterin

Das Automatisierungsunternehmen Pilz investiert auch am Stammsitz Ostfildern kontinuierlich in Forschung und Entwicklung sowie den Ausbau seiner Produktionskapazitäten (oben). Familienunternehmen in 3. Generation: Seit 2018 leiten Susanne Kunschert und Thomas Pilz das Unternehmen (unten).

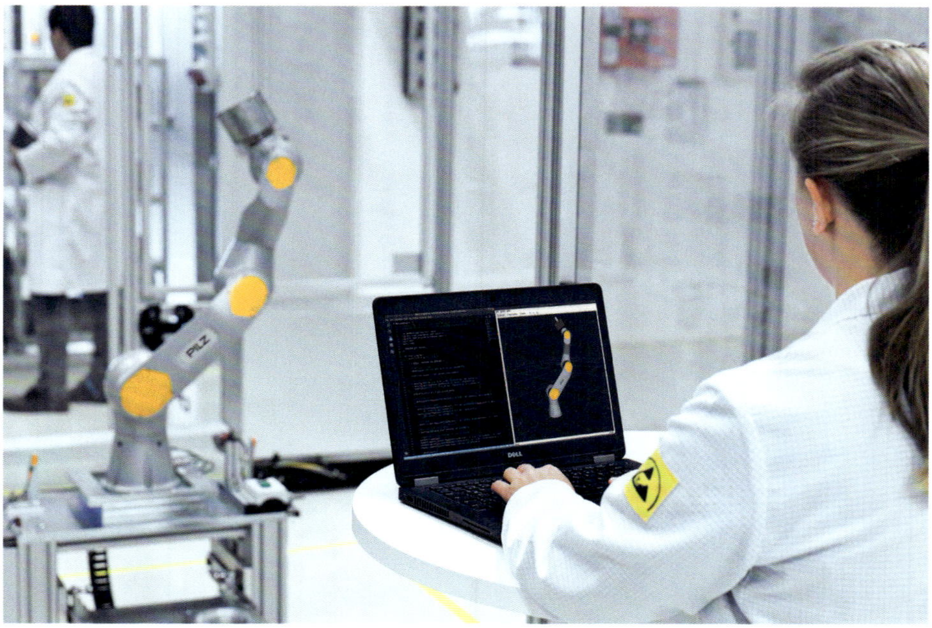

Pilz ist Lösungsanbieter für die Automation: Im Bereich Service Robotik entwickelt das Unternehmen beispielsweise Software zur Steuerung von Robotern.

Gesellschaftliche Verantwortung

Für ihr außergewöhnliches unternehmerisches und soziales Engagement wurde der ehemaligen Geschäftsführerin Renate Pilz im Jahr 2020 das Bundesverdienstkreuz am Bande verliehen. „Sie sind eine ganz besondere baden-württembergische Unternehmerpersönlichkeit – und Vorreiterin für Innovation und Digitalisierung", sagte die baden-württembergische Wirtschaftsministerin Nicole Hoffmeister-Kraut in ihrer Laudatio. Unter der Führung von Renate Pilz entwickelte sich das mittelständische Unternehmen zu einem Global Player in der Automatisierungs- und Sicherheitstechnik. Zum Unternehmenserfolg tragen heute rund 2.500 „Botschafter der Sicherheit" bei, die für die Familie Pilz eine entscheidende Rolle spielen, wie Hoffmeister-Kraut betonte: „Menschen mitnehmen, überzeugen und weiterbilden und den familiären Geist des Unternehmens auch als Global Player bewahren: Das war Ihre Unternehmensphilosophie, die heute auch von Ihren Kindern gelebt wird, die inzwischen Ihre Nachfolge angetreten haben." Über ihre Rolle als Unternehmerin hinaus engagiert sich Renate Pilz zudem beim Bund katholischer Unternehmer sowie bei einem Hilfsprojekt für benachteiligte Mädchen in Süd-Indien.

Erstes Sicherheitsschaltgerät PNOZ (oben), die sichere, konfigurierbare Kleinsteuerung PNOZmulti (Mitte) und der Sicherheitslaserscanner PSENscan für produktive Flächenüberwachung (unten)

Gesellschafter in der 3. Generation. Den Grundstein des Unternehmens legte Hermann Pilz im Jahr 1948 mit der Gründung einer Glasbläserei in Esslingen. Sein Sohn Peter entwickelte Pilz zum Anbieter von elektronischen Kontroll- und Überwachungsgeräten sowie speicherprogrammierbaren Steuerungsgeräten. In der Folge erwuchs der bis heute maßgebliche Forschungs- und Entwicklungsschwerpunkt auf dem Gebiet der sicheren Automatisierungstechnik. Mit der Gründung eigener Tochtergesellschaften in Österreich und Frankreich wurde die Internationalisierung des Betriebs seit 1969 kontinuierlich vorangetrieben. Bereits 1974 brachte das Unternehmen eines der ersten speicherprogrammierbaren Steuerungssysteme auf den Markt. Nachdem Peter Pilz im Jahr 1975 bei einem Flugzeugabsturz ums Leben kam, stieg seine Ehefrau Renate Pilz in das Unternehmen ein. Mit dem Not-Aus-Schaltgerät PNOZ, mit dem Maschinen im Gefahrenfall sofort und sicher gestoppt werden können, hat das Unternehmen im Jahr 1987 Industriegeschichte geschrieben. Bis Ende 2017 stand Renate Pilz an der Spitze des Familienunternehmens. Unter ihrer Leitung entwickelte sich das Unternehmen, das sich als Botschafter der Sicherheit weltweit für den Schutz von Mensch, Maschine und Umwelt einsetzt, kontinuierlich weiter. Der Standort Deutschland wurde im Jahr 2015 durch die Erweiterung des Hauptsitzes in Ostfildern bestätigt. Pilz bietet heute Systemlösungen, die die Anforderungen einer zunehmend digitalisierten Fertigung erfüllen: von der funktionalen Maschinensicherheit hin zur Industrial Security, die den Schutz von Maschinen vor unbefugten Zugriffen von außen sowie den Schutz sensibler Daten umfasst.

Daten und Fakten

Inhaberfamilie: Familie Pilz in 3. Generation
Gründer: Hermann Pilz, 1948, Esslingen
Branche: Automatisierung
Vertrieb: weltweit
Mitarbeitende: mehr als 1.100 in Deutschland, rd. 1.400 im Ausland
Umsatz: 345 Mio. Euro (2018)
Marktposition: Technologieführer in der sicheren Automation
Innovationen: erstes Not-Aus-Schaltgerät PNOZ (1987), erstes Automatisierungssystem für Sicherheit und Standard PSS 4000 (2009), Pilz Service Robotik Module für die flexible Umsetzung von industriellen und nicht-industriellen Robotikanwendungen (2018)
Ausbildungsplätze p. a.: 15
Familieneinfluss: 2 Familienmitglieder sind in der Geschäftsführung vertreten
Unternehmensanteile der Familie: 100 %
Kontrollgremien: Gesellschafterversammlung, Abteilungsleitergremium

Kontakt
Pilz GmbH & Co. KG
Felix-Wankel-Str. 2, 73760 Ostfildern
Fon: 0711 3409-0, Fax: 0711 3409-133
info@pilz.de, www.pilz.de

Ansprechpartnerin Presse
Jenny Skarman
Fon: 0711 3409-1067
j.skarman@pilz.de

Pneuhage

Karlsruhe, Baden-Württemberg

Gegründet: 1953
Die Pneuhage Unternehmensgruppe ist mit ihrem Hauptgeschäft im Bereich Reifen, Felgen und passendem Service tätig. Dazu zählen ein international tätiger Großhandel, über 160 Reifendienste in Deutschland und mehrere Produktionsbetriebe für die Runderneuerung von Nutzfahrzeugreifen. Das Netzwerk spezialisierter Tochterfirmen und Partnersysteme bedient Händler wie auch gewerbliche Kunden, Fahrzeugflotten sowie Privatverbraucherinnen und -verbraucher. Verkauft werden die Sortimente aller namhaften Hersteller, aber auch etablierte Eigenmarken. Das Unternehmen wurde im Jahr 1953 von Karl und Karl-Heinz Schütterle gegründet, dem Großvater und dem Vater des heutigen Inhabers und Geschäftsführers Peter Schütterle. Europaweit beschäftigt die Gruppe rd. 2.000 Mitarbeitende, davon ca. 10 % Auszubildende.

Kontakt
Pneuhage Management GmbH & Co. KG
An der Rossweid 23–25, 76229 Karlsruhe
www.pneu.com

POCO

Bergkamen, Nordrhein-Westfalen

Gegründet: 1972
Die POCO Einrichtungsmärkte GmbH unterhält Einrichtungsdiscounter. POCO vertreibt Produkte anderer Marken ebenso wie günstige für POCO hergestellte Eigenmarken. In deutschlandweit über 125 Märkten sind mehr als 8.000 Mitarbeitende tätig. Geplant sind jährlich rd. sechs Neueröffnungen. Mit einem Umsatzvolumen von 1,6 Mrd. Euro im Jahr 2018 zählt das Unternehmen zu den großen deutschen Anbietern im Mitnahmebereich. Geschäftsführer sind Thomas Stolletz für Einkauf und Vertrieb am Sitz in Bergkamen und Dr. Hans-Ralf Großkord für die Verwaltung der POCO-Domäne-Holding GmbH. Das Unternehmen freut sich über zahlreiche Auszeichnungen, u. a. das Prädikat „Höchste Kundentreue“ und die Ehrung „Top-Shop 2020“ für seinen Onlineshop, den es seit 2012 betreibt.

Kontakt
POCO Einrichtungsmärkte GmbH
Industriestr. 24, 59192 Bergkamen
www.poco.de

Pohl-Boskamp

Hohenlockstedt, Schleswig-Holstein

Gegründet: 1835
Die G. Pohl-Boskamp GmbH & Co. KG ist ein mittelständischer Entwickler und Hersteller von Arzneimitteln und Medizinprodukten mit Sitz in Schleswig-Holstein. Unter dem Motto „Spüren, wie es wirkt!“ liegt das Hauptaugenmerk der Therapien auf der schnellen Linderung akuter Erkrankungen. Die Präparate GeloMyrtol® gegen Atemwegsbeschwerden, Nitrolingual® bei Herzerkrankungen und NYDA® gegen Läuse sind wichtiger Bestandteil vieler Hausapotheken, nicht nur in Deutschland, sondern auch weltweit. Wer sich

für den Arbeitgeber Pohl-Boskamp entscheidet, findet die Möglichkeit, sein gesamtes Berufsleben in unterschiedlichen Funktionen und Positionen innerhalb der Firma zu verbringen. Soziales Miteinander, hierarchische Durchlässigkeit und ein „Du" durch den ganzen Betrieb prägen die Arbeitsbedingungen von ca. 600 Mitarbeitenden. Das Unternehmerehepaar Marianne Boskamp und Dr. Henning Ueck führt die 1835 gegründete Firma in 4. Generation.

Kontakt

G. Pohl-Boskamp GmbH & Co. KG
Kieler Str. 11, 25551 Hohenlockstedt
www.pohl-boskamp.de

POLIBOY

Lilienthal, Niedersachsen

Gegründet: 1930
Die POLIBOY Brandt & Walther GmbH produziert und vertreibt mit rd. 70 Mitarbeitenden Reinigungs- und Pflegemittel für Möbel, Leder, Böden und Metalle. Der Marktführer in den Kategorien Möbel- und Silberpflege produziert ausschließlich in Deutschland.

1930 gründeten Adolf Brandt und Otto Walther die Brandt & Walther GmbH für Getreidehandel und Importe in Bremen, die wenig später auch Putz- und Reinigungsmittel produzierte. Im Besitz der Familien Brandt und Emigholz, wird POLIBOY in 3. Generation von Torsten Emigholz geführt, während Ulrich Brandt Vorsitzender des Beirats ist. POLIBOY hat u. a. sechs Bio-Produkte für Küche, Bad, Allzweck, Glas, Boden und Parkett in Recyclat-Flaschen am Markt etabliert. Sie basieren zu 100 % auf natürlichen Inhaltsstoffen, sind vegan, klimaneutral und als Nature Care Product zertifiziert.

Kontakt

POLIBOY Brandt & Walther GmbH
Tornéestr. 5, 28865 Lilienthal
www.poliboy.de

Poly-clip System

Hattersheim a. Main, Hessen

Gegründet: 1922
Die Poly-clip System GmbH & Co. KG beliefert die weltweite Lebensmittelindustrie mit Clipverschluss-Systemen. Wurst, Geflügel, Molkereiprodukte, Suppen, Marzipan, Tiernahrung sowie Dicht- und zivile Sprengstoffe sind die wichtigsten Märkte, wobei der überwiegende Anteil in industrielle oder handwerkliche Fleischwarenbetriebe geliefert wird. Grundsätzlich eignet sich das kostengünstige und ressourcenschonende Verpackungssystem für alle Branchen, die pastöse Produkte verarbeiten und verpacken. Poly-clip System ist weltweiter Markt- und Technologieführer mit einem Marktanteil von deutlich über 50 %. Das Unternehmen liefert auch Verpackungssysteme in geflügelverarbeitende Betriebe, die ihre Produkte einfach und zuverlässig in

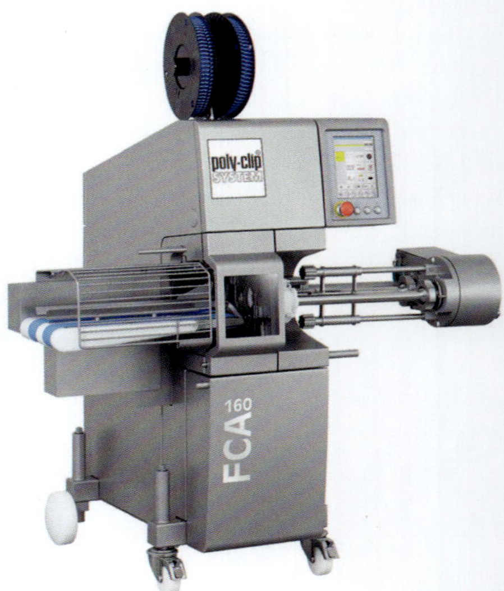

Der Automatische Doppelclipper FCA 160 von Poly-clip System

Poly-clip System

Poly-clip System bietet zu den Clipmaschinen auch das passende Verbrauchsmaterial: Alle Clip und Schlaufen sind hygienisch und lebensmittelgeeignet sowie nach ISO 22000 zertifiziert.

„Innovation, Kundennähe und Zuverlässigkeit sind die Säulen des Unternehmens."

Firmenphilosophie

Beutel verpacken und mit einem Clip aus Aluminium oder Kunststoff verschließen.

Produziert werden die Maschinen und Verbrauchsmaterialien an vier Standorten in Deutschland, Österreich sowie Brasilien. Poly-clip System gehört zu einer Unternehmensgruppe mit weltweit über 1.300 Mitarbeitenden. Fast 90 % seines Umsatzes erzielt das Unternehmen außerhalb Deutschlands, die größten Märkte werden über eigene Vertriebsgesellschaften der Unternehmensgruppe bearbeitet und viele weitere Länder über Exklusivvertretungen – die Marke ist somit in mehr als 140 Ländern vertreten. Alle Vertriebsgesellschaften werden von einheimischen Mitarbeitenden geführt, sodass weit über 30 verschiedene Nationalitäten in der Unternehmensgruppe vertreten sind. Mehr als 50 Messen

Frank Niedecker ist in 3. Generation geschäftsführender Gesellschafter, die Zentrale des Unternehmens befindet sich im hessischen Hattersheim.

Innovationsgeist, Qualität und Sicherheit

Regelmäßige INSTITUT FRESENIUS Qualitätskontrolle

Mehr als 800 Patente weltweit zeugen von Leidenschaft für Innovation. Die wichtigsten Neuerungen aus dem Hause Poly-clip System sind z. B. der Rollenclip, das Füll-Clip-Prinzip, das Doppel-Clip-Verfahren, der Füll-Clip-Automat FCA, der Transfer-Siegel-Automat TSA, der Irisverdränger, die pneumatische Darmbremse, der Kunststoff-Clip, der bakteriendichte Clip, die automatische Wurstaufhängung, der Ringloader. Um den Vorsprung vor den Mitbewerbern zu halten, fließen jährlich 8 % des Budgets in die Grundlagen- und Weiterentwicklung. Die Highlights im Produktprogramm sind die schnellste Clipmaschine (bis zu 300 Würste pro Minute im Durchlauf), die vollautomatische Rauchwagenbeladung ASL-R, die bis zu 9.000 kg Wurstprodukte pro Stunde positioniert, die einzige selbstüberwachende Maschine (mit RFID-Technologie), der einzige Iris-Clipper, die einzige Siegel-Clip-Maschine und weitere Produkte, deren Marktdominanz auf technischer Überlegenheit beruht. Neben der Qualität und damit Wertbeständigkeit für den Kunden achtet Poly-clip System außerdem auf die Sicherheit der Verbraucherinnen und Verbraucher. So ist es weltweit das einzige Unternehmen der Clipverschluss-Technik, das eine Zertifizierung durch das SGS INSTITUT FRESENIUS durchführen ließ und dessen Qualitätssiegel erhalten hat. Kern dieser Zertifizierung ist die Prüfung der Produkte auf lebensmittelrechtliche Unbedenklichkeit. Die Kriterien des SGS INSTITUT FRESENIUS reichen dabei weit über die gesetzlich vorgeschriebenen Maßnahmen hinaus. Neben der firmeninternen Qualitätssicherung wird das Qualitätsniveau regelmäßig von unabhängiger Seite kontrolliert und bestätigt. Dazu gehört auch die jährliche Auditierung des Werks, das 2013 bereits die ISO 22000 Zertifizierung erlangte.

P

Gesellschaftliche Verantwortung

Frank Niedecker sieht die Unternehmensgruppe nicht als Selbstzweck, sondern als Basis für das Wohlergehen von mehr als 1.300 Familien. Deshalb steht das Wohl des Unternehmens immer an erster Stelle und die Sicherung der Arbeitsplätze ist wichtiger als eine kurzfristige Gewinnmaximierung. Über 90 % der Gewinne verbleiben im Unternehmen und werden reinvestiert. Besonderer Wert wird auf langfristige Beziehungen gelegt. Das zeigt sich an einer Vielzahl von Mitarbeitenden, die schon mehr als 40 Jahre bei Poly-clip System tätig sind und an Vertretungen, die schon 50 Jahre und nunmehr in der 3. Generation mit dem Unternehmen verbunden sind. Derselbe Respekt und dieselbe Wertschätzung gelten auch allen anderen Partnern. Poly-clip System bildet aus und übernimmt Auszubildende, wenn sie zum Unternehmen passen und die Leistung stimmt. Zur Unternehmenskultur gehört, dass jede Nationalität willkommen ist, dass es keine Altersgrenze bei der Einstellung neuer Mitarbeitender gibt und dass Frauen in Führungspositionen selbstverständlich sind. Gemäß seinem Leitsatz „Menschen helfen, die sich nicht selbst helfen können" unterstützt Frank Niedecker darüber hinaus eine Vielzahl lokaler und weltweit tätiger Hilfsorganisationen.

Der Gründer Oswald Niedecker sowie seine Frau Elisabeth und sein Sohn Herbert (v. o.)

jährlich sorgen zusätzlich für direkten Kundenkontakt. Das Unternehmen befindet sich zu 100 % in Familienbesitz, alleiniger Eigentümer in der 3. Generation ist lic. oec. HSG Frank Niedecker. Dr.-Ing. Joachim Meyrahn hat die Verantwortung für die Leitung der Firma, beide arbeiten bei der Ausrichtung des Unternehmens eng zusammen. Inzwischen wird die 4. Generation durch ihre Mitarbeit im Unternehmen auf ihre künftige Verantwortung als Unternehmer vorbereitet. Seit 2010 ist Poly-clip System in das „Lexikon der deutschen Weltmarktführer" aufgenommen.

Die Geschichte von Poly-clip System reicht zurück bis in das Jahr 1922, als Oswald Niedecker das Unternehmen als Werkzeugbauer in Frankfurt a. Main gründete. Er legte den Grundstein für die heutige Fertigung von Clipverschlüssen, als er den Werkzeugbau um eine Stanzerei erweiterte und Sicherheitsverschlüsse (Plomben) aus Stahlblech und Aluminium herstellte. Nach dem Tod des Gründers 1948 übernahm seine Frau Elisabeth die Leitung des Unternehmens, bis ihr Sohn Herbert Niedecker 1952 nach Rückkehr aus der Kriegsgefangenschaft und Abschluss des

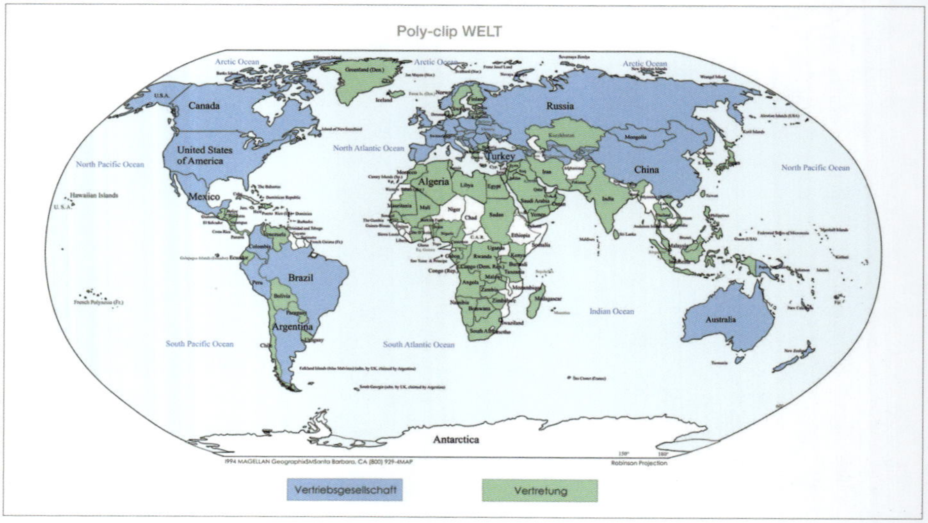

Zur Unternehmensgruppe gehören weltweit 29 Vertriebsgesellschaften und mehr als 40 Exklusivvertretungen.

Schon gewusst?

Fraunhofer UMSICHT hat im Auftrag von Poly-clip System GmbH & Co. KG den Carbon Footprint unterschiedlicher Verpackungen von Fleischwaren untersucht. Das Ergebnis ist, dass die Clipverschluss-Lösung signifikant weniger CO_2-Emissionen als die Tiefzieh- oder die Becherverpackung verursacht.

Studiums ins Unternehmen eintrat. Er entwickelte es im Lauf der Zeit vom Werkzeugmacher zum Zulieferer für die Luftfahrtindustrie. Aus dem Bereich der patentierten Verschlüsse (Sicherheitsplomben) entwickelte Herbert Niedecker vor mehr als 50 Jahren die Basis für das heutige Geschäft als Systemlieferant für Verschluss-Systeme für pastöse Produkte und Beutel. Er zeichnet verantwortlich für die Entwicklung des Clip von der Rolle, des „poly-clip", ohne den die industrielle Wurstproduktion undenkbar gewesen wäre.

Unter der Leitung von Herbert Niedecker entstanden viele weitere Innovationen wie das Doppel-Clip-Verfahren, das Füll-Clip-System, die magazinierte Gurtschlaufe und die gesteuerte Darmbremse. Der Innovationsgeist des Unternehmens wird heute durch Hunderte nationale und internationale Patente dokumentiert. Frank Niedecker übernahm die Leitung der Gesellschaft 1993 von seinem Vater. Er beseitigte mit der Konzentration auf das Kerngeschäft die finanzielle Schieflage, in die das Unternehmen in den 1980er-Jahren geraten war. Der Fokus auf Innovation und Kundennähe brachte eine Fülle von neuen

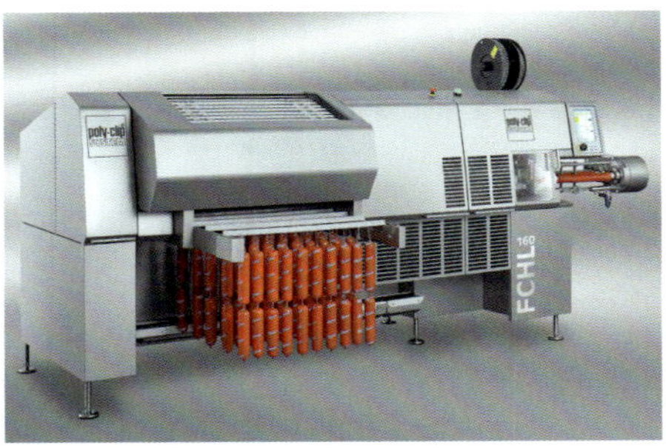

FCHL Clip-/Aufhängeautomat – zum Clippen und Aufhängen der Würste auf Rauchstäbe

Chronologie

1922 Oswald Niedecker gründet ein Unternehmen zur Herstellung von Werkzeugen.

1957 Entwicklung des patentierten Rollenclip, der die industrielle Wurstherstellung revolutionierte

1967 Der Füll-Clip-Automat FCA 3401 ermöglicht erstmals die automatische Herstellung von Portionswürsten.

2001 Der Irisverdränger wird im Clipautomaten ICA speziell für Schinkenprodukte eingesetzt.

2004 „Zwei in eins" Siegeln und Clippen in einem Automaten – der TSCA setzt den neuen Standard für eine rationelle Produktion.

2007 Eine neue Generation von Clipautomaten mit RFID-Technologie geht an den Start und wird mit dem iF product design award 2009 ausgezeichnet. Das Thema Automatisierung wird intensiv vorangetrieben.

2011 Die Firmenzentrale wird in ein neues Werk nach Hattersheim verlegt.

2016 IFC Intelligent Filler Clipper Interface – digitaler Daten- und Signalaustausch zwischen automatischer Clipmaschine und Füllmaschine

2018 Spatenstich für Werksneubau in Gedern (Clip und Schlaufen)

2019 Clip in Mould – vollautomatische Produktion von Formprodukten (z. B. Schinken)

2020 Anfang des Jahres wird der 11.000ste FCA verkauft.

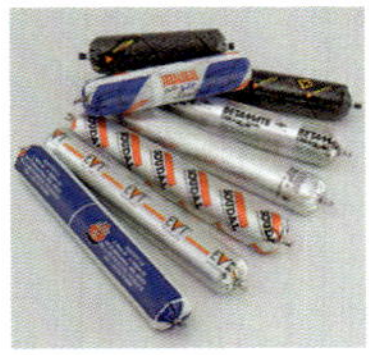

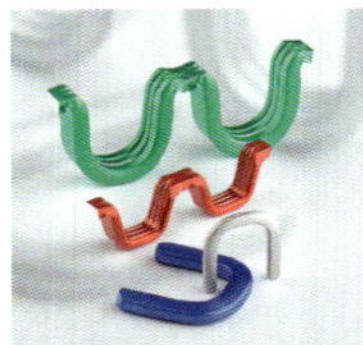

Clip von Poly-clip System werden sowohl bei Lebensmitteln (oben) als auch bei Dichtstoffen (Mitte) verwendet; vorgeformter Rollenclip für FCA-Automaten (unten).

P

Maschinen, Verbrauchsartikeln und Systemen hervor. Frank Niedecker trieb die Internationalisierung des Unternehmens voran, gründete zahlreiche eigene Vertriebstöchter und hat den Umsatz vervielfacht. 2019 erreichte das Unternehmen den Durchbruch im Bereich der Automation mit zwischenzeitlich über 50 verkauften Hängelinien weltweit.

Der Irisverdränger, der vollautomatische TSCA 160, der ICA-Automat; viele Wurstwaren weltweit werden mit Poly-clip-Technologie verschlossen (v. o.)

Daten und Fakten

Inhaberfamilie: Familie Niedecker in 3. Generation
Gründer: Oswald Niedecker, 1922, Frankfurt a. Main
Branche: Maschinenbau
Produkte: Clipverschluss-Systeme
Mitarbeitende: rd. 400
Umsatz: über 135 Mio. Euro
Innovationen: der poly-clip (Rollenclip auf Spulen), Doppel-Clip-Verfahren, Füll-Clip-System, magazinierte Gurtschlaufe, gesteuerte Darmbremse, automatische Rauchwagenbeladung, R-ID Clip
Familieneinfluss: Gesellschafter bestimmt externen Geschäftsführer
Unternehmensanteile der Familie: 100 %
Kontrollgremien: Inhaber Frank Niedecker fungiert als aktiver Beirat
Eigenkapitalquote: 40 %
Exportanteil: 90 %
Auszeichnungen: „iF product design award", Design-Forum Hannover, 2009; „Ausgezeichnete Architektur in Hessen – Johann-Wilhelm-Lehr-Plakette" für neugebautes Werk in Hattersheim, BDA-Architekturpreis, 2011; „Deutscher Verpackungspreis" für die beste Verpackung, DVI 2012

Kontakt

Poly-clip System GmbH & Co. KG
Niedeckerstr. 1, 65795 Hattersheim a. Main
Fon: 06190 8886-0, Fax: 06190 8886-15360
contact@polyclip.de, www.polyclip.com

Poppe + Potthoff

Werther, Nordrhein-Westfalen

Gegründet: 1928
Die Unternehmensgruppe Poppe + Potthoff entwickelt und produziert kundenspezifische Stahlrohre, Common-Rail-Subsysteme, Hochdruckleitungen, Präzisionskomponenten, Gelenkwellen und Kupplungen sowie Sondermaschinen und Prüfstände. Damit ermöglicht Poppe + Potthoff technisch anspruchsvolle Lösungen im Automobil- und Nutzfahrzeugbereich, in der Aerospace- und Schiffsindustrie, im Werkzeug- und Maschinenbau sowie in weiteren Industrien.

Das 1928 gegründete Familienunternehmen mit Hauptsitz und Technologiezentrum im westfälischen Werther beschäftigt mehr als 1.400 Mitarbeitende. Mit Tochterunternehmen und langjährigen Partnern ist Poppe + Potthoff in über 50 Ländern kundennah aktiv.

Kontakt

Poppe + Potthoff GmbH
Dammstr. 17, 33824 Werther
www.poppe-potthoff.com

---

porta Möbel

Porta Westfalica, Nordrhein-Westfalen

Gegründet: 1965
porta Möbel GmbH & Co. KG gehört zu den größten Einrichtungsunternehmen Deutschlands. porta Möbel unterhält an 24 Standorten in acht Bundesländern Möbelhäuser und Küchenwelten und verfügt über vier Logistikzentren. In den Einrichtungshäusern werden zusätzlich Restaurants betrieben. Die Möbel werden auch über einen Onlineshop angeboten, der Stiltipps rund um das Thema Wohnen gibt. Das 1965 von Wilhelm Fahrenkamp und Hermann Gärtner gegründete Unternehmen wird heute in 2. Generation von Birgit Gärtner und Achim Fahrenkamp geführt. porta Möbel

beschäftigt rd. 8.000 Mitarbeitende. 1993 wurde die Andreas Gärtner-Stiftung gegründet, die Menschen mit geistiger Behinderung Hilfe bietet. Seit 2007 läuft die Aktion „Helm auf“ zum Thema Unfallprävention.

Kontakt
porta Möbel GmbH & Co. KG
Bakenweg 16–20, 32457 Porta Westfalica
www.porta.de

Porterhouse Group

Luzern, Schweiz

Gegründet: 2016
Die Porterhouse Group AG ist eine in Familienhand befindliche Beteiligungsholding mit Sitz in der Schweiz. Das Unternehmen konzentriert sich für sein Beteiligungsportfolio auf die Sektoren Gesundheit, Ernährung, Sicherheit sowie Bildung – und damit auf Themen, die einen relevanten Mehrwehrt für seine Kunden haben. Der Fokus liegt dabei auf nicht-börsennotierten Unternehmen aus der DACH-Region mit einem Umsatz von bis zu 500 Mio. Euro, die in ihren Märkten und Sektoren eine führende Position einnehmen. In der erfolgreichen unternehmerischen Tradition der Familie Happel steht das Porterhouse Beteiligungsteam den Portfoliounternehmen aktiv mit seinem Wissen und seinem internationalen Netzwerk zur Verfügung. Mit der Erfahrung von Porterhouse und der finanziellen Stärke einer soliden Familienbeteiligungsholding, die alle Transaktionen aus eigener Kraft finanzieren kann, werden die Unternehmen im Team mit dem jeweiligen Management für profitables Wachstum weiterentwickelt, mit dem Ziel, langfristig zukunftssicher zu sein. Getreu diesem Anspruch begleitet und entwickelt Porterhouse sein Unternehmensportfolio unternehmerisch verantwortlich dynamisch. Auf der Suche nach neuen Beteiligungen prüft die Porterhouse AG jährlich mehrere Hundert neue Investmentideen. Ausschlaggebend für ein Engagement ist neben den harten Faktoren vor allem, dass sich Porterhouse mit den Zielen und den Werten des Unternehmens in vollem Umfang identifizieren kann. Porterhouse steht für Unternehmertum mit Hands-on-Mentalität, Leistung mit hoher Detailorientierung sowie Disziplin, Teamwork und absolute Integrität verbunden mit Bodenständigkeit und nachhaltigem Handeln.

Schon gewusst?

Porterhouse beteiligt sich nicht nur mehrheitlich an Unternehmen wie den Paracelsus Kliniken Deutschland (www.pkd.de), der Berit Klinik (www.klinik.ch) oder VetTrust (www.vettrust.ch), sondern begleitet auch junge innovative Unternehmen in ihrem Wachstum. So gründete Porterhouse die Berliner Brainwave Hub GmbH, die mit ihren Expertinnen und Experten auch den Unternehmen der Beteiligungsholding als sektorübergreifendes Kompetenzzentrum für innovative digitale Lösungen und moderne Prozesse zur Seite steht. Ziel von Porterhouse ist es, mit jungen, zukunftsorientierten Unternehmerinnen und Unternehmern zusammenzuarbeiten, die Mehrwert für die ganze Gruppe und ihre Partner schaffen.

P

„Mehrwertschaffendes Unternehmertum“

Unternehmensslogan

Daten und Fakten

Inhaberfamilie: Familie Happel
Gründer: Felix Happel
Branche: Beteiligungen
Produkte: Gesundheit, Ernährung, Sicherheit, Bildung
Standort: Luzern (Schweiz)
Mitarbeitende: rd. 5.000 in der Gruppe
Umsatz: über 500 Mio. Euro (2019)
Unternehmensanteile der Familie: 100 %

P

„Fortiter et honeste!"
(Tapfer und ehrlich!)

Wappenspruch der Freiherrn von Poschinger

Benedikt Freiherr Poschinger von Frauenau (oben) leitet das Familienunternehmen in der 15. Generation; das alte Schloss in Oberfrauenau ist Familiensitz (unten).

Kontakt
Porterhouse Group AG
Adligenswilerstr. 24, 6006 Luzern, Schweiz
Fon: +41 41 36740-50
info@porterhouse.ch, www.porterhouse.ch

Freiherr von Poschinger Glasmanufaktur

Frauenau, Bayern

von Poschinger
GLASMANUFAKTUR seit 1568

Gegründet: 1568

Die Freiherr von Poschinger Glasmanufaktur ist ein Familienunternehmen wie aus dem Bilderbuch – und wie seine Produkte ein Unikat: Seit 1568 in Familienbesitz, wird das Unternehmen bis heute in ununterbrochener Nachfolge von Vater zu Sohn weitergegeben. Dem Prozess liegt kein Gesellschaftervertrag zugrunde und er ist weltweit einmalig.

Mit Glasmanufaktur, Immobilien, Forstwirtschaft und Landwirtschaft umfasst das Unternehmen vier Bereiche. Als einzige in Deutschland fertigt die Glasmanufaktur ihr Sortiment und jeden Auftrag ausschließlich im eigenen Betrieb, produziert mundgeblasenes, handgefertigtes und auch gegossenes Glas aller Art. Über die Jahrhunderte belieferte Poschinger europäische Fürsten- und Königshäuser sowie den russischen Zarenhof und stattete Kreuzfahrtschiffe und Zeppeline mit edlem Glas aus dem Bayerischen Wald aus.

Sowohl die Glasproduktion und die eigenen Immobilien als auch die Forst- und Landwirtschaft werden von Betriebsleitern geführt, denen die „Freiherr Poschinger von Frauenau Gesamtverwaltung" übersteht. Sie liegt in Händen des derzeitigen Inhabers Benedikt Freiherr Poschinger von Frauenau, der zugleich die Geschäfte führt und das Unternehmen 2007 von seinem Vater in 15. Generation übernahm.

Nachdem Joachim Poschinger 1568 das Glashüttengut Zwieselau erworben hatte, entwickelte sich die Familie zur führenden Größe in der europäischen Glasherstellung. Prägend hierfür war Johann Michael II. Reichsritter und Edler von Poschinger, der 1846 die heute noch aktive Glasmanufaktur im Frauenauer Ortsteil Moosau in Betrieb nahm. Nachdem der Erste Weltkrieg und die Weltwirtschaftskrise zur Schließung zahlreicher Glashütten geführt hatten, übernahm Baron Hippolyt das Gut in der 13. Generation. Er leitete es durch die Wirren des Zweiten Weltkriegs und baute die Einzelunternehmen wieder auf. Zudem engagierte er sich mit großem Erfolg in forstpolitischen Gremien und war jahrelang Präsident des Bayerischen Senats, bis 1999 neben dem Landtag die zweite Kammer Bayerns.

Die Globalisierung erfordert neue Strategien in der traditionellen Glasherstellung. Um sich

Der FAUN – ein Preis für deutsche Familienunternehmen – wurde von der Glasmanufaktur Poschinger kreiert.

Fertigung der gläsernen Tischfüße des Bell Table von Sebastian Herkner für ClassiCon in verschiedenen Farben

Johann Michael II. Reichsritter und Edler von Poschinger, 1794–1863, (oben); in der Glasmanufaktur wird jedes Teil sorgfältig von Hand gefertigt (Mitte, unten).

im zunehmend von Billigprodukten dominierten Markt zu behaupten, konzentriert sich das Unternehmen seit mittlerweile 20 Jahren auf Sonder- und Spezialanfertigungen und setzt Kundenwünsche individuell um. Poschinger kooperiert mit renommierten Architektinnen und Designern weltweit und hat sich in der jüngsten Vergangenheit interessante neue Märkte erschlossen. Um die Herausforderungen der Zukunft zu meistern, werden die 35 Mitarbeitenden laufend geschult. Die Produktion wird direkt an die Kundinnen und Kunden vertrieben und etwa zu 30 % exportiert – mit dem Ziel, als Spezialanbieter beständig weitere Märkte, vornehmlich in den USA und in Asien, zu erschließen.

Daten und Fakten

Inhaberfamilie: Freiherr Poschinger von Frauenau in 15. Generation
Gründer: Joachim Poschinger, 1568, Zwieselau bei Frauenau
Branche: manufakturelle Glasherstellung, Forstwirtschaft, Landwirtschaft, Immobilien
Produkte: handgefertigtes und mundgeblasenes Glas, Sonder- und Spezialanfertigungen
Standort: Frauenau im Bayerischen Wald
Mitarbeitende: 35 (2019)
Familieneinfluss: Inhaber ist alleiniger Geschäftsführer
Unternehmensanteile der Familie: 100 % gehören Benedikt Freiherr Poschinger von Frauenau

Traditionsreiches Familienunternehmen

Als eines von vier deutschen Unternehmen wurde die Freiherr von Poschinger Glasmanufaktur in die „Association Les Hénokiens" aufgenommen. Nur etwa 40 Unternehmen weltweit gehören dieser Vereinigung an, deren Unternehmen mehrheitlich in Familienhand und älter als 200 Jahre sind, stets von einem Abkömmling der Familie geführt werden und finanziell solide aufgestellt sind. Die Geschäftsführung der assoziierten Unternehmen wird als beispielhaft angesehen und soll Familienunternehmen in der zunehmend von Globalisierung und schnellen finanziellen Entscheidungen geprägten Wirtschaft zeigen, dass Familienstrategien in Verbindung mit Unternehmenskonzepten der Schlüssel zu Langlebigkeit sind.

P

Chronologie

1568 Joachim Poschinger erwirbt die Zadlershütte in Zwieselau bei Frauenau.

1605 Sein Sohn Paulus Poschinger übernimmt das Glashüttengut Frauenau.

1666–1701 Franz Poschinger führt Tagebuch über das Leben auf dem Gut, heute ein kulturhistorisches Dokument des Bayerischen Walds.

um 1720 Glasmachermeister Hans-Carl Poschinger hinterlässt Rezepturen für die Herstellung von farbigen Gläsern.

1848 Johann Michael II. nimmt die Moosauhütte in Betrieb, die bis heute Sitz der Freiherr von Poschinger Glasmanufaktur ist.

1877 Die durch Georg Benedikt II. initiierte Eisenbahnverbindung Deggendorf–Zwiesel–Grafenau nimmt den Betrieb auf.

1901 Eduard Ferdinand wird in den Freiherrenstand erhoben.

2007 Benedikt Freiherr Poschinger von Frauenau übernimmt die Leitung der Gesamtbetriebe.

2018 Die Freiherr von Poschinger Glasmanufaktur feiert ihr 450. Firmenjubiläum.

2019 Für ihre von Deutschlands Top-Designer Sebastian Herkner kreierten Jubiläumsgläser wird die Manufaktur mit mehreren international renommierten Designpreisen ausgezeichnet.

Kontakt

Freiherr von Poschinger Glasmanufaktur
Moosauhütte 14, 94258 Frauenau
Fon: 09926 9401-0, Fax: 09926 9401-11
info@poschinger.de, www.poschinger.de

Pöschl Tabak

Geisenhausen, Bayern

Gegründet: 1902
Pöschl Tabak ist nach eigenen Angaben der weltweit größte Produzent von Schnupftabak und führender deutscher, konzernunabhängiger Hersteller von Tabakprodukten. Dazu zählen Schnupftabak, Pfeifentabak, Feinschnitt und Zigaretten, die über zehn Tochterunternehmen und fünf Beteiligungsgesellschaften in rd. 100 Länder exportiert werden. Das Unternehmen wurde von Alois Pöschl im Jahr 1902 als Schnupftabak-Vertrieb gegründet, gut zehn Jahre später entstand seine Brasiltabakfabrik in Landshut. Die weltweite Expansion begann mit der 3. Generation unter Dr. Ernst Pöschl und Dr. Robert Engels, die Europa, USA und Fernost als Märkte erschlossen. Heute hat Pöschl rd. 830 Mitarbeitende, die Geschäfte leitet die 4. Generation mit Patrick Engels und Katharina Pöschl.

Kontakt

PÖSCHL TABAK GmbH & Co. KG
Dieselstr. 1, 84144 Geisenhausen
www.poeschl-tobacco.com

Pott's Brauerei

Oelde, Nordrhein-Westfalen

Gegründet: 1769
Die Pott's Brauerei ist seit sieben Generationen ein Familienbetrieb, der mit seiner Heimatverbundenheit für seine Region steht. 1769 legte Vorfahr Franz Arnold Feldmann den Grundstein mit dem Erwerb der Brauerei vom nahen Jesuitenkloster. Braumeister und Dipl.-Betriebswirt Jörg Pott, Geschäftsführer der Oelder Brauerei, setzt die regional orientierte Unternehmensphilosophie fort.

Um technisch und ökologisch auf der Höhe der Zeit zu bleiben, investierte die Brauerei ab 1996 in eine einzigartige neue Bier-Erlebniswelt am Stadtrand von Oelde. Pott's Bierspezialitäten werden unter Wahrung des Reinheitsgebots so gebraut, dass sie den vollen, natürlichen und ursprünglichen Geschmack behalten, den sie durch eine lange, kalte Reifung und besonders schonende Filtration in handwerklich-traditioneller Braukunst erlangen.

Kontakt

Pott's Brauerei GmbH
In der Geist 120, 59302 Oelde
www.potts.de

PRETTL group

Pfullingen, Baden-Württemberg

Gegründet: 1953
Die PRETTL group gehört in ihren sechs Geschäftsbereichen Automotive, Appliance Solutions, Electronics, E-Mobility, Energy und Strategic Build-up zu den sog. Hidden Champions auf dem Weltmarkt. Auf fünf Kontinenten werden ganz unterschiedliche Produkte entwickelt und produziert. Dazu gehören Abgasnachbehandlung, Bedienblenden und Fahrzeugbeleuchtung, Car2Car-Kommunikation, Küchengeräte, Torantriebe, Elektronikkomponenten, Stromerzeuger, Netzersatzanlagen und Solarinsellösungen. Die familiengeführte Holding möchte zudem mit ihrer PRETTL Stiftung hervorragende Geschäftsideen und unternehmerisches Denken fördern. Die unternehmerische Leitung liegt in den Händen von Rolf und Erhardt Prettl, den Söhnen des Gründers Franz W. Prettl, sowie Willi Prettl, der als Sohn von Rolf Prettl die 3. Generation vertritt. Zunächst war das 1953 gegründete Unternehmen in der Metallbearbeitung aktiv.

Kontakt

PRETTL group
Industriepark Sandwiesen, 72793 Pfullingen
www.prettl.com

Pro-Idee

Aachen, Nordrhein-Westfalen

Gegründet: 1985
Das mittelständische Familienunternehmen Pro-Idee ist mit einem Team von Einkäuferinnen und Einkäufern darauf spezialisiert, weltweit auf Messen exklusive und originelle, weniger bekannte Konsumgüter zu entdecken. Pro-Idee hat sich als eines der führenden Versandhäuser im Sektor qualitativ hochwertige Konsumgüter auf dem deutschen Markt etabliert und beschäftigt rund 600 Mitarbeitende. Geschäftsführender Gesellschafter ist Dieter Junghans, der das Unternehmen zusammen mit seinem Vater Lothar Junghans 1985 gründete. 1992 wurde mit der Erschließung von Auslandsmärkten begonnen. Die Produkte sind heute per Katalog und Internet-Versandhandel in sechs europäischen Ländern erhältlich. Auf die Interessen der Kundinnen und Kunden spezialisierte acht Webshops bieten eine reiche Produktpalette an.

Kontakt

Pro-Idee GmbH & Co. KG
Gut-Dämme-Str. 4, 52070 Aachen
www.proidee.de

PROBAT

Emmerich am Rhein, Nordrhein-Westfalen

Gegründet: 1868
PROBAT fertigt seit mehr als 150 Jahren richtungsweisende Lösungen für die Kaffeeindustrie. Das Unternehmen ist Weltmarktführer im Bereich Maschinen- und Anlagenbau für die Kaffee- und Nahrungsmittelindustrie. Das Leistungsspektrum des Herstellers vom Niederrhein umfasst die Entwicklung, Konstruktion und Herstellung von Röstmaschinen und Walzenmühlen sowie die Planung und Umsetzung kompletter industrieller Produktionsanlagen einschließlich der Steuerungen.

P

Darüber hinaus zählen Umwelttechnologien und umfangreiche Dienstleistungen zum Produktportfolio von PROBAT. Mit Tochterunternehmen in den USA, Brasilien, Italien, Schottland, Indien und Kanada beschäftigt PROBAT 900 Mitarbeitende, ca. 550 davon in Deutschland. Vertretungen in über 40 Ländern sorgen dafür, dass das Know-how und die jahrzehntelange Erfahrung von PROBAT weltweit zum Einsatz kommen.

Kontakt
PROBAT-Werke von Gimborn
Maschinenfabrik GmbH
Reeser Str. 94, 46446 Emmerich am Rhein
www.probat.com

Pröckl

Arnstorf, Bayern

Gegründet: 1947
Die Pröckl GmbH ist Gesamtanbieter für die Außenhaut von Gewerbeobjekten. Das Leistungsspektrum umfasst die Beratung, Planung, Fertigung und Montage der Gebäudehülle mit Dach, Fassade und Fenster-/Pfostenriegel-Konstruktionen. Das Unternehmen mit Sitz im bayerischen Arnstorf beschäftigt mehr als 200 Mitarbeitende und ist in Deutschland und Österreich tätig. Geschäftsführende Gesellschafter sind Gert Pröckl und Dr. Thomas Pröckl. Gegründet wurde das Unternehmen 1947 von Johann Pröckl als Dachdeckerbetrieb. In den 1970er-Jahren spezialisierte sich Pröckl auf Flachdachkonstruktionen, seit den 1980er-Jahren ergänzten Metalldächer und Fassadensysteme das Angebot. 2003 erweiterte Pröckl die Produktpalette um den Leichtmetallbau aus Aluminium.

Kontakt
Pröckl GmbH
Industriestr. 2, 94424 Arnstorf
www.proeckl.de

PROFI Engineering Systems

Darmstadt, Hessen

Gegründet: 1984
Als IT-Unternehmen berät die PROFI Engineering Systems AG ihre Kunden seit 1984. Im Fokus steht die Einführung von Software und Services in Rechenzentren sowie Geschäftsbereichen. Die Entwicklung, der Aufbau und Betrieb cloudbasierter Speicher- und Serverlösungen ergänzen das Dienstleistungsangebot. Gründer Dr. Udo Hamm steht seit 2015 dem Aufsichtsrat vor; Manfred Lackner verantwortet als Vorstandsvorsitzender die Bereiche Vertrieb und Dienstleistungen, Lutz Hohmann Finanzen und Personal. Matthias Kohlhardt wurde 2017 zum Vorstand für den Bereich Dienstleistungen, Stefan Langhirt in dieser Funktion für das Handelsgeschäft und den Vertrieb berufen. Das Unternehmen hat zurzeit 320 Mitarbeitende an bundesweit zwölf Standorten sowie in der Zentrale in Darmstadt.

Kontakt
PROFI Engineering Systems AG
Otto-Röhm-Str. 18, 64293 Darmstadt
www.profi-ag.de

ProMinent

Heidelberg, Baden-Württemberg

Gegründet: 1960
Die ProMinent Unternehmensgruppe ist seit nahezu 60 Jahren führender Hersteller von Komponenten und Systemen für das Dosieren von Flüssigkeiten sowie zuverlässiger Lösungspartner für die Wasseraufbereitung. Mit innovativen Produkten, ausgeprägter verfahrenstechnischer Expertise und Anwendungsorientierung werden Anforderungen in praxisgerechte Lösungen umgesetzt. Über 2.700 Mitarbeitende

in 55 eigenen Vertriebs-, Produktions- und Servicegesellschaften sowie Vertretungen garantieren heute Service und Verfügbarkeit in mehr als 100 Ländern. Schlüsselbranchen sind neben der öffentlichen Trink- und Abwasseraufbereitung die chemische Industrie, die industrielle Wasseraufbereitung, die Nahrungsmittel- und Getränkeindustrie, die Schwimmbadwasseraufbereitung sowie die Öl- und Gasindustrie. Elf Produktionsstätten weltweit garantieren einen gleichbleibend hohen Qualitätsstandard, Flexibilität und Liefertreue.

Kontakt
ProMinent GmbH
Im Schuhmachergewann 5–11, 69123 Heidelberg
www.prominent.com

PUK Group

Berlin

Gegründet: 1969
Die PUK Group GmbH & Co. KG ist eine weltweit in der metallverarbeitenden Industrie tätige Unternehmensgruppe. Sie entwickelt, produziert und vertreibt Kabeltragsysteme, Kabelschellen, Unterflursysteme und Unterkonstruktionen für Fotovoltaikanlagen und bietet Lösungen für die Bereiche Industrie, Gebäudetechnik, Infrastruktur und Energie. Die PUK Group ist mit sechs Produktionsstandorten – davon zwei in Deutschland – und 30 Vertriebsstandorten in elf Ländern vertreten. Im Jahr 2015 erzielte die PUK Group mit knapp 770 Mitarbeitenden einen Umsatz von rd. 140 Mio. Euro. Der Firmensitz des 1969 gegründeten Familienunternehmens ist Berlin. Geschäftsführer der PUK Group, die seit 2016 unter diesem Namen firmiert, sind Daniela Veit und Michael Pantelmann.

Kontakt
PUK Group GmbH & Co. KG
Nobelstr. 45–55, 12057 Berlin
www.puk.com

PV Automotive

Essen, Nordrhein-Westfalen

Gegründet: 1922
Die Firma PV startete als Werksvertreter für Autoersatzteile. Nach stetigem Wachstum zählt sie heute 86 Verkaufshäuser und 1.700 Mitarbeitende. Das Dienstleistungsunternehmen hat mehr als 200.000 Ersatzteile auf Lager und täglich werden 2.700 Kundentouren absolviert. Zudem sind die Werkstattsysteme für freie Werkstätten ein wichtiger Baustein im Portfolio.

Mit den Marken Autoprofi (Premium), Autofit und PV:Partner (Basisangebot) existiert ein Netzwerk von Partnerbetrieben, das von PV:TRAINING, Marketingunterstützung, dem Bonus-System PV:PLUS sowie den digitalen Plattformen PV:KOMPASS 4.0 (Bestellprogramm) und PV:MANAGER (Werkstattmanagement-Software) profitiert. Mit diesen Produkten werden insgesamt rd. 350 Mio. Euro Jahresumsatz erzielt.

Kontakt
PV Automotive GmbH
Langemarckstr. 34, 45141 Essen
www.pvautomotive.de

Q

Q

Q1

Osnabrück, Niedersachsen

Gegründet: 1898
Die Q1 Energie AG ist ein konzernunabhängiges Unternehmen und zählt zu den fünf größten Tankstellenbetreibern des deutschen Mittelstands. Keimzelle der Q1 war ein 1898 von Wilhelm Beckmann gegründeter Lederwarenhandel. Seit 1923 betrieb Beckmann auch Tankstellen. Heute unterhält das Familienunternehmen rd. 200 Tankstellen in Deutschland und bietet Gas- und Stromversorgung im Privatkundenbereich an. Regionale Schwerpunkte des Tankstellennetzes sind Nord- und Westdeutschland sowie Mitteldeutschland. Q1 legt Wert darauf, ausschließlich Kraftstoffe aus deutschen Raffinerien zu vertreiben. Das Unternehmen platziert sich in den aktuellen Ranglisten der 100 größten Unternehmen in Niedersachsen. Vorstände sind Frederick Beckmann und Gerd Onken.

Kontakt
Q1 Energie AG
Rheinstr. 82, 49090 Osnabrück
www.q1.eu

Quarzwerke

Frechen, Nordrhein-Westfalen

Gegründet: 1884
Die Quarzwerke GmbH produziert und veredelt mineralische Rohstoffe, hauptsächlich Quarz, Kaolin, Feldspat, Wollastonit und Glimmer, außerdem stellt sie High Performance Fillers für Dentalanwendungen her. Der geschäftsführende Gesellschafter Robert Lindemann-Berk ist in der 4. Generation in dem Familienunternehmen, weitere Geschäftsführer sind Dr. Wolf Harlfinger, Dr. Otto Hieber, Jens-Uwe Klemens und Dr. Paul Páez-Maletz. Die Firmengeschichte begann 1884, damals erschlossen zwei Unternehmer ein Quarzsandvorkommen in Frechen. Die Quarzwerke entwickelten sich im Laufe der Jahre zu einem überregional bedeutenden Unternehmen mit Tochtergesellschaften und weiteren Grubenbetrieben. Mitte der 1960er-Jahre stiegen die Anforderungen und das Angebot wurde erweitert. Nach 1989 übernahmen die Quarzwerke weitere Vorkommen beispielsweise in Deutschland, Osteuropa und Russland.

Kontakt
Quarzwerke GmbH
Kaskadenweg 40, 50226 Frechen
www.quarzwerke.com

Queisser Pharma

Flensburg, Schleswig-Holstein

Queisser
PHARMA

Gegründet: 1897
Das international tätige Unternehmen Queisser Pharma mit Sitz in Flensburg wurde 1897 vom Namensgeber Alfred Queisser gegründet. Seit den 1970er-Jahren gehört es zu 100 % zur HGDF-Familienholding. Queisser Pharma produziert und vertreibt freiverkäufliche Arzneimittel, Nahrungsergänzungsmittel und Medizinprodukte, zu seinen bekanntesten Marken gehören Doppelherz und Protefix. Insgesamt stellt Queisser Pharma rd. 350 verschiedene Produkte für den Verkauf im In- und Ausland her. Der Exportanteil liegt bei 40 %. Queisser Pharma beschäftigt rd. 350 Mitarbeitende in Deutschland und 240 im Ausland. Der Nettoumsatz beträgt 250 Mio. Euro (2018).

Die Geschäfte führen Axel Kaempfe und Jan K. Kuskowski. Die Doppelspitze agiert aus Überzeugung nach den Grundsätzen der HGDF-Familienholding: flache Hierarchien und damit direkte, schnelle Kommunikation sowie Vertrauen in die Mitarbeitenden. Das brachte Queisser Pharma wiederholt etliche Auszeichnungen als einer der besten Arbeitgeber im Mittelstand – zuletzt 2019 – ein und belegt die nachhaltig erfolgreiche Personalpolitik des Unternehmens. Am Standort Flensburg beträgt die Ausbildungsquote rd. 9 %, ausgebildet wird in sechs Berufen. Seit 1987 vergibt das Unternehmen jährlich den „Queisser-Seniorenpreis", seit 2008 jährlich zusätzlich den „Queisser Juniorenpreis". Beide unterstützen, fördern und würdigen ehrenamtlich engagierte Mitbürgerinnen und Mitbürger. Seit 2013 fördert Queisser Pharma daneben jährlich unter dem Motto „Kinder unserer Region" Initiativen für Kinder im Alter bis zehn Jahre.

Kontakt

Queisser Pharma GmbH & Co. KG
Schleswiger Str. 74, 24941 Flensburg
Fon: 0461 9996-0, Fax: 0461 9996-110
info@queisser.de, www.queisser.de

R

R

Rädlinger Maschinen- und Stahlbau

Cham, Bayern

Gegründet: 1988
Die Rädlinger Maschinen- und Stahlbau GmbH ist in den Geschäftsfeldern Baumaschinenausrüstung und Stahlbau aktiv. Im erstgenannten Bereich werden vor allem Anbaugeräte für Bagger und Radlader produziert und verkauft, darunter Baggerlöffel, Schaufeln, Drehmotoren oder Sonderanbaugeräte. Im Bereich Stahlbau, der im Jahr 2002 dazukam, werden Bauprojekte in den Bereichen Stahlhochbau, Brückenbau, Lärmschutz oder Sonderbauten durchgeführt. Der Hauptsitz und die Fertigung liegen in Cham, eine weitere Produktionsstätte in Schwandorf. Insgesamt beschäftigt Rädlinger rd. 250 Mitarbeitende, die Ausbildungsquote liegt bei 5 %. Gegründet wurde der Betrieb im Jahr 1988 durch Josef Rädlinger sen., inzwischen leitet Werner Rädlinger die Geschäfte in 2. Generation.

Kontakt
Rädlinger Maschinen- und Stahlbau GmbH
Kammerdorfer Str. 16, 93413 Cham
www.raedlinger.de

Ramelow

Elmshorn, Schleswig-Holstein

Gegründet: 1872
Die Gustav Ramelow KG ist eines der führenden Modehandelsunternehmen in Norddeutschland. An neun Standorten in Mittelzentren wird Bekleidung in den Bereichen Damen, Herren, Trendmode, Kinder, Wäsche und Sport angeboten. Gegründet wurde das Unternehmen 1872 von Gustav Ramelow, der sich im Alter von 22 Jahren im mecklenburgischen Klütz selbstständig machte. Bis 1939 eröffneten 34 Filialen, nach Kriegsende waren nur noch drei der Häuser übrig. Die Wiedervereinigung brachte 1991 die Chance, das ehemals größte Haus des Unternehmens in Stendal/Sachsen-Anhalt wiedereröffnen zu können. 1996 trat mit Marc Ramelow die 4. Generation in die Unternehmensleitung ein. Gesellschafter der Gustav Ramelow KG sind die Familien Ramelow, Götze-Ramelow und Johst.

Kontakt
Gustav Ramelow KG
Königstr. 31–35, 25335 Elmshorn
www.ramelow.com

RAMPF-Gruppe

Grafenberg, Baden-Württemberg

RAMPF®
discover the future

Gegründet: 1980
Mit Produkten rund um Reaktionsharze, Maschinensysteme und den Leichtbau mit Composites bietet die internationale RAMPF-Gruppe Lösungen für die ökonomischen und ökologischen Bedürfnisse der Industrie.

Mit der Erfindung der Modellbauplatte aus Polyurethan Anfang der 1980er-Jahre beginnt die mittlerweile über 40 Jahre andauernde Erfolgsgeschichte von RAMPF. Ausgehend vom Unternehmenssitz in Grafenberg werden Produktionsstätten an strategisch wichtigen Standorten in den USA, Kanada, China, Japan und Korea gegründet sowie ein weltweites Vertriebspartnernetzwerk aufgebaut.

Diese globale Präsenz gewährleistet ein hohes Maß an Flexibilität in der Produktion sowie kurze Lieferzeiten – entscheidende Erfolgsfaktoren für die Kunden des Unternehmens, die in den dynamischsten Industrien auf den Weltmärkten tätig sind, von Automotive über Elektronik, Maschinenbau, Luft- und Raumfahrt bis Schiff und Schiene.

Das vertrauensvolle Verhältnis zu Kunden, Lieferanten und Partnern steht im Mittelpunkt des unternehmerischen Handelns. Als Arbeitgeber ist RAMPF stets darauf bedacht, ein verlässlicher Partner zu sein und die besten Voraussetzungen zu schaffen – mit sicheren und modernen Arbeitsplätzen, sozialen Zusatzleistungen, Weiterentwicklungsmöglichkeiten und einer offen gezeigten Wertschätzung.

Die RAMPF-Gruppe wird seit 2012 von Matthias und Michael Rampf geleitet, den Söhnen des Unternehmensgründers Rudolf Rampf.

Kontakt

RAMPF Holding GmbH & Co. KG
Albstr. 37, 72661 Grafenberg
Fon: 07123 9342-0, Fax: 07123 9342-2050
info@rampf-group.com, www.rampf-group.com

Rasch Tapeten

Bramsche, Niedersachsen

Gegründet: 1861
Die Tapetenfabrik Gebr. Rasch GmbH & Co. KG zählt zu den führenden Tapetenherstellern in Europa. Zur Firmengruppe gehören die Schwesterunternehmen Rasch Textil und Rasch Druckerei-Verlag GmbH & Co. KG. Am Stammsitz in Bramsche, der seit 1897 besteht, sind 430 Mitarbeitende tätig. Zur Rasch-Gruppe gehören weitere Produktionsstandorte in Polen und der Ukraine sowie Büros in Russland, Belgien, Frankreich, England, China und der Ukraine.

Die Cousins Dr. Frederik Rasch und Dario Rasch-Schulze Isfort leiten den Familienbetrieb in 5. Generation. Als Kontrollgremium fungiert ein Beirat, der aus drei bis vier Mitgliedern besteht. Er tagt mindestens dreimal im Jahr und ist für die Bestellung der Geschäftsführer verantwortlich. Die Unternehmensführung wird durch einen Gesellschaftsvertrag geregelt, der u. a. festlegt, dass Geschäftsführer mit dem 65. Lebensjahr ausscheiden.

Chronologie

1861 Mit der Herstellung von Tapeten und Rouleaux beginnt die unternehmerische Geschichte.

1897 Gründung der Fabrik in Schleptrup bei Bramsche und Beginn des Maschinendrucks durch Guido Wiecking, Hugo und Emil Rasch

1929 Entwicklung der „Bauhaus-Tapeten" mit dem Bauhaus Dessau

1933 Erwerb des Markennamens der Bauhaus-Tapete von Ludwig Mies van der Rohe

1950 Bedeutende Künstler aus dem In- und Ausland werden für die Mitarbeit an der Kollektion „rasch KÜNSTLER" gewonnen.

1960 Die erste Stoff- und Tapetenkollektion „Country" kommt auf den Markt. Gründung der Schwesterfirma Rasch Textil

1997 Gründung der Repräsentanz in der Ukraine

2006 Erweiterung der Produktion um den Standort Polen

2012 Stärkung der Marke rasch durch Markenrelaunch

2019 Zum 100-jährigen Bauhausjubiläum wird eine neue Bauhaus-Tapetenkollektion vorgestellt.

„Der Anspruch, qualitativ hochwertige Produkte mit innovativem Design zu entwickeln und zu vermarkten, bestimmte von Beginn an das Handeln von Rasch."

Aus dem Unternehmensauftritt Rasch Tapeten

Beispiele aus den Kollektionen Brick Lane (oben), Highlands (Mitte) und Yucatán (unten) von Rasch Tapeten

R

Historische Tapetenwalze von 1920 (oben); der stilisierte Turm des Firmengebäudes ziert das Siegel von Rasch (unten).

Den Grundstein für die erfolgreiche Marke legten 1861 Johann Heinrich Lücke und Hermann Wilhelm Gottfried Rasch mit einer Tapeten- und Rouleauxfabrik. 1897 gründeten Emil Rasch und Hugo Rasch die heutige Gesellschaft, die schon wenige Jahre später zu den führenden Tapetenherstellern Deutschlands zählte. V. a. Dr. Emil Rasch prägte den Markenauftritt des Unternehmens in den 1930er-Jahren.

Mit der Bauhaus-Tapete kreierte er den ersten Markenartikel der Branche und entwickelte in den 1950er-Jahren mit bedeutenden Künstlern die Rasch-Künstlertapeten, an denen in den 1960er-Jahren auch Salvador Dalí beteiligt war. 2019 stellte die Tapetenfabrik zum 100-jährigen Bauhausjubiläum eine neue Bauhaus-Tapetenkollektion vor. Aufgrund der besonderen historischen Bedeutung für das Unternehmen widmete das Museumsquartier Osnabrück dem Thema im selben Jahr eine eigene Ausstellung mit dem Titel „bauhaustapete – neu aufgerollt".

Die Tapetenfabrik am Stammsitz in Bramsche

Daten und Fakten

Inhaberfamilie: Familie Rasch in 5. Generation
Gründer: Johann Heinrich Lücke und Hermann Wilhelm Gottfried Rasch, 1861, Schleptrup bei Bramsche
Mitarbeitende: 430 in Deutschland, 850 weltweit (2020)
Marktposition: einer der führenden Tapetenhersteller in Europa
Ausbildungsplätze: 26 (15 kaufmännische, 11 gewerbliche)
Familieneinfluss: beide Geschäftsführer sind Familienmitglieder
Unternehmensanteile der Familie: 100 %
Kontrollgremien: Beirat

Die Kollektion Kerala von Rasch besticht mit sinnlich weichen Tapeten.

Kontakt
Tapetenfabrik Gebr. Rasch GmbH & Co. KG
Raschplatz 1, 49565 Bramsche
Fon: 05461 811-0, Fax: 05461 811-115
info@rasch.de, www.rasch.de

RATIO

Münster, Nordrhein-Westfalen

Gegründet: 1774
Die RATIO ist eine in Münster ansässige mittelständische Unternehmensgruppe. Nach Veräußerung des operativen Handelsgeschäfts im Jahr 2011 liegt der Schwerpunkt des Unternehmens auf der Entwicklung und Vermarktung von Handels- und Büroimmobilien. Zusätzlich betreibt die RATIO eine Reihe von Dienstleistungs- und Service-Unternehmen. Dazu zählen ein Logistikunternehmen, ein Energiedienstleister sowie eine Importfirma für Früchte und Trockenfrüchte. Der Betrieb von Tankstellen, Reisebüros sowie einer Versicherungsagentur gehört ebenfalls zum Portfolio der Gruppe. RATIO beschäftigt mehr als 200 Mitarbeitende. Geschäftsführer des Familienunternehmens sind Hendrik und Tim Snoek. RATIO unterstützt soziale und kulturelle Einrichtungen in der Region.

Kontakt
RATIO Unternehmensgruppe
Egbert-Snoek-Str. 1, 48155 Münster
www.ratio.de

RAUCH

Sinzheim, Baden-Württemberg

Gegründet: 1921
Die RAUCH Landmaschinenfabrik GmbH ist ein mehrfach ausgezeichnetes Unternehmen des Maschinenbaus und der Landtechnik mit Standorten in Sinzheim und Rheinmünster (Baden-Airpark). Sie entwickelt und produziert Düngetechnik und Kommunaltechnik sowie, als OEM-Lieferant, Sätechnik. Der Vertrieb erfolgt in Deutschland über Werksvertreter und im Ausland durch Importeure, wichtige Abnehmer sind u. a. Landwirte und Kommunen. Mit 400 Mitarbeitenden erzielte RAUCH 2019 einen Umsatz von 78,9 Mio. Euro bei einer Exportquote von 69 %. 1921 als „Fabrik für landwirtschaftliche Maschinen Gebrüder RAUCH" gegründet, wurden ab 1932 erste Düngerstreuer entwickelt und hergestellt. Das Unternehmen ist in 5. Generation in Besitz der Familie Rauch, die mit Hermann Rauch und Martin Rauch in der Geschäftsführung vertreten ist.

Kontakt
RAUCH Landmaschinenfabrik GmbH
Landstr. 14, 76547 Sinzheim
www.rauch.de

Reclam

Ditzingen, Baden-Württemberg

Gegründet: 1828
1828 in Leipzig gegründet, ist der Philipp Reclam jun. Verlag der älteste deutsche Taschenbuchverlag. Er verfügt mit der Universal-Bibliothek auch über die älteste Buchreihe. In ihr erscheinen Textausgaben sowie Sachbücher im Kleinformat. Darüber hinaus veröffentlicht der Verlag Hardcover sowie Paperbacks und Taschenbücher. Das Verlagsprogramm umfasst über 3.400 Titel und beschäftigt 55 Mitarbeitende (2019). Der Firmenname geht auf den Gründer Anton Philipp Reclam zurück, der 1867 mit einer Ausgabe von Goethes „Faust" die Universal-Bibliothek startete. 1828 hatte er bereits das Literarische Museum in Leipzig (eine Leihbibliothek mit Lesekabinett) erworben und den „Verlag des Literarischen Museums" gegründet. Diesen benannte er 1837 in „Philipp Reclam jun." um. 1970 wurde der charakteristische gelbe

R

Einband für die Universal-Bibliothek eingeführt. Heute befinden sich 100 % der Unternehmensanteile in Familienbesitz, sie verteilen sich auf vier Familienmitglieder.

Kontakt
Philipp Reclam jun. Verlag GmbH
Siemensstr. 32, 71254 Ditzingen
www.reclam.de

Refratechnik

Ismaning, Bayern

Gegründet: 1950
Die Refratechnik-Gruppe ist eine global aufgestellte Unternehmensgruppe der Feuerfestindustrie, mit Produkten und Services für alle industriellen Hochtemperaturprozesse, z. B. in der Zement-, Kalk-, Keramik-, Stahl-, Aluminium- und NE-Metall-Industrie. Der Ursprung der Gruppe liegt im Handwerksbetrieb Steinwerke Feuerfest Karl Albert, den sein Namensgeber im Jahr 1950 in der Nähe von Northeim gründete. Zwei Jahre später zog der Betrieb nach Göttingen und wurde 1964 in Refratechnik umbenannt. Heute ist daraus eine Unternehmensgruppe mit mehr als 1.900 Mitarbeitenden gewachsen, die unter dem Dach einer Holding von Ismaning aus geleitet wird. Nach eigenen Angaben ist Refratechnik das einzige weltweit operierende Feuerfestunternehmen in Familienbesitz.

Kontakt
Refratechnik Holding GmbH
Adalperostr. 82, 85737 Ismaning
www.refra.com

REHAU

Rehau, Bayern

Gegründet: 1948
Die REHAU Gruppe zählt international zu den führenden System- und Serviceanbietern polymerbasierter Lösungen in den Bereichen Bau, Automotive und Industrie. Der Ansatz des Unternehmens ist es, herkömmliche Werkstoffe durch leistungsfähigere Polymere abzulösen; die Polymere von REHAU kommen im Bausektor ebenso zum Einsatz wie bei der Nutzung regenerativer Energien, im Wassermanagement, dem Fahrzeugbau und in der Möbelindustrie. Helmut Wagner gründete das Unternehmen 1948 in Rehau. Als Vorsitzende des Aufsichtsrats leiten heute seine Söhne Jobst und Veit Wagner die Geschicke der REHAU Gruppe, die mittlerweile in mehr als 50 Ländern rund um den Globus präsent ist und rd. 20.000 Mitarbeitende beschäftigt. Während der Firmensitz in Rehau zugleich den Standort der Geschäftsbereiche Automotive und Industrie bildet, ist der Geschäftsbereich Bau in Erlangen angesiedelt; die Verwaltungszentrale befindet sich im schweizerischen Muri.

Kontakt
REHAU AG + Co
Rheniumhaus, 95111 Rehau
www.rehau.com

REIFF-Gruppe

Reutlingen, Baden-Württemberg

Gegründet: 1910
Die REIFF-Gruppe mit Hauptsitz in Reutlingen gliedert sich in drei Geschäftsbereiche. REIFF Technische Produkte GmbH gehört zu den Marktführern im Technischen Handel in Deutschland. Mit über 140.000 technischen Produkten kooperiert das Unternehmen als Entwicklungspartner, Beschaffungsspezialist

und Systemlieferant mit der Industrie. REIFF Management und Service GmbH ist interner Dienstleister für die operativen Geschäftsfelder der REIFF-Gruppe. Der dritte Geschäftsbereich, R.E.T. GmbH, ist der Profi für Elastomer-Formteile, Elastomer-Verbundteile und Freie Auftragstechnik. Die REIFF-Gruppe beschäftigte im Jahr 2019 rd. 820 Mitarbeitende an 15 Standorten und erzielte einen Umsatz von 195 Mio. Euro. Seit der Gründung 1910 durch Albert Reiff ist das Unternehmen im Familienbesitz. Heute wird die REIFF-Gruppe von Alec Reiff als Vorsitzendem, Tim Steinel und Manfred Braun gelenkt.

Kontakt
REIFF-Gruppe
Tübinger Str. 2–6, 72762 Reutlingen
www.reiff-gruppe.com

Reisch

Bad Saulgau, Baden-Württemberg

Gegründet: 1933
Die Georg Reisch GmbH & Co. KG ist ein regional tätiges Bauunternehmen mit der Leistungsfähigkeit für große Projekte. Das Leistungsspektrum umfasst Planen und Bauen, schlüsselfertiges Bauen, Projektentwicklung, Gebäudemanagement, Rohbau, Tiefbau/Ingenieurbau und Betonfertigteile. Die Auftraggeber kommen aus den Bereichen öffentliche Hand, Büro-/Verwaltungsbau, Produktions-/Industriebau, Sozialimmobilien, Wohnungsbau und Ingenieur-/Tiefbau. An den Standorten Bad Saulgau und Ravensburg sind rd. 300 Mitarbeitende beschäftigt.

1933 gründete Maurermeister Georg Reisch sein Maurergeschäft, das nach dem Krieg prosperierte. Ab 1970 leitete sein Sohn, Dipl.-Ing. (FH) Georg Reisch jun. das Unternehmen. In 3. Generation werden die Geschäfte geführt von Hans-Jörg Reisch, Dipl.-Ing. der Architektur (FH) und Diplomwirtschaftsingenieur (FH), und Andreas Reisch, studierter Ingenieur, Projektmanager und Wirtschaftsingenieur. Reisch wurde vielfach ausgezeichnet, u. a. mit der Wirtschaftsmedaille des Landes Baden-Württemberg 2018 sowie viermal als TOP-Innovator (2017–2020). Den Mitarbeitenden bietet Reisch u. a. vielfältige Weiterbildungsmöglichkeiten und Prämien für realisierbare Ideen.

Leidenschaft für gute Architektur und Verantwortung gegenüber bebauter Umwelt sind Maximen des seit 2019 klimaneutralen Unternehmens, die ihren Ausdruck bereits in der Architektur des nachhaltig geplanten und mehrfach ausgezeichneten Firmensitzes in Bad Saulgau finden. Gekürt als „einer der besten Arbeitgeber im deutschen Mittelstand“, unterstützt Reisch Teilzeitmodelle, Homeoffice-Lösungen und eine bestmögliche individuelle Arbeitszeitgestaltung auf Baustellen.

Kontakt
Georg Reisch GmbH & Co. KG
Schwarzachstr. 21, 88348 Bad Saulgau
Fon: 07581 2002-0, Fax: 07581 2002-448
info@reisch-bau.de, www.reisch-bau.de

Reischmann

Ravensburg, Baden-Württemberg

Gegründet: 1860
Das Unternehmen Reischmann betreibt im süddeutschen Raum verschiedene Mode- und Sporthäuser, allein sechs am Stammsitz Ravensburg, außerdem sieben weitere in Ulm, Memmingen und Kempten im Allgäu. Die Wurzeln des Traditionsbetriebs liegen im Jahr 1860, als Alois Reischmann einen kleinen Laden zur Versorgung der Landbevölkerung

R

in Fleischwangen eröffnete, der nach dem Ersten Weltkrieg zum „Kaufhaus für den Landmann“ ausgebaut wurde. In den 1950ern wurde das Angebot mit vier Fahrzeugen auch mobil, bevor 1960 in der Ravensburger Bachstraße das heutige Stammhaus als „Textilhaus“ gegründet wurde. 1999 öffnete in Ravensburg das erste Sporthaus der Familie Reischmann. Heute werden die Geschäfte in der 5. Generation von den Brüdern Roland, Wolfgang und Thomas Reischmann geführt.

Kontakt
Reischmann GmbH & Co. KGaA
Kirchstr. 2–6, 88212 Ravensburg
www.reischmann.biz

REISSER Gruppe

Böblingen, Baden-Württemberg

Gegründet: 1871
Die REISSER Gruppe ist eines der führenden Fachhandelsunternehmen im südwestdeutschen Raum für Badausstattung, Installationstechnik und Heiztechnik. Mit einem eng geknüpften Service-Netz betreut sie über 10.000 Fachkunden aus dem Handwerk. Zur REISSER Gruppe gehören die Tochterunternehmen BERTSCHE, GLATT, HORNUNG, KFK, Willersinn und Walter (W&W) sowie REISSER Haustechnik. Die zwei bereits im 19. Jahrhundert gegründeten Betriebe Gustav Reisser KG und Adolf Reisser KG fusionierten 1971 zum heutigen Unternehmen, das seit 2005 als AG firmiert. Derzeit gibt es 51 Standorte, hauptsächlich im Südwesten und Osten Deutschlands. REISSER zeigt 36 Design-Badausstellungen, verfügt über mehrere Eigenmarken und hält rd. 30.000 Artikel für Fachhandwerker abrufbereit am Lager.

Kontakt
REISSER AG
Hans-Klemm-Str. 21, 71034 Böblingen
www.reisser.de

Remmers

Löningen, Niedersachsen

Gegründet: 1949
Die Remmers Gruppe wurde 1949 von Bernhard Remmers gegründet und ist noch heute ein unabhängiges Familienunternehmen. Remmers ist Spezialist für die Herstellung von bauchemischen Produkten, Holzfarben und -lacken sowie Industrielacken. Die wichtigsten Kernkompetenzen liegen in der Kellerabdichtung und Fassadeninstandsetzung, der Betonsanierung, der Industriebodenbeschichtung und Möbel-, Fenster- und Türen-Industrie. Das Unternehmen erzielte mit 1.500 hochqualifizierten Fachkräften und über 400 problemlösenden Produktsystemen einen Gesamtumsatz von 336 Mio. Euro (2019). Remmers ist mit Tochterunternehmen und Vertriebspartnern international in über 40 Ländern präsent. Der Exportanteil liegt bei rd. 40 %. Seit dem Tod des Gründers Bernhard Remmers im Jahr 2004 liegt die Unternehmensleitung der Remmers Gruppe in den Händen der 3. Generation – der Familie Sieverding.

Kontakt
Remmers GmbH
Bernhard-Remmers-Str. 13, 49624 Löningen
www.remmers.com

REMONDIS

Lünen, Nordrhein-Westfalen

Gegründet: 1934
Die REMONDIS-Gruppe ist eines der weltweit größten privaten Dienstleistungsunternehmen der Wasser- und Recyclingwirtschaft. Die Leistungen erstrecken sich von der Wasserversorgung und -aufbereitung über die Gewinnung von Rohstoffen bis hin zur Entwicklung von Recyclingprodukten und der Bereitstellung alternativer Energieträger. Jährlich werden mehr als 30 Mio. t Wertstoffe und Rohstoffe aufbereitet. Insgesamt verfügt REMONDIS über mehr als 800 Standorte auf vier Kontinenten und beschäftigt rd. 37.000 Mitarbeitende. REMONDIS betreibt über 800 Anlagen weltweit. Die firmeneigene Flotte umfasst rd. 9.500 Nutzfahrzeuge. REMONDIS ist eine der vier Sparten der RETHMANN-Gruppe, deren Grundstein im Jahr 1934 von Josef Rethmann in Selm gelegt wurde und die heute noch in Familienbesitz ist.

Kontakt
REMONDIS SE & Co. KG
Brunnenstr. 138, 44536 Lünen
www.remondis.de

REMSGOLD

Winterbach, Baden-Württemberg

Gegründet: 1962
Die REMSGOLD Chemie GmbH & Co. KG ist Vorreiter in der Entwicklung, Produktion und dem Vertrieb hochwertiger ökologischer und konventioneller Reinigungs- und Pflegeprodukte für den gewerblichen Einsatz. Dosiertechnik sowie Beratungs- und Serviceleistungen unterstützen ein verlässliches Hygienekonzept im Bereich der Gastronomie, Hotellerie, sozialen Einrichtungen und Industriekantinen. Neben dem Direktvertrieb entwickelt und fertigt REMSGOLD auch für Private-Label-Kunden. Am Standort in Winterbach bei Stuttgart arbeiten rd. 110 Mitarbeitende, über 30 weitere beraten die Kunden vor Ort. Die innovative Erweiterung des Produktsortiments und der Ausbau des Vertriebs- und Serviceteams ist von hoher Priorität.

Bereits vor 25 Jahren hat REMSGOLD als eines der ersten Unternehmen im Markt begonnen, ökologisch-zertifizierte Reinigungsprodukte herzustellen und über das Schwesterunternehmen AlmaWin zu vertreiben. Das nachhaltige Denken und Handeln bewirkt, dass heute mehr als 50 % erdölchemischer durch pflanzliche, mineralische und damit nachwachsende Rohstoffe ersetzt werden. Im Rahmen eines ganzheitlichen Umweltmanagementsystems ist REMSGOLD nach EMAS III und ISO 14001 zertifiziert. Beide Unternehmen – REMSGOLD und AlmaWin – befinden sich im Besitz der Familie Bund. Die Nachfolge geht auf die 2. Generation über und neben Rudolf Bund tritt Verena Bund 2020 in die Geschäftsführung ein. Der Umsatz von REMSGOLD Chemie GmbH & Co. KG und AlmaWin Reinigungskonzentrate GmbH beträgt 2019 ca. 24 Mio. Euro.

Kontakt
REMSGOLD Chemie GmbH & Co. KG
Talstr. 2, 73650 Winterbach
Fon: 07181 97704-0, Fax: 07181 97704-50
info@remsgold.de, www.remsgold.de

R

RENOLIT

Worms, Rheinland-Pfalz

Gegründet: 1946
Die RENOLIT SE ist ein global führender Hersteller von Folien, Platten und anderen Produkten aus Kunststoff. Mit ihren Hochleistungsfolien werden z. B. Möbelfronten und Fensterprofile veredelt, Dach- und Tiefbaukonstruktionen abgedichtet oder Swimmingpools ausgekleidet. Zudem werden u. a. Folien und Schläuche für medizinische Anwendungen, wiederverwertbare Platten und Verbundwerkstoffe für die Bauindustrie sowie für die Kraftfahrzeug-Innenausstattung produziert. Das Familienunternehmen mit rd. 4.700 Mitarbeitenden verfügt über 30 Produktionsstandorte und Vertriebsgesellschaften auf vier Kontinenten. 1946 von Jakob Müller als „RENOLIT-Werke-GmbH" in Worms gegründet, startete früh die internationale Expansion. Die eigene Produktion und Beteiligungen machten RENOLIT zum renommierten Kunststoff-Spezialisten.

Kontakt
RENOLIT SE
Horchheimer Str. 50, 67547 Worms
www.renolit.com

Retterspitz

Schwaig, Bayern

Gegründet: 1902
Die Retterspitz GmbH mit Sitz in Schwaig-Behringersdorf bei Nürnberg ist ein Familienunternehmen, das Naturheilmittel, Medizinprodukte und medizinische Gesichtspflege herstellt und vertreibt. Sämtliche Produkte sind unter dem Namen Retterspitz auf dem Markt. Die Anfänge des Unternehmens liegen bei Margarete Retterspitz, die 1895 ein Heilwasser produzierte, das sie 1901 unter der Bezeichnung „Universal Heilwickel Bäder" als Warenzeichen eintragen ließ. 1902 erwarb der Apotheker Hans Scheck die Rezeptur und gründete das Unternehmen. Heute ist Retterspitz die zweitälteste Apothekenmarke Deutschlands und wird als Familienbetrieb in 4. Generation von den Eigentümern Markus und Florian Valet geleitet. Derzeit beschäftigt Retterspitz mehr als 50 Mitarbeitende.

Kontakt
Retterspitz GmbH
Laufer Str. 17–19, 90571 Schwaig
www.retterspitz.de

REYHER

Hamburg

Gegründet: 1887
REYHER ist eines der führenden Großhandelsunternehmen für Verbindungselemente und Befestigungstechnik in Europa. Über 130.000 Artikel hat REYHER auf Lager. In der Hamburger Zentrale beschäftigt REYHER über 750 Mitarbeitende. Dort werden täglich im Schnitt 4.300 Kundenaufträge bearbeitet. Der Jahresumsatz der F. REYHER Nchfg. GmbH & Co. KG belief sich 2017 auf rd. 316,3 Mio. Euro. Das Unternehmen wurde 1887 von Ferdinand Reyher am Hamburger Hafen als Handel für Eisenwaren und Schiffsartikel gegründet. 1901 wurde die Firma an Karl Tede und Otto Meyer verkauft. REYHER befindet sich weiterhin in Familienbesitz. Geschäftsführer sind Dr. Peter Bielert und Klaus-Dieter Schmidt.

Kontakt
F. REYHER Nchfg. GmbH & Co. KG
Haferweg 1, 22769 Hamburg
www.reyher.de

Rhein-Nadel

Aachen, Nordrhein-Westfalen

Gegründet: 1898
Die Rhein-Nadel Automation GmbH (RNA) ist Spezialist für Zuführsysteme. Für eine Vielzahl von Industrien bietet das Unternehmen schlüsselfertige Lösungen, basierend auf Antriebstechniken wie Schwing-, Linear-, Zentrifugal-, Stufen-, Flächen- oder Steilförderern – auch in Kombination mit Robotertechnik und optischen Erkennungssystemen. Das Unternehmen hat seinen Ursprung in der „Rheinische Nadelfabriken AG", die 1898 in Aachen gegründet und 1955 von den Brüdern Horst und Herbert Pavel übernommen wurde. Seit 1972 konzentriert sich RNA ausschließlich auf die Zuführtechnik. Heute besitzt es sieben Produktionsstandorte und ein internationales Netzwerk von über 20 Kooperationspartnern. Seit 2014 ist Christoph Pavel, Enkel des Firmengründers, geschäftsführender Gesellschafter.

Kontakt
Rhein-Nadel Automation GmbH
Reichsweg 19–23, 52068 Aachen
www.rna.de

Rheinische Post Mediengruppe

Düsseldorf, Nordrhein-Westfalen

Gegründet: 1946
Als eine der ersten Zeitungen erhielt die Rheinische Post nach dem Zweiten Weltkrieg eine Lizenz. Mittlerweile ist der Zeitungsverlag ein international tätiges Medienunternehmen mit über 5.000 Mitarbeitenden. Die Rheinische Post erreicht täglich mit rd. 275.000 Exemplaren etwa 731.000 Leserinnen und Leser. Das Unternehmen gibt den General-Anzeiger Bonn heraus und ist an der Saarbrücker Zeitungsgruppe, acht Anzeigenblattverlagen sowie 18 Hörfunksendern beteiligt. Zudem betreibt es das reichweitenstarke Online-Portal RP Online und drei Druckzentren. Ein wichtiges Standbein ist dazu der weltweite Übersetzungs- und Dokumenten-Management-Dienstleister Amplexor, an dem die Mediengruppe eine Mehrheit hält. Der Umsatz liegt bei rd. 700 Mio. Euro im Jahr.

Kontakt
Rheinisch-Bergische Verlagsgesellschaft mbH
Zülpicher Str. 10, 40196 Düsseldorf
www.rheinischepostmediengruppe.de

Rhenus

Holzwickede, Nordrhein-Westfalen

Gegründet: 1912
Die Rhenus Gruppe ist einer der führenden, weltweit operierenden Logistikdienstleister und steht mit den Geschäftsbereichen Contract Logistics, Freight Logistics und Port Logistics für das Management komplexer Supply Chains. Rhenus unterhält weltweit 750 Standorte, an denen rd. 33.000 Beschäftigte tätig sind. Im Geschäftsjahr 2019 betrug der generierte Umsatz rd. 5,5 Mrd. Euro. Rhenus wurde im Jahr 1912 von der „Badischen Actiengesellschaft für Rheinschiffahrt und Seetransport" und der „Rheinschiffahrts Actiengesellschaft" als gemeinsames Unternehmen gegründet. Seit 1998 gehört Rhenus zur RETHMANN-Gruppe, deren Grundstein im Jahr 1934 von Josef Rethmann in Selm gelegt wurde und die heute noch im Familienbesitz ist.

Kontakt
Rhenus SE & Co. KG
Rhenus-Platz 1, 59439 Holzwickede
www.rhenus.de

R

Rhenus Lub

Mönchengladbach,
Nordrhein-Westfalen

„Safer process.
Safer profit"

Der Unternehmensslogan bringt den Nutzen für die Kunden von Rhenus Lub auf den Punkt.

Gegründet: 1882

Rhenus Lub ist international führender Systemanbieter von Spezialschmierstoffen, Anwendungsberatung und Prozesslösungen für die moderne Metallbearbeitung und -verarbeitung. Das Familienunternehmen entwickelt und produziert wassermischbare und nichtwassermischbare Kühlschmierstoffe für die anspruchsvolle Zerspanung, Spezialprodukte für die Umformung sowie Spezialfette und Spezialöle.

Rhenus Lub versteht als erfahrener Prozesskenner das Fluidmanagement seiner Kunden und steht wie kein anderes Unternehmen für die ganzheitliche Betrachtung des Schmierstoffeinsatzes. Als Innovationsführer investiert Rhenus Lub überdurchschnittlich in Forschung und Entwicklung. Mehr als 20 % der Mitarbeitenden sind in diesem Bereich beschäftigt.

Das Unternehmen wurde 1882 von Wilhelm Schlafhorst gegründet, bevor Wilhelm Reiners 1910 die Firma übernahm. Ihm folgte sein Sohn Dr. Walter Reiners 1936. Seit 1989 ist Dr. Max Reiners Inhaber von Rhenus Lub. Als einer von drei Geschäftsführern baute er rhenus zu einer der weltweit stärksten Marken für Spezialschmierstoffe auf. Mit 260 Mitarbeitenden, drei Tochterfirmen in den Niederlanden, Frankreich und Spanien sowie einem internationalen Distributorennetzwerk sorgt Rhenus Lub dafür, dass Kunden rund um den Globus auf die ausschließlich in Mönchengladbach hergestellten Produkte zurückgreifen können.

Rhenus Lub ist aktives Mitglied der UN-Initiative Global Compact und verankert nachhaltiges Wirtschaften fest in der Firmenstrategie. Dazu zählen neben der ressourcenschonenden Produktion auch die Entwicklung von Amin- und Borsäure-freien Kühlschmierstoffen sowie biologisch abbaubaren Schmier-

Auf Langfristigkeit ausgerichtet: Mit Fokus auf Forschung und Entwicklung produziert Rhenus Lub innovative und zukunftsfähige Schmierstoffe (oben). Dr. Max Reiners, Alleininhaber und Vorsitzender der Geschäftsführung (unten)

In enger Zusammenarbeit mit Kunden entstehen bei Rhenus Lub Kühlschmierstoffe und Hochleistungsfette, die strengste Qualitätsmaßstäbe erfüllen. Das macht Rhenus Lub zu einem der bevorzugten Premium-Partner der Industrie.

Chronologie

1882 Wilhelm Schlafhorst handelt in Mönchengladbach mit Ölen und Fetten.

1910 Die Familie Reiners übernimmt das Unternehmen.

1989/1990 Dr. Max Reiners wird Geschäfsführer und baut die Marke rhenus auf.

1993 Gründung der ersten ausländischen Tochtergesellschaft in Spanien

2001 Ausbau der Forschung durch einen neuen Laborkomplex und inzwischen 40 forschende Mitarbeitende

2005 Am Standort in Rheindahlen wird eine der modernsten Fettfabriken Europas eingeweiht.

2011 Beitritt zur UN-Initiative „Global Compact"

2015 Erster Schritt zu Industrie 4.0 durch die Smart Factory

2018 Erweiterung des Distributionsnetzes auf nun insgesamt 40 Länder

fetten. Zudem kooperiert das Unternehmen mit zahlreichen Hochschulen und Forschungseinrichtungen.

Daten und Fakten

Inhaberfamilie: Familie Reiners in 3. Generation
Gründer: Wilhelm Schlafhorst, 1882, Mönchengladbach
Branche: Schmierstoffindustrie
Standorte: Mönchengladbach (Produktion, Vertrieb, Forschung); Spanien, Frankreich, Niederlande (Vertrieb)
Mitarbeitende: 260
Umsatz: 97 Mio. Euro (2019)
Marktposition: Technologieführer bei Kühlschmierstoffen und passgenauen Spezialschmierfetten für kundenspezifische Anwendungen
Innovationen: Rhenus Lub entwickelt einen neuen Kühlschmierstoff zur wirtschaftlicheren Bearbeitung von Faserverbundwerkstoffen wie Carbon
Familieneinfluss: Dr. Max Reiners ist als Alleininhaber auch Vorsitzender der Geschäftsführung

Kontakt
Rhenus Lub GmbH & Co KG
Hamburgring 45, 41179 Mönchengladbach
Fon: 02161 5869-0, Fax: 02161 5869-93
vertrieb@rhenusweb.de, www.rhenuslub.de

rhv-Technik

Waiblingen, Baden-Württemberg

Gegründet: 1968
Die Rybak + Hofmann rhv-Technik GmbH + Co. KG mit Sitz in Waiblingen hat sich auf die Oberflächentechnik des thermischen

Die Rybak + Hofmann rhv-Technik GmbH + Co. KG hat ihren Sitz in Waiblingen.

Spritzens spezialisiert. Das Portfolio reicht von der reinen Beschichtungsarbeit über die Fertigstellung von Halbfertigwaren bis zur kompletten Neufertigung. Speziell in der mechanischen Einzelteilfertigung mit hohen Genauigkeiten hat sich der Lohnbeschichter in den letzten Jahren etabliert. Um die Position weiter auszubauen, wird das Angebot ständig durch Neu- und Weiterentwicklungen ergänzt, die aus eigenen Forschungsprojekten stammen oder in enger Zusammenarbeit mit den Kunden entstehen.

Ein Großteil der Auftraggeber kommt aus dem allgemeinen Maschinenbau, insbesondere aus der Dichtungs- oder Pumpenindustrie, sowie der Verpackungs- oder Nahrungsmittelbranche. Auch namhafte Firmen aus anderen Branchen, etwa der Luft- und Raumfahrttechnik oder dem Energiesektor, zählen zum Kundenkreis. rhv-Technik beschäftigt 50 Mitarbeitende, die 2019 einen Umsatz von rd. 6,0 Mio. Euro erwirtschafteten.

Bereits 1968 begann Jochen Rybak mit der Herstellung von hochpräzisen Maschinenbauteilen und legte damit den Grundstein für das heutige Unternehmen. Zusammen mit Horst-Heinz Höschele gründete er 1977 die Rybak + Höschele Verschleißschutz-Technik GmbH. Aus dem allgemeinen Maschinenbau sowie der Steuer- und Regeltechnik heraus entwickelte sie sich schnell zum Spezialisten für thermische Spritzbeschichtungen. Nach dem Ausscheiden von Horst-Heinz Höschele 2002 trat Jochen Rybaks Tochter Claudia Hofmann als geschäftsführende Gesellschafterin in das Unternehmen ein. Besonderen Wert legt die Firma, die 2012 in Rybak + Hofmann umbenannt wurde, auf die Übernahme sozialer Verant-

R

„Nur durch die eigene Überzeugung von einer Sache kann dein Gegenüber begeistert werden."

Jochen Rybak

Jochen Rybak (oben) gründete 1968 das Unternehmen, das heute von seiner Tochter Claudia Hofmann (unten) geleitet wird.

wortung. So bietet sie nicht nur flexible Arbeitszeitmodelle für ihre Mitarbeitenden, sondern unterstützt auch Umwelt- und Entwicklungshilfeprojekte.

Schon gewusst?

Thermisch gespritzte Oberflächen sind in vielen Bereichen des Lebens präsent – wenn auch oft im Hintergrund: So funktionieren mit Teflon beschichtete Pfannen nur durch die keramische Spritzschicht, die darunter liegt. Künstliche Hüftgelenke wachsen nur deshalb gut an, weil eine thermische Spritzschicht eine knochenähnliche Struktur aufweist. Zeitungen sind, bevor jemand sie liest, über thermisch beschichtete Rollen gelaufen und der Beton beim Neubau von Häusern kommt nur deshalb in der obersten Etage an, weil die Förderschnecken thermisch beschichtet sind.

Daten und Fakten

Inhaberfamilien: Familien Rybak und Hofmann in 2. Generation
Gründer: Jochen Rybak, 1968, Waiblingen
Branche: Oberflächentechnik, Maschinenbau
Produkte: thermisch gespritzte Oberflächen inkl. mechanischer Vor- und Fertigbearbeitung sowie Komplettfertigungen von Maschinenbauteilen nach Kundenwunsch
Standort: Waiblingen
Mitarbeitende: 49 (2020)
Umsatz: 6,2 Mio. Euro (2019)
Ausbildungsplätze p. a.: 1–2
Auszeichnungen: „René-Wasserman-Preis" für besondere technische, wirtschaftliche und soziale Leistungen (2008); „TOP Innovator 2018"

Kontakt
Rybak + Hofmann rhv-Technik GmbH + Co. KG
Eisentalstr. 27, 71332 Waiblingen
Fon: 07151 95998-0, Fax: 07151 95998-95
info@rhv-technik.de, www.rhv-technik.de

Richard Anton

München, Bayern

Richard Anton KG

Gegründet: 1904
Die Richard Anton KG ist ein in der 4. Generation tätiges Familienunternehmen und einer der größten Produzenten von synthetischem Grafit, grafitiertem Koks sowie kalziniertem Petrolkoks und Anthrazit. Der Betrieb hat sich auf die Herstellung von verschiedensten Kornfraktionen und auf die Vermahlung bis in niedrigste µ-Bereiche spezialisiert. Ferner wird seit Jahrzehnten mit Roheisen in Masselform gehandelt.

Als Spezialist für Kohlenstoffprodukte verarbeitet die Richard Anton KG die Rohstoffe zu hochqualitativen Vorprodukten. Zu den Kunden zählen u. a. Gießereien und Stahlwerke, die im Automobil- und Energiesektor (z. B. Windkraftanlagen) sowie im Maschinenbau tätig sind. Die Kohlenstoffprodukte dienen hier als Aufkohlungsmittel zur Anreicherung des Kohlenstoffgehaltes im flüssigen Eisen. Ein weiterer Fokus liegt auf der Belieferung der Bremsbelag-Industrie. Hier ist das Familienunternehmen seit Jahrzehnten als strategischer Partner weltweit führender Lieferant. Andere Anwendungsgebiete sind z. B. der Einsatz als Abdeckmittel in der Kupferschmelze, die

Die Herstellung und der Vertrieb von Kohlenstoff sind das Kerngeschäft der Richard Anton KG.

Verwendung in der Pulvermetallurgie, in der chemischen Industrie sowie die Herstellung von Schmierstoffen, Fülldrähten und Schweißelektroden. Sämtliche Kohlenstoffprodukte werden weltweit unter dem geschützten Markennamen RANCO® vertrieben. Die Hauptverwaltung der Richard Anton KG befindet sich in Gräfelfing bei München.

Die Geschichte des Unternehmens mit dem Elefanten als Markenzeichen geht zurück ins Jahr 1904: Herr Richard Anton gründete eine Handelsfirma zum Import von Naturgrafit aus dem damaligen Ceylon (heute Sri Lanka), exklusiv für ganz Europa. Im Laufe der Jahre expandierte das Geschäft. Im Jahr 1966 trat Richard Mader, der Ehemann von Gründer-Enkelin Dorothea Anton, in die Firma ein, richtete den Fokus auf die Verarbeitung synthetischer Grafite und Spezialkokse und baute den Betrieb weiter aus. 1972 wurde außerdem mit dem Import von Roheisen begonnen.

Seit 2003 ist mit Florian Mader, der im Jahr 2012 das Familienunternehmen übernommen hat, die 4. Generation in der Firmenleitung aktiv. Nach wie vor ist die Firma zu 100 % in Familienbesitz. Neben dem Hauptsitz in München verfügt die Richard Anton KG über zwei hochmoderne und voll automatisierte Produktionsstandorte in Obernzell bei Passau sowie im Mannheimer Industriehafen mit direktem Schiffsanschluss. Ende des Jahres 2019 waren insgesamt 65 Mitarbeitende für das Unternehmen aktiv. Die Firma liefert ihre Produkte „made in Germany" direkt und über ein Netzwerk ausgewählter Vertriebspartner in die ganze Welt.

Schon gewusst?

Mit dem Elefanten, dem Wappentier der Richard Anton KG, hat es seine besondere Bewandtnis. Richard Anton, Firmengründer und Namensgeber des Unternehmens aus München, lernte die mächtigen Tiere bei seinen geschäftlichen Reisen in Sri Lanka kennen. Sie transportierten den Naturgrafit, mit dem die Erfolgsgeschichte des Familienbetriebes beginnt, in 500-kg-Holzfässern aus den Bergwerken im Landesinneren bis in den Hafen von Colombo. Die Dickhäuter imponierten Richard Anton dermaßen, dass er sie kurzerhand zum Markenzeichen der Firma machte.

„Tradition und Innovation seit Generationen"

Unternehmensmotto

Die Richard Anton KG stellt hochwertige Kohlenstoffprodukte in unterschiedlichen Korngrößen und Qualitäten her.

Richard (r.) und Florian Mader leiten das Familienunternehmen (oben); Luftbildaufnahme von einem der beiden hochmodernen Produktionsstandorte in Deutschland, hier des Werks in Obernzell (unten)

R

Aufkohlungsmittel aus dem Hause Richard Anton (oben); seit 1972 liefert die Firma verschiedene Roheisenqualitäten für alle gängigen Gusssorten (Mitte) und verarbeitet Grafite und Spezialkokse für Bremsbeläge (unten).

Chronologie

1904 Richard Anton gründet das Unternehmen an einem 13. Dezember um 13 Uhr und erhält später den Allein-Import von Ceylon-Grafit für Europa.

1927 Das Werk in Obernzell bei Passau wird gekauft.

1966 Richard Mader, Ehemann von Dorothea Anton – der Enkelin des Firmengründers –, tritt in die Firma ein.

1980 Ein neues Werk wird in Mannheim errichtet.

2003 Florian Mader tritt als 4. Generation in das Unternehmen ein.

2004 Die Richard Anton KG feiert ihren 100. Geburtstag.

2012 Bau einer neuen Produktionsanlage im Werk Obernzell

2019–2021 Erweiterung Werk Mannheim

Daten und Fakten

Inhaberfamilie: Familie Mader
Gründer: Richard Anton, 1904, Lüttich
Branche: Gießerei- u. Stahlindustrie, Chemische Industrie, Bremsbelag- und Schmierstoffhersteller
Produkte: synthetischer Grafit, grafitierter Koks, kalzinierter Petrolkoks, Anthrazit und Roheisen; außerdem Vermahlen von Kohlenstoffen bis zu 2 μ Feinheit
Standorte: Gräfelfing bei München, Obernzell bei Passau, Mannheim
Mitarbeitende: 65 (2019)
Ausbildungsquote: 8 %
Unternehmensanteile der Familie: 100 % in Familienbesitz
Eigenkapitalquote: über 40 %
Exportquote: 40 %

Kontakt
Richard Anton KG
Würmstr. 55, 82166 Gräfelfing
Fon: 089 898144-0
info@richard-anton.de, www.richard-anton.de

Richartz

Solingen, Nordrhein-Westfalen

Gegründet: 1900
Richartz fertigt in der Tradition der weltbekannten Klingenstadt Solingen hochwertige Schneidwaren, die global erfolgreich vertrieben werden. Innovative Produkte wie die Richartz Pocket Tools, Multifunktionstools, Taschenmesser u. v. m. erreichen höchste Qualitätsstandards und wurden national wie international mit über 80 namhaften Designpreisen – u. a. German Design Award, red dot Award – ausgezeichnet. Als erfahrener Spezialist entwickelt und fertigt Richartz zudem außergewöhnliche Werbepräsente, die, z. B. mit der Marke eines Unternehmens versehen, weltweit erfolgreich eingesetzt werden. Im Jahre 1900 begannen die Brüder und Messermacher Heinrich Richartz und Johann Richartz mit der Herstellung von Taschenmessern und führten den Wal als Markenlogo ein. Heute leiten Stefan Richartz und Brigitta Richartz das Familienunternehmen in 4. Generation.

Kontakt
Richartz GmbH
Merscheider Str. 94, 42699 Solingen
www.richartz.com

Richter+Frenzel

Würzburg, Bayern

Gegründet: 1895
Richter+Frenzel zählt in den Segmenten Sanitär- und Haustechnik zu den führenden Großhändlern in Deutschland. Das Familienunternehmen, dessen Niederlassungs- und Verkaufsleiter Standortverantwortung tragen, beschäftigt an über 175 Standorten rd. 4.200 Mitarbeitende, davon knapp 1.300 in der Logistik. Richter+Frenzel hält in 28 Auslieferungslagern ständig über 50.000 Artikel vorrätig, die direkt von den Herstellern bezogen werden. 430 Lkw beliefern mehrmals täglich die Lager oder Baustellen der rd. 40.000 Fachhandwerkspartner. Im Online-Shop sind über 400.000 Artikel namhafter Hersteller erhältlich. 1895 legten Emil Richter und Ernst Frenzel mit der „Großhandlung für Kanal-, Gas- und Wasserleitungs-Artikel" in Nürnberg den Grundstein für das Unternehmen, das in über 120 Jahren stetig gewachsen ist.

Kontakt
Richter+Frenzel GmbH + Co. KG
Leitenäckerweg 6, 97084 Würzburg
www.richter-frenzel.de

Rieck Logistik-Gruppe

Großbeeren, Brandenburg

Gegründet: 1877
Die Rieck Logistik-Gruppe ist ein global tätiger Full-Service-Logistiker mit Hauptsitz in Großbeeren bei Berlin. Unter dem Dach der Rieck Holding agieren 700 Mitarbeitende an zwölf Standorten mit über 120.000 m² Lager-/Logistikfläche in den spezialisierten Geschäftsbereichen: Landverkehr, See- und Luftfracht, Lagerlogistik/Fulfillment, Entsorgungs-Logistik sowie Consulting Services. Der Gruppenumsatz lag 2018 bei 142 Mio. Euro. Die Anteile am 1877 gegründeten Familienunternehmen verteilen sich auf sieben Gesellschafter der durch Heirat verbundenen Familien Rieck, Strenge, Rieck-Dawson und Plischke. Seit 2012 wird die Rieck Logistik-Gruppe in 3. bzw. 4. Generation von den geschäftsführenden Gesellschaftern Hartmut Rieck, Stefan Rieck und Philipp Strenge geführt.

Kontakt
Rieck Holding GmbH & Co. KG
Osdorfer Ring 5, 14979 Großbeeren
www.rieck-logistik.de

riha WeserGold Getränke

Rinteln, Niedersachsen

Gegründet: 1934
Die riha WeserGold Getränke GmbH & Co. KG ist einer der größten Fruchtsafthersteller Europas. Sie produziert und vertreibt z. B. Direktsäfte, Frucht- und Gemüsesäfte und Nektare sowie Teegetränke, Schorlen und Mineralwasser, u. a. der Marken Wesergold, Extaler Mineralquell und Helenen Quelle. Neben drei Produktionsstandorten in Deutschland (Rinteln, Dodow, Waibstadt) und in der Schweiz, in Costa Rica, Spanien sowie Polen gibt es Niederlassungen in Rinteln, in Frankreich und den Niederlanden. Mit über 2.000 Mitarbeitenden weltweit erwirtschaftet die riha WeserGold Gruppe einen Umsatz von jährlich ca. 600 Mio. Euro. Richard Hartinger presste Apfelsaft nur für den Eigenbedarf, bis er 1934 eine Mosterei gründete, aus der die heutige riha WeserGold Getränkegruppe, in 3. Generation in Familienbesitz, hervorging.

Kontakt
riha WeserGold Getränke GmbH & Co. KG
Behrenstr. 44–64, 31737 Rinteln
www.riha-WeserGold.de

Rischart's Backhaus

München, Bayern

Gegründet: 1883

Rischart's Backhaus produziert und vertreibt hochwertige Back- und Konditorwaren und betreibt eigene Cafés. Mittlerweile gehört Rischart mit 15 Adressen in München und 8 Mio. Kunden jährlich zu den führenden Häusern der Branche und das Hauptgeschäft am Marienplatz ist mit 1,2 Mio. Kunden im Jahr die meistbesuchte Bäckereifiliale Deutschlands. Bereits 1883 eröffnete Max Rischart sen. eine Bäckerei in der Münchner Isarvorstadt. 1973 übernahm Gerhard Müller-Rischart das Unternehmen in 4. Generation. 2009 wurde Rischart's Backhaus an die 5. Generation weitergereicht: Magnus Müller-Rischart übernahm als Hauptgesellschafter die Firma. Seit vielen Jahren engagiert sich das Unternehmen unter dem Signet RischArt für die Kunst im öffentlichen Raum und wurde dafür 2013 mit dem Deutschen Kulturförderpreis ausgezeichnet.

Kontakt

Rischart's Backhaus
Marienplatz 18, 80331 München
www.rischart.de

Rittal

Herborn, Hessen

Gegründet: 1961

Die Rittal GmbH & Co. KG mit Sitz in Herborn (Hessen) ist das größte Unternehmen der Friedhelm Loh Group und weltweit führender Systemanbieter für Schaltschränke, Stromverteilung, Klimatisierung, IT-Infrastruktur, Software und Service. Rittal Lösungen sind in über 90 % der Branchen weltweit im Einsatz – in Industrie und IT.

Zum Leistungsspektrum im Industriebereich gehören konfigurierbare Schaltschranksysteme, deren Daten im gesamten Produktionsprozess durchgängig verfügbar sind. Gemeinsam mit den Schwesterunternehmen und führenden Softwareanbietern Eplan und Cideon optimiert und industrialisiert Rittal die Wertschöpfungskette des Kunden vom Engineering über Beschaffung und Herstellung bis zu Bearbeitung und Service. Durchgängige Daten sparen Zeit und Kosten im Wertschöpfungsprozess des Kunden, ver-

Die Unternehmenszentrale von Rittal in Herborn

meiden Fehler und steigern die Produktivität. Im Zentrum steht der Digitale Zwilling des realen Produkts, der sämtliche Prozessschritte vom elektrotechnischen Engineering bis hin zum Service verbindet. Intelligente Kühllösungen mit durchschnittlich 75 % geringerem Energieverbrauch und hoher CO_2-Einsparung sind über Schnittstellen mit der Produktionslandschaft verbunden und ermöglichen vorausschauende Wartungs-und Servicekonzepte.

Gesellschaftliche Verantwortung

Engagement für Gesellschaft und Umwelt wird bei Rittal und in der Friedhelm Loh Group großgeschrieben. Anlässlich des 50. Geburtstags von Rittal hat Prof. Friedhelm Loh, Inhaber und Vorstandsvorsitzender der Friedhelm Loh Group, die Rittal Foundation gegründet. Das Stiftungskapital beträgt 20 Mio. Euro. Die Erträge werden jährlich ausgeschüttet und zur Förderung sozialer und kultureller Einrichtungen eingesetzt. Zusätzlich spenden Unternehmer und Mitarbeitende regelmäßig für sozialkaritative Einrichtungen – regional, überregional und weltweit.

IT-Lösungen vom IT-Rack über das modulare Rechenzentrum bis hin zu Edge- und Hyperscale-Computing-Lösungen bilden gemeinsam mit den Angeboten des Schwesterunternehmens German Edge Cloud und Partnern das „Rittal Ecosystem IT“: standardisierte Komponenten, Systeme und Lösungen für alle Anforderungen einer skalierbaren IT-Umgebung für Edge- und Cloud-Szenarien.

Mit ONCITE, dem ersten schlüsselfertigen Edge-Cloud-Rechenzentrum für echtzeitfähige und datensouveräne Industrie-4.0-Anwendungsszenarien, leistet die Unternehmensgruppe einen Beitrag zu GAIA-X. Die Friedhelm Loh Group ist mit German Edge Cloud Gründungsmitglied der Organisation, die den Aufbau einer souveränen europäischen

Chronologie

1961 Rudolf Loh gründet in Rittershausen die Rudolf Loh KG Elektrogerätebau. Geschäftsidee: erstmals Serien-Schaltschränke ab Lager. Das erste Modell, der AE, wurde später mit über 35 Mio. produzierten Exemplaren das meistverwendete kompakte Gehäusesystem der Welt.

1974 Prof. Friedhelm Loh übernimmt die Leitung des Unternehmens und beginnt nach und nach den Ausbau zum Global Player.

1986 Die Friedhelm Loh Group übernimmt den Softwareanbieter Wiechers & Partner Datentechnik, später als Eplan Grundstein für die gemeinsame digitale Integration der Wertschöpfungsprozesse im Steuerungs- und Schaltanlagenbau.

1988 Erschließung eines Zukunftsmarkts mit der ersten IT-Produktlinie

2005 Rittal ist auf allen Kontinenten vertreten.

2015–2019 Rittal macht mit den Blue e+ Kühlgeräten und den Schaltschranksystemen VX25 und AX sein gesamtes Kernportfolio fit für die digitale Transformation.

2019 Rittal errichtet mit der größten Investition der Unternehmensgeschichte in Haiger das modernste digital integrierte Schaltschrankwerk der Welt. Rittal stellt gemeinsam mit dem 2019 gegründeten Schwesterunternehmen German Edge Cloud das erste schlüsselfertige Edge-Cloud-Rechenzentrum für echtzeitfähige und datensouveräne Industrie-4.0-Anwendungsszenarien vor: ONCITE. Prof. Dr. Friedhelm Loh treibt als Mit-Initiator GAIA-X voran. German Edge Cloud wird Gründungsmitglied der Organisation.

„Die zielorientierte Zusammenarbeit aller Mitarbeiter ist das Kapital unseres Unternehmens.“

1. Unternehmensgrundsatz

1961 gründete Rudolf Loh (oben) die Rudolf Loh KG Elektrogerätebau, die ab 1969 als Rittal firmierte. Der Name bezieht sich auf den Gründungsort Rittershausen im Dietzhölztal. 1974 übernahm Prof Dr. Friedhelm Loh (unten) die Führung und baute das Familienunternehmen zur weltweit agierenden Friedhelm Loh Group aus. Rittal ist das größte Unternehmen der Gruppe.

R

Dateninfrastruktur zur sicheren Vernetzung der Industrie vorantreibt.

Die Friedhelm Loh Group ist mit zwölf Produktionsstätten und 96 Tochtergesellschaften international erfolgreich. Sie beschäftigt 12.100 Mitarbeitende und erzielte im Jahr 2019 einen Umsatz von 2,6 Mrd. Euro. Zum zwölften Mal in Folge wurde das Familienunternehmen 2020 als Top Arbeitgeber Deutschlands ausgezeichnet. Die Zeitschrift Focus Money und die Stiftung Deutschland Test zählen die Unternehmensgruppe 2020 zum fünften Mal in Folge zu den bundesweit besten Ausbildungsbetrieben.

Industrie 4.0 zum Anfassen: Im Rittal Innovation Center (oben) von Rittal, Eplan, Cideon und German Edge Cloud erfahren die Kunden im engen Dialog, wie sie die gesamten Prozesse der Wertschöpfungskette im Steuerungs- und Schaltanlagenbau optimieren können. Das Rittal Ecosystem IT bietet umfassende IT-Infrastruktur für die digitale Transformation, eingesetzt beispielsweise im Chindata Hyperscale-Rechenzentrum in China (Mitte). Im modernsten digital integrierten Schaltschrankwerk der Welt, 2019 in Mittelhessen errichtet, nutzt Rittal die Technologie auch selbst (unten).

Daten und Fakten

Inhaberfamilie: Friedhelm Loh, Inhaber und Vorstandsvorsitzender
Gründer: Rudolf Loh, Rittershausen, 1961
Branche: Elektrotechnik, IT
Produkte: Schaltschränke, Stromverteilung, Klimatisierung, IT-Infrastruktur, Software & Service
Vertrieb: weltweit Tochtergesellschaften: 58 (Rittal), 96 (Friedhelm Loh Group)
Mitarbeitende: 9.700 (Rittal), 12.100 (Friedhelm Loh Group)
Umsatz: 2,6 Mrd. Euro (Friedhelm Loh Group, 2019)
Unternehmensanteile der Familie: 100 %
Auszeichnungen: Ehrendoktorwürde für Prof. Dr. Friedhelm Loh, Dieselmedaille „Erfolgreichste Innovation" für Prof. Dr. Friedhelm Loh, Innovationspreis Deutsche Industrie, German Innovation Award für das VX25 Großschranksystem, Deutscher Rechenzentrumspreis (2011, 2016, 2019), Bosch Global Supplier Award, Innovation Champions Award (2020) für ONCITE, Top Employer (2007–2020)

Kontakt

Rittal GmbH & Co. KG
Auf dem Stützelberg, 35745 Herborn
Fon: 02772 505-0
info@rittal.de, www.rittal.com

Ansprechpartnerin Presse

Dr. Carola Hilbrand
Fon: 02772 505-2527
hilbrand.c@rittal.de

Ritter Sport

Waldenbuch, Baden-Württemberg

Gegründet: 1912

Bekannter als das 1912 gegründete Familienunternehmen Alfred Ritter GmbH & Co. KG ist seine Marke: Ritter Sport. Und der seit den 1970er-Jahren unveränderte Slogan „Quadratisch. Praktisch. Gut." Seit 2018 bezieht Ritter Sport als erster und bislang einziger großer Tafelschokoladehersteller für das gesamte Sortiment ausschließlich zertifiziert nachhaltigen Kakao.

In Deutschland rangiert die Marke auf dem 2. Platz im Tafelschokoladenmarkt. Die ausschließlich in Waldenbuch bei Stuttgart produzierten Schokoladen-Quadrate werden heute in über 100 Länder der Welt exportiert. Mit einem Exportanteil von über 40 % wächst das Unternehmen stetig im internationalen Markt und erwirtschaftete 2018 einen Gesamtumsatz von 489 Mio. Euro.

Als erster und bislang einziger großer Tafelschokoladenhersteller bezieht Ritter Sport für das gesamte Sortiment ausschließlich zertifiziert nachhaltigen Kakao.

Gesellschaftliche Verantwortung

Wirtschaften im Einklang mit Mensch und Natur – diesen Grundsatz, der von den Überzeugungen der Inhaberfamilie getragen ist, setzt Ritter Sport entlang der gesamten Wertschöpfungskette um. Vom Kakaoanbau bis zum fertigen Produkt. Im mittelamerikanischen Nicaragua unterstützt Ritter Sport seit fast 30 Jahren Kleinbauern beim nachhaltigen Kakaoanbau. Über 3.500 Bäuerinnnen und Bauern sind heute Partner des Cacao-Nica-Programms und liefern zertifiziert nachhaltigen Edelkakao an Ritter Sport. Nicaragua ist auch der Schauplatz eines weiteren Kapitels in der über 100-jährigen Firmengeschichte. Im Osten des Landes entsteht seit 2012 eine eigene Ritter Sport Plantage. 2.500 ha ist „El Cacao" groß, aber nur knapp die Hälfte der Fläche dient dem nachhaltigen Anbau von Kakao, auf der anderen Hälfte befinden sich Wald- und Feuchtgebiete, die zum Schutz der Artenvielfalt auch in Zukunft unangetastet bleiben. Mit nachhaltigen Anbaumethoden und hohen sozialen Standards für die „El Cacao"-Mitarbeitenden will Ritter Sport eine Plantage mit Modellcharakter schaffen und den Beweis antreten, dass man Kakao unter guten ökologischen und sozialen Bedingungen zu dennoch wettbewerbsfähigen Preisen anbauen kann. Das Engagement im Kakaosektor beschränkt sich längst nicht mehr nur auf Nicaragua. Auch in anderen Regionen, z. B. in Westafrika, etabliert Ritter Sport das Modell der Partnerschaften, mit dem immer konkrete Programme für die Unterstützung der Bauern vor Ort verbunden sind. Dafür wurde das Unternehmen 2018 mit dem Deutschen Nachhaltigkeitspreis ausgezeichnet.

R

„Wir machen Schokolade in Perfektion."

Alfred T. Ritter

Die wichtigsten Exportmärkte sind Russland, Österreich, Italien, Benelux, Dänemark und der amerikanische Markt. Zunehmend bearbeitet der Schokoladenhersteller diese mit eigenen Vertriebs-Tochtergesellschaften. 2012 gründete das Unternehmen eine eigene Tochtergesellschaft in Nicaragua. Seit fast 30 Jahren fördert das Familienunternehmen den nachhaltigen Kakaoanbau in dem mittelamerikanischen Land und arbeitet heute im Rahmen seines Cacao-Nica-Programms mit über 3.500 Kakaobauern eng zusammen. Dieses Prinzip der Partnerschaften mit Bauern und Erzeugerorganisationen etabliert Ritter Sport inzwischen auch in anderen Regionen der Welt, z. B. in Ghana und der Elfenbeinküste. In Nicaragua entsteht mit „El Cacao" außerdem eine eigene Ritter Sport Kakaoplantage.

Auf „El Cacao" baut das Unternehmen selbst zertifiziert nachhaltigen Kakao an. In wenigen Jahren – der Vollertrag wird für 2025 erwartet – wird „El Cacao" etwa 25 % des Bedarfs an Kakaomasse von Ritter Sport decken. Mit nachhaltigen Anbaumethoden,

Alfred T. Ritter (oben) hält den Vorsitz des Beirats, Marli Hoppe-Ritter (unten) ist Gesellschafterin.

Die charakteristischen Schokoladenquadrate, hier in der Sorte Alpenmilch

Der wichtigste Rohstoff für die bunten Schokoladenquadrate: Kakaofrüchte

Ritter Sport Schokolade: Clara Ritter erfand 1932 in Waldenbuch das Schokoladenquadrat.

Chronologie

1912 Gründung der „Schokolade- und Zuckerwarenfabrik Alfred Ritter Cannstatt" von Alfred Eugen Ritter und Clara Ritter, geb. Göttle

1932 Clara Ritter erfindet die quadratische Schokoladentafel

1970 erste deutschlandweite Werbekampagne und Einführung des Slogans „Quadratisch. Praktisch. Gut."

1974 Die bunte Palette: Jede Sorte erhält eine charakteristische Farbe.

1976 Einführung des Knick-Packs

1990 Start von Cacao-Nica, des Programms zur Förderung des nachhaltigen Kakaoanbaus in Nicaragua

2010 Eröffnung der Bunten SchokoWelt in Berlin

2012 Landerwerb in Nicaragua für den Aufbau der eigenen Kakaoplantage „El Cacao"

2017 Auszeichnung mit dem „Deutschen Nachhaltigkeitspreis 2018"

2018 erste Ernte auf der eigenen Plantage „El Cacao"

seit 2018 Bezug von 100% zertifiziert nachhaltigem Kakao für die Marke

sicheren, gut bezahlten Arbeitsplätzen und einer innovativen Mechanisierung soll „El Cacao" außerdem neue ökologische und soziale Standards im Kakaoanbau setzen. Nachhaltigkeit ist ein fest verankerter Grundsatz in dem heute in 3. Generation geführten Familienunternehmen.

Alfred T. Ritter, Inhaber und Beiratsvorsitzender des schwäbischen Familienunternehmens, und seine Schwester Marli Hoppe-Ritter prägen mit ihren Überzeugungen die Unternehmenskultur. Ein faires, offenes und verantwortungsvolles Miteinander mit Mitarbeitenden, Lieferanten, Verbraucherinnen und Verbrauchern sowie allen weiteren Stakeholdern ist dabei ein zentraler Wertebestandteil. Flexible Arbeitszeiten, Unterstützung in der Kinderbetreuung und Chancengleichheit sind seit Jahren eine Selbstverständlichkeit.

Daten und Fakten

Inhaberfamilien: Familien Ritter und Hoppe-Ritter in 3. und 4. Generation
Gründer: Alfred Eugen Ritter und Clara Ritter, 1912, Cannstatt
Standorte: Waldenbuch
Vertrieb: weltweit in über 100 Ländern
Mitarbeitende: ca. 1.550
Marktposition: Nr. 2 auf dem deutschen Tafelschokolademarkt
Ausbildungsplätze p. a.: 14
Familieneinfluss: inhabergeführt; die 4. Generation ist bereits im Familienunternehmen tätig
Unternehmensanteile der Familie: 100%

Kontakt
Alfred Ritter GmbH & Co. KG
Alfred-Ritter-Str. 25, 71111 Waldenbuch
Fon: 07157 97-0, Fax: 07157 97-1399
info@ritter-sport.de, www.ritter-sport.de

R

RKW

Frankenthal, Rheinland-Pfalz

Gegründet: 1957
Die RKW-Gruppe ist einer der weltweit führenden Hersteller anspruchsvoller Folienlösungen für individuelle Kundenanforderungen und Marktführer bei Hygiene- und Agrarfolien, Folien für die Getränkeindustrie sowie Verpackungen für pulvrige Güter. Des Weiteren werden u. a. Folien und Vliesstoffe für Medizinanwendungen, für die chemische und weiterverarbeitende Industrie sowie den Bausektor produziert. Pro Jahr werden ca. 352.000 t Kunststoffe verarbeitet. Das Unternehmen mit weltweit 20 Standorten und rd. 3.000 Mitarbeitenden erwirtschaftete 2019 einen Umsatz von ca. 831 Mio. Euro. 1957 von Jakob Müller als Rheinische Kunststoffwerke GmbH in Worms gegründet, verfügt die RKW-Gruppe über mehr als 60 Jahre Erfahrung in der Forschung und Entwicklung und Produktion von Polyolefinfolien.

Kontakt
RKW SE
Nachtweideweg 1–7, 67227 Frankenthal
www.rkw-group.com

---

robatherm

Jettingen-Scheppach, Bayern

Gegründet: 1853
Die Firma robatherm ist ein Spitzenreiter im Markt für Raumlufttechnische Geräte. robatherm bietet die Kompetenz des spezialisierten Anbieters in Kombination mit hoher Flexibilität bei Größen- und Komponentenauswahl und stellt so Kunden aus zahlreichen Anwendungsbereichen zufrieden. RLT-Anlagen von robatherm finden Anwendung in Krankenhäusern, Schwimmbädern und Bildungseinrichtungen ebenso wie in Verkaufsstätten. Die Geschichte des Unternehmens begann mit der Gründung einer Schlosserei. Hinzu kamen Heizungs- und Sanitärinstallationen. Ab den 1950er-Jahren wurden Warmlufterzeuger und Ölbrenner produziert. Heute beschäftigt das Unternehmen, das in 5. Generation von Dipl.-Kfm. Albert Baumeister geführt wird, 550 Mitarbeitende weltweit.

Kontakt
robatherm GmbH + Co. KG
John-F.-Kennedy-Str. 1,
89343 Jettingen-Scheppach
www.robatherm.com

Robert Rose

Dortmund, Nordrhein-Westfalen

Gegründet: 1873
Die Robert Rose GmbH plant und baut Nutzfahrzeuge aller Art. Spezialaufträge für Um- und Aufbauten werden individuell und flexibel für Kunden übernommen. Hersteller wie Mercedes-Benz und Volkswagen Nutzfahrzeuge sind Partner von Robert Rose. Das Unternehmen ist seit 2011 nach DIN ISO 9001 zertifiziert. Das 1873 durch Josef Rose als Stellmacherei gegründete Unternehmen befindet sich im Besitz der Familie von Kemp. Seit 2005 ist Jochen von Kemp in 5. Generation geschäftsführender Gesellschafter. Er ist der Enkel von Johanne Rose, die als unternehmenslenkende Führungsfrau eine Rarität in der Männerdomäne Fahrzeugbau war.

Kontakt
Robert Rose GmbH
Oberste-Wilms-Str. 16, 44309 Dortmund
www.rose-fahrzeugbau.de

R

Röchling

Mannheim, Baden-Württemberg

Gegründet: 1822
Die Röchling-Gruppe ist Hersteller von kundenindividuellen Kunststoffen und gliedert sich in die drei Unternehmensbereiche „Industrial", „Automotive" und „Medical" auf. Im Bereich Industrial verfügt Röchling über eine Palette an thermo- und duroplastischen Kunststoffen. Produktlösungen im Bereich Automotive zielen auf die Gewichtsreduktion und Aerodynamik ab. Intelligente und sichere Dienstleistungen und Produkte bilden den Schwerpunkt im Bereich Medical. Die drei Unternehmensbereiche erwirtschafteten 2018 einen Umsatz von rd. 2,1 Mrd. Euro. Die ca. 11.000 Mitarbeitenden der Röchling-Group arbeiten an 90 Standorten in 25 Ländern. Mitglieder der Familie Röchling sind in 8. Generation Gesellschafter und stellen im Beirat strategische Weichen.

Kontakt
Röchling SE & Co. KG
Richard-Wagner-Str. 9, 68165 Mannheim
www.roechling.com

Roeckl

München, Bayern

ROECKL
MÜNCHEN 1839

Gegründet: 1839
Die Roeckl Handschuhe und Accessoires GmbH & Co. KG ist als Hersteller von Handschuhen und Accessoires im Premiumsegment positioniert. Neben Handschuhen umfasst das Portfolio Taschen, Kleinlederwaren sowie Seidentücher und Strickaccessoires. Mit über 300 Mitarbeitenden erwirtschaftet das Unternehmen einen Jahresumsatz von rd. 18 Mio. Euro. Der Vertrieb erfolgt über 15 eigene Boutiquen in Deutschland, Österreich und der Schweiz, den internationalen Lederwaren-Fachhandel sowie Mode- und Warenhäuser weltweit. In der rumänischen Stadt Timisoara unterhält das Unternehmen eine eigene Produktionsstätte für Lederhandschuhe und in Sebes werden die Handtaschen produziert.

Ein Klassiker: ROECKL Driver Handschuhe für Damen und Herren

Die geschäftsführende Gesellschafterin Annette Roeckl leitet das inhabergeführte Traditionsunternehmen in der 6. Generation. Der Handschuhmachermeister Jakob Roeckl legte 1839 mit dem Bau eines Ladens und einer Werkstatt in München den Grundstein für den Familienbetrieb. Er konzentrierte sich auf die Herstellung edler Handschuhe für Damen und Herren der gehobenen Gesellschaft und beeinflusste damit die Ausrichtung der Firma bis heute. Als sein Sohn Christian Roeckl in der 2. Generation 1867 übernimmt, richtet er die ersten eigenen Verkaufsfilialen ein. Nach ihm folgt Heinrich Anton, der das Unternehmen im Jahr 1893 zum „Königlich Bayerischen Hoflieferanten" macht und im Folgenden u. a. König Ludwig II. und Kaiserin Sisi von Österreich beliefert. Der Wiederaufbau nach dem Zweiten Weltkrieg lag schließlich in den Händen von Dr. Heinrich Franz Roeckl, der das Unternehmen 1966 an seinen Sohn Stefan in 5. Generation übergab. Unter seiner Leitung entstanden ein neu patentierter Handschuhschnitt und die Erweiterung des Sortiments um Strickaccessoires. 2003 teilt er das Unternehmen in Roeckl Sport und Roeckl Handschuhe & Accessoires. Annette Roeckl übernimmt die

Die Kunst des Handschuhmachers

Im 19. Jahrhundert waren Damenhandschuhe bei Bällen nahezu obligatorisch, und auch bei Männern drückten Handschuhe modisches Bewusstsein aus. Dies führte zu einer Blüte des Handschuhmacher-Handwerks, das auch Jakob Roeckl beherrschte. Als Königlich Bayerischer Hoflieferant zählte er viele bekannte Persönlichkeiten zu seinen Kunden – darunter König Ludwig II. und die Kaiserin Sisi. Auch heute noch zählen internationale Stars zu den Kunden des Traditionsbetriebs. Immer noch werden die meisten Qualitätshandschuhe je nach Modell in bis zu elf Schritten von Hand gefertigt. Der Handschuhmacher schneidet sie Stück für Stück im sog. Tafelschnitt einzeln aus den Ledern. Dabei zieht er das Leder mit kräftigem Griff über die Tischkante. Die endgültige Form wird einzeln ausgestanzt und auf Dehnbarkeit und Geschmeidigkeit überprüft. Ein Paar Roeckl Peccary-Handschuhe wird z. B. aus bis zu 24 Einzelteilen mit über 2.000 Stichen per Hand genäht. Die von Roeckl verwendeten Handschuhleder stammen dabei ausschließlich von Tieren, die der menschlichen Ernährung dienen.

R

„Tradition ist nicht die Anbetung der Asche, sondern das Weitertragen der Glut."

Annette Roeckl
(frei nach Thomas Morus)

Verantwortung für das Premiumsegment und die Fortführung des traditionsreichen Handwerks.

Die Unternehmenskultur ist v. a. von einem ausgeprägten Ausbildungswesen gekennzeichnet, das neben den Auszubildenden auch den Mitarbeitenden Schulungen und Weiterbildungen anbietet. Annette Roeckl hat auch das Berufsbild des Handschuhmachers in Deutschland wiederbelebt. In der eigenen Werkstatt werden seit 2008 wieder Handschuhmacher und Feintäschner ausgebildet.

Seit ihrer Gründung im Jahr 1839 gilt die Marke Roeckl als Synonym für feinste Lederhandschuhe und Premium-Accessoires.

Chronologie

1839 Der Handschuhmachermeister Jakob Roeckl eröffnet Laden und Werkstätte in München.

1870 Christian, der Sohn Jakob Roeckls, errichtet am Stadtrand von München ein Fabrikgebäude und erste Verkaufsfilialen u. a. in Berlin, Frankfurt und Köln.

1890 Nach dem Tod des Vaters übernimmt Heinrich Roeckl die Führung, initiiert weitere Filialgründungen und den Export nach Amerika.

1948 Unter Leitung von Dr. Heinrich Franz Roeckl werden die Leder- und Handschuhproduktion sowie das Filialnetz wiederaufgebaut.

1970 Übernahme der Unternehmensführung durch Stefan Roeckl; Neubau der Zentrale im Münchener Süden am Roecklplatz; Gründung der rumänischen Produktionsstätte Roeckl Romania

2003 Trennung des Unternehmens in Mode und Sport; Annette Roeckl übernimmt die Geschäftsleitung des Premiumsegments.

Die Gesellschafterin und Geschäftsführerin Annette Roeckl setzt sich auch für den Erhalt des Berufs des Handschuhmachers ein.

R

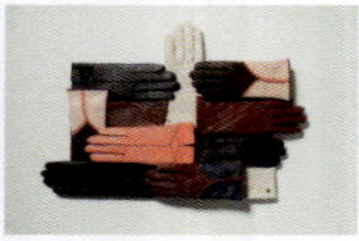

Neben Handschuhen umfasst das Portfolio von Roeckl u. a. Taschen und Tücher.

Daten und Fakten

Inhaberfamilie: Familie Roeckl in 6. Generation
Gründer: Jakob Roeckl, 1839, München
Branche: Lederwaren & Textilien
Vertrieb: 15 Boutiquen, internationaler Vertrieb an Lederwaren-Fachhandel, Mode- und Warenhäuser, Shop-in-Shop-Flächen und Corners, Online-Shop
Mitarbeitende: ca. 300 in ganz Europa
Umsatz: ca. 18 Mio. Euro
Familieneinfluss: inhabergeführt
Unternehmensanteile der Familie: 100 % in Familienhand
Ausbildungsquote: 10 %
Auszeichnungen: Deutscher Schuh- und Lederwarenpreis (2008); INNOVATIONSPREIS-IT für Roeckl Intelligence (Initiative Mittelstand, 2012); Leadership Award für Annette Roeckl (2013); German Design Award (2010); Kundenliebling (Focus Money, 2019, Silber); Top-Arbeitgeber im Mittelstand (yourfirm, 2019)

Kontakt
Roeckl Handschuhe und Accessoires GmbH & Co. KG
Isartalstr. 49, 80469 München
Fon: 089 72969-0
welcome@roeckl.com, www.roeckl.com

Presse
public-relations@roeckl.com

Rohde & Schwarz

München, Bayern

Gegründet: 1933
Die Rohde & Schwarz GmbH & Co. KG bietet ihren Kunden Produkte und Dienstleistungen in den Bereichen Messtechnik, Broadcast- und Medientechnik, Aerospace Defence Security sowie Cybersicherheit. Das Unternehmen beschäftigt mehr als 12.000 Mitarbeitende, der Umsatz belief sich im Geschäftsjahr 2018/2019 auf 2,14 Mrd. Euro. Die Firma ist mit Niederlassungen, Vertriebs- und Servicepartnern in mehr als 70 Ländern weltweit präsent. Die Geschäftsführung des unabhängigen Familienunternehmens bilden Christian Leicher (Vorsitz) und Peter Riedel. 1933 gründeten Dr. Lothar Rohde und Dr. Hermann Schwarz in München das „Physikalisch-Technische Entwicklungslabor Dr. L. Rohde und Dr. H. Schwarz" (PTE) für die Entwicklung von Messgeräten. Seit 1945 firmiert das Unternehmen als Rohde & Schwarz.

Kontakt
Rohde & Schwarz GmbH & Co. KG
Mühldorfstr. 15, 81671 München
www.rohde-schwarz.com

Röhlig Logistics

Bremen

Gegründet: 1852
Als internationale Spedition bietet die Röhlig Logistics GmbH & Co. KG Dienstleistungen auf den Feldern See- und Luftfracht sowie Projekt- und Kontraktlogistik an. Das Unternehmen wurde 1852 in Bremen gegründet. Seit 2015 führt Philip W. Herwig in 6. Generation die Geschäfte. Im März 2020 übernahm Dr. Robert Gutsche die Position des Finanzchefs. Das Unternehmen ist mit rd. 2.300 Mitarbeitenden und mehr als 150 Niederlassungen in 30 Ländern tätig. Im Jahr 2018 wurde der erwirtschaftete Rohertrag um 7,5 % auf 143,9 Mio. Euro gesteigert. Mit dem Wachstumsprogramm „Blue Future" schob das Unternehmen ab 2015 u. a. digitale Service-Angebote in der Logistik und zahlreiche Vertriebsinitiativen im Luft- und Seefrachtgeschäft an.

Kontakt
Röhlig & Co. Holding GmbH & Co. KG
Am Weser-Terminal 8, 28217 Bremen
www.rohlig.com

ROLAND MILLS UNITED

Bremen

Gegründet: 1811
Roland Mills United ist ein fusioniertes Familienunternehmen mit Mühlenstandorten in Bremen, Bad Langensalza, Münster und Recklinghausen. Damit gehört Roland Mills United zu den führenden Produzenten von Getreidemahlerzeugnissen in Europa. Die Wertschöpfungskette reicht von der Auswahl des richtigen Rohstoffs aus Anbauregionen in Deutschland und Europa über die strenge Wareneingangkontrolle, Reinigung, Vermahlung und Qualitätssicherung der Mehle bis zur Auslieferung mit Silofahrzeugen. Es werden jährlich über 1,0 Mio. t Weichweizen, Roggen und Durum vermahlen. Seit 2019 besteht mit ROLAND BEANS auch ein Joint Venture für die Herstellung von Ackerbohnen. Hans-Christoph Erling, ein Nachfolger des ersten Gründers, führt die Bremer Rolandmühle.

Kontakt
ROLAND MILLS UNITED GmbH & Co. KG
Emder Str. 39, 28217 Bremen
www.rolandmillsunited.de

Rosenhof

Ahrensburg, Schleswig-Holstein

Gegründet: 1972
Die Rosenhof Seniorenwohnanlagen sind nach eigenen Angaben eines der führenden Unternehmen im Bereich Seniorenwohnen. Das erste Haus wurde 1972 in Großhansdorf eröffnet, derzeit gehören elf Häuser in ganz Deutschland zum Portfolio, darunter Hamburg sowie Ahrensburg und Großhansdorf vor den Toren der Hansestadt, außerdem Erkrath und Hochdahl bei Düsseldorf sowie Travemünde, Bad Kissingen, Berlin und Kronberg im Taunus. Zum Konzept gehören 1- bis 4-Zimmer-Apartments und in den meisten Häusern auch ein stationärer Pflegewohnbereich. Außerdem gibt es Service- und Pflegeangebote, Schwimmbäder und Gastronomie. Insgesamt beschäftigt das Unternehmen deutlich über 1.000 Mitarbeitende. Die Geschäfte führen André Aue, Andreas Schaps und Johannes Ullram.

Kontakt
Rosenhof Ahrensburg Seniorenwohnanlage
Betriebsgesellschaft mbH
Lübecker Str. 3–11, 22926 Ahrensburg
www.rosenhof.de

RÖSLE

Marktoberdorf, Bayern

Gegründet: 1888
Die RÖSLE GmbH & Co. KG zählt zu den führenden Herstellern von Küchenwerkzeugen, Töpfen und BBQ-Grills. Zahlreiche internationale Designpreise und Auszeichnungen wie der Designpreis der Bundesrepublik Deutschland oder der Stahlinnovationspreis dokumentieren den Anspruch von RÖSLE. Das Unternehmen aus Marktoberdorf im Allgäu ist in über 30 Ländern der Welt präsent und hat eine eigene Vertriebsgesellschaft in den USA. Karl Theodor Rösle gründete 1888 in Marktoberdorf zunächst einen Spenglerbetrieb, bevor er 1903 mit der Herstellung von Küchengeräten begann. Heute sind zwei Nachfahrenfamilien des Gründers Inhaber der Firma. Seit 1987 liegt die Geschäftsführung nicht mehr in Familienhand. RÖSLE beschäftigt etwa 80 Mitarbeitende.

Kontakt
RÖSLE GmbH & Co. KG
Johann-Georg-Fendt-Str. 38,
87616 Marktoberdorf
www.roesle.de

R

Roth Industries

Dautphetal-Buchenau, Hessen

„Einigkeit macht stark."

Familie Roth

Hauptsitz des Roth Familienunternehmens in Dautphetal

Ursprungsprodukt Kesselofen

Gegründet: 1947

Unter dem Motto „eine Marke – viele Stärken" ist Roth Industries weltweit mit innovativen Unternehmen in der Gebäude- und Industrietechnik vertreten. Die Gesellschaftsanteile liegen zu 100 % bei der Familie Roth. Energie, Wasser und Kunststoff sind die Kompetenzfelder des Unternehmens.

Der Geschäftsbereich Gebäudetechnik umfasst die Sparten Energie-, Sanitär- und Umweltsysteme. Roth beliefert damit international die Sanitär-Heizung-Klima-Branche. Zur Industrietechnik gehören die Sparten Composite, Kunststoff und Hydraulik. Die Investitions- und Gebrauchsgüter der Industrietechnik bedienen weltweit die Branchen Automobil, Luft- und Weltraumfahrt, erneuerbare Energien, Hydraulik, Medizin, Transport, Verkehr und Haushaltswaren.

Spartenübergreifende Kompetenzfelder und Diversifikation ermöglichen die Nutzung von Synergien und den Ausbau der Innovationsführerschaft. Die Bestätigung als Weltmarktführer in den Segmenten Energiespeichersysteme, Flächen-Heiz- und Kühlsysteme und Composite-Technologien erhielt Roth durch den Eintrag in das Langenscheidt „Lexikon der deutschen Weltmarktführer".

Gesellschafter der Roth Industries (v. l.): Christin Roth-Jäger, Manfred Roth, Dr. Anne-Kathrin Roth, Claus-Hinrich Roth

Mit 21 Jahren trat Manfred Roth 1961 in den Betrieb seines Vaters Heinrich Roth ein, als dieser schwer erkrankte. Das erste Produktprogramm waren Kesselöfen. Manfred Roth entwickelte den handwerklichen Betrieb seines Vaters zum heutigen international tätigen und diversifizierten Unternehmen.

Anfang 2019 hat sich Manfred Roth aus der Geschäftsführung zurückgezogen und die Verantwortung auf seine drei Kinder Claus-Hinrich Roth, Christin Roth-Jäger und Dr. Anne-Kathrin Roth übertragen. Sie sind Gesellschafter und seit 2017 Geschäftsführer der Roth Industries. Gemeinsam mit dem CEO Matthias Donges tragen sie die Verantwortung für die Fortentwicklung des wertebasierten Familienunternehmens.

Schon gewusst?

- Die Fußbodenheizung der barocken Dresdner Frauenkirche, die nach der Wende mit weltweiter Unterstützung wieder aufgebaut wurde, stammt als Spende von der Familie Roth.
- Das Roth Familienunternehmen steht für verantwortungsvolles Handeln und die Schaffung nachhaltiger Beziehungen. Die Werte und die Ausrichtung sind in Unternehmensgrundsätzen verankert. Roth ist familiär, verantwortlich und dynamisch.
- Die Oskar-Patzelt-Stiftung zeichnete Roth Industries 2019 zweifach aus. Das Unternehmen erhielt den „Großen Preis des Mittelstandes" und zusätzlich die Ehrenplakette, als eines von vier herausragenden Unternehmen Deutschlands.

Daten und Fakten

Inhaberfamilie: Roth
Gründer: Heinrich Roth, 1947
Branche: Gebäudetechnik, Industrietechnik
Vertrieb: 28 Produktions- und Vertriebsunternehmen weltweit

Mitarbeitende: 1.340, davon 840 in Deutschland, 440 im restlichen Europa, 55 in USA und 10 in China
Umsatz: ca. 283 Mio. Euro (2019)
Ausbildungsquote: 10 %
Eigenkapitalquote: 44 %

Kontakt
Roth Industries GmbH & Co. KG
Am Seerain 2, 35232 Dautphetal
Fon: 06466 922-0, Fax: 06466 922-100
service@roth-industries.com,
www.roth-industries.com

Rothkötter

Meppen, Niedersachsen

Gegründet: 1959
Die Rothkötter Mischfutterwerk GmbH ist ein führender deutscher und international agierender Hersteller der Mischfutter- und Lebensmittelproduktion, der u. a. auf Schweine- und Hähnchenfutter für die Zucht und Mast spezialisiert ist. Zur Unternehmensgruppe gehören die Mischfutterwerke in Meppen-Versen, in Haren am Eurohafen und in Boizenburg, die Hähnchen-Schlacht- und -Zerlegebetriebe Emsland Frischgeflügel und Celler Land Frischgeflügel sowie die Emsland Brüterei. An diesen Standorten beschäftigt das Familienunternehmen rd. 3.000 Mitarbeitende. Zu den Kunden zählen z. B. rd. 900 landwirtschaftliche Familienbetriebe. Das Familienunternehmen wurde 1959 durch Franz Rothkötter als Getreide-, Futter- und Düngemittelhandlung in Meppen gegründet und ist seither kontinuierlich gewachsen.

Kontakt
Rothkötter Mischfutterwerk GmbH
Heerweg 21, 49716 Meppen-Versen
www.rothkoetter.de

Rotkäppchen-Mumm

Freyburg, Sachsen-Anhalt

Gegründet: 1856
Die Rotkäppchen-Mumm Sektkellereien GmbH ist Deutschlands Marktführer bei Sekt- und Spirituosen und vertreibt neben Rotkäppchen und Mumm Sekt u. a. die Marken MM Extra, Blanchet, Chantré, Eckes Edelkirsch und Echter Nordhäuser. Das Unternehmen produziert an den Standorten Freyburg (Unstrut), Eltville am Rhein, Hochheim am Main, Nordhausen am Harz, Breisach am Rhein und Valdobbiadene, Italien. 2019 belief sich der Gesamtabsatz auf 310 Mio. Flaschen Sekt, Spirituosen, Wein und weinhaltige Getränke. In diesem Geschäftsbereich erzielte das Unternehmen mit rd. 950 Mitarbeitenden im selben Jahr über 1,1 Mrd. Euro Gesamtumsatz. Gegründet wurde das Unternehmen 1856, als die Brüder Moritz und Julius Kloss mit Carl Foerster in Freyburg (Unstrut) eine Weinhandlung eröffneten und mit der Herstellung von Sekt begannen.

Kontakt
Rotkäppchen-Mumm Sektkellereien GmbH
Sektkellereistr. 5, 06632 Freyburg (Unstrut)
www.rotkaeppchen-mumm.de

Roto

Leinfelden-Echterdingen, Baden-Württemberg

Gegründet: 1935
Die unter der Dachmarke Roto tätige Unternehmensgruppe gehört zur Metallindustrie. Das 1935 von Wilhelm und Elfriede Frank gegründete Familienunternehmen startete mit der Erfindung des Drehkipp-Beschlags für Fenster und der einschiebbaren Bodentreppe. Heute besteht die Roto Gruppe aus drei Divisionen: Fenster- und Türtechnologie (FTT), Dachsystem-Technologie (DST) und

R

Roto Professional Service (RPS). Die Roto Fenster- und Türtechnologie konzentriert sich auf Beschläge. Die Roto Dach- und Solartechnologie produziert und vertreibt Dachfenster ebenso wie Sonnenschutz und Bodentreppen. Die Roto Professional Service fungiert als Dienstleister für Reparatur und Aufwertung. Geschäftsführer sind Christoph Hugenberg, Stephan Hettwer und Markus Röser.

Kontakt
Roto Frank AG
Wilhelm-Frank-Platz 1,
70771 Leinfelden-Echterdingen
www.roto-frank.com

Rücker

Aurich, Niedersachsen

Gegründet: 1890
Die Molkerei und Käserei Rücker ist ein norddeutsches Familienunternehmen in 4. Generation. Der Hauptsitz ist im nordfriesischen Aurich, ein zweiter Standort liegt in Wismar an der Ostsee. Seit der Gründung durch Eduard Wilhelm Rücker im Jahr 1890 auf der Ostseeinsel Fehmarn wird Milch aus den deutschen Küstenregionen zu Käsespezialitäten verarbeitet, zwischenzeitlich wurden auch Butter, Sahne und Joghurt verkauft. Abnehmer sind Einzelhandel, Großhandel und die weiterverarbeitende Industrie. Die 1994 gegründete Ostsee-Molkerei Wismar entwickelte sich – nach eigenen Angaben – zu einer der größten Privatmolkereien Deutschlands und zur größten Privatkäserei Norddeutschlands. Seit dem Jahr 2010 wird das Unternehmen von den Inhabern Klaus und Insa Rücker geführt.

Kontakt
Rücker GmbH
Egelser Str. 111, 26605 Aurich
www.molkerei-ruecker.de

Rüdinger

Krautheim, Baden-Württemberg

Gegründet: 1930
Die Rüdinger Spedition GmbH ist ein Logistik-Spezialist, der im Bereich Sondertransporte zu den Marktführern in Deutschland gehört. Ebenfalls zur Firmengruppe gehören die Rüdinger Verkehrsbetriebe und die Rüdinger Service KG. Die Rüdinger Service KG ist für die Wartung und Reparatur der Nutzfahrzeuge verantwortlich. Die Rüdinger Verkehrsbetriebe verfügen über Busse, die im Nahverkehr sowie beim Behindertentransport eingesetzt werden. Gegründet wurde das Transportunternehmen 1930 von Franz Rüdinger. Ab 1960 stand sein Sohn Helmut Rüdinger der Spedition vor. In 3. Familiengeneration sind heute Anja und Roland Rüdinger die Geschäftsführer des Unternehmens.

Kontakt
Rüdinger Spedition GmbH
Uferweg 12, 74238 Krautheim
www.spedition-ruedinger.de

Rügenwalder Mühle

Bad Zwischenahn, Niedersachsen

Gegründet: 1834
Die Rügenwalder Mühle ist einer der bekanntesten Lebensmittelhersteller in Deutschland. Das Sortiment umfasst klassische Fleisch- und Wurstwaren sowie vegetarische und vegane Alternativen. Das Markenzeichen, die rote Mühle, bürgt dabei für handwerkliche Tradition und beste Zutaten. Der Markenhersteller wurde 1834 von Fleischermeister Carl Müller im pommerschen Rügenwalde gegründet. Seit 2014 Vorreiter bei vegetarischen und veganen Fleisch- und Wurstalternativen, hat das Unternehmen heute in diesem Segment in Deutschland die Spitzenposition inne. Die Leitung des Familienunternehmens

in 7. Generation liegt in den Händen des Aufsichtsratsvorsitzenden Dr. Gunnar Rauffus und des Vorsitzenden der Geschäftsleitung Michael Hähnel.

Kontakt
Rügenwalder Mühle Carl Müller GmbH & Co. KG
Industriestr. 5, 26160 Bad Zwischenahn
www.ruegenwalder.de

Rullko

Hamm, Nordrhein-Westfalen

Gegründet: 1923
Das Unternehmen Rullko Großeinkauf ist spezialisiert auf den Verkauf und die Lieferung von Lebensmitteln für Großküchen und Gastronomie, mit einem Schwerpunkt auf Nordrhein-Westfalen. Das Vollsortiment umfasst über 20.000 Artikel, die an mehr als 8.000 Kunden vertrieben werden. Neben der Belieferung von Großküchen in Kliniken oder Seniorenzentren ist ein eigener Großmarkt in Hamm-Rhynern der zweite wichtige Geschäftsbereich. Daneben bietet Rullko auch Betriebsberatung sowie Software für Großküchen an. Insgesamt hat das Unternehmen 180 Mitarbeitende. Es wurde 1923 von Carl Rullkötter in Hamm gegründet und ist heute in 4. Generation in Familienhand. Die Geschäfte leitet seit 2017 Marie-Christine Ostermann, die Ur-Enkelin des Gründers, gemeinsam mit Manfred Vogt.

Kontakt
Rullko Großeinkauf GmbH & Co. KG
Hellweg 33, 59063 Hamm
www.rullko.de

Rutronik

Ispringen, Baden-Württemberg

Gegründet: 1973
Rutronik ist einer der weltweit führenden Breitband-Distributoren von elektronischen Bauelementen und bietet seinen Kunden u. a. logistische und kommerzielle Beratung, Service und technischen Support. Zum Lieferspektrum zählen Halbleiter, passive und elektromechanische Bauelemente sowie Embedded Boards, Storage & Displays und Wireless-Produkte. Abnehmer sind primär die Branchen Automotive, Medical, Industrial, Home Appliance sowie Energy und Lighting. Das inhabergeführte Unternehmen mit weltweit über 1.900 Mitarbeitenden betreibt 82 Niederlassungen in Europa, Asien und Amerika und erzielte 2019 einen Umsatz in Höhe von 1,08 Mrd. Euro. 1973 von Helmut Rudel in Ispringen bei Pforzheim gegründet, hat sich Rutronik mit kontinuierlichem Wachstum zu einem global agierenden Unternehmen entwickelt.

Kontakt
Rutronik Elektronische Bauelemente GmbH
Industriestr. 2, 75228 Ispringen
www.rutronik.com

S

S

Sahle

Greven, Nordrhein-Westfalen

Gegründet: 1963
Die Sahle Baubetreuungsgesellschaft ist ein Immobilienunternehmen, das von der Projektentwicklung bis zur Bewirtschaftung großer Bestände im öffentlich geförderten und frei finanzierten Mietwohnungs- und Eigentumsbau in über 40 Städten Deutschlands aktiv ist. Seine eigentlichen Wurzeln hat es in der Fabrik von Albert Sahle sen., der schon seit den 1920er-Jahren in Greven Holzschuhe produzierte. Sein Sohn baute 1963 für die Belegschaft eine Wohnanlage – die Marke „Sahle Wohnen" war geboren und engagierte sich fortan im öffentlich geförderten Wohnungsbau. Heute hat das Unternehmen rd. 1.200 Mitarbeitende und einen Bestand von 22.000 Wohneinheiten mit Schwerpunkten in Nordrhein-Westfalen und dem Rhein-Main-Gebiet. Uwe und Friederich Sahle gehören der Geschäftsführung an.

Kontakt
Sahle Baubetreuungsgesellschaft mbH
Bismarckstr. 34, 48268 Greven
www.sahle-wohnen.de

SAMSON

Frankfurt a. Main, Hessen

Gegründet: 1907
Die SAMSON AG Mess- und Regeltechnik ist der Kern einer international tätigen Unternehmensgruppe. Ihr Angebot umfasst das gesamte Spektrum in den Bereichen Messen und Regeln inkl. integrierter Automationssysteme. Die Produkte und Systeme werden überall dort angewendet, wo Gase, chemische Substanzen oder Dämpfe im Fluss sind. Ihre Einsatzfelder liegen in der Heiz- und Klimatechnik ebenso wie in der Großchemie. SAMSON ist mit mehr als 50 Tochtergesellschaften und 200 Vertretungen in über 40 Ländern präsent. Das Unternehmen, das einschließlich seiner Tochterfirmen über 4.500 Mitarbeitende beschäftigt und im Geschäftsjahr 2017/2018 einen Umsatz von rd. 640 Mio. Euro erzielte, wurde 1907 von Hermann Sandvoss gegründet. Heute wird die AG von einem Fremdmanagement geleitet.

Kontakt
SAMSON AG Mess- und Regeltechnik
Weismüllerstr. 3, 60314 Frankfurt a. Main
www.samson.de

Sandler

Schwarzenbach/Saale, Bayern

Gegründet: 1879
1879 gegründet, gehört die Sandler AG aus Schwarzenbach/Saale heute zu den größten Vliesstoffherstellern weltweit. Das in 4. Generation von Dr. Christian Heinrich Sandler als Vorstandsvorsitzendem geführte Unternehmen beliefert Kunden rund um den Globus mit Vliesstoffen für Hygieneartikel, Tuchsubstrate, die Automobil- und Filterindustrie, Geräusch- und Wärmedämmung, technische Isolation und für Heimtextilien. Am Firmenstandort vereint Sandler verschiedene Herstellungsverfahren und Veredelungsmöglichkeiten zu einem Kompetenzzentrum der Vliesproduktion und bietet umfassende Serviceleistungen. 850 erfahrene und engagierte Mitarbeiterinnen und Mitarbeiter, kurze Entscheidungswege und Know-how-Transfer zwischen den Geschäftsbereichen ermöglichen die kontinuierliche Erschließung neuer Anwendungsfelder. 2018 wurde ein Umsatz von 322 Mio. Euro erzielt, die Exportrate liegt bei über 60 %.

Kontakt
Sandler AG
Lamitzmühle 1, 95126 Schwarzenbach/Saale
www.sandler.de

S

SANICARE

Bad Laer, Niedersachsen

Gegründet: 1998
SANICARE ist eine der größten deutschen Versandapotheken. Über 100 Fachkräfte bearbeiten die Bestellungen. Vertrieben werden ausschließlich in Deutschland zugelassene Produkte. Das Unternehmen ist beim Deutschen Institut für Medizinische Information und Dokumentation (DIMDI) als behördlich zugelassene Versandapotheke gelistet. Nach eigenen Angaben betreut SANICARE 1,6 Mio. Kundinnen und Kunden. Beim Vertrauensranking, das die „WirtschaftsWoche" in Zusammenarbeit mit der Goethe-Universität Frankfurt a. Main durchführte, ging SANICARE als Sieger in seiner Branche hervor. 2018 wurde in eine Logistik-Automationsanlage investiert, 2020 am Standort Bad Laer eine beleglose Kommissionierung in Betrieb genommen. Geschäftsführer ist der Apotheker Christoph Bertram.

Kontakt
SANICARE-Apotheke BS-Apotheken OHG
Grüner Weg 1, 49196 Bad Laer
www.sanicare.de

SARIA-Gruppe

Selm, Nordrhein-Westfalen

Gegründet: 1998
Die SARIA-Gruppe ist mit rd. 10.500 Mitarbeitenden an über 200 Standorten aktiv. In 24 Ländern produziert das Unternehmen Qualitätserzeugnisse für die menschliche und tierische Ernährung, für die Landwirtschaft, die Aquakultur sowie für pharmazeutische und industrielle Anwendungen. Dazu gehören z. B. Zutaten für Fertiggerichte oder Futtermittel. Außerdem erbringt das Unternehmen in anderen eigenständigen Geschäftseinheiten auch Dienstleistungen für die Land- und Ernährungswirtschaft. Ein weiteres Tätigkeitsfeld ist die Erzeugung von erneuerbarer Energie in Form von Biogas und Biodiesel. Im Geschäftsjahr 2019 betrug der Umsatz der SARIA-Gruppe rd. 2,6 Mrd. Euro. SARIA ist Teil der familiengeführten RETHMANN-Gruppe, deren Grundstein im Jahr 1934 von Josef Rethmann in Selm gelegt wurde.

Kontakt
SARIA A/S GmbH & Co. KG
Norbert-Rethmann-Platz 1, 59379 Selm
www.saria.de

SARSTEDT

Nümbrecht, Nordrhein-Westfalen

Gegründet: 1961
Die SARSTEDT-Gruppe entwickelt, produziert und vertreibt Geräte und Verbrauchsmaterial für Medizin und Wissenschaft und zählt nach eigenen Angaben zu den weltweit führenden Anbietern. Gegründet wurde das Unternehmen im Jahr 1961 von Walter Sarstedt, der als erstes Tablettenröhrchen herstellte, die anstelle der bis dahin üblichen Materialien Glas oder Aluminium aus Kunststoff bestanden. Eine Vielzahl von Reagiergefäßen, Küvetten oder Schraubröhren erweiterte das Portfolio. So wuchs das Unternehmen zu einer ganzen Gruppe mit insgesamt 2.800 Mitarbeitenden, 34 Vertriebsgesellschaften sowie 14 Produktionsstätten in Europa, Nord- und Südamerika und Australien. Die Kinder des 2013 verstorbenen Gründers, Doris und Jürgen Sarstedt, sitzen dem Aufsichtsrat vor.

Kontakt
SARSTEDT AG & Co. KG
Sarstedtstr. 1, 51588 Nümbrecht
www.sarstedt.com

S

SATA

Kornwestheim, Baden-Württemberg

„Wenn du etwas machst, und du könntest es besser machen, und du machst es aber nicht, dann bist du ein Schlamper."

Friedrich Bäuchle, Technischer Betriebsleiter SATA AG, 1932–1956

Gegründet: 1907

Die SATA GmbH & Co. KG nimmt weltweit eine führende Position im Bereich der Nasslackiertechnologien und Nasslackapplikation ein und beliefert neben Deutschland Vertriebspartner in rd. 100 Ländern weltweit. Neben den technologisch herausragenden SATA-Lackierpistolen machen weitere Produkte wie Bechersysteme, Atemschutzsysteme und Drucklufttechnik SATA zu einem Systemanbieter für Anwender wie Fahrzeuglackierer, Industrie, Schreiner und Maler.

Die SATA beschäftigt an ihrem Standort in Kornwestheim – dort ist sie seit 1986 beheimatet – 288 Mitarbeitende in Produktion, Entwicklung, Vertrieb und Verwaltung. Die Ausbildungsquote erreicht 8 %. Der Umsatz, der zu 67 % im Ausland erzielt wird, lag im Jahr 2019 bei 92 Mio. Euro. Mittlerweile hält die SATA rd. 230 Patente weltweit.

Die Markteinführung der SATAjet B, die speziell auf die umweltfreundlichen Lacke der Auto-Reparaturwerkstätten zugeschnitten war, machte das Familienunternehmen 1981 zum Technologieführer. Durch die ständige Optimierung der Zerstäubungstechnologie und als Problemlöser in der Kfz-Werkstatt wurde diese Position immer wieder bestätigt. Bei der Entwicklung neuer Produkte, die im Premiumbereich angesiedelt sind, legt SATA stets Wert auf Qualität, Zuverlässigkeit, Robustheit und Ergonomie. Die enge Zusammenarbeit mit Anwendern sowie entwicklungs- und anwendungstechnischen Abteilungen führender Lackhersteller gewährleistet, dass SATA-Produkte immer genau auf die Kundenbedürfnisse zugeschnitten sind.

Im November 2018 hat die SATA die SATAjet X 5500 auf den Markt gebracht. Damit ist SATA der erste Lackierpistolen-Hersteller mit einem Düsensystem, das pro Düsengröße zwei Strahlformen und damit Applikationsvarianten ermöglicht: eine gestreckte und eine ovale Form.

Die SATA GmbH & Co. KG mit Sitz im baden-württembergischen Kornwestheim wird von dem familienfremden Geschäftsführer Albrecht Kruse geleitet.

Seit 1986 hat die SATA ihren Firmensitz im baden-württembergischen Kornwestheim.

S

Der seit 1914 als Marke geschützte Firmenname ist eine Abkürzung für den Ursprungsnamen Sanitaria. Die Unternehmensgründer Arthur Haeberle und August Drehmann fertigten 1907 in Stuttgart zunächst unter dieser Firmierung medizintechnische Geräte und legten hiermit den Grundstein für das heutige Unternehmen. Anton Kreidler trat 1918 im Zuge einer Kapitalerhöhung in die Firma ein, die drei Jahre später in eine AG umgewandelt wurde. Mit der Spritzpistole „Lechler" begann 1925 der Weg zum Spezialisten für diese Technologie: Schon 1926 wurde das erste Patent in diesem Segment erteilt. Nach dem Tode seines Vaters Anton im Jahr 1942 wurde Alfred Kreidler zur prägenden Figur für fast 40 Jahre. Zunächst erwarb er die Firmenanteile seiner Geschwister und weiterer Aktionäre und hielt so 40 % des Kapitals. 1958 wurde er mit 58 % Mehrheitsaktionär, als er die Anteile der Witwe des Firmengründers Haeberle kaufte. Nur vier Jahre später machte er mit dem Erwerb der restlichen Anteile aus der Sanitaria endgültig ein Familienunternehmen. Seit 2006 firmiert dieses als SATA GmbH & Co. KG. Familienfremde Manager begleiten die Eigentümerfamilie seit 1965: Auf den Geschäftsführer Manfred Liphardt folgte 1998 Albrecht Kruse.

Anton Kreidler (oben) gehört zur Gründergeneration, sein Sohn Alfred Kreidler (Mitte) hat das Familienunternehmen maßgeblich geprägt, das heute zu den Technologieführern für Lackierpistolen (unten) zählt.

SATA
Umsatzverteilung nach Ländern (Stand 2019)

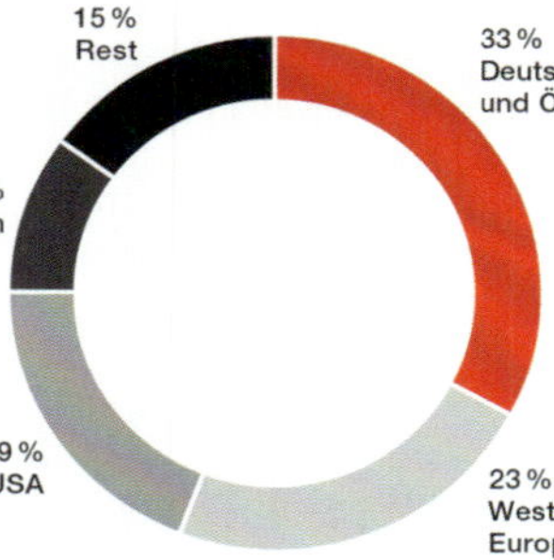

Daten und Fakten

Inhaberfamilie: Familie Kreidler
Gründer: Arthur Haeberle und August Drehmann, 1907, Stuttgart
Produkte: Lackierpistolen, Bechersysteme, Atemschutz, Filtertechnik und Zubehör
Mitarbeitende: 288 (2019)
Umsatz: 92 Mio. Euro (2019)
Unternehmensanteile der Familie: 100 %
Exportquote: 67 %

Nachhaltigkeit

Als Familienunternehmen ist Nachhaltigkeit bei SATA ein fester Bestandteil des unternehmerischen Handelns. SATA übernimmt Verantwortung in den drei Dimensionen Ökonomie, Ökologie und Soziales. Die ökonomische Dimension impliziert die langfristige Sicherung des Unternehmenserfolges – heute und für zukünftige Generationen. Dieser Erfolg ermöglicht das Engagement im Rahmen der sozialen Dimension. Seit Jahren unterstützt SATA verschiedene lokale sowie globale Vereine und Hilfsprojekte. Die ökologische Dimension umfasst bei SATA die Schonung von Ressourcen und Vermeidung von Verschwendung. Daher bezieht SATA 100% Ökostrom und Fernwärme aus einer nahe gelegenen Biogasanlage. Darüber hinaus investiert SATA in umweltfreundliche Technologien wie Geothermie und Fotovoltaik. Für SATA ist es selbstverständlich, die eigenen Nachhaltigkeitsmaßnahmen ständig weiter zu verbessern und auszubauen, um auch den zukünftigen Erfolg zu sichern.

S

Chronologie

1907 Unternehmensgründung in Stuttgart

1918 Anton Kreidler beteiligt sich am Unternehmen, das 1921 in eine AG umgewandelt wird.

1925 Einführung der ersten Spritzpistole

1942 Alfred Kreidler erwirbt nach dem Tod seines Vaters auch die Firmenanteile seiner Geschwister.

1962 Alfred Kreidler macht aus der AG ein Familienunternehmen.

1980 Manfred Liphardt, Geschäftsführer von 1965 bis 1998, führt das Unternehmen nach Alfred Kreidlers Tod weiter.

1981 Technologieführer im Lackierpistolenmarkt mit der SATAjet B

1998 Albrecht Kruse übernimmt die Geschäftsführung.

2018 Markteinführung der SATAjet X 5500 mit dem innovativen X-Düsensystem

Kontakt
SATA GmbH & Co. KG
Domertalstr. 20, 70806 Kornwestheim
Fon: 07154 811-0, Fax: 07154 811-196
info@sata.com, www.sata.com

Schaebens

Frechen, Nordrhein-Westfalen

Gegründet: 1933
Die Haus Schaeben GmbH & Co. KG ist ein mittelständischer Hersteller von Kosmetika und frei verkäuflichen Gesundheitsprodukten. Der Vertrieb erfolgt über das Schwesterunternehmen A. Moras & Comp. GmbH & Co. KG. Mit ca. 50 Mitarbeitenden am Standort Frechen erwirtschaftete Schaebens 2017 einen Jahresumsatz von ca. 64 Mio. Euro. Wilhelm Schaeben gründete die Firma 1933 in Köln. Er war der Enkel von Peter Gustav Schaeben, der im 19. Jahrhundert als Erbe von Maria Clementine Martin die Geschicke des Unternehmens Klosterfrau bestimmte. Im Jahr 1952 erfolgte die Einbindung von Peter Hünemeyer und seiner Haarwasserfirma A. Moras & Comp. Heiko Hünemeyer trat 1985 in die Unternehmensgruppe ein und prägte maßgeblich die Modernisierung des Traditionsbetriebs.

Kontakt
Haus Schaeben GmbH & Co. KG
Europaallee 42, 50226 Frechen
www.schaebens.de

SCHAEFER KALK

Diez, Rheinland-Pfalz

Gegründet: 1860
SCHAEFER KALK produziert seit über 160 Jahren gebrannte und ungebrannte Kalkprodukte sowie gefällte Calciumcarbonate (PCC) und Werktrockenmörtel. SCHAEFER KALK-Produkte sind unentbehrlich bei der Herstellung von Stahl und in der chemischen Industrie. Weitere Anwendungsgebiete, in denen die Produkte zum Einsatz kommen, sind Umweltschutz, Wasseraufbereitung, Rauchgasentschwefelung, Baustoffe, Putz- und Farbenprodukte, Spezialpapiere, pharma-

zeutische Erzeugnisse, Kunststoffe und Dichtungsmaterialien. Seit jeher steht der Name SCHAEFER KALK für Qualität in vielen Anwendungen und Verfahren. Fünf Generationen der Familie Schaefer führen das Unternehmen seit 1860. Auch Mitarbeitende sind in der 3. und 4. Generation tätig.

Kontakt
SCHAEFER KALK GmbH & Co. KG
Louise-Seher-Str. 6, 65582 Diez
www.schaeferkalk.de

SchäferRolls

Renningen, Baden-Württemberg

Gegründet: 1946
Die SchäferRolls GmbH & Co. KG ist einer der weltweit führenden Anbieter von Präzisionswalzenbeschichtungen aus Polymerwerkstoffen und hält für eine Vielzahl von Branchen die jeweils passenden Walzentypen und Beschichtungswerkstoffe bereit. Kunden stammen etwa aus der Papier- und Folienherstellung und -verarbeitung, der Druck-, Textil-, Holz- und Möbelindustrie. Am Stammsitz in Renningen verfügt das Unternehmen über eine Produktionsfläche von 25.000 m² für elastische Walzenbeschichtungen und Walzenservice. Zwei weitere Standorte sind in Kranj (Slowenien) und Farmington (USA). Insgesamt sind rd. 250 Mitarbeitende für das Familienunternehmen tätig. Gegründet wurde SchäferRolls im Jahr 1946 in Stuttgart von Karl Schäfer, Herman Hefner und Erich Schäfer.

Kontakt
SchäferRolls GmbH & Co. KG
Benzstr. 40, 71272 Renningen
www.schaeferrolls.com

Schaffrath

Düsseldorf, Nordrhein-Westfalen

Gegründet: 1961
Die Unternehmensgruppe Schaffrath ist ein Einrichtungsexperte am Niederrhein mit Wohnkaufhäusern an vier Standorten. Dazu kommen Casa-Living-Geschäfte, zehn Küchenmärkte und fünf Electric-Märkte inkl. Online-Shop. Ausgehend von einem Lampengeschäft in Rheydt expandierte Friedhelm Schaffrath mit Teppichen und Polstermöbeln. Das erste Wohnkaufhaus eröffnete er 1967 in Mönchengladbach. Zur Jahrtausendwende entstanden die Küchenmärkte, in denen jährlich mehr als 15.000 Küchen verkauft werden. In den Geschäften Casa Living und Young Store interpretiert Schaffrath Holzmöbel, urbane Wohlkultur und Industrie-Look. Die Schaffrath-Stiftung widmet sich sozialen Anliegen wie Gewaltprävention, Flüchtlingshilfe und Mobilität im Alter.

Kontakt
Friedhelm Schaffrath GmbH & Co. KG
Aachener Str. 90, 40223 Düsseldorf
www.schaffrath.com

Schalt-Technik Huber

München, Bayern

Gegründet: 1968
Das Unternehmen Schalt-Technik Huber bietet die Planung, Fertigung und Wartung von Schaltanlagen an. Außerdem zählen Netzberechnungen, die komplette Planung der Energieversorgung, u. a. für anspruchsvolle Nutzungen wie Rechenzentren oder Krankenhäuser, sowie im Bereich Retrofit auch die Sanierung von Schaltanlagen zu den Leistungen. Zum Kundenkreis gehören vor allem Elektrobetriebe, Einsatzgebiete sind alle möglichen Branchen. Im Jahr 2019 hatte das Unternehmen über 50 Mitarbeitende, die gemeinsam für einen Umsatz von

S

rd. 8,5 Mio. Euro sorgten. Gegründet wurde der Betrieb im Jahr 1968 von Gerhard Huber. 1984 trat sein Sohn Robert Huber ein und entwickelte das Unternehmen vom reinen Schaltanlagenbauer zum Anbieter von Systemlösungen. Seit 2020 ist mit Tochter Gisela Huber die 3. Generation aktiv.

Kontakt
Schalt-Technik Huber GmbH
Joseph-Dollinger-Bogen 3, 80807 München
www.schalt-technik.de

Schattdecor

Thansau, Bayern

Gegründet: 1985
Das Unternehmen Schattdecor hat sich vom Dekortiefdrucker zum Oberflächenspezialisten entwickelt und beliefert die Holzwerkstoff- und Möbelindustrie mit bedrucktem Dekorpapier, Finishfolien und Melaminfilmen. Dafür werden jährlich mehr als 2 Mrd. m^2 Papier verarbeitet. Gegründet von Walter Schatt im Jahr 1985, ist Schattdecor kontinuierlich gewachsen und beschäftigte im Jahr 2019 rd. 2.800 Mitarbeitende, die einen Umsatz von rd. 780 Mio. Euro erwirtschafteten. Neben dem Stammsitz in Thansau ist das Unternehmen auch in Polen, der Schweiz, Italien, Russland, China, Brasilien, Malaysia sowie der Türkei und den USA vertreten. Den Vorsitz im sechsköpfigen Vorstand hat Roland Auer inne, Firmengründer Walter Schatt war bis 2017 Vorsitzender des Aufsichtsrats.

Kontakt
Schattdecor AG
Walter-Schatt-Allee 1–3, 83101 Thansau
www.schattdecor.de

SCHAUENBURG Gruppe

Mülheim a. d. Ruhr, Nordrhein-Westfalen

Gegründet: 1950
Die SCHAUENBURG Gruppe ist ein weltweit agierendes Familienunternehmen, zu dem über 70 Firmen an mehr als 52 internationalen Standorten gehören. Diese unterteilen sich in die Geschäftsbereiche Electronic Technologies, Kunststoffverarbeitung, Maschinen- und Anlagenbau, Industrie- und Schlauchtechnik. Mit dem Fokus auf Corporate Ventures rücken aktuell das Investment und die Entwicklung von jungen, innovativen Technologien in den Vordergrund. Marc Georg und Florian Georg Schauenburg bestreiten in der 2. Generation die Geschäftsführung. Familie Schauenburg war bereits in der Mitte des 19. Jahrhunderts im Schiffsbau unternehmerisch tätig. In den 1960er-Jahren begann die Diversifizierung und Internationalisierung der Unternehmensbereiche. Das gesellschaftliche Engagement ist in der SCHAUENBURG Stiftung gebündelt.

Kontakt
SCHAUENBURG Gruppe
Weseler Str. 35, 45478 Mülheim a. d. Ruhr
www.schauenburg.com

Schemberg

Mettingen, Nordrhein-Westfalen

Gegründet: 1932
Die Theodor Schemberg Einrichtungen GmbH entwickelt, plant und fertigt Einrichtungen und Serienmöbel für den Einzelhandel. Das Angebotsspektrum reicht von Mittelraummöbeln über Kassenmobiliar bis hin zu kompletten Einrichtungen von Geschäften. Die Produktion erfolgt ausschließlich in Deutschland. Das in 3. Generation inhabergeführte Familienunternehmen befindet sich im Besitz der Familie Schemberg. Gegründet

wurde die Firma 1932 von Theodor Schemberg im westfälischen Buer. Sein Sohn Theodor Schemberg jun. übernahm 1972 die alleinige Firmenleitung. Im gleichen Jahr verlegte das Unternehmen seinen Sitz nach Mettingen. Nach dem Tode von Theodor Schemberg jun. ging die Geschäftsführung 1992 an seine Ehefrau Rosemarie Schemberg, Sohn Carsten Schemberg und Tochter Anne Schemberg über.

Kontakt
Theodor Schemberg Einrichtungen GmbH
Bahnhofstr. 10, 49497 Mettingen
www.schemberg.de

SCHERDEL-Gruppe

Marktredwitz, Bayern

Gegründet: 1890
Metallverarbeitung ist seit 1890 der Schwerpunkt der heutigen SCHERDEL-Gruppe. Die Gruppenunternehmen bieten technische Federn, Umformtechnik, Montage- und Fügetechnik und Oberflächentechnik sowie außerdem Maschinenbau unter den Namen Hamuel und Reichenbacher. Es werden Branchenlösungen für die Bereiche Automotive, E-Mobilität, Medizintechnik, den Maschinen- und Anlagenbau, die Elektroindustrie und den Werkzeugbau entwickelt. Unternehmensgründer Sigmund Scherdel begann 1890 mit der Herstellung von Klaviersaiten, doch schon 1893 nutze Rudolf Diesel Federn von Scherdel bei seinen Motorexperimenten. Heute hat das Unternehmen 32 Standorte mit 42 produzierenden Werken in aller Welt und beschäftigt rd. 5.800 Mitarbeitende. In Deutschland gibt es 236 Auszubildende. 2017 erreichte der Umsatz 672 Mio. Euro. Die Investitionsquote liegt bei 9,5 %, der Aufwand für Forschung und Entwicklung bei ca. 6 % des Umsatzes. Das Unternehmen gehört den Familien Bach und Scherdel, die in 3. und 4. Generation mit Walter Bach (Seniorsprecher), Marcus Bach, Maximilian Frhr. von Waldenfels und Christian Schiener in der Geschäftsführung aktiv sind.

Kontakt
SCHERDEL GmbH
Scherdelstr. 2, 95615 Marktredwitz
www.scherdel.de

Scheurich

Kleinheubach, Bayern

Gegründet: 1928
Die Scheurich GmbH & Co. KG stellt Pflanzgefäße aus Keramik und Kunststoff für den In- und Outdoorbereich her und ist damit nach eigenen Angaben Marktführer in Europa. Am Hauptsitz in Kleinheubach/Main produzieren rd. 350 Mitarbeitende Keramikartikel, weitere 120 Mitarbeitende sind in der Kunststoff-Produktion in Neukirchen/Pleiße tätig. Scheurich ist in rd. 80 Ländern weltweit vertreten, der Export steuert mehr als 50 % zum Jahresumsatz von ca. 50 Mio. Euro bei. Alois Scheurich begann im Jahr 1928 mit einer Großhandlung, Ende der 1950er-Jahre startete die Produktion. Scheurich befindet sich bis heute im Besitz der Familie Baumann, in 3. Generation ist Peter A. Baumann Gesellschafter und Beiratsvorsitzender. Die Leitung haben seit 2020 Reinhard Birven und Ralf Rammo inne.

Kontakt
Scheurich GmbH & Co. KG
Gottlieb-Wagner-Str. 2,
63924 Kleinheubach/Main
www.scheurich.de

S

Schiedmayer

Wendlingen, Baden-Württemberg

Gegründet: 1735
Schiedmayer ist der älteste noch bestehende Tasteninstrumentenhersteller der Welt und heute als Manufakturbetrieb weltweit der einzige Hersteller der Celesta. Das Unternehmen wird von Elianne und Knut Schiedmayer geleitet. Von der Werkstatt in Wendlingen bei Stuttgart aus werden rd. 60 % der Instrumente in alle Welt exportiert. Zu den Kunden zählen Symphonieorchester, Opernhäuser, Musikhochschulen, Rundfunkorchester, Musikbands sowie Musikerinnen und Musiker. Das Unternehmen Schiedmayer blickt auf eine lange Historie zurück. Bereits im Jahre 1735 baute der Schreiner und Instrumentenmacher Balthasar Schiedmayer in Erlangen sein erstes Clavichord.

Kontakt
Schiedmayer Celesta GmbH
Schäferhauser Str. 10/2, 73240 Wendlingen
www.celesta-schiedmayer.de

SCHILLER AUTOMATION

Sonnenbühl, Baden-Württemberg

Gegründet: 1978
Mit 41 Jahren Erfahrung in Entwicklung und Herstellung von Fertigungsmaschinen für Elektronik-, Mikroelektronik- sowie auch Medizintechnikprodukten ist SCHILLER AUTOMATION heute ein führender Anbieter für integrierte Automatisierungs- und Systemlösungen. SCHILLER AUTOMATION begleitet seine Kunden von der Projektierung über die Auswahl effizienter Techniken und Prozessgeräte, die Konstruktion und Herstellung bis zur integrierten Gesamtlösung. Das Unternehmen wurde 1978 von Sieghard Schiller als mechanische Werkstätte gegründet. Geleitet wird die SCHILLER AUTOMATION GmbH & Co. KG heute in 2. Generation von Stefan Schiller. In der Heimatregion unterstützt das Unternehmen verschiedene Projekte in den Bereichen Bildung, Sport, Kultur und Soziales.

Kontakt
SCHILLER AUTOMATION GmbH & Co. KG
Pfullinger Str. 58, 72820 Sonnenbühl
www.schiller-automation.com

Schladerer

Staufen im Breisgau, Baden-Württemberg

Gegründet: 1844
Seit 1844 vereint die Brennerei Schladerer hochwertigste Obstbrände und einzigartige Spirituosen unter einem Siegel. Angetrieben vom Manufakturgedanken gilt für jeden Arbeitsschritt der höchste Anspruch: von der strengen Auswahl handverlesener Früchte über das ehrliche Handwerk der Brennmeister bis hin zum einzigartigen Finish jedes einzelnen Produkts. Das alles für ein Ziel: Genuss in seiner reinsten Form!

Zum Produktportfolio zählen neben klassischen Obstbränden, wie dem Schwarzwälder Kirschwasser, dem Wald Himbeergeist und der Williams-Birne, auch der Gretchen Distilled Dry Gin, der Schwarzwald Maraschino und der Vincent Aperitif. Seit 2010 wird die Brennerei in 6. Generation von Philipp Schladerer geführt.

Kontakt
Alfred Schladerer
Schwarzwälder Hausbrennerei GmbH
Alfred-Schladerer-Platz 1,
79219 Staufen im Breisgau
www.schladerer.de

Schlau

Porta Westfalica,
Nordrhein-Westfalen

Gegründet: 1921
Die Brüder Schlau GmbH & Co. KG mit Sitz in Porta Westfalica ist das Mutterunternehmen der Schlau-Hammer-Gruppe, die bundesweit im Groß- und Einzelhandel tätig ist. Zur Gruppe gehören verschiedene operativ tätige Gesellschaften. So betreibt die Schlau Großhandels GmbH unter der Marke Schlau 65 Malermärkte für Geschäftskunden. Mit den 200 Fachmärkten der Marke Hammer werden Verbraucherinnen und Verbraucher angesprochen, die Produkte für die Raumgestaltung benötigen. Zur Produktpalette gehören u. a. Farben, Tapeten, Bodenbeläge und Heimtextilien. Das Unternehmen beschäftigt mehr als 7.000 Mitarbeitende und verfügt in Deutschland über 200 Einzelhandelsstandorte. Das Unternehmen wurzelt in einer von Theodor und Wilhelm Schlau 1921 in Minden eröffneten Farbengroßhandlung. Heute wird die im Besitz der Familie befindliche Gesellschaft durch ein Fremdmanagement geleitet.

Kontakt
Brüder Schlau GmbH & Co. KG
Oehrkstr. 1, 32457 Porta Westfalica
www.brueder-schlau.de

SCHLENK

Roth, Bayern

Gegründet: 1879
SCHLENK ist ein international führender Hersteller von Metallpulvern, Metallpigmenten und Metallfolien. Das Familienunternehmen gliedert sich in die Spartengesellschaften SCHLENK Metallic Pigments und SCHLENK Metal Foils und ist in den Geschäftsfeldern Metallfolie, Lack & Kunststoffindustrie, Druck & Graphische Industrie, Baustoffe & Chemische Industrie und Werkstoffe aktiv. Gegründet 1879, findet sich der Stammsitz des Unternehmens im mittelfränkischen Barnsdorf in Roth bei Nürnberg. SCHLENK unterhält mit 1.000 Mitarbeitenden Produktionsstandorte in Europa und den USA, anwendungstechnische Abteilungen in Deutschland, den USA und China sowie ein globales Vertriebs- und Servicenetzwerk. Vorstandsvorsitzender ist Carl-Joachim von Schlenk-Barnsdorf.

Kontakt
Carl Schlenk AG
Barnsdorfer Hauptstr. 5, 91154 Roth
www.schlenk.com

Schloss Kaltenberg

Geltendorf, Bayern

Gegründet: 1871
Die Schloss Kaltenberg Königliche Holding und Lizenz KG hält weltweit Markenrechte des Hauses Wittelsbach. Sie betreibt über Tochtergesellschaften Brauereien und vergibt weltweit Lizenzen zur Produktion und Vermarktung hochwertiger Produkte. Ein weiteres Tochterunternehmen ist die Königliche Porzellan Manufaktur Nymphenburg GmbH & Co. KG. Geschäftsführer der Schloss Kaltenberg KG ist Luitpold Prinz von Bayern. Der Urenkel des letzten Königs von Bayern ließ mit der Begründung der König Ludwig Schloßbrauerei Kaltenberg die Wittelsbacher Brauerei-Geschichte neu aufleben.

Kontakt
Schloss Kaltenberg KG
Schlossstr. 8, 82269 Geltendorf
www.koenig-ludwig.com

S

Schloss Torgelow und Kurpfalz Internat

Torgelow am See, Mecklenburg-Vorpommern; Bammental, Baden-Württemberg

„Die Zukunft unserer Kinder beginnt mit der Wahl der richtigen Schule."

Mario Lehmann

Gegründet: 1994 und 1961

Das private staatlich anerkannte Internatsgymnasium Schloss Torgelow und das private staatlich anerkannte Kurpfalz Internat zählen zu den renommiertesten Internatsschulen in Deutschland. Beide Internate setzen auf kleine Klassen, individuelle Förderung und eine ganzheitliche Erziehung mit außerschulischen Angeboten.

Die bereits 1961 gegründete Mutterschule, das Kurpfalz Internat bei Heidelberg, hilft Schülerinnen und Schülern, ihre Potenziale zu entwickeln, motiviert sie zum Lernen und führt sie erfolgreich zum Realschulabschluss oder zum Abitur. In Klassen mit höchstens zehn Schülern werden die Schüler vom engagierten Lehrerteam intensiv gefördert und herausgefordert. Neben dem Unterricht bietet das Kurpfalz Internat wöchentlich über 60 außerschulische Angebote, einen klar strukturierten Tagesplan, individuelles Coaching und betreute Hausaufgabenzeiten.

Das 1994 gegründete Tochterinternat Schloss Torgelow in Torgelow am See bei Waren an der Müritz fördert begabte und motivierte Schülerinnen und Schüler aus ganz Deutschland in Klassen mit höchstens zwölf Schülern. Schloss Torgelow setzt konsequent auf Leistung und erwartet viel von seinen Schülern. Zum Schulkonzept gehören über 70 außerschulische Projekte, Auslandsaufenthalte, die Integration internationaler Sprachzertifikate in den Unterricht und die Veröffentlichung der Notenschnitte aller Schüler. Torgelower Schüler liefern regelmäßig den besten Abiturschnitt im Land.

Beide Internate stehen in der Trägerschaft der Familie Lehmann, für die Kirsten und Mario Lehmann heute die Verantwortung tragen. Erna Lehmann, die Großmutter von Mario Lehmann, gründete 1961 das Kurpfalz Internat für ihren eigenen Sohn Helge. Sie fing zunächst im kleinen Rahmen mit 14 Jungen an. Der Erfolg ihres Konzepts führte jedoch zu einem stetigen Schülerzuwachs. 1969 erfolgte daher der Umzug in ein Parkareal am heutigen Standort in Bammental.

Schloss Torgelow bietet begabten Schülerinnen und Schülern eine leistungsorientierte Förderung bis zum Abitur.

S

Mit den drei Töchtern von Mario Lehmann steht schon die 4. Generation der Trägerfamilie bereit.

Nach seinem Psychologiestudium trat Helge Lehmann in die Geschäftsführung ein und übernahm 1981 die Leitung des Kurpfalz Internats. 1992 trat Mario Lehmann nach seinem Jurastudium in das Unternehmen ein.

1993 erwarb die Familie die Immobilie Schloss Torgelow und ergänzte die historischen Gebäude durch moderne Schulgebäude und Sportanlagen. Nach mehreren Erweiterungs- und Renovierungsschritten in den Jahren 2005 bis 2019 leben heute rd. 260 Schülerinnen und Schüler auf dem modernen Schul- und Internatscampus direkt am Torgelower See. Das Kurpfalz Internat bietet heute Lebens- und Lernraum für 170 Kinder und Jugendliche in Bammental in der Nähe von Heidelberg im Dreiländereck von Baden-Württemberg, Hessen und Rheinland-Pfalz. Hier ergänzt seit Februar 2019 das neu entstandene Schulhaus mit topausgestatteten Fach- und Klassenräumen den modernen Schul- und Internatscampus.

Besonderes optisches Highlight: ein breiter LED-Rahmen, der den Abendhimmel in unterschiedlichen Farben erleuchtet.

Daten und Fakten

Inhaberfamilie: Familie Lehmann in 4. Generation
Gründerin: Erna Lehmann, 1961
Branche: Bildung
Standorte: Torgelow am See bei Waren an der Müritz (Schloss Torgelow) und Bammental bei Heidelberg (Kurpfalz Internat)
Marktposition: Schloss Torgelow und das Kurpfalz Internat zählen zu den führenden Internaten in Deutschland
Innovationen: kleine Klassen, interaktive Cloud-board-Technologie, digitales Klassen- und Hausaufgabenmanagementsystem
Familieneinfluss: inhabergeführt duch Mario Lehmann
Unternehmensanteile der Familie: 100 %
Auszeichnungen: Preisträger im Wettbewerb „Deutschland – Land der Ideen" (2006), als vorbildliches Familienunternehmen ausgewählt im Buch „Aus bester Familie" (Deutsche Standards, 2012), Schloss Torgelow ist MINT-EC-Schule (2019), Kurpfalz Internat ist MINT-freundliche Schule (2019) und Träger des BoriS-Berufswahl Siegels (2019)

Mario Lehmann trägt als Vertreter der Trägerfamilie die Verantwortung für Schloss Torgelow. Hier werden motivierte Kinder und Jugendliche in Klassen mit höchstens zwölf Schülern individuell herausgefordert und gefördert.

Im Team zum Erfolg

Schloss Torgelow und das Kurpfalz Internat legen großen Wert auf die Teamfähigkeit ihrer Schülerinnen und Schüler. Von der angewandten Biologie bis zur Sportmannschaft – die Schüler beider Internatsschulen können auch außerhalb des Unterrichts an einer großen Auswahl an Teamaktivitäten teilnehmen. Sportliche Projekte wie Reiten, Fußball, Golf, Segeln, Fechten oder Tennis mit dem Ziel der Teilnahme an regionalen und nationalen Wettkämpfen stehen dabei ebenso auf dem Programm wie Outdoorkurse und Projekte im Bereich Kunst, Musik oder Modedesign. Alle Schülerinenn und Schüler ab der 9. Klasse sind Mitglied eines Teamprojekts und lernen dort projektbezogen, sich für ein gemeinsames Ziel zu engagieren. Besonderer Höhepunkt sind die jährlichen Teamprojekt- oder Klassenfahrten. Hier wird den Teilnehmenden die Möglichkeit gegeben, ihre sozialen Kompetenzen zu erweitern und sich Soft Skills anzueignen, die für den späteren Erfolg im Berufsleben von großer Bedeutung sind.

S

Mehr individuelle Förderung – mehr Erfolg: Am Kurpfalz Internat gehen maximal zehn Schülerinnen und Schüler in eine Klasse.

Schon gewusst?

Die Schülerinnen und Schüler am Internatsgymnasium Schloss Torgelow haben ein gutes Gedächtnis. Das Schulteam, das sich intensiv dem Gedächtnistraining widmet, verzeichnet seit vielen Jahren herausragende Erfolge. Die „Torgelower Superbrains" konnten insgesamt 30 Titelgewinne auf nationalen und internationalen Meisterschaften für sich verbuchen – hierunter sieben Jugendweltmeisterschaften. Auch in großen Fernsehshows zeigten die Internatsschülerinnen und -schüler ihr Können, u. a. bei „Stern TV" oder „Klein gegen Groß". Besonders bekannt ist die frühere Jugendweltmeisterin und ehemalige Schülerin von Schloss Torgelow Christiane Stenger. Sie arbeitet mittlerweile sehr erfolgreich als Moderatorin, Speakerin und Autorin. Christiane Stenger hat u. a. das Gedächtnistrainingsbuch „Warum fällt das Schaf vom Baum?" geschrieben.

Kontakt

Privates Internatsgymnasium Schloss Torgelow
Helge Lehmann KG
Schloss 1, 17192 Torgelow am See
Fon: 03991 624-0, Fax: 03991 624-211
sekretariat@schlosstorgelow.de,
www.schlosstorgelow.de

Kurpfalz-Internat
gemeinnützige BetriebsGmbH
Diersteinstr. 1–7, 69245 Bammental
Fon: 06223 961-0, Fax: 06223 49467
sekretariat@kurpfalz-internat.de,
www.kurpfalz-internat.de

Schlüter & Maack

Hamburg

Gegründet: 1820

Schlüter & Maack – vom Ur-Ur-Großvater des jetzigen Firmeninhabers gegründet – ist in 5. und 6. Generation in den volatilen globalen Märkten ausgewählter Lebensmittelrohstoffe für seine Kunden aus der Nahrungs- und Genussmittelproduktion international erfolgreich: Hülsenfrüchte, Nusskerne, Senfsaaten und Zucker aus konventionellem und kontrolliert biologischem Anbau. Arbeitsgrundlage für die Kunden sind Qualitäts- und Liefersicherheit durch globalen engmaschig kontrollierten Einkauf direkt beim Produzenten sowie die Veredelung zu sicheren Vorprodukten in eigenen Aufbereitungsbetrieben in Deutschland und Kanada. Schlüter & Maack steht seit 200 Jahren für nachhaltiges Handeln, den ständigen Wandel mit der Zeit und die Gewinnung weltweiter Partnerschaften.

Kontakt

Schlüter & Maack GmbH
Stadthausbrücke 12, 20355 Hamburg
www.schlueter-maack.de

Schmalz

Glatten, Baden-Württemberg

Gegründet: 1910

Die J. Schmalz GmbH ist der international agierende Marktführer in der Automatisierung mit Vakuum sowie für ergonomische Handhabungssysteme. Ihre Produkte werden z. B. in der Logistik, der Automobilindustrie, der Elektronikbranche und der Möbelproduktion eingesetzt. Das Unternehmen ist in drei Geschäftsfeldern aktiv: Vakuum-Automation, Handhabung (Vakuumheber, Kransysteme, Betriebseinrichtungen) und Energiespeicher. Die Schmalz GmbH mit rd. 1.500 Mitarbeitenden am deutschen Hauptsitz Glatten und in 19 weiteren Gesellschaften weltweit ist mit Standorten und Handelspartnern in mehr als 80 Ländern global vertreten. 1910 als Schmalz Rasierklingenfabrik von Johannes Schmalz gegründet, entwickelte sich das innovationsgetriebene Unternehmen, das in 3. Generation in Familienbesitz ist, ständig weiter.

Kontakt

J. Schmalz GmbH
Johannes-Schmalz-Str. 1, 72293 Glatten
www.schmalz.com

Schmees

Langenfeld, Nordrhein-Westfalen

Gegründet: 1961

Die Edelstahlwerke Schmees GmbH produziert an den Standorten Langenfeld im Rheinland und Pirna in Sachsen Stahl- und Edelstahlgusserzeugnisse von höchster Qualität. Die anspruchsvollen Erzeugnisse von Schmees kommen im Pumpen- und Armaturenbau sowie in der Energie-, Nahrungsmittel- und Pharmaindustrie zum Einsatz.

Das Werk in Pirna konnte sich in den letzten Jahren als führende Stahlgießerei für Pumpen-, Armaturen- und Turbinengehäuse auf dem europäischen Markt etablieren. Ein weiteres Hauptgeschäftsfeld sind Bauteile für den Maschinenbau, mit denen Kraftwerke, chemische Fabriken, Raffinerien, Pipelines und Anlagen zur Meerwasserentsalzung, aber auch Fleisch- und Zuckerfabriken ausgerüstet werden. Das Werk in Langenfeld ist mit der Herstellung von hochpräzisen Lauf- und Leiträdern, die in keramischen Formen vergossen werden, europaweit führend. Ein besonderes Alleinstellungsmerkmal ist die hohe Werkstoffvielfalt. So sind etwa 400 verschiedene Stahl- und Edelstahllegierungen im Repertoire der Schmees-Werke, u. a. auch anspruchsvolle Super-Duplex-Legierungen bis zu 10 t Stückgewicht. Seit 2004 befindet sich auf dem Firmengelände im Rheinland die Schwesterfirma Innocast, wo man mit 40 Mitarbeitenden einer der Marktführer für die schnelle Herstellung von Prototypen und Vorserien aus Edelstahl ist.

Von den rd. 280 Mitarbeitenden der Edelstahlwerke Schmees GmbH sind 130 in Langenfeld und 150 in Pirna beschäftigt. An beiden Standorten stehen aktuell jeweils 18 Auszubildende im Lehrverhältnis. Der Gesamtumsatz lag im Jahr 2019 bei ca. 40 Mio. Euro; 15 % davon wurden über den Export erwirtschaftet.

1961 als Lohndreherei von Dieter und Sigrid Schmees gegründet, wurde das Unternehmen 1968 nach dem Erwerb eines gebrauchten

„Wir sind die Handwerker unter den Gießern."

Clemens Schmees

Kunst aus Edelstahl

An vielen Orten im In- und Ausland trifft man auf außergewöhnliche Kunstobjekte aus der Manufaktur der Edelstahlwerke Schmees. Es sind Exponate aus hochwertigem Edelstahlguss, die höchste Ansprüche an das Können des Gießers stellen, dessen Aufgabe es ist, die individuellen Vorstellungen der Künstlerinnen und Künstler am Objekt zu realisieren. Dazu braucht es handwerkliches Geschick, technisches Können und künstlerische Affinität, gepaart mit Liebe zum Detail. Namhafte Künstler wie Tony Cragg und Horst Gläsker lassen deshalb ihre Skulpturen immer wieder bei den Edelstahlwerken Schmees fertigen (im Bild die Skulptur „It is – it isn't" von Tony Cragg).

S

Die Edelstahlwerke Schmees produzieren an den beiden Standorten Langenfeld und Pirna Stahl- und Edelstahlerzeugnisse insbesondere für den Energiemaschinen- und Pumpenbau.

Die Unternehmerfamilie Carla und Clemens Schmees, Daniel Eich, Sigrid und Dieter Schmees und Susanne Schmees-Besgen (oben v. l.); das Gasthaus „Zum Gießer" auf dem Firmengelände in Pirna (Mitte) und Pumpenlaufräder aus hochwertigem Edelstahl (unten)

Schmelzofens in eine Edelstahlgießerei verwandelt. 1992 erwarben die Unternehmer von der Treuhand die vormalige Copitzer Guss GmbH in Pirna und gewährten eine Übernahmegarantie für 59 Arbeitsplätze. Zugleich firmierte das Unternehmen zur Edelstahlwerke Schmees GmbH um. Der Sohn des Gründerehepaars, Clemens Schmees, ist Hauptgeschäftsführer der Edelstahlwerke Schmees GmbH. Unterstützend stehen ihm Johann Unglaub im Werk Pirna und Dominik Baulig für Langenfeld als Geschäftsführer zur Seite.

Die Inhaberfamilie Schmees baut ihre unternehmerische Strategie auf dem Fundament christlicher Werte auf. Die Mitarbeitenden des Unternehmens profitieren nicht nur von umfangreichen Schulungs- und Weiterbildungsmöglichkeiten, sondern auch von sozialen Strukturen. Für das Unternehmen Schmees gehört es zur Selbstverständlichkeit, sich an beiden Standorten als regionaler Sponsor für Schulen, Kindergärten, Sport- und Musikvereine, freiwillige Feuerwehren und Kirchen zu engagieren.

Bereits seit 2013 verfügt Schmees über ein vom TÜV zertifiziertes Energiemanagementsystem nach ISO 51000. Zum Schutz der Umwelt und der Ressourcen und mit dem Aspekt der Nachhaltigkeit und der Energieminimierung wurden neuartige Pfannenaufheizstationen und Porenbrenner angeschafft. Des Weiteren werden die Verwaltungsgebäude und die Fertigungshallen größtenteils mit Prozesswärme geheizt.

Im Hafen von Helsingør sitzt ein strahlender Jüngling aus hochglanzpoliertem Edelstahl. Er ist das Gegenstück zur kleinen Meerjungfrau in Kopenhagen. Das Künstlerduo Michael Elmgreen und Ingar Dragset hat diese Skulptur erschaffen (Gewicht ca. 800 kg, Größe ca. 1,90 m).

Schon gewusst?

Auf dem Firmengelände von Schmees in Pirna steht ein firmeneigenes Brauhaus, das die Familie selbst betreibt. Das Gasthaus „Zum Gießer" dient Kundinnen und Kunden ebenso wie den Mitarbeitenden als Anlaufstelle. Im Biergarten des Brauhauses steht die historische Kapelle der Heiligen Barbara und untermauert die Verbundenheit der Familie mit dem christlichen Glauben und moralisch-ethischen Werten.

Daten und Fakten

Inhaberfamilien: Familien Clemens Schmees und Susanne Schmees-Besgen in der 2. Generation
Gründer: Dieter und Sigrid Schmees, 1961, Langenfeld
Vertrieb: Direktvertrieb durch eigene Mitarbeitende
Mitarbeitende: 280 (2019)
Umsatz: 40 Mio. Euro (2019)
Ausbildungsplätze: 20
Familieneinfluss: inhabergeführt
Eigenkapitalquote: ca. 56%
Auszeichnungen: Finalist „Großer Preis des Mittelstandes" (2007); Finalist „Entrepreneur des Jahres" (2005, 2008); Nominierung zur Teilnahme an der „Woche der Umwelt" im Park von Schloss Bellevue in Berlin zur Präsentation von ausgewählten Forschungsprojekten; German Brand Award 2017

Kontakt
Edelstahlwerke Schmees GmbH
Rudolf-Diesel-Weg 6–8, 40764 Langenfeld
Fon: 02173 8505-0, Fax: 02173 8505-50
info-la@schmees.com, www.schmees.com

Ansprechpartnerin Presse
Carla Schmees
Fon: 02173 8505-10
carla.schmees@schmees.com

Schmersal

Wuppertal, Nordrhein-Westfalen

S

Gegründet: 1945
Die Schmersal Gruppe gehört zu den internationalen Marktführern im Bereich Maschinensicherheit. Zum Angebotsportfolio zählen Sicherheitsschalter und komplette Sicherheitssysteme sowie die umfangreichen Dienstleistungen des Geschäftsbereichs tec.nicum. Zu den Safety Services, die das tec.nicum-Team bietet, gehören Schulungen und Seminare, herstellerneutrale Beratung, Planung und Projektierung sowie Ausführung inkl. Dokumentation.

Maschinenhersteller wie auch -betreiber aus den unterschiedlichsten Branchen profitieren vom profunden Know-how und der jahrzehntelangen Erfahrung des Unternehmens im Bereich der Maschinensicherheit. Schmersal unterhält vier Produktionsstätten in Deutschland und jeweils eine in Brasilien, China und Indien. Das Unternehmen ist mit eigenen Gesellschaften und Vertriebspartnern in mehr als 50 Ländern präsent. Schmersal ist ein innovatives Unternehmen, das kontinuierlich neue, intelligente Sicherheitslösungen entwickelt. Das Familienunternehmen ist als Holding mit Tochtergesellschaften organisiert und in 3. Generation in Familienbesitz. Drei Mitglieder der Familie Schmersal sind Gesellschafter. Neben einem Code of Conduct gibt es einen Beirat, der als Kontrollgremium fungiert. Bei Schmersal waren 2019 ca. 1.850 Mitarbeitende beschäftigt, davon rd. 700 am größten der Standorte in Wuppertal. In Deutschland gibt es durchschnittlich 25 Auszubildende, die überwiegend übernommen werden.

1945 in Wuppertal gegründet, stellte das Unternehmen zunächst Komponenten für den Aufzugbau her, bevor 1947 mit der Produktion von Schaltgeräten begonnen wurde.

„The DNA of Safety"

Unternehmensleitsatz Schmersal

Die Geschäftsführer des Unternehmens Heinz Schmersal und sein Sohn Philip Schmersal (oben, v. l.); die Schmersal Hauptverwaltung in Wuppertal (unten)

S

Chronologie

1945 Die Brüder Kurt Andreas, Ernst und Aurel Schmersal gründen mit einem weiteren Partner das Unternehmen in Wuppertal.

1969 Entwicklung des ersten berührungslos wirkenden Magnetschalters

1974 Gründung der Vertriebs- und Produktionsgesellschaft in Brasilien

1981 Meilenstein in der Sicherheitstechnik: Entwicklung der Schalter AZ15 und AZ16

1990er-Jahre Entwicklung von Systemen für die sichere Mensch-Roboter-Interaktion

1999 Produktionsstart der Fertigungsstätte in China

2012 Grundsteinlegung für das Produktionswerk in Indien

2016 Gründung des eigenständigen Geschäftsbereichs Dienstleistungen unter der Firmierung tec.nicum

2019 Entwicklung der kleinsten elektronischen Sicherheitszuhaltung der Welt AZM40

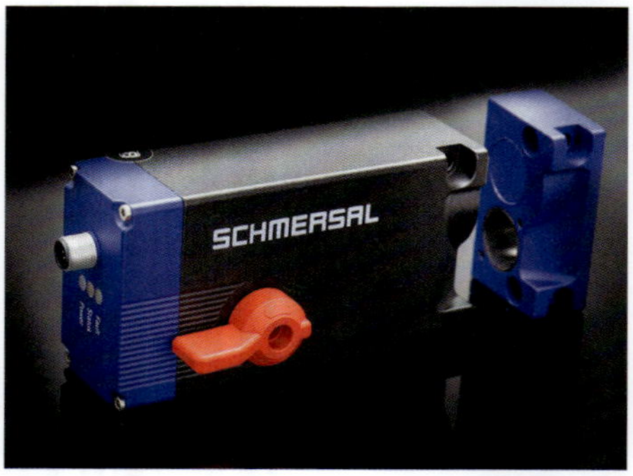

Schmersal entwickelt und produziert ein umfassendes Programm an hochwertigen Schaltgeräten und -systemen für den Personen- und Maschinenschutz.

Heute bietet Schmersal für eine Vielzahl verschiedener Industrien das weltweit größte Programm an Sicherheitsschaltgeräten und -systemen an und hält 350 Patente. Für die Zukunft möchte Schmersal seine Entwicklungsanstrengungen in Richtung drahtloser Kommunikationslösungen für die sichere Bereichsüberwachung ausbauen und darüber hinaus sein Serviceportfolio vergrößern. Ziel ist es, ein One-Stop-Shop für Sicherheitstechnik zu werden. Ob Risikobewertung, Beratung, einzelne Sicherheitskomponenten oder die komplette Projektbegleitung bis zur Zertifizierung – Schmersal macht alles und ist die erste und einzige Adresse, wenn es um Maschinensicherheit geht.

Auch wenn das Unternehmen mittlerweile ein Weltkonzern ist, werden die familiären Werte hochgehalten. Verantwortliches Wirtschaften und gesellschaftliches Engagement sind feste Bestandteile der Firmenkultur. Schmersal initiiert und unterstützt z. B. intern und extern Bildungsprogramme und Schulungszentren und erhielt in Brasilien mehrfach die Auszeichnung „Great Place to Work".

Daten und Fakten

Inhaberfamilie: Schmersal
Gründer: Kurt Andreas, Ernst und Aurel Schmersal
Branche: Automatisierung, Sicherheitstechnik
Produkte: Komponenten, Systeme und Dienstleistungen für Maschinensicherheit und Automatisierungstechnik
Standorte: 4 Produktionsstandorte in Deutschland, weitere in Brasilien, China und Indien
Vertrieb: Eigene Gesellschaften und Vertriebspartner in mehr als 50 Ländern
Mitarbeitende: 1.850
Umsatz: rd. 236 Mio. Euro (2019)

Kontakt
K. A. Schmersal GmbH & Co. KG
Möddinghofe 30, 42279 Wuppertal
Fon: 0202 6474-0, Fax: 0202 6474-100
info@schmersal.com, www.schmersal.com

SCHMID Group

Freudenstadt, Baden-Württemberg

Gegründet: 1864

Die SCHMID Group ist Lösungsanbieter für dynamische Branchen wie die Fotovoltaik und Energiespeicher, die Leiterplattentechnik und die Beschichtungstechnik von Bildschirmen und funktionalen Verpackungen. Zu den vier Geschäftsbereichen gehören Elektronik, Fotovoltaik, Energiesysteme und der Kundenservice. SCHMID beschäftigt weltweit an elf Standorten und zahlreichen Vertriebs- und Serviceniederlassungen über 900 Mitarbeitende. Produziert wird in Deutschland, China, Korea, der Türkei und den USA. Die Gesamtleistung betrug 2015 über 140 Mio. Euro. Die Forschung betreibt SCHMID in eigenen Technologiezentren für alle Geschäftsbereiche und kooperiert mit unabhängigen Instituten und Universitäten. Gegründet 1864 als mechanische Werkstätte und Eisengießerei, produzierte das Unternehmen seit 1964 Anlagen für die Leiterplattenindustrie und konzentrierte sich ab 1976 voll auf die Elektronikindustrie. 2002 erfolgte der Einstieg in die Fotovoltaik. Die erste Auslandstochter entstand 1992 in den USA. Die Geschäfte führt Christian Schmid in 5. Generation.

Kontakt

Gebr. SCHMID GmbH
Robert-Bosch-Str. 32–36, 72250 Freudenstadt
www.schmid-group.com

Schmidbauer

Gräfelfing, Bayern

S

„Schmidbauer.
Die Kraft zur Lösung."

Firmenmotto

Gegründet: 1932

Die Schmidbauer GmbH & Co. KG ist deutscher Marktführer bei der Vermietung von Mobilkranen sowie bei Logistiklösungen und Spezialtransporten. Zu den Kunden zählen u. a. Unternehmen der Bauwirtschaft, Windenergie, Chemie und Petrochemie sowie des Anlagen- und Maschinenbaus. Neben der Hauptverwaltung in Gräfelfing bei München verfügt Schmidbauer über 25 Standorte deutschlandweit, zwei Vertriebsbüros in Frankreich und Finnland sowie eine Tochtergesellschaft in Estland. 2019 erzielte das Unternehmen mit rd. 600 Mitarbeitenden einen Umsatz in Höhe von 70 Mio. Euro bei einem Auslandsanteil von 20 %.

Mit einem einzigen Lkw gründete Jakob Schmidbauer 1932 das nach ihm benannte Transportunternehmen und entwickelte später den ersten leistungsfähigen und schnell fahrenden Autokran. Es kamen weitere Lkw, Autokrane und Schwerlastfahrzeuge hinzu, und in den 1970er-Jahren hatte Schmidbauer den größten fahrbaren Autokran der Welt im Fuhrpark. Im heutigen Unternehmen wird die Nachhaltigkeit durch den Einsatz

Seit rd. 90 Jahren ist dcs Unternehmen in Familienhand: Der Firmengründer Jakob Schmidbauer mit seiner Ehefrau Franziska und Werner Schmidbauer, der heutige Vorsitzende der Geschäftsführung.

Schmidbauer ist Anbieter von mobiler Kran- und Hebetechnik, Spezialtransporten, Montagen und Ingenieursdienstleistungen.

S

Chronologie

1932 Jakob Schmidbauer steigt mit einem Lastkraftwagen ins Transportgeschäft ein.

1945 Konzeption und Bau des ersten schnell fahrenden und zugleich leistungsfähigen Autokrans; Transport- und Kraneinsatz werden erstmals kombiniert.

1961 Gründung der Schmidbauer KG im Bauboom der Wirtschaftswunder-Jahre mit den Komplementären Jakob und Werner Schmidbauer sen.; in der Folge dehnt die Firma Schmidbauer ihre Aktivitäten über die Grenzen Europas hinweg aus.

1971 Gräfelfing bei München wird der neue Sitz der Hauptverwaltung.

1962–1972 Im „Goldenen Jahrzehnt" des Unternehmens wächst der Fuhrpark der Firma Schmidbauer von 20 auf 200 Autokrane.

1982 Anschaffung eines Gittermast-Autokrans mit 1.000 t Traglast, der zu den weltweit größten Autokranen zählt

2005 Die Schmidbauer KG wird in die Schmidbauer GmbH & Co. KG umgewandelt.

2018 Krane ohne Grenzen: Ausbau der internationalen Tätigkeiten bis in die Antarktis

von Hybridfahrzeugen und innovativen technischen Konzepten für teleoperiertes Fahren und Bedienen forciert.

Die Schmidbauer Gruppe ist in 3. Generation zu 100 % in Besitz der Familie Schmidbauer. Werner Schmidbauer, Vorsitzender der Geschäftsführung, und Stefan Schmidbauer, Geschäftsführer, – beide Enkel des Gründers – leiten das Unternehmen gemeinsam mit Dieter Moser, einem familienfremden Manager. Auch zukünftig sollen die Potenziale einer generationenübergreifenden Führung aller familieneigenen Gesellschaften genutzt werden. Schmidbauer ist u. a. Mitglied im Verband der Bayerischen Metall- und Elektro-Industrie e. V. und in der Vereinigung der Bayerischen Wirtschaft e. V. Den Mitarbeitenden bietet das Unternehmen u. a. Weiterbildungen, z. B. in der Schmidbauer-Akademie, sowie Betriebssport und es fördert Sport, hier vor allem Top-Athleten der Leichtathletik im sog. „Team Schmidbauer" im Hinblick auf die Olympischen Spiele in Tokio 2021, sowie Bildung und lokale Projekte des Gemeinwohls in der Gemeinde Gräfelfing, dem Stammsitz des Unternehmens.

Daten und Fakten

Inhaberfamilie: Schmidbauer
Gründer: Jakob Schmidbauer
Branche: Kran- und Logistikdienstleistungen
Produkte: Mobilkrane, Spezialtransportgeräte
Standorte: 26 Standorte deutschlandweit, zwei Vertriebsbüros in Frankreich und Finnland, eine Tochtergesellschaft in Estland
Mitarbeitende: rd. 600
Umsatz: 70 Mio. Euro (2019)
Marktposition: Marktführer bei Mobilkran- und Transportdienstleistungen

Kontakt
Schmidbauer GmbH & Co. KG
Seeholzenstr. 1, 82166 Gräfelfing
Fon: 089 898676-0, Fax: 089 851124
info@schmidbauer-gruppe.de,
www.schmidbauer-gruppe.de

H.J. SCHMIDT

Bendorf, Rheinland-Pfalz

Gegründet: 1951
Die H.J. Schmidt-Firmengruppe ist ein führender Anbieter mineralischer Industrierohstoffe für die Feuerfest-, Keramik- und Gießereiindustrie. Das Unternehmen, das 1951 von Heinrich Josef Schmidt in Neuwied gegründet wurde, wird heute von seinem Sohn Klaus Werner Schmidt als geschäftsführendem Gesellschafter gemeinsam mit dem familienfremden Geschäftsführer Robert Thielen geleitet. Die 3. Generation befindet sich bereits in betriebswirtschaftlicher Ausbildung.

Nach dem Verkauf des Massengeschäfts Ende der 1990er-Jahre wurde das im Jahre 1984 in Bendorf übernommene Mineralmahlwerk ein Spezialanbieter hochfeuerfester Rohstoffe und Dienstleistungen. Heute beschäftigt sich H.J. Schmidt mit der Aufbereitung von Erzen und Mineralien sowie der Herstellung von Mischungen und Massen für die vorgenannten Anwendungsgebiete. Die eisenfreie Aufbereitung der Rohstoffe erfolgt durch Trocknen, Körnen, Sieben, Feinmahlen und Mikronisieren. Die eisenfreie Mikronisierung der synthetischen und mineralischen Rohstoffe erreicht Feinheiten bis zu einer mittleren Korngröße von 2 µm. Hochmoderne Mischanlagen (trocken und nass) ergänzen die Produktpalette.

Die Produktion von über 60.000 Jahrestonnen im Werk Bendorf erfolgt mit 65 Mitarbeitenden entsprechend dem Qualitätsstandard nach EN DIN ISO 9001:2000 und wird in eigenen Labors kontrolliert. Die günstige Lage am Rhein im Herzen der deutschen Keramik- und Feuerfestindustrie gewährleistet die Nähe zu den Kunden und bietet eine günstige Anbindung an die industriellen Zentren Rhein/Main, Ruhrgebiet, Nordfrankreich und Benelux.

Kontakt
H.J. Schmidt Mineraltechnik GmbH & Co. KG
Engerser Landstr. 60, 56170 Bendorf
Fon: 02622 9274-0, Fax: 02622 9274-50
info@h-j-schmidt.de, www.h-j-schmidt.de

Schmidt + Clemens

Lindlar, Nordrhein-Westfalen

Gegründet: 1879
Schmidt + Clemens beschäftigt sich mit der Herstellung und Verarbeitung hochlegierter Edelstähle und hält in diversen Nischenmärkten eine führende Marktposition. Überwiegend im Schleuder- oder Formgussverfahren werden Produkte u. a. für die Petrochemie, den Industrieofenbau, die Energie- und Trenntechnik sowie für den Bereich Pumpen-Armaturen hergestellt.

Am Stammsitz in Kaiserau im oberbergischen Lindlar arbeiten 600 Mitarbeitende. Außerdem beschäftigt das Unternehmen rd. 400 weitere Mitarbeitende an seinen Produktionsstandorten in Spanien, Tschechien und Malaysia. Als werteorientiertes Familienunternehmen bietet S+C seinen Beschäftigten gute Aus- und Weiterbildungsmöglichkeiten. S+C ist Mitglied im Netzwerk „Erfolgsfaktor Familie“.

Kontakt
Schmidt + Clemens GmbH + Co. KG
Kaiserau 2, 51789 Lindlar
www.schmidt-clemens.de

Schmincke

Erkrath, Nordrhein-Westfalen

Gegründet: 1881
Die H. Schmincke & Co. GmbH & Co. KG ist ein Hersteller von feinsten Künstlerfarben und Hilfsmitteln aller Art für die Malerei. Neben den sehr bekannten Mussini Harzöl-

S

farben und den Horadam Aquarellfarben entwickelte Schmincke ein Premium-Sortiment in nahezu allen Segmenten der Künstlerfarben. Das Unternehmen ist eigenen Angaben zufolge Marktführer in Deutschland und produziert seine Farben zu 100 % in Erkrath „made in Germany". Schmincke beschäftigt 2019 rd. 80 Mitarbeitende und vertreibt seine Produkte über Distributoren und Fachhändler weltweit in 56 Länder (Exportquote 58 %). Das Unternehmen hat in den letzten Jahren mehrere Mio. Euro in den Ausbau der Produktion und Gebäude am Standort Erkrath investiert, um die nachhaltige und erfolgreiche Entwicklung des Familienunternehmens zu sichern.

Kontakt
H. Schmincke & Co. GmbH & Co. KG
Otto-Hahn-Str. 2, 40699 Erkrath
www.schmincke.de

SCHMITZ u. Söhne

Wickede (Ruhr), Nordrhein-Westfalen

Gegründet: 1930
90 Jahre Erfahrung machen SCHMITZ zu einem der international führenden Hersteller von Medizinprodukten. Die Leidenschaft für Operationstische mit Spezialzubehör sowie Arbeitsplätze für Gynäkologie inkl. Videokolposkopie, Urologie, Proktologie und Geburtshilfe findet sich in Qualität, Mobilität, Funktionalität und Design der Produkte wieder. Funktionswagen, Patiententransporter, Ambulanz- und OP-Mobiliar sowie auch allgemeines medizinisches Mobiliar runden das SCHMITZ Produktportfolio für Krankenhäuser und Arztpraxen ab. Seit 1930 steht das in 4. Generation geführte Familienunternehmen für Kompetenz, Zuverlässigkeit, Stärke und Beständigkeit und ist neben zwei deutschen Standorten mit sieben weiteren Niederlassungen in Europa, den USA, Lateinamerika und Asien international vertreten.

Kontakt
SCHMITZ u. Söhne GmbH & Co. KG
Zum Ostenfeld 29, 58739 Wickede (Ruhr)
www.schmitz-soehne.com

Schneider Schreibgeräte

Tennenbronn, Baden-Württemberg

Gegründet: 1938
Die Schneider Schreibgeräte GmbH ist eine international renommierte Marke von hochwertigen Schreibgeräten. Das Portfolio umfasst über 100 Modelle in verschiedenen Varianten. Geforscht, entwickelt und produziert wird im Stammhaus in Tennenbronn, Schwarzwald, und in Wernigerode, Harz. Das Vertriebs- und Logistikzentrum befindet sich im oberbayerischen Weilheim. Schneider beschäftigt ca. 630 Mitarbeitende. Das Unternehmen wird in allen europäischen Ländern durch Vertretungen repräsentiert, die Markenartikel werden in über 130 Länder verkauft. Bereits seit 1998 ist Schneider Schreibgeräte nach dem weltweit strengsten Umwelt-Management-System EMAS zertifiziert. Christian Schneider und Frank Groß leiten heute das 1938 gegründete Familienunternehmen.

Kontakt
Schneider Schreibgeräte GmbH
Schwarzenbach 9,
78144 Schramberg-Tennenbronn
schneiderpen.com

Schnellecke

Wolfsburg, Niedersachsen

Gegründet: 1939
Das Familienunternehmen Schnellecke wurde im Jahr 1939 als Spedition in Wolfsburg gegründet. 1985 erfolgte die Aufnahme logistischer Dienstleistungen. 1994 übernahm Schnellecke die Karosseriewerke Dresden GmbH und

deren Produktion von Karosserieteilen und -baugruppen. Heute zählt die Schnellecke Group AG & Co. KG zu den weltweit führenden Mehrwert-Logistikdienstleistern für die Automobilindustrie. Seit März 2020 werden die Spartenholdings Logistik und Transport in der Schnellecke Logistics SE zusammengefasst. Das Familienunternehmen entwickelt maßgeschneiderte Logistiklösungen und optimiert Wertschöpfungsketten in der Versorgungs- und Verpackungslogistik. Darüber hinaus bietet Schnellecke Schweißzusammenbauten, Modulmontagen sowie Transportlogistik. Schnellecke ist heute mit rd. 20.000 Mitarbeitenden (2018) an 73 Standorten in 14 Ländern vertreten. Der Umsatz des Unternehmens betrug 2018 1,129 Mrd. Euro. Den Vorstand bilden Nikolaus Külps (Vorsitzender), Dr. Klaus von Marwyk und Andreas Wagner. Prof. Rolf Schnellecke ist Aufsichtsratsvorsitzender.

Kontakt
Schnellecke Logistics SE
Stellfelder Str. 39, 38442 Wolfsburg
www.schnellecke.com

Schniewindt

Neuenrade, Nordrhein-Westfalen

Gegründet: 1829
Schniewindt ist ein leistungsorientiertes, unabhängiges Familienunternehmen mit Sitz in Neuenrade. Durch weltweite Kooperationen gehört das Unternehmen heute zu den führenden Herstellern von elektrischen Widerständen im Hochleistungsbereich sowie von Geräten und Systemen der elektrischen Beheizungstechnik für industrielle und gewerbliche Zwecke. In der Energieübertragungstechnik verbindet Schniewindt bewährte Sensortechnologie zur Spannungs- und/oder Strommessung. Seine Produkte entwickelt das Familienunternehmen seit seiner Gründung im Jahr 1829 konsequent entsprechend den Marktbedürfnissen und dem jeweils aktuellen Stand der Technik weiter. Aktuell sind in Neuenrade 175 Mitarbeitende, darunter 20 Ingenieurinnen und Ingenieure, für Schniewindt tätig. Im Tochterunternehmen in Shanghai arbeitet ein Team von 20 Beschäftigten.

Kontakt
Schniewindt GmbH & Co. KG
Schöntaler Weg 46, 58809 Neuenrade
www.schniewindt.de

Schoeller Industries

Pullach, Bayern

Gegründet: 1879
Die Schoeller Industries ist eine Industrie- und Dienstleistungsgruppe, deren zahlreiche Tochtergesellschaften unabhängig voneinander agieren. Die abgedeckten Geschäftsfelder umfassen u. a. Mehrweg-Transportverpackungen, Recycling, Umwelttechnik, Dienstleistungen wie Logistik, Patentmanagement und Investitionen in Wachstumsfirmen. Die einzelnen Tochtergesellschaften gehören wiederum zu den vier Holdings in Familienhand: Alexander Schoeller & Co, Gebrüder Schoeller, Schoeller Logistic Systems und Schoeller Group. Die mehr als 4.000 Mitarbeitenden weltweit erwirtschaften einen Jahresumsatz von einer Mrd. Euro für die gesamte Gruppe. Martin und Christoph Schoeller und deren Familien stehen der heutigen Schoeller Industries in 7. Generation vor.

Kontakt
Schoeller Holding GmbH
Zugspitzstr. 15, 82049 Pullach
www.schoeller.org

S

Schöffel

Schwabmünchen, Bayern

Gegründet: 1804
Die Schöffel Sportbekleidung GmbH steht für Ski-, Outdoor- und Bergsportbekleidung auf höchstem Niveau. Die wichtigste Innovation von Schöffel besteht in der Einführung des wasserdichten Materials GORE-TEX® im Jahr 1983. Die Unternehmensgruppe gliedert sich in die Marke Schöffel und den Bereich Professional Wear mit eigenen Kunden wie Porsche oder BMW. Gegründet wurde das Familienunternehmen 1804 von Georg Schöffel, nachdem er eine Konzession für den Strumpfhandel erhalten hatte. Im Verlauf von 200 Jahren wurde daraus eine internationale Sportbekleidungsmarke. Schöffel wird mittlerweile in der 7. Generation von der gleichnamigen Familie geführt. Es beschäftigt am Standort Schwabmünchen rd. 200 Mitarbeitende. Heute leitet Peter Schöffel als geschäftsführender Gesellschafter, zusammen mit Geschäftsführer Felix Geiger, das Unternehmen.

Kontakt
Schöffel Sportbekleidung GmbH
Ludwig-Schöffel-Str. 15, 86830 Schwabmünchen
www.schoeffel.com

SCHOLPP Kran & Transport

Stuttgart, Baden-Württemberg

Gegründet: 1956
Die SCHOLPP Kran & Transport GmbH ist mit regionalen Krandienstleistungen an den Standorten Stuttgart, Karlsruhe, Heilbronn, Böblingen, Ludwigshafen und Leonberg präsent. Mit rd. 185 Mitarbeitenden und mehr als 72 Kranen ist das Unternehmen nach eigenen Angaben in Baden-Württemberg führend. Martin Scholpp erwarb im Jahr 2013 die SCHOLPP Kran & Transport GmbH aus der SCHOLPP Unternehmensgruppe und führt die Firma seither als geschäftsführender Gesellschafter. Er ist der Sohn des Gründers Alfred Scholpp. Dieser kaufte 1956 seinen ersten Autokran, der in Zusammenarbeit mit der Firma Kässbohrer in Ulm entstanden war – auf der Basis der von Alfred Scholpp selbst angefertigten Handskizzen. Damit begründete er die Idee des Krandienstleisters.

Kontakt
SCHOLPP Kran & Transport GmbH
Am Mittelkai 20, 70327 Stuttgart
www.scholppkran.de

Schön Klinik

Prien am Chiemsee, Bayern

Gegründet: 1985
Mit 26 Standorten in fünf Bundesländern sowie in Großbritannien, die jährlich 300.000 Patientinnen und Patienten versorgen, gehört die Schön Klinik zu den größten inhabergeführten Krankenhausgruppen Deutschlands. Das Unternehmen konzentriert sich auf die Fachgebiete Orthopädie, Neurologie, Psychosomatik, Chirurgie und Innere Medizin. Die Schön Klinik beschäftigt rd. 10.600 Mitarbeitende. Die Eltern des heutigen Inhabers Dieter Schön, Franz-Josef und Else Schön, waren zunächst als Bauträger u. a. im Klinikneubau aktiv. In Zusammenarbeit mit Forscherinnen und Forschern der Uniklinik München eröffneten sie 1985 eine psychosomatische Klinik am Chiemsee. In den vergangenen drei Jahrzehnten entstanden neue Klinikstandorte, und öffentliche Krankenhäuser wurden erfolgreich in die Trägerschaft der privaten Klinikgruppe überführt. Unter Leitung des geschäftsführenden Direktors Christopher Schön, Enkel des Firmengründers, und des CEO Dr. Mate Ivančić entstand 2018 die Schoen Clinic London. Zudem wurde eine Klinik in Birmingham übernommen, die auf Essstörungen spezialisiert ist: Newbridge House for Eating Disorders.

S

Kontakt
Schön Klinik SE
Seestr. 5a, 83209 Prien am Chiemsee
www.schoen-klinik.de

Schörghuber

München, Bayern

SCHÖRGHUBER
UNTERNEHMENSGRUPPE

Gegründet: 1954
Die in München beheimatete Schörghuber Unternehmensgruppe ist in den vier Unternehmensbereichen Bauen & Immobilien, Getränke, Hotel und Seafood tätig und beschäftigt rd. 5.300 Mitarbeitende. Josef Schörghuber gründete 1954 die Bayerische Hausbau, heute Führungsgesellschaft des Bereiches Bauen & Immobilien und eines der großen integrierten Immobilienunternehmen in Deutschland.

1979 stieg der Unternehmer in das Brauereigeschäft ein und begründete damit das Geschäftsfeld Getränke. Zum Stammhauskonzern, der Paulaner Brauerei Gruppe, zählen heute mit der Kulmbacher Gruppe, der Fürstlich Fürstenbergischen Brauerei, der Privat-Brauerei Hoepfner und der Privatbrauerei Schmucker insgesamt zwölf Brauereien. Die Paulaner Brauerei Gruppe ist ein Gemeinschaftsunternehmen der Schörghuber Unternehmensgruppe, die 70 % der Anteile hält, mit dem niederländischen Braukonzern Heineken. Bereits 1969 war unter dem Markendach Arabella der Unternehmensbereich Hotel entstanden. Die Arabella Hospitality betreibt die im Eigentum befindlichen sowie die gepachteten Hotels in Deutschland, der Schweiz und auf den Balearen. Das Management der Häuser liegt bei Marriott International. Der vierte Unternehmensbereich, Seafood, ergänzt seit 2011 das Unternehmensportfolio und steht für die Lachsaufzucht und -verarbeitung von Productos del Mar Ventisqueros in Chile.

Nach dem Tod von Josef (1995) und Stefan Schörghuber (2008) vertritt dessen Witwe Alexandra Schörghuber die Interessen der Familie als Vorsitzende des Stiftungsrates und Mitglied des Vorstandes.

Kontakt
Schörghuber Unternehmensgruppe
Denninger Str. 165, 81925 München
Fon: 089 9238-543, Fax: 089 9238-603
kontakt@sug-munich.com, www.sug-munich.com

SCHOTTEL

Spay, Rheinland-Pfalz

Gegründet: 1921
Die SCHOTTEL Gruppe zählt zu den weltweit führenden Herstellern hochwertiger Schiffspropulsionssysteme. SCHOTTEL entwickelt und fertigt rundum steuerbare Antriebs- und Manövriersysteme sowie komplette Antriebsanlagen bis 30 MW Leistung. Die Unternehmensgruppe erwirtschaftete 2015 einen Gesamtumsatz von 314 Mio. Euro und beschäftigt weltweit über 1.300 Mitarbeitende, davon über 1.000 an drei Standorten in Deutschland. Seit 2011 ist das Unternehmen auch in der Gezeitenenergie tätig. Durch die Übernahme des Getriebeherstellers Wolfgang Preinfalk GmbH (PW) erfolgte der Einstieg in die Entwicklung und Fertigung von Getrieben für nahezu alle industriellen Bereiche. Die 1921 von Josef Becker gegründete SCHOTTEL GmbH befindet sich seitdem in Familienbesitz und wird von einer familienfremden Geschäftsführung geleitet.

Kontakt
SCHOTTEL GmbH
Mainzer Str. 99, 56322 Spay/Rhein
www.schottel.de

S

„Wer gut schläft, ist lebendiger."

Unternehmensleitsatz Schramm Werkstätten

Manufakturmatratze Divina aus dem Hause Schramm

Schramm Werkstätten

Winnweiler, Rheinland-Pfalz

SCHRAMM
home of sleep

Gegründet: 1923

Die Schramm Werkstätten GmbH ist ein familiengeführtes Unternehmen der Möbelbranche, das sich auf die Herstellung von Matratzen, Schlafsystemen, Betten, Beistellmöbeln sowie textilen Accessoires wie Plaids und Bettwäsche spezialisiert hat. Neben Privatkundinnen und -kunden richten sich die Angebote auch an Hotels, für die das Unternehmen die Komplettausstattung ihrer Schlafplätze übernimmt. Der Service umfasst zudem die Anfertigung individueller Modelle, um unterschiedlichen Gewohnheiten und Körperkonstitutionen entgegenzukommen.

Mit über 180 Mitarbeitenden erwirtschaftet das Unternehmen einen durchschnittlichen Umsatz von 29 Mio. Euro. Der Exportanteil beträgt knapp 40 % bei steigender Tendenz. Jährlich werden über 10.000 Matratzen und 4.200 Betten produziert und von insgesamt 300 Fachhandelspartnern im Inland und im europäischen Ausland vertrieben. Darüber hinaus beginnt das Unternehmen, seine Verkaufsaktivitäten auch auf Russland und Asien auszudehnen.

Die Schramm Werkstätten mit Hauptsitz im rheinland-pfälzischen Winnweiler liegen in den Händen der Familie Schramm. Der geschäftsführende Gesellschafter Axel Schramm leitet die Firma als Vertreter der 3. Unternehmergeneration. Seine Frau Angela Schramm unterstützt ihn im Atelier des Betriebs und im Marketing als Verantwortliche für Design und Kommunikation. Karl Schramm sen. legte den Grundstein des Familienbetriebs im Jahr 1923, als er eine Polsterei und Sattlerei errichtete. Sein Sohn Karl übernahm ab 1959 die Firma und leitete eine Neuausrichtung ein. Unter seiner Führung spezialisierte sich Schramm ab Mitte der 1960er-Jahre auf die Herstellung hochwertiger Matratzen nach traditioneller Fertigungsweise. Das Unternehmen konzentriert sich dabei ausschließlich auf ein traditionelles, aus zwei Matratzentypen zusammengesetztes Schlafsystem. Dem Grundprinzip nach wird hier eine gefederte, kraftvoll reagierende Untermatratze mit einer elastischen und flexiblen Obermatratze kombiniert, die aus Federkernen bzw. Taschenfederkernen besteht.

Schramm hat sich auf die Herstellung von Matratzen, Betten, Beistellmöbeln sowie textilen Accessoires wie Plaids und Bettwäsche spezialisiert.

S

Die hohe Kunst des Schlafens

Der heutige Markt bietet zahlreiche Lösungen, um das menschliche Grundbedürfnis des Schlafens zu erfüllen, dessen Funktion immer noch nicht vollständig geklärt ist. Eine hochwertige Schlafunterlage sollte sich nicht nur optimal an den menschlichen Körper anpassen, sondern auch die Feuchtigkeit regulieren, die beim Schlafen entsteht – der Mensch verliert über Nacht ca. 0,5 bis 1 l Feuchtigkeit. Schramm widmet sich mit dem sog. Zwei-Matratzen-System einer traditionellen Möglichkeit der Bettung. Sie besteht aus einer gefederten Untermatratze und einer darauf aufliegenden Federkern- bzw. Taschenfederkernmatratze. Richtig angewandt kann dieses System gegenüber anderen Techniken zwei funktionale Vorzüge aufweisen. Die geschichtete Bauweise ermöglicht eine punktuelle Körperanpassung und -abstützung. Zugleich ermöglichen die aus vielen luftdurchlässigen Hohlräumen bestehenden Matratzen eine umfassende Luftzirkulation, die den Feuchtigkeitshaushalt reguliert.

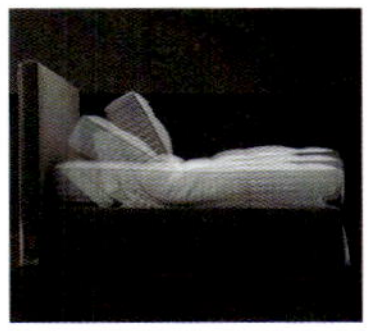

Das 3-Matratzen-System Grand Cru von Schramm

Eine zentrale Komponente des Geschäftskonzepts beruht auf dem Vertrauen in die handwerkliche Fertigungskunst traditioneller Polstertechnik. Das Familienunternehmen greift auf die seit fast 100 Jahren gesammelte Erfahrung zurück und ist in der Lage, individuelle Kundenwünsche in den hauseigenen Werkstätten – einer Schreinerei, einer Polsterei und dem Nähatelier – zu erfüllen.

Chronologie

1923 Gründung durch Karl Schramm sen. als Polsterei und Sattlerei

1959 Übernahme durch Karl Schramm jun. und Neuausrichtung

1965 Spezialisierung auf die Fertigung hochwertiger Matratzen

1999 Umzug in die neuen Firmengebäude in Winnweiler

2003 Einführung des SCA-Systems

2012 Umfangreiche Erweiterung der Produktionsfläche am Standort Winnweiler

Daten und Fakten

Inhaberfamilie: Familie Schramm in 3. Generation
Gründer: Karl Schramm sen., 1923, Alsenborn
Branche: Schlafsysteme
Produkte: Matratzen und Untermatratzen, Betten, Beistellmöbel, textile Accessoires
Standort: Winnweiler
Vertrieb: Europa, beginnende Aktivitäten in Russland und Asien
Mitarbeitende: 180 (2019)
Umsatz: 29 Mio. Euro
Innovationen: Schulteraufnahme für Seitenschläfer, Sekundäre Contur-Anpassung (SCA, 2003); 3-Matratzen-System (2011)
Ausbildungsplätze p. a.: 2 Industriekaufleute, 2 Industriepolsterer/-innen, 1 Holztechniker/-in, 2 Dekorationsnäher/-innen

Kontakt

Schramm Werkstätten GmbH
Am Stundenstein 1, 67722 Winnweiler
Fon: 06302 9236-0, Fax: 06302 9236-999
www.schramm-werkstaetten.com

S

Schumacher

Ebersdorf, Bayern

Gegründet: 1948
Die Schumacher Packaging Gruppe ist ein Wellpappenproduzent und Komplettanbieter für papierbasierte Verpackungslösungen. Sie wird in der 3. Generation von Björn und Hendrik Schumacher geführt. Das 1970 eröffnete Werk Ebersdorf fertigt Verpackungslösungen vieler bekannter Markenartikler, 2010 kommen durch die Akquisition des polnischen Marktführers Obst- und Gemüseverpackungen hinzu. In Greve startet 2014 ein Wellpappe-Werk, das den nordeuropäischen Markt beliefert. Nach weiteren Zukäufen steigert die Schumacher Packaging Gruppe 2018 ihren Umsatz im Vergleich zum Vorjahr in allen Ländern um mehr als 6 % auf 627 Mio. Euro. An 15 Produktionsstandorten in Europa arbeiten 3.300 Beschäftigte. Investitionen von über 130 Mio. Euro sind geplant.

Kontakt
Schumacher Packaging GmbH
Friesendorfer Str. 4, 96237 Ebersdorf
www.schumacher-packaging.com

SCHUNK

Lauffen/Neckar,
Baden-Württemberg

Gegründet: 1945
Die SCHUNK GmbH & Co. KG zählt weltweit zu den Kompetenzführern für Greifsysteme und Spanntechnik. Das Familienunternehmen mit Stammsitz in Lauffen/Neckar wird in 3. Generation von den Enkeln des Unternehmensgründers, den Geschwistern Henrik A. Schunk und Kristina I. Schunk, geführt. Es beschäftigt über 3.500 Mitarbeitende. Produktionsstätten befinden sich am Firmensitz in Lauffen, in Brackenheim-Hausen und Mengen sowie in St. Georgen, Huglfing, Morrisville (USA), Aadorf (Schweiz) und Caravaggio (Italien). Der Vertrieb erfolgt über 34 eigene Ländergesellschaften. Zum Kundenkreis zählen das Who's who des Maschinen- und Anlagenbaus, der Robotik, Automatisierung und Montagehandhabung sowie alle namhaften Automobilmarken und deren Zulieferer.

Kontakt
SCHUNK GmbH & Co. KG
Bahnhofstr. 106–134, 74348 Lauffen/Neckar
www.schunk.com

Schütte

Köln, Nordrhein-Westfalen

Gegründet: 1880
Schütte ist ein in 4. Generation inhabergeführtes Familienunternehmen mit Sitz in Köln. Die Wurzeln des stets zu 100 % in Familienbesitz befindlichen Unternehmens reichen bis in das Jahr 1880 zurück. Als weltweit agierender Hersteller von Werkzeugmaschinen beschäftigt Schütte über 500 Mitarbeitende. Die Unternehmensgruppe produziert Mehrspindel-Drehautomaten und 5-Achsen-CNC-Schleifmaschinen und ist mit Vertrieb und Service über Tochtergesellschaften sowie Vertriebs- und Handelspartner in allen wichtigen Industrieregionen vertreten. Eingesetzt werden die Maschinen bei der Herstellung von Bauteilen für die Kraftfahrzeug- und Luftfahrtindustrie sowie in Armaturen, in Industriehydraulik und der medizinischen Industrie.

Kontakt
Alfred H. Schütte GmbH & Co. KG
Alfred-Schütte-Allee 76, 51105 Köln
www.schuette.de

S

SCHÜTZ

Selters, Rheinland-Pfalz

Gegründet: 1958
Die SCHÜTZ GmbH & Co. KGaA ist in der Kunststoff- und Metallverarbeitung tätig und verfügt über vier Geschäftsfelder: Packaging Systems, Industrial Services, Composites und Energy Systems. SCHÜTZ stellt Verpackungssysteme für Füllgut unterschiedlichster Art her – von Chemikalien über Gefahrstoffe bis hin zu sensiblen Gütern wie Lebensmitteln. An mehr als 40 Standorten weltweit finden sich Niederlassungen des Familienunternehmens, das ein Global Player in der Verpackungsindustrie ist. SCHÜTZ berichtet an EcoVadis, eine Nachhaltigkeits-Bewertungsplattform, und gehört im Bereich Umwelt zu den Top 5 % der bewerteten Hersteller von Kunststoffprodukten. Die Geschäftsführung haben Udo Schütz, Veit Enders, Holger Gelhard, Winfried Heibel und Roland Strassburger inne.

Kontakt
SCHÜTZ GmbH & Co. KGaA
Schützstr. 12, 56242 Selters
www.schuetz.net

Schwabe

Karlsruhe, Baden-Württemberg

Gegründet: 1866
Die Dr. Willmar Schwabe GmbH & Co. KG ist das Mutterunternehmen der Schwabe-Gruppe, zu der mehrere Unternehmen der Pharma- und Gesundheitsbranche gehören. Rd. 3.600 Menschen arbeiten bei der Schwabe-Gruppe, der erwirtschaftete Umsatz liegt bei ca. 900 Mio. Euro. Die Firma ist ein Familienunternehmen, das sich zu 100 % im Besitz der Familie befindet, und in 5. Generation seit dem Jahr 2016 von Olaf Schwabe geführt wird. Die Grundsteine legte der Apotheker Dr. Willmar Schwabe 1866 mit der „Fabrikationsstätte für die Zubereitung von Arzneimitteln" in Leipzig. Das heute in Karlsruhe ansässige Unternehmen Dr. Willmar Schwabe ist Weltmarktführer in der Entwicklung und Herstellung von pflanzlichen Arzneimitteln, den sogenannten Phytopharmaka.

Kontakt
Dr. Willmar Schwabe GmbH & Co. KG
Willmar-Schwabe-Str. 4, 76227 Karlsruhe
www.schwabe.de

Schwalbe

Reichshof, Nordrhein-Westfalen

„Fahrradfahren ist ein wunderbares Feld. Es ist Lifestyle und Lebenslust. Mit unserer Vorreiterrolle bei pannensicheren Fahrradreifen profitiert Schwalbe besonders von diesem Trend."

Frank Bohle

Gegründet: 1922
Unter der Marke Schwalbe entwickelt, produziert und vertreibt die Ralf Bohle GmbH Reifen und Schläuche für Fahrräder und Rollstühle. Dabei zeichnet sich das Familienunternehmen besonders durch seine Innovationen wie den komfortablen Ballonreifen „Big Apple", den langlebigen „Marathon" oder den pannensicheren Reifen „Marathon Plus" aus. Die Ralf Bohle GmbH ist europäischer Marktführer für Fahrradreifen und erwirtschaftete 2019 einen Jahresumsatz von 208 Mio. Euro. Bei den Joint-Venture-Partnerunternehmen in Indonesien und Vietnam wird die Produktpalette produziert, daneben gibt es Vertriebstochterunternehmen in Großbritannien, Frankreich, Italien, den Niederlanden und in Nordamerika sowie weltweite Vertriebspartner.

Die Brüder Eugen und Willy Bohle gründeten das Unternehmen 1922 in Bergneustadt. 1955 trat in 2. Generation Ralf Bohle in die Firma ein. In seine Ära fällt die Bildung der Marke Schwalbe. 1995 siedelte das Unternehmen in das moderne Logistikzentrum nach

1955 tritt Ralf Bohle (1935–2010) in das Unternehmen ein (oben). Schwalbe wird heute in 3. Generation von Frank Bohle (unten) geleitet.

S

Gesellschaftliche Entwicklung

Schwalbe engagiert sich auf regionaler Ebene in der Sportförderung, u. a. beim VfL Gummersbach (2. Bundesliga Handball) und beim TTC Schwalbe Bergneustadt (1. Bundesliga Tischtennis). Ein besonderes Anliegen ist dem Unternehmen der Behindertensport. Schwalbe sponsert die Para-Rad-Nationalmannschaft und die Kinder- und Jugendsportabteilung des Deutschen Rollstuhlsportverbandes. Neben Einzel- und Teamsponsorings in unterschiedlichen Disziplinen wird auch der Rollstuhl-Extremsportler Aaron Fotheringham (Foto links) unterstützt. Für die Ausrichtung des Rollstuhlsportevents „Rolliday" wurde Schwalbe ausgezeichnet.

Forschung und Entwicklung: Bei Schwalbe dreht sich alles um den Fahrradreifen (oben). Nachhaltig: die zu 100% recycelbaren Fahrradschläuche (Mitte) und das neue Firmengebäude des Familienunternehmens, das in Reichshof entsteht (unten)

Reichshof bei Köln um. Heute befindet sich die Ralf Bohle GmbH in 3. Generation im Eigentum von Frank Bohle, Andrea Jahn und Helga Weiß. Frank Bohle führt das Unternehmen zusammen mit Holger Jahn und Andreas Grothe.

Schwalbe baut seine Produktpalette stetig aus, z. B. mit speziell handschonenden Reifen für Rollstühle. Daneben soll auch der nordamerikanische und asiatische Markt weiterentwickelt werden. Einen langfristigen Schwerpunkt der Entwicklung hat das Unternehmen in Richtung Nachhaltigkeit gesetzt – sowohl im Produktbereich mit „Grünen Meilensteinen" als auch durch eine entsprechende Unternehmensstruktur. Ein weltweit agierendes Unternehmen und dessen Produkte und Werbemittel auf Nachhaltigkeit umzustellen, ist lt. dem Selbstverständnis von Schwalbe ein auf viele Jahre angelegter Prozess, der seit 2013 erfolgreich in Zusammenarbeit mit dem renommierten Umweltberatungsinstitut EPEA aus Hamburg etabliert wird. So wurden ein immer wieder verwendbarer Messestand entwickelt und Werbematerialien auf rückstandsfreie und ressourcenschonende zertifizierte Druckprodukte umgestellt. Schwalbes bislang größtes Projekt in Sachen Nachhaltigkeit ist das in Bau befindliche neue Firmengebäude. Im Außen- und Innenbereich kommen nur schadstofffreie Materialien zum Einsatz. Stromerzeugung durch Solarzellen, Regenwassernutzung über Zisternen und Deckensegel zur Temperaturregelung sind nur einige Beispiele für das ökologische Statement, das Schwalbe mit seinem Firmensitz setzt – und weitere Projekte sind bereits in Arbeit.

Bei pannensicheren Fahrradreifen hat Schwalbe eine Vorreiterrolle inne.

Chronologie

1922 Gründung des Unternehmens durch Eugen und Willy Bohle

1955 Eintritt von Ralf Bohle in die Firma

1973 Gründung der Marke Schwalbe

1983 Markteinführung des Langlaufreifens „Schwalbe Marathon"

1995 Eröffnung des Logistikzentrums in Reichshof

2000 Generationswechsel in der Geschäftsführung

2003 Markteinführung des unplattbaren Fahrradreifens „Marathon Plus"

2020 Bezug des neuen Firmengebäudes

Daten und Fakten

Inhaberfamilien: Familien Bohle, Jahn und Weiß in 3. Generation
Gründer: Eugen und Willy Bohle, 1922, Bergneustadt
Branche: Sportartikelbranche
Produkte: Fahrradreifen und -schläuche, Rollstuhlreifen und -schläuche
Standorte: Firmenzentrale in Reichshof; Produktionsstätten in Indonesien und Vietnam, Vertriebstochterunternehmen in Europa und Nordamerika
Mitarbeitende: 160 Mitarbeitende in Deutschland, ca. 60 bei Tochterunternehmen, ca. 3.500 an den Produktionsstandorten
Umsatz: 208 Mio. Euro (2019)
Marktposition: Marktführer in Europa
Exportquote: ca. 55 %

Kontakt
Schwalbe – Ralf Bohle GmbH
Otto-Hahn-Str. 1, 51580 Reichshof
Fon: 02265 109-0, Fax: 02265 7022
info@schwalbe.com, www.schwalbe.com

Ansprechpartnerin Presse
Doris Klytta
Fon: 02265 109-57
d.klytta@schwalbe.com

S

Schwan-STABILO

Heroldsberg, Bayern

Gegründet: 1855
Die STABILO International GmbH ist einer der führenden Schreibgerätehersteller in Europa und wichtiger Teil der Unternehmensgruppe Schwan-STABILO. Ihre Kernkompetenzen liegen in den Bereichen Schreiben, Malen & Zeichnen und Leuchtmarkieren. Der Dünnkernfarbstift STABILO ist eine Entwicklung aus den 1920er-Jahren. Es gibt zwei weitere eigenständige Geschäftsfelder: Schwan Cosmetics als Privat-Label-Produzent für Kosmetikstifte und -produkte sowie Outdoor mit den Marken Deuter, Ortovox, Maier Sports und Gonso. Alle diese Unternehmen sind unter dem Dach der Schwanhäußer Industrie Holding zusammengefasst. Über 1.500 Mitarbeitende sind in Deutschland, Tschechien und Malaysia tätig. Schwan-STABILO-Produkte sind in mehr als 180 Ländern erhältlich.

Kontakt
Schwanhäußer Industrie Holding GmbH & Co. KG
Schwanweg 1, 90562 Heroldsberg
www.schwan-stabilo.com

S

Schwank

Köln, Nordrhein-Westfalen

Schwank
Heating. Cooling. Systems.

„Wir wissen nicht, wie lange unsere Heizsysteme halten. Wir machen das Geschäft erst seit 70 Jahren.“

Bernd H. Schwank

Schwank Dunkelstrahler sind auf Effizienz und Langlebigkeit ausgelegt. Preiswürdige Technik, die bereits vielfach ausgezeichnet wurde.

Gegründet: 1933

Die Schwank Gruppe ist ein international agierendes Unternehmen für Heiz- und Kühlsysteme. Der Weltmarktführer auf dem Gebiet der infrarotbasierten Industrie- und Hallenheizungen begann seine Geschichte 1933 im elsässischen Fegersheim. Dort gründete Günther Schwank die Firma und konnte 1938 seine Erfindung des Gas-Infrarotstrahlers patentieren lassen. Heute produziert die Schwank Gruppe in Deutschland, Kanada, den USA, China und Russland und vertreibt ihre Produkte in mehr als 40 Ländern. Niederlassungen befinden sich außerdem in Russland, China, Großbritannien, Benelux, Polen, Rumänien, Österreich, Tschechien und der Slowakei. Die Kunden des Unternehmens sind u. a. Generalunternehmen, Planungsbüros, die Technische Leitung/Industrie, Gewerbetreibende, Logistik-Unternehmen, Sportstätten, Werkstätten und Showrooms. Die Exportquote am Gesamtumsatz von jährlich ca. 50,3 Mio. Euro beträgt 52 %. Am Standort Deutschland beschäftigt Schwank 180 Mitarbeitende von insgesamt 320 Angestellten. Die Eigenkapitalquote der Schwank Gruppe beträgt 76 %.

Schon gewusst?

Der Fußballverein FC Chelsea hat sich dank der ehemaligen Frau des Klub-Inhabers Roman Abramovich für Schwank-beheizte Tribünen entschieden. Kennengelernt hatte das Paar die Vorzüge einer Schwank-Heizung bei einem Champions-League-Spiel in Madrid. Dort saßen die beiden trotz Kälte bei angenehmen Temperaturen auf der Tribüne. Auf seine Nachfrage wurde Abramovich erklärt, dass das von der Heizung unter dem Tribünendach herrühre. Daraufhin drängte seine Begleiterin ihn, eine solche Heizung auch in seinem englischen Klub zu installieren. Gesagt, getan! Heute profitiert also auch der FC Chelsea von Schwank-Wärme.

Dank Schwank-Heizungstechnik muss auf den Tribünen keiner frieren, um das Spiel wie hier bei Real Madrid zu verfolgen.

Als Marktführer im Bereich Infrarot-Technologie (Hell- und Dunkelstrahler) beheizt Schwank bereits über 30 Mio. m² Logistikfläche energiesparend.

Innovation von den Anfängen im elsässischen Fegersheim (oben) über den Neubau in Köln-Niehl (Mitte) bis heute. Die weltweit erste Gas-Infrarot-Heizung von 1938 (unten) ist nur eines der vielen Patente, die Schwank für sich beanspruchen kann.

Das Unternehmen ist in 3. Generation im Familienbesitz. Zwei Familienmitglieder halten jeweils 66 % bzw. 33 % der Anteile. Die Unternehmensstruktur besteht aus Holding und Tochtergesellschaften, als Kontrollgremium fungiert ein Beirat. Das seit 2004 von Oliver Schwank inhabergeführte Unternehmen hat seine Führungsspitze 2016 mit Prof. Dr.-Ing. Friedhelm Schlößer als zweitem Geschäftsführer erweitert. Maßgeblichen Einfluss auf die Entwicklung des Unternehmens hatte neben Firmengründer Günther Schwank (1905–1955) sein Nachfolger Bernd Schwank (1948–2017) und der heutige Geschäftsführer Oliver Schwank (*1969). Nachdem Bernd Schwank 1970 in die Firma eintrat, wurden die ersten

Gesellschaftliche Verantwortung

Schwank betrachtet die Ausbildung von gewerblichen und kaufmännischen Mitarbeitenden als soziale Verantwortung des Unternehmens. Neben Praktika für Schüler/-innen und Studierende bietet Schwank auch die Möglichkeit, praxisbezogene Bachelor- und Masterarbeiten anzufertigen. Die wissenschaftliche Betreuung wird durch Mitarbeitende des Unternehmens gewährleistet. Darüber hinaus gestaltet und führt Schwank eigene Hochschulseminare durch. Das Unternehmen kooperiert außer mit dem Verein Deutscher Ingenieure (VDI) seit vielen Jahren mit mehreren Hochschulen und Forschungsinstituten im In- und Ausland.

Forschung und Innovation

Durch die personelle Unterstützung der nationalen und internationalen Normungsarbeit bringt die Schwank Gruppe ihr Fachwissen zur Verbesserung der Umwelt und der Sicherheit für Menschen beim Umgang mit Produkten der Technischen Gebäudeausrüstung ein. Schwank arbeitet im Bereich TGA (Technische Gebäudeausrüstung) auch mit der TH Köln zusammen. Außerdem nimmt das Unternehmen bei der Umsetzung und gesellschaftlichen Diskussion der europäischen Ökodesign-Richtlinie eine aktive Rolle ein.

S

Bernd Schwank (oben) und Oliver Schwank (Mitte), in 2. und 3. Generation an der Spitze des Familienunternehmens. Seit 2016 treibt Prof. Dr.-Ing. Friedhelm Schlößer (unten) als zweiter Geschäftsführer die Geschäfte mit voran.

Chronologie

1933 Gründung durch Günther Schwank

1938 Erfindung und Patent des weltweit ersten Gas-Infrarot-Strahlers

1951 Start der Serienproduktion von Infrarot-Heizungen

1970 Bernd Schwank tritt in das Unternehmen ein; Gründung erster ausländischer Tochtergesellschaften.

1988 Die erste Hybridanlage mit Wärmerückgewinnung wird installiert.

2004 Oliver Schwank tritt in 3. Generation in das Unternehmen ein.

2017 Weltpremiere des ersten Dunkelstrahlers mit Gas-Luft-Verbund

2019 Weltpremiere für Hellstrahler mit Gas-Luft-Verbund; Schwank fährt einen Rekordumsatz von 50,3 Mio. Euro ein.

ausländischen Tochtergesellschaften gegründet. Der nächste Meilenstein in der Unternehmensgeschichte war die erste Hybridanlage mit Wärmerückgewinnung im Jahr 1988. 2008 konnte die Schwank Gruppe ihr 75-jähriges Jubiläum feiern und 2009 den Verkauf von 2 Mio. Infrarotstrahlern. Das Handelsblatt wählte Schwank zu einem der Top-100-Mittelständler Deutschlands. 2013 und 2017 gewann Schwank den Industriepreis. Die WirtschaftsWoche ernannte das Unternehmen zum Weltmarktführer 2017, 2018 und 2019. Im Jahr 2017 konnte Schwank den ersten Dunkelstrahler mit Gas-Luft-Verbund präsentieren. 2018 wurde das Unternehmen zu einem der innovativsten im Mittelstand gekürt, 2019 freute sich die Schwank Gruppe über einen Rekordumsatz von 50,3 Mio. Euro und die Weltpremiere eines Hellstrahlers mit Gas-Luft-Verbund.

Neben betriebsinternen und -externen Schulungen und Trainings wird die Schwank Gruppe ihrer unternehmerischen Verantwortung gerecht, indem sie außerbetriebliche Projekte betreibt und fördert. Beispiele sind der Lehrstuhl für Cost Engineering an der FH Südwestfalen, an dem Masterstudierende des Wirtschaftsingenieurswesens ausgebildet werden, sowie die Zusammenarbeit mit der TH Köln. Unterstützt wird auch die Arbeit des Vereins Deutscher Ingenieure (VDI) sowie der Prüfungs- und Lenkungsgremien der IHK Köln und der Südwestfälischen IHK zu Hagen.

Daten und Fakten

Inhaberfamilie: Schwank
Gründer: Günther Schwank, 1933, Fegersheim im Elsass
Branche: Hallenheiz- und Kühlsysteme
Produkte: Heiz- und Kühlsysteme für Industrie und Gewerbe
Standorte: Deutschland, USA, Kanada, China, Russland und 7 weitere Länder
Vertrieb: in über 40 Länder
Mitarbeitende: 320 (2019)
Umsatz: 50,3 Mio. Euro (2019)
Marktposition: Weltmarktführer im Segment Industrie- und Hallenheizungen auf Infrarotbasis
Innovationen: Gas-Infrarot-Strahler, Dunkel- und Hellstrahler mit Gas-Luft-Verbund
Patente: 43
Ausbildungsplätze: 4
Familieneinfluss: familiengeführt
Unternehmensanteile der Familie: 100 %

Kontakt
Schwank GmbH
Bremerhavener Str. 43, 50735 Köln
Fon: 0221 7176-0, Fax: 0221 7176-288
info@schwank.de, www.schwank.de

Ansprechpartner Presse
Sven Weber
Fon: 0221 7176-211
s.weber@schwank.de

S

Schwarz-Gruppe

Neckarsulm, Baden-Württemberg

Gegründet: 1930
Die Geschichte der heutigen Schwarz-Gruppe beginnt mit dem Eintritt des Heilbronner Kaufmanns Josef Schwarz in die Lidl & Schwarz KG, eine Lebensmittelgroßhandlung. Auch sein Sohn Josef Schwarz baute das Unternehmen seit den 1960er-Jahren weiter aus, u. a. durch die Etablierung der Supermarktkette Kaufland ab 1968. Mit einer Vielzahl von Eigenmarken decken Lidl und Kaufland die täglichen Food- und Non-Food-Bedürfnisse der Verbraucherinnen und Verbraucher ab, haben aber genauso Markenartikel im Sortiment. Derzeit gibt es in Europa und den USA über 11.000 Lidl-Filialen und über 1.270 Kaufland-Supermärkte. Damit ist die Schwarz-Gruppe nach Jahresumsatz der größte Handelskonzern Europas. Ca. 429.000 Beschäftigte sind dort, inkl. der Online-Shops, tätig.

Kontakt
Alpha Schwarz Beteiligungs-GmbH
Rötelstr. 35, 74172 Neckarsulm
www.lidl.de/www.kaufland.de

Schwarz-Gruppe

Göppingen, Baden-Württemberg

Gegründet: 1912
Die Schwarz-Gruppe ist die Dachgesellschaft für das Speditions- und Logistikunternehmen L. Wackler Wwe. Nachf. GmbH und die Entsorgungs- und Recyclinggruppe DU: Willkommen in der Umwelt. Dort waren 2018 738 Menschen beschäftigt. Gegenwärtig wird der Betrieb von der 4. Familiengeneration, Beate und Oliver Schwarz, geführt. Einen hohen Stellenwert hat das Thema Ausbildung in der Dienstleistungslogistik. In der Schwarz-Akademie gibt das Unternehmen sein bewährtes Know-how im zertifizierten Schulungsraum in Göppingen weiter und verfolgt Bildungspartnerschaften mit Schulen. Das Friederike-Wackler-Museum, geleitet von Gabriele Schwarz, stellt die Entstehung und Entwicklung eines der ältesten Betriebe für die Güterbeförderung in der Region dar.

Kontakt
Schwarz GmbH & Co KG
Louis-Wackler-Str. 2, 73037 Göppingen
www.schwarz-gruppe.net

SCHWENK

Ulm, Baden-Württemberg

Gegründet: 1847
Die SCHWENK Zement KG, Stammhaus der SCHWENK Baustoffgruppe, ist in den Geschäftsbereichen Zement, Beton, Sand und Kies sowie Pumpe aktiv. SCHWENK wurde über mehrere Generationen zu einer Unternehmensgruppe ausgebaut und besteht aus einer Reihe nationaler wie internationaler Tochtergesellschaften und Beteiligungen. Als eines der ältesten familiengeführten Unternehmen der deutschen Baustoffindustrie wurde es 1847 von Eduard Schwenk in Ulm gegründet. 1992 eröffnete SCHWENK das bis dahin modernste Zementwerk Europas in Bernburg und errichtete 2011 das erste Zementwerk in Namibia. In 5. Generation von Eduard Schleicher geleitet, soll die Baustoffgruppe u. a. durch die kontinuierliche Modernisierung von Werken und Anpassung unternehmerischer Konzepte weiter prosperieren.

Kontakt
SCHWENK Zement KG
Hindenburgring 15, 89077 Ulm
www.schwenk.de

S

SchwörerHaus

Hohenstein, Baden-Württemberg

Gegründet: 1950

Das Unternehmen SchwörerHaus wurde 1950 von Hans Schwörer in Sigmaringen als Baustoffhandel gegründet. Die Firmengruppe beschäftigte 2020 an sieben Standorten in Deutschland und einem in der Schweiz 1.850 Mitarbeitende, 2019 wurde ein Umsatz von 350 Mio. Euro erwirtschaftet. Hauptsitz des Unternehmens ist Hohenstein im Landkreis Reutlingen. Neben der Produktion von Fertighäusern als Hauptsegment gehören zur vielfältigen Produktpalette Massivhäuser, Fertigkeller, Fertiggaragen, Stahlbau und Beton-Sonderteile für den Objektbau, Holzprodukte sowie Fertigbadlösungen für Großbauten. Im Hauptsegment wurden europaweit bisher über 41.000 Häuser gebaut, klassische Einfamilienhäuser, moderne Minihäuser und Mehrgeschossbauten.

Zu seinem 65. Geburtstag erhielt Hans Schwörer 1988 das Bundesverdienstkreuz 1. Klasse und wurde zum Ehrenbürger seiner Heimatgemeinde Hohenstein ernannt. 1996 trat der heutige Inhaber und Geschäftsführer, Johannes Schwörer, ein Neffe des Firmengründers, in das Unternehmen ein und übernahm 1998 die Geschäftsführung. Hans Schwörer verstarb im Jahre 2007. Johannes Schwörer ist derzeit Präsident des Hauptverbandes der Deutschen Holzindustrie (HDH).

Im Fokus des Unternehmens lagen schon immer die Aspekte Ökologie und Wohngesundheit. Bereits 1983 wurde die Schwörer WärmeGewinnTechnik eingeführt, eine Anlage zur kontrollierten Be- und Entlüftung und zur Energieeinsparung. 1995 folgte die Entwicklung der großformatigen zementgebundenen Holzwerkstoffplatte COSPAN, die optimalen Schallschutz bietet. Seit 2011 ist SchwörerHaus Mitglied im Verband Klimaschutz-Unternehmen e. V. Zahlreiche Auszeichnungen beweisen zudem die Kundenbindung des Unternehmens, so wurde es im Januar 2020 erneut im „Club der Besten“ als Service-Champion mit dem Gütesiegel „Platin“ ausgezeichnet.

Kontakt

SchwörerHaus KG
Hans-Schwörer-Str. 8, 72531 Hohenstein
Fon: 07387 16-0, Fax: 07387 16-500100
info@schwoerer.de, www.schwoererhaus.de

Seeberger

Ulm, Baden-Württemberg

„Nachhaltig zu handeln bedeutet für uns, unsere Handels- und Arbeitsumfelder so zu gestalten, dass auch zukünftige Generationen so leben und arbeiten können, wie wir es heute tun.“

Clemens Keller, persönlich haftender Gesellschafter von Seeberger

Drei Generationen einer Unternehmerfamilie: Julius Rohm (2004 verstorben, oben), Dr. Julius Rohm und Clemens Keller (unten, v. r.)

Gegründet: 1844

Hinter der Marke Seeberger steht seit 175 Jahren ein traditionsbewusstes Familienunternehmen aus Ulm. Zum Sortiment zählen getrocknete Früchte, Nüsse und Getreide. Seit 2016 wurde zudem das Seeberger-Sortiment durch feine Müslis, Porridges und Müsliriegel erweitert. Insgesamt werden mehr als 80 verschiedene Produkte über den Lebensmittel-

Die Kaffeespezialitäten von Seeberger werden v. a. in der gehobenen Gastronomie ausgeschenkt.

Bei vielen Produkten, wie z. B. Studentenfutter, Nussmischungen und Trockenfrüchten, ist Seeberger nach eigenen Angaben die führende Marke in Europa.

handel vertrieben. Darüber hinaus beliefert Seeberger als eine der ältesten Kaffeeröstereien Deutschlands auch die Gastronomie mit feinen Kaffeespezialitäten. Nachhaltigkeit ist ein gelebter Bestandteil der Unternehmensstrategie, und die beste Qualität ist das Leitmotiv und der Maßstab bei Seeberger. Die soziale, ökologische und wirtschaftliche Verantwortung ist dabei ausdrücklicher Bestandteil der Seeberger-Qualität. Das Unternehmen befindet sich vollständig im Besitz der Familien Rohm, Keller und Kögel. Clemens Keller wurde im Jahr 2003 neben seinem Onkel Dr. Julius Rohm persönlich haftender Gesellschafter. Damit wurde der Übergang von der 2. in die 3. Inhabergeneration vollzogen. Gegründet wurde das Unternehmen als Kolonialwarenhandel 1844 von Christoph Seeberger in Ulm. Nach dem Zweiten Weltkrieg konnte die Gründerfamilie das Unternehmen nicht weiterführen und Julius Rohm sen. übernahm die Firma. Er war verantwortlich für die Konzentration auf den Import von Kaffee und Trockenfrüchten im Jahr 1952 und legte mit der Spezialisierung auf hochwertige Produkte den Grundstein für die stetige Expansion.

Die Zentrale des Unternehmens im baden-württembergischen Ulm (oben); das klassische Studentenfutter (Mitte); die im Sommer 2020 eröffnete Seeberger GenussWelt (unten)

Neuer Geschäftsbereich

Im Frühjahr 2019 wurden die Segmente Gastronomie und Hotellerie sowie Office-Lösungen zu dem Geschäftsbereich „Seeberger Professional" zusammengefasst. Beide Segmente profitieren enorm von den entstandenen Synergieeffekten: höchste Kaffeekompetenz aus 175 Jahren Erfahrung durch 100 % Trommelröstung und beste Rohkaffee-Qualitäten kombiniert mit dem Know-how für innovative Automatentechnologie und modernste Zahlungssysteme. Seeberger sorgt somit auch an Arbeitsplätzen in ganz Deutschland für gesunde Snacks aus der Natur und frische Kaffeespezialitäten. Denn für Firmenkunden aus Industrie und Dienstleistung bietet Seeberger spezielle Rundum-Service-Pakete für alle Unternehmensgrößen mit modernsten Automaten-und Vendinglösungen an. Dazu gehören neben Mobile Payment in vielen Varianten auch integrierte Mehrwegbecherlösungen, Fernwartung über das Web und vieles mehr.

Chronologie

1844 Christoph Seeberger gründet in Ulm einen Kolonialwarenhandel.

1882 Gründung der eigenen Kaffeerösterei

1949 Julius Rohm sen. übernimmt die Firma.

1952 Konzentration auf den Import von Kaffee und Trockenfrüchten

1975 Dr. Julius Rohm tritt in die Firma ein.

1983 Verlagerung des Betriebs in das Ulmer Industriegebiet Donautal

2003 Neben Dr. Julius Rohm wird sein Neffe Clemens Keller persönlich haftender Gesellschafter und übernimmt die operative Verantwortung.

2013 Die größte Einzelinvestition in der Geschichte des Unternehmens: ein neues Hochregallager mit rd. 25.000 Palettenstellplätzen

Sommer 2020 Eröffnung der Seeberger GenussWelt, einem Kundenzentrum am Stammsitz im Ulmer Industriegebiet

1975 trat sein Sohn Dr. Julius Rohm in die Firma ein, der 1983 den Betrieb in das Industriegebiet Donautal verlagerte. Hier bietet Seeberger ab dem Sommer 2020 mit der GenussWelt ein einzigartiges Kundenzentrum mit einer Markenerlebniswelt, Schulungsräumlichkeiten, Shop & Café und vielen Attraktionen rund um den Genuss von Nüssen, Früchten, Kaffee und vielem mehr.

Großen Wert legt das Familienunternehmen auf einen partnerschaftlichen Umgang mit den Mitarbeitenden. Bereits seit 1984 gibt es ein Mitarbeiterbeteiligungsmodell, bei dem in Abhängigkeit vom Unternehmensergebnis Genussrechte an die Arbeitnehmerinnen und Arbeitnehmer ausgegeben werden. Seit 1994 gibt es außerdem Mitarbeiterguthaben für die Beschäftigten.

Daten und Fakten

Inhaberfamilien: Familien Rohm, Keller und Kögel in 3. Generation
Gründer: Christoph Seeberger, 1844, Ulm
Branche: Lebensmittelindustrie
Produkte: getrocknete Früchte, Nüsse und Kaffee
Vertrieb: Vermarktung von getrockneten Früchten und Nüssen über den Lebensmittelhandel in Deutschland und weltweit, Direktvertrieb von Kaffee an die Gastronomie sowie Firmenkunden in Deutschland
Mitarbeitende: 630 (2019)
Umsatz: 270 Mio. Euro (2019)
Ausbildungsquote: 5,2 %
Familieneinfluss: die Inhaber Clemens Keller und Dr. Julius Rohm sind persönlich haftende Gesellschafter in der Familien-KG
Unternehmensanteile der Familie: 100 %

Kontakt
Seeberger GmbH
Hans-Lorenser-Str. 36, 89079 Ulm
Fon: 0731 4093-0, Fax: 0731 4093-665000
info@seeberger.de, www.seeberger.de

SEETELHOTELS Usedom

Seebad Ahlbeck,
Mecklenburg-Vorpommern

SEETELHOTELS
USEDOM

Gegründet: 1992
Die Seetel-Gruppe mit Hauptsitz in Heringsdorf auf der Ostseeinsel Usedom ist ein Unternehmen der Hotel- und Gaststättenbranche. Insgesamt besitzt und betreibt sie 16 Hotels, Residenzen und Villen auf Usedom – vorwiegend in den drei Kaiserbädern Ahlbeck, Bansin und Heringsdorf – sowie das Bahia del Sol in Santa Ponsa auf der Mittelmeerinsel

Gesellschaftliche Verantwortung

Als ein auf der Insel Usedom ansässiges Familienunternehmen füllen die SEETELHOTELS den Begriff der gesellschaftlichen Verantwortung in vielerlei Hinsicht mit Leben. So werden für die eigenen Mitarbeitenden u. a. Sportangebote zur Verfügung gestellt, berufliche Weiterbildungsmaßnahmen angeboten und unterstützt und Rabatte auf die Hotelleistungen gewährt. Außerdem werden regelmäßige Mitarbeiter-Motivationsreisen nach Mallorca durchgeführt. Auf der Insel Usedom engagiert sich die Hotelgruppe weitreichend durch regionales Sponsoring in den Bereichen Sport und Kultur, insbesondere für die etablierten Veranstaltungsreihen Usedomer Musikfestival und Usedomer Literaturtage, und pflegt Patenschaften zu lokalen Schulklassen. Auch begleiten die SEETELHOTELS das international erfolgreiche Orchester Baltic Sea Philharmonic, das junge und talentierte Musikerinnen und Musiker aus dem gesamten Ostseeraum in einem Ensemble zusammenbringt, und unterstützen die Naturschutz-Stiftung des bekannten Greifswalder Ökologen Prof. Dr. Michael Succow.

S

Mallorca. Die Gesamtkapazität beträgt knapp 1.000 Einheiten auf Usedom und auf Mallorca. Damit ist das Unternehmen eine der größten Hotelgesellschaften in Deutschland, die alle ihre Hotels in Eigentum haben. Etwa 2 % der Gäste kommen aus dem Ausland. Insgesamt beschäftigte das Unternehmen 2018 bis zu 550 Mitarbeitende und generierte in jenem Jahr einen Umsatz von rd. 37,5 Mio. Euro bei einer Auslastung von 75 %.

Gegründet wurde das Familienunternehmen von Burghardt Seelige-Steinhoff und seinem Sohn Rolf, als beide im Jahr 1992 das Ostseehotel in Ahlbeck und den Pommerschen Hof in Heringsdorf übernahmen. Rolf Seelige-Steinhoff ist seit der Gründung alleiniger geschäftsführender Gesellschafter. Seitdem wurden stetig weitere Traditionshäuser hinzugekauft, etwa das Fünf-Sterne-Flaggschiff Ahlbecker Hof, das Strandhotel Atlantic

„Viele sehen bei jeder Gelegenheit Probleme, wir bei jedem Problem eine Gelegenheit."

Rolf Seelige-Steinhoff, geschäftsführender Gesellschafter

Das SEETELHOTEL Ahlbecker Hof – das kleine Grandhotel am Strand von Usedom

Die Familie Seelinge-Steinhoff betreibt die Hotelgruppe mit Häusern in verschiedenen Marktsegmenten und mit vielfältigen Annehmlichkeiten, wie z. B. Wellness- und Verwöhnoasen.

S

Chronologie

1992 Burghardt Seelige-Steinhoff und sein Sohn Rolf gründen das Unternehmen mit dem Ostseehotel in Ahlbeck und dem Pommerschen Hof in Heringsdorf.

1994 Das Strandhotel Atlantic in Bansin und die Hotel- und Ferienanlage Waldhof werden erworben.

1995 Der Ahlbecker Hof kommt zur Gruppe hinzu.

1998 Neuzugänge in der Gruppe: die Ostseeresidenzen Bansin und Ahlbeck

2004 Die Ostseeresidenz Heringsdorf ist das nächste Mitglied der Hotelfamilie mit eigener Privatbrauerei „Usedomer Brauhaus".

2016 Einführung des neuen Markennamens SEETELHOTELS Usedom und Eröffnung des Kaiserstrand Beachhotels

2018 Beginn der Umbauarbeiten des Familienresorts Waldhof zum einzigartigen Kinderresort Usedom (voraussichtliche Eröffnung 2020)

2020 Eröffnung der eigenen Kaffeerösterei „Usedomer Röstwerk"

Spielspaß im Familienresort Waldhof im Ostseebad Trassenheide (oben), Gäste beim Krimi-Dinner im Romantik Hotel Esplanade in Heringsdorf (Mitte). Die Gastronomie der SEETELHOTELS bietet u. a. hausgebrautes Bier (unten).

in Bansin oder das Hotel Esplanade in Heringsdorf. Die Häuser der Unternehmensgruppe sind renommierte Hotels, deren Geschichte teilweise bis in die Kaiserzeit zurückgeht. Viele wurden schon von Politikern, Staatsoberhäuptern und Monarchen besucht, von Kaiser Franz-Josef im Jahr 1905 bis zu Königin Silvia von Schweden 2006. Familie Seelige-Steinhoff hat bis heute kontinuierlich in die Erweiterung des Produktportfolios und damit in den Ausbau der Infrastruktur auf Usedom investiert, etwa mit der Neueröffnung des Kaiserstrand Beachhotels im Juni 2016. Weitere Großprojekte, wie der Umbau des Familienresorts Waldhof zum einzigartigen Kinderresort Usedom und der Neubau des Mare Balticum Suite Resort

Das Kaiserstrand Beachhotel bietet seinen Gästen einen traumhaften Ausblick auf die Ostsee.

(ca. 70 Suiten und Appartements) an der Strandpromenade in Bansin sind geplant. Als Visionäre steht die Familie von Beginn an für Fortschritt, für Innovation und gleichzeitig auch für Tradition. Mit ihren Unternehmenswerten Liebe, Respekt und Sinn wird der Anspruch an Qualität, Gastlichkeit und herzlichem Service tagtäglich gelebt.

Daten und Fakten

Inhaberfamilie: Familie Seelige-Steinhoff
Gründer: Burghardt und Rolf Seelige-Steinhoff 1992, Ahlbeck und Heringsdorf
Branche: Hotel- und Gaststättengewerbe
Standorte: Insel Usedom, Mallorca
Mitarbeitende: 550 (2018)
Umsatz: rd. 37,5 Mio. Euro (2018)
Marktposition: eine der größten inhabergeführten Hotelgruppen Deutschlands
Familieneinfluss: inhabergeführt
Unternehmensanteile der Familie: 100 %
Eigenkapitalquote: rd. 25 %

Kontakt
Seetel Hotel GmbH & Co. Betriebs KG
Dünenstr. 41,
17419 Seebad Heringsdorf/OT Ahlbeck
Fon: 038378 600, Fax: 038378 60-100
www.seetel.de

Ansprechpartnerin Presse
Cristina Opferkuch
Fon: 030 37029022

Seidensticker

Bielefeld, Nordrhein-Westfalen

S

seidensticker group

Das erste Taktfließband für die Hemdenproduktion in Deutschland, Bielefeld, 1930er-Jahre

„Alles, was ich anfasste, wurde zu Hemden."

Unternehmensgründer Walter Seidensticker sen.

Gegründet: 1919

Das Zusammenspiel von Tradition und Modernität sowie eine ausgeprägte Leidenschaft für Hemden prägen das Familienunternehmen Seidensticker seit seiner Gründung im Jahr 1919. Als Produktspezialist verfügt das Unternehmen über eine umfassende Expertise in der Herstellung von Hemden, Blusen, Wirk- sowie Strickware und konzentriert sich auf die kontinuierliche Weiterentwicklung und Modernisierung, ohne dabei traditionelle Werte wie Qualität, Beständigkeit und Verantwortung aus dem Blick zu verlieren.

Als global agierender und zukunftsorientierter Textilhersteller setzt die Seidensticker Group ihre hohen Standards weltweit um und optimiert diese kontinuierlich. Dabei steht in allen Unternehmensbereichen vorausschauendes, verantwortliches und nachhaltiges Handeln im Vordergrund. Dieses Verständnis wird auch von der 3. Generation gelebt, die mit neuen Impulsen die Weichen für die weitere zukunftsorientierte Ausrichtung des Unternehmens stellt. Als Symbol für Qualität, Zeitgeist und Werthaltigkeit ist die Schwarze Rose das Markensignet von Seidensticker. Jedes Kleidungsstück steht für die zeitgeistige und dennoch eigenständige Interpretation von Trends und ist Ausdruck einer globalen Ästhetik. Es ist das Ergebnis eines Unternehmens, das für die gesamte Fertigungskette verantwortlich zeichnet – einschließlich sozialer

Frank Seidensticker, Nicole Seidensticker-Delius und Gerd Oliver Seidensticker (v. o.)

Im Jahr 2003 wird das Label „Schwarze Rose" wieder aufgelegt, um die Profilschärfe der Marke zu erhöhen.

S

Im Jahr 1956 erwirbt Seidensticker von einem englischen Unternehmen die Verkaufslizenz für das bügelfreie Hemd „Toplin" (oben).
Die Schwarze Rose auf einem Werbemotiv aus den 1970er-Jahren (unten).

Chronologie

1919 Der Kriegsheimkehrer Walter Seidensticker gründet in seinem Elternhaus in Brackwede bei Bielefeld eine Wäschefabrik.

1930 Das erste Taktfließband für die Hemdenproduktion in Deutschland wird installiert.

1950er-Jahre Seidensticker wird als selbstständige Marke etabliert.

1955 Die Söhne Walter jun. und Gerd Seidensticker treten in die Geschäftsleitung ein.

1960er-Jahre Die jährliche Hemdenproduktion erreicht über 10 Mio. Teile; Zukauf zahlreicher neuer Zweigbetriebe.

1965 Seidensticker wird Lizenznehmer der „Schwarzen Rose". Das Hemd mit der Rose wird zum meistverkauften Herrenhemd nach dem Zweiten Weltkrieg.

1974 Gründung der Tochtergesellschaft Seidensticker Overseas Limited (SOL) in Hongkong

1990er-Jahre Seidensticker erwirbt das Recht, Hemden und Blusen für andere Marken wie z. B. Joop und Strellson zu produzieren und zu verkaufen.

2004 Die Cousins Frank und Gerd Oliver Seidensticker übernehmen das Familienunternehmen als geschäftsführende Gesellschafter.

2007 Eröffnung der ersten eigenen Produktionsstätte in Chi Linh/Vietnam

2014 Es folgt ein weiterer Betrieb in Semarang/Indonesien.

2019 Die dritte eigene Produktion in Haiphong/Vietnam wird eröffnet.

und ökologischer Aspekte. Seidensticker nimmt die Rolle als global agierendes Unternehmen sehr ernst und engagiert sich dabei stark für das Thema Nachhaltigkeit. Fast jedes Produkt der Marke wird z. B. in einer der unternehmenseigenen Produktionsstätten gefertigt und mehr als 100 Prüfungen unterzogen, bevor es auf den Markt kommt.

Das Familienunternehmen Seidensticker verfügt über eine Firmen-DNA, die durch unternehmerisches, soziales und lokales Engagement gekennzeichnet ist. Die gesamte Unternehmensleitung engagiert sich in branchenbezogenen Organisationen und Verbänden. Die Vereinbarkeit von Arbeit und Familie ist für Seidensticker ebenfalls von größter Bedeutung. Daher bietet das Unternehmen seinen Mitarbeitenden Teilzeitstellen, Gleitzeit und Kinderbetreuung am Standort an. Die Seidensticker Group ist ein zukunftsorientierter, globaler Arbeitgeber, für den Verantwortung einen fortlaufenden Prozess darstellt.

Daten und Fakten

Inhaberfamilie: Familie Seidensticker in 3. Generation
Gründer: Walter Seidensticker sen., 1919, Brackwede bei Bielefeld
Branche: Bekleidungsindustrie
Standorte: Stammsitz Bielefeld, ausländische Produktionsstandorte und Niederlassungen
Vertrieb: Deutschland über Außendienst an den Handel sowie eigener Retail; in Europa und Amerika über eigene Niederlassungen
Mitarbeitende: international 2.400 (2020)
Ausbildungsplätze p. a.: 7
Unternehmensanteile der Familie: 100 %
Exportquote: 36,6 %

Kontakt

Textilkontor Walter Seidensticker GmbH & Co. KG
Herforder Str. 182–194, 33609 Bielefeld
Fon: 0521 306-0, Fax: 0521 306-111
info@seidensticker.de, www.seidensticker.com

Leitung Corporate Communication
Christina Wild
Fon: 0521 306-0
christina.wild@seidensticker.de

Seifert Logistics Group

Ulm, Baden-Württemberg

Gegründet: 1947
Die Seifert Logistics Group (SLG) ist eines der Top 100 Logistikunternehmen in Deutschland. Gegründet wurde die SLG 1947 von Franz X. Seifert in Ehingen-Berg. Seither ist das Unternehmen in Familienbesitz und wird von Harald Seifert, Vorsitzender des Beirats, und seinen Geschäftsführern geleitet. Mit Julian Seifert ist bereits die 3. Generation im Unternehmen tätig und setzt damit die Tradition fort. Das schwäbische Transportunternehmen expandierte im Zuge der Wiedervereinigung 1989 Richtung Ostdeutschland und nach Polen. Parallel erweiterte sich die SLG durch Kontraktlogistik mit sämtlichen Value-Added Services, entlang der gesamten Supply Chain, zum Fulfillment-Dienstleister. Zusätzlich stehen in Merseburg Tank- und Siloinnenreinigungen auf dem Serviceprogramm. Die SLG beschäftigt gegenwärtig mehr als 2.000 Mitarbeitende an 45 Standorten in Deutschland, Polen und Frankreich. Auf über 650.000 m^2 Lagerfläche ist das Unternehmen in den Branchen Automotive, Baustoffe, Chemie, Konsumgüter, Papier und Pharma fokussiert auf Speziallösungen in den Bereichen Kontrakt- und Produktionslogistik, Warehousing und Montagedienstleistungen bis hin zur Motorenmontage. Die Unternehmensgruppe zählt laut Universität St. Gallen zum dritten Mal in Folge zu einem der TOP JOB-Arbeitgeber 2020. Für ihr Engagement im Bereich Nachhaltigkeit gewannen die Ulmer bereits den „Eco Performance Award". Als Ausbildungsunternehmen mit Zukunft bildet die SLG Auszubildende und duale Studenten in acht Berufen aus.

Kontakt
Seifert Logistics GmbH
Daimlerstr. 22–26, 89079 Ulm
Fon: 0731 4000-0, Fax: 0731 4000-100
info@seifert-logistics.com,
www.seifert-logistics.com

Senator

Groß-Bieberau, Hessen

Gegründet: 1920
Die Senator GmbH ist ein führender deutscher Hersteller von Kugelschreibern und Tassen für Werbezwecke mit Produktions-Standorten in Deutschland, Großbritannien und Frankreich. 268 Mitarbeitende, davon 189 in Groß-Bieberau im Odenwald/Hessen, erwirtschafteten 2019 einen Umsatz von 36 Mio. Euro. Der Auslandsanteil liegt dank des Exports in weltweit über 80 Länder bei mehr als 60 %.

1920 gründeten Friedrich und Georg Merz mit Justus Krell die Firma Merz & Krell in Groß-Bieberau. Der Betrieb für Füllfederhalter und Drehbleistifte aus Holz und Zelluloid stellte bald die ersten Drehbleistifte mit Werbeaufdruck her und stieg in den 1950er-Jahren in die Kugelschreiber-Produktion ein. 1966 entwickelte das Unternehmen den Wechselkugelschreiber mit rotierenden Werbetexttröllchen im Schaft und setzte ab 1981 den ersten Vollmontageautomaten für Kugelschreiber ein. In den 1980er-Jahren startete die Expansion nach England, Frankreich und in die

S

USA. 2006 erfolgte die Umbenennung in Senator, ein ehemaliger Markenname für Eigenprodukte. 2013 setzte Senator die weltweit erste Digitaldruckmaschine für 360°-Druck auf Kugelschreibern ein. Senator Produkte wurden vielfach mit Design-Preisen wie dem Red Dot Award ausgezeichnet.

Das Familienunternehmen war vorübergehend im Besitz einer Private-Equity-Gesellschaft und wurde 2018 von Daniel und Stefanie Jeschonowski übernommen. Sie leiten die Holding mit fünf Tochtergesellschaften als alleinige geschäftsführende Gesellschafter und haben für das Unternehmen eine Nachhaltigkeitsinitiative gestartet.

Kontakt

Senator GmbH
Bahnhofstr. 57, 64401 Groß-Bieberau
Fon: 06126 801-0, Fax: 06126 801-4260
info@senator.com, www.senator.com

SENNEBOGEN

Straubing, Bayern

Gegründet: 1952

Die SENNEBOGEN Maschinenfabrik GmbH mit Hauptsitz in Straubing zählt seit knapp sieben Jahrzehnten zu den führenden Unternehmen des deutschen Maschinenbaus. Das Produktsortiment umfasst Materialumschlaggeräte, Teleskopkrane, Raupenkrane, Seilbagger und Teleskoplader. Mit einem Exportanteil von über 80 % behauptet SENNEBOGEN im Bereich des Materialumschlags und der Krantechnik auch weltweit seine führende Position.

Das niederbayerische Familienunternehmen wurde 1952 gegründet und beschäftigt insgesamt rd. 1.600 Mitarbeitende an seinen Produktionsstätten in Straubing, Wackersdorf und Balatonfüred, Ungarn, sowie den Niederlassungen in den USA und Singapur. Weltweit sind über 180 kompetente Vertriebspartner präsent. Mit einer eigenen Akademie setzt das Unternehmen konsequent auf Aus- und Weiterbildung.

Kontakt

SENNEBOGEN Maschinenfabrik GmbH
Hebbelstr. 30, 94315 Straubing
www.sennebogen.de

Sennheiser

Wedemark, Niedersachsen

Gegründet: 1945

Die Sennheiser electronic GmbH & Co. KG vertreibt unter der Marke Sennheiser Kopfhörer, Mikrofone und Audiosysteme. Das vielfach für seine Innovationen ausgezeichnete Unternehmen ist Deutschlands führender Hersteller von Audio-Produkten mit einem Umsatz von 710,7 Mio. Euro (2018) in den zwei Geschäftsbereichen Consumer Division und Professional Division. Neben den deutschen Standorten in Wedemark und Waldshut-Tiengen betreibt Sennheiser Produktionsstandorte in Irland, Rumänien und den USA. Hinzu kommen Forschungs- und Entwicklungsbüros in Zürich, San Francisco und Singapur sowie zahlreiche Vertriebstochtergesellschaften weltweit. 1982 übergab der Unternehmensgründer Prof. Dr. Fritz Sennheiser die Leitung von Sennheiser an Prof. Dr. Jörg Sennheiser. Er ist seit April 1996 Vorsitzender des Aufsichtsrats. Geschäftsführende Gesellschafter sind Dr. sc. techn. Andreas Sennheiser und Daniel Sennheiser. Die Unternehmensanteile befinden sich zu 100 % in Familienhand.

Kontakt

Sennheiser electronic GmbH & Co. KG
Am Labor 1, 30900 Wedemark
www.sennheiser.com

SEW-EURODRIVE

Bruchsal, Baden-Württemberg

S

Gegründet: 1931

Die SEW-EURODRIVE GmbH & Co KG ist Hersteller von Antriebs- und Automatisierungstechnik und zählt in dieser Branche zu den Weltmarktführern. Das Unternehmen mit Sitz im badischen Bruchsal produziert Getriebemotoren und Frequenzumrichter, Servo-Antriebssysteme, dezentrale Antriebssysteme, Industriegetriebe, komplette Automatisierungslösungen sowie umfangreiches Zubehör. Die Produkte sind als aufeinander abgestimmte Module flexibel einsetzbar und werden mit maßgeschneiderter Steuer- und Regelungstechnik sowie Softwaretools für den Betrieb ausgestattet. Unter dem Namen „Life Cycle Service“ fasst das Unternehmen sämtliche begleitenden Dienstleistungen über einen Anlagenlebenszyklus zusammen. Auch Trainings für Mitarbeitende und Kunden im Rahmen der DriveAcademy® gehören zu den Dienstleistungen. Ganzheitliche Lösungen für die Smart Factory runden das Angebot ab.

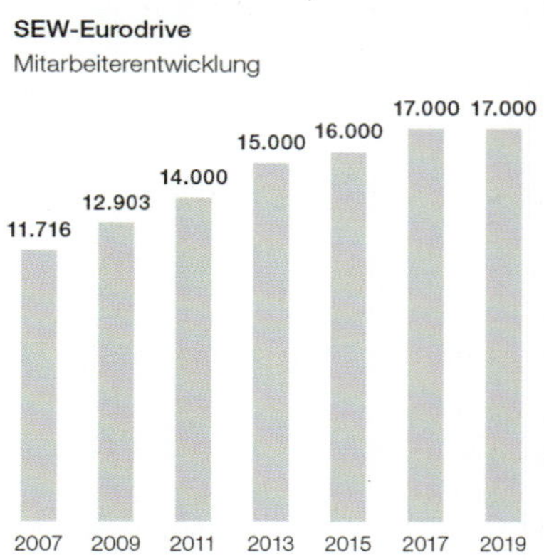

„Der Mensch braucht keine Produkte, sondern Lösungen.“

Ernst Blickle, geschäftsführender Gesellschafter SEW-EURODRIVE von 1945 bis 1986

Jürgen (oben) und Rainer Blickle sind Gesellschafter von SEW-EURODRIVE

Gesellschaftliche Verantwortung

Nach dem Tod von Ernst Blickle gründete seine Ehefrau Edeltraut Blickle im Jahre 1990 in dessen Gedenken die SEW-EURODRIVE-Stiftung, die sich als verbindendes Element zwischen freier Wissenschaft und verantwortungsbewusster Ökonomie sieht. Mit dem alle zwei Jahre verliehenen Ernst-Blickle-Preis ehrt die Stiftung renommierte Wissenschaftlerinnen und Wissenschaftler, die sich um nachhaltige Forschungen zu Themen der Technik und Wirtschaft verdient gemacht haben. Er ist mit 100.000 Euro dotiert und damit einer der höchstdotierten, personengebundenen Preise in Europa. Darüber hinaus zeichnet die Stiftung jährlich Diplomandinnen und Diplomanden der Studienrichtungen Maschinenbau, Elektrotechnik und Wirtschaftswissenschaften für hervorragende Studien- und Diplomleistungen aus. Das Engagement der Stiftung reicht rund um den Globus und fördert so zugleich die Bildung wissenschaftlicher Netzwerke als eine Basis für die Entwicklung der Hochtechnologie von morgen.

Die DriveAcademy® am Stammsitz Bruchsal ist die zentrale Bildungsinstitution von SEW-EURODRIVE.

Die Anfänge als Süddeutsche Elektromotorenwerke in den 1930er-Jahren (oben); das Produktportfolio reicht von Getriebemotoren über Steuerungen (Mitte) bis hin zu vernetzten, mobilen Systemen für die Intralogsitik (unten).

SEW-EURODRIVE unterhält 17 Produktionswerke sowie 81 Drive Technology Center in 52 Ländern und beschäftigt weltweit über 17.000 Mitarbeitende. Im Geschäftsjahr 2018/2019 setzte der Antriebsspezialist über 3,2 Mrd. Euro um. Rd. 75 % des Gesamtumsatzes wurden außerhalb von Deutschland erwirtschaftet. Der Vertrieb erfolgt weltweit sowohl über eigene Niederlassungen als auch teilweise über Vertriebspartner.

SEW-EURODRIVE liegt als Familienunternehmen in der 3. Generation in den Händen der Familie Blickle. Jürgen Blickle leitet als geschäftsführender Gesellschafter die Geschicke des Unternehmens und wird dabei von fünf Geschäftsführern für die operativen Bereiche unterstützt.

Die Abkürzung SEW steht für Süddeutsche Elektromotorenwerke. Unter diesem Namen war das Unternehmen 1931 von Christian Pähr gegründet worden. Ab 1945 wurde die Entwicklung des badischen Unternehmens maßgeblich durch Ernst Blickle geprägt. Der Schwiegersohn des Gründers leitete die Firma über vier Jahrzehnte und führte sie von einem regionalen Anbieter zu einem weltweit agierenden Unternehmen. Gemeinsam mit dem damaligen technischen Leiter erfand Ernst Blickle außerdem 1965 das Baukastensystem für Getriebemotoren, mit dem aus wenigen Teilen ein den Kundenanforderungen angepasstes Produkt hergestellt werden kann. Für seine Leistung wurde Ernst Blickle 1981 mit dem Bundesverdienstkreuz ausgezeichnet.

Nach seinem Tod wurde 1986 zunächst seine Ehefrau geschäftsführende Gesellschafterin. In den Jahren 1987 bis 1989 übernahmen schließlich die Söhne Jürgen und Rainer Blickle die Geschäftsführung. Unter ihrer Leitung entstanden am Hauptsitz Bruchsal ein neues Forschungszentrum und eine eigene Bildungsakademie sowie weltweit zahlreiche neue Montagewerke. Im Jahr 2019 nahm das Unternehmen in Bruchsal eine neue Elektronikfertigung in Betrieb.

Daten und Fakten

Inhaberfamilie: Familie Blickle in 3. Generation
Gründer: Christian Pähr, 1931, Bruchsal
Branche: Antriebstechnik, Automatisierungstechnik
Produkte: Getriebe, Motoren, Getriebemotoren, Industriegetriebe, Frequenzumrichter, Motion Control Lösungen, Software, Lösungen für Industrie 4.0 und Smart Factory
Standorte: Firmensitz in Bruchsal, 17 Produktionswerke und 81 Drive Technology Center in 52 Ländern
Mitarbeitende: über 17.000 weltweit (2019)
Umsatz: über 3,2 Mrd. Euro (2018/2019)
Ausbildungsplätze p. a.: ca. 90
Familieneinfluss: Jürgen Blickle ist geschäftsführender Gesellschafter, unterstützt durch 5 externe Geschäftsführer
Unternehmensanteile der Familie: 100 % der Anteile liegen bei Jürgen und Rainer Blickle

Chronologie

1931 Christian Pähr gründet die Süddeutschen Elektromotorenwerke (SEW).

1945 Ernst Blickle, der Schwiegersohn von Christian Pähr, übernimmt die Geschäftsführung.

1965 Entwicklung des Baukastensystems für Getriebemotoren

1968 Die ersten ausländischen Montagewerke werden gegründet.

1987–1989 Rainer und Jürgen Blickle werden in 3. Generation geschäftsführende Gesellschafter.

1994 Schritt nach China, Gründung in Tianjin

2006 Die DriveAcademy®
wird in Bruchsal eröffnet.

2010 Inbetriebnahme des Großgetriebewerks in Bruchsal

2017 Start Generalbebauung Bruchsal und Graben-Neudorf

2019 Erweiterung des Standorts Forbach in Frankreich

Kontakt
SEW-EURODRIVE GmbH & Co KG
Ernst-Blickle-Str. 42, 76646 Bruchsal
Fon: 07251 75-0, Fax: 07251 75-1970
sew@sew-eurodrive.de, www.sew-eurodrive.de

Ansprechpartner Presse
Stefan Brill
Fon: 07251 75-2525
stefan.brill@sew-eurodrive.de

Seydelmann

Stuttgart, Baden-Württemberg

Gegründet: 1843
Die Maschinenfabrik Seydelmann KG entwickelt, produziert und vertreibt Maschinen und Anlagen für die Lebensmittelverarbeitung. Die Kutter, Mischer, Wölfe, Feinstzerkleinerer und kompletten Produktionslinien werden v. a. bei der Herstellung von Fleisch- und Wurstwaren eingesetzt. Außerdem finden sie in der Käse-, Gemüse-, Süßwaren-, Suppen-, Fisch-, Backwaren-, Babynahrungs-, Tiernahrungs- und Pharmaindustrie Verwendung.

Seydelmann ist heute der Weltmarktführer im Bereich der Fleischverarbeitung (Zerkleinern, Mischen und Emulgieren), von handwerklichen Maschinen bis hin zu vollautomatisierten Produktionslinien. Das Unternehmen beschäftigt über 350 Mitarbeitende an seinen Standorten in Stuttgart (Firmensitz) und Aalen (Werk). Maschinen von Seydelmann stehen auf allen fünf Kontinenten in mehr als 130 Ländern. Die Produktion erfolgt jedoch ausschließlich in Deutschland – made in Germany ist das Credo des Innovations- und Qualitätsführers. Jährlich präsentiert Seydelmann seine Maschinen weltweit auf etwa 60 Messen.

Das Familienunternehmen wurde 1843 von Andreas Seydelmann gegründet, der in seiner Schlosserwerkstatt unterschiedlichste Apparate und Maschinen für seine Kunden herstellte. 1880 ging der Betrieb auf seinen Sohn Louis Seydelmann über, der spezielle Maschinen zur Fleischverarbeitung entwickelte. Im Jahre 1919 baute sein Nachfolger, Louis Seydelmann jun., die ersten transmissionsgetriebenen Fleischwölfe und Kutter. Nach 1945 expandierte das Unternehmen unter der Leitung der Brüder Horst und Ludwig Seydelmann weltweit. Nach dem Tod von Ludwig Seydelmann 1992 trat Peter Seydelmann

S

die Nachfolge seines Vaters an. Seit 2017 führen sein Sohn, Andreas Seydelmann, und Matthias Seydelmann, der Enkel von Horst Seydelmann, als Komplementäre in der 6. Generation das Familienunternehmen.

Kontakt
Maschinenfabrik Seydelmann KG
Hölderlinstr. 9, 70174 Stuttgart
Fon: 0711 490090-0, Fax: 0711 490090-90
sales@seydelmann.com, www.seydelmann.com

SHWire

Lügde, Nordrhein-Westfalen

Gegründet: 1858
Die Schwering & Hasse GmbH produziert runde und flache Kupferlack- und Aluminiumdrähte am Stammsitz im ostwestfälischen Lügde. Den Vertrieb in Deutschland und Europa übernimmt eine eigene Vertriebsorganisation. Am Markt tritt das Unternehmen seit 2018 unter dem Dach der →SynFlex Group auf, mit den eigenständigen Unternehmen SynFlex Elektro GmbH, SHWire und IsoTek GmbH. „SH" steht dabei für die Familiennamen der Gründer Carl Schwering und Johannes C. Hasse. Die Leitung des 1858 gegründeten Unternehmens haben die Geschäftsführer Ernst-Constantin Hasse, Stefan Karsch und Dr. Andreas Levermann (SHWire) und Fritz-Hubertus Hasse und Stefan Karsch (SynFlex). Die Schwering & Hasse Stiftung ist eine treuhänderische Stiftung der Schwering & Hasse Elektrodraht GmbH & Co. KG und steht in der Tradition der Gründerfamilie als Ausdruck der Verbundenheit für die 160-jährige Existenz des Unternehmens in Lügde und Bad Pyrmont.

Kontakt
Schwering & Hasse GmbH
Pyrmonter Str. 3–5, 32676 Lügde
www.sh-wire.de

SICK

Waldkirch, Baden-Württemberg

Gegründet: 1946
SICK ist einer der weltweit führenden Lösungsanbieter sensorbasierter Applikationen für industrielle Anwendungen, deren sicheres und effizientes Steuern von Prozessen z. B. maßgeblich für die Vermeidung von Unfällen und Umweltschäden ist. Zu den Kunden der Geschäftsfelder Fabrik-, Logistik- und Prozessautomation zählt ein breites Spektrum von Unternehmen aus zahlreichen Branchen. Die SICK AG gehört zu den Technologie- und Marktführern und ist mit über 50 Tochtergesellschaften und Beteiligungen sowie zahlreichen Vertretungen weltweit präsent. Der Konzern mit global über 10.000 Mitarbeitenden erzielte 2019 einen Umsatz von rd. 1,8 Mrd. Euro. Aus dem 1946 von Dr.-Ing. E. h. Erwin Sick gegründeten Unternehmen entwickelte sich die global agierende Erwin Sick GmbH, die seit 1996 als Aktiengesellschaft firmiert.

Kontakt
SICK AG
Erwin-Sick-Str. 1, 79183 Waldkirch
www.sick.de

Siedle

Furtwangen, Baden-Württemberg

Gegründet: 1750
Die S. Siedle & Söhne Telefon- und Telegrafenwerke OHG ist deutschland- und europaweit einer der führenden Hersteller von Gebäudekommunikationstechnik. Am Produktions- und Entwicklungsstandort in Furtwangen stellt das Unternehmen u. a. Türkommunikationssysteme, biometrische und elektronische Zutrittskontrollen sowie Orientierungs- und Leitsysteme her. Mit ca. 550 Mitarbeitenden erzielte Siedle 2018 einen Umsatz von

88 Mio. Euro. Siedle ist seit sieben Generationen in Familienbesitz. Die Geschäftsführer Gabriele Siedle (Vorsitz) und Richard Rutschmann leiten das Unternehmen. Es wurde 1750 als Nebenerwerbsgießerei gegründet. Salomon Siedle II. machte 1879 eine Fabrik daraus. Gegen Ende des 19. Jahrhunderts wandte man sich als einer der Ersten der Telegrafie und Telefonie zu.

Kontakt
S. Siedle & Söhne
Telefon- und Telegrafenwerke OHG
Bregstr. 1, 78120 Furtwangen
www.siedle.de

SIEGENIA

Wilnsdorf, Nordrhein-Westfalen

Gegründet: 1911
Die SIEGENIA GRUPPE mit Hauptsitz in Siegen produziert Fenster-, Tür- und Komfortsysteme. Als Tochterunternehmen deckt die KFV Karl Fliether Gmb & Co. KG das gesamte Feld moderner Schließsysteme für Türen ab, während die SIEGENIA-AUBI Sicherheits-Service GmbH Produkte und Services zu Einbruchschutz und Fensterreparatur bietet. Das Unternehmen geht auf das 1914 von Wilhelm Jäger gegründete „Press- und Stanzwerk Kaan-Marienborn“ zurück, in das 1919 dessen Schwiegersohn Adolf Frank eintrat und mit der Herstellung von Möbelbeschlägen begann. Ab 1949 formte Adolf Franks Sohn Gerhard dann aus dem Familienbetrieb ein internationales Unternehmen. Seit 1988 hat mit Wieland Frank die 4. Generation der Familie die Position des geschäftsführenden Gesellschafters inne.

Kontakt
SIEGENIA-AUBI KG
Industriestr. 1–3, 57234 Wilnsdorf
www.siegenia.de

Siegfried Jacob Metallwerke

Ennepetal, Nordrhein-Westfalen

Gegründet: 1953
Die Siegfried Jacob Metallwerke (SJM) sind in der 2. Generation in allen Bereichen des Metallrecyclings und -handels tätig. Zu 100 % im Familienbesitz befasst sie sich mit dem Handel, der Auf- und Verarbeitung von Nichteisen- bzw. NE-Metallen, NE-metallhaltigen Rückständen und legierten Stählen sowie der Produktion von Kupfer- bzw. Cu-Basislegierungen, Cu-Kathoden und hochwertigen Nickel- und Zinkgrundstoffen für die chemische Industrie. SJM hat über 1.000 Angestellte weltweit und rd. 300 Beschäftigte auf einem 300.000-m^2-Areal am Hauptsitz. Dort erzielt man mit modernsten umweltfreundlichen Recyclinganlagen eine vollständige Wertstoffrückgewinnung und leistet somit einen wichtigen Beitrag zur Sicherung der Rohstoffversorgung und Ressourcenschonung.

Kontakt
Siegfried Jacob Metallwerke GmbH & Co. KG
Jacobstr. 41–45, 58256 Ennepetal
www.jacob-metall.de

Siegmann

Hamburg

Gegründet: 1975
Siegmann ist eine Spedition mit Sitz in Hamburg und Paris. Seit dem Jahr 1975 ist das Familienunternehmen spezialisiert auf Transporte von und nach Frankreich. Stärken sind die tiefe Verbindung der Inhaber mit dem Nachbarland sowie die sprachlich geschulten Mitarbeitenden. Eingebunden in das ASTRE Netzwerk ist die Spedition im norddeutschen Raum nach eigenen Angaben im Segment der Frankreich-Transporte Marktführer. Zu den

S

Leistungen zählen der Transport von Stückgut, Teil- und Komplettladungen, Weinlogistik inkl. Kommunikation mit den Winzern vor Ort, Zoll- und Importabfertigung sowie Lagerlogistik. Heute führen die Geschäfte Diane und Jörn Siegmann gemeinsam mit ihren Söhnen Maxim Victor und Julius Constantin.

Kontakt
Siegmann (Deutschland) GmbH
Süderstr. 251, 20537 Hamburg
www.siegmann.biz

Siegwerk

Siegburg, Nordrhein-Westfalen

„INK, HEART & SOUL“

Unternehmensmotto

Gegründet: 1830
Siegwerk ist einer der weltweit führenden Druckfarbenhersteller. Farben und Lacke für Verpackungen aller Art, aber auch für Printprodukte, wie beispielsweise Zeitschriften und Kataloge, gehören zur Produktpalette. Stetige Weiterentwicklung und innovative Produkte sichern die Marktposition. Kernzielgruppe sind Druckereien, aber auch Markenartikler. Der Hauptsitz des Unternehmens befindet sich in Siegburg und verdankt wie der Ort seinen Namen der geografischen Lage an der Sieg. Siegwerk beschäftigt weltweit 5.000 Mitarbeitende in mehr als 30 Ländern mit eigenen Tochtergesellschaften. Mit einem Absatzvolumen von 250.000 t wurde 2018 ein Jahresumsatz von 1,1 Mrd. Euro erwirtschaftet. Die Exportquote des weltweit agierenden Unternehmens liegt bei 80 %. Siegwerk befindet sich in 6. Generation in Familienhand und wird von einem externen Management geführt. Herbert Forker führt das Unternehmen seit 1999 erfolgreich, seit 2011 als Vorstandsvorsitzender der Siegwerk Druckfarben AG & Co. KGaA. Aufsichtsrat und Verwaltungsrat fungieren als Kontrollgremien, die dem Vorstand beratend und überwachend zur Seite stehen.

Bereits vor der Grundsteinlegung für das heutige Unternehmen eröffnete Christian Gottlieb Rolffs 1824 mit seinem Schwager

Als global operierender Hersteller für Druckfarben setzt Siegwerk auf Qualität, Zuverlässigkeit und schnellen Service bei den Kunden vor Ort.

Herbert Forker, der Vorstandsvorsitzende der Siegwerk Druckfarben AG & Co. KGaA (oben); die Produktpalette von Siegwerk ist vielfältig (unten).

Gesellschaftliche Verantwortung

Siegwerk fördert insbesondere soziale Projekte, die dem Wohl von Kindern und Jugendlichen dienen. Neben zahlreichen lokalen Aktivitäten pflegt das Unternehmen eine enge Partnerschaft mit SOS-Kinderdörfer weltweit, z. B. bei sog. Leuchtturmprojekten. Darüber hinaus ist Siegwerk Partner der „YouthCan!“-Beschäftigungsinitiative von SOS-Kinderdörfer weltweit. Den Jugendlichen wird ermöglicht, praktische Erfahrungen in einem realen Arbeitsumfeld zu sammeln. Engagierte Siegwerk-Mitarbeitende vor Ort setzen sich als Mentorinnen und Mentoren persönlich für die berufliche Qualifizierung der Jugendlichen ein.

Chronologie

1830 Gründung des Textildruckunternehmens „Rolffs & Comp." in Köln

1844 Übersiedlung nach Siegburg

1911 Alfred Keller, Dr. Fritz Rung und Sohn Alfred II. gründen „Siegwerk Chemisches Laboratorium GmbH"; Entwicklung von Farben für den Rakeltiefdruck

1920er Beginn des Druckfarbenexports nach Europa, Nordafrika, Südamerika und in die USA

1950 Siegwerk stellt erstmals Flachdruckfarben für den Offsetbereich her.

1972 Erste Produktionsanlage in den USA

1992 Markteinführung der Siegwerk-UV-Farben

2000 Gründung Siegwerk Ink Ltd. Thailand

2007 Eröffnung Siegwerk India

2016–18 Akquisition von Actega Colorchemie GmbH, Van Son Liquids und Ultra Inks Inc.

eine Manufakturwarenhandlung in Köln. 1830 erfolgte die Gründung einer Kattunfabrik. Druckerei und Färberei stellten farbige Leinen- und Baumwollstoffe in industriellem Umfang her. Die Bezeichnung „Kattunfabrik" leitete sich von der Bezeichnung für Baumwollgewebe her. 1844 übersiedelte die Firma nach Siegburg. 1911 entwickelte das mittlerweile als Chemisches Laboratorium firmierende Unternehmen Farben für den Rakeltiefdruck auf schnell laufenden Maschinen. Bereits in den 1920er-Jahren wurde mit dem Export nach Übersee begonnen. 1937 gelang die Entwicklung eines Verfahrens zur Einkapselung von Druckpressen, das eine teilweise Rückgewinnung des Lösungsmittels ermöglicht. Viele weitere Innovationen gingen aus den Anfang der 1950er-Jahre eingerichteten Laboratorien hervor. Ein Highlight im Bereich Verpackungsdruckfarben ist die Zweikomponentenfarbe von Siegwerk, die z. B. für Chipsverpackungen verwendet wird. Bis 2025 möchte sich Siegwerk als Experte für zirkuläre und digitale Verpackungslösungen aufgestellt haben. Hohe Standards setzt Siegwerk nicht nur bei seinen Produkten, sondern auch mit seiner Unternehmensethik. Darüber hinaus ist das Wohl benachteiligter Kinder dem Unternehmen ein besonderes Anliegen, sie werden weltweit mit zahlreichen Projekten gefördert.

Daten und Fakten

Inhaberfamilie: in 6. Generation in Familienbesitz
Gründer: Christian Gottlieb Rolffs, 1830, Köln
Branche: Druckbranche
Produkte: Druckfarben und Lacke
Standorte: Hauptsitz in Siegburg, Tochtergesellschaften weltweit
Mitarbeitende: 5.000 weltweit
Umsatz: 1,1 Mrd. Euro (2018)
Marktposition: Marktführer bei Druckfarben für Verpackungen und Publikationen
Kontrollgremien: Aufsichtsrat und Verwaltungsrat
Exportquote: 80%

Kontakt

Siegwerk Druckfarben AG & Co. KGaA
Alfred-Keller-Str. 55, 53721 Siegburg
Fon: 02241 304-0, Fax: 02241 304-777
info@siegwerk.com, www.siegwerk.com

Ansprechpartnerin Presse

Nathalie Müller-Samson
Fon: 02241 304-237
nathalie.mueller-samson@siegwerk.com

Der Gründer des Unternehmens Christian Gottlieb Rolffs (oben); seit 1844 residiert das Unternehmen am Siegburger Stammsitz (Mitte); Siegwerk ist spezialisiert auf die Herstellung von Druckfarben (unten).

S

Siemes Schuhcenter

Mönchengladbach, Nordrhein-Westfalen

Gegründet: 1936

Seit über 80 Jahren versteht sich Siemes als familiengeführtes Modeunternehmen, das mit seinen rd. 4.900 Angestellten eine Leidenschaft für Schuhe lebt. In ca. 170 Ladengeschäften wird auf bis zu 2.500 m² ein breites Sortiment zu günstigen Preisen präsentiert. Siemes ist bereits in Luxemburg vertreten und plant die weitere Expansion. Zu den Premium-Marken, die auch im Onlineshop erhältlich sind, gehören unter anderem Michael Kors, Karl Lagerfeld, Marc Cain und Bugatti. Auch lässige Skaterschuhe von Vans, Kinderschuhe von Lurchi und elegante Herrenschuhe von Lloyd gehören zum Programm. An Bequemschuhen findet man die Marken Rieker, Geox oder Birkenstock. Siemes führt auch passende Accessoires wie Hand- und Sporttaschen, Rucksäcke sowie Socken.

Kontakt

SIEMES Schuhcenter GmbH & Co. KG
Krefelder Str. 310, 41066 Mönchengladbach
www.siemes-gruppe.de

Siepe

Kerpen, Nordrhein-Westfalen

Gegründet: 1878

Das mittelständische, inhabergeführte Unternehmen in 6. Generation entwickelt und produziert ausschließlich an deutschen Standorten Verpackungen aus Metall und Kunststoff. Sie werden europaweit für Füllgüter in der Chemie, Automobil- und Pharmabranche sowie für Kosmetik und Nahrungsmittel eingesetzt. Über 300 Mitarbeitende sind am Hauptsitz in Kerpen (NRW) sowie in den Werken Staßfurt (Sachsen-Anhalt, seit 2002) und Eisenberg (Rheinland-Pfalz, seit 2014) beschäftigt. 2014 erfolgte die Beteiligung an der Hopf Packaging GmbH in Nördlingen (Bayern). Zusätzlich bietet Siepe Additive Fertigung (3D-Druck), Formenbau und Logistiklösungen an.

Kontakt

Siepe GmbH
Hüttenstr. 185, 50170 Kerpen
www.siepe.net

SIEPMANN-WERKE

Warstein, Nordrhein-Westfalen

Gegründet: 1891

Der Experte für Produktlösungen aus Stahl wurde 1891 unter dem Namen PETERS & CIE gegründet. 1938 nannte sich die Firma aus Warstein in SIEPMANN-WERKE um. Zum Kerngeschäft gehören heute geschmiedete Komponenten: z. B. Armaturen in Kraftwerken, Radkörper für Züge, Bremsträger in Lkw oder Schmiedestücke in Windrädern. Daneben überzeugt das Unternehmen mit seiner Schweißtechnik, vollautomatisiert oder durch Fachingenieure. Seit 1946 fertigt das Tochterunternehmen PERSTA Stahl-Armaturen GmbH darüber hinaus industrielle Armaturen. Die SIEPMANN-WERKE werden seit 2014 in 4. Generation von der Gründerfamilie geführt. Die rd. 450 Mitarbeitenden und internationale Vertriebspartner erwirtschaften einen Jahresumsatz von rd. 85 Mio. Euro.

Kontakt

SIEPMANN-WERKE GmbH & Co. KG
Emil-Siepmann-Str. 28, 59581 Warstein
www.siepmann.de

S

SIKORA

Bremen

Gegründet: 1973
Die SIKORA AG ist ein führendes Unternehmen für Mess- und Regeltechnik. Ob es sich um Datenkabel, Installationsleitungen oder Hochspannungskabel handelt – SIKORA bietet für die unterschiedlichsten Kabelproduktionslinien und -produkte entsprechende Mess-, Regel-, Inspektions-, Analyse- und Sortiergeräte an. Um unabhängig von saisonalen und branchentypischen Schwankungen zu sein, ist das Unternehmen in fünf Teilbereiche diversifiziert: Draht & Kabel, Glasfaser, Rohr & Schlauch, Kunststoff und Service. Die SIKORA AG ist mit 14 Niederlassungen und 30 regionalen Repräsentanzen weltweit aufgestellt. Sie wurde 1973 von Namensgeber Harald Sikora gegründet und beschäftigt 300 Mitarbeitende. Gefertigt wird ausschließlich am Hauptsitz in Bremen.

Kontakt
SIKORA AG
Bruchweide 2, 28307 Bremen
www.sikora.net

SIKU

Lüdenscheid, Nordrhein-Westfalen

Gegründet: 1921
Die Sieper GmbH ist ein weltweit exportierender Spielzeughersteller von Miniaturen aus Kunststoff und Metall. Das Portfolio umfasst SIKU (Abkürzung für Sieper Kunststoffe), mechanische und funkferngesteuerte Fahrzeuge sowie Wiking, eine traditionsreiche Sammlermarke. Es gibt zahlreiche Modelle, u. a. in Themengruppen wie „Rettung", „Baustelle" oder „Allgemeiner Verkehr". Viele SIKU Autos gelten als Sammlermodelle. Seit 2020 sind die Toddys, Fahrzeuge für Kinder von 18+ Monaten, international erhältlich. Richard Sieper legte 1921 mit der Gründung eines Gießereiunternehmens den Grundstein des Unternehmens. Heute sind rd. 700 Mitarbeitende bei Sieper in Lüdenscheid und für Tochtergesellschaften in Polen und China sowie Vertriebsgesellschaften in Frankreich und Hongkong tätig. Die Geschäftsführung obliegt Britta Sieper und Jörg Stermann.

Kontakt
Sieper GmbH
Schlittenbacher Str. 60, 58511 Lüdenscheid
www.siku.de

SIMBA-DICKIE-GROUP

Fürth, Bayern

Gegründet: 1945
Die SIMBA-DICKIE-GROUP GmbH ist ein Spielzeugwarenunternehmen mit acht Produktionsstätten und 30 Standorten weltweit. Das Portfolio umfasst ca. 4.000 Produkte: von Markenartikeln über Sammlermodelle und Klassiker bis hin zu Trendprodukten. Die 20 Marken der Gruppe sind durch Zukauf, Übernahme oder Beteiligungen in die Gruppe gekommen und umfassen so bekannte Namen wie BIG, Eichhorn, Noris, Schuco, AquaPlay und viele mehr. Die SIMBA-DICKIE-GROUP, die aus einem kleinen Familienunternehmen entstand, entwickelt und produziert mit rd. 3.000 Mitarbeitenden an Standorten in Deutschland, Frankreich, Spanien, Ungarn, Tschechien, Großbritannien, Thailand und China. Geschäftsführer sind Michael Sieber, Florian Sieber, Manfred Duschl und Uwe Weiler.

Kontakt
SIMBA-DICKIE-GROUP GmbH
Werkstr. 1, 90765 Fürth
www.simba-dickie-group.com

S

SMS group

Düsseldorf, Nordrhein-Westfalen

„Für ein Unternehmen Verantwortung zu tragen, ist ein Lebensstil.“

Dr. Heinrich Weiss

Dr. Heinrich Weiss ist Vorsitzender des Gesellschafterausschusses der SMS group.

Hochofen, Brasilien (oben); Fertigstraße USA (Mitte); Steuerstand einer Aluminium-Warmbandstraße, Saudi Arabien (unten)

Gegründet: 1871

SMS group ist ein international führender Anbieter auf dem Gebiet des metallurgischen Anlagenbaus. Die weltweit rd. 14.000 Mitarbeitenden erwirtschaften an über 50 Standorten einen jährlichen Auftragseingang von über 3 Mrd. Euro.

Das Produktportfolio der SMS group deckt die gesamte metallurgische Prozesskette ab. Hierzu gehören insbesondere Anlagen zur Roheisenerzeugung, Stahlwerks- und Stranggießtechnik für Lang- und Flachprodukte, Warm- und Kaltwalzwerke für Bleche und Bänder inkl. entsprechender Veredelungslinien sowie Walzanlagen für Draht, Rohre und Profile. Neben dem mechanischen Anlagenbau stattet SMS group sämtliche Anlagen mit eigener Elektrik und Automation aus und bietet umfangreiche digitale Anwendungen. Diese werden auf der eigenen digitalen Plattform der zur SMS group gehörenden SMS digital GmbH bereitgestellt. Über 3.000 Servicemitarbeitende weltweit sorgen für den einwandfreien Produktionsbetrieb bei den Kunden. Anlagen für Nichteisenmetalle sowie Schmiedeanlagen und passende Wärmetechnik komplettieren das Produktprogramm. Der Schwerpunkt der Forschung und Entwicklung liegt auf der Realisierung von nachhaltigen

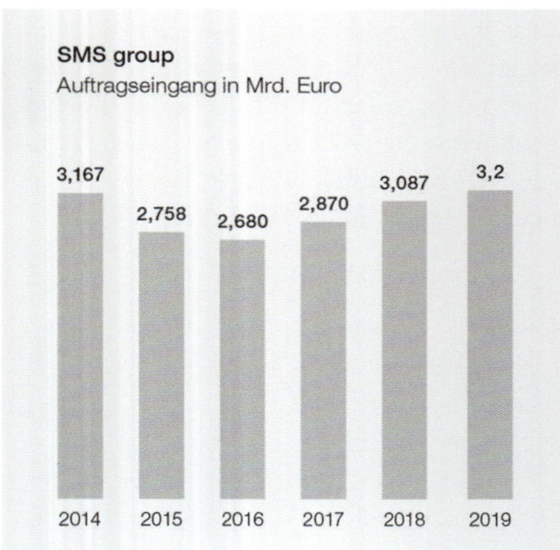

Chronologie

1871 Gründung des Schmiedebetriebs von Carl Eberhard Weiss

1918 Fusion der Maschinenbaufabriken Oechelhäuser, Hoffmann und Weiss zur „Siegener Maschinenbau AG“

1973 Die Hälfte der Anteile fällt bei der Fusion zur Schloemann-Siemag AG an den MAN-Konzern.

1990 Gründung der SMS AG als geschäftsführende Holding

1999 Fusion der SMS Schloemann-Siemag AG mit der Mannesmann Demag Metallurgie zur SMS Demag AG

2000 Ausgliederung des Geschäftsbereichs Rohr- und Kupferanlagen als SMS Meer GmbH

2007 Übernahme der restlichen Anteile außenstehender Aktionäre; Familie Weiss wird Alleineigentümer der SMS group.

2009 Umbenennung der SMS Demag AG in SMS Siemag AG

2011 Übernahme der Mehrheitsanteile der elexis AG

2012 Übernahme der Mehrheitsanteile der Paul Wurth S.A./Luxemburg

2015 Verschmelzung SMS Siemag AG und SMS Meer GmbH zur SMS group GmbH

BOF-Konverter, Indien

Produktionsprozessen. Ziele sind insbesondere eine CO_2-freie Stahlherstellung sowie zukunftsweisende Recyclingverfahren.

Im Rahmen einer Beteiligung hält SMS group 100 % der Anteile an der elexis Gruppe, die mit ihren Tochtergesellschaften Technologieführer für Fertigungsautomatisierung, Antriebstechnik sowie Qualitätskontrolle ist.

Carl Eberhard Weiss legte 1871 mit dem Aufbau eines Schmiedebetriebs in Siegen den Grundstein des Familienunternehmens. Über Fusionen, Zukäufe und eigenes Wachstum hat sich SMS group zu einem bedeutenden Anlagenbauer entwickelt. Heute ist die Unternehmensgruppe, die einheitlich unter der Dachmarke SMS group auftritt, in 4. Generation in Familienbesitz. Alleineigentümer der Holding SMS GmbH ist die Familie Weiss Stiftung.

Die Geschäftspolitik basiert auf den Grundsätzen der finanziellen Unabhängigkeit, des konservativen Wirtschaftens sowie der Führungskultur eines mittelständischen Familienunternehmens. Maßgeblich verantwortlich für den Erfolg des Unternehmens sind die rd. 14.000 Mitarbeitenden an über 50 Standorten weltweit, denen gegenüber sich das Unternehmen besonders verpflichtet fühlt.

Gesellschaftliche Verantwortung

SMS group ist ein mittelständisch geprägtes Familienunternehmen mit einer langen Tradition, in dem Mitarbeitende aus über 40 Nationen in einer Kultur der Eigenverantwortung, der Offenheit, des Teamgeistes und flacher Hierarchien arbeiten. Als Hochtechnologie-Unternehmen ist SMS group stets auf die „besten Köpfe" angewiesen. Das Unternehmen arbeitet mit Universitäten und Fachhochschulen zusammen und interessiert vielversprechende Fachleute schon früh über Stipendien, Praktika und Hilfe bei Studienarbeiten für das Unternehmen. Mit rd. 6% liegt die Ausbildungsquote kontinuierlich auf einem hohen Niveau. Auch in wirtschaftlich schwächeren Zeiten wurde diese überdurchschnittliche Quote stets aufrechterhalten, nicht zuletzt aus der gesellschaftlichen Verantwortung für die Ausbildung junger Menschen. SMS group setzt sich für die Vereinbarkeit von Familie und Beruf sowie für die Beschäftigung von Mitarbeitenden mit Behinderung und Migrationshintergrund ein. Im Rahmen der SMS-Akademie bietet das Unternehmen seinen Mitarbeiterinnen und Mitarbeitern über klassische Schulungsangebote hinaus ein breites Angebot zur persönlichen Weiterbildung. Alle Mitarbeitenden sind am Unternehmensgewinn beteiligt.

S

Daten und Fakten

Produkte: international tätiger Anbieter von Anlagen und Maschinen für die Verarbeitung von Stahl und Nichteisenmetallen
Mitarbeitende: rd. 14.000 weltweit (2018)
Umsatz: 2,8 Mrd. Euro (2018)
Ausbildungsquote: 6 %

Kontakt
SMS group GmbH
Eduard-Schloemann-Str. 4, 40237 Düsseldorf
Fon: 0211 881-0, Fax: 0211 881-4902
communications@sms-group.com,
www.sms-group.com

Ansprechpartner Corporate Communications
Martin Aufschläger
Fon: 02733 29-7286
martin.aufschlaeger@sms-group.com

SOLDAN

Adelsdorf, Bayern

Gegründet: 1899
Premiumbonbons, die Wohlbefinden fördern – dafür steht Dr. C. SOLDAN. Das Familienunternehmen kreiert Produkte mit hochwertigen, natürlichen Zutaten: Em-eukal, Kinder Em-eukal, Rheila, aecht Bayrischer Blockmalz und Original BÄRENGARTEN. Darüber hinaus besitzt Dr. C. SOLDAN die pharmazeutische Herstellungserlaubnis und fungiert als Produktionspartner für Pharma- und Handelsunternehmen. Im Hustenbonbonsegment deutscher Apotheken ist das Unternehmen Marktführer. Im Drogeriemarkt und Lebensmitteleinzelhandel ist man auf Platz 2. In Deutschland beschäftigt die Firma ca. 220 Mitarbeitende. Ihr Umsatz liegt bei ca. 81,2 Mio. Euro (Geschäftsjahr 2019/2020). Sitz des Unternehmens ist das mittelfränkische Adelsdorf.

Dr. C. SOLDAN befindet sich seit jeher im Familienbesitz. Perry Soldan, Angehöriger der 4. Generation, ist geschäftsführender Gesellschafter. Ihm zur Seite steht als weiterer Geschäftsführer Karl-Heinz Hödl. Die Firmengeschichte beginnt 1899, als Apotheker Dr. Carl Soldan in Nürnberg eine Medizinaldrogerie gründete. 1923 kreierte der Visionär die erste Bonbonrezeptur mit Menthol und Eukalyptus. Em-eukal war geboren und mit ihm auch das einmalige Erkennungszeichen: „Nur echt mit der Fahne“. Offiziell eingetragen wurde die Marke 1925.

1960 nahm das Unternehmen die Produktionsstätte in Adelsdorf in Betrieb, seit 2014 hat hier auch die Verwaltung ihren Sitz. Im selben Jahr erweiterte das innovative Familienunternehmen sein Em-eukal Sortiment um eine neue Produktkategorie: Mit den Em-eukal Gummidrops gibt es das beliebte Bonbon nun auch zum Kauen.

Kontakt
Dr. C. SOLDAN GmbH
Dr.-Carl-Soldan-Platz 1, 91325 Adelsdorf
Fon: 09195 808-0, Fax: 09195 808-159
kundenservice@soldan.com, www.soldan.com

SOMIC Verpackungsmaschinen

Amerang, Bayern

S

somic
Engineered to perform

Gegründet: 1974

Die SOMIC Verpackungsmaschinen GmbH & Co. KG ist einer der fünf führenden europäischen Hersteller von Maschinen für Karton-Endverpackungen – zu 100 % „made in Germany". Produziert und vertrieben werden Kartoniermaschinen und Sammelpacker sowie Handling- und Transportsysteme für namhafte Konzerne und mittelständische Unternehmen weltweit.

Die Kunden stammen hauptsächlich aus dem Lebensmittelbereich. Namhafte internationale Konzerne, aber auch mittelständische Unternehmen im In- und Ausland setzen die Karton-Verpackungsmaschinen des bayerischen Spezialisten ein, um etwa bekannte Schokoladenerzeugnisse, Kaffee, Tee, Müsli, Snacks, Käse- und Milchprodukte zu verpacken. Ebenso werden u. a. Artikel aus den Bereichen Tiernahrung, Health Care und Non-Food von SOMIC-Maschinen in Transportkartons verpackt, die so gestaltet sind,

Forschung und Innovation

Um als einer der führenden europäischen Verpackungsmaschinen-Hersteller erfolgreich zu bleiben, konzipiert SOMIC kontinuierlich innovative Maschinen auf höchstem technischem Niveau. Das Unternehmen setzt seit jeher neueste Technologien frühzeitig ein und entwickelt ausschließlich mechatronische Maschinen und Systeme, die sich durch Modularität, Flexibilität und hohes Leistungsvermögen auszeichnen. Hochqualifizierte Mitarbeitende, intensive Fortbildungen und ein durchgängiges Qualitätsmanagement bilden die Grundlage für weitere Innovationen und Wachstum.

„Engineered to perform. Together!"

Unternehmenscredo

Patrick Bonetsmüller leitet in der Nachfolge von seinem Vater und Firmengründer Manfred Bonetsmüler (oben, v. l.); das Unternehmen SOMIC mit Firmensitz in Amerang im Chiemgau (unten).

Das moderne Hauptgebäude in Amerang bietet Platz für Konstruktion und Technik.

Die SOMIC-Gruppe verfügt neben dem Hauptsitz in Amerang über einen Produktionsstandort in Haag (Oberbayern) und seit 2014 mit der SOMIC America Inc. eine Niederlassung in Minneapolis, USA (v. o. n. u.).

Chronologie

1974 Gründung durch Manfred Bonetsmüller

1978 Umzug in das erste eigene Firmengebäude in Wasserburg am Inn

2001 Umzug nach Amerang, dem heutigen Hauptsitz (35.000 m² Geländefläche)

2010 Großer Erfolg: Durch die Verbindung von Hard- und Software in der neuen Baureihe wurden die Maschinen mit umfangreicher Intelligenz ausgestattet.

2014 Gründung der US-Niederlassung SOMIC America Inc.

2015 Übergabe der Unternehmensleitung an Patrick Bonetsmüller

2019 Übernahme des Feinmechanik-Zentrums Schmidbauer in Haag, Oberbayern

2020 Rd. 400 Mitarbeitende erzielen den größten Umsatz der SOMIC-Geschichte.

dass die Waren anschließend attraktiv im Supermarktregal präsentiert werden.

Anfang der 1970er-Jahre wurde gerade im Mittelstand das Thema Rationalisierung sowohl im Produktions- als auch im Verpackungsbereich von Lebensmitteln zunehmend wichtiger. Der Maschinenbautechniker Manfred Bonetsmüller erkannte diese Tendenzen und gründete im Jahr 1974 die SOMIC Verpackungsmaschinen GmbH & Co. KG. Mit drei weiteren Mitarbeitern setzte er seine Ideen für die Automatisierung um. Der gesteigerte Absatz der Maschinen führte zur schrittweisen Erweiterung des Produktportfolios, bis man sich rd. 20 Jahre nach der Gründung auf den jüngsten und erfolgreichsten Geschäftszweig konzentrierte: die Karton-Endverpackung. In der Folge stieg der Umsatz

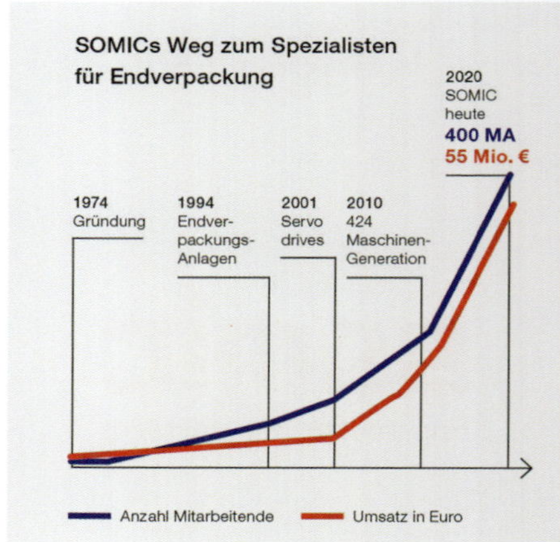

im Kerngeschäft von 1992 bis 2002 um das Zehnfache.

Wachsende Anforderungen an Leistung und Flexibilität in der Verpackungstechnik machten mehrere Technologiesprünge nötig. Das Jahr 2001 war in mehrfacher Hinsicht bedeutend: Das stetige Wachstum der Firma mit damals rd. 6 Mio. Euro Umsatz und 104 Mitarbeitenden – davon 16 Auszubildende – erforderte den Umzug an den neuen, großzügigen Firmensitz im bayerischen Amerang. Aber auch unter technischem Aspekt war dieses Jahr wegweisend: Die Hybridtechnik wurde in der neuen Maschinenserie durch moderne, hochdynamische Servoantriebe ersetzt. 2010 wurde dann die nächste Maschinengeneration entwickelt: In der streng mechatronisch konzipierten Baureihe verband SOMIC die Hardware mit der Software – die Maschinen wurden also mit umfangreicher Intelligenz ausgestattet.

Im Jahr 2015 übergab der Gründer, Manfred Bonetsmüller, die Firma in die Hände seines Sohns Patrick, der zusammen mit Geschäftsführer Ralf Kettner die Geschicke des Unternehmens leitet. Die SOMIC-Gruppe erwirtschaftete im letzten Geschäftsjahr mit ca. 400 Mitarbeitenden an drei Standorten – dem Hauptsitz Amerang, der Produktionsstätte Haag (Oberbayern) und einer Niederlassung in Minneapolis, USA – einen Umsatz von 55 Mio. Euro.

Daten und Fakten

Inhaberfamilie: Familie Bonetsmüller
Gründer: Manfred Bonetsmüller, 1974
Branche: Maschinenbau
Produkte: Kartoniermaschinen und Sammelpacker, Handling- und Transportsysteme
Standorte: Hauptsitz in Amerang, Produktionsstandort in Haag (Oberbayern), Niederlassung in Minneapolis, USA
Vertrieb: weltweit
Mitarbeitende: rd. 400
Umsatz: 55 Mio. Euro
Marktposition: einer der 5 führenden europäischen Hersteller von Verpackungsmaschinen
Ausbildungsplätze p. a.: rd. 40

Kontakt
SOMIC Verpackungsmaschinen GmbH & Co. KG
Am Kroit 7–11, 83123 Amerang
Fon: 08075 916-0
info@somic.de, www.somic.de

SOMIC Marketing
Fon: 08075 916-0
marketing@somic.de

Söring

Quickborn, Schleswig-Holstein

Gegründet: 1985
Die Söring GmbH ist ein weltweit agierendes Unternehmen der Medizintechnik. Es hat sich auf elektromedizinische Geräte der Ultraschall- und Hochfrequenztechnik sowie der Plasmakoagulation spezialisiert und ist in diesem Segment marktführend. Die Geräte werden z. B. in der Neurochirurgie, der Viszeralchirurgie und bei der Wundbehandlung eingesetzt. Söring hat Niederlassungen in den USA, Kolumbien, Russland, Kasachstan und der Ukraine. Der Vertrieb erfolgt weltweit in rd. 90 Ländern. Gegründet von Holger Söring im Jahre 1985, wird das Familienunternehmen in 2. Generation von Anna Söring-Neumann weitergeführt. Mit dem ersten Produkt, einem Ultraschallgenerator, konnten in der Neurochirurgie Tumore entfernt werden. Zu den Meilensteinen der Unternehmensgeschichte zählte 1989 die weltweit erste Trennung siamesischer Zwillinge, die nur über eine Leber verfügten, mit einem Söring-Ultraschall-Dissektor. 2020 wurde das Unternehmen durch die Industrie- und Handelskammern Kiel, Flensburg und Lübeck zum Welt-Technologieführer in der Ultraschall-Chirurgie gekürt.

Kontakt
Söring GmbH
Justus-von-Liebig-Ring 2, 25451 Quickborn
www.soering.de

SPAETER Gruppe

Duisburg, Nordrhein-Westfalen

Gegründet: 1875
Die SPAETER Gruppe ist ein privates, unabhängiges Großhandelsunternehmen. Das Kerngeschäft bildet der Handel u. a. mit Produkten aus Walzstahl, Aluminium, Edelstahl und Kunststoff. Die Gruppe agiert international, landesweit und lokal, zu ihr gehören internationale Gesellschaften und lokale Spezialisten. Zum Portfolio der 19 Standorte in Deutschland zählen z. B. auch Anarbeitungsdienstleistungen für Stahlerzeugnisse.

1875 begann mit Carl Spaeters Unternehmensgründung die Geschichte der heutigen SPAETER Gruppe. Das mittelständisch geprägte Handelshaus gehört zu den 500 umsatzstärksten Unternehmen Deutschlands. Geschäftsführer der Gruppe sind Thorsten Zips (Sprecher) und Hans-Joachim Schlegel. Als Vorsitzender des Aufsichtsrates zeichnet Dr. Rudolf Stützle verantwortlich.

Kontakt
Carl Spaeter GmbH
Philosophenweg 17, 47051 Duisburg
www.spaeter.de

Specht

Neumünster, Schleswig-Holstein

SPECHT GMBH
WASSER- UND BRANDSCHADENSANIERUNG

Gegründet: 1966

Die Specht GmbH ist ein in Norddeutschland führendes Unternehmen der Schadensanierung bei Brand- und Wasserschäden. Das Leistungsspektrum umfasst die Rohrleckage-Ortung, Trocknung, Schadensrenovierung, Brandschadensanierung und Schimmelsanierung. Insgesamt 135 Mitarbeitende in der Firmenzentrale in Neumünster sowie den fünf Niederlassungen in Flensburg, Kiel, Itzehoe, Hamburg und Lübeck erzielten im letzten Geschäftsjahr einen Jahresumsatz von rd. 16 Mio. Euro.

Gegründet wurde die Specht GmbH 1966 von Hans-Jürgen Specht. Im Jahr 1982 startete der Aufbau des Bereichs Wasserschadentrocknung. Stefan Specht, der Sohn des Gründers, übernahm 1995 zunächst die Leitung der Wasser- und Brandschadensanierung. 2001 erfolgte der Umzug der Unternehmenszentrale in die Wagrierstraße 3 in Neumünster (seit der Erweiterung 2012: Wagrierstraße 1–3).

Die ersten Niederlassungen wurden 2004 in Flensburg und 2005 in Lübeck gegründet. Im Jahr 2006 übernahm Stefan Specht als neuer Eigentümer alle Anteile der Specht GmbH. In den Folgejahren eröffnete das Unternehmen weitere Niederlassungen in Hamburg (2008), Itzehoe (2009) und Kiel (2010).

Nachdem zwei Generationen der Familie die nach ihr benannte Specht GmbH aufgebaut und regional expandiert hatten, veräußerte Stefan Specht das Unternehmen 2019 an die →HGDF Familienholding, Flensburg. Nach der Übernahme wurde mit Bastian Itzke ein langjähriger Mitarbeiter der Specht GmbH zum Geschäftsführer ernannt, zum kaufmännischen Leiter wurde Frank Stoppel bestellt.

Kontakt

Specht GmbH
Wagrierstr. 1–3, 24539 Neumünster
Fon: 04321 9715-0, Fax: 04321 9715-5
info@specht24.de, www.specht24.de

Speick Naturkosmetik

Leinfelden-Echterdingen,
Baden-Württemberg

Gegründet: 1928

Speick Naturkosmetik entwickelt und vertreibt seit mehr als 90 Jahren Pflegeprodukte, die den einzigartigen Extrakt der Speick-Pflanze enthalten. Das in 3. Generation von Wikhart Teuffel geleitete Unternehmen exportiert seine Produkte weltweit. Im Sortiment finden sich neben Seifen Produkte für die Körper- und Gesichtspflege. Speick Naturkosmetik setzt auf umweltbewusste Produktion, Verwendung natürlicher Rohstoffe aus größtenteils kontrolliert biologischem Anbau und die Zusammenarbeit mit Partnern aus der Region. Damit wird dem ganzheitlichen Verständnis von Mensch und Natur des Firmengründers Walter Rau entsprochen. Speick Naturkosmetik wurde 2013 als „Deutschlands nachhaltigste Marke" ausgezeichnet und erhielt 2014 den CSR-Preis der Bundesregierung.

Kontakt

Speick Naturkosmetik GmbH & Co. KG
Benzstr. 9, 70771 Leinfelden-Echterdingen
www.speick.de

Spenner

Erwitte, Nordrhein-Westfalen

Gegründet: 1926

Die Spenner Unternehmen mit rd. 400 Mitarbeitenden werden seit 1994 in 3. Generation von Dr. Dirk Spenner als geschäftsführendem Gesellschafter geleitet. Gegründet wurden sie

1926 am heutigen Stammsitz in Erwitte. Hier und in Brilon befinden sich die Steinbrüche, die den Rohstoff für die Produktion von Zement, Trockenmörtel und Kalk liefern. Seit 2014 wird in der Mahlanlage in Duisburg Hochofenzement hergestellt. Die beiden Tochterfirmen Spenner Herkules – mit 21 Transportbetonwerken – und Spenner Zementwerk Berlin produzieren und vertreiben den Baustoff ebenfalls. Als erster Zementhersteller in Deutschland wurde Spenner im Januar 2020 vom Concrete Sustainability Council mit dem CSC-Zertifikat in Gold ausgezeichnet. Es wird für besonders nachhaltige Unternehmen der Beton-, Zement- und Rohstoffindustrie vergeben.

Kontakt

Spenner GmbH & Co. KG
Bahnhofstr. 20, 59597 Erwitte
www.spenner-zement.de

SPIEL-IN Casino

Kölbingen, Rheinland-Pfalz

Gegründet: 1954

Die SPIEL-IN Casino GmbH & Co. KG betreibt deutschlandweit über 50 staatlich konzessionierte Spielhallen, vorwiegend an Hochfrequenzstandorten. Daneben agiert das Unternehmen in der Aufstellung von Unterhaltungsgeräten in der Gastronomie. SPIEL-IN Casino ist „Top-Mieter" der Deutschen Bahn und Marktführer im Betrieb von Spielhallen in deutschen Großflughäfen. Neben den klassischen kaufmännischen Berufen bietet SPIEL-IN Casino auch branchenspezifische Ausbildungsberufe.

Alle Anteile des Unternehmens befinden sich in 2. Generation im Besitz der geschäftsführenden Gesellschafterin Petra Reichert-Baldus. Firmengründer Goswin Reichert besetzte bis 2018 eine Position im Beirat und steuerte seine langjährige Erfahrung bei. Mit Nick Baldus als Geschäftsführer und Marie Baldus mit Prokura ist bereits die 3. Generation in leitenden Positionen im Unternehmen tätig. Nick Baldus hat seinen Bachelor im Jahr 2013 an der WHU Vallendar absolviert. Als Mitglied des Vorstands des Bundesverbands FORUM der Automatenunternehmer e. V. engagiert er sich für eine qualitative Regulierung des Glücksspielmarktes. Marie Baldus beendete ihren Bachelor in Psychology & Management und den Master in Human Resource Management im Jahr 2019.

Goswin Reichert gründete das Unternehmen 1954 im Westerwald. Seine Familie betrieb dort einen Gasthof, den er schon mit 18 Jahren übernahm. Parallel begann er mit einer eigenen Automatenaufstellung. Nur sechs Jahre später baute er sein Geschäft zu einem Automatengroßhandel aus. Im Jahr 1965

Gesellschaftliche Verantwortung

Als seriöser Anbieter klärt SPIEL-IN Casino auf und betreibt Spielerschutz auf Grundlage eines wissenschaftlich fundierten und praxiserprobten Sozialkonzeptes, das gemeinsam mit ORIGO erarbeitet wurde und fortwährend weiterentwickelt wird. Neben der Schulung aller Mitarbeitenden zum Sozialkonzept bilden Präventionsbeauftragte einen Ansprechpartner für Mitarbeitende, Spielgäste und Hilfeeinrichtungen. Darüber hinaus hat sich SPIEL-IN Casino als eines der ersten Unternehmen der Branche freiwillig der Zertifizierung nach dem Standard des TÜV Rheinland als „regelmäßig geprüfte Spielstätte" entschieden und erzielt hier seit fünf Jahren überdurchschnittliche Ergebnisse.

„Wertvoll an einem Unternehmen sind nur die Menschen, die in ihm arbeiten, und der Geist, in dem sie es tun."

Petra Reichert-Baldus

Petra Reichert-Baldus (Mitte) leitet als geschäftsführende Gesellschafterin die Geschicke der SPIEL-IN Casino GmbH & Co. KG. Mit Nick Baldus als Geschäftsführer und Marie Baldus mit Prokura ist bereits die 3. Generation in leitenden Positionen im Unternehmen tätig.

Mit dem Konzept exklusiver Inneneinrichtungen hat SPIEL-IN Casino die Branche geprägt.

schloss er als erster Automatenaufsteller einen Rahmenvertrag mit der Deutschen Bahn AG. Im Jahr 1979 eröffnete er in Trier das erste SPIEL-IN Casino. Von Anfang an legte Reichert Wert auf eine hochwertige Einrichtung und exzellenten Kundenservice. Petra Reichert-Baldus gründete 1988 die SPIEL-IN-Freizeitspielstätten GmbH und begann damit ihre Unternehmer-Karriere. Der familieninterne Führungswechsel erfolgte im Jahr 1994.

Die Spielhallen von SPIEL-IN Casino vereinen modernes Entertainment mit einem hochwertig gestalteten Ambiente sowie erstklassigem Service durch qualifizierte und engagierte Mitarbeiterinnen und Mitarbeiter. Gesellschaftlich zeigt SPIEL-IN Casino seit Jahren Verantwortung in Form von Schulprojekten bzw. der fundierten Bildung der folgenden Generationen in Deutschland und Uganda.

Für die Zukunft plant SPIEL-IN Casino die weitere Expansion und die Erschließung weiterer Geschäftsfelder.

Die Zahl der SPIEL-IN Casinos ist seit 1980 von 2 auf 50 gestiegen (oben im Bild eine historische Aufnahme; unten eine aktuelles Foto der Filiale in Nossen). Ein hervorragender Service ist Kern der Philosophie.

Schon gewusst?

SPIEL-IN Casino war in Deutschland der erste Exklusiv-Lizenznehmer der Videospiele „Space Invaders“, „Pac-Man“ und „Frogger“, die Anfang der 1980er-Jahre maßgeblich die frühe Entwicklung der Unterhaltungssoftware geprägt haben.

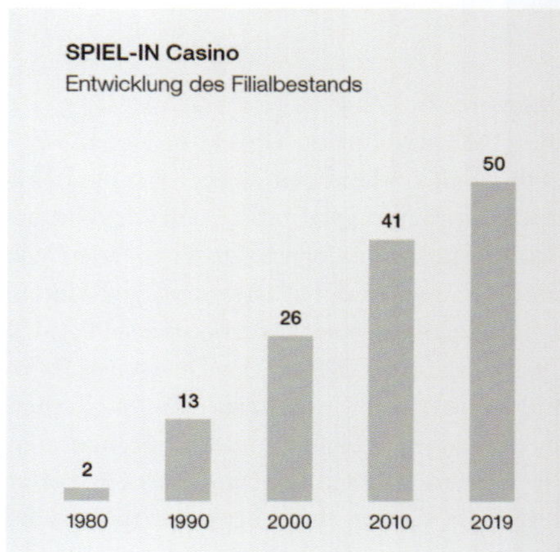

Daten und Fakten

Inhaberfamilie: Familie Reichert-Baldus in 2. Generation
Gründer: Goswin Reichert, 1954, Kölbingen
Standorte: Verwaltung in Kölbingen; Casinos an 50 Standorten in 10 Bundesländern
Mitarbeitende: 300 (2019)
Umsatz: über 24 Mio. Euro (2019)
Marktposition: „Top-Mieter" der Deutschen Bahn, Marktführer im Segment Casinos in deutschen Großflughäfen
Familieneinfluss: inhabergeführt durch Petra Reichert-Baldus; Nick Baldus ist Geschäftsführer, Marie Baldus ist Prokuristin
Unternehmensanteile der Familie: 100 %
Eigenkapitalquote: 62 %
Auszeichnungen: seit 2015 alle Standorte vom TÜV Rheinland zertifiziert; Bonitätszertifikat der Creditreform; Bestätigung Notenbankfähigkeit der Deutschen Bundesbank

Kontakt

SPIEL-IN Casino GmbH & Co. KG
Talstr. 1, 56459 Kölbingen
Fon: 02663 799-0, Fax: 02663 799-47
info@spiel-in.de, www.spiel-in.de

Ansprechpartnerin Presse

Marie Baldus
Fon: 02663 799-22
info@spiel-in.de

SPINNER

München, Bayern

Gegründet: 1946
Die SPINNER GmbH ist ein Familienunternehmen, das seine Produkte im Bereich Hochfrequenztechnik entwickelt und fertigt. Mit Hauptsitz in München und Produktionsstätten in Deutschland, Ungarn und China beschäftigt die SPINNER GmbH mehr als 1.000 Mitarbeitende weltweit. Das Unternehmen ist mit Niederlassungen und Vertretungen in über 40 Ländern präsent. Seit 1946 schreiben die Innovationen von SPINNER Technikgeschichte. Deswegen hält SPINNER einen hohen Forschungs- und Entwicklungsetat von 10 % des Gesamtumsatzes bereit und investiert ständig in die Weiterbildung der Mitarbeitenden. Vorsitzende Geschäftsführerin ist Katharina König, die diese Position von ihrer Mutter Stephanie Spinner-König übernahm, die nun dem Aufsichtsrat vorsteht.

Kontakt

SPINNER GmbH
Erzgießereistr. 33, 80335 München
www.spinner-group.com

SSI SCHÄFER Gruppe

Neunkirchen, Nordrhein-Westfalen

Gegründet: 1937
Die SSI SCHÄFER Gruppe ist der weltweit führende Lösungsanbieter von modularen Lager- und Logistiksystemen. Das Unternehmen beschäftigt am internationalen Hauptsitz in Neunkirchen sowie weltweit in 70 operativ tätigen Gesellschaften und an acht Produktionsstätten rd. 10.500 Mitarbeitende. Auf sechs Kontinenten entwickelt SSI SCHÄFER innovative Konzepte und Lösungen in den Branchen seiner Kunden und gestaltet so die Zukunft der Intralogistik.

Das Unternehmen plant, konzeptioniert und produziert Systeme zur Einrichtung von Lagern und Betrieben, manuelle und automatische Lager-, Förder-, Kommissionier- und Sortiersysteme sowie Lösungen für Abfalltechnik und Recycling. SSI SCHÄFER hat sich zu einem der größten Anbieter für releasefähige Software für den innerbetrieblichen

S

Materialfluss entwickelt. Mehr als 1.100 IT-Expertinnen und -Experten entwickeln hochperformante Anwendungen und stehen den Kunden für Lösungen zur intelligenten Verknüpfung von Software- und Hardwarekomponenten beratend zur Seite. Das umfassende Softwareportfolio mit WAMAS® und SAP deckt alle Vorgänge von der Lager- bis zur Materialflussverwaltung ab.

SSI SCHÄFER realisiert als global tätiger Generalunternehmer komplexe Logistiksysteme, ausgehend von der Systemplanung und -beratung bis hin zur schlüsselfertigen Anlage und maßgeschneiderten Service- und Wartungsangeboten.

Kontakt
SSI SCHÄFER FRITZ SCHÄFER GMBH
Fritz-Schäfer-Str. 20,
57290 Neunkirchen/Siegerland
Fon: 02735 70-1, Fax: 02735 70-396
info@ssi-schaefer.com, www.ssi-schaefer.com

STAHLGRUBER

Poing, Bayern

Gegründet: 1923
STAHLGRUBER ist europaweit einer der wichtigsten Partner für die Kfz-Reparaturbranche. Die Produktpalette reicht vom klassischen Verschleißteil bis zur Hebebühne und umfasst mehr als 500.000 Artikel. Das Unternehmen beschäftigt allein in Deutschland 5.489 Mitarbeitende und unterhält ein flächendeckendes Filialnetz. Insgesamt erwirtschafteten 6.650 Mitarbeitende im Jahr 2018 einen Umsatz von 1,7 Mrd. Euro. Gegründet wurde STAHLGRUBER im Jahr 1923: Die Brüder Otto und Willy Gruber starteten eine gemeinsame Firma, die zunächst mit Schrauben und Metallkleinteilen handelte. Bald erschlossen sie auch Kfz-Reparaturwerkstätten als neuen Kundenkreis. Geschäftsführer der heutigen STAHLGRUBER GmbH sind Andrej Jerman, Werner Maier und Frank Schöller.

Kontakt
STAHLGRUBER GmbH
Gruber Str. 65, 85586 Poing
www.stahlgruber.de

STEINHAUS

Mülheim a. d. Ruhr, Nordrhein-Westfalen

Gegründet: 1922
Die STEINHAUS GmbH ist ein spezialisierter Zulieferer für eine Vielzahl von verarbeitenden Industrien mit einem Fokus auf die Schüttgutaufbereitung sowie die Fest-Flüssig-Trennung in der Lebensmittel- oder Chemiebranche. Das Produktspektrum umfasst u. a. Siebböden aus Stahl, Gummi und Kunststoff, Draht- und Kunststofffördergurte, Schweißspaltsiebe und Industriefilter, aber auch Luftfedersysteme und Schlammpumpen. Die STEINHAUS GmbH selbst hat aktuell rd. 150 Mitarbeitende und ist eingebunden in einen weltweiten Verbund aus über 50 Firmen mit insgesamt 3.500 Mitarbeitenden. Gegründet wurde das Unternehmen im Jahr 1922 von Wilhelm Heinrich Steinhaus in Mülheim a. d. Ruhr. Seit 2006 ist mit Christian Steinhaus die 4. Generation der Familie in der Geschäftsführung.

Kontakt
STEINHAUS GmbH
Platanenallee 46, 45478 Mülheim a. d. Ruhr
www.steinhaus-gmbh.de

Stern-Wywiol Gruppe

Hamburg

S

„Kreativität führt!“

Volkmar Wywiol

Gegründet: 1980

Zur Stern-Wywiol Gruppe gehören zwölf spezialisierte, eigenständige deutsche Fachbetriebe, die funktionelle Zutaten für die Herstellung von Lebensmitteln und Tiernahrung entwickeln, produzieren und vertreiben. Dazu zählen international bekannte Unternehmen wie Hydrosol, Mühlenchemie, SternMaid, SternVitamin, Sternchemie, SternEnzym, HERZA Schokolade und Berg+Schmidt. Jedes einzelne verfügt über eine ausgeprägte Kompetenz mit Expertinnen und Experten aus Forschung und Industrie, u. a. für Back- und Teigwaren, Molkereiprodukte, Feinkost, Fleisch, Fisch, Schokolade sowie für Aromen, Lecithin, Enzyme und Vitamine. Im Mittelpunkt aller Firmenaktivitäten steht die Anwendungsforschung im Stern-Technology Center „Futuremaker“ in Ahrensburg bei Hamburg. Hier steht jeder Tochterfirma das gebündelte Spezialwissen aus dem Kompetenznetzwerk der gesamten Unternehmensgruppe zur Verfügung. Durch 17 Auslandsfilialen, die über profunde regionale Expertise verfügen und teilweise mit eigenen Forschungs- und Produktionskapazitäten ausgestattet sind, sichert sich die Gruppe den Zugang zu den wichtigsten Märkten. Mit einem Exportanteil von über 80 % beliefern die eigenständig operierenden Gesellschaften Kunden in über 130 Ländern.

„Unser Geschäftsmodell lässt sich nur mit der DNA eines Familienunternehmens umsetzen: ein Führungskonzept auf Augenhöhe, flexible Strukturen und ein hohes Maß an Freiheit für den Einzelnen. Das führt dazu,

Volkmar Wywiol (oben), Gründer der Stern-Wywiol Gruppe, und sein Sohn Torsten Wywiol (unten), der als CEO die Firmengruppe seit 2011 leitet.

Gesellschaftliche Verantwortung

Torsten Wywiol versteht sich als CEO nicht nur als „primus inter pares“, sondern auch als „unternehmender Unternehmer“. In der betrieblichen Altersversorgung „Stern-Rente“ kommt nicht nur seine hohe Partnerschaftsfähigkeit, sondern auch sein Engagement für die eigenen Mitarbeitenden zum Ausdruck: Das Ziel der Stern-Rente ist es, die Mitarbeitenden sozial abzusichern und die Bindung an die Stern-Wywiol Gruppe zu intensivieren. Neben privater und gesetzlicher Rentenversicherung bildet diese Form der betrieblichen Altersversorgung die dritte Säule der Altersversorgung. So soll durch Reformen des Rentensystems entstehenden Rentenlücken vorgebeugt werden, um den Lebensstandard auch im Alter sichern zu können. Die Stern-Rente wird in Form einer Pensionskasse durchgeführt. Die Arbeitnehmer zahlen ihre Beiträge also durch Entgeltumwandlung direkt aus dem Bruttogehalt, der Zuschuss des Arbeitgebers liegt abhängig von der Höhe des Arbeitnehmerbeitrags zwischen 37,5 und 100 %. Dieses Modell bietet viele Vorteile: U. a. lassen sich durch die nachgelagerte Besteuerung Steuern sparen, die Arbeitnehmerinnen und Arbeitnehmer können die Beitragshöhe frei wählen und sie bleibt variabel. Zudem ist die Rente sicher und kann bei Ausscheiden auch bei einem neuen Arbeitgeber privat oder beitragsfrei fortgeführt werden. Doch die soziale Verantwortung der Stern-Wywiol Gruppe geht noch über die Unternehmensgrenzen hinaus: In einer Reihe von Schwellenländern – vorwiegend in Afrika und Indien – unterstützt das Unternehmen soziale Projekte für Schulbildung und Ernährung. Mit dem Firmenmuseum „MehlWelten“ und der Hamburger „Skulpturen Galerie“ zeigt die Stern-Wywiol Gruppe ihr Engagement in Wissenstransfer und Kunst.

S

Die Experten des Stern-Technology Centers (Mitte, unten) entwickeln Produkte als Antworten auf neue Lebensmitteltrends. Der vegane Burgerpatty (oben) ist nur eine der aktuellen Trend-Innovationen.

Die Unternehmen der Stern-Wywiol Gruppe

Mühlenchemie
Mehlstandardisierung für Back- und Teigwaren, Anreicherung mit Vitaminen und Mineralstoffen

DeutscheBack
Backkonzepte und Enzym-Systeme für Brot- und Feinbackwaren

SternEnzym
Enzym-Compounds für die Herausforderungen der Lebensmittelindustrie. Die Lösungen kommen in der Teig- und Süßwarenherstellung, bei alkoholischen und nicht-alkoholischen Getränken, Milcherzeugnissen sowie in der Zucker-, Fleisch- und Fischindustrie zum Einsatz.

SternVitamin
Mikronährstoffpremixe für Grundnahrungsmittel, Getränke, Cerealien, Hilfsnahrung, Milcherzeugnisse, Nahrungsergänzungsmittel

Hydrosol
Stabilisierungs- und Texturierungssysteme für Milchprodukte, Feinkost, Fleisch- und Wurstwaren, Sahne und pflanzliche Cremes

hs Additive
Stabilisierungs- und Texturierungssysteme für Fleisch- und Wurstwaren

SternLife
Nahrungsergänzungsmittel, Rein-Lecithin-Granulat, Ergänzungen für diätetische Lebensmittel, Wellness-Produkte und Sportlernahrung

SternMaid
Misch-, Abfüll- und Veredelungstechnik als Lohnhersteller für Food- und Pharma-Ingredients in pulvriger und flüssiger Form

HERZA
Kleinstückige Schokolade als Inclusions und Dekoration für: Müsli, Eiscreme, Backwaren und Molkereiprodukte sowie für die Riegelproduktion

Sternchemie
Lecithine, MCT-Öle, Rote Palmöle, Kokosnussmilchpulver, Lebensmittel-Emulgatoren

OlbrichtArom
Aromen, Zitrusschalenpasten, Gewürzmischungen, Käse- und Milchpulver

Berg+Schmidt
Futteradditive, Futterfette, Enzyme und oleochemische Spezialitäten für Kosmetik und technische Anwendungen

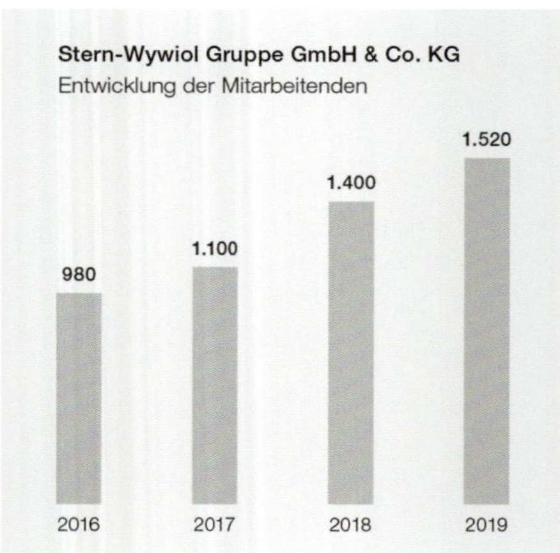

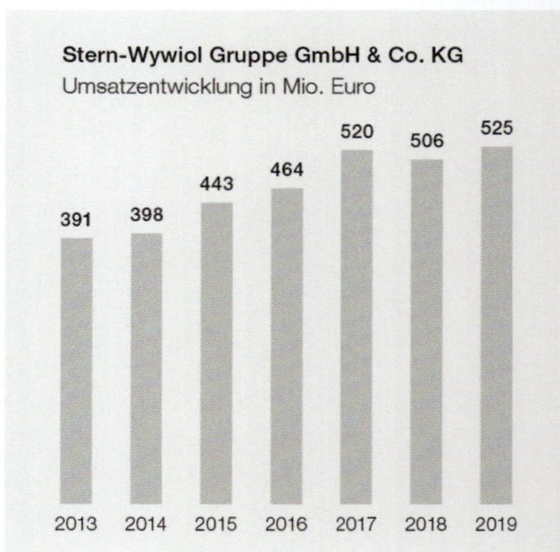

Torsten und Volkmar Wywiol sind im Jahr 2018 als „Familienunternehmer des Jahres" ausgezeichnet worden.

dass die Mitarbeitenden tagtäglich eine starke Unternehmermentalität haben. Kampfgeist, Risikobereitschaft, Investitionswillen und Kreativität führen zu unserer außergewöhnlichen Innovationskraft, mit der wir uns von Großkonzernen abheben", erklärt der Sohn des Gründers und CEO Torsten Wywiol. Das bedeutet konkret: Der Erfolg der Stern-Wywiol Gruppe basiert auf der Vielseitigkeit in der Anwendungsberatung und im interdisziplinären Wissensaustausch unter den Technologen und Wissenschaftlerinnen. Im Stern-Technology Center sind die Forschung und Anwendungstechnik in einer zentralen Einrichtung zusammengefasst. Der Know-how-Transfer, gemeinsame Arbeit, Interdisziplinarität und der Blick über den Tellerrand führen zu Lösungen für den Kunden. 15 % der deutschen Mitarbeitenden sind in der Anwendungstechnik und Entwicklung tätig.

Torsten Wywiol und sein Vater Volkmar Wywiol sind im Jahre 2018 als „Familienunternehmer des Jahres" ausgezeichnet worden. Den Generationswechsel zu meistern ist nicht immer die leichteste Aufgabe. Für die Familie Wywiol stand dabei stets der starke Familienzusammenhalt und der Drang nach der eigenen Lösung im Fokus. Bereits frühzeitig hat Volkmar Wywiol seinem Sohn die Gesamtführung des Unternehmens anvertraut und sich behutsam aus dem operativen Management zurückgezogen. „Beim Aufbau der Firma braucht man eine andere Persönlichkeit und andere Fähigkeiten als für den Ausbau. Mein Sohn hat diese Fähigkeiten", sagt der Gründer. Dennoch ist der Vater als Ideengeber und Sparringspartner täglich im Büro und verantwortet das Marketing. Währenddessen hat Torsten Wywiol nicht nur den Umsatz der Gruppe maßgeblich gesteigert, er trieb außerdem die Internationalisierung voran und knüpfte in den weltweit wichtigen Schlüsselmärkten ein tragfähiges Netz für weiteres Wachstum.

Denn die industrielle Lebensmittelherstellung wächst rasant. Die Stern-Wywiol Gruppe ist in der Ingredients-Branche ein Futuremaker. Durch Ausbau der anwendungstechnischen Services mit Expertinnen und Experten aus Wissenschaft und Praxis und der kontinuierlichen Erweiterung der Produktionskapazitäten wird das Unternehmen seine jährlichen Wachstumsziele von 8 % auch in der Zukunft erreichen.

Die Sterr-Wywiol Gruppe gründete 2008 das weltweit erste „MehlWelten Museum" in Wittenburg.

S

Das Technologiezentrum in Ahrensburg umfasst zentrale Laboreinrichtungen und die Anwendungstechnik der Stern-Wywiol Gruppe.

Schon gewusst?

1998 ging Volkmar Wywiol im Urlaub am Strand von Dubai spazieren. Plötzlich stolperte der Gründer der Stern-Wywiol Gruppe, zu der auch die Unternehmen SternMaid (Wittenburg) und Mühlenchemie (Ahrensburg) gehören, über einen vergrabenen Plastiksack. Dieser entpuppte sich nach seiner Freilegung als Mehlsack eines Kunden. Dies brachte Wywiol auf die geniale Idee, Mehlsäcke aus aller Welt zu sammeln. Mit großer Leidenschaft begeisterte der damals 63-Jährige seine Kunden und Mitarbeitenden, am Aufbau einer ungewöhnlichen Sammlung von Mehlsäcken mitzuwirken. Sie war die Keimzelle für die spätere Gründung eines Museums rund um das Mehl.

Inzwischen ist die Sammlung auf mehr als 3.500 Mehlsäcke aus über 140 Ländern aller Kontinente angewachsen. Volkmar Wywiol mietete die ehemalige Wittenburger Amtsbergschule von der Stadt, baute das denkmalgeschützte Gebäude in zehnmonatiger Bauzeit für eine halbe Million Euro in den Ursprungszustand zurück und eröffnete hier 2008 das „MehlWelten Museum" – eine Kulturstätte rund um das Mehl.

Daten und Fakten

Inhaberfamilie: Familie Wywiol
Gründer: Volkmar Wywiol, 1980, Hamburg
Branche: Lebensmittelzutaten (Ingredients) für die Lebensmittel- und Futtermittelindustrie
Produkte: Funktionssysteme zur wirtschaftlichen Produktion gut schmeckender, gesunder Lebensmittel, wie z. B. für Backwaren, Milch- und Feinkosterzeugnisse, Fleisch- und vegane Alternativen; umfangreicher Technologie-Service mit breit gefächertem Anwendungstechnikum
Standorte: in Deutschland 6, in Mexiko, den USA, Malaysia, Indien, Singapur, China, Polen, Russland und der Türkei
Vertrieb: 17 eigene Auslandsfilialen und lokale, länderspezifische Kooperationspartner
Mitarbeitende: 1.040 in Deutschland (2019) und 480 im Ausland (2019)
Umsatz: 525 Mio. Euro (2019)
Marktposition: mit 20 % Marktanteil ist die Mühlenchemie Weltmarktführer in der Müllerei für Mehlverbesserungsmittel zur Herstellung von Brot, Keksen und Pasta
Ausbildungsquote: 5 % aller deutschen Mitarbeitenden
Familieneinfluss: der CEO der Holding entscheidet zusammen mit dem Beirat über die Besetzung der Geschäftsführer in den operativen Gesellschaften
Unternehmensanteile der Familie: Gründer Volkmar Wywiol hält 28 % der Geschäftsanteile, seine 3 erwachsenen Kinder je 24 %
Kontrollgremien: der Beirat tagt zweimal jährlich; auf Anforderung kann er jederzeit zu Sondersitzungen einberufen werden

Chronologie

1980 Volkmar Wywiol erwirbt die Sternchemie in Hamburg. Aufbau der Stern-Wywiol Gruppe als Lecithin-Spezialist

1981 Erwerb von 50% der Anteile der Firma Berg+Schmidt, Vertrieb von Ölen und Fetten für die Tierernährung

1990 Erwerb der Mühlenchemie; Einstieg in die Produktion und Entwicklung von Mehlbehandlungsmitteln

1992 Joint Venture mit der US-amerikanischen Ölmühlengruppe Central Soya Inc. – Stern-Wywiol wird zum weltweit größten Lecithinanbieter.

1995 Gründung der ersten Auslandsfiliale Berg+Schmidt Asia in Singapur

1999–2006 Gründung der SternLife, Erwerb der HERZA Schokolade, Gründung DeutscheBack und SternVitamin

2000 Gründersohn Torsten Wywiol tritt in die Unternehmensgruppe ein und übernimmt die Leitung der HERZA Schokolade in Norderstedt.

2003 Aufbau des Ahrensburger Technologiezentrums für Lebensmittelzutaten

2010 Akquisition der Firma OlbrichtArom in Sachsen

2012 Übernahme von hs Additive für den Ausbau der Fleischadditive

2017 Umsatz der Stern-Wywiol Gruppe übersteigt erstmals eine halbe Millarde Euro.

Kontakt
Stern-Wywiol Gruppe GmbH & Co. KG
An der Alster 81, 20099 Hamburg
Fon: 040 284039-0, Fax: 040 284039-88
info@stern-wywiol-gruppe.de,
www.stern-wywiol-gruppe.de

Ansprechpartner Presse
Carsten Blum
Fon: 040 284039-0
cblum@stern-wywiol-gruppe.de

STI Group

Lauterbach, Hessen

„Als Partner der Marken tragen wir mit unseren Ideen zum Erfolg unserer Kunden bei."

Dr. Kristina Stabernack, Beiratsvorsitzende der STI Group

Dr. Kristina Stabernack ist heute in der 4. Generation Vorsitzende des Beirats.

Gegründet: 1879

Die STI Group ist Partner führender internationaler Markenartikelhersteller im Konsumgüterbereich. Das internationale Unternehmen mit hessischen Wurzeln macht Verpackungen und Displays zu erfolgreichen Markenbotschaftern am Point-of-Sale und steigert mit seinen Produkten und Dienstleistungen die Wettbewerbsfähigkeit seiner Kunden. Die Marke STI Group steht für kreative, maßgeschneiderte Lösungen aus Karton und veredelter Wellpappe. Diese entstehen in enger Zusammenarbeit zwischen Markenherstellern, Designerinnen und Entwicklern und berücksichtigen alle Phasen der Wertschöpfungskette. Dabei ist jede Lösung so individuell wie die Marke, die darin verpackt oder präsentiert wird. Der Schutz der Produkte, eine effiziente Logistik und eine hohe Werbewirkung stehen bei jeder Entwicklung im Fokus. Dabei gilt im Sinne nachhaltiger Unternehmensführung die Devise: so wenig wie möglich, so viel wie nötig.

Nachhaltigkeit

Mit der Initiative „Circular Innovation" hat die STI Group ein gruppenweites Programm etabliert, das Ideen und Entwicklungen von Anfang an und ganzheitlich unter Nachhaltigkeitsaspekten beleuchtet. So können innovative nachhaltige Lösungen zügig und strukturiert zur Marktreife gebracht werden. Das interdisziplinäre Team entwickelt z. B. strategische Ansätze für CO_2-sparende Fertigungsprozesse, ressourcenschonende Produkte und die Ablösung von Kunststoff-Elementen in Verpackungen und Displays.

Die STI Group entwickelt für 15 der 20 weltweit beliebtesten nachhaltigen Marken erfolgreiche Verpackungen und Displays.

Die Mitarbeitenden machen die STI Group mit ihrem kreativen und technischen Know-how zum Premiumanbieter in einem sich ständig wandelnden Marktumfeld. Sie arbeiten mit einem hohen Grad an Eigenverantwortung an innovativen Prozessen, immer mit einer konsequenten Fokussierung auf den Kundenerfolg. Mehr als 400 Auszeichnungen für herausragende Verpackungen und Displays sowie Unternehmenspreise spiegeln die Kompetenz der STI Group in kreativer und technischer Produktentwicklung.

Operational Excellence: Kundenanforderungen werden hocheffizient realisiert.

Mit Dr. Kristina Stabernack steht die Urenkelin des Gründers in 4. Generation an der Spitze der Unternehmensgruppe. Sie hält 100 % der Gesellschaftsanteile des unabhängigen Familienunternehmens. CEO Jakob Rinninger und Geschäftsführerin Andrea Wildies verantworten das operative Geschäft und treffen gemeinsam mit dem Beirat strategische Zukunftsentscheidungen für die Unternehmensgruppe.

Operativ liegt der Fokus auf der konstanten Steigerung der Produktivität und Effizienz durch gruppenübergreifende Zusammenarbeit. Produktionsstandorte in Ungarn, Tschechien und Großbritannien ergänzen die deutschen Werke der STI Group. Eine einzigartige Produktionslogik ermöglicht dem Unternehmen ein Höchstmaß an Flexibilität und bietet den Kunden Wettbewerbsvorteile und eine kurze Time-to-Market. Das Unternehmen passt sich agil dem strukturellen Wandel am Markt an und nutzt die Synergien der beiden Segmente Packaging und Display, um seine Kunden erfolgreich zu machen.

Chronologie

1879 Buchbinder Gustav Emil Stabernack gründet das Unternehmen in Offenbach/Main.

1900 Ausbau der Buchbinderei zu einer Cartonagen-Produktion

1948 Erste Exportbestrebungen – Produkte werden nach Frankreich und Italien geliefert.

1955 Offset-bedruckte Wellpappe – das in Lauterbach entwickelte Chro-well revolutioniert den Verpackungsmarkt.

1963 Das Display kommt – Wilhelm Stabernack bringt die Idee aus den USA mit. Die „stummen Verkäufer" etablieren sich im europäischen Handel.

1980 Der Umweltschutz rückt in den Fokus – die Einführung der feinwelligen F-Welle schont Ressourcen.

1998 Stabernack wird STI – unter dieser Dachmarke präsentieren sich alle Unternehmen der Gruppe.

ab 2008 Expansion – Ausbau des Produkt- und Serviceportfolios in Großbritannien, Osteuropa und Asien

ab 2018 Prozessinnovationen – Effizienzsteigerungen durch Etablierung einer neuen Produktionslogik

Daten und Fakten

S

Inhaberfamilie: Familie Stabernack in 4. Generation
Gründer: Gustav Emil Stabernack, 1879, Offenbach/Main
Mitarbeitende: ca. 2.000 weltweit (2020)
Umsatz: 293 Mio. Euro (2019)
Familieneinfluss: Dr. Kristina Stabernack ist Vorsitzende des Beirats
Unternehmensanteile der Familie: 100%, Alleingesellschafterin ist Dr. Kristina Stabernack
Kontrollgremien: Beirat; Management: Jakob Rinninger (CEO), Andrea Wildies (Geschäftsführerin)
Auszeichnungen: über 400 Auszeichnungen für herausragende Verpackungen und Displays sowie Unternehmenspreise
Stiftungen: Home for Kids e. V., Wilhelm-Stabernack-Stiftung

Kontakt
STI – Gustav Stabernack GmbH
Richard-Stabernack-Straße, 36341 Lauterbach
Fon: 06641 81-0, Fax: 06641 81-407
service@sti-group.com, www.sti-group.com

S

STIHL

Waiblingen, Baden-Württemberg

„Unser Ziel ist es, dass STIHL ein Unternehmen der Nachkommen des Firmengründers Andreas Stihl, meines Großvaters, bleibt.“

Dr. Nikolas Stihl

Die Gesellschafter der Firma Stihl

Gegründet: 1926

Die STIHL Gruppe, ein Unternehmen der Metall- und Elektroindustrie, entwickelt, fertigt und vertreibt motorbetriebene Geräte für die Forst- und Landwirtschaft sowie für die Landschaftspflege, die Bauwirtschaft und private Gartenbesitzer. Hergestellt wird die Produktpalette in Deutschland, den USA, Brasilien, der Schweiz, in Österreich, China und auf den Philippinen. Der Vertrieb erfolgt in über 160 Ländern durch 38 Marketing- und Vertriebsgesellschaften, mehr als 50.000 servicegebende Fachhändler und 120 Importeure. Der Auslandsanteil am Jahresumsatz der STIHL Gruppe von rd. 3,8 Mrd. Euro (2018) liegt bei 90 %. Im Stammhaus in Waiblingen beschäftigt das Unternehmen rd. 5.000, weltweit über 17.000 Mitarbeiterinnen und Mitarbeiter. STIHL hält über 2.300 Patente und Patentanmeldungen.

Das Stammhaus ANDREAS STIHL & Co. KG, die Produktions- und Vertriebsgesellschaften in Inland und Ausland und die STIHL AG sind unter dem Dach der STIHL HOLDING AG & Co. KG zusammengefasst. Die STIHL AG ist nicht börsennotiert. Die Firmenanteile der STIHL HOLDING & Co. KG sind jeweils zu 25 % aufgeteilt unter den vier Familienstämmen Hans Peter Stihl, Eva Mayr-Stihl, Gerhild Schetter (geb. Stihl) und Dr. Rüdiger Stihl. Die operative Geschäftsführung liegt seit 2002 in der Hand eines familienfremden Vorstands. Vorsitzender ist Dr. Bertram Kandziora.

Die Familie Stihl trifft strategische Entscheidungen über den STIHL Beirat und Aufsichtsrat. Vorsitzender beider Gremien ist Dr. Nikolas Stihl seit 2012. STIHL wird auch in Zukunft zu 100 % ein Familienunternehmen bleiben. Gewährleistet wird dies durch einen entsprechenden Gesellschaftervertrag.

Das Unternehmen wurde 1926 vom Namensgeber Andreas Stihl in Stuttgart gegründet. Der studierte Maschinenbauer arbeitete in seinem Ingenieurbüro an einer Innovation zur Arbeitserleichterung bei der Forstarbeit. Sein Ziel: eine transportierbare, leistungsfähige Motorsäge. Das erste Modell, das Andreas Stihl entwickelte, ist eine Zweimann-Elektro-

Eine STIHL Motorsäge im Einsatz

S

Gesellschaftliche Verantwortung

STIHL blickt an seinem Stammsitz in Waiblingen auf eine erfolgreiche Ausbildungstradition zurück. Bereits seit den 1930er-Jahren bildet das Unternehmen eigene Fachkräfte aus und wird so seiner gesellschaftlichen Verantwortung gerecht. Im Jahr 2020 feiert das STIHL Ausbildungszentrum am Stammsitz in Waiblingen 80-jähriges Bestehen. Das STIHL Werk im chinesischen Qingdao startete 2011 die duale Lehrlingsausbildung und das Werk in Brasilien baute 2013 eigens ein Ausbildungszentrum auf. Seit Anfang 2017 kann das duale Ausbildungssystem an allen Standorten des STIHL Fertigungsverbundes angeboten werden.

säge, 1929 folgte eine Benzinmotorsäge. Der große Durchbruch gelang Andreas Stihl dann 1959 mit der „STIHL Contra“. Seit 1971 ist STIHL die meistverkaufte Motorsägen-Marke weltweit. Neben Andreas Stihl prägten besonders seine Kinder Hans Peter Stihl und Eva Mayr-Stihl das Unternehmen. Eva Mayr-Stihl ist zudem Mitbegründerin einer nach ihr benannten Stiftung, die Projekte aus den Bereichen Wissenschaft und Forschung, Medizin sowie Kunst und Kultur fördert.

Die Produktpalette des Unternehmes bietet mittlerweile weit mehr als Motorsägen: Rasenmäher, Motorsensen, Heckenscheren und viele andere Gartengeräte erweitern das Sortiment. STIHL bietet überdies eine Auswahl an Reinigungs- sowie Sprüh- und Spritzgeräten. Neben den optimalen Geräten gehört auch die passende Schutzausstattung für den Nutzer zum Portfolio, wie z. B. atmungsaktive Anzüge, robustes Schuhwerk und der Rundumschutz für Augen, Ohren und Kopf.

Schon gewusst?

STIHLs „legendäre Contra“ feierte 2019 ihren 60. Geburtstag: Die 1959 von Andreas Stihl entwickelte getriebelose Einmann-Benzinmotorsäge revolutionierte die Waldarbeit. Dank ihrer Ausrüstung mit einer Hobelzahnkette und einem lageunabhängigen Membranvergaser war sie in jeder Position beliebig schwenkbar. Zudem zeichnete sie sich durch eine kompakte Bauweise und ein schlankes Design aus. Die STIHL Contra war leichter und effizienter als alle anderen Produkte auf dem Markt. Aus dem erfolgreichen Start in Deutschland wurde ein weltweiter Erfolg. Für STIHL ein Meilenstein hin zu Aufbruch und Expansion.

Daten und Fakten

Inhaberfamilien: Familien Stihl, Mayr-Stihl und Schetter in 2. und 3. Generation
Gründer: Andreas Stihl, 1926, Waiblingen
Branche: Metall- und Elektroindustrie
Standorte: Produktion in Deutschland, den USA, Brasilien, der Schweiz, Österreich, China und auf den Philippinen
Mitarbeitende: 17.122 weltweit, davon 4.997 im Stammhaus (Stand 31.12.2018)
Umsatz: rd. 3,8 Mrd. Euro (2018)
Marktposition: seit 1971 meistverkaufte Motorsägen-Marke weltweit
Unternehmensanteile der Familie: 100 %, die 4 Familienstämme halten jeweils 25 %
Kontrollgremien: Beirat und Aufsichtsrat
Eigenkapitalquote: 70 % (2018)

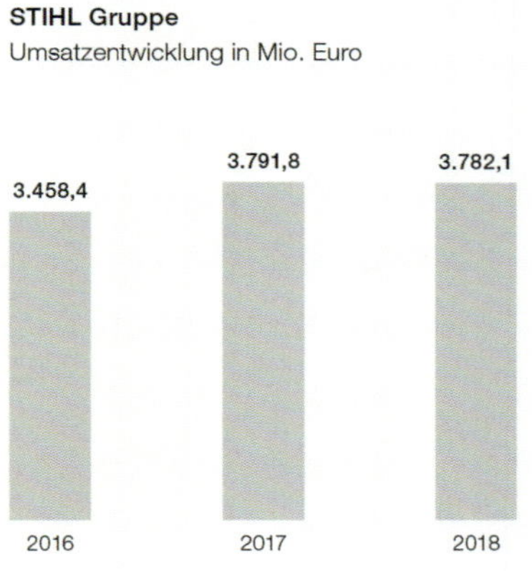

Im STIHL Werk in Waiblingen-Neustadt werden benzinbetriebene Geräte wie Motorsägen für profesionelle Anwender gefertigt.

S

Kontakt
ANDREAS STIHL AG & Co. KG
Postfach 1771, 71307 Waiblingen
Fon: 07151 26-0
www.stihl.de

Ansprechpartner Presse
Dr. Stefan Caspari
Fon: 07151 26-1498
stefan.caspari@stihl.de

„Innovationen für Ihre Sicherheit."

Unternehmensmotto

Stöbich Brandschutz

Goslar, Niedersachsen

STÖBICH®

Perfekte Anpassung und extreme Dimensionen textiler Brandschutzlösungen erlauben offene Raumkonzepte für höchste architektonische Ansprüche.

Gegründet: 1980

Die Stöbich Brandschutz GmbH ist seit 40 Jahren Technologie- und Weltmarktführer im vorbeugenden baulichen Brandschutz. Das Unternehmen entwickelt, fertigt und installiert weltweit Individual- sowie Serienlösungen für Architektur- und Industrieprojekte. Zum Portfolio zählen Feuerschutzabschlüsse im Zuge bahngebundener Förderanlagen, Feuer- und Rauchschutzabschlüsse textiler Bauart (Feuer- und Rauchschutzvorhänge, Rauchschürzen) sowie Brandschutztore. Das Angebot richtet sich an Architekten und Planer, Generalunternehmen, Objektbetreiber und Brandschutzbeauftragte. Kunden sind Bauherren zahlreicher Industriebranchen und des öffentlichen Sektors, die Neubau- oder Bestandsbauprojekte planen und durchführen (z. B. Intralogistik, Automobilindustrie, Büro- und Verwaltungsgebäude, Beherbergungs- und Veranstaltungsstätten).

Vom Stammsitz Goslar aus agiert die Stöbich Brandschutz GmbH als Muttergesellschaft über die Stöbich Holding mit 13 produzierenden und weiteren nicht produzierenden Tochterunternehmen. Der weltweite Vertrieb erfolgt durch eigene Niederlassungen mit 485 Mitarbeitenden in Goslar, Bopfingen, Unna und Halle/Queis, zehn Auslandsniederlassungen sowie weltweit über 50 Vertriebsstandorte und -partner. Schlüsselmärkte sind Deutschland, Europa und die USA. 2019 erwirtschaftete das Unternehmen einen Umsatz von 49 Mio. Euro bei einer Exportquote von ca. 25 %.

1980 erhielt Dr.-Ing. Jochen Stöbich die erste Zulassung eines Feuerschutzabschlusses für durchlaufende Fördertechnik. Das von ihm gegründete Unternehmen prosperierte seither dank der Entwicklung zahlreicher innovativer Brandschutzlösungen sowie der Gründung

Forschung & Entwicklung

Stöbich engagiert sich über das eigene Portfolio hinaus für Forschungs- und Innovations-Projekte. Hybrid- und Elektrofahrzeuge nutzen überwiegend Lithium-Batterien zur Speicherung elektrischer Energie. Batteriebrände, die z. B. durch Defekte oder Beschädigung entstehen, sind auf herkömmliche Art kaum löschbar. Hierzu forscht das Goslarer Batterie- und Sensoriktestzentrum (BST) des Fraunhofer Heinrich-Hertz-Instituts und der Technischen Universität Clausthal mit Tests und Versuchen. Damit die strengen Auflagen, z. B. zur Entlastung der Umwelt, erfüllt werden können, investiert Stöbich technology u. a. in Gebäude und Ausrüstung des BST. Zur Förderung der Wissenschaft und Forschung vergibt Stöbich alle zwei Jahre den Kaiser-Friedrich-Forschungspreis (KFFP) an deutsche Wissenschaftlerinnen und Wissenschaftler oder Forschungsgruppen, um Entwicklungen der Optischen Technologien zu einer leistungsfähigen Zukunftstechnologie zu unterstützen. Er ist mit 15.000 Euro dotiert.

einer Reihe von Tochterunternehmen. In naher Zukunft soll international eine zweite Vertriebsschiene mit einer Händlermarke aufgebaut werden. Ebenso soll der weltweite Vertrieb von ganzheitlichen Brandschutzsystemlösungen durch ein Tochterunternehmen etabliert werden.

Die inhabergeführte Stöbich Brandschutz GmbH ist in 1. und 2. Generation im Besitz der Familie, die mit Dr. Jochen Stöbich, Kerim Stöbich, Janine Stöbich und Liesa Stöbich die Gesellschafter stellt. Diverse Unternehmensbereiche werden von familienfremden Geschäftsführern geleitet, die von den Gesellschaftern berufen werden. Das Unternehmen wird durch einen Beirat kontrolliert.

Stöbich ist u. a. Mitglied im bvfa (Bundesverband Technischer Brandschutz e. V.) und in zahlreichen Normen-Ausschüssen vertreten. 2019 wurde das Unternehmen mit dem Siegel Zukunftgeber ausgezeichnet. Den Mitarbeitenden bietet Stöbich u. a. interne wie externe Weiterbildungen, ein betriebliches Gesundheitsmanagement und eine Kinderbetreuung.

Schon gewusst?

Seinen Ursprung hat das Goslarer Familienunternehmen im Jahr 1978. Damals richtete ein Großbrand in einem Bahlsen-Werk Schäden in Millionenhöhe an, da sich das Feuer durch die Wandöffnungen über die Förderanlagen in mehrere Gebäudeteile ausbreiten konnte. Für die Wand- und Deckenöffnungen der durchlaufenden Fördertechnik konstruierte Dr.-Ing. Jochen Stöbich die ersten Feuerschutzabschlüsse und legte damit den Grundstein der Stöbich Brandschutz GmbH und ihrer erfolgreichen Geschichte.

Daten und Fakten

Inhaberfamilie: Familie Stöbich
Gründer: Dr.-Ing. Jochen Stöbich, 1980
Branche: vorbeugender baulicher Brandschutz
Produkte: Förderanlagenabschlüsse, Brandschutzvorhänge, Rauchschürzen
Standorte: deutschlandweit 4, weltweit 10
Mitarbeitende: rd. 485 in nationalen und internationalen Niederlassungen
Umsatz: rd. 49 Mio. Euro (2019)
Innovationen: 11 erfolgreich am Markt etablierte Weltneuheiten, über 150 Patentanmeldungen
Ausbildungsquote: ca. 4%; nahezu alle Auszubildenden werden übernommen
Eigenkapitalquote: ca. 43% bei der Stöbich Brandschutz GmbH; ca. 57% bei der Stöbich Gruppe

S

Förderanlagenabschlüsse unterschiedlichster Bauart bieten zuverlässigen Brandschutz für nahezu jede Art von Fördertechnik.

Die Gesellschafter: Liesa Stöbich, Kerim Stöbich, Dr. Jochen Stöbich und Janine Stöbich (v. l.)

S

Kontakt
Stöbich Brandschutz GmbH
Pracherstieg 6, 38644 Goslar
Fon: 05321 5708-0, Fax: 05321 5708-50
info@stoebich.com, www.stoebich.com

Ansprechpartner Presse
Olaf Grunenberg-Thiele
Fon: 05321 5708-585
o.grunenberg@stoebich.com

STOCKMEIER Chemie

Bielefeld, Nordrhein-Westfalen

Gegründet: 1920
Die STOCKMEIER Gruppe umfasst Unternehmen, die in Distribution, Produktion und Dienstleistungen rund um Chemie tätig sind. Insgesamt werden über 26.000 Produkte gehandelt und produziert. Damit werden mehr als 30.000 Kunden weltweit versorgt. STOCKMEIER wird in der 3. Familiengeneration geführt und hat über 1.700 Beschäftigte an mehr als 50 Standorten auf der ganzen Welt. Pro Jahr werden 2 Mio. t Produkte abgesetzt. Gründer war August Stockmeier, der vor 100 Jahren einen Vertrieb von chemisch-technischen Artikeln und Industriebedarf eröffnete. Der geschäftsführende Gesellschafter Peter Stockmeier trat 1990 in das Unternehmen ein und erreichte durch organisches Wachstum und strategische Zukäufe die heutige Marktstellung.

Kontakt
STOCKMEIER Holding GmbH
Am Stadtholz 37, 33609 Bielefeld
www.stockmeier.com

Stoll

Martinszell, Bayern

Gegründet: 1959
Die Stoll Gruppe aus Martinszell im Allgäu ist eine Unternehmensgruppe, die innovative Lösungen in den Bereichen Gebäudetechnik, Schaltschrankbau, Automation, Energietechnik, Anlagenbau und Prozesstechnik entwickelt und realisiert. Dazu unterhält sie sieben Gesellschaften mit insgesamt 200 spezialisierten Beschäftigten, die auch in zwei Auslandsniederlassungen in der Schweiz und in China arbeiten. Ihren Ursprung hat die Gruppe in einem Elektroinstallationsbetrieb, den Ernst Stoll im Jahr 1959 gründete und bis 1992 führte. In den darauffolgenden Jahren baute sein Sohn Markus Stoll das Unternehmen aus und erweiterte das Geschäftsmodell. Im Jahr 2013 wurde mit Sylvia und Stefan Stoll die 3. Generation Gesellschafter im Familienunternehmen.

Kontakt
Stoll Gruppe GmbH
Illerstr. 36, 87448 Martinszell
www.stoll-gruppe.de

Storopack

Metzingen, Baden-Württemberg

Gegründet: 1874
Storopack stellt Schutzverpackungen sowie technische Formteile her. Als führender Lieferant und Dienstleister agiert das Familienunternehmen weltweit. Die Geschäftsführung haben Hermann Reichenecker (Chairman of the Management Board) und Verena Reichenecker (Chief Executive Officer) inne. Storopack ist in zwei Geschäftsbereiche aufgeteilt. Die „Molding Division“ entwickelt maßgeschneiderte Verpackungen und Formteile aus expandierten Schäumen. Die „Packaging Division“ entwickelt flexibles

Verpackungsmaterial zur Integration in bestehende Verpackungsprozesse. 2018 erwirtschafteten 2.520 Mitarbeitende einen Umsatz von 476 Mio. Euro. Storopack arbeitet an 66 Standorten in 18 Ländern. Die Produkte der Firma sind in rd. 50 Ländern erhältlich.

Kontakt
Storopack Hans Reichenecker GmbH
Untere Rietstr. 30, 72555 Metzingen
www.storopack.com

---

strecker

Renningen, Baden-Württemberg

Gegründet: 1895
Die Ernst Strecker GmbH & Co. KG vertreibt Floristen- und Dekorationsbedarf. Im Sortiment finden sich u. a. Saisonartikel, Kerzen, Keramik, Korbwaren sowie Seidenblumen und Bedarfsartikel. Das Großhandelsunternehmen unterhält vier Standorte in Baden-Württemberg. Der Vertrieb findet über Cash-and-carry-Märkte und den eigenen Versandhandel bzw. Online-Shop statt. Der Umsatz betrug im Geschäftsjahr 2019/2020 14 Mio. Euro. strecker beschäftigt 70 Mitarbeitende. Der Importanteil liegt bei 80 %. Ernst Strecker, der Namensgeber der Firma, begann 1895 damit, Blumenbindereien mit Bedarfsartikeln zu beliefern. Seit 1993 stehen Armin und Bernd Strecker an der Spitze des Unternehmens. Mit Karina Strecker ist seit 2015 die 5. Generation im Unternehmen tätig.

Kontakt
Ernst Strecker GmbH & Co. KG
Brunnenfeldstr. 45–47, 71272 Renningen
www.strecker.shop

STULZ

Hamburg

Gegründet: 1947
Die STULZ GmbH ist der global führende Anbieter von Lösungen für energieeffiziente Temperatur- und Luftfeuchtigkeits-Management-Technologien, speziell für betriebskritische Anwendungen. STULZ Produkte sichern die effiziente Kühlung von Rechenzentren, Telekommunikationsanlagen und Fertigungsprozessen, sie klimatisieren Magnetresonanztomographen (MRT-Geräte) ebenso wie Schaltschränke und Büros.

Das 1947 in Hamburg gegründete Familienunternehmen ist in über 140 Ländern vertreten und betreibt 21 Vertriebsgesellschaften und elf Produktionsstätten in Europa, Indien, China sowie Nord- und Südamerika. STULZ beschäftigt weltweit rd. 7.200 Mitarbeitende in den Bereichen Präzisions- und Komfortklimatisierung sowie Automotive und arbeitet exklusiv mit zahlreichen internationalen Verkaufs- und Servicepartnern zusammen.

Kontakt
STULZ GmbH
Holsteiner Chaussee 283, 22457 Hamburg
www.stulz.de

Swoboda

Wiggensbach, Bayern

Gegründet: 1947
Swoboda entwickelt und fertigt hochpräzise, innovative Komponenten und Systeme für die automobile Zukunft. Das Familienunternehmen zählt zu den weltweit führenden Entwicklungs- und Systempartnern der Branche und liefert an die namhaften internationalen Automobilhersteller (OEM) und -zulieferer (Tier).

Mit über 4.200 Mitarbeitenden an zwölf Standorten erwirtschaftete die Swoboda

S

Gruppe 2018 mehr als 450 Mio. Euro Umsatz. In rd. einer Milliarde Fahrzeuge weltweit sind Produkte von Swoboda verbaut. Täglich verlassen über eine Million Bauteile die firmeneigenen Werke.

Das Familienunternehmen wurde 1947 von Max Swoboda als „Textil-GmbH" gegründet, die zunächst Stoffe, Taschentücher und Fußmatten herstellte. 1961 erfolgte der Einstieg in die Automobilzulieferindustrie.

Kontakt

Swoboda Wiggensbach KG
Max-Swoboda-Str. 1, 87487 Wiggensbach
www.swoboda.com

SynFlex Group

Blomberg, Nordrhein-Westfalen

Gegründet: 1858

Die SynFlex Group vereint als Dachmarke drei Unternehmen mit synergetischen Kompetenzen: SynFlex entwickelt, produziert und vertreibt leitende sowie isolierende Produkte für Elektroisoliersysteme von Elektromotoren, Transformatoren und Generatoren. →SHWire ist europaweit führend in der Fertigung flacher, runder und umsponnener Alu- und Kupferlackdrähte. IsoTek entwickelt innovative Lösungen für die elektrische Isolation im Transformatorenbau. Diese Konstellation stellt ein Alleinstellungsmerkmal in der internationalen Elektroindustrie dar. Zu den Kunden zählen u. a. die Branchen Automotive & E-Mobility, erneuerbare Energien, Energieproduktion und -verteilung, Home Appliances und Medizin. Neben fünf deutschen Produktionsstandorten gibt es weitere in Shanghai, Bologna, Istanbul und Kopenhagen. 2017 erzielte die Unternehmensgruppe mit weltweit rd. 700 Mitarbeitenden ca. 300 Mio. Euro Umsatz bei einer Exportquote von rd. 60 %.

1858 als Zigarrenfabrik gegründet, produzierte das Unternehmen 1946 erstmalig Kupferlackdrähte unter dem Namen Schwering & Hasse Elektrodraht OHG. Für die kleinteilige Distribution von Kupferlackdrähten war ab 1963 SynFlex zuständig. Maßgeblich geprägt wurde die SynFlex Group durch Ernst-Michael Hasse, der 2015 die Führung der Unternehmen in die 5. Generation an seine Söhne Ernst-Constantin und Fritz-Hubertus Hasse übergeben hat. Für sein ehrenamtliches Engagement, u. a. mit der Schwering & Hasse Stiftung, wurde Ernst-Michael Hasse mit dem Bundesverdienstkreuz ausgezeichnet. Die Unternehmensgruppe ist in Besitz der Familien Hasse und Fildhuth.

Kontakt

SynFlex Elektro GmbH & Co. KG
Auf den Kreuzen 24, 32825 Blomberg
Fon: 05235 968-0, Fax: 05235 968-222
info@synflex.de, www.synflex.com

T

T

TECE

Emsdetten, Nordrhein-Westfalen

Gegründet: 1987
Die TECE GmbH entwickelt Lösungen für die Wasserver- und -entsorgung in Sanitärbereichen. Dabei sind 90 % der Produkte hinter der Wand oder einer Vorwandinstallation verborgen, nur 10 % sind sichtbar, so etwa Betätigungsplatten oder Duschrinnen. Die Produktion findet an fünf Standorten in Deutschland, Europa und Asien statt, für den weltweiten Vertrieb sorgen 22 Tochtergesellschaften sowie weitere Vertriebspartner. TECE beschäftigt rd. 1.600 Mitarbeitende, die 2018 für einen Umsatz von rd. 220 Mio. Euro sorgten. Gegründet wurde das Unternehmen im Jahr 1987 von Thomas Fehlings und seinem Vater Gerd Fehlings. Seit 2015 tragen die Geschäftsführer André Welle, Hans-Joachim Sahlmann und Dr. Michael Freitag die Verantwortung für die TECE-Gruppe.

Kontakt
TECE GmbH
Hollefeldstr. 57, 48282 Emsdetten
www.tece.de

tedox

Bovenden-Harste, Niedersachsen

Gegründet: 1972
tedox begann vor bald 50 Jahren mit einer Filiale auf einem historischen Gutshof in Harste bei Göttingen. Die Gründer Karl-Heinz Rehkopf und Rainer Wunderlich positionieren die damalige Teppich Domäne Harste als Renovierungsdiscounter und günstigen Einrichtungsmarkt. 1982 proklamiert das Unternehmen das Ende von Medienwerbung. 1985 verlässt Rainer Wunderlich das Unternehmen. 2007 firmiert man in tedox (aus den Anfangsbuchstaben von Teppich und Domäne) um und startet ein Jahr später den Online-Verkauf. Heute existieren in Deutschland weit über 100 Filialen mit je ca. 3.500 m². tedox hat mehr als 2.600 Mitarbeitende. Durch Kooperationspartner werden auch Maler-, Elektro- oder Näharbeiten vermittelt, Böden verlegt und Waren transportiert.

Kontakt
tedox KG
An der Burg 4–8, 37120 Bovenden-Harste
www.tedox.de

TeeGschwendner

Meckenheim, Nordrhein-Westfalen

Gegründet: 1978
Die TeeGschwendner GmbH importiert und vertreibt rd. 300 Premium-Teesorten aus aller Welt. Die 125 Fachgeschäfte in Deutschland werden im Franchisesystem betrieben und machen TeeGschwendner eigenen Angaben zufolge zum Marktführer im deutschen Teefacheinzelhandel. Im Ausland ist das Unternehmen mit zwölf weiteren Geschäften von den USA bis Saudi-Arabien vertreten. Am Hauptsitz sind rd. 150 Mitarbeitende für TeeGschwendner tätig, die Franchises beschäftigen rd. 1.000. Das Unternehmen wurde 1976 von Albert Gschwendner in Trier als Teefachgeschäft gegründet. Nach dessen Tod im Jahr 2010 blieb die Firma in Familienbesitz und wird seitdem von Thomas Holz weitergeführt, seit 2019 ergänzt von Jonathan Gschwendner, dem Sohn des Gründers.

Kontakt
TeeGschwendner GmbH
Heidestr. 26, 53340 Meckenheim
www.teegschwendner.de

Telsnig

Fuldatal, Hessen

Gegründet: 1975

Die Adolf Telsnig e. K. mit Sitz in Fuldatal-Ihringshausen bietet ein breites Portfolio von Geräten aus dem Bereich Forst-, Garten- und Freizeittechnik. Zum Produktspektrum gehören Rasenmäher, Häcksler, Heckenscheren, Holzspalter, Motorsensen, Pumpen, Laubsauger, Schneefräsen und vieles mehr. Einerseits werden eigene Produkte unter dem Markennamen Herkules Gartentechnik angeboten, andererseits fungiert das Unternehmen auch als Generalimporteur weiterer Marken aus dem Gartensegment, darunter Hitachi, Walker, Wiper oder Maruyama. Für den Vertrieb sorgen eigene Außendienstler sowie ein bundesweites Netz von Fachhandelspartnern. Das Familienunternehmen besteht seit 1975, die Geschäfte führt nach wie vor der Firmengründer Adolf Telsnig.

Kontakt

Adolf Telsnig e. K. Forst- & Gartentechnik
Dörnbergstr. 27–29, 34233 Fuldatal-Ihringshausen
www.herkules-garten.de

Tengelmann

Mülheim a. d. Ruhr, Nordrhein-Westfalen

Gegründet: 1867

Tengelmann ist ein aktiver, unternehmerischer Family Equity Investor mit dem Anspruch, wertstiftende Impulse für eine erfolgreiche Entwicklung seiner Unternehmen zu setzen. Mit den Anforderungen der Konsumentinnen und Konsumenten des 21. Jahrhunderts stets im Blick, liegen die Schwerpunkte des Engagements derzeit in den Bereichen Handel, Immobilien und Venture Capital – national ebenso wie international. Tengelmann wird seit mehr als 150 Jahren durch Familienmitglieder geführt, mittlerweile in der 5. Generation. Das ist eine Verpflichtung – und Ansporn für die Zukunft.

Tengelmann Twenty-One setzt nicht nur strategisches Kapital ein, sondern gleichermaßen seine langjährige geschäftliche Expertise und ausgeprägtes unternehmerisches Engagement: Auf dem Fundament gemeinschaftlicher Ansprüche und einer Governance-Philosophie, die auf Partnerschaft beruht, etabliert das Unternehmen starke und stabile Geschäftsbeziehungen mit seinen Beteiligungen. Dem Wertegerüst des Familienunternehmens folgend erzeugt Tengelmann Twenty-One Substanz und Nachhaltigkeit für künftige Generationen. Die unternehmerischen Aktivitäten stellen die Konsumentinnen und Konsumenten des 21. Jahrhunderts und ihre vielfältigen Bedürfnisse in den Mittelpunkt. Langfristige Beteiligungen werden in ihrer Entwicklung kontinuierlich unterstützt und

Die unternehmerischen Schwerpunkte von Tengelmann Twenty-One liegen in den Bereichen Handel, Immobilien und Venture Capital – national wie international.

„Gemeinsam Werte entwickeln“

Firmenmotto von Tengelmann

Historische Ansicht des 1893 gegründeten Kaffee-Import-Geschäfts (oben); das Ehepaar Wilhelm und Louise Schmitz-Scholl gründete das Unternehmen (unten).

T

aktiv begleitet. Gleichzeitig nutzt Tengelmann Twenty-One mit seinen Venture-Capital-Aktivitäten Wertbeitragschancen, die sich durch frühzeitiges Engagement in innovativen Wachstumsbranchen ergeben. Strategisch wird ausschließlich in Unternehmen investiert, die ihre Marktakzeptanz durch nachhaltig profitables Wirtschaften unter Beweis stellen. Diese Beteiligungen sind entweder Marktführer oder streben die Marktführerschaft an. Die Mitarbeiterinnen und Mitarbeiter der Unternehmensgruppe erleben ein wertschätzendes Arbeitsumfeld, das herausragende Leistungen und Innovationen ebenso fördert wie es individuelle Entwicklungsmöglichkeiten bietet. Die Geschäftsführung besteht aus Christian W. E. Haub (CEO), Ágnes Faragó (CFO) und Dr. Andreas Guldin (CSO).

Chronologie

1867 Gründung der Firma „Wilhelm Schmitz-Scholl"

1893 Eröffnung der ersten Tengelmann-Filiale in Düsseldorf

1912 Produktionsbeginn in der Kakao- und Schokoladenfabrik WISSOLL in Mülheim a. d. Ruhr

1953 Eröffnung des ersten Tengelmann SB-Markts in München

1971 Übernahme der Kaiser's Kaffee-Geschäft AG, Viersen

1972 Start des Markendiscounters Plus

1985 Beteiligung an den OBI Bau- und Heimwerkermärkten

1994 Gründung des Textildiscounters KiK

2004 Gründung des Non-Food-Discounters TEDi

2010 Beginn der Beteiligungen im E-Commerce-Bereich

2016 Abgabe von Kaiser's Tengelmann an den Edeka Verbund

2020 Die Tengelmann Twenty-One KG übernimmt den operativen Geschäftsbetrieb.

Daten und Fakten

Inhaberfamilie: Familie Schmitz-Scholl/Haub in der 5. Generation
Gründer: Wilhelm Schmitz und Louise Schmitz-Scholl, 1867, Mülheim a. d. Ruhr
Branche: Handel, Venture Capital, Immobilien
Standorte: Tengelmann ist eine Holding mit Beteiligungen an international tätigen Unternehmen aus dem In- und Ausland; neben dem Sitz in Mülheim a. d. Ruhr bestehen Projektbüros in Düsseldorf, München und Greenwich, CT (USA)
Mitarbeitende: mehr als 90.000 weltweit (Ende 2018)
Umsatz: 7,8 Mrd. Euro (2018)
Familieneinfluss: operative Verantwortung bei Christian W. E. Haub
Kontrollgremien: Beirat

Kontakt
Tengelmann Twenty-One KG
Auf dem Dudel 31, 45468 Mülheim a. d. Ruhr
Fon: 0208 5806-0, Fax: 0208 5806-7605
info@tengelmann21.com, www.tengelmann21.com

---

terminic

Bremen

Gegründet: 1927
Das erfolgreichste Produkt wurde im Jahr 2000 zum Firmennamen: terminic. Dieser steht in der Werbemittelbranche für den Drei-Monats-Wandkalender, der 1937 von der Bremer Buchdruckerei B. C. Heye & Co. erfunden wurde. Für die nächsten 20 Jahre wurde er als Bremer Schifffahrtskalender angeboten, denn die maritimen Firmen

hatten besonderen Bedarf an übersichtlichen Wandkalendern für ihre Terminplanung. In Kombination mit Werbeaufdrucken wurde daraus ein weltweit erfolgreiches Produkt, wofür 1967 der Markenname terminic geschützt wurde. Das 1927 gegründete Unternehmen konzentriert sich heute auf die Herstellung dieser Wandplaner mit einer individuellen Werbebotschaft, die mit drei bis acht Monatsübersichten in mehr als 36 Sprachen standardmäßig angeboten werden und vollständig individualisierbar sind. Die Geschäfte des Familienunternehmens führt Wolfgang Rolla du Rosey, seit 2020 unterstützt von seinem Sohn Huschke Rolla du Rosey.

Kontakt

terminic GmbH
Europaallee 15, 28309 Bremen
www.terminic.eu

The Coatinc Company

Siegen, Nordrhein-Westfalen

Gegründet: 1502

The Coatinc Company Holding GmbH (TCC) ist eines der ältesten Familienunternehmen Deutschlands. Seit ihrer Gründung entwickelte sich die TCC über die Eisen- und Stahlherstellung und Weiterverarbeitung hin zu einem breit aufgestellten Dienstleister im Bereich der Oberflächenveredelung von Metall, mit dem Fokus auf die Feuerverzinkung. Die Unternehmensgruppe bietet auch spezielle Anarbeitungen, Logistiklösungen und die Abwicklung von Exportaufträgen an.

Die Holding ist Alleingesellschafterin von 22 Unternehmen in Deutschland, den Niederlanden und Belgien und darüber hinaus an elf Joint Ventures im In- und Ausland beteiligt. 185 Mio. Euro erwirtschaftete die Gruppe im Jahr 2019 mit ihren eigenen Tochtergesellschaften. Rd. 1.400 Mitarbeitende sind an den eigenen Standorten beschäftigt. Die Anteile an der Holding verteilen sich zu 51 % auf Paul Niederstein und zu 49 % auf die B. E. Wedge Holdings Ltd. In der gemischten Geschäftsführung sind Paul Niederstein, Philippe Dupont und Gabi Wilwers tätig.

Die Familie Dresler war maßgeblich an der Gründung von überregional bedeutenden Unternehmen beteiligt, zu denen u. a. die ehemaligen Stahlwerke Südwestfalen sowie die SAG in Geisweid gehörten. Die SAG wurde 1885 von Heinrich Adolf Dresler, Ururgroßvater von Paul Niederstein, gegründet. Sie bildet die Basis der jetzigen TCC. Deren geschäftsführender Gesellschafter Paul Niederstein stammt in der 17. Generation in direkter Linie von dem Urahn der Dreslers ab und leitet die Unternehmensgruppe heute.

Kontakt

The Coatinc Company Holding GmbH
Steinstr. 5, 57072 Siegen
Fon: 0271 43478, Fax: 0271 46869
info-de@coatinc.com, www.coatinc.com

T

Thermik

Sondershausen, Thüringen

„Keine Innovation setzt sich ohne Qualität durch. Die Mutter der Qualität aber heißt Disziplin."

Marcel P. Hofsaess

Marcel P. Hofsaess ist Inhaber und alleiniger Geschäftsführer der Thermik-Gruppe.

Gegründet: 1968

Die Thermik Gerätebau GmbH gehört zu den weltweit führenden Herstellern von Schutztemperaturbegrenzern auf Bimetall-Basis und Halbleitern zum Schutz vor Überhitzung elektrischer Geräte und Wicklungen. In Europa, Asien und Amerika verzeichnet Thermik jeweils einen Marktanteil von rd. 50 %, in Deutschland sogar von 70 %. Thermik verfügt unter allen Anbietern über die weitaus größte und modernste Produktpalette.

Das Portfolio umfasst ein breites Sortiment an Temperaturbegrenzern, PTC-Motorschutzfühlern/Kaltleitern und PTC-Heizelementen. Die Produkte kommen hauptsächlich in elektrischen Antrieben, Elektromotoren und Transformatoren für die Hausgeräteindustrie sowie in Spezialanwendungen für den Kfz-Sektor zur Anwendung. Ihre Aufgabe besteht darin, Komponenten und Endgeräte vor Überhitzung durch Überbeanspruchung zu schützen. Der Kundenstamm besteht größtenteils aus international agierenden Zulieferern der Hausgeräte-, Automobil- und Luftfahrtindustrie. Mit den meisten Abnehmern bestehen langfristige Kooperationen. So generiert Thermik allein 25 % des Umsatzes durch kundenspezifische Lösungen.

Insgesamt investiert das Unternehmen jährlich ca. 7 % des Umsatzes in F&E. Ein Hauptaugenmerk liegt dabei auf der Vergrößerung der Angebotsvielfalt. So erfährt die Produktpalette jährlich eine Erweiterung um vier bis fünf neue Anwendungen. Das sind weit mehr Neuheiten als bei allen Wettbewerbern zusammengenommen. Generell ist die Entwicklungsstrategie auf Vertiefung ausgerichtet. Technologische Schwerpunkte liegen in der Miniaturisierung unter Beibehaltung der Leistungsfähigkeit und auf Anforderungssteigerungen bei gleicher Baugröße. Die Position als weltweiter Nischen- und Technologieführer sichert sich Thermik durch seinen Know-how-Vorsprung und eine Vielzahl von Patenten. So sind derzeit

Die Zentrale der Thermik Gerätebau GmbH befindet sich seit 2011 in Sondershausen.

über 1.100 nationale und internationale Patente eingetragen. Im internationalen Branchenvergleich hält Thermik über 80 % aller Patente.

Peter Hofsaess gründete das Unternehmen 1968 in Pforzheim und begann mit der Herstellung von Schmelzsicherungen für die Elektroindustrie. Der Umstieg auf die Entwicklung und Produktion von Temperaturbegrenzern begann im dritten Jahr nach der Unternehmensgründung. Im Laufe der 1970er-Jahre meldete der Betrieb erste Patente an und brachte mit dem W1000 einen Temperaturbegrenzer auf den Markt, der durch eine 2-Scheiben-Konstruktion das bis dahin vorhandene Problem der Eigenerwärmung löste.

Von da an waren v. a. kundenspezifische Lösungen für zahlreiche Marktführer der Wachstumsmotor von Thermik. Mit dem Erwerb der Firma „Keramische Bauelemente" im thüringischen Hermsdorf im Jahr 1991 gewann das Unternehmen wichtiges Know-how im Halbleiter- und Sensorbereich. In der Folge baute Thermik seine Position durch die Entwicklung neuer Produkte wie dem ersten selbsthaltenden Wicklungsschutzschalter P1 auf PTC-Basis im Jahr 1995 oder dem vollautomatisch hergestellten Temperaturbegrenzer M1 im Jahr 1998 aus.

Thermik verfügt über vier Produktionsstätten auf drei Kontinenten.

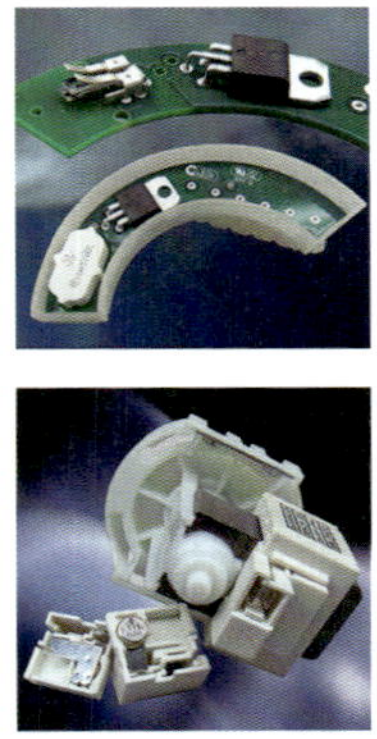

Kundenspezifische Lösungen von Thermik

Einfach erklärt: Temperaturbegrenzer

Temperaturbegrenzer sind Bauelemente, die in elektrischen Komponenten und Endgeräten zum Schutz vor Überhitzung durch Überbeanspruchung zum Einsatz kommen. Ein Temperaturbegrenzer ist zumeist in Reihe zu einem elektrischen Verbraucher geschaltet und trägt in sich zwei Kontakte: einen stationären und einen beweglichen. Letzterer ist an einer beweglichen Bimetall- oder sonstigen Federscheibe angebracht. Bei Erreichen einer maximal zulässigen Temperatur im Verbraucher löst das kontakttragende Bimetall durch Formänderung schlagartig den beweglichen Kontakt vom stationären Kontakt. Durch diese Kontaktunterbrechung wird das zu schützende Gerät zum Stillstand gebracht. Nach einer Abkühlungsphase wird der Kontakt von alleine wieder zurückgeschaltet und das Gerät arbeitet weiter. Bis Anfang der 1970er-Jahre gab es nur Temperaturbegrenzer, die sich selbst erwärmten. Thermik brachte mit dem W1000 im Jahr 1973 den ersten Schalter auf den Markt, der dieses Grundproblem löste. Es folgten weitere Innovationen in der von Thermik entwickelten Rundbauform. Unter anderem auch die Reihe 01, der erste knopfzellenartig aufgebaute Temperaturbegrenzer, welcher bis heute in den weltweit meisten Varianten angeboten wird. Mit dem P1 wurde 1995 der erste Temperaturbegrenzer vorgestellt, mit dem es gelang, einen PTC-Halbleiter direkt im Schaltwerk zu integrieren. PTC ist eine stromleitende Komponente, die bei tieferen Temperaturen eine bessere Leitfähigkeit besitzt. Da er heizt und regelt und somit den Schaltmechanismus des Bimetalls kontrolliert, kann der P1 als erster „intelligenter" Temperaturbegrenzer bezeichnet werden. Mit dem M1 folgte drei Jahre später der bis heute einzige Temperaturbegrenzer, bei dem alle Arbeitsschritte vollautomatisch erfolgen. Ein weiteres Beispiel für die Innovationskraft von Thermik ist die Ausweitung der Temperaturbegrenzungen bei Standardprodukten auf bis zu 250 °C, während die Obergrenze herkömmlicher Produkte bereits bei 180 °C erreicht ist.

Typische Standardanwendungen im Wicklungsschutzbereich

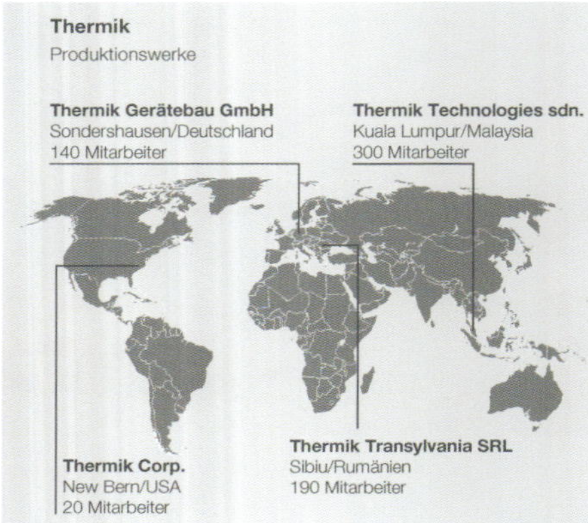

Zusätzlich wurden alle bereits vorhandenen Spitzenprodukte überarbeitet und im Wirkungsgrad verbessert. In jedem Jahr kamen weitere Neuentwicklungen hinzu, von denen viele Meilensteine in der Technologieentwicklung von Temperaturbegrenzern darstellen.

2010 entwickelte Thermik eine neue Hochtemperaturserie mit einer Leistungsfähigkeit bis zu 250 °C. Der 2012 entwickelte XO ist der stärkste Schalter im In-Winding-Bereich. Der XH-Schalter aus dem Jahr 2013 ist der weltweit leistungsstärkste Temperaturbegrenzer, da durch elektronische Lichtbogenlöschung die Leistungsfähigkeit enorm gesteigert werden konnte. 2018 wird mit der SMD-Ausführung 01 der erste vollautomatisch applizierbare Schalter für Leiterplatten herausgebracht. 2020 folgt dann mit dem Q6 der erste Einmalschalter auf Bimetallbasis. Alle Neuentwicklungen sind patentiert. Thermik beschäftigt an den Produktionsstandorten in Sondershausen (Deutschland), Sibiu (Rumänien), Kuala Lumpur (Malaysia) und New Bern (USA) insgesamt 900 Mitarbeitende. Für 2020 wird ein Umsatz von rd. 40 Mio. Euro erwartet, davon entfallen ca. 60 % auf den Export. Seit 1992 liegt die Firmenleitung und seit 2006 die alleinige Geschäftsleitung des Familienunternehmens bei Marcel P. Hofsaess, dem Sohn des Gründers. Mit der Werkzusammenlegung sowie der Verlagerung der Konzernzentrale von Baden-Württemberg nach Thüringen im Jahr 2011 wurde das Unternehmen erfolgreich für die Zukunft ausgerichtet. Der beste Beweis dafür ist, dass seit der Verlagerung dreimal so viele Patente angemeldet wurden wie im Vergleichszeitraum davor.

Schon gewusst?

In Europa gibt es keinen lebenden Erfinder, der auf einem einzigen Gebiet mehr Erfindungen patentiert erhielt wie der Mehrheitsgesellschafter und Geschäftsführer von Thermik, Marcel P. Hofsaess. Thermik hält mehr Patente als alle Wettbewerber zusammengenommen.

Im hohen Maße automatisierte Produktionsprozesse gewährleisten gleichbleibende Qualität bei über 100 Mio. produzierten Einheiten pro Jahr.

Thermik generiert allein 25 % des Umsatzes durch kundenspezifische Lösungen.

T

Chronologie

1968 Peter Hofsaess gründet das Unternehmen in Pforzheim.

1984 Gründung der Thermik Cooperation/USA

1990 Gründung der Thermik Thüringen GmbH

1991 Mit dem Erwerb der „Keramischen Bauelemente" in Hermsdorf in Thüringen gewinnt Thermik Know-how im Halbleiter- und Sensorbereich.

1992 Gründung der Thermik Technologies sdn./Malaysia

1995 Mit dem P1 wird der erste selbsthaltende Hybridschalter für den internen Wicklungsschutz herausgebracht.

1998 Mit dem M1 wird der bis heute einzige Temperaturbegrenzer auf den Markt gebracht, bei dem alle Arbeitsschritte vollautomatisch erfolgen.

2003 Gründung des Produktionswerks Thermik Transylvania in Sibiu/Rumänien

2010 Thermik wird unter die 100 innovativsten deutschen Mittelstandsunternehmen gewählt.

2013 Thermik erhält die CrefoZert-Auszeichnung für hervorragende Bonität, seitdem jährlich.

2014 Thermik findet Aufnahme im Lexikon der deutschen Weltmarktführer.

2019 Thermik erhält zum 10. Mal in Folge die Auszeichnung TOP 100, das Gütesiegel der 100 erfolgreichsten deutschen Mittelstandsunternehmen.

Daten und Fakten

Inhaberfamilie: Familie Hofsaess in 2. Generation
Gründer: Peter Hofsaess, 1968, Pforzheim
Branche: Elektroindustrie
Produkte: Temperaturbegrenzer, PTC-Motorschutzfühler/Kaltleiter, PTC-Heizelemente
Standorte: Sondershausen in Deutschland, Sibiu/Hermannstadt in Rumänien, Kuala Lumpur in Malaysia und New Bern in den USA
Mitarbeitende: ca. 900 (2020)
Umsatz: rd. 40 Mio. Euro
Patente: 1.100
Exportquote: ca. 60%
F&E-Quote: ca. 7% (2020)

Kontakt
Thermik Gerätebau GmbH
Salzstr. 11, 99706 Sondershausen
Fon: 03632 5412-0, Fax: 03632 5412-49100
info@thermik.de, www.thermik.de

Ansprechpartnerin Presse
Filiz Bahtiyar
Fon: 03632 5412-155
Filiz.Bahtiyar@thermik.de

---

thermofin®

Heinsdorfergrund, Sachsen

Gegründet: 2002
Die thermofin GmbH ist im Bereich Industriekälte und -kühlung tätig. Die Firma stellt Verdampfer, Verflüssiger, Luftkühler, Rückkühler und Wärmeübertragerblöcke her. thermofin® wurde 2002 von Bernd Löffler in Heinsdorfergrund gegründet, bei der Geschäftsführung wird er von Seniorchef Willy Löffler unterstützt. Das Unternehmen etablierte sich schnell auf dem deutschen und internationalen Markt. Die Produktpalette zeichnet sich neben zahlreichen Standardbaureihen durch Sonderlösungen aus, die stetig weiterentwickelt werden. thermofin® unterhält Produktionsstandorte in Deutschland, Russland, Argentinien und

T

China sowie Vertriebsbüros weltweit. 2019 konnte ein Umsatz von 85 Mio. Euro erzielt werden. Aktuell beschäftigt thermofin® 534 Mitarbeitende.

Kontakt
thermofin GmbH
Am Windrad 1, 08468 Heinsdorfergrund
www.thermofin.de

THIMM Group

Northeim, Niedersachsen

Gegründet: 1949
Rund um das Thema Verpackungen geht es bei der THIMM Group GmbH + Co. KG. Gegründet wurde das Unternehmen 1949 von Walter Felix Thimm in Herzberg am Harz. Heute beschäftigt die Gruppe mit Hauptsitz in Northeim 3.562 Mitarbeitende an 22 Standorten in Deutschland, Frankreich, Polen, Rumänien, Tschechien und Mexiko. Mit vier Geschäftsbereichen erwirtschaftete sie 2018 einen Jahresumsatz von 645 Mio. Euro. Deren Portfolio reicht von individuellen Lösungen für Verpackung und Präsentation (THIMM pack'n'display) über Systeme für Industriegüter (THIMM Packaging Systems) und Preprint-Technologien für Wellpappe (Christiansen Print). Zudem richtet sich eine E-Commerce-Plattform (KARTONARA) auch an private Kundinnen und Kunden. 2017 trat Kornelius Thimm, der Enkel des Gründers, in die Geschäftsführung ein. Zum Management gehören des Weiteren Mathias Schliep und Holger Dunker.

Kontakt
THIMM Group GmbH + Co. KG
Breslauer Str. 12, 37154 Northeim
www.thimm.de

Thomas

Herdorf, Rheinland-Pfalz

Gegründet: 1962
Das heutige Familienunternehmen Thomas ging aus den „Robert Thomas Metall- und Elektrowerken" hervor. Dort wurden Elektromagnete für Industrie- und Landmaschinen, Aufzüge und Kirchenorgeln hergestellt. In den 1990er-Jahren orientierte sich das Unternehmen rechtzeitig am Bedarf an elektromagnetischen Ventilen für den Automobilmarkt und die Mobilhydraulik. Diese Spezialisierung erwies sich als entscheidend für die positive Geschäftsentwicklung. In jüngster Zeit erweiterte Thomas entsprechend das Angebot auf Produkte für den Medizintechnik-Markt. Ein Familien-Unternehmenskodex bildet die Grundlage für die international tätige Firma, die auf Basis christlicher Ethik geführt wird. Thomas ist an fünf Standorten in Europa, den USA und Asien vertreten.

Kontakt
Thomas Magnete GmbH
Innomotion Park 3, 57562 Herdorf
www.thomas-magnete.com

Thonet

Frankenberg, Hessen

Gegründet: 1819
Thonet ist einer der ältesten familiengeführten Möbelhersteller der Welt. Firmengründer Michael Thonet schaffte den Durchbruch mit dem berühmten „Stuhl Nr. 14", dem sog. Wiener Kaffeehausstuhl. Neu war damals die Technik des Biegens von massivem Buchenholz – Voraussetzung für die industrielle Fertigung. Eine weitere Innovation stellten die Stahlrohrmöbel von Thonet dar: In den 1930er-Jahren war das Unternehmen der weltweit größte Produzent dieser neu-

artigen Möbel. Die Entwürfe stammten von namhaften Bauhaus-Architekten wie Mart Stam, Ludwig Mies van der Rohe und Marcel Breuer. Heute zählen sowohl die Bugholz- als auch die Stahlrohrmöbel zu den Meilensteinen der Designgeschichte. Das Programm wird laufend durch neue Modelle erweitert.

Kontakt
Thonet GmbH
Michael-Thonet-Str. 1, 35066 Frankenberg (Eder)
www.thonet.de

Töpfer

Dietmannsried, Bayern

SEIT 1911
Töpfer
Starke Hilfe für zarte Zeiten.

Gegründet: 1911
Das Familienunternehmen Töpfer aus dem Allgäu ist der älteste Hersteller von Säuglingsheilnahrung in Deutschland. Heute ist die „Töpfer Babywelt" führend in der Bio-Säuglingsnahrung und Naturkosmetik für Mütter und Babys. Die Distribution erfolgt über Drogeriemärkte, Apotheken und Online-Fachmärkte für Babybedarf.

Töpfer beschäftigt rd. 190 Mitarbeitende. 2019 wurde einen Umsatz von ca. 52 Mio. Euro erwirtschaftet, die Exportquote betrug rd. 50 %. Alle Produkte werden am Firmenstandort Dietmannsried produziert. Zertifizierungen nach IFS, EU-Öko-Verordnung und Cosmos Organic/BDIH unterstreichen den hohen Qualitätsstandard bei Töpfer. Darauf bauen Kundinnen und Kunden aus aller Welt.

Bei der ständigen Weiterentwicklung der Produkte, auf Basis neuester wissenschaftlicher Erkenntnisse, setzt Töpfer konsequent auf Bio-Qualität. Schon seit Ende der 1980er-Jahre wird nur noch Bio-Säuglingsnahrung hergestellt. Daneben gehören Naturkosmetikprodukte, basierend auf pflanzlichen Inhaltsstoffen und Heilkräutern, zum Sortiment.

Das Unternehmen wurde 1911 von Max Töpfer in Böhlen bei Leipzig gegründet, seit 1923 ist der Stammsitz in Dietmannsried. 1958 übernahmen die jetzigen Inhaber, Familie Gabler aus Obergünzburg, die Töpfer GmbH. Geschäftsführerin Susanna Gabler führt in 2. Generation das operative Management. Für Töpfer gehören Engagement für

Chronologie

1911 Firmengründung in Böhlen bei Leipzig als erstes deutsches Unternehmen für Säuglings-Heilnahrung

1923 Verlagerung der Produktion nach Dietmannsried/Allgäu

1927 Entwicklung Trockenreisschleim mit der Charité in Berlin

1936 Entwicklung Töpfer Kinder Kleiebad nach Prof. Dr. Wilhelm Stoeltzner und Prof. Benno Bleyer

1989 Beginn der Produktion von Säuglingsmilchnahrungen in Bio-Qualität

2007 Babypflege-Produkte in kontrollierter Naturkosmetik

2008 Markteinführung Bio-Säuglingsnahrung mit LC-PUFA (Omega-3- und Omega-6-Fettsäuren)

2011 100-jähriges Firmenjubiläum

2015 Zielgruppenerweiterung auf Schwangere und junge Mütter mit neuer Pflegeserie „mamacare"

2018 Neubau und Erweiterung des Töpfer Inhouse-Labors

„Ganz gleich, ob für Mama, Papa oder Baby: Für junge Familien wollen wir stets das Beste – und das kann man bei unseren Produkten sehen, fühlen und schmecken."

Susanna Gabler, Geschäftsführerin

Der Unternehmenssitz befindet sich in Dietmannsried (oben). Mit dem Kinder Kleiebad wurde Töpfer bekannt (unten).

T

Töpfer produziert Bio-Säuglingsnahrung und Naturkosmetik für Mütter und Babys.

die Region und die Erhaltung einer lebenswerten Umwelt zum Nachhaltigkeits-Selbstverständnis. So werden seit vielen Jahren soziale Einrichtungen und Institutionen für Kinder unterstützt sowie junge Sportlerinnen und Sportler mit dem #teamtöpfer gefördert.

Daten und Fakten

Inhaberfamilie: Familie Gabler in 2. Generation
Gründer: Max Töpfer, 1911, Böhlen bei Leipzig
Branche: Babynahrung und Naturkosmetik
Produkte: Bio-Babymilch, Bio-Breie, Naturkosmetik für Mütter und Babys
Standort: Dietmannsried im Allgäu
Mitarbeitende: rd. 190
Umsatz: ca. 52 Mio. Euro
Exportquote: rd. 50 %

Kontakt

Töpfer GmbH
Heisinger Str. 6, 87463 Dietmannsried
Fon: 08374 934-0, Fax: 08374 934-11
info@toepfer-babywelt.de,
www.toepfer-babywelt.de

TREIF

Oberlahr, Rheinland-Pfalz

Gegründet: 1948
Die TREIF GmbH ist spezialisiert auf Schneidetechnik für Lebensmittel. Das Portfolio umfasst die Geschäftsbereiche Würfelschneiden, Portionenschneiden, Slicen und Brotschneiden. Dazu gibt es spezielle Lösungen für Fleisch, Geflügel, Käse und Brot sowie Fisch und Gemüse, die sowohl für maschinelle industrielle Anwendungen in der Lebensmittelverarbeitung als auch für manuelle Bedienung im Lebensmitteleinzelhandel konzipiert werden. Für Industriekunden werden Linienlösungen und maßgeschneiderte Anlagen entwickelt. Das Herzstück der Schneidemaschinen, die Messer, fertigt TREIF ebenfalls selbst. Im Bereich Dienstleistungen werden Ersatzteilservice, Wartungsverträge und Online-Wartung geboten. Das Unternehmen ist weltweit präsent durch Vertriebspartner sowie Niederlassungen in Frankreich, Großbritannien, Italien, Polen, Belgien, den USA und China. Geschäftsführender Gesellschafter ist Uwe Reifenhäuser. 2016 eröffnete TREIF sein neues Customer Center mit rd. 4.000 m² Fläche.

Kontakt

TREIF Maschinenbau GmbH
Toni-Reifenhäuser-Str. 1, 57641 Oberlahr
www.treif.de

T

TRIGEMA

Burladingen, Baden-Württemberg

Gegründet: 1919
Die Firma TRIGEMA ist Deutschlands größter Hersteller von Sport- und Freizeitbekleidung. Das Angebot umfasst neben hochwertiger Oberbekleidung auch Tag- und Nachtwäsche. Alleiniger Geschäftsführer und Inhaber in 3. Generation ist Wolfgang Grupp. Seit 2013 ist auch die nächste Generation im Unternehmen tätig: Bonita Grupp im Bereich E-Commerce und Wolfgang Grupp jun. im Verkauf. TRIGEMA fühlt sich in besonderem Maße dem Standort Deutschland verpflichtet und produziert deshalb ausschließlich im Inland an mehreren Standorten. 2006 entwickelte das Unternehmen das erste kompostierbare T-Shirt der Welt. Eine nachhaltige Modelinie aus 100 % Biobaumwolle wurde als „TRIGEMA Change Kollektion“ 2012 auf der Greenfashion Week Berlin vorgestellt.

Kontakt
TRIGEMA Inh. W. Grupp e.K.
Josef-Mayer-Str. 31–35, 72393 Burladingen
www.trigema.de

TRILUX

Arnsberg, Nordrhein-Westfalen

Gegründet: 1912
Das Unternehmen TRILUX ist Spezialist für Lichtlösungen, von Innen- und Außenbeleuchtung bis zu kompletten Lichtmanagement-Systemen. Gegründet 1912 im sauerländischen Menden vom Ingenieur Wilhelm Lenze als „Manufaktur für Leuchtenteile“, stellte es zuerst Leuchtenzubehör sowie Rohrpendel- und Wandleuchten her. Als es Ende der 1950er-Jahre gelang, Langfeldleuchten mit dreifacher Lichtausbeute gegenüber konventionellen Glühlampen herzustellen, war der Firmenname „TRILUX“ geboren. Heute hat das Unternehmen über 5.000 Mitarbeitende sowie Vertriebsgesellschaften in Österreich, Belgien, der Schweiz, Tschechien, Spanien, Frankreich, Großbritannien, Ungarn, Italien, den Niederlanden, Polen und der Slowakei. Exportiert wird in insgesamt 50 Länder.

Kontakt
TRILUX GmbH & Co. KG
Heidestr. 4, 59759 Arnsberg
www.trilux.com

TRIMET

Essen, Nordrhein-Westfalen

Gegründet: 1985
Die TRIMET Aluminium SE entwickelt, produziert, recycelt, gießt und vertreibt Leichtmetallprodukte aus Aluminium. Das nicht börsennotierte, in 2. Generation familiengeführte Unternehmen wurde 1985 von Heinz-Peter Schlüter als Metallhandelsgesellschaft gegründet und stieg in den 1990er-Jahren in die industrielle Fertigung ein. Heute betreibt TRIMET mit insgesamt 2.300 Mitarbeitenden an acht Standorten in Deutschland und Frankreich vier Aluminiumhütten, zwei Recyclingwerke und mehrere Gießereien.

Für sein soziales Engagement wurde das Familienunternehmen mehrfach ausgezeichnet, unter anderem für sein Projekt „Berufsbildung für Flüchtlinge“, das seit 2015 Geflüchteten Ausbildungsplätze und eine berufliche Perspektive bei TRIMET bietet.

Kontakt
TRIMET Aluminium SE
Aluminiumallee 1, 45356 Essen
www.trimet.de

T

TROX

Neukirchen-Vluyn, Nordrhein-Westfalen

Gegründet: 1951
Die TROX GmbH ist führend in der Entwicklung, der Herstellung und dem Vertrieb von Komponenten, Geräten und Systemen zur Belüftung und Klimatisierung von Räumen, wie z. B. RLT-Geräten, Luft-Wasser-Systemen, dezentralen Lüftungsgeräten, Luftdurchlässen, Brand- und Rauchschutzkomponenten und -systemen, Regelgeräten, Regelsystemen, Gebäudeventilatoren sowie Filtern. Der Weltmarktführer ist mit 31 Tochtergesellschaften, 16 Produktionsstätten, weiteren Vertriebsbüros sowie Importeuren und Vertretungen in über 70 Ländern direkt vor Ort. Gegründet 1951 von den beiden Brüdern Heinrich und Friedrich Trox, wurde der Betrieb von 1988 bis 2015 von Heinz Trox, dem Sohn von Heinrich Trox, geleitet. Das Unternehmen erwirtschaftete im Jahr 2019 mit ca. 4.000 Mitarbeitenden rund um den Globus über 530 Mio. Euro Umsatz. Die Geschäftsführung liegt bei Thomas Mosbacher und Udo Jung.

Kontakt
TROX GmbH
Heinrich-Trox-Platz, 47504 Neukirchen-Vluyn
www.trox.de

TRUMPF

Ditzingen, Baden-Württemberg

Gegründet: 1923
TRUMPF GmbH + Co. KG ist ein weltweit führendes Unternehmen für Werkzeugmaschinen, Laser sowie Elektronik für industrielle Anwendungen. Die Softwarelösungen von TRUMPF ermöglichen den Weg in die Smart Factory und in der Industrieelektronik Hochtechnologieprozesse. Das 1923 als mechanische Werkstätte gegründete Familienunternehmen hat seinen Stammsitz in Ditzingen, wo sich auch die Geschäftsbereiche Werkzeugmaschinen und Lasertechnik befinden. Die TRUMPF Hüttinger Elektronik ist in Freiburg ansässig. Insgesamt liegen 13 Produktions- und Vertriebsstandorte in Deutschland. Im Geschäftsjahr 2018/2019 erwirtschafteten 14.490 Mitarbeitende einen Umsatz von 3,784 Mrd. Euro. Seit 2005 ist Dr. phil. Nicola Leibinger-Kammüller Vorsitzende der Geschäftsführung.

Kontakt
TRUMPF GmbH + Co. KG
Johann-Maus-Str. 2, 71254 Ditzingen
www.trumpf.com

Trützschler

Mönchengladbach,
Nordrhein-Westfalen

TRÜTZSCHLER
GETTING FIBERS INTO SHAPE – SINCE 1888

Das Stammwerk von Trützschler befindet sich nach wie vor in Mönchengladbach.

Gegründet: 1888

Die Trützschler-Gruppe mit Hauptsitz in Mönchengladbach ist spezialisiert auf die Entwicklung und Herstellung von Maschinen und Anlagen für die Faserverarbeitung in der Spinnerei- und Nonwovens-Industrie. Die Geschäftstätigkeit des Familienunternehmens gliedert sich in vier Bereiche: Im Kernsegment „Spinning" ist Trützschler nach eigenen Angaben Technologie- und Marktführer in der Spinnereivorbereitung für Baumwolle und Chemiefasern. Im Segment „Nonwovens" werden Maschinen für den Herstellungsprozess vom Öffnen der Fasern bis zum Wickeln der Vliesstoffe produziert. Für den „Man-Made Fibers"-Bereich ist Trützschler mit Anlagen zur Herstellung von Teppichgarnen und hochfesten technischen Garnen tätig. Und das Segment „Card Clothing" umfasst anspruchsvolle Arbeitselemente, die im direkten Kontakt zur Faser für die Garnverarbeitung und -qualität mitentscheidend sind.

Den Grundstein für die Gruppe legte Paul Heinrich Trützschler mit der Gründung seiner Firma im sächsischen Crimmitschau im Jahr 1888. Seine erste Maschine war eine Reißmaschine zum Recyceln von Textilien, der später Maschinen zum Putzen von Baumwolle in der Spinnereivorbereitung u. a. m. folgten. 1948 wurde das Werk in Mönchengladbach von Hans und Hermann Trützschler, den Enkeln des Firmengründers, neu aufgebaut. In den folgenden Jahrzehnten expandierte das Unternehmen durch Ausbau des Produktprogramms, durch Gründung von ausländischen Tochtergesellschaften, beginnend mit der American Truetzschler Inc. in den USA im Jahr 1969, und mittels Übernahme von Firmen mit neuen Produktbereichen, wie zuletzt der SwissTex AG in Winterthur.

Insgesamt waren im Jahr 2018 rd. 3.000 Mitarbeitende bei der Trützschler-Gruppe beschäftigt. Gemeinsam erwirtschafteten sie einen Jahresumsatz von rd. 450 Mio. Euro.

„Nach klaren Werten zu handeln ist für uns mehr als eine Haltung – es ist die Voraussetzung für unseren Erfolg und für die Zukunft von Trützschler."

Unternehmensleitbild

Die Stammesvertreter Heinrich Trützschler und Dr. Michael Schürenkrämer, seit 2018 im Aufsichtsrat (oben, v. l.); die Geschäftsführung (unten, v. l.) mit Dr. Dirk Burger (CEO/CSO), Dr. Christof Soest (CEO/CTO) und Dr. Ralf Napiwotzki (CFO)

Blick in eine Baumwollspinnerei mit Karden, Strecken und Kämmmaschinen der Firma Trützschler.

T

Nachhaltigkeit

In der Forschung und Entwicklung neuer Trützschler-Maschinen und -Anlagen kommen interdisziplinäre Teams zum Einsatz. Fokussiert auf die Kundenbedürfnisse arbeiten sie gemeinsam an innovativen Lösungen, mit dem Ziel optimaler Rohstoffausnutzung bei maximaler Qualität und Wirtschaftlichkeit. Das eigene Elektronik- und Software-Know-how unterstützt die Prozesse der Trützschler-Produkte mit modernsten Steuerungs- und Bediensystemen sowie die digitale Transformation in Teilbereichen. Die Auslegung der Maschinen im Hinblick auf geringstmöglichen Energieverbrauch leistet einen aktiven Beitrag um Umweltschutz.

Truetzschler Textile Machinery, TTM China (oben), Truetzschler India Private Ltd., TIPL Indien (Mitte), Trützschler Brasilien (unten)

Chronologie

1888 Paul Heinrich Trützschler gründet das Unternehmen in Crimmitschau, Sachsen.

1948 Nach der Enteignung in Sachsen gründen Hans und Hermann Trützschler die Firma in Odenkirchen neu.

1967 Die erste Trützschler-Karde verlässt das Werk.

1969–1977 Internationalisierung: Erste Tochterunternehmen entstehen in den USA, Brasilien und Indien.

1990 Mit Heinrich Trützschler und Dr.-Ing. Michael Schürenkrämer tritt die 4. Generation in die Geschäftsführung ein. Ausbau des Produktprogramms und Aufbau neuer Niederlassungen und Geschäftsbereiche

2017/2018 Neuer Generationenvertrag zur Vorbereitung auf die 5. Generation und Änderung der Führungsstruktur mit rein externer Geschäftsführung und Aufsichtsrat

Neben dem Stammwerk in Mönchengladbach gibt es weitere Standorte in Neubulach, Egelsbach und Dülmen. Ausländische Produktionsgesellschaften befinden sich in den USA, Brasilien, Indien, China und der Schweiz, Servicegesellschaften gibt es in Italien, Spanien, Türkei, Mexiko, Usbekistan und Vietnam sowie weitere Service-Standorte in verschiedenen Märkten.

Geführt wurde die Trützschler-Gruppe bis Ende 2017 von den geschäftsführenden Gesellschaftern und Mitgliedern der Inhaberfamilien Heinrich Trützschler und Dr. Michael Schürenkrämer in 4. Generation mit Unterstützung ab 2008 von zwei zusätzlichen Geschäftsführern. 2018 wechselten Heinrich Trützschler und Dr. Michael Schürenkrämer in den neu eingerichteten Aufsichtsrat. Seitdem besteht die Geschäftsführung aus den Herren Dr. Dirk Burger (CEO/CSO), Dr. Christof Soest (CEO/CTO) und Dr. Ralf Napiwotzki (CFO).

Daten und Fakten

Inhaberfamilien: Familien Trützschler und Schürenkrämer
Gründer: Paul Heinrich Trützschler (1888) und Bruno Gey (1900–1905)
Branche: Textilmaschinenbau
Produkte: Maschinen und Anlagen aus den Geschäftsbereichen Spinning, Nonwovens, Man-Made Fibers sowie Card Clothing

Standorte: Mönchengladbach, Neubulach, Dülmen, Egelsbach; außerdem produzierende Tochtergesellschaften in den USA, Brasilien, Indien, China, Schweiz
Mitarbeitende: rd. 3.000 (2018)
Umsatz: 450 Mio. Euro (2018)

Kontakt
Trützschler GmbH & Co. KG
Duvenstr. 82–92, 41199 Mönchengladbach
Fon: 02166 607-0, Fax: 02166 607-405
info@truetzschler.de, www.truetzschler.de

Ansprechpartner Presse
Michael van den Dolder
Fon: 02166 607-226
michael.vandendolder@truetzschler.de

Turck

Mülheim a. d. Ruhr, Nordrhein-Westfalen

Gegründet: 1965
Die Turck-Gruppe mit Hauptsitzen in Mülheim a. d. Ruhr (Vertrieb und Marketing) und Halver (Entwicklung und Fertigung) zählt zu den global führenden Unternehmensgruppen auf dem Sektor der Industrieautomation. Unter dem Motto „Your Global Automation Partner“ verspricht das Unternehmen seinen Kunden effiziente Lösungen für die Fabrik-, Prozess- und Logistikautomation. Im Laufe seiner Geschichte hat sich Turck immer mehr vom Komponentenlieferanten zum Anbieter kompletter Automatisierungslösungen – z. B. für die Identifikation von Werkstücken oder Bauteilen – entwickelt. Das Portfolio umfasst heute Produkte und Lösungen aus den Bereichen Sensor-, Feldbus-, Steuerungs-, Anschluss- und Interfacetechnik sowie HMI und RFID. Ein Schwerpunkt des Angebots liegt dabei neben der Sensorik auf robusten I/O-Lösungen in Schutzart IP67 für die dezentrale Automatisierung.

In zahlreichen Branchen ist das Familienunternehmen fest verankert, etwa im Maschinen- und Anlagenbau, in der Automobilproduktion, im Sektor Transport & Handling, in der Lebensmittel- und Verpackungsbranche oder in der Chemie- und Pharmaindustrie.

Gegründet wurde das Unternehmen 1965 von den Brüdern Werner und Hans Turck. Während Wener im heimischen Wohnzimmer in Halver damit begann, eigensichere Trennschaltverstärker herzustellen, kümmerte sich Hans von Mülheim a. d. Ruhr aus um den Vertrieb. 1968 stieg Hermann Hermes als Partner ein. Zehn Jahre später begann die internationale Ausrichtung der Firma mit der Gründung der ersten Auslandsgesellschaft in Minneapolis (USA). Heute verfügt Turck weltweit über mehr als 30 Niederlassungen und ist in weiteren 60 Staaten mit Vertriebspartnern vertreten. Insgesamt beschäftigt das Unternehmen rd. 4.650 Mitarbeitende, davon sind etwa 2.100 an den deutschen Standorten Mülheim a. d. Ruhr, Halver, Detmold und Beierfeld aktiv. Nach wie vor im Familienbesitz, bilden die Hans Turck GmbH & Co. KG sowie die Werner Turck GmbH & Co. KG die Kernunternehmen der Turck-Gruppe. Geleitet wird die Hans Turck GmbH & Co. KG von Christian Wolf und Christian Pauli. Die Werner Turck GmbH & Co. KG wird von Michael Gröbner geführt.

Aus der Zentrale in Mülheim a. d. Ruhr werden Turcks weltweite Vertriebs- und Marketingaktivitäten gesteuert.

T

„Mit unseren digital vernetzbaren Lösungen für effiziente Automationssysteme gehören wir zu den Wegbereitern von Industrie 4.0 und IIoT.“

Christian Wolf

Geschäftsführer (v. o.): Christian Wolf, Christian Pauli – beide Hans Turck GmbH & Co. KG – und Michael Gröbner, Werner Turck GmbH & Co. KG

T

Chronologie

1965 Firmengründung

1968 Einstieg von Hermann Hermes als Partner

1975 Gründung der ersten Landesgesellschaft Turck Inc. in den USA

1987 Gründung der Turck duotec als Elektronik-Engineering- und Fertigungsdienstleister

1990 Übernahme des Messgerätewerks Beierfeld (Sachsen) und Gründung der Turck Beierfeld GmbH

1993 Mit dem uprox entwickelt Turck den ersten induktiven Näherungsschalter, der alle Metalle mit demselben Schaltabstand erkennt.

1994 Gründung einer 100-%-Tochter in Tianjin, China

2000 Turck intensiviert seine dynamische Internationalisierungsstrategie durch Gründung zahlreicher Landesgesellschaften in den Folgejahren.

2006 Mit BL ident präsentiert Turck ein modulares RFID-System für den industriellen Einsatz.

2017 Turck übernimmt Mehrheit an RFID-Systemintegrator Vilant Systems.

2018 Turck geht mit Turck Cloud Services einen weiteren Schritt auf dem Weg zum Automatisierungspartner für Industrie 4.0.

Daten und Fakten

Inhaberfamilien: Familien Turck und Hermes
Gründer: Hans und Werner Turck, 1965, Mülheim a. d. Ruhr, Halver
Branche: Automatisierungstechnik
Produkte: Sensor-, Feldbus-, Steuerungs-, Anschluss- und Interfacetechnik sowie HMI und RFID
Mitarbeitende: rd. 4.650 weltweit, davon ca. 2.100 in Deutschland
Umsatz: ca. 640 Mio. Euro (2019)
Kontrollgremien: Beirat, quartalsweise

Kontakt

Hans Turck GmbH & Co. KG
Witzlebenstr. 7, 45472 Mülheim a. d. Ruhr
Fon: 0208 4952-0, Fax: 0208 4952-264
more@turck.com, www.turck.com

U

U

Underberg

Rheinberg, Nordrhein-Westfalen

Gegründet: 1846

UNDERBERG, ein Digestif mit Kräutern aus 43 Ländern, ist die namensgebende Marke des Familienunternehmens Underberg. Weitere Marken unter dem Dach der Semper idem Underberg AG sind Asbach, Pitú, Xuxu, Grasovka, Sangrita oder Riemerschmid. Die Firmengruppe beschäftigt ca. 200 Mitarbeitende. Die Produkte werden in über 100 Ländern vertrieben und erzielen einen Umsatz von 170 Mio. Euro im Jahr. Damit gehört das Haus zu den führenden in Deutschland. Hubert Underberg gründete am 17. Juni 1846 die Firma und entwickelte den Digestif Underberg, der auch heute von der Familie nach der geheimen Rezeptur aus puren Kräutern, Wasser und Alkohol hergestellt wird. Das Wohlbefinden im Zentrum – „Semper idem – stets gleich in Qualität und Wirkung" – war sein Ansatz. Sein Enkel Emil I. führte nach dem Zweiten Weltkrieg, um die Originalität zu garantieren, die Underberg-Portionsflasche als alleinige Verkaufseinheit ein. Sein Sohn, Emil II., machte aus dem Ein-Produkt-Unternehmen ein internationales Marken-Unternehmen. Durch seine Initiative kam es zur Zusammenarbeit mit zahlreichen Getränkeherstellern und zur kompletten Übernahme von Asbach. Seit 1970 engagiert sich die Firma für die Umwelt und setzt hohe Priorität sowohl auf die Nachhaltigkeit als auch auf die Vereinbarkeit von Familie und Beruf. Die Familie Underberg steht für die „Enkelfähigkeit" der Firma und das Handeln auf Basis von christlichen Werten, um Zukunftsperspektiven für kommende Generationen zu gestalten.

Kontakt

Semper idem Underberg GmbH
Hubert-Underberg-Allee 1, 47495 Rheinberg
Fon: 02843 920-0
service@underberg.com, www.underberg.com

Unger Weine

Frasdorf, Bayern

Gegründet: 1993

Das Unternehmen Unger Weine zählt nach eigenen Angaben seit über 25 Jahren weltweit zu den führenden Unternehmen im Premium-Wein- und Raritätenhandel. Zum Leistungsspektrum zählen neben dem Verkauf im Online-Shop auch der Ankauf von seltenen Weinen oder ganzen Sammlungen, die Lagerung von Weinen sowie die Durchführung von Veranstaltungen rund um Wein und begleitende kulinarische Genüsse. Gegründet haben das Unternehmen die Brüder Dr. Wulf und Michael Unger. Zunächst vom elterlichen Haus aus tätig, zog der Betrieb im Jahr 2006 an den neuen Firmensitz in Frasdorf. Im Jahr 2015 wurde dieser um mehrere Tausend Quadratmeter unterirdischer Lagerflächen mit Klimatisierung und umfangreicher Sicherheitstechnik erweitert. Aktuell beschäftigt Unger Weine 25 Mitarbeitende.

Kontakt

Unger Weine KG
Aschauer Str. 3–5, 83112 Frasdorf
www.ungerweine.de

Unitechnik

Wiehl, Nordrhein-Westfalen

Gegründet: 1971

Die Unitechnik Group ist ein mittelständisches Familienunternehmen und spezialisiert auf komplexe Automatisierungslösungen in den Bereichen Intralogistik und Produktionsautomation. An seinen Standorten berät und betreut es Kunden aus Logistik, Industrie, Handel und Verkehr. Gesteuert wird die Gruppe von einer Holdinggesellschaft, die heute von Wolfgang Cieplik und Rainer Poppek in 2. Generation geführt wird und die operativen Gesellschaften kontrolliert. Dazu zählen die Unitechnik Systems GmbH, die auf Informationstechnik und Automatisierung spezialisiert ist, die Unitechnik Automatisierungs GmbH als Expertin für Metallurgie, Verfahrenstechnik oder Robotik sowie die in Dubai ansässige Unitechnik FZE, die innovative Intralogistikkonzepte für den gesamten Mittleren Osten liefert.

Kontakt
Unitechnik Cieplik & Poppek GmbH
Fritz-Kotz-Str. 14, 51674 Wiehl
www.unitechnik.com

Unternehmensgruppe Fürst von Hohenzollern

Sigmaringen, Baden-Württemberg

Gegründet: 2006
Die Unternehmensgruppe Fürst von Hohenzollern wurde 2006 neu formiert und vereint eine Vielzahl von Geschäftsbereichen, darunter den Forstbetrieb, die Waldgenossenschaft Südwest EG, den Bereich der fürstlichen Immobilien, den Betrieb des Hohenzollernschlosses in Sigmaringen sowie den gesamten touristischen Betrieb um den Großen Arber, der mitsamt umgebender Wälder zum fürstlichen Besitz gehört. Des Weiteren ist die Gruppe an verschiedenen Unternehmen beteiligt, so etwa der metallverarbeitenden ZOLLERN-Gruppe, die wiederum in ihren fünf Geschäftsbereichen allein schon 3.000 Mitarbeitende verzeichnet. Weitere Beteiligungen umfassen das Elektrotechnik-Unternehmen EZS oder den Medizintechnik-Anbieter CoSi dental. Inhaber der Gruppe ist Karl Friedrich Fürst von Hohenzollern.

Kontakt
Unternehmensgruppe Fürst von Hohenzollern
Karl-Anton-Platz 3, 72488 Sigmaringen
www.hohenzollern.com

Unternehmensgruppe Graf von Oeynhausen-Sierstorpff

Bad Driburg, Nordrhein-Westfalen

Gegründet: 1782
Die Unternehmensgruppe Graf von Oeynhausen-Sierstorpff vereint in einer Holding drei Geschäftsbereiche: das „Gräflicher Park Health & Balance Resort“, die Gräflichen Kliniken mit vier Rehabilitationskliniken und die Bad Driburger Naturparkquellen. Ihre Wurzeln liegen im Jahr 1782, als Caspar Heinrich von Oeynhausen-Sierstorpff den Gesundbrunnen in Bad Driburg vom Fürstbischof zu Paderborn übernahm. Im selben Jahr ließ er einen 64 ha großen Landschaftsgarten um die Badanlagen errichten, dessen Bäume teilweise heute noch stehen. Aktuell führt Marcus Graf von Oeynhausen-Sierstorpff die Geschäfte in der 7. Generation fort. Die Gruppe beschäftigt über 1.500 Mitarbeitende in über 200 Berufen. Gemeinsam erwirtschafteten sie 2018 einen Umsatz von über 100 Mio. Euro.

Kontakt
Unternehmensgruppe
Graf von Oeynhausen-Sierstorpff
GmbH & Co. KG Holding
Brunnenallee 1, 33014 Bad Driburg
www.ugos.de

U

URSAPHARM Arzneimittel

Saarbrücken, Saarland

„Wir machen die Zukunft zur Gegenwart."

Unternehmensvision

Gegründet: 1974

Die URSAPHARM Arzneimittel GmbH in Saarbrücken ist ein führendes Pharmaunternehmen mit einem weltweit operierenden Firmenverbund. Zum Produkt- und Leistungs-Portfolio zählen Produkte der Ophthalmologie (Augenheilkunde) wie Augentropfen und Augensalben sowie allgemeinmedizinische Produkte, eine Auftragsfertigung und eine Lohnfertigung. Im Segment „Trockenes Auge" ist das Unternehmen mit den Produkten der HYLO® EYE CARE-Range laut einer Studie des IQVIA Institute Marktführer in Deutschland.

Das pharmazeutische Angebot von URSAPHARM richtet sich an Ärzte und Apotheker, Patienten und Endverbraucher sowie an Fachbereiche wie z. B. die Ophthalmologie, Allgemeinmedizin, Allergologie und Sportmedizin. Ein eigener Außendienst steuert den Vertrieb in Deutschland, international übernehmen dies Tochterunternehmen in Frankreich, den Beneluxländern, Österreich, Polen, Tschechien, der Slowakischen Republik, in Italien, Portugal, Russland und Indien. Für weitere 80 Länder weltweit gibt es Kooperationsvereinbarungen mit Vertriebspartnern. URSAPHARM produziert ausschließlich am Stammsitz in Saarbrücken und beschäftigt dort mehr als 700 Mitarbeitende. Das Unternehmen erwirtschaftete 2019 einen Umsatz von über 250 Mio. Euro, die Exportquote lag bei 55 %.

Die Apotheker Werner Bernhard und Werner Buxmann erwarben in den 1960er-Jahren französische Lizenzen für Augenarzneimittel, die sie nach dem Anschluss des Saarlandes an die Bundesrepublik erfolgreich nutzen konnten. Sie ließen diese von der Firma Chemiepharm in Saarbrücken herstellen. Nach deren Konkurs übernahmen sie selbst 1974 die Herstellung und den Vertrieb ihrer Augensalben und Augentropfen. Zusammen mit den Apothekern Albrecht Holzer und Dieter Trox, die auch Mitbesitzer der pharmazeutischen Firmen Euringer und Ursapharm waren, gründeten sie die Bernhard, Buxmann & Co. GmbH. 1976 wurde eine innovative Produktionsanlage für sterile Arzneimittel in Bübingen

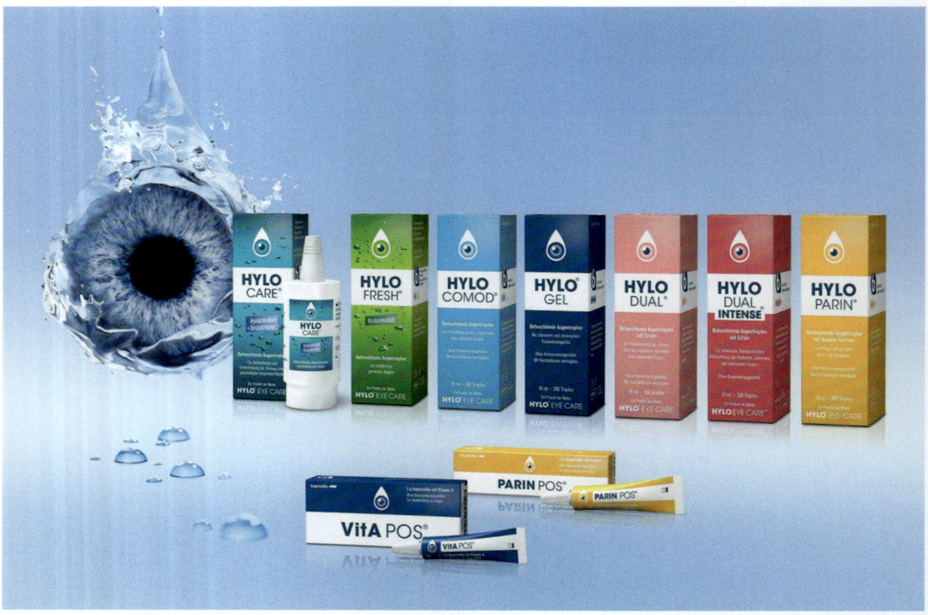

Im Segment „Trockenes Auge" ist das Unternehmen mit den Produkten der HYLO® EYE CARE-Gruppe Marktführer in Deutschland.

Gesellschaftliche Verantwortung

Schon die URSAPHARM Gründer erachteten es als Teil der Unternehmensphilosophie, die Menschen in ihrer Heimatregion am wirtschaftlichen Erfolg teilhaben zu lassen. Seit mittlerweile über 40 Jahren nutzt das Familienunternehmen dafür einen Teil des Gewinns, u. a. im Bereich Soziales. Eines der zahlreichen Beispiele ist die Förderung des Hilfevereins zur Unterstützung Krebskranker (HVUK): Damit Krebspatienten sich möglichst effektiv ihrer Genesung widmen können, unterstützt sie der HVUK z. B. im Umgang mit Ärzten und Institutionen des Gesundheitswesens, bei der Alltagsbewältigung sowie der Existenzsicherung. URSAPHARM unterstützt den 2014 gegründeten HVUK seit Anbeginn.

errichtet und verschiedene Augenarzneimittel, auch in Lohnfertigung für andere Unternehmen, hergestellt. Bereits 1984 entstand ein komplettes Sortiment von Arzneimitteln der Augenheilkunde. 1989 erfolgte die Umfirmierung in URSAPHARM Arzneimittel GmbH, deren Name zurückgeht auf die „Bären-Apotheke" der Familie Holzer in St. Ingbert („Ursa" = lateinisch für „Bärin"). Nachdem zwei der Gründer ihre Unternehmensanteile 1993 veräußerten, sind seither die Familien Holzer und Buxmann Eigentümer des Unternehmens. Durch Übernahmen und Fusionen sowie zahlreiche Innovationen prosperierte URSAPHARM: 1993 kam das patentierte „COMOD®-System" („Continuous Mono Dose" = „kontinuierliche Einzeldosis") für die Aufbewahrung und Dosierung von Augentropfen auf den Markt, gefolgt vom 3k-System für die Herstellung von konservierungsstofffreien Nasensprays. 2008 wurde mit HYLO® GEL erstmalig in Deutschland ein verordnungsfähiges Augenpräparat als Medizinprodukt anerkannt.

URSAPHARM ist u. a. Mitglied im Bundesverband der Pharmazeutischen Industrie e. V. (BPI), im Bundesverband Medizintechnologie e. V. (BVMed), im Healthcare Frauen (HCF) e. V. und Mitbegründer des Stiftungslehrstuhls „Pharmazeutische Biotechnologie" an der Universität des Saarlandes. Das Unternehmen bietet den Mitarbeitenden u. a. vielfältige

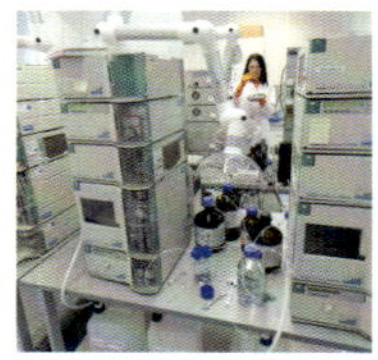

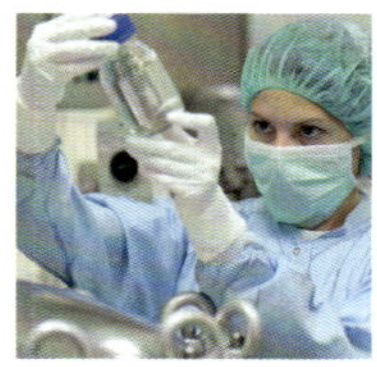

Ein Blick in die Produktionsstätten des Pharmaunternehmens, das sich auf Produkte der Augenheilkunde wie Augentropfen und Augensalben spezialisiert hat.

Sämtliche URSAPHARM Produkte werden am Stammsitz in Saarbrücken hergestellt.

U

Weiter- und Fortbildungen, sportliche Aktivitäten sowie Unternehmens-Events und ist Sponsor zahlreicher regionaler Sportvereine sowie des FC Bayern München.

Die URSAPHARM Arzneimittel GmbH ist eine operativ tätige Holding mit Tochterunternehmen, die ihre globalen Absatzgebiete kontinuierlich erweitert. Das Familienunternehmen wird in 2. bzw. 3. Generation von Frank Holzer und seinem Sohn Dominik Holzer geführt.

Detmar Buxmann, 2. Generation, und seine Tochter Julia Mopin, die das Unternehmen nunmehr in 3. Generation begleitet.

Die beiden Geschäftsführer Frank Holzer und sein Sohn Dominik Holzer

Die Präsenz auf Messen ist für URSAPHARM selbstverständlich.

Chronologie

1960 Erwerb der ersten Lizenzen für Augenheilprodukte durch die Gründungsväter

1974 Gründung der Bernhard, Buxmann & Co. GmbH durch Werner Bernhard, Werner Buxmann, Albrecht Holzer und Dieter Trox

1976 Errichtung einer innovativen Produktionsanlage in Bübingen

1979 Fusion mit mehreren Unternehmen zur URSAPHARM Bernhard, Buxmann & Co. GmbH

1984 Erweiterung des Sortiments

1989 Umfirmierung zur URSAPHARM Arzneimittel GmbH

1993 Bernhard und Trox verkaufen Anteile an Holzer und Buxmann; Übergabe an die 2. Generation mit Frank Holzer und Detmar Buxman; Entwicklung des COMOD®-Systems.

2006 Die 3. Generation tritt in das Unternehmen ein.

2008 Mit HYLO® GEL wird erstmals in Deutschland ein Medizinprodukt zur Augenbefeuchtung erstattungsfähig.

2013 Eintritt von Dominik Holzer in die Geschäftsführung

Regionales Engagement

URSAPHARM ist einer der größten Förderer vieler unterschiedlicher Projekte und gesellschaftlicher Anliegen in Saarbrücken, im Saarland und darüber hinaus. Aufgrund seiner tiefen Verwurzelung im Heimatbundesland liegen dem Unternehmen dabei insbesondere die Menschen aus der Region am Herzen. Das gilt für die Bereiche Kultur und Soziales ebenso wie für den Bereich Sport. Hier werden sowohl ambitionierte Einzelpersonen in einer Vielzahl von Sportarten unterstützt wie etliche Vereine – von Badminton bis American Football, von Tischtennis bis Triathlon, vom Breitensport bis zum Profisport.

U

Schon gewusst?

Laut Bundesarzneimittelbuch von 1978 mussten „Flüssigkeiten zur Anwendung am Auge" konserviert sein. Konservierungsmitteln in Augentropfen wurden jedoch schädliche Wirkungen bei Langzeitbehandlungen nachgesagt. Die URSAPHARM Gründer Holzer und Buxmann erreichten schließlich eine Erweiterung dieser Vorschrift: Augentropfen mussten demnach konserviert sein oder aber in einem Behältnis dargereicht werden, das es ermöglicht, auf Konservierungsmittel zu verzichten. Sie entwickelten das COMOD®-System und brachten 1999 erstmals konservierungsstofffreie Augentropfen in einem umweltschonenden Mehrdosenbehältnis auf den Markt. Ihr Patent ermöglicht es URSAPHARM zudem, diese bis heute auch für andere Hersteller in Lohnfertigung zu produzieren.

Daten und Fakten

Inhaberfamilien: Familie Holzer und Familie Buxmann
Gründer: Apotheker Werner Bernhard, Werner Buxmann, Albrecht Holzer und Dieter Trox
Branche: pharmazeutische Industrie
Produkte: Augentropfen, Augensalben, allgemeinmedizinische Produkte, Auftrags- und Lohnfertigung
Standort: Saarbrücken, Saarland
Vertrieb: in Deutschland mit eigenem Außendienst, in Europa durch Tochterunternehmen, außerhalb Europas in 80 Ländern weltweit über Kooperationen
Mitarbeitende: mehr als 700 (2019)
Umsatz: über 250 Mio. Euro (2019)
Marktposition: deutscher Marktführer im Bereich „Trockene Augen"
Innovation: COMOD®-System: ein integriertes AIRLESS-Applikationssystem zur keimfreien Ausbringung flüssiger pharmazeutischer oder kosmetischer Mittel
Patente: u. a. COMOD®-System, verschiedene Formulierungspatente
Unternehmensanteile der Familie: Familie Holzer 51 %, Familie Buxmann 49 %
Kontrollgremien: Gesellschafterversammlung
Exportquote: 55 %

Kontakt
URSAPHARM Arzneimittel GmbH
Industriestr. 35, 66129 Saarbrücken
Fon: 06805 9292-0, Fax: 06805 9292-88
info@ursapharm.de, www.ursapharm.de

Ansprechpartner Presse
Boris Röder
Fon: 06805 9292-167
b.roeder@ursapharm.de

Urzinger

Landshut, Bayern

Gegründet: 1897
Die Josef Urzinger GmbH bietet Hotellerie und Gastronomie, Industrie und Handwerk, Kliniken, Senioren- und Pflegeheimen individuelle Lösungen im Bereich Textile Mietdienste: vom Textilleasing für mehr als 2.500 Kunden über die Textilversorgung mit branchenspezifischen Produkten bis zu Hygienelösungen. Das Unternehmen ist mehrfach zertifiziert und arbeitet streng nach den HACCP-Richtlinien zur Sicherung höchster Hygienestandards. Urzinger beschäftigt 500 Mitarbeitende, die täglich bis zu 120 t Wäsche aufbereiten. 1897 als „Feinbügelei und Waschanstalt" von Maria Fisch gegründet, ist das inhabergeführte Familienunternehmen heute eines der modernsten seiner Branche in Bayern und wird in 4. Generation geleitet von den Schwestern Annette Urzinger-Judenhofer, Dagmar Urzinger und Claudia Urzinger-Woon.

Kontakt
Josef Urzinger GmbH
Fraunhoferstr. 5, 84030 Landshut
www.urzinger.de

U

Utermann

Dortmund, Nordrhein-Westfalen

UTERMANN
1853

„Kunst begeistert – Tradition verpflichtet.“

Unternehmensleitsatz

Die „Fränzi“ von Ernst Ludwig Kirchner verbarg sich auf der übermalten Rückseite eines Gemäldes, das Wilfried Utermann 1985 erworben hatte.

Gegründet: 1853

Die in Dortmund ansässige Galerie Utermann zählt zu den führenden Kunsthandlungen Deutschlands und ist nach eigenen Angaben die älteste deutsche Galerie in Familienbesitz. Utermann veranstaltet Einzelausstellungen von Künstlern des deutschen Expressionismus wie z. B. Emil Nolde, Christian Rohlfs, August Macke, Lyonel Feininger oder Ernst Ludwig Kirchner. Aus dem Bereich der klassischen Moderne sind die Hauptvertreter Horst Antes, Günther Uecker, Fritz Winter und Emil Schumacher. Im eigenen Galeriegarten werden regelmäßig Skulpturen präsentiert. Neben dem Kunsthandel berät die Galerie beim Aufbau privater Sammlungen und übernimmt deren wissenschaftliche Dokumentation.

Die Utermann KG, die fünf Mitarbeitende beschäftigt, befindet sich in 4. Generation im Besitz von Wilfried Utermann. Die Nachfolge ist aber bereits geregelt: Lukas Minssen, Sohn von Wilfried Utermanns Frau, ist als geschäftsführender Mitgesellschafter in die Firma eingetreten und wird das Unternehmen ab 2022 leiten. Die familienfremde Geschäftsführerin Karin Schulze-Frieling unterstützt ihn dabei.

Der Ursprung des Unternehmens geht auf das Jahr 1853 zurück, als Christian Wilhelm Utermann in Dortmund eine Buchhandlung eröffnete. Um sich von den Konkurrenten abzusetzen, wurde er auch als Buchbinder tätig und übernahm das Einrahmen von Kupferstichen und Lithografien. Nach dem Tod des Gründers im Jahr 1894 übernahm sein Sohn Carl, der sechs Jahre in einer der ersten Berliner Kunsthandlungen gearbeitet hatte, die Firma. Er konzentrierte sich zunehmend auf den Handel mit Kunst. Nachfolger von Carl Utermann wurde sein jüngerer Sohn Werner Paul Utermann, der bevorzugt Bilder der Düsseldorfer und Münchener Malerschule zeigte. 1969 trat mit Wilfried Utermann die 4. Generation in die Geschäftsführung ein. Unter seiner Leitung spezialisierte sich die Galerie auf Kunst des deutschen Expressionismus und der klassischen Moderne. 1986 gründete Wilfried Utermann gemeinsam mit vier anderen Kunsthändlern in Berlin das Auktionshaus Villa Grisebach, das heute zu den führenden Häusern Europas zählt.

Daten und Fakten

Inhaberfamilie: Familie Utermann in 4. Generation
Gründer: Christian Wilhelm Utermann, 1853, Dortmund
Branche: Kunsthandel, Kunstauktionen
Produkte: Gemälde, Aquarelle, Zeichnungen, Grafiken und Skulpturen
Vertrieb: Direktvertrieb und Einzelhandel
Mitarbeitende: 5 (2019)
Familieneinfluss: inhabergeführt durch Wilfried Utermann und Lukas Minssen mit der familienfremden Geschäftsführerin Karin Schulze-Frieling
Unternehmensanteile der Familie: nahezu 100 %

Seit vier Generationen ist die Galerie Utermann in Familienbesitz. Wilfried Utermann (unten rechts) führt das Unternehmen seit 1969.

U

Schon gewusst?

Für eine Einzelausstellung des Künstlers Ernst Ludwig Kirchner im Jahr 1985 erwarb Wilfried Utermann das Ölbild „Hühner im Garten" von 1919. Weil ihm die weiß überstrichene Rückseite des Gemäldes merkwürdig vorkam, ließ er es im Münchner Doerner-Institut untersuchen. Die Röntgenaufnahmen ergaben, dass unter der Farbe ein Gesicht lag. In mühevoller Kleinarbeit legte die Restauratorin Susanne Willisch das lächelnde Mädchengesicht frei. Zum Vorschein kam eines der Lieblingsmodelle der Brücke-Maler: die „Fränzi". Der Künstler hatte das Bild vermutlich während seiner Davoser Jahre übermalt, weil er den Anblick der Modelle seiner glücklichen Brücke-Jahre nicht mehr ertragen konnte.

Kontakt

Galerie Utermann
Silberstr. 22, 44137 Dortmund
Fon: 0231 476437-37, Fax: 0231 476437-47
kunst@galerieutermann.de,
www.galerieutermann.de

---

uvex

Fürth, Bayern

Gegründet: 1926

Die uvex group entwickelt, produziert und vertreibt Sicherheitsprodukte vom Schuh bis zur Brille, vom Handschuh bis zum Helm. uvex-Produkte sorgen für den Schutz des Menschen in Beruf, Sport und Freizeit. Die uvex group vereint acht erfolgreich eingeführte Marken unter ihrem Dach: uvex safety, ALPINA, laservision, HexArmor, uvex sports, Filtral, Heckel, Primetta. Den Stammsitz hat das in 3. Generation familiengeführte Unternehmen in Fürth in Nordbayern. Es wurde 1926 von Philipp M. Winter gegründet und produzierte Schutzbrillen. Heute erzielt die uvex group mit 2.700 Mitarbeitenden und 48 Tochterfirmen in 22 Ländern einen Umsatz von 450 Mio. Euro (2017/2018). Die Rainer Winter Stiftung hilft benachteiligten Kindern in aller Welt.

Kontakt

UVEX WINTER HOLDING GmbH & Co. KG
Würzburger Str. 181, 90766 Fürth
www.uvex.de

Uzin Utz

Ulm, Baden-Württemberg

Gegründet: 1911

Uzin Utz ist führender Anbieter von Systemlösungen für die Bodengestaltung. Das börsennotierte Familienunternehmen ist spezialisiert auf die Herstellung und Entwicklung von Produkten, Maschinen und Werkzeugen für das Kleben und Haften von Böden. Die Uzin Utz AG entwickelte sich vom regionalen Klebstoffhersteller 1911 zum weltweit agierenden Komplettanbieter – sie vereint die sechs Marken Uzin, Wolff, Pallmann, Arturo, Codex und RZ unter einem Dach. Uzin Utz entwickelte eine eigene „Ökoline", die u. a. das weltweit erste ökologische Restfeuchteabsperrsystem anbietet. Auch in Zukunft wird das Unternehmen seine erfolgreiche Familientradition fortführen: Die 4. Generation ist bereits mit den Söhnen Philipp und Julian Utz am Start.

Kontakt

Uzin Utz AG
Dieselstr. 3, 89079 Ulm
www.uzin.de

V

V

Vaillant

Remscheid, Nordrhein-Westfalen

Gegründet: 1874
Die Vaillant Group ist international in den Bereichen Heiz- und Klimatechnik tätig und besitzt hier weltweit eine markt- und technologieführende Position. Das Portfolio des Unternehmens umfasst maßgeschneiderte Produkte, Systeme und Dienstleistungen für die Anwendungsbereiche Heizen, Kühlen und Warmwasserbereitung. Neben Brennwertgeräten werden vermehrt Produkte zur Nutzung erneuerbarer Energien wie Wärmepumpen sowie Fotovoltaik- oder Solarthermieanlagen angeboten. Das Unternehmen befindet sich zu 100 % in Familienbesitz. Johann Vaillant gründete im Jahr 1874 in Remscheid einen Meisterbetrieb des Installationshandwerks und legte so den Grundstein für Vaillant. 1894 erhielt er das wegweisende Patent für einen Gas-Badeofen, der das Badewasser von Abgasen der Verbrennung freihielt. Eine Reihe weiterer Innovationen sicherte dem Unternehmen einen führenden Platz in der Heiztechnikbranche.

Kontakt
Vaillant Deutschland GmbH & Co. KG
Berghauser Str. 40, 42859 Remscheid
www.vaillant.com

Valensina

Mönchengladbach, Nordrhein-Westfalen

Gegründet: 1966
Die Valensina GmbH ist nach eigenen Angaben ein in Deutschland führender Anbieter von Fruchtsäften sowie alkoholfreien Getränken und im Bereich kühlfrischer Säfte sogar Marktführer. Die Hauptmarken sind dabei die Fruchtsaftmarken „Valensina“ und „Hitchcock“. Abgefüllt werden die Säfte an den drei Standorten Mönchengladbach, Vechta und Erding. Insgesamt werden jährlich 255 Mio. l Saft produziert und fast überall in Europa vertrieben. Die rd. 400 Mitarbeitenden des Unternehmens sorgen für einen Jahresumsatz von 220 Mio. Euro. Die Marke Valensina geht zurück auf Rolf H. Dittmeyer, der im Jahr 1966 als erster in Europa Saft in Ein-Liter-Flaschen anbot. Seit 2001 gehört die Marke zur sportfit-Gruppe der Familie Mocken. Die Geschäfte führt Tino Mocken in 2. Generation.

Kontakt
Valensina GmbH
Ruckes 90, 41238 Mönchengladbach
www.valensina-gmbh.de

Van Ham Kunstauktionen

Köln, Nordrhein-Westfalen

Gegründet: 1959
Das Unternehmen Van Ham Kunstauktionen wurde 1959 von Carola van Ham, der ersten Auktionatorin Europas, gegründet. Seit 1996 führt ihr Sohn Markus Eisenbeis das Unternehmen in 2. Generation als Inhaber. Es gehört zu den führenden Auktionshäusern in Deutschland und verzeichnet regelmäßig internationale Auktionsrekorde. Jährlich finden etwa 18 internationale Auktionen und 20 Online-Auktionen in den Bereichen Zeitgenössische Kunst, Moderne Kunst, Alte Kunst, Europäisches Kunstgewerbe, Schmuck und Uhren sowie Asiatika statt. Van Ham beschäftigt rd. 60 Festangestellte, ergänzt um freie Mitarbeitende und Aushilfen rund um die Auktionen. Gemeinsam erwirtschafteten sie 2019 einen Umsatz von rd. 35 Mio. Euro.

Kontakt
Van Ham Kunstauktionen
Hitzeler Str. 2, 50968 Köln
www.van-ham.com

Vector Informatik

Stuttgart, Baden-Württemberg

Gegründet: 1988
Die Vector Informatik GmbH ist spezialisiert auf die Entwicklung von Elektronik im Automobil. An 30 Standorten weltweit unterstützen über 3.000 Mitarbeitende Hersteller und Zulieferer der Automobilindustrie und verwandter Branchen mit einer professionellen Plattform aus Werkzeugen, Softwarekomponenten und Dienstleistungen zur Entwicklung von eingebetteten Systemen. Das Unternehmen wurde als Vector Software GmbH im Jahr 1988 von Eberhard Hinderer, Martin Litschel und Dr. Helmut Schelling gegründet. Schon vier Jahre später überstieg der Umsatz eine Million Euro und die Firma firmierte zum heutigen Namen um. Durch eigenes Wachstum und Akquisitionen wuchs Vector zu einer weltweiten Gruppe mit 13 Auslandsstandorten, die von Dr. Thomas Beck und Thomas Riegraf geführt wird.

Kontakt
Vector Informatik GmbH
Ingersheimer Str. 24, 70499 Stuttgart
www.vector.com

VEKA

Sendenhorst, Nordrhein-Westfalen

Gegründet: 1969
VEKA ist einer der weltweit führenden Anbieter von Kunststoffprofilsystemen für Fenster, Türen und Rollläden sowie für Kunststoffplatten. Zu den Kunden zählen allein über 2.000 Fensterhersteller weltweit. Das international agierende Familienunternehmen beschäftigt in 41 Niederlassungen auf vier Kontinenten mehr als 6.000 Mitarbeitende, davon 1.400 am Stammsitz in Sendenhorst. VEKA erwirtschaftete 2018 einen Umsatz in Höhe von 1,1 Mrd. Euro. 1969 übernahm Heinrich Laumann die Firma VEKAPLAST, einen Hersteller von Kunststoff-Rollläden und -Bauprofilen, und begann wenig später mit der Produktion von Fensterprofilen. Durch kontinuierliche Expansion, national wie international, und Übernahmen entstand die heutige VEKA Unternehmensgruppe, die von der Familie des Gründers Heinrich Laumann geleitet wird.

Kontakt
VEKA AG
Dieselstr. 8, 48324 Sendenhorst
www.veka.com

Verdener Keks- und Waffelfabrik

Verden, Niedersachsen

Gegründet: 1946
Die Verdener Keks- und Waffelfabrik Hans Freitag GmbH & Co. KG produziert täglich 130 t Kekse und Waffeln. Das Portfolio umfasst 150 Artikel, die zu einem Drittel in 50 Länder exportiert werden. Über 65 % der Produktion werden als Handelsmarken vertrieben. Endverbraucherinnen und -verbraucher können Produkte der Marke Hans Freitag auch über einen Online-Shop und im Fabrikverkauf erstehen. Seit Anfang 2017 setzt das Unternehmen ausschließlich zertifiziertes und nachhaltiges Palmöl ein, seit dem Frühjahr 2016 entsprechenden Kakao.

Hans Freitag gründete 1946 in Verden an der Aller eine Bäckerei und Konditorei, in der er bereits nach zwei Jahren 30 Mitarbeitende beschäftigte. Seit 1949 konzentrierte er sich auf die Keks- und Waffelproduktion. Nach seinem frühen Tod 1960 übernahm seine Frau Anita die Leitung und übergab sie 1973 ihrem Sohn Hans Freitag jun. Die Geschäftsführung liegt heute in 3. Generation in den Händen von Anita Freitag-Meyer, die seit 1991 im Unternehmen tätig ist.

Kontakt
Verdener Keks- und Waffelfabrik Hans Freitag GmbH & Co. KG
Siemensstr. 11, 27283 Verden/Aller
www.hans-freitag.de

Veritas

Gelnhausen, Hessen

Gegründet: 1849
Die Veritas AG ist ein international agierender Systemlieferant für die Automobilindustrie. Das Unternehmen hat sich auf die Entwicklung und Herstellung von einbaufertigen, multifunktionalen Aggregaten, deren Aufgaben das Verbinden, Dichten, Transportieren, Messen und Regeln sind, spezialisiert. Die Produkte werden im Motorbereich, in der Karosserie sowie im Tank- und Unterbodenbereich von Fahrzeugen eingesetzt. Die Veritas AG ist die Muttergesellschaft des Veritas-Konzerns. Die Ursprünge von Veritas liegen in dem ältesten Kautschuk verarbeitenden Unternehmen Deutschlands – der 1849 von William Elliot gegründeten „Berliner Gummiwaarenfabrik". Anfang des 20. Jahrhunderts brachte das Unternehmen unter dem Markennamen Veritas Autoreifen auf den Markt. Den Vorstand haben Jürgen Krebaum, Dr. Ralph Onken und Thomas Saalwächter inne, Aufsichtsratvorsitzender ist Dr. Peter Hoh-Mahlewski.

Kontakt
Veritas AG
Stettiner Str. 1–9, 63571 Gelnhausen
www.veritas.ag

Verlagsgruppe Oetinger

Hamburg

Gegründet: 1946
Die Verlagsgruppe Oetinger Service GmbH entdeckt, produziert und vertreibt Print-, Hör- und Digitalmedien bis hin zu innovativen Spiel- und Lernprodukten. Zur Verlagsgruppe Oetinger gehören der Verlag Friedrich Oetinger mit Imprints, Oetinger Media, der Dressler Verlag mit Imprint und der Verlag für Kindertheater. Ein weiterer Geschäftsbereich ist transmediales Storytelling und Merchandising. Zudem gibt es eine Oetinger Filmrechte Agentur. Die Verlagsgruppe ist in Hamburg beheimatet. Die Erfolgsgeschichte des 1946 von Friedrich Oetinger gegründeten Verlags begann mit der Veröffentlichung von Astrid Lindgrens „Pippi Langstrumpf" in Deutschland. Heute führt Oetingers Enkelin Julia Bielenberg das Familienunternehmen in 3. Generation.

Kontakt
Verlagsgruppe Oetinger Service GmbH
Poppenbütteler Chaussee 53, 22397 Hamburg
www.oetinger.de

Vetter Pharma

Ravensburg, Baden-Württemberg

Gegründet: 1950
Mit einer Apotheke fing alles an. Helmut Vetter, Gründer der späteren Vetter Pharma-Fertigung GmbH & Co. KG, eröffnete diese 1950 in Ravensburg. Heute beschäftigt der Dienstleister mit Hauptsitz in Oberschwaben 4.900 Mitarbeitende an Niederlassungen in den USA, in Singapur, Japan sowie Südkorea. Das Unternehmen unterstützt Kunden bei der Entwicklung, Herstellung und Verpackung von Arzneimitteln. Ein zweiter deutscher Standort für die Abfüllung von Medikamenten befindet sich seit 1996 in Langenargen am

Bodensee. 2018 betrug der Umsatz 595 Mio. Euro. Seit 2002 ist Thomas Otto Geschäftsführer, Peter Sölkner seit 2008. Letzterer verantwortet seit 2009 ebenfalls die Geschäfte der Tochtergesellschaft Vetter Pharma International GmbH. Vertreter der Inhaberfamilie unterstützen das Management im Beirat.

Kontakt
Vetter Pharma-Fertigung GmbH & Co. KG
Schützenstr. 87, 88212 Ravensburg
www.vetter-pharma.com

viastore

Stuttgart, Baden-Württemberg

Gegründet: 1889
Die Unternehmensgruppe viastore mit den beiden Gesellschaften viastore SYSTEMS und viastore SOFTWARE ist ein internationaler Anbieter von Intralogistik-Systemen, Intralogistik-Software und Intralogistik-Services. Der Fokus liegt auf der Beratung und Planung, der Implementierung und der permanenten Verbesserung von Intralogistik-Lösungen. Die viastore GROUP beschäftigt an zahlreichen Standorten im In- und Ausland rund 550 Mitarbeitende und erzielte 2019 einen Umsatz von 135 Mio. Euro. Ihren Ursprung hat die Unternehmensgruppe in der Stuttgarter Maschinenwerkstätte C. Haushahn, die ab 1889 Waagen und Krane herstellte. 1988 wurde Haushahn Automationssysteme als eigenständiges Systemhaus für betriebliche Logistik gegründet. Zehn Jahre später übernahm Christoph Hahn-Woernle die C. Haushahn Automationssysteme und firmierte sie in viastore SYSTEMS um. Seit dem Ausscheiden von Christoph Hahn-Woernle im Jahr 2013 ist sein Sohn Philipp Hahn-Woernle geschäftsführender Gesellschafter der Unternehmensgruppe. 2015 wurde die viastore SOFTWARE als Schwestergesellschaft gegründet, um den Vertrieb und die Implementierung von Software-Lösungen für manuelle, staplerbediente und automatische Lager weiter auszubauen. Philipp Hahn-Woernle leitet das Familienunternehmen in 5. Generation gemeinsam mit Anja Zschernig, Thomas Hibinger und Dr. Harald Göbel.

Kontakt
viastore GROUP
Magirusstr. 13, 70469 Stuttgart
www.viastore.de

Viega

Attendorn, Nordrhein-Westfalen

Gegründet: 1899
Die Viega GmbH & Co. KG gehört zu den führenden Herstellern von Installationstechnik. Zu Viegas Innovationen zählt die Erfindung der Pressverbindungstechnik für Kupfer-Rohrleitungen für Sanitär und Heizung. Nach eigenen Angaben ist das Unternehmen Weltmarktführer in diesem Bereich. Zu den weiteren Geschäftsfeldern gehören Vorwand- und Spülsysteme sowie die Entwässerungstechnik. Das Portfolio von Viega umfasst mehr als 17.000 Artikel. Sie finden u. a. in der Gebäudetechnik, in der Versorgungswirtschaft oder im industriellen Anlagen- und Schiffbau ihre Anwendung. Das 1899 von Franz Anselm Viegener gegründete Familienunternehmen ist mittlerweile mit zehn Standorten weltweit vertreten. Insgesamt beschäftigt Viega rd. 4.000 Mitarbeitende.

Kontakt
Viega GmbH & Co. KG
Viega Platz 1, 57439 Attendorn
www.viega.de

V

Viessmann

Allendorf, Hessen

Gegründet: 1917

Viessmann wandelt sich kontinuierlich vom Heiztechnikhersteller zum Lösungsanbieter für den kompletten Lebensraum. Dafür entwickelt das Unternehmen Klimalösungen, die die Umgebung des Menschen mit der optimalen Raumtemperatur, mit Warmwasser, Strom und guter Luftqualität gleichermaßen versorgen. In seinem Integrierten Lösungsangebot verbindet Viessmann auf Basis der richtigen Energiequellen Produkte und Systeme über Plattformen und digitale Services nahtlos miteinander. Dazu kommt eine Vielzahl zusätzlicher Dienstleistungen. Dabei steht die richtige Balance aus erneuerbaren Energiequellen und maximaler Energieeffizienz bei fossilen Energieträgern im Vordergrund, unter der Devise: „We create living spaces for generations to come." Das 1917 gegründete Unternehmen agiert weltweit und zählt 12.300 Mitarbeitende.

Kontakt

Viessmann Werke GmbH & Co. KG
Viessmannstr. 1, 35108 Allendorf (Eder)
www.viessmann.com

Villeroy & Boch

Mettlach, Saarland

Gegründet: 1748

Villeroy & Boch ist eine der weltweit führenden Premium-Marken für keramische Produkte. Das im Jahr 1748 gegründete Familienunternehmen mit Hauptsitz im saarländischen Mettlach steht für Innovation, Tradition und Stilsicherheit. Als renommierte Lifestyle-Marke ist Villeroy & Boch mit Produkten der Bereiche Bad und Wellness sowie Tischkultur in 125 Ländern vertreten. Das Unternehmen beschäftigt weltweit rd. 7.500 Mitarbeitende, ein Drittel davon in Deutschland. Der Umsatz lag im Jahr 2018 bei 853,1 Mio. Euro. Villeroy & Boch ist eine börsennotierte AG. 50 % der Aktien sind nicht an der Börse notiert und befinden sich als Stammaktien in Familienbesitz; bei den übrigen 50 % handelt es sich um börsennotierte Vorzugsaktien. Vorstandsvorsitzender ist seit 2007 Frank Göring. Mitglieder der beiden Gründerfamilien von Boch und Villeroy sind u. a. im Aufsichtsrat des Unternehmens vertreten.

Kontakt

Villeroy & Boch AG
Saaruferstr. 1–3, 66693 Mettlach
www.villeroyboch-group.com

---

vinzenzmurr

München, Bayern

Gegründet: 1902

Die vinzenzmurr Vertriebs GmbH unterhält ein Netz aus Metzgereifilialen sowie einen Großhandel für Fleisch- und Wurstwaren, ausgehend vom Großraum München. Seinen Ursprung hat das Unternehmen im Jahr 1902, als Vinzenz Murr und seine Frau Rosa ihre Metzgerei in Schwabing gründeten. Schon drei Jahre später eröffneten sie drei Filialen in der Innenstadt. In den 1980er-Jahren entstand das Markenprogramm „Hofgut Schwaige", das den Vertragslandwirten Qualitätsauflagen nach gemeinsam entwickelten Standards macht. Heute gehört zum Unternehmen ein Netz aus rd. 200 Filialen in ganz Süddeutschland, auch auf dem Oktoberfest ist es mit einer eigenen „Metzger Stubn" vertreten. Die Geschäfte werden heute von Gründerenkelin Evi Brandl und ihren Söhnen Markus und Alexander Brandl geleitet.

Kontakt

vinzenzmurr Vertriebs GmbH
Hofmannstr. 9, 81379 München
www.vinzenzmurr.de

V

VNR Verlag

Bonn, Nordrhein-Westfalen

Gegründet: 1975
Der VNR Verlag für die Deutsche Wirtschaft ist eine Gruppe aus neun Fachverlagen, die über 300 Produkte wie Fachinformationsdienste, Loseblattwerke und elektronische Produkte mit Beratungswissen vertreibt. Gegründet wurde der Verlag 1975 vom gerade 18-jährigen Norman Rentrop, der amerikanische Ratgeber-Publikationen für den deutschen Markt adaptierte. Auch die Kundenansprache in Werbebriefen und den Abo-Vertrieb baute er nach US-Vorbild auf. Im Jahr 1999 wurde aus dem „Verlag Norman Rentrop" der managementgeführte VNR Verlag für die Deutsche Wirtschaft und Firmengründer Rentrop wurde Aufsichtsvorsitzender. Seit 2017 ist nun Richard Rentrop in 2. Generation Vorsitzender der Geschäftsführung und führt den nach eigenen Angaben zwölftgrößten Verlag Deutschlands.

Kontakt
VNR Verlag für die Deutsche Wirtschaft AG
Theodor-Heuss-Str. 2–4, 53177 Bonn
www.vnrag.de

VOCO

Cuxhaven, Niedersachsen

Gegründet: 1981
Die VOCO GmbH aus Cuxhaven entwickelt und produziert Dentalmaterialien sowie Laborprodukte für den weltweiten Markt. Zum Sortiment gehören über 100 Artikel für die moderne Zahnheilkunde, u. a. Füllungs- und Befestigungsmaterialien, Wurzelstifte und Stumpfaufbausysteme, Materialien zur Herstellung provisorischer und permanenter Kronen und Brücken sowie Prophylaxe-Präparate und 3D-Druck-Materialien. Dank innovativer Lösungsansätze übernimmt VOCO häufig eine Vorreiterrolle und etabliert neue Standards in der Dentalwelt. Zudem treibt das Unternehmen konsequent die digitale Zahnmedizin voran und verbindet komplexe Technologien mit Bedienungskomfort. In Deutschland beschäftigt VOCO am Firmensitz sowie als Dentalfachberater im Außendienst insgesamt 440 Mitarbeitende, weitere 400 Vertriebler sind weltweit im Ausland tätig. Das Unternehmen liefert seine Produkte in mehr als 100 Länder auf allen Kontinenten. Gesellschafter der VOCO GmbH sind in 2. Generation Manfred Thomas Plaumann und Olaf Sauerbier. Nach dem Start 1981 in Cuxhaven erfolgte 2004 die Gründung der Auslandsgesellschaften VOCO America Inc. und VOCO do Brazil.

Kontakt
VOCO GmbH
Anton-Flettner-Str. 1–3, 27472 Cuxhaven
www.voco.dental

Vogel Communications Group

Würzburg, Bayern

VOGEL COMMUNICATIONS GROUP

Gegründet: 1891
Vogel Communications Group ist einer der führenden Dienstleister für Fachkommunikation im deutschsprachigen Raum. Hauptsitz ist Würzburg. Mit vier Agenturen am Berliner Standort bietet die Gruppe umfassende Kommunikationskompetenzen. Die Angebote der Gruppe reichen von Fachmedien, Corporate Publishing, Social-Media-Services, PR, Messedienstleistungen, Netzwerken und

V

Communitys bis zu Market Intelligence & Insights sowie einem hauseigenen Kongresszentrum – dem Vogel Convention Center – am Stammsitz in Würzburg. Die Redaktionsbereiche führen 100+ Fachzeitschriften, 100+ Webportale, 100+ Business-Events sowie zahlreiche mobile Angebote und internationale Aktivitäten. Die Print- und Digital-Medien eröffnen den Zugang zu 14 Branchen in den fünf Wirtschaftsfeldern Industrie, Automobil, Informationstechnologie, Recht/Wirtschaft/Steuern und B2B-Kommunikation. Weltweit sind für Vogel Communications Group etwa 800 Mitarbeitende tätig.

Carl Gustav Vogel gründete den Verlag im Jahr 1891 im thüringischen Pössneck mit der Herausgabe der Publikation „Internationales Briefmarken Offertenblatt". Von ihm stammt die Idee des „Wechselversands", also des Versands von Zeitschriften an wechselnde Empfänger in klar definierten Ziel- und Berufsgruppen. Seine Söhne Ludwig und Arthur Gustav Vogel führten seine erfolgreiche Aufbauarbeit fort.

Im Februar 2000 gründeten der Verleger Dr. Kurt Eckernkamp und seine Frau Nina Eckernkamp-Vogel die Vogel Stiftung. Sie fördert Bildung, Wissenschaft, Gesundheitswesen/Medizin und Kultur.

Kontakt
Vogel Communications Group GmbH & Co. KG
Max-Planck-Str. 7/9, 97082 Würzburg
Fon: 0931 418-0, Fax: 0931 418-2100
info@vogel.de, www.vogel.de

VÖLKLE Bürostühle

Loßburg, Baden-Württemberg

Gegründet: 1964
Die VÖLKLE Bürostühle GmbH mit ihrer Marke ROVO ist ein unabhängiges, inhabergeführtes Familienunternehmen rund um die Entwicklung und Produktion von Bürostühlen. Das Produktspektrum reicht von repräsentativen Chefsesseln über ein vielfältiges Bürostuhlprogramm bis zu mitwachsenden Kinder- und Jugendstühlen. Im Jahr 1964 startete Firmengründer Rolf Völkle in einer Garage mit der Herstellung von Drahtwaren, Stahlgestellen und Ziermöbeln. Nur vier Jahre später wurde ein eigener Produktionsstandort errichtet, in dem Metallteile für die Möbelindustrie gefertigt wurden. 1972 entstand die erste eigene, patentierte Bürostuhlserie. Bis heute entwickelt die VÖLKLE Bürostühle GmbH am Firmensitz in Loßburg im Schwarzwald innovative und ergonomische Sitzmöbel. Die Geschäfte leitet Andreas Völkle in 2. Generation.

Kontakt
VÖLKLE Bürostühle GmbH
Hohenholz 1, 72290 Loßburg
www.rovo.de

Vollack

Karlsruhe, Baden-Württemberg

Gegründet: 1988
Die Vollack Gruppe ist mit einem Team von 300 Mitarbeitenden, davon 150 Architekten und Ingenieure, Spezialist für die methodische Konzeption nachhaltiger, energieeffizienter Büro- und Industriegebäude, genau zugeschnitten auf den Bedarf und die Prozesse insbesondere familien- und inhabergeführter Unternehmen. Bereits in den 1990er-Jahren entstand ein eigener Methodenansatz, die 4-Phasen-Methode, durch die Bauvorhaben von Anfang an kundenindividuell, qualitätsvoll, termin- und kostensicher sind. Erkenntnisse aus der industriellen Fertigung wurden so in das Projektgeschäft eingebracht. Auf Basis der Phase NULL® entwickelt, plant, baut bzw. revitalisiert Vollack Arbeitswelten mit Alleinstellungscharakter und sichert den Werterhalt. Neben dem Hauptsitz in Karlsruhe bestehen neun weitere Standorte im Bundesgebiet. Reinhard Blaurock ist seit 2008 geschäftsführender Gesellschafter.

Kontakt
Vollack Gruppe GmbH & Co. KG
Am Heegwald 26, 76227 Karlsruhe
www.vollack.de

Vollert

Weinsberg, Baden-Württemberg

Gegründet: 1925
Mit schlüsselfertigen Anlagenkonzepten für die Betonfertigteilindustrie gehört die Vollert-Gruppe seit 1925 weltweit zu den Top-3-Anbietern. Wenn es um Materialfluss-, Lager- und Verpackungssysteme geht, vertrauen heute zudem zahlreiche Marktführer aus der Aluminium-, Stahl- oder metallerzeugenden Industrie auf komplette Intralogistiklösungen aus dem süddeutschen Weinsberg. Rangier- und Verladekonzepte sorgen in Raffinerien, Bergwerken oder in der chemischen Industrie für reibungslose logistische Abläufe. Als familiengeführtes, global agierendes Traditionsunternehmen verdankt Vollert seine führende Marktposition vor allem der eigenen Innovationskraft. Hans-Jörg Vollert führt seit 1999 das Traditionsunternehmen in der 3. Generation.

Kontakt
Vollert Anlagenbau GmbH
Stadtseestr. 12, 74189 Weinsberg
www.vollert.de

Vollmann

Gevelsberg, Nordrhein-Westfalen

Gegründet: 1911
Die Vollmann Group ist spezialisiert auf die Entwicklung und Fertigung von Komponenten und Baugruppen per Metallumformung und Kunststoffspritzguss, für Kunden aus der Automobilbranche sowie der Hausgeräteindustrie, der Telekommunikation und der Leuchtenfertigung. Zu den Produkten zählen Schließ-, Scharnier-, Fahrwerk- oder Sitzsysteme für Autos, aber auch Transportsicherungen, Reflektoren und vieles mehr. Seinen Anfang nahm das Unternehmen in der Firma der Brüder Otto und Adolf Vollmann im Jahr 1911, die anfangs Metallwaren und Glühbirnenfassungen produzierten. Bis heute ist daraus eine Unternehmensgruppe mit sieben Standorten in Deutschland und zweien in Tschechien entstanden. Ihre insgesamt rd. 1.200 Mitarbeitenden erwirtschaften einen Umsatz von über 200 Mio. Euro.

Kontakt
Vollmann Group | Otto Vollmann GmbH & Co. KG
Rosendahler Str. 98, 58285 Gevelsberg
www.vollmann-group.com

Vollmer

Biberach a. d. Riß, Baden-Württemberg

Gegründet: 1909
Die Vollmer Gruppe ist ein weltweit führender Hersteller für Schleif-, Erodier- und Bearbeitungsmaschinen für Rotationswerkzeuge und Kreissägen in der Holz und Metall verarbeitenden Industrie, wie auch für die metallschneidende Bandsäge. Die Vollmer Gruppe beschäftigt heute weltweit rund 800 Mitarbeitende. Allein am Hauptsitz in Biberach sind gut 580 Mitarbeitende tätig, davon mehr als 75 Auszubildende. 1909 hatte Heinrich Vollmer den Grundstein für das Unternehmen gelegt, als er die erste Konstruktion für Sägenschränk- und -feilmaschinen entwickelte. Nach Gründung der Sieglinde-Vollmer-Stiftung im Jahr 2013 hält diese 80 % der Gesellschafteranteile der Vollmer Werke Maschinenfabrik GmbH. Die restlichen 20 % verbleiben im Familienbesitz. Die Namenspatronin der Stiftung, Sieglinde Vollmer, ist die Tochter des Firmengründers und bis heute Mitglied des Aufsichtsrats der Vollmer Werke.

Kontakt
Vollmer Werke Maschinenfabrik GmbH
Ehinger Str. 34, 88400 Biberach a. d. Riß
www.vollmer-group.com

Dr. von der Hardt & Partner

Münster, Nordrhein-Westfalen

Gegründet: 1946
Dr. von der Hardt & Partner ist ein Verbund aus Wirtschaftsprüfern, Steuerberaterinnen und Rechtsanwälten, der sich auf die Betreuung von mittelständischen, oft inhabergeführten (Familien-)Unternehmen und Freiberuflern konzentriert. Zum Beratungsteam gehören 56 Berufsträgerinnen und Berufsträger: Wirtschaftsprüferinnen, vereidigte Buchprüfer, Steuerberaterinnen und Rechtsanwälte. Gemeinsam mit Ahlers & Partner, Hausmann & Müller Rechtsanwälte und der ZfU Steuerberatungsgesellschaft beschäftigt der Verbund über 130 Mitarbeitende.

Zum Leistungsspektrum der Unternehmensgruppe zählen alle Bereiche der Wirtschaftsprüfung, insbesondere auch Beratungsleistungen beim Unternehmenskauf und -verkauf, bei Finanzierungsmaßnahmen und bei unternehmerischen Nachfolgeregelungen sowie die gestaltende Steuerberatung, national und international. Damit bietet Dr. von der Hardt eine umfassende wirtschaftliche, rechtliche und steuerliche Beratung aus einer Hand. In Westfalen zählt das Unternehmen zu den führenden seiner Branche und bietet seinen Mandantinnen und Mandanten über ein Netzwerk unabhängiger Kanzleien auch international fachliche Unterstützung. Das Unternehmen wurde von Dr. Joachim von der Hardt im Jahr 1946 in Münster gegründet und ist in 3. Generation inhabergeführt.

Zwischenzeitlich wird der Verbund von 20 Partnern getragen, deren Tätigkeitsschwerpunkte sich auf die Betreuung und die besonderen Fragestellungen von Familienunternehmen und deren Gesellschaften konzentrieren.

Kontakt
Dr. von der Hardt & Partner mbB
Nevinghoff 30, 48147 Münster
Fon: 0251 9373-01, Fax: 0251 9373-100
beratung@vonderhardt.com, www.vonderhardt.com

Vorwerk

Wuppertal, Nordrhein-Westfalen

Gegründet: 1883
Die Vorwerk Gruppe ist Millionen von Menschen in aller Welt ein Begriff. Ihre Haushaltsgeräte werden unter den Markennamen „kobold“, „thermomix“, „temial“ und „flooring“ hergestellt und vertrieben. Gegründet wurde das Unternehmen von Carl und Adolf Vorwerk im Jahr 1883. Die Unternehmerfamilie Mittelsten Scheid leitete die Geschicke von Vorwerk erfolgreich bis hin zur international agierenden Unternehmensgruppe. Die eigene Forschungs- und Entwicklungsabteilung beschäftigt mehr als 120 Mitarbeitende. Zahlreiche Produkt-Innovationen und Patente sind das Ergebnis. Zudem wurden die Vorwerk-Produkte mehrfach mit renommierten Design-Preisen ausgezeichnet. Das Unternehmen verfügt über Produktionsstätten in Deutschland, Frankreich, Mexiko und China.

Kontakt
Vorwerk & Co. KG
Mühlenweg 17–37, 42270 Wuppertal
www.vorwerk.de

Vossko

Ostbevern, Nordrhein-Westfalen

Gegründet: 1982

Die Vossko GmbH & Co. KG mit Hauptsitz in Ostbevern in Westfalen produziert tiefgekühlte Voll- und Semi-Convenienceprodukte aus Geflügel-, Schweine- und Rindfleisch sowie seit 2013 eine fleischlose Produktlinie. Das Portfolio umfasst sowohl Produkte für Endverbraucherinnen und -verbraucher, die über den Lebensmitteleinzelhandel vertrieben werden, als auch individuelle Lösungen für die Gastronomie und die Industrie. 1982 gründeten Bernhard und Maria Vosskötter in Ostbevern den Familienbetrieb, in den 1990er-Jahren trat Sohn Clemens in die Geschäftsleitung ein. Heute leiten die Geschwister Ansgar, Clemens und Dietmar Vosskötter in 2. Generation die Firma, die außer am Stammsitz in Ostbevern seit 2005 in Lages/Brasilien produziert und insgesamt 1.030 Mitarbeitende beschäftigt.

Kontakt

Vossko GmbH & Co. KG
Vossko-Allee 1, 48346 Ostbevern
www.vossko.de

VS Vereinigte Spezialmöbelfabriken

Tauberbischofsheim, Baden-Württemberg

Gegründet: 1898

Die VS Vereinigten Spezialmöbelfabriken sind Europas führender Schul- und Büromöbelhersteller, der auch Produkte im Medienbereich anbietet. Zu den Kunden zählen u. a. Bildungseinrichtungen sowie öffentliche Einrichtungen und Unternehmen. In Deutschland ist der eigene Außendienst über vier Niederlassungsstandorte aktiv, daneben werden Kunden im Ausland von einem Händlernetzwerk betreut. 2019 erzielte VS mit rd. 1.570 Mitarbeitenden einen Umsatz von 253,6 Mio. Euro bei einer Exportquote von ca. 30 %. Die GmbH & Co. KG mit vier Tochterunternehmen in Deutschland, Frankreich und den USA ist in 4. Generation von der Familie Müller geführt. 1898 aus der Fusion zweier Schulmöbelproduzenten entstanden, werden die heutigen VS Vereinigten Spezialmöbelfabriken geführt von Philipp Müller.

Kontakt

VS Vereinigte Spezialmöbelfabriken
GmbH & Co. KG
Hochhäuser Str. 8, 97941 Tauberbischofsheim
www.vs-moebel.de

W

W

Wachendorff

Geisenheim, Hessen

Gegründet: 1978

Die Wachendorff Unternehmensgruppe gliedert sich in die beiden Bereiche Wachendorff Automation (Drehgeber, Mess- und Aufzugstechnik) und Wachendorff Prozesstechnik (Industrieelektronik und Automatisierungstechnik). Seit 2019 gibt es außerdem das unternehmenseigene Start-up Visualys, das sich mit Softwareentwicklung rund um Maschinen- und Anlagenbau befasst. Die Gruppe beschäftigt über 100 Mitarbeitende und erzielte 2019 einen Umsatz von 18,3 Mio. Euro. Geleitet werden die in Geisenheim im Rheingau ansässigen Unternehmen von Dipl.-Wirt.-Ing. Robert Wachendorff.

Kontakt

Wachendorff Unternehmensgruppe
Industriestr. 7, 65366 Geisenheim
www.wachendorff.de

Wacker Chemie

München, Bayern

Gegründet: 1914

Die Wacker Chemie AG ist ein weltweit tätiges Chemieunternehmen mit Hauptsitz in München. Mit einem breiten Angebot an technologisch hoch entwickelten Spezialprodukten nimmt WACKER in einer Vielzahl von Branchen und Industrien eine führende Position ein. WACKER-Produkte werden in zahlreichen Endverbrauchermärkten mit hohen Wachstumsraten benötigt, wie etwa in der Solarindustrie, bei elektronischen Gütern oder bei Produkten der Pharma- und Pflegemittelindustrie. Im Jahr 2019 setzte der Konzern rd. 4,93 Mrd. Euro um. Davon entfielen auf Europa rd. 40 %, auf Amerika rd. 19 %, auf die Region Asien-Pazifik rd. 36 % und 5 % auf die übrigen Länder. Zum 31. Dezember 2019 beschäftigte WACKER rd. 14.700 Mitarbeitende.

Kontakt

Wacker Chemie AG
Hanns-Seidel-Platz 4, 81737 München
www.wacker.com

Wacker Neuson Group

München, Bayern

Gegründet: 1848

Die Wacker Neuson Group ist ein Unternehmensverbund mit weltweit über 50 Tochterunternehmen und 150 eigenen Vertriebs- und Servicestationen. Als ein führender Hersteller von Baugeräten und Kompaktmaschinen bietet der Konzern ein breites Produktprogramm, umfangreiche Services und Dienstleistungen sowie eine leistungsfähige Ersatzteilversorgung. Zur Wacker Neuson Group gehören neben Wacker Neuson auch die Produktmarken Kramer und Weidemann. Das Leistungsangebot richtet sich u. a. an Kunden aus dem Bauhauptgewerbe, dem Garten- und Landschaftsbau sowie der Landwirtschaft. Der Konzern erzielte im Jahr 2019 einen Umsatz von 1,9 Mrd. Euro und beschäftigt über 6.000 Mitarbeitende weltweit. Die Aktie der Wacker Neuson SE ist im SDAX der Deutschen Börse gelistet.

Kontakt

Wacker Neuson SE
Preußenstr. 41, 80809 München
www.wackerneusongroup.com

WAGNER

Langenhagen, Niedersachsen

Gegründet: 1976

1976 von Dipl.-Ing. Werner Wagner gegründet, entwickelt und realisiert die WAGNER Group GmbH technische Brandschutzanlagen und hat sich als innovativer Lösungs- und Systemanbieter international etabliert. Aus der eigenen Forschungs- und Entwicklungsarbeit sind über 700 Patente hervorgegangen. In der Branderkennung und -vermeidung zählt WAGNER zu den Technologieführern weltweit und deckt von der Planung und Projektierung über den Anlagenbau bis hin zum Service das komplette Leistungsportfolio für seine Kunden ab. Das bis heute unabhängige Familienunternehmen beschäftigt rd. 610 Mitarbeitende und generiert eine Gesamtleistung in Höhe von jährlich über 100 Mio. Euro. Mit Sohn Torsten Wagner, der seit Jahren der Geschäftsführung angehört, ist die Unternehmensnachfolge geregelt.

Kontakt

WAGNER Group GmbH
Schleswigstr. 1–5, 30853 Langenhagen
www.wagnergroup.com

Wagner Federn

Gerlingen, Baden-Württemberg

WAGNER FEDERN

Gegründet: 1949

Die Wagner Federn GmbH stellt Stanzbiegeteile, technische Federn sowie Montagebaugruppen her. Das Kundenspektrum reicht von Baubeschlagsfirmen bis zur Elektroindustrie und die Produktion vom Musterlos bis zur Millionenserie. Wichtige Einsatzgebiete der maßgefertigten Produkte sind auch die

Kundenspezifische Wuchtgewichte von Wagner Federn

Automobilbranche und der Maschinenbau. Produziert wird am Standort Gerlingen in Deutschland mit zwölf Mitarbeitenden. Neben dem Hauptabsatzmarkt Deutschland erfolgt der Vertrieb in die EU-Staaten und die Schweiz.

Das in 3. Generation inhabergeführte Unternehmen hat es sich zum Ziel gesetzt, auch in Zukunft in Familienbesitz zu bleiben – die 4. Generation arbeitet bereits in leitenden Funktionen. Geschäftsführer ist Günther Wagner, die technische Betriebsleitung verantwortet Johannes Wagner, die Qualitätsleitung Stefanie Daenkamsarn (geb. Wagner). Die Unternehmensführung basiert auf christlich-ethischen Grundwerten. Das Unternehmen fühlt sich in besonderem Maße zu einem verantwortungsvollen Umgang mit Mitarbeitenden, dem Kundenstamm und Zulieferern verpflichtet.

Die 1949 als „Otto Wagner Fabrikation technischer Federn" von Vater und Sohn gegründete Firma konnte im neuen Jahrtausend insbesondere durch interne Innovationen zur Fertigungsoptimierung und durch externe Zusammenarbeit mit Hersteller-Firmen ihren Geschäftserfolg konsolidieren und ausbauen. Wagner Federn wird seiner sozialen Verantwortung durch die langjährige Unterstützung christlicher Missionswerke in Krisengebieten gerecht, fördert die Vereinbarkeit von Beruf und Familie und engagiert sich in regionalen Projekten, wie z. B. dem Handwerkerführerschein für Kindergartenkinder.

„Was ihr wollt, dass euch die Leute tun sollen, das tut ihr ihnen auch."

Wagner Federn
Unternehmensleitsatz
(Matthäus 7, 12)

Werkzeugbau bei Wagner Federn in den 1960-er Jahren (oben) und heute (unten)

W

Schon gewusst?

Vater und Sohn Otto Wagner hatten nach dem Zweiten Weltkrieg die Chance ergriffen, eine gemeinsame Fabrikation technischer Federn zu gründen. Die gelernten Werkzeugmacher-Meister entwickelten nach und nach ihre eigene Produktpalette. Eines der ersten Produkte der Firma Wagner Federn war ein Linsenputzer für Kinovorführgeräte. Die mit Leder umhüllte Blattfeder kann als echtes Familienprodukt gelten: Otto Wagner jun. stellte das Werkzeug her und richtete die Maschine ein. Vater Wagner stanzte die Teile. Mutter Wagner nähte das Putzleder und kombinierte die Einzelteile.

Daten und Fakten

Inhaberfamilie: Wagner
Gründer: Otto Wagner sen. und jun., 1949
Branche: Stanz-Biegetechnik
Produkte: Stanz-Biegeteile aus Bandmaterial, z. B. Clips, Halte- und Kontaktfedern, Befestigungsteile, Wuchtklammern, Montagebaugruppen
Standort: Gerlingen, Baden-Württemberg
Mitarbeitende: 12
Umsatz: ca. 3,6 Mio. (2019)
Patente: Doppelschlitten (Gebrauchsmusterschutz), Doppelwuchtklammern (Gebrauchsmusterschutz)

Kontakt
Wagner Federn GmbH
Hermann-Dreher-Str. 8–10, 70839 Gerlingen
Fon: 07156 9208-0, Fax: 07156 9208-30
mail@wagner-federn.de, www.wagner-federn.de

WAGO

Minden, Nordrhein-Westfalen

Gegründet: 1951
Die WAGO Kontakttechnik GmbH & Co. KG bietet Produkte und Lösungen für die Bereiche Verbindungs- und Automatisierungstechnik und Interface Electronic an. 2019 konnte das Familienunternehmen einen Umsatz von 954 Mio. Euro erzielen. WAGO beschäftigt 8.500 Mitarbeitende weltweit, davon 4.000 in Deutschland. Das Unternehmen mit Sitz in Minden verfügt über neun internationale Produktions- und Vertriebsstandorte, 20 weitere Vertriebsgesellschaften und Vertretungen in mehr als 80 Ländern. WAGO wurde mehrfach für seine Arbeitgeber-Qualitäten ausgezeichnet: 2019 als einer der besten Arbeitgeber für Frauen, 2020 durch den Top-Employer-Award. Die Geschäftsführenden sind Axel Börner, Kathrin Fricke, Sven Hohorst, Christian Sallach und Jürgen Schäfer.

Kontakt
WAGO Kontakttechnik GmbH & Co. KG
Hansastr. 27, 32423 Minden
www.wago.com

Walbusch Walter Busch

Solingen, Nordrhein-Westfalen

Für alle, die was vorhaben.

Gegründet: 1934
Walbusch ist ein Familienunternehmen mit Tradition, das für Echtheit, verlässliche Qualität, Gemeinschaft und innovative Ideen steht.

1934 vom Namensgeber Walter Busch gegründet, entwickelt Walbusch seit Jahrzehnten innovative Herren- und Damenmode

Gesellschaftliche Verantwortung

Das gesellschaftliche Engagement von Walbusch konzentriert sich auf drei Schwerpunkte: die Förderung von Kindern und Jugendlichen, die Unterstützung von demenzkranken Senioren und deren Angehörigen sowie den Einsatz für die Lehre in Kunst und Kultur. Neben dem 2015 eingerichteten Lehrstuhl für Multichannel-Management an der Schumpeter School of Business and Economics gründeten Beate und Thomas Busch 1998 die Busch-Stiftung Seniorenhilfe. Seit 2008 gibt es zudem die Walbusch-Jugendstiftung „Zukunft durch Bildung". Sie hat sich zum Ziel gesetzt, im Bergischen Städtedreieck gezielt Projekte zu schaffen, die die Chancengleichheit von Kindern und Jugendlichen in der Schule, bei der Ausbildung und beim Berufseinstieg fördern. 1999 erhielt Thomas Busch das Bundesverdienstkreuz und 2019 den Verdienstorden des Landes Nordrhein-Westfalen.

für eine erwachsene Zielgruppe mit hohen Ansprüchen. Heute leitet Christian Busch als Vorsitzender der Geschäftsführung das Unternehmen in 3. Generation. Sein Vater Thomas Busch ist nach wie vor Mitglied des Beirats. Zur Walbusch-Gruppe gehören u. a. der Gesundheitsversand Avena und die traditionsreiche Marke Mey & Edlich mit charakterstarker Kleidung für den modebewussten Mann. 2017 wird LaShoe als Teil der Walbusch-Gruppe gegründet. 2019 erzielte das Unternehmen mit über 1.000 Mitarbeitenden 346,5 Mio. Euro Umsatz.

Der Tradition des Standorts Solingen gemäß verkauft Walter Busch zunächst nach der Gründung Schneidwaren. Schon damals bietet er seinen Kunden eine Innovation an: den Rasierapparat mit geradem Kopf und schräger Klinge. Dank seiner speziellen Form erwischt man immer den perfekten Winkel, was die Rasur sehr gründlich und sanft macht. Ende der 50er-Jahre entwickelt sich das Unternehmen in Richtung Bekleidung. Ein Meilenstein auf dem Weg zum Versender hochwertiger Herrenbekleidung ist die Einführung des bügelfreien „Nyltest-Hemdes", tatsächlich das erste

Walbusch bietet heute weit mehr als klassische Hemdenmode an. Egal ob für ein gemütliches Picknick, eine schicke Party oder sportliche Outdoor-Aktivitäten, Walbusch vereint in seinen Herren- und Damen-Kollektionen modische Raffinesse mit hoher Qualität.

Schon gewusst?

... dass Walbusch anlässlich des 75-jährigen Firmenjubiläums das größte Hemd der Welt genäht hat? Es bedeckte den kompletten Rasen eines Fußballstadions.

bügelfreie Hemd bei Walbusch und damit der Urahn der kompletten Extraglatt-Produktfamilie. 1963 kommt das „Walbusch-Hemd" mit dem Kragen ohne obersten Knopf auf den Markt, bis heute eines der Markenzeichen von Walbusch. 1976 übernimmt Thomas Busch, Sohn des Firmengründers, die Geschäfte. Er schafft es, Walbusch endgültig in der ganzen Republik als erste Adresse für bequeme Herrenmode mit Mehrwert zu positionieren. In den folgenden Jahren wächst die Walbusch-Gruppe kontinuierlich: Der Vertrieb in Deutschland wird auf Österreich und die Schweiz ausgedehnt. Seit 2002 bietet Walbusch zudem ein umfangreiches Damensortiment an.

Firmengründer Walter Busch am Schreibtisch (oben); sein Sohn Thomas Busch (unten) führte das Unternehmen bis 2008.

Als Walbusch 2009 das 75. Firmenjubiläum feiert, übernimmt Christian Busch den Vorsitz der Geschäftsführung. In diesem Jahr wird die erste Walbusch Filiale eröffnet und der Grundstein für das wachsende Filialnetz mit heute über 40 Filialen in Deutschland gelegt.

Walbusch, mittlerweile zu über 80 % in der Zielgruppe bekannt, wird heute emotionaler und zeigt deutlich: Wir sind die Modemarke für alle, die was vorhaben. Das Unternehmen zeigt eine neue Seite. Unternehmungslustig, überraschend, und dabei weiterhin innovativ.

Christian Busch führt Walbusch in 3. Generation.

Kontakt

Walbusch Walter Busch GmbH & Co. KG
42646 Solingen
Fon: 0212 221011-12, Fax: 0212 221011-10
service@walbusch.de, www.walbusch.de

WALDNER

Wangen, Baden-Württemberg

Gegründet: 1908

Die WALDNER Unternehmensgruppe produziert Laboreinrichtungen, plant Labore, stellt Verpackungsmaschinen und Containmentsysteme her und richtet Chemie- und Physikräume für den naturwissenschaftlichen Unterricht ein. Unter dem Dach der WALDNER Holding GmbH & Co. KG am Stammsitz Wangen agieren vier eigenständige Unternehmen sowie eine Vielzahl von Tochterunternehmen weltweit. Die Unternehmensgruppe befindet sich zu 100 % in Privatbesitz. Hauptgesellschafter und Vorsitzender des Beirats ist Dr. Heinz U. Waiblinger. Zusammen mit dem langjährigen Geschäftsführer Volker Leberer und Karl Angele, Geschäftsführer der Hermann WALDNER GmbH & Co. KG, hält er 80 % der Anteile. Gegründet wurde das Unternehmen 1908 in Wangen von Hermann Waldner. Sein Sohn Anton baute die Firma zum Industrieunternehmen aus. Heute sind Jochen Früh und Stephan Schaale Geschäftsführer.

Kontakt

WALDNER Holding GmbH & Co. KG
Anton-Waldner-Str. 10–16, 88239 Wangen
www.waldner.de

W

Wallstabe & Schneider

Niederwinkling, Bayern

Gegründet: 1960
Die Dichtungstechnik Wallstabe & Schneider GmbH & Co. KG produziert Elastomerdichtungen auf Basis selbst entwickelter Gummimischungen und bietet Dienstleistungen im Bereich Engineering. Insbesondere kommen die Dichtungen in der Automobil- und Zulieferindustrie zum Einsatz – unter der Motorhaube überall dort, wo flüssige oder gasförmige Medien abgedichtet werden. Wallstabe & Schneider beschäftigt in Deutschland 700 Mitarbeitende. Gegründet wurde das Unternehmen 1960 von Wolf Wallstabe und Fritz Schneider. Heute liegt die Geschäftsführung bei Jürgen Wallstabe in 2. und Christian Wallstabe in 3. Generation. Ergänzt wird die Firmenleitung durch Kai Peters als familienfremdem technischen Geschäftsführer.

Kontakt
Dichtungstechnik Wallstabe & Schneider
GmbH & Co. KG
Straße der Dichtungstechnik 2,
94559 Niederwinkling
www.wallstabe-schneider.de

Walther Flender

Düsseldorf, Nordrhein-Westfalen

Gegründet: 1935
Die Walther Flender Gruppe ist in den Bereichen Antriebs-, Förder-, Lager-, Spann- und Sintertechnik sowie im Handel mit Automobilersatzteilen tätig. Zur Produktpalette zählen u. a. verschiedene Riemen, Getriebemotoren, Kupplungen, Gleitlager, Sensoren, Glühkerzen, Wischblätter und Benzinschläuche. Die Walther Flender Gruppe setzt sich aus insgesamt vier GmbHs zusammen, die jeweils verschiedene Produktbereiche verantworten. Produziert wird an fünf Standorten in Deutschland, einem in Tschechien und einem in China. Das Unternehmen wird in 3. Generation von den drei Großneffen des Firmengründers Walther Flender geleitet, Robert, Simon und Johannes Schmidt. 1935 hatte der Großonkel einen Handel mit Holzriemenscheiben und Klebstoffen gegründet und war bald in andere Produktbereiche expandiert.

Kontakt
Walther Flender Gruppe
Schwarzer Weg 100–107, 40593 Düsseldorf
www.walther-flender-gruppe.de

Wanzl

Leipheim, Bayern

Gegründet: 1947
Die Metallwarenfabrik Wanzl ist ein werteorientiertes Familienunternehmen, das aus einem kleinen Betrieb zu einem leistungsstarken Industrieunternehmen anwuchs. Rudolf Wanzl sen. und jun. hatten den Trend zum Selbstbedienungs-Supermarkt rechtzeitig erkannt und lieferten die dazugehörigen Einkaufswägen. 1950 ist das erste patentierte Produkt am Start. Heute gliedert sich Wanzl in die Geschäftsbereiche „Shop Solutions", „Retail Systems", „Logistics + Industry", „Airport", „Access Solutions" und „Hotel Service". Vorsitzender des Aufsichtsrats ist Gottfried Wanzl. Das Unternehmen ist einer der größten galvanischen Betriebe Europas und sich seiner Verantwortung für die Umwelt bewusst. Eine neu errichtete Galvanik in Leipheim erfüllt strengste Auflagen.

Kontakt
Wanzl GmbH & Co. KGaA
Rudolf-Wanzl-Str. 4, 89340 Leipheim
www.wanzl.com

W

WAREMA Renkhoff

Marktheidenfeld, Bayern

Gegründet: 1955
Die WAREMA Renkhoff SE mit Sitz im fränkischen Marktheidenfeld ist ein Entwickler und Produzent von Sonnenschutzlösungen. Seine Wurzeln hat das Unternehmen im Jahr 1955, als Hans-Wilhelm Renkhoff zusammen mit Karl-Friedrich Wagner eine Firma zur Fertigung von Leichtmetall-Jalousien gründete. Schon im vierten Geschäftsjahr hatte das Unternehmen 45 Mitarbeitende, aus denen bis heute 4.400 Beschäftigte wurden. Sie entwickeln technischen Sonnenschutz, von Raffstores und Rollläden über Markisen bis zu innen liegenden Sonnenschutzprodukten sowie Steuerungssystemen. Die WAREMA Group verfügt über die zwei Sparten „Sonne & Lebensräume" und „Kunststoff & Engineering" und besteht aus der WAREMA Renkhoff SE und verschiedenen Tochterunternehmen. Im Jahr 2001 übernahm Angelique Renkhoff-Mücke, die Tochter des Firmengründers, den Vorstandsvorsitz der WAREMA Group.

Kontakt
WAREMA Renkhoff SE
Hans-Wilhelm-Renkhoff-Str. 2,
97828 Marktheidenfeld
www.warema.de

Warsteiner

Warstein, Nordrhein-Westfalen

Gegründet: 1753
Die Warsteiner Brauerei zählt zu den größten deutschen Privatbrauereien. Zur Warsteiner Gruppe gehören auch die Herforder Brauerei, die Privatbrauerei Frankenheim, eine Beteiligung an der König Ludwig Schloßbrauerei Kaltenberg und die Paderborner Brauerei. Die Marke Warsteiner ist eine der führenden Premium-Pilsmarken in Deutschland und wird weltweit in mehr als 50 Ländern angeboten. Der konsolidierte Umsatz der Warsteiner Gruppe lag im Geschäftsjahr 2019 über 400 Mio. Euro. Gegründet wurde die Brauerei im Jahr 1753 von Antonius Cramer. Heute leitet die Inhaberin Catharina Cramer das Unternehmen in 9. Generation.

Kontakt
Warsteiner Brauerei Haus Cramer KG
Domring 4–10, 59581 Warstein
www.warsteiner.com

Waskönig+Walter

Saterland, Niedersachsen

Gegründet: 1873
Die Waskönig+Walter Kabel-Werk GmbH u. Co. KG ist ein führender Hersteller von Leitungen sowie Nieder-, Mittel- und Hochspannungskabeln für die Bereiche Energieversorgung, Industrie, Anlagenbau und Großhandel. Das Unternehmen mit 550 Mitarbeitenden bietet weltweit insgesamt mehr als 1.000 verschiedene Erzeugnisse und neben Standardtypen auch kundenspezifische Produkte und Lösungen an: von unterirdischen Netzkabeln über die Verkabelung von Industriemaschinen bis zur Smart-Home-Technik; zum Einsatz im Freien, unterirdisch, in trockenen oder nassen Räumen, auf oder unter Putz. Johann Peter Waskönig gründete 1873 in Wuppertal einen Betrieb, der Hutdrähte fertigte. Der heutige innovative Hersteller von Kabeln für den professionellen Einsatz ist in 5. Generation im Besitz der Familie.

Kontakt
Waskönig+Walter Kabel-Werk GmbH u. Co. KG
Ostermoorstr. 77, 26683 Saterland
www.waskoenig.de

W

Webasto

Stockdorf, Bayern

Gegründet: 1901
Die Webasto Gruppe ist globaler innovativer Systempartner der Automobilindustrie und zählt zu den 100 größten Zulieferern der Branche. Das Produktportfolio umfasst ein breites Angebot an Dach- und Heizsystemen für jeden Fahrzeugtyp und alle Antriebsarten sowie Batteriesysteme und Ladelösungen. Darüber hinaus hat Webasto eine starke Marktposition im Nachrüstgeschäft und stellt Händlern und Endkunden individualisierte Lösungen und Services rund um das Thermomanagement und die Elektromobilität zur Verfügung. 2019 erzielte das Unternehmen einen Umsatz von rd. 3,7 Mrd. Euro und beschäftigte knapp 14.000 Mitarbeitende an über 50 Standorten (davon mehr als 30 Werke). Das Unternehmen befindet sich seit seiner Gründung 1901 in Familienbesitz.

Kontakt
Webasto SE
Kraillinger Str. 5, 82131 Stockdorf
www.webasto-group.com

Weber Gruppe

Dillenburg, Hessen

Gegründet: 1949
Die Weber Gruppe ist Entwicklungslieferant und Systempartner von anspruchsvollen Kunststofflösungen für Kunden der Branchen Automobil, Gebäude- und Heiztechnik sowie Haushaltsgeräte. Mit rd. 1.300 Mitarbeitenden entwickelt und produziert das mittelständische Familienunternehmen an Standorten in Deutschland, Polen und China. Neben dem Kerngeschäft Kunststofftechnik bildet seit dem Gründungsjahr 1949 wezi-lit Dichtungsmassen einen weiteren Geschäftsbereich der Weber Gruppe.

Am Firmensitz in Dillenburg (Hessen) beschäftigt das Unternehmen ca. 530 Mitarbeitende, darunter 20 Auszubildende. Während die Tochtergesellschaft wezi-tec Sp. Z o.o. in Legnica/Polen (Gründung 2003) rd. 650 Mitarbeitende zählt, beschäftigt die noch junge Tochtergesellschaft WEBER Plastics Technology & Mould Making (Suzhou) Co., Ltd. in Suzhou/China (Gründung 2012) derzeit rd. 120 Mitarbeitende.

Insgesamt erwirtschaftete die Weber Gruppe im Jahr 2019 einen Umsatz von 141 Mio. Euro. Dazu steuerte der Export rd. 10 % bei. Mehrheitsgesellschafter des Unternehmens ist Dr. Thomas Zipp. Die weiteren Anteile halten seine Mutter Hannelore Zipp, sein Bruder Dr. Hans-Peter Zipp und seine beiden Kinder Anna Katharina und Christian Walter Zipp. Dem geschäftsführenden Gesellschafter Dr. Thomas Zipp (CEO) stehen die externen Geschäftsführer Boris Zipser (COO) und Jürgen Deters (CFO) zur Seite.

Gegründet wurde die Firma 1949 von Josef Weber. 1962 trat Artur Zipp als Geschäftsführer in das Unternehmen ein. Nach dem Tod des Gründers 1971 wurde er alleiniger geschäftsführender Gesellschafter. 1995 übernahm sein Sohn Dr. Thomas Zipp die Firmenleitung in 3. Generation.

Kontakt
Weber GmbH & Co. KG
Kunststofftechnik – Formenbau
Industriestr. 14, 35683 Dillenburg
Fon: 02771 394-0, Fax: 02771 394-219
info@weber-group.com, www.weber-group.com

WECON

Ascheberg, Nordrhein-Westfalen

Gegründet: 1988

Die WECON GmbH ist Spezialist für Nutzfahrzeuge und Containertechnik. Den Schwerpunkt des Angebots bilden Wechselsysteme für den kombinierten Transport auf Straße und Schiene. Zum Produktspektrum gehören u. a. Volumen-Wechselaufbauten, Wechselkoffer, Wechselanhänger, Container-Fahrgestelle und Sattelauflieger. Inhaber und Geschäftsführer der WECON GmbH sind Franz-Josef Hemker und seine Ehefrau Christel. Während Franz-Josef Hemker das operative Geschäft leitet und die Firma nach außen vertritt, verantwortet Christel Hemker u. a. das Finanzressort. Mit Hendrik Hemker und Daniel Hemker sind weitere Familienmitglieder in geschäftsführender Position im Unternehmen tätig. Gegründet wurde WECON 1988 in Fröndenberg, sieben Jahre später erfolgte der Umzug an den heutigen Standort.

Kontakt

WECON GmbH
An der Hansalinie 10, 59387 Ascheberg
www.wecon.de

WEFA

Singen, Baden-Württemberg

Gegründet: 1972

WEFA hat sich auf Werkzeug- und Formenbau spezialisiert und beliefert mit Standorten in Deutschland, der Schweiz, Tschechien und den USA vornehmlich Aluminiumkonzerne und mittelständisch geführte Strangpresswerke. Dank ihrer CVD-Beschichtungstechnologie ist die WEFA Weltmarktführer bei CVD-beschichteten Mikrowerkzeugen, die sich u. a. in fast jeder europäischen Kfz-Klimaanlage finden. Der Exportanteil des Jahresumsatzes von 48 Mio. Euro liegt bei 70 %. Der Vertrieb in Europa und Nordamerika erfolgt über technische Kundenberaterinnen und -berater, die Märkte in Asien und Südamerika werden mit Vertriebspartnern und Händlern abgedeckt. Das Unternehmen investiert 5 bis 10 % des Jahresumsatzes in Forschung und Entwicklung.

Die WEFA ist ein inhabergeführtes Unternehmen in der Hand der Familien Maier und Boesken. Geschäftsführende Gesellschafter sind Dr. Joachim Maier und Oliver Maier. 1972 als Betriebsstätte der Alusuisse AG mit Bruno Maier als geschäftsführendem Gesellschafter gegründet, erfolgte in den 80er-Jahren ein Management-Buy-out durch Bruno Maier und Dietrich H. Boesken. Meilensteine in der Firmengeschichte waren 1998 die Erfindung und Patentierung CVD-beschichteter Werkzeuge, der Aufbau der Werke in Tschechien (1994) und der Schweiz (2005) sowie die Übernahme eines US-Werkzeugbauers (2009). Die Erweiterung des Portfolios ist in Planung. Umweltschutz ist fest in der Unternehmensstrategie verankert. Die WEFA beteiligt sich seit 2006 am EMAS, dem System für nachhaltiges Umweltmanagement der EU.

Kontakt

WEFA Singen GmbH
Rudolf-Diesel-Str. 11, 78224 Singen
Fon: 07731 8390-0
info@wefa.com, www.wefa.com

Wegmann

Kassel, Hessen

Gegründet: 1882

Die Wegmann Holding vereint drei Geschäftsbereiche in unterschiedlichen Branchen. Zur Holding gehören der Automobilzulieferer WEGMANN automotive GmbH, die Schleifring GmbH sowie der Rüstungshersteller Krauss-Maffei Wegmann GmbH & Co. KG. Ursprünglich 1882 als Waggonbau-Unternehmen gegründet, setzt Wegmann lt. eigenen Angaben als Markt- und Technologieführer weltweit Maßstäbe. In der Medizin, bei Radar, Windkraft und im Maschinenbau als Systemlieferant für die berührungslose Daten- und Stromübertragung. In der Automobilindustrie mit der Präzisionsfertigung von Auswuchtgewichten, Ventilen und weiteren Produkten. Im Rüstungsbereich mit der Produktion von Rad- und Kettenfahrzeugen und Pioniergeräten. Sprecher der Geschäftsführung ist Frank Haun.

Kontakt
Wegmann Unternehmens-Holding
GmbH & Co. KG
Wilhelmshöher Allee 262, 34131 Kassel
www.wegmann.de

Weidmüller

Detmold, Nordrhein-Westfalen

Gegründet: 1850
Die 1850 gegründete Weidmüller GmbH & Co. KG hat seit 1948 ihren Hauptsitz in Detmold. Der Elektrotechnikhersteller besitzt weltweit sechs Produktionsstätten, 31 Vertriebsgesellschaften und 60 Vertretungen. Im Geschäftsjahr 2018 betrug der Umsatz des Familienunternehmens 823 Mio. Euro. An fünf deutschen Standorten – neben Detmold in Wutha-Farnroda (Thüringen), Marktheidenfeld (Bayern), Dresden (Sachsen) und ab 2021 in Paderborn – arbeiten heute 2.135 Mitarbeitende; insgesamt zählt das Unternehmen rd. 4.900 Mitarbeitende weltweit. Das dreiköpfige Vorstandsteam der Weidmüller-Gruppe bilden Vorstandssprecher und Technologievorstand Volker Bibelhausen, Dr. Timo Berger als Vertriebsvorstand seit September 2019 und seit Januar 2020 André Sombecki als Finanzvorstand.

Kontakt
Weidmüller GmbH & Co. KG
Klingenbergstr. 26, 32758 Detmold
www.weidmueller.de

WEIGANG

Ebern, Bayern

Gegründet: 1923
Die WEIGANG AG produziert Organisations- und Kommunikationsmittel im Premiumbereich. Zum Produktportfolio gehören u. a. Plantafeln, Visualisierungsmodule und Taschensysteme für Shopfloor-, Lean- und Logistikprozesse. Große Bedeutung im Leistungsspektrum haben die Realisierung von kundenspezifischen Sonderlösungen und die hohe Beratungskompetenz – etwa in den Bereichen Arbeitsvorbereitung, Fertigungssteuerung und Arbeitsorganisation. WEIGANG produziert ausschließlich in Deutschland, der Vertrieb erfolgt über drei verschiedene Kanäle. So richtet sich WEIGANG-Definitiv vorranging an die Gesundheitsbranche und Verwaltungen, WEIGANG-Primoris an Großhändler und die WEIGANG-Vertriebsgesellschaft an (Groß-)Industrie und Mittelstand. Das Unternehmen ist in Familienhand und wird von Georg Jahn in 3. Generation geleitet. Firmengründer Georg Jahn machte sich 1923 als Wirtschaftsberater in Dresden selbstständig. 1935 übernahm er die Druckerei Gebrüder WEIGANG in Bautzen und gründete ein Jahr später die WEIGANG-Organisation GmbH als Verlagshaus in Dresden, das von seinen Nachfolgern beständig erweitert wurde und heute als AG firmiert.

Kontakt
WEIGANG AG
Bahnhofstr. 27, 96106 Ebern
www.weigang.ag

W

WEIMA Group

Ilsfeld, Baden-Württemberg

shredding + briquetting

„Wir müssen Abfall zerkleinern – oder unsere Welt quillt über.“

Peter Rössler, Gründer

Gegründet: 1980

Mit robusten Shreddern und Brikettierpressen hat sich WEIMA in Industrie und Handwerk weltweit einen Namen gemacht. Entworfen und gefertigt werden die Maschinen seit 1980 in Deutschland. Das breite Zerkleinerungsspektrum reicht von typischen Holz-, Papier- und Kunststoffanwendungen bis hin zu nicht ganz alltäglichen Dingen wie dem Shreddern von riesigen Pipelinerohren, Kevlarwesten oder Banknoten. Beim Brikettieren verwandelt WEIMA Deodosen, Holzspäne, Papierdokumente, Zigaretten oder Elefantengras in handliche Briketts. Die Qualitätsmarke WEIMA entwickelt für ihre Kunden technisch anspruchsvolle Technologien, die sicher, verlässlich und wirtschaftlich laufen.

Seit Unternehmensgründung wurden über 35.000 Maschinen verkauft. Mit einer Absatzmenge von über 1.200 Maschinen pro Jahr ist WEIMA inzwischen Weltmarktführer. Produziert wird in Ilsfeld/Baden-Württemberg und Annaburg/Sachsen-Anhalt.

Ein 300-köpfiges Team baut die Kundenlösungen für den weltweiten Einsatz auf mehr als 16.000 m^2 Fläche. Die Abläufe zeichnen sich durch gesicherte Prozesse, kurze Wege und flache Hierarchien aus. Das Engagement von WEIMA endet nicht mit der Fertigstellung der Maschine. Auch der Versand, die Inbetriebnahme und die Schulung vor Ort oder im Trainingscenter in Ilsfeld gehören zum Portfolio. Desweiteren stellt ein Service-Team jederzeit die schnelle Verfügbarkeit von WEIMA Anlagen sicher, indem umgehend und unkompliziert passende Verschleißteile zugestellt werden.

Eigene Niederlassungen samt Vertriebs- und Servicestandorten besitzt das Unternehmen in Fort Mill/USA, Gujarat/Indien, Yantai/China, Warschau/Polen sowie 80 weitere Vertretungen auf allen Kontinenten. Im Jahr 2019 wurde ein Umsatz von über 50 Mio. Euro erzielt, die Exportquote lag bei 80 %. Auch im Bereich sozialgesellschaftlicher Verantwortung investiert WEIMA: Mit einer konstanten Aus-

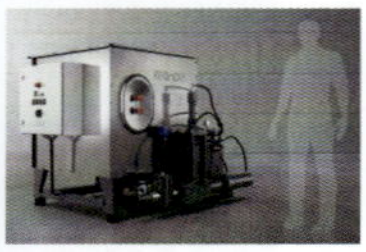

WEIMA WL 4 Einwellen-Zerkleinerer; WEIMA C 150 Brikettierpresse (v. o.)

Der Zerkleinerungsprozess mit Rotor, Schieber, Sieb und Materialabstransport

bildungsquote von 10 % sichert man die Zukunft des Unternehmens. Erfahrenen Mitarbeitenden werden zudem individuelle Weiterbildungen angeboten.

Im August 2017 wurde eine Fotovoltaikanlage auf den Dächern der WEIMA Zentrale installiert. Seitdem wurden mehr als 380 t CO_2 eingespart (Stand April 2020). Das entspricht dem Volumen von etwa 35.000 Bäumen. Die vergangenen Jahre waren von der Umstrukturierung und Modernisierung des Stammsitzes zum Campus Ilsfeld geprägt. Ein Betriebsrestaurant für über 100 Mitarbeitende und das neue Technikum entstanden. Die Lagerkapazität wurde ausgebaut, das Verwaltungsgebäude erweitert sowie die Produktionshalle 4 errichtet.

Kunststoffzerkleinerung mit WLK 15 Shredder

Chronologie

1980 Peter Rössler gründet die Weinsberger Maschinenfabrik (WEIMA) und stellt einen der ersten industriellen Holz-Zerkleinerer für Tischler und Schreinereien her.

1999 Die transatlantische Expansion gelingt, indem man von South Carolina/USA aus den amerikanischen Markt erobert.

2003 Die 2. Generation: Martin Friz wird Geschäftsführender Gesellschafter neben Peter Rössler.

2014 WEIMA erschließt sich durch ein Joint-Venture den Zielmarkt China.

2019 Zielmarkt Indien: Kurz vor der Jahrzehntwende einigt sich WEIMA in Nordwestindien auf ein Joint Venture. Im Mittelpunkt steht der Ausbau des Service-Engagements in der Region.

2020 Der Ausbau des Stammsitzes in Ilsfeld geht weiter. Weitere Montageflächen und automatisierte Teilelager werden errichtet.

Stammsitz in Ilsfeld, Produktionshallen in Annaburg, Niederlassung in Fort Mill, USA (v. o.)

Gesellschaftliche Verantwortung

Durch die „DestroyResponsibly™"-Kampagne werden Veranstaltungen grüner. Seit zehn Jahren praktiziert WEIMA mit dieser Nachhaltigkeitsinitiative erfolgreiches Recycling. Auf Messen und öffentlichen Veranstaltungen kooperiert WEIMA mit den Organisatoren und stellt eine voll funktionsfähige Produktionslinie aus Zerkleinerern und Förderbändern samt Mitarbeitenden zur Verfügung. So werden beispielsweise Holzabfälle einer Fachmesse dort recycelt, wo sie entstanden sind: direkt auf dem Gelände. Der „Recycling-vor-Ort"-Ansatz setzt sich auch in der Kunststoffindustrie durch. Auf der NPE, einer internationalen US-Fachmesse für Plastikverarbeitung in Orlando, Florida, sammelten lokale Partnerfirmen sowie freiwillige Helferinnen und Helfer Müll ein. Sie sortierten die Abfälle und lieferten sie zum WEIMA Shredder auf dem Außengelände.

W

Daten und Fakten

Inhaberfamilie: Familien Friz + Rössler
Gründer: Peter Rössler
Branche: Maschinenbau
Produkte: Zerkleinerer und Brikettierpressen
Mitarbeitende: 300 (2020)
Marktposition: Weltmarktführer (Absatzmenge Maschinen)
Innovationen: profilierter V-Rotor und Brikettierpressen mit Zangentechnologie
Ausbildungsplätze: 30 Auszubildende, die in der Regel übernommen werden
Kontrollgremien: Familieneinfluss durch die Gesellschafterversammlung
Eigenkapitalquote: 40%

Kontakt
WEIMA Group GmbH & Co. KG
Bustadt 6–10, 74360 Ilsfeld
Fon: 07062 9570-0, Fax: 07062 9570-90
info@weima.com, weima.com

Head of Marketing & Communication
Thorsten Blumenau
WEIMA Group
Fon: 07062 9570-48
thorsten.blumenau@weima.com

Weingut Schloss Proschwitz

Zadel, Sachsen

Gegründet: 1990
Das in einem historischen Weinanbaugebiet gelegene Weingut Schloss Proschwitz wurde 1990 wiederbegründet. Die Familie zur Lippe war nach dem Zweiten Weltkrieg enteignet worden. Das Anwesen Schloss Proschwitz, zu dem auch die Weinanbaugebiete gehören, konnte erst nach der Wiedervereinigung vom heutigen Besitzer und Geschäftsführer Dr. Georg Prinz zur Lippe zurückgekauft werden. Aktuell werden rd. 70 ha Weinberge bewirtschaftet, die ehemals zu den kirchlichen Weinbaubereichen des Bischofs von Meißen, des Abtes von Altzella und des Klosters zum Heiligen Kreuz gehörten. Das Weingut Schloss Proschwitz erhielt die VDP-Klassifikation „Prädikatsweingut“. Die Weine können sowohl vor Ort in der Vinothek als auch über den Online-Shop erworben werden.

Kontakt
Prinz zur Lippe GmbH & Co. KG
Gewerbegebiet 2, 01689 Niederau OT Ockrilla
www.schloss-proschwitz.de

Weishaupt Holding

Schwendi, Baden-Württemberg

–weishaupt–

Gegründet: 1932
Die Weishaupt-Gruppe mit den Bereichen Energie-Technik (Max Weishaupt GmbH), Energie-Gewinnung (BauGrund Süd) und Energie-Management (Neuberger Gebäudeautomation) ist mit den Produkten Brenner, Brennwertsysteme, Solartechnik, Wärmepumpen, Erdsonden- und Brunnenbohrungen sowie Anlagen und Komponenten zur Gebäudeautomation im Markt. Weishaupt ist nach eigenen Angaben weltweiter Marktführer im Bereich Industriebrenner.

Die Anfänge der Firma datieren auf das Jahr 1932, als Max Weishaupt im oberschwäbischen Schwendi eine Maschinenbauwerk-

Die drei Geschäftsbereiche der Weishaupt-Gruppe

„Bei uns wird präzise geplant, ordentlich gearbeitet und sauber gerechnet. Das ist Zuverlässigkeit in jeder Hinsicht, dafür stehe ich mit meinem Namen.“

Dipl.-Ing. Siegfried Weishaupt

Die Weishaupt-Zentrale befindet sich im oberschwäbischen Schwendi.

statt gründete. Zunächst fertigte er Gebläse und Feldschmieden, nach Kriegsende produzierte seine Firma dann auch Elektromotoren. 1952 erhielt Weishaupt die Lizenz für den ersten Ölbrenner, mit dem Modell „Monarch" startete der Brennerbau. Als einer der ersten Hersteller überhaupt brachte Weishaupt 1963 einen Gas-Gebläsebrenner heraus und begann 1989 mit der Entwicklung von kompletten Heizsystemen. Schon 1982 hatte Siegfried Weishaupt die Unternehmensleitung von seinem Vater übernommen, inzwischen ist Thomas Weishaupt in 3. Generation ebenfalls als geschäftsführender Gesellschafter tätig. Beide werden von Dr. Karl-Heinz Romer als externem Geschäftsführer unterstützt.

Das Unternehmen beschäftigte 2018 insgesamt 3.580 Mitarbeitende im In- und Ausland. Der Jahresumsatz der gesamten Weishaupt-Gruppe lag im Jahr 2018 bei 635 Mio. Euro,

Das Weishaupt Forschungs- und Entwicklungszentrum (oben) und das Weishaupt Forum (Architekt: Richard Meier, New York) am Stammsitz im baden-württembergischen Schwendi (unten)

Nachhaltigkeit und Energieeffizienz

Als Anbieter von innovativen Lösungen rund um das Heizen liegt ein wichtiger Schwerpunkt der Entwicklungsarbeit bei Weishaupt auf größtmöglicher Energieeffizienz und Zukunftssicherheit. Zu den wichtigsten technologischen Meilensteinen des Unternehmens zählen das digitale Feuerungsmanagement bei Brennern und die serienmäßige O_2-Regelung (SCOT-Technik) bei Gasbrennwertgeräten. Auch strategisch richtet die Weishaupt-Gruppe schon seit Langem ihr Augenmerk auf eine Portfolioerweiterung um intelligente und effiziente Systeme. So ist etwa die Tochterfirma Neuberger Gebäudeautomation für das Geschäftsfeld Energie-Management zuständig. Die hergestellten Gebäudeleit- und Managementsysteme sowie weitere Produkte zur Automation werden von kleinen Firmen bis hin zu Konzernen und Großkunden im öffentlichen wie privatwirtschaftlichen Bereich verwendet. Eines der Leuchtturmprojekte ist die Ausrüstung des Neubaus der Europäischen Zentralbank (EZB) in Frankfurt mit Gebäudeleittechnik.

mit etwa 45 % wird fast die Hälfte im Export erzielt. Dazu unterhält das Unternehmen neben seinen 29 Niederlassungen in Deutschland auch 23 Tochterunternehmen weltweit sowie Vertretungen/Repräsentanzen in 39 weiteren Ländern. In Schwendi ist der Bereich Forschung und Entwicklung konzentriert, hierfür investiert Weishaupt derzeit jährlich rd. 4 % seines Umsatzes. Die Herstellung von Brennwertsystemen erfolgt im schweizerischen Sennwald. Die ebenfalls zur Gruppe gehörende Firma Neuberger mit Sitz in Rothenburg ob der Tauber gehört seit 1995 zu Weishaupt und deckt den Produktbereich Gebäudeautomation ab. Seit 2009 ist auch die Tochterfirma BauGrund Süd aus Bad Wurzach Teil von Weishaupt und bietet als Spezialist für Bohrungen den Leistungsbereich Geothermie an. Die Max Weishaupt GmbH verfügt jährlich über eine Ausbildungsquote von 5 %, nahezu 100 % der Auszubildenden werden nach Ende der Ausbildung übernommen. Am Hauptsitz in Schwendi hat das Unternehmen eine Ausbildungskooperation mit der dortigen Max-Weishaupt-Realschule eingerichtet, auch engagiert sich Weishaupt in der Region vielfältig auf kulturellem und sportlichem Gebiet.

Zum Produktportfolio zählen u. a. Wärmepumpen (oben), Industriebrenner (Mitte) und Gasbrennwertgeräte (unten).

Daten und Fakten

Inhaberfamilie: Familie Weishaupt in 3. Generation
Gründer: Max Weishaupt, 1932, Schwendi
Branche: Heizungsindustrie
Produkte: Brennwertsysteme, Solar, Wärmepumpen, Brenner, Geothermie, Gebäudeautomation
Standorte: 29 Niederlassungen in Deutschland, 23 Tochtergesellschaften im Ausland, Vertretungen/Repräsentanzen in 39 Ländern
Mitarbeitende: 3.580 weltweit (2018)
Umsatz: 635 Mio. Euro Gruppenumsatz (2018)
Marktposition: Weltmarktführer Industriebrenner
Innovationen: digitales Feuerungsmanagement bei Brennern; wegweisende Verbrennungstechnik zur NOx-Reduzierung (multiflam®); serienmäßige O_2-Regelung (SCOT-Technik) bei Gasbrennwertgeräten

Chronologie

1932 Max Weishaupt gründet das Unternehmen als Handwerksbetrieb in Schwendi.

1952 Mit dem Ölbrenner Monarch startet der Brennerbau.

1960 Das Unternehmen gründet in Frankreich seine erste Tochtergesellschaft.

1962 Ein Forschungs- und Entwicklungszentrum am Standort Schwendi wird eröffnet.

1989 Die Produktion von Heizsystemen beginnt.

1995 Mit der Tochterfirma Neuberger steigt Weishaupt in die Gebäudeautomation ein.

2002 Das Doppeljubiläum 50 Jahre Brenner und 70 Jahre Weishaupt

2007 Wärmepumpen ergänzen das Portfolio von Weishaupt.

2009 Als nächstes Geschäftsfeld kommt mit der Tochterfirma BauGrund Süd die Geothermie hinzu.

Kontakt
Max Weishaupt GmbH
Max-Weishaupt-Str. 14, 88477 Schwendi
Fon: 07353 83-0, Fax: 07353 83-358
info@weishaupt.de, www.weishaupt.de

Ansprechpartner Presse
Frank Engelhardt
Fon: 07353 83-241
vf@weishaupt.de

Welke

Siegen, Nordrhein-Westfalen

welke | consulting gruppe®

Gegründet: 1993

Die Welke Consulting Gruppe® (WCG) ist ein Beratungsunternehmen für Business Excellence, Strategie- und Markenentwicklung. Sie versteht darunter, die Zukunftsfähigkeit ihrer Kunden umfänglich zu begleiten. Ziel dabei ist es, die Risiken der VUCA-Welt (volatility, uncertainty, complexity, ambiguity) zu reduzieren und der Zukunft agil zu begegnen.

Gegründet, um Unternehmensmarken erfolgreicher zu machen, entwickelt sich die Welke Consulting Gruppe® ständig weiter. Durch Zukäufe und Portfolioerweiterungen ist sie heute dazu in der Lage, ihre mittelständischen Kunden umfassend zu beraten. Um Transformationsprozesse reviewfähig abzubilden, entwickelte das Unternehmen 2005 das eigene Managementmodell winkom®, nach dessen Logik es Kunden sicher durch den Prozess führt.

Das Familienunternehmen setzt auf eine wertebasierte Unternehmensführung mit dem Ziel, die Souveränität der Kunden und damit die eigene zu gewährleisten. Gründer und Inhaber Jan Welke fungiert neben Simone Welke und Knut Paulsen als Geschäftsführer der Welke Consulting GmbH & Co. KG.

Einblicke in die Produktion der WCG

Schon gewusst?

winkom® (Welke-Modell für integrierte Kommunikation) ist ein ganzheitliches Modell für Unternehmensprofilierung, -positionierung und -management. winkom® synchronisiert die Felder Marke, Markt, Organisation und Erträge mit der Unternehmensvision und -strategie.

Nach der winkom®-Logik schärfen die Beraterinnen und Berater das normative Leitbild eines Unternehmens, leiten daraus Unternehmensstrategien ab und entwickeln Konzepte, wie diese ganzheitlich kommuniziert werden können. Über das Welke Consulting Cockpit werden sämtliche wichtigen Kennzahlen kontrolliert und gesteuert. Dieses Vorgehen bietet der WCG die Möglichkeit, ihre Kunden strategisch messbar und reviewfähig zu beraten.

Daten und Fakten

Inhaberfamilie: Familie Welke in 1. Generation
Gründer: Jan Welke, 1993, Siegen
Branche: Beratungsunternehmen für Business Excellence, Strategieentwicklung, Markenführung und Kommunikation
Standorte: Siegen und Freudenberg
Mitarbeitende: 45
Umsatz: ca. 5 Mio. Euro (2019)
Ausbildungsplätze: 2
Familieneinfluss: die Familie bestimmt die Geschäftsführung
Kontrollgremien: Managementboard

Kontakt
Welke Consulting GmbH & Co. KG
Garnisonsring 33, 57072 Siegen
Fon: 0271 3135-0, Fax: 0271 3135-199
info@wcg.de, www.wcg.de

W

„Creating Empowerment for successfull Entrepreneurship – das ist unsere DNA."

Jan Welke

Werk I und Werk II der Welke Consulting Gruppe® in Siegen und Freudenberg

W

WELLERGRUPPE

Osnabrück, Niedersachsen

Gegründet: 1979
Die WELLERGRUPPE zählt zu den fünf größten Automobilhändlern Deutschlands und ist mit zwei Marken aktiv: Autoweller ist als erfolgreicher Toyota-, Lexus- und Seat-Vertragshändler mit 13 Autohäusern an elf Standorten vertreten, B&K, Deutschlands größter BMW- und MINI-Vertragshändler, an 16 Standorten. Damit ist die WELLERGRUPPE in ganz Deutschland – von Hamburg bis Bad Homburg, von Dortmund bis Leipzig – präsent. 2019 erzielte das Unternehmen mit 2.100 Mitarbeitenden über eine Milliarde Euro Umsatz. Die Unternehmenszentrale mit der Gesamtgeschäftsleitung und markenübergreifenden Ressorts hat ihren Sitz in Berlin. Der geschäftsführende Gesellschafter der WELLERGRUPPE, Burkhard Weller, gründete das Unternehmen 1979 als Toyota-Vertragshändler, GM-Importeur und Harley-Davidson-Händler in Osnabrück.

Kontakt
WELLERGRUPPE GmbH & Co. KG
Pagenstecherstr. 77–83, 49090 Osnabrück
www.wellergruppe.de

„Unsere Kunden sind die Besten der Branche."

Heiner Wemhöner

Wemhöner

Herford, Nordrhein-Westfalen

WEMHÖNER

Gegründet: 1925
Die Wemhöner Surface Technologies GmbH & Co. KG produziert Maschinen und Anlagen für die Veredelung von Holzwerkstoffen. Sie kommen u. a. in der Produktion von Laminatfußboden und der Herstellung von Möbelelementen sowie der Parkettherstellung zum Einsatz, mit Spezialpressen und Laminatoren werden außerdem die Automotive- und Fotovoltaikindustrie beliefert. Das Produktportfolio gliedert sich in die sechs Hauptbereiche Kurztaktpressen-Anlagen, Variopress-Anlagen, Durchlaufpressen-Anlagen, Leichtbauplatten-Anlagen, Spezialpressen-Anlagen und Master-Line®-Anlagen, die für Druck- und Lackierverfahren zur Oberflächenveredelung von Holzwerkstoffen stehen.

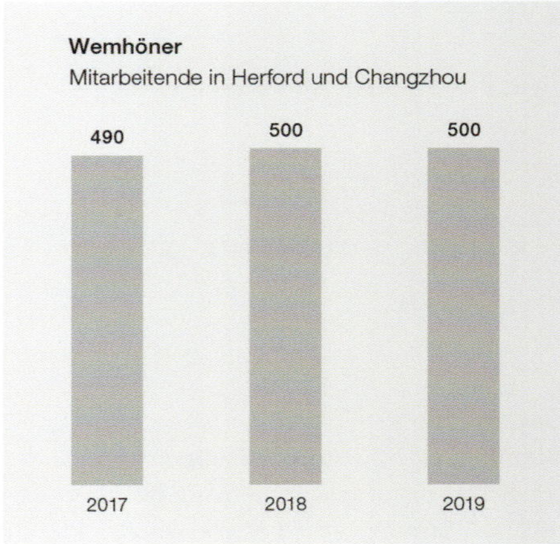

Neben dem Stammsitz in Herford, wo aktuell 330 Mitarbeitende beschäftigt sind, arbeiten weitere 170 Mitarbeitende im chinesischen Tochterunternehmen in Changzhou. Mit 30 bis 35 Auszubildenden liegt die Ausbildungsquote bei ca. 10 %. 2019 erzielte Wemhöner einen Umsatz von über 135 Mio. Euro, zwischen 85 und 90 % der Produkte werden exportiert. Den weltweiten Vertrieb organisieren Repräsentanten vor Ort.

Wemhöner ist in Form einer Holding organisiert, unter deren Dach die Produktionsgesellschaften Wemhöner Surface Technologies und Wemhöner (Changzhou) Machinery Manufacturing operieren. Die Wemhöner Holding GmbH hält 20 % an der Wemhöner Surface Technologies und 100 % an der Wemhöner (Changzhou) Machinery Manufacturing. Als alleiniger geschäftsführender Gesellschafter hält Heiner Wemhöner 100 % an der Wemhöner Holding, 80 % an der Wemhöner Surface Technologies sowie 100 % an der Wemhöner

W

Gesellschaftliche Verantwortung

Die im Jahr 2000 gegründete Wemhöner Stiftung verfolgt das Ziel, Herford als international ausstrahlenden Ort wirtschaftlicher Potenziale und kreativer Möglichkeiten zu profilieren. Gründungsanlass war das 75-jährige Bestehen der Firmen Wemhöner Anlagen und Wemhöner Pressen als mittelständische, inhabergeführte Unternehmen des Maschinen- und Anlagenbaus. Heute ist Wemhöner Surface Technologies alleiniger Stifter.
Mit nachhaltigem Engagement für die Region stand zunächst die Förderung von Wissenschaft und Forschung – insbesondere die Aus- und Weiterbildung des Ingenieurnachwuchses – im Zentrum des Interesses der Wemhöner Stiftung.
Der ab 2014 verliehene MARTa-Preis der Wemhöner Stiftung spiegelt die konsequente Weiterentwicklung der Stiftungsziele wider. In enger Zusammenarbeit mit MARTa Herford wurde die Förderung von Kunst und Kultur, insbesondere der zeitgenössischen Kunst, in den Vordergrund der Stiftungsaktivität gerückt.

Gründer Heinrich Wemhöner sen. (oben), sein Sohn Heinrich Wemhöner (Mitte), der heutige geschäftsführende Gesellschafter Heiner Wemhöner (unten)

Real Estate GmbH, Eigentümerin des betrieblichen Grundbesitzes in Deutschland.

Heiner Wemhöner leitet das Familienunternehmen in 3. Generation. Über die Geschäftsführung bestimmt der Gesellschafter. Außer Heiner Wemhöner ist derzeit kein weiteres Familienmitglied im Unternehmen aktiv. Über die Nachfolge entscheiden Qualifizierung und Fähigkeit, Familienmitglieder übernehmen also nicht automatisch Führungsaufgaben im Unternehmen.

Für seine vorbildliche Corporate Governance wurde Wemhöner 2007 mit dem Axia Award ausgezeichnet. Der Verhaltenskodex fixiert Grundwerte und Regeln im Umgang mit Mitarbeitenden, Kunden und Lieferanten. So stellt Wemhöner Arbeitsplätze bereit, die frei von jeglicher Benachteiligung aufgrund von Geschlecht, Völkerschaft oder Religionszugehörigkeit sind. Weiterhin werden die jeweils gültigen tariflichen Regelungen zur leistungsgerechten Entlohnung und Arbeitszeit befolgt. Wemhöner ist außerdem bestrebt, eine gesunde und sichere Arbeitsumgebung zu schaffen und will durch eine angenehme Arbeitsatmosphäre sowie stetige Förderung

Holzwerkstoffplatten erhalten durch Anlagen von Wemhöner eine hochwertige dekorative Oberfläche.

Wemhöner unter den 450 Weltmarktführern aus Deutschland

Wemhöner Surface Technologies ist zum zweiten Mal in Folge als eines von 450 Unternehmen aus Deutschland als Weltmarkführer bestätigt worden. Und zwar im Segment Maschinen- und Anlagenbau „Veredelung von Holzwerkstoffen: Kurztaktpressen-Anlagen zur Melamindirektbeschichtung und 3D-Variopressen", wie es offiziell lautet.
Grundlage der begehrten Auszeichnung ist die Listung im Weltmarktführer-Index 2018 der Henri B. Meier Unternehmerschule der Universität St. Gallen in Zusammenarbeit mit der Akademie Deutscher Weltmarktführer (ADWM) und dem Medienpartner WiftschaftsWoche. Die Suche nach deutschen Weltmarktführern erfolgt über einen festgelegten Index. Der Index prüft und bewertet das Unternehmen und verfolgt einen objektiven und transparenten Auswahlprozess. Dabei ist garantiert, dass alle Auswahlkriterien und ermittelten Werte offengelegt werden.

Eine KT-Presse im Bau (oben), Druck- und Lackieranlage (Mitte), Heiner Wemhöner in der Produktion (unten)

und Weiterbildung die Mitarbeitenden ermutigen, ihr Können und Potenzial für den gemeinsamen Erfolg einzubringen.

Das Unternehmen Wemhöner blickt auf eine 95-jährige Geschichte zurück: Heinrich Wemhöner gründete 1925 eine Schlosserei in Herford. 1951 begann sein ältester Sohn Heinrich Wemhöner jun., sich auf den Bereich Pressen für die Holz- und holzverarbeitende Industrie zu spezialisieren. Gemeinsam mit seinen drei Brüdern trieb er diese Entwicklung bis in die 1970er-Jahre voran und machte das Unternehmen zu einem der führenden Anbieter von Holzbearbeitungsmaschinen für die deutsche Möbelindustrie. Zudem war er zu Beginn der 1970er-Jahre einer der Pioniere im Russlandgeschäft. 1989 wurde Heinrich Wemhöner an seinem 60. Geburtstag das Bundesverdienstkreuz 1. Klasse verliehen.

Sein ältester Sohn Heiner Wemhöner verbuchte Anfang der 1980er-Jahre erste Erfolge in Südostasien und übernahm 1987 die Geschäftsleitung. Heiner Wemhöner hat das 2005 gegründete Unternehmen in Changzhou in China kontinuierlich ausgebaut und zu einem führenden Unternehmen für hochwertige Maschinen und Anlagen zur Veredelung von Holzwerkstoffen gemacht.

Hochdruck-Kurztaktpressen-Anlagen von Wemhöner genießen Weltruf.

Wemhöner

Chronologie

1925 Heinrich Wemhöner gründet einen Handwerksbetrieb in Herford.

1930er-Jahre Heinrich Wemhöners erste bedeutende Entwicklung – die Tellerschleifmaschine – wird der Öffentlichkeit vorgestellt.

1950er-Jahre Die vier Söhne Heinrich Wemhöners treten in das Unternehmen ein und machen es zu einem der führenden Anbieter von Holzbearbeitungsmaschinen in Deutschland.

1951 Der älteste Sohn, Heinrich Wemhöner, spezialisiert sich auf den Bereich Pressen für die Holz- und holzverarbeitende Industrie.

1960 Patentierung der Kurztakt-Durchlaufpresse mit Bandtablettbeschickung

1964 Wemhöner stellt die erste vollständig verkettete Maschinenstraße vor.

1987 Heiner Wemhöner wird in 3. Generation geschäftsführender Gesellschafter.

2004 Wemhöner liefert die schnellste Kurztaktpressen-Anlage der Welt.

2005 Gründung einer Tochtergesellschaft in China

2007 Erweiterung des Programms um Anlagen für die Lackier- und Drucktechnik und die Herstellung von Leichtbauplatten

2013 doppelseitige Synchronpore (EIR) in der Melamindirektbeschichtung

2018 Wemhöner (Herford) steigert seinen Jahresumsatz erstmals auf über 100 Mio. Euro.

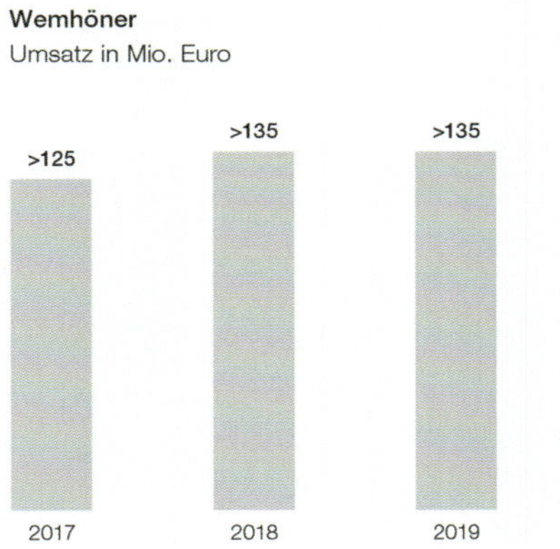

Daten und Fakten

Inhaberfamilie: Familie Heiner Wemhöner in 3. Generation
Gründer: Heinrich Wemhöner, 1925, Herford
Branche: Maschinen- und Anlagenbau
Produkte: Kurztaktpressen-, Durchlaufpressen-, Druck- und Lackieranlagen, Leichtbauplattenanlagen, Spezialpressen zur Oberflächenveredelung, Türen- und Parkettanlagen
Standorte: Herford (Deutschland), Changzhou (China)
Vertrieb: weltweit durch Repräsentanten
Mitarbeitende: 500 (2019)
Umsatz: über 135 Mio. Euro (2019)
Marktposition: Weltmarktführer im Segment der 3D- und Kurztakt-Pressen-Technologie
Ausbildungsplätze: 30–35
Unternehmensanteile der Familie: Heiner Wemhöner hält 100 % der Holdinganteile
Eigenkapitalquote: über 30 %
Auszeichnungen: „Ehrenbürger der Stadt Herford" an Heinrich Wemhöner anlässlich seines 75. Geburtstags; „Unternehmer des Jahres in Ostwestfalen-Lippe" an Heiner Wemhöner (Die Familienunternehmer – ASU e. V., 1998); „Die beste Fabrik" (WHU Otto Beisheim School of Management, 2006 und 2007); „Axia Award" für die gute Corporate Governance (Deloitte, 2007); „China Trader Award for Sustainable Business" (2008); Ehrenbürger-Würde der Stadt Changzhou für Heiner Wemhöner (2009); Weltmarktführer im Segment Maschinen- und Anlagenbau (2018); „Innovator des Jahres" (2019); PSI Competence Customer Award (2019)

Historische Aufnahmen aus der Produktion und die Wemhöner-Werke in Herford und China (v. o.)

W

Schon gewusst?

Heinrich Wemhöner, Vater des aktuellen Geschäftsführers Heiner Wemhöner, sagte Ende der 1990er-Jahre: „Wenn ein Banker in den Himmel kommt, will ich da nicht mehr rein." Mehrere Banker waren anwesend.

Kontakt
Wemhöner Surface Technologies GmbH & Co. KG
Planckstr. 7, 32052 Herford
Fon: 05221 7702-0, Fax: 05221 7702-39
info@wemhoener.de, www.wemhoener.de

Ansprechpartner Presse
Detlef Hanel
Fon: 05221 7702-0
detlef.hanel@wemhoener.de

Wendel Email

Dillenburg, Hessen

Gegründet: 1932
1932 entwickelte Emaillierwerksmeister Karl H. Wendel, der nebenberuflich als Heilpraktiker arbeitete, das weltweit erste bleifreie Email. Heute ist das Familienunternehmen Wendel im mittelhessischen Dillenburg Deutschlands größter Email-, Glasuren- und Engobenhersteller mit eigener Frittenschmelze und Mahlwerk. Emails als Schutzhaut aus Glas geben Produkten wie Warmwasserspeichern und Badewannen einen dauerhaften Korrosionsschutz, Glasuren verleihen den keramischen Dachziegeln Glanz und Farbe. Die Produkte, die in der unternehmenseigenen Forschung entwickelt werden, finden Absatz bei Kunden wie Emaillierwerken und Dachziegelherstellern von Europa bis Fernost. Mit aktuell rd. 150 Mitarbeitenden wird das Unternehmen in der 4. Generation von Klaus-Achim Wendel geführt.

Kontakt
Wendel GmbH Email- und Glasurenfabrik
Am Güterbahnhof 30, 35683 Dillenburg
www.wendel-email.de

WENKO-WENSELAAR

Hilden, Nordrhein-Westfalen

Gegründet: 1959
Die WENKO-WENSELAAR GmbH & Co. KG vertreibt Haushaltswaren der Marke WENKO – benannt nach den Gründern Jean Wenselaar und Maria Koellner – in Handelskanälen wie DIY, LEH, Möbelhandel, E-Commerce etc. Kernkompetenzfelder sind Bad, Küche, Wäsche und Wohnen. Der Stammsitz Deutschland sowie Tochtergesellschaften in Frankreich, Spanien, Italien, den USA und China beliefern Europa und 83 Länder weltweit. 2019/2020 erwirtschafteten 450 Mitarbeitende einen Umsatz von 145 Mio. Euro. Junge Berufseinsteigerinnen und -einsteiger werden bei WENKO besonders gefördert: 34 % der Belegschaft wurden intern ausgebildet. Das Unternehmen mit vier Gesellschaftern aus der Familie Köllner ist in 3. Generation inhabergeführt, Geschäftsführer sind Hanns-Joachim Köllner und die Söhne Niklas und Philip C. Köllner.

Kontakt
WENKO-WENSELAAR GmbH & Co. KG
Im Hülsenfeld 10, 40721 Hilden
www.wenko.com

Wentzel Dr.

Hamburg

Gegründet: 1820
Das Immobilienunternehmen Wentzel Dr. hat eine traditionsreiche Historie als Hamburger

Hausmakler und Grundstücksverwaltung. Das Portfolio der Firmengruppe umfasst die deutschlandweite Immobilienverwaltung von rd. 25.000 Wohn- und Gewerbeeinheiten sowie die Bereiche Immobilienverkauf und -vermietung und Facility-Management. Als unabhängiges inhabergeführtes Familienunternehmen kann Wentzel Dr. auf die individuellen Bedürfnisse seiner Kundinnen und Kunden eingehen und schnell auf Entwicklungen auf den Immobilienmärkten reagieren. An den Standorten Hamburg, Düsseldorf, Hannover, Potsdam, Leipzig und Dresden sind rd. 225 Mitarbeitende tätig. 1820 durch Johann Vincent Wentzel gegründet, ist Wentzel Dr. in 7. Generation in Familienbesitz und wird von den Geschwistern Isa Morgen und Dr. Claas Kießling geleitet.

Kontakt
Wentzel Dr. GmbH
Stresemannallee 102–104, 22529 Hamburg
www.wentzel-dr.de

WEPA Gruppe

Arnsberg, Nordrhein-Westfalen

Gegründet: 1948
Die WEPA Gruppe ist ein europaweit tätiges Familienunternehmen und bietet nachhaltige und innovative Hygienelösungen, die ein sicheres Hygienegefühl leisten und täglich zum Wohlbefinden von Millionen von Konsumenten beitragen. Mit 3.800 Mitarbeitenden produziert die WEPA Gruppe an 13 Standorten in Europa Hygieneprodukte wie Toilettenpapier, Handtuchpapier, Taschentücher und Servietten. WEPA gehört zu den drei größten europäischen Herstellern und ist Marktführer in der Herstellung von Hygienepapier aus Recyclingfasern. Der Jahresumsatz liegt bei rd. 1,3 Mrd. Euro. Im Consumer-Geschäftsbereich ist WEPA der Spezialist für die Handelsmarken der europäischen Einzelhändler. Der Geschäftsbereich Professional mit den Marken BlackSatino und Satino by WEPA steht für nachhaltige und professionelle Hygienelösungen, die zum Beispiel in öffentlichen Waschräumen, der Industrie, in Büros oder im Gesundheitswesen zum Einsatz kommen. Hauptsitz der WEPA Gruppe ist das nordrhein-westfälische Arnsberg.

Kontakt
WEPA Gruppe
Rönkhauser Str. 26, 59757 Arnsberg-Müschede
www.wepa.eu

Werhahn

Neuss, Nordrhein-Westfalen

Gegründet: 1841
Die Wilh. Werhahn KG ist eine auch international agierende Unternehmensgruppe, die in den Bereichen Baustoffe, Konsumgüter und Finanzdienstleistungen tätig ist. Die rd. 10.200 Mitarbeitenden erwirtschafteten 2019 einen Umsatz von etwa 3,6 Mrd. Euro.

Peter Wilhelm, gen. Wilhelm Werhahn gründete das Unternehmen 1841, das heute im Besitz von ca. 470 Gesellschaftern ist. Sie sind Nachkommen von drei Söhnen des Unternehmensgründers und gehören dementsprechend drei Familienstämmen an.

„Verlässlichkeit, familiäre Verbundenheit, soziale Verantwortung und persönliche Bescheidenheit, verknüpft mit einem umsichtigen Unternehmertum, sichern als Grundwerte die Zukunftsfähigkeit der Werhahn-Gruppe."

Aus dem Leitbild

Firmensitz der Wilh. Werhahn KG in Neuss

W

Den Vorstand der Wilh. Werhahn KG bilden derzeit familienfremde Mitglieder. Als oberstes Kontrollgremium steht der Unternehmensgruppe ein Verwaltungsrat vor.

Das Prinzip der Diversifikation prägte das Unternehmen von Anfang an und gilt noch immer, um den Unternehmensbestand durch Risikostreuung abzusichern. Die Aktivitäten der operativen Geschäftsbereiche reichen z. T. bis in die Anfangsjahre von Werhahn zurück. Der Bereich Baustoffe umfasst die Gewinnung und Aufbereitung von Hartgesteinen, die Herstellung von Asphaltmischgut und die Produktion von Schiefer für Dach und Fassade. Im Konsumgüterbereich agieren Zwilling Küche, Zwilling Beauty Group und Friseurbedarf Jaguar/Tondeo. An den gewerblichen Mittelstand richten sich der Leasing- und Factoringanbieter abcfinance mit der abcbank. Bank11 ist auf die Kfz-Absatzfinanzierung ausgerichtet. Zudem ist das Start-up Yareto als erstes und bisher einziges Autokredit-Vergleichsportal für den Kfz-Handel seit 2016 erfolgreich. Als weiteres digitales Geschäftsmodell gründete Werhahn 2018 die abcfinlab. Sie entwickelt nutzerzentrierte digitale Produkte und Lösungen im Bereich Leasing und Factoring.

Nro. 61.
Neußer Intelligenzblatt.

Unternehmensgründer Wilhelm Werhahn mit Gründungsanzeige von 1841

Chronologie

1841 Gründung des Familienunternehmens als Holzhandlung in Neuss

1888 Gründung der Basalt-Actien-Gesellschaft, Ursprung des Geschäftsbereichs Natursteine

1904 Erwerb der Mehrheitsanteile an Rathscheck Schiefer

1969 Übernahme der Mehrheitsanteile an der ZWILLING J.A. Henckels AG, Erwerb der abc-Bank, Ausgangspunkt des Geschäftsbereichs abcfinance

1996 Ausweitung des Geschäftsbereichs Natursteine durch die Integration des Asphaltproduzenten DEUTAG

ab 2004 Systematische Erweiterung des Konsumgüterbereichs durch verschiedene Zukäufe

2011 Gründung von Bank11

2016 Das Start-up Yareto geht an den Markt.

Daten und Fakten

Inhaber: rd. 470 Gesellschafter
Gründer: Wilhelm Werhahn, 1841, Neuss
Branche: Baustoffe, Konsumgüter, Finanzdienstleistungen
Mitarbeitende: 10.213
Umsatz: 3,606 Mrd. Euro (2019)
Ausbildungsplätze: 248 in 28 Berufsbildern, einschließlich dualer Studiengänge (2019)
Unternehmensanteile der Familie: 100 %
Kontrollgremien: Verwaltungsrat

Kontakt
Wilh. Werhahn KG
Königstr. 1, 41460 Neuss
Fon: 02131 916-0, Fax: 02131 916-400
info@werhahn.de, www.werhahn.de

WERIT

Altenkirchen, Rheinland-Pfalz

Gegründet: 1949
Die Produktwelt des Kunststoffwerks WERIT verteilt sich auf die Bereiche Industrieverpackungen, Haustechnik und Spezialprodukte. Die WERIT GmbH verfügt über drei Standorte in Deutschland mit Stammsitz in Altenkirchen und unterhält Niederlassungen in Österreich, der Schweiz, England, Frankreich, Spanien, Polen und Tschechien. Rd. 600 Mitarbeitende produzieren Mehrweg-Transportverpackungen, Paletten, Industrietanks, Regenwassertonnen und IBC-Wassertanks

sowie zahlreiche andere Behältnisse, die individuell an Kundenanforderungen angepasst werden können. Die Geschäftsleitung des 1949 von Wilhelm Schneider und seinem Sohn Helmhold gegründeten Familienunternehmens haben Dr. Helmhold Schneider und seine beiden Söhne Ekkehard und Jörg Schneider inne.

Kontakt

WERIT Kunststoffwerke W. Schneider GmbH & Co. KG
Kölner Straße, 57610 Altenkirchen
www.werit.eu

Werner & Mertz

Mainz, Rheinland-Pfalz

Gegründet: 1867

Die Werner & Mertz GmbH produziert Markenartikel für Reinigung und Pflege und vertreibt sie weltweit an Endverbraucher und Großkunden. Hergestellt werden Produkte u. a. für Textilien, Funktionsmaterialien und andere Haushaltszwecke. Das Unternehmen unterhält Tochtergesellschaften in ganz Europa sowie internationale Partnerschaften. 1.082 Mitarbeitende sind für Werner & Mertz tätig und trugen im Jahr 2019 zu einem Umsatz von 455 Mio. Euro bei. 84 % davon wurden mit den Produkten der ökologisch ausgerichteten Marke Frosch in ganz Europa generiert. Reinhard Schneider ist Vorsitzender der Geschäftsführung und hält 100 % der Anteile des Unternehmens, das in 4. Generation in Familienbesitz ist.

Im Jahr 1867 gründeten die Nachkommen von Wolfgang Werner die Wachswarenfabrik „Gebrüder Werner“. 1878 stieß Georg Mertz dazu. Ab diesem Jahr firmierte die Fabrik unter dem Namen Werner & Mertz. Im Jahr 1887 übernahm Philipp Adam Schneider, Schwager von Georg Mertz, die Leitung der Firma. Er entwickelte 1901 unter dem Namen Erdal eine neuartige Schuhcreme. Nach dem Krieg erlebte der Betrieb durch die Ausweitung seiner Geschäftsfelder einen Wachstumsschub. Bad- und professionelle Reinigungsprodukte kamen hinzu, ein Produktionswerk in Österreich entstand. 1986 trat die Marke Frosch mit umweltfreundlichen Produkten an. Ihre besondere Umweltorientierung unterstreicht die Firma seit 2003 an beiden Produktionsstandorten in Mainz und Hallein mit der EMAS-Validierung nach den strengen EU-Kriterien und dem von ihr installierten

Mit Marken wie Frosch, Erdal, Rorax, Bionicdry, tana und Green Care ist das in Mainz ansässige Unternehmen Werner & Mertz auf dem europäischen Markt bestens etabliert.

„Wir wollen eine nachhaltige Lebensweise mehrheitsfähig machen!“

Firmenmotto

Schon gewusst?

Werner & Mertz hält mit der Recyclat-Initiative einen Weltrekord beim Einsatz von 100 % recycelten PET-Flaschen. Das Unternehmen setzte sich bereits 2012 in der Recyclat-Initiative mit Partnern zum Ziel, Plastikmüll aus dem Gelben Sack als Material zur Herstellung von Verpackungen zu nutzen und in den Rohstoff Recyclat umzuwandeln. Der Plastikmüll wird dabei aufwendig sortiert, gereinigt und zu sortenreinem Plastik verarbeitet. Das reduziert den Verbrauch von Erdöl ebenso wie die Menge des nicht wiederverwerteten Plastikmülls, der sonst in die Umwelt oder empfindliche Ökosysteme wie die Meere gelangen könnte.

Seit 1986 ist die Marke mit dem grünen Frosch auf dem Markt – ein Öko-Pionier der ersten Stunde. Auf den Umwelt- und Ressourcenschutz abgestimmt sind Rezepturen, Verpackungen, die Herstellung der Produkte und Transportwege.

W

Nachhaltigkeitsmanagement. Mit der 2012 gegründeten Recyclat-Initiative werden Verpackungen im Kreislauf gehalten und erstmalig Abfall aus dem Gelben Sack hochwertig wiederverwendet. Der Inhaber Reinhard Schneider erhielt im Oktober 2019 für seine ganzheitlich-nachhaltige Unternehmensausrichtung den Deutschen Umweltpreis von Bundespräsident Frank-Walter Steinmeier.

Daten und Fakten

Inhaberfamilie: Reinhard Schneider
Gründer: Wolfgang Werner, 1867
Branche: Konsumgüterindustrie/chemische Erzeugnisse
Produkte: Wasch-, Pflege- und Reinigungsmittel für Endverbraucher und Großverbraucher
Standorte: Produktionsstandorte in Mainz (Deutschland) und Hallein (Österreich), Vertriebsstandorte in Paris, Warschau, Brüssel für Benelux, Mailand, Barcelona
Mitarbeitende: 1.082
Umsatz: 455 Mio. Euro (2019)
Marktposition: mit der Marke Frosch Marktführer in Deutschland, Österreich und der Schweiz in den Segmenten Universal-, WC- und Glasreiniger

Kontakt
Werner & Mertz GmbH
Rheinallee 96, 55120 Mainz
Fon: 06131 964-01, Fax: 06131 964-2030
info@werner-mertz.com, www.werner-mertz.de

WERNERT-PUMPEN

Mülheim a. d. Ruhr, Nordrhein-Westfalen

Gegründet: 1920
Die WERNERT-PUMPEN GMBH hat sich auf die Entwicklung und Herstellung von Pumpen zur Förderung problematischer Flüssigkeiten spezialisiert, so etwa aggressive, abrasive oder giftige Medien. Hierfür bietet das Unternehmen sichere Produkte aus nichtmetallischen Werkstoffen wie UHMW-PE, PVDF oder PTFE. Auf WERNERT verlassen sich weltweit führende Unternehmen der Chemiebranche, der Umwelt- und Oberflächentechnik sowie der metallerzeugenden Industrie. Gegründet wurde das Unternehmen 1920 von Karl Wernert, der bereits 1927 die weltweit erste Kreiselpumpe aus Kunststoff auf den Markt brachte. Seit 2011 führen Dipl.-Kffr. Ursula Hackenberg, Dipl.-Kffr. Corinna Verena Hackenberg und Dr.-Ing. Klaus Etscheidt die Geschäfte. Damit ist die 4. Generation der Inhaberfamilie in die Führung des Unternehmens eingebunden.

Kontakt
WERNERT-PUMPEN GMBH
Oberhausener Str. 67–79,
45476 Mülheim a. d. Ruhr
www.wernert.de

Wernsing

Essen (Oldenburg), Niedersachsen

Gegründet: 1962
Die Wernsing Feinkost GmbH produziert und vertreibt frische und tiefgekühlte Lebensmittel wie Kartoffelprodukte, Pasta, Salate, Eintöpfe, Brotaufstriche, Dressings, Saucen, Suppen, Desserts u. v. m. Abnehmer sind der Fachgroßhandel, Lebensmitteleinzelhändler und Discounter sowie Industriepartner in Deutschland und vielen Ländern Europas sowie darüber hinaus. Das Unternehmen ist Teil der Wernsing Food Family GmbH & Co. KG, die mit sieben Produktionsstandorten in Deutschland sowie weiteren in Belgien, Dänemark, den Niederlanden, Polen, Schweden und Spanien vertreten ist. Die Unternehmensgruppe beschäftigt europaweit 4.000 Mitarbeitende, davon 1.100 in Addrup-Essen/Oldb. 1962 begann Heinrich Wernsing mit der Produktion von Pommes frites und begründete ein Unternehmen, das sein Angebot stetig erweiterte.

Kontakt

Wernsing Feinkost GmbH
Kartoffelweg 1, 49632 Addrup-Essen (Oldenburg)
www.wernsing.de

Wesco

Arnsberg, Nordrhein-Westfalen

Gegründet: 1867

Die M. Westermann & Co. GmbH produziert und vertreibt unter der Marke WESCO Design-Haushaltswaren aus Metall, Küchentechnik und Outdoorküchen. Zum Design-Sortiment gehören u. a. Abfallsammler, Brotbehälter und Küchenaccessoires. Das Unternehmen beschäftigt ca. 220 Mitarbeitende am Stammsitz in Arnsberg und in Schwarzenberg/Sachsen. Der Vertrieb der Produkte erfolgt über den Groß-, Versand-, Fach- und Einzelhandel, über Kauf- und Warenhäuser sowie über die Einbauküchenindustrie und den Cash-and-carry-Bereich. Westermann & Co. liefert in über 50 Länder weltweit und weist eine Exportquote von 35 % auf.

Das Unternehmen befindet sich vollständig im Besitz der Familien Neuhaus und Westermann. Geschäftsführende Gesellschafter sind Egbert Neuhaus sowie Marcus Westermann. Das 1867 gegründete Unternehmen begann schon früh mit der industriellen Fertigung von Haushaltwaren. Nach dem Zweiten Weltkrieg erfolgte die Einführung erster Tretabfallsammler. In den 1980er-Jahren leitete das Unternehmen mit der Designorientierung im Bereich der Abfallsammler und Küchenaccessoires die strategische Neuausrichtung ein. Die Kombination aus Form, Funktion und großer Farbvielfalt wurde zum Markenzeichen der Wesco-Design-Linie. Das Unternehmen betreibt mit der VILLA WESCO zwei Brandstores am Unternehmenssitz in Arnsberg und auf Mallorca.

Kontakt

M. Westermann & Co. GmbH
Bahnhofstr. 205, 59759 Arnsberg
Fon: 02932 476-0, Fax: 02932 476-55
info@wesco.de, www.wesco.de

Westerwald Brauerei

Hachenburg, Rheinland-Pfalz

Gegründet: 1861

Die Westerwald Brauerei H. Schneider GmbH & Co. KG mit Sitz in Hachenburg ist eine der ältesten Pils-Brauereien Deutschlands. Unter dem Markennamen Hachenburger führt sie heute zwölf regional und überregional bekannte Qualitätsbiere, darunter ein Pils, Schwarzbier, Weizen und Malzbier sowie weitere Bierspezialitäten und alkoholfreie Biere. Alle Sorten werden ausschließlich mit Aromahopfen gebraut.

Die Traditionsbrauerei wurde 1861 von Heinrich Schneider gegründet, der dazu ausgewählte Hopfensorten und das besonders reine und weiche Wasser einer eigenen Quelle im nahe gelegenen Rothbachtal nutzte. 1902 zählte sein Unternehmen zu den ersten Pils-Brauereien Deutschlands. Heute steht das Familienunternehmen in 5. Generation unter der Leitung von Jens Geimer. Rd. 60 Mitarbeitende arbeiten am Standort Hachenburg in der Brauerei. Der Brauerei-Ausschank ist das Hotel Zur Krone. In die Hachenburger Erlebnisbrauerei kommen jährlich viele Tausend Besucherinnen und Besucher, um den Brauprozess zu beobachten oder auch Hochzeit zu feiern.

Kontakt

Westerwald-Brauerei H. Schneider GmbH & Co. KG
Am Hopfengarten 1, 57627 Hachenburg
www.hachenburger.de

W

Westfalen Gruppe

Münster, Nordrhein-Westfalen

Gegründet: 1923

Die Westfalen AG wurde 1923 von Wilhelm Albert als Sauerstoffwerke AG in Münster gegründet. Heute agiert das Technologieunternehmen der Energiewirtschaft mit 23 Tochter- und Beteiligungsgesellschaften in acht Ländern: in Deutschland, Belgien, Frankreich, den Niederlanden, Österreich, Polen, der Schweiz und Tschechien. Geschäftsfelder sind Gase, Energieversorgung und Tankstellen. Hauptsitz ist Münster. 2018 machte die Westfalen AG einen Umsatz von 1,86 Mrd. Euro. Sie beschäftigt weltweit 1.742 Mitarbeitende, 1.419 davon in Deutschland. Im September 2018 wurde Dr. Thomas Perkmann neuer Vorstandsvorsitzender. Er übernahm diese Position von Wolfgang Fritsch-Albert, dem Enkel des Firmengründers und heutigen Aufsichtsratsvorsitzenden. Seit Januar 2020 ist Jesko von Stechow neuer Finanzvorstand der Westfalen-Gruppe.

Kontakt

Westfalen AG
Industrieweg 43, 48155 Münster
www.westfalen.com

Westland

Melle, Niedersachsen

Gegründet: 1920

Die Westland Gummiwerke GmbH & Co. KG gehört zu den weltweit führenden Unternehmen im Bereich elastomerer Walzenbeschichtungen sowie bei Komplettwalzen für die grafische Industrie. Die Westland-Gruppe mit Firmensitz in Melle beschäftigt inkl. ihrer elf Tochtergesellschaften rd. 750 Mitarbeitende, davon etwa 400 in Deutschland, die weiteren 300 in anderen europäischen Ländern, Amerika und Asien. Ernst zur Nedden gründete das Unternehmen 1920 und produzierte zunächst Gummi-Formartikel wie Schuhabsätze. 1941 begann die Gummiproduktion für die Zweiradindustrie. 1968 startete das Unternehmen die Herstellung von Walzengummierungen. Ab 1983 begann die internationale Ausrichtung durch Lizenzverträge mit Firmen in Singapur und Australien. Heute ist Georg zur Nedden geschäftsführender Gesellschafter des Unternehmens.

Kontakt

Westland Gummiwerke GmbH & Co. KG
Westlandstr. 6, 49324 Melle
www.westland.eu

Weyermann®

Bamberg, Bayern

Gegründet: 1879

Weyermann® Malz bietet nach eigenen Angaben die weltweit größte Palette an Brau-, Röst- und Caramelmalzen an. Die Produkte werden durch 52 Vertriebspartner in über 135 Länder exportiert. Am Stammsitz in Bamberg und weiteren Standorten in Deutschland beschäftigt Weyermann® 260 Mitarbeitende, darunter 20 Auszubildende.

Gegründet wurde das Unternehmen 1879 von Johann Baptist Weyermann als Mich. Weyermann's Malzkaffee Fabrik. Er übernahm für seine kleine Fabrik den renommierten Firmennamen der Getreidehandlung seines Vaters. Seit dem Jahr 1977 firmiert das Unternehmen als Malzfabrik Mich. Weyermann® GmbH & Co. KG. Diese ist zu 100 % im Besitz der Nachkommen Johann Baptist

Weyermanns. Sabine Weyermann, eine Urenkelin des Gründers, hält 50 % der Anteile, die anderen 50 % verteilen sich auf die weitere Inhaberfamilie Flämig. Der Gesellschaftervertrag schreibt vor, dass für die Nachfolge ein fachbezogenes, erfolgreich abgeschlossenes Studium Voraussetzung ist.

Die Geschäftsführung hat Sabine Weyermann gemeinsam mit ihrem Mann Thomas Kraus-Weyermann inne. Sie etablierten in den 1990er-Jahren die Strategie des offenen Hauses, die von einem aktiven Zugehen auf die Kunden, einem neuen Markenauftritt und der Einführung einer Corporate Identity gekennzeichnet ist. Gleichzeitig reagierten sie in den 1990er-Jahren auf den Trend zu Gasthausbrauereien und bedienten diese mit Spezialmalzprodukten. Heute sieht sich das Unternehmen in diesem Bereich als Weltmarktführer.

Kontakt

Weyermann® Malzfabrik
Brennerstr. 17–19, 96052 Bamberg
Fon: 0951 93220-0, Fax: 0951 93220-970
info@weyermann.de, www.weyermann.de

Widmann

Aalen, Baden-Württemberg

Gegründet: 1956

Das Autohaus Widmann verkauft in 14 Städten in Baden-Württemberg, Bayern, Sachsen und Brandenburg Neufahrzeuge. Je nach Standort vertritt es die Marken Mercedes-Benz, Smart und Volkswagen. Aber auch bei der Gebrauchtwagensuche sowie Werkstatt- und Service-Dienstleistungen unterstützt es seine Kundinnen und Kunden. Das Energiemanagement von Widmann ist DEKRA-zertifiziert. Am Hauptsitz Aalen baute Widmann 2019 ein zeitgemäßes Parkhaus mit 422 Stellplätzen und E-Ladesäulen. Geschäftsführer sind Bruno und Bernd Widmann. Zudem fördert die 2013 gegründete gemeinnützige B. Widmann Stiftung die berufliche Bildung und Erziehung. Sie vergibt Forschungsaufträge und Stipendien, unterstützt Wissenschaftseinrichtungen und Lehrstühle. Ihr Vorstand ist Lisa Widmann.

Kontakt

B. Widmann Beteiligungen GmbH & Co. KG
Carl-Zeiss-Str. 49, 73431 Aalen
www.widmannbewegt.de

Wiebe Unternehmensgruppe

Achim, Niedersachsen

Gegründet: 1848

Wiebe hat sich aus dem Geschäftsfeld Gleisbau heraus zu einer Unternehmensgruppe entwickelt, die auch Hoch- und Schlüsselfertigbau, Ingenieurbau sowie Projektentwicklung, Gebäudemanagement und Gleislogistik übernimmt. Insbesondere in Bremen wurden markante Gebäude von Wiebe realisiert, so Bürohochhäuser, Parkhäuser, aber auch die evangelische Kirche in Hoya. Den Grundstein dafür legte der Zimmermeister H. F. Wiebe im 19. Jahrhundert in Dörveden, wo weiterhin ein Firmensitz besteht. Die Geschäftsleitung befindet sich nach wie vor in den Händen der Familie Wiebe, mittlerweile in der 6. Generation. Mit mehr als 1.200 Mitarbeitenden hat Wiebe auch Partnerbetriebe in Rumänien und Ungarn und stellt Dienstleistungen in ganz Europa zur Verfügung.

Kontakt

Wiebe Holding GmbH & Co. KG
Im Finigen 8, 28832 Achim
www.wiebe.de

W

Wieland-Werke

Ulm, Baden-Württemberg

Gegründet: 1820

Wieland ist seit 200 Jahren ein Spezialist für Kupfer und Kupferlegierungen. Mit einer Kunst- und Glockengießerei legte Philipp Jakob Wieland den Grundstein für die heutige globale Wieland Gruppe. An 94 Standorten waren im Geschäftsjahr 2018/2019 8.993 Personen tätig. Sie erwirtschafteten bei einem Absatz von 522.000 t Kupfer 3,34 Mrd. Euro Umsatz. Davon wurden 100 Mio. Euro wieder in Investitionen gesteckt. Alle Kupferprodukte sind zu 100 % recycelbar. Wieland setzt auf globale Urbanisierung und wachsende Digitalisierung bei gleichzeitigem Umwelt- und Klimaschutz. Darauf antwortet man mit einem Produkt- und Service-Portfolio in Bezug auf Energie, Kältetechnik, Elektromobilität, Konnektivität und elektrische Geräte. All dies benötigt Kupfer.

Kontakt

Wieland-Werke AG
Graf-Arco-Str. 36, 89070 Ulm
www.wieland.com

Wiha

Schonach, Baden-Württemberg

Gegründet: 1939

Wiha gilt als einer der weltweit führenden Hersteller von Handwerkzeugen für den professionellen Einsatz in Industrie und Handwerk. 1939 von Willi Hahn als kleiner Familienbetrieb gegründet, ist Wiha heute ein weltweit operierendes Unternehmen – nach wie vor inhabergeführt von der Familie Hahn mit Hauptsitz in Schonach im Schwarzwald. Das anwenderorientierte Sortiment an Kofferkonzepten, Schraubendrehern, Elektro-Lösungen, Drehmomentwerkzeugen, Multitools, Stiftschlüsseln, Bits, Zangen, Schonhämmern, Messwerkzeugen und mehr sorgt für mehr Effizienz, Ergonomie und Sicherheit im Profi-Arbeitsalltag. 2019 erhielt Wiha für seine ausgezeichnete Markenarbeit und -Entwicklung den German Brand Award und den Red Dot Brand Award „Best of the Best“.

Kontakt

Wiha Werkzeuge GmbH
Obertalstr. 3–7, 78136 Schonach
www.wiha.com

WIKA

Klingenberg, Bayern

Gegründet: 1946

WIKA ist weltweit führend in der Druck-, Temperatur- und Füllstandsmesstechnik. Es werden elektronische, mechatronische und mechanische Lösungen angeboten, dazu Schutzrohre, Kalibriertechnik und Zubehör. WIKA erzielt einen Jahresumsatz von rd. einer Milliarde Euro und beschäftigt weltweit über 10.000 Mitarbeitende. Es bestehen außer in Deutschland Produktionsstandorte in Australien, Brasilien, China, Indien, Italien, Kanada, Polen, der Schweiz, Südafrika und den USA. Der Name WIKA geht auf die beiden Unternehmensgründer Alexander Wiegand und Philipp Kachel zurück. Alexanders Sohn Konrad übernahm bereits 1951 die Leitung von seinem Vater, die nach seinem Tod 1967 an seine Frau Ursula überging. 1984 wurde sie als erste Frau zur Unternehmerin des Jahres gewählt. Seit 1996 hat Alexander Wiegand die Geschäftsführung in 4. Generation inne.

Kontakt

WIKA Alexander Wiegand SE & Co. KG
Alexander-Wiegand-Str. 30, 63911 Klingenberg
www.wika.de

WIKUS

Spangenberg, Hessen

Gegründet: 1958
Die WIKUS-Sägenfabrik Wilhelm H. Kullmann GmbH & Co. KG produziert Präzisions-Sägebänder für die Metallbearbeitung und gehört zu den weltweit führenden Unternehmen in dieser Branche. Für eine Vielzahl von Materialien bietet WIKUS das passende Produkt. Für das Sägen von Stahl, Aluminium, Kupfer, Titan, Silizium, Quarzglas, für feuerfeste Werkstoffe oder Granit gibt es die speziellsten Sägebänder. Im Schwerpunkt kommen diese in der Stahlerzeugung, im Baugewerbe oder der Automobilbranche zum Einsatz. WIKUS hat den Anspruch, technologischer Volldienstleister zu sein. Mit innovativen Softwaretools und Lehrgängen an der WIKademy wird das Angebot des nordhessischen Unternehmens komplettiert. WIKUS beschäftigt über 750 Mitarbeitende am Hauptsitz in Spangenberg und in den acht weltweiten Tochtergesellschaften. Die Geschäfte des Familienunternehmens führt Dr. Jörg H. Kullmann in der 2. Generation.

Kontakt
WIKUS-Sägenfabrik Wilhelm H. Kullmann
GmbH & Co. KG
Melsunger Str. 30, 34286 Spangenberg
www.wikus.com

Wilesco

Lüdenscheid, Nordrhein-Westfalen

Gegründet: 1912
Die Wilhelm Schröder GmbH & Co. KG Metallwarenfabrik, bekannt als Wilesco, ist im Marktsegment Metallwaren tätig. Das Produktportfolio umfasst Spielwaren, Schaufeln und Möbelbeschläge sowie Zink- und Aluminiumdruckgussteile. Eine Spezialität des Unternehmens ist die Produktion von Modell-Dampfmaschinen. In diesem Bereich ist Wilesco Marktführer. Die D32, stärkste Dampfmaschine im Programm, wurde aktuell in limitierter Stückzahl neu aufgelegt. Die Produkte werden per Onlineshop, durch freie Handelsvertreterinnen und -vertreter in Deutschland und weltweit über Großhändler vertrieben – neben Europa u. a. in Südafrika, Japan und Kanada. Für die USA hat das Unternehmen 2019 die Firma Wilesco USA LP gegründet, die diesen Markt über einen Onlineshop bedient. Rd. 47 Mitarbeitende sind am Stammsitz in Lüdenscheid für Wilesco tätig. Das Unternehmen erzielte 2019 einen Jahresumsatz von 2,8 Mio. Euro und wird von Geschäftsführer Thomas Schröder geleitet.

Kontakt
Wilhelm Schröder
GmbH & Co. KG Metallwarenfabrik
Schützenstr. 12, 58511 Lüdenscheid
www.wilesco.de

W

Wilkhahn

Bad Münder, Niedersachsen

Gegründet: 1907
Das in 3. Generation geführte Familienunternehmen gilt wie kaum ein anderer Möbelhersteller als beispielgebend für „Design made in Germany": Die vielfach ausgezeichneten Free-to-move-Bürostühle halten den Rücken fit, während die mobilen und flexiblen Tische agiles Arbeiten und Kreativität stärken. Für den unternehmerischen Mut und die visionäre Kraft auch in Sachen Umweltschutz wurde Wilkhahn u. a. mit dem Deutschen Umweltpreis ausgezeichnet. Maßgebliche Innovationen, exzellente Gestaltung und langlebige Qualität stehen für ein attraktives, zukunftsorientiertes Unternehmensmodell, das mit 500 Mitarbeitenden, Repräsentanzen auf allen Kontinenten sowie internationalen Lizenz- und Handelspartnern weltweit immer mehr Freunde findet.

Kontakt
Wilkhahn Wilkening+Hahne GmbH+Co.KG
Fritz-Hahne-Str. 8, 31848 Bad Münder
www.wilkhahn.com

Willy Bogner

→ Bogner

WIMO - Hebetechnik

Woringen, Bayern

Gegründet: 1987
Die WIMO - Hebetechnik GmbH ist im Sondermaschinenbau tätig. Das Unternehmen entwickelt, produziert und vertreibt spezielle Lastaufnahmeeinrichtungen. Diese werden beim Heben und Wenden sowie bei Transport und Einlagerung schwerer Güter, wie z. B. Papierrollen, Blechpaketen oder Coils, eingesetzt. Viele der Produkte sind Eigenentwicklungen, wie etwa die Universalzange für Bleche und Coils, die Wendeeinrichtung für Blechpakete oder die Tandem-Coilzange für den zeitsparenden Transport von zwei Coils gleichzeitig. Auch Brammenzangen, Presswerkzeugzangen, Traversen oder Sondergeräte gehören zum Produktspektrum. Grundsätzlich wird der Kunde von der Entstehung bis zum Einsatz seiner speziellen Lösung eng beraten und seine Mitarbeitenden begleitend geschult. Dienstleistungen wie die jährlich anstehende Prüfung sowie Wartung, Reparatur und ein Ersatzteilservice ergänzen das Portfolio. Insgesamt beschäftigt WIMO - Hebetechnik 33 Mitarbeitende, die gemeinsam einen Umsatz von rd. 4,5 Mio. Euro generieren. Firmensitz und ausschließlicher Produktionsstandort ist Woringen. Fest angestellte Außendienstmitarbeitende übernehmen den Inlandsvertrieb. Im Ausland ist die Firma durch Handelsvertretungen präsent. Rd. 40 % des Umsatzes werden im Export erzielt. Die Firmenbezeichnung nimmt die Anfangsbuchstaben des Inhabers WIlli MOraru auf, der das Unternehmen 1987 gründete. Heute ist er als beratender Gesellschafter tätig. Die Geschäfte leitet seit dem Jahr 2017 seine Tochter Nicole Moraru.

Kontakt
WIMO - Hebetechnik GmbH
Bahnhofstr. 1, 87789 Woringen
Fon: 08331 9553-0, Fax: 08331 9553-53
info@wimo-ht.de, www.wimo-ht.de

Windmöller & Hölscher

Lengerich, Nordrhein-Westfalen

Gegründet: 1869
Die Windmöller & Hölscher KG entwickelt und baut Maschinen für die Herstellung flexibler Verpackungen und zählt auf diesem Gebiet zu den Technologieführern. Die Produkte werden in Lengerich sowie dem tschechischen Prostejov hergestellt und sind in über 130 Ländern bei mehr als 5.000 Kunden im Einsatz. Die W&H-Gruppe beschäftigt 3.100 Mitarbeitende und erzielte 2018 einen Umsatz von 895 Mio. Euro. Das Unternehmen wurde 1869 von Gottfried Windmöller und Hermann Hölscher gegründet und befindet sich heute in 3. und 4. Generation in Familienbesitz. Der geschäftsführende Gesellschafter Dr. Jürgen Vutz leitet die Gruppe zusammen mit den Geschäftsführern Peter Steinbeck und Dr. Falco Paepenmüller.

Kontakt
Windmöller & Hölscher KG
Münsterstr. 50, 49525 Lengerich
www.wuh-group.com

WINI Büromöbel

Coppenbrügge OT Marienau, Niedersachsen

Gegründet: 1908
WINI Büromöbel zählt zu den zehn erfolgreichsten Büroeinrichtern in Deutschland. Das Unternehmen bietet modulare Büromöbel von maximaler Funktionalität und hoher gestalterischer und ökologischer Qualität. Das Produktangebot reicht von Tischsystemen über hochabsorbierende Akustiksysteme und stationäre oder mobile Stauraumlösungen bis hin zu repräsentativen Konferenz- und Empfangseinrichtungen.

Wilhelm Niemeier (WI-NI) übernahm 1908 die familieneigene Drechslerwerkstatt und begann bald darauf mit der industriellen Produktion von Schul- und Büromöbeln. Nach dem Zweiten Weltkrieg kam Georg Schmidt als Betriebsleiter zu WINI. Er heiratete die Adoptivtochter des Firmengründers. 1967 erwarb er den Markennamen „WINI" und brachte das Unternehmen in seine heutige Form. Seit 1985 steht die WINI Büromöbel Georg Schmidt GmbH & Co. KG unter der Leitung von Tochter Carolina Schmidt-Karsch und ihrem Mann Hans F. Karsch.

Kontakt
WINI Büromöbel Georg Schmidt GmbH & Co. KG
Auhagenstr. 79,
31863 Coppenbrügge OT Marienau
www.wini-mein-buero.de

W

WINTER

Ratingen, Nordrhein-Westfalen

Gegründet: 1945
Die Wilhelm Winter GmbH & Co. KG ist als mittelständisches, international operierendes Maschinenbau-Unternehmen in verschiedensten Geschäftsfeldern, wie z. B. der Blechverarbeitung oder der Hydraulik, tätig. So baut Winter Fertigungslinien und Komponenten für die Blechverarbeitung. Weiterhin gehören etwa hydraulische Prüfstände (Rohrprüfpressen), hydraulische Aggregate und Sonderzylinder wie auch Antennenrotoren und -steuerungen zum Angebot. Nasstrennschneidmaschinen und maßgeschneiderte Sonderlösungen vervollständigen das Lieferprogramm. WINTER Maschinenbau wurde 1945 von Wilhelm Winter zunächst als Ingenieurbüro gegründet. Bereits ein Jahr später wurde am Standort Ratingen eine eigene Fertigung aufgebaut. 1964 trat Jost Winter, der Sohn des Gründers, in die Firma ein. 1994 und 2000 kam mit Stefan und Thomas Winter auch die 3. Generation ins Unternehmen. Sie bilden heute gemeinsam mit Dr.-Ing. Markus Osterloh die Geschäftsführung.

Kontakt
Wilhelm Winter GmbH & Co. KG
Dechenstr. 1, 3 + 7, 40878 Ratingen
www.wilhelmwinter.de

Wirthwein

Creglingen, Baden-Württemberg

Gegründet: 1949
Die Wirthwein AG ist als führender Hersteller von kunststoffbasierten Komponenten, Baugruppen und Systemen in den Geschäftsfeldern Automotive, Bahn, Elektroindustrie, Hausgeräte, Medizintechnik sowie Innenausbau tätig. Der Full-Service-Supplier produziert mit modernsten Werkzeugbau-, Spritzguss-, Blasform- und Montagetechnologien an 22 Standorten in Europa, Asien und Nordamerika. 3.650 Mitarbeitende erzielten 2018 einen Umsatz von 473 Mio. Euro.

1949 gründete Walter Wirthwein einen Zulieferer für den Bahnoberbau, den sein Sohn Udo Wirthwein in das Kunststoffzeitalter führte. Den Vorstand der Wirthwein AG stellen heute Frank Wirthwein (Ressort Vertrieb und Sprecher) und Marcus Wirthwein (Ressort Technik) in 3. Familiengeneration sowie Rainer Zepke (Ressort Finanzen).

Kontakt
Wirthwein AG
Walter-Wirthwein-Str. 2–10, 97993 Creglingen
www.wirthwein.de

WISAG

Frankfurt a. Main, Hessen

Gegründet: 1965
Die WISAG gehört zu den größten deutschen Dienstleistungsanbietern. Das Familienunternehmen beschäftigt rd. 50.000 Mitarbeitende, die vielfältige Services für Büro-, Gewerbe- und Wohnimmobilien, die Industrie sowie Fluggesellschaften und Flughäfen erbringen. Claus Wisser gründete die Firma 1965 als Ein-Mann-Betrieb und baute sie durch Verbreiterung der Angebotspalette und Zukäufe aus. Seit 2008 steht sein Sohn Michael C. Wisser der Firma vor, die an 250 Standorten im In- und Ausland aktiv ist. Aus Anlass des 50-jährigen Firmenjubiläums wurde die Stiftung „KiWIS – Kinderhilfe der WISAG“ gegründet. Entsprechend des wertschätzenden Leitbilds der WISAG Gruppe wird den Angestellten ein umfangreiches Weiterbildungs- und Entwicklungsprogramm angeboten.

Kontakt
WISAG
Herriotstr. 3, 60528 Frankfurt a. Main
www.wisag.de

WISKA

Kaltenkirchen, Schleswig-Holstein

Gegründet: 1919
Die WISKA Hoppmann GmbH ist Hersteller von Elektroinstallationsmaterial, Licht und Videoüberwachung für Handwerk, Industrie und Schiffbau. Am Standort in Kaltenkirchen verfügt WISKA über eine eigene Forschung und Entwicklung sowie Fertigung. Der Vertrieb in Deutschland erfolgt durch einen flächendeckenden Außendienst, im Export über Tochtergesellschaften und ein globales Vertreternetzwerk. Das Familienunternehmen beschäftigt weltweit 260 Mitarbeitende. Mehr als 18 % der Angestellten haben schon ihre Ausbildung bei WISKA absolviert. Bei einem Jahresumsatz von 37 Mio. Euro (2019) exportiert das Unternehmen 70 % seiner Produkte. Gegründet wurde WISKA 1919 in Hamburg und wird heute durch Ronald und Tanja Hoppmann in 3. Familiengeneration geführt.

Kontakt
WISKA Hoppmann GmbH
Kisdorfer Weg 28, 24568 Kaltenkirchen
www.wiska.com

Witte

Münster, Nordrhein-Westfalen

Gegründet: 1908
Die Firmengruppe Witte ist eine führende Industrie- und Hochsicherheitsdruckerei. Sie produziert fälschungs- und übertragungssichere selbstklebende Kennzeichnungssysteme, Behördendokumente und Fahrzeug-Sicherheitsprodukte. In fünf Unternehmen arbeiten ca. 130 Mitarbeitende in Deutschland und ca. 400 in Mexiko. Hugo Witte gründete die Firma in Solingen als Handel mit Schleif- und Poliermitteln. Später kamen eine Schilderfabrik sowie die Herstellung und der Vertrieb von Klebebändern und selbstklebenden Folien hinzu. 2018 erfolgte die internationale Expansion: Von den Standorten Guadalajara und Tijuana aus beliefert Witte v. a. seine amerikanischen Kunden aus der Automobil-, Unterhaltungs- und Elektronikindustrie sowie dem Bereich Spirituosen.

Kontakt
Firmengruppe Witte
Sendener Stiege 4, 48163 Münster
www.witte-group.de

WITTE Automotive

Velbert, Nordrhein-Westfalen

Gegründet: 1899
WITTE Automotive entwickelt und produziert Schließ- und Betätigungssysteme, Antriebe für Türen und Klappen sowie Sitzverriegelungen und Kameramodule für nahezu alle Automarken. Das Unternehmen hat seinen Stammsitz in Velbert und unterhält weitere Standorte in Deutschland, Tschechien, Bulgarien und Schweden. Global ist WITTE im Rahmen der VAST Automotive Group auch in den USA, Mexiko, Brasilien, China, Indien, Japan und Korea präsent.

Unternehmensgründer Ewald Witte stellte seit 1899 zunächst Kofferschlösser her. Der erste Türgriff für ein Auto wurde für den ersten VW Käfer produziert. Sein Urenkel Rainer Gölz ist seit dem Jahr 2001 in 4. Generation Geschäftsführer für die Eignerfamilie.

Kontakt
WITTE Automotive
Höferstr. 3–15, 42551 Velbert
www.witte-automotive.de

W

WITTENSTEIN

Igersheim, Baden-Württemberg

WITTENSTEIN

Gegründet: 1949

Die WITTENSTEIN SE entwickelt, produziert und vertreibt weltweit Produkte, Systeme und Lösungen für hochdynamische Bewegung, präziseste Positionierung und intelligente Vernetzung in der mechatronischen Antriebstechnik. Das Portfolio der Unternehmensgruppe umfasst z. B. Planetengetriebe, komplette mechatronische Antriebssysteme oder AC-Servosysteme und -motoren. Ein herausragendes Beispiel der Innovationskraft von WITTENSTEIN ist das Galaxie® Antriebssystem, das mit dem HERMES AWARD 2015 ausgezeichnet wurde. Einsatzgebiete der Produkte sind z. B. Werkzeugmaschinen, logistische Prozesse, Förder- und Verfahrenstechnik, die Medizintechnik sowie die Luft- und Raumfahrt. Von den weltweit rd. 3.000 Mitarbeitenden sind über 1.900 in Deutschland beschäftigt. Die Ausbildungsquote liegt bei 10 %. Mit über 60 Tochterunternehmen und Vertretungen in etwa 40 Ländern erzielte die Unternehmensgruppe im Geschäftsjahr 2018/2019 einen Umsatz von 436 Mio. Euro. Davon entfielen 58 % auf das Ausland.

Ihre heutige Unternehmensstruktur mit sechs eigenständigen Unternehmensbereichen erhielt die WITTENSTEIN gruppe im Jahr 2001 durch Umwandlung der WITTENSTEIN GmbH & Co. KG in eine nicht börsennotierte, familiengeführte AG. Seitdem übernimmt die WITTENSTEIN SE die strategische Führung und Kontrolle der gesamten Gruppe. Seit 2011 ist die attocube systems AG Tochtergesellschaft der WITTENSTEIN gruppe. Das Unternehmen entwickelt Antriebs- und Messtechnik für Nanotechnologie-Anwendungen. 2017 holt sich die Unternehmensgruppe mit dem Erwerb der baramundi software AG mit Sitz in Augsburg strategisch wichtige Kompetenzen für den weiteren Weg der digitalen Transformation ins Haus.

Dr. Manfred Wittenstein, Sohn des Firmengründers, war bis 2013 Vorstandsvorsitzender der WITTENSTEIN gruppe und ist heute Aufsichtsratsvorsitzender des Unternehmens. Am 1. April 2019 übernahm Dr. Bertram Hoffmann die Funktion des Vorstandsvorsitzenden. Dr. Dirk Haft, Erik Roßmeißl und Dr. Anna-Katharina Wittenstein komplettieren den Vorstand.

Vorstandsvorsitzender Dr. Bertram Hoffmann (oben).
In der WITTENSTEIN Innovationsfabrik findet im Radius von 30 m der komplette Wertschöpfungsprozess statt – von der Idee bis zum fertigen Produkt (Mitte).
Die NanoFactory, Headquarter der attocube systems AG, in Haar bei München (unten)

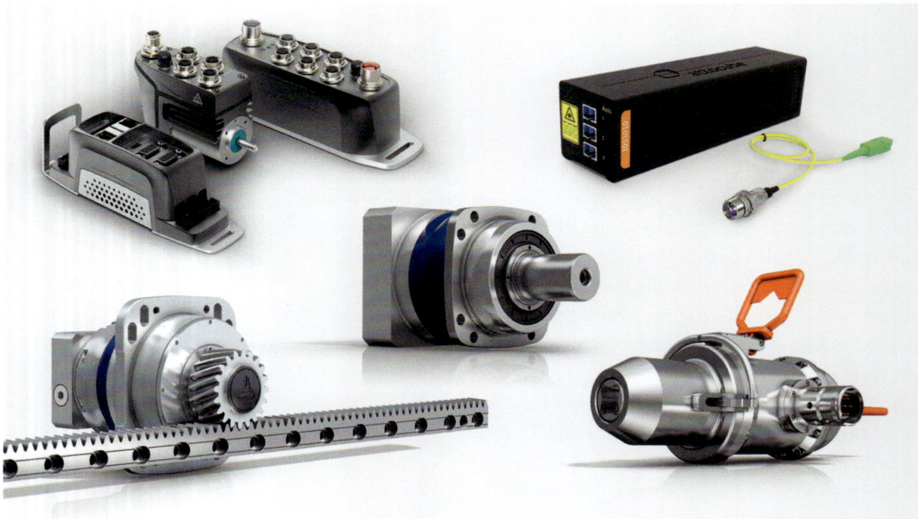

WITTENSTEIN bietet alle wesentlichen Technologien für elektromechanische Antriebssysteme.

Gesellschaftliche Verantwortung

Die WITTENSTEIN SE und ganz besonders Dr. Manfred Wittenstein unterstützen mit großer Leidenschaft soziale und kulturelle Projekte: So fördert die WITTENSTEIN-Stiftung den studentischen Nachwuchs im Bereich Naturwissenschaften durch die Vergabe von Stipendien an herausragende Abiturientinnen und Abiturienten in der Region. Auch der Erfinderwettbewerb „Kreative Köpfe" sowie der Klassik-Gesangswettbewerb „DEBUT" gehen auf die Initiative von Dr. Manfred Wittenstein zurück. Bei der Initiative „PIONIERE auf der Walz" wird jungen Menschen nach absolvierter Ausbildung oder absolviertem Studium und vor dem Eintritt ins Berufsleben die Möglichkeit einer ganz besonderen Auslandserfahrung geboten: Mit wenigen Vorgaben stellen sie sich selbst eine Aufgabe und organisieren ihren Aufenthalt in einem fremden Land. Jüngstes Beispiel gesellschaftlichen Engagements ist 2019/2020 die Ausstellung „Beyond the Horizon" des renommierten deutschen Fotokünstlers Michael Najjar in der Innovationsfabrik. Ihr Thema ist der technologische Fortschritt in der Raumfahrt, der die Zukunft womöglich entscheidend verändert.

Die herausragende Stärke der WITTENSTEIN gruppe ist und bleibt die Beherrschung und Weiterentwicklung aller relevanten Technologien der mechatronischen Antriebstechnik unter einem Dach. Neben der fortwährenden Entwicklung von innovativen Produkten stehen neuartige Produktionsprozesse, Geschäftsmodelle und besonders die Digitalisierung von Produkten und Produktion im Fokus.

Schon gewusst?

Beim Galaxie® hat WITTENSTEIN das Thema Antrieb noch einmal ganz von vorn gedacht. Das Ergebnis ist eine grundlegend neue Getriebegattung mit prinzipieller Überlegenheit. Sie basiert auf drei radikal neuen Ideen: dynamisierte Einzelzähne statt starrer Zahnring; vollflächiger, hydrodynamischer Kontakt beim Zahneingriff statt Wälzpunkt-Linienkontakte sowie Verzahnung in Form einer logarithmischen Spirale. Durch diese Innovationen erreicht das Galaxie® bislang unvorstellbare Leistungsdaten und ermöglicht Ingenieuren und Entwicklern echte Entwicklungssprünge.

Daten und Fakten

Inhaberfamilie: Familie Wittenstein in 2. und 3. Generation
Gründer: Walter Wittenstein und Bruno Dähn, 1949, Steinheim
Produkte: Servogetriebe, Servoantriebssysteme, Steuerungen, mechatronische Systeme, Elektronik- und Softwarekomponenten für die Antriebstechnik u. a. für Maschinenbau, Luft- und Raumfahrt, Medizintechnik, Antriebs- und Messtechnik für Nanotechnologie-Anwendungen
Mitarbeitende: ca. 3.000 (2019)
Umsatz: 436 Mio. Euro (Geschäftsjahr 2018/2019)
Ausbildungsplätze p. a.: ca. 60
Familieneinfluss: Dr. Manfred Wittenstein ist Aufsichtsratsvorsitzender des Unternehmens, Dr. Anna-Katharina Wittenstein ist Mitglied des Vorstands
Unternehmensanteile der Familie: 100 %
Kontrollgremien: Aufsichtsrat, Hauptversammlung
Ausbildungsquote: 10 %
Auszeichnungen: HERMES AWARD 2015 und Innovationspreis der Deutschen Wirtschaft 2016 für das Galaxie®

W

Als erster Komponentenhersteller bietet WITTENSTEIN jetzt serienmäßig smarte Getriebe für das IIoT an – Getriebe mit cynapse. Sie besitzen ein integriertes Sensormodul, das Industrie-4.0-Konnektivität und -Kommunikation ermöglicht (oben). Um die Digitalisierung voranzutreiben, hat WITTENSTEIN einen eigenen Bereich gegründet – das Digitalization Center (unten).

Der Weltgarten in Igersheim-Harthausen ist der einzige botanische Garten eines Industrieunternehmens in Deutschland. Mittlerweile wachsen hier über 600 Bäume und Sträucher aus Ländern, in denen das Unternehmen vertreten ist.

W

Das Galaxie® steht sogar im Lehrbuch. Dort wird es als neue, eigenständige Getriebegattung vorgestellt.

Kontakt
WITTENSTEIN SE
Walter-Wittenstein-Str. 1, 97999 Igersheim
Fon: 07931 493-0, Fax: 07931 493-200
info@wittenstein.de, www.wittenstein.de

Ansprechpartnerin Presse
Sabine Maier
Fon: 07931 493-10399
sabine.maier@wittenstein.de

Witzenmann

Pforzheim, Baden-Württemberg

Gegründet: 1885
Die Witzenmann-Gruppe ist nach eigenen Angaben der weltweit führende Anbieter von flexiblen metallischen Elementen, wie etwa Entkoppelelemente, Dehnkörper, Wickelschläuche oder Abgas- und Ölrückführleitungen. Sie werden u. a. im Anlagenbau, in der technischen Gebäudeausrüstung, der Automobil- und Nutzfahrzeugindustrie oder der Luft- und Raumfahrttechnik eingesetzt. Die Wurzeln des Unternehmens liegen im Jahr 1885, als Heinrich Witzenmann den flexiblen Metallschlauch erfand und damit die Metallschlauch- und Kompensatorenindustrie begründete. Heute ist daraus eine weltweite Gruppe entstanden, die mit 24 Unternehmen in 19 Ländern präsent ist. Insgesamt beschäftigt sie über 4.600 Mitarbeitende, rd. 1.700 davon sind am Stammsitz in Pforzheim aktiv.

Kontakt
Witzenmann GmbH
Östliche Karl-Friedrich-Str. 134, 75175 Pforzheim
www.witzenmann.com

WKW.group

Wuppertal, Nordrhein-Westfalen

Gegründet: 1940
Die WKW.group ist ein global agierendes Unternehmen der Aluminium-, Stahl- und Kunststoffverarbeitung mit den Geschäftsfeldern Aluminium-Trimteile, Fahrzeugrelinge, Aluminiumextrusion und Kunststoffextrusion. Unter der Marke WKW.automotive werden hochwertige Zier- und Funktionsteile aus Aluminium, Edelstahl und Kunststoff für Pkw der Premium-Klasse produziert und vertrieben. Die Marke WKW.extrusion stellt Aluminiumstrangpressprodukte sowie designorientierte Industriekomponenten her. Die WKW.group mit weltweit 4.600 Mitarbeitenden erwirtschaftete 2019 einen Umsatz in Höhe von 618 Mio. Euro. 1940 als Walter Klein GmbH & Co. KG am Stammsitz Wuppertal gegründet, zählen heute Produktionsstandorte und Vertretungen in West- und Osteuropa, Nordafrika, Nordamerika und China zu der Unternehmensgruppe in Familienbesitz.

Kontakt
Walter Klein GmbH & Co. KG
Hahnerberger Str. 32, 42349 Wuppertal
www.wkw.de

W

WM SE

Osnabrück, Niedersachsen

Gegründet: 1945
Mit der Vertriebsmarke WM Fahrzeugteile ist die WM SE nach eigenen Angaben europaweit führend im Handel mit Fahrzeugteilen. Für alle gängigen Fahrzeug-Modelle bietet die WM ein Vollsortiment von rd. 250.000 Kfz-Ersatzteilen an. Neben Kfz-Teilen und -Zubehör gehören Werkzeug, Werkstattausrüstung und Werkstattkonzepte zum Angebot. Die Unternehmensgruppe WM SE erwirtschaftete 2015 mit 5.200 Mitarbeitenden einen kumulierten Umsatz von 1,6 Mrd. Euro. WM SE ist mit 230 Verkaufshäusern in Deutschland, den Niederlanden, Österreich, Tschechien, der Slowakei und den USA aufgestellt. Bastian Müller ist seit 2020 neuer Vorsitzender des Aufsichtsrats. Er übernahm das Amt von seinem Vater Hans-Heiner Müller. WM SE ist in 3. Generation in Familienhand.

Kontakt
WM SE
Pagenstecherstr. 121, 49090 Osnabrück
www.wm.de

Woco

Bad Soden-Salmünster, Hessen

Gegründet: 1956
Woco steht mit 23 Standorten weltweit für langlebige Produkte aus den Bereichen Automotive (Powertrain Technology, Polymer Automotive, New Energy Vehicles) und Non-Automotive (Antivibrationssysteme, Mess- und Regelsysteme, Rohrleitungssysteme, Railtrack). Woco-Produkte leisten einen Beitrag zur Umweltentlastung durch Reduktion von Emissionen, Immissionen und Geräuschen. Franz Josef Wolf gründete das Gummi- und Kunststoffwerk 1956 und unterstützt heute noch mit seiner langjährigen Erfahrung insbesondere den Bereich Non-Automotive innerhalb des internationalen Konzerns. Als Familienunternehmen am Gründungssitz und mit einer Reihe von Werken, Produktionsstätten und Partnern erzielte Woco im Jahr 2019 mit 5.915 Beschäftigten einen Umsatz von 730 Millionen Euro.

Kontakt
Woco GmbH & Co. KG
Hanauer Landstr. 16,
63628 Bad Soden-Salmünster
www.wocogroup.com

wolfcraft

Kempenich, Rheinland-Pfalz

Gegründet: 1949
Die wolfcraft GmbH stellt Werkzeuge und Zubehör her: Maschinen- und Spanntische, Spann- und Handwerkzeuge sowie Zubehör für Elektrowerkzeuge. Für das Unternehmen sind mehr als 650 Mitarbeitende tätig (2020). Stammsitz der GmbH ist Kempenich und produziert wird in Weibern; beide Orte liegen in der Eifel. Eine weitere Produktionsstätte ist in der Slowakei. Firmengründer Robert Wolff übergab 1982 die Firmenleitung an seine Söhne Reinhard Wolff und Thomas Wolff. wolfcraft ist in über 50 Ländern weltweit aktiv. In Frankreich, Spanien, Italien, Österreich und der Slowakei hat das Unternehmen eigene Tochtergesellschaften; in weiteren Ländern in Europa, Nord- und Südamerika, Asien und Afrika arbeitet es mit Handelspartnern vor Ort zusammen.

Kontakt
wolfcraft GmbH
Wolffstr. 1, 56746 Kempenich
www.wolfcraft.de

W

WOLFF & MÜLLER

Stuttgart, Baden-Württemberg

Gegründet: 1936
Das Bauunternehmen WOLFF & MÜLLER Holding GmbH & Co. KG ist in drei Geschäftsfeldern tätig: Bauleistungen, Baustoffe/Rohstoffe und Dienstleistungen. Das mittelständische Familienunternehmen mit Hauptsitz in Stuttgart unterhält bundesweit 27 Standorte. WOLFF & MÜLLER beschäftigt über 2.000 Mitarbeitende und erzielte 2019 einen Jahresumsatz von 1,0 Mrd. Euro. Die TU München und das Fachmagazin tHIS würdigten die Firma 2018 als Bauunternehmen des Jahres in der Rubrik Hochbau. 2019 stieg WOLFF & MÜLLER durch eine Beteiligung an der AH Aktiv-Haus GmbH in das modulare Bauen ein. Eine eigene Stiftung macht sich für Umwelt- und Klimaschutz, Kinder, Bildung und Gesundheit stark. Die Geschäftsführung haben Udo Berner, Dr. Albert Dürr und Oliver Wilm inne.

Kontakt
WOLFF & MÜLLER Holding GmbH & Co. KG
Schwieberdinger Str. 107, 70435 Stuttgart
www.wolff-mueller.de

Wortmann-Gruppe

Detmold, Nordrhein-Westfalen

Gegründet: 1967
Die Wortmann-Gruppe mit Sitz in Detmold gehört mit einem Gesamtumsatz von mehr als einer Milliarde Euro zu den führenden Schuhproduktions- und Vertriebsunternehmen in Europa. Die Markenbekanntheit der Hauptmarke Tamaris liegt derzeit bei über 90 %. Weitere Marken der Wortmann-Gruppe sind MARCO TOZZI, Caprice, Jana sowie die Lizenzmarke s.Oliver shoes.

In Europa ist die Wortmann-Gruppe an sieben Standorten und weiteren elf in Fernost vertreten. Weltweit werden die Schuhe in über 70 Ländern vertrieben. International beschäftigt die Unternehmensgruppe 1.154 Mitarbeitende. Hinzu kommen ca. 30.000 Arbeitskräfte bei Herstellern, die weltweit für Wortmann produzieren.

Kontakt
Wortmann Schuh-Holding KG
Klingenbergstr. 1–3, 32758 Detmold
www.wortmann-group.com

Wuppermann

Leverkusen, Nordrhein-Westfalen

Gegründet: 1872
Die Wuppermann-Gruppe ist ein mittelständisches Familienunternehmen mit Sitz in Leverkusen, das seit über 140 Jahren in der Stahlverarbeitung tätig ist. Zum Produktportfolio gehören oberflächenveredelte Flachstahlprodukte mit Zink- und Zink-Magnesium-Auflagen und gebeizter Oberfläche sowie Rohre und Rohrkomponenten mit den gleichen Oberflächenarten. Die Produkte von Wuppermann finden in den unterschiedlichsten Branchen Verwendung: Bau-, Möbel- und Fahrzeugindustrie, Solar- & Energietechnik sowie im Verkehrswesen. Wuppermann hat derzeit fünf Produktionsstandorte in den Niederlanden, Österreich, Ungarn und Polen und beschäftigt in Europa über 800 Mitarbeitende. Zu der Holding gehören Vertriebsbüros in verschiedenen Ländern Europas.

Kontakt
Wuppermann AG
Ottostr. 5, 51381 Leverkusen
www.wuppermann.de

Würth

Künzelsau, Baden-Württemberg

W

Gegründet: 1945

Die Würth-Gruppe ist nach Unternehmensangaben weltweiter Marktführer in ihrem Kerngeschäft, dem Vertrieb von Montage- und Befestigungsmaterial für Handwerk und Industrie. Die mit über 400 Gesellschaften in mehr als 80 Ländern tätige Gruppe erwirtschaftete im Geschäftsjahr 2019 einen Rekordumsatz von 14,3 Mrd. Euro und beschäftigte rd. 78.500 Mitarbeitende. Das Familienunternehmen bildet derzeit allein in Deutschland über 1.300 Auszubildende aus.

Den Grundstein für den heute global agierenden Konzern legte Adolf Würth 1945 im baden-württembergischen Künzelsau. Dort gründete er seinen eigenen Betrieb als Großhandelsfirma für Schrauben und Muttern. Als er 1954 verstarb, übernahm sein damals 19-jähriger Sohn Reinhold die elterliche Firma. In den folgenden Jahrzehnten expandierte Würth rasch unter seiner Führung. Heute hat Bettina Würth, Tochter von Reinhold Würth, den Beiratsvorsitz der Würth-Gruppe inne. Das operative Geschäft wird durch familienfremde Manager geleitet.

Gesellschaftliches Engagement ist ein fester Bestandteil bei Würth. 15 unternehmenseigene Museen und Kunstdependancen in Deutschland sowie in Europa zeigen Werke aus der Sammlung Würth, die rd. 18.300 Arbeiten umfasst. Zudem fördert die Stiftung Würth die Bereiche Kunst, Kultur, Forschung, Wissenschaft, Bildung und Erziehung.

Kontakt

Adolf Würth GmbH & Co. KG
Reinhold-Würth-Str. 12–17, 74653 Künzelsau
Fon: 07940 15-0, Fax: 07940 15-1000
info@wuerth.com, www.wuerth.com

XYZ

Z

Zambelli

Grafenau, Bayern

Gegründet: 1957

Die Zambelli GmbH & Co. KG ist in der Metallverarbeitung tätig und Systemlieferant kompletter Metalldach-, Dachentwässerungs- und Regalsysteme. Innerhalb weniger Jahrzehnte entwickelte sich der Handwerksbetrieb von Franz und Carlo Zambelli Sopalù zu einer international tätigen Unternehmensgruppe. Heute sind rd. 1.000 Mitarbeitende an neun Produktionswerken in fünf europäischen Ländern für Zambelli tätig. Im Jahr 2011 erhielt Zambelli als Anerkennung seiner Unternehmensleistung die Auszeichnung „Bayerns Best 50" vom Bayerischen Wirtschaftsministerium verliehen. Das Unternehmen befindet sich weiterhin in Familienbesitz: Gesellschafterinnen sind seit dem Tod des Firmengründers Franz Zambelli die Töchter Marietta und Regina Zambelli Sopalù.

Kontakt

Zambelli GmbH & Co. KG
Passauer Str. 3 + 5,
94481 Grafenau/Haus im Wald
www.zambelli.de

Zech Group

Bremen

Gegründet: 1909

Die Zech Group SE ist eine strategische Management-Holding, die in den Geschäftsbereichen Building, Real Estate und Hotel mit operativ tätigen Führungsgesellschaften aktiv ist und u. a. die Koordination und Weiterentwicklung der Unternehmensgruppe steuert. ZECH Building ist z. B. fokussiert auf die Konzeption, Planung und den Bau von Immobilienprojekten sowie das Immobilienmanagement. ZECH Real Estate ist als börsennotierte Deutsche Immobilien Holding AG in den Geschäftsfeldern Development, Funds und Asset/Property Management aktiv. Die ZECH Hotel Holding bietet z. B. Reisenden Häuser mit über 2.000 Betten. 1909 gründete Gustav Zech ein Bauunternehmen bei Breslau. Sein Sohn, Kurt Zech, geschäftsführender Gesellschafter der Zech Group, übernahm das Familienunternehmen 1978 und baute es kontinuierlich zur Zech Group aus.

Kontakt

Zech Group SE
August-Bebel-Allee 1, 28329 Bremen
www.zech-group.com

Zeisner Feinkost

Grasberg, Niedersachsen

Gegründet: 1902

Die Zeisner Feinkost GmbH & Co. KG ist ein auf die Herstellung von Ketchup und Saucen spezialisiertes Familienunternehmen. Es wurde 1902 von Juliane und Waldemar Zeisner in Bremen gegründet und wird heute in 4. Generation von Thomas Zeisner mit Firmensitz in Grasberg geführt. Nach dem Start mit klassischer Worcester-Sauce ist der Betrieb der erste Hersteller von Ketchup in Deutschland (seit 1935). Kundenindividuelle Saucen für Feinkost-, Fisch- und Fleischindustrie gehören auch zum Angebot. Die 25 Mitarbeitenden des Unternehmens erwirtschaften einen Jahresumsatz von ca. 10 Mio. Euro.

Die 2011 gegründete private und gemeinnützige Zeisner-Stiftung fördert soziale Initiativen für benachteiligte Kinder und Jugendliche in der Region Bremen.

Kontakt

Zeisner Feinkost GmbH & Co. KG
Wörpedorfer Str. 12, 28879 Grasberg/Bremen
www.zeisner.de

Zentis

Aachen, Nordrhein-Westfalen

Gegründet: 1893
Die Zentis GmbH & Co. KG ist einer der größten Fruchtverarbeiter Europas mit Tochterunternehmen in Polen, Ungarn, Russland sowie den USA und stellt Lebensmittel in vier Produktbereichen her: Fruchtzubereitungen für die Milchwirtschaft, milchfreie Fruchtzubereitungen (z. B. für die Back- und Süßwarenindustrie), süße Brotaufstriche wie Konfitüren und Gelees sowie Süßwaren (z. B. Schokoladen- und Cerealienspezialitäten) für Handel und Industrie. Zum Portfolio zählen Marken wie Nusspli, 75 % Frucht oder MyCorn Cerealiensnack. 2018 erzielte Zentis mit über 2.100 Mitarbeitenden einen Umsatz von 664 Mio. Euro. 1893 eröffnete Franz Zentis einen Kolonialwarenladen, schuf eine neuartige Backmarmelade und legte damit den Grundstein des heutigen Unternehmens, das sich in 5. Generation in Familienbesitz befindet.

Kontakt
Zentis GmbH & Co. KG
Jülicher Str. 177, 52070 Aachen
www.zentis.de

ZERO-LACK

Bad Oeynhausen, Nordrhein-Westfalen

Z

ZERO
Farben für Profis

„Nicht die Großen fressen die Kleinen, sondern die Schnellen die Langsamen!"

Marcus Fischerbock

Gegründet: 1960
Die ZERO-LACK GmbH & Co. KG entwickelt, produziert und vertreibt Farben, Lacke, Putze und Wärmedämmverbundsysteme. Die Produkte richten sich primär an professionelle Anwender wie Malerinnen, Lackierer und Stuckateurinnen. In Deutschland zählt das Unternehmen zu den zehn erfolgreichsten Vertretern der Branche. Der Vertrieb geschieht sowohl über Handelspartner als auch über Verkauf in den Niederlassungen der ZERO Profi-Malermarkt GmbH & Co. KG. Außerdem tätigt ZERO-LACK Geschäfte im benachbarten europäischen Ausland. Der Umsatz

Farben, Putze, Lacke, Lasuren, WDV-Systeme – ZERO ist Vollsortimenter aus Leidenschaft.

Marcus Fischerbock leitet ZERO-LACK als geschäftsführender Gesellschafter in 2. Generation; die Produktion erfolgt seit 1978 am Firmenstandort in Bad Oeynhausen.

Z

beträgt ca. 35 Mio. Euro. Von den 135 Beschäftigten arbeiten ca. 100 am Stammsitz in Bad Oeynhausen, die übrigen sind im beratenden Außendienst tätig. Pro Jahr stellt ZERO-LACK in der Regel fünf Ausbildungsplätze bereit.

Alle Anteile des Unternehmens befinden sich in Familieneigentum. Seit dem Jahr 2000 übt Marcus Fischerbock in 2. Generation die Funktion des geschäftsführenden Gesellschafters aus. Sein Vater Bruno Fischerbock gründete das Unternehmen 1960 im Alter von 27 Jahren als Zwei-Mann-Betrieb in einer Garage in Vlotho. Er begann mit der Herstellung von Lacken für Landwirtschaft, Tischlereien sowie Möbel- und Maschinenfabriken in der näheren Umgebung. Von Anfang an konzentrierte er sich auf die Zielgruppe der professionellen Fachkräfte und berücksichtigte ihre spezifischen Bedürfnisse. Das erste eigene Betriebsgrundstück erwarb der Unternehmensgründer 1962 in Löhne. Seit 1978 findet die Produktion in Bad Oeynhausen auf einer Fläche von 25.000 m^2 statt. Das Unternehmen legt großen Wert auf Mitbestimmung und ein kollegiales Miteinander aller Mitarbeitenden, denen u. a. flexible familienfreundliche Arbeitszeitmodelle angeboten werden. Den Kundinnen und Kunden bietet man neben Produkten für den professionellen Anspruch umfangreiche fachliche Beratung, diverse Dienstleistungen und einen 24-Stunden-Lieferservice. ZERO MiX-Tönanlagen stehen an mehr als 250 Standorten; ca. 2,5 Mio. Rezepturen sind aktuell möglich. Das Unternehmen wird seine Unabhängigkeit als mittelständisches Familienunternehmen auch in Zukunft wahren.

Schon gewusst?

Buchstäblich „bei null anfangen" musste Bruno Fischerbock, als er am 1. April 1960 sein Unternehmen aus der Taufe hob. Der Name des Unternehmens, das in einer Garage in Vlotho-Bonneberg die Arbeit aufnahm, war ZERO-LACK GmbH. Was damals als Zwei-Mann-Betrieb begann, ist heute zu einem der wenigen Unternehmen der Bauchemie in Deutschland geworden, das sich noch in Familienbesitz befindet.

Daten und Fakten

Inhaberfamilie: Familie Fischerbock in 1., 2. und 3. Generation
Gründer: Bruno Fischerbock, 1960, Vlotho
Unternehmensanteile der Familie: 100%
Familieneinfluss: inhabergeführt
Branche: Bauchemie/Baustoffe/Bautenfarben
Standort: Bad Oeynhausen, Vertriebspartner im In- und Ausland
Vertrieb: über den Farbengroß- und -fachhandel sowie eigene Niederlassungen
Umsatz: ca. 35 Mio. Euro
Mitarbeitende: 135
Ausbildungsplätze p. a.: 5

Kontakt
ZERO-LACK GmbH & Co. KG
Bleichstr. 57–58, 32545 Bad Oeynhausen
Fon: 05731 9887-0
info@zero-lack.de, www.zero-lack.de

Zimmer + Rohde

Oberursel, Hessen

Gegründet: 1889

Die Zimmer + Rohde GmbH zählt zu den weltweit vernetzten Textilverlagen. Das Unternehmen mit Stammsitz in Oberursel führt mehrere internationale Marken mit exklusiven Stoffen, etwa Ardecora, Etamine, Hodsoll McKenzie oder Travers, sowie eine eigene Möbelkollektion. Für den internationalen Vertrieb sorgen u. a. Tochterfirmen in New York, Paris, Mailand, London, Dubai und Hongkong. Die Entwürfe für die Stoffe und Möbel stammen aus der eigenen Designabteilung. Zimmer + Rohde befindet sich zu 100 % in Familienbesitz. Andreas Zimmer fungiert in 4. Generation als geschäftsführender Gesellschafter. 1889 gründeten Max Marx und Ernst Rohde das Unternehmen in Frankfurt. 1919 wurde Georg Zimmer, Ehemann der Unternehmertochter Elisabeth Rohde, Mitinhaber. Heute agiert das Familienunternehmen als weltweit präsente Firmengruppe und verkauft seine Produkte in über 50 Ländern.

Kontakt
Zimmer + Rohde GmbH
Zimmersmühlenweg 14–18, 61440 Oberursel
www.zimmer-rohde.com

Zimmermann

Neuhausen a. d. F.,
Baden-Württemberg

Gegründet: 1933
Die F. Zimmermann GmbH entwickelt und baut Portalfräsmaschinen, die für die Bearbeitung von Bauteilen im Automobil- und Flugzeugbau und weiteren Industriebereichen, wie z. B. dem Werkzeug- oder Windkraftanlagenbau, genutzt werden. In diesem Segment gilt das Unternehmen als weltweit führend. Darüber hinaus produziert F. Zimmermann mehrachsige Fräsköpfe, Modellbaumaschinen und Bettfräsmaschinen und bietet maßgeschneiderte Lösungen bei der Integration in automatische Fertigungsprozesse an. Bei dem global vernetzten Unternehmen mit Niederlassungen in Deutschland, den USA und China arbeiten mehr als 200 Mitarbeitende. 1933 wurde das Unternehmen von Friedrich Zimmermann gegründet, im Jahr 1994 übernahm Rudolf Gänzle die Anteile der Familie Zimmermann und die Geschäftsführung. Heute führt sein Sohn, Frieder Gänzle, gemeinsam mit Hartmut Kälberer die Geschäfte.

Kontakt
F. Zimmermann GmbH
Bernhäuser Str. 35, 73765 Neuhausen a. d. F.
www.f-zimmermann.com

Zollner Elektronik

Zandt, Bayern

Gegründet: 1965
Die Zollner Elektronik AG ist ein Dienstleister im Bereich EMS (Electronics Manufacturing Services) und Spezialist für komplexe mechatronische Systeme. Ihre Kunden kommen aus den Branchen Industrieelektronik, Bahntechnik, Automotive, Medizintechnik, Luftfahrt und Verteidigung, Messtechnik, Datentechnik, Sonstige Konsumgüter und Telekommunikation. Das Angebot des Unternehmens umfasst alle Phasen im Lebenszyklus eines Produkts, von der Entwicklung bis zum After-Sales-Service. Im Segment der EMS-Dienstleister zählt Zollner weltweit zu den Top 15. Das Unternehmen beschäftigt im Jahr 2020 über 11.500 Mitarbeitende an 20 internationalen Standorten. Hauptsitz ist Zandt im oberpfälzischen Landkreis Cham. Das 1965 von Manfred Zollner sen. gegründete Unternehmen befindet sich zu 100 % in Familienbesitz.

Kontakt
Zollner Elektronik AG
Manfred-Zollner-Str. 1, 93499 Zandt
www.zollner.de

Z

Zötler

Rettenberg, Bayern

„Wer in den kleinsten Dingen zuverlässig ist, der ist es auch bei den großen, und wer bei den kleinsten Dingen Unrecht tut, der tut es auch bei den großen.“

Herbert Zötler (II.)

Die Privat-Brauerei Zötler ist im bayrischen Rettenberg ansässig (oben). Hier werden 23 verschiedene Biere, alkoholfreie Biere und Biermischgetränke in Kupferkesseln gebraut (unten).

Gegründet: 1447

Die Privat-Brauerei Zötler gilt als ältestes deutsches Familienunternehmen und ist seit über 570 Jahren im Biergeschäft tätig. Insgesamt 23 verschiedene Biere, alkoholfreie Biere und Biermischgetränke erzeugt die im Oberallgäu ansässige Brauerei. Neben Bierspezialitäten stellt die Privat-Brauerei Zötler auch diverse Erfrischungsgetränke unter den Marken „Zötler Berg-Limo“ und „Zötler Alpina-C“ her.

Mit 75 Mitarbeitenden am Standort Rettenberg erwirtschaftet die Brauerei 2019 einen Jahresumsatz von rd. 11,5 Mio. Euro. Niklas Zötler ist seit Januar 2018 geschäftsführender Gesellschafter und führt somit in 21. Generation die Familienbrauerei an. Der dreiköpfige Familienbeirat trifft beratend zweimal im Jahr zusammen. Um die Brauerei langfristig in Familienbesitz zu halten, schreibt der Gesellschaftsvertrag vor, dass in Zukunft nur die Kinder der Familien als neue Gesellschafter eingesetzt werden dürfen.

Die Gründung des traditionsreichen Unternehmens reicht in das Jahr 1447 zurück, als das Hochstift Augsburg in Rettenberg Fuß fasste und den Aufbau einer Brauerei durch Conrat Bach begünstigte. Viele Generationen der Familie Bach führten jahrhundertelang den Gasthof mit Brauerei. 1819 schwang sich der Adler Preußens als bis heute gültig gebliebenes Markenzeichen der Gaststätte und ihrer Biere empor. Es folgten Jahrzehnte der Zerstörung und des Wiederaufbaus, bevor 1919 der Familienname Zötler durch die eheliche Bindung mit der damaligen Bräufamilie Müller in das Unternehmen einzog. Ein Jahr später gründeten der angeheiratete Herbert Zötler (I.) und sein Schwiegervater Andreas Müller eine Gesellschaft zum gemeinsamen Betrieb der Firma. Sohn Herbert (II.) hatte seit 1949 wesentlichen Einfluss auf das Wachstum und die Markenstärke des Unternehmens, bevor er Ende der 1980er-Jahre die Geschäftsführung an die 20. Generation übergab.

Die Privat-Brauerei Zötler wird in der 21. Generation geführt.

Daten und Fakten

Inhaberfamilien: Herbert und Niklas Zötler, Familie Georg, Michaela und Simona Müller
Gründer: Conrat Bach, 1447, Rettenberg
Branche: Brauerei
Mitarbeitende: 75 am Standort Rettenberg
Umsatz: 11,5 Mio. Euro (2019)
Ausbildungsplätze p. a.: 2–4
Familieneinfluss: inhabergeführt

Schon gewusst?

Seit 2018 ist die Brauerei Zötler offiziell als Slow Brewer zertifiziert und darf somit das härteste Gütesiegel der Welt für Bier tragen. Das Brauen mit Zeit ist die gelebte Philosophie von Slow Brewing. Im Gegensatz zu einer beschleunigten industriellen Massenproduktion bekennen sich Slow Brewer zu einer langsamen Gärung und schonenden Reifung. Und das aus gutem Grund – neben der Verwendung reinster natürlicher Rohstoffe ist es v. a. der Faktor Zeit, der für den herausragenden Geschmack von Slow Brewing Bieren sorgt. Die Privat-Brauerei Zötler bietet unterschiedliche Besichtigungen an.

Unternehmensanteile der Familie: 100 %, davon Herbert Zötler 30 %, Niklas Zötler 30 %, Michaela Müller 19 %, Georg Müller 11 %, Simona Müller 10 %
Kontrollgremien: Familienbeirat
Eigenkapitalquote: 31 %

Kontakt
Privat-Brauerei Zötler GmbH
Grüntenstr. 2, 87549 Rettenberg
Fon: 08327 9210
zoetler@zoetler.de, www.zoetler.de

Zott

Mertingen, Bayern

Gegründet: 1926
Die Zott SE & Co. KG betreibt eine der großen Molkereien Europas. Neben den Produktionsstandorten Mertingen (Stammsitz) und Günzburg sowie zwei weiteren in Polen zählen sechs internationale Vertriebsstandorte zur Unternehmensgruppe. Zott produziert und vertreibt vielfältige Joghurt-, Dessert- und Käsespezialitäten, wie z. B. Zott Sahnejoghurt, Monte oder Zottarella. In 3. Generation im Familienbesitz, erzielte das Unternehmen mit rd. 3.000 Mitarbeitenden 2019 einen konsolidierten Netto-Konzernumsatz von 1,0 Mrd. Euro. 1926 kauften Anna und Balthasar Reiter eine Landmolkerei in Mertingen, aus der zunächst die „Molkerei Mertingen Georg Zott" hervorging. Zott hat sich zur Nachhaltigkeit verpflichtet und wird kontinuierlich für hohe Produktqualität ausgezeichnet.

Kontakt
Zott SE & Co. KG
Dr.-Steichele-Str. 4, 86690 Mertingen
www.zott-dairy.com

Zschimmer & Schwarz

Lahnstein, Rheinland-Pfalz

Gegründet: 1894
Die Zschimmer & Schwarz GmbH & Co KG mit Hauptsitz in Lahnstein ist ein Entwickler und Hersteller von Spezialchemikalien in den sieben Geschäftsbereichen Leder-, Faser-, Keramik- und Textilhilfsmittel sowie Care Specialities, Phosphonate und Polymere. Das Unternehmen wurde 1894 von Otto Zschimmer und Max Schwarz in Chemnitz gegründet und ist heute in der 5. Generation in Familienbesitz. Das Unternehmen wird von externen Managern geführt, die Familie stellt einen Beirat als Kontrollgremium. Insgesamt ist Zschimmer & Schwarz mit 28 Gesellschaften in 15 Ländern aktiv. Die rd. 1.300 Mitarbeitenden weltweit, davon rd. 500 am Hauptsitz in Lahnstein, erwirtschafteten im Jahr 2018 rd. zwei Drittel des Umsatzes im Export.

Kontakt
Zschimmer & Schwarz GmbH & Co KG
Max-Schwarz-Str. 3–5, 56112 Lahnstein
www.zschimmer-schwarz.com

ZwickRoell

Ulm, Baden-Württemberg

Gegründet: 1854
Die ZwickRoell GmbH & Co. KG ist in der Material- und Bauteilprüfung tätig. Das Unternehmen ist weltweit führend in der statischen Prüfung und auf Wachstumskurs bei Betriebsfestigkeitsprüfsystemen. Das Familienunternehmen bietet seine Leistungen in Forschung und Entwicklung und der Qualitätssicherung von mehr als 20 Branchen an. Im Geschäftsjahr 2019 erzielte ZwickRoell einen Umsatz von 236 Mio. Euro. Es arbeiten rd. 1.600 Mitarbeitende an Produktionsstandorten in Deutschland, Großbritannien

Z

und Österreich sowie in Niederlassungen in Frankreich, Großbritannien, Spanien, den USA, Brasilien, der Türkei, Singapur und China und weiteren Vertretungen in 56 Ländern. Geschäftsführende sind Dr. Jan Stefan Roell, Christine Dübler und Roland Eisenlauer.

Kontakt
ZwickRoell GmbH & Co. KG
August-Nagel-Str. 11, 89079 Ulm
www.zwickroell.com

Zwiesel

Zwiesel, Bayern

Gegründet: 1872
Die Zwiesel Kristallglas AG ist ein weltweit führender Hersteller von hochwertigen Gläsern für die gehobene Hotellerie und Gastronomie, den Einzelhandel und Endverbraucher. 895 Mitarbeitende, Vertriebsgesellschaften in China, Indien, Japan und Spanien und Partner in über 120 Ländern sind für die Marken Zwiesel 1872 und Schott Zwiesel (Dachmarke: Zwiesel Glas) und Jenaer Glas tätig. 1872 legte Anton Müller mit der Gründung einer Tafelglashütte den Grundstein für den international erfolgreichen Glasspezialisten. Heute ist Zwiesel Kristallglas ein traditionsbewusstes Industrieunternehmen, das mit modernster Technik anspruchsvolle Glaskonzepte für die Marktsegmente Wine & Dine, Bar, Party & Event, Living & Interior kreiert.

Kontakt
Zwiesel Kristallglas AG
Dr.-Schott-Str. 35, 94227 Zwiesel
www.zwiesel-kristallglas.com

Anhang

Gründungsjahre

14. Jahrhundert

1386 Brauhaus Riegele

15. Jahrhundert

1447 Zötler
1452 Achenbach Buschhütten

16. Jahrhundert

1502 The Coatinc Company
1568 Freiherr von Poschinger Glasmanufaktur
1579 PFEIFER
1590 Berenberg

17. Jahrhundert

1620 DuMont
1622 HEINZ-GLAS
1660 Heraeus Holding
1668 Merck
1674 Metzler
1688 Henry Lambertz

18. Jahrhundert

1700 Hardenberg-Wilthen
1709 Farina
1718 Hardy REMAGEN
1722 DELIUS
1725 Böttcher
1728 Isabellenhütte
1735 Schiedmayer
1738 HGDF Familienholding
1738 Meckatzer
1745 J.D. Neuhaus
1745 KrewelMeuselbach
1748 Villeroy & Boch
1750 Siedle
1753 Warsteiner
1756 Haniel
1757 BEUCKE GROUP
1761 Faber-Castell
1762 Breithaupt & Sohn
1765 hubergroup
1768 Coppenrath Verlag
1769 Pott's Brauerei
1770 Joh. Wilh. von Eicken
1772 ALBERDINGK BOLEY
1774 RATIO
1777 BUTTING
1778 Brohl Wellpappe
1779 Kurtz Ersa-Konzern
1782 Unternehmensgruppe Graf von Oeynhausen-Sierstorpff
1785 KIRCHHOFF Gruppe
1790 BAUER Gruppe
1790 Friedr. Lohmann
1795 MEYER WERFT
1798 M.M.Warburg & CO
1799 Krumpholz-Werkzeuge

19. Jahrhundert

1803 Krombacher
1804 Schöffel
1805 Haus Rabenhorst
1806 Bünting Unternehmensgruppe
1806 Niederegger
1807 Koehler Group
1811 ROLAND MILLS UNITED
1815 Nürnberger Baugruppe
1817 Duravit
1817 KBA
1819 Thonet
1820 Schlüter & Maack
1820 Wentzel Dr.
1820 Wieland-Werke
1822 Habisreutinger
1822 Kosmos
1822 Röchling
1825 Conditorei Kreutzkamm
1826 IBENA
1827 ERFURT

Register nach Gründungsjahr

Register nach Gründungsjahr

Register nach Gründungsjahr

20. Jahrhundert

Register nach Gründungsjahr

Register nach Gründungsjahr

Register nach Gründungsjahr

21. Jahrhundert

Postleitzahlen

3

5

6

Register nach Postleitzahl

8

Schweiz

Abkürzungen

"	Zoll
2D	zweidimensional
3D	dreidimensional
AG	Aktiengesellschaft
BDIH	Bundesverband deutscher Industrie- und Handelsunternehmen für Arzneimittel, Reformwaren, Nahrungsergänzungsmittel und kosmetische Mittel e. V.
BIM	Building Information Modeling
BRD	Bundesrepublik Deutschland
BSH	Brettschichtholz
B.V.	Besloten Vennootschap met beperkte aansprakelijkheid (niederl. Kapitalgesellschaft mit beschränkter Haftung, vgl. in etwa mit einer Unternehmergesellschaft)
CAD	Computer-Aided Design (rechnerunterstütztes Konstruieren)
CD	Compact Disc
CE	ehem. Conformité Européenne bzw. Communauté Européenne (bescheinigt als Zeichen bzw. Siegel die Konformität eines Produktes mit allen EU-Richtlinien, also die Freiverkehrsfähigkeit innerhalb der EU)
CEN	Comité Européen de Normalisation
CEO	Chief Executive Officer (entspricht etwa einem geschäftsführenden Vorstand, Vorstandsvorsitzenden oder Generaldirektor)
CFO	Chief Financial Officer (vergleichbar in etwa dem kaufmännischen Geschäftsführer einer GmbH oder dem Finanzvorstand einer AG)
CHF	Schweizer Franken
Cie./Cie	Compagnie
cm	Zentimeter
CNC	Computerized Numerical Control
Co./Co	Compagnie
CO_2	Kohlendioxid
CSC	Concrete Sustainability Council
CSO	Chief Sales Officer, auch Chief Security Officer oder Chief Scientific Officer (vergleichbar dem Leiter oder Vorstand des Bereichs Verkauf/Sicherheit/Wissenschaft)
CSR	Corporate Cocial Responsibility (gesellschaftliche Verantwortung von Unternehmen)
CTO	Chief Technical Officer (technischer Direktor, auch Technikvorstand)
CVD	Chemical Vapour Deposition (chemische Gasphasenabscheidung)
CRM	Customer Relationship Management
DACH	deutschsprachiger Raum in Europa, also Deutschland (D), Österreich (A) und Teile der Schweiz (CH)
DC	Direct Current (Gleichstrom)
DFG	Deutsche Forschungsgemeinschaft
DIN	Deutsches Institut für Normung
Dipl.	Diplom (akadem. Grad)
d.o.o.	Družba z omejeno odgovornostjo (slowenische Bezeichnung der Unternehmensform GmbH)
DM	Deutsche Mark
DNA	Deokyribonucleid Acid (Desokyribonukleinsäure, DNS)
DPMA	Deutsches Patent- und Markenamt
Dr.	Doktor (akadem. Grad)
DVGW	Deutscher Verein des Gas- und Wasserfaches e. V.
E-	Elektro-
EAN	European Article Number
E. h.	ehrenhalber (nur in: Dr.-Ing. E. h.)
e. K.	eingetragener Kaufmann
EDV	elektronische Datenverarbeitung
EEV	Energieeinsparverordnung
EMAS	Eco-Management and Audit Scheme (EU-Öko-Audit)
EMS	Electronics Manufacturing Service
EMV	elektromagnetische Verträglichkeit
EN	Europäische Norm
ERP	Enterprise Resource Planning
ETH	Eidgenössische Technische Hochschule
EU	Europäische Union
e. V.	eingetragener Verein
F&E	Forschung und Entwicklung
FH	Fachhochschule
g	Gramm
GbR	Gesellschaft bürgerlichen Rechts
GFK	glasfaserverstärkter Kunststoff
GigE	Gigabit Ethernet
GmbH	Gesellschaft mit beschränkter Haftung

Abkürzungsverzeichnis

h	Stunde
ha	Hektar
HACCP	Hazard Analysis and Critical Control Points (Gefahrenanalyse und kritische Lenkungspunkte)
h. c.	honoris causa (ehrenhalber)
HMI	Human Machine Interface
IBC	Intermediate Bulk Container
IFS	International Featured Standards (Großpackmittel)
i. Gr.	in Gründung
IIoT	Industrial Internet of Things
Inc./Inc	Incorporated (Namenszusatz zur US-amerikanischen und kanadischen Unternehmensform Corporation)
Ing.	Ingenieur
I/O	Input/Output (Eingang/Ausgang)
IoT	Internet of Things
ISO	International Standards Organization (Internationale Organisation für Normung)
IT	Informationstechnologie
ITK	Informations- und Kommunikationstechnologie
Jh.	Jahrhundert
jun.	junior
Kcal	Kilokalorien
Kffr.	Kauffrau
Kfm.	Kaufmann
KfW	Kreditanstalt für Wiederaufbau
Kfz	Kraftfahrzeug(e)
KG	Kommanditgesellschaft
KGaA	Kommanditgesellschaft auf Aktien
km	Kilometer
kN	Kilonewton
KNX	Konnex-Bus
KT	Kurztakt
KVP	kontinuierlicher Verbesserungsprozess
kW	Kilowatt
l	Liter
lat.	lateinisch
LED	Light-Emitting Diode (Leuchtdiode)
LEH	Lebensmitteleinzelhandel
Lkw	Lastkraftwagen
LP	Limited Partnership (angelsächsische Unternehmensform, vgl. einer Kommanditgesellschaft)
Ltd./Ltd	Limited, kurz für Private Limited Company by shares (im Commonwealth verbreitete Unternehmensrechtsform, vergleichbar einer Unternehmergesellschaft)
Ltda.	Limitada (brasilianisches Äquivalent zur deutschen GmbH)
m	Meter
m^2	Quadratmeter
m^3	Kubikmeter
mbB	mit beschränkter Berufshaftung
MCT	Medium Chain Trigylcerides
MINT	Mathematik, Informatik, Naturwissenschaften, Technik
min.	Minute
Mio.	Millionen
mm	Millimeter
Mrd.	Milliarden
MRP	Manufacturing Resource Planning
MW	Megawatt
MWh	Megawattstunde
µ	Mikro
µm	Mikrometer
NE	Nichteisen
Nkw	Nutzkraftwagen
NL	Niederlande
NOx	Stickoxide
Nm	Newtonmeter
NRW	Nordrhein-Westfalen
NVE	Nummer der Versandeinheit
O_2	Sauerstoff
OEM	Original Equipment Manufacturer
OHG/ oHG	Offene Handelsgesellschaft
OLED	Organic Light Emitting Diode
OP	Operation
p. a.	per annum, pro anno (pro Jahr)
PC	Personal Computer
PIM	Produktinformationsmanagement
Pkw	Personenkraftwagen
Prof.	Professor
PTFE	Polytetrafluorethylen
PVDF	Polyvinylidenfluorid
PVH	Produktionsverbindungshandel
PoS	Point of Sale
PTC	Positive Temperature Coefficient (positiver Temperaturkoeffizient)
PU	Polyurethan
RFID	Radio-Frequency Identification
RLT	Raumlufttechnik
RoRo	Roll on Roll off
S.A./SA	Société Anonyme (Rechtsform

	der AG in Frankreich sowie der nicht deutschsprachigen Schweiz)
S.A.R.L.	Société à réponsabilité limitée (franz. Unternehmensform, vergleichbar einer GmbH)
SB	Selbstbedienung
SDAX	Small-Cap-Aktienindex (bildet die 70 nach Marktkapitalisierung und Börsenumsatz stärksten kleinen Unternehmen – „Small Caps“ – der klassischen Branchen unterhalb des MDAX ab)
SE	Société Européenne (Europäische Aktiengesellschaft)
sen.	senior
SMD	Surface-Mounted Device (oberflächenmontiertes Bauteil)
s.r.o.	společnost s ručením omezeným (tschechische Gesellschaft mit beschränkter Haftung)
t	Tonnen
Tsd.	Tausend
TU	Technische Universität
U	Umdrehungen
UHMW-PE	Ultra-hochmolekulares Polyethylen
UK	United Kingdom
USA	United States of Amerika
USD	US-Dollar
UV	Ultraviolett
VDP	Verband Deutscher Prädikatsweingüter e. V.
VEB	Volkseigener Betrieb
Verww.	Verwaltungswirt
W	Watt
Wirt.-Ing.	Wirtschaftsingenieur
ZNS	Zentralnervensystem

Bildnachweis

Die Copyrights für die in diesem Buch abgebildeten Logos und für die zur Verfügung gestellten Fotografien und Grafiken liegen – sofern in diesen Bildnachweisen nicht anders angegeben – ausschließlich bei den beteiligten Unternehmen und dürfen ohne deren ausdrückliche Genehmigung nicht abgedruckt bzw. verwendet werden.

Besondere Bildnachweise:

BLOCK: S. 122, Wolfgang Reichelt: © Carsten Heidmann

Charlotte Meentzen: S. 152, Robert Gey; S. 153, Labor: © Ellen Türke Fotografie

Energiequelle: S. 220, Photovoltaikanlage: © Shutterstock

Hansgrohe: S. 318, AXOR Armatur: © Jehle/Will for AXOR/Hansgrohe SE; S. 319, Kinder: © hansgrohe/Hansgrohe SES; S. 319, Hans Jürgen Kalmbach: © Hansgrohe SE/Andreas Pohlmann; S. 321, Aquno Select: © hansgrohe/Hansgrohe SE; S. 321, Dusche Rainfinity: © hansgrohe/Hansgrohe SE

MAUSS BAU: S. 481, Audi Designzentrum: © AUDI AG

Meffert AG Farbwerke: S. 488, Porträts: © Krupp Presse

Ottobock: S. 548, Professor Hans Georg Näder: © Malte Jaeger/laif; S. 552, Bötzow Berlin: © DCA/Laborgh

Party Rent Group: S. 561, Lkw in Paris: © Corinne Jamet

Freiherr von Poschinger Glasmanufaktur: S. 584, Benedikt Freiherr Poschinger von Frauenau: © Toni Scholz; S. 584, Repro Familiensitz: © Sepp Eder; S. 585, Produktion: © Sepp Eder; S. 585, Repro Ahne: © Sepp Eder

Schmees: S. 641, Kunstwerk „Elliptical Column“ von Tony Cragg: © Dr. Hohaus; S. 642, Produktion: © Nicholas Schmees; S. 642, Skulptur Jüngling: © Sune Berg

SEW-EURODRIVE: S. 671, Gesellschaftliche Verantwortung: © e.GO Mobile AG

Siegwerk: S. 676, Gesellschaftliche Verantwortung: © SOS Children's Villages Colombia

Dank

Der Verlag, die Herausgeber und die gesamte Redaktion bedanken sich an dieser Stelle ausdrücklich für die Unterstützung durch die Firmeninhaber und deren Abteilungen für Presse und Öffentlichkeitsarbeit für die intensive und gute Zusammenarbeit, aber auch für die Geduld bei den z. T. aufwendigen Recherche- und Abstimmungsprozessen. Einige Mitarbeitende der Unternehmen haben für dieses Buch viel Zeit in den Firmenarchiven verbracht und Informationen z. B. über die Gründungszeit und historische Aufnahmen recherchiert. Ohne das Engagement der jeweiligen Ansprechpartnerinnen und -partner wäre die Realisierung des Lexikons der deutschen Familienunternehmen in dieser Form nicht möglich gewesen.

Ganz besondere Erwähnung gebührt neben dem Beirat unseren Partnern und Sponsoren, die die Realisierung dieses Lexikons in unterschiedlichster Weise von Anfang an tatkräftig unterstützt haben. Wir danken ausdrücklich Dr. Arno Lehmann-Tolkmitt von PETER MAY Family Business Consulting, Henrike Luszick von Bridgemaker und Uwe Rittmann von PwC.

Wir danken Mike Meiré, Philipp Züllich, Alexander Sander und allen bei Meiré und Meiré, die in leidenschaftlicher „Millimeter-Arbeit" und großer Geduld mit uns ein Design für dieses Lexikon geschaffen haben. Dank geht dabei auch an Dirk Woschei und Tim Paulsen vom Zeitverlag für die wachsamen Augen bei der Herstellung, damit beim Grafischen Centrum Cuno ein beeindruckendes Ergebnis entstehen konnte. Großer Dank geht an Jürgen Fraas und allen bei Integrated Realization Services für die gekonnte Programmierung, für den flinken Satz und die technische Umsetzung der kreativen Ideen.

Wir danken herzlich unserem treuen und versierten Autoren-, Grafik- und Bildbearbeitungs- sowie Lektorats- und Projektmanagement-Team, das uns seit Jahren und besonders bei dieser Publikation mit viel Engagement und Freude unterstützt hat.